Nr. 37 1959
S. 11783–12110 16. September

# Chemisches Zentralblatt

Vollständiges Repertorium für alle Zweige der reinen und angewandten Chemie

1830 gegründet. 1897—1945 von der Deutschen Chemischen Gesellschaft fortgeführt. Im Auftrage der Deutschen Akademie der Wissenschaften zu Berlin, der Chemischen Gesellschaft in der DDR, der Akademie der Wissenschaften zu Göttingen und der Gesellschaft Deutscher Chemiker (in der BRD)

herausgegeben von Prof. Dr. Heinrich Bertsch und Prof. Dr. Dr. h. c. Wilhelm Klemm

130. Jahrgang
1959

Chefredakteure: Dr. Eugen Klever und Dr. Heinz Walter

Akademie-Verlag GmbH., Berlin — Verlag Chemie, GmbH., Weinheim/Bergstr.

## Inhalt





Postverlagsort: Berlin

# Namenregister

# Patentregister

Chemisches Zentralblatt

1959 Nr. 37 16. September

## Geschichte. Unterricht.

—, *Die Arbeiten von P. A. Rehbinder und seiner Schule auf dem Gebiete der Oberflächenerscheinungen in dispersen Systemen und der physikalisch-chemischen Mechanik (zum 60. Geburtstag des Akademiemitgliedes P. A. Rehbinder und zum 35. Jubiläum seiner wissenschaftlichen Tätigkeit).* Übersicht über die Arbeiten des Jubilars (geb. 3/10.1898) mit Verzeichnis der wichtigsten Arbeiten. (Коллоидный Журнал [Kolloid-J.] **20.** 515—26. Sept./Okt. 1958.) E. KLEVER. 1

**A. B. Taubman,** *Peter Alexandrowitsch Rehbinder (zum 60. Geburtstag).* Kurze Würdigung. (Vgl. auch vorst. Ref.) (Журнал Физической Химии [J. physik. Chem.] **32.** 2467—69. Okt. 1958.) E. KLEVER. 1

**Hans Kaiser,** *Roland Schmiedel, Stuttgart, 70 Jahre.* Würdigung der Persönlichkeit u. wissenschaftlichen Verdienste von Professor Dr. ROLAND SCHMIEDEL, Apotheker; Verleger u. Herausgeber der Deutschen Apotheker-Zeitung u. Geschäftsinhaber der Wissenschaftlichen Verlagsgesellschaft m. b. H. Stuttgart. (Pharmaz. Ztg. **103.** 404—05. 24/4. 1958.) HEINZ WALTER. 1

**Hermann Schmid,** *Anton Skrabal.* (Vgl. C. **1958.** 10833.) Kurze Biographie SKRABALS, gest. 30/10. 1957, mit einem Verzeichnis seiner Veröffentlichungen (174 Titel) (Österr. Chemiker-Ztg. **58.** 285—89. Dez. 1957.) K.-L. WOLF. 1

**Hans Kaiser,** *Zum Gedächtnis an Eugen Unna. (6. Januar 1885 bis 25. Januar 1958).* (Vgl. C. **1959.** 2673.) Biographie über den Apotheker u. langjährigen Generalsekretär der Deutschen pharmazeut. Gesellschaft EUGEN UNNA. (Arch. Pharmaz. Ber. dtsch. pharmaz. Ges. **291/63.** Nr. 2. Mitt. dtsch. pharmaz. Ges. **28.** 17—19. Febr. 1958.) H. P. FIEDLER. 1

**Michał Strzemski,** *Theophil Cichocki (1829—1902) — Ein polnischer Pionier auf dem Gebiet der Agrikulturchemie und der Lehre von den Mikroelementen.* Lebenslauf. (Postępy Nauk Rolniczych **5(10).** 135—37. Mai/Juni 1958.) F. URBAN. 1

**I. Drimuş** und **I. Gueron,** *Constantin I. Istrati, ein großer rumänischer Chemiker.* Lebenslauf und Arbeiten des rumän. Chemikers ISTRATI (1850—1918), des Entdeckers der N-freien Farbstoffe „Francine" u. verschied. Farbstoffkombinationen; Würdigung seines Beitrags zur rationellen Nomenklatur in der organ. Chemie. — Bibliographie mit 116 Arbeiten von u. 9 über ISTRATI. (Rev. Chim. [Bucureşti] **8.** 73—77. Febr. 1957.) R. K. MÜLLER. 1

**Dorothy Wyckoff,** *Albertus Magnus über Erzlager.* Die Kenntnisse des ALBERTUS MAGNUS (1193/1205—1280) über Vorkommen u. Gewinnung von Metallen im großdeutschen Raum u. seine Theorie über die Entstehung der Metalle mit (übersetzten) Zitaten aus seinem „Buch der Mineralien" (Mineralium Libri V). (Isis **49.** [Part 2.] 109—22. Juni 1958. Bryn Mawr, Pa., Bryn Mawr Coll.) W. KUNTZ. 2

**H. W. M. Hodges,** *Das Gießen von Bronze auf den Britischen Inseln in vorgeschichtlicher Zeit.* Archäolog. Unterss. zeigen, daß auf den brit. Inseln Bronze viel früher gegossen worden ist, als man bisher angenommen hat. Beschreibung der Entw. des brit. Gießereiwesens u. des Gießens in Formen aus Stein, Lehmsand, Gußformen mit Kernen u. Verwendung von Modellen. (Foundry Trade J. **106.** 231—36. 26/2. 1959. London, Univ., Inst. of Archaeol.) W. WESLY.

**Robert Multhauf,** *Der Beginn mineralogischer Chemie.* Theorien über die Entstehung der Metalle vor dem Einsetzen der modernen Chemie. (Isis **49.** [Part 1.] 50—53. März 1958. US. Nat. Museum, Smithsonian Inst.) W. KUNTZ. 2

**Thomas S. Kuhn,** *Die Wärmetheorie bei adiabatischer Kompression.* Die Vers. von DALTON, GAY-LUSSAC, LAPLACE u. a. im 18. u. frühen 19. Jahrhundert zur experimentellen u. theoret. Klärung der Temp.-Veränderung in einem eingeschlossenen Gas bei schneller Kompression u. Expansion. (Isis **49.** [Part 2.] 132—40. Juni 1958. Berkeley, Calif., Univ. of California.) W. KUNTZ. 2

**Alfred Romer,** *Die Umwandlungstheorie der Radioaktivität.* Bericht über die Experimente mit *U* u. *Th*, die RUTHERFORD u. SODDY an der Univ. Montreal 1902 zur Aufstellung der Theorie einer Atomumwandlung führten. (Isis **49.** [Part 1.] 3—12. März 1958. St. Lawrence Univ.) W. KUNTZ. 2

**Rudolf Schmitz,** *Alchemie und Pharmazie in der Renaissance.* Vortrag. (Pharmaz. Ztg. verein. Apotheker-Ztg. **103.** 329—33. 3/4. 1958. Marburg/Lahn.) HEINZ WALTER. 2

**Ernest A. Sack,** *Vor 100 Jahren wurde Fuchsin entdeckt. François-Emmanuel Verguin. Die ersten künstlichen Farbstoffe.* Nach einem histor. Rückblick auf die Anfänge einer Teerfarbenindustrie in England u. Frankreich seit Entdeckung des *Mauveins* durch PERKIN (1856) u. des *Fuchsins* durch VERGUIN (1895) gibt Vf. eine Darst. des damaligen Standes der Lyoneser Textilindustrie, bes. auf dem Gebiet der Seidenfärberei, als Hintergrund für das Lebensbild VERGUINS. Im Zusammenhang mit der raschen Entw. der Technologie der bas. Farbstoffe u. ihrer Bedeutung bes. für die Seidenfärberei werden auch die Hindernisse für das Aufkommen einer einheim. französ. Farbenindustrie infolge der damals ungünstigen französ. Patentgesetzgebung dargestellt. (Teintex **23.** 849—57. 15/12. 1958.) A. SANDER. 2

**John Bradley,** *Die klassische Molekular- und Atomtheorie der Chemie.* 2. Mitt. (1. vgl. C. **1959.**7354.) Im Anschluß an l. c. wird dargetan, wie das geschichtliche Vorschreiten des chem. Denkens durch AVOGADROS Hypothese (1811) u. ihre Wiederaufnahme u. Weiterführung durch CANNIZZARO (Karlsruhe 1860) den einführenden chem. Unterricht fruchtbar weiterführen kann. (School Sci. Rev. **39.** 200—10. März 1958. Hull, Univ.) W. KUNTZ. 6

---

**James Elwyn Blattner,** ed., Who's who in U.A.R. and the Near East; the greatest biographical work in the Middle and Near East; U.A.R., the Sudan, Iran, Libya, Cyprus, the Lebanon, Jordan, Iraq, Saudi-Arabia, India, Pakistan, Ceylon Indonesia, Ethiopia and Aden, 1959; 24 th ed. in french and english. New York: W.S. Heinman bds. 1959. (644 S. m. Abb.) 8°. $ 17.50.

**Martha Boaz,** Modern trends in documentation. London: Pergamon Pr. 1959. (VIII + 103 S. m. Abb.) 35 s.

**Paul Ehrlich,** Chemotherapy. London: Pergamon Press. 1959. (K. S.) = Collected papers. Vol. 3. 160 s.

**Henry M. Leicester,** ed., Chymia. Vol. 5: Annual studies in the history to chemistry. London: Oxford U. Pr. 1959. (214 S. m. Abb.) 8°. 40 s.

**Martin Levey,** Chemistry and chemical technology in ancient Mesopotamia. Amsterdam: Elsevier Publishing Cy. 1959. (XI + 245 S. m. 46 Abb.) hfl. 20.—.

**W. F. Luder, Arthur A. Vernon** and **Saverio Zuffanti,** General chemistry, 2nd ed. Philadelphia, London: Saunders. 1959. (XVII + 582 S. m. Abb., Tab. u. Diagr.) 47 s.

**Andre Maurois,** The life of Sir Alexander Fleming: Discoverer of Penicillin. London: J. Cape. 1959. (296 S.) 25 s.

**H. H. Neville** and **W. E. Yuill,** Translation from German for chemists. London: Blackie. 1959. (XII + 140 S.) 15 s.

—, Gruppeneinteilung der Patentklassen. Bearb. vom Dt. Patentamt. 7. Aufl. München, Köln, Bonn, Berlin: Heymann. 1958. Loseblattausg. (K.S.) 4°. DM 68.—.

—, Van Nostrand's scientific encyclopedia; aeronautics, astronomy, botany, chemical engineering, chemistry civil engineering, electrical engineering, electronics, geology, guided missiles, mathematics, mechanical engineering, medicine, metallurgy, meteorology, mineralogy, navigation, nuclear science and engineering, photography, physics, radio and television, statistics, zoology. 3rd ed. New York: Van Nostrand. 1958. (1839 S. m. Abb.) 4°. $ 29.75.

—, Who's who in France 1959—1960. 4e éd. Paris: J. Lafitte. 1959. (2680 S.) 9800 fr.

—, Who's who 1959; an annual biographical dictionary with which is incorporated, men and women of the time. New York: Macmillan. 1959. (337 S.) 8°. $ 19.50.

---

**Kurt F. Gugel,** *Johann Rudolph Glauber.* Würzburg: Freunde Mainfränkischer Kunst und Geschichte e.V. 1955. (74 S. m. 8 Abb.) DM 3.10.
Historische Studie über Leben (1604—1670), Werk und Schriften Glaubers. M. PFLÜCKE.

**M. G. Kendall** u. **W. R. Buckland,** *A Dictionary of Statistical Terms.* London: Oliver and Boyd. 1957. (493 S.) s. 25.—.
Kendall (Prof. f. Statistik, Univ. London) u. Buckland (London School of Economics a. Pol. Science) geben ihr „Wörterbuch statist. Begriffe" für das Internationale Inst. für Statistik heraus; als Mitarbeiter sind zahlreiche Fachleute aus verschied. Ländern beteiligt. Den Hauptteil dieses Standardwerkes bildet das 320 S. umfassende, alphabet. angeordnete Verzeichnis statist. Begriffe in engl. Sprache; jede Begriffseinheit wird ausführlich beschrieben u. ggfs. durch Formeln u. Sachverweise ergänzt. Hieran anschließend werden unter Bezug auf die engl. Stichworte u. die Seitenzahl ihres Standorts alphabet. Gegenüberstellungen der ident. Begriffe gebracht in Französ.-Engl., Deutsch-Engl., Italien.-Engl. u. Span.-Englisch. Mit diesem Wörterbuch liegt erstmalig eine international autorisierte, multilinguale Zusammenstellung aller der Begriffe u. ihrer Definitionen vor, deren sich die Wissenschaftler in ständig steigendem Umfange bei der statist. Aus- u. Bewertung ihrer Arbeiten bedienen. Dem Naturwissenschaftler allgemein, Chemikern, Biologen u. verwandten Fachkollegen bietet sich eine Fülle von bisher schwer erreichbarem Material in diesem Werk dar. HEINZ WALTER.

**Gerhard-Otfried Müller,** *Grundlagen der Stöchiometrie.* Leipzig: S. Hirzel Verlag. 1955. (VIII + 303 S. m. 20 Abb. u. 46 Tab.) DM 10.—.
Ein Einführungsbuch in die Stöchiometrie unter ausführlicher Behandlung der verschiedenen Rechenoperationen. 575 Aufgaben mit ihren Lösungen unterbauen die theoretischen Ausführungen. Aus der Praxis für die Praxis geschrieben. M. PFLÜCKE.

# A. Allgemeine, physikalische und anorganische Chemie.

## $A_1$. Kernphysik und Kernchemie.

**J. A. Lockwood,** *Änderungen der nucleonischen Höhenstrahlintensität.* Die Abnahme der mittleren monatlichen Intensität der Nucleonenkomponente der Höhenstrahlung (auf geograph. Breite 44,2° N u. 6262 ft Höhe) von Juli 1954 u. Dezember 1957 wird zu 22% gemessen. (Physic. Rev. [2] **112.** 1750—58. 1/12. 1958. Durham, New Hampshire, Univ.) GERHARD SCHMIDT. 85

**W. R. Webber,** *Die Ladungszusammensetzung und die Energiespektren der primären Höhenstrahlung und das Problem der Energiebilanz.* Mittels eines aus 2 GEIGER-Teleskopen u. einem ČERENKOV-Zähler bestehenden Detektors wurden auf Ballonflügen auf 41,5° u. 4° N Messungen durchgeführt. Die Daten für die Intensitäten, die Energie- u. Ladungsspektren der Höhenstrahlung werden diskutiert. (Suppl. del Nuovo Cimento Nr. 2 (zu [10] **8**). 532—45. 1958. London, Imperial Coll.) M. WIEDEMANN. 85

**D. D. Krassilnikow,** *Erhöhung des Barometereffektes mit der Zunahme der Energie der breiten atmosphärischen Schauer.* In Jakutsk wurden 1954—56 auf 100 m Höhe mittels Koinzidenzmessungen die Änderungen in der Häufigkeit der breiten atmosphär. Schauer verfolgt. Mit der Zunahme der mittleren Teilchendichte stieg auch der Barometerkoeff. von -0,55 unter 2,5 g/cm² bei $\bar{\varrho} = 15$ auf -0,73 bei $\bar{\varrho} = 100$. (Журнал Экспериментальной и Теоретической Физики [J. exp. theoret. Physik] **35.** 295—96. Juli 1958. Akad. der Wiss. der UdSSR, Jakutsk-Abt.) M. WIEDEMANN. 85

**M. Oda,** *Untersuchungen der µ-Mesonenkomponente in ausgedehnten Luftschauern unter der Erde.* Die Daten über Unterss. unter der Erde werden zusammengestellt; aus den Dichtespektren bei verschied. Energien wird das Energiespektr. der µ-Mesonen in Luftschauern abgeleitet. Die Dichten der energiereichen µ scheinen unabhängig von ihrer Energie nahezu konstant zu sein. (Suppl. del Nuovo Cimento Nr. 2 (zu [10] **8**). 665—67. 1958. Tokyo, Univ. of Tokyo, Inst. for Nucl. Stud.) M. WIEDEMANN. 85

**Wolfgang Püschel,** *Untersuchungen über die schweren Kerne in der primären kosmischen Strahlung.* Für 192 von 600 Primärbahnen in einem ILFORD G5-Paket aus 150 Emulsionsschichten (5 Std. in 33,2 km Höhe in Norditalien unter 46° N geomagnet. Breite exponiert) wurden die mittleren freien Stoßweglängen ermittelt. Der effektive Kernradius wird zu $R_0 = 1{,}2 \cdot 10^{-13}$ cm bestimmt. Die Spaltwahrscheinlichkeiten für Stöße u. Fragmentierungen (Aufspaltungen) werden angegeben, sie sind für mittlere u. schwere Kerne angenähert gleich, für leichte Kerne jedoch verschieden. Die Wahrscheinlichkeit für das Auftreten schwerer Fragmente ist um so größer, je kleiner der getroffene Kern ist. Aus den Fragmentierungswahrscheinlichkeiten ergibt sich für den Gipfel der Atmosphäre ein Verhältnis aus dem Strom der L-Kerne zu dem der M-Kerne von ca. 0,80. (Z. Naturforsch. **13a.** 801—08. Okt. 1958. Göttingen, MPI für Phys.) H. LIEPACK. 85

**N. L. Grigorow, A. W. Podgurskaja, A. I. Ssaweljewa** und **L. M. Poperekowa,** *Wechselwirkung von Höhenstrahlteilchen mit verschiedenen Kernen.* Auf 51° N wurde mit Kernemulsionen von 4 · 4 cm² u. 0,04 cm Dicke auf 25 u. 9 km der Übergangseffekt von Sternen u. von einzelnen stark ionisierenden Teilchen unter Pb-, Graphit- u. Paraffin-Filtern untersucht. Die Zahl der Teilchen in den Sternen u. die mittlere Spaltenergie erwiesen sich proportional $A^{1/3}$. Es konnte gezeigt werden, daß bei der Wechselwirkung von Nucleonen mit ca. 10 GeV mit Atomkernen die auf die neutralen Pionen übertragene Energie ebenfalls $A^{1/3}$ proportional ist. (Журнал Экспериментальной и Теоретической Физики [J. exp. theoret. Physik] **35.** 3—15. Juli 1958.) M. WIEDEMANN. 85

**N. L. Grigorov, V. Y. Šestoperov, V. A. Sobinjakov** und **A. V. Podgurskaja,** *Untersuchung der großen Stöße und Wechselwirkung energiereicher Teilchen ($10^{12}$—$10^{13}$ eV) mit leichten Kernen.* (Vgl. C. **1959.** 9114.) Stöße mit 100 bis 50000 relativist. Teilchen wurden mit 44 Ionisationskammern u. Pb-Absorbern auf 3200 m untersucht. 91 ± 5% der Stöße sind von Luftschauern begleitet, die Häufigkeiten, mit denen Stöße gegebener Größe von Schauern gegebener Dichte begleitet sind, wurden ermittelt. Die freie Absorptionsweglänge für Stöße wurde bei Teilchen mit $10^{12}$ eV zu <859 cm$^{-2}$ ermittelt. (Suppl. del Nuovo Cimento Nr. 2 (zu [10] **8**). 730—32. 1958. Moskau, Univ.) M. WIEDEMANN. 85

**S. I. Brikker, N. L. Grigorov, M. A. Kondrateva, A. V. Podgurskaja, A. I. Saveleva, V. A. Sobinjakov** und **V. Y. Šestoperov,** *Untersuchung der Wechselwirkung energiereicher Teilchen mit Bleikernen mittels photographischer Platten.* (Vgl. vorst. Ref.) Auf 3200 m Höhe wurde die räumliche Verteilung der Elektronen in Schauern, die durch kernakt. Teilchen hoher Energie in Pb erzeugt wurden, mittels elektronenempfindlicher Emulsionen untersucht. Die Schauer wurden mittels unter den Emulsionen befindlichen Ionisationskammern nachgewiesen. 8 Schauer wurden analysiert. (Suppl. del Nuovo Cimento Nr. 2 (zu [10] **8**). 733—36. 1958.) M. WIEDEMANN. 85

**Marcel Schein** und **D. M. Haskin,** *Nucleon-Nucleon-Wechselwirkungen bei Energien oberhalb $10^{12}$ eV.* Ein Emulsionsstapel von 15 · 30 cm, bestehend aus 100 0,6 mm dicken Schichten wurde 8 Std. auf 104000 ft geflogen (41° N). Ein durch ein Proton bei einem Stoß mit einem H-Kern oder einem peripheren Nucleon ausgelöster Stern mit 20 Sekundärteilchen minimaler Ionisation u. einer Anzahl neutraler Teilchen wurde beobachtet. Die Primärenergie wurde zu 5 · $10^{12}$ eV bestimmt. In 5,7 cm Abstand vom ersten Stern wurde ein durch ein neutrales Teilchen von 2 · $10^{12}$ eV ausgelöster Stern mit

20 Bahnen minimaler Ionisation beobachtet. (Suppl. del Nuovo Cimento Nr. 2 (zu [10]8). 710—13. 1958. Chicago, Ill., Univ., Dep. of Phys., Enrico Fermi Inst. for Nucl. Stud.) M. Wiedemann. 85

**L. Avan,** *Elektromagnetische Wechselwirkungen der μ-Mesonen in großen Tiefen.* (Vgl. C. **1958.** 2617.) In Tiefen von 300, 580 u. 1280 m W.-Äquivalent wurden mittels Kernemulsionen Unterss. der μ-Komponente durchgeführt. Die verschied. Wirkungsquerschnitte wurden bestimmt, sie stehen mit den theoret. für ein Teilchen mit Spin 1/2 u. n. Impuls in Einklang. Mit der Tiefe nehmen Bremsstrahlung u. direkte Paarerzeugung zu, der Anteil der Stoßelektronen nimmt dagegen ab. (Ann. Physique [13] **3.** 123—78. Jan./Febr. 1958. Paris, Univ.) M. Wiedemann. 90

**W. F. Baker, J. Rainwater** und **R. E. Williams,** *Streuung von 80 MeV-$\pi^-$-Mesonen an komplexen Kernen.* Die elast. Streuung von 80 MeV-$\pi^-$-Mesonen an *Li, C, Al* u. *Cu* wurde mit einem $\pi^-$-Detektor untersucht, der eine bessere Diskriminierung gegen unelast. Ereignisse mit niedrigem Energieverlust ermöglichte. Die neuen differentiellen Streuquerschnitte für Li, Al u. Cu sind mit früheren Ergebnissen bei kleinen Winkeln in Einklang, jedoch 2 bis 10mal kleiner bei größeren Winkeln. Es gibt Anzeichen für eine Beugungsstruktur in Al u. Cu, die bisher infolge der niedrigeren Energieauflösung nicht beobachtet wurden. Die Streuung an C wurde in elast. u. unelast. Komponenten für die Anregung der 4,43 u. (7,65 u. 9,61) MeV-Niveaus getrennt. Auch für Li wurden unelast. Querschnitte untersucht. Für die gleiche Impulsübertragung bei der Streuung ist das Verhältnis der unelast. Streuung mit Anregung der 4,43 u. 9,61 MeV-Niveaus zu den elast. differentiellen Streuquerschnitten innerhalb der experimentellen Genauigkeit dasselbe wie für die Streuung von 187 MeV-Elektronen an C. Die elast. Streuung wird mit theoret. Berechnungen verglichen (vgl. nachst. Ref.). (Physic. Rev. [2] **112.** 1763—72. 1/12. 1958. New York, N. Y., Columbia Univ.; Mount Vernon, N. Y., Paul Rosenberg Assoc.) Herbert Weber. 90

**W. F. Baker, H. Byfield** und **J. Rainwater,** *Theoretische Berechnungen der Streuung von $\pi^-$-Mesonen an komplexen Kernen.* (Vgl. vorst. Ref.) Die Winkelverteilungen der an *Li, C* u. *Al* elast. gestreuten negativen 80 MeV-Pionen wurden auf der Basis des opt. Modells elektron. berechnet. Ferner wurde ein Modell vom Kisslinger-Typ, das die p-Wellennatur des π-Nucleon-Streuprozesses besser berücksichtigt, angewendet. Unter Benutzung von $r_0 = 1{,}08$ u. eines Streuparameters $a = 0{,}25$ in einer Dichteverteilung vom Saxon-Typ wurde gute Übereinstimmung mit dem Experiment erzielt. (Physic. Rev. [2] **112.** 1773—78. 1/12. 1958. New York, N. Y., Columbia Univ.) Herbert Weber. 90

**W. A. Meschtscherjakow,** *π-Mesoatom und Korrekturen zu den Dispersionsbeziehungen.* Das Mesoatom ruft bei den Dispersionsbeziehungen der Rk. $\pi^- + p \rightarrow \pi^- + p$ nur eine geringe Korrektur von ca. 4% an der Bindungskonstanten $f^2$ im Bereich von 120 MeV hervor. (Журнал Экспериментальной и Теоретической Физики [J. exp. theoret. Physik] **35.** 290—94. Juli 1958. Moskau, Univ.) M. Wiedemann. 90

**C. Castagnoli** und **M. Muchnik,** *Experimentelle Ergebnisse über den π-μ-Strahlungszerfall.* Zur Unters. des $\pi \rightarrow \mu + \nu + \gamma$-Zerfalls wurden 93045 π–μ–e-Zerfälle, bei denen sowohl der π- als auch der μ-Zerfall in der Emulsion (Ilford G5-Platten) stattfand, analysiert. Aus der Gesamtzahl der beobachteten kurzen μ-Bahnen wurden sämtliche Fälle, die von π-Zerfällen im Flug herrühren können, eliminiert. Nach weiteren Korrekturen wurde für die Wahrscheinlichkeit eines π-Zerfalls in ein μ-Meson, dessen Bahn $<435\ \mu$ ist, $(1{,}24 \pm 0{,}25) \cdot 10^{-4}$ erhalten. Das Ergebnis stimmt mit theoret. Vorhersagen über den Strahlungszerfall des Pions überein. (Physic. Rev. [2] **112.** 1779—84. 1/12. 1958. Roma, Univ., Ist. di Fis., Ist. Naz. di Fis. Nucl.) Herbert Weber. 90

**P. Budini, N. Dallaporta** und **L. Fonda,** *Über die Ladungskonjugation von Baryonen.* Ein Baryon wird als zusammengesetzt aus einem bloßen Spinor u. den (π- u. K-) Mesonenfeldern aufgefaßt. Die Invarianz der Lagrange-Funktion des Systems wird behandelt. Die Massendifferenz zwischen Nucleon u. Ξ könnte auf ein näher definiertes Wechselwirkungsglied in der Lagrange-Funktion zurückgeführt werden. (Nuovo Cimento [10] **9.** 316—23. 16/7. 1958. Padova e Trieste, Univ., Ist. di Fis., Padova, Ist. Naz. di Fis. Nucl.) M. Wiedemann. 90

**Simon Marquet,** *Grundlage der kinetischen Theorie, Boltzmannsche Gleichung.* Für ein Syst. von n-Teilchen, das durch den Geschwindigkeitsraum beschrieben wird, läßt sich unter bestimmten Bedingungen die Boltzmannsche Gleichung ableiten. (C. R. hebd. Séances Acad. Sci. **243.** 1193—96. 22/10. 1956.) Gerhard Schmidt. 90

**R. K. Nesbet,** *Die Verwendung von Projektionsoperatoren beim Konfigurationswechselwirkungsproblem.* Entw. eines theoret. Verf. zur Best. des allg. Konfigurationswechselwirkungs-Matrixelements. (Ann. Physics **3.** 397—407. April 1958. Lexington, Mass., MIT, Lincoln Labor.) Gerhard Schmidt. 90

**E. Minardi,** *Über eine bilokale Theorie der Wechselwirkung zwischen einem Teilchen mit Spin $^1/_2$ und dem elektromagnetischen Feld.* Darst. einer bilokalen Theorie auf der Basis einer einfachen Verallgemeinerung der DIRAC-Gleichung. (Nuovo Cimento [10] **3.** 968—78. 1/5. 1956. Aosta, Soc. Naz. Cogne, Ist. Naz. di Fis. Nucl., Sez. di Torino.) HERBERT WEBER. 90

**Ju. M. Losskutow,** *Untersuchung der Polarisationseigenschaften der Čerenkov-Strahlung.* Der Einfl. eines Teilchens auf seine Polarisation wird theoret. untersucht. Für die Energiewerte sind Formeln angeführt. (Вестник Московского Университета, Серия Математики, Механики, Астрономии, Физики, Химии [Nachr. Moskauer Univ., Ser. Math., Mechan., Astronom., Physik, Chem.] **12.** Nr. 5. 101—04. 1957.) M. WIEDEMANN. 90

**I. Lovas,** *Polarisation elastisch gestreuter γ-Strahlen.* Auf die Differenz zwischen der Winkelabhängigkeit der Polarisation der DELBRÜCK-Streuung u. derjenigen der THOMAS u. RAYLEIGH-Streuung wird hingewiesen. Durch Messung der Polarisation der elast. gestreuten γ-Strahlen läßt sich ein schlüssiger Beweis für die Existenz der DELBRÜCK-Streuung erhalten. (Nuclear Physics **8.** 155—56. 2/9. 1958. Budapest, Central Res. Inst. for Phys., Dep. of Neutron Phys.) GERHARD SCHMIDT. 90

**W. A. Dshrbaschjan,** *Winkelkorrelation von zirkular polarisierten γ-Quanten beim μ-Mesoatom.* Mesoatome können zirkular polarisierte γ-Quanten aussenden, deren Winkelverteilung u. Winkelkorrelation ein Maß für den Polarisationsgrad des $\mu^-$-Mesons darstellen. (Журнал Экспериментальной и Теоретической Физики [J. exp. theoret. Physik] **35.** 307—08. Juli 1958. Physik. Inst. der Akad. der Wiss. der ArmenSSR.) M. WIEDEMANN. 90

**William Miller** und **Robert J. Kennedy,** *Schwächung von Synchrotron-Röntgenstrahlen von 86 und 176 MeV in Beton und Blei.* Für Synchrotron-Betriebsenergien von 38, 86 u. 176 MeV zeigen die Röntgenstrahl-Schwächungskurven in Beton einen effektiven Absorptionskoeffizienten von 0,021 $cm^2/g$ in Übereinstimmung mit früheren Messungen bei 38 u. 185 MeV. Für Betriebsenergien von 86 u. 176 MeV geben die Breitbündelkurven in Pb einen effektiven Absorptionskoeffizienten von 0,046 $cm^2/g$, in Einklang mit früheren Daten bei 330 u. 185 MeV. (Radiation Res. **4.** 360—66. 1956. Washington, D. C., Nat. Bur. of Stand.) HERBERT WEBER. 90

**T. G. Walkonskaja, I. P. Iwanenko** und **G. A. Timofejew,** *Über den Einfluß von Wirkungen der Vielfachstreuung auf die Entwicklung eines Elektron–Photon-Schauers hoher Energie in Blei.* Die Entw. von 154 Schauern aus einem prim. Elektron mit $10^{12}$ eV u. von 40 Schauern aus einem prim. Elektron oder Photon bis zu 4 t-Einheiten in Pb wird nach der Monte-Carlo-Meth. berechnet. Das Energiespektr. ändert sich unter Berücksichtigung der Vielfachstreuung stark, es treten mehr Teilchen mit hoher u. weniger mit niedriger Energie auf. (Журнал Экспериментальной и Теоретической Физики [J. exp. theoret. Physik] **35.** 293—94. Juli 1958. Moskau, Univ.) M. WIEDEMANN. 90

**E. Fridlender** und **E. Rukenstein,** *Über die Natur der den Hauptteil der Energie bei Kernstößen bei mittleren Energien forttragenden Teilchen.* Die Übergangskurve für Elektron–Kern-Schauer in einem dichten Medium wird unter der Annahme berechnet, daß in jeder Stufe der Kernkaskade ein Teilchen energet. bevorzugt ist. Durch Vgl. dieser Kurve mit der Absorption in Luft kann der Anteil der zerfallenden Teilchen berechnet werden. Der Anteil der Mesonen, die mit den Kernen zur Wechselwrkg. kommen, überschreitet nicht 10%. (Журнал Экспериментальной и Теоретической Физики [J. exp. theoret. Physik] **35.** 104—10. Juli 1958. Bukarest, Inst. für Atomphys. der Akad. der Wiss. der Volksrepublik Rumänien, polytechn. Inst.) M. WIEDEMANN. 90

**Sh. Ss. Takibajew,** *Beurteilung des Wertes der Energie von schauerbildenden Teilchen unter Berücksichtigung ihres Energiespektrums.* Der Einfl. der Energiespektren der schauererzeugenden Teilchen bei der Best. der Energie aus der Winkelverteilung der Sekundärteilchen wird berechnet. Die Nichtberücksichtigung des Energiespektr. kann zu einer Erniedrigung bei der Energieberechnung von 5500 auf 4500 GeV führen. (Журнал Экспериментальной и Теоретической Физики [J. exp. theoret. Physik] **35.** 277—79. Juli 1958. Inst. für Kernphys. der Akad. der Wiss. der KasachSSR.) M. WIEDEMANN. 90

**Haruo Ui,** *Unelastische Streuung von Neutronen und direkte Oberflächenprozesse.* (Vgl. C. **1957.** 4295.) In ähnlicher Weise wie die Deuteron-Abstreifreaktion werden die durch Einteilchen- u. Mehrteilchenanregungen verursachten direkten Oberflächenprozesse behandelt, die im Falle der unelast. Streuung von Neutronen auftreten, wenn der Restkern in einen bestimmten niedrig angeregten Zustand versetzt wird. Für mittlere u. schwere Kerne erweist sich die Kollektivanregung viel größer als die Einteilchenanregung. Im Bereich niedriger Energie ist der Compoundkernprozeß, im Bereich höherer

Energie der direkte Oberflächenprozeß vorherrschend. (Progr. theoret. Physics [Kyoto] **18.** 163—82. Aug. 1957. Meguro-ku, Tokyo, Univ. of Tokyo, Inst. of Sci. and Technol. [Orig.: engl.]) D. JÖRCHEL. 90

**Robert C. Allen,** *Die Wechselwirkung von 0,15—1,0 MeV-Neutronen mit* $^{238}U$, $^{235}U$ *und* $^{239}Pu$. Mit Hilfe des elektrostat. 2,5 MeV-Beschleunigers wurden die differentiellen elast. Streuquerschnitte u. der Querschnitt der nichtelast. Rk. für $^{238}$U, $^{235}$U u. $^{239}$Pu im Neutronenenergiebereich von 0,15—1,0 MeV gemessen. Die gestreuten Neutronen werden von einem $H_2$-Rückstoßzähler gezählt. Für die Best. der nichtelast. Rk. wurde ein kleiner $H_2$-Rückstoßzähler verwendet. Bei $^{238}$U betrifft der größte Teil der unelast. Streuung nur die beiden ersten angeregten Zustände für 0,5 MeV-Neutronen, 1,0 MeV-Neutronen geben auch in dem 0,15 MeV-Bereich etwas unelast. Streuung. $^{239}$Pu verhält sich ähnlich $^{238}$U. Bei $^{235}$U zeigen 0,5 MeV-Neutronen im 0,15 MeV-Niveau wenig Streuung. (Nuclear Sci. Engng. **2.** 787—93. Nov. 1957. Los Alamos, N. Mex., Univ. of California, Los Alamos Scient. Labor.) S. NEUE. 90

**K. H. Beckurts** und **O. Klüber,** *Bestimmung der Diffusionsparameter thermischer Neutronen in Wasser nach einer Vergiftungsmethode.* Nach der von COHEN vorgeschlagenen Meth. wurde zur Ermittlung der Diffusionsparameter die Diffusionslänge in reinem W. u. in 3 verschied. starken Boraxlsgg. gemessen. Der atomare Absorptionsquerschnitt des *B* wurde nach der Differenzmeth. von v. DARDEL u. SJÖSTRAND (C. **1956.** 3752) zu $\sigma_a^B = 747 \pm 5$ barn für $v = 2{,}2 \cdot 10^5$ cm/sec bestimmt. Unter Berücksichtigung einer Härtungskorrektur (Verschiebung des Neutronenspektr. nach höherer Energie durch stärker absorbierendes Streumedium) wurden folgende Diffusionsparameter ermittelt: Diffusionskoeff. $D = 35300 \pm 1100$ cm²/sec, Absorptionswahrscheinlichkeit $v\Sigma_a = 4800 \pm 180$ sec$^{-1}$, Transportweglänge $\lambda_{Tr} = 0{,}427 \pm 0{,}014$ cm u. $\sigma_a = 0{,}327 \pm 0{,}012$ barn für $v = 2{,}2 \cdot 10^5$ cm/sec. (Z. Naturforsch. **13a.** 822—25. Okt. 1958. Karlsruhe, Kernreaktor-Bau u. Betriebs-GmbH., Inst. für Neutronenphys. u. Reaktortechn.) H. LIEPACK. 90

**N. C. Francis, M. L. Storm** und **P. F. Zweifel,** *Neutronenalter in Diphenyl.* Vff. vergleichen gemessene u. berechnete Werte des Neutronenalters in Diphenyl (**I**). Die Abweichungen lassen sich nicht durch Unsicherheiten in der Best. der Winkelverteilung der gestreuten Neutronen erklären. Für W. anstelle von **I** ist die Größenordnung der Abweichungen die gleiche. (Nuclear Sci. Engng. **2.** 745—47. Nov. 1957. Schenectady, N. Y., Knolls Atom. Power Labor.) S. NEUE. 90

**I. Sch. Waschakidse,** *Winkelverteilung von Protonen aus der unelastischen (n, d)-Streuung.* Für die unelast. (n, d)-Streuung wird die Winkelverteilung der schnellen wie der langsamen Protonen berechnet. Ferner werden die Wirkungsquerschnitte ermittelt. Bei den schnellen Protonen ergibt ein Vgl. mit den experimentellen Daten Aufschluß über die Spin–Bahn-Wechselwirkung. Die Verteilung der langsamen Protonen ist isotrop. (Сообщения Академии Наук Грузинской ССР [Mitt. Akad. Wiss. GrusinSSR] **18.** 663—70. Juni 1957. Tbilissi, Stalin-Univ.) M. WIEDEMANN. 90

**N. V. V. J. Swamy** und **A. E. S. Green,** *Coulomb-Austauschenergie aus Schalenmodell-Wellenfunktionen.* Vff. berechnen die direkten u. Austauschenergien (COULOMB) mehrerer leichter Kerne unter Verwendung harmon. Oscillator-Wellenfunktionen u. approximierter Wellenfunktionen für ein realist. Potential mit diffuser Begrenzung. Die Z-Abhängigkeit der gesamten Austauschenergie wird in Form eines geeigneten Parameters c ausgedrückt. (Physic. Rev. [2] **112.** 1719—21. 1/12. 1958. Tallahassee, Fla., Florida State Univ.; Los Alamos, N. Mex., Los Alamos Sci. Labor.) GERHARD SCHMIDT. 95

**Sudhir P. Pandya,** *Tiefliegende Niveaus von* $^{32}P$ *und jj-Kopplung.* Vf. zeigt, wie sich die bekannten, aus $^{31}$P(d, p)$^{32}$P-Verss. gewonnenen Ergebnisse über die tiefliegenden $^{32}$P-Niveaus unter der Annahme deuten lassen, daß nur kleine Abweichungen von der jj-Kopplung auftreten. (Progr. theoret. Physics [Kyoto] **18.** 668—69. Dez. 1957. Ahmedabad, Physic. Res. Labor. [Orig.: engl.]) D. JÖRCHEL. 95

**Sadaaki Yanagawa,** *Über den Grundzustandsspin von* $^{47}Ti$ *und* $^{55}Mn$. Unter Verwendung der experimentell bekannten Werte für die reine $(f_{7/2})^{\pm 2}$-Konfiguration von $^{56}Fe$, $^{46}$Ti u. $^{48}$Ti, dargestellt durch die Wellenfunktion $\psi\,(f_{7/2}^{\pm 2}(J),\ j^2(0):J)$, $J = 0, 2, 4$ u. 6, wurden die Energieaufspaltungen für die reinen Zustände $\psi\,(f_{7/2}^{\pm 3}(J),\ j^2(0):J)$, $J = 7/2, 5/2, 3/2\ldots$ berechnet, die als entsprechende $^{55}$Mn- u. $^{47}$Ti-Niveaus gedeutet werden. (Progr. theoret. Physics [Kyoto] **18.** 661—62. Dez. 1957. Tokyo, Univ., Fac. of Engng., Dep. of Appl. Phys. [Orig.: engl.]) D. JÖRCHEL. 95

**Raymond Armbruster,** *Beitrag zur experimentellen Untersuchung der angeregten Niveaus einiger leichter Kerne durch die Methode der Winkelkorrelation der inneren Konversionspaare und der monopolaren Paare.* Die Winkelkorrelation der monopolaren Paare des 6,05 MeV-Niveaus von $^{16}O$ sowie die Spektren für verschied. Winkel der Emissionsrichtung von Positron u. Elektron wurden gemessen. Die Multipolarität der 3,09 MeV-$\gamma$-Strahlung des ersten angeregten Niveaus von $^{13}C$ wurde zu El bestimmt, die der 4,43 MeV-Strahlung von $^{12}C$ zu E2. Drehimpuls, Parität u. Isobarenspin des 16,57 u. des 17,22 MeV-Niveaus von $^{12}C$ ergaben sich zu $2^-$, T = 1 bzw. $1^-$, T = 1. (Ann. Physique [13] **3.** 88—121. Jan./Febr. 1958. Strasbourg, Univ.) M. WIEDEMANN. 103

**R. A. Rightmire, T. P. Kohman** und **H. Hintenberger,** *Über die Halbwertszeit des langlebigen $^{26}Al$.* Vff. stellten $^{26}Al$ durch p-Beschuß von reinstem Mg im Cyclotron her u. isolierten es durch ein trägerfreies Abscheideverfahren. Die absol. Aktivität der $^{26}Al$-Lsg. wurde mit einem 4$\pi$-GEIGER-Zähler zu 2065 $\pm$ 54 Zerfällen/Min./ml bestimmt, dabei betrug die Positronenemissionsrate 1747 $\pm$ 26 Positronen/Min./ml. Nach massenspektrometr. Best. der $^{26}Al$-Konz. ($^{27}Al$ als Verdünnungsmittel) wurde die Halbwertszeit von $^{26}Al$ zu (7,38 $\pm$ 0,29) $\cdot 10^5$ Jahren bestimmt. (Z. Naturforsch. **13a.** 847—53. Okt. 1958. Pittsburgh, Pa., Carnegie Inst. of Technol., Dep. of Chem.; Mainz, MPI für Chem.) H. LIEPACK. 103

**Jean Combe,** *Experimentelle Untersuchung der Wechselwirkungen hoher Energie in photographischen Emulsionen. Deutung nach einer Monte-Carlo-Methode. Nachweis von Substrukturen kurzer Dauer in leichten Kernen.* ILFORD C2- u. G5-Kernplatten wurden Teilchen hoher Energie in einem Synchrocyclotron ausgesetzt, einerseits Neutronen von 90—270 MeV, andererseits Protonen von 90—340 MeV. Das Modell nach GOLDBERGER stellt, wenn man es mit Hilfe der Monte-Carlo-Meth. auf schwere Kerne (*Ag, Br*) anwendet, ein brauchbares Schema für den Durchgang eines Nucleons durch einen Kern dar. Es erlaubt, eine gewisse Anzahl von Parametern zu fixieren, die den Durchgang definieren, wie z. B. die mittlere freie Weglänge, die Impulsverteilung der Nucleonen im Kerninnern. Die Parameter stellen die Summe der individuellen Wrkgg. dar, die das komplexe Verh. der Nucleonen regeln. Das Modell eignet sich unmittelbar zur Erklärung u. Klassifizierung der Ergebnisse (Energie- u. Winkelverteilung). Die Ergebnisse deuten darauf hin, daß in leichten Kernen (*C, N, O*) Substrukturen von kurzer Lebensdauer existieren. — 73 Literaturhinweise. (Ann. Physique [13] **3.** 468—509. Juli/Aug. 1958. Strasbourg, Univ., Fac. des Sci.) W. GÜNTHER. 103

**M. P. Glasunow** und **B. F. Gulew,** *Untersuchung der $^{155}Eu$-Strahlung.* Mit einem kombinierten $\beta$-$\gamma$-Spektrometer werden die Spektren der $\beta$-Strahlung u. der Konversionselektronen der $\gamma$-Strahlung untersucht. Durch mehrmaliges Messen im Laufe von 8 Monaten werden 3$\beta$-Komponenten mit $E_\beta$(max) in (keV) u. den relativen Intensitäten (%) 140 $\pm$ 5 (58), 185 $\pm$ 5 (39) u. 245 $\pm$ 5 (3) u. folgende $\gamma$-Übergänge dem $^{155}Eu$ zugeordnet: 15, 18, 26, 31,6, 45,6, 61, 87, 100, 102, 106, 118, 125, 132 u. 137 in keV ($\pm$ 0,5). Die $\beta$-Übergänge sind einfach verboten. Von einigen $\gamma$-Übergängen werden relative Intensitäten, K/L-Verhältnisse u. Typen angegeben. (Известия Академии Наук СССР, Серия Физическая [Nachr. Akad. Wiss. UdSSR, physik. Ser.] **22.** 941—44. Aug. 1958.) K.-E. SEYB. 103

**S. K. Bhattacherjee** und **Shree Raman,** *Eine Bemerkung über den Zerfall von $^{185}W$.* Das gemessene Koinzidenz-$\beta$-Spektr. von $^{185}W$ zeigte deutlich eine innere $\beta$-Gruppe in Koinzidenz mit der 57 keV-$\gamma$-Strahlung. Für den totalen Konversionskoeff. $\alpha_T$ des 57 keV-Überganges wird $\alpha_T$ = 3,3 abgeleitet. Daraus wird geschlossen, daß die den $\beta$-Zerfall von $^{185}W$ begleitende Konversion des 57 keV-Übergangs allein in der L-Schale stattfindet u. der Übergang als M1 klassifiziert werden kann. (Nuovo Cimento [10] **3.** 1131—32. 1/5. 1956. Bombay, Tata Inst. of Fundament. Res.) HERBERT WEBER. 103

**W. M. Kelman, R. Ja. Metzchwarischwili, W. A. Romanow** und **W. W. Tutschkewitsch,** *Untersuchung der Konversionslinien im $\beta$-Spektrum von $^{192}Ir$.* Mit einem Prismen-$\beta$-Spektrometer mit 0,04% Auflösungsvermögen werden die Konversionselektronenspektren der angeregten Niveaus von $^{192}Pt$ u. $^{192}Os$, die beim Zerfall von $^{192}Ir$ entstehen, untersucht. Die Verhältnisse der Konversionskoeffizienten K/L, $L_I/L_{II}/L_{III}$ werden für die Übergänge 136,3, 201,3, 205,8, 308,5, 316,5, 468,0 u. 604,5 keV bestimmt. Die untersuchten Übergänge sind vom Typ E2 oder E2 + M1. (Журнал Экспериментальной и Теоретической Физики [J. exp. theoret. Physik] **33.** 588—94. Sept. 1957. Leningrad, Physiko-techn. Inst. der Akad. der Wiss. der UdSSR.) K.-E. SEYB. 103

**A. N. Protopopow** und **M. W. Blinow,** *Bestimmung der mittleren Zahl der Neutronen, die bei der Spaltung von $^{235}U$ mit 14,8 MeV-Neutronen emittiert werden.* Die mittlere Zahl der erzeugten Neutronen wurde durch Messung der Koinzidenzen zwischen den Neutronen u. den Zerfallsprodd. bestimmt. Zum Nachw. der Neutronen wurde eine Doppelionisationskammer benutzt, auf deren Hochspannungselektrode zwei gleichartige Schichten aus $^{235}U$ ($U_3O_8$) aufgebracht waren. Außer mit 14,8 MeV-Neutronen wurde die Kammer mit therm. Neutronen beschossen. Das Verhältnis der Neutronenausbeuten $n/n^T$ betrug 1,90 ± 0,18, $n^T$ war 2,47 ± 0,03, damit n für $^{235}U$ bei der Spaltung mit 14,8 MeV-Neutronen 4,7 ± 0,5. (Атомная Энергия [Atomenergie] **4.** 374—76. April 1958.) M. Wiedemann. 103

**L. Cranberg, G. Frye, N. Nereson** und **L. Rosen,** *Spaltneutronenspektrum von* $^{235}U$. (Vgl. C. **1958.** 13414.) Das mit der Spaltung von $^{235}U$ durch langsame Neutronen verbundene Neutronenspektr. wurde von 0,18 bis 12 MeV gemessen. Im Energiebereich von 0,18 bis 2,7 MeV wurde die Flugzeitmeth., von 0,35 bis 12 MeV die photograph. Plattenmeth. angewendet. Die kombinierten Ergebnisse dieser Messungen genügen der Relation $N(E) = Ke^{-E/0,965} \sinh [(2{,}29E)^{1/2}]$, wobei N(E) der Neutronenfluß, E die Neutronenenergie in MeV u. K eine Konstante (1058) sind. Der einfachere Ausdruck $N(E) = KE^{1/2}e^{-0,775E}$ mit K = 1765 gibt die Daten für Neutronenenergien unterhalb 9 MeV gut wieder. (Physic. Rev. [2] **103.** 662—70. 1/8. 1956. Los Alamos, N. Mex., Univ. of California, Los Alamos Scient. Labor.) Herbert Weber. 103

**Marie Ader,** *Anomale Emissionen aus einigen Radioelementen.* Photograph. Emulsionen, die Lsgg. von Salzen von *Po, Th, RdAc, Ra,* akt. Ndd. auf verschied. schweren Metallen dieser Elemente sowie von *RaD, Pu* u. metall. U ausgesetzt worden sind, registrieren neben den bekannten Strahlungen Bahnen anomaler Reichweite. Die Reichweiten dieser Bahnen können 300 $\mu$ in der photograph. Platte überschreiten, was einer Reichweite in Luft von mehr als 60 cm entspricht. (Ann. Physique [13] **2.** 611—30. Sept./Okt. 1957. Paris, Coll. de France, Labor. de Phys. atom. et mol.) Gerhard Schmidt. 103

**Ju. Ss. Samjatnin, I. N. Ssafina, Je. K. Gutnikowa** und **N. I. Iwanowa,** *Neutronenspektren beim Durchgang von 14 MeV-Neutronen durch Schichten spaltbaren Materials.* 14 MeV-Neutronen wurden durch Beschuß einer $^3H$–Zr-Mischung mit 150 keV-Deuteronen erhalten. Sie fielen auf Schichten von bis zu 0,4 freien Weglängen aus $^{232}Th$, $^{233}U$, $^{235}U$, $^{238}U$ u. $^{239}Pu$ sowie einer Mischung der beiden U-Isotope. Die sek. Neutronen wurden durch die Rückstoßprotonen mit Kernemulsionen nachgewiesen. Ihr Energiespektr. wurde ermittelt. Es wurde zwischen Spaltungs- u. Verdampfungsneutronen unterschieden, der Anteil der ersteren betrug bei den obigen Isotopen 0,20, 0,75, 0,65, 0,43 bzw. 0,7. Der Koeff. der Verteilung auf die beiden Komponenten kann aus den Kernkonstanten der entsprechenden Isotope ermittelt werden. (Атомная Энергия [Atomenergie] **4.** 337—42. April 1958.) M. Wiedemann. 103

**N. P. Rudenko,** *Abscheidung von trägerfreien Nucliden.* Übersicht über neuzeitliche Verff. u. eine Nuclidtabelle zum Auffinden von möglichen störenden Nebenprodd. bei der Gewinnung von trägerfreien Nucliden. (Журнал Неорганической Химии [J. anorg. Chem.] **3.** 167—74. Jan. 1958. Moskau, Univ., Wiss. Forsch.-Inst. für Kernphysik) K.-E. Seyb. 104

**I. A. Korschunow** und **A. I. Schafijew,** *Methoden der Abscheidung von Radiophosphor aus Chlor und Schwefel enthaltenden Targets.* Aus $CCl_4$ u. $S_2Cl_2$ wird $^{32}P$ trägerfrei an Silicagel oder an den Wänden des Bestrahlungsgefäßes zu 80—90% adsorbiert. Elementarer S wird in Chlf. oder Toluol gelöst u. kochend mit angesäuertem $H_2O$ extrahiert (85%). Zur Abtrennung aus Salzen wird $^{32}P$ aus wss. Lsgg. an Fe- oder Al-Hydroxyd, an $BaSO_4$, $BaCrO_4$ oder $Al_2O_3$ adsorbiert. (Журнал Неорганической Химии [J. anorg. Chem.] **3.** Nr. 1. 100—03. Jan. 1958.) K.-E. Seyb. 104

**W. D. Nefedow** und **M. A. Toropowa,** *Abscheidung von trägerfreiem Technetium mittels der Methode der Lösung chemischer Bindungen beim β-Zerfall.* Mit therm. Neutronen beschossenes $MoO_3$ wird mit $CCl_4$ bei 250° in $MoCl_5$ u. dieses mit CO unter 150 at in einer Mischung mit Aceton u. Zn-Staub in $Mo(CO)_6$ übergeführt. Zur Isolierung des aus dem $^{99}Mo$ entstehenden $^{99m}Tc$ wird die äther. oder Chlf.-Lsg. des Carbonyls mit $H_2O$ extrahiert. Die Ausbeute ist prakt. 100%. (Журнал Неорганической Химии [J. anorg. Chem.] **3.** Nr. 1. 231—34. Jan. 1958.) K.-E. Seyb. 104

**A. N. Murin, W. D. Nefedow, Je. N. Ssinotowa** und **O. W. Larionow,** *Trennung der Kernisomere des Tellurs, Quecksilbers und Zinns.* Aus Tellurdimethylnitrat mit $^{127m}Te$ wird durch Adsorption an $Fe(OH)_3$ das durch isomeren Übergang entstandene 9,3 Std.-$^{127}Te$ abgetrennt u. das Fe mit Isopropyläther aus 9 n HCl extrahiert. Aus Diäthylquecksilber wird das durch isomeren Übergang erzeugte $^{197}Hg$ an $MnO_2$ adsorbiert u. durch Verdampfen trägerfrei gewonnen. Bestrahltes Sn wird in eine bzl. Lsg. von Tetraphenylzinn übergeführt. Das durch isomeren Übergang entstandene $^{121}Sn$ wird mit $H_2O$ extrahiert. (Журнал Неорганической Химии [J. anorg. Chem.] **3.** Nr. 1. 181—83. Jan. 1958.) K.-E. Seyb. 104

**G. I. Chlebnikow** und **Je. P. Dergunow,** *Gewinnung von starken Uran-, Neptunium-, Plutonium- und Americiumschichten und die Methode der elektrolytischen Fällung.*

Schichten von 0,5 x 1,2 cm u. 0,15—0,25 mg/cm² Dicke aus U, Np, Pu u. Am wurden mit hoher Ausbeute durch elektrolyt. Fällung aus $HNO_3$ oder HCl-Lsg. von z. B. $U^{6+}$, $Np^{4+}$, $Pu^{4+}$ unter Zusatz von Oxalat oder Formiat als Komplexbildner erhalten. Das Lösungsvol. lag bei ca. 2 cm³, $p_H$ betrug 8—9 (Zusatz von $NH_4OH$), die kathod. Stromstärke 100—150 mA/cm², die Elektrolysendauer 12—14 Stunden. Als Kathode dienten Ni, Pt, Al oder Cu-Legierungen, als Anode Pt, Ni oder Graphit. (Атомная Энергия [Atomenergie] **4.** 376—77. April 1958.) M. WIEDEMANN. 104

**Krisstian Swoboda,** *Über die primäre Retention beim Szillard-Chalmers-Prozess.* Die als prim. Retention bezeichnete Wahrscheinlichkeit, daß ein durch n, $\gamma$-Rk. aktiviertes Atom auf Grund der Winkelverteilung der $\gamma$-Quanten oder durch innere unelast. Stöße nicht seinen Molekülverband verläßt, wird untersucht. Für einige Fälle werden Formeln abgeleitet. (Журнал Неорганической Химии [J. anorg. Chem.] **3.** Nr. 1. 187—94. Jan. 1958. Prag, Tschechoslowak. Akad. der Wiss., Inst. für Kernphys.) K.-E. SEYB. 108

**R. C. Briant** und **Alvin M. Weinberg,** *Geschmolzene Fluoride als Brennstoffe für Leistungsreaktoren.* Gegenüber anderen Reaktoren mit fl. Medium besitzen solche mit geschmolzenen Mischungen von $UF_4$ u. $ThF_4$ mit Fluoriden der Alkalimetalle, Be oder Zr drei Vorteile: ein weiter Löslichkeitsbereich für U u. Th, niedriger Druck u. keine radiolyt. Gasentwicklung. Es wurde ein Reaktor mit BeO-Moderator u. einer Ausgangstemp. des zirkulierenden Kernbrennstoffs von über 1500° F konstruiert. Das Core kann 600 $MW_{therm.}$ bei einer Leistungsdichte von 187 W/cm³ erzeugen. Das Salzgemisch im Core besteht aus 70% $^7LiF$ u. 30% $BeF_2$; es wird genügend $^{235}UF_4$ zugesetzt, um es krit. werden zu lassen (F. 867° F). Kontrollstäbe sind wegen des negativen Temp.-koeff. nicht erforderlich. Aus verbrauchtem Salzgemisch (enthaltend u. a. $^{234}Np$) wird U als flüchtiges $UF_6$ entfernt u. in frischem Salz dem Reaktor wieder zugeführt. (Nuclear Sci. Engng. **2.** 797—803. Nov. 1957. Oak Ridge, Tenn., Oak Ridge Nat. Labor.) S. NEUE. 110

**W. K. Ergen, A. D. Callihan, C. B. Mills** und **Dunlap Scott,** *Das Aircraft-Reaktor-Experiment (ARE) — Physik.* Die Verwendung geschmolzener Fluoride in Reaktoren empfiehlt sich wegen des geringen Absorptionsquerschnitts von *F* sowie wegen des für Anionen verhältnismäßig hohen Energieverlustes durch Stoß (0,10; für *C* 0,16). Als Kation ist Be wegen seines geringen Absorptionsquerschnitts u. großen Bremsvermögens geeignet. Als zweite Komponente wird LiF vorgeschlagen. Das Bremsvermögen der Fluoride ist geringer als das von Graphit u. viel geringer als das von $D_2O$. Aus diesem Grunde empfiehlt sich die Anwendung von BeO als festem Moderator. Die krit. Masse des ARE betrug 14,9 kg $^{235}U$. Der hohe negative Temperaturkoeff. geschmolzener Salze rührt größtenteils von der Ausdehnung der Salzmasse mit steigender Temp. her (im ARE $1,75 \cdot 10^{-4}$ bei schneller, $1,1 \cdot 10^{-4}$ bei langsamer Erwärmung). Mit steigender Leistungsentnahme kühlt sich der Reaktor etwas ab, die Reaktivität nimmt zu u. damit die Leistung. Von dem gebildeten $^{135}Xe$ wird weniger als 5% im Reaktor zurückgehalten. (Nuclear Sci. Engng. **2.** 826—40. Nov. 1957.) S. NEUE. 110

**E. S. Bettis, R. W. Schroeder, G. A. Christy, H. W. Savage, R. G. Affel** und **L. F. Hemphill,** *Das Aircraft-Reaktor-Experiment — Entwurf und Konstruktion.* (Vgl. vorst. Ref.) Das ARE wurde für Betriebstempp. im Bereich von 1500° F bei einer Leistung von 1—3 MW mit in einem heterogenen Core zirkulierenden Kernbrennstoff in geschmolzenem Fluoridsalz entworfen. Der Moderator bestand aus heißgepreßten BeO-Blöcken, die durch zirkulierendes Na gekühlt wurden. Der Wärmeaustausch erfolgte durch Schmelze-He-W.-Systeme. (Nuclear Sci. Engng. **2.** 804—25. Nov. 1957.) S. NEUE. 110

**E. S. Bettis, W. B. Cottrell, E. R. Mann, J. L. Meem** und **G. D. Whitman,** *Das Aircraft-Reaktor-Experiment. — Betrieb.* (Vgl. vorst. Reff.) Die maximale stationäre Temp. des ARE belief sich auf 1580° F, die Temperaturdifferenz zwischen Eingang u. Ausgang des $NaF–ZrF_4–UF_4$-Brennstoffs auf 355° F. Bis zum Kritischwerden des Reaktors verstrichen 241 Std., bis zur Beendigung des ARE weitere 221 Std. Die letzten 74 Std. befand sich die Leistung im MW-Bereich u. erreichte insgesamt 96 MWh. — Um den Reaktor krit. zu machen, wurde *U* in Form von geschmolzenem $2\,NaF \cdot UF_4$ dem geschmolzenen Trägersalz zugefügt. Bei Erreichung des krit. Zustandes hatte das Salzgemisch die Zus. 52,8 (Mol%) NaF, 41 $ZrF_4$, 5,7 $UF_4$ u. einen F. 990 F; die Konz. des $^{235}U$ betrug 23,9 lb/ft³, woraus sich die krit. Masse zu 32,75 lb $^{235}U$ berechnet. Es wurden Verss. bei niedriger u. hoher Leistung des Reaktors ausgeführt. (Nuclear Sci. Engng. **2.** 841—53. Nov. 1957.) S. NEUE. 110

**J. W. Healy** und **L. C. Schwendiman,** *Wasserstoffzähler für die Analyse von verdünntem Tritiumoxyd.* Für Unterss. über den Metabolismus u. die Wrkgg. von $^3H$ wurde ein Syst. zur Erzeugung u. zur Verwendung von $H_2$ in GEIGER-Zählern (1 at) entwickelt. Multivibrator, Löschkreis, Empfindlichkeit u. Background der Zähler werden beschrieben. Die über einen Meßbereich von 5 Min. erwarteten Standardabweichungen betragen 1% bei 0,10 $\mu$c/ml bis 3—4% bei 0,01 $\mu$c/ml. (Radiation Res. 4. 278—85. 1956. Richland, Wash., Gen. Electr. Comp., Radiolog. Sci. Dep.)

HERBERT WEBER. 112

**A. Moljk** und **R. W. P. Drever,** *Proportionalzähler für Demonstrationsexperimente.* (Vgl. C. **1957.** 1093.) Ein Proportionalzähler, dessen Kathode mit einer Polyäthylenschicht überzogen ist, erlaubt bes. den Nachw. des Vorganges der Gasverstärkung. Ein solches Polyäthylen-Proportionalzählrohr kann für einige Zeit auch ohne Hochspannungsversorgung betrieben werden. Es ist als Integriergerät geeignet, indem das Absinken der Verstärkung über den gewünschten Zeitraum beobachtet wird. (Amer. J. Physics **25.** 165—68. März 1957. Glasgow, Univ., Dep. of Natural Philos.)

L. WIESNER. 112

**B. Lionel Funt** und **Arlene Hetherington,** *Suspensionszählung von $^{14}C$ in Scintillationsgelen.* Die Scintillationsgele wurden aus einer Lsg. von 4 g/Liter p-Terphenyl u. 0,1 g/Liter 1,4-bis-2,5-phenyloxazolylbenzol hergestellt, zu der zur Bldg. eines festen Gels 70 g/Liter Al-Stearat hinzugefügt wurden. Verschied. Mengen $Ba^{14}CO_3$ wurden gleichmäßig in dem Gel verteilt. In einem weiten Bereich der spezif. Aktivitäten wurde eine lineare Abhängigkeit der Zählrate von der Aktivität gefunden, Mit zunehmendem Geh. des Gels an $Ba^{14}CO_3$ nimmt die Zählausbeute ab: bei 1% $Ba^{14}CO_3$ im Gel betrug der Nutzeffekt 75,6%, bei 7,5% $Ba^{14}CO_3$ nur noch 37,2%. Die Ausschaltung von $O_2$ bei der Herst. der Gele führt zu einer Erhöhung der Zählausbeute u. der Impulshöhen. Absetzeffekte sind vernachlässigbar, so daß die Meßergebnisse auch über längere Zeiträume gut reproduzierbar sind. (Science [Washington] **125.** 986—87. 17/5. 1957. Winnipeg, Univ. of Manitoba, Chem. Dep.) L. WIESNER. 112

**K. H. Kimbel** und **J. Willenbrink,** *Fortlaufende Messung schwacher $\beta$-Strahler in Flüssigkeiten mit Scintillatorschlauch.* Zur kontinuierlichen Scintillationszählung schwacher $\beta$-Strahler ($^{14}C$ u. $^{35}S$) in strömenden Fll. (bes. in viskosen u. zur Gerinnung neigenden biol. Medien) wurden zu einer flachen Schnecke aufgewickelte Schläuche mit einer lichten Weite von 0,7 mm u. einem Außendurchmesser von 1,5 mm aus Plastikscintillatormaterial NE 102 verwendet. Wegen der sehr kleinen Lichtintensität ist dabei eine hohe Verstärkung erforderlich. Bei einer Photomultiplierspannung von 725 V u. einer Eingangsempfindlichkeit des Verstärkers von 1 mV wurden in 0,3 ml $= 3 \cdot 10^{-9}$ c einer an der Carboxylgruppe $^{14}C$-markierten Benzoesäurelsg. in A. 220 Impulse/Min. abzüglich eines Nulleffekts von 26 Impulsen/Min. gemessen, entsprechend einer Ausbeute von ca. 3%. Eine $^{35}S$–$Na_2S_2O_3$-Lsg. von $6,6 \cdot 10^{-8}$ c ergab 2417 Impulse/Min. (Nulleffekt 440 Impulse/Min.) entsprechend einer Ausbeute von ca. 1,3%. Bei Verwendung gefärbter Lsgg. (Blut) sinkt die Ausbeute auf 1/10. (Naturwissenschaften **45.** 567. 1. Dez.-H. 1958. Berlin, Schering A. G., Hauptlabor.) W. KARCHER. 112

**U. Farinelli** und **R. Malvano,** *Impulsbetrieb von Photomultipliern.* Bei bestimmten Unterss. mit Scintillationszählern ist es nötig, den Photomultiplier mit Impulsen möglichst steiler Flanke zu sperren. Bei Tasten der Photokatode erreichen die Impulse einer monochromat. Quelle erst nach ca. 30 $\mu$sec ihre volle Amplitude. Es wird vorgeschlagen, zum Tasten die Schirm- oder Fokussierelektrode zu benutzen. Mit — 100 V läßt sich z.B. der Multiplier DUMONT 6292 sicher sperren, u. bei Spannungen zwischen — 50 V u. 100 V bleibt die Empfindlichkeit ausreichend konstant. (Rev. sci. Instruments [N.S.] **29.** 699—701. Aug. 1958. Torino, Univ., Ist. di Fis.; Ist. Naz. di Fis. Nucl.)

C. REUBER. 112

**W. N. Logunow, Je. P. Owtschinnikow** und **W. D. Russanow,** *Abhängigkeit der Intensität der $\gamma$-Bremsstrahlung des Betatrons von Grundkennzahlen der Injektion.* Mit dem Ziel einer Erhöhung der Intensität der vom Betatron gelieferten $\gamma$-Strahlung wird der Einfl. der Impulsform der Injektion auf die Einfangbedingungen im Betatron untersucht. Es zeigt sich, daß bei schnellerem Impulsabfall der Einfang stark zunimmt. Für die Konstruktion eines Betatrons mit starker $\gamma$-Strahlung ist es zweckmäßig, die Stirnfront des Impulses langsam ansteigen, die Hinterfront aber steil abfallen zu lassen. (Журнал Технической Физики [J. techn. Physik] **27.** 1135—42. Mai 1957. Moskau, Physik. Lebedew-Inst. der Akad. der Wiss. der UdSSR.) R. K. MÜLLER. 112

**W. N. Logunow, Je. P. Owtschinnikow, W. D. Russanow** und **Ss. Ss. Ssemenow,** *Nichtstationärer Kreisstrom bei der Elektroneninjektion in das Betatron.* (Vgl. C. **1958.** 6148 u. vorst. Ref.) Bei einem 30 MeV-Synchrotron mit Betatronschleuder werden Größe u. Form des Stroms durch induktive Verb. zwischen dem Strom in der Kammer u. der nahe der Kammer gelegenen Spule bestimmt. Der Koeff. des Überganges von Elektronen aus dem nichtstationären Kreisstrom in den stationären Strom nimmt mit zunehmendem Injektionsstrom zu u. erreicht bei optimalen Bedingungen 0,3—0,4. (Журнал Технической Физики [J. techn. Physik] **27.** 1143—48. Mai 1957.) R. K. MÜLLER. 112

**Susumu Kato,** *Magnetisches Spektrometer mit geneigten ebenen Polschuhen für langsame Elektronen.* Es wird die Konstruktion eines magnet. Spektrometers zur Unters. der Geschwindigkeitsverteilung langsamer Elektronen beschrieben. Die Impulsauflsg. des Spektrometers ist ca. dreimal größer u. der Fokussierungswinkel ca. zehnmal größer als bei den üblichen halbkreisförmigen Spektrometern ähnlicher Dimensionen. Für 100 V-Elektronen beträgt die Auflsg. bei einem Abstand Quelle–Bild von 11,0 cm ca. 1,65 mm/V. (J. physic. Soc. Japan **13.** 544—48. Juni 1958. Higashinoda, Osaka Univ., Labor. for Appl. Phys., Fac. of Engng.) G. KURDAL. 112

**G. I. Selzer** und **A. L. Kartushanski,** *Zur Theorie der Empfindlichkeitsschwankungen der Kristalle in photographischen Kernemulsionen.* Für die Verteilung der Kristalle nach der Empfindlichkeit werden Ausdrücke abgeleitet, die keine willkürlichen Parameter enthalten. Die Formeln werden auf fein- u. grobkörnige Emulsionen angewandt, wobei die Sensibilisierung ebenfalls berücksichtigt wird. (Доклады Академии Наук СССР [Ber. Akad. Wiss. UdSSR] **123.** 495—97. 21/11. 1958.) M. WIEDEMANN. 112

**M. F. Roditschewa,** *Elementare Zusammensetzung von Kernemulsionen.* Für eine Standardemulsion mit 58% relativer Feuchtigkeit werden die Elementaranalyse auf Ag, Br, J, C, H, N, S, O u. die D.-Best. durchgeführt. Tabellar. Wiedergabe der Ergebnisse. (Журнал Научной и Прикладной Фотографии и Кинематографии [J. wiss. angew. Photogr. Kinematogr.] **3.** 286. Juli/Aug. 1958. Kinophotoforschungsinst.) M. WIEDEMANN. 112

**J. Heidmann,** *Methode der gekrümmten Kernemulsionen.* Die Meth. ermöglicht die Markierung von Teilchenbahnen, die zu einer bestimmten Zeit während der Belichtung in der Emulsion gebremst wurden. Indem man die zunächst mit Hilfe eines elast. Bandes über einen zylindr. Körper gekrümmte Emulsion zur gewünschten Zeit streckt, kann man bei der späteren Auswertung alle nicht interessierenden Teilchenbahnen wegen ihrer Krümmung leicht aussondern. Die Meth. u. ihre Fehler werden an Hand der Ergebnisse von Ballonaufnahmen der Höhenstrahlung diskutiert. (J. Physique Radium **18.** 625—28. Nov. 1957. Paris, École Polytechn., Labor. de Phys.) D. JÖRCHEL. 112

**E. Tochilin, B. W. Shumway** und **G. D. Kohler,** *Ansprechen von photographischen Emulsionen auf geladene Teilchen und Neutronen.* Mit Protonen von 240 MeV, Deuteronen von 190 u. 24 MeV sowie α-Teilchen von 380 MeV wurde die Dosisempfindlichkeit von 3 Dosimeterfilmen u. einer Kernemulsion (Translite, 5302, 510, NTB-Abstreiffilm) untersucht. Bei den Messungen wurden die Filme zwischen eine Reihe von Absorbern eingelegt, so daß Meßwerte als Funktion der Teilchenreichweite erhalten wurden. Die charakterist. Kurven für die Dosimeterfilme waren ident. in der Form für alle Teilchenenergien. Aus der beobachteten Ähnlichkeit zwischen den Dosimeterfilmen u. elektronenempfindlichen Kernemulsionen wurde geschlossen, daß die mittlere Kornempfindlichkeit dieser Filme derart ist, daß jedes durch ein Korn laufendes einfach geladenes Teilchen genügend Energie überträgt, um das Korn entwickelbar zurückzulassen. Werte für die Filmempfindlichkeit gegenüber Neutronen wurden mit einer Po-Be-Quelle u. mit den Neutronenspektren aus dem Beschuß von Be mit 12 MeV-Protonen u. 20 MeV-Deuteronen erhalten. Die Dosimeterfilme waren sehr unempfindlich gegen Neutronen u. sind daher als γ-Detektoren bei Ggw. von Neutronen geeignet. (Radiation Res. **4.** 467—82. 1956. San Francisco, Calif., US Naval Radiolog. Defense Labor.) HERBERT WEBER. 112

**Giovanna Mayr,** *Quantitative Bestimmung des $^{90}Sr$, wenn es mit anderen β-strahlenden Isotopen gemischt ist.* An Hand eines Gemisches von $^{90}$Sr u. $^{90}Y$ zeigt Vf., wie man unter Verwendung von ILFORD G5-Platten den Geh. an $^{90}$Sr quantitativ durch Ausmessen bestimmen kann. Verwendet wurden reines $^{90}$Sr u. reines $^{90}$Y sowie Gemische von Sr u. Y mit 25 bzw. 47% $^{90}$Y. (Ricerca sci. **28.** 1469—72. Juli 1958. Milano, Univ., Fac. di med.) C. GOTTFRIED. 112

**Massimiliano Ferro-Luzzi** und **Mario Muchnik,** *Eine Vorrichtung zur automatischen Berechnung der Streumessungen in Kernemulsionen.* Die Vorr. besteht aus einer elektr. Rechenmaschine, die im Laufe der Meßzeit automat. die Werte abliest u. die zweiten Differenzen berechnet. (Ricerca sci. **28.** 1451—56. Juli 1958. Roma, Univ., Ist. di Fis., Ist. Naz. di Fis. Nucl.) C. GOTTFRIED. 112

**Richard B. Rhody,** *Dosimetrie schneller Neutronen am Cyclotron des Argonne National Laboratory.* Vgl. der verschied. Methoden der Neutronendosimetrie. (Radiation Res. **5.** 495—501. Nov. 1956. Iowa City, Io., State Univ., Coll. of Med., Radiat. Res. Labor.) C. GOTTFRIED. 112

**Harold V. Larson,** *Eine Untersuchung des Bragg-Gray-Prinzips mit Fluorescenz-Röntgenstrahlen.* Vf. berichtet über vergleichende Dosimetriemessungen niedrig energet. Röntgenstrahlen mit Hilfe der Freiluft-Ionisationskammer u. der BRAGG-GRAY-Kammer. Die Versuchsergebnisse sind tabellar. u. graph. zusammengestellt. (Radiation Res. **5.** 558—68. Nov. 1956. Richland, Wash., General Electric Co., Radiolog. Sci. Dep.)
C. GOTTFRIED. 112

**J. W. Healy,** *Die Berechnung der maximal zulässigen Konzentrationen für langlebige Radioisotope.* Diskussion der Anwendung der Potenzfunktion für die Retention oder Ausscheidung von Isotopen zur Berechnung der maximal zulässigen Konzz. (MPC) von Radioisotopen in Luft oder Wasser. Die MPC con $^{226}$Ra u. $^{90}$Sr werden als Beispiele des Verf. berechnet. (Radiation Res. **4.** 367—72. 1956. Richland, Wash., Gen. Electr. Co., Radiolog. Sci. Dep.) HERBERT WEBER. 112

**K. Sauerwein,** *Abschirmdaten für γ-Strahlung.* Berechnung der notwendigen Dicken von Abschirmmaterialien u. der Mindestabstände von den Strahlenquellen. Durch richtige Wahl beider Größen läßt sich erreichen, daß die γ-Strahlung, der Personen in der Nähe von atomtechn. Anlagen ausgesetzt sind, unter der höchstzulässigen Dosis von 0,1 r je Woche (zu 40 Arbeitsstunden) liegt. Unter Berücksichtigung der Aufbaufaktoren zeigt sich, daß im betrachteten Energiebereich von 0,661—10 MeV der Sekundärstrahlungsanteil 1. mit steigender Ordnungszahl des Absorbers bei niedrigen Primärenergien (bis $\sim$ 2 MeV) abnimmt, bei hohen Primärenergien (ab einigen MeV) zunimmt, 2. mit steigender Primärenergie der einfallenden Strahlung bei niedrigen bis mittleren Ordnungszahlen abnimmt, bei hohen Ordnungszahlen zunimmt. Vgl. der ermittelten Abschirmdaten mit gemessenen Ergebnissen u. prakt. Anwendung der ermittelten Abschirmdaten. (Atomwirtschaft **3.** 103—10. 1958. März. Düsseldorf.)
GERHARD SCHMIDT. 112

**H. M. Childers** und **J. D. Graves,** *Ein Vergleich von Ra- und $^{60}$Co-γ-Strahlungsfeldern.* Die Dosirate (r/Std./c bei 1 m) wurde für $^{60}$Co relativ zu der von Ra gemessen. Die Schwächung der r-Felder von $^{60}$Co u. Ra durch Pt-Absorber (Wanddicken der Quellen) wurde untersucht. Das Verhältnis des r-Feldes von 1 mc $^{60}$Co zum r-Feld von 1 mg Ra beträgt ohne Absorber 1,43 u. bei einer Wanddicke der Ra-Quelle von 4 g/cm$^2$ Pt 1,87 ($^{60}$Co unabgeschirmt). (Radiation Res. **4.** 493—99. 1956. Washington, D. C., Naval Res. Labor.) HERBERT WEBER. 112

**Robert R. Wilson,** *Kernstrahlung in Hiroshima und Nagasaki.* Unters. der bei den Atombombenexplosionen aufgetretenen γ- u. Neutronendosen. (Radiation Res. **4.** 349—59. 1956. Ithaca, N. Y., Cornell Univ.) HERBERT WEBER. 112

**Kuniko Horie,** *Radioaktivitätsabnahme der Bikini-Aschen.* Mit einem Elektroskop u. mit einem GEIGER-MÜLLER-Zähler wird während 600 Tagen die β- u. γ-Strahlung der H-Bomben-Aschen bestimmt. Dem Elektroskop wird die größere Empfindlichkeit zugeschrieben, das auch durch innere Konversion emittierte α-Teilchen u. Elektronen registriert. (Kagaku [Science] **25.** 636—37. 1955. Tokyo Univ. [Orig.: japan.])
L. SCHULER. 112

---

**Je. A. Liberman,** Die Dosimetrie der radioaktiven Isotope. Moskau: Medgis. 1958. (187 S.) 5 Rbl. 45 Kop. [russ.]

—, Symposium on nondestructive tests in the field of nuclear energy. A report from the national meeting held a Chicago from April 16 to 18, 1957 which was co-sponsored by the American Institute of Chemical Engineers. Philadelphia: Amer. Soc. for Testing Materials. 1958. (403 S. m. Abb. u. Diagr.) 8° = ASTM special tech. pubn., no. 223. $ 10,—.

—, Symposium on radiation effects on materials; v. 2. A report from the sixtieth annual meeting in Atlantic City, June 20, 1957 by the Atomic Industrial Forum and the American Society for Testing Materials. Philadelphia: Amer. Soc. for Testing Materials bds. 1958. (142 S. m. Abb. u. Diagr.) 8° = ASTM special tech. pubn., no. 220. $ 3,75.

—, Who's who in atoms: an international reference book, 1959. London: Vallancey P. 1959. (684 S.) 6 £. 6 s.

—, Glossary of atomic terms. London: United Kingdom Atomic Energy Authority. 1959. (62 S.) gratis.

**Hermann Ulich †,** *Kurzes Lehrbuch der physikalischen Chemie.* Neu bearb. von WILHELM JOST. 9. ergänzte Aufl. Darmstadt: Verlag von Dr. Dietrich Steinkopff. 1956. (XVI + 357 S. m. 103 Abb. u. 61 Taf.) DM 18,—.
Das ausgezeichnete bekannte Lehrbuch, das seit 1954 von Jost herausgegeben wird, liegt in 9. Auflage vor, die nur geringe Änderungen und Ergänzungen enthält. Am Ende der Kapitel ausgewählter Buch- und Literaturnachweis. M. PFLÜCKE.

## A$_2$. Optisches Verhalten der Materie.

**G. Godoli,** *Charakteristische Zahlen der Wasserstoff- und Calciumfackeln und der Wasserstoffbanden für das Jahr 1955.* Tabellar. Zusammenstellung der Ausmeßergebnisse. (Ann. Geofisica **9.** 299—304. 1956. Sep.) C. GOTTFRIED. 113

**Giovanni Godoli,** *Das infrarote Sonnenspektrum.* (Vgl. vorst. Ref.) Zusammenfassende Übersicht an Hand der Literatur. (Coelvm **25.** Nr. 11/12. 1—8. 1957. Sep.)
C. GOTTFRIED. 113

**G. Godoli,** *Untersuchung von vier Eisenlinien im Sonnenspektrum bei $\lambda = 1,6\ \mu$.* (Vgl. vorst. Reff.) An 7 verschied. Punkten des Sonnenradius wurden die Äquivalentbreiten u. Profile von 4 mittelstarken Fe-Sonnenlinien bei $\lambda = 1,6\ \mu$ gemessen. Die Ergebnisse sind tabellar. zusammengestellt. (Mem. Soc. astronom. ital. **28.** Nr. 4. 1—12. 1957. Sep.) C. Gottfried. 113

**Georges Monsonego,** *Über die Kollektivbeschreibung der Riesenresonanz.* Die von Bohr u. Mottelson für den Fall der Rotationen u. Quadrupolschwingungen verwendete Meth. wird auf den Fall der Dipolschwingungen angewandt. (C. R. hebd. Séances Acad. Sci. **248.** 1623—25. 16/3. 1959.) D. Jörchel. 114

**Albert Gold** und **Robert S. Knox,** *Wellenfunktionen angeregter Zustände, Anregungsenergien und Oscillatorstärken für $Ne(2p^5 3s)$.* Die Hartree-Fock-Gleichungen für die $^3P$- u. $^1P$-Terme von $Ne(2p^5 3s)$ werden gelöst. Wellenfunktionen, Anregungsenergien u. Oscillatorstärken werden in Tabellen angegeben. Die Oscillatorstärke des 736 Å-Übergangs wird zu 0,11 ermittelt u. die diamagnet. Susceptibilität des Grundzustands zu $-7,4 \cdot 10^{-6}\ cm^{-3}$ Mol. (Physic. Rev. [2] **113.** 834—39. 1/2. 1959. Rochester, N. Y., Univ. of Rochester, Dep. of Phys. and Inst. of Optics.) H. Liepack. 114

**Pierre Callon,** *Bemerkungen über die $L\beta_2$-Emission und die $L_{III}$-Absorption des Molybdäns.* Die bei verschied. Spannungen aufgenommenen $L\beta_2$-Emissionslinien des Mo zeigen, daß bei höheren Anregungsspannungen eine asymm. Verringerung der Halbwertbreite durch Eigenabsorption der Antikathode auftritt, eine offenbar echte Asymmetrie der Linienform jedoch auch bei niedrigen Spannungen, bei denen der Eigenabsorptionseffekt vernachlässigbar sein sollte, bestehen bleibt. Es wurden eine Halbwertsbreite von $5 \pm 0,2$ eV u. ein Asymmetriefaktor von 1,2 gemessen. Die empir. Breite an der Basis (im Sinne von Skinner) betrug 9 eV. Die Theorie der freien Elektronen liefert eine Bandbreite von 6 eV. Die $L_{III}$-Absorptionskante wurde an ca. 1000 Å dicken reinen Metallschichten, die auf Al niedergeschlagen worden waren, beobachtet. Das Maximum des Absorptionskoeff. lag 6 eV vom Maximum der $L\beta_2$-Linie, die Kante selber ca. 2 eV entfernt. (C. R. hebd. Séances Acad. Sci. **248.** 2085—86. 6/4. 1959.) D. Jörchel. 116

**Ju. I. Osstrowski** und **N. P. Penkin,** *Relative Zahlen der f-Spektrallinien des Scandiums.* Im untersuchten Spektralbereich 3000—6400 Å des Sc gehören 22 Linien 9 Multipletts an, die vom n. $a^2D$-Niveau ausgehen, 11 weitere Linien gehören 4 Multipletts zu mit den niedrigeren Niveaus $a^4F$ (1,43 eV) u. $a^2F$ (1,85 eV). Die Zuordnung der 33 Linien wird in einer Tabelle eingehender ausgeführt. (Оптика и Спектроскопия [Optik u. Spektroskopie] **3.** 391—93. Okt. 1957.) R. K. Müller. 118

**Ján Gažo,** *Spektrophotometrische Untersuchung von Kupfer(II)-chlorokomplexen in Aceton.* 2. Mitt. *Alterung der Lösung von Kupferchlorid in Aceton.* (1. vgl. Chem. Zvesti **10.** [1956.] 509.) Das Absorptionsspektr. von Lsgg. von wasserfreiem $CuCl_2$ in absol. Aceton zeigt in frischer Lsg. die Extinktion des $[CuCl_4]^{2-}$-Komplexes. Im Laufe der Zeit ändert sich das Spektr. infolge Red. $Cu^{2+} \rightleftharpoons Cu^+$. In Ggw. von LiCl wird das Gleichgewicht der Redox-Rk. in Richtung $[CuCl_4]^{2-}$ verschoben, in dem $Cu^{2+}$ relativ beständig ist. (Chem. Zvesti **10.** 612—16. 1956.) F. Urban. 118

**T. N. Waters** und **D. Hall,** *Die Farbisomerie und Struktur einiger Kupfer(II)-koordinationsverbindungen.* 1. Mitt. *Absorptionsspektren in Lösung.* Die Absorptionsspektren der Cu(II)-Komplexverbb. mit *Salicylaldehyd, 2-Hydroxy-1-naphthaldehyd, N.N'-Disalicylidenäthylendiamin, N.N'-Disalicylidenpropan-1.2-diamin, N.N'-[2-Hydroxy-1-naphthyliden]-propan-1.2-diamin, N-Methylsalicylaldimin* u. *2-Hydroxy-N-methyl-1-naphthaldimin* wurden in *Pyridin, Bzl., Methanol, Chlf.* u. $CCl_4$ im Bereich 200—800 m$\mu$ bei 0, 25 u. 43° aufgenommen; eine Auswahl dieser Spektren ist im Original abgebildet. Während die Vers.-Temp. ohne Einfl. auf die Spektren ist, stellten Vff. beträchtliche Unterschiede bei Variation des Lösungsm. fest. Sie führen diesen Effekt auf eine Änderung der Koordinationszahlen in Abhängigkeit vom verwendeten Lösungsm. zurück u. nehmen an, daß diese Änderung durch eine Koordination von Lösungsmittelmoll. am Zentralatom hervorgerufen wird. Die Koordinationstendenz der untersuchten Lösungsmittel nahm in der Reihenfolge Pyridin $>$ $CH_3OH$ $>$ Chlf. $\approx$ Bzl. $>$ $CCl_4$ ab. (J. chem. Soc. [London] **1959.** 1200—03. März. New Zealand, Univ. of Auckland, Chem. Dep.; Harwell, Berks., AERE, Chem. Div.) D. Ertel. 118

**T. N. Waters** und **D. Hall,** *Die Farbisomerie und Struktur einiger Kupfer(II)-koordinationsverbindungen.* 2. Mitt. *Absorptionsspektren der Festkörper.* (1. vgl. vorst. Ref.) Die Absorptionsspektren einiger fester Cu(II)-Komplexverbb. mit *Salicylaldehyd* u. den l. c. beschriebenen *2-Hydroxy-1-naphthaldehyd-Derivv.* wurden nach der KBr-Meth. im Bereich 200—900 m$\mu$ aufgenommen. In Analogie mit den Absorptionsspektren in Lsg. nehmen Vff. an, daß die grünen Komplexe Metall-Koordinationszahlen $> 4$ aufweisen, während in den violett- oder braungefärbten Verbb. die Koordinationszahl 4 vorliegt. (J. chem. Soc. [London] **1959.** 1203—05. März.) D. Ertel. 118

**R. W. H. Stevenson** und **P. T. Nettley,** *Brechungsvermögen und Gitterkonstantenverhältnisse von mit Lithium-6 und Lithium-7 angereicherten Fluoriden.* Es werden die für 4 Wellenlängen ($\lambda$ = 4471,48, 5015,68, 5893,7 u. 6678,15 Å) gemessenen, auf 21° reduzierten Brechungsindices n von n. (N), mit 90% $^6$Li (A) u. 95% $^7$Li (B) angereicherten LiF-Proben verglichen. Die n-Differenzen zwischen den Proben wachsen mit $\lambda$ u. lassen sich näherungsweise durch einen Ausdruck $x(10^{-5}) + y(10^{-5}) \cdot (\lambda_{\text{Å}} \cdot 10^{-4})^2$ darstellen, wobei für n(B) — n(A) x = 7,723, y = 24,83 u. für n(B) — n(N) x = 7,870, y = 24,60 ist. Der x-Term dürfte hauptsächlich von den Änderungen der Gitterkonstanten, der $\lambda$-abhängige Term von der Änderung der IR-Dispersionsfrequenz mit dem Isotopenbruch herrühren. Unter Verwendung dieser x-Werte u. des bekannten Zusammenhanges zwischen Gitterkonstanten u. Brechungsvermögen errechnet sich ein Unterschied der Gitterkonstanten zwischen $^6$LiF u. $^7$LiF von im Mittel $1{,}94 \cdot 10^{-4}$, der in guter Übereinstimmung mit dem aus Röntgen-Messungen gewonnenen Wert von $2 \cdot 10^{-4}$ ist. Aus einer KETTELER-HELMHOLTZ-Dispersionsformel für N ergibt sich eine Änderung von n, die $y_c\lambda^2$ proportional ist, wobei $y_c$ eine Funktion der IR-Dispersionswellenlänge ist. IR-Messungen lieferten für B u. N ein $y_c$ = 22,4, für B u. A ein $y_c$ = 23,1, was mit den obigen y-Werten gut übereinstimmt. (Nature [London] **183.** 1000—01. 4/4. 1959. Aberdeen, Univ., Dep. of Natur. Philosophy; Capenhurst Works, U. K. A. E. A., Res. and Developm. Branch.) D. JÖRCHEL. 119

**A. E. Stebbens** und **L. L. Shreir,** *Brechungsindex von Uranoxyd, das durch anodische Oxydation erhalten wurde.* Bei Verwendung einer wss. Ammoniak-Lsg. als Elektrolyt gelang es, Uran anod. zu oxydieren, so daß brillante Interferenzfarben auftraten. Mit verd. $H_2SO_4$ konnte die Oxydschicht teilweise entfernt bzw. keilförmig angeätzt werden, ohne daß das Metall dabei angegriffen wurde. Die so behandelten Schichten wurden interferometr. nach zwei Methoden untersucht, wobei sich der Brechungsindex (vermutlich $n_D$, Anm. d. Referenten.) n = 1,93 bzw. n = 1,95 ergab. Bei therm. erzeugtem Uranoxyd wurde dagegen durch Messung des BREWSTERschen Winkels n = 2,26 erhalten. Die Kenntnis des Brechungsindex erlaubte die Best. der Wachstumsgeschwindigkeit der elektrolyt. erzeugten Uranoxydschichten. (Nature [London] **183.** 1113—14. 18/4. 1959. London, Battersea Coll. of Technol., Metallurgy Dep.) W. KERNCHEN. 119

**I. N. Schkljarewski** und **W. K. Milosslawski,** *Neue Modifikation der Polarisationsmethode zur Messung optischer Konstanten von Metallen.* (Vgl. C. **1958.** 13418.) Die opt. Konstanten von Metallen im sichtbaren u. im IR-Bereich werden nach einer neuen Polarisationsmeth. gemessen. Bei 3facher Lichtreflexion von den untersuchten Metalloberflächen wird der Einfallwinkel so gewählt, daß das ellipt. polarisierte Licht sich in linear polarisiertes umwandelt. Die Phasendifferenz ist dann $\Delta = \delta_p - \delta_s = -60°$. Die opt. Konstanten ergeben sich aus den gemessenen Werten des Einfallwinkels $\varphi$ u. des Azimuts der reduzierten Polarisation $\psi$. Als Beispiel werden die opt. Konstanten des Al im sichtbaren Bereich gemessen u. die Einfll. dünner Oxydfilme auf die Genauigkeit der Messung untersucht. Für die Dicke der $Al_2O_3$-Filme von Al-Spiegeln nach O'BRYAN, sowie von frischbereitetem u. gealtertem Al ergeben sich aus den opt. Konstanten 25, 74 bzw. 97 Å. (Оптика и Спектроскопия [Optik u. Spektroskopie] **3.** 361—67. Okt. 1957. Charkow, Univ.) R. K. MÜLLER. 119

**W. Ss. Maschkewitsch,** *Elektrische, optische und elastische Eigenschaften von Kristallen vom Diamanttyp.* 2. Mitt. *Gitterschwingungen unter Berücksichtigung der Atomdipolmomente.* (1. vgl. C. **1959.** 8458.) Theoret. Erörterung des langwelligen Schwingungsspektrums. Qualitativ werden die Absorption infraroter Strahlung durch Gitterschwingungen, die Doppelbrechung u. die Wechselwrkg. der Leitungselektronen mit den Gitterschwingungen behandelt. (Журнал Экспериментальной и Теоретической Физики [J. exp. theoret. Physik] **32.** 866—73. April 1957. Kiew, Polytechn. Inst.) G. KIRSCHSTEIN. 119

**W. C. Walker, J. A. R. Samson** und **O. P. Rustgi,** *Optische Eigenschaften von Al für hν zwischen 10 und 26 eV.* Messungen der Leitfähigkeit u. des Reflektionsvermögens von aufgedampften Al-Filmen in der Größenordnung von 1000 Å-Dicke werden durchgeführt. Freitragende Filme von 1350 Å Dicke zeigen bei 15 eV eine intensive Spektrallinie, es kann aber keine Leitfähigkeit beobachtet werden. Es kann nur geschätzt werden, daß sie bei Energien unter hν = 15 eV von der Größenordnung 0,1% ist. Der Absorptionskoeff. nimmt von ca. $10^6$ cm$^{-1}$ bei 15 eV bis $10^5$ cm$^{-1}$ bei 25 eV ab. Das Reflektionsvermögen eines typ. Al-Filmes auf Glas wird für einen Einfallswinkel von 10° angegeben. Bei hν = 15 eV wechselt Al von einem undurchsichtigen zu einem mäßig durchlässigen Medium. (J. opt. Soc. America **48.** 71. Jan. 1958. Los Angeles, Calif., Univ. of Southern California, Dep. of Phys.) D. HAHN. 119

**Marthe Spitzer,** *Optische Resonanz des Cadmiumdampfes mit getrennten geraden und ungeraden Isotopen.* Für die 3261 Å-Linie, die dem $^3P_1$–$^1S_0$-Übergang in Cd entspricht, wurde für aus $^{114}$Cd bestehendem Cd-Dampf ein Polarisationsgrad von 0,95, für aus $^{111}$Cd u. $^{113}$Cd bestehendem Cd-Dampf 0,44 gemessen, während die natürliche Mischung einen Polarisationgrad von 0,81 hat. Dieses Ergebnis bestätigt den Einfl. des Kernspins (0 für die gerade, 1/2 für die ungeraden Isotopen), wie er auch beim anomalen ZEEMAN-Effekt beobachtet wird. (C. R. hebd. Séances Acad. Sci. **248.** 786—87. 9/2. 1959.) D. JÖRCHEL. 119

**J. Hermans jr.** und **J. J. Hermans,** *Lichtstreuung durch statistische Zickzack- und wurmähnliche Ketten.* Die Winkelverteilung der Lichtstreuung durch wurmähnliche Makromol.-Ketten (kontinuierlich gekrümmte Ketten) wurde nach einer graph. Integrationsmeth. unter den gleichen Näherungsbedingungen, wie von KRATKY u. POROD (Recueil Trav. chim. Pays-Bas **68.** [1949.] 1106) bzw. PETERLIN (C. **1954.** 800) angegeben, berechnet. Es wird gezeigt, daß diese Näherungsmeth. nicht den Ausdruck für den Gyrationsradius, der aus der Lichtstreuungsgleichung abgeleitet werden kann, beeinflußt. Ferner entwickelten Vff. eine exakte Ableitung für statist. Zickzackketten (tabellar. Zusammenstellung der Ergebnisse). (J. physic. Chem. **62.** 1543—46. Dez. 1958. Ithaca, N. Y., Cornell Univ., Chem. Dep.; Syracuse, N. Y., State Univ., Coll. of Forestry, Cellulose Res. Inst.) R. SCHÄFF. 119

**Odile Givaudon,** *Beitrag zur Untersuchung des reinen Rotationsspektrums von Ammoniak und des Rotationsschwingungsspektrums von Trimethylamin.* Vf. beobachtete erstmals die Feinstruktur der den Übergängen $J = 16 \rightarrow 17$ u. $J = 17 \rightarrow 18$ entsprechenden reinen $NH_3$-Rotationsbande, die zwischen 322 u. 335 bzw. 338 u. 355 $cm^{-1}$ liegen. Das Spektr. wird nach einer von HADNI (C. **1957.** 6658) verwendeten, von BLEANY u. PENROSE aufgestellten Frequenzbeziehung gedeutet. — An $N(CH_3)_3$ wurden eine starke, strukturlose Bande bei 375 $cm^{-1}$, die der polarisierten RAMAN-Linie bei 360 $cm^{-1}$ entsprechen dürfte u. durch Schwingungen des Viermassenmodells $N—X_3$ zu deuten ist, sowie eine zwischen 451—555 $cm^{-1}$ liegende Bande mit dem Zentrum bei 483 $cm^{-1}$ beobachtet, die in 12 Linien aufgelöst war. (C. R. hebd. Séances Acad. Sci. **248.** 1494—97. 9/3. 1959.) D. JÖRCHEL. 120

**H. J. Becher** und **S. Frick,** *Darstellung und infrarotspektroskopische Untersuchung phenylsubstituierter Borazolderivate.* Folgende Borazolderivv. wurden dargestellt u. ihre IR-Spektren in $CCl_4$-Lsg. aufgenommen: *N.N.N-Triphenylborazol* (**I**), *B.B.B-Trimethyl-N.N.N-triphenylborazol* (**II**), *B.B.B-Triphenylborazol* (**III**), *B.B.B-Triphenyl-N.N.N-trimethylborazol* (**IV**) u. *B.B.B-Trichlor-N.N.N-triphenylborazol* (**V**). Für die ebenen Verbb. **I** u. **III** ist die Symmetrie $D_{3h}$, für **II** u. **IV** mit verdrillten Phenylkernen maximal $D_3$. In einer Teilzuordnung der Spektren werden folgende Banden erfaßt: $\nu$ (BH) 2504/2556 $cm^{-1}$ für **I**, $\nu$ (NH) 3423 für **III**, $\nu$ (CH) der Phenylgruppen 3020/3050, $\nu$ (CH) der $CH_3$-Gruppen 2900 $cm^{-1}$; außerdem oberhalb 1620 $cm^{-1}$ nur schwache Kombinationsbanden. Gerüstschwingungen der Phenylgruppen liegen bei $\sim$ 1600, 1500, 1450 u. 1000, $\delta$ (CH) bei $\sim$ 1300, 1180 1155, 1070, 1026 u. $\gamma$ (CH) bei $\sim$ 900, 840, 750 u. 695 $cm^{-1}$. Ferner werden 2 substituentenabhängige Banden in den Bereichen 1000 bis 1300 u. 630—850 $cm^{-1}$ beobachtet. Alle Verbb. zeigen um 1400 $cm^{-1}$ eine auffällige Bande hoher Intensität (Borazol 1465 $cm^{-1}$): **I** 1401, **II** 1380, **III** 1472, **IV** 1405, **V** 1373, *B.B.B-Trichlorborazol* 1445, *B.B.B-Trichlor-N.N.N-trimethylborazol* 1392 $cm^{-1}$; sie wird einer Ringschwingung des Borazolrings zugeordnet, eine zweite, theoret. erwartete, ist noch nicht gesichert. Wie bereits aus den UV-Spektren erkannt wurde, beeinflußt die Phenylsubstitution an N die BN-Bindung kaum.

V e r s u c h e : *N.N.N-Triphenylborazol* (**I**), F. 154—155° (Heptan), aus $LiBH_4$ u. Anilinhydrochlorid zunächst in Ae., dann nach Absaugen des Ae. u. 4 std. Erhitzen unter $N_2$ auf 250°; — *B.B.B-Trimethyl-N.N.N-triphenylborazol* (**II**), F. 262° (Dioxan), aus $B(CH_3)_3$ u. Anilin durch 15std. Erhitzen auf 375° in Bombenrohr u. anschließendes Fraktionieren im Vakuum; — *B.B.B-Triphenylborazol* (**III**), F. 175—176° (Heptan), durch Zutropfen von B.B.B-Trichlorborazol nach BROWN u. LAUBENGAYEN (vgl. C. **1956.** 4076) in Bzl. zu Phenyl-MgBr in Ae. unter $N_2$, hydrolyseempfindlich. — *B.B.B-Triphenyl-N.N.N-trimethylborazol* (**IV**), F. 249° (Heptan, Verfärbung), analog vorst. aus B.B.B-Trichlor-N.N.N-trimethylborazol u. $C_6H_5MgBr$. — *B.B.B-Trichlor-N.N.N-triphenylborazol* (**V**), F. 265° (nach Sublimation), aus $BCl_3$ u. Anilinhydrochlorid in Chlorbenzol. (Z. anorg. allg. Chem. **295.** 83—92. 1958. Stuttgart, TH, Labor. für anorgan. Chem.) VOLKMAR SCHMIDT. 120

**H. J. Hrostowski** und **R. H. Kaiser,** *Absorptionss pektrum von mit Wismut dotiertem Silicium.* Vff. untersuchten das IR-Absorptionsspektr. von mit Bi versetzten gezogenen Si-Kristallen bei 4,2° K. Die Kristalle hatten bei Zimmertemp. einen angenäherten Widerstand von 0,4 $\Omega \cdot$ cm u. eine Donordichte von $2 \cdot 10^{16}/cm^3$. Das aus den Spektren erhaltene Donortermschema war ausführlicher als das von Picus u. Mitarbeitern (vgl. Physics Chem. Solids **1.** [1956.] 75) gefundene Schema. Die Lagen der Niveaus vom p-Typ relativ zu dem Leitungsband standen in sehr guter Übereinstimmung mit der bestehenden Theorie von Kohn u. Luttinger (Physic. Rev. [2] **98.** [1955.] 1856). In dem Spektr. wurde außerdem ein „verbotener" Übergang zu den entarteten 2s-Niveaus beobachtet. Die opt. Ionisationsenergie wurde aus den beobachteten Übergangsenergien u. den berechneten Abständen der entsprechenden p-Zuständen von dem Leitungsband erhalten. Der gefundene Wert von $70{,}6 \pm 0{,}3 \cdot 10^{-3}$ eV steht in guter Übereinstimmung mit dem von den Vff. erhaltenen therm. Wert von $69 \cdot 10^{-3}$ eV. (Physics chem. Solids **4.** 315—17. 1958. Murray Hill, N. J., Bell Telephone Labors., Inc.)

C. Gottfried. 120

**L. A. Woodward** und **H. F. Owen,** *Die Ramanspektren von Quecksilber(II)-cyanid und des Tetracyanomercurat(II)-ions.* Die ramanspektroskop. Unters. einer 1,2 mol. $Hg(CN)_2$-Lsg. in Methanol ($\lambda = 4358$ Å, m-Dinitrobenzol als Filter) lieferte das vollständige Raman-Spektr. des $Hg(CN)_2$-Mol.; die Polarisationszustände der Linien wurden bestimmt. Folgende 3 Linien sind charakteristisch: 274 cm$^{-1}$ (schwach, unpolarisiert, $\nu_5$ [$\Pi_g$]), 412 cm$^{-1}$ (schwach, polarisiert, $\nu_2$ [$\Sigma_g^+$]) u. 2189 cm$^{-1}$ (stark, polarisiert, $\nu_1$ [$\Sigma_g^+$]). Diese Ergebnisse bestätigen u. ergänzen entsprechende IR-spektroskop. Befunde. — Das Raman-Spektr. des $[Hg(CN)_4]^{2-}$-Ions untersuchten Vff. an wss., überschüssiges NaCN enthaltenden $Hg(CN)_2$-Lsgg. mit dem Ziel, die Änderungen der Valenz-Kraftkonstanten k der Hg–C- u. C–N-Bindungen im $[Hg(CN)_4]^{2-}$-Komplex zahlenmäßig zu erfassen. Sie fanden folgende Raman-Frequenzen des $[Hg(CN)_4]^{2-}$-Ions: $\nu_1 = 2148$ cm$^{-1}$ (stark, polarisiert), $\nu_2 = 342$ cm$^{-1}$ (sehr schwach, polarisiert) u. 200 cm$^{-1}$ (sehr schwach); unter Anwendung eines einfachen Valenzkraftfeldes berechneten Vff. $k_{C-N} = 17{,}0 \cdot 10^5$ u. $k_{Hg-C} = 1{,}85 \cdot 10^5$ dyn/cm. Für die unter entsprechenden Voraussetzungen berechneten Valenzkraftkonstanten des $Hg(CN)_2$-Mol. sind die Werte $k_{C-N} = 17{,}3 \cdot 10^5$ u. $k_{Hg-C} = 2{,}74 \cdot 10^5$ dyn/cm angegeben. Der Einfl. der Komplexbldg. auf die Bindungsverhältnisse wird auf Grund der berechneten Kraftkonstanten diskutiert. (J. chem. Soc. [London] **1959.** 1055—58. März. Oxford, Inorg. Chem. Labor.)

D. Ertel. 120

**E. Groschwitz,** *Zur Theorie des Masers.* Es wird das Problem der induzierten Emission u. Absorption eines atomaren Syst., das mit einem Mikrowellenfeld resonanzfähig ist, unter Berücksichtigung der Phasenkonfiguration des Feldes im Rahmen der Diracschen Strahlungstheorie untersucht. Es zeigt sich, daß bei einer zeitlich unveränderlichen Phasenverteilung die Übergangswahrscheinlichkeit für Emissions- bzw. Absorptionsprozesse außer von den Parametern des atomaren Syst. u. von den Amplituden der Schwingungskomponenten bes. von der Phasenkonfiguration abhängt u. durch diese unter Umständen wesentlich modifiziert werden kann. Daher sind die sich aus der Übergangswahrscheinlichkeit ergebende momentane Quantenleistung u. das unter Berücksichtigung von Relaxationseffekten berechnete Leistungsspektr. sowie dessen Bandbreite eine Funktion der Phasenverteilung. Die Phasenschwingungen repräsentieren neben dem atomaren Syst. u. dem Strahlungsfeld ein 3. Energiereservoir, das als Steuerungsmechanismus der induzierten Emission u. Absorption vielgestaltig auf das Leistungsspektr. u. die Verstärkung wirken kann. (Z. Naturforsch. **14a.** 305—07. März 1959. München, Siemens & Halske AG, Wernerwerk für Bauelemente.)

D. Jörchel. 121

**Raymond Wertheimer,** *Mikrowellenabsorptionsspektrum des Schwefelsäureanhydrids.* (Vgl. C. **1959.** 5369.) Eine der l. c. beobachteten, noch nicht identifizierten Linien konnte dem Übergang $10_{1,9} \rightarrow 10_{2,8}$ (129514,86 MHz) zugeordnet werden. Ferner werden die Frequenzen von 9 neuen Linien mitgeteilt. (C. R. hebd. Séances Acad. Sci. **248.** 1640—41. 16/3. 1959.)

D. Jörchel. 121

**Albert Douillet** und **Bernard Dreyfus,** *Durch Kernquadrupolresonanz nachgewiesene Verunreinigungseffekte in Natriumchlorat.* Schwache Verunreinigungskonzz. verbreitern u. verschieben, wie experimentell nachgewiesen wurde, die $^{35}$Cl-Resonanz in $NaClO_3$. Die Effekte werden durch Störungen des Kristallgitters u. im Rahmen der elast. Theorie gedeutet. (C. R. hebd. Séances Acad. Sci. **248.** 2087—89. 6/4. 1959. Grenoble, Fac. des Sci., Labor. de Phys. gén., Labor. d'Électrostat. et de Phys. du Métal.)

D. Jörchel. 121

**W. B. Beljanin,** *Hyperfeinstruktur der Spektrallinien des Holmiums.* Für 70 Spektrallinien des Ho gibt Vf. tabellar. die Intensität (im Bogen), den Typ u. die Breite der Hyperfeinstruktur; eine weitere Tabelle gibt die Intervalle zwischen den Komponenten der Hyperfeinstruktur. Da alle Linien 8 Komponenten haben, haben die Quantenzahlen J der intensiven Linien des Ho den Wert $J > I = 7/2$. Die Zahl der v-Linien ist im Vgl. mit der Zahl der r-Linien bei Ho I kleiner als bei Ho II; die unteren Niveaus sind bei

Ho I erheblich weiter voneinander entfernt als bei Ho II. (Оптика и Спектроскопия [Optik u. Spektroskopie] **3.** 322—27. Okt. 1957. Moskau, Univ., Physik. Fak., Lehrst. für Optik.) R. K. Müller. 121

**H. G. Grammeiss** und **H. Koelmans,** *Über die Kantenemission und andere Emissionen des GaN.* Es werden die Fluorescenzeigg. des reinen u. des mit *Li, Zn* u. *Mg* dotierten GaN bei Anregung mit UV-Licht u. Kathodenstrahlen in Abhängigkeit von der Temp. untersucht. Mehrere Emissionsbanden wurden beobachtet, von denen die kurzwelligste Bande als Rekombinationsstrahlung freier Elektronen mit freien Löchern gedeutet wird. Diese Kantenemission, die sich nicht mit den kantennahen Emissionen des CdS, ZnS oder ZnO vergleichen läßt, besteht bei tiefen Tempp. aus einer schmalen Bande, die sich mit steigender Temp. verbreitert u. sich gleichzeitig nach längeren Wellen verlagert. Bis 473° K findet keine Temperaturlöschung statt. Für reines GaN ist die Kantenemission am stärksten, u. die Bande ist symmetrisch; Dotierung mit Zn bewirkt eine Asymmetrie. (Z. Naturforsch. **14a.** 264—71. März 1959. Aachen u. Eindhoven, Philips-Forschungslabors.) D. Jörchel. 125

**W. W. Antonow-Romanowski** und **M. D. Galanin,** *Über die theoretische Ableitung des Gesetzes des Luminescenzabklingens bei der Resonanzlöschung.* (Vgl. C. **1957.** 7307.) In Erwiderung auf eine Kritik von Sweschnikow (C. **1958.** 2334) wird das Gesetz der Dämpfung der Luminescenz unter der Voraussetzung abgeleitet, daß ihr eine induktive Resonanzübertragung der Anregungsenergie von angeregten auf nichtangeregte Moll. zugrundeliegt. Bei dieser Annahme ergibt sich eine sehr einfache Ableitung. (Оптика и Спектроскопия [Optik u. Spektroskopie] **3.** 389—91. Okt. 1957. Akad. der Wiss. der UdSSR, Physik. Lebedew-Inst.) R. K. Müller. 125

**B. M. Nossenko, L. Ss. Rewsin** und **W. Ja. Jasskolko,** *Über Phosphore auf $CaSO_4$-Grundlage.* Mit Mn aktiviertes $CaSO_4$ zeigt erhebliche Thermoluminescenz. Von der gespeicherten Lichtsumme gehen in 72 Std. bei 20° ca. 40%, bei 30° ca. 60% verloren. Vff. erörtern den Leuchtmechanismus eines $CaSO_4$–Mn-Phosphors u. die Tiefe der Einfangniveaus, die sich aus der Temp. des Maximums bei Annahme eines bimol. (bzw. eines pseudomonomol.) Mechanismus zu 0,86 (0,43) eV ergibt. Da diese Phosphore kein sichtbares Licht speichern, erfordern sie keinen Lichtschutz. Die effektive Atomzahl des $CaSO_4$ steht derjenigen der Luft näher als die von SrS. Die Phosphore eignen sich als individuelle Dosimeter bei der Ganztagsarbeit mit radioakt. Präpp. u. als Exponometer bei der $\gamma$-Defektoskopie mit Photo- u. Röntgenfilmen. (Оптика и Спектроскопия [Optik u. Spektroskopie] **3.** 345—50. Okt. 1957. Zentralasiat. Lenin-Univ., Lehrst. für allg. Phys.) R. K. Müller. 125

**B. M. Nossenko, N. A. Strukow** und **M. D. Jagudajew,** *Luminescenz von Kristallophosphoren bei Anregung durch Ionen.* (Vgl. vorst. Ref.) Ionen der Alkalimetalle *Li, Na, K* u. *Cs* mit Energien (V) bis zu 6 keV regen die Luminescenz von Willemit u.a. Kristallphosphoren an. Das Verhältnis der Lichtausbeute bei Ionenluminescenz im Vgl. mit Kathodenluminescenz (bei gleichen Energien) ist bei $Zn_2SiO_4$–*Mn* von der Größenordnung $10^{-2}$, bei $CaSO_4$–*Mn* 2—3mal größer, bei *ZnS–Ag* etwas kleiner. Die Ionenanregung, führt zur Zerstörung des Phosphors u. zur Verschlechterung seiner Luminescenzeigg. („Alterung") mit irreversiblem Charakter, bes. rasch bei ZnS–Ag u. *ZnSCdS–Cu.* Diese Alterung beruht darauf, daß das Ion bei der Bewegung im Kristall die Struktur stört. Die Eindringtiefe nimmt von $Li^+$ zu $Cs^+$ ab, mit zunehmendem V zu. (Оптика и Спектроскопия [Optik u. Spektroskopie] **3.** 351—55. Okt. 1957.) R. K. Müller. 125

**A. A. Vuylsteke** und **Y. T. Sihvonen,** *Der Mechanismus der Schwefelfehlstellen in reinem CdS.* Es wird die Luminescenz von spektrograph. reinem CdS unter UV-Anregung bei Zimmertemp. gemessen. Es werden sowohl die rote als auch die grüne Emission beobachtet. Die grüne Emission bei 5240 Å (2,38 eV) wird der direkten Rekombination zugeordnet. Die rote Emission bei 7280 Å (1,72 eV) wird durch das Modell von Lambe u. Klick erklärt. Die Änderung der Luminescenz der grünen u. roten Bande sowie der Photoleitfähigkeit des Kristalls mit der Anregungsintensität läßt sich erklären, wenn die 7180 Å-Bande der Ggw. von Schwefelfehlstellen zugeschrieben wird. (Physic. Rev. [2] **113.** 40—42. 1/1. 1959. Detroit, Mich., Gen. Motors Corp., Res. Labor.) W. Klein. 125

## $A_3$. Elektrizität. Magnetismus. Elektrochemie.

**György Schmidt,** *Čerenkov-Strahlung in Wellenleiter und Hohlraumresonator.* Vf. behandelt den Fall der Čerenkov-Strahlung, wenn der Wellenleiter nicht mit einem Dielektrikum ausgefüllt ist, des weiteren die im Hohlraumresonator auftretende Čerenkov-Strahlung u. den Einschwingungsvorgang. (Magyar fizikai Folyóirat [Ung.

Z. Physik] **4.** 453—67. 1956. Budapest, Zentralforsch.-Inst. für Phys., Atomphysikal. Abt.) J. Plank. 131

**H. Frank,** *Zur Vielfachstreuung und Rückdiffusion schneller Elektronen nach Durchgang durch dicke Schichten.* Es wird über Messungen der Winkel- u. Energieverteilung der an *Al-*, *Cu* u. *Pb*-Folien gestreuten Elektronen berichtet. Die verwendeten monoenerget. Elektronen hatten eine kinet. Energie von 1,75 MeV u. trafen unter verschied. Einfallswinkeln auf Folien, deren Dicke einen Halbwertswinkel von mindestens 20° ergab u. bis zur prakt. Reichweite variiert wurde. Die Messungen erstreckten sich bis zum Ablenkwinkel 170°. In Vorwärtsrichtung wurde bei senkrechtem Einfall bes. der Fall der „vollständigen Diffusion" untersucht, bei schrägem Einfall der Übergang zur Symmetrie um die Foliennormale mit wachsender Foliendicke. Für die rückgestreuten Elektronen wurde vor allem der Einfl. der Folienstellung auf Energie- u. Winkelverteilung untersucht. Bei Drehung der Folie nimmt die Rückstreuintensität in der Nähe des Reflexionswinkels für alle Z in gleichem Maße zu u. man erhält schließlich bei sehr schrägem Einfall im Reflexionswinkel eine von Z unabhängige Rückstreuintensität. Die Rückstreukoeffizienten für senkrechten Einfall u. sättigungsdicke Schicht sind: Pb 36%, Cu 18% u. Al 5%. Sie sind kleiner als die bei kleinen Energien bekannten Werte. Den Änderungen in der Winkelverteilung entsprechen beträchtliche Änderungen der Energieverteilung mit der Beobachtungsgeometrie. Die mittleren Energieverluste sind im vorliegenden Energiebereich größer als bei kleinen Primärenergien. Es bestätigte sich eine Abschätzung für die Rückstreuung, nach der die Energieverteilung u. der Rückstreukoeff. für $E_0 > 1$ MeV vom Parameter $Z/E_0$ abhängen. (Z. Naturforsch. **14a.** 247—61. März 1959. Göttingen, Univ., 2. Phys. Inst.) D. Jörchel. 131

**M. Pahl,** *Zur Bildung von Molekülionen in stationären Edelgasentladungen.* (Vgl. C. **1959.** 5028.) Im Anschluß an die l. c. beschriebenen massenspektrometr. Messungen von Ionen-Effusionsströmen aus der stationären positiven Niederdrucksäule in He u. Ne werden nach der gleichen Meth. gewonnene Resultate beim *Ar* mitgeteilt. Während beim He u. Ne die gemessenen Effusionsströme der Atomionen $X^+$ im wesentlichen den Erwartungen der Schottkyschen Theorie der ambipolaren Diffusion entsprechen, werden bei Ar kleinere Werte gefunden. Die Bildungsrate $X_2^+/X^+$ in Abhängigkeit vom Druck ist in He u. Ne annähernd gleich, in Ar ist sie erheblich größer. Aus den Meßergebnissen geht hervor, daß in der stationären positiven Säule ($p \leqslant 5$ Torr) die Bldg. der Molekülionen $X_2^+$ vorwiegend nach dem von Hornbeck u. Molnar (C. **1952.** 5207) bei niedrigen Drucken gefundenen Prozeß $X' + X \rightarrow X_2^+ + e^-$ stattfindet. (Z. Naturforsch. **14a.** 239—46. März 1959. Hechingen, MPG, Forschungsstelle für Spektroskopie.) D. Jörchel. 131

**L. H. Germer,** *Physikalische Prozesse bei der Kontakterosion.* Vf. untersuchte die verschiedenen Ursachen der Erosion beim Schließen oder Unterbrechen von elektr. *Pd-* u. von *Ag*-Kontakten. Hauptursache der Erosion sind elektr. Bögen, obwohl bei Unterbrechen der Kontakte unter gewissen Umständen Glimmentladung auftreten kann; bei höheren Strömen ist noch Brückenerosion möglich. Man unterscheidet 2 Arten von Bögen, „Anodenbögen", welche bevorzugt die Anode anfressen, u. „Kathodenbögen", welche die Kathode erodieren. Erstere treten bei kurzen, letztere bei größeren Kontaktabständen auf. Die Erosion der beiden Metalle im inakt. Zustand ist nach mehrmaligem Ein- u. Ausschalten von der Größenordnung $4 \cdot 10^{-14}$ cm$^3$/Erg in Anodenbögen u. etwas geringer in Kathodenbögen. In einer Glimmentladung wird nur das chem. akt. Ag merklich angegriffen. Durch organ. Dämpfe erzeugte Aktivierung ändert oft die Größe der Erosion pro Einheit von Bogenenergie u. zuweilen auch deren Vorzeichen, wahrscheinlich infolge eines C-Überzuges auf den Kontakten. (J. appl. Physics **29.** 1067—82. Juli 1958. Murray Hill, N. J., Bell Telephone Labors.) C. Gottfried. 131

**M. Ja. Wassiljewa** und **N. A. Kapzow,** *Untersuchung der Differenz zwischen der Zünd- und Löschspannung einer Glimmentladung bei verschiedenen Bedingungen.* Mit der Vergrößerung des Elektrodenabstandes in Entladungsröhren vergrößert sich die Differenz zwischen Zünd- u. Löschspannung der Entladung unabhängig von Material, Elektrodenform und der Natur des inerten Gases. Bei Vergrößerung des Gasdruckes tritt ebenfalls eine Vergrößerung dieser Differenz ein. Sie hängt von der Elektrodenform ab, sie ist größer, wenn die Kathode eben u. die Anode kugelig erscheint u. geringer bei Umkehrung und wenn beide Elektroden eben sind. Die Differenz hängt auch vom Kathodenmaterial ab. (Вестник Московского Университета, Серия Физико-Математических и Естественных Наук [Nachr. Moskauer Univ.] **11.** Nr. 2. [physik.-math. naturwiss. Ser.] Nr. 1. 29—35. Febr. 1956. Lehrstuhl für Elektronik.) A. Kunze. 131

**W. H. Cramer,** *Elastische und unelastische Streuung langsamer Ionen: $Ne^+$ in Ar, $Ar^+$ in Ne und $Ar^+$ in Ar.* Wirkungsquerschnitte für elast. Stöße u. Stöße mit Ladungsaustausch wurden für $Ne^+$ in Ar, $Ar^+$ in Ne u. $Ar^+$ in Ar gemessen. Es wurde keine Be-

stätigung für die Existenz des zweiatomigen Ions $NeAr^+$ gefunden. Konstanten für empir. Potentialfunktionen wurden berechnet u. die Funktionen tabelliert. (J. chem. Physics **30.** 641—42. März 1959. Gainesville, Fla., Univ. of Florida, Coll. of Engng.)
G. LEHMPFUHL. 131

**A. C. Faire** und **K. S. W. Champion,** *Messung der Dissoziationsrekombination und Diffusion in Stickstoff bei niedrigen Drucken.* Die Messung der Rekombination von Stickstoff-Ionen in $N_2$ u. $N_2$–He-Gemischen von FAIRE u. Mitarbeiter (C. **1959.** 9466) mit der Mikrowellenmeth. wird in Verb. mit einem Monochromator u. einem Photomultiplier auf die Beobachtung der Spektren ausgedehnt. Aus der Abnahme der Elektronendichte im Nachleuchten werden der Rekombinationskoeff. $\alpha$ u. der ambipolare Diffusionskoeff. $D_a$ für Stickstoff unterhalb 4 Torr ermittelt. Zur Vermeidung von Diffusionsverlusten bei niedrigem $N_2$-Partialdruck wird He als Rückstoßgas verwendet. Bei der Korrektur des Rekombinationskoeff. wird Elektronenerzeugung im Nachleuchten, bedingt durch metastabile He-Atome, berücksichtigt. Der Koeff. der Dissoziationsrekombination ist im Bereich unterhalb 4 Torr druckunabhängig. Sein Wert ist $\alpha = (4{,}0 \pm 0{,}3) \cdot 10^{-7}\ cm^2 \cdot sec^{-1}$. Der ambipolare Diffusionskoeff. für Ionen u. Elektronen wurde zu $D_a = 220 \pm 30\ cm^2 \cdot sec^{-1} \cdot mm$ Hg ermittelt u. scheint mit dem aus Beweglichkeitsmessungen gefundenen übereinzustimmen. Die Werte gelten bei einer Elektronentemp. von ca. 400° K. (Physic. Rev. [2] **113.** 1—6. 1/1. 1959. Bedford, Mass., Geophysics Res. Directorate, Air Force Cambridge Res. Center.)
G. LEHMPFUHL. 131

**G. J. Schulz,** *Bildung von $H^-$-Ionen durch Elektronenstoß in $H_2$.* Vf. untersuchte nach einer Bremsfeldmeth. (vgl. Fox u. Mitarbeiter, C. **1959.** 2006) die Wirkungsquerschnitte der $H^-$-Bldg. durch Elektronenstoß in $H_2$. Der in Abhängigkeit von der Elektronenenergie dargestellte Wirkungsquerschnitt hat ein Plateau bei 10 eV mit einem Wert von $1{,}2 \cdot 10^{-20}\ cm^2$, das der Rk. $H_2 + e \rightarrow H^- + H$ zugeordnet wird. Ein scharfes Maximum mit $3{,}5 \cdot 10^{-20}\ cm^2$ bei $14{,}2 \pm 0{,}1$ eV wird mit der Bldg. von H-Atomen im ersten angeregten Zustand nach $H_2 + e \rightarrow H^* + H^-$ in Verbindung gebracht. (Physic. Rev. [2] **113.** 816—19. 1/2. 1959. Pittsburgh, Pa., Westinghouse Res. Labors.)
H. LIEPACK. 131

**P. R. Jones, F. P. Ziemba, H. A. Moses** und **E. Everhart,** *Totaler Wirkungsquerschnitt für mehrfache Elektronenabgabe bei atomaren Zusammenstößen für Energien bis 100 keV.* Der totale Wirkungsquerschnitt für Elektronen-Einfang u. -Abgabe sowie für elast. Streuung von *$He^+$*-, *$Ne^+$*- u. *$Ar^+$*-Ionen wurde bei Einzelstößen von $He^+$ auf He, Ne u. Ar, $Ne^+$ auf Ne u. Ar u. $Ar^+$ auf Ar bei 25, 50 u. 100 keV ermittelt. Gemessen wurde der differentielle Wirkungsquerschnitt für jeden Prozeß in den Winkelbereichen von 0°—1° u. mit hoher Auflösg. von 1°—4°. Diese Messungen ergänzen die früher von FULS u. Mitarbeiter (C. **1958.** 2926) veröffentlichten Werte für Winkel $>$ 4°. Die elast. Streuung wurde nur für Winkel $>$ 1° gemessen. Beim Auftreten von $Ne^+$ u. $Ar^+$ auf das Target-Gas werden die Wirkungsquerschnitte für mehrfache Elektronenabgabe erhalten. Die totalen Wirkungsquerschnitte werden durch Addition bzw. Integration aller differentiellen Wirkungsquerschnitte aus den verschied. Winkelbereichen ermittelt. Die Großwinkel-Streuung liefert zum totalen Wirkungsquerschnitt einen erheblichen Beitrag bei der Erzeugung höher ionisierter Teilchen. (Physic. Rev. [2] **113.** 182—91. 1/1. 1959. Storrs, Conn., Univ. of Connecticut, Phys. Dep.) G. LEHMPFUHL. 131

**D. W. Ssiwuchin,** *Superpositionsprinzip und Dispersionstheorie.* Ausgehend von der Annahme, daß die Verschiebungen u. Geschwindigkeiten der elektr. Ladungen in Dielektriken u. Metallen in elektromagnet. Feldern durch das Superpositionsprinzip bestimmt werden, führt Vf. den Begriff der dielektr. Permeabilität $\varepsilon$ in die Gleichungen der substantiellen u. komplexen Werte der Frequenz $\omega$ ein. Auf Grund des Superpositionsprinzips u. der Forderung der Streuungsfähigkeit des Mediums wird auch in allg. Form das Verh. der Funktion $\varepsilon(\omega)$ in der komplexen $\omega$-Ebene untersucht. (Оптика и Спектроскопия [Optik u. Spektroskopie] **3.** 297—307. Okt. 1957.) R. K. MÜLLER. 132

**I. A. Jakowlew, T. Ss. Welitschkina** und **K. N. Baranski,** *Einfluß eines elektrostatischen Feldes auf die Schallabsorption in Seignettesalz.* Bei Seignettesalz (I) hängt bei Tempp. über dem CURIE-Punkt (CP) die Schallabsorption prakt. nicht vom äußeren Feld ab, bei einigen Graden unter dem CP nur wenig, dagegen ist der Einfl. 0,1—0,2° unter dem CP sehr stark. Die Polarisation eines **I**-Kristalls beeinflußt auch erheblich die Temp.-Abhängigkeit der Schallabsorption unterhalb des CP. (Журнал Экспериментальной и Теоретической Физики [J. exp. theoret. Physik] **33.** 1075—76. Okt. 1957. Moskau, Univ.) R. K. MÜLLER. 133

**Russell D. Young,** *Theoretische Gesamtenergieverteilung von feldemittierten Elektronen.* Während bei der ursprünglichen Ableitung der FOWLER-NORDHEIM-Gleichung in der Energieverteilungsfunktion P (W) nur die zur Oberfläche normale Impulskomponente der Elektronen berücksichtigt wird, geht in die vom Vf. angegebene Ableitung eine Verteilungsfunktion P(E) der Gesamtenergie ein. Die Verteilungsfunktionen P(E) für $F = 4,5 \cdot 10^7$ V/cm, $\Phi = 4,40$ eV, T = 0,77 u. 300° K werden verglichen mit der Verteilungsfunktion P(W) für 0° K. Im Gegensatz zu P(W) hat P(E) bei 0° K eine scharf abfallende Kante bei —4,40 eV, die Halbwertsbreite von P(E) beträgt nur 0,14 eV gegenüber 0,48 eV bei P(W). Außerdem nimmt das Maximum von P(E) stark mit zunehmender Temp. ab, während das von P(W) in einem weiten Temp.-Bereich konstant bleibt. Es werden ferner eine Normal- u. eine Gesamtenergieverteilungsfunktion für die Glühemission angegeben. Zwischen P(W) der Feldemission bei 0° K u. P(W) für die Glühemission bei F = 0 besteht eine auffallende Spiegelsymmetrie, während P(E) der Glühemission bei F=0 das Spiegelbild von P(E) der Feldemission bei 0° K ist. (Physic. Rev. [2] **113.** 110—14. 1/1. 1959. University Park, Pa., Pennsylvania State Univ., Field Emission Labor.) H. LIEPACK. 134

**Russell D. Young** und **Erwin W. Müller,** *Experimentelle Messung der Gesamtenergieverteilung von feldemittierten Elektronen.* (Vgl. vorst. Ref.) Die von MÜLLER (Physic. Rev. [2] **102.** [1956.] 624) entwickelte Röhre zur Best. der Energieverteilung der Feldelektronen wurde mit einer Zentrierungs- u. Kühlmöglichkeit für die Spitze versehen. Durch eine Fokussierungsanode wurde der von extrem scharfen Spitzen (bis zu 300 Å) ausgehende Elektronenstrahl so gebündelt, daß er senkrecht auf die Kollectoroberfläche auftraf, der Anlaufstrom also von der Gesamtenergie der Elektronen abhing. Der Druck der akt. Gase in der Meßröhre war nicht größer als $10^{-13}$ Torr, das durch die Röhrenwand eindiffundierende He wurde durch eine Ionenpumpe entfernt. Bei einem Gesamtspitzenstrom von ca. $10^{-9}$ A wurde der Kollectorstrom (einige $\mu\mu$ A) bei 50—60 Kollectorspannungen innerhalb eines 1 V-Bereichs aufgenommen. Die durch graph. Differentiation dieser Kurven ermittelte, durch die Kollectorspannung dargestellte Gesamtenergieverteilung stimmt mit der l. c. abgeleiteten P(E)-Verteilung überein mit Ausnahme eines vorzeitigen Abfalls gegen Null der experimentellen Kurve bei höheren Kollectorspannungen. Eine bessere Angleichung an die theoret. Kollectorstrom-Spannung-Kurve erhalten Vff. durch Kompensation des Stromabfalls der experimentellen Kurve durch einen exponentiellen Anteil, der einen „Transmissionskoeff." des Kollectors darstellt. Die bei Tempp. der fl. Luft, des fl. Stickstoffs u. bei Zimmertemp. aufgenommenen u. so korrigierten Kurven stimmen gut mit der Theorie überein. Es ergibt sich eine Auflösung der Röhre von ca. 0,02—0,03 eV. Selbst bei Zimmertemp. hat die theoret. P(W)-Kurve noch die doppelte Halbwertbreite der experimentellen P(E)-Kurve. (Physic. Rev. [2] **113.** 115—20. 1/1. 1959.) H. LIEPACK. 134

**J. Lohff** und **H. Raether,** *Zur Elektronenemission von Metalloberflächen nach mechanischer Bearbeitung.* Inhaltlich ident. mit der C. **1957.** 3452 referierten Arbeit. (Naturwissenschaften **42.** 66—67. 1. Febr.-H 1955. Hamburg, Univ., Inst. für Angew. Phys.) H. LIEPACK. 134

**E. S. Rittner** und **R. H. Ahlert,** *Thermische Emission von bariumaktiviertem Molybdän.* Es wurde die therm. Emission von einem Mo-Draht bei verschied. Tempp. gemessen, der entweder einem Strom von Ba oder einem Strom von Ba und BaO ausgesetzt war. Im Ba-Strom hat der oxydierte u. nur kurz getemperte Mo-Draht die höchste Emission, der reine Mo-Draht die niedrigste. Im Ba- und BaO-Strom von einer L-Kathode steigt die Emission mit der Zeit der Temperung des oxydierten Mo-Drahtes bei 1250° bis zu einer bestimmten Temperzeit, also einer bestimmten Sauerstoff-Konzentration. Das Maximum der Verweilzeit ergibt sich hier bei einer anderen Konzentration. Mit Experimenten an einem geschlitzten Mo-Bändchen wurde die mittlere Entfernung, um die Ba auf oxydiertem Mo wandert, bestimmt. Es ergeben sich bei den in Elektronenröhren in Frage kommenden Tempp. Weglängen von einigen Zehntel Millimeter. (J. appl. Physics **29.** 61—63. Jan. 1958. Irvington-on-Hudson, N. Y., Philips Labors.) C. REUBER. 134

**H. F. Mataré, B. Reed** und **O. A. Weinreich,** *Leitfähigkeit gewachsener Germanium-Bikristalle.* Messungen der Korngrenzen-Leitfähigkeit in Ge-Bikristallen, die aus einem Material mit sehr unterschiedlichen Verunreinigungsbereichen gezüchtet worden waren, ergaben Schichtwiderstände von 0,003—0,1 $\Omega \cdot$ cm bei einer angenommenen Korngrenzschichtbreite von 100 Å. Der Wert blieb im gesamten Temperaturbereich von 2—300° K prakt. konstant, wenn die Streuströme durch die Materialmasse (mit Hilfe gleichrichtender Übergangskontakte) klein gehalten wurden. Diese Konstanz u. die Strom-Spannungs-Kennlinie lassen vermuten, daß bei diesem Leitfähigkeitsmechanismus die freien Bahnen u. ihre überlappenden Wellenfunktionen in der inneren Oberflächenschicht vorherrschen. (Z. Naturforsch. **14a.** 281—84. März 1959. Bayside, N. Y., Sylvania Electric Products, Inc., Central Res. Labors.) D. JÖRCHEL. 135

**P. H. Keesom** und **G. Seidel,** *Die spezifische Wärme von Germanium und Silicium bei tiefen Temperaturen.* Es wurde die spezif. Wärme einiger Si-Proben zwischen 1,2 u. 4,2° K gemessen. Die DEBYE'sche Temp. $\Theta_0$ bei 0° K wurde zu 636° K bestimmt. Messungen an Ge zwischen 0,5 u. 4,2° K ergaben $\Theta_0 = 363°$ K, in guter Übereinstimmung mit anderen Resultaten. Aus der Kenntnis der elektron. spezif. Wärme u. der Trägerkonz. für verschied. entartete Ge- u. Si-Proben, wurde über die Bandstruktur der Kristalle Aufschluß gewonnen. Messungen an n-leitendem Ge zeigten, daß das Leitungsband 4 Minima besaß. Ähnliche Messungen an Si ergaben 6 Minima im Leitungsband. Die auf dieser Grundlage berechneten effektiven Massen der Elektronen u. Defektelektronen in entarteten Ge-Proben weichen nicht wesentlich von den Cyclotronresonanzmessungen an reinen Kristallen ab. Für Si ergeben sich aus der spezif. Wärme etwas größere effektive Massen, d.h. der Zusatz von Störstellen beeinflußt die Gestalt des Bandes. (Physic. Rev. [2] **113.** 33—39. 1/1. 1959. Lafayette, Ind., Purdue Univ., Dep. of Phys.)
W. KLEIN. 135

**N'Guyen Van Dong, Lydie Koch, Pierre Baruch** und **Pierre André,** *Einfluß der Bestrahlung mit hochenergetischen Elektronen auf die Leitfähigkeit von Germanium.* Die Verss. wurden an mit *In* legierten n–p–Ge-Dioden mit monoenerget. 2 MeV-Elektronen durchgeführt. Bei 273° K folgt das Quadrat des Kurzschlußstromes $I^2$ nach der Theorie von HALL, SHOCKLEY u. READ der Beziehung $I^2 \sim 1/N_t \sim 1/\Phi$ (wo $N_t$ die Konz. der FRENKEL-Defekte, $\Phi$ den integrierten Elektronenfluß bedeuten) bis zu einem $\Phi = 3 \cdot 10^{14}$ cm$^{-2}$. Nimmt man als Erzeugungsquerschnitt für FRENKEL-Defekte 48 barns an, was der Elektronenenergie von 2 MeV entspricht, ergibt sich unter Vernachlässigung von Ausheileffekten eine diesem Fluß entsprechende Defektkonz. von $6 \cdot 10^{14}$/cm³, das sind 3/4 der Anfangskonz. der Majoritätsträger. Wesentlich andere $\Phi$–$I^2$-Kurven wurden bei 100° K beobachtet: Mit steigendem $\Phi$ nimmt $I^2$ zunächst ab, steigt dann stark an u. fällt schließlich wieder ab. Dieses anomale Verh. wird nach der Rekombinationstheorie von SHOCKLEY-READ dadurch erklärt, daß die Lebensdauer der durch Elektronenbeschuß erzeugten Loch-Elektron-Paare um so größer ist, je näher das FERMI-Niveau für eine gegebene Konz. von Rekombinationszentren an der Eigenleitkante liegt. Es dürften also im beobachteten Fall 2 konkurrierende Effekte wirksam sein: 1. eine Vergrößerung der Zahl der FRENKEL-Defekte. 2. Eine Verringerung der Zahl der Majoritätsträger, durch die das FERMI-Niveau zur Mitte des verbotenen Bandes verschoben wird. Der 2. Effekt kann dominieren u. damit einen Wiederanstieg der Lebensdauer verursachen, der — wie beobachtet — größer als die Anfangslebensdauer wird. Das Gebiet, dem ein erneuter Abfall des Stromes entspricht, scheint eine Umwandlung in die p-Leitung anzuzeigen. (C. R. hebd. Séances Acad. Sci. **248.** 788—91. 9/2. 1959. Saclay, Centre d'Études nucl., École Normale Supér.) D. JÖRCHEL. 135

**Gerhard Dorda,** *Einfluß der Bestrahlung von Germanium mit α-Teilchen auf die Rekombination der Ladungsträger.* Versuchsproben von N–Ge (9,5 · 2,8 · 0,7 mm) wurde mit Po-Präparaten ($n_0 = 0{,}740$) aus 1,5 mm Entfernung bestrahlt u. die Oberflächenrekombination der Ladungsträger bestimmt. Die Lebenszeit der überzähligen Ladungsträger sinkt nach ca. 300 Min. Bestrahlung um 1/3, während die Oberflächenrekombinationsgeschwindigkeit rasch ansteigt. Durch aproximative Auswertung der Ergebnisse wurde ermittelt, daß die Lage des energet. Spiegels des durch Bestrahlung entstandenen Rekombinationszentrums in der Nähe des oberen Randes der Valenzzone oder des unteren Randes der Leitfähigkeitszone liegt. Für die effektive, durch Absorption eines α-Teilchens gebildete Rekombinationsfläche ergibt sich der Wert von ca. $3 \cdot 10^{-12}$ cm². (Českoslov. Časopis Fysiku **8.** 326—30. 1958. Praha, Karl. univ., Fys. ústav.)
H. TŮMA. 135

**Arlette Gosnet, Olivier Parodi, Claude Benoit a la Guillaume,** *Rekombinationsstrahlung unter Mitwirkung von Verunreinigungen in Germanium.* Die beiden bei 0,707 u. 0,734 eV beobachteten Linien werden direkten u. indirekten Rekombinationen zugeschrieben, die über Verunreinigungsniveaus erfolgen. Eine weitere Linie bei 0,714 eV kann der Rekombination eines indirekten Excitons zugeschrieben werden. (C. R. hebd. Séances Acad. Sci. **248.** 1628—31. 16/3. 1959.) D. JÖRCHEL. 135

**T. J. Gray, C. C. McCain** und **N. G. Masse,** *Defektstruktur und Katalyse im $TiO_2$-System.* (*Halbleiter- und magnetische Eigenschaften*). Extrem reines $TiO_2$ ist kein akt. Hydrierungskatalysator. Jedoch kann man durch teilweise Red. durch Wasserstoff bei erhöhten Tempp. eine Steigerung der Aktivität erreichen, die mit einem starken Ansteigen der elektr. Leitfähigkeit verbunden ist. Eine ähnliche Aktivierung kann durch Einführung von 5wertigen Kationen, bes. $Nb^{5+}$, erhalten werden. Messungen der magnet. Susceptibilität u. der Leitfähigkeit zeigen eindeutig, daß in der Nähe der Oberfläche $Ti^{3+}$-Ionen in hoher Konz. lokalisiert sind, die direkt mit der katalyt. Aktivität des Materials im Zusammenhang stehen. Die Konz. ist so hoch, daß sich ein pseudometall.

Charakter zeigt, der entweder durch Überlappung von diskreten Störstellentermen oder durch lokale Bldg. von $Ti_2O_3$, das in mancher Beziehung metall. Charakter zeigt, erklärt werden kann. (J. physic. Chem. **63.** 472—75. April 1959. Alfred, N. Y., State Univ. of New York, Coll. of Ceramics.) W. KLEIN. 135

**S. Sawada** und **G. C. Danielson,** *Elektrische Leitung in $WO_3$-Kristallen und Keramiken.* An $WO_3$-Kristallen u. Keramiken wurden der spezif. Widerstand zwischen Zimmertemp. u. 1000° u. Vorzeichen u. Größenordnung des HALL-Koeff. nahe Zimmertemp. bestimmt. Aus den Ergebnissen von Einkristallen folgte, daß sich $WO_3$ wie ein Verunreinigungshalbleiter verhält, dessen Sättigungsbereich unter 740° liegt u. der oberhalb 910° eigenleitend wird. Der spezif. Widerstand in Abhängigkeit von der Temp. hat eine deutliche Anomalie bei 740°, die auf eine Änderung der Elektronenstruktur bei dieser Temp. schließen läßt. Unterhalb 740° zeigt der spezif. Widerstand der Keramikproben eine deutliche Hystereseerscheinung, die wahrscheinlich auf ein Aufbrechen der Kristallite beim Erhitzen zurückzuführen ist. Das Vorzeichen des HALL-Koeff. war bei Zimmertemp. positiv. Mit $R = +6{,}2\ cm^3/Coul$ wurde für eine Probe die Zahl der Ladungsträger zu $10^{18}/cm^3$ u. die HALL-Beweglichkeit zu 36 $cm^2/Vsec$ ermittelt. Nichtohmsches Verh. u. Gleichrichtercharakteristiken wurden oscillograph. beobachtet. (Physic. Rev. [2] **113.** 803—05. 1/2. 1959. Ames, Io., Iowa State Coll., Dep. of Phys. and Inst. for Atomic Res.) H. LIEPACK. 135

**Jean-Pierre Chevillot** und **Jean Brenet,** *Einfluß von Fremdionen auf die Halbleitereigenschaften der Mangandioxyde.* Die Verss. bestätigten die Ggw. einer Eigenleitung in $\beta$-$MnO_2$, die der Überlappung der 3d-Bahnen der Mn-Atome zugeschrieben wird. Als Aktivierungsenergie wurden 3000 cal/Mol bestimmt, was einer Breite des verbotenen Bandes von 0,26 eV entspricht. Der Widerstand betrug 115 $\Omega$/cm. Die entsprechenden Werte für das nichtstöchiometr. $\gamma$-$MnO_2$ sind: 8000 cal/Mol bzw. 0,7 eV u. 4400 $\Omega$/cm. In $\gamma$-$MnO_2$ ist die Überlappung der 3d-Bahnen weniger ausgeprägt, u. es herrscht ein Gemisch aus Eigen- u. nichtstöchiometr. Leitung. Der Einfl. von $Th^{4+}$-Ionen im Gitter verändert den Eigenleitcharakter nicht, verringert jedoch stark die Halbleitfähigkeit sowohl in $\beta$- als auch in $\gamma$-$MnO_2$. (C. R. hebd. Séances Acad. Sci. **248.** 776—78. 9/2. 1959.) D. JÖRCHEL. 135

**Alexandre Pires de Carvalho,** *Über die Struktur der Bänder des Tellurs.* Die Bandstruktur des Te wurde in der Näherung der starken Bindung berechnet. Eine wesentliche Vereinfachung ergab sich durch Verwendung von Symmetrieoperationen auf Grund der Schraubenachse: Der Kristall wird als durch Translation u. Rotation eines einzelnen Atoms entstanden betrachtet. Ein halbphenomenol. Vgl. mit Versuchsdaten ergibt befriedigende Übereinstimmung. Als longitudinale effektive M. der Elektronen am unteren Rand des Leitfähigkeitsbandes folgt aus der Theorie direkt $m_e \approx 0{,}45$ m u. als effektive M. der Löcher am oberen Rand des Valenzbandes $m_e \approx -1{,}48$ m. Diese Werte weichen stark von experimentellen Daten ($m_e \approx 0{,}68$ m, $m_e \approx 0{,}79$ m) ab. (C. R. hebd. Séances Acad. Sci. **248.** 778—81. 9/2. 1959.) D. JÖRCHEL. 135

**O. W. Snitko,** *Einfluß der Adsorption der Moleküle auf die longitudinale Photoleitfähigkeit von Kupfer(I)-oxyd.* In Ergänzung früherer Unterss. über den Einfl. der Adsorption von Moll. auf die lichtelektr. Querleitfähigkeit verschied. Halbleiter wird hier die Längs-Leitfähigkeit experimentell untersucht, d. h. der Fall, daß die Richtung des elektr. Feldes parallel oder antiparallel zur Einfallsrichtung des Lichtes verläuft. Die Abhängigkeit des longitudinalen lichtelektr. Stroms von der angelegten Spannung u. von der Wellenlänge des Lichtes sowie die beiden die Kinetik beschreibenden Zeitkonstanten $\tau_1$ u. $\tau_2$ werden gemessen. Mit zunehmendem Dampfdruck einer Äthylalkohol-Atmosphäre nehmen die Dunkelleitfähigkeit, die lichtelektr. Leitfähigkeit, die lichtelektr. EMK u. der Kurzschlußstrom ab. Zur Deutung der Ergebnisse ist die Annahme notwendig, daß nicht nur die der längeren Lebensdauer $\tau_2$, sondern auch die der kürzeren Lebensdauer $\tau_1$ entsprechenden Niveaus Volumenniveaus sind, wobei allerdings die oberflächennahen Schichten reicher an kurzzeitigen Niveaus sind. (Журнал Технической Физики [J. techn. Physik] **28.** 35—44. Jan. 1958. Kiew, Akad. der Wiss. der UkrainSSR, Inst. für Physik.) F. LENZ. 135

**C. G. Clayton, B. C. Haywood** und **J. F. Fowler,** *Durch Strahlung bewirkte Leitfähigkeit in polykristallinem Cadmiumsulfid und Polyäthylen.* An CdS u. Polyäthylen wurde die elektr. Leitfähigkeit (L.) nach dem Abschalten der Erregung mit $\gamma$- bzw. Röntgenstrahlung untersucht. Es ergab sich ein zunächst schnelles, dann langsameres hyperbol. Abklingen der Leitfähigkeit. Beide Stoffe stimmen trotz des sehr verschied. Betrages ihrer L. in deren Abhängigkeit von der Intensität der Strahlung (r/min) im stationären Zustand überein. Messungen der schnellen Anfangsabklingung der L. als Funktion der Intensität der vorangegangenen Anregung bei zur Vermeidung von Haftstelleneinfll. hinreichend tiefen Tempp. ergaben ebenfalls etwa gleiche Ergebnisse, die

mit der Theorie in Einklang sind. Es wird deshalb angenommen, daß bei CdS u. Polyäthylen der Mechanismus der Photoleitfähigkeit der gleiche ist. (Nature [London] **183.** 1112—13. 18/4. 1959. Harwell, Didcot, Berks., Atomic Energy Res. Establ.)
W. KERNCHEN. 135

**M. Ja. Asbel** und **E. A. Kaner,** *Die Theorie der Cyclotronresonanz in Metallen.* Bei der ausführlichen Darst. der C. **1957.** 6055 referierten Arbeit betonen Vff. bes., daß in Metallen (im Gegensatz zu Halbleitern) Resonanz bei Frequenzen auftritt, die ein Vielfaches der Zyklotronfrequenz $\Omega = eH/mc$ sind. Aus der Form der Resonanz-Kurve können Aussagen über die FERMI-Grenzfläche erschlossen werden. (Журнал Экспериментальной и Теоретической Физики (J. exp. theoret. Physik] **32.** 896—914. April 1957. Physikal.-techn. Inst. der Akad. der Wiss. der UkrainSSR.)
G. KIRSCHSTEIN. 136

**Robert E. Behringer,** *Metallischer Übergang in Lithiumhydrid.* Vf. untersuchte die Abhängigkeit der Energielücke zwischen dem letzten besetzten u. dem ersten leeren Energieband in LiH von den Gitterparametern bzw. vom Druck. Es wird die WIGNER–SEITZ-Näherung unter Berücksichtigung der Überlappung der Atomkugeln angewandt. Der Einfl. unterschiedlicher relativer Größen der Li- u. H-Ionenkugeln wird diskutiert. Die Energieniveaus für den oberen Rand des besetzten u. den unteren Rand des leeren Bandes werden für verschied. Gitterparameterwerte berechnet. Der Übergang zum metall. Zustand erfolgt bei einem Druck von ca. 35 Mbar. (Physic. Rev. [2] **113.** 787—92. 1/2. 1959. Poughkeepsie, N. Y., IBM Res. Labor.; Berkeley, Calif., Univ. of California, Dep. of Phys.)
H. LIEPACK. 136

**J. L. Olsen,** *Durchmesserabhängigkeit der magnetischen Widerstandsänderung in Indium.* Kurzer Bericht über Messungen an Proben von 1,6 mm Durchmesser in Quer- u. Längsfeldern sowie von 0,3 u. 0,06 mm Durchmesser in Längsfeldern, jeweils bei $2^0$ u. $4{,}2^0$ K. (Helv. physica Acta **31.** 295—97. 15/7. 1958. Zürich, ETH, Inst. für Kalor. App. u. Kältetechnik.)
G. KIRSCHSTEIN. 136

**M. W. Thompson,** *Beweis für den Einfang von Atomen auf Zwischengitterplätzen in bestrahltem Wolfram.* Nach einstd. Neutronenbestrahlung wurde eine W-Probe jeweils 30 Min. bei $-40^0$, $100^0$, $200^0$ u. $350^0$ angelassen. Die danach gemessenen Widerstandsänderungen (die auch nach 12std. Bestrahlung ähnlich verlaufen) lassen darauf schließen, daß vor allem Fremdatome im W-Gitter als Haftstellen für W-Atome wirken, die sich sonst auf Zwischengitterplätzen durch das Gitter bewegen könnten. Nach 12std. Bestrahlung reichen die Haftstellen nicht aus, um alle W-Atome einzufangen; einige können dann bei $t \geqslant 100^0$ Leerstellen besetzen oder an die Kristalloberfläche wandern. (Philos. Mag. [8] **3.** 421—23. April 1958. Harwell, A.E.R.E., Metallurgy Div.)
G. KIRSCHSTEIN. 136

**Eiso Yamaka** und **Kenichi Sawamoto,** *Elektrische Leitfähigkeit von NiO nahe der Curie-Temperatur.* Die im Temperaturbereich 20—$400^0$ an einkristallinen u. polykristallinen (in stöchiometr. NiO-Verb. oder mit $Li^+$-Verunreinigungen bis zu 0,06 Mol-%) Proben durchgeführten Messungen ergaben für Einkristalle (l/T)-Kurven des Widerstandes, die unterhalb u. oberhalb eines kleinen, nahe der CURIE-Temp. $T_c \approx 250^0$ auftretenden Knicks nahezu linear verlaufen. Die Differenz der Aktivierungsenergien oberhalb u. unterhalb $T_c$ errechnet sich zu ca. 0,1 eV. Proben, in denen durch Spannungstempern während des Durchgangs durch $T_c$ eine teilweise Spinausrichtung erzeugt worden war, zeigen bei der Erwärmung einen anomalen Anstieg des Widerstandes nahe $T_c$ längs der Spannungsachse ([111]); beim Abkühlen trat dagegen keine Anomalie auf. Das deutet darauf hin, daß die Spinausrichtung während der Erwärmung merklich gestört wird. Die beobachtete Anomalie bei der Erwärmung (die senkrecht zur Spannungsachse nicht auftrat) scheint die Vermutung von HEIKES (vgl. C. **1956.** 12180) zu bestätigen, wonach die elektr. Leitung durch Elektronenübergang der Superaustauschkopplung im antiferromagnet. Zustand beeinflußt wird (HEITLER–LONDON-Modell des NiO). — Während bei Einkristallen die Widerstandskurven unabhängig von der Frequenz des angelegten Feldes waren, zeigt die Leitfähigkeit polykristalliner Proben eine merkliche, durch $Li^+$-Zusätze vergrößerte Frequenzabhängigkeit. Einige der letzteren Proben lieferten auch Kurven ohne einen Knick nahe $T_c$. (Physic. Rev. [2] **112.** 1861—62. 15/12. 1958. Tokyo, Nippon Telegr. and Telephone Publ. Corp., Electr. Communic. Labor.)
D. JÖRCHEL. 136

**Clément Uny,** *Vergleichende Untersuchung der Widerstandsänderungen und des Rauschens in dünnen Gold-, Silber und Kupferschichten.* Ausbldg. des Widerstandes, Abweichungen vom OHMschen Gesetz u. Scintillationseffekte an verhältnismäßig festen, körnigen Schichten wurden im Vakuum untersucht, Der Oberflächenwiderstand der untersuchten Proben lag zwischen $2{,}5 \cdot 10^9$ u. $2{,}5 \cdot 10^{10}\,\Omega$. Cu wies geringere Abweichungen vom OHMschen Gesetz als Au u. Ag auf (reversible Änderung des Widerstandes als Funktion der angelegten Spannung) u. zeigte auch keine irreversiblen Widerstandsänderungen wie Au u. Ag. Der zeitliche Anstieg des Widerstandes nach Bldg. der Filme dürfte einer Umgruppierung der Atome in Kristallite zugeschrieben werden. — Die spektrale Dichte der Fluktuationen, die den Scintillationseffekt hervorrufen, folgt einem einfachen empir. Gesetz. (C. R. hebd. Séances Acad. Sci. **248.** 1655—58. 16/3. 1959.) D. Jörchel. 136

**R. P. Feynman,** *Supraflüssigkeit und Supraleitung.* Überblick. (Rev. mod. Physics **29.** 205—12. April 1957. Pasadena, Calif., California Inst. of Technol., Norman Bridge Labor. of Phys.) H. Liepack. 136

**D. N. Subarew** und **Ju. A. Zerkownikow,** *Thermodynamik der Supraleiter.* Vf. berechnen, ausgehend von dem Fröhlichschen Hamilton-Operator, das thermodynam. Potential u. die Änderung der Wärmekapazität am Sprungpunkt. (Доклады Академии Наук СССР [Ber. Akad. Wiss. UdSSR]. **122.** 999—1002. 21/10. 1958. Mathemat. Steklow-Inst. der Akad. der Wiss. der UdSSR.) G. Kirschstein. 136

**R. Jaggi** und **R. Sommerhalder,** *Messung der Eindringtiefe an supraleitenden Hohlkörpern.* Vorl. Mitt. über dünne Sn- u. In-Filme, die auf Glas- bzw. Neusilberröhrchen aufgedampft waren. Nach der Londonschen Theorie ergibt sich die auf 0° K extrapolierte Eindringtiefe zu ca. 1000 Å. (Helv. physica Acta **31.** 292. 15/7. 1958. Zürich, ETH, Labor. für Festkörperphysik.) G. Kirschstein. 136

**M. D. Sturge,** *Die Änderung des Widerstandes der Supraleitfähigkeit von Zinn und Indium mit der Frequenz.* Calorimetr. Messungen des Widerstands von Einkristallen von reinem u. unreinem Sn sowie von polykristallinem In zwischen 2 u. 4° K als Funktion der Frequenz von 220—8500 MHz ergeben, daß sich für Sn der Widerstand nahe der Umwandlungstemp. gemäß dem Zweiflüssigkeitsmodell von Gorter u. Casimir (Physik. Z. **35.** [1934.] 963) ändert. Bei tieferen Tempp. ist der absol. Widerstand roh unabhängig von der Reinheit der Probe u. deren Orientierung. Die vorhergesagte Änderung gemäß dem Quadrat der Frequenz wurde bis 1500 MHz festgestellt; bei höheren Frequenzen ändert sich der Widerstand langsamer. Diese Abweichung von dem quadrat. Gesetz läßt sich erklären, wenn man die Relaxation der n. Fl. in Rechnung setzt u. zwar nur, wenn die n. Fl. kein Fermi-Gas ist. Vorläufige Messungen an In zeigten, daß sich der supraleitende Widerstand bis zu Frequenzen von 5000 MHz gemäß dem Quadrat der Frequenz ändert. (Proc. Roy. Soc. [London], Ser. A **246.** 570—81. 26/8. 1958. Cambridge, Univ., Royal Soc. Mond Labor.) C. Gottfried. 136

**S. Gygax,** *Die In–Pb-Legierung und deren Verwendung in einem supraleitenden Verstärker.* Die krit. Feldstärke wurde als Funktion der Temp. an In u. an Legierungen aus In mit 2 bis 10% Pb magnet. u. elektr. gemessen. Diese Legierungen sind unterhalb 4,2° K als Verstärker verwendbar, da der Übergang in den n. Zustand innerhalb eines hinreichend großen Feldstärkenbereiches erfolgt, so daß man den Zwischenzustand gut stabil halten kann. Die durch die Meßspannung erzeugten Zusatzfelder $\Delta$H bewirken eine Widerstandsänderung $\Delta$R, die als Spannungsänderung meßbar ist. (Helv. physica Acta **31.** 287—89. 15/7. 1958. Zürich, ETH, Inst. für kalor. Apparate u. Kältetechnik.) G. Kirschstein. 136

**J. Müller** und **H. Rohrer,** *Die Volumenänderung in Vanadin beim Übergang zur Supraleitung.* An 2 V-Proben wurde zwischen etwa 2° u. 4° K die Längenänderung bei der Zerstörung des supraleitenden Zustandes durch ein Magnetfeld gemessen. Durch Umrechnung ergibt sich, daß $\partial H_c/\partial p$ eine quadrat. Funktion der Temp. ist. (Helv. physica Acta **31.** 289—91. 15/7. 1958. Zürich, ETH, Labor. für Festkörperphysik u. Inst. für kalor. Apparate u. Kältetechnik.) G. Kirschstein. 136

**G. Busch** und **J. Müller,** *Supraleitung in Vanadin–Chrom-Legierungen.* (Vgl. vorst. Ref.) Die Sprungtemp. fällt mit steigendem Cr-Geh. schnell ab; Extrapolation ergibt $T_k = 0°$ K bei ca. 8% Cr. Offenbar spielt dabei die Austauschwechselwirkung mit 3d-Elektronen eine Rolle. (Helv. physica Acta **31.** 291—92. 15/7. 1958.) G. Kirschstein. 136

**B. Lüthi** und **H. Rohrer,** *Bemerkungen zum Druckeffekt in Supraleitern.* (Vgl. vorst. Ref.) Aus Literaturdaten ergibt sich, daß in Supraleitern, die keine Übergangsmetalle sind, das gemittelte Matrixelement der Elektron–Phonon- u. der Coulomb-Wechselwirkung kaum vom Vol. abhängt u. die Änderung der Elektronen-Zustandsdichte an der Fermi-Fläche prakt. allein die Abhängigkeit der krit. Temp. vom Vol. bewirkt. (Helv. physica Acta **31.** 294—95. 15/7. 1958.) G. Kirschstein. 136

**Péter Barna, Margit Bitskei** und **Géza Groma,** *Herstellung eines schnell anlaufenden Magnetfeldes.* (Magyar fizikai Folyóirat [Ung. Z. Physik] **4.** 379—83. 1956. Budapest, Univ., Physikal. Inst.) J. Plank. 137

**E. Burstein, G. S. Picus, R. F. Wallis** und **F. Blatt,** *Magneto-optische Untersuchungen vom Zeemanschen Typ der Zwischenbandübergänge in Halbleitern.* Bei Ggw.

eines Magnetfeldes werden die quasikontinuierlichen Terme eines einfachen Energiebandes in eindimensionale Unterbänder gespalten. Die Energieterme werden durch folgende Quantenzahlen charakterisiert: $k_H$, das Kristallmoment in Richtung des Magnetfeldes, $l$, die LANDAUsche magnet. Quantenzahl u. M die Komponente des Drehimpulses in Richtung des Magnetfeldes. Im Falle eines entarteten Valenzbandes werden die Terme durch 2 oder mehrere Paare von ($l$, M)-Werten charakterisiert, da der Einfl. des Magnetfeldes durch die Entartungseffekte kompliziert wird. Es werden Auswahlregeln, Polarisationseffekte u. der Charakter des Absorptionsspektr. für Zwischenbandübergänge bei Ggw. eines Magnetfeldes diskutiert u. experimentelle Ergebnisse für *Ge* u. *InSb* wiedergegeben. (Physic. Rev. [2] **113.** 15—33. 1/1. 1959. Washington, D.C., US Naval Res. Labor.) W. KLEIN. 137

**R. S. Webley,** *Dünne magnetische Filme.* Es wird eine App. beschrieben, mit der die niederfrequente Hysterese-Schleife sowohl während des Niederschlagens von dünnen Filmen aus magnet. Material als auch nach Beendigung des Prozesses gemessen wurde. Bei den meisten Aufdampfungen von NiFe-Filmen (im Zusammensetzungsbereich 75—85% Ni) wurde nur eine geringe Änderung der Koerzitivkraft beobachtet, während die Filmdicke von 150 auf 1500 Å anstieg. Bei weiterem Aufdampfen bis zu Filmdicken von 10000 Å trat entweder eine stetige Abnahme der Koerzitivkraft vom Anfangswert von 1—2 Oe auf ca. 0,5 Oe oder ein plötzlicher Anstieg bei einer Dicke von ca. 2000 Å auf 10—20 Oe ein. Dieser letzte Effekt dürfte von einer atomaren Umordnung innerhalb der Schicht herrühren, da er nach Abschalten des Dampfstromes noch einige Sek. anhielt. Die Koerzitivkraft einer solchen Schicht kann ferner durch Tempern in einem Magnetfeld bei 350—400° auf 1—2 Oe verringert werden. Ferner zeigte sich, daß die Änderung der Koerzitivkraft dünner Filme während der Bldg. keiner so einfachen Beziehung, wie sie NÉEL angegeben hat (C. **1957.** 7565), gehorcht, sondern durch Sekundäreffekte, bes. die Natur der Unterlage, stark beeinflußt wird. (Nature [London], **183.** 999—1000. 4/4. 1959. Hayes, Middlesex, Electr. and Musical Ind. Ltd., Res. Labors.) D. JÖRCHEL. 137

**R. G. Loasby,** *Die γ-Phase in Uranlegierungen.* An einer *U–Zr-Legierung* mit 70 Atom-% Zr u. einer *U–Mo-Legierung* mit 25 Atom-% Mo wurden zwischen 90 u. 300° K der elektr. Widerstand u. die magnet. Susceptibilität gemessen. Die U–Zr-Legierung wurde im angelassenen Zustand, die U–Mo-Legierung im abgeschreckten Zustand sowie nach Anlassen bei 400; 540 u. 1000° untersucht. Die Vol.-Susceptibilität der U–Zr-Legierung bei 20° ist $15{,}7 \cdot 10^{-6}$ e.m.E.·$cm^{-3}$; mit der D. von 9,97 erhält man eine Massensusceptibilität von $1{,}57 \pm 0{,}01 \cdot 10^{-6}$ e.m.E.·$g^{-1}$. Der elektr. Widerstand bei 0° beträgt $184 \pm 2 \cdot 10^{-6}\,\Omega \cdot$ cm, der Temperaturkoeff. zwischen 90 u. 300° K — $1{,}1 \cdot 10^{-4}$ $Grad^{-1}$. Die magnet. Susceptibilität der U–Mo-Legierung im abgeschreckten Zustand ist bei 20° $1{,}82 \pm 0{,}02 \cdot 10^{-6}$ e. m. E. · $g^{-1}$. Nach 400-std. Anlassen bei 540° wurde keine Änderung beobachtet; nach nachfolgendem zweiten 400-std. Anlassen bei 400° betrug die Susceptibilität nur noch $1{,}72 \cdot 10^{-6}$. Der Verlauf des elektr. Widerstandes nach Anlassen bei 1000°, 540 u. 400° ist graph. wiedergegeben; bei 0° sind die entspr. Werte 72,4; 68,8 u. $60{,}6 \pm 0{,}3 \cdot 10^{-6}\,\Omega \cdot$ cm. Aus den erhaltenen Meßwerten ergab sich eine gute Übereinstimmung mit der von anderen Seiten vorgeschlagenen Struktur, die auf einen Beitrag von 4 Elektronen pro Atom durch U in den γ- u. γ'-Modifikationen basierte. (Proc. physic. Soc. **72.** 425—28. 1/9. 1958. Nottingham, Univ., Dep. of Phys.) C. GOTTFRIED. 137

**Marie-Jeanne Besnus,** *Magnetische Struktur des Pyrrhotin.* Die magnet. Struktur natürlicher Pyrrhotin-Kristalle wurde nach der von BITTER (Phys. Rev. [2] **41.** [1932.] 507) angegebenen Meth. der koll. Lsgg. untersucht, wobei die von WEISS vorausgesagten Zwillingskristalle beobachtet wurden, die um ihre gemeinsame c-Achse um 60° gegeneinander verschwenkt sind. Es dürfte sich dabei um ebene Blättchen mit einer Dicke von ca. 3 μ senkrecht zur c-Achse handeln. Sie enthalten die magnet. Ebene des Kristalls. Die Bereichwände im Inneren jedes Zwillingskristalls scheinen in Übereinstimmung mit der von NÉEL vorgeschlagenen Deutung parallel zur Richtung der leichten Magnetisierung zu liegen. (C. R. hebd. Séances Acad. Sci. **248.** 1634—37. 16/3. 1959. Strasbourg, Inst. de Phys., Labors. Pierre-Weiss.) D. JÖRCHEL. 137

**Georges Asch,** *Magnetische Resonanz des polykristallinen Kobalts bei 35500 MHz als Funktion der Temperatur.* Die Messungen wurden an 99,9% reinen polykrist. Co-Proben zwischen —80 u. +400° ausgeführt u. beweisen den Einfl. der magnetokrist. Anisotropieenergie auf die magnet. Resonanzabsorption. Die Abnahme dieser Energie bewirkt eine Vergrößerung des Resonanzfeldes u. eine Verkleinerung der Linienbreite. Das Minimum der Linienbreite tritt bei ca. 260° auf; die Halbwertbreite der Absorption beträgt dort ca. 500 Oe, was einer Relaxationszeit $T_2 = 0{,}8 \cdot 10^{-10}$ sec entspricht. Aus dem entsprechenden maximalen Resonanzfeld folgt ein $g = 2{,}18 \pm 0{,}03$, was mit dem aus Messungen des EINSTEIN-DE HAAS-Effektes abgeleiteten g-Faktor übereinstimmt. (C. R. hebd. Séances Acad. Sci. **248.** 781—84. 9/2. 1959. Strasbourg, Inst. de Phys., Labors. Pierre-Weiß.) D. JÖRCHEL. 137

**G. S. Verma** und **K. Tokunaga,** *Antiferromagnetismus von $CuF_2 \cdot 2H_2O$.* Auf der Grundlage der Theorie von NAKAMURA (vgl. Busseiron Kenkyu Nr. **63.** [1953.] 12 u. Nr. **67.** [1953.] 41) werden die senkrechten u. parallelen magnet. Susceptibilitäten sowie die mol. Susceptibilität für $CuF_2 \cdot 2H_2O$ berechnet. Die Werte der letzten sind in guter Übereinstimmung mit den Beobachtungen. Die senkrechte Susceptibilität nimmt — im Unterschied zu den Ergebnissen anderer Theorien — mit fallender Temp. ab. Dieser Effekt rührt von der Ggw. eines Anti-CURIE-Punktes in der l. c. Theorie her. (Physic. Rev. [2] **112.** 1521—22. 1/12. 1958. Cleveland, O., Western Reserve Univ.) D. JÖRCHEL. 137

**Charles M. Herzfeld** und **Daniel B. Levine,** *Einfluß des Kristallfeldes und der Spin-Bahn-Kopplung auf die magnetische Susceptibilität von Systemen mit $f^2$-Elektronenkonfiguration.* Theoret. Untersuchung. Theoret. erhaltene Werte wurden mit Meßergebnissen an $U^{4+}$-Verbb. von anderer Seite verglichen. (J. Res. nat. Bur. Standards **61.** 117—21. August 1958. Washington.) C. GOTTFRIED. 137

**A. Earnshaw** und **J. Lewis,** *Magnetische Eigenschaften einiger zweikerniger Komplexe des Chroms und des Eisens.* Die magnet. Susceptibilität der zweikernigen Komplexe Erytrochlorid, Rhodobromid,

$$[(phen)_2 Cr\langle {}^{OH}_{OH} \rangle Cr\,(phen)_2]\,I_4 \cdot 4\,H_2O \;(phen = 1.10\text{-Phenanthrolin})$$

u. $(C_5H_6N)_3(Cl_3FeCl_3FeCl_3)$ wurde im Temp-Bereich 90—300° K gemessen u. die Abweichungen vom CURIE-WEISS-Gesetz festgestellt. Unter Anwendung der Theorie von KAMBE (J. physic. Soc. Japan **5.** [1950.] 48) u. YOON, HORNOWITZ u. ABRAGAM (Rev. mod. Physics **25.** [1953.] 165) wird die Austauschwechselwrkg. zwischen den paramagnet. Ionen errechnet. Sie beträgt in obiger Reihenfolge —20,7, —20,25, —10,0, u. —1,7° K. Es wird auf die Rolle der OH-Gruppen u. des Cl als Brücken für Energieübertragung hingewiesen. Der Komplex

$$[(phen)_2Fe\langle {}^{OH}_{OH} \rangle Fe(phen)_2]Cl_4$$

zeigt einen sehr stark anomalen Temperaturverlauf der magnet. Susceptibilität. (Nature [London] **181.** 1262—63. 3/5. 1958. London, Univ. Coll., W. Ramsay and R. Forster Labor.) G. SCHOFFA. 137

**R. Havemann** und **W. Haberditzl,** *Über die Beziehungen zwischen magnetischen, optischen und chemischen Eigenschaften von Hämoglobinderivaten.* Der magnet. Übergangscharakter verschied. Methämoglobin-Derivate, der sich in Einklang befindet mit einer Reihe sonstiger Eigg. (Lichtabsorption, Stabilität, Bindungsenthalpie- u. entropie), konnte mit Hilfe der neuen magnet. Waage nach HAVEMANN sichergestellt werden. Er ist auf den Einfl. des Komplexpartners der 6. Koordinationsstelle des *Fe*, des „Schlüsselliganden", zurückzuführen. Seine Bindungsweise bewirkt im Verein mit der von ihm beeinflußten Bindungsweise des Porphyrins u. Globins einen stufenweisen Übergang vom $^6S$-Grundzustand des $Fe^{3+}$-Zentralatoms (mit gegenüber dem Bindungszustand des $[Fe(H_2O)_6]^{3+}$ erhöhter Nullfeldaufspaltung) zum Dublett-Grundzustand mit der Möglichkeit zur Ausbildung von $d^2sp^3$-Hybridbindungen. Der Multiplettabstand wird durch die Bindung des Schlüsselliganden beeinflußt, wodurch je nach dessen Bindungsfestigkeit bei Zimmertemp. eine verschied. große Multiplettbesetzung auftritt. (Z. physik. Chem. **209.** 135—61. Aug. 1958. Berlin, Humboldt-Univ., Physikal.-chem. Inst.) W. HABERDITZL. 137

**László Csányi,** *Das Oxydationspotential der Peroxysäuren des Schwefels.* Laut Verss. sind in Lsgg. die Peroxydisulfationen zur Ausbldg. des Oxydationspotentials erst nach erfolgter Hydrolyse u. Bldg. von Peroxymonosulfat fähig. Die Einstellung des Potentials ist von Säuregeh. der Lsg. u. Verdünnung abhängig. Bei kleiner Säurekonz. ist $H_2O_2$, bei größerer $H_2SO_5$ für das Potential maßgebend. (Magyar tudományos Akad., kem. Tudományok Osztályának Közleményei [Ung. Akad. Wiss., Ber. Abt. chem. Wiss.] **8.** 407—26. 1957. Szeged, Inst. für Anorgan. u. Analyt. Chem. der Univ.) J. PLANK. 140

**J. Heyrovsky,** *Polarographie – ein historischer Überblick.* Übersicht über Entw. u. Anwendungsgebiete der Polarographie. (Lab. Pract. **7.** 344—48. Juni 1958. Prag, Central Polarograph. Inst.) E. MOISAR. 142

**A. A. Vlček,** *Beziehungen zwischen den polarographischen Halbwellenpotentialen und den optischen Eigenschaften einiger anorganischer Komplexverbindungen.* (Vgl. C. **1958.** 7385.) Durch Messung der Geschwindigkeit von Elektronenaustausch-Rkk. verschied. Redoxsysteme ist Vf. in der Lage, einige Aussagen zur Frage des Mechanismus u. der Geschwindigkeit von Redox-Rkk., sowie ihrem Zusammenhang mit der Struktur der reagierenden Komplexionen zu machen. Das Halbwellenpotential der Red.-Stufen einiger *Co(III)*-, *Cr(III)*- u. *Rh(III)*-Komplexe vom Typ $[Me(Y)_5X]$ ($Y = NH_3, CN^-$; $X = NH_3, H_2O, NO_3^-, NO^-_2 F^-, Cl^-, Br^-, J^-, CN^-, CNS^-, C_2O_4^{2-}, SO_4^{2-}, S_2O_3^{2-}$) wird mit zunehmendem Unterschied der Lage der Liganden Y u. X in den spektrochem. Serien nach positiveren Werten verschoben, d.h., je größer die Asymmetrie des Ligandenfeldes der Komplexverb., desto größer die Verschiebung. Wird in einem Diagramm das Halbwellenpotential $E_{1/2}$ gegen die Frequenzänderung $\Delta\nu$ aufgetragen, resultiert eine Gerade, deren Steigung von der Art des Zentralatoms, der Art des Liganden Y u. von den spektrochem. Serien des Liganden X abhängig ist; der letztgenannte Zusammenhang wurde bes. an den Komplexen $[Co(NH_3)_5X]$ untersucht. In ähnlicher Weise gehorcht die Aktivierungsenergie für die Hydratisierung der Komplexe einer linearen Gesetzmäßigkeit. Auf der Grundlage seiner Vers.-Ergebnisse entwickelt Vf. ein Modell der Elektrodenvorgänge, wonach während derselben eine Änderung in der Elektronenkonfiguration der Komplexverbb. stattfindet, welche der durch den Liganden X verursachten tetragonalen Aufspaltung proportional ist. Der Ligand X beeinflußt ebenfalls den zu ihm in trans-Stellung befindlichen Liganden, jedoch wird dieser Effekt hauptsächlich durch das Elektrodenfeld hervorgerufen. (Discuss. Faraday Soc. Nr. **26.** 164—71. 1958. Prague, Czechoslovak. Acad. of Sci., Polarographic Inst.) D. ERTEL. 142

**S. Ja. Nikitina,** *Passivierung der Zinkelektrode in galvanischen Elementen mit alkalischem Elektrolyten.* Bei der anod. Polarisation einer Zn-Elektrode in alkal. Lsgg. nimmt die krit. Stromdichte $i_{kr}$ der Passivierung bei von 0 auf —50° fallender Temp. stark ab, bes. bei höherer Alkalikonz. (untersucht in 9,3 n u. 5,5 n KOH). Auch mit zunehmender Zinkatsättigung der Lsg. nimmt $i_{kr}$ stark ab. Aus Beladungskurven in verd. KOH ergibt sich eine minimale elektrochem. Kapazität der Zn-Passivierung von 5 m Coulomb/cm², die etwa 18 Molekülschichten von ZnO entspricht. Die Passivierung der Zn-Anode im arbeitenden Element kann auch bei $i < i_{kr}$ eintreten; dies wird auf Übersättigung des Elektrolyten mit Zinkat u. Strukturänderung der $Zn(OH)_2$-Ndd. zurückgeführt, die an der Anode entstehen u. im Elektrolyt ausfallen können. Durch mkr. u. Röntgenunters. wird festgestellt, daß die Passivierung meist mit der Bldg. von rhomb. $\varepsilon$-$Zn(OH)_2$ verknüpft ist, während prismat. $\gamma$-$Zn(OH)_2$ oder ZnO zur Passivierung nicht beitragen. (Журнал Прикладной Химии [J. angew. Chem.] **31.** 218—26. Febr. 1958. Wiss. Forsch.-Inst. für Elemente u. Elektrokohle.) R. K. MÜLLER. 143

## A₄. Thermodynamik. Thermochemie.

**W. T. Chosjainow,** *Zur Theorie der Vielfachbildung von elementaren Anregungen.* Theoret. Erörterungen über die Wahrscheinlichkeit für die Bldg. von Phononen u. Rotonen. (Доклады Академии Наук СССР [Ber. Akad. Wiss. UdSSR] **122.** 1003—06. 21/10. 1958. Mathemat. Steklow-Inst. der Akad. der Wiss. der UdSSR.)
G. KIRSCHSTEIN. 149

**B. B. Kadomzew,** *Über Fluktuationen in Gasen.* Theoret. Erörterung der Korrelationseigg. mit Berücksichtigung der Zusammenstöße. (Журнал Экспериментальной и Теоретической Физики (J. exp. theoret. Physik] **32.** 943—44. April 1957.)
G. KIRSCHSTEIN. 149

**Jacques Winter,** *Eine Hypothese über den superfluiden Zustand.* Vf. behandelt die He-Atome als Materiewellen u. findet, daß mit dieser Hypothese das unterschiedlich Verh. von ³He u. ⁴He, der „fountain-Effekt" u. die Eigg. des He-Films erklärt werden können. (J. physique Radium **19.** 532—35. Mai 1958. Paris, École Polytechn.)
G. KIRSCHSTEIN. 149

**I. M. Chalatnikow,** *Hydrodynamik der Lösungen von zwei superfluiden Flüssigkeiten.* (Vgl. C. **1959.** 3386.) Ableitung der Bewegungsgleichungen usw.; in einer solchen Lsg. sind außer der Geschwindigkeit der n. Fl. die Bewegungen der beiden superfluiden Fll. mit verschied. Geschwindigkeiten möglich. Außer dem Schall können sich Temp.-Wellen u. Konz.-Wellen in der Lsg. ausbreiten. (Журнал Экспериментальной и Теоретической Физики [J. exp. theoret. Physik] **32.** 653—57. April 1957. Inst. für physik. Probleme der Akad. der Wiss. der UdSSR.) G. KIRSCHSTEIN. 149

**I. M. Chalatnikow** und **A. A. Abrikossow,** *Thermodynamik von flüssigem ³He.* (Vgl. vorst. Ref.; vgl. auch C. **1959.** 22.) Vff. berechnen die Temperaturabhängigkeit der Wärmekapazität, der Entropie u. der magnet. Susceptibilität u. finden befriedigende Übereinstimmung mit Meßwerten ($T < 3^0$ K), wenn das Spektrum der Anregungszustände in der Form $\varepsilon = (p - p_0)^2/2\,m$ angesetzt wird. (Журнал Экспериментальной и Теоретической Физики [J. exp. theoret. Physik] **32.** 915—19. April 1957.)
G. KIRSCHSTEIN. 149

**J. Brochard, H. Chantrel** und **P. Jacquinot,** *Untersuchung der Niveaus von $^3He$ durch optische Spektroskopie bei sehr tiefer Temperatur.* (Vgl. C. **1958.** 12592.) Bei 1,8° K wurde die Hyperfeinstruktur der Niveaus $2^3P$, $3^3P$, $3^3D$ u. $4^3D$ von $^3He$ gemessen; daraus wurden die Isotopenverschiebungen für die Linien 7065, 5875, 4713 u. 3888 Å berechnet. (J. Physique Radium **19.** 515—22. Mai 1958. Bellevue, C.N.R.S., Labor. Aimé-Cotton.) G. KIRSCHSTEIN. 149

**Charles E. Hecht,** *Korrelation der λ-Punkte und der Entmischungstemperaturen in $^3He$-$^4He$-Lösungen.* Vf. stellt die These auf, daß Lsgg., in denen die $^3He$-Konz. $X_3$ einen krit. Wert übersteigt, keine superfluiden Eigg. zeigen, solange sie homogen bleiben. Erst oberhalb der Entmischungstemp. ist die an $^4He$ reichere Phase superfluid. Der krit. Wert von $X_3$ dürfte zwischen 50 u. 67% liegen. (Physica [Utrecht] **24.** 584—88. Juli 1958. Amsterdam, Univ., Inst. voor theoret. Phys.) G. KIRSCHSTEIN. 149

**J. M. J. Coremans, A. van Itterbeek, J. J. M. Beenakker, H. F. P. Knaap** und **P. Zandbergen,** *Die Viscosität von gasförmigem He, Ne, $H_2$ und $D_2$ unterhalb 80° K.* Bei 20, 30, 40... 80° K ergeben sich nach der Meth. der oscillierenden Scheibe für $\eta$ (in $\mu$P) folgende Werte: 34,9, 45,4, 54,7, 63,1, 71,0, 78,5, 85,6 (He); 33,0, 58,0, 66,3, 81,6, 96,6, 110,8, 124,5 (Ne); 10,4, 15,8, 20,5, 24,8, 28,7, 32,4, 35,9 ($H_2$); 13,4, 20,8, 27,4, 33,5, 39,2, 44,6, 49,7 ($D_2$). Berechnungen nach verschied. Modellen für das intermol. Potential lassen noch keinen sicheren Schluß darüber zu, welches Modell am besten geeignet ist. (Physica [Utrecht] **24.** 557—76. Juli 1958. Leiden, Kamerlingh Onnes Labor.) G. KIRSCHSTEIN. 149

**Risto J. Peltonen,** *Über azeotrope und extraktive Destillation.* Übersicht. (Suomen Kemistilehti **31.** A 69—77. 1958.) S. BECKMANN. 150

**Jean Savornin** und **Georges Lejeune,** *Untersuchung über die Destillation von erwärmtem Wasser ohne Zufuhr zusätzlicher Wärme.* Vff. stellen Untersuchungen an über die Verdampfungsgeschwindigkeit von (durch Sonnenstrahlung) erwärmtem Wasser, wenn dieses der normalen Temp. der Umgebung überlassen bleibt u. best. die Ausbeute an dest. Wasser. (C. R. hebd. Séances Acad. Sci. **244.** 1622—24. 18/3. 1957.) H. SACKMANN. 150

**Sándor Gárdonyi,** *Bestimmung der Kristallkeimgrößen.* In unterkühlten Metallschmelzen sind die entstehenden Kristallkeime in instabilem Gleichgewicht. Die in der Schmelze anwesenden festen Verunreinigungen fördern die Keimbldg., die Keime entstehen zuerst auf diesen. Beim Wachsen der Keime ist die in Richtung der Normalen der Kristallflächen gemessene Kristallisationsgeschwindigkeit der an den Kristallflächen entstehenden Oberflächenspannung proportional. Die endgültige Form des Kristalls bestimmt das CURIE-Prinzip. Mit Hilfe der allg. Regeln der Thermodynamik kann das Maß der Kristallkeime u. die Wahrscheinlichkeit ihrer Bldg. berechnet werden. (Kohászati Lapok **14** (92). 23—28. Jan. 1959.) J. PLANK. 150

**Klaus Clusius** und **Ulrich Piesbergen,** *Ergebnisse der Tieftemperaturforschung.* 21. Mitt. *Atom- und Elektronenwärme des Ruthens zwischen 10 und 273° K.* (20. vgl. Helv. chim. Acta **41.** [1958.] 1342; 19. vgl. C. **1959.** 6041.) Es wurde mit einem Ru-Zylinder von 100 g die Atomwärme konstanten Drucks $C_p$ zwischen 10° K u. 0° C gemessen. Die Normalentropie ergibt sich graph. bei 25° C zu 6,82 ± 0,05 Clausius. Unterhalb von 22° K läßt sich die Atomwärme als Summe der Gitterwärme $C_g$, die dem $T^3$-Gesetz folgt, und einer mit T linear ansteigenden Elektronenwärme $C_e$ wiedergeben: Ru: $C_v = 464{,}5\,(T/505)^3 + 6{,}2 \cdot 10^{-4}\,T$. WOLCOTT (Conference de Phys. des Basses Temperatures, Paris, 1955, S. 286) fand in diesem Bereich die charakterist. Temp. zu 503° u. den Koeff. der Elektronenwärme zu $8{,}0 \cdot 10^{-4}$. Die Elektronenwärme macht sich auch oberhalb von 100° K durch einen Abfall der $\Theta$-Werte bemerkbar, ganz ähnlich wie es bei Ir u. Rh der Fall ist. Diese Temp.-Abhängigkeit verschwindet, wenn die Elektronenwärme zu $6{,}7 \cdot 10^{-4}$ T cal/Grad, als nur unbedeutend größer als bei Wasserstofftempp. angesetzt wird. Die Gitterwärme kann dann durch eine konstante charakterist. DEBYE-Temp. von 382° dargestellt werden. (Z. Naturforsch. **14a.** 23—27. Jan. 1959. Zürich, Univ., Phys.-chem. Inst.) E. KLEVER. 151

**P. Gray** und **T. C. Waddington,** *Thermochemie und Reaktionsfähigkeit der Azide.* 2. Mitt. *Gitterenergien von ionischen Aziden, Elektronenaffinität und Bildungswärme des Azidradikals und verwandte Eigenschaften.* (1. vgl. C. **1959.** 2030.) Die l. c. gebrachten thermochem. Daten wurden in Verbindung mit anderen Daten benutzt, um die Bildungswärme des Azidradikals, die Elektronenaffinität u. die Hydratationswärme des Azidions zu berechnen. Folgende Gitterenergien (in kcal · $Mol^{-1}$) wurden erhalten: $LiN_3$ 194; $NaN_3$ 175; $KN_3$ 157; $RbN_3$ 152 u. $CsN_3$ 146. Die Standardbildungsenthalpie des Azidradikals wurde zu 116 kcal · $Mol^{-1}$ geschätzt, seine Elektronenaffinität zu 81 kcal · $Mol^{-1}$. Mit Hilfe dieser Werte wurden noch die folgenden Gitterenergien erhalten: $NH_4N_3$ 175; $CuN_3$ 227; $AgN_3$ 205; $TlN_3$ 163,5; $CaN_6$ 517; $SrN_6$ 494; $BaN_6$ 469 u. $PbN_6$ 516. Aus der

Bildungsenthalpie des Azidradikals wurden die Bindungsdissoziationsenergien D in einigen kovalenten Aziden erhalten. $D(H — N_3) = 96$ kcal · $Mol^{-1}$ u. $D(C — N_3)$ in aliphat. Aziden etwa 83 kcal · $Mol^{-1}$. (Proc. Roy. Soc. [London], Ser. A **235.** 481—95. 12/6. 1956. Cambridge, Univ., Dep. of Chem. Engng.) C. GOTTFRIED. 156

**R. H. Wang** und **James G. Knudsen,** *Wärmeleitfähigkeit von flüssig-flüssig-Emulsionen.* Von Vff. werden verschied. Gleichungen aufgestellt, die es erlauben, über die Wärmeleitfähigkeit W von fl.-fl.-Emulsionen Aussagen zu machen. In einer geeigneten App. wurden die rechner. Ergebnisse überprüft u. für richtig befunden. Als Vergleichswerte gelten dabei die Werte von reinem Wasser. Die mit verschied. Mischungen (z. B. $CCl_4$ mit 3% Na-Oleat, Bzn. mit 3% Na-Oleat) erhaltenen Ergebnisse werden in Kurven dargestellt. Die von Vff. angestellten Unterss. der W an verschied. Gemischen sind von bes. Interesse für die Erdölindustrie. (Ind. Engng. Chem. **50.** 1667—70. Nov. 1958. Corvallis, Ore., State Coll., Dep. of Chem. Engng.) F. ROSENDAHL. 158

---

**John Alfred Valentine Butler,** Chemical thermodynamics. 4th ed. London: Macmillan; New York: St. Martin's P. 1955. (XVI + 573 S. m. Tab. u. Diagr.) 12 s. 6 d.

**Rajendra M. Kapoor** and **Joseph J. Martin,** Thermodynamic properties of chlorine. London: Mayflower Publishing Co., 1957. (44 S. m. Tab. u. Diagr.) 18 s.

**Joe Mauk Smith** and **H. C. Van Ness,** Introduction to chemical engineering thermodynamics. 2nd ed. New York: McGraw-Hill. 1959. (502 S. m. Diagr.) 8°. $ 8.75.

## A₅. Kolloidchemie. Grenzschichtforschung.

**Hans Kautsky jr.,** *Die elektrische Zerstäubung von Silicium in Aceton.* Es wurden die Veränderungen der Oberfläche von Si sowie die chem. Eigg. der koll. Lsgg. untersucht, die unter dem Einfl. von Hochspannungskurzschlußfunken zwischen kleinen, in Aceton eingetragenen Si-Stücken in Ggw. von $O_2$-freiem $N_2$ entstehen. Fraktioniertes Zentrifugieren bzw. Eindampfen der Restlsg., welche die unter den auftretenden extremen Temperaturbedingungen entstehenden koll. Si-Verbb. enthält, führt zur Isolierung dreier verschied. Anteile, einem braunen Pulver, schwarzen Flocken u. einem dem Silicagel ähnlichen Gel, welche sämtlich die Elemente Si, O, C u. H in der Form einer anorgan. SiO-haltigen Komponente u. einer ungesätt. KW-stoffkomponente enthalten. Die von den jeweiligen Versuchsbedingungen abhängigen analyt. Befunde sowie das Verh. der gebildeten koll. Substanzen lassen darauf schließen, daß die unter den genannten Bedingungen entstehende koll. Lsg. ebenso wie das von SVEDBERG dargestellte Si-Sol nicht koll. elementares Si enthält, sondern Kolloidteilchen von siliconharzartigem Charakter. (Kolloid-Z. **153.** 109—27. Aug. 1957. Marburg/Lahn, Univ., Inst. für Siliciumchem.) D. FORST. 161

**Mieczysław Lasoń,** *Ein Versuch zur Verallgemeinerung der Gleichung von Szyszkowski.* Die empir. Gleichung von SZYSZKOWSKI $\sigma(c) = \sigma_0 — b \log(ac + 1)$, ($\sigma_0$ = Oberflächenspannung des Lösungsm., $\sigma$ der Lsg., c = Konz. der Lsg., a, b = Konstanten) wird mit Hilfe der HÜTTIG-FERGUSSON- u. BARRER-Theorie der polymol. Adsorption erweitert. (Roczniki Chem. [Ann. Soc. chim. Polonorum] **31.** 997—1000. 1957. Kraków, Akad. Górn.-Hutn., Kat. Chem. ogóln.) F. URBAN. 166

**Victor K. La Mer** und **Max L. Robbins,** *Die Wirkung der Ausbreitungsflüssigkeit auf die Eigenschaften von monomolekularen Schichten.* Vff. bringen auf eine 0,01 mol. wss. HCl-Lsg. eine monomol. Schicht von *Stearinsäure* (**I**) auf, indem sie auf die wss. Lsg. eine Lsg. von **I** in Bzl. als Ausbreitungs-Fl. geben u. das Bzl. verdampfen. Vff. verändern die **I**-Konz. in der Bzl.-Lsg. u. messen die Veränderungen in den Oberflächenspannung–Flächen-Isothermen ($\pi$ — a). Die Kurve u. die Grenzfläche des fl. kondensierten Gebietes sind abhängig von der Konz. in der Spreitungs-Fl. aber unabhängig von der auf die Oberfläche gegebenen Lsg.-Menge, der Anfangsgröße der Oberfläche u. der Verdampfungszeit des Benzols. Zur Deutung der Beobachtungen wird als Modell die Bldg. einer gemischten monomol. Schicht von **I** u. Bzl. angenommen. (J. physic. Chem. **62.** 1291—95. Okt. 1958. New York, N. Y., Columbia Univ., Dep. of Chem.) L. SCHWIEGK. 166

**Isaiah Gallily** und **Victor K. La Mer,** *Über das Verhalten von Flüssigkeitströpfchen nach dem Aufprall auf feste Oberflächen.* (Vgl. vorst. Ref.) Vff. untersuchen die Abscheidung von Teilchen beim Aufprall auf feste Oberflächen an einem Syst., das aus einem 2-dimensionalen Strahl eines *Glycerin*-Ärosols u. einem mit *Desicote* bedecktem Mikroskopobjektträger aus Glas im Ärosolstrahlengang bestand. Das Bild der abgeschiedenen Teilchen änderte sich bei diesen Verss. mit der Strahlgeschwindigkeit u. mit dem Radius des Strahles in entgegengesetzter Richtung als erwartet wurde. Dies zeigt an, daß ein gewisser Teil der Teilchen von der Oberfläche bei dem ersten Aufprall wieder abfällt. Vff. entwickeln eine Erklärung, die die beobachteten Erscheinungen in qualitativer Hinsicht deutet. (J. physic. Chem. **62.** 1295—99. Okt. 1958.) L. SCHWIEGK. 166

**Olive G. Engel,** *An Festkörpern durch Zusammenstoß mit Regen bei großer Geschwindigkeit verursachter Erosionsschaden.* In Fortsetzung früherer Unterss. (vgl. C. **1957.** 5424) diskutierte Vf. die Spannungen, welche von einem Flüssigkeitstropfen erzeugt werden, der mit großer Geschwindigkeit auf eine ebene Oberfläche eines Festkörpers auftrifft. Experimentell wurden die Schäden untersucht, welche Blei- oder Stahlkugeln sowie Wassertropfen beim Aufschlagen auf eine weiche 1100–Al-Platte hervorrufen. Die Auftreffgeschwindigkeiten waren 609, 228 bzw. 2500 ft./sec. Ferner wurde untersucht die Einw. von Wassertropfen, die aus einer Höhe von etwa 12 m auf die Oberfläche von feinem Sand fielen, der mit einer dünnen Schicht Ruß bedeckt war. Weiter wurden die Schäden untersucht, die Wassertropfen verursachten, die mit großer Geschwindigkeit auf *Teflon, Neopren, Selectron 5003* u. *Methylmethacrylat* auffielen. Die hervorgerufenen Schäden entstehen durch den Aufpralldruck u. das folgende radiale Fließen des Tropfens. Aus den Verss. wurde geschlossen, daß gegen Regenerosion widerstandsfähiges Material entweder weich u. kautschukähnlich oder hart u. spröde sein muß. (J. Res. nat. Bur. Standards **61.** 47—52. Juli 1958.) C. GOTTFRIED. 166

**P. Sen,** *Die Reibungs- und Abnutzungskoeffizienten.* Um zu einer zusammenhängenden Beschreibung von in der Literatur vorkommenden Unterss. über Reibungs- u. Abnutzungskoeffizienten zu kommen, folgte Vf. von FINCH (vgl. C. **1951.** I. 1845) vorgeschlagenen allg. Grundsätzen, indem er die Oberflächenenergie von SAVAGE (vgl. J. appl. Physics **19.** [1948.] 1) mit dem von BORDEN u. TABOR (vgl. The Friction and Lubrication of Solids, Oxford, 1950) entwickelten Reibungsmechanismus infolge verschweißter Verbindungen kombinierte. Dies führte zu einer qualitativen u. befriedigenden Übereinstimmung mit den beobachteten Ergebnissen für die Werte der Reibungskoeffizienten zwischen festen Oberflächen, zwischen festen Oberflächen mit dünnen fl. oder festen Filmen von weichen Metallen sowie für die Werte der Abnutzung u. für die Wechselbeziehung zwischen Reibung u. Abnutzung. (Nuovo Cimento [10] **9.** 721—30. 16/8. 1958. New Delhi, Nat. Phys. Labor.) C. GOTTFRIED. 166

**D. Atack** und **D. Tabor,** *Die Reibung von Holz.* Vff. untersuchten die Reibung zwischen Balsamholz (Abies balsamea) u. Oberflächen von Stahl (**I**) u. *Polytetrafluoräthylen* (**II**). Method. wurde derart vorgegangen, daß Kugeln verschiedenen Druckmessers von **I** u. **II** über die Holzoberfläche schleiften oder walzten. Die Walzreibung, die für **I** u. **II** gleich war, ist auf innere Reibung oder Hystereseverluste in dem Holz zurückzuführen u. nicht auf eine Oberflächenwechselwirkung. Mit zunehmendem Feuchtigkeitsgeh. des Holzes von 0 auf 30% nimmt die Walzreibung zu u. wird hierauf konstant. Im Gegensatz hierzu hängt die Schleifreibung von dem Feuchtigkeitsgeh. des Holzes u. der chem. Natur der anderen Oberfläche ab. Für harte Gleiter läßt sich die Schleifreibung F bei gegebenen Feuchtigkeitsbedingungen wiedergeben durch $F_s = F_D + F_A$, wo $F_D$ die tangentiale Kraft bedeutet, die die Verformung des Holzes in sich schließt u. in direktem Zusammenhang mit der inneren Reibung oder den Hystereseverlusten in dem Holz selbst steht; sie entspricht der Walzreibung. $F_A$ bedeutet die tangentiale Kraft, welche notwendig ist, um Grenzflächenadhäsion zu überwinden; sie ist für Stahl, ohne Rücksicht auf den Feuchtigkeitsgeh. groß, was besagt, daß die Adhäsion, die wahrscheinlich auf H-Bindung zurückzuführen ist, in beiden Fällen stark ist. Für **II** ist die Reibung bei niedrigem Feuchtigkeitsgeh. ziemlich groß, was auf relativ starke Adhäsion schließen läßt, jedoch bei Feuchtigkeitsgehalten $>30\%$ sehr klein. (Proc. Roy. Soc. [London], Ser. A **246.** 539—55. 26/8. 1958. Pulp and Paper Res. Inst. of Canada; Cambridge, Univ., Dep. of Phys., Res. Labor. on the Phys. and Chem. of Solids.) C. GOTTFRIED. 166

**Yasukatsu Tamai,** *Einfluß der Oberflächenoxydfilme auf die nicht geschmierte Reibung von Stahl, Kupfer und Zinn.* Inhaltl. z. T. indent. mit der C. **1959.** 8045 referierten Arbeit. (J. chem. Soc. Japan, ind. Chem. Sect. [Kōgyō Kagaku Zassi] **61.** 1111—15. Sept. 1958. Tokyo, Univ., Rikôken. [Orig.: japan.]) E. MAEKAWA. 166

**I. Hangos,** *Zusammenhang zwischen der optischen Trübung der Kolloidlösungen und der Adhäsion von Kathodenstrahlröhren-Leuchtschirmen.* Die Herst. von gut haftenden Leuchtschirmen für Kathodenstrahlröhren ist bei gegebener Wasserglasart-Konz. nur innerhalb eines bestimmten Koagulator-Konzentrationsintervall möglich; diesem Intervall entspricht ein krit. opt. Trübungsintervall bzw. ein $\zeta$-Potentialintervall. Da der Potentialabfall der Solteilchen auf die Zunahme der Adhäsionskräfte zwischen den Solteilchen hinweist, bedeutet das, daß Schirme von entspr. Haften nur in einem bestimmten krit. Intervall gefertigt werden können. Die Vers.-Ergebnisse stimmen mit den Ergebnissen von HAZEL u. Mitarbeitern überein, u. beweisen, daß, um ein gutes Haften zu erreichen, das $\zeta$-Potential der Leuchtstoffkörnchen u. der Glasoberfläche kleiner als ein bestimmter Wert sein muß. (Kolloid-Z. **159.** 29—31. Juli 1958. Budapest, Távközlési Kutató Intezet.) G. HALMI. 166

**Andreas Acrivos** und **Paul L. Chambré**, *Laminares Fließen von Grenzschichten mit Oberflächenreaktionen.* Fortsetzung der Arbeit von CHAMBRÉ u. ACRIVOS (vgl. C. **1958.** 640) über hydrodynam. induzierte Transportmechanismen beim laminaren Fließen von Grenzschichten in Verbindung mit dem Ablauf von Oberflächenreaktionen. Die angegebenen Gleichungen für eine isotherme Rk. 1. Ordnung können auch auf Rkk. mit komplexer Kinetik angewendet werden. Numer. Lsgg. der entspr. Integralgleichungen für eine reversible Rk. 1. Ordnung, eine Folgerk. 1. Ordnung u. eine irreversible Rk. 2. Ordnung werden angegeben. Ein Vgl. der Ergebnisse für eine exakte Lsg. u. eine Lsg. nach einer Näherungsmeth. zeigt, daß das Näherungsverfahren mit Vorsicht anzuwenden ist. (Ind. Engng. Chem. **49.** 1025—29. Juni 1957. Berkeley, Calif., Univ. of California.) E. PASCHKE. 173

**D. Anson, W. J. Grant** und **R. M. Jones**, *Untersuchung teilchenförmiger, auf Filtermembranen niedergeschlagener Stoffe.* Es wird eine Meth. zur mkr. Unters. der Natur u. Größenverteilung von Stoffen beschrieben, die aus Suspensionen in Fll. auf feine, gleichförmig dicke Filtermembranen mit Porengrößen von weniger als 1 $\mu$ niedergeschlagen wurden. Nach Trocknung der Membran wird unter der Saugwrkg. einer Wasserstrahlpumpe ein Fixiermittel (eine Lsg. aus 0,5% „Perspex“ in Chlf.) über die Membran geschüttet. Der Teilchen-Nd. wird dabei, ohne sich zu verändern, durch den Sog gegen die Membran gedrückt. Anschließend wird die Membran durch Sättigung in mit Xylol verdünntem Canada-Balsam transparent gemacht u. kann dann als mkr. Objekt mit durchscheinendem Licht beobachtet werden. (Nature [London] **183.** 1000. 4/4. 1959. Chester, Thornton Res. Centre, „Shell“ Res. Ltd.) D. JÖRCHEL. 175

**A. A. Balandin**, *Eine genaue Methode zur Bestimmung der relativen Adsorptionskoeffizienten.* Ausgehend von einer Gleichung des Vf. (C. **1959.** 10826.), welche zu einem Näherungsverf. zur Best. der relativen Adsorptionskoeffizienten u. der wahren Geschwindigkeiten der katalyt. Rkk. im strömenden Syst. führt, wird hier eine Gleichung für die genaue Berechnung der relativen Adsorptionskoeffizienten gegeben. (Известия Академии Наук СССР, Отделение Химических Наук [Nachr. Akad. Wiss. UdSSR, Abt. chem. Wiss.] **1957.** 882—83. Juli. Zelinsky-Inst. für anorgan. Chem. der Akad. der Wiss. der UdSSR.) O. LEBTAG. 176

**J. Eisinger** und **J. T. Law**, *Adsorption von Sauerstoff an Silicium.* (Vgl. C. **1957.** 613.) Vff. untersuchen an n- u. p-leitendem Si (0,02—15 $\Omega \cdot$cm) bei Drucken von $1,3 \cdot 10^{-7}$—$1,3 \cdot 10^{-6}$ Torr die Adsorption von Sauerstoff. Die Haftwahrscheinlichkeit s in Abhängigkeit vom Bedeckungsgrad $\Theta$ wird aus dem Druckverlauf während des Adsorptionsvorgangs bestimmt. Um eine zusätzliche Pumpwrkg. durch aufgedampfte Si-Filme zu vermeiden, werden die Proben vor der Adsorption nur durch mehrmaliges Abblitzen bei 1400 bis 1500° K gereinigt. Aus der p(t)-Kurve wird unter Annahme eines Rauhigkeitsfaktors 1 die nach dem Abblitzen erfolgte Sauerstoffbedeckung zu $(22 \pm 1) \cdot 10^{14}$ Atome/cm² bestimmt. Der maximale s-Wert liegt zwischen 0,01 u. 0,02, dann nimmt s angenähert exponentiell mit $\Theta$ ab, bis die erste Monoschicht vollständig ist. Eine Annäherung an diesen Verlauf erhält man mit $s = 0,015 \cdot 4/(4 - \Theta)\,(1 - \Theta)^2$ für 4 nächst benachbarte Si-Atome unter der Annahme, daß die Sauerstoffmoll. eine unbewegliche Schicht bilden (die O-Atome besetzen benachbarte Plätze) u. die Aktivierungsenergie von $\Theta$ unabhängig ist. (J. chem. Physics **30.** 410—12. Febr. 1959. Murray Hill, N. J., Bell Telephone Labors., Inc.) H. LIEPACK. 176

**G. Schay, P. Fejes, I. Halász** und **J. Király**, *Bestimmung der Adsorptionsisothermen durch frontale Gaschromatographie.* Inhaltlich ident. mit der C. **1958.** 3529 referierten Arbeit. (Acta chim. Acad. Sci. hung. **11.** 381—93. 1957. Budapest, Acad. of Sci., Central Res. Inst. of Chem.) E. MOISAR. 176

**J. de López González** und **J. Cano-Ruiz**, *Änderungen der Oberfläche eines Vermiculits durch Behandlung mit Säure und durch Erwärmen.* Als Fortsetzung früherer Arbeiten (vgl. C. **1953.** 5139) über *Montmorillonite* (**II**) wurden ähnliche Unterss. über die Änderung der Oberflächenstruktur der *Vermiculite* (**I**), die einen ähnlich geschichteten Aufbau haben, unternommen, da sie im aktivierten Zustand oft einen sehr wirksamen Träger für die heterogene Katalyse abgeben. Nach halbstd. Kochen mit HCl verschied. Konz. (**II** erfordert 2 Std.) wurden die gegenüber **II** mehr als doppelt so großen Mengen in Lsg. gegangener $SiO_2$, $Al_2O_3$, $Fe_2O_3$ u. MgO best., ferner die Menge an in 5%ig. Sodalsg. lösl. $SiO_2$, die Änderung der Fähigkeit zur W.-Aufnahme durch Imbibition u. des Abstandes der [001]-Schichten; sodann wurden aus den Adsorptionsisothermen des n-Butans bei 0° die spezif. Oberflächen errechnet, die mit der Säurekonz. stark zunehmen, aber mit Temp.-Erhöhung auf 110—650° abnehmen. Aus Röntgenbeugungsaufnahmen ergibt sich, daß sich freies $SiO_2$ nicht zwischen den Silicatschichten, sondern an den Kantenrändern derselben befindet oder überhaupt unabhängige Kerne bildet. Danach scheint es, daß man die große Zunahme der **I**-Oberfläche durch Säurebehandlung auf die Wrkg. der freien $SiO_2$ zurückführen muß. (An. Real Soc. españ. Física Quím., Ser. B **53.** 293—98. April 1957. Granada, Fac. Cie., Labor. Cátedra Quím. inorg.; C. S. de I. C., Estac. exper. del Zaidín.) W. Metzener. 178

**Yasusi Tanasawa, Syozo Sasaki** und **Nobuki Nagai,** *Die Atomisierung von Flüssigkeiten mittels flacher Zerstäubung.* (Vgl. C. **1958.** 8844.) Vff. untersuchten experimentell die atomisierenden Eigg. von flachen oder 180°-Zerstäubungsdüsen mit *W.*, 80%ig. *A.*, 50%ig. wss. *Glycerinlsg.*, *Petroleum* u. einem Gemisch von 62,5% *Petroleum* u. 37,5% *Schmieröl.* Es wurde gefunden, daß der Atomisierungsmechanismus dieser Düsen eine typ. filmähnliche Atomisierung ist. Es wird ein neuer Typ einer Zerstäubungsdüse mit flacher Zerstäubung für Dieselmaschinen vorgeschlagen. (Technol. Rep. Tôhoku Univ. Sendai, Japan **22.** Nr. 1. 73—95. 1957. [Orig.: engl.]) C. Gottfried. 180

## $A_6$. Strukturforschung.

**H. S. M. Coxeter,** *Kristallsymmetrie und ihre Verallgemeinerungen.* Einführender Vortrag. (Trans. Roy. Soc. Canada, Sect. III **51.** 1—13. Juni 1957.) C. Gottfried. 181

**I. Ss. Sheludew,** *Punktgruppen der Kristallsymmetrie und ihre physikalische Interprctation.* Vf. zeigt, daß durch skalare, vektorielle u. Tensorwrkgg. am Würfel alle 32 kristallograph. Punktgruppen erhalten werden können. Es ergibt sich die Annahme, daß der hierbei erhaltenen Vielfalt der Gruppen mit einheitlicher Symmetrie ein Unterschied in den Eigg. der zur gleichen Symmetriegruppe gehörenden Kristalle entspricht. (Кристаллография [Kristallographie] **2.** 728—33. 1957. Akad. der Wiss. der UdSSR, Inst. für Kristallogr.) R. K. Müller. 181

**Zohrab A. Kaprielian,** *Anisotrope Effekte in geometrisch isotropen Gittern.* Theoret. Untersuchung. (J. appl. Physics **29.** 1052—63. Juli 1958. Los Angeles, Calif., Univ. of Southern California.) C. Gottfried. 181

**P. J. Wheatley,** *Eine mögliche Hilfe bei der Lösung von Kristallstrukturen.* Vf. schlägt eine Meth. vor, die unter günstigen Verhältnissen eine Trennung der intra- u. intermol. Vektoren bei der Patterson-Synth. gestattet, welche darin besteht, daß genaue Intensitätsmessungen an Aufnahmen gemacht werden, die bei 2 sehr verschied. Tempp. erhalten worden waren u. die zur Eliminierung des Einfl. der Wärmebewegung auf unitäre Strukturfaktoren umgerechnet sein müssen. In den aus den beiden Aufnahmen erhaltenen Patterson Diagrammen behalten die intramol. Vektoren ihre Länge bei, während sich Endpunkte der intermol Vektoren bei sinkender Temp. auf den Ursprung hin verschieben. (Z. Kristallogr., Kristallgeometrie, Kristallphysik, Kristallchem. **110.** 329—34. Sept. 1958. Zürich, Monsanto Res. S. A.) C. Gottfried. 181

**N. W. Below,** *Über die Tetartoeder ($T = 23$)- und die Gyroeder ($O = 432$)-Gruppe.* Das Tetartoeder (Pentagondihexaeder) u. das Gyroeder (Pentagontetrahexaeder) werden in ihren einfachsten Formen dargestellt u. besprochen. (Кристаллография [Kristallographie] **2.** 722—24. 1957. Akad. der Wiss. der UdSSR, Inst. für Kristallogr.) R. K. Müller. 181

**N. W. Below,** *Theorem der Primitivität (Leerstelle) des Grundparallelepipeds des Kristallgitters.* (Vgl. vorst. Ref.) Wenn man für einen Kristall das Gitter konstruiert u. unter Beibehaltung der Parallelität einen der Gitterpunkte auf einen Punkt (ein Atom) im Kristall legt, dann müssen alle anderen homologen Punkte sich in die Spitzen der sich wiederholenden Grundparallelepipede verlagern, u. kein homologer Punkt kann innerhalb des Parallelepipeds (an dessen Fläche oder Kante) bleiben. Dieses Theorem der Primitivität (Leerstelle) wird erläutert u. in seinen Folgerungen betrachtet. (Кристаллография [Kristallographie] **2.** 725—27. 1957.) R. K. Müller. 181

**Pierre Gautier** und **Claude Latour,** *Theoretische und experimentelle Untersuchung des Feldes einer Reihe magnetischer Zylinderlinsen.* Unter der Annahme, daß die Permeabilität des Fe unendlich groß ist, wird die Induktion in der Symmetrieebene zylindr. Linsen als Funktion der Dimensionen der Polschuhe u. der Amperewindungszahlen berechnet. Die theoret. Ergebnisse sind in guter Übereinstimmung mit an nicht gesättigten Linsen durchgeführten Versuchen. (C. R. hebd. Séances Acad. Sci. **248.** 1637—40. 16/3. 1959. Toulouse, C.N.R.S., Labor. d'Opt. Électron.) D. Jörchel. 181

**H. Hashimoto** und **H. Yotsumoto,** *Abstandsanomalien auf elektronenmikroskopischen Bildern von Kristallgittern.* Auf elektronenmkr. Aufnahmen von bes. Metallphthalocyaninen beobachtete, nicht gleichförmige Abstände der Linien wurden mit Hilfe der dynam. Theorie der Elektronenbeugung gedeutet. Die Rechnung zeigte, daß Gitterbilder eines Kristallplättchens aus parallelen Linien bestehen, die Lagen dieser Linien aber nicht notwendig mit den Lagen der Potentialmaxima im Kristallfeld übereinzustimmen brauchen u. daß sich der Kontrast der Bilder sowohl mit der Kristalldicke als auch mit der Abweichung vom BRAGGschen Winkel verändert. Ist die Kristallprobe gekrümmt, so hat das Bild im Zentrum der Auslöschungskontur dem wahren Abstand des Kristallgitters entsprechende Linienabstände u. maximalen Kontrast, während nahe den Konturkanten der Abstand vergrößert u. der Kontrast verringert ist. Die beobachteten Anomalien dürften also von Dickenänderungen u./oder Krümmungen der Probe, nicht von echten Gitteranomalien herrühren. (Nature [London] **183.** 1001—02. 4/4. 1959. Matsugasaki, Sakyoku, Kyoto, Kyoto Technic. Univ.; Tokyo, Mitaka, Japan Electron Opt. Labor. Co. Ltd.) D. JÖRCHEL. 181

**A. J. Freeman,** *Compton-Streuung von Röntgenstrahlen an nichtkugelsymmetrischen Ladungsverteilungen.* Die WALLER-HARTREE-Theorie für inkohärente COMPTON-Streuung von Röntgenstrahlen wird auf die nichtkugelsymm. atomare Ladungsverteilung erweitert. Die Abhängigkeit der Streuung von der Orientierung der Atome wird durch einen allg. Formalismus behandelt, der vom Gebrauch von Matrixelementen einer unitären Darst. der dreidimensionalen Drehgruppe abhängt. Hiervon wird Gebrauch gemacht bei der Herleitung der Matrixelemente für die Streuung am Einzelelektron von Atomen mit s-, p- u. d-Elektronen. Durch geeignete Mittelung über alle Orientierungen des Streuvektors werden Beziehungen erhalten, die eine Voraussage der Streuung an einatomigen Gasen zulassen. (Physic. Rev. [2] **113.** 169—75. 1/1. 1959. Watertown, Mass., Ordnance Materials Res. Office, Materials Res. Labor. Cambridge, Mass., MIT, Solid State and Molecular Theory Group.) G. LEHMPFUHL. 181

**A. J. Freeman,** *Compton-Streuung von Röntgenstrahlen an Aluminium.* (Vgl. vorst. Ref.) Die l. c. erhaltenen Ergebnisse über COMPTON-Streuung an nichtkugelsymm. Ladungsverteilungen werden zur Berechnung der inkohärenten Streufunktion für Al nach WALLER-HARTREE verwendet. Die so berechnete COMPTON-Streuintensität wird mit Messungen von WALKER (C. **1957.** 4010), LAVAL (C. R. hebd. Séances Acad. Sci. **215.** [1942.] 359) u. mit früheren theoret. Berechnungen verglichen. Obwohl die Theorie auf der Annahme freier Atome beruht, besteht für kristallines Al gute Übereinstimmung mit dem Experiment mit Ausnahme bei kleinen $1/\lambda \cdot \sin \vartheta$. (Physic. Rev. [2] **113.** 176—78. 1/1. 1959.) G. LEHMPFUHL. 181

**G. Brown** und **R. Farrow,** *Einführung von Glycerin in blättchenförmige Aggregate durch Dampfdruck.* Die von den Vff. beschriebene Meth. zur Einführung von Glycerin in blättchenförmige Kristalle entspricht der von BRUNTON (vgl. C. **1956.** 3112) entwickelten Meth. zur Behandlung von Kristalliten mit Äthylenglykol. Die Kristallblättchen werden mit Hilfe eines Klebstoffs an einem Glasfaden von LINDEMANN-Glas befestigt u. den Dämpfen von Glycerin ausgesetzt, das auf 100—105° erhitzt wird. (Clay Minerals Bull. **3.** 44—45. Okt. 1956. Harpenden, Rothamsted Exp. Stat.) C. GOTTFRIED. 181

**G. Brown** und **G. C. Dibley,** *Gemilderte Kleinwinkelmessungen mit einer 9,0 cm-Pulverkamera.* Vff. beschreiben die Verwendung einer 9,0 cm-Kamera zur Unters. der Röntgenstrahlenstreuung im Gebiet von 20—100 Å. (Clay Minerals Bull. **3.** 46—47. Okt. 1956.) C. GOTTFRIED. 181

**George F. Wright,** *Die Bedeutung der Symmetrie in der Chemie.* Zusammenfassender Vortrag. (Trans. Roy. Soc. Canada, Sect. III **51.** 31—44. Juni 1957.) C. GOTTFRIED. 182

**J. Eve,** *Eine theoretische Untersuchung des Fluormoleküls.* (Proc. Roy. Soc. [London], Ser. A **246.** 582—89. 26/8. 1958. Newcastle-upon-Tyne, King's Coll., Dep. of Phys.) C. GOTTFRIED. 182

**Jerzy Zarzycki,** *Über die „Löcher"-Struktur geschmolzener Fluoride.* Röntgenstreuungsunterss. an geschmolzenen Fluoriden des Li, Na u. K bei hohen Tempp. lassen nach ihrer FOURIER-Auswertung erkennen, daß diese Verbb. in geschmolzenem Zustand im wesentlichen eine „Löcher"-Struktur besitzen, durch die sich u. a. die starke Volumenvermehrung dieser Verbb. beim Schmelzen erklären lassen. Die Koordinationszahlen (KZ) betragen für LiF bei 860° 3,7; für NaF bei 1000° 4,1 u. für KF bei 870° 4,9 im Gegensatz zur KZ 6 beim krist. Zustand. (C. R. hebd. Séances Acad. Sci. **244.** 758—60. 4/2. 1957.) W. NIEMITZ. 186

**Edgar H. Hamilton** und **Given W. Cleek,** *Eigenschaften von Natriumtitansilicatgläsern.* Vff. untersuchten erneut das gesamte glasbildende Gebiet des Syst. *$Na_2O$-$TiO_2$-$SiO_2$* (Phasendiagramm); außer tern. Gläsern wurden bin. Natriumsilicate mit 15—40 Mol-% $Na_2O$ untersucht. Es wurden auf diese Weise Gläser mit Brechungsindices von 1,5184 — 1,8005, ν-Werten von 51,5 — 23,2 ($\nu = n_D - 1/n_F - n_C$ u. DD. von 2,42 — 3,00 erhalten. Alle tern. Gläser mit 5 Mol-% $TiO_2$ u. einige mit 10 u. 15 Mol-% $TiO_2$ waren prakt. farblos; die restlichen ternären Gläser waren entweder bernsteinfarben oder gelb. Bei zunehmendem Verhältnis $Na_2O/SiO_2$ nahm die Farbtiefe sehr schnell ab. Graph. sind die spektralen Durchlässigkeiten einer größeren Anzahl von Gläsern angegeben. Ganz allg. wurde gefunden, daß die Gläser beträchtlich niedrigere DD. haben als PbO-Gläser mit vergleichbaren opt. Eigg.; außerdem sind die Dispersionen größer als die der entsprechenden PbO-Gläser. (J. Res. nat. Bur. Standards **61.** 89—94. August 1958.) C. Gottfried. 186

**H. Bethge** und **V. Schmidt,** *Zur Sichtbarmachung von Versetzungen für die elektronenmikroskopische Abbildung.* Bisher übliche Methoden, zur Kristalloberfläche durchstoßende Versetzungen durch geeignete Ätzungen sichtbar zu machen, haben in elektronenmkr. Größenordnungen den Nachteil, daß sich störende Ätzrückstände der gleichen Größenordnung nicht vermeiden lassen u. daß auch andere Oberflächenstrukturen durch die Ätzung angegriffen, eingeebnet u. damit der Beobachtung entzogen werden. Ausgehend von der Überlegung, daß auch ein Kristallwachstum bevorzugt an Störungen erfolgt, haben Vff. Versetzungen auf *NaCl*-Spaltflächen durch Aufdampfen von NaCl bei ca. 300° sichtbar gemacht, die nach der üblichen Abdrucktechnik nicht zu erfassen sind. Die Aufdampfgeschwindigkeit (100—300 Å kondensierter NaCl-Schicht/sec) wurde derart gewählt, daß sie wesentlich größer als die für ein ideales Kristallwachstum zulässige Geschwindigkeit war, so daß atomare Spaltstufen nicht über die Kristalloberfläche hin weiterwuchsen, sondern als bevorzugte Orte der Keimbldg. wirkten. Unter anderem wurde auf diese Weise eine aus Schraubenversetzungen aufgebaute „twist-boundary“ elektronenmkr. sichtbar gemacht; die durchstoßenden Versetzungen sind durch im Mittel 0,2$\mu$ große, gegenüber der Umgebung deutlich bevorzugt aufgewachsene flache Würfel markiert, von denen in Spaltrichtung Stufen ausgehen, die sich zu gröberen Stufen („river-pattern“) vereinigen. Ferner wurden erstmals gefundene Spaltstrukturen beobachtet, die durch eine Wechselwrkg. schräg anlaufender, sehr feiner Spaltstufen mit einer kreuzenden Spaltstufe entstanden u. von bes. Interesse für das Studium des Spaltvorgangs u. des Sprödbruchs sind. (Z. Naturforsch. **14a.** 307—09. März 1959. Halle, Univ., Inst. für experimentelle Phys.) D. Jörchel. 190

**W. F. Eppler,** *Die Sandmeier-Plato-Streifung im synthetischen Korund.* (Vortrag). Wiedergabe (Abb.) u. Auswertung der Sandmeier-Plato-Streifung im synthet. Korund. (Dtsch. Goldschmiede-Ztg. **57.** 62—64. Febr. 1959.) W. Wesly. 190

**J. Zussman,** *Neuere Röntgen- und Strukturuntersuchungen bei Serpentinmineralien.* Eine auf Grund von Röntgenpulverunterss. gefundene Klassifikation von Serpentinmineralien wird beschrieben. (Nat. Acad. Sci.-Nat. Res. Council, Publ. Nr. **456.** 80—81. 1956. Manchester, Univ., Dep. of Geol.) O. Bär. 195

**Yoshio Sakata,** *Elementarzelldimensionen von synthetischen Aluminiumdiopsiden.* Vf. synthetisierte eine Reihe von festen Lsgg. von Al-Diopsid, $CaAl_2SiO_6$, in Diopsid, $CaMgSi_2O_6$, durch Zusammenschmelzen von $CaCO_3$, MgO, $SiO_2$ u. $Al_2O_3$ in den gewünschten Verhältnissen u. anschließendes Erhitzen des Glases auf 1200° während $5^1/_2$—25 Std. je nach dem Geh. des Glases an $CaAl_2SiO_6$. Auf diese Weise wurden feste Lsgg. bis zu einem Geh. von 45% $CaAl_2SiO_6$ erhalten. Von den Prodd. wurden röntgenograph. die Elementarzelldimensionen bestimmt. Hierbei wurde gefunden, daß mit steigendem Geh. an $CaAl_2SiO_6$ die Parameter a, b u. $\beta$ abnehmen, c dagegen zunimmt. (Jap. J. Geol. Georgr. **28.** 161—68. 1957. Tokyo, Univ., Geol. Inst. [Orig.: engl.]) C. Gottfried. 195

**Je. I. Gladyschewski** und **P. I. Kripjakewitsch,** *Kristallstruktur der Verbindungen $MoBe_{12}$, $WBe_{12}$ und $TaBe_{12}$.* (Vgl. C. **1956.** 12200.) Es werden folgende Gitterparameter (tetragonale Gitter) bestimmt: $MoBe_{12}$ ($ThMn_{12}$-Struktur) a = 7,271 ± 0,005 (Å), c = 4,234 ± 0,005; $WBe_{12}$ a = 7,220 ± 0,004, c = 4,224 ± 0,002; $TaBe_{12}$ a = 7,322 ± 0,004, c = 4,247 ± 0,002. Damit ist das Vorhandensein der Struktur vom Typ $ThMn_{12}$ für 6 Systeme aus Übergangsmetall u. Be ($RBe_{12}$) mit R = V, Nb, Ta, Cr, Mo u. W nachgewiesen. In einer Tabelle werden die Atomabstände mitgeteilt. Neben $RBe_{12}$ werden auch noch Be-reichere Verbb. (mit annähernd 98 Atom-% Be) gefunden; sie haben kub. flächenzentriertes Gitter mit a = 11,60 bzw. 11,59 für R = Mo bzw. W. (Кристаллография [Kristallographie] **2.** 742—45. 1957. Lwow, Franko-Univ.) R. K. Müller. 195

**T. I. Malinowski,** *Röntgenstrukturuntersuchung von Bis-[p-toluidin]-kobaltdichlorid.* Die Parameter des monoklinen Kristallgitters von Bis-[p-toluidin]-kobaltdichlorid $CoCl_2 \cdot 2\,H_2NC_6H_4CH_3$ werden durch Röntgenstrukturunters. wie folgt bestimmt: a = 12,30 ± 0,05, b = 4,59 ± 0,01, c = 26,10 ± 0,10 Å, $\beta$ = 93°45′, Z = 4, Raumgruppe $C_{2h}^6$ u. $C_s^4$. Nach der Meth. der dreidimensionalen Patterson-Synth. werden die Koordinaten aller Atome außer H bestimmt. Es ergeben sich die Abstände Co—Cl 2,26, Co—N 1,95, N—$C_1$ 1,45, $C_4$—$C_7$ 1,50 Å, Valenzwinkel Co—N—$C_1$ 105°. Die Koordinationszahl am Co ist 4, das Koordinationsvieleck ein Tetraeder. Das Mol. liegt in einer Ebene. (Кристаллография [Kristallographie] **2.** 734—41. 1957. Akad. der Wiss. der UdSSR, Moldau-Zweigstelle.) R. K. Müller. 195

**Ernst Bauer,** *Phänomenologische Theorie der Kristallabscheidung an Oberflächen.* 1. Mitt. Thermodynam. Unters. der Kristallabscheidung an Oberflächen. (Z. Kristallogr., Kristallgeometrie, Kristallphysik, Kristallchem. **110.** 372—94. Sept. 1958. München, Univ., II. Physikal. Inst.) C. GOTTFRIED. 196

**Ernst Bauer,** *Phänomenologische Theorie der Kristallabscheidung an Oberflächen.* 2. Mitt. (1. vgl. vorst. Ref.) Vf. untersucht die Voraussetzungen, unter denen für die Kristallkeimbldg. auf einer Oberfläche eine den üblichen Formeln für die Keimbildungswahrscheinlichkeit analoge Beziehung gilt. Für ein vereinfachtes Beispiel (auf NaCl- bzw. KCl-Spaltfläche aufgedampftes LiF) wurde die Keimbildungswahrscheinlichkeit berechnet u. mit den experimentellen Beobachtungen verglichen. (Z. Kristallogr., Kristallgeometrie, Kristallphysik, Kristallchem. **110.** 395—431. Sept. 1958.) C. GOTTFRIED. 196

**Yasukatsu Tamai,** *Reibungsverhalten und Struktur von Oberflächenoxyden auf Stahl.* Je nach der Art der Oberflächenoxyde ergab die Unters. des Reibungs-Verh. deutliche Unterschiede. Für Stahloberflächen, deren Oxyde bis auf eine Schicht von vermutlich FeO entfernt worden waren, betrug der Reibungs-Koeff. 0,5, für mit $Fe_3O_4$ bedeckten Stahl 0,45 u. für Stahl mit $Fe_2O_3$ oder FeO(OH) 0,35—0,4. Aus dem Reibungsverh. werden Rückschlüsse auf Struktur u. Bldg. der Oberflächenschichten gezogen. (Brit. J. appl. Physics **9.** 338—39. Aug. 1958. Meguro, Univ. of Tokyo, Inst. of Sci. and Technol.) F. VIER. 196

**J. Païdassi,** *Über den Keimbildungs- und Wachstumsprozeß der CuO-Phase im Verlauf der Oberflächenoxydation von Kupfer in Luft in dem Temperaturintervall 970—1025⁰.* Vf. berichtet über die Oxydation von Cu an der Luft zwischen 970 u. 1025⁰. Während sich bei Tempp. < 970⁰ 2 kontinuierliche u. kompakte Schichten von $Cu_2O$ u. CuO gebildet hatten, u. zwar ohne Rücksicht auf die Länge der Oxydationszeit, beobachtete Vf., daß bei kurzzeitiger Oxydation zwischen 970 u. 1025⁰ nur *$Cu_2O$* auftritt. Erreicht die Dauer der Oxydation einen Wert von $t_0$, dann treten die ersten Keime der Phase *CuO* auf; nach einer gewissen Zeit $t_1$ ist die ganze Oberfläche mit einer kontinuierlichen Schicht von CuO bedeckt. Die Werte von $t_0$ u. $t_1$ nehmen mit steigender Temp. zu; für die extremen Tempp. 970⁰ u. 1020⁰ sind die 5 Sek. u. 30 Sek. bzw. 25 Min. u. 90 Minuten. Die Geschwindigkeit der Keimbldg. sowie die Wachstumsgeschwindigkeit nehmen mit steigender Temp. ab. (Acta metallurg. [New York] **6.** 561—63. Aug. 1958. Concepción, Chile, Univ., Esenda de Ingenieria Quím., Dep. de Metallurgie.) C. GOTTFRIED. 196

**R. A. Meussner** und **C. E. Birchenall,** *Das Wachsen von Eisen*(II)*-sulfid auf Eisen.* Vff. untersuchten das Anwachsen von FeS auf Fe in S-Dämpfen bei 650—900⁰ u. S-Dampfdrucken zwischen 10 u. 500 mm Hg. Zur Erkennung des Rk.-Mechanismus zwischen FeS u. Fe wurden Cr-Oxyde als Indicatoren („markers") verwendet; sie zeigen, daß das $Fe^{2+}$ bedeutend beweglicher ist als das $S^{2-}$ im FeS-Gitter (vgl. HAUFFE u. RAHMEL, C. **1955.** **2616**). Die Sulfidierung eines Fe–FeS-Eutektikums beweist überzeugend, daß die Diffusion des $Fe^{2+}$ für das Anwachsen des FeS weitgehend verantwortlich ist. — Beschreibung der Vers.-Apparate, Mikroaufnahmen, Messung der Dicke der FeS-Auflage in Abhängigkeit von Druck u. Temperatur. (Corrosion [Houston] **13.** Nr. 10. 79—91. Okt. 1957. Princeton, N. J., Univ., J. Forrestal Res. Center.) H. ECKSTEIN. 196

**J. H. Wernick, J. N. Hobstetter, L. C. Lovell** und **D. Dorsi,** *Versetzungsätzgrübchen in Antimon.* Einkristalle von durch Zonenschmelzen gereinigtem Sb wurden bei der Temp. des fl. $N_2$ entlang der (111)-Fläche gespalten u. die spiegelähnlichen (111)-Spaltflächen mit dem Ätzmittel CP4 (3 Teile HF, 5 $HNO_3$, 3 Essigsäure) etwa 2 Sek. angeätzt u. die entstandenen Ätzgrübchen mkr. untersucht. Auszählung der Grübchendichte an sich schneidenden Grenzflächen sowie Verformungs- u. Anlaßunterss. führten zu der Schlußfolgerung, daß die Ätzgrübchen sich bevorzugt an Versetzungsstellen gebildet haben. Es wird noch mitgeteilt, daß bei Verwendung des Ätzmittels *Superoxol* (1 Teil 30%ig. $H_2O$, 1 Teil 40%ig. HF, 4 $H_2O$) spiralförmige Terrassen in den Grübchen erzeugt werden; die Stufenhöhe beträgt ca. $4 \cdot 10^4$ Å. Das Ätzmittel *Dash* (1 HF, 3 $HNO_3$, 12 Essigsäure) ätzt Sb nicht an, sondern poliert die Oberfläche nur chemisch. (J. appl. Physics **29.** 1013—18. Juli 1958. Murray Hill, N. J., Bell Telephone Labor., Inc.) C. GOTTFRIED. 197

**Katsumi Okada** und **Yoshiro Minato,** *Untersuchungen über das Kriechen von Aluminiumeinkristallen bei hoher Temperatur.* 1. Mitt. *Über die Zellenbildung, bezogen auf die ursprüngliche Orientierung.* Vff. untersuchen die Beziehungen zwischen der Zellenbldg. u. der ursprünglichen Orientierung von Al-Einkristallen, die bei 500—550⁰ unter konstanter Last, die fast der krit. Schubspannung entspricht, dem Kriechvorgang unterworfen werden. Die Zellgrenzen werden nur in Kristallen gebildet, die nach

< 100—111> u. < 100—110> des Raumdreiecks orientiert sind. Die Ergebnisse werden erörtert, wobei die Theorie der Polygonisation von CAHN (J. Inst. Metals **76.** [1949.] 121, **79.** [1951.] 129) unterstützt wird. (Nippon Kinzoku Gakkai-Si [J. Japan Inst. Metals] **20.** 692—96. Dez. 1956. [Orig.: japan.; Auszug: engl.]) W. WESLY. 197

**S. Kohara, M. N. Parthasarathi** und **Paul A. Beck,** *Anisotropie der Grenzflächenbeweglichkeit.* In Fortsetzung früherer Unterss. von SPERRY u. Mitarbeitern (vgl. J. appl. Physics **22.** [1950.] 420) verglichen Vff. die relativen Beweglichkeiten von Korngrenzen in verschied. Orientierungen zwischen einem verformten Einkristall von reinem *Al* u. rekristallisierten Körnern, welche in ihm in gut definierten Gitterorientierungen wuchsen. Der Matrixkristall war auf einer (110)-Ebene in einer [112]-Richtung zu 80% ausgewalzt, nach welcher Behandlung der Metallstreifen seine ursprüngliche Orientierung beibehalten hatte u. die Textur sehr scharf war. Nach Anlassen bei 350° waren die rekristallisierten Körner in Richtungen parallel zu den 2 {111}-Ebenen deutlich verlängert, woraus geschlossen werden konnte, daß die Korngrenzen parallel zu jenen Ebenen in Vgl. mit anderen Grenzflächensegmenten relativ langsam gewandert waren. Bei den rekristallisierten Körnern, welche mit dem verformten Matrixkristall eine ⟨110⟩ gemeinsam haben, ist die Grenzflächenbeweglichkeit in Richtung der gemeinsamen {111}-Achse sehr viel geringer als in anderen Richtungen. (J. appl. Physics **29.** 1125—26. Juli 1958. Urbana, Ill., Univ. of Illinois.) C. GOTTFRIED. 197

**L. P. Hunter,** *Anomale Transmission von Röntgenstrahlen durch Einkristalle von Germanium.* Unter Verwendung der Reflexionen von (220), (400), (422) u. (440) wird an verschied. orientiert geschnittenen Ge-Kristallen die anomale Transmission gemessen. Die Beobachtungen stimmten mit der Theorie überein. (Proc., Kon. nederl. Akad. Wetensch., Ser. B **61.** 214—19. 1958. Poughkeepsie, N. Y., Internat. Business Machines Corp., Res. Center.) C. GOTTFRIED. 197

**W. F. Leverton,** *Technik des schwimmenden Tiegels für das Wachstum gleichförmig dotierter Kristalle.* Speziell zum Wachstum großer *Ge*-Einkristalle mit gleichförmigem elektr. Widerstand hat Vf. die Technik des schwimmenden Tiegels entwickelt. Die Technik besteht darin, daß in einen Graphittiegel ein zweiter Graphittiegel eingesetzt wird, dessen äußerer Durchmesser ca. 0,030 in. kleiner ist als der innere Durchmesser des äußeren Tiegels. Im Boden des zweiten Tiegels befindet sich ein Loch mit einem Durchmesser von ca. 1/8 in. In dem äußeren Tiegel wird hierauf Ge geschmolzen, der innere Tiegel eingesetzt, wobei durch das Loch Ge in diesen Tiegel eindringt, wobei der Tiegel auf dem geschmolzenen Ge schwimmt. Hierauf wird in den inneren Tiegel die vorher bestimmte Menge des verunreinigenden Elements gegeben u. nun mit Hilfe eines Impfkristalls nach der Meth. von CZOCHRALSKI ein Einkristall aus der Schmelze gezogen. Die äußerst geringen Schwankungen in dem elektr. Widerstand entlang dem gesamten gezogenen Kristall sind graph. wiedergegeben. Bestimmt wurden die Verteilungskoeff. der verunreinigenden Elemente *Sb, Al, Ga* u. *In* in dem Ge. Die beschriebene Technik eignet sich möglicherweise auch zur Herst. von gleichmäßigen Si-Kristallen. Die D. des Hfl. Ge beim F. wurde zu 5,94 ± 0,06 bestimmt. (J. appl. Physics **29.** 1241—44. August 1958. Waltham, Mass., Raytheon Manufact. Co., Res. Div.)
C. GOTTFRIED. 197

**A. Ghose, H. Palevsky, D. J. Hughes, I. Pelah** und **C. M. Eisenhauer,** *Gitterschwingungen in Germanium durch Streuung von kalten Neutronen.* In einem Ge-Einkristall werden Impuls u. Frequenz der Phononen in den Richtungen [110] u. [100] aus der unelast. kohärenten Streuung kalter Neutronen bestimmt. Eine Verbesserung der experimentellen Anordnung nach CARTER u. Mitarbeitern (C. **1958.** 906) durch eine BeO-Differenztechnik schränkt den verwendeten Wellenlängenbereich auf das Intervall 4,0 bis 4,7 Å ein. Die hierdurch erzielten schärferen Maxima in den Verteilungskurven der gestreuten Neutronen gestatten eine genauere Best. von Frequenz u. Wellenzahl der Phononen u. damit der Dispersionsbeziehungen für opt. u. akust. Schwingungen. Die theoret. Deutung der Ergebnisse zeigt, daß zwischen den Ge-Atomen eine Kraft großer Reichweite wirkt. (Physic. Rev. [2] **113.** 49—52. 1/1. 1959. Upton, N. Y., Brookhaven Nat. Labor.) G. LEHMPFUHL. 197

**R. O. Simmons,** *Änderung der Gitterparameter in deuteronenbestrahltem Germanium.* Nach Bestrahlung mit $1{,}5 \cdot 10^{17}$ 9-MeV-Deuteronen/cm² bei tiefen Tempp. u. nachfolgendem Aufheizen wurde in Ge eine Gitterausdehnung von $3 \cdot 10^{-5}$ gemessen. Die Ausdehnung der Probenlänge u. der Gitterparameter sind also nach Erwärmung auf Zimmertemp. klein u. annähernd gleich. Die therm. Wiederherstellung des Gitters bis zu 380° K verläuft parallel zu der makroskop. Längenänderung, doch bei 380° K hat sich der (211)-Netzebenenabstand um $3 \cdot 10^{-5}$ relativ zum unbestrahlten Kristall zusammengezogen. Bei 430° K erreichen die Gitterparameter wieder die n. Werte. Die

Ergebnisse zeigen, daß die Strukturstörung von strenglokalisierten Punkten ausgeht. (Physic. Rev. [2] **113.** 70—71. 1/1. 1959. Urbana, Ill., Univ. of Illinois.)
W. Klein. 197

**Frederick L. Vook** und **R. W. Balluffi,** *Längen- und Widerstandsänderungen von Germanium nach Bestrahlung mit Deuteronen bei tiefen Temperaturen und Ausheilen.* Es werden gleichzeitig Messungen der Längen- u. Widerstandsänderung von Ge-Einkristallen hoher Reinheit während Bestrahlung u. Aufheizung vorgenommen. Zunächst werden die Proben bei 25° K mit $6{,}2 \cdot 10^{16}$ Deuteronen/$cm^2$ einer mittleren Energie von 10,2 MeV bestrahlt u. auf Zimmertemp. aufgeheizt. Danach werden sie bei 85° K mit $9{,}2 \cdot 10^{16}$ Deuteronen/$cm^2$ bestrahlt u. auf 364° K aufgeheizt. Die spezif. Längenänderung betrug bei beiden Bestrahlungen $\Delta L/L = (1{,}5 \pm 0{,}3) \cdot 10^{-21}$/(Deuteron/$cm^2$). Beim Aufheizen wird zum Teil die frühere Länge wiederhergestellt, u. zwar bei 300° K zu ca. 50% u. bei 360° K zu ca. 85%. Der Widerstand steigt während der Bestrahlung bei tiefen Tempp. sehr stark an. Beim ersten Aufheizen nimmt der Widerstand zwischen 65 u. 300° K irreversibel um den Faktor $10^6$ ab. Nach der zweiten Bestrahlung steigt der Widerstand beim Erwärmen bis zu 140° K an u. nimmt dann zwischen 150 u. 200° K um den Faktor $10^3$ irreversibel ab. (Physic. Rev. [2] **113.** 62—69. 1/1. 1959. Urbana, Ill., Univ. o 1Illinois.)
W. Klein. 197

**Frederick L. Vook** und **R. W. Balluffi,** *Die Struktur von deuteronenbestrahltem Germanium.* (Vgl. vorst. Ref.) Es wird die Struktur von deuteronenbestrahltem Ge durch folgende Messungen untersucht u. diskutiert: 1. Gleichzeitige Messung der Längen- u. Widerstandsänderung bei Bestrahlung bei tiefen Tempp. u. während der Erwärmung. 2. Messungen der Änderung der Gitterparameter nach Aufheizen auf Zimmertemperatur. 3. Kleinwinkelstreuung von Röntgenstrahlen bei der Temp. des fl. Stickstoffs. Es wird ein Störungsmodell für die Temp. des fl. Stickstoffs dargelegt, das aus traubenförmigen Gebieten von Fehlstellen u. Zwischengitterplätzen besteht. Aus dem Modell ergibt sich ein verhältnismäßig kleiner Längenzuwachs u. eine stärkere Kleinwinkelstreuung in Übereinstimmung mit dem Experiment. Die traubenförmigen Gebiete müssen bei oder unterhalb der Temp. des fl. Stickstoffs entweder durch diffuse Bewegung der Störstellen oder direkte Versetzungsprozesse infolge Bestrahlung gebildet werden. (Physic. Rev. [2] **113.** 72—78. 1/1. 1959.)
W. Klein. 197

**A. W. Ewald** und **O. N. Tufte,** *Einkristalle von grauem Zinn.* Ausgehend von Beobachtungen von Groen (vgl. C. **1956.** 1236) über die Umwandlung von Zinnamalgamen entwickelten Vff. eine Meth. zur Darst. von Einkristallen von grauem Sn aus einem fl. Sn-Amalgam. Der verwendete App. u. die Wachstumsbedingungen sind genau beschrieben. Es wurden auf diese Weise Kristalle bis zu einer Größe von 2 cm u. gut entwickelten kristallograph. Flächen erhalten. Aus Messungen des Restwiderstandes ergab sich, daß der Geh. an Hg ca. 0,001% beträgt. Vorläufige Unterss. über die Halbleitereigg. eines Kristalls vom n-Typ ergeben eine Energielücke von 0,08 eV, in Übereinstimmung mit dem Wert für umgewandeltes Sn. Bei der Temp. des fl. $N_2$ waren die Leitfähigkeit u. der Hall-Koeff. dieses Kristalls höher als die entsprechenden Werte für reines umgewandeltes Sn, was auf eine größere Elektronenbeweglichkeit hindeutet. (J. appl. Physics **29.** 1007—09. Juli 1958. Evanston, Ill., Northwestern Univ., Dep. of Phys.)
C. Gottfried. 197

**J. H. Becker,** *Über die Qualität von Kristallen von grauem Zinn und ihre Wachstumsgeschwindigkeit.* An Einkristallen von weißem Sn verschied. Dicke u. zum Teil mit geringen Zusätzen von Ga, As, Sb oder Al, auf die ein Körnchen graues Sn als Impfkorn aufgepreßt war, wurde die Umwandlung weißes Sn → graues Sn bei Tempp. zwischen + 5° u. — 78° untersucht. Die erhaltenen Kristalle von grauem Sn wurden mkr. u. röntgenograph. untersucht. Die besten Kristalle wurden durch Umwandlung nahe der Umwandlungstemp. erhalten. Es wurde beobachtet, daß für eine gegebene Dicke des Kristalls, gegebene Reinheit u. mechan. Vorbehandlung die Qualität der Kristalle mit sinkender Umwandlungstemp. abnimmt. Die Umwandlung selbst bei nicht geimpften Kristallen beginnt an oder nahe der Oberfläche u. breitet sich radial in allen Richtungen mit gleichförmiger Geschwindigkeit aus. Die Zeit für die Bldg. von Kernen von grauem Sn wird beträchtlich herabgesetzt, wenn der Ausgangskristall mit grauem Sn angeimpft wird. Die lineare Wachstumsgeschwindigkeit nach Keimbldg. nahm sehr schnell zu, wenn die Temp. unterhalb 5° fiel, erreichte ein Maximum zwischen — 20° u. — 35° u. nahm hierauf nach tieferen Tempp. langsam ab. Verunreinigungen des weißen Sn ändern die Höhe der Umwandlungsgeschwindigkeit beträchtlich. Die Aktivierungswärme für die Umwandlung wurde zu $(8{,}7 \pm 1{,}5) \cdot 10^3$ cal/Mol bei 0° K bestimmt. (J. appl. Physics **29.** 1110—21. Juli 1958. Washington, D. C., Nat. Bur. of Standards.)
C. Gottfried. 197

**R. C. Gifkins,** *Sauerstoff als Verunreinigung in hochreinem Blei.* Die Werte für das Kriechverhalten von hochreinem Blei (Summe der Verunreinigungen 0,0008% bis 0,008%) bei einer anfänglichen Zugspannung von 400 lb/in.² wurden zusammengestellt. Sauerstoff hat wahrscheinlich schon in Spuren einen bedeutenden Einfl. auf Pb, da es schon von der Herst. her in fester Lsg. enthalten ist. $H_2$-Red. u. Vakuumguß scheint für hochreines Pb erforderlich zu sein. (Acta metallurg. [New York] **6.** 132—33. Febr. 1958. Melbourne, Univ., Commonwealth Sci. Ind. Res. Organizat., Phys. Metallurgy Sect., Baillieu Labor.) H. K. HOFMEISTER. 197

**J. Bloch,** *Metallographische Untersuchung von bestrahltem Uran.* (Vgl. C. **1959.** 1372.) U-Barren, die einer Bestrahlung von 17 MW Tage pro Tonne ausgesetzt waren, wurden ausgewählt. Wenn die Energie steigt, erscheinen immer zahlreichere Risse, die ab 100 MW Tage/t bedeutende lokale Deformationen geben. Die Deformation der am meisten bestrahlten Probe ist ca. 30%. Bei 220 MW Tage/t wurde Rekristallisation beobachtet. Die Temp. entspricht dabei 300° an der Oberfläche u. 350° im Inneren. (Acta metallurg. [New York] **6.** 126—27. Febr. 1958. Serv. de Radiométallurgie, Dép. de Métallurgie et Chim. Appl., C. E. A.) H. K. HOFMEISTER. 197

**A. P. Young,** *Kristallite und Zwillingsbildung in kalt gewalztem Nickel.* Elektronenmkr. untersuchte Vf. Blättchen von Elektrolyt-Ni, die durch Kaltwalzen auf eine Dicke von 0,00127 cm gebracht worden waren. Die Kristallitgröße lag zwischen 0,1 u. 0,8 μ in Übereinstimmung mit röntgenograph. Beobachtungen. Parallel angeordnete Bänder in einigen der Kristallite zeigten, daß in kalt bearbeitetem Ni Verformungszwillinge auftreten. Unterss. an kaltgewalztem *Al* ergaben, daß keine Zwillingsbldg. auftrat. (J. appl. Physics **29.** 1127. Juli 1958. Columbus, O., Battelle Memorial Inst.) C. GOTTFRIED. 197

**R. W. Keyes,** *Dilatationsverformung infolge von Versetzungen in Kupfer.* Vf. teilt mit, daß man die bei plast. verformtem Cu beobachtete Beziehung zwischen Dilatation u. aufgespeicherter Energie angenähert auf Grund thermodynam. Betrachtungen ohne Bezugnahme auf ein Atommodell einer Versetzung erhalten kann. (Acta metallurg. [New York] **6.** 611—12. Sept. 1958. Pittsburgh, Pa., Westinghouse Res. Labor., Semiconductor and Solid State Phys. Dep.) C. GOTTFRIED. 197

**C. A. Verbraak,** *Die Bildung der Würfeltextur bei der Rekristallisation durch Gleitung längs ⟨112⟩-Richtungen. Cu*-Einkristalle verschiedener Ausgangsorientierungen wurden gewalzt u. geglüht u. an ihnen die auftretenden Texturen bestimmt. Die Walztextur eines (001)[110]-Einkristalls bestand nach einer Walzreduktion von 99% aus einer {112} ⟨111⟩-Zwillingstextur u. einer geringeren (110) [001]-Komponente. Die Rekristallisationstextur dieser Probe nach Anlassen bei 400° (15 Min.) zeigte starke kub. Orientierung mit ihren 4 Zwillingen u. außerdem die Komponenten (210) [001] u. $(2\bar{1}0)$ [001]. Aus verschied. Walz- u. Anlaßverss. ergab sich, daß die Würfeltextur nur nach hohen Walzreduktionen auftritt. Die Walztextur eines $(\bar{1}12)$ [110]-Kristalls enthält ebenfalls die {112} ⟨111⟩-Zwillingsorientierung. Nach Anlassen bei 400° bildet sich durch Rekristallisation eine scharfe Würfeltextur, während die bei dem ersten Kristall beobachteten beiden {210} ⟨001⟩-Komponenten nur sehr schwach auftreten. Weitere Verss. wurden an $(\bar{1}10)$ [110]-Einkristallen u. polykristallinem Cu durchgeführt. Nach Ansicht des Vf. spielen möglicherweise bei der Keimbldg. der großen Körner ROWLAND-Mechanismen eine Rolle, die sich bei der sekundären Rekristallisation eines Materials mit Würfeltextur bilden. (Acta metallurg. [New York] **6.** 580—97. Sept. 1958. Delft, TU, Labor. of Phys. Chem.) C. GOTTFRIED. 197

**Hollis L. Caswell,** *Untersuchung der inneren Reibung bei tiefer Temperatur.* Vf. untersuchte die innere Reibung in Einkristallen von reinem *Cu* sowie von Cu mit geringen Zusätzen von *Ni* u. *Au* nach verschied. starker Kaltbearbeitung bei 40 kHz u. Tempp. zwischen 4° u. 300° K. Hauptzweck der Unters. war festzustellen, ob bei 4° K Versetzungen noch beweglich sind, u. ferner die Änderung der Amplitudenabhängigkeit von der Temp. sowie die Natur des zuerst von BORDONI (vgl. C. **1950/54.** 3042 S) beobachteten Maximums bei kalt bearbeitetem Cu. Es wurde beobachtet, daß die Kaltbearbeitung ein BORDONI-Relaxationsmaximum bei ca. 80° K hervorruft. Die Lage des Maximums erwies sich als unabhängig von der Schwingungsamplitude für Verformungsamplituden $< 3 \cdot 10^{-5}$. Geeignetes Anlassen reduziert oder eliminiert das Maximum; es verschwindet auch in Proben mit relativ großen Mengen an Ni u. Au. Verstärkte Kaltbearbeitung u. Zusatz von Verunreinigungen reduziert systemat. die Verformungsamplitude der inneren Spannung. In kalt bearbeitetem *Mg* wurde ein Maximum bei 20° K u. ein kleines Maximum in kristallinem *Quarz* bei 39° K gefunden. (J. appl. Physics **29.** 1210—14. August 1958. Ithaca, N. Y., Cornell Univ.) C. GOTTFRIED. 197

**I. A. Nasskidaschwili** und **W. M. Dolidse**, *Abhängigkeit des Selbstdiffusionskoeffizienten des Zinks von der Körnigkeit.* An Proben von 8 · 10 · 40 mm wurde unter Verwendung von $^{65}$Zn als Indikator bei Tempp. von 540, 590, 615 u. 640° K der Selbstdiffusionskoeffizient von (D) Zn bestimmt. Die Werte lagen in der Größenordnung von $10^{-5}$ cm²/Tag. Es wurden Einkristalle u. polykristallines Material geprüft. D stieg mit zunehmender Zahl der Körner je mm² erst steil, dann langsamer an, der Grund liegt in einer Verringerung der Aktivierungsenergie. D war stets eine lineare Funktion von 1/T, nur die Neigung ist für die einzelnen Korngrößen verschieden. (Сообщения Академии Наук Грузинской ССР [Mitt. Akad. Wiss. GrusinSSR] **18.** 671—78. Juni 1957. Tiflis, Inst. für Phys. der Akad. der Wiss. der GrusinSSR.) M. WIEDEMANN. 197

**Robert C. Frank**, *Einige Beobachtungen über den gegenwärtigen Stand der Messungen der Diffusionskoeffizienten von Wasserstoff in Eisen und weichem Stahl.* Vf. nimmt Bezug auf Unterss. von WEIMER u. GENSANNAR (vgl. C. **1959.** 7391), welche in den Temperaturbereichen von 25—90° bzw. unterhalb — 150° 2 Diffusionskoeffizienten von $H_2$ in weichem Stahl erhalten hatten, während von anderen Seiten für Tempp. > 100° nur 1 Koeff. festgestellt worden war. In dem oberen Temperaturgebiet tritt nur 1 Zwischengitterstellendiffusionsprozeß mit einer Aktivierungsenergie von ca. 3000 cal/Mol auf. Wird der $H_2$ bei tieferen Tempp. in den Stahl eingeführt, dann bewegt er sich erst frei, u. der Diffusionsprozeß hat eine Aktivierungsenergie von ca. 3000 cal/Mol. Mit der Zeit scheint der $H_2$ durch einige Gitterfehler, wie z. B. Versetzungen, eingefangen zu werden, u. der Diffusionsprozeß verläuft entsprechend langsamer mit einer Aktivierungsenergie von ca. 6000 cal/Mol. Für alle Beobachtungen ist die Übereinstimmung des $D_0$-Wertes befriedigend. (J. appl. Physics **29.** 1262—63. August 1958. Detroit, Mich., General Motors Corp., Res. Staff.) C. GOTTFRIED. 197

**Francis J. Norton**, *Nichtdiffusionsfähigkeit von Sauerstoff durch Platin.* Ein Pt-Röhrchen mit einem äußeren Durchmesser von 0,32 cm u. 0,013 cm Wandstärke wurde bei 25° mit $O_2$ bei 1 at. gefüllt, zugeschweißt u. in eine bei 1550° entgaste Vakuumgaszelle aus rekristallisiertem $Al_2O_3$ gebracht, die direkt mit einem Massenspektrometer in Verb. stand. Hierauf wurde die Zelle allmählich bis auf 1425° erhitzt. Es konnte massenspektrometr. kein $O_2$ nachgewiesen werden. Der Gasdruck in dem Pt-Röhrchen bei dieser Temp. betrug 5,6 at. Nach einer Erhitzungszeit von 15 Min. brach des Pt-Röhrchen. (J. appl. Physics **29.** 1122. Juli 1958. Schenectady, N. Y., General Electr. Co., Res. Labor.) C. GOTTFRIED. 197

**J. D. Venables** und **R. M. Broudy**, *Versetzungs- und selektive Ätzgrübchen in InSb.* Einkristalle von InSb geeigneter kristallograph. Orientierung wurden durch Biegen derart plast. verformt, daß 60°-Versetzungen eingeführt wurden, die parallel der [110]-Biegungsachse verlaufen; beide akt. {111}-Gleitebenen sind symm. angeordnet u. nahe der 45°-Stell. maximalen Schers. Durch Anätzen mit einem 1:1-Gemisch von HF u. $HNO_3$ wurde ein besonderer Typ von Versetzungsätzgrübchen erhalten, aus deren Anordnung die Polarität der Zinkblendestruktur u. die Natur der Versetzungen beobachtbar war. Die Versetzungsrichtung war [110], die Gleitebene {111}. Bei den bei 450° plast. gebogenen Proben wurden die eingeführten Versetzungen durch selektive Ätzgrübchen auf {110}-Flächen beobachtet. Die Ätzgrübchen sind „pfeilartig" angeordnet u. zeigen, ohne Rücksicht auf die Biegungsrichtung, in die gleiche [100]-Richtung. Die {110}-Grübchen bilden sich nach einer von 2 möglichen Typen der in der Zinkblendestruktur auftretenden 60°-Versetzung aus, u. zwar endet der eine Typ in einer Schicht von In-Atomen, der andere in einer Schicht von Sb-Atomen. (J. appl. Physics **29.** 1025 bis 1028. Juli 1958. Cleveland, O., Union Carbide Corp., Nat. Carbon Res. Labor.) C. GOTTFRIED. 197

**Tadao Sano** und **Kazuo Honda**, *Untersuchung über das Wachstum von Unterkörnern und Körnern von Metallen und Legierungen, die unter verschieden hohen hydrostatischen Drucken erstarrt sind.* Unterss. über die Kennwerte der Erstarrung von Metallen u. Legierungen bei hydrostat. Drucken bis ca. 1800 kg/cm² zeigen: Die Unterkörner (Körner) von *Sn* (99,9 %) werden mit zunehmendem Druck feiner (größer). In *Pb*-Legierungen mit 62 u. 25% Sn werden die Gefüge der prim. festen Lsg. u. des Eutektikums mit zunehmendem Druck fein u. zeigen die gleiche Anordnung wie reines Sn. Körner u. Unterkörner von Sn-Proben, die von ihrem F. bis 229° unter Druck stehen, werden durch allmähliche Erwärmung größer. Bei gleichbleibender Temp. werden Unterkörner u. Wachstumsgeschwindigkeit um so größer, je höher der Druck ist. Das Wachstum wird dadurch stark beeinflußt, daß die Körner eine dem hohen hydrostat. Druck entsprechende Unterkorngrenzenenergie aufweisen. (Nippon Kinzoku Gakkai-Si [J. Japan Inst. Metals] **20.** 696—700. Dez. 1956. [Orig.: japan.; Auszug: engl.)] W. WESLY. 197

**A. A. Botschwar, Ss. T. Konobejewski, A. Ss. Saimowski, G. Ja. Ssergejew, W. I. Kutaitzew, N. F. Prawdjuk** und **B. M. Lewitski,** *Untersuchungen auf dem Gebiet der Metallkunde von Plutonium, Uran und ihren Legierungen.* Übersicht über die in der UdSSR ausgeführten Unterss. über die Metallkunde von Pu, U u. ihren Legierungen in Verb. mit der Entw. der Atomenergetik. Neben einer kurzen Darst. der Eigg. von metall. Pu werden Gesetzmäßigkeiten der Wechselwrkg. mit anderen Elementen in Abhängigkeit von Stellung im Period. Syst. besprochen. Behandelt werden ferner einige Eigg. des U, sein Verh. bei cycl. Wärmebehandlung u. bei Bestrahlung in Abhängigkeit von den Legierungsbestandteilen sowie die Methoden der Behandlung von U durch Druck. Schließlich ist ein Abschnitt dem Einfl. der Neutronenbestrahlung auf die Struktur u. die Eigg. der Metalle u. Legierungen gewidmet. (Атомная Энергия [Atomenergie] **5.** 5—23. Juli 1958.) E. Klever. 197

**Wilhelm Klemm** und **Bogdan Volavsek,** *Zur Kenntnis des Systems Lithium-Kupfer.* Li bildet mit Cu gelbe Mischkristalle vom Substitutionstyp, die bis nahe der Zus. $LiCu_4$ reichen. Das Vol.-Inkrement des Li in diesen Mischkristallen ist nur wenig größer als 8 $cm^3$ u. damit erheblich kleiner als das Atomvol. des Li-Metalls (13,0 $cm^3$); dieses raumchem. Verh. entspricht dem der intermetall. Phasen aus unedlen u. edlen Metallen. (Z. anorg. allg. Chem. **296.** 184—87. Aug. 1958. Münster/Westf., Univ., Anorg.-chem. Inst.) G. Ruban. 197

**J. L. Meijering, G. W. Rathenau, M. G. van der Steeg** und **P. B. Braun,** *Eine Mischungslücke in der flächenzentrierten kubischen Phase des Systems Kupfer-Nickel-Chrom.* (Vgl. C. **1956.** 354.) Das Syst. Cu–Ni–Cr wird metallograph. sowie durch Röntgenbeugungsverff. untersucht, wobei bes. Aufmerksamkeit auf den isotherm. Schnitt bei 930° aufgewendet wird. Zusätzlich zu der raumzentrierten kub. Cu-reichen Phase wird bei der Unters. das Vorhandensein zweier flächenzentrierter kub. Phasen nachgewiesen, obschon die bin. Cu–Ni-Legierungen eine völlige Mischbarkeit zeigen. (J. Inst. Metals **84.** 118—20. Jan. 1956. Eindhoven, Holland, N.V. Philips Gloeilampenfabrieken.) H. Hochstein. 197

**J. Manenc,** *Anomale Diffusion von Röntgenstrahlen im Verlauf des Zerfalls einer Gruppe von CuNiCr-Legierungen.* Der Zerfall einer Legierung mit 46% Cu, 44% Ni, 10% Cr beim Übergang ins Zweiphasengebiet wurde untersucht. Die Proben wurden 16 Std. bei 1080° homogenisiert u. 16 Std. bei 550°, 700° u. 800° getempert. Die Röntgendiagramme zeigen den Durchgang durch ein Ausscheidungsstadium. Die Debye-Scherrer-Linien sind von schwachen Schwärzungen umgeben. (Acta metallurg. [New York] **6.** 145—46. Febr. 1958. Chatillon, France, O. N. E. R. A.) H. K. Hofmeister. 197

**H. Mykura,** *Bestimmung der Kornorientierung in flächenzentriert kubischen Metallen durch Beobachtung von Zwillingskorngrenzen oder Gleitlinien auf einer Oberfläche.* An Polfiguren wird gezeigt, daß sich die Kornorientierung aus Zwillingskorngrenzen u. Gleitlinien auf nur einer Oberfläche bestimmen läßt. (J. Inst. Metals **87.** Bull. **4.** Nr. 14. 102—05. Okt. 1958. Glasgow, Univ.) F. Vier. 197

**F. F. Ling,** *Über Rauhigkeitsverteilungen von metallischen Oberflächen.* Vf. bringt zunächst eine allg. Theorie über die Verteilung von Oberflächenrauhigkeiten auf in Kontakt u. in Bewegung befindlichen metall. Oberflächen. Entsprechende Verss. an Zylindern von *Messing, Al* u. *Stahl* standen in befriedigender Übereinstimmung mit der Theorie. (J. appl. Physics **29.** 1168—74. August 1958. Troy, N. Y., Rensselaer Polytechn. Inst., Dep. of Mech.) C. Gottfried. 197

**I. I. Kornilow, Je. N. Pylajewa** und **M. A. Wolkowa,** *Untersuchung des Gleichgewichts im ternären System Ti–Al–Fe.* 2. Mitt. Als Fortsetzung der früheren Arbeit an dem Syst. Ti–Al–Fe wurde die Ti-Ecke des Syst. eingehend untersucht. — Den graph. angeführten Ergebnissen ist zu entnehmen, daß die feste Al- u. Fe-Lsg. in $\beta$-Ti bei 1100° ein großes Gebiet einnimmt, während die entsprechende feste Lsg. in $\alpha$-Ti bei 550° zerfällt. Der Großteil der Legierungen unterliegt der eutekt. Umwandlung analog dem Syst. Ti–Fe: $\beta \rightarrow \alpha + TiFe$. Die Temp. des Auftretens der $\beta$-Phase im Zweiphasengebiet ($\alpha$-Ti + TiFe) wird mit steigendem Al-Geh. von 680° auf 850° erhöht. Die $\gamma$-Phase der tern. Legierung erscheint bei 1100° bei Ggw. von 40—47,5% Al u. löst nur ca. 1,5% Fe. — Im Vgl. mit $\alpha$-Ti ist die $\gamma$-Phase von geringerer Härte. Legierungen, welche nach ihrer Zus. der $\gamma$-Phase angehören, behalten ihre Härte bis ca. 700°; die Härte nimmt dann bis 950° ab, jedoch in geringerem Maße als bei den Legierungen, welche dem $\alpha$-Ti-Gebiet angehören. (Журнал Неорганической Химии [J. anorg. Chem.] **3.** 1391—97. Juni 1958.) H. Tůma. 197

**Sh. Yamaguchi** und **T. Hori,** *Eine Methode zur quantitativen Bestimmung der ferromagnetischen Beimengungen im austenitischen Stahl mit Hilfe der Elektronenbeugung.* Durch Vgl. der Elektronenbeugung an einen ferromagnet. u. einen nicht ferromagnet. Stoff (*Au*) kann die Analyse ferromagnet. Beimengungen im austenit. Cr–Ni-Stahl

18—8 erfolgen. Man durchstrahlt keilförmige Stücken mit minimalen Dicken der Schmalkante von 1000—3000 Å u. wirft die Beugungsbilder von Au u. der Probe auf dieselbe Platte. Die Beugungsringe sind infolge des LORENTZ-Effektes exzentrisch. Oberflächlich polierter 18-8-Stahl zeigt teilweise Umwandlung zum ferromagnet. Martensit bzw. Ferrit, was sich in der Exzentrizität der Ringe zeigt. Bei 18-8-Stahl mit 2—3% Mo ist diese Exzentrizität geringer. (Z. analyt. Chem. **167.** 193—96. 1959. Hongo, Tokyo, Inst. of Physic. and Chem. Res.) E. DEHMLOW. 197

**Carl Heck** und **Joachim Weber,** *Einfluß der Glühgase auf die magnetischen Eigenschaften der Ferrite.* Bei einer Reihe techn. wichtiger Mn–Zn-Ferrite wurde untersucht, welchen Einfl. der Mischungsgrad, die Flußmittel, die Glühtemp. u. der O-Geh. der Glühgase auf die Permeabilität u. den Verlustwinkel haben. Es zeigte sich, daß zu langes Glühen in Luft ungünstig ist. Bei längerer Glühdauer, bes. bei der Anwendung von Flußmitteln, die zur Herabsetzung der Sintertemp. hinzugegeben werden können, muß bereits oberhalb 500° der $O_2$-Geh. des Glühgases vermindert werden. Während des Glühens muß der $O_2$-Geh. im Glühgas dem Dissoziationsdruck der Oxyde angepaßt u. so niedrig sein, daß auch bei größeren Ofenräumen u. großen Füllungen kurze Spülzeiten beim Umschalten auf reinen $N_2$ oder Vakuum ausreichen. Die Abkühlungskurve soll im Temp.-Bereich bis 900° einerseits möglichst steil sein, um die Oxydation niedrig zu halten, anderseits aber flach genug sein, um innere Spannungen zu vermeiden u. die Einstellung bestimmter Gasbedingungen im krit. Bereich zu erleichtern. Unter Berücksichtigung dieser Bedingungen können bei reinen Ausgangsstoffen Anfangspermeabilitäten von 4000—5000 erreicht werden. Die Bedeutung des Verhältnisses von Probenoberfläche zu Probenvolumen wird erörtert. (Arch. Eisenhüttenwes. **29.** 495—504. Aug. 1958. Nürnberg, Standard Electric Lorenz A.-G.) H. HOCHSTEIN. 197

**Je. L. Winogradskaja** und **G. A. Kresslina,** *Der Einfluß der chemischen Zusammensetzung auf einige Gesetzmäßigkeiten der Martensitumwandlung.* Als Ergebnis von Unterss. über den Einfl. der chem. Zus. auf einige Gesetzmäßigkeiten der Umkehrbarkeit der Martensitumwandlung wird eine vollständige Hysteresisschleife der umkehrbaren $\gamma \rightleftharpoons \alpha$-Umwandlung erhalten. Der Charakter dieser Schleife bleibt für Legierungen von unterschiedlicher Zus. ähnlich. Ein Einfl. der chem. Zus. zeigt sich nur hinsichtlich der charakterist. Temperaturen. Eine Erhöhung des C-Geh. u. des Cu-Geh. innerhalb der untersuchten Mengen verringert in den Stahllegierungen die Martensitbildungstemp. u. vermindert die Menge an $\alpha$-Phase, die man als Resultat einer völligen martensit. Umwandlung erhalten kann. Eine Veränderung der chem. Zus. wirkt sich kaum auf die Temp. des Beginns des umkehrbaren $\alpha \rightarrow \gamma$-Überganges aus, welche sich im Bereich von 360° befindet. Die Größe der Hysterese der umkehrbaren Martensitumwandlung wird somit in der Hauptsache durch die Martensitbildungstemp. bestimmt. Eine Auflegierung der Stahllegierung ermöglicht eine Senkung der Temp. des Endes der gleichzeitigen Ggw. der Phasen $\gamma$ u. $\alpha$ ($T_{Ak}$). Je mehr die Legierung an C u. Cu angereichert wird, um so größere Restspannungen erzeugt die $\gamma$–$\alpha$-Umwandlung u. bei um so höherer Erwärmungstemp. werden diese Spannungen abgebaut. Der Beginn der $\alpha$–$\gamma$-Gitterumwandlung bewirkt den größten Abbau der Gefüge-Restspannungen, welche die $\gamma$-Phase bei der direkten $\gamma$–$\alpha$-Umwandlung stabilisieren. Bei der Abkühlung von bis auf etwa $T_{Ak}$ erhitzten Proben werden zusätzliche Mengen $\alpha$-Phase erhalten. Die umkehrbare $\alpha \rightarrow \gamma$-Umwandlung stabilisiert die $\gamma$-Phase bei ihrer nachfolgenden direkten Umwandlung in die $\alpha$-Phase, u. zwar hängt diese Stabilisierung der $\gamma$-Phase von ihrer Bildungstemp. ab. Maximale Stabilisierung wird dann beobachtet, wenn die $\gamma$-Phase als Resultat der Vollendung der umkehrbaren Umwandlung in der Nähe der $T_{Ak}$-Temp. gebildet wird. Je stärker der Stahl legiert ist, desto breiter ist auch der Temp.-Bereich der umkehrbaren $\alpha$–$\gamma$-Umwandlungen, nach denen die $\alpha$-Phase fast vollständig gegen Umwandlungen beständig ist. Die Stabilisierungserscheinungen werden bei cycl. umkehrbaren u. direkten Umwandlungen verstärkt. Die Einfll. der Stabilisierung der $\gamma$-Phase werden durch eine höhere Erwärmung vermindert. Je stärker der Stahl legiert ist, eine um so größere Überhitzung ist erforderlich, um bei der nachfolgenden direkten $\gamma \rightarrow \alpha$-Umwandlung den Effekt einer Stabilisierung zu erhalten, der in prozentualer Hinsicht mit dem bei einem niedriger legierten Stahl erzielten Effekt ident. ist. (Известия Академии Наук Латвийской ССР [Nachr. Akad. Wiss. LettSSR] **1957.** Nr. 2. 153—60 .Labor. für Maschinenbau.) H. HOCHSTEIN. 197

**Wolfgang Pitsch** und **Angelica Schrader,** *Die Ausscheidungsform des Zementits im Ferrit.* Aus Ähnlichkeitsbeziehungen zwischen den Kristallgittern des Ferrits u. des Zementits sind im Schrifttum zwei verschied. Orientierungszusammenhänge abgeleitet worden, die bei einer Zementitausscheidung aus dem Ferrit wirksam sein können: $(211)_\alpha \| (001)_Z$ oder $(2\bar{1}5)_\alpha \| (001)_Z$; $[01\bar{1}]_\alpha \| [100]_Z$ oder $[31\bar{1}]_\alpha \| [100]_Z$; $[111]_\alpha \| [010]_Z$ oder

$[\bar{4}175]_\alpha || [010]_z$. Von den beiden Zusammenhängen ist der erstere der wahrscheinlichere. Orientierungsbestimmungen an sehr dünnen zementierten Fe-Einkristallschichten bestätigen den ersteren Zusammenhang. Auch Strukturunterss. an Zementitteilchen, die sich in massiven Stahlproben im Ferrit ausgeschieden hatten, bestätigen den ersteren Orientierungszusammenhang eindeutig. Es wurden Teilchen beobachtet, die aus zwei Nadelscharen bestehen, die neben- u. durcheinander angeordnet sind u. gegeneinander um ca. 70° verdreht sind. Durch Elektronenbeugung wurde festgestellt, daß es sich um Zementitnadeln handelt, die mit $[010]_z$ in Nadelachsenrichtung gewachsen sind. Die beiden Nadelgruppen haben kein gemeinsames, durchgehendes Kristallgitter; jedoch sind sie so orientiert, daß ihre $[100]_z$-Richtungen parallel verlaufen. Innerhalb einer Nadelgruppe haben die Nadeln gleiche Kristallorientierung. Diese bes. Teilchenform u. Kristallstruktur läßt sich erklären, wenn man eine kohärente Zementitausscheidung annimmt, die dem ersteren Zusammenhang gehorcht. Darüber hinaus zeigt die Bldg. zweier voneinander unabhängiger Nadelgruppen unmittelbar nebeneinander, daß unter den vorliegenden Bedingungen nur eine einzige Ähnlichkeitsbeziehung zwischen Ferrit u. Zementit wirksam war: die Ähnlichkeit zwischen der Atomanordnung längs der Nadelachse $[010]_z$ u. der am dichtesten besetzten Ferritrichtung $< 111 >_\alpha$. (Arch. Eisenhüttenwes. **29.** 485—88. Aug. 1958. Düsseldorf, Max-Planck-Inst. für Eisenforsch.)
H. HOCHSTEIN. 197

**H. J. Seemann** und **M. Siol,** *Über den Einfluß einer elastischen Spannung sowie des Legierungsgehaltes auf die Ausscheidungsgeschwindigkeit von Kohlenstoff bzw. Stickstoff im α-Eisen.* Die Zeitkonstanten $\tau$ der Ausscheidung von übersättigt gelöstem C bzw. N aus Ferriten mit 0,006—0,017 C, 0,016 C + 0,015 P u. 0,013—0,015 N wurden über das Maximum der SNOEK-Dämpfung gemessen. Belastete Proben zeigen eine geringe Verzögerung der Ausscheidung. Die Abnahme von $\tau$ mit der C-Konz. wird mit der Zunahme der Versetzungsliniendichte erklärt. (Acta metallurg. [New York] **6.** 127—29. Febr. 1958. Saarbrücken, Inst. für Metallforsch.) H. K. HOFMEISTER. 197

**J. R. Brown,** *Die Entwicklung von Vorzugsorientierungen in Siliciumeisen.* Die Textur (110) [001] in Siliciumeisen kommt von einer sek. Rekristallisation nach Red. des Streifens in zwei Stufen, zwischen denen angelassen wurde. Es ist möglich, dieselbe Textur durch einen Einstufen- oder einen Dreistufen-Reduktionsprozeß zu erzeugen. Die Walztextur u. die prim. Rekristallisationstextur für jeden dieser Prozesse wurden experimentell bestimmt u. sind alle verschieden. Trotzdem entwickelt sich die (100 [001] sek. Orientierung (100) [001] in jedem Fall. (J. appl. Physics **29.** 359—60. März 1958.)
H. K. HOFMEISTER. 197

**Takeo Yokobori,** *Auf der Versetzungstheorie fußendes Ermüdungsbruchkriterium in Metallen.* (Vgl. C. **1956.** 11645.) Vf. diskutiert ausführlicher die auf einem gegenüber l. c. verbesserten Versetzungsmodell entwickelte Theorie des Bruchs von Metallen unter der Einw. kombinierter abwechselnder Spannungsbelastungen. Die Theorie erwies sich als gut, übereinstimmend mit experimentellen Ergebnissen aus der Literatur. (Technol. Rep. Tôhoku Univ. Sendai, Japan **22.** Nr. 1. 51—61. 1957. [Orig.: engl.])
C. GOTTFRIED. 200

**Edward A. Flinn,** *Dispersionskurven für longitudinale und Biegungswellen in festen kreisförmigen Zylindern.* (J. appl. Physics **29.** 1261—62. Aug. 1958. Pasadena, Calif., Inst. of Technol., Div. of Geol. Sci.) C. GOTTFRIED. 200

**K. Lintner** und **E. Schmid,** *Das Problem der Strahlenbeeinflussung von Festkörpern.* Übersicht über strukturelle Veränderungen in krist. Festkörpern als Folge eines Korpuskularbeschusses sowie über die Auswrkg. dieser Veränderungen auf das physikal., mechan.-technolog. u. Korrosionsverhalten fester Stoffe. — 53 Literaturangaben. (Nukleonik **1.** 29—40. April 1958. Wien, Univ., II. Phys. Inst.)
A. BLASCHETTE. 200

**Karl Bungardt** und **Wolfgang Spyra,** *Untersuchungen über die Temperaturabhängigkeit des Elastizitätsmoduls der Eisen–Chrom-Sigmaphase.* Zur Unters. der Temp.-Abhängigkeit des E-Moduls der Fe–Cr-Sigmaphase wurden Messungen des E-Moduls mit einem Elastometer nach FÖRSTER, Widerstandsmessungen mit einem Kompensationsmeßtisch u. Messungen der Wärmeausdehnung mit einem Dilatometer an zwei Fe–Cr-Legierungen mit 45 u. 41% Cr durchgeführt. Die Ergebnisse wurden mit dem Verh. einer Fe–V-Legierung mit 27% V u. einer Fe–Ni-Legierung mit 74% Ni in den gleichen Vers.-Arten verglichen. Die Abnahme des E-Moduls der Fe–Cr-Sigmaphase mit fallender Temp. u. der verzögerte Anstieg des Moduls beim Wiedererwärmen sind ungewöhnliche Eigg., die auf eine Zustandsänderung innerhalb der Sigmaphase während der Temp.-Änderung hindeuten. Das abweichende Verh. tritt nicht bei sämtlichen intermetall. Verbb. auf, die ein Gitter von der Art der Sigmaphase aufweisen. Es ist nicht auf Änderungen in der Struktur der Elementarzelle des Gitters zurückzuführen u. kann auch nicht mit Ordnungsvorgängen in Verb. gebracht werden, die sich über größere Gitterbereiche erstrecken. Abschreckspannungen sind wesentlich an der Erniedrigung des E-Moduls bei der Abkühlung der Fe–Cr-Sigmaphase beteiligt. Nach der Rückbldg. der Sigmaphase ergibt sich für den Mischkristallzustand wieder der übliche Abfall des Moduls mit steigender Temperatur. Es wird nicht angenommen, daß die für die Sigmaphase erhaltenen Meßergebnisse durch eine Bldg. von Rissen während der Temp.-Wechselbeanspruchung vorgetäuscht werden. Zur Klärung des abweichenden Verh. wird darauf hingewiesen, daß die Fe–Cr-Legierungen bereits im Mischkristallzustand zur Entmischung neigen. Es ist denkbar, daß auch innerhalb der Sigmaphase in einzelnen Gitterebenen zwischen den Fe- u. Cr-Atomen unter dem Einfl. starker Eigenspannungen eine Bindungslockerung bei tiefen Tempp. stattfindet. (Arch. Eisenhüttenwes. **29.** 471—77. Aug. 1958. Krefeld, Dtsch. Edelstahlwerke A.-G.) H. HOCHSTEIN. 200

**W. A. Wood,** *Bildung von Ermüdungssprüngen.* Angelassene Zylinder von *Cu* u. *α-Messing* mit 70,06% Zn wurden durch abwechselnde Torsionsbelastungen in einer Maschine vom Typ CHEVENARD durch Ermüdung verformt, nach der Verformung elektrolyt. mit Ag überzogen u. davon hergestellte Schnitte mkr. untersucht. Die Beobachtungen zeigten, wie die Gleitbanden Sprünge bilden u. damit den Zerfall der Metalloberfläche einleiten. Außerdem ist ersichtlich, daß sich der Mechanismus der Verformung u. der Zusammenbruch mit zunehmender Amplitude der cycl. Verformung ändert u. daß der allg. Verlauf der S/N-Ermüdungskurve durch Überlagerung zweier verschied. Mechanismen zu erklären ist. Ganz allg. wurde festgestellt, daß die Ermüdungssprungbldg. prim. eine einfache geometr. Folge von Hin- u. Herbewegungen feiner Gleitungen in den Ermüdungsgleitbanden ist. (Philos. Mag. [8] **3.** 692—99. Juli 1958. Melbourne, Baillieu Labor.) C. GOTTFRIED. 200

**L. M. T. Hopkin,** *Die interkristalline Versprödung von einphasigen Kupfer–Antimon-Legierungen.* An Cu–Sb-Legierungen ausgeführte Schlagunterss. haben gezeigt, daß diese Legierungen an interkristalliner Versprödung sowohl bei niedrigen als auch hohen Tempp. leiden, jedoch daß sie bei einigen Zwischentempp. besser verformbar sind, d. h. die graph. Darstellungen der Energie zur Erzeugung des Bruches in Abhängigkeit von der Temp. hatten ausgesprochene Spitzen. Diese Spitzen traten bei einer Temp. im wesentlichen unabhängig von der Zus. auf, wobei die Legierungen einphasig waren. Jedoch nahm die Höhe der Spitzen mit größeren Sb-Gehh. ab. Zugfestigkeitsprüfungen, bei denen autograph. Aufzeichnungen bei verschied. Verformungsgeschwindigkeiten über ein weites Temp.-Gebiet vorgenommen wurden, ergaben, daß scharf ausgeprägte Streckgrenzen u. eine deutliche Reckalterung während der Prüfung auftraten. Die Temp.-Abhängigkeit der Streckgrenze stimmte gut mit Voraussagen der Versetzungs-Hemmungs-Theorie von COTTRELL u. BILBY überein. Bei jeder Verformungsgeschwindigkeit begannen die Reckalterung u. Hochtemperaturversprödung bei etwa der gleichen Temperatur. Die Aktivierungsenergie für die Reckalterung war niedrig, nämlich 28300 cal/Mol. Es wird angenommen, daß Versprödung bei sowohl niedrigen als auch hohen Tempp. von einer Gleichgewichtsausseigerung begleitet wird; die erstere wird durch am Ende der Gleitflächen auftretende Spannungskonzentrationen beeinflußt, während die letztere möglicherweise in Ggw. von überschüssigen Leerstellen auftritt. (J. Inst. Metals **84.** 102—08. Jan. 1956. Teddington, Nat. Phys. Labor.) H. HOCHSTEIN. 200

**Matthew J. Kerper, Lewis E. Mong, Maurice B. Stiefel** und **Sylvanus F. Holley,** *Auswertung von Zug-, Druck-, Torsions-, querlaufenden- und Schlagversuchen und Wechselbeziehung der Ergebnisse für spröde Cermets.* Durch stat. Verss. wurden die mechan. Eigg. der folgenden spröden Substanzen bestimmt: *Wolframcarbid* (94%) + *Co* (6%), dasselbe mit 87% u. 13%, *Titancarbid* (70%) + *Ni* (30%), $Al_2O_3$ (30%) + *Cr* (70%) u. *Zirkoniumborid* (> 90%) + *B* (< 10%). Die Darstellungsbedingungen sind angegeben. Die Zug-, Druck- u. querlaufenden Verss. lieferten vergleichbare Elastizitätsmoduln u. POISSONsche Verhältnisse; der aus diesen Werten errechnete Festigungsmodul stimmte mit dem Festigkeitsmodul aus den Torsionsverss. überein. Die bei dem Bruch in den Zug-, Druck-, Torsions- u. querlaufenden Verss. vorhandenen Spannungen u. Verformungen ergaben, daß diese spröden Stoffe entweder bei einer Grenzzugverformung oder einer Grenzschubspannung brachen. Zug- u. Druckverss. lieferten die wesentlichen elast. Eigg. u. Festigkeiten der Stoffe. Die Beziehung der Schlagwerte zu den mechan. Eigg. war unbefriedigend. (J. Res. nat. Bur. Standards **61.** 149—69. Sept. 1958.) C. GOTTFRIED. 200

**R. A. Swalin,** *Eine Interpretation der Ergebnisse von scheinbar anomaler Härte von Germanium–Silicium-Legierungen.* Als Härtungsmechanismus wird das Fixieren von Versetzungen durch gelöste Atome angenommen. Nimmt man die Härte proportional zur Fließspannung u. diese beim Versetzungsgleiten proportional zum Schermodul der

Legierung, so findet man letzteren proportional zum Molenbruch u. damit auch die Härte in Übereinstimmung mit den Experimenten. (Acta metallurg. [New York] **6.** 129—30. Febr. 1958. Minneapolis-Honeywell Res. Center.) H. K. HOFMEISTER. 200

**Glenn W. Geil** und **Nesbit L. Carwile,** *Einfluß der Verformungstemperaturvorgeschichte auf das Zugfestigkeitsverhalten von Titan und einer Titanlegierung.* In Fortsetzung früherer Unterss. (vgl. C. **1958.** 11361) untersuchten Vff. den Einfl. einer Vorverformungstemp. auf das Zugfestigkeitsverh. von nicht eingekerbten u. eingekerbten Proben von zuvor ausgelassenem reinem Ti (I) u. einer Ti-Legierung (II) mit 4,2 Gew.-% Ca u. 3,8 Gew.-% Mn. Die Proben wurden bei den beiden ersten Verss. bei 25° bis zu wahren Verformungen von 0,08 oder 0,12 gereckt u. hierauf bei — 196° oder bei + 100° bis zum Bruch gezogen. Bei einem weiteren Vers. wurde bei — 196° bis zu wahren Verformungen von 0,03 oder 0,12 gereckt u. hierauf bei 25° bis zum Bruch gezogen. Es wurde gefunden, daß der Widerstand gegen Verformung der nicht eingekerbten u. gekerbten Proben bei einer gegebenen Temp. im allg. unabhängig vor der Temp. der Vorverformung war. Die Zugfestigkeit u. die wahre Zugspannung waren bei beginnendem Bruch der nicht eingekerbten u. gekerbten Proben von I u. II bei — 196°, 25° u. 100° unabhängig von dem Grad der Vorverformung. Die zurückgebliebene Duktilität der nicht eingekerbten u. eingekergten Proben von I u. II bei den obigen Tempp. hing von der Vorverformungstemp. ab. Im allg. nahm die zurückgebliebene wahre Verformung bei beginnendem Bruch der nicht eingekerbten Proben von I u. II bei — 196° oder + 100° u. von II bei 25° ab, u. zwar etwa um den Wert der Vorverformung. Bei Vorverformung der nicht eingekerbten Proben von I bei — 196° nahm die zurückgebliebene wahre Verformung bei beginnendem Bruch bei 25° um etwa das Doppelte der Vorverformung ab. Die Vorverformung der eingekerbten Proben von I u. II hatte außerdem einen schädlichen Einfl. auf ihre Duktilität. (J. Res. nat. Bur. Standards **61.** 173—86. Sept. 1958.) C. GOTTFRIED. 200

**J. Enrietto** und **C. Wert,** *Anelastizität in Legierungen von Cd und Mg.* An Drähten von 0,030 in. Durchmesser wurden Messungen der inneren Reibung bei einer Frequenz von 1 Hz vorgenommen. Die Lage der Dämpfungsmaxima in Abhängigkeit von Temp. u. Zus. (25%—50% Mg) wurde bestimmt. Die Aktivierungsenergie war ca. 19000 cal/Mol. Aus der Größe der Dämpfungsmaxima in Abhängigkeit von der Zus. werden Angaben über die Struktur der Phasen $Mg_3Cd$, $MgCd$ u. $MgCd_3$ gemacht. (Acta metallurg. [New York] **6.** 130—32. Febr. 1958. Melbourne, Baillieu Labor.) H. K. HOFMEISTER. 200

**A. D. Whapham,** *Drehungsgleitung in Zinkeinkristallen.* Nach der BRIDGMAN-Meth. gewachsene Einkristalle aus 99,99% reinem Zn wurden durch Torsion um ihre trigonale Achse verformt u. der Mechanismus des Verformungsprozesses experimentell untersucht. Die Streckgrenze der Proben von ca. 1 cm im Durchmesser trat bei einer Verdrehung von 2,1 kg/cm auf, entsprechend einer krit. Scherspannung von ca. 11 kg/cm², ist also von der gleichen Größenordnung wie die für reine Scherung. Verformte Proben waren gleichmäßig nach einem makroskop. Maßstab, jedoch inhomogen nach einem mkr. Maßstab verdrillt, da eine Prüfung der Spaltoberflächen mittels Elektronenbeugung ergab, daß die zu den Grundflächen des Zn-Gitters parallelen Schichten unverformt waren u. Gleitlinien zwischen 60000 u. 810000 Å Dicke mkr. auf der zylindr. Oberfläche beobachtet wurden. Es wurde festgestellt, daß sich die Zn-Einkristalle bei der Verdrillung um ihre trigonale Achse durch eine Drehgleitung auf den (0001)-Flächen verformen. Die mittlere Dicke der Gleitlamellen in den untersuchten Proben wurde durch Elektronenbeugung zu wenigstens 200 Å bestimmt. (J. Inst. Metals **84.** 109—111. Jan. 1956. London, Imperial Coll. of Sci. and Technol.) H. HOCHSTEIN. 200

**R. J. Hartmann** und **E. Macherauch,** *Die bei plastischer Verformung von Reinstaluminium mittlerer Korngröße betätigten Gleitebenen.* Vff. untersuchten an Reinst-Al (99,99% Al) mit einer mittleren Korngröße von 0,04—0,25 mm² mkr. u. röntgenograph. die aktivierten Gleitebenen nach plast. Zugverformung bis etwa 8%. Es wurde zunächst festgestellt, daß etwa 40% der beobachteten Gleitebenen keine {111}-Ebenen waren. Bestimmt wurden etwa 60 Gleitebenen. Unter diesen befanden sich neben {111}-Ebenen sehr viele {100}-, {110} u. {113}-Ebenen u. wahrscheinlich auch eine {133}-Ebene. Alle diese Gleitebenen gehören der Zone [110] an. Weiter wurde beobachtet, daß Nichtoktaedergleitung in den meisten Fällen schon nach einem Verformungsgrad von 2,5% auftrat. (Naturwissenschaften **45.** 540—41. 2. Nov.-H. 1958. Stuttgart, TH, Röntgeninst.; MPI für Metallforsch., Inst. für Metallphys.) C. GOTTFRIED. 200

**Ss. Je. Schtepan,** *Über die elastische Anisotropie von Kristallen des kubischen Systems in der (hkl)-Ebene.* Die Analyse der Gleichungen für die elast. Anisotropie von kub. Kristallen in der (hkl)-Ebene ergibt, daß bzgl. der elast. Koeffizienten $s_{11}$ u. $s_{22}$

solche Ebenen isotrop sind, für die h = k = l ist. (Кристаллография [Kristallographie] **2.** 776—77. 1957. Saporoshje, Pädagog. Lomonossow-Inst.)
R. K. MÜLLER. 200

**G. A. Dubow** und **W. R. Regel,** *Zur Methodik der Prüfung von Proben kleiner Dimension auf Kompression und Spannungsrelaxation.* Einkristalle von *TlBr–TlJ* (**I**) u. von Polymethylmethacrylat (**II**) werden auf Druck, Zug u. Spannungsrelaxation geprüft u. der Einfl. der durch h/d gekennzeichneten Form (h = Höhe, d = Durchmesser) auf die Ergebnisse untersucht. Bei der Druckprobe von **II** ist die erzwungene Elastizitätsgrenze von h/d 1,5—6 unabhängig. Die Fließgrenze von nach [110] orientiertem **I** ist von h/d zwischen 1,5 u. 4 unabhängig, nimmt bei h/d $< 1,5$ mit abnehmendem h/d zu; der Relaxationsgrad von **I** nach 15% Kompression nimmt mit zunehmendem h/d bei h/d $> 1,5$ linear zu. Die „Schubbildungsgrenze" ist dem Gesetz der Scherspannungen unterworfen. (Кристаллография [Kristallographie] **2.** 746—55. 1957. Akad. der Wiss. der UdSSR, Inst für Kristallogr.)
R. K. MÜLLER. 200

**Richard Dalven** und **C. W. Garland,** *Elastische Konstanten von Natriumjodid von 180° bis 300° K.* Mit der bereits früher (C. **1958.** 1785) beschriebenen Meth. des US-Impulsechos haben Vff. die 3 unabhängigen adiabat. elast. Konstanten von NaJ-Einkristallen als Funktion der Tempp. (180°—300° K) ermittelt. Die Extrapolation der Meßwerte auf 0° K ergibt folgende Werte: $C_{11} = 3{,}711$; $C_{44} = 0{,}777$ u. $C_{12} = 0{,}857 \cdot 10^{11}$ dyn/cm$^2$. Die Angabe für $C_{12}$ ist sehr unsicher. Die charakterist. DEBYE-Temp. $\vartheta_0$ für 0° K ergibt sich dann zu 167°, in guter Übereinstimmung mit dem calorimetr. Wert 165°. $\vartheta_0$ scheint unabhängig von $C_{12}$ zu sein. (J. chem. Physics **30.** 346—47. Jan. 1959. Cambridge, Mass., MIT, Dep. of Chem. and Res. Labor. of Electronics.) H.-U. WOELK. 200

**B. J. Faraday** und **D. J. G. Gregan,** *Bruchmodul von „z · t 45"-ADP-Kristallen.* An unter 45° zur z-Achse geschnittenen Kristallen von $NH_4H_2PO_4$ wurde der Bruchmodul oder die Biegungsfestigkeit mit Hilfe der Dreipunkt-Belastungsmeth. bestimmt. Bei dieser Meth. ruht der Kristall auf zwei halbkugelförmigen Stäben mit dem Abstand d, während die Last auf einen ebenfalls halbkugelförmigen Stab auf dem Kristall in der Mitte über den beiden anderen Stäben einwirkt. Es wurden 5 Kristalle mit verschiedenen Verhältnissen b/d (b = Breite des Kristalls) untersucht. Die gemessenen Werte des Bruchmoduls lagen zwischen 245 u. 480 kg/cm$^2$, mit einem Mittel von 340 kg/cm$^2$. Dieser Wert stimmt gut mit Werten aus der Literatur für Kristalle beliebiger Orientierung überein. Der Modul änderte sich nicht bei den verschiedensten b/d-Verhältnissen. (J. appl. Physics **29.** 1099—1102. Juli 1958. Washington, D.C., Naval Res. Labor.)
C. GOTTFRIED. 200

**R. E. Mould,** *Querbiegungsversuche an Glasfäden und die Grenzfestigkeit von Glas.* Vf. nimmt Bezug auf Unterss. von BATESON (vgl. C. **1959.** 409) u. berichtet über Verss. an Glasfäden, mit denen speziell die von BATESON (vgl. l. c.) diskutierte Rolle der Oberflächenrisse bei der Best. der Festigkeit von Glas näher untersucht werden sollte. Die Verss. wurden derart durchgeführt, daß Glasfäden von einem Durchmesser von 0,001 bis 0,002 in. durch eine Messerkante belastet wurden, die in der Mitte zwischen 2 Unterlagen, die einen Abstand von 0,01—0,02 in. hatten, angelegt wurde. Die Versuchsergebnisse können mit der Rißtheorie in Übereinstimmung gebracht werden, wenn man eine Oberflächenrißdichte von n = $10^5$—$10^6$ Risse/in.$^2$ annimmt. Mit Hilfe des Bruchkriteriums von GRIFFITH findet man, daß die Rißdimension 25 Å oder weniger beträgt. (J. appl. Physics **29.** 1263—64. August 1958. Butler, Pa., Preston Labor., Inc.)
C. GOTTFRIED. 200

---

**Roelof Houwink,** Elasticity, plasticity and structure of matter; with a chapter on the plasticity of crystals by W. G. Burgers. 2nd ed. New York: Dover pap. 1959. (386 S. m. Diagr.) 10°. $ 2.45.

**A. J. C. Wilson. N. C. Baenziger, C. S. Barrett, J. M. Bijvoet** and **O. Eisner,** eds., Structure reports. Vol. 14, Supplementary volume and cumulative index for 1940—1950. Utrecht: A. Oosthoek. 1959. (VIII + 216 S.) hfl. 35.—.

## A$_7$. Gleichgewichte. Kinetik.

**L. Ss. Palatnik** und **A. I. Landau,** *Heterogene Mehrstoffsysteme mit nichtmaximaler Ordnung der Konzentrationsmatrix.* Vff. untersuchen ideale, im Gleichgewicht befindliche heterogene Mehrstoffsysteme mit nicht-maximaler Ordnung der Konzentrationsmatrix $||x_{ij}||$ (i = 1, 2, ..., n; j = 1, 2, ..., r), also mit einem von null verschied. Defekt $\sigma$ dieser Matrix. Aus der Unters. der thermodynam. Freiheitsgrade (TFG, Phasenregel) ergibt sich, daß bei $\sigma > 0$ neben der Gesamtzahl der TFG für das ganze Syst. auch die der TFG für die einzelnen Komponenten zu berücksichtigen ist. Als nichtvarianter u. monovarianter Zustand werden solche Zustände definiert, bei denen alle Phasen des Syst. (bzw. nur ein Teil dieser Phasen) untereinander in nichtvariantem bzw. monovariantem Gleichgewicht stehen, also TFG = 0 bzw. 1 haben, während die übrigen Phasen eine größere Zahl von TFG aufweisen können. Einige Sonderfälle werden in Gleichungen für sich behandelt. (Журнал Физической Химии [J. physik. Chem.] **31.** 2739—47. Dez. 1957. Charkow, Gorki-Univ.) R. K. Müller. 221

**Jan Rydberg,** *Untersuchungen über die Bildung von zusammengesetzten Komplexen mittels einer Extraktionsmethode.* Wenn ein Metall M mit der Ladung $n^+$ zwischen einer wss. u. einer organ. Phase in Ggw. der Säure HA verteilt wird, können zusammengesetzte Komplexe der allg. Zus. $M_mA_n(OH)_p(HA)_r(Org.)_s(H_2O)_t$ gebildet werden. Die Werte der Indices u. der Bildungskonstanten solcher Komplexe können aus der Best. der Verteilung des Metalls zwischen der organ. u. der wss. Phase als Funktionen der Konzz. des Metallions, des Hauptliganden $A^-$, der Säure HA, der $OH^-$-Ionen, des W. u. der organ. Phase sowie der Temp. ermittelt werden. Vf. gibt einen Überblick über die benötigten Gleichungen sowie die Ergebnisse bei der Anwendung derselben auf die Verteilung von *U(VI)* u. *Th* zwischen einigen organ. Lösungsmitteln u. W. in Ggw. von *Acetylaceton.* (Recueil Trav. chim. Pays-Bas **75.** 737—42. Juni 1956. Sunbyberg, Sweden, Res. Inst. of Nat. Defense.) K. Frenkler. 223

**L. A. K. Staveley** und **T. Randall,** *Die Thermodynamik der Bildung von Komplexionen der Äthylendiamintetraessigsäure.* Die Bldg.-Wärmen ΔH der *Äthylendiamintetraessigsäure*-(EDTA)-komplexe von *Al, In, Ce(III), Y, Nd* u. *Gd* bei 20° wurden bestimmt. Diese Werte sind neben anderen thermodynam. Parametern (ΔG, ΔH, ΔS) für die Bldg. der EDTA-Komplexe von *Mg, Ca, Ba, Mn, Co, Ni, Cu, Zn, Cd* u. *Pb* (20°) tabellar. zusammengestellt. Vff. verfolgen das Ziel, Zusammenhänge dieser thermodynam. Parameter mit der Ladung der Kationen, ihrer Größe u. Elektronenstruktur aufzudekken; sie widmen ihre Aufmerksamkeit bes. der Elektronenstruktur der Übergangsmetalle in den EDTA-Komplexen. Es wird festgestellt, daß lediglich die ΔS-Werte eine gewisse Regelmäßigkeit aufweisen, indem sie für Kationen gleicher Ladung mit steigendem Kationenradius abnehmen; Vff. versuchen, dieses Verh. durch Betrachtung der intermol. Wechselwirkungen zu erklären. Die Mn–EDTA-Komplexverb. zeichnet sich gegenüber den EDTA-Komplexen der anderen Übergangsmetalle durch ein in verschied. Hinsicht anomales Verh. aus. Die Zusammenhänge zwischen der Größe der Kationen u. der Zahl ihrer Koordinationszentren in den EDTA-Komplexen sind Gegenstand einer eingehenden Diskussion. Die Ansicht, daß der EDTA entweder 5 oder 6 über das Metallion symm. verteilte Koordinationszentren zukommen, ist nach Ansicht der Vff. eine zu weitgehende Vereinfachung. Aus den thermodynam. Parametern für die Bldg. der EDTA-Komplexe mit Seltenen Erden entnehmen Vff., daß solche Effekte, die man bisher einer Änderung der EDTA-Koordinationszentren zugeschrieben hat, wahrscheinlicher durch einen zwar sehr wenig ausgeprägten, jedoch nicht zu vernachlässigenden Einfl. des Ligandenfeldes auf die 4f-Elektronen hervorgerufen werden. Eine Neubest. der Normalentropien von $Ni^{2+}$ u. $Co^{2+}$ wird mitgeteilt. (Discuss. Faraday Soc. Nr. **26.** 157—63. 1958. Oxford, Inorg. Chem. Labor.) D. Ertel. 223

**Herbert L. Meltzer,** *Dreiphasengegenstromyerteilung: Theorie und Anwendung auf die Untersuchung von Strandin.* In Fortsetzung früherer Unterss. über die Gegenstromverteilung von Substanzen zwischen 3 nichtmischbaren fl. Phasen (Federat. Proc. **15.** [1956.] 128) wird eine App. im einzelnen beschrieben, die es ermöglicht, gelöste Stoffe nach Einstellung des Gleichgewichts auf 3 Phasen zu verteilen u. abzutrennen. Für die Verteilung der Untersuchungssubstanz auf die 3 Phasen werden mathemat. Beziehungen abgeleitet. Experimentell werden die theoret. Betrachtungen am Beispiel des Gehirnlipides Strandin geprüft; Angabe von brauchbaren 3-Phasen-Systemen. Die graph. u. tabellar. mitgeteilten Befunde zeigen, daß das nach Folch u. Mitarbeitern (C. **1952.** 1516) aus der Rinde des Gehirns dargestellte Strandin—Mol.-Gew. etwa 250000 — aus mindestens 15 verschied. Komponenten besteht; ein hochgereinigtes Prod. enthält zumindest 8 Komponenten. (J. biol. Chemistry **233.** 1327—36. Dez. 1958. New York, N. Y., Columbia Univ., New York State Psychiatric Inst. and Coll. of Physicians and Surgeons, Dep. of Biochem.) K. Täufel. 224

**Max Ziegler,** *Extraktion von Übergangsmetallen als Tributylammonium-Jodidkomplexe.* Die Jodkomplexe des Cu(I), Au(I), Tl(I) u. Pb(II) geben mit $CHCl_3$ oder $CH_2Cl_2$ extrahierbare Tributylammoniumkomplexe (**I**). Zur Überführung der Metalljodide in **I** gibt man zur Suspension Tributylammoniumacetat. Der Tl-Komplex läßt sich nicht so leicht ausschütteln wie die anderen Komplexe. (Naturwissenschaften **45.** 622—23. 2. Dez.-H. 1958. Göttingen, Univ., Anorg.-Chem. Institut.) H. Nöth. 224

**Radha Charan Mohanty** und **S. Aditya,** *Ionengleichgewichte in Lösung.* 4. Mitt. *Bleipropionat in wäßriger Lösung.* (Vgl. C. **1953.** 8011.) Mit Hilfe von Bestt. der Löslichkeit von $Pb(JO_3)_2$ in Na-Propionat-Lsg., sowie von EMK-Messungen der Konzentrationsketten vom Typ $Pb_xHg_y/Pb(NO_3)_2$//Salzbrücke//NaPr-$Pb(NO_3)_2/Pb_xHg_y$ bei 35° werden die Eigg. von Pb-Propionat in wss. Lsg. untersucht. Es wird gezeigt, daß die

Verb. in zwei Stufen dissoziiert, wobei sich für die Dissoziation zu $PbPr^+$ ein $K_1$-Wert von $3{,}1 \cdot 10^{-2}$ (aus EMK-Messungen) u. für die zu $Pb^{2+}$ ein $K_2$-Wert von $2{,}2 \cdot 10^{-3}$ ergibt. Letzterer Wert stimmt bei beiden Methoden überein, während die Löslichkeitsmethode für $K_1$ den weniger zuverlässigen Wert von $7 \cdot 10^{-2}$ liefert. (J. Indian chem. Soc. **32.** 234—40. April 1955. Cuttack, Ravenshaw Coll., Mayurbhanj Chem. Labor.) W. NIEMITZ. 224

**Radha Charan Mohanty** und **S. Aditya,** *Ionengleichgewichte in Lösung.* 5. Mitt. *Bleilactat und -monochloracetat in wäßriger Lösung.* (4. vgl. vorst. Ref.) Wie l. c. beschrieben werden die Löslichkeiten von $Pb(JO_3)_2$ in Na-Monochloracetat- bzw. Na-Lactat-Lsgg. bestimmt u. aus den Löslichkeitsdaten die Konstanten für die beiden Dissoziationsgleichgewichte in wss. Lsg. berechnet. Für Pb-Monochloracetat ergeben sich dabei die Werte $K_1 = 7{,}31 \cdot 10^{-2}$ u. $K_2 = 3 \cdot 10^{-2}$, für Pb-Lactat die Werte $4 \cdot 10^{-2}$ u. $4 \cdot 10^{-3}$. Danach verhalten sich die $K_2$-Gleichgewichtskonstanten ebenso wie die Stärke der betr. Säuren Monochloressigsäure > Milchsäure > Essigsäure > Propionsäure, d. h. je schwächer die Säure ist, desto weniger ist das entspr. Pb-Salz dissoziiert. (J. Indian chem. Soc. **32.** 249—51. April 1955.) W. NIEMITZ. 224

**Je. Je. Nikitin,** *Über die Berechnung der Zerfallsgeschwindigkeit von zweiatomigen Molekülen.* (Vgl. C. **1958.** 11460.) Für die Geschwindigkeitskonstante k einer Rk. AB + C → A + B + C werden Gleichungen entwickelt, die nicht voraussetzen, daß die Schwingungsquanten bis zur Dissoziationsgrenze annähernd konstant bleiben. Für den Eigenwert $\mu_0$ der Matrize $\breve{B}$ der rechten Seite der Gleichung am Ausgangspunkt ergibt sich die Gleichung $\mu_0 = Z(\varepsilon/D)(D/kT) \cdot P(D) \exp(-D/kT)/Q$, worin Z die Zahl der Stöße von AB u. C je Sek. ist, $\varepsilon$ ein mittleres Quantum nahe der Dissoziationsschwelle, D = Dissoziationsenergie (kcal/Mol), kT = Korrektur der Reaktionsgeschwindigkeit für Störung der MAXWELLschen Verteilung von D, P(D) = Übergangswahrscheinlichkeit, Q = Schwingungssumme der Zustände. Die Gleichung wird noch zur Berücksichtigung nichtbenachbarter Übergänge umgeformt. Die Anwendung auf die Rk. $Br_2$ + Ar → Br + Br + Ar führt zu k-Werten, die in der Größenordnung mit Versuchswerten übereinstimmen. (Доклады Академии Наук СССР [Ber. Akad. Wiss. UdSSR] **119.** 526—29. 21/3. 1958. Akad. der Wiss. der UdSSR, Inst für chem. Physik.) R.K.MÜLLER. 225

**E. Abel,** *Über Autoxydation in unbelichteter homogener wäßriger Lösung. Mit besonderer Berücksichtigung anorganischer Systeme.* (Vgl. C. **1955.** 2147 u. C. **1956.** 8840.) Der Mechanismus des Autoxydationsvorganges wird dahin gek., daß sein erster Schritt Elektronenempfang seitens des $O_2$-Mol. unter Anlagerung an den Elektronendonator ist. Bevorzugter Elektronendonator ist das Hydroxylion unter Bldg. der Molgattung $\bar{O}$-O-OH bzw. $\bar{O}$-O-$\bar{O}$, die im zweiten Schritt die (fallweise partielle) Oxydation des oxydationsfähigen Partners übernimmt. Die Reaktionsweise von $\bar{O}$-O-$\bar{O}$ wird diskutiert. Die Rolle des Hydroxylions als bevorzugter intermediärer Partner im Autoxydationsvorgang erklärt die Tatsache, daß Autoxydation vorzugsweise in nichtsaurem bzw. alkal. Medium stattfindet. In saurem bzw. nicht hinreichend alkal. Medium erfolgt, sofern keine sonstigen, zu Elektronenabgabe u. -anlagerung fähigen Anionen zugegen sind, Anlagerung des $O_2$-Mol. direkt an den oxydationsfähigen Partner unter gleichzeitigem Elektronenübergang, z. B. bei der Autoxydation von Sulfit, die an Hand experimenteller Daten ausführlicher besprochen wird. Die entwickelte Theorie läßt die Wirkungsweise negativer Katalysatoren (Inhibitoren) deuten, sowie die der Autoxydation vielfach parallel gehender Induktionsreaktionen. (Z. Elektrochem., Ber. Bunsenges. physik. Chem. **59.** 903—906. 1955. London.) M. SCHENK. 225

**Klaus Clusius** und **Hugo Schumacher,** *Reaktionen mit* $^{15}N$. 30. Mitt. *Verbrennungsversuche mit Distickstoffoxyd* $^{15}NNO$ *von 96%* $^{15}N$*-Gehalt.* (29. vgl. C. **1959.** 8833.) Da zum Nachw. der Einstellung des Isotopengleichgewichts $^{14}N_2 + {}^{15}N_2 \rightleftharpoons 2\,{}^{14}N^{15}N$ an $^{15}N$ hochprozentiges Material benötigt wird, stellten Vff. ein mit 96% $^{15}N$ markiertes $^{15}NNO$ nach der Reaktionsfolge $^{15}N_2 \rightarrow Ca_3{}^{15}N_2 \rightarrow {}^{15}NH_3 \rightarrow {}^{15}NH_4NO_3 \rightarrow {}^{15}NNO$ dar. Bei der therm. Zers. des geschmolzenen $^{15}NH_4NO_3$ wurde festgestellt, daß der $^{15}N$-Geh. der $NO_3^-$-Ionen im Zers.-Rückstand um ca. 1% zunimmt, derjenige der $NH_4^+$-Ionen dagegen geringfügig abnimmt. Die Zunahme wird auf eine geringe Überhitzung der Schmelze am Ende der Umsetzung zurückgeführt, wodurch intermediär auftretendes $NO_2^-$ die $NH_4^+$-Ionen bis zur Nitratstufe oxydiert. Die Abnahme an $^{15}N$ in den $NH_4^+$-Ionen ist vermutlich auf einem der RAYLEIGH-Dest. ähnlichen Verarmungseffekt von $^{15}N$ bei der Zers. zu erklären. Vff. untersuchten die Zers.-Rkk. des $N_2O$, bei welchen O abgegeben wird u. $N_2$ zurückbleibt, bes. im Hinblick auf das Ausmaß der Gleichgewichtseinstellung zwischen den isotopen Moll. $^{14}N_2$, $^{15}N_2$ u. $^{14}N^{15}N$, die massenspektroskop. analysiert wurden. Als Masszahl für die prozentuale Einstellung des Gleichgewichts gilt $\eta_g = 200\sqrt{[^{14}N_2][^{15}N_2]}/[^{14}N^{15}N]$, da bei vollständiger Einstellung 25% $^{14}N_2$, 25% $^{15}N_2$

u. 50% $^{15}N^{14}N$ entstehen. Die Red. mit Fe-Pulver liefert prakt. nur $^{14}N^{15}N$, beim Glühen mit $H_2$ am Pt-Draht beträgt $\eta_g$ 13,3%. Nach Verpuffung von $^{15}NNO$ mit nachst.Gasen wurden die $\eta_g$-Werte (in %) gefunden: mit $H_2$ 9,1, $H_2$ + Knallgas 22,0, $C_2H_2$ 19,8, $NH_3$ 1,15, Dicyan (I) 94,7. Daraus ergibt sich, daß die Einstellung um so vollständiger ist, je höher die Endtemp. bei der Explosion liegt. Offenbar wird die Gleichgewichtseinstellung zwischen den drei isotopen $N_2$-Moll. durch Atome u. Radikale bewirkt, wobei N-Atome bes. wirksam sein sollen: $^{14}N + {}^{14}N^{15}N \rightleftharpoons {}^{14}N_2 + {}^{15}N$ usw., diese spielen sicher beim Zerfall von I eine Rolle, nicht aber bei der Verbrennung des $NH_3$. Beim Leiten eines Gemisches von isotopen $N_2$-Moll. über glühendes Cu u. Cu-Oxyd verschiebt sich $\eta_g$ nicht merklich. (Helv. chim. Acta **41.** 2252—64. 1/12. 1958. Zürich, Univ., Phys.-chem. Inst.)

B. GNAUCK. 225

**Klaus Clusius** und **Hugo Schumacher**, *Reaktionen mit* $^{15}N$. 31. Mitt. *Langsame und explosive Zersetzung von Metallaziden* $Me_n[^{14}N^{15}N^{14}N]_m$ *mit* ~ *96%* $^{15}N$*-Gehalt.* (30. vgl. vorst. Ref.) Durch Einw. von $Ca(NH_2)_2$ auf $^{15}NNO$ (einige Tage bei 95—100°) entstehen ca. 99% $Ca(N^{15}NN)_2$ u. ca. 1% $Ca(^{15}NNN)_2$. Da das dabei eigentlich unmarkiert auftretende $NH_3$ tatsächlich einen geringen Überschuß an $^{15}N$(0,06—0,08%) enthält, ist bewiesen, daß auch bei der Bldg. der Azide aus $Ca(NH_2)_2$ Austauscheffekte vorkommen, die aber 30—35mal schwächer sind als bei der Ba-Verbindung. Aus $CaN_3$ wurde über die freie Säure $KN^{15}NN$ erhalten, das in wss. Lsg. mit $Ag^+$ oder $Pb^{2+}$ die Salze $AgN^{15}NN$ u. $Pb(N^{15}NN)_2$ lieferte. Bei der Elektrolyse von $KN^{15}NN$ (an Pt-Elektroden) entstanden an der Anode $^{14}N^{15}N$ u. $^{14}N_2$ fast genau im Verhältnis 2:1. Vff. nehmen an, daß nach Entladung von $N_3^-$ entweder intermediär freie N-Atome oder $N_6$-Moll. auftreten: a) $^{14}N^{15}N^{14}N \rightarrow {}^{14}N^{15}N + {}^{14}N \xrightarrow{+^{14}N^{15}N^{14}N} 2\,{}^{14}N^{15}N + {}^{14}N_2$; b) $2\,{}^{14}N^{15}N^{14}N \rightarrow {}^{14}N^{15}N^{14}N\cdots{}^{14}N^{15}N\cdot{}^{14}N \rightarrow 2\,{}^{14}N^{15}N + {}^{14}N_2$. Wahrscheinlich wird bei hohen Tempp. u. kleiner Stromdichte die Abspaltung von atomarem N begünstigt. Dem entspricht, daß sich das Isotopengleichgewicht $\eta_0$ zwischen $^{14}N_2$, $^{14}N^{15}N$ u. $^{15}N_2$ um so besser einstellt, je energischer die Zers. eines Azids verläuft. So wurden folgende $\eta$-Werte gefunden: langsame Zers. von $KN_3$ [$\eta$] 0%, Verpuffung von $KN_3$ 31,6%, Explosion von $Pb(N_3)_2$ 43,4% bzw. von $AgN_3$ 48,6 u. 65,4%. Für die Verpuffungs- bzw. Explosionsrkk. wird angenommen, daß eine erhebliche Konz. an N-Atomen auftritt u. Austauschrkk. nach $^{14}N + {}^{14}N^{15}N \rightleftharpoons {}^{14}N_2 + {}^{15}N$ ablaufen. Die atomare Bldgs.-Wärme des $N_3$-Radikals beträgt ca. 225 kcal/Mol, sie ist also etwa so groß wie die Dissoziationswärme von $N_2$. Die Abspaltung eines N-Atoms aus einem $N_3$-Radikal verläuft also ohne merkliche Wärmetönung, u. es gilt $2N_3 \rightarrow 3N_2$ + 225 kcal. (Helv. chim. Acta **41.** 2264—73. 1/12. 1958.) B. GNAUCK. 225

**M. Anbar** und **R. Rein**, *Isotopenaustausch zwischen Hypohalogenid- und Halogenidionen.* 1. Mitt. *Der Austausch zwischen unterbromiger Säure und Bromidionen.* Es wurde der Isotopenaustausch von $Br_2$ zwischen Hypobromit- u. Bromidionen in konz. alkal. Lsgg. untersucht. Verschied. Mischungen von $BrO^-$, $Br^-$ u. $OH^-$ wurden auf 10 ml verd., aus der Mischung in verschied. Intervallen 1 ml entnommen, mit einer 0,5%ig. Lsg. von p-Kresol in 1 n. NaOH versetzt u. mit festem Ag-Acetat geschüttelt. AgBr, $Ag_2O$ u. Ag-Acetat wurden abzentrifugiert u. in der Lsg. nach Ansäuern mit einem konz. Acetatpuffer Bromokresol mit 2 ml Toluol extrahiert. Ein aliquoter Teil der Toluollsg. wurde zu einer Scintillationslsg. mit 4 g Terphenyl/Liter u. 0,2 g POPOP/Liter gegeben u. im Fl.-Scintillationszähler gemessen. Der Rückstand von AgBr, $Ag_2O$ u. Ag-Acetat wurde mit A. gewaschen u. seine Aktivität im NaJ-Scintillationszähler gemessen. (Verwendet wurde $^{82}Br$). Die Austauschgeschwindigkeit R wurde bei Veränderung der $BrO^-$-Konz. um das 10-fache, der $Br^-$-Konz. um da 50-fache u. der $OH^-$-Konz. um das 8-fache untersucht. Die Geschwindigkeitskonstanten wurden nach der Meth. der kleinsten Quadrate berechnet. R ist der $BrO^-$- u. $Br^-$-Konz. direkt u. der $OH^-$-Konz. umgekehrt proportional; für k wurde bei 25° 7,6 ± 1,4 · $10^5$ Liter/Mol · min erhalten ($R = k[HBrO][Br^-]$). Der Einfl. der $Cl^-$-Konz. auf die Austauschrk. wurde untersucht; im Gegensatz zum Austausch $BrO^-$–W.–O wurde festgestellt, daß der Austausch durch $Cl^-$ nur geringfügig verzögert wird. Die Rk.-Mechanismen für den Austausch $BrO^-$–$Br^-$ werden diskutiert.

Versuche: $BrO_3^-$-freies NaBrO wurde durch Auflsg. von $Br_2$ in eisgekühlter 1 n NaOH u. Ausfällung von $Br^-$ mit frisch dargestelltem $Ag_2O$ erhalten; die $BrO_3^-$-Konz. blieb auf diese Weise < 1% des gesamten Oxydationsvermögens der Lösung. (J. Amer. chem. Soc. **81.** 1813—15. 20/4. 1959. Rehovoth, Israel, Weizman Inst. of Sci., Isotope Dep.) W. KARCHER. 225

**M. Anbar, S. Guttmann** und **R. Rein**, *Isotopenaustausch zwischen Hypohalogenid- und Halogenidionen.* 2. Mitt. *Der Austausch zwischen unterchloriger Säure und Chloridionen.* (1. vgl. vorst. Ref.) Die Geschwindigkeit des $Cl_2$-Austauschs zwischen $ClO^-$- u. $Cl^-$-Ionen wurde im $p_H$-Bereich 9,6—13,7 untersucht. Die $Cl^-$-Konz. wurde um das 2500-, die $ClO^-$-Konz. um das 1500- u. die $H^+$-Konz. um das 10000-fache verändert; in diesem Bereich lagen die Halbwertszeiten zwischen 12 Sek. u. >1 Jahr, während das Geschwindigkeitsgesetz unverändert blieb. Die Austauschgeschwindigkeit R ist proportional der $ClO^-$- u. $Cl^-$-Konz. u. proportional der 2. Potenz der $H^+$-Konzentration. Für R wurde $R = k'' [H^+]^2[ClO^-][Cl^-]$ bzw. $R = k'[H^+] — [HOCl][Cl^-]$ gefunden; k'' wurde zu $9,3 \pm 2,8 \cdot 10^{20}$ (Liter)³/Mol³ · min u. k' zu $3,16 \pm 0,95 \cdot 10^{13}$ (Liter)²/Mol² · min bestimmt. Der Einfl. von tert. Butyl-A. (I), A. u. Methanol auf R wurde untersucht. Der Austausch wird durch Alkohole katalysiert. Im Falle von I ist der Effekt direkt proportional der Konz. von I ($R = k [I][ClO^-][Cl^-]$, $k = 1,1 \cdot 10^{-5}$ (Liter)²/Mol² · min. bei 0,1 mol. $OH^-$-Konz.) u. umgekehrt proportional der $OH^-$-Konzentration. Einen definierten katalyt. Einfl. zeigen auch Acetationen. In weiteren Verss. wurde der Einfl. der Konz. an tert.-Butoxychlorid (II), $Cl^-$ u. tert.-Butylat (III) auf den $Cl_2$-Austausch zwischen II u. $Cl^-$ in wasserfreiem I u. der Einfl. von W. u. Acetationen auf die Austsauschrk. untersucht. Danach wird der Austausch durch Säuren katalysiert. R ist der $H^+$-Konz. proportional. Die Rk.-Mechanismen für den Austausch werden diskutiert. Der katalyt. Einfl. der Alkohole wird durch Bldg. der entspr. Ester als Zwischenprodd. erklärt. Die Austauschrk. von II mit $Cl^-$ in nichtwss. Lsgg. bestätigt das unterschiedliche Verh. von ROCl gegenüber HClO; der katalyt. Einfl. der Konz. an III auf R wird erörtert. Aus den Ergebnissen wird geschlossen, daß sich das HClO-Syst. wesentlich vom Syst. HBrO unterscheidet. — $Cl^-$-freie HClO wurde durch Extraktion einer $Cl_2O$-Lsg. in $CCl_4$ in NaOH-Lsg. dargestellt, die $Cl_2O$-Lsg. durch Schütteln einer $Cl_2$-Lsg. in $CCl_4$ mit HgO. Radioakt. HClO ($^{36}Cl$) wurde durch Hydrolyse von markiertem II erhalten. (J. Amer. chem. Soc. **81.** 1816—21. 20/4. 1959.) W. KARCHER. 225

**M. Ebert, P. Howard-Flanders** und **D. Moore,** *Der Einfluß von Sauerstoff auf die Ausbeute von Wasserstoffperoxyd durch schnelle Neutronen in neutralem Wasser.* (Vgl. C. **1957.** 4462 u. **1959.** 6728.) Vff. untersuchen die Ausbeute an $H_2O_2$ in $O_2$ freiem neutralem W. bei Bestrahlung durch schnelle Neutronen, für die die lineare Energieübertragung (LET) zwischen der von Röntgen- u. α-Strahlen liegt. Die Unters. wurde mit Neutronen von einem VAN DE GRAAFF (Be-Target) u. Pyrexgefäßen, die die Kontrolle des $O_2$ im W. erlaubten, durchgeführt. Die $H_2O_2$-Erzeugung war linear mit der Dosis bis zu 50000 rad. Das W. wurde bei Durchleitung von $N_2$- oder Luftblasen bestrahlt. Das Verhältnis des $G(H_2O_2)$ in belüftetem W. zum $G(H_2O_2)$ in $O_2$-freiem W. betrug $G^{Luft}:G^{N_2} = 1,33 \pm 0,04$. (Radiation Res. **4.** 110—16. 1956. London, Hammersmith Hospital, M. R. C. Experimental Radiopathol. Res. Unit.)
HERBERT WEBER. 226

**Thomas J. Sworski,** *Mechanismus für die durch $^{60}Co$-γ-Strahlung induzierte Reduktion von Cer(IV)-ionen durch Thallium(I)-ionen.* Für die strahlungsinduzierte Red. von Ce(IV) durch Tl(I) in 0,8 n $H_2SO_4$ wird ein Mechanismus vorgeschlagen. In Mischungen von Ce(IV)- u. Tl(I) ist das anfängliche $G(Ce^{3+})$ gleich $2\,G(H_2O_2) + G(H) + G(OH)$. In Ce(IV)-Lsgg. oxydiert das OH-Radikal das Ce(III) zu Ce(IV). Bei Ggw. von Tl(I) verursacht jedoch das OH-Radikal die Red. von Ce(IV) zu Ce(III). Das Anwachsen des anfänglichen $G(Ce^{3+})$ von 2,39 auf 7,97 bei Zugabe von Tl(I) zu Ce(IV)-Lsgg. in 0,8 n $H_2SO_4$ kann durch die Bldg. eines $Tl^{2+}$-Ions ($Tl^+ + OH \rightarrow Tl^{2+} + OH^-$) interpretiert werden. $Tl^{2+}$ kann Ce(IV) gemäß der Rk. $Tl^{2+} + Ce^{4+} \rightarrow Tl^{3+} + Ce^{3+}$ reduzieren. $G(Tl^{3+})$ ist somit gleich G(OH). (Radiation Res. **4.** 483—92. 1956. Oak Ridge, Tenn., Oak Ridge Nat. Labor., Chem. Div.) HERBERT WEBER. 226

**Edwin J. Hart, Warren J. Ramler** und **Sol R. Rocklin,** *Chemische Ausbeuten von ionisierenden Teilchen in wässrigen Lösungen: Einfluß der Energie von Protonen und Deuteronen.* $FeSO_4$-Lsgg. (FRICKE-Dosimeter) u. $FeSO_4$–$CuSO_4$-Lsgg. wurden mit Deuteronen von 0,3 bis 2,0 MeV (Cyclotron) u. Protonen von 3,5 bis 21,2 MeV (VAN DE GRAAFF) bestrahlt. Die Fe(III)-Ausbeuten $G(Fe^{3+})$ u. $G(Fe^{3+}–Cu^{2+})$ wurden in diesen Energiebereichen gemessen. Die Bedeutung dieser Ausbeuten bzgl. der Verteilung der freien Radikale u. Mol.-Prodd. entlang der Bahn der ionisierenden Teilchen in wss. Lsgg. wird diskutiert. (Radiation Res. **4.** 378—93. 1956. Lemont, Ill., Argonne Nat. Labor., Chem. Div.) HERBERT WEBER. 226

**H. J. Emeléus** und **G. J. Videla,** *Die Verwendung eines Kobaltkatalysators bei der Darstellung von Borazol und seiner Derivate.* (Vgl. C. **1958.** 12045.) Vff. verbessern die Meth. von BROWN u. LAUBENGAYER (C. **1956.** 4076) zur Darst. von *B-Trichlorborazol* durch Verwendung eines *Co-Katalysators* (**I**), der durch Red. von CoO auf Bimsstein u. Mischen des Rk.-Prod. mit $NH_4Cl$ im Verhältnis 1:10 erhalten wird.

Versuche: Sämtliche Verss. bei Ggw. von 10% **I.** *B-Trichlorborazol* aus $NH_4Cl$ u. $BCl_3$-Dampf (**II**) bei 80—120° (Ausbeute 60%), aus $N_2H_4 \cdot HCl$ u. **II** bei 80° (50%) oder aus $Na[BH_4]$ u. $N_2H_4 \cdot HCl$ (40%); IR-Aufnahmen zeigen keine B–H-Frequenzen. *B-Tribromborazol* aus $NH_4Br$ u. $BBr_3$-Dampf (**III**) bei 160—200° (42%) oder aus $N_2H_4 \cdot HBr$ u. **III** bei 180° (40%). — *B-Trichlor-N-trimethylborazol,* aus $CH_3NH_2 \cdot HCl$ u. **II** bei 100—150° (50%) oder aus $CH_3NH \cdot NH_2 \cdot HCl$ u. **II** bei 120—140° (45%). — *B-Tribrom-N-trimethylborazol,* aus $CH_3NH_2 \cdot HBr$ u. **III** bei 190—220° (40%) oder aus $CH_3NH \cdot NH_2 \cdot HBr$ u. **III** bei 140—150° (45%). (J. chem. Soc. [London] **1959.** 1306—07. März. Cambridge, Univ., Chem. Labor.) D. ERTEL. 227

**W. W. Boldyrew** und **A. Ss. Jermolajew,** *Über den katalytischen Einfluß fester Produkte bei der Reduktion von Nickel- und Kupferoxyd durch Wasserstoff.* Es wird untersucht, ob bei der Red. von NiO u. CuO mit $H_2$ Autokatalyse vorliegt. Die Red. von NiO wird bei 277°, die von CuO bei 160° durchgeführt u. die Abhängigkeit des red. Anteils ($\alpha$) von der Zeit an reinem Oxyd u. mit Hg-Dampf bzw. $Hg(NO_3)_2$ vorbehandeltem Oxyd geprüft. In beiden Fällen katalysiert das bei der Rk. gebildete Metall die Red.; durch die Behandlung mit Hg wird das feste Rk.-Prod. entfernt u. die Red. verzögert. Durch Zusatz von metall. Cu wird jedoch die Geschwindigkeit der Red. nicht beeinflußt. Der katalyt. Einfl. des gebildeten Metalls kann durch die orientierende Wrkg. der anfänglich gebildeten Metallschicht auf das Oxyd erklärt werden. Die Hg-Behandlung stabilisiert das Oxydgitter. (Журнал Физической Химии [J. physik. Chem.] **31.** 2562—70. Nov. 1957. Tomsk, Kuibyschew-Univ.) R. K. MÜLLER. 227

## $A_8$. Präparative anorganische Chemie. Komplexverbindungen. Metallorganische Verbindungen.

**Kôtarô Shimo,** *Die Chemie in nichtwäßrigen Lösungen.* 6. Mitt. *Die Chemie in flüssigem Schwefelwasserstoff.* (5. vgl. Kagaku-no-Ryôiki [J. Jap. Chem.] **12.** [1958.] 338; 4. vgl. C. **1959.** 3406.) Übersicht. (Kagaku-no-Ryôiki [J. Jap. Chem.] **12.** 468—77. Juni 1958. Yokosuka, Bôei-Daigaku. [Orig.: japan.]) E. MAEKAWA. 253

**Erich Thilo,** *Die Chemie und physikalische Chemie der Natriumsilicate in gesättigter Glaubersalzlösung.* (Vortrag.) Ein Beitrag zur Problematik einer Chemie der Silicate im eigentlichen Sinn. (Forsch. u. Fortschr. **32.** 65—72. März 1958. Berlin-Adlershof.) G. RUBAN. 261

**E. W. Abel** und **Apar Singh,** *Die Trialkylsilylester von Bor.* Nach mehreren Methoden stellten Vff. *Tris-[trialkylsilyl]-borate* $[(R_3SiO)_3B]$ ($R = CH_3, C_2H_5$) dar u. untersuchten diese Verbb. hinsichtlich ihrer therm. Beständigkeit u. Hydrolysereaktionen. *Bis-[triäthylsilyl]-phenylboronat* (**I**) $\{[(C_2H_5)_3SiO]_2B \cdot C_6H_5\}$ u. *Triäthylsilyldiphenylborinat* (**II**) $[(C_2H_5)_3SiOBPh_2]$ sowie trimeres *Trimethyl-* (**III**) u. trimeres *Triäthylsilylmetaborat* (**IV**) $[R_3SiOBO]_3$ wurden neu dargestellt.

Versuche: **I,** $C_{18}H_{35}BO_2Si_2$, aus Phenylborchlorid u. Natriumtriäthylsiloxyd (**V**) in bzl. Lsg., Kp.$_{0,2}$ 120°, $D._4^{20}$ 0,928, $n_D^{20}$ 1,4730; 56% (Ausbeute). — **II,** $C_{18}H_{25}BOSi$, aus Diphenylborchlorid u. **V** in bzl. Lsg., Kp.$_{0,5}$ 135°, $D._4^{20}$ 0,974, $n_D^{20}$ 1,5270; 97%. — **III,** $C_9H_{27}B_3O_6Si_3$, durch Erhitzen von Tris-[trimethylsilyl]-borat u. $B_2O_3$ auf 225° u. Ae.-Extraktion, leicht viscose Fl., $D._4^{20}$ 0,988, $n_D^{20}$ 1,4101. — **IV,** $C_{18}H_{45}B_3O_6Si_3$, analog **III** mit Tris-[triäthylsilyl]-borat, $D._4^{20}$ 0,955, $n_D^{20}$ 1,4360. (J. chem. Soc. [London] **1959.** 690—93. Febr. London, Imp. Coll. of Sci. and Technol., Inorg. Chem. Labors.) D. ERTEL. 261

**Jan O. Konecny** und **Catherine M. Douglas,** *Polymerisation von Phosphornitrildichloriden.* Vff. untersuchen den katalyt. Einfl. von Zusätzen auf die Polymerisation von trimerem u. tetramerem *Phosphornitrildichlorid* bei 211°. Die ohne Katalysator bei dieser Temp. sehr langsam verlaufende Polymerisation (Anfangsgeschwindigkeit von ca. 3% Umsatz pro Tag) wird durch eine Anzahl organ. Verbb. u. durch Metalle katalysiert. Der Einfl. von *Benzoesäure, A., Ae., Diäthylamin, Di-tert.-butylperoxyd, Aceton, Ammoniak, W.* u. *Sn* wird quantitativ untersucht. *Bzl.* u. *$CCl_4$* zeigen keinen katalyt. Effekt. Es wird gefunden, daß das Tetramere stets langsamer reagiert als das Trimere; die gleiche Reihenfolge wird bei der gemeinsamen Polymerisation der beiden Stoffe beobachtet. Die katalyt. Aktivität der meisten Zusätze ist von vergleichbarer Größe; lediglich W., Diäthylamin u. $NH_3$ zeigen geringere Wirkung. Die von anderen Autoren gefundene Depolymerisation des cycl. Trimeren u. Tetrameren durch tert. Amine, die zu monomeren Addukten des Typs $PNCl_2 \cdot 2\,NR_3$ führen soll, konnte nicht bestätigt werden. (J. Polymer Sci. **36.** 195—203. April 1959. Corona, Calif., U. S. Naval Ordnance Labor.) H.-J. OSTMANN. 264

**J. Kennedy** und **V. J. Wheeler,** *Die Trennung von Beryllium und mehrwertigen Kationen mit einem komplexbildenden Diallylphosphatharz. Natriumpolydiallylphosphatharz* (**I**) adsorbiert *$Be^{2+}$* in Ggw. von Dinatriumäthylendiamintetraacetat ($Na_2$ÄDTA), wodurch eine Anreicherung von $Be^{2+}$ sowie die Trennung von anderen Kationen ($Ca^{2+}$, $Sr^{2+}$, $Cu^{2+}$, $Zn^{2+}$, $Fe^{3+}$, $La^{3+}$, $Cd^{2+}$, $Hg^{2+}$, $Pb^{2+}$ u. $Mn^{2+}$) möglich wird. Anschließend kann $Be^{2+}$ mit 0,5 mol. $NH_4F$ oder 1 n $HNO_3$ aus der Säule eluiert werden. — Während bei dem Zeo-Karb 225-Harz (Permutit Co.) die Sättigungskapazitäten der Säule für $Be^{2+}$ in Ggw. u. in Abwesenheit von $Na_2$ ÄDTA verschieden waren u. somit $Na_2$ÄDTA zur Elution dienen konnte, war bei **I** die Ggw. von $Na_2$ÄDTA ohne Einfluß. $Mg^{2+}$ kann aus der **I**-Säule mit Cyclohexan-1.2-diamintetraessigsäure extrahiert werden, u. $Na_2CO_3$-Lsg. entfernt $UO_2^{2+}$. In beiden Fällen bleibt $Be^{2+}$ in der Säule. (Analytica chim. Acta [Amsterdam] **20.** 412—15. 1959. Harwell, Berks., AERE, Chem. Div.) E. DEHMLOW. 281

**Sigmund Engan,** *Stabilität einiger Metallchelate der 7-Jod-8-hydroxychinolin-5-sulfonsäure.* 1. Mitt. *Das Mg-Chelat.* Der $p_H$-Verlauf der Titration eines Gemisches von 7-Jod-8-hydroxychinolin-5-sulfonsäure, $MgCl_2$ u. verschied. Konz. von HCl u. NaCl mit NaOH wurde verfolgt u. daraus auf die Beständigkeitskonstanten der Chelate geschlossen. Gegenüber den Konstanten der Mg-Chelate des 8-Hydroxychinolins bewirkt die Einführung der $-SO_3H$-Gruppe eine geringere, die von J eine stärkere Herabsetzung der Chelatstabilität. (Z. physik. Chem. Frankf. Ausg. [N. F.] **14.** 135—38. Jan. 1958. Bergen, Norwegen, Univ., Chem. Inst.) R. FRYDRYCH. 282

**M. K. Aljawi** und **M. A. Aslsow,** *Reaktion von α. β'-Dipyridyl mit Cadmiumhalogeniden.* Im Hinblick auf eine analyt. Anwendung untersuchten Vff. eine Reihe von α. β'-Dipyridylkomplexen mit Cadmiumhalogeniden.

V e r s u c h e: Die Cd-Halogenide, ca. 15 g, in ca. 15 ml W. gelöst u. mit 400 ml A. aufgefüllt, werden mit der äquimol. Menge α. β'-Dipyridyl (DP) in A. versetzt. *Mono-α-β'-dipyridylcadmiumdichlorid,* $CdCl_2 \cdot C_{10}H_8N_2$, F. 273° (Zers.), bei 25° sind in 100 ml W. 0,822 g löslich. — *Mono-DP-Cd-dibromid,* $CdBr_2 \cdot C_{10}H_8N_2$, F. 238° (Zers.), 0,8175 g in 100 ml W. löslich. — *Di-DP-Cd-dijodid,* $CdJ_2 \cdot 2\,C_{10}H_8N_2$, F. 175°, 0,1875 g in 100 ml W. löslich. — Vorst. Verbb. in der entsprechenden Halogenwasserstoffsäure gekocht ergaben nach Behandlung mit Kohle in W. folgende Verbb.: *Mono-DP-Cd-dichlorid-dihydrochlorid,* $CdCl_2 \cdot C_{10}H_8N_2 \cdot 2\,HCl$, F. 233—235°, 33,6 g/100 ml Wasser. — *Mono-DP-Cd-dibromiddihydrobromid,* $CdBr_2 \cdot C_{10}H_8N_2 \cdot 2\,HBr$, F. 205—207°, 58,75 g/100 ml Wassser. — *Mono-DP-Cd-dijodid-dihydrojodid,* $CdJ_2 \cdot C_{10}H_8N_2 \cdot 2\,HJ$, F. 243—245°, 1,482 g/100 ml Wasser. (Доклады Академии Наук УзССР [Ber. Akad. Wiss. Usbek SSR] **1958.** Nr. **4.** 37—41. Taschkent, Med. u. pharmaz. Inst.) H. NIEDRICH. 289

**E. Sakakibara, M. Katsumata, H. Inoue, K. Hagiwara, M. Iguchi** und **S. Kawagishi,** *Untersuchungen über die Millon-Reaktion.* 3. Mitt. *Prüfung mittels der Absorptionsspektren.* (2. vgl. C. **1957.** 13517.) Spektrophotometrie eines Gemisches von 1/500 mol. *Tyrosin,* 1/5 mol. *$HgSO_4$* (**I**) u. 1/100 mol. *$NaNO_2$* ($H_2SO_4$ 3%ig.), das 30 Min. bei 25° gestanden hat, zeigt Extinktionsmaxima bei 340 u. 490 mμ. Bei Verwendung von α- u. *β-Naphthol* (**II**) unter gleichen Bedingungen liegen die Extinktionsmaxima für α-**II** bei 350 u. 460 mμ, während für β-**II** ein Extinktionsmaximum bei 380 mμ besteht. Wird hierbei **II** durch 1/50 mol. $CuSO_4$ oder $CoCl_2$ ersetzt, so liegen die Extinktionsmaxima für α-**II** bei 355 u. 520 mμ, für β-**II** bei 410 mμ. Bei der MILLON-Rk. bildet sich prim. ein *o-Nitrosophenyl-Hg-Komplex,* dieser wirkt aber katalyt. auf die Weiterführung der Rk. zum *o.m-Dinitrosophenyl-Hg-Komplex.* (Seikagaku [Biochemistry] **30.** 268—71. 25/7. 1958. Osaka, Gakugei-Daigaku, Eiseigaku-Kenkyushitsu; Shitennoji-Gakuen Tanki-Daigaku. [Orig.: japan.]) F. MOSSNER. 290

**F. A. Mumpton** und **Rustum Roy,** *Der Einfluß des Ionenersatzes auf die hydrothermale Beständigkeit von Montmorillonoiden.* Es werden Versuchsresultate über die hydrothermale Beständigkeit u. den Ionenaustausch bei synthet. Montmorillonit-ähnlichen Präpp. besprochen. (Nat. Acad. Sci.-Nat. Res. Council, Publ. Nr.**456.** 337—39. 1956. University Park, Pa., Pennsylvania State Univ.) O. BÄR. 294

**A. I. Awgusstinik, L. W. Koslowski** und **P. F. Konowalow,** *Über das Verhalten von Muskovit beim Erhitzen.* (Vgl. C. **1958.** 8549.) Bei der Entwässerung von *Muskovit* (**I**) werden bei 400—450° 10—12% seines Wassergeh. abgegeben, dann bei 600—900° das Konstitutionswasser, das im Kristallgitter des **I** gebunden vorliegt. Auch die therm. Ausdehnung einer aus feingemahlenem **I** hergestellten Probe erfolgt, offenbar in Zusammenhang damit, ebenfalls in 2 Stufen, um ca. 2% bei 400°, dann um 1,7% bei 850 bis 900°. Wenn bei verschied. Tempp. geglühter **I** mit 6%ig. HCl umgesetzt wird, zeigt eine bei 800° geglühte Probe die größte Löslichkeit der $Al_2O_3$-Komponente, was mit der Schwächung der Ionenbindungen bei 800° erklärt wird; jedoch ist die absol. Menge des gelösten $R_2O_3$ infolge der geschlossenen Struktur des **I**-Gitters gering. Die Brechungsindices des **I** zeigen nach Glühen bei 1000° die Ggw. einer isotropen Substanz an, nach Glühen bei 1100° eine neue krist. Phase mit $N_g = 1,540$ u. $N_p = 1,536$; diese erweist sich nach der Röntgenstrukturanalyse als $\alpha\text{-}K_2O \cdot Al_2O_3 \cdot 2\,SiO_2$, sie zerfällt bei 1300° in Korund, Mullit u. Glas. (Журнал Физической Химии [J. physik. Chem.] **31.** 2495 bis 2500. Nov. 1957. Leningrad, Technol. Lensowjet-Inst.) R. K. MÜLLER. 294

**Günter Gelsdorf, Hermann Müller-Hesse** und **Hans-Ernst Schwiete,** *Einlagerungsversuche an synthetischem Mullit und Substitutionsversuche mit Galliumoxyd und Germaniumdioxyd.* 2. Mitt. (1. vgl. C. **1957.** 9307.) Röntgenograph. Unterss. zeigen, daß mit steigender Temp. bis zu 24 Gewichtsteile $Al_2O_3$ in das Gitter des Mullits ($3\,Al_2O_3 \cdot 2\,SiO_2$) eingelagert werden können. Dies entspricht einer Grenzzus. von $2\,Al_2O_3 \cdot SiO_2$. Der Nachw. einer Aufnahme von zusätzlichem $SiO_2$ konnte nicht erbracht werden. Auf Grund der Unters.-Ergebnisse wird das Phasengebiet des Mullits im Zweistoffsyst. $Al_2O_3 - SiO_2$ festgelegt. Röntgenograph. wird eine geradlinige Abhängigkeit der Gitterkonstanten a vom $Al_2O_3$-Geh. gefunden. Durch Ermittlung der Gitterkonstanten a lassen sich natürlicher Sillimanit, Mullit u. $Al_2O_3$-reicher Mullit unterscheiden. Der Einbau von Fremdoxyden in das Gitter des synthet. Mullits ist vom Ionenradius des eingelagerten Kations abhängig. Ionen mit einem Radius von 0,5—0,7 Å (höchstens 8% $Fe_2O_3$, 9%$Cr_2O_3$ u. 2,5% $TiO_2$) weiten das Gitter auf; 1,5% BeO mit einem Ionenradius von 0,34 Å rufen dagegen eine Zusammenziehung bes. in Richtung der c-Achse hervor. Bei einem Einbau von ca. 6% $V_2O_5$ mit einem Ionenradius von ca. 0,4 Å läßt sich weder eine Gitteraufweitung noch eine Gitterzusammenziehung beobachten. Ionen mit einem Radius größer als 0,7 Å wie $Na^+$, $K^+$, $Ca^{2+}$, $Mg^{2+}$ u. a. können nicht vom Mullit aufgenommen werden. Sie führen gemäß den Gleichgewichtsverhältnissen in den betreffenden Dreistoffsystemen zur Zerstörung des Mullits. Die Rk. von Mullit u. $B_2O_3$ führt bereits bei 1200° zur Bldg. eines Mischkristalls zwischen $3\,Al_2O_3 \cdot 2\,SiO_2$ u. $9\,Al_2O_3 \cdot 2\,B_2O_3$ mit der Zus. $10{,}5\,Al_2O_3 \cdot 2\,B_2O_3 \cdot SiO_2$; $SiO_2$ tritt dabei teilweise aus dem Mullit aus. Bei Substitutionsverss. mit $Ga_2O_3$ u. $GeO_2$ gelang die künstliche Herst. folgender Verb.: $3\,Al_2O_3 \cdot 2\,GeO_2$, $2\,Al_2O_3 \cdot GeO_2$, $2\,Al_2O_3 \cdot Ga_2O_3 \cdot 2\,SiO_2$ u. $3\,Ga_2O_3 \cdot 2\,GeO_2$ sowie einigen Zwischenglieder. Die Gitterkonstanten wurden ermittelt. Es zeigte sich, daß diese Verbb. dem Mullit isotyp sind. Die Verb. $3\,Ga_2O_3 \cdot 2\,SiO_2$ konnte nicht dargestellt werden, wofür kristallchem. Gründe als verantwortlich angenommen werden. Eine dem Andalusit entsprechende Verb. $Ga_2O_3 \cdot GeO_2$ bildet sich durch Rk. im festen Zustand bei 1300°, dagegen war die künstliche Herst. von $Al_2O_3 \cdot GeO_2$ nicht erfolgreich. (Arch. Eisenhüttenwes. **29.** 513—19. Aug. 1958. Aachen.)
H. HOCHSTEIN. 294

**S. S. Moosath** und **M. R. A. Rao,** *Untersuchungen über Hexachlorocersäure.* 3. Mitt. *Reaktion von hydratisiertem Ceroxyd mit Chlorwasserstoffgas in Abwesenheit von Lösungsmitteln.* (2. vgl. C. **1959.** 7399.) Hydratisiertes Ce(IV)-Oxyd reagiert ohne Vermittlung eines Lösungsm. mit trockenem HCl unter Rotbraunfärbung nach $CeO_2 \cdot n\,H_2O + 6\,HCl \rightarrow$ *$H_2CeCl_6$* (I) $+ (n + 2)\,H_2O$, wobei I teilweise unter Bldg. von $CeCl_3$ u. $Cl_2$ zerfällt. Die aus dem Zusammenspiel von Bildungs- u. Zersetzungsreaktion sich ergebende Ausbeute an I wurde auf ihre Abhängigkeit von Temp., HCl-Konz., Verteilungs- u. Hydratationsgrad des $CeO_2$ untersucht. Optimale Ausbeuten (ca. 60%) ergaben sich bei der Rk. von möglichst gut verteiltem $CeO_2 \cdot 4\,H_2O$ mit trockenem $N_2$-verd. HCl bei — 20 bis — 15°. Das Prod. ist bei tiefen Tempp. recht beständig. Es konnte nicht rein dargestellt werden; durch Kristallisation aus Dioxan wurde lediglich *$H_2CeCl_6 \cdot 4\,C_4H_8O_2$* erhalten. Geglühtes wasserfreies $CeO_2$ reagiert nicht mit HCl. (Proc. Indian Acad. Sci., Sect. A **43.** 265—71. Mai 1956. Bangalore, Ind. Inst. of Sci., Dep. of Gen. Chem.) A. BLASCHETTE. 304

**S. S. Moosath,** *Untersuchungen über Hexachlorocersäure.* 4. Mitt. *Thermische Zersetzung der Hexachlorocersäure.* (3. vgl. vorst. Ref.) Das aus hydratisiertem $CeO_2$ u. trockenem HCl erhaltene Prod. der wahrscheinlichen Zus. *$H_2CeCl_6$* (I) zersetzt sich bei 40° nach I $\rightarrow CeCl_3 + 2\,HCl + 1/2\,Cl_2$. Ferner werden bei der Zers. pro Mol I ca. 10 Mol W. abgegeben, welches nach Ansicht von Vf. aus der gleichzeitig mit der Bldg. von I ablaufenden Zerfallsreaktion stammt. I wurde durch Lösen in Dioxan von nicht umgesetztem $CeO_2$ befreit; die Lsg. enthielt Ce, akt. Cl u. Gesamt-Cl im Atomverhältnis 1:1:6,2, entsprechend der Formel $H_2CeCl_6$. (Proc. Indian Acad. Sci., Sect. A **43.** 272—75. Mai 1956.) A. BLASCHETTE. 304

**Sarju Prasad** und **Jai Baniprasad Tripathi,** *Aminoderivate von Titantetrabromid.* 1. Mitt. Durch Umsetzung von $TiBr_4$ mit prim. aromat. Mono- u. Diaminen in Ae. bei Zimmertemp. konnten um das zentrale Ti-Atom 4 Aminogruppen koordiniert werden. Bei Einsatz von Monoaminen führte dies zu krist. Verbb. vom Typ $[(RNH_2)_4Ti]Br_4$; u. mit Diaminen wurden Chelate mit der Struktur *$[(NH_2R'NH_2)_2Ti]Br_4$* erhalten. Die Monoamin-Verbb. hydrolysieren bei Zimmertemp. langsam, bei 50° schnell zu *$Ti(OH)_4$* u. den entsprechenden *Aminhydrobromiden.* Die Diamin-Verbb. sind stabiler u. hydrolisieren sogar beim Kochen nur langsam. Beim trocknen Erhitzen trat in allen Fällen ein weißes bis graues Sublimat auf, das in W. lösl. war, sauer reagierte sowie Br u. $NH_2$ enthielt.

Versuche: *Tetranilinotitantetrabromid*, $[(C_6H_5NH_2)_4Ti]Br_4$; F. 280°; weiß. — *Tetra-o-toluidino-TiBr₄*, $[(CH_3C_6H_4NH_2)_4Ti]Br_4$; F. 221°; weiß. — *Tetra-m-toluidino-TiBr₄*, $[(CH_3C_6H_4NH_2)_4Ti]Br_4$; F. 243°; schwach rosa. — *Tetra-o-anisidino-TiBr₄*, $[(CH_3OC_6H_4NH_2)_4Ti]Br_4$; F. 282°, weiß. — *Tetra-o-phenetidino-TiBr₄*, $[(C_2H_5OC_6H_4NH_2)_4Ti]Br_4$; F. 188°; schmutzigweiß. — *Tetra-p-phenetidino-TiBr₄*, $[(C_2H_5OC_6H_4NH_2)_4Ti]Br_4$; F. 285° (Zers.); schwach aschfarben. — *Tetrabenzylamino-TiBr₄*, $[(C_6H_5CH_2NH_2)_4Ti]Br_4$; F. 226°; weiß. — *Tetra-p-toluidino-TiBr₄*, $[(CH_3C_6H_4NH_2)_4Ti]Br_4$; F. 302°; schwach gelb. — *Tetra-α-naphthylamino-TiBr₄*, $[(C_{10}H_7NH_2)_4Ti]Br_4$; F. 297°; schmutzig-weiß. — *Tetra-β-naphthylamino-TiBr₄*, $[(C_{10}H_7NH_2)_4Ti]Br_4$; F. 265°; weiß-rosa. — *Tetra-p-anisidino-TiBr₄*, $[(CH_3OC_6H_4NH_2)_4Ti]Br_4$; F. 320° (Zers.); schmutzigweiß. — *Dibenzidino-TiBr₄*, $[(NH_2C_6H_4 \cdot C_6H_4NH_2)_2Ti]Br_4$; F. > 400°; schwach aschgrau. — *Di-o-tolidino-TiBr₄*, $[(CH_3NH_2C_6H_3 \cdot C_6H_3NH_2CH_3)_2Ti]Br_4$; F. > 400°; schwach rotbraun. — *Bis[p-phenylendiamino]-TiBr₄*, $[(NH_2C_6H_4NH_2)_2Ti]Br_4$; F. > 400°; grau-schwarz. — *Bis[o-ianisidino]-TiBr₄*, $[(CH_3O \cdot NH_2C_6H_3 \cdot C_6H_3NH_2 \cdot OCH_3)_2Ti]Br_4$; F. 120° (Zers.); purpur. — *Bis[d-naphthylendiamino]-TiBr₄*, $[(NH_2C_{10}H_6NH_2)_2Ti]Br_4$; F. 268°; tief karmesinrot. (J. Indian chem. Soc. **33.** 838—40. Nov. 1956. Banaras, Banaras Hindu Univ., Chem. Labor.) K. SCHNURRBUSCH. 321

**Duward Shriver** und **William L. Jolly**, *Die Mikrowellensynthese von Digermaniumhexachlorid.* Leitet man $GeCl_4$-Dampf mit einer Strömungsgeschwindigkeit von 30 mMol pro Std. u. einem Druck von 0,1 Torr in Pyrexrohren (10 mm Durchmesser) durch eine Mikrowellen-Entladungsapp. (vgl. FRAZER u. HOLZMANN, C. **1958.** 13447), so läßt sich aus dem ausströmenden Gasgemisch bei — 18° $Ge_2Cl_6$ in Ausbeuten bis zu 250 mg pro Std. kondensieren. Es bildet ein farbloses, krist., bei Raumtemp. leicht sublimierendes Prod., F. 40—42°, das durch analyt. Ge- u. Cl-Best. sowie durch Best. der Oxydationsstufe des Ge charakterisiert werden konnte. Unmittelbar hinter der Entladungszone sammelte sich eine feste gelbe Substanz sowie ein viscoses hellgelbes Öl, die nicht näher untersucht wurden. (J. Amer. chem. Soc. **80.** 6692—93. Dez. 1958. Berkeley, Calif., Univ. of California, Radiat. Labor. Livermore and Dep. of Chem.) A. BLASCHETTE. 326

**Harald Schäfer** und **Kurt-Dietrich Dohmann**, *Beiträge zur Chemie der Elemente Niob und Tantal.* 20. Mitt. *Über die Reaktion 11 Nb + 3 SiO₂ = 6 NbO + Nb₅Si₃.* (19. vgl. C. **1959.** 10832.) Die genannte Rk. findet statt, wenn Nb-Pulver in einer Quarzampulle mehrere Tage lang auf 800—1000° erhitzt wird. NbO u. $Nb_5Si_3$ wurden mit Hilfe von Debyeogrammen charakterisiert, die Stöchiometrie der Rk. durch Analysen ermittelt. Da die Umsetzung vollständig verläuft, ergibt sich als Grenzwert für die Bildungsenthalpie des $Nb_5Si_3$ $\Delta H < -25$ kcal. Vff. nehmen an, daß $SiO_2$ in einer chem. Transportreaktion über die Gasphase von der Rohrwand zum Nb wandert, wo dann die weitere Umsetzung vor sich geht. Die Vermutung, daß ein geringer $H_2$-Geh. (0,002%) des Nb den $SiO_2$-Transport durch reversible Einstellung der Rk. $SiO_2$ f. + $H_2$ → SiO g. + $H_2O$ g. veranlaßt, ließ sich experimentell bestätigen: Vollständig entgastes Nb-Pulver ergab keine, teilweise entgastes nur eine unvollständige Rk.; entgaste Nb-Folie (6 μ) wurde nach 4tägiger Temperung bei 1000° in Quarzampullen in Ggw. von $H_2$ vollständig in NbO u. $Nb_5Si_3$ umgewandelt, in Abwesenheit von $H_2$ dagegen nicht angegriffen. (Z. anorg. allg. Chem. **299.** 197—202. März 1959. Münster, Univ., Anorgan.-chem. Inst.) A. BLASCHETTE. 331

**Ernst Otto Fischer** und **Karl Öfele**, *Über Aromatenkomplexe von Metallen.* 22. Mitt. *Thiophen-chrom(0)-tricarbonyl.* (21. vgl. C. **1959.** 5735.) *Thiophenchrom(0)-tricarbonyl*, $C_4H_4SCr(CO)_3$ wurde durch Umsetzung von $Cr(CO)_6$ mit $C_4H_4S$ bei 205° im Einschlußrohr durch Lösen des Filtrats in Bzl./PAe., Chromatographieren unter Luftabschluß an $Al_2O_3$, Eindampfen u. Sublimieren bei 85—95° im Hochvakuum in orangeroten rautenförmigen Kristallen erhalten. Kein F., Zers. bei 145° unter Bldg. eines Metallspiegels u. $Cr(CO)_6$: lösl. in Bzl., Ae. PAe.; mit Hg-Salzen hellgelbe Addionsverbb.; Diamagnet., magnet. Susceptibilität $\chi_{Mol}^{293°K} = -168$ ($\cdot 10^{-6}$cm³/Mol); $\chi_{Mol}^{90°K} = 163$. Das zentrale Cr(0) scheint das volle Sextett des Thiophens paarweise einzubeziehen. (Chem. Ber. **91.** 2395—99. 15/11. 1958. München, Univ., Anorg.-chem. Inst.; München, TH, Anorg.-Chem. Labor.) M. GEHLEN-KELLER. 335

**G. B. Hargreaves** und **R. D. Peacock**, *Höhere komplexe Fluoride des Molybdäns.* (Vgl. C. **1958.** 12914.) Vff. stellen höhere komplexe Fluoride des Mo dar durch Umsetzung von $Mo(CO)_6$ u. Alkalijodiden bzw. -fluoriden in Ggw. von $FJ_5$ (I) oder durch Rk. von $MoF_6$ (II) u. Alkalifluoriden in I, $SO_2$ oder $AsF_3$. Aus einer Mischung von $Mo(CO)_6$ u. KJ (1:2) wird durch Behandlung mit I *Trikaliumoktafluoromolybdat(V)* $K_3MoF_8$ als weiße Festsubstanz erhalten. *Dikaliumoktafluoromolybdat(VI)* $K_2MoF_8$ (III) bildet sich aus I-Überschuß, II u. KF, während NaF unter gleichen Bedingungen nicht reagiert, RbF *Rubidiumheptafluoromolybdat(VI)* $RbMoF_7$ (IV) gibt u. die Rk. mit CsF, die zu $CsMoF_7$

führt, unvollständig bleibt. Feuchtes RbF u. CsF liefern *Rubidiumoxypentafluoromolybdat(VI)* $RbMoOF_5$ bzw. *Caesiumoxypentafluoromolybdat(VI)* $CsMoOF_5$, die auch durch Umsetzung von RbF bzw. CsF mit **II** in fl. $SO_2$ entstehen. In $AsF_3$ wird nur aus CsF u. **II** ebenfalls $CsMoOF_5$ erhalten. Ferner wird die Darst. von *Rubidiumhexafluororhenat(V)* $RbReF_6$ aus $ReF_6$ u. RbJ in **I** u. die Umsetzung von $ReF_6$ u. KF (in Ggw. von I) zu *Dikaliumoktafluororhenat(VI)* $K_2ReF_8$ (im Gemisch mit KF) kurz beschrieben. **III**, **IV** u. $CsMoF_7$ sind den entsprechenden W-Verbb. ähnlich; sie sind im Vakuum bis 150° beständig, werden an feuchter Luft blau u. greifen Glas an; sie sind bei Zimmer-Temp. schwach paramagnet. ($\mu_{eff.}$ = 0,2 B.M.). Die Elementarzellen von **III** u. **IV** enthalten je 48 F-Atome. Die Oxypentafluoride besitzen gleiche Struktur wie die Hexafluoromolybdate. $K_3MoF_8$ ist von kub. Struktur u. wird durch W. sofort zu einer rötlichbraunen Lsg. hydrolysiert. (J. chem. Soc. [London] **1958**. 4390—93. Dez. London, Imp. Coll.) H.-J. OSTMANN. 336

**László Csányi,** *Über die Reaktion von Molybdationen und Wasserstoffperoxyd. 3. Mitt. Bemerkungen zur Existenz von Tetraperoxydimolybdationen.* In einer Mitt. des Vf. (C. **1956**. 3241) wurde als Versuchsergebnisse angegeben, daß bei der Rk. von Alkali-1-molybdaten, wie auch Polymolybdaten mit $H_2O_2$ Dihydroperoxy-1-molybdat gebildet wird. Ebenso verhalten sich Wolframate. JAHR u. BLANKE (C. **1954**. 9712) geben demgegenüber auf Grund kryoskop. Messungen an, daß bei dieser Rk. Tetraperoxydimolybdat- bzw. -wolframationen entstehen. Nach Ansicht des Vf. widersprechen diese Angaben den Versuchsergebnissen, die Ursache ist wahrscheinlich die anomale Gefrierpunktdepression der Peroxywolframate. (Magyar tudományos Akad., kém. Tudományok Osztályának Közleményei [Ung. Akad. Wiss., Ber. Abt. chem. Wiss.] **8**. 403—06. 1957. Szeged, Inst. für Anorgan. u. Analyt. Chem. der Univ.) J. PLANK. 337

**N. S. Krishnaprasad** und **V. V. Dadape,** *Gewinnung von reinem $U_3O_8$ aus rohem Natriumdiuranat durch intermediäre Komplexbildung.* Aus Lsgg., welche die Nitrate von Th, Fe u. den Seltenen Erdmetallen (SE) neben U enthalten, werden Th u. die Lanthaniden bei $p_H \leqslant 3$ durch KF oder $NH_4F$ quantitativ als Fluoride gefällt, während Fe u. U, letzteres als $Me_3UO_2F_5$ (Me = K, $NH_4$), komplex in Lsg. bleiben. Die Meth. ist anwendbar bis zu einer unteren Konz. von 0,45 g $U_3O_8$/Liter u. einem Verhältnis von $U_3O_8/(ThO_2$ + SE-Oxyde) = 0,1. Aus dem Filtrat wird das U bei $p_H$ 6—6,5 durch $H_2O_2$ als unlösl. Fluoroperoxokomplex abgeschieden, welcher nach Auswaschen mit viel W. Fe-frei vorliegt (Grenzbedingungen: 0,45 g $U_3O_8$/Liter; $U_3O_8/Fe_2O_3$ = 1,0). Die Meth. erlaubte die Darst. von 99,9%ig. $U_3O_8$ (0,090% $Fe_2O_3$; 0,018% $SiO_2$) aus rohem Natriumdiuranat mir einem Geh. von 0,4% $ThO_2$; 1,7% Lanthanidenoxyde; 0,6% $Fe_2O_3$; 0,62% $SiO_2$ u. 78,2% $U_3O_8$. (Proc. Indian Acad. Sci., Sect. A **45**. 20—23. Jan. 1957. Bombay, Atom. Energy Establ.) A. BLASCHETTE. 339

**Glenn T. Seaborg,** *Neuere Untersuchungen über die „Actiniden"-Elemente.* Vortrag über die Stellung der Actiniden bzgl. des Period. Syst., die Herst., Abtrennung u. Eigg. der Elemente 93—102, bes. E, Fm, Mv u. No, sowie über Eigg. zukünftiger Transurane (spontane Spaltung u. α-Emission). (Ion [Madrid] **18**. 136—142. März 1958. Berkeley, Calif., Univ. de California, Dep. de Quím. y Labor. de Radiac.) HERBERT WEBER. 341

**Rezsö Hantos,** *Plutonium.* Beschreibung der Eigg. von Pu. (Kohászati Lapok **13 (91)**. 513. Okt./Nov. 1958.) J. PLANK. 343

**Bruno Jaselskis** und **Harvey Diehl,** *Darstellung und Eigenschaften von Tetraalkylammoniumhexacyanocobaltaten(III) und -hexacyanoferraten(III).* Normale Tetraalkylammoniumhexacyanocobaltate(III) $[R_4N]_3[Co(CN)_6]$ bzw. -ferrate(III) $[R_4N]_3 \cdot [Fe(CN)_6]$ wurden durch Zugabe von $[R_4N]OH$ zu $H_3[Co(CN)_6]$ bzw. $H_3[Fe(CN)_6]$ bis zur Erreichung von $p_H$ 7 erhalten (R = $CH_3$, $C_2H_5$, $C_3H_7$, $C_4H_9$). Die beim Eindunsten der wss. Lsg. im Vakuum erhaltenen Kristalle wurden aus Ae.-A. umgelöst bzw. aus A.-W. umkristallisiert u. bei 80° im Vakuum getrocknet. Saure Salze wurden analog durch Zugabe von $[R_4N]OH$ zu den Säuren bis $p_H$ 2,2, Abkühlen, Waschen der Kristalle mit Aceton u. Trocknen an der Luft erhalten. Dargestellt wurden: $[R_4N]H_2[Co(CN)_6] \cdot 2\,H_2O$ (R = $C_4H_9$; $C_3H_7$). — $[R_4N]_2H[Co(CN)_6] \cdot 2\,H_2O$ (R = $C_2H_5$; $CH_3$). — $[R_4N]H_2[Fe(CN)_6] \cdot 2\,H_2O$ (R = $C_4H_9$; $C_3H_7$). — $[R_4N]_2H[Fe(CN)_6] \cdot 2\,H_2O$ (R = $C_2H_5$; $CH_3$). Die Co-Verbb. verlieren das Kristallwasser bei 80° im Vakuum, während sich die entsprechenden Fe-Salze hierbei zersetzen. Die n. Tetraalkylammoniumhexacyanocobaltate(III) sind in organ. Lösungsmitteln lösl. u. ziemlich beständig. Ihre Verwendung als Zusatzelektrolyt ermöglicht Polarographie im Bereich von + 0,35 bis — 2,3 V bezogen auf die Kalomelelektrode. (J. Amer. chem. Soc. **80**. 4197—98. 20/8. 1958. Ann Arbor, Mich., Univ. of Michigan; Ames, Io., Iowa State Coll., Dep. of Chem.) W. KUCHEN. 355

**A. S. Wilson,** *Die Reaktionen zwischen Wasserstoffperoxyd und Rutheniumtetroxyd in sauren Lösungen.* Die Rk. zwischen $H_2O_2$ u. $RuO_4$ wird 1. in $HClO_4$- u. 2. in $H_2SO_4$-Lsgg. spektrophotometr. verfolgt. Die 1. Rk. ist durch eine kräftige Gas-Entw. charakterisiert u. führt bei verd. Ru-Lsgg. über eine gelbe Zwischenstufe zu braunem Ru(IV). In der 2. Rk. verschwindet $RuO_4$ dagegen mit meßbarer Geschwindigkeit, u. es erscheint ein Maximum, das Ru(III) zuzuschreiben ist. (J. inorg. Nuclear Chem. **7.** 149—52. Aug./Sept. 1958. Richland, Wash., Gen. Electr. Comp.) G. BERGERHOFF. 363

**J. Chatt** und **L. B. Shaw,** *Alkyl- und Arylverbindungen von Übergangsmetallen.* 1. Mitt. *Komplexe Methylplatin(II)-derivate.* Auf Grund elektronentheoret. Überlegungen postulieren Vff., daß durch Einführung gewisser Liganden in die meist instabilen Alkyl- u. Arylverbb. der Übergangsmetalle beständige planare u. oktaedr. Komplexe der Typen $d^3$ bis $d^8$ erhalten werden müßten, sofern diese Liganden eine Aufspaltung der d-Energieniveaus der Übergangsmetalle hervorrufen. Vff. erläutern diese Gedankengänge am Beispiel planarer Komplexe ($d^8$) der Ni-Gruppe. Über Darst. u. Eigg. einer Reihe neuer Methylplatin(II)-Derivv., die entsprechend obiger Überlegungen sowohl durch Einführung tert. Phosphine als auch durch organ. Disulfidchelatverbb. als Liganden stabilisiert wurden, wird ausführlich berichtet. Die Isomerisations-, Spaltungs- u. Additionsrkk. der beständigen Methylplatin(II)-Verbb. werden an Hand eines umfangreichen Vers.-Materials besprochen.

Versuche: Die Verb.-Typen trans-[$(PR_3)_2PtMeX$] u. cis-[$(PR_3)_2PtMe_2$] (X = Cl, Br, J, SCN, $NO_3$; R = Alkyl bzw. Aryl; Me = Methyl) entstanden durch Rk. von $CH_3Li$ oder $CH_3MgX$ mit cis- oder trans-[$(PR_3)_2PtX_2$]. Die weniger beständige Verb. cis-[$(PEt_3)_2PtMeCl$] (Et = Äthyl) wurde durch Einw. von HCl auf die cis-Dimethylverb. dargestellt; dagegen konnte trans-[$(PR_3)_2PtMe_2$] nicht in reiner Form erhalten werden. Auf Zusatz von $CH_3J$ zu trans- [$(PR_3)_2PtMeJ$] bildete sich das Pt(IV)-Deriv. [$(PR_3)_2PtMe_2J_2$]. — *cis-Bis-[triäthylphosphin]-dimethylplatin(II)*, $C_{14}H_{36}P_2Pt$, F. 81—82°, farblose Prismen (aus PAe.). — *trans-Bis-[triäthylphosphin]-jodomethylplatin(II)*, $C_{13}H_{33}JP_2Pt$, F. 71—71,5°, Blättchen aus wss. $CH_3OH$. — *trans-Bis-[triäthylphosphin]-bromomethylplatin(II)*, $C_{13}H_{33}BrP_2Pt$, F. 87—90°, lange Prismen (PAe.). — *trans-Bis-[triäthylphosphin]-chloromethylplatin(II)*, $C_{13}H_{33}ClP_2Pt$, F. 99—100°, Nadeln (PAe.). — *cis-Bis-[triäthylphosphin]-chloromethylplatin(II)*, $C_{13}H_{33}ClP_2Pt$, F. 113—116° (Zers.), dünne Nadeln (PAe.). — *trans-Bis-[triäthylphosphin]-methylthiocyanatoplatin(II)* $C_{14}H_{33}NP_2PtS$, F. 93—95°, Nadeln (P.Ae.). — *trans-Bis-[triäthylphosphin]-methylnitratoplatin(II)*, $C_{13}H_{33}NO_3P_2Pt$, F. 56—58°, Nadeln (PAe.). — *trans-Bis-[tri-n-propylphosphin]-jodomethylplatin(II)*, $C_{19}H_{45}JP_2Pt$, F. 47—48°, Blättchen. — *cis-Bis-[triphenylphosphin]-dimethylplatin(II)*, $C_{38}H_{36}P_2Pt$, F. 235—237° (Zers.), Prismen (Bzl.). — *Bis-[triphenylphosphin]-jodomethylplatin(II)*, $C_{37}H_{33}JP_2Pt$, F. 270—274°, Prismen (Bzl.). — *trans-Bis-[triphenylphosphin]-methylthiocyanatoplatin(II)*, $C_{38}H_{33}NP_2PtS$, F. 247—249°, Prismen (Bzl.-$CH_3OH$). — *1.2-Bis-[diäthylphosphin]-äthandimethylplatin(II)*, $C_{12}H_{30}P_2Pt$, F. 74,5—75,5°, Prismen. — *1.2-Di-[äthylthio]-äthandimethylplatin(II)*, $C_8H_{20}PtS_2$, F. 50—51°, Nadeln. — *Bis-[triäthylphosphin]-dijododimethylplatin(IV)*, $C_{14}H_{36}J_2P_2Pt$, F. 101—103° (Zers.), Nadeln (PAe.-Bzl.). — *Bis-[triäthylphosphin]-dichlorodimethylplatin(IV)*, $C_{14}H_{36}Cl_2P_2Pt$, F. 114—117°, Blättchen. — *Bis-[tri-n-propylphosphin]-dijododimethylplatin(IV)*, $C_{20}H_{48}J_2P_2Pt$, F. 128° (Zers.), Nadeln (PAe.).(J. chem. Soc. [London] **1959.** 705—16. Febr. Welwyn, Herts., Imp. Chem. Ind. Ltd., Akers Res. Labors.) D. ERTEL. 368

**Nadine Isaac & R. De Witte,** Studieaangaande de chemische zuivering en de scheiding van Zr/Hf mengsels. Deel II: De scheiding van Zr/Hf mengsels. Brussel: Studiecentrum voor kernenergie. 1958. (I + 16 S. m. Abb. u. Tab.) 4° = Centre d'étude de l'énergie nucléaire, C. E. N. Studiecentrum voor kernenergie, S. C. K. Blg. 20. Keine Preisang.

## A₉. Mineralogische und geologische Chemie.

**K. I. Mayne, R. St. J. Lambert** und **D. York,** *Die geologische Zeitscala.* Vff. stellen Altersbestimmungen an stratigraph. wohldefinierten Proben der HOLMES-Zeitscala gegenüber u. stellen fest, daß diese zu kurz ist. Das dort angegebene Alter von 450 Millionen Jahren für das obere Kambrium dürfte eher bei 650 Millionen Jahren liegen. Um den angeführten Beispielen gerecht zu werden, ist es notwendig, die HOLMES-Scala entsprechend abzuändern. (Nature [London] **183.** 212—14. 24/1. 1959. Oxford, Clarendon Labor., Dep. of Geol. and Mineral.) J.-E. HILLER. 378

**Chiaretti Brunetto,** *Die $^{14}C$-Methode zur Bestimmung des absoluten Alters in der Paläontologie und der Archäologie.* Zusammenfassender Überblick an Hand der vorliegenden Literatur. (Atti Soc. ital. Sci. natur. Museo civico Storia natur. Milano **97.** 85—106. Juni 1958. Firenze, Univ., Ist. di Mineral.) C. GOTTFRIED. 378

**Sarah Deutsch** und **Louis Chauris**, *Anwendung der Methode der Altersschätzung durch die pleochroitischen Höfe auf einige Granite der Normandie.* Vff. berichten über Altersschätzungen der Granite von Vire, Chausey u. Flamanville mit Hilfe der pleochroit. Höfe in den in den Graniten vorkommenden Biotiten. Die Versuchsergebnisse sind graph. wiedergegeben. (C. R. somm. Séances Soc. Géol. France **28.** 277—80. 1958.)
C. GOTTFRIED. 378

**E. A. Chatschaturjan**, *Zur Geochemie der Erze der Pyritformation von Nordarmenien.* Vf. bringt genaue Angaben über den Geh. der Pyritformation Nordarmeniens an seltenen u. gestreuten Elementen. Danach gehören die verschied. Erze der Pyritformation wegen ihrer ähnlichen mineral. Zus. zu einer einheitlichen Gruppe. Die mineral. Assoziation u. die geochem. Merkmale zeigen, daß die Migration der erzführenden Lsgg. u. die Ausfällung der einzelnen Verbb. bei einem allmählichen $p_H$-Anstieg erfolgten. Hierbei wurden die Sulfide von Cu, Zn, Pb u.a. Elementen ausgeschieden, die zur Bldg. der typ. Cu-, Pyrit- u. polymetall. Lagerstätten führten. (Известия Академии Наук Армянской ССР, Серия Геологических и Географических Наук [Nachr. Akad. Wiss. ArmenSSR, Ser. geol. geogr. Wiss.] **10.** Nr. 4. 57—66. 1957. Inst. für geol. Wiss. der Akad. der Wiss. der ArmenSSR.)
O. LEBTAG. 378

**J. Erdélyi, V. Koblencz** und **V. Tolnay**, *Über Hydroparagonit, ein neues Glimmermineral, sowie über seine Beziehungen zum Hydromuskovit, Natronillit und Brammallit.* Das Tonmineral von Nagybörzsöny ist ein dem Muskovit nahestehender Hydromuskovit, dessen spezielle Konstitutionsformel auf Grund der Analyse I

$$\underset{\infty}{2}\,(K_{0,70}Na_{0,05}Ca_{0,05})^{[12]}Al_{1,76}Fe^{3+}_{0,06}Fe^{2+}_{0,10}Mg_{0,08})^{[6]}[(Si_{3,11}Al_{0,89})^{[4]}O_{9,83}](OH)_{2,17}$$

ist. Im Hydromuskovit tritt der OH-Überschuß an die Stelle der O-Ionen der Tetraederschicht, u. die Zahl der Alkalimetallionen nimmt ab. Die Zahl der O-Ionen der Tetraederschicht nimmt um soviel ab, wie sich die Äquivalentzahl der HO-Ionen erhöht. So ist die allg. Strukturformel des Hydromuskovits folgende:

$$\underset{\infty}{2}(K,Na,Ca)^{[12]}_{y\cdot n}(Al,Fe^{3+},Fe^{2+},Mg)_2{}^{[6]}[(Si_{4-y}Al_y)^{[4]}O_{10-m}](OH)_{2+m}$$

Es wäre durch weitere Unters. und genaue Analysen festzustellen, ob der Zusammenhang n = m besteht, der bei dem Hydroparagonit von Fenestrella deutlich nachweisbar ist. Es folgt das Bestehen eines neuen Glimmerminerals, des Hydroparagonits. Das unter dem Namen Brammalit beschriebene Mineral ist nicht als Natronillit, sondern als Hydroparagonit anzusprechen. Das Bestehen des Natronillits scheint nicht bewiesen zu sein. (Acta geol. Acad. Sci. hung. **5.** 169—86. 1958. Budapest, Mag. Tud. Akad. Földtani Intézete.)
G. HALMI. 380

**G. Csajághy, M. Emszt** und **K. Szepesi**, *Chemische Zusammensetzung des Montmorillonits.* Aus Betoniten verschied. Herkunft u. Zus. wurden mit dem BUZAGH-SZEPESIschen Verf. reine Montmorillonitpräpp. hergestellt. Die Auswertung ergab bei der Analyse dieser Präparate: In der Tetraederschicht wird $Si^{4+}$ weder durch $Al^{3+}$ noch durch OH-Gruppen substituiert. In der Oktaederschicht wird nicht ein Atom $Al^{3+}$ durch ein Atom $Mg^{2+}$, sondern zwei Atome $Al^{3+}$ durch drei Atome $Mg^{2+}$ substituiert, die Substitution ist also stöchiometrisch. Es kann angenommen werden, daß das Gitter gemischte Hydrargillit-Brucit-Schichten enthält. Das Kristallgitter des Montmorillonits ist ausgeglichen, durch Substitution hervorgerufene Überschußladung ist darin nicht vorhanden. Demzufolge kann die Kationenaustauschfähigkeit nicht durch jene Überschußladung verursacht werden, die dadurch entsteht, daß in der Tetraederschicht $Si^{4+}$ durch $Al^{3+}$ u. in der Oktaederschicht $Al^{3+}$ durch $Mg^{2+}$ substituiert wird. Ca ist stets in einer austauschbaren Position, nimmt also am Bau des Montmorillonitkristallgitters nicht teil. (Acta geol. Acad. Sci. hung. **5.** 157—68. 1958.)
G. HALMI. 380

**Vladimír Škvor**, *Bemerkungen zur Entstehung und Deformation der Sekretionsquarze in den Phylliten des westlichen Erzgebirges.* Vf. beweist, daß die Anhäufung u. Deformation des Quarzes in den Phylliten des Erzgebirges außer durch andere Faktoren auch durch tekton. Durchknetung des Gesteins bedingt ist. Ferner wird die Deformationsart der Sekretionsquarzlinsen beschrieben. (Věstnik ustředního Ústavu geologického **33.** 252—56. 1958. Praha, Ústřední ústav geol.)
J. SCHNEIDER. 380

**Robert W. Boyle** und **C. Brian Cragg**, *Bodenanalysen als Methode zur geochemischen Prospektierung im Gebiet Keno Hill-Galena Hill, Yukon Territory.* (Vgl. C. **1957.** 12405.) Von den 3 Elementen Pb, Cu, Zn wandert das erstere fast überhaupt nicht. Zn hat die größte Verbreitung um die ursprüngliche Lagerstätte, während Cu sich nur beschränkt ausbreitet. Pb ist infolge dieser Eigenschaft ein wertvolles Leitelement zum Aufsuchen von Gängen durch Bodenanalysen. (Canada, Dep. Mines techn. Surv., geol. Surv. Canada, Bull. **1957.** Nr. 39. 1—27.)
F. ENSSLIN. 380

**Jaroslav Hak,** *Über das Vorkommen von Jamesonit, Berthierit und metallischem Gold an Antimonitadern bei Medzibrod und Lomnistá (Nízké Tatry).* (Vorl. Mitt.) Es wurde erkannt, daß Berthierit u. Jamenosit (I) eine übliche Beimischung von Antimonitadern im Gebiet von Medzibrod u. Lomnistá sind. I bildet linsenförmige Adern, die einige cm hoch sind. Metall. Au bildet Körner u. Adern von einigen $10^{-2}$ cm. Die Au-Adern dringen durch Tetraedrit u. Antimonit durch. Au ist das jüngste Mineral in diesen Adern. (Věstník ústředního Ústavu geologického **33.** 298—99. 1958. Kutná Hora, Ústav pro výzkum rud.) J. SCHNEIDER. 380

**D. Georgiev Troyan, Béla Jantsky** und **Vince Siska,** *Lagerstättenkunde und Forschungsmethoden der Uranerze.* (Vgl. C. **1959.** 8492.) Uranführende metamorphe Gesteine sind an mehreren Orten mit solchem U-Geh. bekannt, daß ihre industrielle Verarbeitung lohnt. Vff. geben eine ausführliche Beschreibung des Konglomerats Witwatersrand bei Johannesburg in Süd-Transvaal, dessen Bldg., Zus. u. Menge. Des weiteren sind die Lagerstätten in Kanada, Belgisch-Kongo, einige in der Sowjetunion u. die Forschungsergebnisse in Ungarn beschrieben. (Bányaszati Lapok **13** (91). 700—02. Nov. 1958.) J. PLANK. 380

**Nicolas Oulianoff,** *Der Metamorphismus der Gesteine in seinem Verhältnis zu den tektonischen Bewegungen.* Geologisch-petrograph. Untersuchung. (Bull. Soc. vaudoise Sci. natur. **67.** 33—48. 25/7. 1958. Lausanne.) C. GOTTFRIED. 382

**Jitsuhei Itaya,** *Chemische Untersuchungen über das von Naturgas in der Stadt Niigata begleitete Wasser.* 4. Mitt. *Verhältnis zwischen der Zusammensetzung der in Wasser gelösten Substanzen und der Tiefe der Erdschichten.* (3. vgl. J. chem. Soc. Japan, pure Chem. Sect. [Nippon Kagaku Zassi] **78.** [1957.] 437.) Die Gehh. an verschied. Ionen im von Naturgas in der Stadt Niigata begleiteten, zwischen Erdschichten vorkommenden W. wurden bestimmt. Die Proben des aus den tiefen Erdschichten gesammelten W. enthalten im allg. mehr gelöste Substanzen als die Proben des W. aus den oberen Schichten. Im W. aus den tiefen Erdschichten werden weniger $Na^+$ u. $Mg^{2+}$ u. mehr $K^+$ u. $Ca^{2+}$ als im Seewasser gefunden, was darauf hinweist, daß Ionenaustausch zwischen $Na^+$ u. $Ca^{2+}$ sowie auch zwischen $K^+$ u. $Mg^{2+}$ stattfand. Der Geh. an $HCO_3^-$ nimmt mit zunehmender Tiefe bis zu einer Tiefe von 500—600 m zu, während die Gehh. an $Cl^-$ u. $J^-$ derart abnehmen, daß das Verhältnis J/Cl unabhängig von der Tiefe ca. konstant bleibt. Das Verhältnis Br/J wird jedoch mit zunehmender Tiefe kleiner. Beziehungen werden auch zwischen dem Geh. an organ. C, dem an $HCO_3^-$ u. dem Verhältnis Gas/W. gefunden. (J. chem. Soc. Japan, pure Chem. Sect. [Nippon Kagaku Zassi] **79.** 900—07. Aug. 1958. Niigata, Daigaku. [Orig.: japan.]) E. MAEKAWA. 393

**Wallace S. Broecker** und **Phil C. Orr,** *Radiokohlenstoffchronologie des Lake Lahontan und des Lake Bonneville.* Vff. bestimmten den Geh. an $^{14}C$ in den Frischwassercarbonaten, um aus ihnen die absolute geolog. Zeitgeschichte der beiden größten fossilen Seen, Lahontan u. Bonneville, in dem sog. Großen Becken festzulegen. Überreste dieser beiden Seen sind die beiden kleineren Seen Großer Salzsee u. Pyramidsee. Die chronolog. Niveauschwankungen im Quartär konnten so bestimmt werden. (Bull. geol. Soc. America **69.** 1009—32. Aug. 1958.) C. GOTTFRIED. 393

**E. R. Stephens, W. E. Scott, P. L. Hanst** und **R. C. Doerr,** *Neuere Entwicklungen in der Untersuchung der organischen Chemie der Atmosphäre.* In Fortsetzung früherer Unterss. von STEPHENS u. Mitarbeitern (vgl. Ind. Engng. Chem. **48.** [1956.] 1498) über photochem. Rkk. zwischen $NO_2$ u. organ. Verbb. in Luft bei Konzz. von $1:10^6$, die speziell den Zweck verfolgten, die $O_3$-Bldg. in der Luft von Los Angeles zu untersuchen, u. bei denen neben $O_3$ als ein Hauptprod. die „Verbindung $\varkappa$“ gefunden war, berichten Vff. über die Darst. u. Charakterisierung dieser „Verbindung $\varkappa$“. Sie wurde in fl. Zustand bei der Bestrahlung von je 100 Teilen pro $10^6$ von $NO_2$ u. Diacetyl in 1 Atm. $O_2$ während 2 Std. erhalten. Unterss. des IR-Absorptionsspektr., der Zersetzungsprodd. in $O_2$ bei Zimmertemp., in $N_2$ bei 185°, der Photolyse in $O_3$ führten zu dem Ergebnis, daß die wahrscheinlichste Formel für die Verb. $\varkappa$ R—CO—OONO ist, die Peroxyacylnitrit genannt wird. Der Mechanismus der $O_3$-Bldg. wird besprochen u. Verss. über die Bldg. von $O_3$ bei der Photolyse von Gemischen von Benzin u. $SO_2$ sowie bei der Photolyse der Verb. $\varkappa$, von Butylnitrit u. Diacetyl. Schließlich wurde der Einfl. von vielleicht vorhandenem $SO_2$ auf die Rkk. untersucht. (J. Air Pollut. Control Assoc. **6.** 159—65. Nov. 1956. Philadelphia, Pa., Franklin Inst.) C. GOTTFRIED. 396

## B. Allgemeine und theoretische organische Chemie.

**J. J. Jennen,** *Mesochrom und Perichrom. 6. Mitt. Neue Farbstofftheorie auf Grund der Metachromasie.* (5. vgl. C. **1953. 3373.**) Ausgehend von der von MASSART (C. **1950/54.** 283 S) beschriebenen Metachromasie (A) behandelt Vf. die auf Rotation von Segmenten des Farbstoffmol. beruhenden Mesochrome (M) der $\alpha$-, $\beta$- u. $\mu$-Banden des *Methylenblaus*, die auch einzeln als $\alpha$- bzw. $\beta$-M in *Bindschedlers Grün* bzw. *Michlers Hydrolblau* auftreten, während $\mu$-M dem M des *Thiopyronins* entspricht. A bedeutet in dieser Beziehung nach Vf. den Übergang des $\alpha$- in das $\mu$-M unter Verschiebung der Lage der UV-Absorption. Um die allg. A auf andere bas. Farbstoffe anwendbar zu machen, schlägt Vf. eine Abänderung der bisherigen mesomeren „Hexagramme" (Hm) u. entsprechend auch der M vor, die es ermöglicht, nach der Formel $\lambda = C_1 + C_2 + B_1$ die $\alpha$-, $\beta$- u. $\mu$-Banden zu berechnen. Vf. erläutert kurz die verschied. mesomeren Hm von **I**, *Pyronin G* u. *Kristallviolett*. (Meded. vlaamse chem. Veren. **20.** 12—62. Jan./Febr. 1958.) A. SANDER. B 114

**N. Astoin, J. Granier** und **M. Cordier,** *Absorptionsspektren im fernen Ultraviolett für gasförmiges und festes Methyl- und Äthyljodid sowie Äthylbromid.* Die Verbb. $CH_3J$ (**I**), $C_2H_5J$ (**II**) u. $C_2H_5Br$ (**III**) haben im festen Zustande nahezu die gleiche kontinuierliche Absorptionsbande (um 40000 $cm^{-1}$ für **I** u. **II** bzw. 50000 $cm^{-1}$ für **III**) wie im gasförmigen. Dagegen verschwinden im festen Zustand die diskreten linienhaften Absorptionen der gasförmigen Verbb. bei höheren Frequenzen, u. es entstehen neue breite Absorptionsbanden mit Maxima bei 47000 u. 53000 $cm^{-1}$ für **I**, 49000 u. 53000 $cm^{-1}$ für **II** u. 60000 $cm^{-1}$ für **III**. Die für die gasförmigen u. festen Verbb. gemeinsame kontinuierliche Bande ist der Dissoziation des Mol. zuzuschreiben. (J. Physique Radium **19.** 507—08. April 1958. Bellevue, Labor. des Hautes Pressions.) J. RUDOLPH. B 118

**Adnan Zmerli,** *Luminescenz von Benzol und Hexadeuterobenzol bei 20° K.* Vf. stellt die Frequenzen der Schwingungsfeinstruktur des UV-Spektr. zusammen für die Absorption (295° K) u. die Luminescenz (20 u. 77° K) von *Bzl.* im Vakuum, in Hexan u. im Ae.–A.–Isopentan-Gemisch. Die Schwingungsstruktur der Phosphorescenz des Bzl. bei 20° K (bes. die beiden Triplett–Singulett-Absorptionen, beginnend bei 37112 bzw. 28997 $cm^{-1}$) läßt sich nur durch die Annahme von Schwingungsniveaus der angeregten Zustände deuten. Dabei spielt die photochem. Wrkg. von $O_2$ (vgl. C. **1958.** 4729) eine Rolle. (C. R. hebd. Séances Acad. Sci. **245.** 1911—13. 25/11. 1957.) J. RUDOLPH. B 118

**G. Leandri** und **A. Mangini,** *Absorptionsspektren einiger p-Phenylendisulfide im nahen Ultraviolett.* Maxima, Minima, Extinktionskoeffizienten u. teilweise auch Kurven der UV-Absorptionsspektren werden mitgeteilt von *Dimethyl-* (F. 85°), *Methylphenyl-* ($Kp._6$ 187°), *Diphenyl-* (F. 82°), *Phenyl-p-nitrophenyl-* (F. 107°), *Phenyl-2.4-dinitrophenyl-* (F. 171—172°), *Phenyl-2.4.6-trinitrophenyl-p-phenylendisulfid* (F. 170—174°). Die Spektren werden mit denen einiger Grundkörper verglichen u. kurz diskutiert. (Boll. sci. Fac. Chim. ind. Bologna **15.** 87—89. 1957. Bologna, Univ., Ist. Chim. Ind.) J. GOUBEAU. B 118

**G. Leandri** und **D. Spinelli,** *Spektren aromatischer Nitrile im nahen UV: Benzo- und Pyridylnitrile.* Es werden die Absorptionsspektren im nahen UV mit Kurven, Maxima, Minima u. Extinktionskoeffizienten folgender Verbb. mitgeteilt: *Benzonitril* ($Kp._{11,5}$ 71°), *o-* ($Kp._{15}$ 90°), *m-* ($Kp._{10}$ 84,5°), *p-Methyl-* (F. 29,5°), *o-* ($Kp._{14}$ 140°), *m-* ($Kp._{14}$ 127°), *p-Methoxy-* (F. 61°), *o-* (F. 45—46°), *m-* (F. 42—43°), *p-Chlor-* (F. 93°), *m-* (F. 42,5—43°), *p-Brom-* (F. 113°), *o-* (F. 110°), *m-* (F. 118°), *p-Nitro-* (F. 151°), *o-* (F. 103—104°), *m-* (F. 104—105°), *p-Methylsulfonyl-* (F. 144°), *m-* (F. 103°), *p-Phenylsulfonylbenzonitril* (F. 126°), *Pyridin-o-* (F. 26°), *-m-* (F. 52°) u. *-p-nitril* (F. 83°). Die Spektren werden diskutiert unter Berücksichtigung des Einflusses der Substituenten, u. es werden Rückschlüsse auf die Elektronenverteilung in der Nitrilgruppe gezogen, auch im Hinblick auf deren Reaktionsfähigkeit. (Boll. sci. Fac. Chim. ind. Bologna **15.** 90—97. 1957. Bologna, Univ., Ist. Chim. Ind.; Bari, Univ., Ist. Chim. Org.) J. GOUBEAU. B 118

**R. F. Rekker** und **W. Th. Nauta,** *Sterische Effekte in den Elektronenspektren substituierter Benzophenone.* Vff. geben die UV-Spektren von 230—380 m$\mu$ u. die Wellenlängen der C-Banden (bei 250 m$\mu$) u. Oscillatorstärken von verschieden substituierten Benzophenonen an. Diskutiert wird die aus Frequenz u. Oscillatorstärke ablesbare Störung der Elektronenresonanz zwischen der C=O-Gruppe u. den beiden Phenylringen, die mit dem ster. bedingten Neigungswinkel der Ringe zur C=O-Ebene zusammenhängt. Bei symm. Methylsubstitution zeigen beide Ringe gleichen Neigungswinkel. Be unsymm. Substitution kann der Winkel mit einem Ring kleiner, mit dem anderen Ring größer als im *Benzophenon* werden. p-Substitution beeinflußt auch die

Resonanz u. damit die Lage der Ringe. Bei o-substituierten Verbb. läßt sich eine Zunahme der Koplanarität zwischen einem Ring u. der CO-Gruppe beobachten, je weniger ster. gehindert der Ring ist. Methyl-, Äthyl- oder Isopropylsubstituenten zeigen nur geringe Unterschiede in ihrem Einfl. auf die Oscillatorstärke, während sich eine o-tert.-Butylgruppe auf die Spektren wie zwei o-Methylgruppen in einem der beiden Ringe des Benzophenons auswirkt. Untersuchte Verbb.: *3.3'-, 4.4'-, 2.2'-, 2.3-, 2.6-, 2.3'-, 3.4'-, 2.4'-Dimethyl-, 2-, 3-, 4-Methyl-, 2.2'.6-, 2.4'.6-, 2.4.6-Trimethyl-, 2.2'.3.3'-, 2.2'.6.6'-, 2.2'.4.6-, 2.2'.4'.6-Tetramethyl-, 2.3.4'.5.6-Pentamethyl-, 2.2'.4.4'.6.6'-, 2.2'.3.5.6.6'-Hexamethyl-, 2.2'.3.3'.5.5'.6.6'-Oktamethyl-, 2-, 4-Äthyl-, 4.4'-Diäthyl-, 2.2'.4.4'.6.6'-Hexaäthyl-, 2-, 4-Isopropyl-, 4.4'-Diisopropyl-, 2.2'.4.4'.6.6'-Hexaisopropyl-, 2-, 4-tert.-Butyl-, 4.4'-Di-tert.-butylbenzophenon.* (Spectrochim. Acta [London] **8.** 348—55. Febr. 1957. Amsterdam, Freie Univ., Chem. Labor. u. N. V. Koningkl. Pharm. Fabrieken v/h Brocades-Stheeman u. Pharmacia, Res. Labor.) A. REUTER. B 118

**Arthur G. Anderson jr.** und **Gerald Berkelhammer,** *Baseneinwirkung auf einige Pyridiniumsalze.* Vff. untersuchten die Einw. von Äthoxy-, Hydroxy- u. Cyanidionen auf einige *1-Alkyl-3-substituierte Pyridiniumsalze* (**A**) an Hand der UV-Spektren. Bei allen **A** mit einem 3-RCO-Substituenten tritt bei Zusatz von $C_2H_5O^-$- oder $OH^-$-Ionen neben der ursprünglichen Bande bei 260 mμ ein weiteres Maximum bei 314—325 mμ auf, dessen Intensität mit steigender Menge des Zusatzes wächst. Es wird die Bldg. von Pseudobasen angenommen, die durch Addition der $C_2H_5O^-$-Ionen wahrscheinlich an das $C_{(6)}$-Atom der **A** erfolgt. Die Rk. ist reversibel, Zusatz von Säuren gibt die **A** zurück. *N-Benzylpyridiniumchlorid* zeigt diese Änderungen im UV-Spektr. bei Basenzusatz nicht. Bei Zusatz von $CN^-$-Ionen zu *1-Benzyl-3-acetylpyridiniumchlorid* (**I**) treten in dessen Spektr. ein Maximum bei 355 mμ u. nach Säurezusatz ein weiteres bei 298 mμ auf, wobei das erste in seiner Intensität von der $CN^-$-Menge abhängig ist, das zweite unbeeinflußt bleibt. Hier ließ sich *1-Benzyl-3-acetyl-4-cyan-1.4-dihydropyridin* isolieren, bei der Rk. von **I** mit NaOH eine gelbe Verb., die als *Bis-[1-benzyl-3-acetyl-1.2-dihydropyridyl-(2)]-äther* angesprochen wird u. durch Säure wieder zu **I** zers. wird. *1-Benzyl-3-carbamylpyridiniumchlorid* (**II**) geht dagegen mit NaOH in *1-Benzylpyridinium-3-carbonsäure* über. Weiter wurden untersucht: *1-n-Propyl-3-carbamylpyridiniumbromid, 1-Benzyl-3-carbomethoxypyridiniumchlorid, 1-Benzyl-3-[N-äthyl-N-phenylcarbamyl]-pyridiniumchlorid* u. *1-Benzyl-3-[N-äthylcarbamyl]-pyridiniumchlorid.*

Versuche: *Bis-[1-benzyl-3-acetyl-1.2-dihydropyridyl-(2)]-äther,* $C_{28}H_{28}N_2O_3$, F. 95 bis 98°, durch Zugabe von verd. NaOH zu einer Lsg. von **I** in W., Absaugen nach 45 Min. u. Waschen mit W.; gelbe Kristalle; 93% (Ausbeute); geht mit $HCl/CH_3OH$ über in **I** [F. 183,5—184° ($CH_3OH$/Essigester)]; 91%. — *1-Benzyl-3-acetyl-4-cyan-1.4-dihydropyridin,* $C_{15}H_{14}N_2O$, F. 114—115,5° (Zers.), durch Zusatz einer Lsg. von KCN in W. zu einer Lsg. von **I** in W.; gelbe Nadeln aus A.; 77%. — *1-Benzylpyridin-3-carbonsäurebetain,* F. 183—184,5° (A./Essigester, Zers.), durch Auflösen von **II** in 0,1n NaOH, nach 2 Std. Chloroform- u. Butanolextraktion, Chromatographie an $Al_2O_3$ mit $CH_3OH$; 37,5%; gibt mit HCl *1-Benzyl-3-carboxypyridiniumchlorid,* das auch aus Nicotinsäure u. Benzylchlorid synthetisiert wurde. (J. org. Chemistry **23.** 1109—12. Aug. 1958. Seattle, Wash., Univ., Dep. of Chem.) H.-J. KÖTZSCH. B 118

**Daniel E. Duggan, Robert L. Bowman, Bernard B. Brodie** und **Sidney Udenfriend,** *Eine spektrophotofluorometrische Untersuchung von Verbindungen von biologischem Interesse.* Vff. bestimmen spektrophotofluorimetr. Aktivierungs- ($\lambda_{max\,1}$) u. Fluorescenzmaxima ($\lambda_{max\,2}$) u. den für die Fluorescenzintensität optimalen $p_H$-Wert für folgende Verbb.: *Adenin* (**III**, $\lambda_{max\,1}$ 280 mμ, $\lambda_{max\,2}$ 295 mμ, $p_H$ 1), *Adenosin* (**IV**, 285, 395, 1), *Adenylsäure* (285, 395, 1), *Adrenalin* (285, 352, 1), *p-Aminobenzoesäure* (295, 345, 11), *Anthranilsäure* (300, 405, 7), *ATP* (285, 395, 1), *DPNH* (340, 435, 7), *3.4-Dihydroxyphenäthylamin* (285, 325, 1), *3.4-Dihydroxyphenylessigsäure* (280, 330, 7), *3.4-Dihydroxyphenylalanin* (285, 325, 7), *3.4-Dihydroxyphenylserin* (280, 320, 1), *Equilenin* (250 u. 290 u. 340, 370, 99%ig. A.), *Equilin* (290, 345 u. 420, 99%ig. A.), *Östradiol* (285, 330, 99%ig. A.), *Östron* (285, 325, 99%ig. A.), *Folsäure* (**I**, 365, 450, 7), *Folinsäure* (**II**, 370, 460, 7), *Guanin* (285, 365, 1), *Homogentisinsäure* (290, 340, 7), *Homovanillinsäure* (270, 315, 7), *3-Hydroxyanthranilsäure* (320, 415, 7), *5-Hydroxyanthranilsäure* (340, 430, 7), *p-Hydroxyzimtsäure* (350, 440, 7), *3-Hydroxykynurenin* (365, 460, 11), *5-Hydroxykynurenin* (375, 460, 11), *p-Hydroxymandelsäure* (300, 380, 7), *p-Hydroxyphenylessigsäure* (280, 310, 7), *p-Hydroxyphenylbrenztraubensäure* (290, 345, 7), *p-Hydroxyphenylserin* (290, 320, 1), *5-Hydroxyindol* (290, 355, 1), *5-Hydroxyindolyl-(3)-essigsäure* (300, 355, 7), *Indol* (280, 355, 7), *Kynurenin* (370, 490, 11), *Kynurensäure* (325, 405, 7), *Noradrenalin* (285, 325, 1), *Pteroinsäure* (365, 450, 7), *Pyridoxal* (330, 385, 7), *Pyridoxamin* (335, 400, 7), *Pyridoxin* (340, 400, 7), *Riboflavin* (270 u. 370 u. 445, 520, 7), *Serotonin* (295, 340, 2),

*Tocopherol* (295, 330, 99%ig. A.), *Thiochrom* (370, 445, 10), *Tryptophan* (285, 365, 11), *Tryptamin* (290, 360, 7), *Tyrosin* (275, 310, 7), *Tyramin* (275, 310, 1), *Harnsäure* (325, 370, 1), *Vitamin A* (325, 470, 99%ig. A.), *Vitamin* $B_{12}$ (275, 305, 7), *Xanthin* (315, 435, 1) u. *Xanthurensäure* (350, 460, 11). Für die Unterscheidung von **I** u. **II** ist die Aktivierung mit Licht von 290 m$\mu$ besser geeignet, da dann die Fluorescenz von **I** bei 450 m$\mu$ erhalten bleibt, während sich die von **II** nach 370 m$\mu$ verschiebt. — In 5n $H_2SO_4$ verschwindet die Fluorescenz von **III** völlig, im Gegensatz zu **IV** u. den 3 phosphorylierten Verbindungen. (Arch. Biochem. Biophysics **68.** 1—14. Mai 1957. Bethesda, Md., US Dep. of Health, Educat. and Welfare, Publ. Health Serv., Nat. Inst. of Health, Nat. Heart Inst., Labor. of Chem. Pharmacol. and Labor. of Techn. Developm.)
V. KLINGMÜLLER. B 118

**R. Nakamura,** *Die relative Energieverteilung im Fluorescenzspektrum verschiedener Steroide unter dem Einfluß von Phosphorsäure.* Es wurden je 100 $\mu$g *17-Hydroxycorticosteron* (**I**), *Corticosteron* (**II**), *17-Hydroxy-11-desoxycorticosteron* (**III**), *11-Desoxycorticosteron* (**IV**), *Östron* (**V**), *Östradiol* (**VI**), *Methyltestosteron* (**VII**) u. *Cholsäure* (**VIII**) mit 10 $cm^3$ einer 85%ig. Phosphorsäure versetzt u. 10 Min. im Wasserbad auf 100° erhitzt. Die anschließende Best. des Fluorescenzspektr. gab folgende Resultate: **I** fluoresciert grün (Maxima bei 530, 590 u. 420—440 m$\mu$), **II** grün (425, 535 u. 580); **III** orangefarben (610, 420 u. 530); **IV** gelb (580 u. 430); **V** (Fluorescenzbereich von 450—610, Maxima bei 510 u. 575) u. **VI** (Bereich 460—615, breites Maximum bei 500—520, weniger intensiv 590); **VII** u. **VIII** blaugrün (Bereich 430—630, Maxima bei 430 u. 500—510 m$\mu$). (Tokyo Jikeikai med. J. **72.** 505—08. 1/3. 1957. Tōkyō Jikeikai-Ika-Daigaku, Yakurigaku-Kyōshitsu. [Orig.: japan.]) F. MOSSNER. B 118

**P. Tarte** und **R. Deponthière,** *Infrarotspektren gewöhnlicher und in der Hydroxylgruppe deuterierter Alkohole.* (Vgl. C. **1957.** 12998.) Die IR-Absorptionsspektren im Bereich 600—4000 $cm^{-1}$ werden gemessen für *Methyl-, Äthyl-, n-Propyl-, Isopropyl-, Allyl-, sek.-Butyl-, tert.-Butyl-* u. *tert.-Amylalkohol* an n. Verbb. u. an solchen, die in der OH-Gruppe deuteriert sind. Die im allg. strukturlose Bande um 1200 $cm^{-1}$ der n. Alkohole verschwindet nach Deuterierung; dafür tritt eine neue strukturierte Bande bei 880 $cm^{-1}$ auf. Mitunter verschwinden auch zwei Banden u. werden durch eine oder zwei neue Banden ersetzt. Die Beobachtungen werden unter den Gesichtspunkten einer Rotationsisomerie bzw. einer Kopplung von Schwingungen diskutiert. (Bull. Soc. chim. belges **66.** 525—42. Juli/Aug. 1957. Liège, Univ., Inst. Chim. Gén.) J. RUDOLPH. B 120

**Tatsuo Miyazawa,** *Kraftkonstanten, normale Schwingungsmoden und Potentialenergieverteilung von Formaldehyd und seinen deuterierten Molekülen.* Aus den ebenen Normalschwingungen von *HCHO* u. *DCDO* wird der wahrscheinlichste Satz von 6 Kraftkonstanten zur Konstruktion des UREY-BRADLEY-Potentialfeldes ermittelt. Unter Benutzung dieser Konstanten werden 15 ebene Normalschwingungen von $H_2CO$, $D_2CO$ u. HDCO berechnet. Die Ergebnisse stimmen mit den Versuchsdaten überein. Für jede Frequenz von HCHO u. DCDO werden die Schwingungsarten u. die Verteilung der Potentialenergie auf die verschied. inneren Koordinaten errechnet. (J. chem. Soc. Japan, pure Chem. Sect. [Nippon Kagaku Zassi] **76.** 1132—35. Okt. 1955. Tokyo, Univ. [Orig.: japan.]) L. SCHULER. B 120

**L. J. Bellamy** und **R. L. Williams,** *Infrarotspektren und polare Effekte.* 9. Mitt. *Feldeffekte von α-halogenierten Aldehyden und Säurechloriden.* (8. vgl. J. chem. Soc. [London] **1958.** 2463.) Vff. vergleichen die Effekte der α-Chlorsubstitution bei Aldehyden u. Säurechloriden. Bei den Aldehyden ist das stabilste Rotationsisomere dasjenige, in dem das Chlor eine möglichst entfernte Lage zum Sauerstoff einnimmt. Dies wird erklärt mit der geringen ster. Abstoßung des Aldehyd-H-Atoms. Bei den Säurechloriden ist die Lage umgekehrt, da hier der ster. Effekt groß ist u. durch die elektrostat. Abstoßung der Cl-Atome noch verstärkt wird. In der Reihe der Säurechloride wurden einige anomale Carbonylfrequenzen beobachtet, für deren Herkunft Erklärungen gegeben werden. Gemessen wurden die Carbonylfrequenzen von Gasspektren sowie Spektren in $CCl_4$ u. $CH_3CN$ der Verbb. *Essigsäurechlorid, Mono-, Di-* u. *Trichloressigsäurechlorid, Acetaldehyd* sowie *Mono-, Di-* u. *Trichloracetaldehyd.* (J. chem. Soc. [London] **1958.** 3465—68. Okt. Waltham Abbey, Essex, Ministry of Supply.) M.-L. KLAAR. B 120

**Peter Yates** und **L. L. Williams,** *Die anomalen Infrarotspektren einiger Cyclopentenone.* $\Delta^2$-Cyclopentenone zeigen häufig eine Aufspaltung der C=O-Bande im IR-Spektr. (vgl. C. **1959.** 3803). Vff. führen dies auf FERMI-Resonanz zwischen der C=O-Bande u. dem ersten Oberton der nichtebenen, äthylen. CH-Deformationsschwingung bei 11,6—11,7 $\mu$ zurück, da die Aufspaltung nur dann beobachtet wird, wenn in dem genannten Bereich eine starke Bande liegt. $D_{4(2.4.5.5)}$*-3.4-Diphenylcyclopenten-(2)-on-(1)* ($C_{17}H_{10}D_4O$, F. 109,5—110°, aus der n. Verb. u. $D_2O$ mit $Na_2CO_3$ in Dioxan), das bei

11,63 keine Bande hat, zeigt im Gegensatz zur n. Verb. keine Aufspaltung. Aufspaltung wurde ferner beobachtet bei *4-Methyl-3-phenyl-* (I) u. *3-Phenylcyclopenten-(2)-on-(1)*, nicht dagegen bei deuteriertem **I**, *2.5-Dimethyl-3.4-diphenyl-*, *2-Methyl-3.4-diphenyl-* u. *2-Methyl-3-phenylcyclopenten-(2)-on-(1)* sowie bei *5-Methyl-3.4-diphenylcyclopenten-(2)-on-(1)*, bei dem die äthylen. CH-Bande bei 11,45 $\mu$ auftritt. (J. Amer. chem. Soc. **80.** 5896. 5/11. 1958. Cambridge, Mass., Harvard Univ., Dep. of Chem.) F. SCHAUDER. B 120

**O. Simpson,** *Elektronische Eigenschaften aromatischer Kohlenwasserstoffe.* 3. Mitt. *Diffusion von Excitonen.* (2. vgl. Proc. Roy. Soc. [London], Ser. A **234.** [1956.] 136.) Es wird eine Meth. beschrieben, mit deren Hilfe die Wanderung von Excitonen (nichtleitende angeregte Zustände in Kristallen) durch dünne Proben an Hand der Fluorescenzübertragung (vgl. C. **1956.** 2973) beobachtet werden kann. Lösungen der Diffusionsgleichung mit entsprechenden Grenzbedingungen werden wiedergegeben. In *Anthracen* (I) wurde eine Diffusionslänge von 460 Å gefunden. Danach sollte in isotropen Medien die Wurzel aus dem mittleren Quadrat der Entfernung vom Entstehungs- bis zum Zerfallsort eines Excitons 1120 Å betragen. Die Wanderung der Excitonen im stark anisotropen **I** erfolgt zwischen den Moll. in benachbarten b-c-Ebenen, d. h. in Richtung der Normalen zu den Lamellen in der graphitähnlichen Struktur. (Proc. Roy. Soc. [London], Ser. A **238.** 402—11. 8/1. 1957. Baldock, Herts., Serv. Electronics Res. Labor.) B. STEIN. B 125

**Eiichi Inoue,** *Reaktionsmechanismus der langsamen Oxydation von Kohlenwasserstoffen durch stille elektrische Entladung.* 2. Mitt. *Kinetik der Oxydation von Cyclohexan.* (1. vgl. J. electrochem. Soc. Japan **22.** [1954.] 668; 3. vgl. C. **1957.** 9324.) Da der Dampfdruck des *Cyclohexans* (**I**) während der Rk. bei Raumtemp. gering ist, läßt sich die Reaktionsgeschwindigkeit durch Best. der Druckänderung im Syst. bestimmen. Während der Induktionsperiode erfolgt Dissoziation der mehratomigen Moll. in Atome, zu ca. 1,4 Vol.-%. Dann nimmt der Druck annähernd proportional zur Reaktionszeit ab. Das Mol-Verhältnis verbrauchtes I/verbrauchter $O_2$ ist konstant 1,35. Bei stark erniedrigtem I-Geh. erfolgt $O_3$-Bildung. Zuletzt steigt der Druck wieder infolge Temperaturerhöhung u. Zers. der Reaktionsprodd. an den Gefäßwänden. (J. electrochem. Soc. Japan **23.** 18—24. Jan. 1955. Tokyo, TH. [Orig.: japan.; Auszug: engl.]) L. SCHULER. B 131

**A. Neckel** und **H. Volk,** *Über die thermodynamischen Eigenschaften von Mischungen von Aromaten mit halogenierten Kohlenwasserstoffen.* (Vortrag.) Als Beitrag zur Thermodynamik der Nichtelektrolyt-Lsgg. wurde versucht, zu Aussagen über Dipol–Dipol- u. Induktions-Wechselwirkungsenergien zu gelangen. Dazu wurden nach der Meth. von SCHOLTE (Physica **15.** [1949.] 437. 450) die Dipolmomente $\mu$ bei 20,0 ± 0,02° von *1.2-Dibromäthan* (**II**, F. 9,95 ± 0,05°; $Kp._{760}$ 131,7°; $Kp._{65}$ 60°; $D.^{20}_{4}$ 2,18006 ± 0,00006; $n_D^{20}$ 1,53880 ± 0,00009; $\mu$ für unendliche Verdünnung $\mu\infty$ in Bzl. $1{,}28_4$ D, in I $0{,}93_9$) u. *1.2-Dichloräthan* (**III**, $Kp._{760}$ 83,5°; $D.^{20}_{4}$ 1,25275 ± 0,00006; $n_D^{20}$ 1,44490 ± 0,00008; $\mu\infty$ in Bzl. $1{,}76_0$, in I $1{,}37_2$) in *Benzol* (F. 5,53°; $Kp._{760}$ 80,1°; $D.^{20}_{4}$ 0,87889 ± 0,00005; $n_D^{20}$ 1,50114 ± 0,00008) u. *Cyclohexan* (**I**, $Kp._{760}$ 80,7°; $D.^{20}_{4}$ 0,77853 ± 0,00005; $n_D^{20}$ 1,4261 ± 0,00005)-Lsg. ermittelt u. aus diesen die Konzz. an gauche-Moll. in der Lsg., die Umlagerungsenergien der trans- in die gauche-Form sowie die Stabilisierungsenergien für die letztere berechnet. Diese Stabilisierung der gauche-Form ist in Benzol-Lsgg. wesentlich stärker als in Cyclohexan, was auf eine zusätzliche Protonen-Donator–Acceptor-Wechselwrkg. zwischen dem Lösungsm. u. der gauche-Form des 1.2-Dihalogenäthans zurückgeführt wird. Unter der Annahme, daß sich die zwischenmol. Wechselwrkg. additiv aus Dispersions-, Orientierungs- u. Induktionsenergie zusammensetzt, wird mit Hilfe der Stabilisierungsenergie der Orientierungs- u. der Induktionsanteil im Cyclohexan bestimmt u. damit eine Abschätzung der Energien dieser zusätzlichen Wechselwrkg. in Bzl. gewonnen. IR-spektroskop. Unterss. der Verschiebung der CH-Valenzfrequenz von **II**, **III** u. *Chlf.* in Benzol- u. I-Lsgg. stützen die gewonnenen Vorstellungen. Zum Abschluß wird der Weg angegeben, auf dem man zu einer Abschätzung der thermodynam. Mischungseigg. solcher Systeme gelangen kann. (Z. Elektrochem., Ber. Bunsenges. physik. Chem. **62.** 1104—15. Dez. 1958. Wien, Univ., I. Chem. Inst.) W. WAGNER. B 132

**H. K. Welsh,** *Dielektrische Eigenschaften und Dimorphie symmetrischer sekundärer Alkohole.* Vf. untersucht die dielektr. Eigg. von *Nonadecanol-(10)* u. *Heptakosanol-(14)* bei 20°. Werden diese Verbb. unter isothermen Bedingungen aus ihren PAe.-Lsgg. zur Kristallisation gebracht (untersucht wird der Temperaturbereich 20—70°), dann beobachtet man, daß abhängig von der Kristallisationstemp. der dielektr. Verlust einen hohen bzw. niedrigen Wert aufweist. Es existiert ein krit. Temperaturbereich, der etwa in der Nähe des F. der entsprechenden Paraffin-KW-stoffe liegt (32° für Nonadecan, 59,5° für Heptakosan), oberhalb dessen die durch Kristallisation erhaltenen Proben nur hohe

Verlustwerte zeigen. Die Frequenz f der Absorptionsmaxima, die in den oberhalb dieses Bereiches dargestellten Proben beobachtet werden, ist durch log f = A exp(−E/RT) gegeben, worin E ca. 5 kcal/Mol ist. Zur Deutung des Phänomens wird angenommen, daß die untersuchten Alkohole in zwei dimorphen Formen vorkommen u. der Übergang von der einen in die andere im krit. Temperaturbereich erfolgt. (Trans. Faraday Soc. **55.** 235—38. Febr. 1959. Sidney, CSIRO, Div. of Electrotechnol., Nat. Stand. Labor.) K. FRENKLER. B 132

**A. K. Tschirkow** und **R. O. Matewossjan,** *Paramagnetische Resonanz in neuen organischen Radikalen.* Bei *α.α-Diphenyl-β-pikrylhydrazyl* wird der Einfl. der p-Substitution eines der Phenylringe auf die Linienform der paramagnet. Resonanzabsorption untersucht. Das Verhältnis des 4. zum 2. Moment der Resonanzkurve $M_4/M_2$ nimmt ab von *H* (1,43) über *Cl* (1,42), *Br* (1,40), $OCH_3$ (1,30) zu *F* (schwach). In derselben Reihenfolge der p-Substituenten nimmt ΔH zu u. A ab; dagegen ändern sich die g-Faktoren (ca. 2) prakt. nicht. (Журнал Экспериментальной и Теоретической Физики [J. exp. u. theoret. Physik] **33.** 1053—54. Okt. 1957. Uraler Polytechn. Inst.) R. K. MÜLLER. B 137

**Karl-Heinz Weber,** *Kernresonanzuntersuchungen an kristallinen Flüssigkeiten: Zur Frage des molekularen Ordnungszustandes in magnetisch geordneten kristallin-flüssigen Phasen vom smektischen Typ.* Von den kristallin-fl., smekt. Phasen von *p-Azoxyphenol-di-n-heptyläther* (I) u. *p-Azoxybenzoesäurediäthylester* (II) wurden bei einer Feldstärke $H_0$ = 7750 Gauß die Linienform der magnet. Protonenresonanzabsorption registriert u. daraus die mittleren 2. Momente $\overline{\Delta H^2}$ bestimmt. I u. II zeigen in dieser Phase keine oder nur geringe Temperaturabhängigkeit von $\overline{\Delta H^2}$; $\overline{\Delta H^2_I}$ = const = (3,98 ± 0,15) Gauß² u. $\overline{\Delta H^2_{II}}$ = (1,66 ± 0,12). Bei I wurde die Winkelabhängigkeit von $\overline{\Delta H^2}$ gemessen u. eine theoret. Erklärung gegeben. Das Ausgleichsverf. ergibt für den Ordnungsgrad von I M(c) = 1,37 ± 0,10, für II M(c) = 0,96 ± 0,08. In diesen Phasen beider Substanzen ist die durch innermol. Wechselwirkungskräfte u. den Packungseffekt hervorgerufene Parallelordnung, „Mikroordnung", innerhalb kleiner Volumenbereiche vollkommen, während die durch das Magnetfeld hervorgerufene „Makroorientierung" unvollkommen ist. An I wird beim Übergang nemat. → smekt. eine Vergrößerung des Mikroordnungsgrades S u. eine Verkleinerung des Makroordnungsgrades M beobachtet. (Z. Naturforsch. **14a.** 112—20. 1959. Leipzig, Karl-Marx-Univ., Physik. Inst.) H. G. HENKEL. B 137

**Riccardo Riccardi** und **Paolo Franzosini,** *Spektrophotometrische Bestimmung der thermodynamischen Dissoziationskonstanten der isomeren Xylenole und einiger Trimethylphenole.* Vff. bestimmen spektrophotometr. die Dissoziationskonstanten von Phenolen bei 20°: *2.3-* (I), F. 73,0—74,0°; 10,57 (pK); *2.6-*, F. 45,5—46,3°; 10,66; *2.4-*, $Kp._{16}$ 99°; 10,65; *2.5-*, F. 75,4—75,8°; 10,46; *3.4-*, F. 62,5—63,0°; 10,43; *3.5-Dimethylphenol,* F. 63,6 bis 64,1°; 10,23; *2.4.6-*, F. 71,9—72,5°; 10,99 u. *2.3.5-Trimethylphenol* (II), F. 94,2—95,2°, 10,69. Die Additivitätsregel ist für die isomeren Xylenole mit Ausnahme von I u. II gültig. Die gefundenen pK-Werte bestätigen die Beobachtungen von HERINGTON u. KYNASTON (C. **1957.** 12110) bzw. von KIEFFER u. RUMPF (C. **1955.** 5749). (Ann. Chimica **47.** 977—84. Sept. 1957. Pavia, Univ., Ist. di Chim. fis.) H. NÖTH B 139

**Velimir D. Canić** und **Radmila Dj. Djordjević,** *Ein Beitrag zur Kenntnis des Isonicotinsäurehydrazids und einiger isomerer Hydrazide.* Die sauren Dissoziationskonstanten von *Isonicotinsäurehydrazid* ($K_a = 8{,}9 \cdot 10^{-12}$), *Nicotinsäurehydrazid* ($K_a = 2{,}8 \cdot 10^{-12}$) u. *Picolinsäurehydrazid* ($K_a = 8{,}5 \cdot 10^{-13}$) werden potentiometr. ermittelt. Im Gegensatz zu CINGOLANI u. GAUDIANO (C. **1955.** 4550) nehmen Vff. an, daß die 1. Dissoziationsstufe dieser Verbb. dem Pyridin-N u. die 2. der Hydrazidgruppe zuzuschreiben ist. (Гласник Хемиског Друштва Београд [Ber. chem. Ges. Belgrad] **21.** 193—99. 1956. Beograd, Inst. of Chem., Fac. of Med.) O. POLLAK V. EMHOFEN. B 139

**Enrico Baciocchi** und **Gabriello Illuminati,** *Elektronenübertragung durch Systeme mit kondensierten Ringen.* 1. Mitt. *Die Dissoziationskonstanten einiger 6-substituierter 1-Aza-4-chlornaphthaline. Die Reaktionskonstante ρ.* Vff. untersuchten den Einfl. der 6-Substitution auf die Basizität der 4-Chlorchinoline durch spektroskop. Best. der scheinbaren u. der thermodynam. Dissoziationskonstanten. Es wird gefunden, daß sich die Effekte der 4- u. 6-Substitution addieren. Die HAMMETTsche Gleichung ist für die 6-substituierten 4-Chlorchinoline (**A**) gültig, ρ = 5,6, was dem Wert für das Pyridinsyst. entspricht. Diese Übereinstimmung wird auf die Strukturanalogie u. den geringen Raumbedarf des Protons zurückgeführt. Die Basizität der **A** fällt in folgender Reihe: $CH_3 > CH_3O$, $C_2H_5O > H \gg F > Cl \cong Br$. Im Fall der Alkoxygruppen überwiegt der Konjugationseffekt den induktiven. — Die Verbb. wurden durch Kondensation der betreffenden p-substituierten Aniline mit Na-Oxalessigester oder Äthoxymethylenmalonsäurediäthylester dargestellt. Reinigung durch Chromatographie. Dargestellt wurden folgende 4-Chlorchinoline: *6-Fluor-*, F. 77—78° (PAe.), 3,00 [$pK_{a_{scheinbar}}$], 2,95 [$pK_{a_{thermodyn.}}$]; *6-Chlor-*, F. 103,5—104° (PAe.), 2,86, 2,81; *6-Brom-*, F. 112,5—113° (A.), 2,88, 2,83; *6-Methyl-*, F. 53,5—54° (PAe.), 4,01, 3,96; *6-Methoxy-*, F. 76—77° (PAe.), 3,98, 3,93; *6-Äthoxy-*, F. 87,5—88,5° (PAe.), 3,87, 3,82. **I**, F. 27—29°, 3,77, 3,72. *Chinolin*, —, 4,86, 4,81. (Gazz. chim. ital. **87.** 981—91. Sept. 1957. Roma, Univ., Ist. di Chim. gen. e Centro di Chim. gen. del CNR.) H. NÖTH. B 139

**Wiktor Kemula** und **Andrzej Cisak,** *Polarographische Eigenschaften einiger Halogenderivate des Cyclohexans.* (Vorl. Mitt.) Vff. geben die polarograph. Eigg. folgender Halogenderivv. von Cyclohexan in 50%ig. W.–A.-Mischungen an: *Monochlor-* (keine Red. bis —2,6 V), *Monobrom-* (—2,1 V), *Monojod-* (—1,4 V; —2,0 V), *cis-* (keine Red. bis —2,6 V) u. *trans-1.4-Dichlor-* (keine Red. bis —2,6 V) sowie *cis-* (—1,6; —2,1) u. *trans-1.4-Dibromcyclohexan* (—2,1 V) an. (Roczniki Chem. [Ann. Soc. chim. Polonorum] **31.** 337—42. 1957. Warszawa, Uniw., Kat. Chem. Nieorgan.) A. BABCZYŃSKI. B 142

**Giovanni Giacometti,** *Beziehungen zwischen polarographischen Konstanten und Struktur organischer Moleküle.* 5. Mitt. *Über Methoxyderivate des Xanthons.* (4. vgl. C. **1958.** 8002; 3. vgl. C. **1959.** 7072.) Die nach der LOUGUETT-HIGGINSschen Näherungsformel (C. **1951.** 24) im Rahmen der MO-Theorie berechneten Ladungsdichtewerte stehen bei *2-*, *3-* u. *4-Methoxyxanthon* in linearer Beziehung zum Halbstufenpotential $E_{1/2}$ (—0,88; —0,97; —0,92 V). *1-Methoxyxanthon* (—0,77) fällt aus dieser Reihe heraus, da das bei der Red. entstehende Radikal durch Ausbildung einer innermol. Wasserstoffbrücke stabilisiert wird. Die Stabilisierungsenergie liegt mit ca. 6 kcal/Mol in der Größenordnung der Werte für die gewöhnliche Wasserstoffbrücke. — $E_{1/2}$-Wert von *Xanthon* —0,91 V. (Ricerca sci. **27.** 1489—91. Mai 1957. Padova, Centro di studio per la polarografia.) H. NÖTH. B 142

**J. F. Cordes** und **S. Schreiner,** *Dampfdruckmessungen bei einigen Aromatenkomplexen.* Vff. bestimmen mittels der KNUDSENschen Effusionsmeth. die Dampfdrucke einiger Aromatenkomplexe. Die Ergebnisse werden durch die vereinfachte AUGUSTsche Dampfdruckgleichung log p [Torr] = —(A/T) + B wiedergegeben. — Ergebnisse: *Ferrocen,* A 4350; B 12,4 (im Temperaturbereich 323—367°); Sublimationswärme H 19,9 kcal/Mol. — *$Ru(C_5H_5)_2$*, A 5170; B 13,7 (356,8—370°); H 23,6. — *$Mn(C_5H_5)(CO)_3$*, A 2250; B 6,92 (335—343°); H 10,3. — *Dibenzylchrom,* A 4060; B 12,1 (359—371°); H 18,7. — *Chromhexacarbonyl,* A 3980; B 12,7 (300—315°); H 18,2. — *$Cr(C_6H_6)(CO)_3$*, A 5120; B 12,4 (364—370°); H 23,4. — *$Cr(C_5H_5)(NO)(CO)_2$*, A 4180; B 12,4 (335—349°); H 19,1. (Z. anorg. allg. Chem. **299.** 87—91. Febr. 1959. Ludwigshafen/Rh., BASF Akt.-Ges., Hauptlabor; München, Univ., Inst. für Anorgan. Chem.) K. FRENKLER. B 150

**Giancarlo Perugini,** *Flüssigkeit–Dampf-Gleichgewichte. Gemische von Äthylchlorid und Butan.* Das Fl.–Dampf-Gleichgewicht im bin. Syst. *$C_2H_5Cl$* (**I**)–*n-Butan* (**II**) wird bei verschied. Verhältnis **I** : **II** bei 738,6 mm Hg untersucht. Das Syst. weist einen azeotropen Punkt auf mit Minimum-Kp. bei —1,4°, entsprechend der mol. Zus. 18,6% **I**, 81,4% **II**. (Chim. e Ind. [Milano] **39.** 445—48. Juni 1957. Bussi/Pescara, Stab. Montecatini SECL. Labor. Ric.) R. K. MÜLLER. B 150

**Z. Gropşianu** und **M. Murărescu,** *Dampf–Flüssigkeit-Gleichgewichte für Gemische Dioxan–Benzol und Dioxan–Toluol.* In einem einfachen App., gek. durch geringe Mengen Kondensat während der Dest., werden die Dampf–Fl.-Gleichgewichte bei gewöhnlichem Druck für *Dioxan* (**I**)–Bzl.- u. **I**–Toluol-Gemische bestimmt. Die Best. der Zus. von sd. Fl. u. Kondensat erfolgt durch Messung des Brechungsindices. In keinem der beiden untersuchten Fälle wird ein azeotrop. Punkt gefunden. (Studii Cercetări ştiinţ. [Timişoara], Ser. Ştiinţe chim. **3.** Nr. 1/2. 81—86. Jan./Juni 1956. Timişoara, Fac. de Chim. Ind.) W. SCHMIDT/Timişoara. B 150

**Toshio Tsuzuki, D. O. Harper** und **Herschel Hunt,** *Verbrennungswärmen.* 7. Mitt. *Die Verbrennungswärmen einiger Aminosäuren.* (6. vgl. C. **1958.** 8003.) Bei 25° u. konstantem Vol. ergaben sich für die folgenden Aminosäuren die angegebenen Verbrennungswärmen: *L-Phenylalanin* 1110,5 ± 0,2; *L-Tryptophan* 1345,5 ± 0,2; *L-Isoleucin* 855,2 ± 0,2; *L-Threonin* 490,9 ± 0,2; *L-Alanin* 376,9 ± 0,5; *Glycin* 230,9 ± 0,2; *L-Methionin* 759,2 ± 0,2 (sämtlich in kcal/Mol); *Insulin* 5382,2 ± 0,2 cal/g. (J. physic. Chem. **62.** 1594. Dez. 1958. Lafayette, Ind., Purdue Univ., Dep. of Chem. and Purdue Res. Foundat.) W. WAGNER. B 156

**R. C. Cass, S. E. Fletscher, C. T. Mortimer, P. G. Quincey** und **H. D. Springall,** *Verbrennungswärme und Molekularstruktur.* 6. Mitt. *Die Struktur einiger cyclischer Äther von o-Dihydroxybenzol.* (5. vgl. C. **1959.** 747.) Vff. bestimmen die Verdampfungswärme ($L_v$) u. die Standardwerte der Verbrennungswärmen ($-\Delta H_c^0$) von *o-Dimethoxybenzol* (**I**; $Kp._{748}$ 205,5°; $L_v$ 16,0 kcal/Mol; $-\Delta H_c^0$ 1023,9 ± 0,5 kcal/Mol); *1.3-Dioxaindan* (**II**; 9,90; 819,3 ± 0,5); *1.4-Dioxatetralin* (**III**; 12,05; 964,7 ± 0,3) u. *2.3-Benzo-1.4-dioxacyclo-*

*hepten* (IV; 13,28; 1130,3 ± 0,2). Hieraus werden die atomaren Bildungswärmen $(-\Delta H_{f,a})\Gamma'$ u. mit Hilfe der mittleren Bindungsenergien im Mol. $[\Sigma\overline{E}(b)]\Gamma''$ die Resonanzenergien ($E_r$) in kcal berechnet: $E_r$ I 47,0; II 38,4; III 47,8; IV 38,1; $\Gamma'$ (I 2066,6; II 1664,2; III 1954,4; IV 2225,5); $\Gamma''$ (I 2019,6; II 1625,8; III 1906,8; IV 2187,4).

Versuche: *1.3-Dioxaindan* (*1.3-Benzodioxol*; II), $Kp._{758}$ 173,2—173,5°, aus Methylensulfat u. Brenzcatechin (V) nach Baker [1931]. — *1.4-Dioxatetralin* (*2.3-Dihydrobenzo-1.4-dioxan*; III), $Kp._{774}$ 213,2°, aus Äthylenbromid u. V in Ggw. von $K_2CO_3$, Cu-Bronze u. Glycerin. — *2.3-Benzo-1.4-dioxacyclohepten* (*6.7-Dihydro-2.3-benzo-1.4-dioxepin*; IV), $C_9H_{10}O_2$, $Kp._{11}$ 100,5°, durch 10std. Kochen von V, 1.3-Dibrompropan, wasserfreiem $K_2CO_3$ u. Glycerin in Ggw. von Cu-Bronze. (J. chem. Soc. [London] **1958.** 2595—97. Juli. Kefle, Staffs., Univ. Coll. of North Staffordshire.) H. Sackmann. B 156

**F. Kohler,** *Die Art des Übergangszustandes beim Diffusions- und beim Viscositätsflußphänomen.* Aus einer Diskussion der Aktivierungsentropien (AE.) für den Viscositätsfluß u. die Selbstdiffusion einer Reihe organ. Verbb. ergibt sich, daß die AE. für nichtassoziierte Fll. (*Cyclohexan, n-Heptan, 3-Methylhexan, 2.3-Dimethylpentan, n-Octan, n-Nonan, Bzl., Toluol, Äthyl-, n-Propylbenzol,* $CCl_4$, *1.1.1-Trichlor-, 1.2-Dichloräthan, Chlf., Dimethylanilin*) stark negativ [bei sphär. Moll. ungefähr —1,8 bis —3,4 (cal/Grad), bei Kettenmoll. ca. —4,0] bzw. für assoziierte Fll. (*n-Propyl-, n-, Iso-, tert.-Butylalkohol, Hexyl-, Benzylalkohol, Phenol, m-Kresol, Methylanilin, Anilin*) positiv ist (Ausnahme Methanol mit —0,91). Es wird ein Flüssigkeitsmodell vorgeschlagen, daß die Existenz großer Molekülgruppen vorsieht, die sich wie eine Einheit fortbewegen. Dieses Modell vermag nicht nur die negative AE. der nicht assoziierten Fll. zu erklären, sondern trägt auch den Einzelheiten der AE. u. Aktivierungsenthalpie bzgl. ihrer Abhängigkeit von der Molekülform Rechnung. (J. Chim. physique Physico-Chim. biol. **54.** 902—05. Nov./Dez. 1957. Wien, Univ., Chem. Inst.) W. Niemitz. B 172

**P. M. Hu** und **R. W. Parsons,** *Die Viscosität und Dichte von Benzol in der Nähe seines Erstarrungspunktes.* Um festzustellen, ob die Viscosität von *Bzl.* am F. ein diskontinuierliches Verh. aufweist, wurde zwischen —7,5 u. 30° die D. (Intervall: 2°) mit einem Pyrexdilatometer u. zwischen —7,5 u. 26° die kinemat. Zähigkeit mit einem Viscosimeter mit hängendem Niveau (1°) bzw. mit einem U-Rohr-Viscosimeter (5°) gemessen. Die D. ändert sich linear nach der Gleichung $\varrho = 0,9002 - 0,001060\,\Theta \pm 0,0001$ ([$\varrho$] in $g \cdot cm^{-3}$, [$\Theta$] in °C). Die Viscositätsänderung erfolgt ebenfalls kontinuierlich u. kann nach den verläßlicheren Ergebnissen mit dem U-Rohr-Viscosimeter durch die Gleichung $\log_{10} \eta = -1,08879 - 32,657/T + 8,71 \cdot 10^4/T^2$ ([$\eta$] in cP) dargestellt werden. (Proc. physic. Soc. **72.** 454—57. 1/9. 1958. Hongkong, Univ., Physics Dep.) R. Junge. B 172

**A. W. Johnson, Alexander R. Todd** und **J. C. Watkins,** *Farbstoffe der Aphiden.* 15. Mitt. *Die alkalische Inversion von Erythroaphin-sl und seinen Derivaten.* (14. vgl. C. **1958.** 14329.) Zur papierchromatograph. Analyse von *Aphin*-Pigmentgemischen u. bes. zur Unterscheidung von fb- u. sl-Isomeren beschreiben Vff. Lösungsmittelsysteme; bes. geeignet sind Gemische verschied. Zus. von W.-Chlf.-PAe. (Kp. 100—120°). Zur Trennung im größeren Maßstab eigneten sich Silicagelsäulen. Erythroaphin (I)-sl lagert sich beim Erhitzen mit 0,5% wss. NaOH in stabileres I-fb (10% Ausbeute, daneben 5 andere Prodd. ) um. *Hydroxyerythroaphin* (II)-*fb* ($C_{30}H_{22}O_9$, rote Nadeln aus Chlf.-A.; 40 mg) entsteht durch Rk. von 100 mg I-sl mit $NaJO_4$. Vff. erklären die direkte Umwandlung von I-sl in I-fb damit, daß cycl. Verbb., die ein aktiviertes H-Atom enthalten, durch Alkali oder Säuren in stabilere Isomere umgewandelt werden können. Folgende $R_F$ (Chlf.-PAe.-W., 2:2:1) wurden gefunden: I-sl 0,93; I-fb 0,78; II-sl 0,14; II-fb 0,14; *Chrysoaphin-sl* 0,53, 0,44, 0,33 (verschied. Isomere?); *-fb* 0,18; *Xanthoaphin-sl* 0,08, 0,02 u. *-fb* 0,02. (J. chem. Soc. [London] **1956.** 4091—93. Nov. Cambridge, Univ., Chem. Labor.) G. Bratfisch. B 177

**S. J. Cyvin,** *Standardabweichungen der Atomabstände in völlig deuteriertem Benzol.* Vf. berechnet wie früher (vgl. C. **1958.** 13194) aus spektroskop. Daten die Standardabweichungen der Atomabstände für $D_6$-*Bzl.* bei 0°, 273,16°, 218,16° u. 323, 16° K. (Acta chem. scand. **12.** 1697—98. 1958. Trondheim, Norges tekniske høgskole, Inst. for teor. kjemi.) F. Schauder. B 182

**Kenro Ikeda,** *Über die Polymorphie von β-Methoxy-p'-nitrochalkon und die Gegenwart von Rotationsisomeren in Lösung. β-Methoxy-p'-nitrochalkon* (I; F. 104°, gelbe Kristalle aus PAe.) wird aus dem Dibromid hergestellt; beim Kristallisieren aus Chlf. werden farblose Nadeln (**Ia**) von F. 107° gebildet. Wird eine Lsg. von I in Ae. mit PAe. versetzt oder eine Ligroinlsg. von I bei 100° mit Trockeneis abgeschreckt, so fällt ein orangefarbenes Pulver (**II**), F. 120—123°, aus. Aus einer Petrolätherlsg. von I krist. bei Raumtemp. nach 3 Monaten Stehen blaßgelbe Kristalle (**III**), F. 121°. Alle 4 Körper sind isomer. **I** u. **Ia** geben die gleichen Röntgenpulverbeugungsdiagramme. **II** ist amorph, **III** hat ein von I verschied. Röntgendiagramm. Die Struktur wird durch die UV- u. IR-Absorptionsspektren bestätigt. (J. chem. Soc. Japan, pure Chem. Sect. [Nippon Kagaku Zassi] **76.** 896—98. Aug. 1955. Tokyo, Univ. [Orig.: japan.]) L. SCHULER. B 190

**Einar Wang Lund,** *Die Kristallstruktur von Acetaldehydammoniak.* In Fortsetzung einer früheren Unters. (vgl. C. **1952.** **3141**) berichtet Vf. über die genaue Strukturbest. von festem *Acetaldehydammoniak*, der als das *Trihydrat* von *2.4.6-Trimethylhexahydro-1.3.5-triazin* vorliegt. Drehkristall- u. WEISSENBERG-Aufnahmen führten auf eine hexagonale Zelle mit a = 11,29 Å; c = 15,87 Å u. 18 Einheiten $CH_3CHO \cdot NH_3$ in der hexagonalen Zelle; Raumgruppe ist $D^3_{5d}$—R$\bar{3}$m. In dem Gitter bilden abwechselnd C- u. N-Atome einen sechsgliedrigen, gefalteten Ring vom Cyclohexantyp mit dem Abstand N—C = 1,47 Å. Die Valenzwinkel im Ring, N—C—N u. C—N—C betragen 114,6 u. 109,0°. An jedes C-Atom des Ringes ist in äquatorialer Lage eine $CH_3$-Gruppe gebunden mit dem Abstand C—C = 1,53 Å. Die dem Triazinring am nächsten liegenden O-Atome haben einen Abstand von 2,87 Å von den N-Atomen, die entfernter liegenden den Abstand 3,20 Å. Aus Symmetriegründen bilden 6 O-Atome einen gefalteten Ring mit dem Abstand O—O 2,70 Å u. dem Valenzwinkel O—O—O 106,3°. Diese O-Atome sind durch H-Bindungen verknüpft. Ebenso bestehen H-Bindungen zwischen O-Atomen u. N-Atomen benachbarter Ringe. Die folgenden x- u. z-Parameter wurden festgelegt: $C_{(1)}$ (x =) 0,071; (z =) 0,250; $C_{(2)}$: 0,145; 0,281; N: —0,073; 0,277; O: —0,128; 0,467. Die Koordinaten wurden für die H-Atome berechnet. (Acta chem. scand. **12.** 1768—76. 1958. Oslo-Blindern, Univ., Kjem. Inst.) C. GOTTFRIED. B 195

**Olav Foss, Jonas Johnson** und **Ole Tvedten,** *Die Konstitution des Formamidiniumdisulfidions auf Grund der Kristallstrukturen des Dijodids und Dibromids.* Röntgenograph. wurden untersucht *Formamidiniumdisulfiddichlorid* $[(H_2N)_2CS]_2Cl_2$ (III), *Formamidiniumdisulfiddibromidmonohydrat* (I) u. *Formamidiniumdisulfiddijodidmonohydrat* (II) u. die Strukturen von I u. II bestimmt. III krist. rhomb. bipyramidal mit der Elementarzelle a = 10,54; b = 19,75; c = 8,85 Å; Raumgruppe ist $D^{15}_{2h}$P b c a; Z = 8. I ist monoklin u. hat die Elementarzellendimensionen a = 8,61 Å; b = 5,12; c = 12,40; $\beta = 99^1/_2{}^0$; Raumgruppe ist $C^4_{2h}$—P 2/c; Z = 2. II krist. rhomb. bipyramidal mit a = 5,15; b = 16,52; c = 13,39 Å; Raumgruppe ist $D^{10}_{2h}$—P c c n; Z = 4. Die Strukturen wurden mit Hilfe von PATTERSON-Projektionen u. FOURIER-Analysen aufgeklärt. Es wurden die folgenden Parameter festgelegt: für I Br (x =) 0,2925; (y =) 0,1307; (z =) 0,0727; S 0,1197; 0,6502; 0,2550; $N_{(1)}$ 0,083; 0,277; 0,405; $N_{(2)}$ 0,334; 0,332; 0,368; $H_2O$ 0,500; 0,711; 0,250 u. für II: J (x =) 0,428; (y =) 0,0783; (z =) 0,3547; S 0,578; 0,2192; —0,008; C: 0,665; 0,139; 0,071; $N_{(1)}$: 0,850; 0,140; 0,136; $N_{(2)}$ 0,481; 0,080; 0,076; $H_2O$ 0,250; 0,250; 0,214. Die Salze sind aus Formamidiniumdisulfidkationen, Halogenanionen u. Kristallwasser aufgebaut. Die Disulfidgruppe hat in beiden Salzen n. Konfiguration mit S—S = 2,044 Å in I u. II u. den Winkeln S—S—C = 104° in I u. 99° in II sowie den Diederwinkeln C S S/S S C = 89° in I u. 105° in II. Die Thioharnstoffgruppen sind innerhalb der Fehlergrenzen eben, die relative Orientierung dieser beiden Gruppen jedoch in den beiden Salzen etwas verschied., was mit verschied. Packungskräften erklärt werden kann. Die Wassermoll. liegen in beiden Gittern auf den zweizähligen Achsen u. bilden H-Bindungen mit 2 Halogenionen u. 2 N-Atomen. (Acta chem. scand. **12.** 1782 bis 1798. 1958. Bergen, Univ., Chem. Inst.) C. GOTTFRIED. B 195

**Olav Foss** und **Olav Tjomsland,** *Die Kristall- und Molekularstruktur von Thiurethydrojodid.* In Fortsetzung ihrer vorläufigen Mitt. (vgl. C. **1957.** **10159**) berichten Vff. über die genaue Strukturbest. von *Thiurethydrojodid* (F. 247°). Die rhomb. Zelle hat a = 5,38; b = 9,24; c = 13,98 Å (alle ±0,5%); Raumgruppe ist $D^{16}_{2h}$—P n m a; Z = 4. PATTERSON-Projektionen u. FOURIER-Analysen lieferten die folgenden Parameter: J (x =) 0,8235; (y =) 0,250; (z =) 0,1075; $N_{(1)}$: 0,665; 0,250; 0,165; S: 0,270; 0,1370; 0,0845; C: 0,565; 0,129; 0,134; $N_{(2)}$: 0,662; 0,000; 0,163. Aus der Struktur ergeben sich die folgenden Abstände: S—S = 2,088; S—C = 1,73; C—$N_{(1)}$ = (Ring-N-Atom) 1,31; C—$N_{(2)}$ (exocycl. N-Atom) = 1,36 Å sowie die folgenden Valenzwinkel: S—S—C = 9,24°; S—C—$N_{(1)}$ = 118,1°; C—$N_{(1)}$—C = 116,9°; $N_{(2)}$—C—S = 120,5° u. $N_2$—C—$N_{(1)}$ = 119,5°. Innerhalb der experimentellen Genauigkeit sind die C-Valenzen trigonal eben, die C—$N_{(1)}$-, C—$N_{(2)}$- u. C—S-Bindung besitzen zu 55, 30 bzw. 15% Doppelbindungscharakter. Aus der Spiegelebenensymmetrie des Thiuretions folgt, daß von den 4 H-Atomen des Ions je 2 an die außerhalb des Ringes gelegenen $N_{(2)}$-Atome gebunden sind. Die Gruppe $N_{(2)}$—C—$N_{(1)}$—C—$N_{(2)}$ ist eben u. bildet mit der Ebene C—S—S—C einen Winkel von 15°. (Acta chem. scand. **12.** 1799—1809. 1958. Bergen, Norway, Univ., Chem. Inst.) C. GOTTFRIED. B 195

**Michel Gillois,** *Spektrophotometrische Untersuchungen über die Ionisation von Farbstoffen der Triphenylmethangruppe.* (Vgl. C. **1954.** **7376.**) UV-spektroskop. ermittelt wurden die Gleichgewichtskonstanten $K_{A^+} = [N][H^+]/[A^+]$ u. $K_{A^+A^+} = [A^+][H^+]/[A^+A^+]$

(N = neutrales Carbinol) sowie $K_{C^+} = [N][H^+]/[C^+][H_2O]$ ($C^+$ = Carboniumion); die UV-Bestrahlung hat dabei keinen Einfl. auf die Farbstoffe. Für *p-Dimethylaminotriphenylcarbinol* (**I**) wurde erhalten: $pK_{A^+}$ 4,68, $pK_{C^+}$ 3,89. Folgende $pK_1$- (Halbentfärbung durch Säuren) u. $pK_2$-Werte (Halbentfärbung durch Alkali) wurden bestimmt bei 23° in Formamid für: *Malachitgrün* (**II**) 2,40, 6,84; *o-Nitro-* (**III**) 0,80, 8,55; *m-Nitro-* (**IV**) 3,32, 5,84; *p-Nitro-* (**V**) 3,70, 5,50; *o-Brom-* (**VI**) 0,94, 8,30; *m-Brom-* (**VII**) 3,03, 6,23; *p-Brom-* (**VIII**) 2,81, 6,38; *o-Chlor-* (**IX**) 1,25, 8,00; *2''.6''-Dichlor-* (**X**) 0,0, 9,60; *o-Methoxy-* (**XI**) 2,08, 7,15; *m-Methoxy-* (**XII**) 2,25, 6,95; *p-Methoxy-* (**XIII**) 2,10, 7,18; *o-Methyl-* (**XIV**) 2,60, 6,63; *m-Methyl-* (**XV**) 2,50, 6,73; u. *p-Methylphenyl-bis-[p'.p''-dimethylaminophenyl]-carbinol* (**XVI**) (bzw. deren Salze) 2,32, 6,90; **I** —, 4,75; *Kristallviolett* (**XVII**) —, 9,34, u. *o-Dimethylaminotriphenylcarbinol* 5,57. Die UV-Maxima der blauen bzw. gelben Formen vorst. Verbb. sowie des Na-Salzes von *4.4'-Bis-[dimethylamino]-triphenylcarbinol-sulfonsäure-(2'')* sind angegegeben. Nachst. $pK_{C^+}$-Werte wurden erhalten: **II** 6,85; **III** 8,54; **IV** 5,81; **V** 5,38; **VI** 8,23; **VII** 6,23; **VIII** 6,37; **IX** 7,97; **X** 9,64; **XI** 7,10; **XII** 7,00; **XIII** 7,13; **XIV** 6,61; **XV** 6,68; **XVI** 6,88. Die UV-Daten sind lösungsmittelabhängig, selbst in OH-freien Medien wie Aceton, Cyclohexan, Chlf. u. Formamid. Dies wird auf Assoziation der Farbstoffmoll. miteinander zurückgeführt, vermutlich erfolgt Micellenbldg. durch Wechselwrkg., z. B. zwischen $NO_2$- u. Aminogruppen. Eingehend diskutiert werden der $pK_{A^+}$- (5,13) u. der $pK_{A^+A^+}$-Wert (ca. 4,1) von **II**, die in guter Übereinstimmung mit Berechnungen aus den Daten von *p-Dimethylaminotriphenylmethan* ($p_H$ der Halbionisation 5,06), *p.p'-Bis-[dimethylamino]-diphenylmethan* ($pK_{A^+}$ 5,7, $pK_{A^+A^+}$ 4,65), *p.p'-Diaminodiphenylmethan* ($pK_{A^+}$ 5,2, $pK_{A^+A^+}$ 4,4) u. *Dimethyl-p-toluidin* ($pK_{A^+}$ 5,5) sind. Untersucht wurde ferner der Temperatureinfl. (23—60°) auf die Gleichgewichte, wobei folgende Größen ermittelt wurden: **II** (für die Rk. $>C-OH \rightleftharpoons >C^+ + OH^-$) $\Delta G_3$ 9,7; $\Delta H_3$ 10,0 (kcal/Mol) $\Delta S_3$ 1 (cal/Grad·Mol) bzw. (für die Rk. $>C^+ + H_2O \rightleftharpoons >C-OH + H^+$) $\Delta H_2$ 4,60 u. $\Delta G_2$ 9,22; **III** 7,45, 11,0, +12, 3,70, 11,50; **IV** 11,1, 11,0, 0, 3,65, 7,87; **V** 11,85, 11,0, —2,5, 3,25, 7,15; **VI** 7,80, 9,6, +6, 4,85, 11,20; **VII** 10,60, 9,8, —2,5, 4,50, 8,40; **VIII** 10,30, 9,5, —2,5, 4,50, 8,40; **IX** 8,19, —, —, —, 10,80; **X** 6,69, 11,5, 16, 4,12, 12,96; **XI** 9,35, 9,5, ca. 0, 4,8, 9,65; **XII** 9,60, 9,7, ca. 0, 4,9, 9,40; **XIII** 9,30, 9,0, —1, 5,4, 9,70; **XIV** 10,1, 9,7, —1, 4,6, 8,95; **XV** 9,9, 9,6, ca. 0, 4,9, 10,0; **XVI** 9,70, 9,6, ca. 0, 4,9, 9,30; **I** 13,72, 13,9, ca. 0, 0,45, 5,25; **XVII** 6,37, 9,0, +8,75, 5,4, 12,60. Wegen der etwas höheren $\Delta H_3$-Werte von **III**—**V** im Vgl. zu **II** wird geschlossen, daß die in schwach alkal. Pufferlsgg. beobachteten Farbunterschiede nicht auf einen Substituenteneinfl. auf die Reaktionswärme zurückzuführen sind. Die kleineren $\Delta H_3$-Werte von **VI** u. **VIII** können mit einem Konjugationseffekt zusammenhängen, während die von **XIV**—**XVI** durch Hyperkonjugationswrkgg. bestimmt werden. Der hohe Wert von **I** wird mit einer Stabilisierung des Carboniumions durch Konjugation erklärt. Für **XVII** wird eine Art „Sättigung" der positiven Ladung am C-Atom angenommen, wodurch ein kleinerer $\Delta H_3$-Wert, verglichen mit **II**, resultiert. o-Gruppen (wie $NO_2$, Cl, Br) führen zu einer starken Erhöhung der Entropiewerte. — Für die Kinetik der Entfärbung in alkal. Medium zwischen 10 u. 40° wurden folgende Werte erhalten: **II** E 14,6 (kcal/Mol), log A 11 (Liter/Mol·Sek.), $\Delta S_1$ —9 (cal/Grad·Mol) (für die Rk. des Carbinols) bzw. $\Delta S_2$ —10 (für die Rk. des Farbstoffions); **III** 17, 12,6, +9, —3; **IV** 16,6, 12,4, —4, —4; **V** 16,8, 12,6, —6, —3; **VI** 16,8, 12,4, +2, —4; **VII** 16,4, 12,2, —8, —5; **VIII** 16,6, 12,3, —8, —5; **IX** 16,8, 12,4, —, —4; **X** 17,5, 12,8, +14, —2; **XI** 15,7, 11,7, —7, —7; **XII** 15,2, 11,4, —8, —8; **XIII** 15,7, 11,7, —8, —7; **XIV** 15,6, 11,6, —8, —7; **XV** 15,3, 11,5, —8, —8; **XVI** 15,6, 11,7, —7, —7; **I** 13,4, 10,5, —12, —12; **XVII** 14,7, 10,3, —4, —13. Schon ab $p_H$ 12 macht sich die mit abnehmendem $p_H$-Wert stärker werdende Neben-Rk. $>C^+ + H_2O \rightarrow >COH + H^+$ so bemerkbar, daß bei $p_H$ 12 eine entsprechende Korrektur der Daten vorgenommen werden muß. Die E-Werte von **I**, **II** u. **XVII** wachsen nur wenig in dieser Folge. Vf. wertet dies als Zeichen für eine weitgehende Konjugation der 3 Phenylkerne im Übergangszustand, die offenbar dann ziemlich in einer Ebene liegen. Die Zunahme von $\Delta S_1$ in der Folge **I**, **II**, **XVII**, **VI**, **III**, **X** zeigt, daß die Bildungswahrscheinlichkeit des aktivierten Komplexes aus dem Carbinol dann zunimmt, wenn eine Häufung von negativen Ladungen in der Nähe des Carbinol-C-Atoms auftritt. In Übereinstimmung hiermit ist die Vorstellung, daß die Ionisation des Carbinols durch einen zentralen Zusammenstoß des Mol. mit $H^+$ oder dem H-Atom eines $H_2O$-Mol. erfolgt. Der stark negative $\Delta S_2$-Wert von **I** wird durch die Annahme gedeutet, daß bei **I** ein Treffen zwischen $OH^-$ u. dem zentralen C-Atom unter Ladungsaustausch viel weniger wahrscheinlich ist, weil die Ladung durch Konjugation zwischen C- u. p-N-Atom bedingt ist. — Folgende Verbb. wurden nach FIERZ-DAVID (aus substituiertem Benzaldehyd u. Dimethylanilin in Ggw. von HCl u. folgende Oxydation

mit $PbO_2$ in HCl) bzw. nach LAMPRECHT [1904] dargestellt: *4.4'-Bis-[dimethylamino]-triphenylcarbinol* (*Malachitgrünbase*), F. 107—107,5°; II-Oxalat, $C_{23}H_{26}N_2O \cdot 2\ C_2H_2O_4 \cdot 3\ H_2O$, F. 78°; 72% (Ausbeute). — *Bis-4.4'-[dimethylamino]-2''-bromtriphenylcarbinol* (VI), F. 175° (Zers.), aus o-Brombenzaldehyd (F. 22°, Kp. 230°) über Bis-4.4'-[dimethylamino]-2''-bromtriphenylmethan (F. 151°). — *Bis-[4.4'-dimethylamino]-3''-bromtriphenylcarbinol* (VII), F. 182°, aus m-Brombenzaldehyd (Kp. 228°) über Bis-4.4'-[dimethylamino]-3''-bromtriphenylmethan ($C_{23}H_{25}BrN_2$, F. 122°). — *Bis-4.4'-[dimethylamino]-4''-bromtriphenylcarbinol* (VIII), F. 179°, aus p-Brombenzaldehyd (F. 56—57°) über Bis-4.4'-[dimethylamino]-4''-bromtriphenylmethan (F. 106°; 71%). — *Bis-4.4'-[dimethylamino]-2''-chlortriphenylcarbinol* (IX), F. 155° (fahlgelbe Kristalle), aus o-Chlorbenzaldehyd (Kp. 208°) über Bis-4.4'-[dimethylamino]-2''-chlortriphenylmethan (F. 145—146°), Reinigung über Bis-[4.4'-dimethylamino]-2''-chlortriphenylcarbinylchlorid ($C_{23}H_{24}Cl_2N_2$, F. 169—171° [Zers.]). — *4.4'-Bis-[dimethylamino]-2''.6''-dichlortriphenylcarbinol* (X), F. 187°, aus 2.6-Dichlorbenzaldehyd (F. 70°) über 4.4'-Bis-[dimethylamino]-2''.6''-dichlortriphenylmethan (F. 117°; 68%). — *4.4'-Bis-[dimethylamino]-2''-nitrotriphenylcarbinol* (III), F. 163°, aus o-Nitrobenzaldehyd (Kp.$_{15}$ 156°) über 4.4'-Bis-[dimethylamino]-2''-nitrotriphenylmethan (F. 159—160°; 60%). — *4.4'-Bis-[dimethylamino]-3''-nitrotriphenylcarbinol* (IV), F. 158°, aus m-Nitrobenzaldehyd (F. 58°). — *4.4'-Bis-[dimethylamino]-4''-nitrotriphenylcarbinol* (V), F. 150° (Zers.), aus p-Nitrobenzaldehyd (F. 106 bis 107°) über Bis-4.4'-[dimethylamino]-4''-nitrotriphenylmethan (F. 176—177°; 70%). — *4.4'-Bis-[dimethylamino]-2''-methoxytriphenylcarbinol* (XI), F. 109—110°, aus o-Methoxybenzaldehyd (F. 35°, Kp. 243—244°, Kp.$_{15}$ 120°, aus Salicylaldehyd, $CH_3J$ u. $Ag_2O$; 83%) über Bis-4.4'-[dimethylamino]-2''-methoxytriphenylmethan (F. 152—153°; 51%). — *4.4'-Bis-[dimethylamino]-3''-methoxytriphenylcarbinol* (XII), F. 148°, durch Methylierung von m-Hydroxybenzaldehyd (F. 104,5°) über 4.4'-Bis-[dimethylamino]-3''-methoxytriphenylmethan (F. 123°; 71%). — *4.4'-Bis-[dimethylamino]-4''-methoxytriphenylcarbinol* (XIII), F. ca. 120—130° (Zers.), aus Anisaldehyd (Kp. 247°) über 4.4'-Bis-[dimethylamino]-4''-methoxytriphenylmethan (F. 120°; 59%). — *4.4'-Bis-[dimethylamino]-2''-methyltriphenylcarbinol* (XIV), F. ca. 115—140°, aus o-Tolylaldehyd (Kp. 198°) über 4.4'-Bis-[dimethylamino]-2''-methyltriphenylmethan ($C_{24}H_{28}N_2$, F. 102—103°). — *4.4'-Bis-[dimethylamino]-3''-methyltriphenylcarbinol* (XV), F. 134°, über 4.4'-Bis-[dimethylamino]-3''-methyltriphenylmethan (F. 133°). — *4.4'-Bis-[dimethylamino]-4''-methyltriphenylcarbinol* (XVI), F. 171°, über 4.4'-Bis-[dimethylamino]-4''-methyltriphenylmethan (F. 143°). — *4.4'.2''-Tris-[dimethylamino]-triphenylcarbinol*, F. 169°, aus o-Dimethylaminobenzaldehyd (Kp.$_{15}$ 117° [gelbes Öl], aus Anthranil [Kp. 215°]; 50%) über 4.4'.2''-Tris-[dimethylamino]-triphenylmethan (F. 134°). — *p.p'-Bis-[dimethylamino]-diphenylmethan*, F. 91°, aus Dimethylanilin u. HCHO in Ggw. von HCl nach DÖBNER [1879]. — *p-Dimethylaminotriphenylcarbinol*, F. 133°, nach DÖBNER u. PETSCHOW [1887]. (Cahiers de Physique [10] **1956**. Nr. 71/72. 1—22. Juli/Aug. Paris, Univ., Fac. des Sci.)
B. GNAUCK. B 221

**Józef Hurwic, Jerzy Michalczyk** und **Krystyna Pogorzelska**, *Molekülverbindungen von Pyridin und Essigsäure.* Vff. stellen fest, daß die dielektr. Polarisation der Gemische *Pyridin–Essigsäure* in Benzollsgg. große Abweichungen von der Additivität aufweist u. versuchen den Mechanismus der Entstehung verschied. Mol.-Verbb. zu deuten. (Roczniki Chem. [Ann. Soc. chim. Polonorum] **31.** 265—75. 1957. Warszawa, Politechn. Warszawska, Katedra Chemii Fizycznej.) A. BABCZYŃSKI. B 223

**Tamiya Sono**, *Über die Assoziation von Pb-Ionen mit verschiedenen Anilinfarbstoffen.* In wss. Lsg. wird die Assoziation von 20 Anilinfarbstoffen mit $Pb^{2+}$ aus $Pb(NO_3)_2$ untersucht. Die $Pb^{2+}$-Konz. wird polarograph. bestimmt. Bei fast allen Verbb. ist bei 30 ± 0,1° nach 24 Std. die Konz. an $Pb^{2+}$ niedriger als die anfängliche, diese Abnahme wird auf Bldg. einer Verb. oder Adsorption von $Pb^{2+}$ an die Farbstoffe zurückgeführt. Das Mol.-Verhältnis Pb : Farbstoff beträgt 1,0—45% (*Kongorot* 23%, *Auramin* 3%, *Methylenblau BB* —). Es ist bei sauren Verbb. höher als bei bas., mit Ausnahme von *Wasserblau* (1%). Außerdem wurden folgende Farbstoffe untersucht (% Pb): *Bordeaux R* (8), *TropäolinO* (9), *Säurebraun* (11), *Kongorubin* (16), *Azoblau* (19), *Trypanblau* (9), *Methylviolett 5B* (3), *Dahliaviolett* (0), *Methylgrün* (6), *Rhodamin B* (5), *Eosin gelblich* (18), *Erythrosin* (45), *Eosin bläulich* (11), *Neutralrot* (5), *Safranin T* (4) u. *Thionin* (3). (J. Kyoto prefect. med. Univ. **57.** 588—90. Mai 1955. Kobe, Med. Hochschule. [Orig.: japan.; Auszug: engl. S. 55.]) L. SCHULER. B 223

**A. C. Maehly** und **Å. Åkeson**, *Stabilisierung wässeriger Häminlösungen.* Aussehen u. Höhe der Soretbande von *Protohämin* (I) in 0,01 m Phosphatpuffer bei $p_H$ 10,4 ändern sich beim Stehen nach einer Rk. 1. Ordnung. Die Halbwertszeit der Rk. beträgt je nach den Versuchsbedingungen 1—20 Stunden. Bei Luftausschluß bleibt das Spektr. eine Woche lang unverändert, Lichtausschluß verringert die Reaktionsgeschwindigkeit erheblich. Die wss. I-Lsg. wird durch Zusatz von 50%ig. A. stabilisiert, wobei sich die Banden 385, 495 u. 610 mμ verschärfen u. infolge Bldg. einer I–A.-Verb. nach 400, 482 u. 597 mμ verschieben. Glycerin u. Saccharose haben schwache bzw. sehr schwache stabilisierende Wirkung. Bei niedrigem $p_H$ wird eine andere I–A.-Verb. gebildet. Weitere Verss. zeigen, daß 1 : 2-Verbb. von I u. A. mit starkem Dissoziationsbestreben vorliegen. Zwischen $p_H$ 4 u. 6 tritt die Umwandlung der sauren u. bas. I–A.-Verbb. ein. Die Dissoziationskonstante des I–CN-Komplexes in A. ist $1{,}6 \cdot 10^{-3}$ u. damit ca. 8mal größer als in rein wss. Lösung. Für die alkoh. I-Lsgg. (50% A.) gilt das Beersche Gesetz oberhalb $p_H$ 13 nicht, hier nimmt der Extinktionskoeff. mit der I-Konz. ab. Das Diagramm $\log[Fe(C_2H_5OH)_2]$ gegen $\log[Fe_2(OH)_2]^{1/2}$ zeigt eine Gerade mit der Steigung 1 u. dem Abschnitt $-1/2 \log K$. Vff. nehmen an, daß die A.-Verbb. erst gebildet werden können, nachdem die dimeren I-Moll. von A. in ähnlicher Weise depolymerisiert werden wie von Cyanid. Da A. das Spektr. von wss. I-Dicyanid nur wenig verändert, scheinen die A.- u. $CN^-$-Gruppen um dieselben Bindungsstellen in I zu konkurrieren. Messungen der magnet. Susceptibilität zeigen, daß der Bindungstyp von Hämatin in wss.-alkoh. Lsg. von dem des I in wss. NaOH unterschieden ist. — Methanol bildet wie A. ähnliche Komplexe mit I. Die Deuterohämin-A.-Spektren ähneln denen von I. Über die Natur der Bindung zwischen I u. A. wird diskutiert. (Acta chem. scand. **12.** 1259—73. 1958. Philadelphia, Pa., Univ. of Pennsylvania, E. R. Johnson Found. for Med. Phys.; Stockholm, Sweden, Nobel Med. Inst., Biochem. Dep.) E. Dehmlow. B 223

**David Dyrssen** und **Ebbe Johansson,** *Untersuchungen über die Extraktion von Metallkomplexen.* 20. Mitt. *Die Dissoziationskonstanten und Verteilungskoeffizienten von 1-Nitroso-2-naphthol und 2-Nitroso-1-naphthol.* (19. vgl. Svensk kem. Tidskr. **67.** [1955.] 311; 30. vgl. C. **1959.** 6727.) Es wurde die Absorption von *1-Nitroso-2-naphthol* (I; F. 112°) u. *2-Nitroso-1-naphthol* (II; F. 160°) in 0,1n $NaClO_4$-Lsg. bei verschied. $p_H$-Werten zwischen 1,8 u. 10,46 gemessen u. die Dissoziationskonstante $K_a$ berechnet. Für I beträgt $pK_a = 7{,}63 \pm 0{,}02$, für II $7{,}24 \pm 0{,}02$, eine potentiometr. Best. ergab für I $pK_a = 7{,}59 \pm 0{,}02$. I u. II haben ganz verschied. Eigg.; das IR-Spektr. zeigt für I eine starke zwischenmol. H-Bindung u. eine breite CO-Bande. Es wird daher die chinoide Form mit einer OH-Bindung von 1,10 Å u. einer H-Bindung von 1,5 Å angenommen. Auch die Elektronenverteilung in Naphthalin spricht für diese Struktur u. erklärt die Tatsache, daß II stärker sauer reagiert als I. Die Löslichkeiten sind in organ. Lösungsmitteln verschieden, in W. dagegen ähnlich, Verteilungskoeffizienten zwischen Chlf. u. W. I 2,97; II 2,11; zwischen Hexon (Methylisobutylketon) u. W. I 2,55; II 2,23. (Acta chem. scand. **9.** 763—70. 1955. Sundbyberg, Sweden, Res. Inst. of Nat. Def., Dep. 1.) H. Pluskal. B 224

**Dorothy A. Semenow** und **John D. Roberts,** *Verwendungen von Isotopen in der organischen Chemie.* Nach Angaben über die zur Lösung organ.-chem. Probleme geeigneten Isotopen (Tabelle), die Beschaffung von solchen enthaltenden Verbb. u. über Messungen mit Ionisationskammern, GM- u. Scintillationszählern, Massenspektrographen u. IR-Spektrometern u. einem ausführlich gebrachten Problembeispiel werden Aufklärungen von Strukturen u. Reaktionsmechanismen bei Substitutionen, Eliminierungen, Carbonium-Rkk. u. Umlagerungen, Arbeiten über reaktionsfähige Orte hoher oder niedriger Elektronendichte in Moll., die Wrkg. der Einführung von Isotopen (bes. von D) auf Reaktionsgeschwindigkeiten u. als Ursache von opt. Aktivität, Arbeitsweisen der Isotopenverdünnungsanalyse u. die Chromatographie akt. markierter Gemische behandelt. — 41 Literaturangaben. (J. chem. Educat. **33.** 2—14. Jan. 1956. Kagaku-no-Ryôiki [J. Jap. Chem.] **10.** 678—93. Aug. 1956 [Orig.: japan.]. Pasadena, Calif., Inst. of Technol.)
K. Blumrich. B 225

**A. A. Sprysskow** und **Ju. G. Jerykalow,** *Zur Orientierung bei der Substitution am aromatischen Kern.* 3. Mitt. *Isomerisation von Dichlorbenzolen.* (2. vgl. C. **1959.** 6085.) Die isomeren Dichlorbenzole liefern beim Erhitzen mit $AlCl_3$ ein Gleichgewichtsgemisch mit ca. 16% *o-*, 30% *p-* u. 54% *m-Dichlorbenzol.* Daneben tritt geringe Disproportionierung (Bldg. von Monochlorbenzol) u. Verharzung ein. — Die Umwandlungsgeschwindigkeit hängt von der $AlCl_3$-Menge ab. Die Zus. des Reaktionsprod. wird in Abhängigkeit von Ausgangsstoff, $AlCl_3$-Menge (0,1—2,0 Mol), Reaktionstemp. (120—160°) u. Reaktionsdauer (5—375 Std.) tabellar. angegeben. Das Gleichgewicht hat sich bei 160° in Ggw. von 20 Gew.-% $AlCl_3$ nach ca. 50—75 Std. eingestellt. (Журнал Общей Химии [J. allg. Chem.] **28** **(90).** 1637—42. Juni 1958. Iwanowo, Chem.-Technol. Inst.)
Helmut Schäfer. B 225

**Miroslav Večeřa,** *Die Umlagerung der aromatischen Hydrazoverbindungen.* Übersicht unter besonderer Berücksichtigung der Mechanismen. — 102 Literaturangaben. (Chem. Listy **52.** 1373—1408. Juli 1958. Pardubice-Rybitví, Výzk. Ústav organ. synth.)
J. Kovář/Prag. B 225

**R. T. Conley** und **F. A. Mikulski,** *Anomale Beckmann-Umlagerungen in Polyphosphorsäure.* 1. Mitt. *Benzilmonoxim und verwandte Oxime.* (Vorl. Mitt. vgl. Tetrahedron [London] **3.** [1958.] 90.) Bei der anomalen BECKMANN-Umlagerung (U) von *α-Benzilmonoxim* in Polyphosphorsäure (I) bilden sich bei 25° in 7 Std. 96% Benzoesäure [(II); F. 121,5—122°, alle FF. korr. im Capillarschmelzpunktsapp.], 87% Benzonitril [III; → II u. $NH_3$, bzw. → Benzamid (IV), F. 128—130°] u. 3% IV (F. 128—130°), bei 65° in 1½ Std. 98% II, 80% III u. 15% IV bzw. bei 120° in 15 Min. 98% II, 0% III u. 92% IV. Dies beweist, daß bei der anomalen U zunächst III entsteht, daß bei höherer Temp. zu IV hydrolysiert wird. Die bei der Nitrosierung von *Desoxybenzoin* mit $NaNO_2$ in I bei 25° entstehende Nitrosoverb. lagert sich in diesem sauren Medium sofort zum Oxim um, das dann der anomalen U unterliegt u. III ($Kp._{10}$ 68—70°) u. II bildet. *α-Benzoinoxim* liefert in I in 8 Std. bei 25° 26% III u. 33% Benzaldehyd ($Kp._{10}$ 60—63°; 2.4-Dinitrophenylhydrazon, F. 236—237,5°; Semicarbazon, F. 222,5°). Aus *α-Benzildioxim* (V) in I entsteht bei 120° in 12 Min. 99% 3.5-Diphenyl-1.2.4-oxadiazol ($C_{14}H_{10}N_2O$, F. u. Misch-F. 108—108,5°) bei 25° daneben 4% N-Phenyl-N'-benzoylharnstoff (VI). V unterliegt demnach der n. U, wobei durch — zum geringen Teil — während der U erfolgenden Konfigurationsumkehr VI gebildet wird. (J. org. Chemistry **24.** 97—100. Jan. 1959. Buffalo, N. Y., Canisius Coll., Dep. of Chem.) K. BECKER. B 225

**S. Winstein, Fulvio Gadient, E. T. Stafford** und **Paul E. Klinedinst jr.,** *Ein nichtklassisches Tricycloheptoniumkation. trans-Bicyclo-[3.2.0]-heptyl-(2)-p-brombenzolsulfonat* [I; F. 61—62° aus dem Alkohol durch Solvolyse von syn-Norbornenyl-(7)-p-toluolsulfonat; vgl. C. **1957.** 10434] liefert bei 50° in Eisessig unter Umlagerung zu 83% *Bicyclo-[2.2.1]-heptyl-(7)-p-brombenzolsulfonat* (III). Von den restlichen 17% sind 94% *Bicyclo-[2.2.1]-heptyl-(7)-acetat* (VI), 5% nicht umgelagertes *trans-Bicyclo-[3.2.0]-heptyl-(2)-acetat* (IV) u. 1% Olefin, *Bicyclo-[3.2.0]-hepten-(2)* (V). Bei 25° entstehen 86% III, bei 100° 79%. Die Ionisation von I ist anchimer beschleunigt, da die Geschwindigkeitskonstante der Acetolyse ($5{,}66 \cdot 10^{-4} sec^{-1}$, 50°) einige $10^2$mal größer ist als die des cis-Isomeren. Acetolyse von III bei 205° liefert 91% VI, 7% IV u. 2% V. Die Bldg. von IV aus III oder I ist stereospezifisch. Die Ergebnisse sprechen für das Ion II als Zwischenprodukt. Aus kinet. Daten folgt, daß die Gleichgewichtskonstante $K = [I]/[III] \approx 5 \cdot 10^{-11}$ u. die mol. freie Energie von I um ca. 14000 cal/Mol höher ist als die von III. (J. Amer. chem. Soc. **80.** 5895—96. 5/11. 1958. Los Angeles, Calif., Univ., Dep. of Chem.) F. SCHAUDER. B 225

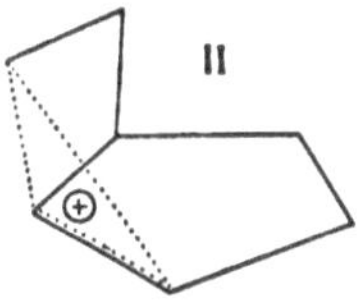
II

**I. W. Beresin, L. Ss. Wartanjan, B. G. Dsantijew, N. F. Kasanskaja** und **N. M. Emanuel,** *Tracer-Untersuchung der Reihenfolge der Umwandlung der Hauptzwischenprodukte der Oxydation von Cyclohexan in flüssiger Phase.* (Vgl. C. **1955.** 4084.) Die Oxydation von *Cyclohexan* (I) mit Luft (9 at) wird bei 155° in fl. Phase mit Zusatz kleiner Mengen $^{14}C$-markierten Cyclohexanols (II) u. Cyclohexanons (III) durchgeführt. Die einzelnen Prodd. werden verbrannt u. die Radioaktivität des entstandenen $^{14}CO_2$ geprüft. Als prim. Prod. entsteht aus I zunächst II, das nach einer Induktionsperiode gemäß einer Rk. 1. Ordnung in III übergeht. Mindestens 55% des III werden in Adipinsäure (IV) u. deren Monomethylester umgewandelt (über das o-Peroxyd u. Adipinsäurehalbaldehyd), daneben bilden sich geringe Mengen an Monocarbonsäuren; auch die Oxydation von III ist 1. Ordnung. $CO_2$ entsteht hauptsächlich durch oxydierende Decarboxylierung von IV, zugleich mit niederen Säuren (Ameisensäure). Die Grenzkonzz. an II u. III sind kinet. bedingt. (Журнал Физической Химии [J. physik. Chem.] **31.** 340—49. Febr. 1957. Moskau, Lomonossow-Univ.) R. K. MÜLLER. B 225

**Jerzy Kroh** und **Zbigniew Czerwik,** *Fluorimetrische Untersuchungen der Lucigeninoxydation.* Vff. untersuchten die im Chemiluminescenzprozeß verlaufenden Fluorescenzveränderungen des *Lucigenins* (I) u. dessen Oxydationsprodukte. Durch Vgl. der kinet. Kurven der Abnahme der Fluorescenzintensität von I u. der Fluorescenzzunahme von *N-Methylacridon* mit den Kurven der Reaktionsgeschwindigkeit, die auf anderem Wege erhalten wurden, wurden Schlüsse über den Mechanismus der einzelnen Stadien des Prozesses gezogen. (Roczniki Chem. [Ann. Soc. chim. Polonorum] **31.** 915—26. 1957. Łódź, Politechn., Zakład Chemii Fiz.) A. BABCZYŃSKI. B 225

**Léo A. Pohoryles** und **Shalom Sarel,** *Alkalische Hydrolyse der Carbonate von Alkandiolen-(1.2) und 2.2-disubstituierten Propandiolen-(1.3).* Durch Umsetzung von Glykolen mit sd. Diäthylcarbonat in Ggw. von 1 Mol-% $CH_3ONa$ unter Abdest. des gebildeten A. wurden in 65—90%ig. Ausbeute die entsprechenden *cycl. Glykolcarbonate* hergestellt. Die Verseifungsgeschwindigkeit der fünfgliedrigen cycl. Carbonate entspricht der der entsprechenden Lactone, während die Verseifungsgeschwindigkeit der sechsgliedrigen cycl. Carbonate nur das 18fache derjenigen der fünfgliedrigen beträgt. Es werden die Reaktionsgeschwindigkeitskonstanten 2. Ordnung der Hydrolyse mit NaOH bzw. $K_2CO_3$ in W. bei 0° von folgenden Verbb. angegeben: *Äthylacetat* 1,2; $4{,}2\cdot 10^{-3}$ [Liter/Mol·Min.]. — *Diäthylcarbonat* 0,46; —. — *γ-Butyrolacton* 9,5; $5{,}0\cdot 10^{-2}$. — *γ-Valerolacton* 3,5 (berechnet); $4{,}0\cdot 10^{-2}$. — *δ-Valerolacton* 1830,0 (berechnet); —. — *Äthylenglykolcarbonat* —; $5{,}1\cdot 10^{-2}$. — *Propylenglykolcarbonat* —; $4{,}7\cdot 10^{-2}$. — *Trimethylenglykolcarbonat* —; 0,9. — *Neopentylglykolcarbonat* —; 1,3. — *2.2-Diäthylpropandiol-(1.3)-carbonat* —; 1,0. — *2-Methyl-2-n-propylpropandiol-(1.3)-carbonat* —; 1,0. — *2-Phenyl-2-äthylpropandiol-(1.3)-carbonat* —; 1,0. — *Pinakoncarbonat* 0,2 (30°); $1{,}0\cdot 10^{-3}$ (30°). — *Hydrobenzoincarbonat* —; 0,8. (C. R. hebd. Séances Acad. Sci. **245**. 2321—23. 16/12. 1957.)

F. HELLER. B 225

**Ss. N. Baranow** und **R. W. Wisgert,** *Einfluß der Natur der Alkoholkomponente auf die Geschwindigkeit der alkalischen Hydrolyse von Estern.* 2. Mitt. *Hydrolyse von Phenyl- und Benzylestern.* (1. vgl. C. **1956**. 9961.) Von den bisher untersuchten Estern werden die Phenylester am raschesten alkal. hydrolysiert. Allg. wird die Hydrolysengeschwindigkeit (HG) durch den Phenylrest um so stärker beeinflußt, je näher dieses dem C der COOH-Gruppe ist. Einführung des elektronegativen Phenylrestes sowohl in die Säure- als auch in die Alkoholkomponente erhöht die HG der Ester, außer bei den Benzoesäureestern, bei denen der Phenylrest mit COOH verbunden ist u. sein räumlicher Einfl. den die Hydrolyse begünstigenden Elektroneneinfl. überdeckt. Reihenfolge der HG, in () log PZ u. Aktivierungsenergie E für die Essig- bzw. Benzoesäureester: *A.* (9,09; 14450. — 8,88; 15430 [cal/Mol]) < *β-Phenyläthylalkohol* (—; —. — 8,11; 14390) < *Benzylalkohol* (8,41; 13000. — 8,48; 14630) < *Phenol* (10,09; 14100. — 10,19; 15600) < *4.4'-Dihydroxydiphenylsulfon* (9,14; 12180. — 9,28; 13440) < *4-Hydroxydiphenylsulfon* (9,04; 11750 — 9,14; 12900). Ferner wurden untersucht [in () log PZ- u. E-Werte für die Phenyl- bzw. Benzylester] die Ester von *Propionsäure* (9,92; 14150. — 8,26; 13200); *Buttersäure* (9,92; 14440. — 8,25; 13500); *Valeriansäure* (9,88; 14630. — 8,07; 13620); *Isobuttersäure* (10,33; 15100. — 9,05; 14750); *Isovaleriansäure* (9,69; 14900 — 8,07; 14050); *Phenylessigsäure* (9,48; 12780 — 8,01; 12230) u. *β-Phenylpropionsäure* (8,96; 12830 — 7,63; 12350) sowie von *β-Phenyläthylbutyrat* (7,95; 13190). Die Verss. wurden wie l. c. in 70% wss. Dioxan bei 0° u. 15° durchgeführt. (Журнал Общей Химии [J. allg. Chem.] **27** (**89**). 909—13. April 1957. Lwow, Med. Inst. u. polytechn. Inst.)

R. K. MÜLLER. B 225

**Dieter Klamann** und **Eberhard Fabienke,** *$S_N$cA-Reaktionen an der Sulfonylgruppe von Arylsulfonsäureverbindungen.* 4. Mitt. *Der Mechanismus der Sulfonamid-Umamidierung und -Entalkylierung durch Aminsalze.* (3. vgl. C. **1959**. 9875.) Die Umamidierung von Sulfonamiden durch Aminsalze in der Schmelze oder in hochsd. Lösungsmitteln erfolgt durch Anlagerung eines Protons u. nachfolgendem nucleophilen Austausch an der Sulfonylgruppe der konjugierten Säure oder Abspaltung eines Arylsulfonylkations. Als Beispiele wurden untersucht die Umamidierung mit Anilin·HCl (**II**) a) ohne Lösungsmittel bei 200° von *N-Äthyl-p-toluolsulfanilid* (**I**; F. 87°, Menge an gebildetem *p-Toluolsulfanilid* 90,7%), *-p-chloranilid* (89,9%), *-p-nitranilid* (69,1%), *-p-toluidid* (93,0%) u. *-p-anisidid* (93,7%); b) mit Piperidin·HCl (**III**) in Phenol bei 200 ± 2° von *p-Toluolsulfanilid* [**IV**; F. 102,5—103°, Menge an gebildetem *p-Toluolsulfonsäurepiperidid* (**VI**) 12,5%], *-p-nitroanilid* (F. 188—191°, 5,8%), *-p-chloranilid* (10,6%), *-p-toluidid* (13,5%) u. *-p-anisidid* (**V**; 14,9%); c) von **I** mit **II**, Pyridin·HCl oder $(CH_3)_4NJ$ in Anilin oder/u. Chloranilin, von **IV** u. **V** mit **III** ohne Lösungsm. u. von *N.N-Diäthyl-p-toluolsulfamid* mit $(CH_3)_4NJ$ in Anilin; d) von **II** mit *p-Toluolsulfonpyrrolidid* (Ausbeute an **IV** 16,2%), *-hexamethylenimid* (4,9%), **VI** (13,7%), hier ist die Ausbeute bei der reinen $S_N$-Spaltung mit Isoamylat (6 Std. Sieden) an entsprechendem Amin 92,5, 70,2 u. 80,7%; e) von **II** mit *N-Äthyl-p-toluolsulfon-β-naphthylamid* (Ausbeute an **IV** 57,5%), *N-Methyl-p-toluolsulfon-α-naphthylamid* (16,3%), bei der Spaltung mit Isoamylat dagegen 99,9 bzw. 68,3% an entsprechendem Amin; f) von **II** in Anilin bei 200° mit *N-Äthylbenzolsulfonsäure-* (Ausbeute an entsprechendem Anilid 55,6%), **I** (59,8%), *-β-Naphthalinsulfonsäure-* (46,9%) u. *-α-naphthalinsulfonsäureanilid* (52,0%). Elektronenanziehende Gruppen an der $SO_2$-Gruppe u. am N-Atom (abnehmende Reaktivität $p\text{-}OCH_3 > CH_3 > H > Cl > NO_2$) benachteiligen die Umamidierungs-Rk., erleichtern dagegen die Alkylabspaltung. Elektronendonatoren begünstigen die $S_N$cA-Umamidierung infolge relativer Negativierung des Sulfonamid-Stickstoffs. Eine Unterscheidung zwischen Entalkylierung u. Umamidierung gelang eindeutig mit *N-Äthyl-p-toluolsulfonsäure-$^{14}C_{(1)}$-anilid.* Bei Umamidierungen der Verbb. mit cycl. Amidrest fällt die Reaktivität mit der Größe des Ringes, bei den Naphthylamiden sind die α-Derivv. ster. gehindert.

Versuche: *β-Naphthalinsulfonsäure-p-toluidid,* F. 127,5° (A.), aus dem Sulfochlorid mit Toluidin; 95% (Ausbeute). Daneben *N.N-Bis-[β-naphthalinsulfonyl]-p-toluidid,*

F. 185,5—187° (Essigsäure); 4,5%. — Analog: *N-Äthyl-β-naphthalinsulfonsäureanilid*, $C_{18}H_{17}NO_2S$, F. 77,5—78° (Essigsäure); 95,1%. — *N-Äthyl-α-naphthalinsulfonsäureanilid*, $C_{18}H_{17}NO_2S$, F. 96° (A. oder Essigsäure); 86,0%. — *N-Äthyläthansulfanilid*, $C_{10}H_{15}NO_2S$, F. 14,5°, $Kp._{0,6}$ 126° (Zers.), $n_D^{20}$ 1,5255; 43,8%. (Chem. Ber. **92.** 712—24. 21/3. 1959. Berlin, TU, Techn. Chem. Inst.) W. SCHRAMM. B 225

**G. Baddeley** und **S. Varma** (unter Mitarbeit von **M. Gordon**), *Beziehung zwischen Hyperkonjugation und Konformation.* 2. Mitt. *Die Äthylalkoholyse einiger Homologer von Diphenylmethylchlorid.* (1. vgl. C. **1953.** 3702.) Nach der Meth. von HUGHES u. Mitarbeitern (J. chem. Soc. [London] **1940.** 949) wurde die Kinetik der Solvolyse folgender Verbb. in absol. A. zwischen 0 u. 25° untersucht: *Diphenylmethylchlorid* E = 21,8 [kcal/Mol], $A \cdot 10^{-11} = 4{,}47$ [$sec^{-1}$], *4-Methyl-* 19,5, 2,14, *4-Äthyl-* 20,0, 5,13, *4-n-Propyl-* 20,2, 5,89, *4-[2-Methylpropyl]-* 20,3, 6,46, *4-[2.2-Dimethylpropyl]-diphenylmethylchlorid* 20,6, 10,0 sowie zwischen 0 u. 20° von *3.5-Dimethyldiphenylmethylchlorid*, 21,1, 5,5, *4-Methyl-* 18,8, 2,5, *4-Äthyl-* (**I**) 19,1, 3,8 u. *4-n-Propyl-3.5-dimethyldiphenylmethylchlorid* (**II**) 19,3, 5,4. Die Daten zeigen, daß die Hyperkonjugationseffekte der 4-Äthyl- bzw. 4-Propylgruppe in **I** bzw. **II** durch die $CH_3$-Gruppen in 3- u. 5-Stellung nicht beeinflußt werden. Die Hyperkonjugation einer prim. Alkylgruppe wird also durch die Rotation der Gruppe um die Bindung zum aromat. Kern nicht geändert.

V e r s u c h e: *3.5-Dimethyldiphenylmethanol*, $C_{15}H_{16}O$, F. 50—51° (PAe.), $Kp._{1,0}$ 161 bis 163°, durch Red. von 3.5-Dimethylbenzophenon (F. 69°) mit $LiAlH_4$; 73% (Ausbeute); lieferte mit HCl *3.5-Dimethyldiphenylmethylchlorid*, $C_{15}H_{15}Cl$, $Kp._{0,1}$ 143°. — *3.4.5-Trimethylbenzoesäure*, F. 214°, durch Oxydation von 3.4.5-Trimethylacetophenon mit Hypochlorit; *Säurechlorid*, $C_{10}H_{11}ClO$, $Kp._{15}$ 140°. — *3.4.5-Trimethylbenzophenon*, $C_{16}H_{16}O$, $Kp._{14}$ 198—200°, durch FRIEDEL-CRAFTS-Synth. von vorst. Säurechlorid mit Bzl.; $n_D^{17,5}$ 1,6002. — *3.4.5-Trimethyldiphenylmethanol*, $C_{16}H_{18}O$, F. 81—82° (PAe.), durch Red. vorst. Verb. mit $LiAlH_4$; lieferte *3.4.5-Trimethyldiphenylmethylchlorid*, $C_{16}H_{17}Cl$, $Kp._{0,06}$ 154—155°. — *4-Äthyl-3.5-dimethylbenzoesäure*, $C_{11}H_{14}O_2$, F. 178—179° (Bzl.), aus 4-Äthyl-3.5-dimethylacetophenon; *Säurechlorid*, $C_{11}H_{13}ClO$, $Kp._{19}$ 152 bis 154°. — *4-Äthyl-3.5-dimethylbenzophenon*, $C_{17}H_{18}O$, $Kp._{0,12}$ 149—152°, aus vorst. Säurechlorid nach FRIEDEL-CRAFTS; lieferte *4-Äthyl-3.5-dimethyldiphenylmethanol*, $C_{17}H_{20}O$, F. 75—76° (PAe.); gab *4-Äthyl-3.5-dimethyldiphenylmethylchlorid* (**I**), $C_{17}H_{19}Cl$, $Kp._{0,1}$ 162°. — *3.5-Dimethyl-4-n-propyldiphenylmethylchlorid* (**II**), $C_{18}H_{21}Cl$, $Kp._{0,4}$ 165—167°, aus 3.5-Dimethyl-4-n-propylacetophenon über *3.5-Dimethyl-4-n-propylbenzoesäure* ($C_{12}H_{16}O_2$, F. 105°) → *Säurechlorid* ($C_{12}H_{15}ClO$, $Kp._{15}$ 153—153,5°) → *3.5-Dimethyl-4-n-propylbenzophenon* ($C_{18}H_{20}O$, $Kp._{18}$ 217—218°) → *3.5-Dimethyl-4-n-propyldiphenylmethanol* ($C_{18}H_{22}O$, $Kp._{0,65}$ 182—183°). — *4-Neopentyldiphenylmethylchlorid*, $C_{18}H_{21}Cl$, $Kp._{1,0}$ 179°, aus 4-Neopentylbenzophenon ($C_{18}H_{20}O$, F. 84° [PAe.], $Kp._{20}$ 213—215°) über *4-Neopentyldiphenylmethanol* ($C_{18}H_{22}O$, F. 82—83°, $Kp._{0,5}$ 168—170°). (J. chem. Soc. [London] **1958.** 3171—74. Sept. Manchester, Manchester Coll. of Sci. and Technol.) B. GNAUCK. B 225

**G. Baddeley** und **M. Gordon**, *Beziehung zwischen Hyperkonjugation und Konformation.* 3. Mitt. *Äthylalkoholyse einiger Derivate von Diphenylmethylchlorid.* (2. vgl. vorst. Ref.) Die Kinetik der Äthanolyse folgender Chloride wurde analog HUGHES u. Mitarbeitern [1940] titrimetr. zwischen 0 u. 20° untersucht: *3.4-Cyclopenteno-* E = 17,3 [kcal/Mol], $A \cdot 10^{-10} = 1{,}5$ [$sec^{-1}$]; *3.4-Cyclohexeno-* 17,6, 1,7; *3.4-Cyclohepteno-* 18,0, 2,0; *3.4-[3.5-Dimethylcyclopenteno]-* 18,9, 15,8; *3.4-[3.6-Dimethhlcyclohexeno]-* 19,1, 15,5; *3.4-[3.7-Dimethylcyclohepteno]-* 19,4, 15,8; *3.4-[3.3.5.5-Tetramethylcyclopenteno]-* (**I**) 19,2, 25,1; *3.4-[3.3.6.6-Tetramethylcyclohexeno]-diphenylmethylchlorid* (**II**) 19,6, 37,4 u. zwischen 0 u. 25°: *4-Cyclopentyl-* (**III**) 19,1, 11,6 u. *4-Cyclohexyldiphenylmethylchlorid* (**IV**) 19,3, 13,8. Vff. schließen aus den Ergebnissen, daß die Hyperkonjugation zwischen den Methylen- u. Phenylgruppen durch einen Wechsel der Konformationsbeziehungen dieser Gruppen zueinander geändert wird. Obwohl die Hyperkonjugationsbeiträge bei **I** u. **II** nach der Erwartung gleich sein sollten, tritt ein erheblicher Unterschied im Reaktionsvermögen zwischen **I** u. **II** auf. Dementsprechend dürfen die Unterschiede in der Reaktivität bei den anderen Verbb. nicht allein auf Differenzen in der Hyperkonjugation zurückgeführt werden. Die schnellere Rk. von **III** gegenüber **IV** entspricht der Erwartung, da die $CH_2$-Gruppe im Cyclopentylring weiter von der o-Stellung des aromat. Kerns entfernt u. die ster. Wechselwrkg. daher geringer ist.

V e r s u c h e: *1.3-Dimethylindan*, Kp. 199—201°, durch Dest. von 1.3-Dimethylindanol-(1) bei n. Druck u. katalyt. Hydrierung des gebildeten 1.3-Dimethylindens. — *1.2.3.4-Tetrahydro-1.4-dimethylnaphthalin*, $Kp._{12}$ 104—105°, durch Dehydratisierung von 1.2.3.4-Tetrahydro-1-hydroxy-1.4-dimethylnaphthalin mit Ameisensäure u. Hydrierung des 1.2-Dihydro-1.4-dimethylnaphthalins. — *3-Methyl-1.2-benzocycloheptenon-(7)*, $Kp._{16}$ 148—150°, aus 5-Phenylhexansäure über das Säurechlorid ($Kp._{16}$ 145—147°) durch

Cyclisierung mit $AlCl_3$ nach ASPINALL u. BAKER (C. **1951**. I. 3481); *Semicarbazon*, $C_{13}H_{17}N_3O$, F. 204—205°. — *3.7-Dimethyl-1.2-benzocycloheptadien-(1.3)*, $C_{13}H_{16}$, Kp.$_{17}$ 123 bis 124°, aus 3.7-Dimethyl-1.2-benzocycloheptenol-(3); liefert durch katalyt. Hydrierung *3.7-Dimethyl-1.2-benzocyclohepten*, $C_{13}H_{18}$, Kp.$_{18}$ 121—123°. — *1.1.3.3-Tetramethylindan*, Kp. 208—210°, durch Einw. von 85%ig. $H_2SO_4$ auf 2.4-Dimethyl-4-phenylpentanol-(2) oder auf das daraus durch Einw. von HCOOH entstehende Olefin. — *1.2.3.4-Tetrahydro-1.1.4.4-tetramethylnaphthalin*, Kp.$_{760}$ 248°, aus 2.5-Dihydroxy-2.5-dimethylhexan (F. 88—89°) u. HCl über 2.5-Dichlor-2.5-dimethylhexan u. Rk. mit Bzl. u. $AlCl_3$. — *Cyclohexylbenzol*, Kp.$_{760}$ 239°, aus 1-Phenylcyclohexanol über 1-Phenylcyclohexen. — *Cyclopentylbenzol*, Kp.$_{760}$ 216—217°, analog. — Folgende Ketone wurden durch Rk. des entsprechenden Aromaten mit Benzoylchlorid u. $AlCl_3$ in Äthylendichlorid dargestellt: *3.4-[3.5-Dimethylcyclopenteno]-*, $C_{18}H_{18}O$, Kp.$_{0,25}$ 204 bis 205°; *3.4-[3.6-Dimethylcyclohexeno]-*, $C_{19}H_{20}O$, Kp.$_{0,25}$ 205—206°; *3.4-[3.7-Dimethylcyclohepteno]-*, $C_{20}H_{22}O$, Kp.$_{0,07}$ 198°; *3.4-[3.3.5.5-Tetramethylcyclopenteno]-*, $C_{20}H_{22}O$, F. 70—71° (A.), Kp.$_{0,5}$ 190°; *3.4-[3.3.6.6-Tetramethylcyclohexeno]-*, $C_{21}H_{20}O$, F. 77—78° (A.), Kp.$_{0,3}$ 196—198°; *4-Cyclopentyl-*, $C_{18}H_{18}O$, Kp.$_{0,06}$ 175—177°; *4-Cyclohexylbenzophenon*, $C_{19}H_{20}O$, Kp.$_{0,12}$ 197—199°. — Folgende Alkohole wurden aus vorst. Verbb. durch Red. mit $LiAlH_4$ bzw. mit Zn-Staub u. Alkali erhalten: *3.4-[3.5-Dimethylcyclopenteno]-*, $C_{18}H_{20}O$, F. 62,5—63,5° (PAe.), Kp.$_{13}$ 213—215°; *3.4-[3.6-Dimethylcyclohexeno]-*, $C_{19}H_{22}O$, Kp.$_{0,1}$ 189—191°; *3.4-[3.7-Dimethylcyclohepteno]-*, $C_{20}H_{24}O$, Kp.$_{0,07}$ 190 bis 192°; *3.4-[3.3.5.5-Tetramethylcyclopenteno]-*, $C_{21}H_{24}O$, F. 118—119° (PAe.); *4-Cyclopentyl-*, $C_{18}H_{20}O$, F. 52—53° (PAe.); *4-Cyclohexyldiphenylmethanol*, $C_{19}H_{22}O$, F. 53 bis 54°. — Vorst. Alkohole lieferten durch 24std. Einleiten von trocknem HCl-Gas in PAe. folgende Chloride: *3.4-[3.5-Dimethylcyclopenteno]-*, $C_{18}H_{19}Cl$, Kp. 170°; *3.4-[3.6-Dimethylcyclohexeno]-*, $C_{19}H_{21}Cl$, Kp. 175°; *3.4-[3.7-Dimethylcyclohepteno]-*, $C_{20}H_{23}Cl$, Kp. 180°; *3.4-[3.3.5.5-Tetramethylcyclopenteno]-*, $C_{20}H_{23}Cl$, Kp. 180°; *3.4-[3.3.6.6-Tetramethylcyclohexeno]-*, $C_{21}H_{25}Cl$, Kp. 185°; *4-Cyclopentyl-*, $C_{18}H_{19}Cl$, Kp. 187°; *4-Cyclohexyldiphenylmethylchlorid*, $C_{19}H_{21}Cl$, F. 62—63° (PAe.), Kp. 193°. (J. chem. Soc. [London] **1958**. 4379—81. Dez.) B. GNAUCK. B 225

**A. Messmer** und **L. Mester**, *Mechanismus der Aldothionsäurephenylhydrazidbildung*. Mit $H_2S$ behandeltes D-Galaktodiphenylformazan (I) zeigt in absol. A. bei 25° annähernd den gleichen Anfangsdrehwert ($[\alpha]_D$ —64,5°) wie die Lsg. des entsprechenden Hydrazins (II) ($[\alpha]_D$ —71,0°), das durch katalyt. Hydrierung von I entstanden ist. Die gute Ausbeute an *Thiogalaktonsäurephenylhydrazid* (III), dessen Bldg. anschließend über 720 Std. durch Beobachtung der Drehwertänderung bis $[\alpha]_D$ +98,1° gemessen wurde, berechtigt zur Annahme, daß die Rk. von **I** mit $H_2S$ über **II** läuft, worauf nach Protonisierung u. einer $S_N1$-Rk. das entstandene Kation mit $HS^-$ **III** ergibt. (Chem. and Ind. **1957**. 423—24. 6/4. Budapest, TU, Inst. für organ. Chem.) K. DOMMAIN. B 225

**Paolo Beltrame**, *Geschwindigkeit der Aldolkondensation aliphatischer Aldehyde im kontinuierlichen Verfahren*. 1. Mitt. *Acetaldehyd*. Die Aldolkondensation von *Acetaldehyd* (I) wird in wss. NaOH bei $OH^-$-Konzz. c von $5 \cdot 10^{-3}$ bis $6{,}5 \cdot 10^{-2}$ Mol/Liter u. bei 10,5—12,5° kontinuierlich durchgeführt. Die Rk. ist bzgl. **I** von 1. Ordnung. Zwischen c u. der Geschwindigkeitskonstanten k besteht eine lineare Beziehung $k = 0{,}52 \cdot 10^{-2} + 0{,}99\, c \pm 0{,}44 \cdot 10^{-2}\, \text{min}^{-1}$. Aus einem Literaturwert für k bei 25° $k_{25} = 0{,}53 \cdot 10^{-2} + 2{,}94\, c$ folgt für die Aktivierungsenergie $E_A = 12300 \pm 1600$ cal/Mol. (Chim. e Ind. [Milano] **39**. 441—44. Juni 1957. Milano, Univ., Ist. Laurea Chim. ind., Labor. di Chim. fis. e Fis. tecn.) R. K. MÜLLER. B 225

**Kazuo Manaka**, *Die Reaktion von 2.4-Dimethylphenol mit Formaldehyd*. 2. Mitt. *Vergleich der Geschwindigkeitskonstanten bei Verwendung basischer Katalysatoren*. (1. vgl. J. chem. Soc. Japan, pure Chem. Sect. [Nippon Kagaku Zassi] **75**. [1954.] 904.) Bei der Rk. zwischen *Formalin* u. *2.4-Dimethylphenol* in A. in Ggw. von 5 u. 10 cm³ 9,5n bzw. 11,33n NaOH bei 35, 45, 65 u. 75° wird durch Best. der jeweiligen $CH_2O$-Menge das Verhältnis K der Bildungsgeschwindigkeit der Monomethylolverbindung, $k_1$, zu der der Methylenverb., $k_2$, zu ca. 2 bestimmt. Die Aktivierungsenergie der ersten Rk. berechnet sich zu 17 kcal/Mol. (J. chem. Soc. Japan, pure Chem. Sect. [Nippon Kagaku Zassi] **76**. 907—10. Aug. 1955. Tokyo, Shibaura Elektr. A. G. [Orig.: japan.])
L. SCHULER. B 225

**Stefan Goldschmidt** und **Bernard Acksteiner**, *Neue aliphatische Azoverbindungen und ihre Reaktionen*. Vff. stellen nach früher beschriebenen Verff. (vgl. C. **1958**. 12950) *1.1'-Dichlor-1.1'-diphenyl-* (**I**), *-1.1'-bis-p-tolyl-* (**II**), *-1.1'-bis-p-bromphenyl-* (**III**), *-1.1'-bis-p-chlorphenyl-* (**IV**) u. *-1.1'-bis-m-bromphenyl-[1.1'-azoäthan]* (**V**) aus den entsprechenden Azinen u. $Cl_2$ dar; die Rk. gelingt nicht mit m- bzw. p-Nitroacetophenonazin. **I**—**V** zerfallen in Toluol in einer Rk. 1. Ordnung in $N_2$ u. die entsprechenden Radikale, die sich dimerisieren: I → *2.3-Dichlor-2.3-diphenylbutan*, Isomeres vom F. 112—114° bzw. Isomeres vom F. 160—167° [Zersetzungstemp.] 74°; [k·10² (min⁻¹)] 4,34 ± 0,09; [$E_a$ (kcal/Mol)] 32,3. **II—V** ergeben die analogen Butane **II**, 69°; 2,37 ± 0,07; 30,3; **III**, 69°; 4,07 ± 0,14; 30,4; **IV**, 69°; 4,18 ± 0,12; 28,4; **V**, 69°; 4,00 ± 0,10; 31,5. **I** reagiert mit äther. Phenyl-MgBr zu *Acetophenonazin* (**XII**, F. 121°, aus A.) u. *Diphenyl* (F. 68°), aus **I** u. NaJ entsteht **XII**, $J_2$ u. NaCl, woraus geschlossen wird, daß sich zunächst 1.1'-Dijod-1.1'-diphenyl-[1.1'-azoäthan] bildet, das sich sofort zers., die analoge Bromverb. kann ebenfalls nicht erhalten werden. In sd. Bzl. entsteht aus den gebildeten Radikalen von **I** (nachgewiesen durch Polymerisation von Acrylonitril) mit p-Benzochinon Hydrochinon-bis-[1-chlor-1-phenyläthyl]-äther, der beim Aufarbeiten zu Hydrochinon, Acetophenon u. HCl hydrolysiert u. analog entsteht mit Chloranil Tetrachlorhydrochinon (F. 223°). — Die rein aliphat. Azoverbb. *1.1'-Dichlor-[1.1'-azocyclohexan]* (**VII**), *2.2'-Dichlor-* (**VIII**) u. *1.1'.3.3'-Tetraphenyl-2.2'-dichlor-[2.2'-azopropan]* (**IX**) bzw. die daraus mit Ag-Acetat, Ag-Benzoat u. Ag-2.4.6-Trimethylbenzoat dargestellten Azoester sind therm. stabil, während gemischte Azoverbb., wie *N-Diphenylchlormethyl-* (**XI**) u. *N-[α-Methoxydiphenylmethyl]-N'-[1-cyancyclohexyl-(1)]-diimin* (**XIII**), sich radikal. zersetzen. Sowohl die aliphat. als auch die aromat. symm. Azoverbb. hydrolysieren in alkoh. HCl zum Keton u. sek. Halogenid, das z. T. weiter zum sek. Alkohol hydrolysiert wird; im alkal. Medium entstehen daneben noch die entsprechenden Azine. Aus 9 g **I** entstehen so mit A. 3,8 g *Methylphenylchlormethan* (Kp.$_{12}$ 73°) u. 5,0 g *Acetophenondiäthylketal* (Kp.$_{12}$ 102°). Für die Hydrolyse werden 2 konkurrierende Mechanismen angenommen: 1. asymm. Spaltung in Keton u. asymm. Diimin, das weiter hydrolysiert oder über die Diazoverb. u. $N_2$-Abspaltung radikal. reagiert, 2. symm. Spaltung in 2 Moll. Keton u. Diimin, das in $N_2$ u. Hydrazin zerfällt.

V e r s u c h e: *1.1'-Dichlor-1.1'-bis-p-tolyl-[1.1'-azoäthan]* (II), $C_{18}H_{20}Cl_2N_2$, F. 130° (Zers.), Darst. vgl. l. c.; Nadeln aus Aceton (**VI**). — *1.1'-Dichlor-1.1'-bis-p-bromphenyl-[1.1'-azoäthan]* (III), $C_{16}H_{14}Br_2Cl_2N_2$, F. 120° (Zers.), Nadeln aus **VI**. — *1.1'-Dichlor-1.1'-di-p-chlorphenyl-[1.1'-azoäthan]* (**IV**), $C_{16}H_{14}Cl_4N_2$, F. 123° (Zers.), Nadeln aus **VI**. — *m-Bromacetophenonazin*, F. 102,5°, aus m-Bromacetophenon; gelbe Nadeln oder Prismen aus A.; 90% (Ausbeute). — *1.1'-Dichlor-1.1'-bis-m-bromphenyl-[1.1'-azoäthan]* (V), $C_{16}H_{14}Br_2Cl_2N_2$, F. 88° (Zers.), Nadeln aus Bzl. oder **VI**. — *2.3-Dichlor-2.3-bis-[p-tolyl]-butan*, $C_{18}H_{20}Cl_2$, F. 175°, aus **II** durch therm. Zers. in Bzl.; 97%. — *2.3-Dichlor-2.3-bis-[p-bromphenyl]-butan*, $C_{16}H_{14}Br_2Cl_2$, F. 196—206° (Diastereoisomerengemisch), analog aus **III**; Prismen oder Nadeln aus A. oder **VI**; 95%. — *2.3-Dichlor-2.3-bis-[p-chlorphenyl]-butan*, $C_{16}H_{14}Cl_4$, F. 189—192°, analog aus **IV**; 98,5%. — *2.3-Dichlor-2.3-bis-[m-bromphenyl]-butan*, $C_{16}H_{14}Br_2Cl_2$, F. 180—183°, analog aus **V**; 98,5%. — *1.1'-Dichlor-[1.1'-azocyclohexan]* (**VII**), $C_{12}H_{20}Cl_2N_2$, F. 66° (PAe. u. VI), aus Cyclohexanonazin in PAe. bei — 60° durch Einleiten von $Cl_2$ unter Rühren; 78%. — *2.2'-Dichlor-[2.2'-azopropan]* (**VIII**), $C_6H_{12}Cl_2N_2$, F. 62°, analog **VII**, übelriechende Nadeln aus **VI** oder PAe.; 80%. — *α.α'-Diphenylacetonazin*, $C_{30}H_{28}N_2$, F. 97°, Darst. vgl. l. c.; 90%. — *1.1'.3.3'-Tetraphenyl-2.2'-dichlor-[2.2'-azopropan]* (**IX**), $C_{30}H_{28}Cl_2N_2$, F. 166°, aus vorst. Verb. analog **VII**; beim längeren Erhitzen auf 150—160° Verharzung. — *[1.1'-Azocyclohexan]-diol-(1.1')*, *Diacetat* (**X**), $C_{16}H_{26}N_2O_4$, F. 96°, aus 51 g **VII** in PAe. mit trocknem Ag-Acetat, einige Std. bei Zimmertemp., dann Erwärmen zum Sieden, Reinigung durch Sublimation bei 90° 1 Torr; 38 g. *Dibenzoat*, $C_{26}H_{30}N_2O_4$, F. 137°, Prismen aus **VI**; 70%. *Bis-[2.4.6-trimethylbenzoat]*, $C_{32}H_{42}N_2O_4$, F. 174°; 75%. — *[2.2'-Azopropan]-diol-(2.2')-diacetat*, $C_{10}H_{18}N_2O_4$, F. 103°, analog **X**, Nadeln aus **VI**; 70%. — *Benzophenoncyclohexanonazin*, $C_{19}H_{20}N_2$, F. 82° (A.), aus Benzophenonhydrazon u. Cyclohexanon, 2 Std. auf dem Dampfbad. — *N-[1-Cyancyclohexyl-(1)]-benzophenonhydrazon*, $C_{20}H_{21}N_3$, F. 132—133°, aus 49 g vorst. Verb. u. 25 g wasserfreier HCN unter Eiskühlung; Nadeln aus **VI**; 52 g. — *N-Diphenylchlormethyl-N'-[1-cyancyclohexyl-(1)]-diimin* (**XI**), $C_{20}H_{20}ClN_3$, F. 73° (Zers.), aus vorst. Verb. in PAe. bei — 60° mit fl. $Cl_2$; Nadeln aus **VI**; 92%. — *N-[α-Methoxydiphenylmethyl]-N'-[1-cyancyclohexyl-(1)]-diimin* (**XIII**), $C_{21}H_{23}N_3O$, F. 73°, aus 10 g vorst. Verb. u. Methylalkohol, 1 Std. bei Zimmertemp.; Prismen aus **VI** oder PAe.; 9,2 g; gibt mit methanol. HCl → *Benzophenondimethylketal* (F. 106°) u. *Hexahydrobenzonitril* (Kp.$_{12}$ 70°). — *[N-1-Cyan-1-phenyläthyl]-acetophenonhydrazon*, $C_{17}H_{17}N_3$, F. 117°, aus 30 g **XII** u. 40 g wasserfreier HCN, 9 Std. bei 70° im Rohr unter $N_2$; Prismen aus A.; 32 g; spaltet im alkal. Gebiet leicht HCN ab. — *1-Chlor-1'-cyan-1.1'-diphenyl-[1.1'-azoäthan]*, aus vorst. Verb. bei — 60° in PAe.; leicht zers.; bei 15° in Ae. $N_2$-Entw. → *Verb. F. 150—160°*. (Liebigs Ann. Chem. **618**. 173—85. 26/11. 1958. München, TH, Organ.-chem. Inst.) K. BECKER. B 225

**C. A. Bunton, B. L. Silver** und **C. A. Vernon**, *Die Hydrolyse organischer Phosphate durch Prostatsäurephosphatase*. Kinet. Unterss. an sorgfältig gereinigter *Prostatsäurephosphatase* [**I**; Reinigungsfaktor (RF) ca. 300; vgl. BARNARD u. Mitarbeiter,

C. **1958.** 3559] u. einem Rohprod. vom RF ca. 18 lassen keine wesentlichen Unterschiede im Verh. erkennen. Bei der Hydrolyse von *Phenyl-*, *p-Tolyl-*, *p-Nitrophenyl-* (**II**) u. *α-D-Glucose-1-phosphat* mit **I** bei $p_H$ 5 in Acetatpuffer in Ggw. eines Überschusses von $H_2{}^{18}O$ wird ein Viertel des Überschusses des im W. enthaltenen $^{18}O$ im anorgan. Phosphat, bei den ersten drei Phosphaten im entstehenden organ. Material kein $^{18}O$ festgestellt. Demnach verläuft die Hydrolyse einheitlich unter P–O-Spaltung; ein Austausch zwischen den O-Atomen des W. u. des anorgan. Materials tritt nicht ein. Bei **II** ist die MICHAELIS-Konstante ($10^4 \cdot K_m = 2{,}0$ Mol/Liter) im Gebiet von $p_H$ 4—6 (25°) $p_H$-unabhängig, darüber hinaus nimmt sie nach beiden Seiten zu (bei $p_H$ 3,21, 6,48 bzw. 4,94: $K_m = 3{,}0$, 2,65 bzw. $6{,}45 \cdot 10^{-4}$). Die kinet. Parameter $K_m$ u. $V_{max}$ sind in $D_2O$ u. $H_2O$ etwa gleich groß. Die Änderung von $K_m$ bei größeren $p_H$-Unterschieden wird mit der Ionisierung der Bindung zwischen Enzym u. Phosphat erklärt. Demnach dürfte **II** (pK 1,9 u. 5,4) über zwei Gruppen an **I** (pK-Werte ca. 3,3 u. 6,7) gebunden sein, von denen eine negativ geladen u. eine neutral ist. Der Mechanismus der enzymat. Hydrolyse wird diskutiert. Die katalyt. Wrkg. von **I** wird durch geringe Konzz. von Molybdat, Wolframat u. Vanadat (Inhibitionskonstante bei 25° u. $p_H$ 5 in der gleichen Reihe $1{,}0 \cdot 10^{-8}$, $0{,}25 \cdot 10^{-7}$ u. $0{,}25 \cdot 10^{-6}$ Mol/Liter), nicht aber durch Chromat u. Perjodat, stark gehemmt. Die Hemmung wird auf starke Affinitäten zwischen den hemmenden Ionen u. dem organ. Phosphat oder Enzym zurückgeführt. (Proc. chem. Soc. [London] **1957.** 348—49. Dez. London, Univ. Coll.) H. LEHWALD. B 225

**R. M. Haines** und **William A. Waters,** *Eigenschaften und Reaktionen freier Alkylradikale in Lösung.* 11. Mitt. *Weitere wasserlösliche Radikale.* (10. vgl. C. **1958.** 13745.) Vff. beschreiben die Darst. weiterer wasserlösl. Radikale, die sämtlich Polymerisationskatalysatoren mit ähnlichem Redoxpotential sind. Bei einer genaueren Prüfung der Zers. von Azonitrilen in W. konnte der Befund von TALÂT-ERBEN u. BYWATER (C. **1956.** 4679 u. früher) bestätigt werden, daß die Radikale z. T. zu einem ketenartigen Zwischenstoff, RR'C(CN)N=C=CRR', zusammentreten. So konnten nach Zers. einer wss. Suspension von α.α'-Azoisobutyronitril (**I**) 13% *N-[1-Cyan-1-methyläthyl]-isobutyramid* soliert werden; die Ausbeute an Tetramethylsuccinodinitril war daher geringer als die von BICKEL u. WATERS (C. **1956.** 3000) bei der Zers. in Toluol ermittelte.

Versuche: *1.1'-Azo-bis-[2-carboxymethyl-1-cyancyclopentan]*, F. 156—160° (Zers.), durch Neutralisieren von 2-Oxocyclopentylessigsäure (F. 53°; *Äthylester-2.4-dinitrophenylhydrazon*, $C_{15}H_{18}N_4O_6$, F. 107°), Zugabe zu NaCN u. Hydrazinsulfat in W., 3std. Erwärmen auf 42—45°, Ansäuern (HCl) u. Oxydieren mit $Br_2$. — *2.2'-Azo-bis-[2-methylpropionamidin]*, *Dihydrochlorid* (**II**), $C_8H_{20}Cl_2N_6$, F. >210°, durch Einleiten von HCl in 30 g **I** in wss. Methanol bei 0° bis zur Sättigung, Entfernen des HCl-Überschusses nach 24 Std., Einleiten von trocknem $NH_3$ u. 2 Tage Stehen bei 0°; 20 g (Ausbeute); freie Base ist instabil. — *2.2'-Azo-bis-[2-methylbutyramidin]*, *Dihydrochlorid*, $C_{10}H_{24}Cl_2N_6$, F. >200°, analog vorst. Verb. aus 2.2'-Azo-bis-[2-cyanbutan] in A.; 47%. — *β-Carbamoyl-α.α.β-trimethylbutyramidin*, *Hydrochlorid*, $C_8H_{18}ClN_3O$, F. >270° (wasserhaltiger A.; Zers.), durch Zers. von **II** in W. bei 100°; *Pikrat*, $C_{14}H_{20}N_6O_8$, F. 258—260° (A.). — *3.3'-Hydrazo-bis-[3-cyan-1-phenylbutan]* (Stereoisomerengemisch), $C_{22}H_{26}N_4$, F. 85—100°, durch 2 Wochen Stehen von 4-Phenylbutanon-(2)-ketazin ($C_{20}H_{24}N_2$, F. 40°) in fl., feuchtem HCN. — *3.3'-Azo-bis-[3-cyan-1-phenylbutan]* (Isomerengemisch), $C_{22}H_{24}N_4$, F. 110° (A.), durch Einw. von $Br_2$ auf vorst. Verb. in verd. HCl; 46%. — *3.3'-Azo-bis-[3-cyan-1-(p-nitrophenyl)-butan]*, $C_{22}H_{22}N_6O_4$, F. 133—135° (unrein; Zers.), aus 4-[p-Nitrophenyl]-butanon-(2)-azin ($C_{20}H_{22}N_4O_4$, F. 107—109°) u. HCN. — *Triacetonaminazin*, $C_{18}H_{34}N_4$, F. 134° (PAe.); Verss., mehr als ein Mol HCN zu addieren, schlugen fehl, ebenso auch bei p-Hydroxyacetophenonketazin u. dem Ketazin von MICHLERS-Keton. — Die Zers. von **I** in sd. W. (vgl. TILNEY-BASSETT u. WATERS, C. **1958.** 8590) lieferte ca. 65% *Tetramethylsuccinonitril* (F. 169°) u. 7,5% *2.3.5-Tricyan-2.3.5-trimethylhexan* (F. 82°) sowie durch Eindampfen der wss. Lsg. 13% *N-[1-Cyan-1-methyläthyl]-isobutyramid* ($C_8H_{14}N_2O$, F. 108° [Bzl.], auch aus α-Aminoisobutyronitril u. Isobutyrylchlorid). — *N-[1-Carbamoyl-3-carboxy-1-methylpropyl]-γ-carboxy-α-methylbutyramid*, $C_{12}H_{20}N_2O_6$, F. 150° (A.), durch Zers. von 4.4'-Azo-bis-[4-cyanpentansäure] in sd. W.; 20%. (J. chem. Soc. [London] **1958.** 3221—22. Sept. Oxford, Univ., Dyson Perrins Labor.) B. GNAUCK. B. 225

**R. A. Jackson** und **William A. Waters,** *Eigenschaften und Reaktionen freier Alkylradikale in Lösung.* 12. Mitt. *Beweis für eine durch Radikale katalysierte Wasserstoffübertragung.* (11. vgl. vorst. Ref.) Unter optimalen Bedingungen [24std. Zutropfen von α.α'-Azoisobutyronitril (**IV**) in Bzl. zu sd. Benzollsg.] entstehen aus Acridan (**I**, 9.10-Dihydroacridin, F. 169°) durch den Angriff von 2-Cyanpropyl-(2)-Radikalen 14% *Acridin* (**VIII**), 27% *9.9-Biacridanyl* (**II**) u. 48% *9-[2-Cyanpropyl-(2)]-acridan* (**III**). Die Bldg.

von **II** u. **III** zeigt, daß die Dehydrierung durch die Radikale an der meso-$CH_2$-Gruppe erfolgt u. nicht an der NH-Gruppe. Mercaptoessigsäure (**V**) katalysiert diese Rk. erheblich. 9-Phenylacridan läßt sich weniger leicht auf diesem Wege dehydrieren. Nach 8std. Kochen mit **IV, IV** + **V** bzw. nur mit **V** (in Bzl.) wurde die Bldg. von 5, 22 bzw. 11% *9-Phenylacridin* UV-spektroskop. nachgewiesen. 1.4-Dihydrokollidindicarbonsäure-(3.5)-diäthylester ließ sich auch nicht in Ggw. von **V** durch **IV** dehydrieren. In Ggw. von H-Acceptoren, wie Azobenzol (**VI**, F. 67—68°), m-Dinitrobenzol (**VII**) oder 1.3.5-Trinitrobenzol (**IX**), erfolgt die Dehydrierung in größerem Umfang u. bei Tempp., die eine direkte H-Übertragung auf das Oxydationsmittel ausschließen. Demzufolge trat keine Rk. auf bei 4std. Kochen von **I** u. **VI** in Bzl., dagegen wurde in Ggw. von überschüssigem **IV** 85% **VI** reduziert. Nach 8std. Kochen von **I** u. **VII** entstanden nur 0,4% **VIII**, in Ggw. von **IV** aber 31% **VIII**, von denen nur ca. 11% durch direkten Angriff der Radikale auf **I** gebildet wurden. In Ggw. von **IX** war analog nur ca. 4% direkte Dehydrierung zu verzeichnen, mit **IV** betrug die Umwandlung jedoch 64% (davon 49% durch radikal. katalysierte H-Übertragung). Durch Farbteste mit 2.3.5-Triphenyltetrazoliumchlorid bzw. mit 3.3'-Dimethoxydiphenyl-4.4'-bis-[3.5-diphenyltetrazoliumchlorid] („blaues Tetrazoliumsalz") ließ sich das Auftreten einer durch Radikale katalysierten H-Übertragung nachweisen. Nach Angriff von 2-Cyanpropyl-(2)-Radikalen auf **I** bildet sich das Acridanyl-(9)-Radikal (**A**), das ein H-Atom auf ein geeignetes Acceptormol. übertragen kann. Für die Umwandlung von **A** in **VIII** ist die zusätzliche Resonanzenergie des anthracenähnlichen Ringsyst. als treibende Kraft der Rk. anzusehen. Dehydrierungsverss. mit dem Diphenylstickstoffradikal (aus Tetraphenylhydrazin) hatten Erfolg bei Hydrazobenzol, es entstanden 99% **VI** nach 4½std. Kochen in Bzl.; aus 9.10-Dihydroanthracen wurden ebenso 73% *Anthracen* (F. 213°) gewonnen. Ähnlich wie mit dem Diphenylpikrylhydrazylradikal (vgl. BRAUDE u. Mitarbeiter, C. **1955.** 2394) war aber keine Rk. mit Cumol, Tetralin oder Cyclohexen u. Dimethylsuccinat zu verzeichnen. — *9.9'-Biacridanyl* (**II**), $C_{26}H_{20}O_2$, F. 252° (korr.); liefert mit $H_2SO_4$ *1.2-Bis-[o-anilinophenyl]-äthylenoxyd*, F. 165° (korr.). — *9-[2-Cyanpropyl-(2)]-acridan* (**III**), $C_{17}H_{16}N_2$, F. 164° (korr.; Zers.; Bzl.-PAe.). (J. chem. Soc. [London] **1958.** 4632—35. Dez.)
B. GNAUCK. B 225

**J. I. G. Cadogan, D. H. Hey** und **W. A. Sanderson,** *Organische Peroxyde.* 2. Mitt. *Zersetzung von Bis-[diphenylmethyl]-peroxyd.* (1. vgl. C. **1958.** 1828.) *Bis-[diphenylmethyl]-peroxyd* (**I**) wird aus Diphenylmethanol (**II**, F. 64°) u. Diphenylmethylhydroperoxyd erhalten. Die Zers. von **I** durch Erhitzen in verschied. Lösungsmitteln führt zu Diphenylmethoxylradikalen, die durch Rk. mit dem Lösungsm. oder durch Disproportionierung als Hauptprod. *Benzophenon* (**III**, F. 47°) u. **II** ergeben. Neben **II** u. **III** werden bei der Zers. in Nitrobenzol geringe Mengen Anilin u. bei 210°, nicht bei 115°, infolge Bldg. von Phenylradikalen eine Mischung von Nitrodiphenylen isoliert. In Cumol entstehen **II, III**, Bis-[diphenylmethyl]-äther (F. 108°), Acetophenon u. *Di-α-cumyl* (*2.3-Dimethyl-2.3-diphenylbutan*, F. 115—117°). **I** reagiert mit 1.4-Benzochinon (F. 115°) in sd. Brombenzol zu *Chinhydron* (F. 170—171°) u. **III**. Die Zers. von **I** in Pyridin u. in 2.6-Lutidin (**IV**) verläuft wahrscheinlich heterolyt. u. führt in basenkatalysierter Rk. zu **II** u. **III**; Prodd. eines radikal. Angriffes auf **IV** sind nicht nachweisbar. Bei der Zers. von **I** in Na-Äthylatlsg. wird das gebildete **III** weitgehend zu **II** reduziert. Glatte Disproportionierung von **I** zu **II** u. **III** erfolgt beim Vers. der Chromatographie an Aluminiumoxyd. — *Bis-[diphenylmethyl]-peroxyd* (**I**), $C_{26}H_{22}O_2$, F. 112—113°, aus **II** u. Diphenylmethylhydroperoxyd (je 5 g) in Essigsäure durch 1std. Erwärmen auf 80° unter Zusatz von p-Toluolsulfonsäure, Verdünnen mit A., Kühlen auf 0°, farblose Nadeln aus A.-Chlf.; 3,7 g Ausbeute. (J. chem. Soc. [London] **1958.** 4498—4503. Dez. London, Univ., King's Coll.)
E. SCHMITZ. B 225

**Per Hallvard Nilsen,** *Thermische Spaltung von Acetaldehyd in einem kontinuierlich arbeitenden Reaktor. Eine kinetische Analyse.* Die therm. Zers. von *Acetaldehyd* in $CH_4$ u. CO wurde in einer techn. Anlage im Temperaturbereich 430—530° untersucht. Für Rkk. bei konstanter Temp. u. konstantem Druck im Strömungssyst., die nach der 1,5. Ordnung verlaufen, wurde eine kinet. Gleichung entwickelt. Die Anwendung auf die experimentellen Daten ergab Werte für die Reaktionsgeschwindigkeitskonstante, welche durch folgende ARRHENIUSsche Gleichung wiedergegeben werden kann: $\ln k = 11756/T + 16{,}062$. (Tidsskr. Kjemi, Bergves. Metallurgi **17.** 149—53. 1957. Odda, Odda Smelteverk A/S.)
K. H. SCHAUERTE. B 225

**W. I. Bengough** und **R. A. M. Thomson,** *Die photochemische Addition von Bromtrichlormethan an Vinylacetat.* Zur Unters. der Frage, ob bei der photochem. Addition von Bromtrichlormethan (**I**) an Vinylacetat (**II**) Ketten-Rkk. mit $Cl_3CCH_2CH(COOCH_3)CH_2 \cdot CH^{\cdot}(COOCH_3)$ als Zwischenprodd. u. mit Bldg. von Polymeren auftreten, wurden Gemische von I u. II (1 : 1, 1 : 10, 1 : 100) mit UV-Licht bestrahlt, bis 20%ig. Umsatz erfolgt war. Die Mol.-Gew.-Best. der isolierten Endprodd. in Bzl. ergab lediglich einen Wert zwischen 280 u. 288, der die Annahme von Melville u. Mitarbeitern (vgl. C. **1954**. 2369) zur Reaktionskinetik bestätigt. (Chem. and Ind. **1957**. 426. 6/4. Glasgow, Roy. Coll. of Sci. and Techn., Techn. Chem. Dep.) K. Dommain. B 226

**Yukiko Yamada, Masanobu Momotani** und **Haruo Kishi,** *Untersuchung über Verfärbungen durch Ultraviolettbestrahlung.* 1. Mitt. *Bildung von künstlichem Melanin aus Lösungen von Tyrosin und Dihydroxyphenylalanin (DOPA).* Untersucht wird die Wrkg. von Katalysatoren, wie *Fe-*, *Ni-* u. *Co*-Ionen, sowie der Einfl. des $p_H$ der Lsg. auf die Bldg. von Melanin aus wss. Lsgg. von *Tyrosin* (I) u. *DOPA* (II) durch UV-Bestrahlung. In Lsgg., die mit Phosphat, Citrat oder Lactat gepuffert waren, trat keine Melaninbldg. ein, die Bldg. von **II** aus **I** wird aber durch die Puffer nicht verhindert. (J. chem. Soc. Japan, pure Chem. Sect. [Nippon Kagaku Zassi] **76**. 1152—55. Okt. 1955. Osaka, Momotani Inst. [Orig.: japan.]) L. Schuler. B 226

**C. A. Parker,** *Photoreduktion des Methylenblaus. Einige Vorversuche mittels Blitzlichtphotolyse.* Bei Anregung durch Blitzlicht, in Abwesenheit red. Agentien, wird in verd. Lsgg. von *Methylenblau* (I) in 0,01n $H_2SO_4$ das Auftreten von zwei metastabilen I-Zuständen beobachtet, die sich durch ihre Lebensdauer unterscheiden. Der Zustand mit der Lebensdauer 15—20 $\mu$sec, vermutlich der unterste Triplettzustand des **I**, wird durch langwelliges Licht ($\lambda > 250$ m$\mu$) angeregt, während der Zustand mit der längeren Lebensdauer (ca. 400 $\mu$sec) durch UV-Licht angeregt wird u. wahrscheinlich als das freie Semichinonradikal anzusehen ist, das durch Elektronenübertragung von einem Wassermol. entsteht. Bei Bestrahlungen der vorst. Lsgg. in Ggw. von Fe(II)-Sulfat mit rotem Licht wird der Triplettzustand nicht beobachtet. Die gefundenen Absorptionsänderungen lassen sich in diesem Fall dadurch deuten, daß das zunächst gebildete **I** im Triplettzustand durch das Fe(II) zum Semichinon red. wird, das seinerseits zu **I** u. Leukomethylenblau (II) dismutiert. Durch das entstandene $Fe^{3+}$ wird in der Dunkelheit **II** langsam wieder zu **I** oxydiert. Die bisherigen Ergebnisse lassen eine einwandfreie Entscheidung darüber, ob **I** im Triplettzustand oder im ersten angeregten Zustand red. wird, nicht zu. Für die Dismutationsgeschwindigkeitskonstante wird der Wert $0{,}1-0{,}2 \cdot 10^{10}$ Liter/Mol·sec erhalten. (J. physic. Chem. **63**. 26—30. Jan. 1959. Holton Heath, Poole, Dorset, England, Admiralty Materials Labor.) K. Frenkler. B 226

**G. R. A. Johnson** und **J. Weiss,** *Die Bildung von Methylhydroperoxyd aus Methan durch Bestrahlung mit X-Strahlen (200 kV) in wässeriger Lösung in Gegenwart von gelöstem Sauerstoff.* Dreifach dest. W. wurde mit einer Mischung von $O_2$ u. $CH_4$ 1 : 1 (Vol.) bei 20° u. 1 at gesätt. u. die Lsg. bis zu 30 Min. mit Röntgenstrahlen bestrahlt (200 kV; 15 mA; Dosisgeschwindigkeit $1{,}4 \cdot 10^{17}$ eV·ml$^{-1}$·min$^{-1}$). Durch Vgl. des Gesamtperoxydgeh. u. des Geh. an $H_2O_2$ wurde die Existenz eines Hydroperoxyds sichergestellt, das sich als ident. mit *$CH_3OOH$* (I, vgl. Rieche [1929]) erwies. Die Ausbeute an I fällt mit fallendem $p_H$ auf den Wert Null bei $p_H$ 1,2, die an $H_2O_2$ verhält sich entgegengesetzt. Folgender Mechanismus wird vorgeschlagen: $H_2O \rightarrow H\cdot + \cdot OH$, $CH_4 + \cdot OH \rightarrow CH_3\cdot + H_2O$, $CH_3\cdot + O_2 \rightarrow CH_3OO\cdot$, $CH_3OO\cdot + O_2^- \rightarrow CH_3OO^- + O_2$, $CH_3OO^- + H^+ \rightleftharpoons CH_3OOH$. Außerdem wurde $CH_2O$ gefunden, dessen Menge mit steigendem $p_H$ abnimmt. (Chem. and Ind. **1955**. 358—59. 26/3. Newcastle-upon-Tyne, Univ. of Durham, King's Coll.) P. Holzlöhner. B 226

**D. A. Ross** und **Franklin Hutchinson,** *Untere Grenze der Reaktionsgeschwindigkeit von OH-Radikalen mit Methylenblau.* Vff. leiten ab, daß bei strahlenchem. Rkk. die Geschwindigkeitskonstante für die Rk. von Radikalen Lsg. mit gelösten Stoffen (im Beispiel OH-Radikale u. Methylenblau) aus der Änderung der 37%-Bestrahlungsdosis über jene bei kleinen Bestrahlungsdosen benötigte Bestrahlungsmenge zu berechnen ist. Die Gleichung gibt einen unteren Wert für diese Reaktionsgeschwindigkeitskonstante. Aus diesem Minimum ergibt sich für das Verhältnis der wirklichen Reaktionsgeschwindigkeit u. jener, wenn alle Stöße zum Erfolg führen, zu $q = 0{,}12$. (J. chem. Physics **28**. 745—46. April 1958. New Haven, Conn., Yale Univ., Josiah Willard Gibbs Res. Labors., Biophys. Dep.) D. Palm. B 226

**Barbara Lipka, Edward Treszczanowicz, Irena Jaworska** und **Andrzej Jurewicz,** *Untersuchungen über die katalytische Oxydation von 3- und 4-Picolingemischen mit Luft in Gegenwart von Ammoniak.* Beim Überleiten einer Mischung von 3- u. 4-Picolin aus Steinkohlenteer mit $NH_3$ u. Luft über $V_2O_5$ auf $Al_2O_3$ oder $Al_2O_3$ + Ton als Träger bei 330—360° entsteht mit 63% Ausbeute *Nicotinsäure-* u. *Isonicotinsäurenitril.* 6,6% der Picoline werden während der Rk. zers., der nicht umgesetzte Rest wird wiedereingesetzt. Optimale Ausbeuten werden bei Belastung des Katalysators mit 0,1 Liter/Liter erzielt.

Die $NH_3$-Verluste durch Zers. sind unter 280° klein, über 360° betragen sie schon 15%. (Przemysł chem. **37.** 484—89. Juli 1958. Warszawa, Inst. Chem. ogóln., Zakł. Synt. kontakt.) F. URBAN. B 227

**A. Ss. Ssultanow, M. F. Abidowa** und **W. A. Masslennikowa,** *Katalytische Reduktion von Benzaldehyd.* Bei der Red. von Benzaldehyd (I) in Ggw. von Cu/Zn/Al bei 250° entsteht *Toluol* (II) in 91%ig. Ausbeute. Zur Klärung des Reaktionsverlaufes werden I u. Benzylalkohol (III) nach CLEMMENSEN red. u. außerdem das Verh. von III beim Überleiten über Cu/Zn/Al untersucht. Während bei der CLEMMENSEN-Red. von I die Ausbeute an II gut ist, liefert III nur 6% II. Beim Überleiten von III über Cu/Zn/Al in Abwesenheit von $H_2$ bei 150—300° nimmt die Bldg. von I von 68 auf 39% ab u. die Bldg. von II von 16,9 auf 58,5% zu. Dagegen gibt III in Ggw. von $H_2$ ausschließlich II. Daraus folgt, daß I direkt, III dagegen über die I-Stufe zu II red. wird. Analog wird Furfurylalkohol bei 225—250°, jedoch mit geringerer Geschwindigkeit als III, in *Furfurol* (19,3%) u. *Silvan* (12%) übergeführt. Im Gegensatz zu III wird A. bei 200—350° an Cu/Zn/Al in Abwesenheit von $H_2$ nicht zu Acetaldehyd (IV) dehydriert, IV gibt jedoch in Ggw. von $H_2$ unter vorst. Bedingungen *Äthanol.* (Журнал Общей Химии [J. allg. Chem.] **28 (90).** 787—91. März 1958. Chem. Inst. der Akad. der Wiss. der UsbekSSR.) W. KURTZMANN. B 227

**Jochen Block** und **Josef Vogl,** *Scheinbare und wahre Aktivierungswärmen beim katalytischen Zerfall der Ameisensäure an Platin.* Vff. untersuchen die Dehydrierung von *Ameisensäure* (I) an Pt in einem stat. Syst. im Temperaturbereich 200—250°. Es zeigt sich, daß die Reaktionsordnung der Zers. der I vom I-Partialdruck abhängig ist. Die in verschied. Druckbereichen gemessenen Aktivierungswärmen bestätigen die theoret. Beziehungen zwischen den wahren u. den scheinbaren Aktivierungswärmen. Im Druckbereich $p \geqq 1$ Torr, in dem die Rk. nach der nullten Ordnung verläuft, ist die wahre Aktivierungswärme ($q_w$) um 8,0 kcal/Mol größer als die scheinbare Aktivierungswärme ($q_s$) im Druckbereich erster Ordnung ($p \lesseqgtr 10^{-2}$ Torr). Diese Differenz entspricht der Adsorptionswärme der I am katalyt. wirksamen Anteil der Katalysatoroberfläche. Aus der Temperaturabhängigkeit des Absorptionskoeff. ergibt sich als calorimetr. Adsorptionswärme ein Wert von ca. 10 kcal/Mol. Die experimentell gemessenen q-Werte u. die thermodynam. Daten von WARING (C. **1953.** 6213) ermöglichen die Aufstellung eines Energiemodells für die Zersetzungs-Rk. der I, das vom Standpunkt der die Geschwindigkeit bestimmenden Stoß-Rk. diskutiert wird. (Z. Elektrochem., Ber. Bunsenges. physik. Chem. **63.** 3—6. Febr. 1959. München, Univ., Physikal.-chem. Inst.) K. FRENKLER. B 227

**P. H. Given,** *Reaktionen von Alkylphenolen über Spaltkatalysatoren.* 1. Mitt. *Vergleich von Katalysatoren und Untersuchung der Reaktionsbedingungen.* Im Temperaturbereich von 320—450° unterliegen *o-*, *m-* oder *p-Kresol* (I) einer schnellen Disproportionierung zu Xylolen u. Phenol u. Isomerisation über $SiO_2$–$Al_2O_3$-, $SiO_2$–$ZrO_2$–BeO- u. anderen Spaltkatalysatoren. Es ist erforderlich, geringe Mengen Wasserdampf zum Kresoldampf zuzufügen, um den Verlust an Phenolen, die an den Katalysator chemisorbiert sind, herabzusetzen u. die Abspaltung von OH-Gruppen zu verhindern. Die Umwandlung in Phenole u. Xylenole ist begrenzt u. beträgt ca. 20% bei Erreichung der Gleichgewichtsbedingungen. Bei Drucken $>200$ mm ist bei weniger als 10%ig. Umwandlung die Disproportionierung von I über $SiO_2$–$ZrO_2$–BeO-Katalysatoren eine Rk. nullter Ordnung, sie hängt nur wenig von der Kontaktzeit, wesentlich aber von der Geschwindigkeit der Oberflächen-Rk. u. der Verdrängung adsorbierter Moll. ab. Dieser Katalysator wird durch Na-Ionen u. geringe Mengen von aromat. Basen leicht vergiftet. (J. appl. Chem. **7.** 172—82. April 1957. Leatherhead, Surrey, Brit. Coal Utilisat. Res. Assoc.) K. O. MÜLLER. B 227

**P. H. Given,** *Reaktionen von Alkylphenolen über Spaltkatalysatoren.* 2. Mitt. *Isomerenzusammensetzung der Produkte aus einer Serie von Phenolen.* (1. vgl. vorst. Ref.) Bei der Disproportionierung u. Isomerisierung von *o-*, *m-* (I), *p-Kresol* u. *3.4-*, *3.5-*, *2.4-* (II) u. *2.5-Xylenol* (III) über $SiO_2$–$Al_2O_3$-Katalysatoren bei 380° überwiegen bestimmte Isomere, einerlei, ob sie durch Isomerisation oder Disproportionierung gebildet wurden u. unabhängig von der Art des Ausgangsmaterials. Diese Prodd. sind I, II, III u. *2.3.5-Trimethylphenol.* Die Gleichgewichtskonstante bei 380° für die Rk. 2 Kresol $\rightleftharpoons$ Phenol + Xylenol beträgt ca. 1,2—0,12, mit einer Änderung der freien Energie von +2,7 bis —0,24 kcal/Mol. Bei 380° verliert *Äthylphenol* eine Äthylgruppe je zur Hälfte durch Disproportionierung u. Spaltung u. wird daneben sehr stark isomerisiert. Die Rk. von *5-Äthyl-3-methyl-* u. *p-Propylphenol* führt zu sehr komplizierten Gemischen; es muß jedoch auch hier die Wanderung von Alkylgruppen angenommen werden. Die Alkylphenole reagieren mit Bzl. über Spaltkatalysatoren mit einer Übertragung von Alkylgruppen; die n. Disproportionierung des Alkylphenols wird dabei stark unterdrückt. Die nichtphenol. Prodd. der Phenole, die in geringer Menge als Nebenprod. anfallen, bestehen aus einem Gemisch von Alkylbenzolen, Diaryläthern, Xanthenderivv. u. Anthracen. (J. appl. Chem. **7**. 182—93. April 1957. Leatherhead, Surrey, Randalls Rd., Brit. Coal Utilisat. Res. Assoc.) K. O. MÜLLER. B 227

**N. I. Schuikin, M. I. Tscherkaschin** und **I. P. Jakowlew**, *Hydrogenolyse von Dicyclopentyl am Skelett-Ni-Al-Katalysator.* Bei der Hydrogenolyse von Dicyclopentyl (I; $Kp._{745}$ 189—189,5°; $D.^{20}_4$ 0,8650; $n_D^{20}$ 1,4643) bei 200° in Ggw. von Skelett-Ni/Al wird ein fl. Gemisch (72,7% Ausbeute) erhalten, das 6 (%) *Isopropylcyclopentan* (Kp.125,2 bis 125,4°; $D.^{20}_4$ 0,7717; $n_D^{20}$ 1,4239), 12,4 *2-Cyclopentylbutan* (Kp. 151,2—152°; $D.^{20}_4$ 0,7939; $n_D^{20}$ 1,4348) u. 10 eines *2-* u. *3-Cyclopentylpentan*-Gemisches (Kp. 175—175,6°) enthält. Das Reaktionsgas besteht aus 71,1 $H_2$, 23,4 *Methan*, 2,4 *Äthan*, 1,2 *Propan* u. 0,9% *Butan*. Ein Reaktionsmechanismus wird angegeben. — I wird durch Rk. von 3-Chlorcyclopenten-(1) mit Mg u. Hydrierung des erhaltenen Bis-[cyclopenten-(2)-yl] dargestellt. (Известия Академии Наук СССР, Отделение Химических Наук [Nachr. Akad. Wiss. UdSSR, Abt. chem. Wiss.] **1958**. 1008—10. Aug. Zelinsky-Inst. für organ. Chem. der Akad. der Wiss. der UdSSR.) W. KURTZMANN. B 227

---

**Georg Karagounis,** Einführung in die Elektronentheorie organischer Verbindungen. Berlin; Göttingen; Heidelberg: Springer-Verlag. 1959. (IV + 195 S. m. Abb.) 8°. DM 24,—.

**Ivor Lionel Finar,** Organic chemistry. 3rd edn. Vol. 1: The fundamental principles. London: Longmans, Green. 1959. (XV + 822 S. m. Diagr.) 45 s.

—, International Union of pure and applied chemistry. Theoretical organic chemistry. London: Butterworths Scientific. 1959. (276 S.) = Proceedings, Kékulé symposium, London, 1958. 70 s.

---

**Walter Hückel,** *Theoretische Grundlagen der organischen Chemie.* Band 1. 8. Auflage. Leipzig: Akademische Verlagsgesellschaft Geest & Portig K.-G. 1956. (XVI + 851 S. m. 34 Abb.) DM 24,—.
Stark erweiterte Auflage des bekannten Lehrbuches mit Literaturergänzungen bis zur Herausgabe. M. PFLÜCKE.

## C. Präparative organische Chemie. Naturstoffe.

**Rafael Uson Lacal,** *Hydride und Alkyle des Aluminiums als Katalysatoren in der organischen Chemie.* Übersicht. — 16 Literaturangaben. (Combustibles [Zaragoza] **16**. 24—32. Jan./Febr. 1956.) K. PISTOR. 460

**Georg Richard Schultze, Friedrich Boberg** und **Lothar Wiesner,** *Über halogenierte Dimethylsulfide. 5. Mitt. Chlorierung des Dimethylsulfids mit $SO_2Cl_2$-[$^{36}Cl$].* (4. vgl. C. **1959**. 11530.) Die Thioäther Dimethylsulfid (**I**), Chlordimethylsulfid (**II**), asymm.-Dichlordimethylsulfid (**III**) u. α.α.α-Trichlordimethylsulfid (**IV**) wurden mit $SO_2Cl_2$-[$^{36}Cl$] umgesetzt; durch Best. der Mol-Aktivitäten der Reaktionsprodd. wurde der Verbleib der Radioaktivität verfolgt. Bei der Chlorierung von **I** finden sich 50% der Mol-Aktivität des $SO_2Cl_2$-[$^{36}Cl$] im entstehenden **II** u. 50% im HCl. Bei der Chlorierung von **II, III** u. **IV** enthielten die gebildeten höher chlorierten Reaktionsprodd. mehr Radioaktivität als erwartet. Für folgenden Reaktionsmechanismus wurde die Verteilung der Radioaktivität berechnet u. gute Übereinstimmung mit der experimentell gefundenen Verteilung festgestellt: Bei den angewandten geringen spezif. Aktivitäten sind die Moll. $^{36}Cl—Cl$ das eigentliche markierte Chlorierungsmittel. Das $Cl_2$ des Chlorierungsmittels bildet mit dem Thioäther ein Addukt, in dem alle Cl-Atome energet. gleichwertig sind. Bei der folgenden HCl-Abspaltung kann das aus dem Komplex austretende Cl-Atom bereits an den zu chlorierenden Thioäther gebunden gewesen sein oder aus dem Chlorierungsmittel stammen. Die Wahrscheinlichkeit für die Abspaltung des $^{36}Cl$ aus dem aus **IV** u. $^{36}Cl—Cl$ entstehenden Addukt ist demnach $^1/_5$. Dieselbe Übereinstimmung der berechneten u. gefundenen Aktivitätsverteilung ergibt sich, wenn man die radioakt. chlorierten Verbb. **II, III** u. **IV** mit inakt. Chlor umsetzt. Mit $^{36}Cl$ markiertes asymm.-Tetrachlordimethylsulfid (**V**) wurde durch Rk. von radioakt. **IV** $CCl_3—S—CH_3$—[$^{36}Cl$] mit $Cl_2$ u. durch Rk. von **IV** mit $SO_2{}^{36}Cl_2$ dargestellt. Unabhängig von der Darstellungsmeth. von **V** verteilte sich die Radioaktivität in gleicher Weise auf die Chlorolyseprodd. $CCl_4$ u. $CCl_3—SCl$. In den beiden nach obigen Methoden dargestellten **V**-Proben sind also die $^{36}Cl$-Atome statist. über das gesamte Thioäthermol. verteilt. Bei der Chlorierung von radioakt. **V** entstand auch $S^{36}Cl_2$; $H^{36}Cl$ kann ebenfalls entstehen. Die Aktivitätsverteilung bei der Chlorierung von radioakt. **V** u. Pentachlordimethylsulfid (**VI**) wurde für mehrere diskutierte Reaktionsmechanismen berechnet u. mit der experimentell gefundenen Verteilung verglichen. Danach setzt die bei der Chlorierung von **V** auftretende Chlorolyse nicht nur bei **VI**, sondern auch schon bei **V** ein. Die Durchführung der Aktivitätsbestimmungen der $^{36}Cl$-indizierten Verbb. wird genau beschrieben.

Versuche: *Monochlor-[$^{36}$Cl]-dimethylsulfid* (II), Kp.$_{80}$ 47°, durch Zutropfen von 49 cm³ $SO_2Cl_2$-[$^{36}$Cl] (2629 ± 16 Impulse/Min.) zu 45 cm³ I innerhalb 20 Min. bei −15°, Erwärmen auf Raumtemp., 30 Min. Erwärmen auf 50° u. Dest.; $n_D^{20}$ 1,4970; 1300 ± 11 Impulse/Min.; 16 cm³ (Ausbeute). — *α.α-Dichlor-[$^{36}$Cl]-dimethylsulfid* (III), Kp.$_{60}$ 64°, a) neben vorst. Verb.; $n_D^{20}$ 1,5155; 2219 ± 15 Impulse/Min.; 6 cm³; b) durch Zugabe von 54 cm³ $SO_2Cl_2$-[$^{36}$Cl] (2629 ± 16 Impulse/Min.) zu 55 cm³ inakt. II innerhalb 30 Min. bei −5°, Erwärmen auf Raumtemp., 30 Min. Erwärmen auf 50° u. Dest.; $n_D^{20}$ 1,5162; 1540 ± 12 Impulse/Min.; 40 cm³. — *α.α.α-Trichlor-[$^{36}$Cl]-dimethylsulfid* (IV), Kp.$_{50}$ 64°, a) durch Zutropfen von 41 cm³ $SO_2Cl_2$-[$^{36}$Cl] (2386 ± 16 Impulse/Min.) zu 48 cm³ inakt. III bei 0° innerhalb 20 Min., Stehen bis zur Erwärmung auf 20°, 30 Min. Erwärmen auf 50° u. Dest.; $n_D^{20}$ 1,5226; 1281 ± 11 Impulse/Min.; 40 cm³; b) analog aus 95 cm³ inakt. III u. 81 cm³ $SO_2Cl_2$-[$^{36}$Cl] (1010 ± 7 Impulse/Min.); $n_D^{20}$ 1,5222; 555 ± 6 Impulse/Min.; 87 cm³. — *α.α.α.α'-Tetrachlor-[$^{36}$Cl]-dimethylsulfid* (V), Kp.$_{30}$ 85°, a) durch Zugabe von 40 cm³ $SO_2Cl_2$-[$^{36}$Cl] (3159 ± 18 Impulse/Min.) zu 55 cm³ inakt. IV innerhalb 30 Min. bei 40—50°, 30 Min. Erwärmen auf 50° u. Dest.; $n_D^{20}$ 1,5461; 1662 ± 13 Impulse/Min.; 42 cm³; b) analog a) mit $SO_2Cl_2$-[$^{36}$Cl] (2860 ± 17 Impulse/Min.); 1522 ± 12 Impulse/Min.; 44 cm³. (Liebigs Ann. Chem. **622**. 60—73. 15/5. 1959. Hannover, Inst. für Erdölforsch.) H. BERTSCH. 480

**A. A. Petrow, N. A. Rasumowa** und **M. L. Genussow,** *Untersuchungen auf dem Gebiet konjugierter Systeme.* 86. Mitt. *Anlagerung von Piperylenhydrochlorid an Isopren.* 65. Mitt. *über Dienverbindungen.* 3. Mitt. *über Reaktionen von Dienen mit Halogenderivaten.* (85. bzw. 64. bzw. 2. vgl. C. **1959. 11877.**) Bei der Rk. von 2-Chlorpenten-(3) (I; Piperylenhydrochlorid) mit Isopren (II) (äquimol. Mengen) in Ggw. von $SnCl_2$ entsteht neben höheren Telomerisationsprodd. ein Gemisch von Verbb. einer Rk. von 1 Mol I mit 1 Mol II, das zu 85% aus *1-Chlor-3.5-dimethyloctadien-(2.6)* (III) besteht. Die Struktur von III wird durch Überführung in *3.5-Dimethyloctadien-(2.6)-al* (IV) nach SOMMELET sowie durch Hydrierung zu *3.5-Dimethyloctan* bewiesen. Bei der Ozonolyse von III werden *Essig-, Chloressig-* u. *α-Methyllävulinsäure* erhalten. Auch das IR-Spektr. des Gemisches spricht für die Struktur III. IV kondensiert mit Aceton zu *6.8-Dimethylundecatrien-(3.5.9)-on-(2)*.

Versuche: *1-Chlor-3.5-dimethyloctadien-(2.6)* (III), $C_{10}H_{17}Cl$, Kp.$_3$ 64°; durch Zugabe von 3 ml einer 5%ig. Lsg. von $SnCl_2$ in Methylenchlorid zu je 0,5 Mol I [Kp.$_{100}$ 41°; durch Sättigen von Piperylen mit HCl bei 0°; D.$^{20}_4$ 0,8994; $n_D^{20}$ 1,4327; 95% (Ausbeute)] u. II bis zu einer Dichtezunahme um 0,043, Zugabe von 1,5 ml Diäthylamin u. fraktionierte Dest. D.$^{20}_4$ 0,9132; $n_D^{20}$ 1,4730; 14,5 g; daneben 6 g höhere Telomere; gibt bei der Ozonolyse *Essigsäure* [*Acetanilid,* F. 113° (W.)], *Chloressigsäure,* F. 61—62° (PAe.), u. *α-Methyllävulinsäure* [*Semicarbazon,* $C_7H_{13}N_3O_3$, F. 180—181° (W.); *2.4-Dinitrophenylhydrazon,* $C_{12}H_{14}N_4O_6$, F. 188—188,5° (A.)]. — *3.5-Dimethyloctadien-(2.6)-al* (IV), $C_{10}H_{16}O$, Kp.$_{10}$ 110—111°; nach SOMMELET, a) durch 7 std. Kochen von 15 g III in 75 ml Methylenchlorid mit 15 g Urotropin, Extraktion mit W., wiederholtes Behandeln der Methylenchloridschicht mit Urotropin, Extraktion mit W., Zugabe der vereinigten wss. Auszüge zu einer Formalinlsg. bei gleichzeitiger Wasserdampfdest. u. Extraktion des Destillates mit Ae.; oder b) durch 48 std. Schütteln von I in Methylenchlorid mit Urotropin bei Zimmertemp.; D.$^{20}_4$ 0,8786; $n_D^{20}$ 1,4830; 7,5 g. *Semicarbazon,* $C_{11}H_{19}N_3O$, F. 150° (W.). *2.4-Dinitrophenylhydrazon,* $C_{16}H_{20}N_4O_4$, F. 107° (A.), orangefarbene Kristalle. 17 g IV geben bei 75 std. Schütteln mit 32 g Aceton in 33 ml 10%ig. $Na_2SO_3$ 14,5 g *6.8-Dimethylundecatrien-(3.5.9)-on-(2)*, $C_{13}H_{20}O$; Kp.$_{10}$ 140—141°; D.$^{20}_4$ 0,8888; $n_D^{20}$ 1,5278. *Semicarbazon,* $C_{14}H_{23}N_3O$, F. 174—175°. — *3.5-Dimethyloctan,* Kp. 158—160°; durch Red. von 10 g III in 100 ml Methanol in Ggw. von $Pd/CaCO_3$; D.$^{20}_4$ 0,7151; $n_D^{20}$ 1,4132; 6 g. (Журнал Общей Химии [J. allg. Chem.] **28** (**90**). 1128—32. Mai 1958. Leningrad, Technol. Lensowjet-Inst.) W. KURTZMANN. 520

**A. I. Sacharowa** und **G. D. Iljina,** *Synthese verzweigter Triacetylenkohlenwasserstoffe.* 2. Mitt. *Darstellung von 4.4.7.7-Tetramethyldecatriin-(2.5.8) und 3.3.6.6-Tetramethyl-1.8-diphenyloctatriin-(1.4.7).* (1. vgl. C. **1957.** 12131.) 2.5-Dimethyl-2.5-dichlorhexin-(3) (I) liefert mit Methylacetylenyl-MgBr *4.4.7.7-Tetramethyldecatriin-(2.5.8)* (II), mit Phenylacetylenyl-MgBr *3.3.6.6-Tetramethyl-1.8-diphenyloctatriin-(1.4.7)* (III). Bei der Ozonolyse entstehen aus II *Essig-* u. *Dimethylmalonsäure,* aus III *Benzoe-* u. *Dimethylmalonsäure.*

Versuche: *4.4.7.7-Tetramethyldecatriin-(2.5.8)* (II), $C_{14}H_{18}$, F. 29°, Kp.$_3$ 57—61°, man leitet in Äthyl-MgBr (24 g Mg, 124 g Äthylbromid, 700 ml Ae.) unter Kühlen in 40—45 Std. 45 Liter Methylacetylen ein, versetzt mit 2 g $Cu_2Cl_2$ u. 1 g $HgCl_2$ u. tropft I zu; dann rührt man 3 Tage bei 20° u. kocht 6 Std.; federartige Kristalle; 45% (Ausbeute). — *3.3.6.6-Tetramethyl-1.8-diphenyloctatriin-(1.4.7)* (III), $C_{24}H_{22}$, F. 142,5—143,5° (PAe.), zu Äthyl-MgBr (17 g Mg, 117 g Äthylbromid, 600 ml Ae.) tropft man 69 g Phenylacetylen, kocht einige Std., gibt 2 g $Cu_2Cl_2$ u. 1 g $HgCl_2$ zu u. tropft 60 g I ein. Am nächsten Tag kocht man 8 Std. u. läßt noch 1 Tag stehen; 35%. (Журнал Общей Химии [J. allg. Chem.] **27** (**89**). 3201—03. Dez. 1957. Leningrad, Landwirtschaftl. Inst.)

HELMUT SCHÄFER. 530

**W. A. Nekrassowa,** *Über die Darstellung aliphatischer Alkohole aus Kohlenwasserstoffen des Erdöls.* Vf. untersucht die Hydrolyse von n-Alkylchloriden mit 6—12 C-Atomen zu den entsprechenden n-Alkoholen. Die besten Ausbeuten (70—80%) an Alkoholen wurden durch Hydrolyse mit 20%ig. NaOH bei 170—175° im Drehautoklaven erzielt. Die n-Alkylchloride wurden durch Chlorierung der entsprechenden KW-stoffe in Ggw. von $NO_2$ erhalten.

V e r s u c h e: *n-Heptanol,* $Kp._{755}$ 176—177°; zu 100 g 1-Chlorheptan gibt man 233 ml 20%ig. NaOH u. 50 g Emulgator u. erhitzt im Autoklaven langsam auf 170—175° (20—25 at); $D.^{20}_4$ 0,8218; $n_D^{20}$ 1,4241; 80% (Ausbeute). — *n-Hexanol,* $Kp._{754}$ 155—156°; $D.^{20}_4$ 0,8185; $n_D^{20}$ 1,4179. — *n-Octanol,* $Kp._{754}$ 195—196°; $D.^{20}_4$ 0,8245; $n_D^{20}$ 1,4292. — *n-Nonanol,* $Kp._{753}$ 215—216°; $D.^{20}_4$ 0,8273; $n_D^{20}$ 1,4334. — *n-Decanol,* $Kp._{754}$ 229—230°; $D.^{20}_4$ 0,8291; $n_D^{20}$ 1,4368. — *n-Undecanol,* $Kp._{25}$ 146—147°; $D.^{20}_4$ 0,8354; $n_D^{20}$ 1,4404. — *n-Dodecanol,* $Kp._{20}$ 149—150°; $D.^{20}_4$ 0,8372; $n_D^{20}$ 1,4439. (Журнал Общей Химии [J. allg. Chem.] **28** (**90**). 1561—63. Juni 1958. Krimsker Landwirtschaftl. Inst.)

O. POLLAK V. EMHOFEN. 560

**A. I. Lebedewa** und **L. W. Kucharewa,** *Untersuchung der Isomerisation und Dimerisation von Dimethylvinylcarbinol in Abhängigkeit vom* $p_H$ *des Mediums.* 4. Mitt. *Über die Struktur eines neuen Isomeren des Geraniols.* (3. vgl. C. **1959.** 5430.) Beim Behandeln von Dimethylvinylcarbinol (**I**) mit wss. $KHSO_4$ entstehen folgende Verbb.: Durch Allylumlagerung von **I** entsteht *γ.γ-Dimethylallylalkohol* (**II**), durch innermol. Dehydratisierung von **I** *Isopren,* durch Rk. von **I** mit **II** *Dimethylvinylcarbinyl-γ.γ-dimethylallyläther;* durch Dimerisation von **I** *Geraniol* (**III**); durch Hydratisierung von **I** *α.α-Dimethyltrimethylenglykol* [*3-Methylbutandiol-*(*1.3*)] u. durch Hydratisierung von **III** *Geraniolhydrat* [**IV**; *3.7-Dimethylocten-*(*6*)*-diol-*(*1.3*)]. — Bei der Dehydratisierung von **IV** (durch Erhitzen im Vakuum in Ggw. von Spuren $KHSO_4$) wird wenigstens zu 60% aus der tert. Hydroxylgruppe u. der Methylgruppe $H_2O$ abgespalten, u. es bildet sich *7-Methyl-3-methylenocten-*(*6*)*-ol-*(*1*) (**V**). Bei der Ozonolyse von **V** werden neben *Aceton* ca. 40% *Formaldehyd* u. 25% *Ameisensäure* erhalten. Die Oxydation von **V** mit $CrO_3$ liefert *7-Methyl-3-methylenocten-*(*6*)*-al-*(*1*), die partielle Hydrierung *Citronellol,* das bei der Oxydation in *Citronellsäure* übergeht; die Perhydrierung von **V** gibt *Tetrahydrogeraniol.* — Die Bldg. von **V** aus **IV** bestätigt, daß **IV** nicht Zwischenprod. bei den gegenseitigen Umwandlungen der Terpenalkohole u. der Umwandlung von Linalool in Terpineol ist.

V e r s u c h e: Man behandelt 200 g 75%ig. **I** mit 200 ml 20%ig. $KHSO_4$-Lsg. nach LEBEDEWA (vgl. l. c.). Aus der oberen Schicht erhält man die Fraktion: Kp. 35—145°; 58,9 g [*Isopren;* **I**; *γ.γ-Dimethylallylalkohol* (**II**)]; $Kp._5$ 50—75°; 19,3 g (*Dimethylvinylcarbinyl-γ.γ-dimethylallyläther, Bis-*[*γ.γ-dimethylallyl*]*-äther*); $Kp._{10}$ 75—120°; 15,3 g [*Geraniol* (**III**), *Linalool*]; $Kp._{17}$ 120—145°; 13,4 g [*Geraniolhydrat* (**IV**), $C_{10}H_{20}O_2$, $Kp._6$ 133—134°; $D.^{20}_4$ 0,9436; $n_D^{20}$ 1,4689]. Aus dem äther. Auszug der unteren Schicht erhält man 22,4 g eines Gemisches aus **I**, **II** u. *α.α-Dimethyltrimethylenglykol,* $C_5H_{12}O_2$, $Kp._5$ 92—92,5°; $D.^{20}_4$ 0,9649; $n_D^{20}$ 1,4425. — *3.7-Dimethyloctandiol-*(*1.3*) (*Dihydrogeraniolhydrat*), $C_{10}H_{22}O_2$, $Kp._5$ 127—128°, man hydriert 2,0 g **IV** in 40 ml Ae. an 0,2 g Pt; $D.^{20}_4$ 0,9099; $n_D^{20}$ 1,4475; 1,3 g (Ausbeute). — *7-Methyl-3-methylenocten-*(*6*)*-ol-*(*1*) (**V**), $C_{10}H_{18}O$, $Kp._2$ 68—68,5°, $Kp._5$ 86—87°, man erhitzt 11,0 g **IV** in Ggw. von 0,05 g $KHSO_4$ auf 85—90°/5 mm; $D.^{20}_4$ 0,8776; $n_D^{20}$ 1,4684; 8,4 g. — *Tetrahydrogeraniol* [*3.7-Dimethyloctanol-*(*1*)], $C_{10}H_{22}O$, $Kp._9$ 95—96°, man hydriert 1,75 g **V** an 0,3 g Pt in 40 ml A.; $D.^{20}_4$ 0,8402; $n_D^{20}$ 1,4391; 1,2 g. — *7-Methyl-3-methylenocten-*(*6*)*-al-*(*1*), man erhitzt 3,1 g **V**, 2 g $Na_2Cr_2O_7$, 3 g $H_2SO_4$ u. 9 ml W. 15 Min. auf 60—70°, verd. mit W. u. dest. mit Wasserdampf; 1,3 g. *Semicarbazon,* $C_{11}H_{19}N_3O$, F. 205—206° (A.). — *Citronellol* [*3.7-Dimethylocten-*(*6*)*-ol-*(*1*)], $C_{10}H_{20}O$, $Kp._4$ 82—84°, man hydriert 2,0 g **V** in 40 ml A. an 1 g $Pd/CaCO_3$; $D.^{20}_4$ 0,8552; $n_D^{20}$ 1,4465; 1,2 g. — *Citronellsäure,* $C_{10}H_{18}O_2$, durch Oxydation von Citronellol nach TIEMANN u. SCHMIDT [1897]. *Ag-Salz,* $C_{10}H_{17}AgO_2$, man tropft zu 2,0 g **V**, 1,5 g $Na_2Cr_2O_7$ u. 2 ml W. bei 60—70° 2 ml 60%ig. $H_2SO_4$ zu, rührt 1 Std., dest. mit Dampf, überführt das erhaltene *Lacton* durch Kochen mit wss.-alkoh. Lauge in das *Na-Salz,* neutralisiert mit $HNO_3$ u. überführt in das Ag-Salz. (Журнал Общей Химии [J. allg. Chem.] **28** (**90**). 2782—86. Okt. 1958. Leningrad, Univ.)

HELMUT SCHÄFER. 570

**Shin-ichi Sasaki,** *Hydroxylierung von ungesättigten Verbindungen.* 2. Mitt. *Über optisch-aktive Octadecantriole-*(*1.9.10*). (1. vgl. J. chem. Soc. Japan, pure Chem. Sect. [Nippon Kagaku Zassi] **74.** [1953.] 579; 3. vgl. C. **1957.** 6713.) Die cis-trans-isomeren Monoester von Oleyl- (**I**) u. Elaidylalkohol (**II**) mit Bernsteinsäure werden mit Peressigsäure, $H_2O_2$–$OsO_4$ bzw. alkal. $KMnO_4$ oxydiert. Opt. Spaltung mit Cinchonidin (III) liefert opt.-akt. Bernsteinsäuremonoester, deren Hydrolyse jeweils opt.-akt. *Octadecantriole-(1.9.10)*.

V e r s u c h e: B e r n s t e i n s ä u r e e s t e r: *Monooleylester* (IV), $C_{22}H_{40}O_4$, F. 26° (PAe.–tert.-Butanol), durch 6—8 std. Erhitzen von I (Kp.$_{23}$ 215—220°) mit Bernsteinsäureanhydrid auf 115—120°; 75% (Ausbeute). — *Monoelaidylester* (V), F. 53 bis 54,5° (PAe.), analog vorst. Verb. aus II (F. 34—35°, durch Erwärmen von I mit Se); 80%. — *Mono-9.10-dihydroxyoctadecyl-(1)-ester, erythro-Form* (VI), $C_{22}H_{42}O_6$, F. 86° (Aceton), a) durch Oxydation von IV mit Peressigsäure (durch 1 std. Erwärmen von 30% ig. $H_2O_2$ mit Eisessig auf 80°) in 4 Std. bei 70°; 49,4%; b) durch Oxydation von V mit $H_2O_2$–$OsO_4$ in tert.-Butanol in 24 Std. bei 30°; 24,6%; c) durch Oxydation von V mit alkal. $KMnO_4$-Lsg.; 23,1%. *threo-Form*, F. 114°, a) aus V analog VI nach a); 52,5%; b) aus IV analog VI nach b); 26,8%; c) aus IV analog VI nach c); 24,5%. — B e r n s t e i n s ä u r e m o n o - 9. 10 - d i h y d r o x y o c t a d e c y l - (1) - e s t e r, C i n c h o n i d i n s a l z e: *L-erythro-* (VII), $C_{41}H_{64}N_2O_7$, F. 71° (Aceton), durch Eindampfen von 0,5 g VI mit 0,36 g III in A.; $[\alpha]_D^{22,2}$ —59,61° (0,051 g/4 cm³ A.); 0,25 g. — *L-threo-* (VIII), F. 81—82° (Aceton), analog VII; $[\alpha]_D^{10,7}$ —36,67° (0,027 g/3 cm³ A.). — *D-threo-*, F. 77—78° (Aceton), im Filtrat von VIII, $[\alpha]_D^{10,8}$ —42,31° (0,026 g/2 cm³ A.). — B e r n s t e i n s ä u r e m o n o - 9. 10 - d i h y d r o x y o c t a d e c y l - (1) - e s t e r: *L-erythro-* (IX), $C_{22}H_{42}O_6$, F. 84° (Aceton), durch Lösen von 0,25 g VII in A. u. Fällen mit HCl; $[\alpha]_D^{22,1}$ —24,76° (0,042 g/4 cm³ A.); 0,12 g. — *D-erythro-* (X), F. 84° (Aceton), im Filtrat von IX; $[\alpha]_D^{19}$ 8,00° (0,045 g/4 cm³ A.); 0,13 g. — *L-threo-*, F. 108°, analog IX aus VIII; $[\alpha]_D^{12}$ —10,09° (0,024 g/4 cm³ A.). — *D-threo-*, F. 108°, im Filtrat vorst. Verb.; $[\alpha]_D^{12}$ 14,74° (0,019 g/4 cm³ A.). — O c t a d e c a n t r i o l e - (1. 9. 10): *L-erythro-*, $C_{18}H_{38}O_3$, F. 80° (Aceton), durch Verseifung von 0,12 g IX mit 5% ig. alkoh. KOH; $[\alpha]_D^{19}$ —14,35° (0,023 g/3 cm³ A.); 0,05 g. — *D-erythro-*, F. 80° (Aceton), analog vorst. Verb. aus 0,13 g X; $[\alpha]_D^{19}$ 8,18° (0,033 g/3 cm³ A.); 0,05 g. — *L-threo-*, F. 124°, analog; $[\alpha]_D^{11,5}$ —10,01° (0,028 g/4 cm³ A.). — *D-threo-*, F. 124°, $[\alpha]_D^{12}$ 10,08° (0,024 g/4 cm³ A.). (J. chem. Soc. Japan, pure Chem. Sect. [Nippon Kagaku Zassi] **76**. 454—56. April 1955. Sendai, Tohoku Univ. [Orig.: japan.]) L. SCHULER. 580

**Roger S. Porter** und **George H. Cady**, *Einige chemische Reaktionen von Trifluormethylhypofluorit.* Hg u. Li reagieren mit Trifluormethylhypofluorit (I) unter Bldg. von *Carbonylfluorid*, $Hg_2F_2$ bzw. *LiF*. Mit $F_2$ vorbehandeltes Ni wird unter 470° nicht angegriffen. $Li_2CO_3$ setzt sich mit I bei Raumtemp. zu $CO_2$, $O_2$ u. *LiF* um. Perfluorcyclopenten addiert I bei 80° unter Bldg. von *Perfluormethoxycyclopentan* ($C_6F_{12}O$). Aus I u. Tetrafluoräthylen wurden $CF_4$ u. *CO*, in einem anderen Vers. polymere Prodd. erhalten. (J. Amer. chem. Soc. **79**. 5625—27. 5/11. 1957. Seattle, Wash., Univ. of Washington, Dep. of Chem.) L. LAMZA. 590

**Zaki El-Hewehi** und **Eberhard Taeger**, *Notiz über Bunte-Salze.* Es wird über die Herst. neuer Na-Salze der S-Alkyl- u. S-Aralkylthioschwefelsäure berichtet, die durch Überführung in die Benzylthiuroniumsalze gek. u. durch saure Hydrolyse in die entsprechenden Thiole übergeführt werden.

V e r s u c h e: S - A l k y l t h i o s c h w e f e l s ä u r e, Na-Salze, durch 3 std. Kochen der entsprechenden Bromide in alkoh. Lsg. mit $Na_2S_2O_3$; daraus durch Erwärmen mit Benzylthiuroniumchlorid die Benzylthiuroniumsalze; prakt. quantitativ. — *n-Nonyl-, Na-Salz*, $C_9H_{19}O_3S_2Na$, Zers. > 200°; 91% (Ausbeute); (gibt beim 8—10 std. Kochen mit $H_2SO_4$ unter $N_2$ *n-Nonylmercaptan*, 84%). *Benzylthiuroniumsalz*, $C_{17}H_{30}N_2O_3S_3$, F. 67,5°, aus wss. A. dünne Prismen. — *-β-Phenyläthyl-, Na-Salz*, aus A. Schuppen; (→ *β-Phenyläthylmercaptan*, 80%). *Benzylthiuroniumsalz*, $C_{16}H_{20}N_2O_3S_3 \cdot C_2H_5OH$, F. 81,5 bis 82,5°, aus wss. A. dünne, verfilzte Nadeln. — *Cinnamyl-, Na-Salz*, Zers. > 175°, aus A. Schuppen; 61%; (→ *Cinnamylmercaptan*, 66%). *Benzylthiuroniumsalz*, $C_{17}H_{20}N_2O_3S_3$, F. 111—112°, aus wss. A. Blättchen. — *-n-Dodecyl-, Benzylthiuroniumsalz*, $C_{20}H_{36}N_2O_3S_3$, F. 72,5°, aus wss. A. glänzende Schuppen. — *-n-Hexadecyl-, Benzylthiuroniumsalz*, $C_{24}H_{44}N_2O_3S_3$, F. 82°, aus wss. A. glänzende Schuppen. — *-p-Nitrobenzyl-, Benzylthiuroniumsalz*, $C_{15}H_{17}N_3O_5S_3 \cdot C_2H_5OH$, F. 132°, aus wss. A. lange Prismen. — *S.S'-Heptamethylen-1.7-bis-thioschwefelsäure, Di-Na-Salz*, aus A.; 88%; [→ *Heptamethylendithiol-(1.7)*, 79%]. *Bis-benzylthiuroniumsalz*, $C_{23}H_{36}N_4O_6S_6$, F. 109°, aus wss. A. Blättchen. (J. prakt. Chem. [4] **7 (279)**. 191—95. 1958. Halle/S., Martin-Luther-Univ. Halle-Wittenberg, Inst. für techn. Chem.) W. SCHRAMM. 600

**D. H. Hirsh, R. I. Hoaglin** und **D. G. Kubler**, *Darstellung von Acetalen und Ketalen aus Enolestern.* Die Darst. von Acetalen u. Ketalen aus Enolestern u. Alkoholen in Ggw. von HgO u. $BF_3$ wurde verbessert, indem an Stelle von HgO Hg-Acetat oder feinverteiltes HgO verwendet wurde. So konnte die sonst beobachtete Induktionsperiode ausgeschaltet

u. die Ausbeuten erhöht werden. Der Reaktionsmechanismus wird diskutiert, die als Zwischenprodd. angenommenen Vinyläther, sollten also isoliert werden können, da z. B. *Butylvinyläther* sich bei $-25^0$ nur langsam mit *n-Butanol* (**II**) in 1 Std. zu 4,9%, 4 Std. zu 12,5 u. 6 Std. zu 16,8% umsetzt.

Versuche: Aceton, *Diäthylketal*, Kp. 110—113°, durch Zugabe von Isopropenylacetat (**I**) zu einer Mischung von Hg-Acetat, $BF_3$ u. A. in Ae. während 15 Min. bei 45—50°, Gießen in 25%ig. NaOH; 69% (Ausbeute). *Dibutylketal*, $Kp._{10}$ 74°, aus **II** u. **I**; 80%. *Dimethylketal*, aus **I** u. Methylalkohol; 53%. *Diallylketal*, aus **I** u. Allylalkohol; 50%. — *Acetaldehyddibutylacetal*, a) aus Vinylacetat u. **II**; 88%. b) durch Addition von **II** an Vinylbutyläther; 98%. (J. org. Chemistry **23**. 1083—85. Juli 1958. South Charleston, W. Va., Union Carbide Chem. Co., Div. of Union Carbide Corp., Developm. Dep.)

W. SCHRAMM. 710

**I. A. Faworskaja** und **N. N. Kopylow-Schachmatow**, *Homologe des Monovinylacetylens. 6. Mitt. Anlagerung von Methylalkohol an Isopropenylacetylen.* (5. vgl. C. **1959**. 5430.) Die Anlagerung von Methanol an Isopropenylacetylen (**I**) bei 30° in Ggw. von $BF_3 \cdot (C_2H_5)_2O$ u. HgO führt zu *2-Methylbuten-(1)-on-(3)-dimethylketal* (**II**) u. *1-Methoxy-2-methylbutanon-(3)-dimethylketal* (**III**) im Verhältnis 1 : 1. Eine Erhöhung der Reaktionstemp. auf 40° führt ausschließlich zu **III**. Die Bldg. von **II**, dessen Hydrolyse *2-Methylbuten-(1)-on-(3)* ergibt, sehen Vff. als Beweis dafür an, daß zunächst 1 Mol. Methanol zu dem nichtisolierten *2-Methoxy-3-methylbutadien-(1.3)* (**IV**) u. daran 2 weitere Moll. zu **II** u. **III** angelagert werden. Die Bldg. von **IV** kann entweder durch direkte Addition an die Dreifachbindung oder durch 1.4-Addition u. anschließende Isomerisierung erfolgen. Die Bldg. von **III** erfolgt entgegen der MARKOWIKOW-Regel, Hydrolyse von **III** führt zum bekannten *1-Methoxy-2-methylbutanon-(3)*. Methanolabspaltung von **III** durch $KHSO_4$ führt zu **IV**, dessen Struktur durch Rk. mit p-Benzochinon bewiesen wird.

Versuche: *2-Methylbuten-(1)-on-(3)-dimethylketal* (**II**), $C_7H_{14}O_2$, Kp. 117—120°, man erhitzt 1,5 g rotes HgO, 0,5 g $BF_3$-Ätherat, 0,2 g Chloressigsäure u. 1 ml Methanol vorsichtig auf 50—60°, gibt 50 ml Methanol u. in 1 Std. 20 ml Methanol u. 33 g **I** zu; nach 8std. Rühren gibt man 0,5 g Na in 10 ml Methanol zu u. fraktioniert; $n_D^{20}$ 1,4130; $D._4^{20}$ 0,8827; 14 g (Ausbeute). — Hydrolyse von **II** mit verd. $H_2SO_4$ liefert *2-Methylbuten-(1)-on-(3)*. *Semicarbazon*, $C_6H_{11}N_3O$, F. 172—173° (A.). — *1-Methoxy-2-methylbutanon-(3)-dimethylketal* (**III**), $C_8H_{18}O_3$, $Kp._{22}$ 69°, entsteht neben **II**; $n_D^{20}$ 1,4175; $D._4^{20}$ 0,9031; 20 g. — *1-Methoxy-2-methylbutanon-(3)*, $C_6H_{12}O_2$, $Kp._{18}$ 46—47°, Kp. 144 bis 148°, a) aus 8 g **III** mit verd. $H_2SO_4$; $n_D^{20}$ 1,4090; $D._4^{20}$ 0,9093; 3,7 g; b) zu einem Gemisch von 0,6 g $HgSO_4$, 0,3 ml konz. $H_2SO_4$ u. 70 ml Methanol gibt man 20 g **I** u. 18 ml W., gibt portionsweise noch 2,4 g $HgSO_4$ zu, erhitzt 7 Std. auf 75—80°, verd. mit Sodalsg. u. äthert aus; $n_D^{20}$ 1,4110. *Semicarbazon*, $C_7H_{15}N_3O_2$, F. 95—96° (PAe.). — *2-Methoxy-3-methylbutadien-(1.3)* (**IV**), $C_6H_{10}O$, Kp. 99°, durch Dest. von **III** über $KHSO_4$; $n_D^{20}$ 1,4487; $D._4^{20}$ 0,8457; 50%. *Additionsprod. von* **IV** *mit p-Benzochinon*, $C_{12}H_{14}O_3$, F. 50—52° (PAe.), aus 6,3 g **IV** u. 1 g Chinon in Bzl. bei 100° im Rohr (4 Std.). (Журнал Общей Химии [J. allg. Chem.] **27** (**89**). 2406—09. Sept. 1957. Leningrad, Univ.)

G. KUHLOW. 710

**Jean Colonge, Jacques Dreux** und **Michel Thiers**, *Beitrag zur Untersuchung der δ-Ketoaldehyde. 1. Mitt. Darstellung.* Gesätt. Ketone addieren sich an Acrolein (**I**) oder Crotonaldehyd (**II**) in bas. Milieu unter Bldg. der entsprechenden *δ-Ketoaldehyde*. Die Ausbeuten liegen meist, bes. bei Verwendung von **I**, infolge von Neben-Rkk., die Cyclodehydratation der Endprodd. zu Cyclohexanonen, Crotonisierungen der Ausgangsprodd. miteinander oder untereinander, MICHAEL-Addition oder DIELS-ALDER-Rk. zwischen 2 Mol der α.β-ungesätt. Aldehyde nicht sehr hoch. Bei den Rkk. von Cyclohexanon (**III**), p-Methylcyclohexanon (**IV**) u. α-Indanon (**V**) mit **II** bzw. von Zimtaldehyd (**VI**) mit **III** wurden ferner *2-Crotonylidencyclohexanon*, *1-Methyl-3-crotonylidencyclohexanon-(4)*, *2-Crotonylidenindanon-(1)* u. *1.3-Dicinnamylidencyclohexanon-(2)* isoliert.

Versuche: *Hexanon-(5)-al*, $C_6H_{10}O_2$, $Kp._{11}$ 79°, durch Zutropfen von **I** zu Aceton in Ggw. von $NaOCH_3/CH_3OH < 0^0$ in 1 Std. u. Neutralisieren mit HCl; $D._4^{18}$ 1,024, $n_D^{18}$ 1,4615; 20% (Ausbeute). *Bis-[2.4-dinitrophenylhydrazon]*, $C_{18}H_{18}N_8O_8$, F. 218° (A.), orangefarbene Kristalle. *Monosemicarbazon*, $C_7H_{13}N_3O_2$, F. 184° (A.). — *4-Methylhexanon-(5)-al*, $C_7H_{12}O_2$, $Kp._{18}$ 94—95°, aus Butanon-(2) (**VII**) u. **I**; $D._4^{25}$ 1,011, $n_D^{25}$ 1,4748; 30%. *Bis-[2.4-dinitrophenylhydrazon]*, $C_{19}H_{20}N_8O_8$, F. 207° (Butanol), orangefarben. — *4-Äthylhexanon-(5)-al*, $C_8H_{14}O_2$, $Kp._{18}$ 90—95°, aus Pentanon-(2) u. **I**; $D._4^{20}$ 0,929, $n_D^{20}$ 1,4420; 12%. *Bis-[2.4-dinitrophenylhydrazon]*, $C_{20}H_{22}N_8O_8$, F. 203° (Dioxan), orangegelbe Kristalle. — *4.4-Demethylhexanon-(5)-al*, $C_8H_{14}O_2$, $Kp._{24}$ 89—94°, aus Methylisopropylketon u. **I**; $D._4^{22}$ 0,944, $n_D^{22}$ 1,4550; 10%. *Bis-[2.4-dinitrophenylhydrazon]*,

$C_{20}H_{22}N_8O_8$, F. 214° (Dioxan), orangefarbene Kristalle. — *3.4-Dimethylhexanon-(5)-al*, Kp.$_{15}$ 94—98°, aus **VII** u. **II**; D.$^{19}{}_4$ 0,953, $n_D^{19}$ 1,4750; 60% *Disemicarbazon*, $C_{10}H_{20}N_6O_2$, F. 280° (A.). — *3-Methyl-4-äthylhexanon-(5)-al*, $C_9H_{16}O_2$, Kp.$_{14}$ 104—106°, D.$^{20}{}_4$ 0,983, $n_D^{20}$ 1,4775; 44%. *Bis-[2.4-dinitrophenylhydrazon]*, $C_{21}H_{24}N_8O_8$, F. 172° (A.), orangerote Kristalle. — *3.4.4-Trimethylhexanon-(5)-al*, $C_9H_{16}O_2$, Kp.$_{15}$ 101—102°, D.$^{18}{}_4$ 0,982, $n_D^{18}$ 1,4705; 18%. *Bis-[2.4-dinitrophenylhydrazon]*, $C_{21}H_{24}N_8O_8$, F. 186° (Bzl.), orangefarbene Kristalle. — *3-[2-Ketocyclopentyl]-propanal*, $C_8H_{12}O_2$, Kp.$_{20}$ 129°, in absol. Ae. in Ggw. von $NaOCH_3$; D.$^{25}{}_4$ 1,064; $n_D^{25}$ 1,4870; 10%. *Monosemicarbazon*, $C_9H_{15}N_3O_2$, F. 232° (A.). — *3-[2-Ketocyclohexyl]-propanal*, $C_9H_{14}O_2$, Kp.$_{22}$ 141,5°, D.$^{25}{}_4$ 1,054, $n_D^{25}$ 1,4820; 20%. *Bis-[2.4-dinitrophenylhydrazon]*, $C_{21}H_{22}N_8O_8$, F. 197° (Aceton), orangegelbe Kristalle. — *Cyclohexylidencyclohexanon*, Kp.$_{15}$ 144—145°, neben vorst. Verb.; 25 g aus 400 g **III**. — *3-[2-Ketocyclopentyl]-butanal*, $C_9H_{14}O_2$, Kp.$_{17}$ 130—135°, in Ae.; D.$^{22}{}_4$ 1,038 $n_D^{22}$ 1 4880; 14%. *Monosemicarbazon*, $C_{10}H_{17}N_3O_2$, F. 250° (70%ig. A.). — *3-[2-Ketocyclohexyl]-butanal*, $C_{10}H_{16}O_2$, Kp.$_{15}$ 135—137°, D.$^{17}{}_4$ 1,065, $n_D^{17}$ 1,4960; 21%. *Monosemicarbazon*, $C_{11}H_{19}N_3O_2$, F. 207° (A.). *Bis-[2.4-dinitrophenylhydrazon]*, $C_{22}H_{24}N_8O_8$, F. 162° (A.), dunkelrote Kristalle. — *2-Crotonylidencyclohexanon-(1)*, $C_{10}H_{14}O$, F. 56° (PAe.) Kp.$_{15}$ 120—125°, neben vorst. Verb.; 33%. *Semicarbazon*, F. 190° (A.). — *2-Butylcyclohexanon-(1)*, $C_{10}H_{18}O$, Kp.$_{12}$ 90—92°, durch katalyt. Hydrierung vorst. Verb.; D.$_4^{16,5}$ 0,916, $n_D^{16,5}$ 1,4572. *Semicarbazon*, $C_{11}H_{21}N_3O$, F. 149° (A.). — *1-Methyl-3-crotonylidencyclohexanon-(4)*, $C_{11}H_{16}O$, Kp.$_{15}$ 137—140°, aus **IV** u. **II** in Ae. in Ggw. von $NaOCH_3$; D.$^{21}{}_4$ 0,9785, $n_D^{21}$ 1,5080; 10%. *Semicarbazon*, $C_{12}H_{19}N_3O$, F. 192,5° (50%ig. A.). — *1-Methyl-3-butylcyclohexanon-(4)*, $C_{11}H_{20}O$, Kp.$_{18}$ 110—114°, durch Hydrierung vorst. Verb.; D.$^{23}{}_4$ 0,899, $n_D^{23}$ 1,4550. *Semicarbazon*, $C_{12}H_{23}N_3O$, F. 143° (A.). — *2-Crotonylidenindanon-(1)*, $C_{13}H_{12}O$, F. 82° (PAe.), aus 100 g **V** u. **II**; 120 g. — *2-Butylindanon-(1)*, $C_{13}H_{16}O$, Kp.$_{20}$ 163—164°, F. 0°. *Semicarbazon*, $C_{14}H_{19}N_3O$, F. 161° (A.). — *1.3-Dicinnamylidencyclohexanon-(2)*, $C_{24}H_{22}O$, F. 181°, aus **VI** u. **III**; hellgelbe Kristalle; 85%. (Bull. Soc. chim. France **1959**. 370—73. Febr. Lyon, Fac. des Sci., Chim. Organ., u. École Supér. de Chim. Ind.) R. PASEDAG. 740

**George S. Sasin, Paul R. Schaeffer** und **Richard Sasin**, *Umesterungsreaktionen langkettiger Thiolester.* Thiolaurin-, Thiomyristin-, Thiopalmitin- sowie Thiostearinsäureäthylester (I) wurden durch Einw. von β-Naphthyl-, n-Heptyl-, n-Octyl- bzw. Benzylmercaptan in Ggw. von wenig Na-Äthylat oder -Methylat oder β-Naphthalinsulfonsäure umgeestert. Wird außerdem Pyridin zugesetzt, so werden die Ausbeuten wesentlich erhöht. Die Umesterung von **I** mit überschüssigem Methyl-, Äthyl-, n-Butyl-, n-Octylalkohol u. Phenol erfordert wesentlich längere Reaktionsdauer (bis 48 Std.). — Die nachst. Thioester wurden durch 2std. Erhitzen von 0,01 Mol Thioäthylester mit 0,011 Mol Mercaptan, 0,05 g $NaOCH_3$ u. 20 ml Pyridin, Abdest. des Pyridins, Aufnehmen in Ae. u. Kristallisation des Rückstandes aus Aceton oder Aceton/A. erhalten: *Thiolaurinsäure-β-naphthylester*, F. 29,5—30°; 53% (Ausbeute). *n-Heptylester*, F. 24°; 61%. *n-Octylester*, F. 21,5°; 63%. *Benzylester*, F. 35—36°; 51%. — *Thiomyristinsäure-β-naphthylester*, F. 38,5—39°; 52%. *n-Heptylester*, F. 32°; 64%. *n-Octylester*, F. 31°; 62%. *Benzylester*, F. 45—46°; 67%. — *Thiopalmitinsäure-β-naphthylester*, F. 47—47,5°; 60%. *n-Heptylester*, F. 39—39,5°; 63%. *n-Octylester*, F. 37,5°; 70%. *Benzylester*, F. 52°; 55%. — *Thiostearinsäure-β-naphthylester*, F. 56°; 60%. *Benzylester*, F. 59,5—60°; 63%. *n-Heptylester*, F. 44—44,5°; 70%. *n-Octylester*, F. 43,5—44°; 65%. Die Thiofettsäureäthylester wurden nach der Meth. von RALSTON u. Mitarbeitern (vgl. J. org. Chemistry **4**. [1939.] 502) dargestellt. — Die folgenden Stearinsäureester wurden durch mehrstd. Erhitzen von 0,01 Mol **I** mit 50 ml Alkohol u. 0,05 g $NaOCH_3$, Aufnehmen in Ae. u. Umkristallisation des Rückstandes aus A. erhalten: *Methylester*, F. 39° (3std. Erhitzen); 70%. *Äthylester*, F. 34° (24 Std.); 76%. *n-Butylester*, F. 27,5° (48 Std.); 67%. *n-Octylester*, F. 34° (48 Std.); 58%. *Phenylester*, F. 52°; 68%. (J. org. Chemistry **22**. 1183—84. Okt. 1957. Philadelphia, Pa., Drexel Inst. of Technol., Dep. of Chem.) L. LAMZA. 810

**Mituo Iwakiri**, *Untersuchungen über Lindersäure.* 1. Mitt. *Darstellung von trans-$\Delta^{4.5}$-Dodecensäure.* Das aus Vinylheptylcarbinol (**I**) hergestellte *1-Brom-trans-decen-(2)* gibt mit Na-Malonester *$\Delta^{4.5}$-Dodecensäure*, deren trans-Konfiguration durch das IR-Spektr. bestätigt wird. Die in der Natur vorkommende *Lindersäure* scheint das entsprechende cis-Isomere zu sein.

Versuche: *1-Brom-trans-decen-(2)*, Kp.$_4$ 84—86°, aus **I** u. $PBr_3$; $\lambda_{max}$ 10,38 μ; 80,7% (Ausbeute). — *trans-Decen-(2)-yl-(1)-malonsäurediäthylester*, $C_{17}H_{30}O_4$, Kp.$_4$ 150 bis 153°, aus vorst. Verb. durch Zutropfen zu $NaOC_2H_5$ u. Diäthylmalonat in A.; $\lambda_{max}$ 10,32 μ; 60,0%. — *trans-$\Delta^{4.5}$ Dodecensäure*, $C_{12}H_{22}O_2$, F. 27,0—27,5°, Kp.$_{13}$ 166,5 bis 168,5°, aus vorst. Verb. durch Verseifen, Ansäuern u. Erhitzen; $\lambda_{max}$ 10,32 μ; 64,4%; gibt bei der Hydrierung *Laurinsäure* (F. 43—44°). *Methylester*, Kp.$_{12}$ 125—126°, $\lambda_{max}$

10,32 $\mu$; gibt bei $KMnO_4$-Oxydation *Bernsteinsäure* (F. 182—182,5°) u. *Caprylsäure* (*p-Phenylphenacylester*, F. 66—67°). *p-Phenylphenacylester*, $C_{26}H_{32}O_3$, F. 80,5—81,0° (A.). *p-Bromphenacylester*, $C_{20}H_{27}BrO_3$, F. 75,5—76,0° (A.). *S-Benzylthiuroniumsalz*, $C_{20}H_{32}N_2O_2S$, F. 141,10—141,5° (A.). (J. chem. Soc. Japan, pure Chem. Sect. [Nippon Kagaku Zassi] **79.** 910—13. Aug. 1958. Huze, Kinki-Daigaku. [Orig.: japan.]) E. MAEKAWA. 810

**John A. Young** und **Richard D. Dresdner,** *Bildung eines Fluorcarbonsäurechlorids durch das elektrochemische Fluorierungsverfahren.* Die elektrochem. Fluorierung von Dimethylcarbamoylchlorid (II) in fl. $(HF)_2$ lieferte neben *Bis-[trifluormethyl]-carbamoylfluorid* (III) *Bis-[trifluormethyl]-carbamoylchlorid* (**I**, $C_3ClF_6NO$, Kp. 38,5°); das Verhältnis **III** : **I** fiel von 30 : 1 bei einer Ausgangskonz. an **II** von 0,2 Mol-% auf 5 : 1 bei 0,9 Mol-% **II.** Pyrolyse von **I** durch 6std. Erhitzen auf 380—400° ergab wenig *$COF_2$* (Kp. —90°), nicht aber Perfluor-2-azapropen u. COClF. **I** reagierte mit $CH_3OH$ zu *Bis-[trifluormethyl]-carbaminsäuremethylester* [Kp. 73—77°, $n_D^{25}$ 1,2990; 61% Ausbeute]. (J. org. Chemistry **23.** 1576—77. Okt. 1958. Gainesville, Fla., Univ., Dep. of Chem. and Chem. Engng.) H.-J. KÖTZSCH. 880

**K. Bahadur, S. Ranganayaki** und **L. Santamaria,** *Photosynthese von Aminosäuren aus Paraformaldehyd unter Fixierung von Luftstickstoff in Gegenwart von kolloidalem Molybdänoxyd als Katalysator.* Vff. setzen eine sterile Lsg. von Paraformaldehyd u. koll. Molybdänoxyd in W. in Ggw. von Luftstickstoff dem Licht einer 500-W-Birne 600 Std. lang aus. Die chromatograph. Unters. der Lsg. zeigt, daß *Glycin* u. *Alanin* in relativ großen Mengen entstehen, während *Valin, Histidin, Glutaminsäure, Asparaginsäure* u. *Ornithin* in geringer Menge nachweisbar sind. Eine unter gleichen Bedingungen im Dunkeln aufbewahrte Lsg. zeigte nur Spuren von *Glycin* u. *Alanin.* (Nature [London] **182.** 1668. 13/12. 1958. Allahabad, India, Univ., Chem. Dep.; u. Milano, Italy, Univ., Inst. of Gen. Pathol.) A. GUDE. 950

**Nobuo Izumiya** und **Michio Shitô,** *Darstellung von Peptiden.* 4. Mitt. *Darstellung von L-Citrullyldipeptiden.* (3. vgl. Mem. Fac. Sci., Kyushu Univ., Ser. C **3.** [1958.] 5; 2. vgl. C. **1959.** 5104.) Aus Carbobenzoxy-L-citrullin (I) u. Benzylestern verschied. Aminosäuren werden nach dem Dicyclohexylcarbodiimidverf. in 65—85%ig. Ausbeute krist. *Carbobenzoxydipeptidester* hergestellt, deren katalyt. Red. *Citrullylpeptide* gibt.

Versuche: *L-Citrullin*, F. 213—215° (Zers.; verd. A.), aus **33,8** g L-Ornithinmonohydrochlorid in sd. W. mit bas. Cu-Carbonat (20 Min.) über das Cu-Salz; $[\alpha]_D^{16}$ +23,8° (c = 2 in 5n HCl); 18,7 g (Ausbeute). — *Carbobenzoxy-L-citrullin* (I), $C_{14}H_{19}N_3O_5$, F. 102—103° (Aceton–Ae.), aus vorst. Verb. in 2n NaOH mit Carbobenzoxychlorid in 4n NaOH; $[\alpha]_D^{13}$ —0,2° (c = 2 in Aceton); 61%. — *Carbobenzoxy-L-citrullylglycinbenzylester*, aus 0,93 g **I**, 1,01 g Glycinbenzylester-p-toluolsulfonat u. Triäthylamin in Chlf. durch Schütteln mit Dicyclohexylcarbodiimid als Gemisch mit *Dicyclohexylharnstoff*; 1,39 g. — *L-Citrullylglycin*, $C_8H_{16}N_4O_4$, F. 207—208° (Zers.), aus vorst. Prod. in Essigsäure–Methanol–W. mit $H_2$ über Pd-Schwarz; $[\alpha]_D^{13}$ +70,7° (c = 1 in W.); 0,43 g. — *Carbobenzoxy-L-citrullyl-L-alaninbenzylester*, $C_{24}H_{30}N_4O_6$, F. 183—184° (Methanol–Ae.–PAe.), analog vorvorst. Verb. aus **I** u. L-Alaninbenzylester-p-toluolsulfonat; $[\alpha]_D^{13}$ —32,0° (c = 2 in Dimethylformamid); 64%. — *L-Citrullyl-L-alanin*, $C_9H_{18}N_4O_4$, F. 224—227° (Zers.), aus vorst. Verb. durch Hydrierung; $[\alpha]_D^{13}$ +7,9° (c = 1 in W.); 88%. — *Carbobenzoxy-L-citrullyl-L-leucinbenzylester*, $C_{27}H_{36}N_4O_6$, F. 135—138° (aus Essigester durch Fällen mit Ae.–PAe.), aus **I** u. L-Leucinbenzylester-p-toluolsulfonat; $[\alpha]_D^{13}$ —16,6° (c = 2 in Dimethylformamid); 77%. — *L-Citrullyl-L-leucin*, $C_{12}H_{24}N_4O_4$, F. 217—218° (Zers.; W.), aus vorst. Verb. durch Hydrierung; $[\alpha]_D^{13}$ +5,1° (c = 1 in W.); 81%. — *Carbobenzoxy-L-citrullyl-L-tyrosinbenzylester*, $C_{30}H_{34}N_4O_7$, F. 115—117° (Aceton–Ae.–PAe.), aus **I** u. L-Tyrosinbenzylester-p-toluolsulfonat; $[\alpha]_D^{13}$ —5,4° (c = 2 in Dimethylformamid); 86%. — *L-Citrullyl-L-tyrosin*, $C_{15}H_{22}N_4O_5$, aus 1,25 g vorst. Verb. durch Hydrierung; $R_F$ 0,32 (n-Butanol–Essigsäure–W., 4 : 1 : 2), 0,47 (n-Butanol–Essigsäure–Pyridin–W., 15 : 3 : 10 : 12); hygroskop. Pulver; 0,66 g. — *Carbobenzoxy-L-citrullyl-L-asparaginsäuredibenzylester*, $C_{32}H_{36}N_4O_8$, F. 193° (Dimethylformamid–Ae.), aus **I** u. L-Asparaginsäuredibenzylester-p-toluolsulfonat; $[\alpha]_D^{13}$ —11,2° (c = 2 in Dimethylformamid); 66%. — *L-Citrullyl-L-asparaginsäure*, aus 1,05 g vorst. Verb. durch Hydrierung; $R_F$ 0,15 (n-Butanol–Essigsäure–W., 4 : 1 : 2), 0,23 (n-Butanol–Essigsäure–Pyridin–W., 15 : 3 : 10 : 12); Öl; 0,56 g. — *Carbobenzoxy-L-citrullyl-L-glutaminsäuredibenzylester*, $C_{33}H_{38}N_4O_8$, F. 137—138° (Aceton–Ae.–PAe.), aus **I** u. L-Glutaminsäuredibenzylester-p-toluolsulfonat; $[\alpha]_D^{13}$ —8,9° (c = 2 in Dimethylformamid); 76%. — *L-Citrullyl-L-glutaminsäure*, aus 1,25 g vorst. Verb. durch Hydrierung; $R_F$ 0,19 (n-Butanol–Essigsäure–W., 4 : 1 : 2), 0,27 (n-Butanol–Essigsäure–Pyridin–W., 15 : 3 : 10 : 12); Öl. (J. chem. Soc. Japan, pure Chem. Sect. [Nippon Kagaku Zassi] **79.** 975—77. Aug. 1958. Hukuoka, Kyûsyû-Univ., Naturwiss. Fak. [Orig.: japan.]) E. MAEKAWA. 950

**M. M. Rauhut, I. Hechenbleikner, Helen A. Currier** und **V. P. Wystrach,** *Oxydation von sekundären Phosphinen zu sekundären Phosphinoxyden.* Durch Oxydation der Lsgg. von Di-n-butylphosphin, Di-n-octylphosphin u. Bis-[2-cyanäthyl]-phosphin in Isopropanol mit Luft bei 70° erhalten Vff. die entsprechenden *Phosphinoxyde* als krist. Verbindungen. *Di-n-butylphosphinoxyd,* $C_8H_{19}OP$, F. 66°, reagiert mit Chloralhydrat zu *1-Hydroxy-2.2.2-trichloräthyldi-n-butylphosphinoxyd,* $C_{10}H_{20}Cl_3O_2P$, F. 132 bis 133°. — *Di-n-octylphosphinoxyd,* F. 85—86°, gibt mit Acrylnitril *2-Cyanäthyldi-n-octylphosphinoxyd,* F. 51—52°. — *Bis-[2-cyanäthyl]-phosphinoxyd,* $C_6H_9N_2OP$, F. 98 bis 99°, gibt mit Chloralhydrat *Bis-[2-cyanäthyl]-1-hydroxy-2.2.2-trichloräthylphosphinoxyd,* $C_8H_{10}Cl_3N_2O_2P$, F. 159—160° (Zers.). (J. Amer. chem. Soc. **80.** 6690—91. 20/12. 1958. Stamford, Conn., Amer. Cyanamid Co., Res. Div., Stamford Labors.)
L. Schwiegk. 980

**Henry A. Lardy,** *DL-Glycerinaldehyd-3-phosphat.* Darst. von *dimerem DL-Glycerinaldehyd* (I)-*1.3-bis-[diphenylphosphat], dimerem DL-*I-*1-Bromid-3-diphenylphosphat, dimerer DL-*I-*1-Bromid-3-phosphorsäure* (II) u. dem II-Dioxanoxoniumsalz. — 6 Literaturangaben. (Methods Enzymol. **3.** 198—201. 1957. Madison, Wis., Univ.) K. Maier. 980

**Shigeru Morita,** *Luftoxydation von aromatischen Kohlenwasserstoffen in der Gasphase.* 2. Mitt. *Gasphasenoxydation von Propylbenzol.* (1. vgl. C. **1958.** 13757.) n-Propylbenzol (I) gibt bei der Gasphasenoxydation mit Luft bei 300—500° über einem Katalysator, der aus $NH_4$-Metavanadat oder -Molybdat auf Bimsstein durch Erhitzen hergestellt wurde, neben *Benzoesäure* (II) u. *Maleinsäureanhydrid* (III), ebenso wie bei der Oxydation von Toluol, Äthylbenzol u. Isopropylbenzol, noch *Phthalsäureanhydrid* (IV) in 25%ig. Ausbeute. Aus I wird zuerst *Hydrozimtsäure* gebildet, die weiter über *Hydrindon* in IV übergeht. Anderseits wird I in der Seitenkette unter Bldg. von II oxydiert, Oxydation des Kerns gibt III. Die Oxydation von I zu IV wird auch präparativ bestätigt. (J. chem. Soc. Japan, pure Chem. Sect. [Nippon Kagaku Zassi] **79.** 1081—87. Sept. 1958. Yawata, Seitetuzyo. [Orig.: japan.]) E. Maekawa. 1010

**N. N. Ssuworow, G. N. Perschin, Sh. D. Owtschinnikowa, Ss. N. Milowanowa** und **A. L. Mikerina,** *Synthese und fungistatische Aktivität einiger Pentachlorphenolderivate.* Es werden Derivv. des *Pentachlorphenols* (I) dargestellt u. auf ihre bakteriostat. u. fungistat. Aktivität (gegenüber Tuberkelbacillen, Saprophyten $B_5$, Mikrosporon, Trichophyton u. Achorion Schoenleini) untersucht. Alle dargestellten Verbb. sind weniger wirksam als I. Tabellar. Zusammenstellung vgl. Original.

Versuche: *Pentachlorphenol* (I), $C_6HCl_5O$, F. 186—187°. — *Pentachlorphenylacetat,* $C_8H_3Cl_5O_2$, F. 151,5—152°; 0,01 Mol I, 0,011 Mol Acetylchlorid u. 10 ml Pyridin werden 1 Std. auf dem sd. Wasserbad erhitzt, in verd. HCl (1:10) gegossen, mit Ae. extrahiert, Ae. abgedampft u. aus $CH_3OH$ umkristallisiert. — Nachst. I-Ester werden analog dargestellt. Wenn sich schon beim Eingießen in verd. HCl ein Nd. bildet, so wird er abfiltriert u. umkrist.: *-propionat,* $C_9H_5Cl_5O_2$, F. 79—79,5°. — *-butyrat,* $C_{10}H_7Cl_5O_2$, F. 75—76°. — *-valerianat,* $C_{11}H_9Cl_5O_2$, F. 57°. — *-pivalat,* $C_{11}H_9Cl_5O_2$, F. 105,5—106°. — *-isovalerianat,* $C_{11}H_9Cl_5O_2$, F. 82—82,5°. — *-capronat,* $C_{12}H_{11}Cl_5O_2$, F. 57—57,4°. — *-önanthat,* $C_{13}H_{13}Cl_5O_2$, F. 47—47,2°. — *-caprylat,* $C_{14}H_{15}Cl_5O_2$, F. 49,7—50°. — *-pelargonat,* $C_{15}H_{17}Cl_5O_2$, F. 57,5—57,7°. — *-stearat,* $C_{24}H_{35}Cl_5O_2$, F. 81,5° (aus Äthylacetat). — *-benzoat,* $C_{13}H_5Cl_5O_2$, F. 162,5—163,5°. — *-phenylacetat,* $C_{14}H_7Cl_5O_2$, F. 103—103,3°. — *β-Pentachlorphenoxyäthanol,* $C_8H_5Cl_5O_2$, F. 91—92° (A.); zu 1 g KOH in 10 ml Butanol werden 2,66 g I u. 1,61 g Äthylenchlorhydrin zugegeben u. 2½ Std. gekocht, Butanol im Vakuum abdest., 50 ml W. zugefügt u. der Nd. abfiltriert; 0,2 g (Ausbeute). — *Glyceroylpentachlorphenol* (*1.2-Dihydroxy-3-pentachlorphenoxypropan*), $C_9H_7Cl_5O_3$, F. 109,5 bis 110,5° (Dichloräthan, A.); zu 1 g I u. 0,15 g NaOH in 3,5 ml W. werden 0,42 g Glycerinchlorhydrin zugegeben, 1 Std. auf sd. Wasserbad erhitzt, abgekühlt, ausgefallener Nd. mit Essigsäureäthylester extrahiert u. wie üblich aufgearbeitet. — *Pentachlorphenoxyaceton,* $C_9H_5Cl_5O_2$, F. 106,5—106,7° (Methanol), durch 4std. Stehen einer Mischung aus 2,66 g I, 0,65 g KOH, 1 ml Chloraceton u. 10 ml A. bei Zimmertemp., 1std. Kochen u. Gießen in 40 ml W. + 5 ml 10%ig. Sodalösung. *Thiosemicarbazon,* $C_{10}H_8Cl_5N_3OS$, F. 125—125,5° (A.). — *ω-Pentachlorphenoxy-4-methoxyacetophenon,* $C_{15}H_9Cl_5O_3$, F. 148,5 bis 149,5° (A.), durch 5 Min. Erhitzen einer Mischung aus 1,44 g I, 0,33 g KOH, 5 ml A. u. 1,15 g p-Methoxyphenacylbromid auf dem Wasserbad, Zugabe von 5 ml A. zur erstarrten M., 30 Min. Kochen u. Gießen in 40 ml W.; 2,18 g. — *α-Pentachlorphenoxybuttersäuremethylester,* $C_{11}H_9Cl_5O_3$, F. 69,5—70° (Methanol), durch 3std. Kochen einer Mischung aus 2,66 g I, 0,62 g KOH, 2,26 g α-Brombuttersäuremethylester u. 10 ml A., Zufügen von 100 ml W. u. 5 ml 10%ig. NaOH, Extraktion mit Ae. u. Aufarbeitung; 1,55 g. — *1.2-Dipentachlorphenoxyäthan,* $C_{14}H_4Cl_{10}O_2$, F. 223—223,3° (Äthylacetat), 2 g I, 0,22 ml Äthylenbromid, 0,42 g KOH u. 5 ml A. werden 4 Std. gekocht, in 50 ml W.

gegossen, 2 ml Lauge zugegeben u. der Nd. abfiltriert. (Журнал Общей Химии [J. allg. Chem.] **27** (89). 1945—48. Juli 1957. Unions Wiss. Chem.-pharmazeut. Ordshonikidse Forschungsinst.) S. PAINER. 1060

**H. van Essen** und **M. G. J. Beets**, *Phenoxyessigsäure*. Die folgende Meth. wird für die Darst. von *Phenoxyessigsäure* empfohlen: 5 Mol Phenol werden in 25%ig. wss. NaOH bei 45° zu 6 Mol Chloressigsäure in W. gegeben, dann 2 Std. bei 80° gerührt u. schließlich 6 Mol 35%ig. HCl zugefügt; das Gemisch wird mit Bzl. extrahiert u. im Vakuum fraktioniert; 82% Ausbeute, bezogen auf eingesetztes Phenol. (Recueil Trav. chim. Pays-Bas **76.** 128. Jan. 1957. Holland, Res. Dep. of Polak & Schwarz.) H. LEHWALD. 1060

**Lamar Field** und **Charles B. Hoelzel**, *Phenylmethandithioldiacetat*. Es wird eine Meth. angegeben zur Darst. von *Phenylmethandithioldiacetat* (I) aus Benzaldehyd (II). Das IR-Spektr. entspricht dem anderer Thiolacetate (vgl. NODA u. Mitarbeiter, C. **1954.** 2145). I acyliert Anilin unter milden Bedingungen, nicht dagegen p-Nitranilin. Anwendung der Meth. auf Cyclohexanon statt II gab ein stark verunreinigtes Produkt.

V e r s u c h e (FF. korr.): *Phenylmethandithiodiacetat* (I), $C_{11}H_{12}O_2S_2$, Kp.$_{0,2}$ 130 bis 133°, F. 38,5—39° (PAe., Cyclopentan oder -hexan), aus Thioessigsäure (III) durch Zugabe von II, 4std. Rühren unter Eiskühlung, danach Zusatz von Polyphosphorsäure, 2 std. Stehen im Eisbad, erneute Zugabe von III u. Stehen über Nacht; $n_D^{25}$ 1,5810 (unterkühlt); 61% (Ausbeute). Gibt mit Anilin 8 Std. bei Zimmertemp., 8 Std. bei 40° u. 3 Tage Stehen *Acetanilid*, F. 112—114°; 83%. (J. org. Chemistry **23.** 1575—76. Okt. 1958. Nashville, Tenn., Vanderbilt Univ., Dep. of Chem.) W. SCHRAMM. 1090

**W. O. Lukaschewitsch**, *Einwirkung von Chloriden anorganischer Säuren auf Arylsulfonsäuren. Allgemeine Methode zur Darstellung von Anhydriden durch Reaktion von Arylsulfonsäuren mit $P_2O_5$.* Bei Einw. von $PCl_5$ auf 2.5-Dichlorbenzolsulfonsäure (I) entsteht hauptsächlich *2.5-Dichlorbenzolsulfochlorid* neben *2.5-Dichlorbenzolsulfonsäureanhydrid* (II). Die Bldg. von II erfolgt vermutlich über ein gemischtes Anhydrid nach $RSO_3H + PCl_5 \rightarrow RSO_2OPCl_4 \cdot HCl$; $RSO_2OPCl_4 + RSO_3H \rightarrow (RSO_2O)_2PCl_3 + HCl \rightarrow (RSO_2)_2O + POCl_3 + HCl$. Nach dieser Rk. werden *4-Chlorbenzol-* (III), *2.3.5.6-Tetrachlorbenzol-*, *2.4-* u. *2.5-Dibrombenzol-*, *3-Nitrobenzol-*, *p-Toluol-*, *2.4-* u. *2.5-Dimethylbenzol-* sowie *2.4.6-Trimethylbenzolsulfonsäureanhydrid* in 16—60%ig. Ausbeute (III nur in 5%ig.) erhalten. 2.4-Dichlorbenzolsulfonsäure gibt mit $PCl_5$ kein Sulfonsäureanhydrid. Analog verlaufen die Rkk. der Arylsulfonsäuren (IV) oder ihrer Na-Salze (V) mit $SOCl_2$, $POCl_3$, $PCl_3$ oder $P_2O_5$ über gemischte Anhydride, doch werden im Falle der V nur geringe Ausbeuten an Sulfonsäureanhydriden erreicht. Mit reinem $POCl_3$ reagieren die IV u. V erst bei 1 std. Erhitzen auf 104—106°. Dabei liefern die V ausschließlich *Sulfochloride*, die IV manchmal auch *Sulfonsäureanhydride*. Auch mit sd. $PCl_3$ reagieren IV u. V nur langsam. Eine Ausnahme bilden die V von 2.4.6-Trimethyl- u. 2.4.6-Triäthylbenzolsulfonsäure sowie Benzol-, 4-Chlorbenzol-, 2.5-Dichlorbenzol- (I), 3-Nitrobenzol-, 2.4-Dimethylbenzol-, 2.4.6-Trimethylbenzol-, Naphthalin-1- u. Naphthalin-2-sulfonsäuren, die vorwiegend Anhydride liefern. Auch die Rk. der V mit $HSO_3Cl$ verläuft über die gemischten Anhydride ($RSO_2OSO_3H$). Da sich aber $HSO_3Cl$ mit den Sulfonsäureanhydriden rascher unter Bldg. von *Arylsulfonsäuresulfonylchloriden* ($RSO_2OSO_2Cl$) umsetzt als mit den IV, sind die Sulfonsäureanhydride nur in einigen Fällen isolierbar. So ist das aus $HSO_3Cl$ u. dem K-Salz der Benzol-o-disulfonsäure bei 120° dargestellte Sulfonsäureanhydrid infolge der Cyclisierung gegen weitere Einw. von $HSO_3Cl$ bes. beständig. Gute Ausbeuten an Sulfonsäureanhydriden werden durch Erhitzen von IV mit $P_2O_5$ in Chlf. erzielt. Außer den bereits genannten Anhydriden wurden auf diese Weise auch *3.4-Dichlorbenzol-*, *4-Brombenzol-*, *3.4-Dibrombenzol-*, *3.4-Dimethylbenzol-*, *Anthrachinon-1-* u. *Anthrachinon-2-sulfonsäureanhydrid* dargestellt.

V e r s u c h e : D a r s t. d e r A r y l s u l f o n s ä u r e a n h y d r i d e : a) durch ½std. Kochen der entsprechenden IV (0,02 Mol; 1—2 Mol Kristallwassergeh.) in 15 bis 25 ml Chlf. mit 6—10 g $P_2O_5$, Extraktion der Anhydride mit Chlf. oder Gießen auf Eis, Filtrieren u. Kristallisieren aus Chlf. oder Bzl.; b) durch Anfeuchten der entsprechenden IV oder V (0,01 Mol) mit $POCl_3$, 5 Min. Erhitzen mit 4 g $PCl_5$ auf 35—40°, Gießen auf Eis, Filtrieren u. Behandeln mit Eisessig oder Ae.; c) durch 1 std. Erhitzen von 0,01 Mol IV mit 4 ml $POCl_3$ auf 104—106° u. Gießen auf Eis; d) durch 1—2 std. Erhitzen von 0,01 Mol IV mit 4 ml $PCl_3$: *Benzol-*, F. 90—92°, vierseitige Prismen; a) 80%; c) (2 std. Erhitzen) 20% (neben 68%); d) 28,2% (neben 2,3% *Benzolsulfochlorid*). — *4-Chlorbenzol-* (III), F. ca. 150°, vierseitige oder vielseitige Prismen; a) 85,5%; b) aus IV 5,4% neben 83% *4-Chlorbenzolsulfochlorid* (VI), aus dem V nur 93% VI; c) 49,2% neben 41,8% VI; d) (2 std. Erhitzen) 32,7% neben 3% VI. — *3.4-Dichlorbenzol-*, F. 118—119°, viereckige Tafeln oder Prismen; nach a) 90%. — *2.4-Dichlorbenzol-*, F. 190—195°, vierseitige

Prismen; a) 86%; b) aus dem **V** (15 Min. Erhitzen) 7,3%, neben 90% *2.4-Dichlorbenzolsulfochlorid.* — *2.5-Dichlorbenzol-* (**II**), b) aus **IV** 59,3% neben 33%; aus **V** (10 Min. Erhitzen) 8,1% neben 85%; c) 66,5% neben 18,8%; d) (2 std. Erhitzen) 10,5% neben wenig *2.5-Dichlorbenzolsulfochlorid.* — *2.3.5.6-Tetrachlorbenzol-*, b) aus **IV** 40,7% neben 55,4%; aus **V** (1½ std. Erhitzen) nur 98,5% *2.3.5.6-Tetrachlorbenzolsulfochlorid.* — *4-Brombenzol-*, F. 170—180°, vierseitige Prismen; nach a) 88%. — *3.4-Dibrombenzol-*, F. 163°, Prismen; nach a) 84%. — *2.4-Dibrombenzol-*, F. 225—230°, vierseitige Prismen; a) 89%; b) aus **IV** 38,2% neben 49,3% aus **V** (¼ std. Erhitzen) 5,8% neben 91,8% *2.4-Dibrombenzolsulfochlorid.* — *2.5-Dibrombenzol-*; b) aus **IV** 34,7% neben 62,2% aus **V** (20 Min. Erhitzen) 3,3% neben 68,5% *2.5-Dibrombenzolsulfochlorid.* — *3-Nitrobenzol-*, F. ca. 160°, Tafeln; a) 80%; b) aus **IV** 26,3% neben 62,7%; aus **V** (10 Min. Erhitzen) nur 53,9% *3-Nitrobenzolsulfochlorid* (**VII**); c) 51,5% neben 13,5%; d) 40% neben Spuren **VII**. — *4-Methylbenzol-*, F. 125—130°, Parallelepipede; a) 90%; b) aus **IV** 16,6% neben 73,9%; aus **V** nur 97,9% *4-Methylbenzolsulfochlorid.* — *3.4-Dimethylbenzol-*, F. 137—140°, vierseitige Prismen; nach a) 86%. — *2.4-Dimethylbenzol-*, F. 153—156°; a) 93%; b) aus **IV** 38,1% neben 60,1%; aus **V** 15,2% neben 84,6%; d) 40% neben wenig *2.4-Dimethylbenzolsulfochlorid*; c) nur 98% Sulfochlorid. — *2.5-Dimethylbenzol-*, F. 126—128°, Tafeln oder Prismen; a) 90%; b) aus **IV** (2 Min. Erhitzen) 28% neben 68,2%; aus **V** 1% neben 84% *2.5-Dimethylbenzolsulfochlorid.* — *2.4.6-Trimethylbenzol-*, F. ca. 225°, vierseitige Prismen; a) 88%; b) aus **IV** (3 Min. Erhitzen) 61,6% neben 29,4%; aus **V** (6 Min. Erhitzen) 34% neben 60,4%; d) 63% neben 7,4% *2.4.6-Trimethylbenzolsulfochlorid*; c) nur 98,5% Sulfochlorid. — *Naphthalin-1-*, F. ca. 210°, vierseitige Prismen; a) 84,5%; d) 42,5% neben 10,2% *Naphthalin-1-sulfochlorid*; c) nur 98% Sulfochlorid. — *Naphthalin-2-*, F. 185—190°, viereckige Tafeln oder Prismen; a) 82%; d) 38,5% neben 22,1% *Naphthalin-2-sulfochlorid*; c) nur 86,5% Sulfochlorid. — *Anthrachinon-1-*, F. 245—250°; gelblich; nach a) 56%. — *Anthrachinon-2-*, F. ca. 250°, gelblich; nach a) 40%. (Доклады Академии Наук СССР [Ber. Akad. Wiss. UdSSR] **114**. 1025—28. 11/6. 1957. Wiss. Woroschilow-Forschungsinst. für organ. Zwischenprodd. u. Farbstoffe.) W. KURTZMANN. 1090

**I. N. Nasarow, A. W. Ssemenowski** und **A. W. Kamernitzki,** *Eine präparative Methode zur Synthese von Nitrilen unter Verwendung von Acetoncyanhydrin.* Vff. untersuchen die Rk. von Alkylhalogeniden mit Acetoncyanhydrin (**I**) als Cyanwasserstoffdonator in alkal. Medium. Während aus Äthyl- u. Allylbromid u. **I** *Äthyl-* u. *Allylcyanid* nur in 11 bzw. 30%ig. Ausbeute entstehen, liefern substituierte Benzylhalogenide die entsprechenden *Benzylcyanide* in 65—86%ig. Ausbeute.

V e r s u c h e: *Propionitril*, Kp. 96—99°, aus 54,5 g Äthylbromid, 42,5 g **I**, 28 g KOH u. 10 ml Methanol durch 1 std. Erwärmen auf 95—100° im Autoklaven, Abfiltrieren des Nd., Abdest. des Lösungsm., Extraktion mit Ae., Abdest. des Ae. u. Dest.; $n_D^{20}$ 1,3695; 11% (Ausbeute). — *Allylcyanid*, Kp. 117—120°, durch 3 std. Kochen von 36 g Allylbromid, 25,5 g **I** u. 170 ml 10%ig. Lsg. methanol. KOH, Stehen über Nacht, Abdest. des Methanols, Verdünnen mit W., Extraktion mit Ae. u. Dest.; 30%. — *Benzylcyanid*, $Kp._9$ 99—100°, 12,6 g Benzylchlorid, 9 g **I** u. 40 ml 10%ig. Lsg. äthanol. NaOH werden über Nacht stehengelassen, danach 30 Min. gekocht, ausgefallenes NaCl abfiltriert, A. abdest., Reaktionsprod. mit Ae. extrahiert u. im Vakuum dest.; 65%. — *Gemisch aus o- u. p-Methylbenzylcyanid*, $Kp._{10}$ 111—114°, analog vorst. Verb. aus 14,0 g eines Gemisches aus o- u. p-Xylylchlorid, 9 g **I** u. 40 ml 10%ig. äthanol. NaOH; 69%; aus dem entsprechenden Bromid 84%. — *Gemisch aus o- u. p-Äthylbenzylcyanid*, $Kp._8$ 106—119°, aus dem Chlorid 80%; aus dem Bromid 86%. — *Gemisch aus o- u. p-Isopropylbenzylcyanid*, $Kp._{15}$ 125—140°; aus dem Chlorid 80%; aus dem Bromid 84%. — *p-Phenylendiessigsäuredinitril*, F. 95,5—97° (A.), aus 5,2 g p-Xylylendichlorid (F. 99—100,5°), 5,5 g **I**, 6 g 40%ig. NaOH, 50 ml A. u. 30 ml Dioxan; 76%. — *p-Phenylendiessigsäure*, durch 5 std. Kochen von 3 g vorst. Dinitrils in 100 ml konz. HCl; 94,3%. *Dimethylester*, F. 55 bis 56°. — *Gemisch aus o-, m- u. p-Carbäthoxymethylbenzylcyanid*, $Kp._{10}$ 98—100°, $n_D^9$ 1,4975; 57%. — *Gemisch aus o- u. p-Fluorbenzylcyanid*, $Kp._{11}$ 102—108°; 73%. — *p-Chlorbenzylcyanid*, $Kp._{11}$ 130—134°, F. 28—29,5°, aus 16,1 g p-Chlorbenzylchlorid (F. 27—28°), 10,2 g **I** u. 12 ml 10m KOH in 70 ml A.; 77%. — *Gemisch aus o- u. p-Brombenzylcyanid*, $Kp._{10}$ 127—144°; 73%. Beim Abkühlen krist. p-Brombenzylcyanid, F. 46 bis 47°, aus. — *p-Jodbenzylcyanid*, $Kp._6$ 143—148°, F. 47—48,5°, aus 5,2 g p-Jodbenzylchlorid (F. 51,5—53,5°), 2,1 g **I**, 2,5 ml 10mol. KOH u. 40 ml A.; 70%. (Известия Академии Наук СССР, Отделение Химических Наук [Nachr. Akad. Wiss. UdSSR, Abt. chem. Wiss.] **1957**. 976—79. Aug. Zelinsky-Inst. für organ. Chem. der Akad. der Wiss. der UdSSR.) S. PAINER. 1200

**Felipe Gonzalez-Sanchez,** *Darstellung sehr reiner Benzolcarbonsäuren und deren Methylester.* 1. Mitt. *Herstellung und Eigenschaften.* Vf. gibt eine Übersicht über Darst. u. Eigg. von *Benzoesäure, o-Phthalsäure, Isophthalsäure, Terephthalsäure, Hemimellit-*

-*säure, Trimellitsäure, Trimesinsäure, Prehnitsäure, Mellophansäure, Pyromellitsäure, Benzolpentacarbonsäure* u. *Mellitsäure* u. deren *Methylestern.* — 126 Literaturangaben. (Combustibles [Zaragoza] **16.** 3—14. Jan./Febr. 1956. Zaragoza, Inst. Nac. del Combust.) K. PISTOR. 1200

**Felipe Gonzalez-Sanchez,** *Darstellung sehr reiner Benzolcarbonsäuren und deren Methylester.* 2. Mitt. *Methylester.* (1. vgl. vorst. Ref.) Vf. berichtet über die Herst. sehr reiner, neutraler *Benzolcarbonsäuremethylester.* Die Reinigung der festen Ester erfolgt durch wiederholte Kristallisation aus $CH_3OH$, die der fl. Ester durch Vakuumdest. in einer PIROS-GLOVER-Kolonne. Der Reinheitsgrad der erhaltenen Ester wird diskutiert.

Versuche: Methylester: *Benzoesäure-*, $C_8H_8O_2$, Kp.$_{100}$ 130,2°, $n_D^{25}$ 1,5140 ±0,0002. — *Phthalsäuredi-*, $C_{10}H_{10}O_4$, Kp.$_{20}$ 163,2—163,5°, $n_D^{25}$ 1,5135±0,0002. — *Isophthalsäuredi-*, $C_{10}H_{10}O_4$, F. 68,2—68,9° ($CH_3OH$), aus 1,8 g Isophthalsäure mit $CH_2N_2$ in $CH_3OH$; 0,75 g (Ausbeute). — *Terephthalsäuredi-*, $C_{10}H_{10}O_4$, F. 141,5—142,3° ($CH_3OH$), aus 2,7 g Rohester; Rhomboeder; 1 g. — *Hemimellitsäuretri-*, $C_{12}H_{12}O_6$, F. 102—103° ($CH_3OH$), aus 3,8 g Säure; 1 g. — *Trimellitsäuretri-*, $C_{12}H_{12}O_6$, aus 0,75 g Säure [durch Vakuumdest. über das *Anhydrid* (F. 165—167°) gereinigt]; 0,3 g. — *Trimesinsäuretri-*, $C_{12}H_{12}O_6$, F. 146—147° ($CH_3OH$), aus 5,6 g Säure; Nadeln; 1,5 g. — *Prehnitsäuretetra-*, $C_{14}H_{14}O_8$, F. 132—133° ($CH_3OH$), aus 1,5 g Rohester u. 0,63 g Säure; prismat. Nadeln; 0,75 g. — *Mellophansäuretetra-*, $C_{14}H_{14}O_8$, F. 116—117° ($CH_3OH$), aus 0,85 g Rohester u. 0,47 g Säure; Blättchen oder Prismen; 0,75 g. — *Pyromellitsäuretetra-*, $C_{14}H_{14}O_8$, F. 144,2—145° ($CH_3OH$), aus 7,1 g Rohester; Blättchen, Tafeln oder Prismen; 2,5 g. — *Benzolpentacarbonsäurepenta-*, $C_{16}H_{16}O_{10}$, F. 150—151° ($CH_3OH$), aus 3,1 g Rohester; prismat. Nadeln; 1,5 g. — *Mellitsäurehexa-*, $C_{18}H_{18}O_{12}$, F. 189—190° ($CH_3OH$), aus 8 g Rohester; Blättchen, Prismen oder Nadeln; 3 g. (Combustibles [Zaragoza] **16.** 15—23. Jan./Febr. 1956.) K. PISTOR. 1200

**Felipe Gonzalez-Sanchez,** *Darstellung sehr reiner Benzolcarbonsäuren und deren Methylester.* 3. Mitt. *Korrigierte Schmelzpunkte der festen Ester.* (2. vgl. vorst. Ref.) Zum Vgl. mit früheren Angaben beschreibt Vf. die Best. der korr. FF. von Benzoesäure u. folgenden Methylestern: *Isophthalsäuredi-*, F. 67,8—68,3°. — *Terephthalsäuredi-*, F. 141—141,8°. — *Hemimellitsäuretri-*, F. 101,6—102,1°. — *Trimesinsäuretri-*, F. 145,3 bis 146°. — *Prehnitsäuretetra-*, F. 131,1—131,8°. — *Mellophansäuretetra-*, F. 115,6 bis 116,4°. — *Pyromellitsäuretetra-*, F. 143,6—144,4°. — *Benzolpentacarbonsäurepenta-*, F. 149,8—150,6°. — *Mellitsäurehexa-*, F. 189,7—190,5°. — *Benzoesäure*, F. 122,4—123,1°. (Combustibles [Zaragoza] **16.** 76—78. März/April 1956.) K. PISTOR. 1200

**Felipe Gonzalez-Sanchez,** *Darstellung sehr reiner Benzolcarbonsäuren und deren Methylester.* 4. Mitt. *Säuren.* (3. vgl. vorst. Ref.) Durch Säurehydrolyse ihrer neutralen Methylester werden die entsprechenden *Benzolcarbonsäuren* von hohem Reinheitsgrad u. in quantitativer Ausbeute dargestellt. Da die Säuren keine bestimmten FF. besitzen, kann nur auf Grund einer Materialbilanz der Hydrolyse der Reinheitsgrad der Ausgangs- u. Endprodd. ermittelt werden. Die Meth. eignet sich auch zur Herst. weiterer chem. reiner Säuren mit hohen Mol.-Gew. u. geringer Flüchtigkeit. Durch wss. Hydrolyse von Phthalsäureanhydrid wurde sehr reine *Phthalsäure* erhalten. Die Herst. von chem. reiner *Trimellitsäure* auf diesem Wege gelang nicht, die Säure konnte lediglich durch Vakuumdest. über das Anhydrid u. wiederholte Kristallisation gut gereinigt werden. Abschließend wird festgestellt, daß, im Gegensatz zu manchen Literaturangaben, die 1.2.3.4-Benzoltetracarbonsäure kein Hydrat bildet, sondern daß dieses bei dem 1.2.3.5-Isomeren der Fall ist.

Versuche: *Phthalsäure*, $C_8H_6O_4$, F. 130,8—131°, aus dem Anhydrid durch Wasserhydrolyse; Blättchen. — *Isophthalsäure*, $C_8H_6O_4$, aus 0,2628 g Ester; Nadeln; 0,2248 g (Ausbeute). — *Terephthalsäure*, $C_8H_6O_4$. — *Hemimellitsäure*, $C_9H_6O_6$, aus 0,4419 g Ester; Blättchen; 0,3679 g. — *Trimellitsäure*, $C_9H_6O_6$, Nadeln. — *Trimesinsäure*, $C_9H_6O_6$, aus 0,5665 g Ester; Würfel; 0,4718 g. — *Prehnitsäure*, $C_{10}H_6O_8$, aus 0,337 g Ester; Nadeln oder Prismen; 0,2759 g. — *Mellophansäure*, $C_{10}H_6O_8$, aus 0,3118 g Ester; 0,2549 g [bildet ein *Hydrat* mit 0,8 $H_2O$]. — *Pyromellitsäuredihydrat*, $C_{10}H_{10}O_{10}$, (W.), aus 0,5964 g Ester; Blättchen, Tafeln oder Prismen; 0,4892 g. — *Benzolpentacarbonsäure*, $C_{11}H_6O_{10}$, aus 0,9275 g Ester; 0,7502 g. — *Mellitsäure*, $C_{12}H_6O_{12}$, aus 1,5427 g Ester; kristallines Pulver oder Nadeln; 1,212 g. (Combustibles [Zaragoza] **16.** 79—87. März/April 1956.) K. PISTOR. 1200

**Yoshitsugu Ikeda,** *Reaktionen von Acylperoxyden.* 2. Mitt. *Reaktion von Acetylperoxyd mit Benzolderivaten in Eisessig. Carboxymethylieren.* (1. vgl. C. **1959.** 3088.) Die therm. Zers. von Diacetylperoxyd (I) in Eisessig (II) in Ggw. von verschied. Benzolderivv. bei 90° wird untersucht. Als Prodd. werden neben $CO_2$, *Methan* (III) u. *Bernsteinsäure* (**IV**), die durch Rk. von **I** mit **II** entstanden sind, *Phenylessigsäuren, Acetoxyderivv.* der *Benzol-*

*verbb.*, *Phenole* u. *substituierte Methane* isoliert. Die Bldg. von Phenylessigsäuren (Carboxymethylierung) ist bes. bei Dimethoxybenzolen bemerkenswert. Folgende Prodd. wurden erhalten [in () Ausbeute, bezogen auf I]: aus Bzl. $CO_2$ (168%), III (123%), IV (22%) u. *Phenylessigsäure* (6,1%); aus Chlorbenzol $CO_2$ (130%), III (92%), IV (10%) u. *Chlorphenylessigsäuren* (Gemisch von o-, p- u. m-Isomeren, F. 68—72°; 15%); aus p-Dichlorbenzol $CO_2$ (125%), III (91%), IV (5,4%) u. *2.5-Dichloressigsäure* (24%); aus Anisol $CO_2$ (120%), III (92%), IV (9,9%) u. *o-Methoxyphenylessigsäure* (25%); aus o-Dimethoxybenzol $CO_2$ (99%), III (68%), IV (5,1%) u. *Dimethoxyphenylessigsäure* (F. 70 bis 75°; 35%) aus m-Dimethoxybenzol $CO_2$ (97%), III (72%), IV (3,3%) u. *Dimethoxyphenylessigsäuren* (FF. 153—154 u. 104—106°; 47%); aus p-Dimethoxybenzol $CO_2$ (111%), III (72%), IV (2,2%) u. *2.5-Dimethoxyphenylessigsäure* (25%); aus Benzoesäure $CO_2$ (168%), III (97%), IV (33%), *Homophthalsäure* (V) (7,1%), *Homoisophthalsäure* (VI) u. *Homoterephthalsäure* (VII); aus Benzoesäuremethylester $CO_2$ (134%), III (94%), IV (22%), V (20%), VI u. VII; aus Nitrobenzol $CO_2$ (124%), III (38%) u. IV (2,4%); aus p-Dinitrobenzol $CO_2$ (135%) u. III (27%). (J. chem Soc. Japan, pure Chem. Sect. [Nippon Kagaku Zassi] **79**. 1110—14. Sept. 1958. Wakayama, Daigaku. [Orig.: japan.])

E. MAEKAWA. 1200

**P. Ss. Pelkiss, R. G. Dubenko** und **L. Ss. Pupko**, *Untersuchungen auf dem Gebiet der 1.5-Diphenylthiocarbazonderivate*. 6. Mitt. *Synthese und Untersuchung der Eigenschaften von Mono- und Dihalogenderivaten des 1.5-Diphenylthiocarbazons*. (5. vgl. C. **1959**. 4111.) Vff. synthetisierten *1.5-Diphenyl-3-nitroformazane*, die in den Benzolkernen durch Halogen substituiert sind. Die Verbb. sind gefärbte Nadeln oder Platten, lösen sich in Laugen u. schm. unter Zersetzung. Die 3-Nitroformazane wurden mit $NH_3$ + $H_2S$ in die entsprechenden *1.5-Diphenylthiocarbazonderivv.* übergeführt. Diese sind braune oder dunkelgrüne krist. Stoffe, die häufig metall. glänzen u. sich in KW-stoffen mit grüner Farbe lösen. Sie lösen sich leichter in Laugen als die in den Benzolkernen alkyl- oder alkoxylsubstituierter Derivv. des Dithizons (vgl. l. c.). Die spektroskop. Unters. (in $6{,}6 \cdot 10^{-5}$ mol. Lsg.) zeigte, daß durch Einführung von Halogen die Absorptionsmaxima in das Gebiet längerer Wellen verschoben werden. Jod bewirkt eine stärkere Verschiebung als Cl u. Br, m-ständiges Halogen eine geringere Verschiebung als o- u. p-ständiges. Ein 2. Halogen bedingt eine weitere, zusätzliche Verschiebung. Bei den untersuchten Präpp. ist die Intensität des im Längerwelligen gelegenen Maximums gegenüber dem der Alkyl- u. Alkoxydithizonderivv. vermindert, die des im Kürzerwelligen dagegen erhöht. Diese Tatsache spricht dafür, daß das Thion-Thiol-Gleichgewicht in Lsg. nach der Seite der Thiolform verschoben ist.

Versuche: *1.5-Bis-[p-jodphenyl]-3-nitroformazan* (I), $C_{13}H_9J_2N_5O_2$, F. 186 bis 187° (Zers.; Methanol), die Lsg von p-Jodphenyldiazoniumchlorid (5 g p-Jodanilin) gießt man in 102 g Na-Acetat + 51 ml Eisessig, gibt nach 10 Min. 4 g Nitromethan zu u. rührt 6 Std.; 83% (Ausbeute). — *2.4-Dijodanilin*, F. 94—95°, zu 24,4 g Dichloramin B in Eisessig gibt man langsam 35,7 g KJ, läßt die Lsg. zu 10 g Anilin tropfen u. gießt auf Eis; 71%. — *1.5-Bis-[2.4-dijodphenyl]-3-nitroformazan* (II), $C_{13}H_7J_4N_5O_2$, F. 103—105° (Zers.; Methanol), man diazotiert 2 g vorst. Verb. in $HNO_3$ (D. 1,4) bei Zimmertemp., gibt die Lsg. zu 62,5 g Na-Acetat + 35 ml Eisessig u. versetzt nach 15 Min. mit 2,6 g Nitromethan. Nach 4 Std. Rühren wird der Nd. abfiltriert u. mit W. gewaschen; orangegelbe Kristalle; 54%. — Analog folgende 3-Nitroformazane: *1.5-Bis-[o-chlorphenyl]-*, $C_{13}H_9Cl_2N_5O_2$, F. 151—152° (Zers.); 87%. — *1.5-Bis-[m-chlorphenyl]-*, $C_{13}H_9Cl_2N_5O_2$, F. 112—113° (Zers.); 95%. — *1.5-Bis-[p-chlorphenyl]-*, $C_{13}H_9Cl_2N_5O_2$, F. 172—173° (Zers.); 82%. — *1.5-Bis-[o-Bromphenyl]-*, $C_{13}H_9Br_2N_5O_2$, F. 138—139° (Zers.); 97%. — *1.5-Bis-[m-bromphenyl]-*, $C_{13}H_9Br_2N_5O_2$, F. 153—155° (Zers.); 97%. — *1.5-Bis-[o-jodphenyl]-*, $C_{13}H_9J_2N_5O_2$, F. 137° (Zers.); 83%. — *1.5-Bis-[m-jodphenyl]-*, $C_{13}H_9J_2N_5O_2$, F. 157° (Zers.); 78%. — *1.5-Bis-[p-fluorphenyl]-*, $C_{13}H_9F_2N_5O_2$, F. 135—136° (Zers.); 90%. — *1.5-Bis-[m-fluorphenyl]-*, $C_{13}H_9F_2N_5O_2$, F. 103—104° (Zers.); 90%. — *1.5-Bis-[2.4-dichlorphenyl]-*, $C_{13}H_7Cl_4N_5O_2$, F. 170—171° (Zers.); 97%. — *1.5-[2.4-dibromphenyl]-*, $C_{13}H_7Br_4N_5O_2$, F. 142 bis 143° (Zers.); 83%. — *1.5-Bis-[p-jodphenyl]-thiocarbazon*, $C_{13}H_{10}J_2N_4S$, F. 157°, 1,2 g I werden in 150 ml A. aufgeschlämmt u. mit gasförmigem $NH_3$ u. $H_2S$ bis zum Farbumschlag von Kirschrot nach Gelb gesättigt. Die Lsg. wird auf Eis gegossen u. der Nd. durch 3maliges Lösen in 2%ig. alkoh. Lauge u. Ausfällen mit verd. HCl gereinigt; dunkelgrüne Kristalle mit metall. Glanz; 89%; Absorptionsmaxima 460 u. 660 (m$\mu$). — *1.5-Bis-[2.4-dijodphenyl]-thiocarbazon*, $C_{13}H_8J_4N_4S$, F. 124° (Methanol), analog Vorst. aus II; schwarze Kristalle; 470 u. 675 m$\mu$; 30%. — Analog folgende Thiocarbazone: *1.5-Bis-[o-chlorphenyl]-*, $C_{13}H_{10}Cl_2N_4S$, F. 112—113°; 465 u. 645 m$\mu$; 98%. — *1.5-Bis-[m-chlorphenyl]-*, $C_{13}H_{10}Cl_2N_4S$, F. 142—143°; 460 u. 631 m$\mu$; 79%. — *1.5-Bis-[p-chlorphenyl]-*, $C_{13}H_{10}Cl_2N_4S$, F. 146—147°; 452 u. 626 m$\mu$; 76%. — *1.5-Bis-[o-bromphenyl]-*, $C_{13}H_{10}Br_2N_4S$, F. 139—140°; 475 u. 640 m$\mu$; 64%. — *1.5-Bis-[m-bromphenyl]-*, $C_{13}H_{10}Br_2$·

$N_4S$, F. 156—157°; 440 u. 640 mμ; 61%. — *1.5-Bis-[o-jodphenyl]-*, $C_{13}H_{10}J_2N_4S$, F. 128°; 475 u. 655 mμ; 87%. — *1.5-Bis-[m-jodphenyl]-*, $C_{13}H_{10}J_2N_4S$, F. 149°; 455 u. 645 mμ; 74%. — *1.5-Bis-[m-fluorphenyl]-*, $C_{13}H_{10}F_2N_4S$, F. 145—146°; 420 u. 625 mμ; 54%. — *1.5-Bis-[p-fluorphenyl]-*, $C_{13}H_{10}F_2N_4S$, F. 141°; 445 u. 620 mμ; 65%. — *1.5-Bis-[2.4-dichlorphenyl]-*, $C_{13}H_8Cl_4N_4S$, F. 129°; 455 u. 665 mμ; 29%. — *1.5-Bis-[2.4-dibromphenyl]-*, $C_{13}H_8Br_4N_4S$, F. 134°; 445 u. 645 mμ; 44%. — *1.5-[Bis-[2-methyl-4-bromphenyl]-*,$C_{15}H_{14}$·$Br_2N_4S$, F. 168°; 460 u. 630 mμ; 28%. — *1.5-Bis-[2.5-dimethyl-3.6-dibromphenyl]-*, $C_{17}H_{16}Br_4N_4S$, F. 164°; 450 u. 630 mμ; 32%. — *1.5-Bis-[p-bromphenyl]-*; 454 u. 638 mμ. (Журнал Общей Химии [J. allg. Chem.] 27 (89). 2134—38. Aug. 1957. Inst. für Org. Chem. der Akad. der Wiss. der UkrSSR.) HELMUT SCHÄFER. 1280

**Hermann J. Roth,** *Zur Darstellung einiger Phenoxypropanolamine.* 2. Mitt. *Aminolyse von Epoxyden.* (1. vgl. C. **1959.** 9868.) Durch Aminolyse von 1.2-Epoxy-3-phenoxypropan (**I**; Phenoxypropylenoxyd) mit $NH_3$, prim. u. sek. Aminen entstehen die entsprechenden *1-Amino-2-hydroxyverbindungen.* Da bei der Rk. mit $NH_3$ überwiegend die *Bis-* u. *Tris-phenoxypropanolamine* entstehen, wird **I** mit Phthalimid bzw. Succinimid umgesetzt. Das *Phthalimidoderiv.* läßt sich direkt nicht verseifen, gibt aber mit Hydrazin das entsprechende *Phthalsäurehydrazidoamid* (**II**), das glatt verseifbar ist; das *Succinimidoderiv.* (**III**) ist gut verseifbar. Die beste Meth. zur Darst. von *1-Amino-2-hydroxy-3-phenoxypropan* ist die Umsetzung von **I** mit Hexamethylentetramin in Chlf. (vgl. l. c.). Neutrale oder saure Amine werden zweckmäßig in Ggw. bas. Katalysatoren, z. B. tert. Aminen oder Pyridinbasen, in hochsd. polaren Lösungsmitteln, z. B. n-Butanol oder n-Octanol, umgesetzt. Tert. Amine sind, auch in Ggw. von W., nicht zur Aminolyse befähigt. Lediglich Pyridinbasen geben mit **I** tiefviolettrote Verbb., die in alkal. Lsg. violettrot, in saurer Lsg. schwach gelblich sind u. keine einfachen Aminoalkohole darstellen.

V e r s u c h e : 1 - A l k y l a m i n o - 2 - h y d r o x y - 3 - p h e n o x y p r o p a n e : *1-Pyrrolidino-*, Öl, aus 10,0 g **I** u. 5,86 g Pyrrolidin in A. (30 Min. auf dem Wasserbad); 14,9 g (Ausbeute). *Hydrobromid,* $C_{13}H_{20}BrNO_2$, F. 119—120° (absol. A.-Aceton). — *1-Piperidino-*, $C_{14}H_{21}NO_2$, F. 52—53° (A.), aus 10,0 g **I** u. 6,0 g Piperidin in A.; 15,1 g. *Hydrochlorid,* F. 151—152° (A.). — *1-Morpholino-*, $C_{13}H_{19}NO_3$, F. 50—51° (A.), aus 10,0 g **I** u. 6,5 g Morpholin in A.; 15,6 g. *Hydrochlorid,* F. 136—137° (A.). *Hydrobromid,* F. 127—128° (A.). — *1-[β-Phenyl-β-hydroxyäthylamino]-*, $C_{17}H_{21}NO_3$, F. 120—121° (A.), aus 6 g **I** u. 5,48 g rac. Bisnorephedrin in A. (1 Std. bei Zimmertemp. u. 10 Min. bei 50°); 10,4 g. Salze amorph. — *1-[α-Methyl-β-phenyl-β-hydroxyäthylamino]-*, $C_{18}H_{23}NO_3$, F. 125 bis 126° (A.-PAe.), aus je 7,5 g **I** u. rac. Norephedrin (30 Min. bei Zimmertemp. u. 20 Min. bei 50°); 9,96 g. *Hydrochlorid,* F. 181—182° (A.). *Oxalat,* F. 174—175° (Essigester). — *1-Succinimido-* (**III**), $C_{13}H_{15}NO_4$, F. 122—123°, aus 15 g **I** u. 10 g Succinimid in n-Octanol in Ggw. von Pyridin (1 Std. kochen); aus A. Nadeln; 21,5 g. — *1-Phthalimido-*, $C_{17}H_{15}NO_4$, F. 110° (A.), aus je 15 g **I** u. Phthalimid analog **III**; 28,5 g. — *1-[γ-Phenoxy-β-hydroxypropylamino]-phthalazinon-(4)* (**II**), $C_{17}H_{17}N_3O_3$, F. 177° (A.-$CH_3OH$), aus 5 g vorst. Verb. mit 24,4%ig. Hydrazinhydrat in sd. $CH_3OH$ (40 Min.); 5,5 g. — *Phenoxypropanolamin (1-Amino-2-hydroxy-3-phenoxypropan),* $C_9H_{13}NO_2$, F. 96—97° (A.-Ae.), aus dem Hydrochlorid. *Hydrochlorid,* a) aus 5 g **III** mit ca. 12%ig. alkoh. HCl (30 Min. auf dem Wasserbad); 3,8 g; b) analog (10 Min.) aus 3 g **II**; aus A. Blättchen; 2,02 g. *Hydrobromid,* F. 138°. — *N.N'-Bis-[β-hydroxy-γ-phenoxypropyl]-piperazin,* $C_{22}H_{30}N_2O_4$, F. 131—132°, aus 7,5 g **I** u. 19,5 g Piperazinhexahydrat in A.; 15,4 g. *Hydrochlorid,* F. 205° (erweicht bei 190°; $CH_3OH$). (Arch. Pharmaz. Ber. dtsch. pharmaz. Ges. **292/64.** 194—99. April 1959. Würzburg, Univ., Inst. für Pharmazie u. Lebensmittelchem.) H. J. KOCH/Berlin. 1320

**W. M. Rodionow, N. N. Ssuworow, W. G. Awramenko** und **L. M. Morosowskaja,** *Synthese von β-Dijodtyrosin.* Es werden *β-Dijodtyrosin* (**II**; ein β-Analoges des physiolog. akt. 3.5-Dijodtyrosins) sowie einige Derivv. dargestellt.

V e r s u c h e : *β-[4-Methoxyphenyl]-β-alanin,* F. 222—223° (Zers.), durch 3std. Kochen von Anisaldehyd, Malonsäure u. $NH_4$-Acetat in n-Butylalkohol; 54% (Ausbeute). Daneben *4-Methoxyzimtsäure,* F. 170°; 19%. — *β-[4-Hydroxyphenyl]-β-alanin* (**I**; *β-Tyrosin*), $C_9H_{11}NO_3$, F. 173,5—174,5° (50%ig. A.), durch 4std. Kochen von 100 g vorst. Verb. mit 700 ml 40—48%ig. HBr, Filtrieren, Eindampfen u. Überführen des Hydrobromids in die freie Base; 96%. *O.N-Dibenzoat,* $C_{23}H_{19}NO_5$, F. 194—194,5° (Zers.; 20%ig. A.). — *β-[4-Hydroxy-3.5-dijodphenyl]-β-alanin* (**II**; *β-Dijodtyrosin*), $C_9H_9J_2NO_3$, F. 178 bis 179° (Zers.), a) durch Zugabe von ClJ in 20%ig. HCl zu einer heißen Lsg. von **I** in HCl in 20—30 Min., 2std. Rühren bei 60° u. Abkühlen auf 8—10°; das ausgefallene **II**-Hydrochlorid wird bei 50—60° in W. gelöst u. mit 20—30% Na-Acetatlsg. neutralisiert; 88,2%; b) durch tropfenweise Zugabe von wss. Jod-KJ-Lsg. zu einer Lsg. von **I** in 12%ig. $NH_4OH$ in $1^1/_2$ Std. bei 3—5°, 1std. Rühren bei 3—5°, Zugabe einer gesätt. $NaHSO_3$-Lsg. u. 5—10 Min. Rühren; 78,6%. *Hydrochlorid,* $C_9H_9J_2NO_3$·HCl. *Di-Na-*

*Salz*, $C_9H_7J_2NNa_2O_3 \cdot 2\,H_2O$, durch Zugabe von 150 ml 10%ig. NaOH zu 50 g **II** in 600 ml A.; gelbliche Kristalle; 37 g. *$NH_4$-Salz*, $C_9H_{12}J_2N_2O_3 \cdot H_2O$, F. 151—152° (Zers.), durch Erwärmen von 4 g **II** in 20 ml 25%ig. $NH_4OH$. *N-Benzoylderiv.*, $C_{16}H_{13}J_2NO_4$, F. 206,5—207° (Zers.), aus **II** in 13%ig. NaOH mit Benzoylchlorid bei 5—8° u. 1std. Rühren bei Raumtemperatur. *N-Acetylderiv.*, $C_{11}H_{11}J_2NO_4$, F. 219—219,5° (Zers.; Methyläthylketon–Heptan), durch tropfenweise Zugabe von 5,2 ml Acetanhydrid zu 4 g **II** in 200 ml gesätt. $K_2CO_3$-Lsg. bei Raumtemp.; 2,5 g. — *N-Acetyl-β-dijodtyrosinäthylester*, $C_{13}H_{15}J_2NO_4$, F. 125—126° (Toluol–Heptan), durch Erwärmen von 2,2 g N-Acetyl-β-dijodtyrosin u. 1,1 ml $SOCl_2$, Abdampfen des $SOCl_2$, Zugabe von 10 ml absol. A. zum Rückstand, 1std. Stehen bei Raumtemp., ½std. Erhitzen u. Verdünnen mit Wasser. (Журнал Общей Химии [J. allg. Chem.] **27** (**89**). 2234—38. Aug. 1957. Moskau, Chem.-technol. Inst. u. Allunions-Wiss. chem.-pharmaz. Inst.) G. TOBIEN. 1350

**Henry Gilman** und **Donald J. Peterson**, *Reaktionen von Silyllithiumverbindungen mit Derivaten von Carbonsäuren.* 2. Mitt. (1. vgl. C. **1959**. 8528.) Triphenylsilyl-Li (**I**) wurde mit verschied. Säurederivv. umgesetzt. Mit Essigsäureanhydrid bzw. Äthylacetat wurden *1.1-Bis-[triphenylsilyl]-äthanol* (**II**) neben *Triphenylsilan* u. Spuren von *Acetyltriphenylsilan* bzw. *Triphenyl-[1-triphenylsiloxyäthyl]-silan* neben **II** erhalten. Propionylchlorid u. **I** ergaben 23% *Triphenyl-[1-triphenylsiloxypropyl]-silan.* Aus Phenacetylchlorid u. **I** entstanden 43% *Triphenylsilan.* **I** u. Benzonitril reagieren unter Bldg. von 50% *Tetraphenylsilan*, während aus **I** u. Acetonitril eine noch nicht identifizierte Verb. *$C_{22}H_{21}N_2Si$* (?) gewonnen wurde.

V e r s u c h e: *1.1-Bis-[triphenylsilyl]-äthanol* (**II**), F. 215—216° (Bzl./PAe.), aus **I** u. Essigsäureanhydrid in Tetrahydrofuran (**THF**) bei —20°; 20,8% (Ausbeute) neben 16,7% *Triphenylsilan*, F. 43—46°. — *Triphenyl-[1-triphenylsiloxyäthyl]-silan*, F. 157 bis 159° (Bzl./PAe.), aus **I** u. Äthylacetat in **THF** bei Raumtemp.; 6,1% neben 4,6% **II**. — *1-[Triphenylsilyl]-propanol-(1)* (**III**), $C_{21}H_{22}OSi$, F. 80—82°, aus **I** u. Propionaldehyd in **THF**; 4,3% neben 43,6% *Triphenylsilan.* — *Triphenyl-[1-triphenylsiloxypropyl]-silan*, $C_{39}H_{36}OSi_2$, F. 162—164° (Bzl./PAe.), a) aus **I** u. Propionylchlorid in **THF** bei —20°; neben 14,7% *Triphenylsilan* u. 7,2% *Triphenylsilanol*, F. 152—154°; b) aus **III** u. Chlortriphenylsilan in Pyridin durch 3std. Erhitzen auf dem Dampfbad; 80%. — *Verb. $C_{22}H_{21}N_2Si$* (?), F. 187—189° (Cyclohexan), aus **I** u. Acetonitril in **THF** bei —25°. — *Tetraphenylsilan*, F. 229—231° (Äthylacetat), aus **I** u. Benzonitril in **THF** bei —60°, 2 Std. bei Raumtemp. u. 48std. Rühren; 50% neben 15% *Triphenylsilanol.* (J. org. Chemistry **23**. 1895—1898. Dez. 1958. Ames, Iowa, Iowa State College, Chem. Labor.) K. RÜHLMANN. 1380

**B. N. Dolgow**, **Ju. I. Chudobin** und **N. P. Charitonow**, *Katalytische Dehydrokondensation von Trialkyl- oder Triarylsilanen mit Hydroxy-, Oxo- und Polyoxyverbindungen.* Es wird eine Reihe von *Trialkylalkoxy*(bzw. *aroxy*)*silanen* durch Erhitzen von Trialkyl- bzw. Triarylsilanen mit Alkoholen bzw. Phenolen in Ggw. von 0,1—3% Metallhalogeniden dargestellt: $R_3SiH + HOR' \rightarrow R_3SiOR' + H_2$. Eine Reihe der erhaltenen Trialkylalkoxy(aroxy)silane gefriert bei $< -50°$ u. siedet ohne Zers. bei $> 500°$.

V e r s u c h e: *1.3.5-Tris-[äthyldi-n-butylsiloxy]-benzol*, $Kp._{760}$ 432°, $Kp._1$ 254°; aus Äthyl-di-n-butylsilan (**I**) u. Phloroglucin (1:0,3 Mol) durch Erhitzen auf 145—165° in Ggw. von 0,77 Mol-% (bezogen auf **I**) $CoCl_2$ bis zum Aufhören der $H_2$-Entw. (7 Std.); $D.^{20}_4$ 0,9148; $n_D^{20}$ 1,4769; 94% (Ausbeute). — *1-[Äthyldi-n-butylsiloxy]-2.4.6-tribrombenzol*, $Kp._9$ 261°; aus **I** u. 2.4.6-Tribromphenol (0,16:0,05 Mol) durch 3std. Erhitzen in Ggw. von 1,83 Mol-% $SnBr_2$ auf 210—240°; $D.^{20}_4$ 1,4783; $n_D^{20}$ 1,5458; 96%. — Analog werden folgende *Silyläther* dargestellt (in Klammern Mol-Verhältnis Silan:Alkohol bzw. Phenol; Katalysator; Menge des Katalysators in Mol-%, bezogen auf das Silan; Dauer des Erhitzens in Min.): *Methyldiäthyl-n-butoxysilan*, $Kp._{761}$ 172,2° (0,1:0,2; $ZnCl_2$; 1,5; 30); $D.^{20}_4$ 0,8060; $n_D^{20}$ 1,4125; 86%. — *Äthyldi-n-butylphenoxysilan*, $Kp._{760}$ 291,6° (0,1:0,1; $GeCl_4$; 4,2; 30); $D.^{20}_4$ 9,9074; $n_D^{20}$ 1,4830; 93%. — *O-[Äthyldi-n-butylsilyl]-guajacol*, $Kp._4$ 170° (0,12:0,1; $NiCl_2$; 6,4; 100); $D.^{20}_4$ 0,9440; $n_D^{20}$ 1,4854; 90%. — *O-[Methyldi-n-butylsilyl]-thymol*, $Kp._5$ 152° (0,12:0,1; $SnCl_2$; 4,4; 285); $D.^{20}_4$ 0,8924; $n_D^{20}$ 1,4800; 90%. — *O-[Äthyldi-n-butylsilyl]-borneol*, $Kp._5$ 185,5° (0,12:0,1; $NiCl_2$; 6,4; 100); $D.^{20}_4$ 0,8936; $n_D^{20}$ 1,4643; 93%. — *Methyldi-n-butyl-α-naphthoxysilan*, $Kp._9$ 194° (0,12:0,1; $SnCl_2$, 4,4; 180); $D.^{20}_4$ 0,9659; $n_D^{20}$ 1,5330; 90%. — *Methyldi-n-butyl-β-naphthoxysilan*, $Kp._4$ 183° (0,12:0,1; $SnCl_2$; 4,4; 150); $D.^{20}_4$ 0,9635; $n_D^{20}$ 1,5334; 92%. — *O-[Äthyldiisobutylsilyl]-o-kresol*, $Kp._6$ 140,5° (0,12:0,1; $SnCl_2$; 4,4; 1785); $D.^{20}_4$ 0,9088; $n_D^{20}$ 1,4846; 86%. — *O-[Methyldiisoamylsilyl]-m-kresol*, $Kp._{751}$ 293,2° (0,12:0,1; $SnCl_2$; 4,4; 130); $D.^{20}_4$ 0,8876; $n_D^{20}$ 1,4740; 99%. — *O-[Äthyldiisoamylsilyl]-p-kresol*, $Kp._{756,4}$ 316,5° (0,12:0,1; $NiCl_2$; 6,4; 9); $D.^{20}_4$ 0,8938; $n_D^{20}$ 1,4773; 94%. — *1.2-Bis-[äthyldi-n-butylsiloxy]-benzol*, $Kp._7$ 253° (0,12:0,05; $NiCl_2$; 3,2; 40); $D.^{20}_4$ 0,9151; $n_D^{20}$ 1,4810; 97%. — *1.3-Bis-[äthyldi-*

*n-butylsiloxy]-benzol*, Kp.$_3$ 211,5° (1,1:0,5; $SnCl_2$; 0,53; 155); D.$^{20}_4$ 0,9136; $n_D^{20}$ 1,4800; 96%. — *1.4-Bis-[äthyldi-n-butylsiloxy]-benzol*, Kp.$_3$ 221° (1,1:0,5; $CoCl_2$; 0,35; 720); D.$^{20}_4$ 0,9131; $D_D^{20}$ 1,4795; 89%. — *2.4-Bis-[methyldi-n-butylsiloxy]-benzoesäuremethyldi-n-butylsilylester*, Kp.$_{5,5}$ 300° (0,2:0,05; $NiCl_2$; 1,9; 20); D.$^{20}_4$ 0,9420; $n_D^{20}$ 1,4785; 96%. — *1-[Tri-n-butylsiloxy]-4-chlorbenzol*, Kp.$_3$ 196° (0,06:0,05; $SnCl_2$; 4,4; 38); D.$^{20}_4$ 0,9684; $n_D^{20}$ 1,4892; 98%. — *1-[Äthyldi-n-butylsiloxy]-4-brombenzol*, Kp.$_3$ 194° (0,06:0,05; $SnCl_2$; 4,4; 55); D.$^{20}_4$ 1,1168; $n_D^{20}$ 1,5015; 97%. (Известия Академии Наук СССР, Отделение Химических Наук [Nachr. Akad. Wiss. UdSSR, Abt. chem. Wiss.] **1958**. 113—15. Jan. Inst. für Silikatchem. der Akad. der Wiss. der UdSSR.) O. DOLD. 1380

**M. Ss. Malinowski** und **Ss. P. Olifirenko,** *Spaltung von Diphenylantimonchlorid und Phenylantimondijodid mit Säurechloriden und Alkylhalogeniden in Gegenwart von Aluminiumchlorid.* Einw. von Säurechloriden auf Diphenylantimonchlorid (Diphenylchlorstibin; I) u. Phenylantimondijodid (Phenyldijodstibin; II) in Ggw. von $AlCl_3$ führt zu *fettaromat. Ketonen*, Einw. von Alkylhalogeniden in Ggw. von $AlCl_3$ unter Abspaltung von Sb-Halogenid zu *fettaromat. KW-stoffen.*

V e r s u c h e: *Acetophenon*, 7,8 g I (F. 68°) werden mit der berechneten Menge Acetylchlorid (III) in Ggw. von $AlCl_3$ ($AlCl_3$:III = 1:1) u. 80—100 g $CS_2$ unter Kühlen mit Eis u. dann W. zur Rk. gebracht, nach 20—24 Std. wird der $CS_2$ abdest., der Rückstand mit Eis zers., das Keton mit Ae. extrahiert u. im Vakuum dest.; 52,3% (Ausbeute). — *Propiophenon*, analog vorst. Verb. aus Propionylchlorid u. II; 75,5%. — *Isobutyrophenon* (Phenylisopropylketon), analog aus Isobutyrylchlorid; mit I 63,7%; mit II 80,0%. — *Isovalerophenon* (*Phenylisobutylketon*), aus Isovalerylchlorid; mit I 76,3%; mit II 84,3%. — *Cumol* (*Isopropylbenzol*), aus Isopropylbromid u. II; 84,2%. — *n-Butylbenzol*, aus Butylbromid u. I; 44,7 u. 68,5%. — *Isobutylbenzol*, aus I 46,1%; aus II 77,8%. — *Isoamylbenzol*, aus I 62,0%; aus II 60,3%. (Журнал Общей Химии [J. allg. Chem.] **26** (**88**). 118—20. Jan. 1956. Lwow, Univ.) S. PAINER. 1380

**A. W. Bogdanowa** und **M. F. Schosstakowski,** *Untersuchung auf dem Gebiet der niedrigmolekularen Polymerisation.* 2. Mitt. *Reaktion einiger Vinyläther mit Tetrachlorkohlenstoff unter dem Einfluß verschiedener Initiatoren.* (1. vgl. C. **1959.** 1149.) $CCl_4$ reagiert mit Vinyl-n-butyläther, Vinylcyclohexyläther oder Vinylphenyläther (I) in Ggw. von α.α'-Azodiisobutyronitril (II) oder Pt/Kohle oder beim Belichten mit UV-Licht zu den Additionsprodd. *[1.3.3.3-Tetrachlorpropyl]-n-butyläther* (III), *[1.3.3.3-Tetrachlorpropyl]-cyclohexyläther* (bei Dest. erfolgt Zers. in *[1.3.3-Trichlorallyl]-cyclohexyläther*) u. *[1.3.3.3 Tetrachlorpropyl]-phenyläther* (**IV**) u. Cl-haltigen Polymerisaten. Die Rk. mit I erfolgt nur in Ggw. von II u. unter UV-Licht. Beim Erhitzen entsteht aus III *[1.3.3-Trichlorallyl]-n-butyläther*, der bei höherer Temp. unter Bldg. von *β.β-Dichloracrolein* gespalten wird. Letzterer wird auch aus [1.3.3 - Trichlorallyl] - äthyläther durch Hydrolyse erhalten. **IV** gibt beim Erhitzen *[1.3.3-Trichlorallyl]-phenyläther.*

V e r s u c h e: Die Vinyläther werden mit $CCl_4$ 3 Std. auf 80—95° erhitzt (ohne oder mit II, Pt, unter UV-Licht), das Reaktionsprod. wird im Vakuum fraktioniert, aus dem nichtdestillierbaren Rückstand oder dem umgefällten Rohprod. wird das Polymere gewonnen: *[1.3.3.3-Tetrachlorpropyl]-n-butyläther* (III), Kp.$_1$ 73,5—74°; D.$_4$ 1,2615; $n_D^{20}$ 1,4690; 94,5% (Ausbeute). — *[1.3.3.3-Tetrachlorpropyl]-phenyläther* (**IV**), Kp.$_{12}$ 146 bis 147°; D.$^{20}_4$ 1,3969; $n_D^{20}$ 1,5430; 87%. — *[1.3.3-Trichlorallyl]-phenyläther*, $C_9H_7Cl_3O$, Kp.$_1$ 97—97,5°; 35 g **IV** werden unter $N_2$ 4 Std. auf 160—170° erhitzt; D.$^{20}_4$ 1,3647; $n_D^{20}$ 1,5500; 84%. Bei 200° erfolgt Zersetzung. — *[1.3.3-Trichlorallyl]-n-butyläther*, $C_7H_{11}Cl_3O$, Kp.$_{22}$ 117—118°; aus **III** bei 130—135°; D.$^{20}_4$ 1,2102; $n_D^{20}$ 1,4735; 89,7%; bei 200—230° bildet sich *β.β-Dichloracrolein*, $C_3H_2Cl_2O$, Kp.$_{49}$ 57°; D.$^{20}_4$ 1,4277; $n_D^{20}$ 1,5050; 16%. — *[1.3.3-Trichlorallyl]-äthyläther*, $C_5H_7Cl_3O$, Kp.$_{31}$ 42,6—42,8°; D.$^{20}_4$ 1,3982; $n_D^{20}$ 1,5060; gibt bei 1 std. Kochen in W. *β.β-Dichloracrolein*; 92%. (Известия Академии Наук СССР, Отделение Химических Наук [Nachr. Akad. Wiss. UdSSR, Abt. chem. Wiss.] **1957**. 224—29. Febr. Zelinsky-Inst. für org. Chem. der Akad. der Wiss. der UdSSR.) H. KÜHNE. 1860

**M. F. Schosstakowski, A. W. Bogdanowa, G. I. Plotnikowa** und **Je. W. Dubrowa,** *Untersuchung auf dem Gebiet der niedrigmolekularen Polymerisation.* 3. Mitt. *Reaktion von Divinyläther mit Tetrachlorkohlenstoff.* (2. vgl. vorst. Ref.) Divinyläther (I) reagiert mit $CCl_4$ in Ggw. von Benzoylperoxyd oder α.α'-Azodiisobutyronitril stufenweise unter Bldg. von *[1.3.3.3-Tetrachlorpropyl]-vinyläther* (II) u. *Bis-[1.3.3.3-tetrachlorpropyl]-äther* (III); daneben entsteht ein Additionsprod. von $CCl_4$ mit einem I-Polymerisat. Das Verhältnis der beiden Reaktionsprodd. ist abhängig vom Verhältnis I:$CCl_4$. Pt-Kohle oder UV-Licht leiten die Rk. von I mit $CCl_4$ nicht ein. Strukturbeweisend für II ist die Hydrierung zu *[1.3.3.3-Tetrachlorpropyl]-äthyläther* u. die Hydrolyse zu *β.β-Dichloracrolein* u. *Acetaldehyd*. III ist auch beim Kochen in 2%ig. $H_2SO_4$ hydrolysebeständig.

Versuche: *Divinyläther* (I), Kp. 28—28,5°, durch Zugabe von 40 g Chlorex (β.β'-Dichlordiäthyläther) zu einem auf 160° erhitzten Gemisch von 15 g Triäthylamin u. 100 g KOH. — Rk. mit $CCl_4$, ein Gemisch von 14 g I, 49 g $CCl_4$ u. 0,6 g α.α'-Azo-diisobutyronitril erhitzt man 3 Std. zum schwachen Sieden (68—84°) u. fraktioniert im Vakuum: *[1.3.3.3-Tetrachlorpropyl]-vinyläther* (II), $C_5H_6Cl_4O$, $Kp._{14}$ 78,5°, $Kp._{23}$ 87,5°; $D.^{20}_4$ 1,3874; $n_D^{20}$ 1,4849; 17,2% (Ausbeute). *Bis-[1.3.3.3-tetrachlorpropyl]-äther* (III), $C_6H_6Cl_8O$, $Kp._{0,5}$ 120,0—120,5°, $Kp._{3,5}$ 133,0—133,5°; $D.^{20}_4$ 1,6133; $n_D^{20}$ 1,5133; 50%. — *[1.3.3.3-Tetrachlorpropyl]-äthyläther*, $Kp._{15}$ 85—86°, man hydriert 3 g II in 15 ml Dioxan in Ggw. von Pt bei Zimmertemp. u. dest.; $D.^{20}_4$ 1,3480; $n_D^{20}$ 1,4710; 2,4 g. — *β.β-Dichloracrolein*, $Kp._{40}$ 48°, man erhitzt 5,7 g II in 25 ml W. 2 Std. auf 80—82°, trennt die untere Schicht ab, wäscht mit W. Acetaldehyd heraus u. dest.; $n_D^{20}$ 1,5065; 1,8 g. *Semicarbazon*, F. 166,5° (A.). (Известия Академии Наук СССР, Отделение Химических Наук [Nachr. Akad. Wiss. UdSSR, Abt. chem. Wiss.] **1958**. 756—59. Juni.)

H. KÜHNE. 1860

**M. F. Schosstakowski, A. W. Bogdanowa** und **G. K. Krassilnikowa,** *Untersuchung auf dem Gebiet der niedrigmolekularen Polymerisation.* 4. Mitt. *Synthese neuer Hydroxyalkane.* (3. vgl. vorst. Ref.) Bei der Rk. von Vinylcyclohexyläther (I) mit Acetaldehyddi-n-butylacetal (II) in Ggw. von $BF_3$-Ätherat entstehen hauptsächlich *Acetaldehyd-n-butylcyclohexylacetal* u. *x.x-Di-n-butoxy-x.x.x-tricyclohexoxyoctan* (durch Rk. von 2 Mol I mit 1 Mol II) u. daneben noch *1.1.3-Tri-n-butoxybutan* u. *1.1-Di-n-butoxy-3-cyclohexoxybutan.* Dagegen wurde bei der Rk. von Vinylphenyläther mit Acetaldehyd-n-butylphenylacetal als alleiniges Reaktionsprod. *1-n-Butoxy-1.3-diphenoxybutan* erhalten. Verss., Vinylphenyläther oder Vinyl-n-butyläther mit Acetaldehyddiphenylacetal umzusetzen, mißlangen. Bei den Rkk. trat Verharzung ein. Äthinylvinyl-n-butyläther reagiert mit Acetaldehyddiäthylacetal oder II zu *1.1-Diäthoxy-3-n-butoxyhexin-(5)* bzw. *1.1.3-Tri-n-butoxyhexin-(5).*

Versuche: Ein Gemisch aus 25,5 g I u. 69 g II wird mit 0,1 ml einer 25%ig. $BF_3$-Ätherat-Lsg. in Ae. auf 125—130° erhitzt u. fraktioniert dest. (vgl. SCHOSSTAKOWSKI, BOGDANOWA, C. **1956**. 3854): *Acetaldehyd-n-butylcyclohexylacetal*, $Kp._5$ 89°; $D.^{20}_4$ 0,8933; $n_D^{20}$ 1,4410; 9 g. (Ausbeute). *1.1.3-Tri-n-butoxybutan*, $Kp._4$ 119—120°; $D.^{20}_4$ 0,8670; $n_D^{20}$ 1,4303; 4,1 g. *1.1-Di-n-butoxy-3-cyclohexoxybutan*, $C_{18}H_{36}O_3$, $Kp._3$ 131—132°; $D.^{20}_4$ 0,9069; $n_D^{20}$ 1,4410; 4,1 g. *x.x-Di-n-butoxy-x.x.x-tricyclohexoxyoctan*, $C_{34}H_{64}O_5$, $Kp._3$ 204—205°; $D.^{20}_4$ 0,9428; $n_D^{20}$ 1,4650; 7,2 g. — *1-n-Butoxy-1.3-diphenoxybutan*, $C_{20}H_{26}O_3$, $Kp._1$ 158°, analog Vorst. aus 12 g Vinylphenyläther u. 19,4 g Acetaldehyd-n-butylphenylacetal; $D.^{20}_4$ 1,9232; $n_D^{20}$ 1,5175; 12 g. — *1.1.3-Tri-n-butoxyhexin-(5)*, $C_{18}H_{34}O_3$, $Kp._{3,5}$ 134 bis 135,5°; aus 11,5 g Äthinylvinyl-n-butyläther u. 35 g II in Ggw. von $BF_3$-Ätherat (3 Std. bei 130—140°), nach Neutralisieren mit $NaHCO_3$ wird das Reaktionsgemisch fraktioniert; $D.^{20}_4$ 0,0087; $n_D^{20}$ 1,4530; 40%. — *1.1-Diäthoxy-3-n-butoxyhexin-(5)*, $C_{14}H_{26}O_3$, $Kp._4$ 96,5°, analog aus Äthinylvinyl-n-butyläther u. Acetaldehyddiäthylacetal; $D.^{20}_4$ 0,9233; $n_D^{20}$ 1,4520; 24,3%. — *1.1-Diäthoxy-3-cyclohexoxyhexin-(5)*, $C_{16}H_{28}O_3$, $Kp._2$ 110—112°, aus Äthinylvinylcyclohexyläther u. Acetaldehyddiäthylacetal; $D.^{20}_4$ 0,9672; $n_D^{20}$ 1,4826. Daneben ein *Äthoxycyclohexoxyhexenin*, $C_{14}H_{22}O_2$, $Kp._2$ 81°; $D.^{20}_4$ 0,9604; $n_D^{20}$ 1,4900. (Известия Академии Наук СССР, Отделение Химических Наук [Nachr. Akad. Wiss. UdSSR, Abt. chem. Wiss.] **1957**. 1141—43. Sept.) H. KÜHNE. 1860

**Rudolf Pummerer** und **Jürgen Smidt,** *Über die Konstitution eines Kondensationsproduktes aus 4 Molekülen Butyraldehyd.* Das durch alkal. Kondensation von Butyraldehyd (ANSELM u. NICKL, unveröff.) oder von α-Äthyl-β-n-propylacrolein erhaltene *ungesätt. Diol* $C_{16}H_{30}O_2$ (I) wird durch folgende Rkk. als *1-Hydroxymethyl-2-n-propyl-3-[α-hydroxy-n-butyl]-3-äthyl-5-methylcyclopenten-(4)* erkannt. I bildet ein *Diacetat* u. mit $PBr_3$ ein instabiles *Dibromid* (II), jedoch reagiert nur die prim. OH-Gruppe mit Phthalsäureanhydrid. I lagert ClJ u. $Br_2$ sowie mit Benzopersäure O an. I liefert mit NOCl unter Abspaltung von HCl das *4-Nitrosoderivat.* I-Diacetat wird durch $O_3$ zu *2-Äthyl-2-[1-acetoxy-n-butyl]-3-n-propyl-4-acetoxymethyl-5-oxohexansäure* abgebaut u. wird durch Erhitzen an $Al_2O_3$ oder mit $H_3PO_4$ ebenso wie II durch Dest. in *1.5-Dimethyl-2-n-propyl-3-[buten-(1)-yl]-3-äthylcyclopentadien-(1.4)* übergeführt. Aus I-Diacetat wird mit $KHSO_4$ 1 Mol Essigsäure zu *1-Acetoxymethyl-2-n-propyl-3-äthyl-3-[buten-(1)-yl]-5-methylcyclopenten-(4)* (III) abgespalten, das mit $O_3$ hauptsächlich *Propionsäure* u. *2-Äthyl-3-n-propyl-4-acetoxymethyl-5-ketohexansäure* liefert. Dagegen wird der III entsprechende freie Alkohol (IV) mit $KMnO_4$ zu *2 isomeren α-Äthyl-α'-n-propylbernsteinsäuren* u. vermutlich *α-Äthyl-β-n-propylglutarsäure* abgebaut, die beide auf unabhängigem Wege synthetisiert werden. I spaltet durch Erhitzen *Formaldehyd* u. mit $KHSO_4$ W. ab unter Bldg. von *1-Methylen-2-n-propyl-3-äthyl-3-[buten-(1)-yl]-5-methylcyclopenten-(4)* u. *3-Oxa-5-methylen-2.6-di-n-propyl-1-äthyl-4-methylbicyclo-[2.2.1]-heptan* (?). Dieser innere Äther wird auch aus II mit

Na-Methylat neben einem *KW-stoff $C_{16}H_{28}$* erhalten, der auch bei der Dehydratisierung von I an $Al_2O_3$ entsteht u. 2 *Δ*-Bindungen enthält. 2 *isomere KW-stoffe $C_{16}H_{28}$* werden bei der Rk. von **V** mit HJ sowie durch erschöpfende Bromierung von I u. folgende Br-Abspaltung mit Zn/HCl gebildet. Der Mechanismus der alkal. Butyraldehydkondensation wird erörtert.

V e r s u c h e: *1-Hydroxymethyl-2-n-propyl-3-[α-hydroxy-n-butyl]-3-äthyl-5-methylcyclopenten-(4)* (I), $C_{16}H_{30}O_2$, F. 62°, Kp.$_{0,1}$ 123,5—124,5°, a) in exothermer Rk. aus 15 Mol Butyraldehyd durch Zugabe von 4 Mol 24%ig. NaOH (60—65°), 48std. Kochen, Zugeben von W., Ausäthern u. Fraktionieren; Nadeln, $n_D^{20}$ 1,4995; 12—15% (Ausbeute); daneben 51% alkalilösl. Prodd.; b) durch Zutropfen von 3 Mol α-Äthyl-β-n-propylacrolein (Kp.$_{13}$ 62—63°) zu 2 Mol 24%ig. NaOH u. 20std. Kochen; 22%; daneben 60% alkalilösl. Produkte. *Diacetat*, $C_{20}H_{34}O_4$, Kp.$_{0,07}$ 127—128°, $n_D^{20}$ 1,4745, D.$^{20}_{20}$ 0,995. *4-Nitrosoderiv.*, $C_{16}H_{29}NO_3$, F. 175°, durch Lösen von 10 g I in Eisessig bei —20°, Zugabe von Äthylnitrit u. dann konz. HCl u. A. u. Stehen über Nacht in der Kälte; 1,9 g. I gibt durch ³/₄std. Erhitzen auf 170—190° *Formaldehyd*. — *1-Methylen-2-n-propyl-3-[buten-(1)-yl]-3-äthyl-5-methylcyclopenten-(4)*, $C_{16}H_{26}$, Kp.$_{0,1}$ 67,3—68,5°, durch Erwärmen von I mit $KHSO_4$ auf 70—75°, Abdest. des W. im Vakuum u. Dest. unter reinem $CO_2$; $n_D^{20}$ 1,4920, D.$^{20}_{20}$ 0,881. In Ggw. von Luft entsteht *Paraformaldehyd* (F. 148—154°; *Dinitrophenylhydrazon*, F. 164°). — *3-Oxa-5-methylen-2.6-di-n-propyl-1-äthyl-4-methylbicyclo-[2.2.1]-heptan*, $C_{16}H_{28}O$, Kp.$_{0,01}$ 90—91°, neben vorst. Verb.; $n_D^{18}$ 1,4812, D.$^{20}_{20}$ 0,926. Gibt beim Erhitzen an der Luft *$CH_2O$*. — *KW-stoff $C_{16}H_{28}$ vom Kp.$_{0,05}$ 47,7—49,8°*, a) durch Erhitzen von I mit $Al_2O_3$ auf 215°; $n_D^{20}$ 1,4765, D.$^{20}_{20}$ 0,8520; b) durch Rk. von I in Ae. mit $PBr_3$ über Nacht, Umsetzen des erhaltenen *Dibromids* (II; 91%) mit Na-Methylat in Ae. u. Aufarbeiten unter $N_2$; $n_D^{20}$ 1,4764, D.$^{24}_{27}$ 0,854; daneben vorst. Äther. Gibt in Chlf. das *Tetrabromid* (zersetzlich). Gibt durch Hydrieren einen *KW-stoff $C_{16}H_{32}$*, Kp.$_{0,05}$ 58—60°, $n_D^{20}$ 1,4613, D.$^{20}_{20}$ 0,840. — *3-Oxa-4.8-di-n-propyl-5-äthyl-7-methylbicyclo-[3.2.1]-octen-(6)*, $C_{16}H_{28}O$, Kp.$_{10}$ 134—135,5°, neben vorst. KW-stoff $C_{16}H_{28}$ nach a); $n_D^{20}$ 1,4780, D.$^{20}_{20}$ 0,9066. — *KW-stoff $C_{16}H_{28}$ vom Kp.$_{0,01}$ 76—77,5°*, durch Zugabe von Brom zu I in der Kälte, Zugabe von $J_2$ u. $Br_2$ u. Entbromierung mit Zn–alkoh. HCl u. dann Na/A.; $n_D^{20}$ 1,5021, D.$^{27}_{27}$ 0,888; 19%. — *KW-stoff $C_{16}H_{28}$ vom Kp.$_{0,06}$ 64—67°*, durch Red. von I mit rotem P u. $J_2$ bei 80—90°, Gießen in W., Kochen mit Zn-Staub u. Fraktionieren; $n_D^{20}$ 1,4803, D.$^{25}_{20}$ 0,862. — *1.5-Dimethyl-2-n-propyl-3-äthyl-3-[buten-(1)-yl]-cyclopentadien-(1.4)*, $C_{16}H_{26}$, Kp.$_{13}$ 130—131°, a) durch Erhitzen von I-Diacetat mit $Al_2O_3$ auf 270—275°; $n_D^{22}$ 1,5008, D.$^{22}_{22}$ 0,874; b) durch Erhitzen von I-Diacetat mit $H_3PO_4$ auf 180—190°, später 230—240°; $n_D^{20}$ 1,4984, D.$^{23}_{20}$ 0,874; c) aus II durch Dest. im Vakuum; $n_D^{20}$ 1,5010. — *1-Acetoxymethyl-2-n-propyl-3-äthyl-3-[buten-(1)-yl]-5-methylcyclopenten-(4)* (III), $C_{18}H_{30}O_2$, Kp.$_{0,01}$ 98,5—99,5°, durch 3std. Erhitzen von I-Diacetat mit $KHSO_4$ auf 80—95° im Vakuum; $n_D^{18}$ 1,4910, D.$^{18}_{18}$ 0,956. Dehydrierungsverss. mit S, Se oder Pd-Asbest ergaben keine aromat. Verbb., sondern nur eine rote *Fl. vom Kp.$_{10}$ 161—164°*, $n_D^{20}$ 1,5018 (mit S) bzw. $n_D^{20}$ 1,5012 (mit Se). — *1-Hydroxymethyl-2-n-propyl-3-äthyl-3-[buten-(1)-yl]-5-methylcyclopenten-(4)* (IV), $C_{16}H_{28}O$, Kp.$_{0,05}$ 92—95°, durch 6std. Erwärmen von III mit KOH auf dem Wasserbad; $n_D^{22}$ 1,5102, D.$^{22}_{22}$ 0,938. — *2-Äthyl-2-[1-acetoxy-n-butyl]-3-n-propyl-4-acetoxymethyl-5-oxohexansäure*, $C_{20}H_{34}O_7$, F. 140—141° (wss. $CH_3OH$), durch Lösen von I-Diacetat in Chlf., Übersättigen mit $O_3$, 14 Tage stehen u. mehrstd. Stehen in W. bei 50—60°; 17%. Gibt mit $J_2$/Alkali *Jodoform*. — *2-Äthyl-3-n-propyl-4-acetoxymethyl-5-ketohexansäuremethylester*, $C_{15}H_{26}O_5$, Kp.$_{0,08}$ 107—109°, durch Ozonisieren von III in Äthylchlorid bei —50 bis —70°, Dest. des Lösungsm. im Vakuum, Zers. des zurückbleibenden Öls mit W. erst bei mittlerer Temp. dann unter Kochen ($CO_2$-Entw.) u. Rk. der öligen Ketosäure in 2n NaOH mit Dimethylsulfat; $n_D^{20}$ 1,4602, D.$^{22}_{22}$ 1,064. Daneben aus der wss. Phase *Acetaldehyd* [*2.4-Dinitrophenylhydrazon*, F. 156° (verd. A.)], *Ameisensäure*, *Essigsäure* (*Na–$UO_2$-Salz*) u. *Propionsäure* (*Äthylester*, $C_5H_{10}O_2$, Kp. 96—97°, $n_D^{20}$ 1,3850). — *α-Äthyl-β-n-propylacrylsäure* (VI), Kp.$_{0,1}$ 85—87°, durch 10std. Einleiten von $O_2$ in reines α-Äthyl-β-n-propylacrolein bei 80°; $n_D^{20}$ 1,4590, D.$^{21}_{22}$ 0,950; 43%. *Methylester*, $C_9H_{16}O_2$, Kp.$_{11}$ 72,8 bis 74°. *Äthylester*, Kp.$_{0,17}$ 38,7—42,5°. — *α-Äthyl-α'-carbäthoxy-β-n-propylglutarsäuremethyläthylester* (V), $C_{16}H_{28}O_6$, Kp.$_{0,09}$ 121—123,5°, durch Zugabe von Malonsäurediäthylester zu alkoh. Na-Äthylat u. 12std. Kochen mit VI-Methylester; $n_D^{20}$ 1,4428, D.$^{22}_{22}$ 1,029. — *α-Äthyl-β-n-propylglutarsäurediäthylester*, $C_{14}H_{26}O_4$, Kp.$_{0,2}$ 72,5—74°, durch 15std. Kochen von V mit NaOH in W./$CH_3OH$, Ansäuern, 3std. Kochen des Ae.-Extrakts mit $SOCl_2$ u. 2std. Erwärmen des *Säurechlorids* mit A.; $n_D^{20}$ 1,4352, D$^{22}_{22}$ 0,988. *Freie Disäure vom F. 69°* (PAe.), $C_{10}H_{18}O_4$, aus dem Ester mit NaOH in $CH_3OH$ in 60 Std. über das *Di-Na-Salz*; gibt über den Diäthylester ein *Dihydrazid vom F. 210°*; *Dihydrazid F. 204°*, $C_{10}H_{22}N_4O_2$, aus dem Diäthylester u. $N_2H_4 \cdot H_2O$ im Rohr durch 5std. Erhitzen auf 150—160°; *Dianilid*, F. 175°; *Bis-p-[bromanilid]*, F. 223—226°. — *α-Äthyl-α'-n-pro-*

*pylbernsteinsäure, Isomeres vom F. 174⁰*, a) aus 3.6-Dihydroxy-2.5-diäthylbenzochinon (nach KÖGL u. LANG [1926.]; 14%) durch 16std. Kochen mit NaOH, Ansäuern u. Erhitzen auf 165—170⁰; b) aus **IV** mit $KMnO_4$ in wss. $Na_2CO_3$ bei 40—50⁰; *Diäthylester*, $C_{13}H_{24}O_4$, Kp.$_{10}$ 125,5—126,5⁰, durch Kochen der Säure mit $SOCl_2$ in Ae. u. Kochen des *Säurechlorids* in A.; $n_D^{22,5}$ 1,4278, D.$^{22}_{22}$ 0,957; *Dihydrazid*, $C_9H_{20}N_4O_2$, F. 248—250⁰ (A./Bzl.), durch 12std. Erhitzen des Esters mit $N_2H_4 \cdot H_2O$ im Bombenrohr auf 180⁰. *Isomeres vom F. 96⁰*, neben vorst. Isomeren nach a) u. b); *Diäthylester*, Kp.$_{10}$ 126—228⁰; *Dihydrazid*, $C_9H_{20}N_4O_2$, F. 210—215⁰. (Liebigs Ann. Chem. **610.** 192—222. 1957. Erlangen, Univ., Chem. Labor.; München, Wacker-Chemie GmbH, Werk Burghausen, u. Consortium für elektrochem. Ind. GmbH.) R. WISSLER. 1870

**Marvin D. Rausch** und **Lester E. Coleman jr.**, *Derivate des Ferrocens.* 4. Mitt. *Ferrocenhaltige ungesättigte Ketone.* (3. vgl. C. **1959. 3073.**) Durch FRIEDEL-CRAFTS-Rk. wird aus Ferrocen (**II**) u. trans-Cinnamoylchlorid (**III**) *Cinnamoylferrocen* (**I**) dargestellt, außerdem durch CLAISEN-SCHMIDT-Kondensation von Acetylferrocen (**IV**) mit Benzaldehyd (**V**). Die Hydrierung von **I** führt zu *β-Phenylpropionylferrocen.* Durch MANNICH-Rk. mit Paraformaldehyd (**VI**) u. Dimethylamin (**VII**) wird **IV** in *β-Dimethylaminopropionylferrocen* übergeführt, dessen Pyrolyse jedoch kein Ferrocenylvinylketon, sondern nur polymere Produkte lieferte.

Versuche: *Cinnamoylferrocen* (I), $C_{19}H_{16}FeO$, F. 139—139,5⁰, a) durch Zugabe von 46,7 g $AlCl_3$ u. 58,4 g **III** in $CH_2Cl_2$ zu 65,2 g **II** in $CH_2Cl_2$ u. 22std. Rühren bei n. Temp.; 81,5% (Ausbeute); b) durch 40std. Schütteln von 2,18 g **IV** u. 1,06 g **V** mit 5 cm³ 10%ig. NaOH in Methanol; 47%; rotviolette Kristalle aus Methanol. *Oxim*, $C_{19}H_{17}FeNO$, F. 116—118⁰. — *β-Phenylpropionylferrocen*, $C_{19}H_{18}FeO$, F. 81,5—82,5⁰, durch Hydrieren von **I** in n-Butanol an Pt/Kohle; aus A. orangefarbene Kristalle; 57%. — *Propionylferrocen*, F. 38—38,2⁰, analog **I** mit Propionylchlorid; aus PAe. gelborangefarbene Nadeln; 48%. *Oxim*, $C_{13}H_{15}FeNO$, F. 135,4—136⁰, aus A.-W. goldgelbe Blättchen. — *β-Dimethylaminopropionylferrocen, Hydrochlorid*, $C_{15}H_{20}ClFeNO$, F. 171—172⁰ (Zers.), durch 3std. Kochen von 11,4 g **IV**, 4,08 g **VII**·HCl, 2,25 g **VI** u. 0,15 cm³ konz. HCl in absol. A. unter Zugabe (nach 1 Std.) von weiteren 1,5 g **VI** u. Ausäthern (→ 7,1 g **IV**); braungelbe Kristalle aus A.-Methyläthylketon; 68%. Liefert bei der Wasserdampfdest. braungelbe Pyrolyseprodukte. (J. org. Chemistry **23.** 107—08. Jan. 1958. Wright-Patterson Air Force Base, Ohio, Wright Air Developm. Center, Materials Labor.) F. J. MEYER. 1960

**Marvin Rausch, Paul Shaw, Dana Mayo** und **A. M. Lovelage**, *Derivate des Ferrocens.* 5. Mitt. *Darstellung einiger N-substituierter Ferrocencarbonsäureamide.* (4. vgl. vorst. Ref.) Durch LEUCKART-Rk. zwischen Alkyl- u. Arylisocyanaten (I) mit Ferrocen (II) in Ggw. von $AlCl_3$ werden *N-substituierte Ferrocencarbonsäureamide* dargestellt. Das *N-Phenylderiv.* (**III**) entsteht außerdem aus Ferrocenoylchlorid u. Anilin in 19%ig. Ausbeute [bezogen auf Ferrocencarbonsäure (**IV**)] u. aus Ferrocenyl-Li (**V**) mit Phenylisocyanat (**VI**; 9,7%). **III** u. das *N-n-Octadecylderiv.* sind gegen Hydrolyse [24std. Kochen in wss.-alkoh. KOH (AH) bzw. 16std. Kochen in wss.-alkoh. HCl (SH)] beständig; die *N-Äthylverb.* wird bei AH teilweise, bei SH ganz abgebaut.

Versuche (FF. korr.): Ferrocencarbonsäureamide, durch 20std. Einw. von **I** auf **II** in Ggw. von $AlCl_3$ in $CH_2Cl_2$: *N-Phenyl-* (**III**), F. 215—216⁰ (Zers.), a) durch Kochen über Nacht; 67% (Ausbeute); b) durch 3std. Schütteln von **IV** mit $PCl_5$ in Bzl. u. Behandeln mit Anilin in Bzl.; 19%; c) aus **V** (durch Rk. von **II** in Tetrahydrofuran mit n-Butyl-Li in Ae. bei —40⁰) durch Zugabe zu **VI** in Ae. unter Kochen u. Chromatographie; 9,7% (daneben *symm.-Diphenylharnstoff*); aus 95%ig. A. orangerote Nadeln. Bei SH werden 64, nach AH 93% der Verb. wiedergewonnen. — *N-[4-Bromphenyl]-*, F. 293—240⁰ (Zers.), orangefarbene Kristalle aus 95%ig. A.; 66%; AH 91%, SH 91%. — *N-[Biphenylyl-(4)]-*, F. 242,5—243,5⁰ (Zers.), orangerote Kristalle aus 95%ig. A.; 68%; SH 98%, AH 100%. — *N-α-Naphthyl-*, wird >280⁰ langsam dunkel; goldbraunes Pulver aus Methylisobutylketon; 51%; SH 88%, AH 96%. — *N-Äthyl-*, F. 164,4 bis 164,8⁰, gelborangefarbene Nadeln aus 95%ig. A.; 37% (unter Verwendung von je 2½ Mol **I** u. $AlCl_3$ 61%); SH 0, AH 81%. — *N-n-Octadecyl-*, F. 116,8—117⁰, aus Ligroin hellgelbes Pulver; 63%; SH 98%, AH 99%. (J. org. Chemistry **23.** 505—07. März 1958. Ohio, Wright-Patterson Air Force Base, Wright Air Developm. Center, Materials Labor.) F. J. MEYER. 2010

**W. Ss. Miklaschewskaja** und **A. A. Petrow**, *Untersuchungen auf dem Gebiet konjugierter Systeme.* 85. Mitt. *Kondensation von Halogendienen mit Acetylendicarbonsäureester.* 64. Mitt. *über Dienverbindungen.* 2. Mitt. *über Diensynthese unter Beteiligung von Halogendienen.* (84. bzw. 1. vgl. C. **1959. 11530.**) Chloropren (**I**) u. Bromopren (**II**) reagieren mit Acetylendicarbonsäuredimethylester (**III**) zu *4-Chlor-* bzw. *4-Brom-$\Delta^{1.4}$-dihydrophthalsäuredimethylester.* Verss., aus den Estern durch Verseifung mit NaOH die freien

Säuren zu erhalten, führten unter HCl- bzw. HBr- u. $CO_2$-Abspaltung nur zu einem Gemisch von *Benzoesäure* (**IV**) u. halogenhaltigen Säuren. Analog verhalten sich die aus 3-Chlor- (**V**) u. 3-Brom-2-methylbutadien-(1.3) (**VI**) u. **III** dargestellten *5-Chlor-* bzw. *5-Brom-4-methyl-$\Delta^{1.4}$-dihydrophthalsäuredimethylester*. Dagegen lieferte **III** mit 1-Chlorbutadien-(1.3) kein DIELS-ALDER-Prod. u. reagierte mit 1-Brombutadien-(1.3) nur zu *Phthalsäureanhydrid*.

Versuche: *4-Chlor-$\Delta^{1.4}$-dihydrophthalsäuredimethylester*, $C_{10}H_{11}ClO_4$, Kp.$_{10}$ 162 bis 163°; durch 15std. Erhitzen von je 0,1 Mol **I** u. **III** in 20 ml Toluol im Rohr auf 140 bis 150°; D.$^{20}{}_4$ 1,2828; $n_D^{20}$ 1,5107; 63% (Ausbeute); gibt bei 5std. Erhitzen mit 10%ig. NaOH u. chromatograph. Trennung des erhaltenen Säuregemisches an $Al_2O_3$ eine *Verb.* [*4-Chlor-$\Delta^{1.4}$-dihydrophthalsäure* (?) F. 178—181°] u. **IV**. — *4-Brom-$\Delta^{1.4}$-dihydrophthalsäuredimethylester*, $C_{10}H_{11}BrO_4$, Kp.$_5$ 164,5—165,5°, F. 39—41° (wss. A.); durch 15std. Erhitzen von je 0,1 Mol **II** u. **III** in 10 ml Toluol auf 145°; D.$^{20}{}_4$ 1,4876; $n_D^{20}$ 1,5309; 52%; gibt beim Verseifen **IV**. — *5-Chlor-4-methyl-$\Delta^{1.4}$-dihydrophthalsäuredimethylester*, $C_{11}H_{13}ClO_4$, Kp.$_{10}$ 170—171°, F. 69—70° (Methanol); durch 12std. Erhitzen von **III** u. **V** in Toluol auf 150°; Schuppen; 61%. — *5-Brom-4-methyl-$\Delta^{1.4}$-dihydrophthalsäuredimethylester*, $C_{11}H_{13}BrO_4$, Kp.$_3$ 154—155°, F. 73—73,5° (Methanol); aus **III** u. **VI**; 77%; gibt beim Erhitzen mit 10%ig. NaOH *p-Toluylsäure*, F. 178° (W.); 60%. (Журнал Общей Химии [J. allg. Chem.] **28**(**90**). 1125—27. Mai 1958. Leningrad, Inst. für Fluggerätebau.)
W. KURTZMANN. 2020

**Walter Mayer** und **Lothar Keller**, *all–cis-3.4.5-Trihydroxycyclohexancarbonsäure-(1)*. Die bei der Hydrierung von 1.2-Dihydrogallussäure am Pt-Kontakt nach Aufnahme von 2 Moll. $H_2$ erhaltene *3.4.5-Trihydroxycyclohexancarbonsäure* vom F. 203° (**I**), deren Konst. durch ihre Umwandlung in einen *Monomethylester* u. ein *Triacetat* (**II**) bewiesen wird, wird als *Mesoform* mit *all-cis*-Konfiguration erkannt. An Verbb. der Konst. **I** können vier Mesoformen u. zwei Racemate, deren opt. Antipoden als Dihydroshikimisäure u. Epidihydroshikimisäure bekannt sind, existieren. Gegen eine Racematnatur von **I** spricht das völlig einheitliche *Strychnin-* bzw. *Brucinsalz*. Durch Erhitzen von **I** wird ein stabiles *Lacton* erhalten, dessen *cycl. Schwefligsäureester* aus **I** u. $SOCl_2$ u. dessen *Isopropylidenderiv.* durch Behandlung von **I** mit Aceton u. $H_2SO_4$ dargestellt werden kann. In **I** muß also mindestens eine der drei Hydroxylgruppen cis-ständig zur Carboxylgruppe sein. Die endgültige Aufklärung der Konfiguration gelingt durch Abbau zu *1.2.3-Trihydroxycyclohexan*, von dem die beiden Mesoformen α- (**III**; 1.3/2-Triol) u. γ-Pyrogallit (**IV**; 1.2.3-Triol) sowie das Racemat β-Pyrogallit (**V**; 1.2/3-Triol) bekannt sind. Bei der Überführung des Silbersalzes von **II** nach BORODINE [1861] u. HUNSDIECKER (Ber. dtsch. chem. Ges. **75**. [1942.] 291) in *1-Brom-3.4.5-trihydroxycyclohexan* u. Ersatz des Br durch H mit Hilfe von $LiAlH_4$ wird **IV** erhalten, der durch F., Misch-F., DEBYE-SCHERRER-Diagramm sowie sein *Tribenzoat* identifiziert wurde. Auch bei der Hydrierung von Dihydropyrogallol ist die Bldg. cis-konfigurierter Hydroxylgruppen bevorzugt; es werden 60% **IV** u. 30% **V** erhalten, während **III** nicht nachgewiesen werden konnte. Vermutlich erfolgt in beiden Fällen zunächst eine cis-Anlagerung von $H_2$ an die Doppelbindung, der sich die Red. der Carbonylgruppe anschließt.

Versuche (FF. korr.): *3.4.5-Trihydroxycyclohexancarbonsäure-(1)* (**I**), *Strychninsalz*, $C_{28}H_{34}N_2O_7$, F. 165°, $[\alpha]_D^{23}$ —16,0 ± 0,6° (Methanol), aus **I** u. Strychnin in A. in 20 Std.; 86% (Ausbeute); feine Nadeln. *Brucinsalz*, $C_{30}H_{38}N_2O_9$, $[\alpha]_D^{23}$ —12,5° ± 0,9° (Methanol); Nadeln; 89%. *Lacton*, $C_7H_{10}O_4$, F. 175°, durch Erhitzen von 2 g **I** auf 230°/0,01 mm; aus W. Nadeln; 0,9 g. *Cycl. Schwefligsäureester des Lactons*, $C_7H_8O_5S$, F. 176°, durch 3std. Erhitzen von 0,5 g **I** unter Rückfluß u. Feuchtigkeitsausschluß mit $SOCl_2$ u. Eindampfen im Vakuum zur Trockne; aus Methanol derbe Kristalle; 0,3 g. *Isopropylidenverb. des Lactons* (**VI**), $C_{10}H_{14}O_4$, F. 171°, durch 3—4std. Schütteln von 4,5 g **I** mit 1,5 g konz. $H_2SO_4$ in Aceton, Neutralisieren mit wss. 25%ig. $K_2CO_3$-Lsg. unter Kühlung u. Einengen des Filtrats; 3,4 g; aus wss. Aceton oder A. rhomb. Plättchen. *Isopropylidenderiv. des Amids*, $C_{10}H_{17}NO_4$, F. 204° (Methanol/Essigester), durch Sättigen einer Lsg. von 2 g **VI** in absol. Methanol mit $NH_3$, 3tägiges Stehen unter Verschluß u. Eindampfen im Vakuum zur Trockne; 1,75 g. *Ag-Salz des Triacetylderiv.* (**II**), $C_{13}H_{17}AgO_8$, aus **II** u. einer konz. wss. $AgNO_3$-Lsg. in mit 20%ig. $NH_3$ versetztem Methanol; feine Nädelchen. — *1-Brom-3.4.5-trihydroxycyclohexan*, $C_6H_{11}BrO_3$, F. 129—132° (Essigester oder Aceton/Bzl.), durch Zutropfen einer Lsg. von 3 g Brom in $CCl_4$ zu einer Suspension von 6 g des **II**-Ag-Salzes in $CCl_4$, 1std. Erhitzen unter Rückfluß, Eindampfen des Filtrats, 1std. Erhitzen des Rückstandes mit 2n HCl, Eindampfen im Vakuum bis zur Trockne, Aufnehmen in W., Ausschütteln mit Ae. u. Einengen der wss. Phase; 2,4 g; Acetylierung u. Benzoylierung liefert keine krist. Derivate. — *γ-Pyrogallit* (**IV**), $C_6H_{12}O_3$, F. 146°, a) durch Zutropfen einer Lsg. von $LiAlH_4$ in Tetrahydrofuran unter Turbinieren in eine Lsg. vorst. Verb. in absol. Tetrahydrofuran im Laufe von 45 Min., 3std. Erhitzen, Zugabe von wss. Tetrahydrofuran, Lösen des Nd. in verd. HCl u. erschöpfende Extraktion mit Essigester; 10% ; b) durch 12std. Schütteln von Dihydropyrogallol in Methanol über vorhydriertem $PtO_2$ mit $H_2$ bei 20°/760 mm, Abdest. des Methanols im Vakuum, Durcharbeiten des Rückstands mit Aceton u. Absaugen des unlösl. Anteils; aus Aceton Plättchen; 60%. *Tribenzoylderiv.*, $C_{27}H_{24}O_6$, F. 139° (A). — *β-Pyrogallit* (**V**), F. 124—125°, durch Eindampfen der bei der Darst. von **IV** nach b) erhaltenen Acetonlsg., Acylierung des Sirups mit Benzoylchlorid/Pyridin u. Verseifung des so erhaltenen *Tribenzoylderiv.* [F. 184° (Eisessig); ca. 30%] mit 2n methanol. NaOH. (Chem. Ber. **92.** 213—18. 1959. Heidelberg, Univ., Chem. Inst.) U. KRÜGER. 2050

**Wilhelm Treibs** und **Rolf Schöllner,** *Über die Autoxydation von Cyclohexyl- und Cyclohexylidenphenylmethanen.* (Vgl. C. **1958.** 5654.) Bei der Autoxydation von Methylcyclohexylphenylmethan (**I**), Dicyclohexylphenylmethan (**II**), Cyclohexylidendiphenylmethan (**III**) u. Cyclohexylidencyclohexylphenylmethan (**IV**) erfolgte der Angriff des $O_2$ an den tert. H-Atomen unter Bldg. von *Hydroperoxyden,* die durch ihre *Reduktions-* u. *sauren Spaltprodd.* charakterisiert wurden, an den Doppelbindungen unter Bldg. von *Epoxyden* u. an durch benachbarte C=C—CO- oder Arylgruppen aktivierten Methylengruppen. **I** hatte nach 250std. Behandlung mit $O_2$ bei 70—75° einen *Peroxydgeh.* (**A**) von 7—8%, aus dem nach Anreicherung u. Hydrierung *Methyl-[1-hydroxycyclohexyl]-phenylmethan* u. *Methylcyclohexylphenylcarbinol* im Verhältnis 1:2 neben einem *Epoxycarbinol* $C_{14}H_{18}O_2$ u. durch saure Spaltungen nach HOCK u. LANG (Ber. dtsch. chem. Ges. **77.** [1944.] 257) u. nach KHARASH u. Mitarbeitern (C. **1952.** 7959) *Acetophenon, Hexahydroacetophenon, Cyclohexanol* u. *Phenol* erhalten wurden. **II** hatte nach 120std. Behandlung mit $O_2$ bei 80° einen *Peroxydgeh.* (**B**) von 8—10%, aus dem nach Anreicherung durch Hydrierung ein Gemisch von *Dicyclohexylphenylcarbinol* u. *Cyclohexyl-[1-hydroxycyclohexyl]-phenylmethan* neben *gesätt. KW-stoffen* u. durch Säurespaltung *Cyclohexylphenylketon* u. *Phenol* erhalten wurden. **III** hatte nach 15std. Behandlung mit $O_2$ bei 80° einen *Peroxydgeh.* (**C**) von 20—25%, aus dem nach Anreicherung durch Hydrierung *Diphenyl-[2-hydroxycyclohexyliden]-methan, α.α-Diphenyl-α'.α'-pentamethylenäthylenoxyd* u. *α.α-Diphenyl-α'.α'-[α-hydroxypentamethylen]-äthylenoxyd* (**V**) erhalten wurden. 50std. Autoxydation von **III** (Nebenprod. viel *Benzophenon*) u. anschließende Hydrierung lieferte **V** in größerer Ausbeute. Daneben wurden durch radikal. Dimerisierung entstandenes *2.2'-Bis-[diphenylmethylen]-bicyclohexyl* u. sein *Monoepoxyd* isoliert. **IV** hatte nach 90std. Behandlung mit $O_2$ bei 75° einen *Peroxydgeh.* (**D**) von 17%, aus dem nach Anreicherung durch Hydrierung *[1-Hydroxycyclohexyl]-cyclohexylidenphenylmethan, α-[1-Hydroxycyclohexyl]-α-phenyl-α'.α'-pentamethylenäthylenoxyd* u. *[2-Hydroxycyclohexyliden]-phenyl-[$\Delta^1$-cyclohexenyl]-methan* (entstanden durch Wasserabspaltung aus *[2-Hydroxycyclohexyliden]-phenyl-[1-hydroxycyclohexyl]-methan* bei der Dest.) erhalten wurden. Letztere Verb. wurde mit $ZnCl_2$ dehydratisiert zu *Cyclohexyldiphenylmethan.*

Versuche: *Methylcyclohexylphenylmethan* (**I**), $Kp._{1,5}$ 86°, aus Acetophenon u. Cyclohexyl-MgCl, Wasserabspaltung mit $ZnCl_2$ u. Hydrierung in Ggw. von RANEY-Ni bei 150° u. 120 at Anfangsdruck; $n_D^{10}$ 1,5234. Nach 250std. Autoxydation durch Bei handlung mit $O_2$ bei 70—75° 7—8% **A**; Anreicherung auf 35% **A** durch Eindampfen bei $Kp._{0,5}$ 90° (aus **I**, *Acetophenon* u. *Phenol* bestehendes Destillat), Verteilung zwischen PAe. u. 90%ig. $CH_3OH$ u. Chromatographie an Silicagel. — Hydrierung von **A** bei n. Temp. in Ggw. von 10%ig. Pd-Kohle u. fraktionierte Dest. ergab: *Methyl-[1-hydroxycyclohexyl]-phenylmethan* [$C_{14}H_{20}O$, $Kp._{0,06}$ 82°, $n_D^{10}$ 1,536, $D.^{20}_1$ 1,027; bildet *gelbroten Chromsäureester* mit $CrO_3$ in Bzl.], *Methylcyclohexylphenylcarbinol* [$Kp._{0,05}$ 85—86°, $n_D^{10}$ 1,5642] u. ein *Epoxycarbinol* $C_{14}H_{18}O_2$ [$n_D^{60}$ 1,536, chromatograph. Reinigung an $Al_2O_3$ (aus PAe. Eluierung mit Ae./PAe. [1:1]); positive Rk. mit Reagens nach DENIGÈS; Nachw. der Epoxygruppe durch 2std. $Pb(CH_3COO)_4$-Oxydation bei 50—60° in Eisessig + $HClO_4$ zu einem *Ketongemisch*; bildet *gelben Chromsäureester*]. — Säurespaltung von **A** durch Rk. mit $HClO_4$ in Eisessig bei 25° oder mit 25%ig. $H_2SO_4$ ergab: *Acetophenon* (*2.4-Dinitrophenylhydrazon,* F. 247°), *Hexahydroacetophenon* (*2.4-Dinitrophenylhydrazon,* F. 139°), *Cyclohexanol* (*3.5-Dinitrobenzoat,* F. 112°) u. *Phenol* (*Tribromphenol,* F. 93°). — *Dicyclohexylphenylmethan* (**II**), $Kp._{20}$ 207°, aus Benzoesäureäthylester u. Cyclohexyl-MgCl, Wasserabspaltung mit $ZnCl_2$ bei 150—180° (bei 250° entstanden *Cyclohexylidenphenylmethan* u. *Cyclohexen*) u. Hydrierung wie bei **I**; $n_D^{10}$ 1,5394. Nach 120std. Autoxydation bei 80° 8—10% **B**; Anreicherung mit 90%ig. $CH_3OH$ u. durch Chromatographie an Silicagel. — Hydrierung von **B** ergab ein Gemisch von *Dicyclohexylphenylcarbinol* ($Kp._{0,02}$ 120°, $n_D^{25}$ 1,5465; auch durch GRIGNARD-Rk. dargestellt) u. *Cyclohexyl-[1-hydroxycyclohexyl]-phenylmethan* [$C_{19}H_{28}O$, $Kp._{0,09}$ 134—139°, $n_D^{25}$ 1,5445; positive Rk. mit Reagens nach DENIGÈS; bildet *gelben Chromsäureester*]. Daneben *O-reicher Destillationsrückstand.* — Säurespaltung von **B** ergab: *Cyclohexylphenylketon* (*Semicarbazon,* F. 168°) u. *Phenol.* —

*Hexahydrobenzoesäure*, F. 84°, aus Cyclohexyl-MgCl u. $CO_2$.—*Cyclohexylidendiphenylmethan* (**III**), aus Hexahydrobenzoesäureäthylester mit Phenyl-MgBr u. Wasserabspaltung mit Eisessig. Nach 15 std. Autoxydation bei 80° 25% **C**; Anreicherung auf 44% **C** durch Verteilung zwischen Leichtbenzin (Kp. 75—90°) u. 90 %ig. $CH_3OH$. — Hydrierung von **C** u. Chromatographie an $Al_2O_3$ mit PAe. (Kp. 30—50°)/Ae. [1:1], absol. Ae. u. absol. A ergab: *α.α-Diphenyl-α'.α'-pentamethylenäthylenoxyd* (F. 123°; Epoxyd-Rk. positiv), *[2-Hydroxycyclohexyliden]-diphenylmethan* ($C_{19}H_{20}O$, $n_D^{40}$ 1,581; addiert $Br_2$) u. *O-reichere Produkte*. — Nach 50 std. Autoxydation von **III** 5% *Peroxydgeh.* (**E**); Anreicherung analog **C**. — Hydrierung von **E** u. fraktionierte Dest. ergab: *Benzophenon*, vorst. Verbb. u. *α.α-Diphenyl-α'.α'-[α-hydroxypentamethylen]-äthylenoxyd* ($Kp._{0,03}$ 166°, $n_D^{50}$ 1,5775; Epoxyd-Rk. positiv). — *2.2'-Bis-[diphenylmethylen]-bicyclohexyl* [$C_{38}H_{38}$, F. 272—273°] u. dessen *Monoepoxyd* [$C_{38}H_{38}O$, F. 276—277°; Epoxyd-Rk. positiv], aus den bei **E**-Anreicherung anfallenden Lsgg.; in $CH_3OH$ schwerlösl., fraktionierte Kristallisation aus Cyclohexan. — *Cyclohexylcyclohexylidenphenylmethan* (**IV**), $Kp._{1,5}$ 154°, $n_D^{10}$ 1,551. Nach 90 std. Autoxydation bei 75° 16—17% **D**. Anreicherung analog **C** auf 28% **D**, dann durch Chromatographie an Silicagel auf 45% **D**. — Hydrierung von **D** u. fraktionierte Dest. ergab: *[1-Hydroxycyclohexyl]-cyclohexylidenphenylmethan* [$C_{19}H_{26}O$, $Kp._{0,04}$ 145°, $n_D^{10}$ 1,563; spaltet leicht W. ab; bildet *gelbroten Chromsäureester*], *α-[1-Hydroxycyclohexyl]-α-phenyl-α'.α'-pentamethylenäthylenoxyd* [$C_{19}H_{26}O_2$, $Kp._{0,04}$ 166°, $n_D^{20}$ 1,546; positive Rk. mit Reagens nach DENIGÈS; Epoxyd-Rk. positiv; bildet *rotbraunen Chromsäureester*] u. *[2-Hydroxycyclohexyliden]-phenyl-[$\Delta^1$-cyclohexenyl]-methan* [$C_{19}H_{24}O$, $Kp._{0,04}$ 149°, Prod. der bei $Kp._{0,05}$ 170—190° unter Zers. übergegangenen Fraktion; $n_D^{50}$ 1,550; → *Cyclohexyldiphenylmethan* (F. 59°) durch 1 std. Rk. bei 120° in Ggw. von $ZnCl_2$ u. Chromatographie an $Al_2O_3$ mit PAe.]. (Chem. Ber. **91**. 2282—89. 15/11. 1958. Leipzig, Univ., Inst. für Organ. Chem.) H.-J. KÖTZSCH. 2210

**Randolph Riemschneider** und **Walther Cohnen**, *Über das unterschiedliche Verhalten von 2.4-Dichloranisol und 2.4-Dichlorphenol bei der Kondensation mit Aldehyden.* 7. Mitt. *über Untersuchungen an Diphenylmethanderivaten.* (4. vgl. C. **1959**. 7103.) Zur Klärung der Isomerieerscheinungen bei β.β.β-Trichlor-α.α-bis-[dichlormethoxyphenyl]-äthanen wurde das Verh. von 2.4-Dichloranisol (**I**) gegenüber Aldehyden unter den Bedingungen einer BAEYER-Kondensation untersucht. Bei der Kondensation von **I** mit HCHO entstehen alle drei möglichen Isomeren: *3.5.3'.5'-Tetrachlor-2.2'-dimethoxy-* (**II**), *3.5.2'.4'-Tetrachlor-2.5'-dimethoxy-* (**III**) u. *2.4.2'.4'-Tetrachlor-5.5'-dimethoxydiphenylmethan* (**IV**). Die Struktur von **II** wurde durch Entmethylierung zu *3.5.3'.5'-Tetrachlor-2.2'-dihydroxydiphenylmethan* (**V**) bewiesen, die von **IV** durch Entmethylierung zu *2.4.2'.4'-Tetrachlor-5.5'-dihydroxydiphenylmethan* (**VI**) u. dann durch Chlorierung zu *2.4.6.2'.4'.6'-Hexachlor-3.3'-dihydroxydiphenylmethan*, welches zum Vgl. auch durch Kondensation von 2.4.6-Trichlorphenol u. HCHO dargestellt wurde. **III** ergab bei der Entmethylierung *3.5.2'.4'-Tetrachlor-2.5'-dihydroxydiphenylmethan.* Dieses liefert mit Acetylchlorid in Ggw. von Mg-Spänen *3.5.2'.4'-Tetrachlor-2-hydroxy-5'-acetoxydiphenylmethan*, mit Acetanhydrid/Na-Acetat *3.5.2'.4'-Tetrachlor-2.5'-diacetoxydiphenylmethan.* **V** konnte nur mit Acetanhydrid/Na-Acetat acetyliert werden, **VI** ergab nach beiden Methoden *2.4.2'.4'-Tetrachlor-5.5'-diacetoxydiphenylmethan.* Demnach kann **I** in o- u. m-Stellung zur $CH_3O$-Gruppe substituiert werden, 2.4-Dichlorphenol (**VII**) dagegen ausschließlich in o-Stellung zur OH-Gruppe. Die Kondensation von **VII** mit Chloral ergab *β.β.β-Trichlor-α.α-bis-[3.5-dichlor-2-hydroxyphenyl]-äthan* (**VIII**), da beim anschließenden Kochen mit alkoh. KOH *5.7.5'.7'-Tetrachlorcumarono-[2'.3':2.3]-cumaron* gebildet wird. Die Methylierung von **VIII** führt zu *β.β.β-Trichlor-α.α-bis-[3.5-dichlor-2-methoxyphenyl]-äthan.* Demgegenüber entsteht bei der Kondensation von **I** mit Chloral ein Isomerengemisch, aus dem das krist. *β.β.β-Trichlor-α.α-bis-[2.4-dichlor-5-methoxyphenyl]-äthan* isoliert werden konnte. Die Struktur dieser Verb. folgt aus ihrer Entmethylierung zu *β.β.β-Trichlor-α.α-bis-[2.4-dichlor-5-hydroxyphenyl]-äthan*, das nicht mit dem Kondensationsprod. aus **VII** u. Chloral ident. ist u. nur durch Acetylchlorid/Mg acetyliert werden kann (Strukturbeweis auf Grund der Analogien bei obigen Kondensationsprodd. mit HCHO). — Nachträglich stellten Vff. fest, daß bei der Kondensation von HCHO oder Chloral mit 2.5-Dichlorphenol u. 2.5-Dichloranisol keine Unterschiede feststellbar sind: Ersteres ergibt durch Rk. mit Chloral u. anschließende $CH_2N_2$-Methylierung *β.β.β-Trichlor-α.α-bis-[2.5-dichlor-4-methoxyphenyl]-äthan* (F. 140°), das auch direkt aus Chloral u. letzterem herstellbar ist. Bei der Entmethylierung entsteht *β.β.β-Trichlor-α.α-bis-[2.5-dichlor-4-hydroxyphenyl]-äthan* (F. 172°). Analog entsteht bei der Kondensation mit HCHO an Stelle von Chloral *Bis-[2.5-dichlor-4-methoxyphenyl]-methan* (F. 148°), nach der Entmethylierung *Bis-[2.5-dichlor-4-hydroxyphenyl]-methan* (F. 172°).

Versuche (FF. KOFLER-Block): *3.5.3'.5'-Tetrachlor-2.2'-dihydroxydiphenylmethan* (**V**), F. 169—170° (Eisessig), durch Zutropfen von Paraformaldehyd in 96%ig.

$H_2SO_4$ zu **VII** in Eisessig/konz. $H_2SO_4$, 1std. Stehen u. Gießen auf Eis; 68% (Ausbeute). — *2.4.2'.4'-Tetrachlor-5.5'-dimethoxydiphenylmethan* (**IV**), $C_{15}H_{12}Cl_4O_2$, F. 158—159° (A.), a) analog **V** aus **I** u. Paraformaldehyd, Gießen auf Eis, Auswaschen mit $NaHCO_3$, Wasserdampfdest. u. Extrahieren mit Ligroin; 29%; b) durch Methylieren von **VI** in $CH_3OH/KOH$ mit $(CH_3)_2SO_4$ (2tägiges Stehen); 75%. Neben **IV** unter a) aus der Ligroinmutterlauge durch Vakuumdest. ein *Öl*, $C_{15}H_{12}Cl_4O_2$, $Kp._{0,5}$ 210—211° (*Gemisch aus* **II** u. **III**). — *2.4.2'.4'-Tetrachlor-5.5'-dihydroxydiphenylmethan* (**VI**), $C_{13}H_8Cl_4O_2$, F. 156—157° (Ligroin), durch 5std. Erhitzen von **IV** u. HBr-gesätt. Eisessig im Rohr auf 160° u. Gießen in W.; 74%. — *3.5.2'.4'-Tetrachlor-2.5'-dihydroxydiphenylmethan*, $C_{13}H_8Cl_4O_2$, F. 107—109° (Ligroin), durch Dest. vorst. Gemisches aus **II** u. **III**, 5std. Erhitzen im Rohr mit HBr/Eisessig auf 150° u. fraktionierte Kristallisation aus Ligroin. Daneben unreines **V**. — *2.4.2'.4'-Tetrachlor-5.5'-diacetoxydiphenylmethan*, $C_{17}H_{12}Cl_4O_4$, F. 140—141° ($CH_3OH$), durch Erwärmen von **VI** mit Acetylchlorid/Mg in Bzl., Abdampfen u. Zufügen von HCl; 54%. — *3.5.2'.4'-Tetrachlor-2-hydroxy-5'-acetoxydiphenylmethan*, $C_{15}H_{10}Cl_4O_3$, F. 117—119° (Ligroin), durch Acetylieren der vorvorst. Dihydroxyverb. mit Acetylchlorid/Mg wie vorst.; 67%. — *3.5.2'.4'-Tetrachlor-2.5'-diacetoxydiphenylmethan*, $C_{17}H_{12}Cl_4O_4$, F. 87—89° ($CH_3OH$), wie vorst. Verb., aber mit Acetanhydrid/Na-Acetat (2std. Kochen); 90%. — *3.5.3'.5'-Tetrachlor-2.2'-diacetoxydiphenylmethan*, $C_{17}H_{12}Cl_4O_4$, F. 129—130° ($CH_3OH$), aus **V** u. Acetanhydrid/Na-Acetat; 67%. — *3.5.3'.5'-Tetrachlor-2.2'-dimethoxydiphenylmethan* (**II**), $C_{15}H_{12}Cl_4O_2$, F. 73—74,5° ($CH_3$·OH), durch Methylieren von **V** mit äther. $CH_2N_2$; 56%. — *2.4.6.2'.4'.6'-Hexachlor-3.3'-dihydroxydiphenylmethan*, $C_{13}H_6Cl_6O_2$, F. 216—217° (Eisessig), a) durch 14std. Erhitzen von **VI** in $Cl_2$-gesätt. $CCl_4$ im Rohr bei 150°; 97%; b) durch ³/₄std. Stehen von 2.4.6-Trichlorphenol u. Paraformaldehyd in Eisessig/konz. $H_2SO_4$ u. Gießen in W.; 84%. *Diacetylderiv.*, $C_{17}H_{10}Cl_6O_4$, F. 206—207,5°, mit Acetanhydrid/Na-Acetat. — *β.β.β-Trichlor-α.α-bis-[2.4-dichlor-5-methoxyphenyl]-äthan*, $C_{16}H_{11}Cl_7O_2$, F. 161—162° ($CH_3OH$), durch 5std. Erwärmen von Chloralhydrat u. **I** in konz. $H_2SO_4$ bei 50—60°, Gießen auf Eis u. Wasserdampdest.; 74%. — *β.β-Dichlor-α.α-bis-[2.4-dichlor-5-methoxyphenyl]-äthen*, F. 155—156° (A.), durch 4std. Stehen vorst. Verb. in Pyridin, Abdampfen u. Aufnehmen des Rückstandes in A.; 70%. — *β.β.β-Trichlor-α.α-bis-[2.4-dichlor-5-hydroxyphenyl]-äthan*, $C_{14}H_7Cl_7O_2$, F. 216—217°, durch 5std. Erhitzen vorvorst. Verb. in HBr/Eisessig im Rohr auf 150°; 98%. *Diacetylderiv.*, $C_{18}H_{11}Cl_7O_4$, F. 184—185° (A.), mit Acetanhydrid/Na-Acetat oder Acetylchlorid/Mg; 92%. — *β.β-Dichlor-α.α-bis-[2.4-dichlor-5-hydroxyphenyl]-äthen*, $C_{14}H_8Cl_6O_2$, F. 180°, durch 16std. Erhitzen von 0,5 g vorst. Verb. in Pyridin; 0,2 g. *Diacetylderiv.*, $C_{18}H_{10}Cl_6O_4$, F. 194—196,5° (A.), mit Acetanhydrid/Na-Acetat; 92%. — *β.β.β-Trichlor-α.α-bis-[3.5-dichlor-2-hydroxyphenyl]-äthan* (**VIII**), F. 184,5—185,5° (Chlf.), durch Kondensation von Chloral mit **VII** in Eisessig/$H_2SO_4$ in 2 Std. bei 50°; 29%. *Diacetylderiv.*, F. 183° (mit Acetanhydrid/Na-Acetat). — *β.β.β-Trichlor-α.α-bis-[3.5-dichlor-2-methoxyphenyl]-äthan*, F. 155 bis 156° (A.), aus vorst. Verb. u. äther. $CH_2N_2$ in 24 Std.; 75%. — *5.7.5'.7'-Tetrachlorcumarono-[2'.3':2.3]-cumaron*, $C_{14}H_4Cl_4O_2$, F. 269—270° (Bzl.), durch 2std. Kochen von **VIII** in alkoh. KOH; 34%. — *β.β-Dichlor-α.α-bis-[3.5-dichlor-2-hydroxyphenyl]-äthen*, $C_{14}H_6Cl_6O_2$, F. 194—195° (Chlf.), durch 3std. Kochen von **VIII** in Pyridin, Vakuumabdampfen u. Zers. des gebildeten „*Pyridinsalzes*" [$C_{14}H_6Cl_6O_2 \cdot C_5H_5N$, F. 191 bis 192° (A.)] durch 1std. Kochen mit methanol. KOH, Einleiten von HCl u. Abdampfen; 60%. *Diacetylderiv.*, $C_{18}H_{10}Cl_6O_4$, F. 187° (A.), mit Acetanhydrid/Na-Acetat; 90%. (Chem. Ber. **90**. 2720—27. 29/12. 1957. Berlin-Dahlem, FU.) H. LEHWALD. 2260

**Seymour L. Shapiro, Harold Soloway** und **Louis Freedman,** *Methadonanaloga.* Durch Kondensation von Diphenylacetonitril (**I**) mit 2-Dialkylamino-1-phenäthylchloriden, die in Form des Äthylenimoniumions reagieren, in Ggw. von $NaNH_2$ werden *2.2.3-Triphenyl-4-dialkylaminobutyronitrile* erhalten, die unerwartet keine wasserlösl. Hydrochloride bilden. Die Rk. mit $C_2H_5MgBr$ führt nur zu den *1-Dialkylamino-2.3.3-triphenylhexanoniminen-(4)*, die glatt *Hydrochloride* bilden. *4-Dimethylamino-2.2.3-triphenylbutyronitril* reagiert nicht mit $C_2H_5MgBr$. Die Ketimine sind infolge ster. Hinderung gegen Hydrolyseverss. stabil. Die *1-Morpholinoverb.* zeigt geringe analget. Aktivität u. wird mit $LiAlH_4$ zum *Amin* red., das als *Acetat* charakterisiert wurde.

Versuche: 2.2.3-Triphenylbutyronitrile: *4-Morpholino-*, $C_{26}H_{26}N_2O$, F. 178—180° (A.), durch 1std. Zugeben von **I** in Toluol zu $NaNH_2$ in Toluol bei 35° unter $N_2$, 3½std. Kochen, 2std. Zugeben von 2-Morpholino-1-phenäthylchlorid (aus dem Hydrochlorid) in Toluol $< 35°$, 1½std. Kochen, Zugeben von W. u. Extrahieren mit W.; 37% (Ausbeute). — *4-Dimethylamino-*, $C_{24}H_{24}N_2$, F. 193—195° (A.); 33%. — *4-Piperidino-*, $C_{27}H_{28}N_2$, F. 180—184° (Essigester–Hexan); 47%. — *4-Pyrrolidino-*, $C_{26}H_{26}N_2$, F. 187—189° (Essigester); 47%. — 2.3.3-Triphenylhexanonimine-(4): *1-Piperidino-*, $C_{29}H_{34}N_2$, F. 181–183° (A.), durch 1std. Zugeben vorvorst. Verb. in sd. Tetrahydrofuran u. Xylol zu $C_2H_5MgBr$ in sd. Ae. unter teilweiser Dest., 5std. Erhitzen auf 80–85° u. Zugeben von verd. HCl; 53%. — *1-Pyrrolidino-, Dihydrochlorid*, $C_{28}H_{34}Cl_2N_2$, F. 225–227° (A.); 65%. — *1-Morpholino-*, $C_{28}H_{32}N_2O$, F. 178 bis 181°; 46%. *Hydrochloridmonohydrat*, $C_{28}H_{35}ClN_2O_2$, F. 222–226° (n-Propanol); 52%. — *1.1.2-Triphenyl-3-morpholinopropyläthylketonhydrochlorid*, $C_{28}H_{32}ClNO_2$, F. 242–245°, neben vorst. Verb. (nicht reproduzierbar); 25%. — *4-Amino-1-morpholino-2.3.3-triphenylhexan*, $C_{28}H_{34}N_2O$, F. 64–66°, durch 20std. Kochen vorvorst. Verb. mit $LiAlH_4$ in Ae. unter $N_2$ u. Zers. mit 10%ig. NaOH; 47%. *Dihydrochloridmonohydrat*, $C_{28}H_{38}\cdot Cl_2N_2O_3$, F. 188–194°. *N-Acetylverb.*, $C_{30}H_{36}N_2O_2$, F. 195–197° (Essigester/Hexan). (J. org. Chemistry **24**. 129–31. Jan. 1959. Yonkers, N. Y., US Vitamin & Pharmaceut. Corp., Res. Div.) R. PASEDAG. 2540

**Dietmar Wittenberg, Dan Aoki** und **Henry Gilman**, *Einige Reaktionen von Silyllithiumverbindungen mit Äthern.* Triorganosilyl-Li-Verbb. können lineare u. cycl. Äther spalten. Trimethylenoxyd (**I**) u. Tetrahydrofuran (**II**) liefern dabei mit Diphenylmethylsilyl-Li (**XII**) bzw. Triphenylsilyl-Li [**V**; aus Hexaphenyldisilan (**VIII**) u. Li] *4-Diphenylmethylsilylbutanol* bzw. *3-Triphenylsilylpropanol.* Tetrahydropyran dagegen polymerisiert sich bei der Rk. (40 Std. bei 200–220°) mit **V**. Aus 1.2-Dimethoxyäthan (**IV**) u. **V** entsteht überwiegend *Methyltriphenylsilan.* Analog gibt Dioxan (**VII**) mit **VIII** u. Li *Äthylen-bis-[triphenylsilan]* (**IX**), wobei als Nebenprodd. *Äthyltriphenylsilan, Tetraphenylsilan* (**XVII**) u. eine *Verb.* $C_{32}H_{30}Si_2$ auftreten. Bei letzterer handelt es sich nicht um *Äthylpentaphenyldisilan*, das aus Chlorpentaphenyldisilan (**III**) u. Äthyl-Li (**VI**) dargestellt wurde. Die Rk. von **VII** mit **V** (in **II** dargestellt) führt zu einem Gemisch von **VIII, IX** u. *4-Triphenylsilylbutanol* (**XIV**). Bei der Rk. von Benzylmethyläther (**X**) mit **V** erfolgt Metallierung von **X** u. Umlagerung des Metallierungsprod. unter Bldg. von **XVII**, *1-Phenyläthanol, Triphenylsilan, Benzyltriphenylsilan* u. **XIV**. symm.-Trioxan liefert mit **V** (60std. Kochen) statt der erwarteten Spaltungsprodd. 21% **XIV** u. 8% **XVII**. Nach Rk. von Diphenyläther (**XI**) mit **V** u. Carbonisierung konnten nur *Triphenylsilanol* (**XV**), *Hexaphenyldisiloxan* u. Spuren von *2.2'-Dicarboxydiphenyläther* isoliert werden. Bei der Umsetzung von 1.4-Dihydronaphthalin-1.4-endoxyd (**XIII**) mit **V** entstehen nur 10% *Naphthyl-(2)-triphenylsilan* neben *Naphthalin* u. **XV**, während N-[n-Butoxymethyl]-piperidin (**XVI**) mit **V** erwartungsgemäß *N-[Triphenylsilylmethyl]-piperidin* liefert.

Versuche (Verss. mit metallorgan. Verbb. unter $N_2$): *4-[Methyldiphenylsilyl]-butanol*, $C_{17}H_{22}OSi$, Kp.$_{0,1}$ 147–149°, Kp.$_{0,05}$ 139–142°, a) aus **XII** (aus 1.2-Dimethyltetraphenyldisilan u. Li in **II**) u. **II** durch 3std. Erhitzen im Rohr auf 110°, 4 Std. bei 135°, Hydrolyse u. Ausäthern; $D.^{20}_4$ 1,0392, $n_D^{20}$ 1,5693; 52,1% (Ausbeute); b) durch 1std. Rühren von Methyldiphenylchlorsilan in **II** mit Li u. 2std. Erhitzen auf 125°; 27,2%. — *3-[Triphenylsilyl]-propanol*, $C_{21}H_{22}OSi$, F. 139,5–140,5° (A. u. Bzl.-PAe.), durch Zugeben von **V** in **II** zu **I** bei 0°; 77%. — *Methyltriphenylsilan*, F. 68–68,5° ($CH_3OH$), aus **VIII** u. Li durch 6std. Rühren mit **IV**, Filtrieren, 1std. Kochen u. Chromatographie aus PAe.; 84,5%. — *Äthylen-bis-[triphenylsilan]* (**IX**), F. 210–211° (Bzl.-PAe.), durch 50std. Rühren u. Kochen von **VIII** in **VII** mit Li; 10%. — *Äthyltriphenylsilan*, F. 74–76°, Kp.$_{0,04}$ 130–140°, neben **IX**; 1,35%. — *Tetraphenylsilan* (**XVII**), F. 228–230° (Bzl.), Kp.$_{0,04}$ 215–230°, neben **IX**; 4,2%. — *Verb.* $C_{32}H_{30}Si_2$, F. 172,5 bis 173° (Aceton u. Essigester), Kp.$_{0,04}$ 240–265°, neben **IX**. — *Hexaphenyldisilan* (**VIII**), F. 354–358° (Bzl.-Essigester), durch 2tägiges Kochen von **V** u. **VII** unter Rühren; 9,6%. Daneben 4% **IX** u. 5% *4-Triphenylsilylbutanol* (**XIV**), F. 103–106°. — *Äthylpentaphenyldisilan*, $C_{32}H_{30}Si_2$, F. 148–149° (PAe.), aus **VI** u. **III** in Ae. durch 2std. Rühren u. 1std. Kochen; 51%. — *2.2'-Dicarboxydiphenyläther*, F. 226–228° (Essigsäure), durch 24std. Rühren von **V** u. 4,3 g **XI** bei Raumtemp. u. Carbonisieren; 0,2 g. — *Triphenylsilanol* (**XV**), F. 148–151°, neben vorst. Verb.; 67%. — *Hexaphenyldisiloxan*, F. 220–224°, neben **XV**; 7,5%. — 66std. Kochen von **V** in **II** mit **X** → 42% **XVII**, 7,9% *1-Phenyläthanol* (Kp.$_{0,1}$ 47–50°, $n_D^{20}$ 1,5298. *3.5-Dinitrobenzoat*, F. 94–95°), 18,4% *Triphenylsilan* (Kp.$_{0,1}$ 145–146°), 2% *Benzyltriphenylsilan* (F. 98–99°) u. Spuren von **XIV**. — *Naphthyl-(2)-triphenylsilan*, F. 145–147°, durch exotherme Rk. von **V** in **II** mit **XIII** u. Chromatographieren an $Al_2O_3$; 10,3%. Daneben 3,5% **VIII**, 41,2% *Naphthalin* (F. 78–80°) u. 18,1% **XV**. — *N-[Triphenylsilylmethyl]-piperidin*, $C_{24}H_{27}NSi$, F. 81,5–83° ($CH_3OH$ u. PAe.), a) aus **V** u. **XVI** in **II** nach 10std. Kochen; 32%; b) analog bei 135° im Rohr; 55%. (J. Amer. chem. Soc. **80**. 5933–36. 20/11. 1958. Ames, Iowa, State Coll., Chem. Labor.) K. R. MÜLLER. 2580

**Geraldo Vicentini, Ernesto Giesbrecht** und **Luiz R. M. Pitombo**, *Über das Naphthyl-(2)-tellurjodid.* Dinaphthyl-(2)-ditellurid (**I**) gibt mit $Br_2$ *Naphthyl-(2)-tellur-*

*tribromid* (II), mit $J_2$ jedoch nur *Naphthyl-(2)-tellurjodid* (III). Naphthyl-(2)-tellurtrichlorid (IV) u. II liefern bei alkal. Hydrolyse *Naphthyl-(2)-tellurinsäureanhydrid* (V), während aus 6 Mol III 1 Mol V u. 2 Mol I entstehen. III bildet mit Phenyl-HgCl eine *Verb.* der wahrscheinlichsten Struktur *β-$C_{10}H_7$—Te—$C_6H_5$·HgClJ*, die mit $Na_2S$ zu *Phenylnaphthyl-(2)-tellurid* (VI) red. werden kann. Durch Umsetzung von III mit Phenyl-, Cyclohexyl- u. Äthyl-MgBr werden die entsprechenden *Naphthyl-(2)-telluride* erhalten, die durch die Dihalogenide charakterisiert wurden. Als weiterer Strukturbeweis für III gilt die Ähnlichkeit der Spektren von III u. von Naphthyl-(2)-selenenylbromid u. der Spektren von VI u. von Phenylnaphthyl-(2)-selenid.

Versuche: *Dinaphthyl-(2)-ditellurid* (I), $C_{20}H_{14}Te_2$, F. 123° (PAe.), a) durch 10 Min. Erhitzen von IV in 15 Mol $Na_2S \cdot 9\,H_2O$ auf 95—100° u. Behandeln mit W.; rote Täfelchen; fast 100% (Ausbeute); b) durch entsprechende Red. von V mit $Na_2S$; 100%; c) durch 30 Min. Erhitzen von 1,350 g III in 30 ml 10%ig. NaOH auf dem Wasser-Bad; 0,602 g. — *Naphthyl-(2)-tellurtribromid* (II), $C_{10}H_7Br_3Te$, F. 212—215° (Zers.), durch Umsetzen der Suspension von I in $CCl_4$ mit $Br_2$ unter Kühlen u. Rühren; orangefarbene Nadeln aus Eisessig; fast 100%. — *Naphthyl-(2)-tellurjodid* (III), $C_{10}H_7JTe$, F. 130° u. nach Kristallisation erneuter F. 220—222° (Zers.), durch Umsetzung einer Suspension von I in Bzl. mit $J_2$ unter Kühlen u. Rühren, blauschwarze Tafeln aus Eisessig; 86%. — *Naphthyl-(2)-tellurinsäuredianhydrid* (V), $C_{20}H_{14}O_3Te_2$, erweicht bei 230°, a) durch Lösen von IV oder II in 10%ig. heißer $Na_2CO_3$-Lsg. u. Umfällen des entstehenden Nd. aus NaOH/Essigsäure; 100%; b) neben I nach c); 0,331 g. — *Phenylnaphthyl-(2)-tellurid* (VI), F. 49—50° (Methanol-W.), durch 30 Min. Erhitzen von III mit $C_6H_5HgCl$ in Dioxan, Gießen in W., Abfiltrieren des Nd. (F. 76—78°), 15 Min. Erhitzen mit $Na_2S \cdot 9\,H_2O$ auf 90—95° u. Versetzen mit Eiswasser; Tafeln; 100%. *Dichlorid*, F. 171,5 bis 172,5° (Bzl.-PAe.), durch Umsetzen von Phenyl-MgBr mit III in Ae., Versetzen mit 1,5%ig. HCl, Versetzen der Ae.-Lsg. mit $SO_2Cl_2$ u. Fällen mit PAe.; glänzende Tafeln; 80%. — *Cyclohexylnaphthyl-(2)-tellurid*, $Kp._{0,024}$ 190°, aus III u. Cyclohexyl-MgBr in Ae. u. Zers. mit gesätt. $NH_4Cl$-Lsg. unter Kühlung; 91%. *Dichlorid*, F. 140—141° (Bzl.-PAe.). — *Äthylnaphthyl-(2)-tellurid*, $C_{12}H_{12}Te$, $Kp._{0,03}$ 143°, aus III u. Äthyl-MgBr analog vorst. Verb.; 75,4%. *Dichlorid*, $C_{12}H_{12}Cl_2Te$, F. 138—139°, mit $SO_2Cl_2$ in PAe.; aus Bzl.-PAe. Tafeln. *Dibromid*, $C_{12}H_{12}Br_2Te$, F. 141—142°, mit $Br_2$ in PAe.; goldene Tafeln. *Dijodid*, $C_{12}H_{12}J_2Te$, dimorph, F. 102° (Zers.), bräunliche Nadeln; oder F. 131° (Zers.), Rhomboeder. — *Dinaphthyl-(2)-diselenid*, F. 139,5—140,5° (Aceton), aus *Naphthyl-(2)-selenocyanat* [F. 61,5—62,5° (PAe.)] u. KOH; goldgelbe Schuppen; 80%. — *Naphthyl-(2)-selenenylbromid*, $C_{10}H_7BrSe$, F. 83,5—84,5° (PAe.), aus vorst. Verb. u. $Br_2$ in Chlf. u. Eindampfen im Vakuum unter Feuchtigkeitsausschluß; dunkelrote Schuppen; 78,6%. — *Phenylnaphthyl-(2)-selenid*, $C_{16}H_{12}Se$, F. 45—46°, danach Kristallisation zu Nadeln vom F. 54°, wie VI (60 Min. Erhitzen); gelbe Tafeln aus wss. Methanol; 90%. (Chem. Ber. **92**. 40—46. 1959. São Paulo, Univ., Fac. de Filosofia, Ciências e Letras, Dep. de Quím.) E. DEHMLOW. 2700

**Kazufumi Yagi**, *Untersuchung der Inhaltsstoffe der Rinde von Rhamnus japonica.* 14. Mitt. *Dehydrierung der Tetraloncarbonsäuren.* (13. vgl. J. agric. chem. Soc. Japan [Nippon Nôgeikagaku Kaishi] **29.** [1955.] 198.) Durch Bromierung u. nachfolgende HBr-Abspaltung nach HAWORTH u. Mitarbeitern (J. chem. Soc. [London] **1943.** 10) wird aus 4-Keto-5.7-dimethoxy-1.2.3.4-tetrahydronaphthoesäure-(2) (I; F. 196—198°; Äthylester, F. 85—87,5°) keine 4-Hydroxy-5.7-dimethoxynaphthoesäure-(2) (II) erhalten. Dagegen liefert die katalyt. Dehydrierung an Pd in verschied. hochsd. Lösungsmitteln aus 4-Keto-1.2.3.4-tetrahydronaphthoesäure-(2) (III; F. 144—145°) bzw. ihrem Äthylester (IV; $Kp._{10}$ 170—175°) *4-Hydroxynaphthoesäure-(2)*. Unter analogen Bedingungen entsteht aus dem Äthylester von I glatt der Äthylester von II.

Versuche: *4-Keto-3-hydroxymethylen-1.2.3.4-tetrahydronaphthoesäure-(2)-äthylester*, $Kp._2$ 164—166°, aus 10,9 g IV u. Äthylformiat in absol. Ae. in Ggw. von Na-Methylat; 9,1 g (Ausbeute). — *4-Hydroxynaphthoesäure-(2)*, F. 220—222°, a) durch Dehydrierung von III an Pd in 3 Std. in Biphenyl u. Butindiol; 21%; b) durch Dehydrierung von IV an Pd in Maleinsäureanhydrid u. 1. p-Cymol in 2 bzw. 10 Std.; 12 bzw. 11%; 2. Biphenyl in 3 Std.; 23 bzw. 70%. — *4-Hydroxy-5.7-dimethoxynaphthoesäure-(2)*, *Äthylester*, $C_{15}H_{16}O_5$, F. 133—135° (A.), durch 5- bzw. 7std. katalyt. Dehydrierung von I an Pd in Biphenyl; 62 bzw. 65%. *Freie Säure*, $C_{13}H_{12}O_5$, F. 244—246°, durch Verseifung von 0,2 g des Esters mit 5%ig. NaOH in 1½ Std.; 0,15 g (*Acetylderiv.*, $C_{15}H_{14}O_6$, F. 251°). (J. agric. chem. Soc. Japan [Nippon Nôgeikagaku Kaishi] **29.** 671—74. 1955. Osaka, Univ. [Orig.: japan.]) L. SCHULER. 2700

**Nobuo Ishikawa** und **Mosuke Hayashi**, *Untersuchungen über Fluorenderivate.* 7. Mitt. *2.6-Dinitro- und 2.6-Diaminofluorenone.* (6. vgl. C. **1959.** 7454; 8. vgl. C. **1957.**

12157.) Die Fluorenone werden aus den entsprechenden Fluorenen u. die Aminoverbb. durch Red. der Nitroverbb. gewonnen.

V e r s u c h e: *2-Acetamido-3.7-dinitrofluoren* (I), $C_{15}H_{11}N_3O_5$, F. 270—272° (Zers.), a) aus 2-Acetamidofluoren u. $HNO_3$ (D. 1,51) in Eisessig bei 50° durch 30 Min. Rühren; gelbe Nadeln aus Nitrobenzol; $\lambda_{max}$ 290 mμ ($\varepsilon = 1{,}29 \cdot 10^4$), 341 mμ ($1{,}69 \cdot 10^4$); 84% (Ausbeute); b) analog a) aus 1 g 2-Acetamido-3-nitrofluoren [$\lambda_{max}$ 268 mμ ($\varepsilon = 2{,}59 \cdot 10^4$), 294 mμ ($2{,}12 \cdot 10^4$)]; 0,9 g; c) analog a) aus 1 g 2-Acetamido-7-nitrofluoren [$\lambda_{max}$ 240 mμ ($\varepsilon = 0{,}86 \cdot 10^4$), 264 mμ ($1{,}02 \cdot 10^4$), 355 mμ ($2{,}3 \cdot 10^4$)]; 1,19 g (roh). — *2-Amino-3.7-dinitrofluoren*, $C_{13}H_9N_3O_4$, F. 280—282° (Zers.; Picolin), aus I durch 1std. Schütteln mit 75%ig. $H_2SO_4$ bei 85° u. Eingießen in Eiswasser; orangebraune Nadeln aus Picolin (Kp. 142—145°); $\lambda_{max}$ 252 mμ ($\varepsilon = 2{,}48 \cdot 10^4$), 278 mμ ($1{,}36 \cdot 10^4$), 366 mμ ($1{,}91 \cdot 10^4$), 420 mμ ($1{,}04 \cdot 10^4$); 97%. — *2-Acetamido-3.7-dinitrofluorenon* (II), $C_{15}H_9N_3O_6$, F. 302 bis 304° (Picolin u. Nitrobenzol), aus I u. Na-Bichromat in Eisessig durch 2std. Kochen unter Rühren; $\lambda_{max}$ 257 mμ ($\varepsilon = 3{,}10 \cdot 10^4$), 283 mμ ($3{,}20 \cdot 10^4$), 336 mμ ($1{,}12 \cdot 10^4$); 85%. — *2-Amino-3.7-dinitrofluorenon* (III), $C_{13}H_7N_3O_5$, F. 331—332°, aus II durch 1std. Schütteln mit 95%ig. $H_2SO_4$ bei 85°; violettbraune Nädelchen aus Picolin u. Nitrobenzol; $\lambda_{max}$ 266 mμ ($\varepsilon = 2{,}99 \cdot 10^4$), 295 mμ ($2{,}11 \cdot 10^4$), 341 mμ ($0{,}84 \cdot 10^4$), 395 mμ ($1{,}74 \cdot 10^4$); 99%. — *2.6-Dinitrofluorenon* (IV), $C_{13}H_6N_2O_5$, F. 236—237°, durch Diazotieren von III in 95%ig. $H_2SO_4$ u. Verkochen; gelbe Nädelchen aus Eisessig; $\lambda_{max}$ 287 mμ ($\varepsilon = 3{,}28 \cdot 10^4$); 55%. — *2.6-Diaminofluorenon* (V), $C_{13}H_{10}N_2O$, F. 202—203° aus 5 g IV durch 2std. Kochen in A. mit $Na_2S$ u. Stehen über Nacht; rötlichbraune Nädelchen; $\lambda_{max}$ 272 mμ ($\varepsilon = 2{,}32 \cdot 10^4$), 326 mμ ($3{,}2 \cdot 10^4$), 383 mμ ($0{,}87 \cdot 10^4$); 78%; b) durch Red. von IV mit $SnCl_2$ u. HCl; 78%. — *2.6-Diacetamidofluorenon*, $C_{17}H_{14}N_2O_3$, F. 328—330°, aus 1 g V in Eisessig durch 3std. Kochen; hell gelbbraune Plättchen aus Nitrobenzol; $\lambda_{max}$ 271 mμ ($\varepsilon = 2{,}72 \cdot 10^4$), 301 mμ ($3{,}85 \cdot 10^4$), 348 mμ ($0{,}42 \cdot 10^4$); 1 g. (J. Soc. org. synth. Chem., Japan **14.** 80—83. Febr. 1956. Tokyo, TH. [Orig.: japan.]) L. SCHULER. 2750

**W. Treibs,** *Zur Autoxydation mehrkerniger Systeme (Teil A) und von α.β-ungesättigten Ketonen (Teil B).* Vorl. Mitt. zu den C. **1958.** 3868 u. 5654 referierten Arbeiten. (Chimia [Zürich] **10.** 263—64. 15/11. 1956.) A. SCHMIDPETER. 2750

**Wilhelm Treibs** und **Gerhard Mann,** *Zur Autoxydation mehrkerniger, partiell hydrierter Aromaten.* 3. Mitt. *Die Autoxydation der hydrierten Pyrene, insbesondere des 1.2.3.4.5.8.9.10.11.16-Dekahydropyrens, und die Ringspaltung mehrkerniger Hydroperoxyde zu Makrocyclen mit in meta-Stellung eingebautem Benzolkern.* (2. vgl. C. **1959.** 6120.) Bei den aus Pyren durch stufenweise katalyt. Hydrierung erhaltenen *3.4.5.8.9.10-* (I) u. *1.2.3.4.5.16-Hexahydropyren* (II), *1.2.3.4.5.8.9.10.11.16-* (III) u. *1.2.3.4.5.6.7.14-15.16-Dekahydropyren* (IV) u. *Hexadekahydropyren* erfolgt autoxativer Sauerstoffangriff an den durch benachbarte aromat. Kerne aktivierten tert. C-Atomen. Am stärksten autoxydabel ist III, wobei sich zunächst nur das *11-Hydroperoxyd* (VI) bildet, u. erst nach einiger Zeit in sek. Rk. das *11-Carbinol* (VII) entsteht, das sich mit VI teilweise zum entsprechenden *Bis-[dekahydropyrenyl-(11)]-peroxyd* (V) kondensiert. Bei der Red. entsteht aus VI u. V VII, das an der Luft unter Wasserabspaltung spontan in *2.3.4.5.8.9.10.16-Oktahydropyren* übergeht. Aus VI bildet sich mit Diazomethan der *Methyläther,* während durch Benzoylieren u. Verseifen oder Behandeln mit verd. Mineralsäuren *1.7-[1³-Oxohexamethylen]-1.2.3.4-tetrahydronaphthol-(8)* erhalten wird.

V e r s u c h e: *3.4.5.8.9.10-Hexahydropyren* (I), F. 134°, aus Pyren durch Hydrieren an Cu-Chromit in A. bei 105°/120 at u. fraktionierte Kristallisation aus A.; Nadeln; 30—40% (Ausbeute). — *1.2.3.4.5.16-Hexahydropyren* (II), F. 106°, aus den Mutterlaugen von I über das *Pikrat* (orangerote Nadeln, F. 149°); Blättchen aus A.; 20 bis 25%. — *1.2.3.4.5.8.9.10.11.16-Dekahydropyren* (III), $C_{16}H_{20}$, Kp.$_{0,2}$ 123°, F. 11°, aus I u. $H_2$ an RANEY-Ni in A. bei 150°/120 at (4 Std.); $n_D^{20}$ 1,573:; 75—80%. — *1.2.3.4.5.6-7.14.15.16-Dekahydropyren* (IV), $C_{16}H_{20}$, F. 129°, aus II analog III in 6 Std.; Nadeln aus A.; 10—15%. — *Hexadekahydropyren,* Kp.$_{0,2}$ 110°, aus den fl. Anteilen von IV durch mehrtägiges Hydrieren analog III; $n_D^{20}$ 1,5240. — *1.2.3.4.5.8.9.10.11.16-Dekahydropyrenyl-(11)-hydroperoxyd* (VI), $C_{16}H_{20}O_2$, Kp.$_{0,05}$ 140° (Zers.), aus III durch 10std. Begasen mit $O_2$, Lösen in 90%ig. Methanol u. Ausschütteln von unverändertem III mit PAe.; hellgelbe M., $n_D^{20}$ 1,5915; ist in Lauge unter Zers. löslich. — *Bis-[1.2.3.4.5-8.9.10.11.16-dekahydropyrenyl-(11)]-peroxyd* (V), $C_{32}H_{38}O_2$, F. 81—83°, aus 20 g III durch 48std. Begasen mit $O_2$, Extrahieren mit heißem PAe., Schütteln der äther. Lsg. mit 20%ig. NaOH u. Umfällen aus Bzl./PAe.; gelbes Pulver; 1 g. Entwickelt mit Pb(IV)-Acetat keinen $O_2$; wird durch NaOH nicht zersetzt. — *1.2.3.4.5.8.9.10.11.16-Dekahydropyrenol-(11)* (VII), $C_{16}H_{20}O$, F. 120° (Methanol), a) aus der Mutterlauge von V durch Dampfdest.; 0,2 g; b) aus VI (oder V) in Isoamylalkohol mit Na $< 50°$;

75 (bzw. 60)%; c) aus **VI** in Methanol mit $H_2$/RANEY-Ni bei Zimmertemp.; 60%. Spaltet bei Zimmertemp. allmählich W. ab; gibt mit $CrO_3$ in Bzl. einen gelben *Chromsäureester*. — *2.3.4.5.8.9.10.16-Oktahydropyren*, $C_{16}H_{18}$, F. 66°, a) aus **VI** mit KJ in Eisessig, Nadeln aus Eisessig; 81%; b) aus **VII** bei 80°; 100%. Entfärbt $Br_2$; ist autoxydabel. — *[1.2.3.4.5-8.9.10.11.16-Dekahydropyrenyl-(11)]-methylperoxyd*, $C_{17}H_{22}O_2$, F. 59—61°, aus **VI** mit Diazomethan in Cyclohexan/Ae. bei 0°; gelbliches Pulver aus Cyclohexan; 57%. Verpufft beim Erhitzen. — *1.7-[1³-Oxohexamethylen]-1.2.3.4-tetrahydronaphthol-(8)*, $C_{16}H_{20}O_2$, $Kp._{0,05}$ 125°, F. 56°,a) durch Erwärmen von **VI** mit Benzoylchlorid in Pyridin auf 50°, Verseifen des Rohbenzoats mit verd. alkoh. NaOH u. Chromatographie in Bzl. an $Al_2O_3$; wachsartige M.; 6%; b) durch 1std. Kochen von **VI** mit 20%ig. $H_2SO_4$ u. Chromatographie; $n_D^{20}$ 1,5905; 15%. Dinitrophenylhydrazon; F. 443°. (Chem. Ber. **91.** 1910 bis 1916. 15/9. 1958. Leipzig, Univ., Inst. für Organ. Chem.) H. K. WURZLER. 2950

**Arthur C. Cope** und **Ronald Dean Smith,** *Cyclische Polyolefine*. 37. Mitt. *Ringkontraktion durch Dehydrobromierung von 7-Brom-1.2;5.6-dibenzocyclooctatrien-(1.3.5)*. (36. vgl. C. **1957.** 413.) Die Dehydrobromierung von 3-Brom-1.2;5.6-dibenzocyclooctadien-(1.5) (**I**) mit α-Picolin verläuft unter Bldg. von *1.2;5.6-Dibenzocyclooctatrien-(1.3.5)* (**II**), die Dehydrobromierung des 7-Bromderiv. von **II** dagegen unter Umlagerung zu *1-Methylen-2.3;6.7-dibenzocycloheptatrien-(2.4.6)* (**III**). Durch HBr-Abspaltung aus 4-Brom-1-methylen-2.3;6.7-dibenzocycloheptadien-(2.6) wird ebenfalls **III** gebildet. **I** wird durch Ringschluß von (aus o-β-[Phenyläthyl]-benzoesäure dargestellter) *o-[β-Phenyläthyl]-phenylessigsäure* mit Polyphosphorsäure unter Bldg. von *1.2;5.6-Dibenzocyclooctadien-(1.5)-on-(3)*, dessen Red. zur *Hydroxyverb.* (**IV**) u. deren Veresterung mit HBr dargestellt. **II** wird durch Umsetzung mit N-Bromsuccinimid in das *7-Bromderiv.*, 1-Methylen-2.3;6.7-dibenzocycloheptadien-(2.6) (**V**) in das *4-Bromderiv.* übergeführt.

Versuche: *o-[β-Phenyläthyl]-phenylessigsäure-tert.-butylester*, $Kp._{1,5}$ 170—172°, durch 3std. Kochen von 0,2 Mol o-[β-Phenyläthyl]-benzoesäure mit 0,61 Mol $SOCl_2$, Abdampfen des überschüssigen $SOCl_2$ im Vakuum, Lösen des *Säurechlorids* in Ae., Eintropfen in 0,5 Mol äther. Diazomethanlsg. bei 0°, 15std. Stehen, Eindampfen im Vakuum, Lösen des Rückstandes in tert.-Butanol, Zutropfen (in 2 Std.) einer Lsg. von 1 g Ag-Benzoat in 10 ml Triäthylamin, 1std. Kochen (nach beendeter $N_2$-Entw.), 15std. Stehen, Versetzen mit W., Eindampfen im Vakuum (zuletzt unter Zusatz von Bzl.), Lösen in Ae. u. Dest.; 66% (Ausbeute). *Freie Säure*, $C_{16}H_{16}O_2$, F. 92,2—93,2°, durch 2std. Kochen des Esters mit p-Toluolsulfonsäuremonohydrat in Bzl., Extraktion mit W. u. Eindampfen der Benzolschicht; aus Hexan Prismen, sublimierbar bei 160°/0,7 mm; 85%. — *1.2.5.6-Dibenzocyclooctadien-(1.5)-on-(3)*, $C_{16}H_{14}O$, F. 95,2—96,5°, durch 2std. Erhitzen von 0,0208 Mol vorst. Säure mit 250 g Polyphosphorsäure auf dem Wasserbad unter Rühren u. Gießen auf Eis/W.; aus Methanol Nadeln, sublimiert bei 130°/0,5 mm; 93%. Hydrierung in Eisessig mit 10%ig. Pd-Kohle oder WOLFF-KISHNER-Red. liefert *1.2;5.6-Dibenzocyclooctadien-(1.5)*, F. 109,1—109,8°. — *1.2;5.6-Dibenzocyclooctadien-(1.5)-ol-(3)* (**IV**), $C_{16}H_{16}O$, F. 114—115,6°, durch Eintragen von 1,5 g $NaBH_4$ in Methanol (mit 3 Tropfen 6n NaOH) in die methanol. Lsg. von 0,045 vorst. Ketons unter Rühren, 2std. Rühren, Gießen in W., Versetzen mit 10%ig. $H_2SO_4$ bis $p_H$ 5 u. Extraktion mit Ae.; aus Bzl.-PAe. Nadeln; 97%. — *3-Brom-1.2;5.6-dibenzocyclooctadien-(1.5)* (**I**), $C_{16}H_{15}Br$, F. 123,8 bis 124,8°, durch Sättigen der Lsg. von 0,008 Mol **IV** in Bzl. mit HBr-Gas unter Eiskühlung, 2std. Stehen bei 0° u. Eindampfen im Vakuum; 91%. — *1.2;5.6-Dibenzocyclooctatrien-(1.3.5)* (**II**), $C_{16}H_{14}$, F. 53,6—54,4° (A.), a) durch Dest. eines Gemisches aus 0,00223 Mol **IV** u. 0,013 Mol Borsäure bei 205°/0,5 mm; Prismen; 63%; b) durch 100std. Kochen von 0,0061 Mol **I** mit frisch dest. α-Picolin, Eindampfen, Eintragen des Rückstandes in 10%ig. Phosphorsäure, Extraktion mit Ae., Dest. u. Sublimation des Rückstandes bei 90—100°/0,5 mm; 63%. Die Hydrierung mit 10%ig. Pd-Kohle liefert *1.2;5.6-Dibenzocyclooctadien-(1.5)*, F. 109,1—109,7°. — *7-Brom-1.2;5.6-dibenzocyclooctatrien-(1.3.5)*, $C_{16}H_{13}Br$, F. 82—86,5° (Zers.), durch 1std. Kochen von 0,00154 Mol **II** mit 0,00166 Mol N-Bromsuccinimid in $CCl_4$, Eindampfen im Vakuum, Lösen in PAe. u. Kühlen mit Trockeneis–Aceton; 79%. Die Hydrierung mit Pd-Kohle in Cyclohexan liefert *1.2;5.6-Dibenzocyclooctadien-(1.5)*. — *1-Methylen-2.3;6.7-dibenzocycloheptatrien-(2.4.6)* (**III**), F. 119—119,6° (A.), durch Behandlung vorst. Bromids mit α-Picolin analog **II** u. Sublimation bei 125°/0,3 mm. — *4-Brom-1-methylen-2.3;6.7-dibenzocycloheptadien-(2.6)*, F. 85—117° (Zers.), durch 2std. Kochen von 0,00164 Mol **V** mit 0,0017 Mol N-Bromsuccinimid u. 0,01 g Benzoylperoxyd in $CCl_4$, Eindampfen im Vakuum u. Lösen des Rückstandes in heißem Hexan; 59%. Die Behandlung mit α-Picolin liefert 56% **III**. (J. Amer. chem. Soc. **77.** 4596—99. 5/9. 1955. Cambridge, Mass., Massachusetts Inst. of Technol., Dep. of Chem.) L. LAMZA. 2950

**Arthur C. Cope** und **William R. Moore,** *Cyclische Polyolefine.* 38. Mitt. *Stellungsisomere disubstituierter Cyclooctatetraene.* (37. vgl. vorst. Ref.; 39. vgl. C. **1956.** 11699.) Die durch Vakuumdest. u. Gegenstromverteilung der mittleren Fraktion durchgeführte Trennung des durch Einw. von Phenyl-Li auf Phenylcyclooctatetraen erhaltenen *Isomerengemisches* aus *1.2-, 1.3-, 1.4-* u. *1.5-Diphenylcyclooctatetraen* wird beschrieben. — Cyclooctatetraene: *1.3-Diphenyl-*, $C_{20}H_{16}$, goldgelbes Öl. — *1.4-Diphenyl-*, F. 47,7—48° (wss. Methanol), gelbe Nadeln. — *1.5-Diphenyl-*, F. 102,1—102,6° (A.), gelbe Prismen. — Ihre Hydrierung liefert Gemische aus *cis-* u. *trans-Diphenylcyclooctanen*, die durch Chromatographie an $Al_2O_3$ u. fraktionierte Kristallisation getrennt werden können. Das Gemisch aus *cis-* u. *trans-1.4-Diphenyloctan* wird außerdem durch Einw. von Phenyl-Li auf Cyclooctandion-(1.4) unter Bldg. von *1.4-Diphenyl-1.4-dihydroxycyclooctan*, dessen Dehydrierung in sd. Bzl. in Ggw. von etwas Jod zu *1.4-Diphenylcyclooctadien-(1.3)* [$C_{20}H_{20}$, F. 65,9—66,3)] u. dessen Hydrierung erhalten. Durch Chromatographie wird daraus ein *stereoisomeres 1.4-Diphenyloctan*, $C_{20}H_{24}$, F. 58,5—59,5°, erhalten. (J. Amer. chem. Soc. **77.** 4939—40. 20/9. 1955.) L. LAMZA. 2950

**M. J. S. Dewar, Ved P. Kubba** und **R. Pettit,** *Neue heteroaromatische Verbindungen.* 1. Mitt. *9-Aza-10-boraphenanthren.* Durch Rk. von 2-Aminodiphenyl (I) mit $BCl_3$ in Bzl. wird vermutlich Diphenyl-(2)-aminobordichlorid (II) gebildet, das sich in Ggw. von $AlCl_3$ zu *10-Chlor-9-aza-10-boraphenanthren* [**III**, $C_{12}H_9BClN$, F. 93—94°, sublimiert bei 160—170°, durch 10std. Kochen, Abdampfen im Vakuum u. 7std. Erhitzen des gebildeten **II** mit $AlCl_3$ auf 175°; Nadeln; 55% (Ausbeute)] kondensiert. **III** wird leicht hydrolysiert zu *10-Hydroxy-9-aza-10-boraphenanthren* [$C_{12}H_{10}BNO$, F. 169—170° (Leichtbenzin), durch 24std. Liegen von **III** an der Luft oder Kristallisieren aus wss. Leichtbenzin; Nadeln; *Pikrat*, $C_{18}H_{13}BN_4O_8$, F. 158—160° (Bzl.), orangefarbene Kristalle] u. wird durch $LiAlH_4$ zu *9-Aza-10-boraphenanthren* [**IV**, $C_{12}H_{10}BN$, F. 69—70° (Leichtbenzin), durch Rk. u. 1std. Kochen in trockenem Ae., Zugabe von Essigester u. Eindampfen; Plättchen; 70%] reduziert. **IV** stellt einen neuen Typ isoelektron. Ringsubstitution dar; die mesomeren Grenzformeln werden diskutiert. Die Strukturen werden durch die UV-Spektren bestätigt. Ferner werden *10-Phenyl-* [$C_{18}H_{14}BN$, F. 110 bis 111,5° (Bzl.), a) aus **I** u. Phenyl-$BCl_2$ in Bzl. durch 8std. Kochen u. 15std. Erhitzen des Reaktionsprod. mit $AlCl_3$ auf 170—180°; hellbraune Prismen; 66% ;b) aus **III** u. Phenyl-MgBr in trockenem Bzl. durch $^3/_4$std. Kochen; 54%], *10-Methyl-* [$C_{13}H_{12}BN$, F. 103—104° (A.), durch GRIGNARD-Rk. wie vorst.; Nadeln; 67%] u. *10-Äthyl-9-aza-10-boraphenanthren* [$C_{14}H_{14}BN$, F. 77—78° (A.), wie vorst.; Nadeln; 72%] hergestellt. (J. chem. Soc. [London] **1958.** 3073—76. Sept. London, Univ., Queen Mary Coll.) E. RIEDEL. 3000

**M. J. S. Dewar, Ved P. Kubba** und **R. Pettit,** *Neue heteroaromatische Verbindungen.* 2. Mitt. *Mit Indol, 2.3-Benzofuran und Thionaphthen isokonjugierte Borverbindungen.* (1. vgl. vorst. Ref.) Durch Umsetzung von o-Phenylendiamin mit Phenyl-$BCl_2$ (I, aus Phenyl-MgBr u. Tri-n-butylborat über Phenylboronsäure u. deren Anhydrid) wird *2-Phenylbenzo-1.3-diaza-2-borol* [$C_{12}H_{11}BN_2$, F. 204—206° (Bzl. oder Leichtbenzin), durch ca. 8std. Kochen in trockenem Bzl. unter Feuchtigkeitsausschluß; Plättchen; 4 g **I** → 1,8 g (Ausbeute)] gebildet. Ähnlich entstehen mit **I** aus Brenzcatechin *2-Phenylbenzo-1.3-dioxa-2-borol* [$C_{12}H_9BO_2$, F. 109—110° (Bzl. oder Leichtbenzin), durch ca. 6std. Rühren in trockenem Bzl.; 100%], aus Dithiobrenzcatechin *2-Phenylbenzo-1.3-dithia-2-borol* [$C_{12}H_9BS_2$, F. 130—131° (Leichtbenzin), durch 7std. Kochen; Plättchen], aus o-Aminothiophenol *2-Phenylbenzo-1.3-thiaza-2-borol* [$C_{12}H_{10}BNS$, F. 154—156° (Bzl.), Nadeln], aus o-Aminophenol *2-Phenylbenzo-1-oxa-3-aza-2-borol* [$C_{12}H_{10}BNO$, F. 105—106° (Bzl.), Plättchen]. Die UV-Spektren der genannten Verbb. sind graph. wiedergegeben. Die Hydrolyse führt zu entsprechenden *o-substituierten Benzolen* u. *Phenylboronsäure.* (J. chem. Soc. [London] **1958.** 3076—79. Sept.) E. RIEDEL. 3000

**W. H. Knoth jr.** und **R. V. Lindsey jr.,** *1.1.3.3-Tetramethyl-1.3-disilacyclobutan. 1.1.3.3-Tetramethyl-1.3-disilacyclobutan* wird auf nachst. Wege dargestellt: *1-Chlor-2.2.4.4.6.6-hexamethyl-5-oxa-2.4.6-trisilaheptan*, $C_9H_{25}ClOSi_3$, $Kp._8$ 88—89° durch Zugabe von Chlormethyldimethylchlorsilan zur GRIGNARD-Verb. aus Chlormethylpentamethyldisiloxan in Ae., Kochen unter Rühren über Nacht, Zugabe von gesätt. $NH_4Cl$-Lsg. unter Rühren, Filtrieren, Waschen des Nd. mit Ae. u. Dest. der organ. Phasen; 73% (Ausbeute). — *1-Chlor-4-fluor-2.2.4-trimethyl-2.4-disilapentan*, $C_6H_{16}ClFSi_2$, Kp. 173—178°, durch Mischen von vorst. Verb. mit $BF_3$-Ätherat, Dest. bis 125°, Extrahieren des Rückstandes mit Ae. u. Dest. der vereinigten Ätherphasen; 57%. — *1.1.3.3-Tetramethyl-1.3-disilacyclobutan*, $C_6H_{16}Si_2$, Kp 117—119°, durch Rk. vorst. Verb. mit Mg in Ae. unter $N_2$ bei kräftigem Rühren in der Siedehitze während 95 Min. (Reaktionsbeginn durch Zutropfen von äther. Methyl-MgJ), weiteres

Rühren u. Kochen über Nacht, Zugabe von Decan, Dest. bis 170° u. Fraktionieren; $n_D^{27}$ 1,4380; 60%. $Br_2/CCl_4$ wird entfärbt u. alkoh. $AgNO_3$ wird reduziert. (J. org. Chemistry **23**. 1392—93. Sept. 1958. Wilmington, Del., E. I. du Pont de Nemours & Co., Inc., Central Res. Dep., Exper. Stat.) R. WISSLER. 3040

**Je. M. Panow** und **K. A. Kotscheschkow,** *Reaktion der Plumbierung.* Bei der Plumbierung von Thiophen mit Bleitetraisobutyrat entsteht intermediär α-Thienylbleitriisobutyrat, das sofort unter Bldg. von *Bis-[α-thienyl]-bleidiisobutyrat* (I) u. *Bleitetraisobutyrat* disproportioniert. Auf Zugabe von Chloressigsäure zu I in Bzl. fällt *Bis-[α-thienyl]-blei-bis-chloracetat* aus. I ist mit dem aus Tetrakis-[α-thienyl]-blei u. Isobuttersäure (II) erhaltenen Präp. identisch.

Versuche: *Bis-[α-thienyl]-bleidiisobutyrat* (I), $C_{16}H_{20}O_4PbS_2$, F. 192° (Zers.), durch 10tägiges Stehenlassen einer Lsg. von 6 g Bleitetraisobutyrat in 10 ml Thiophen, Zugabe von 4 ml A., nach 24 Std. Eindampfen im Vakuum bei Zimmertemp., Lösen des Rückstandes in 5 ml Bzl. u. Fällen mit 7,5 ml Hexan; b) durch $^3/_4$std. Erhitzen von 0,82 g Tetrakis-[α-thienyl]-blei mit 1,5 ml II auf 60—70° u. Fällen mit PAe.; 67 (Ausbeute). — *Bis-[α-thienyl]-blei-bis-chloracetat*, $C_{12}H_{10}Cl_2O_4PbS_2$, F. 174° (Zers.), durch Zugabe von 0,4 g Chloressigsäure in Bzl. zu 0,55 g I u. wenig II in 7 ml Bzl.; 68%. (Доклады Академии Наук СССР [Ber. Akad. Wiss. UdSSR] **123**. 295—97. 11/11. 1958. Physikal.-Chem. Karpow-Inst.) H. NIEDRICH. 3071

**Roscoe E. Lancaster jr.** und **Calvin A. Vander Werf,** *Eine verbesserte Synthese von 3-Methylpyrrol.* Durch Umsetzung des in situ aus N-Acetonylphthalimid gewonnenen *Aminoacetons* mit Oxalessigsäurediäthylester (I) u. Hydrolyse wird *2-Carboxy-3-carbäthoxy-4-methylpyrrol* synthetisiert. Weitere Hydrolyse u. Decarboxylierung liefert *3-Methylpyrrol* in 38%ig. Gesamtausbeute. Das IR-Spektr. wird mit dem von 2-Methylpyrrol verglichen (Abb. u. Bandentabelle).

Versuche: *N-Acetonylphthalimid*, F. 122,9—123,5° (W.), durch exotherme Rk. von K-Phthalimid u. Chloraceton; Nadeln; 98,2% (Ausbeute). — *2-Carboxy-3-carbäthoxy-4-methylpyrrol*, F. 195,7—196,8°, durch 4std. Kochen vorst. Verb. mit HCl-W. (2:1), Einstellen auf $p_H$ 1,5 mit 30%ig. NaOH, Abfiltrieren der Phthalsäure, Zugeben von Na-I < 75° u. bei $p_H$ 5, Filtrieren, Alkalisieren bis $p_H$ 8, 30 Min. Erhitzen auf 75° u. Ansäuern; 52,8%. — *3-Carboxy-4-methylpyrrol*, F. 152,6—153,7°, durch 24std. Kochen vorst. Verb. mit wss. KOH, Einstellen auf $p_H$ 9, Filtrieren u. Ansäuern; ca. 100%. — *3-Methylpyrrol*, $C_5H_7N$, $Kp._{740}$ 142—143°, durch Dest. vorst. Verb.; $n_D^{20}$ 1,4970, $n_D^{25}$ 1,4949; 73,1%. (J. org. Chemistry **23**. 1208—09. Aug. 1958. Lawrence, Kan., Univ., Dep. of Chem.) K. DOMMAIN. 3081

**Sadao Sakamura** und **Yataro Obata,** *Produkte des photochemischen Abbaus von Tryptophan.* 3. Mitt. *Neues chemisches Verfahren zur Darstellung von Kynurenin durch Oxydation mit Peressigsäure.* (2. vgl. J. agric. chem. Soc. Japan [Nippon Nôgeikagaku Kaishi] **29**. [1955.] 616.) Aus L-Tryptophan (L-I) wird bei Behandlung mit Peressigsäure oder Perameisensäure *L-Kynurenin* (L-II) als *Sulfatmonohydrat* erhalten; entsprechend aus DL-I DL-II. Die $R_f$-Werte der Papierchromatographie von L-II, DL-II, L-I u. DL-Hydroxytryptophan mit a) Butanol–Eisessig–W. 4:1:5); b) Methanol–Butanol–Bzl.–W. 4:2:2:2 u. c) mit W. gesätt. m-Kresol sind angeführt.

Versuche: *Kynurenin (II)-sulfat, Monohydrat, L-Form*, $C_{10}H_{12}N_2O_3 \cdot 2\,H_2SO_4 \cdot H_2O$, F. 165° (gelb), 185° (braun; Zers.; 80%ig. A.); 0,5 g L-I in Eisessig warm lösen, nach dem Abkühlen 35%ig. $H_2O_2$ zugeben u. aufarbeiten; 19 mg (Ausbeute). *DL-Form*, F. 183—185° (Zers.), analog aus DL-I. (J. agric. chem. Soc. Japan [Nippon Nôgeikagaku Kaishi] **29**. 817—19. 1955. Sapporo, Hokkaido Univ. [Orig.: japan.; Auszug: engl.]) L. SCHULER. 3081

**R. Schwyzer** und **Choh Hao Li,** *Eine neue Synthese des Pentapeptids L-Histidyl-L-phenylalanyl-L-arginyl-L-tryptophylglycin und seine Melanocyten-stimulierende Wirkung.* *N-Carbobenzoxy (Cbo)-L-tryptophylglycinmethylester* (aus N-Cbo-L-tryptophancyanmethylester u. Glycinmethylester) wird durch katalyt. Hydrierung in *L-Tryptophylglycinmethylester* übergeführt u. mit $N^α$-[p-(p-Methoxyphenylazo)-carbobenzoxy]-(Mcbo)-$N^g$-tosyl-L-arginin [F. 115°, $[α]_D$ +6,1° (1%ig in Essigsäure)] durch *N.N'-Dicyclohexylcarbodiimid* (III) gekuppelt u. katalyt. zu *$N^g$-Tosyl-L-arginyl-L-tryptophylglycinmethylester* hydriert. Dieser wird mit N-Mcbo-L-phenylalanin durch III zu *Mcbo-Phenylalanyl-$N^g$-tosylarginyltryptophylglycinmethylester* [F. 130°, $[α]_D$ —9,0° (1%ig in Essigsäure)] gekuppelt. Durch Hydrierung wird die Mcbo-Gruppe entfernt. Das entstandene Peptid wird durch III mit $N^α$-Mcbo-$N^{Im}$-benzyl-L-histidin gekuppelt u. hydriert zu *$N^{Im}$-Benzyl-L-histidyl-L-phenylalanyl-$N^g$-tosyl-L-arginyl-L-tryptophylglycinmethylester* [*Mcbo-Deriv.*, F. 132°, $[α]_D$ —6,0° (1%ig in Eisessig)]. Verseifung mit $Ba(OH)_2$ u. anschließende Red. mit Na in fl. $NH_3$ gibt *L-Histidyl-L-phenylalanyl-L-arginyl-*

*L-tryptophylglycin.* Das Peptid wird durch Trypsin bei $p_H$ 7 gespalten in *L-Histidyl-L-phenylalanyl-L-arginin* u. *L-Tryptophylglycin* u. durch Chymotrypsin bei $p_H$ 9 in *L-Histidyl-L-phenylalanin, L-Arginyl-L-tryptophan* u. *Glycin.* Die melanocytenstimulierende Wrkg. des Pentapeptids beträgt $3 \cdot 10^4$ Einheiten des melanocytenstimulierenden Hormons/g (Froschtest). $R_F$-Werte sind für verschied. Lösungsmittelgemische angegeben. (Nature [London] **182.** 1669—70. 13/12. 1958. Berkeley, Calif., Univ. ,Hormone Res. Labor.) A. Gude. 3081

**Tetsuo Ogawa** und **Takekazu Akashi,** *Über die Bildung von 3.5.8.10-Tetraketoperhydrodipyrrolo-[a;d]-pyrazin durch Schmelzen von Glutaminsäure im Vakuum und Isolierung von N-Pyroglutamylpyroglutaminsäure.* Aus 70 g Glutaminsäure wird beim Schmelzen bei 30 mm Hg u. 200° in 3½ Std. 55 g fester Rückstand gebildet, aus dem durch Behandeln mit heißem W. 25—30 g sehr schwer lösl. *3.5.8.10-Tetraketoperhydrodipyrrolo-[a;d]-pyrazin* (I), $C_{10}H_{10}N_2O_4$, F. 340° (Zers.), isoliert werden. Aus der wss. Lsg. lassen sich 4 g (roh 14 g) *N-Pyroglutamylpyroglutaminsäure* (II), $C_{10}H_{12}N_2O_5$, F. 235 bis 237°, gewinnen. Aus **I** u. **II** läßt sich durch alkal. Hydrolyse *rac. Pyroglutaminsäure,* F. 181°, erhalten. (J. agric. chem. Soc. [Japan Nippon Nôgeikagaku Kaishi] **29.** 794—96. 1955. Kawasaki, Ajinomoto Co. [Orig.: japan.]) L. Schüler. 3081

**Ulrich Schmidt** und **Paul Grafen,** *Synthesen in der Lipo(n)säurereihe.* 1. Mitt. *Neue Synthesen der dl-α-Lipo(n)säure.* Durch Rk. von Adipinsäureäthylesterchlorid (**X**) mit Acetylen in Ggw. von $AlCl_3$ u. Behandlung des rohen Chlorvinylketons mit methanol. NaOH wurde *8.8-Dimethoxy-6-oxooctansäure-(1)-äthylester* (I) dargestellt. Mit einem partiell vergifteten Ni-Katalysator in Ggw. eines tert. Amins konnte **I** zu *6-Hydroxy-8.8-dimethoxyoctansäure-(1)-äthylester* (**II**) u. mit akt. Ni weiter zu *6-Hydroxy-8-methoxyoctansäure-(1)-äthylester* (**III**) red. werden. **I** konnte nicht einstufig in **III** übergeführt werden; die energ. Einw. von $H_2$ in Ggw. von Raney-Ni führte zur Eliminierung beider Methoxygruppen. Die entsprechende Hydrierung von Ketobutyraldehyddimethylacetal zu *Butandiol-(1.3)* in wss. A. gelang dagegen glatt. Die Red. von **I** zu **III** läßt sich ohne Isolierung des Zwischenprod. **II** durchführen, wenn man zuerst mit gealtertem Raney-Ni in der Kälte u. dann nach Zugabe von frischem Katalysator bei 200° unter Druck arbeitet. **II** konnte nur in mäßiger Ausbeute zu *6-Hydroxy-8-oxooctansäure-(1)-äthylester* (**VI**) hydrolysiert werden. **VI** wurde zu *6.8-Dihydroxyoctansäure-(1)-äthylester* (**V**) red. u. dieser in das *Diacetat* (**VIII**) übergeführt. Durch Rk. von **III** mit HJ u. Thioharnstoff zum *6.8-Bis-isothiuroniumsalz,* Hydrolyse zu *6.8-Dimercaptooctansäure* u. Dehydrierung wurde *dl-α-Liposäure* (**VII**) erhalten. Die Ausbeute von **VII** ließ sich durch Acetylierung der 6ständigen Hydroxylgruppe von **III** (→ **IV**) vor der Rk. mit HJ u. Thioharnstoff erheblich steigern. Erhitzt man **III** in Ggw. von Säurespuren im Vakuum, so entsteht ein Polyester–Lacton-Gemisch, das sich wie oben in **VII** überführen läßt. *ε-[β-Methoxyäthyl]-ε-caprolacton* konnte aus dem obigen Gemisch durch Dest. isoliert u. in **VII** übergeführt werden. Da aus den Estern **IV** u. **VIII VII** in weit besserer Ausbeute erhalten wurde als aus den Alkoholen **II** u. **V**, wird angenommen, daß die Bldg. eines Jodids aus einem sek. Ester ohne Hydrolyse zum Alkohol durch direkte Substitution erfolgt. Durch Rk. von 6.6-Diäthoxycapronsäureäthylester (**IX**) mit einem Unterschuß an Äthylvinyläther wurde *6.8.8-Triäthoxyoctansäure-(1)-äthylester* erhalten, der unter energ. Bedingungen zu *6.8-Diäthoxyoctansäure-(1)-äthylester* hydriert werden konnte; durch Behandlung mit HJ u. Thioharnstoff wurde daraus **VII** erhalten. HJ wurde vor der Verwendung durch $H_3PO_2$ in der Wärme entfärbt.

Versuche: Octansäure-(1)-äthylester: *8.8-Dimethoxy-6-oxo-* (**I**), $C_{12}H_{22}O_5$, $Kp._{0,001}$ 105—110°, durch Zutropfen von **X** zu $AlCl_3$ in Trichloräthylen unter Rühren u. Einleiten von Acetylen bei 15—20° unter Eiskühlung, 30 Min. Rühren unter Einleiten von Acetylen, Einrühren in ein Gemisch von Eis, Trichloräthylen u. wenig Hydrochinon, Eindampfen der organ. Phase im Vakuum unterhalb 40°, Lösen des Rückstands in $CH_3OH$ bei —20°, Zutropfen von methanol. NaOH innerhalb 1 Std. unterhalb —10°, 15 Min. Rühren, Gießen in gesätt. NaCl-Lsg. u. Extraktion mit PAe.; $n_D^{20}$ 1,4456; 62—70% (Ausbeute). — *6-Hydroxy-8.8-dimethoxy-* (**II**), $C_{12}H_{24}O_5$, Kp. 90—110° (Hochvakuum), durch Zugabe von ZnO u. Raney-Ni (4 Wochen alt) zu **I** u. Triäthylamin in $CH_3OH$, Hydrieren bei 20°/15 at, 10std. Hydrieren bei 150 at, 2std. Hydrieren bei 45°/150 at, Filtrieren, Eindampfen auf dem Wasserbad im Vakuum u. Lösen des Rückstands in Chlf.; $n_D^{20}$ 1,4452; 90%. — *6-Hydroxy-8-methoxy-* (**III**), $C_{11}H_{22}O_4$, $Kp._{0,001}$ 90 bis 95°, durch 8std. Hydrieren von **II** in $CH_3OH$ in Ggw. von Raney-Ni bei 190°/200 at; $n_D^{20}$ 1,4456; 83%. — *8-Methoxy-6-acetoxy-* (**IV**), $C_{13}H_{24}O_5$, $Kp._{0,001}$ 95°, a) durch 20std. Hydrieren von **I** in $CH_3OH$ in Ggw. von Triäthylamin u. mindestens 4 Wochen altem Raney-Ni bei 20°/150 at, 1std. Hydrieren bei 45°/150 at, Zugabe von frischem Raney-Ni, 15std. Hydrieren bei 150 at/180—200°, Filtrieren, Eindampfen im Vakuum, 2std.

Erhitzen des Rückstands mit Acetanhydrid u. Pyridin, Eindampfen im Vakuum u. Aufnehmen in Chlf.; die bei 77—100°/Hochvakuum sd. Anteile u. der Rückstand wurden in **VII** übergeführt; 74%; b) durch 1std. Erhitzen von rohem **III** mit Acetanhydrid u. Pyridin auf dem Wasserbad u. Aufarbeitung; $n_D^{20}$ 1,4395; 90%. — *6.8-Diacetoxy-* (**VIII**), $C_{14}H_{24}O_6$, Kp.$_{0,001}$ 95—105°, durch 10 Min. Erwärmen von 80 g **II** mit 2n $H_2SO_4$, W. u. $CH_3OH$ (1:2:1) auf 55°, Neutralisieren, Abdestillieren des $CH_3OH$ im Vakuum, Ae.-Extraktion, Hydrieren des Extrakts in $CH_3OH$ in Ggw. von RANEY-Ni bei 120°/150 at, Filtrieren, Eindampfen im Vakuum, 1std. Erhitzen mit Pyridin u. Acetanhydrid auf dem Wasserbad u. Aufarbeitung wie oben; 50 g. — *6-Hydroxy-8-oxo-* (**VI**), $C_{10}H_{18}O_4$, Kp.$_{0,001}$ 102°, durch Hydrolyse von 25 g **II** wie oben u. Eindampfen des Ae.-Extrakts; $n_D^{20}$ 1,4487; 11 g. — *6.8.8-Triäthoxy-*, $C_{16}H_{32}O_5$, Kp.$_{0,6}$ 130—135°, durch Zutropfen von 12 g Äthylvinyläther zu 116 g **IX** u. 0,04 cm³ $BF_3$-Ätherat bei 50° unter Rühren ohne Heizung, 30 Min. Rühren u. Neutralisieren nach Erkalten mit Na-Äthylatlsg.; $n_D^{20}$ 1,4312; 70%; daneben 80 g zurückgewonnenes **IX**. — *6.8-Diäthoxy-*, $C_{14}H_{28}O_4$, Kp.$_{0,2}$ 95—100°, durch 10std. Hydrieren von 45 g vorst. Verb. in $CH_3OH$ in Ggw. von RANEY-Ni bei 185°/250 atü; $n_D^{20}$ 1,4358; 27 g. — *ε-[β-Methoxyäthyl]-ε-caprolacton*, $C_9H_{16}O_3$, Kp.$_{0,001}$ 77°, durch 2½std. Erhitzen von 20 g **III** mit wenig p-Toluolsulfonsäure auf 170° im Vakuum; $n_D^{20}$ 1,4642; 60%. — *6.6-Diäthoxycapronsäureäthylester* (**IX**), Kp.$_{14}$ 131—133°, durch ROSENMUND-Red. von 150 g **X** in Xylol in Ggw. von 15 g 5%ig. $Pd/BaSO_4$ u. 0,5 cm³ „Chinolin-S" bis zur Entw. von 80—85% der berechneten Menge HCl, Filtrieren in der Kälte, 15std. Rühren nach Zugabe von absol. A. u. $CaCl_2$, Sättigen der oberen Phase bei 0° mit $NH_3$ u. Filtrieren; 58%. — *dl-α-Liposäure* (**VII**), F. 58—60°, a) durch 36std. Kochen von 13 g **III**, 85 g konz. HJ u. 35 g Thioharnstoff unter $N_2$, Zugabe von wss. KOH nach Erkalten unter $N_2$, 12std. Kochen unter $N_2$, Ae.-Extraktion, Ansäuern der wss. Lsg., Chloroformextraktion, Eindampfen des Extrakts, Hochvakuumdest. (150—180° Badtemp.), Lösen des Destillats in A., Zugabe von $K_2CO_3$-Lsg., Erwärmen bis zur Lsg., Zugabe von verd. HCl bis $p_H$ 7, Zugabe von 1%ig. $FeCl_3$-Lsg., Durchleiten von $O_2$ bis zum Verschwinden der Rotfärbung, Ansäuern, Chloroformextraktion, Eindampfen des Extrakts, Hochvakuumdest., Lösen des erstarrten Destillats in warmem Essigester, Kühlen auf —70°, Verdünnen mit 10° warmem Cyclohexan u. Absaugen auf einer gekühlten Nutsche; 26%; b) aus dem rohen **IV**; 42%; c) durch 2½std. Erhitzen von **III** mit p-Toluolsulfonsäure auf 170° im Vakuum u. Rk. des rohen Polyester–Lacton-Gemischs mit HJ u. Thioharnstoff analog a); 42%; d) aus ε-[β-Methoxyäthyl]-ε-caprolacton analog a); 49%; e) aus **VIII** analog a); 40%; f) aus 6.8-Diäthoxyoctansäure-(1)-äthylester analog a); 62%. (Chem. Ber. **92.** 1177—84. 2/5. 1959. Freiburg/Br., Univ., Chem. Labor.) H. BERTSCH. 3112

**Anders Kjær**, *Beitrag zur Chemie der 5(4)-Imidazolone.* (Vgl. C. **1955.** 7668 u. 7669.) Wie α-Benzamidoisobutyramid werden allg. alle acylierten tert. α-Aminosäureamide durch Wärmebehandlung mit Alkali zu Imidazolonen-(5[4]) cyclodehydratisiert, nicht aber solche, die an $C_{(2)}$ 1 oder 2 H-Atome aufweisen. Imidazolone-(5[4]) mit exocycl. Doppelbindung an $C_{(4)}$ sind leicht zugänglich, die exocycl. Doppelbindung kann selektiv katalyt. hydriert werden. Thioacylierte tert. α-Aminosäureamide (phenylthioacylierte Aminosäureester, -amide u. -peptide) zeigen keine Neigung zur Cyclisierung; mit Hg-Acetat in A. liefern sie unter Austritt von HgS acylierte Aminosäurenitrile, vielleicht über 5-Iminooxazole. Bei der Doppelkondensation von Glycinester u. Phenacetiminoäthylester (FINGER u. ZEH) wird das niedriger schm. Prod. als *2-Benzylimidazolon-(5[4])* identifiziert, das höher schm. als „Doppelmol." *2-Benzyl-4-glycinamidobenzylmethylenimidazolon-(5[4])*. Aus Glycinester u. Benziminoester entsteht durch Doppelkondensation unter $O_2$-Ausschluß *2-Phenylimidazolon-(5[4])*. (Kem. Maanedsbl. nord. Handelsbl. kem. Ind. **36.** 37—39. 1955. København, Univ., kem. Labor.) R. K. MÜLLER. 3122

**H. C. Carrington, C. H. Vasey** und **W. S. Waring,** *Thiohydantoine.* 5. Mitt. *Eine neue Synthese von 5.5-disubstituierten 4-Thiohydantoinen.* (4. vgl. J. chem. Soc. [London] **1953.** 3105.) Durch Rk. von Cycloalkyl-, Alkylaralkyl- u. aliphat. Ketonen mit Ammoniummonothiocarbamat (**I**) u. NaCN entstehen die entsprechenden *5.5-substituierten 4-Thiohydantoine*, im Gegensatz zu den farblosen 2-Thioverbb. gelb gefärbte kristalline Substanzen. Als Strukturbeweis dient eine Umwandlung von z. B. 5-Isobutyl-5-methyl-4-thiohydantoin (**II**) mit $P_2S_5$ in sd. Tetralin in *5-Isobutyl-5-methyl-2.4-dithiohydantoin* (**III**) u. die leichte Desulfurierung von **II** in *5-Isobutyl-5-methylhydantoin.* Aus **III** u. 2-Aminoäthanol (**IV**) entsteht das mit **II** nicht ident. *5-Isobutyl-5-methyl-2-thiohydantoin.*

Versuche: 4-Thiohydantoine, durch 4std. Erwärmen des Ketons mit NaCN u. **I** (aus $CS_2$ u. äthanol. $NH_3$) in wss. A. auf 50—55°, Ansäuern mit HCl u. Kristallisation aus A. oder wss. A.: *5-Methyl-5-äthyl-*, $C_6H_{10}N_2OS$, F. 232—233°; 46% (Ausbeute). — *5-Methyl-5-isobutyl-* (**II**), $C_8H_{14}N_2OS$, F. 198—199°; 51%. — *5-Methyl-*

*5-hexyl-*, $C_{10}H_{18}N_2OS$, F. 155—156°; 62%. — *5-Methyl-5-benzyl-*, $C_{11}H_{12}N_2OS$, F. 216 bis 217°; 67%. — *5.5-Tetramethylen-*, $C_7H_{10}N_2OS$, F. 205—206°; 14%. — *5.5-Pentamethylen-*, $C_8H_{12}N_2OS$, F. 242—243°; 49%. — *5.5-[1'-Methylpentamethylen]-*, $C_9H_{14}N_2OS$, F. 252°; 22%. — *5.5-[2'-Methylpentamethylen]-*, $C_9H_{14}N_2OS$, F. 279°; 47%. — *5.5-[3'-Methylpentamethylen]-*, $C_9H_{14}N_2OS$, F. 262°; 17%. — *5.5-['-Isopropylpentamethylen]-*, $C_{11}H_{18}N_2OS$, F. 262°; 14%. — *5.5-[2'.4'-Dimethylpentamethylen]-*, $C_{10}H_{16}N_2OS$, sublimiert bei 330°; 69%. — *5.5-[2'.2'.4'-Trimethylpentamethylen]-*, $C_{11}H_{18}N_2OS$, F. 224—225°; 57%. — *5.5-[2'.3'-Dimethylpentamethylen]-*, $C_{10}H_{16}N_2OS$, F. 274—275°. — *5.5-Hexamethylen-*, $C_9H_{14}N_2OS$, F. 177—178°; 51%. — *5.5-[1'-Methylhexamethylen]-*, $C_{10}H_{16}$·$N_2OS$, F. 248—249°; 45%. — *5-Isobutyl-5-methyl-2.4-dithiohydantoin* (**III**), F. u. Misch.-F. 89—90° (Bzl.), durch $^3/_4$std. Kochen von **II** mit $P_2S_5$ in sd. Tetralin u. Zugeben von PAe.; gelbe Prismen. — *5-Isobutyl-5-methylhydantoin*, F. u. Misch.-F. 142—143°, durch ½std. Kochen von **II** mit **IV** in W., Zugeben von HCl u. $^3/_4$std. Kochen. — *5-Isobutyl-5-methyl-2-thiohydantoin*, $C_8H_{14}N_2OS$, F. 152° (wss. .A.), durch ½std. Kochen von **III** mit **IV** in W. u. ½std. Kochen mit HCl. (J. chem. Soc. [London] **1959.** 396—97. Jan. Alderley Park, Macclesfield, Cheshire, Imperial Chem. Ind. Ltd., Pharmaceut. Div.)

E. SCHRÖDER. 3122

**A. C. Cuckler, L. R. Chapin, C. M. Malanga, E. F. Rogers, H. J. Becker, R. L. Clark, W. J. Leanza, A. A. Pessolano, T. Y. Shen** und **L. H. Sarett**, *Antiparasitäre Mittel.* 2. Mitt. *Anticoccidien-Aktivität von Imidazol-4.5-dicarbonsäureamid und verwandten Verbindungen.* (1. vgl. C. **1958.** 3885.) Es werden 7 *substituierte Imidazole* synthetisiert u. auf ihre Aktivität gegenüber *Eimeria tenella* geprüft. Die wirksamste Verb. ist *Imidazol-4.5-dicarbonsäurediamid* (**I**; *Glycarbylamid*). Substitution in 1- oder 2-Stellung vermindert die Aktivität, Ersatz einer oder beider $NH_2CO$-Gruppen vermindert die Wrkg. oder bringt sie zum Verschwinden.

V e r s u c h e: *4.5-Bis-[N-acetylcarbamyl]-imidazol*, $C_9H_{10}N_4O_4$, F. 259—260° ($CH_3OH$), durch 15std. Kochen von 2 g **I** mit Acetanhydrid/Essigsäure, Einengen u. Zugeben von W.; 2 g (Ausbeute). — *4.5-Bis-[N-propionylcarbamyl]-imidazol*, $C_{11}H_{14}N_4O_4$, F. 239—240° (A.). — *4-Acetylcarbamylimidazol-5-carbonsäureamid*, $C_7H_8N_4O_3$, F. 285° ($CH_3OH$), durch 60std. Stehen vorvorst. Verb. mit verd. NaOH. — *Imidazol-4.5-bis-[carbonsäuremethylamid]*, $C_7H_{10}N_4O_2$, F. 223°, aus Imidazol-4.5-dicarbonsäure (**II**) u. 40%ig. wss. $CH_3NH_2$. — *4.5-Dicyanimidazol*, F. 176—177° (W.; erweicht ab 173°), durch 2std. Erhitzen von 10 g **I** mit $POCl_3$ auf dem Wasserbad, Einengen u. Zugeben von Eiswasser u. $NaHCO_3$; 5,3 g. — *1-Äthylimidazol-4.5-dicarbonsäurediamid*, $C_7H_{10}N_4O_2$, F. 215—216° (absol. A.), durch 16std. Kochen von $NaOCH_3$, 27,3 g **II**-Methylester u. Äthyljodid in $CH_3OH$, Einengen u. 60std. Stehen mit konz. $NH_4OH$ bei Raumtemp.; 12,1 g. — *1-Benzylimidazol-4.5-dicarbonsäurediamid*, $C_{12}H_{12}N_4O_2$, F. 204—206° (Aceton u. $CH_3OH$), analog in 9 Std. mit Benzylbromid. (Proc. Soc. exp. Biol. Med. **98.** 167—70. Mai 1958. Rahway, N. J., Merck Inst. for Therapeut. Res., Merck Sharp & Dohme Res. Labors.)

R. PASEDAG. 3122

**Fernando Montanari**, *Untersuchungen über Benzimidazole.* 6. Mitt. *Azofarbstoffe.* (5. vgl. Boll. sci. Fac. Chim. ind. Bologna **11.** [1953.] 73.) Vf. berichtet über die färber. Eigg. u. Echtheitsmerkmale einiger *Azoderivv.* aus Benzimidazol, die Acetatcellulose u. Nylon in wss. Dispersionen färben. Ferner wird der von den aliphat. Ketten auf die Wasch- u. Schweißechtheit ausgeübte Einfl. erörtert.

V e r s u c h e: B e n z i m i d a z o l e: *1-Methyl-5-amino-* (**I**), $C_8H_9N_3$, F. 158 bis 159° (Bzl.), durch ca. 1std. Erhitzen von 1-Methyl-5-nitrobenzimidazol u. $SnCl_2 \cdot 2\,H_2O$ in konz. HCl auf dem Wasserbad, Sättigen mit wasserfreiem HCl-Gas u. Fällung mit 50%ig. KOH; Prismen, die sich an der rot färben. — *1-Cyclohexyl-5-nitro-*, $C_{13}H_{15}N_3O_2$, F. 145—146° (Ligroin), aus 0,7 g 2-Amino-4-nitro-N-cyclohexylanilin durch 3std. Kochen mit 98%ig. HCOOH u. Lösen des Eindampfrückstands in verd. NaOH; gelbe Schuppen; 0,67 g (Ausbeute). — *1-Cyclohexyl-5-amino-*, $C_{13}H_{17}N_3$, F. 167—168° (Bzl.), aus vorst. Verb. analog **I**; Prismen, die an der Luft braun werden; ca. 100%. — Durch Kuppeln der entsprechenden Diazoniumsalze mit den entsprechenden Komponenten in HCl, Puffern mit Na-Acetat, 2—24std. Stehen bei Raumtemp. u. vollständige Neutralisation mit Na-Acetat: *1-Methyl-5-[p-dimethylaminobenzolazo]-*, F. 235—236° (Toluol), orangegelbe Nadeln. — *1-Methyl-5-[p-diäthylaminobenzolazo]-*, F. 163° (Bzl), orangefarbene Prismen. — *1-Cyclohexyl-5-[p-dimethylaminobenzolazo]-*, F. 198—199° (Bzl.), orangefarbene Prismen. — *1-Cyclohexyl-5-[p-diäthylaminobenzolazo]-*, F. 167° (A.), orangefarbene Prismen. — *1-Cyclohexyl-5-[α-aminonaphthalinazo]-*, F. 184—185° (Toluol), rote Schuppen. — *1-Cyclohexyl-5-[β-aminonaphthalinazo]-*, F. 218—219° (Bzl.), rote Prismen. — Untersucht wurden ferner: *4-* u. *5-Dimethylaminobenzolazo-*; *4-* u. *5-Diäthylaminobenzolazo-*; *4-* u. *5-[α-Aminonaphthalinazo]-*; *4-* u. *5-[β-Aminonaphthalin-*

*azo*]-; *2-Phenyl-5-dimethylaminobenzolazo-*; *2-Phenyl-5-diäthylaminobenzolazo-*; *2-Phenyl-5-*[*α-aminonaphthalinazo*]-; *2-Phenyl-5-*[*β-aminonaphthalinazo*]-; *1-* u. *2-*[*p-Dimethylaminobenzolazophenyl*]-; *1-* u. *2-*[*p-Diäthylaminobenzolazophenyl*]-; *1-* u. *2-*[*p-α-Aminonaphthalinazophenyl*]-; *1-* u. *2-*[*p-β-Aminonaphthalinazophenyl*]*-benzimidazol*. (Gazz. chim. ital. **85**. 981—88. Juli/Aug. 1955. Bologna, Univ., Ist. di Chim. Industr.)
G. PLATZER. 3122

**Je. W. Wladsimirskaja,** *Synthese von Arylidenderivaten von Pseudothiohydantoin und Thiazolidindion.* Vf. untersucht die Bedingungen der Rk. von Benzaldehyd mit Chloressigsäure u. Thioharnstoff zu *5-Benzylidenpseudothiohydantoin* (**I**) u. stellt fest, daß optimale Ausbeuten an **I** bei Verwendung von 2 Mol Thioharnstoff je Mol Chloressigsäure u. Benzaldehyd erzielt werden, weil während der Rk. eine teilweise Zers. von Thioharnstoff eintritt. Für die Darst. von *5-Benzylidenthiazolidindion* (**II**) aus Benzaldehyd, Thioharnstoff u. Chloressigsäure in Ggw. von HCl werden ebenfalls die optimalen Bedingungen festgestellt. **II** wird auch durch Hydrolyse von **I** erhalten.

Versuche: *5-Benzylidenpseudothiohydantoin* (**I**), ein Gemisch aus 0,05 Mol Thioharnstoff, 0,0025 Mol Chloressigsäure u. 0,0025 Mol Benzaldehyd in 15 ml Eisessig wird ½ Std. gekocht u. die erkaltete Lsg. mit Soda alkal. gemacht; 75,6% (Ausbeute). — *5-Benzylidenthiazolidindion* (**II**), F. 240° (A.), a) ein Gemisch aus 0,05 Mol Chloressigsäure, 0,05 Mol Benzaldehyd, 0,1 Mol Thioharnstoff u. 0,15—0,2 Mol konz. HCl wird 4 Std. gekocht, das erkaltete Reaktionsgemisch mit W. versetzt u. der Nd. abfiltriert; 69%; b) durch Hydrolyse vorst. Verbindung. (Журнал Общей Химии [J. allg. Chem.] **27** (89). 2101—03. Aug. 1957. Lwow, Med. Inst.) H. KÜHNE. 3142

**D. O. Holland** und **P. Mamalis,** *Thiazolidine.* 1. Mitt. *Einige Reaktionen von 4-Benzyliden-2-thionothiazolidon-(5) mit Glycinderivaten.* Bei dem nach COOK u. POLLOCK (C. **1951**. I. 3045) aus 4-Benzyliden-2-thionothiazolidon-(5) (**I**) dargestellten *5-Phenyl-2-thionothiazolidin-4-carbonylglycin* (**II**) handelt es sich um die niedriger schm. *β-Form,* die mit *4-Benzyliden-4.5-dihydro-2-mercapto-5-oxoglyoxalinyl-(1)-essigsäure* (**VII**) verunreinigt ist. Die Umsetzung von *β*-**II** mit $CH_3J$/Alkali liefert *β-2-Methylmercapto-5-phenylthiazolin-4-carbonylglycin* (*β*-**IV**). Nebenher konnte das aus der Verunreinigung des Ausgangsmaterials stammende *S-Methylderiv.* (**III**) von **VII** isoliert werden. Der mit $CH_2N_2$ zugängliche *β*-**IV**-*Methylester* läßt sich mit amalgamiertem Al zu *β-5-Phenylthiazolidin-4-carbonylglycinmethylester* red., der mit NaOH die *freie Säure* (*β*-**V**) gibt. Beim Erhitzen von *β*-**V**-Methylester mit 6n HCl entsteht *β-5-Phenylthiazolidin-4-carbonsäurehydrochlorid,* beim Erhitzen von *β*-**V** bzw. beim Erhitzen von *β*-**V**-Methylester mit n-HCl auf 100° *5'-Phenylthiazolidino-*[*3'.4':1.2*]*-3.6-diketopiperazin.* Im Gegensatz zu COOK u. POLLOCK (l. c.) wurde bei der Umsetzung von **I** mit Glycin (**VI**)-Äthylester ein Gemisch aus *α*-**II**-*Äthylester* u. hauptsächlich *4-Benzyliden-4.5-dihydro-2-mercapto-5-oxoglyoxalinyl-(1)-essigsäure* (**VII**)-*Äthylester* erhalten. Die saure Hydrolyse von *α*-**II**-Äthylester liefert *α*-**II**, die alkal. Hydrolyse *β*-**II**. *α*-**II** geht bei alkal. Behandlung in *β*-**II** über. Analog reagiert **VI**-Methylester mit **I**. Die Methylierung von *α*-**II** mit $CH_3J$/Alkali führt dementsprechend zu *β*-**IV**. Bei der Rk. von **I** mit **VI**-Äthylester in Ggw. von 2-Aminopyridin wurde nur **VII**-Äthylester erhalten.

Versuche: *β-2-Methylmercapto-5-phenylthiazolin-4-carbonylglycin* (*β*-**IV**), $C_{13}H_{14}N_2O_3S_2$, F. 131—133° (wss. $CH_3OH$), a) durch 1 std. Rühren von 20 g *β*-**II** (aus **I** u. Na-**VI**) mit $CH_3J$ u. n-NaOH, Ansäuern mit HCl u. Extrahieren mit Chlf.; Nadeln; 12,25 g (Ausbeute); b) aus 0,25 g *α*-**II**; 0,1 g. *Methylester,* $C_{14}H_{16}N_2O_3S_2$, F. 80—81° (Ae.-PAe.), Nadeln. — *4-Benzyliden-4.5-dihydro-2-methylmercapto-5-oxoglyoxalinyl-(1)-essigsäure* (**III**), $C_{13}H_{12}N_2O_3S$, F. 208—209° (Chlf.-$CH_3OH$), a) neben *β*-**IV** nach a); Nadeln; b) aus **VII** mit $CH_3J$/n-NaOH. *Äthylester,* $C_{15}H_{16}N_2O_3S$, F. 122°, aus **VII**-Äthylester u. $(CH_3)_2SO_4$/NaOH. — *β-5-Phenylthiazolidin-4-carbonylglycin* (*β*-**V**), $C_{12}H_{14}N_2O_3S$, F. ca. 80° (Zers.; Essigester), aus dem Methylester mit wss.-äthanol. n-NaOH. *Methylester,* $C_{13}H_{16}N_2O_3S$, F. 104—105° (wss. A.), durch Stehen von *β*-**IV**-Methylester in $CH_3OH$ mit amalgamiertem Al, Zugeben von $CH_3OH$ u. Kochen; 63%. — *5'-Phenylthiazolidino-*[*3'.4':1.2*]*-3.6-diketopiperazin,* $C_{12}H_{12}N_2O_2S$, F. 203—204° (A.), durch 5 Min. Erhitzen von *β*-**V** auf 120—130°; Platten. — *β-5-Phenylthiazolidin-4-carbonsäure,* $C_{10}H_{11}NO_2S$, F. 214° (Zers.; W.), durch 6 std. Kochen von 0,5 g *β*-**V**-Methylester mit 6n HCl über das *Hydrochlorid* [$C_{10}H_{12}ClNO_2S$, F. 192—193° (A.-Ae.); 0,35 g]. — *α-5-Phenyl-2-thionothiazolidin-4-carbonylglycin* (*α*-**II**), $C_{12}H_{12}N_2O_3S_2$, F. 223—224° (wss. A.), durch 1 std. Kochen von 1 g *α*-**II**-Äthylester mit konz. HCl in W.-Dioxan; Nadeln; 0,7 g. *β*-**II**, F. 186—187° (wss. A.), a) durch Stehen von *α*-**II**-Äthylester mit n-NaOH über Nacht u. Ansäuern mit HCl; Nadeln; b) durch Stehen von *α*-**II** mit n-NaOH über Nacht. *S-Benzylisothiuroniumsalz,* $C_{20}H_{22}N_4O_3S_3$, F. 184—186° (Zers.), aus *α*- oder *β*-**II**. *α*-**II**-*Äthylester,* $C_{14}H_{16}N_2O_3S_2$, F. 230—231° (A.), durch 2 std. Kochen von 8,8 g **I** mit **VI**-

Äthylesterhydrochlorid u. n-NaOH in A. u. Stehen über Nacht; Nadeln; 0,98 g. α-II-*Methylester*, $C_{13}H_{14}N_2O_3S_2$, F. 207—208° ($CH_3OH$), durch 2std. Kochen von 2,2 g I u. VI-Methylesterhydrochlorid in n-NaOH; Nadeln; 0,7 g. — *4-Benzyliden-4.5-dihydro-2-mercapto-5-oxoglyoxalinyl-(1)-essigsäure* (VII), $C_{12}H_{10}N_2O_3S$, F. 257° (A.; erweicht ab 252°), aus 1 g Äthylester oder Methylester mit n-NaOH in 20 Min.; gelbe Nadeln; 0,7 g. *Äthylester*, $C_{14}H_{14}N_2O_3S$, F. 167—170° (A. oder $CH_3OH$), a) neben α-II-Äthylester; gelbe Plättchen oder Nadeln; 5,4 g; b) durch 5std. Kochen von 4,4 g I, VI-Äthylesterhydrochlorid u. 2-Aminopyridin in $CH_3OH$; 1,4 g. *Methylester*, $C_{13}H_{12}N_2O_3S$, F. 160 bis 161° ($CH_3OH$), neben α-II-Methylester; gelbe Prismen; 0,45 g. (J. chem. Soc. [London] **1958**. 4584—87. Dez. Betchworth, Surrey, Beecham Res. Labors. Ltd.)

R. PASEDAG. 3142

**D. O. Holland** und **P. Mamalis**, *Thiazolidine*. 2. Mitt. *Einige Reaktionen von 5-Phenyl-2-thionothiazolidin-4-carbonsäure.* (1. vgl. vorst. Ref.) Durch 30—45 Min. Erhitzen von 4-Benzyliden-2-thionothiazolidon-(5) (I) mit wss. $Na_2CO_3$ werden 20% *cis-* u. 50% *trans-5-Phenyl-2-thionothiazolidin-4-carbonsäure* (cis- u. trans-II) erhalten. Die höher schm. cis-II läßt sich alkal. in trans-II umlagern. Die cis-Formen sind mit den l. c. beschriebenen α-Formen, die trans-Formen mit den β-Formen identisch. *cis*-II-*Methyl-* bzw. *-Äthylester* lassen sich sauer zu *cis*-II verseifen, liefern aber bei alkal. Hydrolyse *trans*-II. Die trans-II-Ester lassen sich leicht umestern, trans-II ist schon mit $CH_3OH$ ohne Katalysator veresterbar. Bei Einw. von wss. $NH_4OH$ auf I entstehen *cis-* u. *trans*-II-*Amid*, von denen ersteres bei alkal. Hydrolyse wiederum trans-II, bei saurer Hydrolyse cis-II gibt. trans-II-Amid gibt in beiden Fällen trans-II. Aus trans-II-Methylester wird mit $NH_4OH$ trans-II-Amid, aus cis-II-Methylester ein Gemisch erhalten, aus dem das trans-II-Amid isoliert wurde. Für die Umlagerung wird ein Reaktionsmechanismus diskutiert. Die Umsetzung von trans-II-Methylester mit überschüssigem $N_2H_4 \cdot H_2O$ führt zu *5-Benzylidenhexahydro-6-oxo-3-thiono-1.2.4-triazin* (IV), das auch aus I u. $N_2H_4 \cdot H_2O$ synthetisiert u. als *Methylderiv.* charakterisiert wird. Aus 1 Mol trans-II-Methylester u. 1 Mol $N_2H_4 \cdot H_2O$ entsteht dagegen *trans*-II-*Hydrazid*, das bei Umsetzung mit $HNO_2$ und Glycin (VI)-Äthylester u. Hydrolyse des Esters *trans-5-Phenyl-2-thionothiazolidin-4-carbonylglycin* (trans-III) gibt. trans-III ist ident. mit der l. c. beschriebenen β-Verbindung. cis-III ist nach dieser Meth. nicht darstellbar, da aus dem Reaktionsgemisch von cis-II-Methylester nur IV isoliert werden konnte. trans-II liefert mit $(CH_3)_2SO_4$/NaOH ein öliges Gemisch, wahrscheinlich aus der *3-Methylverb.* u. *trans-2-Methylmercapto-5-phenylthiazolin-4-carbonsäure* (trans-V). trans-V wird jedoch aus trans-II mit $CH_3J$/NaOH erhalten u. liefert einen *Methylester* u. ein *Hydrazid*. Letzteres gibt über das *Azid* mit VI-Methylester *trans-2-Methylmercapto-5-phenylthiazolin-4-carbonylglycinmethylester*, der ident. ist mit dem Veresterungsprod. der entsprechenden β-Säure (vgl. l. c.). Aus cis-II wird mit $CH_3J$ *cis*-V gewonnen. Der *cis*-V-*Methylester* liefert aber mit $N_2H_4 \cdot H_2O$ *trans*-V-*Hydrazid*. Die Behandlung von cis-II mit $CH_2N_2$ führt zu cis-V-Methylester u. dem *N-Methylisomeren* (?). Aus trans-V-Methylester wird schließlich durch Red. mit amalgamiertem Al, Ringöffnung des *trans-5-Phenylthiazolidin-4-carbonsäuremethylesters* mit $HgCl_2$/wss. $CH_3OH$, Zers. des *Mercaptids* mit $H_2S$ u. HCl-Hydrolyse von *Phenylcysteinmethylesterhydrochlorid threo-Phenylcysteinhydrochlorid* dargestellt. Die UV-Spektren zeigen, daß die 2-Thioverbb. in alkoh. Lsg. in Form der 2-Thionothiazolidine u. nicht als 2-Mercaptothiazoline vorliegen.

Versuche: *cis-5-Phenyl-2-thionothiazolidin-4-carbonsäure* (cis-II), $C_{10}H_9NO_2S_2$, F. 235° (Zers.; wss. $CH_3OH$), a) durch 45 Min. Erhitzen von 30 g I mit wss. $Na_2CO_3$ auf dem Wasserbad, Heißfiltration u. Ansäuern mit HCl; Nadeln; 7,9 g (Ausbeute); b) durch 1½std. Kochen von 1,0 g des cis-Methylesters mit konz. HCl in W.-Dioxan; 0,8 g; c) analog b) aus 0,5 g cis-Äthylester; 0,38 g; d) durch 15std. Kochen von 0,5 g des cis-Amids mit konz. HCl in W.-Dioxan; 0,25 g. *cis-Methylester*, $C_{11}H_{11}NO_2S_2$, F. 163 bis 164° ($CH_3OH$), mit $CH_3OH$/HCl; Platten; 0,35 g aus 0,6 g. *cis-Äthylester*, $C_{12}H_{13} \cdot NO_2S_2$, F. 154—155° (A.), lange Nadeln; 4,35 g aus 5 g. *cis-Amid*, $C_{10}H_{10}N_2OS_2$, F. 240° (Zers.; $CH_3OH$), durch Stehen von 12 g I mit wss. $NH_4OH$ über Nacht; Blättchen; 4,3 g. *trans*-II, F. 175—176° (wss. Essigsäure oder wss. A.), a) neben cis-II nach a) aus dem $NaHCO_3$-Extrakt; Nadeln oder Platten; 14,8 g; b) durch 5std. Erhitzen von 0,5 g cis-II mit wss. $Na_2CO_3$ auf dem Wasserbad; 0,36 g; c) durch 10 Min. Erhitzen von 0,5 g cis-Methylester mit n-NaOH u. 3std. Stehen bei Raumtemp.; 0,35 g (daneben 50 mg cis-II); d) durch 1½std. Kochen von 1 g trans-Methylester mit verd. HCl; 0,75 g; e) aus 0,5 g trans-Äthylester mit HCl; 0,45 g; f) aus 0,2 g trans-Methylester mit n-NaOH über Nacht; 0,15 g; g) durch 2tägiges Stehen von 0,5 g cis-Amid mit n-NaOH; 0,33 g; h) aus trans-Amid mit HCl oder NaOH. *trans-Methylester*, F. 105—106° (wss. $CH_3OH$ oder Chlf.-PAe.), a) neben cis-II nach a) aus dem unlösl. Rückstand; Nadeln oder Blättchen; 5,1 g; b) aus 0,5 g trans-II mit $CH_3OH$/HCl bei 0°; 0,37 g; c) durch ½std.

Kochen von 2 g trans-**II** mit $CH_3OH$; 0,8 g; d) durch Stehen von 1,0 g trans-Äthylester in $CH_3OH$ in Ggw. von $NaOCH_3$ über Nacht; 0,55 g. *trans-Äthylester*, F. 112,5⁰ (wss. A.; sintert ab 99⁰), a) aus 1,0 g trans-**II** in A.; Nadeln oder Blättchen; 1,05 g; b) durch 1 std. Kochen von 1,0 g trans-Methylester in A. in Ggw. von $NaOC_2H_5$; 0,6 g. *trans-Amid*, F. 181—182⁰ ($CH_3OH$), a) neben cis-Amid; hellgelbe Nadeln; 7,5 g; b) durch 15 std. Stehen von 0,25 g cis-Methylester mit $NH_4OH$ (D. 0,88); 0,15 g; c) aus 0,20 g trans-Methylester; 0,19 g. *trans-Hydrazidhydrochlorid*, $C_{10}H_{12}ClN_3OS_2$, F. 206—207⁰ (Zers.), durch Stehen von 10 g trans-Methylester mit 2,1 ml 95%ig. $N_2H_4 \cdot H_2O$ in $CH_3OH$ bei 25⁰ u. Lösen der Nadeln in 2n HCl; Nadeln. *trans-Hydrazid*, $C_{10}H_{11}N_3OS_2$, F. 195—196⁰ (Zers.; A.); *Benzylidenderiv.*, $C_{17}H_{15}N_3OS_2$, F. 225—226⁰ (Zers.; A.), Prismen. — *5-Benzyliden-6-oxo-3-thionohexahydro-1.2.4-triazin* (**IV**), $C_{10}H_9N_3OS$, F. 263—265⁰ (Zers.; Essigsäure), a) durch 48 std. Stehen von 4,5 g **I** u. 6 ml 90%ig. $N_2H_4 \cdot H_2O$ in $CH_3OH$ bei Raumtemp. u. Lösen der *Verb. vom F. 182—184⁰* (Zers.; *inneres Salz von α-Benzyliden-α-dithiocarbaminoacethydrazid?*) in heißem W.; hellgelbe Nadeln; 3,0 g; b) durch Stehen von 1 g trans-**II**-Methylester u. 1 ml 90%ig. $N_2H_4 \cdot H_2O$ über Nacht, Verdünnen mit W. u. Erwärmen auf 40⁰; 0,55 g; c) neben trans-**II**-Hydrazid; 0,7 g. *Methylderiv.*, $C_{11}H_{11}N_3OS$, F. 164—165⁰ ($CH_3OH$), mit $CH_3J$/n-NaOH; gelbe Nadeln; 0,7 g aus 1,05 g. — *trans-5-Phenyl-2-thionothiazolidin-4-carbonylglycin* (trans-**III**), F. 185—186⁰ (Zers.; W.), a) durch Zugeben von $NaNO_2$ zu 2,8 g trans-**II**-Hydrazidhydrochlorid in W./n-HCl/Chlf. bei 0⁰, Stehen der Chloroformphase mit **VI**-Äthylester bei 0⁰ über Nacht, Einengen, 3 std. Rühren mit n-NaOH, Extrahieren mit Chlf. u. Ansäuern der wss. Phase; 0,85 g; b) analog, aber 1 std. Kochen mit konz. HCl in W.–Dioxan. *S-Benzylisothiuroniumsalz*, $C_{20}H_{22}N_4O_3S_3$, F. 183—184⁰ (A.). — *trans-2-Methylmercapto-5-phenylthiazolin-4-carbonylglycin*, F. u. Misch.-F. 130—132⁰ (Chlf.–PAe.), durch 3 std. Schütteln von trans-**III** mit $CH_3J$/n-NaOH; Nadeln, *trans-Methylester*, F. u. Misch.-F. 80—81⁰ (Ae.), durch Zugeben von $NaNO_2$ zu 1,35 g trans-**V**-Hydrazid in n-HCl u. Chlf. u. Rk. der Chloroformphase mit **VI**-Methylester über Nacht; 0,35 g. — *trans-2-Methylmercapto-5-phenylthiazolin-4-carbonsäure* (trans-**V**), $C_{11}H_{11}NO_2S_2$, F. 104—105⁰ (Chlf.–PAe.), durch 2 std. Rühren von 26 g trans-**II** mit $CH_3J$ in n-NaOH, Ansäuern mit verd. HCl u. Extrahieren mit Chlf.; Prismen; 22,5 g. *S-Benzylisothiuroniumsalz*, $C_{19}H_{21}N_3O_2S_3$, F. 158—159⁰ (Zers.; wss. $CH_3OH$). *trans-Hydrochlorid*, $C_{11}H_{12}ClNO_2S_2$, F. 166—167⁰ (A.–Ae.), Plättchen. *trans-Methylester*, $C_{12}H_{13}NO_2S_2$, $Kp._{0,2}$ 136⁰, mit $CH_2N_2$; hellgelb; 8,3 g aus 9 g. *trans-Hydrazid*, $C_{11}H_{13}N_3OS_2$, F. 99—100⁰ (wss. $CH_3OH$), a) aus dem trans-Methylester mit 95%ig. $N_2H_4 \cdot H_2O$; Nadeln; b) aus dem cis-Methylester mit 90%ig. $N_2H_4 \cdot H_2O$; *p-Nitrobenzylidenderiv.*, $C_{18}H_{16}N_4O_3S_2$, F. 194⁰ (Äthylcellosolve–$CH_3OH$), gelbe Prismen. *cis*-**V**, F. 137—138⁰ (Chlf.–PAe.), aus 6 g cis-**II** mit $CH_3J$/n-NaOH durch 2 std. Rühren u. 10 Min. Rühren mit konz. HCl; Nadeln; 3,1 g. *cis-Methylester*, F. 82—83⁰ (Ae.–PAe.), a) aus cis-**V** mit $CH_2N_2$; Nadeln; b) aus 1,5 g cis-**II** mit $CH_2N_2$; 0,58 g. — *cis-3-Methyl-5-phenyl-2-thionothiazolidin-4-carbonsäuremethylester* (?), F. 125—125,5⁰ (Ae.–$CH_3OH$), neben cis-**V**-Methylester nach b); Nadeln; 0,45 g. — *trans-5-Phenylthiazolidin-4-carbonsäuremethylester*, $C_{11}H_{13}NO_2S$, F. 76—77⁰ ($CH_3OH$–Ae.), durch Behandeln von 13 g trans-**V** mit $CH_2N_2$ u. 3 tägiges Stehen mit amalgamiertem Al in $CH_3OH$; Nadeln; 5,4 g. — *threo-Phenylcystein, Hydrochlorid*, $C_9H_{12}ClNO_2S$, F. 205—207⁰ [Zers.; Propanol-(2)/Ae.], durch ½ std. Kochen von 1,14 g Methylesterhydrochlorid mit verd. HCl; Blättchen; 0,73 g. *Methylesterhydrochlorid*, $C_{10}H_{14}ClNO_2S$, F. 184—185⁰ (Zers.; A.–Ae.), durch Zugeben von wss. $HgCl_2$ zu 2 g vorst. Verb. in wss. A. bei 80⁰, Behandeln des Nd. in A. mit $H_2S$ u. Filtrieren; 2,2 g. (J. chem. Soc. [London] **1958**. 4588—95. Dez.)

R. PASEDAG. 3142

**D. O. Holland** und **P. Mamalis**, *Thiazolidine*. 3. Mitt. *Die Reaktion von 2-Methylmercapto-5-phenylthiazolin-4-carbonsäure mit Thionylchlorid und Phosphorpentachlorid*. (2. vgl. vorst. Ref.) Trans-5-Phenyl-2-thionothiazolidin-4-carbonsäure (trans-**I**) liefert mit $SOCl_2$ oder $PCl_5$ in Chlf. oder Bzl. dunkle Öle, die mit Anilin (**II**) oder $NH_4OH$ nur teerige Prodd. geben. Dagegen entsteht aus trans-5-Phenyl-2-methylmercaptothiazolin-4-carbonsäure (trans-**III**) mit $PCl_5$ in Bzl. *α-[Methylmercaptothiocarbonylamino]-zimtsäure* (**V**)-*chlorid* u. daneben durch dessen Ringschluß *4-Benzyliden-2-methylmercaptothiazolinon-(5)* (**IV**). **V**-Chlorid liefert mit **II** **V**-*Anilid*. Das aus trans-**III**-Hydrazid über das *Azid* mit **II** zugängliche *trans*-**III**-*Anilid* gibt im Gegensatz zu **V**-Anilid mit weiterem **II** *2-Anilino-5-phenylthiazolin-4-carbonsäureanilid*. **V**-Chlorid setzt sich mit Glycin (**VI**)-Methylester u. nachfolgender alkal. Hydrolyse zu *4-Benzyliden-4.5-dihydro-2-mercapto-5-oxoglyoxalinyl-(1)-essigsäure* u. *N-[α-(Methylmercaptothiocarbonylamino)-cinnamoyl]-glycin* um, das als *Methylester* charakterisiert wurde. $SOCl_2$ gibt mit trans-**III** in Bzl. bei Raumtemp. eine lose *Komplexverb.*, die sich im Vakuum zers. u. beim Erhitzen unter $SO_2$- u. HCl-Entw. **IV** liefert. Dagegen reagiert $SOCl_2$ mit trans-**III** in Chlf. in der gleichen Weise wie $PCl_5$. Aus dem **V**-Chlorid wird mit $NH_4OH$ **V**-*Amid* erhalten. cis-**III** reagiert völlig analog. **V**-*Amid* läßt sich als *Monoacetylderiv.* charakterisieren u. sauer oder alkal. zu **V** hydrolysieren, das einen *Methylester* gibt. **V**-Methylester entsteht auch direkt aus **V**-Chlorid u. $CH_3OH$. Aus 4-Benzyliden-3-methyl-2-thionothiazolidinon-(5) (**VII**) u. Alkali bzw. $NH_4OH$ wurde *trans-3-Methyl-5-phenyl-2-thionothiazolidin-4-carbonsäure* bzw. deren *Amid* synthetisiert. Beide bzw. der *Methylester* sind nicht ident. mit **V** bzw. den entsprechenden Derivaten. Die UV-Spektren der Verbb. wurden zur Konstitutionsaufklärung herangezogen.

V e r s u c h e : *4-Benzyliden-2-methylmercaptothiazolinon-(5)* (**IV**), $C_{11}H_9NOS_2$, F. 97° (Bzl.-PAe., A. oder $CH_3OH$), a) durch 1½ std. Kochen von 2,5 g trans-**III** mit $PCl_5$ in absol. Bzl.; 0,4 g (Ausbeute); b) durch 10 Min. Schütteln von 2,5 g 4-Benzyliden-2-thionothiazolidon-(5) mit $CH_3J$ in n-NaOH; gelbe prismat. Nadeln; 1,6 g; c) analog b) mit $(CH_3)_2SO_4$. — *α-[Methylmercaptothiocarbonylamino]-zimtsäure* (**V**), $C_{11}H_{11}NO_2S_2$, F. 140—141° (wss. $CH_3OH$), durch 5 std. Kochen von 1,0 g des Amids mit wss. HCl u. Essigsäure; hellgelbe Prismen; 0,75 g. *Anilid*, $C_{17}H_{16}N_2OS_2$, F. 152—153°, a) durch 2 std. Stehen der Mutterlaugen der Darst. von **IV** nach a) mit **II**, Extrahieren mit verd. HCl, Einengen u. Zugeben von PAe.; gelbe Prismen; 0,3 g; b) durch 1 std. Kochen von 1,25 g trans-**III** mit $SOCl_2$ in Chlf., Einengen u. Rk. mit **II**; 0,90 g; c) durch 30 Min. Kochen von cis-**III** mit $SOCl_2$ in Chlf. u. Rk. mit **II**. *Amid*, $C_{11}H_{12}N_2OS_2$, F. 122—124° (wss. $CH_3OH$), a) aus 1,25 g trans-**III** u. $SOCl_2$ in Chlf. durch 16 std. Stehen des Rückstands mit $NH_4OH$ (D. 0,88) u. Zugeben von $CH_3OH$; Nadeln; 0,55 g; b) analog aus 1,25 g cis-**III**; 0,7 g; *Monoacetylderiv.*, $C_{13}H_{14}N_2O_2S_2$, F. 97—98° (wss. $CH_3OH$), cremefarbene Nadeln. *Na-Salz*, $C_{11}H_{10}NNaO_2S_2$, F. $>$290°, durch 4 std. Kochen des Amids mit NaOH in 50%ig. $CH_3OH$; Platten. *Methylester*, $C_{12}H_{13}NO_2S_2$, F. 66—67° (wss. $CH_3OH$ oder Ae.-PAe.), a) aus **V** mit $CH_2N_2$ in Essigester; cremefarbene Nadeln; b) aus 2,5 g trans-**III** u. $SOCl_2$ in Chlf. durch Stehen des Rückstands mit $CH_3OH$ über Nacht; 1,4 g. — *4-Benzyliden-4.5-dihydro-2-mercapto-5-oxoglyoxalinyl-(1)-essigsäure*, $C_{12}H_{10}N_2O_3S$, F. 255° (n-NaOH/HCl), aus trans-**III** u. $PCl_5$ nach Entfernung von **IV** durch 2 std. Stehen mit **VI**-Methylester u. $(C_2H_5)_3N$ in Chlf., Extrahieren mit verd. HCl, Einengen, 2 std. Stehen mit n-NaOH bei Raumtemp., Abfiltrieren von **IV**, Extrahieren der alkal. Lsg. mit Chlf., Ansäuern u. Zugeben von Chlf.; hellgelbe Nadeln. — *N-[α-(Methylmercaptothiocarbonylamino)-cinnamoyl]-glycin*, $C_{13}H_{14}N_2O_3S_2$, F. 184—185° (Chlf.-PAe. oder A.), a) neben vorst. Verb.; Nadeln; b) aus 1,5 g trans-**III** u. $SOCl_2$ in Chlf. analog; 1,1 g; c) aus 2,5 g cis-**III** u. $SOCl_2$; 0,6 g. *Methylester*, $C_{14}H_{16}N_2O_3S_2$, F. 86—87° (Ae.-PAe.), Nadeln. — *trans-2-Methylmercapto-5-phenylthiazolin-4-carbonsäure* (trans-**III**)-*Anilid*, F. 83—84° (Bzl.-Essigester/PAe.), durch Zugeben von $NaNO_2$ zu 1,35 g trans-**III**-Hydrazid in verd. HCl u. Chlf., Rk. der Chloroformphase mit **II** u. Chromatographie aus Bzl. an $Al_2O_3$; Nadeln; 0,3 g. *Amid*, F. 92—93° (Chlf.-PAe.), durch 16 std. Stehen von trans-**I**-Amid mit $CH_3J$ in n-NaOH bei 0° u. Extrahieren mit Chlf.; Nadeln. — *2-Anilino-5-phenylthiazolin-4-carbonsäureanilid*, $C_{22}H_{19}N_3OS$, F. 178° ($CH_3OH$), analog trans-**III**-Anilid, aber 20 Min. Kochen in Chlf.; cremefarbene Prismen; 0,88 g. — *Komplex zwischen trans*-**III** *u.* $SOCl_2$, F. 116° (Zers.; erweicht ab 101°), aus 2,5 g trans-**III** u. $SOCl_2$ in absol. Bzl. bei Raumtemp.; 2,35 g. 1 std. Kochen in $SOCl_2$ → 1,8 g **IV**. — *trans-3-Methyl-5-phenyl-2-thionothiazolidin-4-carbonsäure, Methylester*, F. 107—108° ($CH_3OH$), mit $CH_2N_2$; Nadeln. *Amid*, F. 131—132° ($CH_3OH$), a) durch 2 std. Erhitzen von 2,0 g **VII** u. $NH_4OH$ (D. 0,88) auf dem Wasserbad; Nadeln; 1,5 g; b) aus dem Methylester. (J. chem. Soc. [London] **1958**. 4596—4601. Dez.) R. PASEDAG. 3142

**D. O. Holland** und **P. Mamalis**, *Thiazolidine*. 4. Mitt. *Weitere Reaktionen von 2-Methylmercapto-5-phenylthiazolin-4-carbonsäure*. (3. vgl. vorst. Ref.) Die Hydrolyse von cis- bzw. trans-5-Phenyl-2-methylmercaptothiazolin-4-carbonsäure (cis- bzw. trans-**I**) mit HCl führt zu *erythro-* bzw. *threo-S-[Methylmercaptocarbonyl]-β-phenylcystein* (erythro- bzw. threo-**II**)-*Hydrochlorid*, die mit wss.-alkoh. Alkali *cis-* bzw. *trans-2-Oxo-5-phenylthiazolidin-4-carbonsäure* (cis- bzw. trans-**III**) liefern. *cis-* u. *trans*-**III**-*Methylester* werden sauer zu *cis-* u. *trans*-**III** verseift, alkal. hingegen erfolgt cis → trans-Umlagerung. Zur Bestätigung ihrer Konst. wurden cis- bzw. trans-**III** durch Behandlung von cis- bzw. trans-5-Phenyl-2-thionothiazolidin-4-carbonsäure (cis- bzw. trans-**IV**) mit Chloressigsäure (**V**) synthetisiert. Ebenso wurde aus cis-**IV**-Amid mit **V** *cis*-**III**-*Amid* dargestellt, während das trans-**IV**-Amid mit **V** nur trans-**III** gibt. *trans*-**III**-*Amid* wird aber aus trans-**III** mit $SOCl_2$ u. $NH_4OH$ bzw. aus trans-**III**-Methylester u. $NH_4OH$ erhalten. Bei der Rk. von 4-Benzyliden-2-methylmercaptothiazolinon-(5) (**VI**) mit wss.-alkoh. NaOH entsteht trans-**IV**, bei der Rk. von trans-**I** mit n-NaOH entstehen *5-Phenylthiazol-4-carbonsäure* (**VII**) u. *Phenylbrenztraubensäure*. **VII** liefert kein Hydrochlorid, das von COOK u. Mitarbeitern (C. **1951**. I. 3495) als Verb. vom F. 225° beschrieben wurde. Die Umsetzung von trans-**IV** mit alkal. $H_2O_2$ lieferte trans-**III** u. **VII**, während mit alkal. $KMnO_4$ nur **VII** entstand. trans-**III** ist gegen alkal. $KMnO_4$ stabil.

Versuche: *threo-S-[Methylmercaptocarbonyl]-β-phenylcystein* (threo-II), $C_{11}H_{13}\cdot NO_3S_2$, F. 164—168° (Zers.; wss. A.), durch 1std. Kochen von 1,25 g trans-I mit verd. HCl über das *Hydrochlorid* ($C_{11}H_{14}ClNO_3S_2$, F. 183—184° [Zers.; A.-PAe.], Nadeln; 1,35 g [Ausbeute]); Nadeln. *erythro-II-Hydrochlorid*, F. 185—186° (Zers.; A.-Ae.), aus 2 g cis-I; 1,75 g. — *trans-2-Oxo-5-phenylthiazolidin-4-carbonsäure* (trans-III), $C_{10}H_9NO_3S$, F. 194—195° (Zers.; W.), a) durch 2std. Stehen von threo-II in A. mit n-NaOH u. Neutralisieren mit n-HCl; Platten; b) durch 2std. Kochen von 2 g trans-IV u. V in W. u. mehrtägiges Stehen bei Raumtemp.; Nadeln; 1,4 g; c) durch 1std. Kochen von 1,0 g trans-III-Methylester mit verd. HCl; 0,9 g; d) durch 16std. Stehen von 0,5 g trans-III-Methylester in $CH_3OH$ mit n-NaOH; 0,4 g; e) analog d) aus cis-III-Methylester; f) durch Zutropfen von 30%ig. $H_2O_2$ zu 2,0 g trans-IV in 10%ig. NaOH u. Ansäuern. *trans-S-Benzylthiuroniumsalzmethanolat*, $C_{18}H_{19}N_3O_3S_2\cdot CH_3OH$, F. 130—132° (wss. $CH_3OH$), Nadeln. *trans-Methylester*, $C_{11}H_{11}NO_3S$, F. 94—95° (wss. $CH_3OH$ u. Essigester-PAe.), Prismen oder Nadeln. *trans-Amid*, $C_{10}H_{10}N_2O_2S$, F. 192—193° (wss. $CH_3OH$), a) durch Erwärmen von 1 g trans-Methylester mit $NH_4OH$ (D. 0,88) in $CH_3OH$ auf dem Wasserbad; 0,65 g; b) durch Kochen von 1,0 g trans-III mit $SOCl_2$ in Chlf., Einengen u. Behandeln mit $NH_4OH$; 0,9 g. *cis*-III, F. 225—226° (Zers.; wss. Essigsäure), a) aus 1,75 g erythro-II-Hydrochlorid; cremefarbene Blättchen oder prismat. Nadeln; 1,05 g; b) aus cis-IV u. V; c) aus 0,4 g cis-Methylester mit wss. HCl; 0,35 g. *cis-S-Benzylthiuroniumsalz*, $C_{18}H_{19}\cdot N_3O_3S_2$, F. 242—244° (Zers.; $CH_3OH$), Nadeln. *cis-Methylester*, F. 162—163° (Essigester-PAe.), *cis-Amid*, F. 219—221° (Zers.; wss. Essigsäure), durch 4std. Kochen von 5,0 g cis-IV-Amid mit V in W.; Prismen; 2,75 g. — *trans-5-Phenyl-2-thionothiazolidin-4-carbonsäure* (trans-IV), F. 156—160° (Chlf.-PAe.), durch 2std. Kochen von 1,0 g VI in A. mit n-NaOH; 0,35 g. *S-Benzylthiuroniumsalz*, $C_{18}H_{19}N_3O_2S_3$, F. 152—153° (wss. A.), Nadeln. — *5-Phenylthiazol-4-carbonsäure* (VII), $C_{10}H_7NO_2S$, F. 193—194° (Zers.; A., wss. $CH_3OH$ oder wss. Essigsäure), a) durch 5std. Kochen von 10 g trans-I mit n-NaOH; Nadeln; 6,0 g; b) neben trans-III nach f) (ohne Kühlung); 0,15 g aus 4,0 g; c) aus 2,5 g trans-III in wss. NaOH mit $KMnO_4$ bei 30°, 1std. Stehen, Filtrieren über Kieselgur u. Einstellen auf $p_H$ 4; 1,8 g. *Methylester*, $C_{11}H_9NO_2S$, F. 100—101° (wss. $CH_3OH$), Nadeln. *Hydrazid*, $C_{10}H_9N_3OS$, F. 183—184° ($CH_3OH$), Nadeln. — *Phenylbrenztraubensäure*, $C_9H_8O_3$, F. 142—145° (Zers.; W.), neben VII nach a); Prismen; 0,9 g. (J. chem. Soc. [London] **1958**. 4601—05. Dez.) R. PASEDAG. 3142

**F. P. Doyle, D. O. Holland, P. Mamalis** und **A. Norman**, *Thiazolidine*. 5. Mitt. *Synthese von β-Alkylcysteinen*. (4. vgl. vorst. Ref.) 4-Äthyliden-2-thionothiazolidon-(5) (XI) wird durch methanol. KOH in *trans-5-Methyl-2-thionothiazolidin-4-carbonsäure* (II) übergeführt, die als *Methylester* u. *Hydrazid* charakterisiert wurde u. mit $CH_3J/K_2CO_3$ das *2-Methylmercaptothiazolin* gibt. Letzteres wurde als *5-Benzylthiuroniumsalz* charakterisiert u. in Form des *Methylesters* mit Al-Amalgam zu *5-Methylthiazolidin-4-carbonsäuremethylester* entschwefelt. Letzterer liefert mit $HgCl_2/CH_3OH$ über das *Methylesterhydrochlorid threo-α-Amino-β-mercaptobuttersäure* (I; *β-Methylcystein, Thiothreonin*)-*Hydrochlorid*, das auch beim Erhitzen von II mit konz. HCl im Rohr entsteht. I wurde als *Methylesterhydrochlorid-S-benzylderiv.* u. *S-Benzyl-N-benzoylderiv.* charakterisiert, wobei letzteres entweder aus ersterem durch Benzoylierung u. Hydrolyse oder aus I-Methylester über das *N-Benzoylderiv.* durch Hydrolyse u. Benzylierung dargestellt wurde. Ein Vgl. der Derivv. zeigt, daß I mit Thiothreonin A von CARTER u. Mitarbeitern (J. biol. Chemistry **139**. [1941.] 247) im Gegensatz zu der Annahme von ARNSTEIN (C. **1958**. 14018) ident. ist. In Übereinstimmung damit gibt Allothreoninmethylesterhydrochlorid (XIII) mit Thiobenzoylmercaptoessigsäure (XIV) die *N-[Thiobenzoyl]-verb.* u. diese mit $SOCl_2$ unter Inversion an $C_{(3)}$ *trans-5-Methyl-2-phenylthiazolin-4-carbonsäuremethylester*, der sich mit HCl zu I hydrolysieren läßt. 4-Isobutyliden-2-thionothiazolidon-(5) gibt analog XI mit methanol. KOH *trans-5-Isopropyl-2-thionothiazolidin-4-carbonsäure* (V). Über die *2-Methylmercaptoverb.* (III), deren *Methylester* u. *5-Isopropylthiazolidin-4-carbonsäure* (IV)-*Methylester* wird wie oben *threo-α-Amino-β-mercaptoisohexansäure* (VI; *β-Isopropylcystein*)-*Hydrochlorid* erhalten. Letzteres gibt nur ein *N.S-Dibenzoylderiv.* u. beim Erwärmen mit Aceton *2.2-Dimethyl-5-isopropylthiazolidin-4-carbonsäure* (VII). V liefert glatt einen *Methylester* u. das entsprechende *Amid*, das mit $CH_3J$/Alkali III-*Amid* gibt. Die Na-Amalgamred. führt zu IV-*Amid*, das auch direkt aus IV-Methylester zugänglich ist. Durch Ringspaltung wird schließlich VI-*Amidhydrochlorid* u. daraus mit Aceton VII-*Amid* erhalten. Bei der Rk. von III mit $SOCl_2$ u. $NH_4OH$ wird *4-Methyl-2-[methylmercaptothiocarbonylamino]-penten-(2)-säureamid* gewonnen. Die aus 4-Isopropyliden-2-thionothiazolidon-(5) zugängliche *5.5-Dimethyl-2-thionothiazolidin-4-carbonsäure* (VIII) läßt sich nicht mit Al/HCl direkt reduzieren. Der *Methylester* liefert glatt das *Amid*. VIII wurde in die *2-Methylmercaptoverb.* (IX) übergeführt. Der IX-*Methylester* wurde auch aus VIII-Methylester mit $CH_2N_2$ erhalten, als *Pikrat* charakterisiert, mit Anilin (XII) in die

*2-Anilinoverb.* übergeführt u. mit Al-Amalgam zu *5.5-Dimethylthiazolidin-4-carbonsäuremethylester* reduziert. Dieser gibt mit $HgCl_2$ über den *Methylester Penicillamin* (**X**; *α-Amino-β-mercaptoisovaleriansäure*)-*Hydrochlorid*, das zu *2.2.5.5-Tetramethylthiazolidin-4-carbonsäure* cyclisiert wurde. Das aus **IX** mit heißer HCl zugängliche **X**-*S-Methylmercaptocarbonylhydrochlorid* liefert mit wss. NaOH *5.5-Dimethyl-2-oxothiazolidin-4-carbonsäure*, die auch aus **VIII** mit wss. Chloressigsäure erhalten wurde. Sie ist stabil gegen heiße HCl.

V e r s u c h e: *trans-5-Methyl-2-thionothiazolidin-4-carbonsäure* (**II**), $C_5H_7NO_2S_2$, F. 182—183° (Essigester–PAe.), durch Erwärmen von **XI** mit methanol. KOH, 24std. Stehen, Filtrieren, Einengen, Lösen in W., Ansäuern mit HCl u. Umfällen aus $NaHCO_3$; Prismen; 76% (Ausbeute). *Methylester*, $C_6H_9NO_2S_2$, F. 85—87° (wss. $CH_3OH$ u. Essigester–PAe.), mit $CH_3OH/H_2SO_4$; Prismen; 4,7 g aus 5,0 g. *Hydrazid*, $C_5H_9N_3OS_2$, F. 172° (Zers.; wss. $CH_3OH$), Prismen; 0,6 g aus 1,0 g. — *trans-5-Isopropyl-2-thionothiazolidin-4-carbonsäure* (**V**), $C_7H_{11}NO_2S_2$, F. 168—170° (W.), Nadeln; 72%. *Amid*, $C_7H_{12}N_2OS_2$, F. 152—153° (wss. $CH_3OH$), über den öligen *Methylester* mit konz. $NH_4OH$-$CH_3OH$; Nadeln; 1,8 g aus 10 g. — *5.5-Dimethyl-2-thionothiazolidin-4-carbonsäure* (**VIII**), $C_6H_9 \cdot NO_2S_2$, F. 148° (Chlf.–PAe.), Nadeln; 76%. *Methylester*, $C_7H_{11}NO_2S_2$, F. 106—107° (wss. $CH_3OH$), neben **VIII**. *Amid*, $C_6H_{10}N_2OS_2$, F. 175—177° (W.), Nadeln; 0,5 g aus 1,0 g. — *5-Methyl-2-methylmercaptothiazolin-4-carbonsäure*, durch 2std. Kochen von 5 g **II** mit $CH_3J$ u. $K_2CO_3$ in Aceton; Öl; 5 g. *S-Benzylthiuroniumsalz*, $C_{14}H_{19}N_3O_2S_3$, F. 149—150° (Dioxam), Nadeln. *Methylester*, $C_7H_{11}NO_2S_2$, Kp.$_{0,3}$ 93—95°, aus 5 g mit $CH_2N_2$/Ae.; $n_D^{18}$ 1,5485; 4,5 g. — *2-Methylmercapto-5-isopropylthiazolin-4-carbonsäure* (**III**), $C_8H_{13} \cdot NO_2S_2$, F. 74—75° (Chlf.–PAe.), durch 24std. Rühren von 8,7 g **V** mit $CH_3J$ in n-NaOH, Ansäuern mit konz. HCl u. Extrahieren mit Chlf.; Prismen; 4,2 g. *S-Benzylthiuroniumsalz*, $C_{16}H_{23}N_3O_2S_3$, F. 148—149° (wss. A.), Nadeln. *Amid*, $C_8H_{14}N_2OS_2$, F. 127—128° (wss. $CH_3OH$), aus **V**-Amid u. $CH_3J$/NaOH; Nadeln. *Methylester*, $C_9H_{15}NO_2S_2$, Kp.$_{1,5}$ 118 bis 120°; 15 g aus 15,8 g. — *4-Methyl-2-*[*methylmercaptothiocarbonylamino*]*-penten-(2)-säure*, *Amid*, $C_8H_{14}N_2OS_2$, F. 90—91° (PAe.), durch ³/₄std. Kochen von **III** mit $SOCl_2$ in Chlf., 24std. Stehen, Einengen, 24std. Stehen mit $NH_4OH$ (D. 0,88) in Bzl., Verdünnen mit Chlf. u. Ansäuern mit verd. HCl; cremefarbene Nadeln. *Anilid*, $C_{14}H_{18}N_2OS_2$, F. 97 bis 98°, Nadeln. — *5.5-Dimethyl-2-methylmercaptothiazolin-4-carbonsäure* (**IX**), $C_7H_{11} \cdot NO_2S_2$, F. 126° (Essigester), aus 12 g **VIII**; Prismen; 9,1 g. *Na-Salz*, $C_7H_{10}NNaO_2S_2$, F. > 280° (A.), Nadeln. *Methylester*, $C_8H_{13}NO_2S_2$, Kp.$_{0,15}$ 82—83°, a) aus 14 g **IX** mit $CH_2N_2$; 14,7 g; b) aus **VIII**-Methylester u. $CH_2N_2$; *Pikrat*, $C_{14}H_{16}N_4O_9S_2$, F. 107—108° (wss. A.), Nadeln. — *2-Anilino-5.5-dimethylthiazolin-4-carbonsäuremethylester*, $C_{13}H_{16} \cdot N_2O_2S$, F. 160—161° (A.), durch 6std. Erhitzen von 2,2 g **IX**-Methylester mit **XII** auf 95°; Nadeln; 0,6 g. — *5-Isopropylthiazolidin-4-carbonsäure* (**IV**)-*Methylester*, $C_8H_{15}NO_2S$, Kp.$_{0,5}$ 67—68°, durch 24std. Stehen von 10,0 g **III**-Methylester mit Na-Amalgam in $CH_3OH$; hellgelb; 4,8 g. *Methylesterhydrochlorid*, $C_8H_{16}ClNO_2S$, F. 133—134° ($CH_3OH$–Ae.), Nadeln. *Amid*, $C_7H_{14}N_2OS$, F. 126—127° (wss. $CH_3OH$), a) aus 20 g **III**-Amid; Nadeln; 10 g; b) aus 0,45 g **IV**-Methylester mit $NH_4OH$-$CH_3OH$ in 24 Std.; 0,35 g. — *5-Methylthiazolidin-4-carbonsäure*, *Methylester*, $C_6H_{11}NO_2S$, Kp.$_{0,5}$ 66—67°, $n_D^{20}$ 1,5050; 4,4 g aus 10,0 g. *Hydrazid*, $C_5H_{11}N_3OS$, F. 111—113°. — *β-Methylcystein* (**I**; *Thiothreonin*), *Hydrochlorid*, $C_4H_{10}ClNO_2S$, F. 184—185° ($CH_3OH$–Ae.), a) durch 2½std. Kochen des Methylesterhydrochlorids mit 5n HCl; Nadeln; b) durch 60std. Erhitzen von 5,0 g **II** mit konz HCl im Rohr auf 110—120°; 1,8 g. *Methylesterhydrochlorid*, $C_5H_{12} \cdot ClNO_2S$, F. 138—139° [Propanol-(2)], durch 2std. Kochen vorst. Methylesters mit 10%ig. $HgCl_2$ in $CH_3OH$, 1std. Einleiten von $H_2S$, Filtrieren u. Einengen. *S-Benzylmethylesterhydrochlorid*, $C_{12}H_{18}ClNO_2S$, F. 131—132° [A.–Ae. oder Propanol-(2)], a) durch 1std. Stehen von 3,7 g Methylesterhydrochlorid mit $(C_2H_5)_3N$ u. Benzylbromid in Chlf.; Nadeln; 3,5 g; b) aus 11,5 g der S-Benzylverb. mit $CH_3OH$/HCl bei Raumtemp. in 24 Std.; 10,8 g. *N-Benzoyl-S-benzylmethylester*, $C_{19}H_{21}NO_3S$, F. 88—89° (Essigester–PAe.), aus 1,4 g S-Benzylmethylesterhydrochlorid; Nadeln; 1,65 g. *N.S-Dibenzoylmethylester*, $C_{19}H_{19}NO_4S$, F. 89—90° (Ae.–PAe ), aus 1,9 g Methylesterhydrochlorid; 1,45 g. Daneben *N-Benzoylmethylester*, $C_{12}H_{15}NO_3S$, F. 84—85° (Ae.–PAe.), Nadeln. *N-Benzoylverb.*, $C_{11}H_{13}NO_3S$, F. 149—150° (wss. A.), aus dem N-Benzoylmethylester; Nadeln. *N-Benzoyl-S-benzylverb.*, $C_{18}H_{19}NO_3S$, F. 142—144° (Bzl. oder wss. $CH_3OH$), a) durch 30 Min. Kochen von 1,5 g N-Benzoyl-S-benzylmethylester mit wss. HCl–Essigsäure; Platten oder Nadeln; 1,05 g; b) aus 2,4 g der N-Benzoylverb.; 2,5 g; c) aus der S-Benzylverb.; *N-Benzoyl-S-benzylphenäthylaminsalz*, $C_{26}H_{30}N_2O_3S$, F. 165—167° (Essigester–A.), Nadeln. *S-Benzylverb.*, F. 171—173°, aus **I** in fl. $NH_3$; 80%. — *N-Benzoyl-S-benzylthiothreonin B*, F. 183—185°, aus S-Benzylthiothreonin B. *S-Benzylthiothreoninmethylesterhydrochlorid B*, F. 171°, Nadeln. — *N-Thiobenzoyl-DL-allothreonin*, $C_{11}H_{13} \cdot NO_3S$, F. 137—138° (Zers.; Essigester–PAe.), durch 24std. Stehen von **XIII** u. **XIV** in

Pyridin/$(C_2H_5)_3N$ über den *Methylester* ($C_{12}H_{15}NO_3S$, F. 66—67° [Ae.-PAe.], hellgelbe Prismen; 48%); cremefarbene Prismen. — *trans-5-Methyl-2-phenylthiazolin-4-carbonsäuremethylester, Hydrochlorid*, $C_{12}H_{14}ClNO_2S$, F. 165—167° (Chlf.-PAe.; erweicht ab 160°), durch 30 Min. Stehen vorst. Methylesters mit $SOCl_2$ bei 0°; Nadeln; 53%. 4std. Kochen mit 3n HCl unter $N_2$ u. Behandeln mit $(C_2H_5)_3N$ → 63% **I** (F. 184—186° [Zers.]. *Pikrat*, $C_{18}H_{16}N_4O_9S$, F. 183—184° (Zers.; W.), gelbe Prismen. — *β-Isopropylcystein* (**VI**)-*Hydrochlorid*, $C_6H_{14}ClNO_2S$, F. 180—182°. *Hydrochloridhydrat*, $C_6H_{14}ClNO_2S \cdot H_2O$, F. 142—144° (absol. A.-Chlf.-PAe.; erweicht ab 90°), durch 3std. Kochen des Methylesterhydrochlorids mit verd. HCl unter $CO_2$; Nadeln. *Methylesterhydrochlorid*, $C_7H_{16}$·$ClNO_2S$, F. 169—170° (Zers.; $CH_3OH$-Ae.), aus 10,5 g **IV**-Methylester mit $HgCl_2/CH_3OH$; Nadeln; 10,1 g. *N.S-Dibenzoylmethylester*, $C_{21}H_{23}NO_4S$. F. 96—97° (A.-PAe.), Nadeln; 1,0 g aus 2,1 g. *Amidhydrochlorid*, $C_6H_{15}ClN_2OS$, F. 179—181° (Zers.), aus 5 g **IV**-Amid u. $HgCl_2$; 1,5 g. — *2.2-Dimethyl-5-isopropylthiazolidin-4-carbonsäure* (**VII**)-*Amidhydrochlorid*, $C_9H_{19}ClN_2OS$, F. 199—200° (Zers.; $CH_3OH$-Aceton), durch 10 Min. Erhitzen von 1,0 g **VI**-Amidhydrochlorid, $CH_3OH$ u. Aceton auf 100°; Nadeln; 0,8 g. *Hydrochlorid*, $C_9H_{18}ClNO_2S$, F. 202—204° (Zers.; Aceton-A.), durch Kochen von 0,45 g **VI**-Hydrochlorid in Aceton; Nadeln; 0,4 g. — *5.5-Dimethylthiazolidin-4-carbonsäuremethylester*, $C_7H_{13}NO_2S$, F. 43—44° (PAe.), Kp.$_{0,2}$ 70—75°, aus 21,5 g **IX**-Methylester mit Na-Amalgam; Prismen; 12,1 g. — *β.β-Dimethylcystein* (**X**)-*Methylesterhydrochlorid*, $C_6H_{14}$·$ClNO_2S$, F. 169—171° ($CH_3OH$-Ae.), aus 15 g vorst. Verb. mit $HgCl_2/CH_3OH$; Nadeln; 8,0 g. *S-Methylmercaptocarbonylhydrochlorid*, $C_7H_{14}ClNO_3S_2$, F. 186—187° (Zers.; A.), durch 3std. Kochen von 3 g **IX** mit verd. HCl unter $CO_2$; 2,0 g. — *2.2.5.5-Tetramethylthiazolidin-4-carbonsäurehydrochlorid*, $C_8H_{16}ClNO_2S$, F. 208—209° (Zers.; Aceton-A.), durch 3std. Kochen von 4,3 g **X**-Methylesterhydrochlorid mit 5n HCl unter $N_2$, Einengen u. ½std. Kochen von **X**-Hydrochlorid mit Aceton; Nadeln; 3,0 g. — *5.5-Dimethyl-2-oxothiazolidin-4-carbonsäure*, $C_6H_9NO_3S$, F. 180—181° (W.), a) durch 3std. Stehen von **X**-S-Methylmercaptocarbonylhydrochlorid mit n-NaOH; Nadeln; b) durch 4std. Kochen von **VIII** mit wss. Chloressigsäure u. 24std. Stehen. (J. chem. Soc. [London] **1958**. 4605—14. Dez.) R. PASEDAG. 3142

**A. C. Mehta** und **T. R. Seshadri**, *Synthesen in der Benzopyronreihe*. 56. Mitt. *Eine neue Synthese von 7-Hydroxychromeno-[3'.4':2.3]-chromon*. (55. vgl. C. **1959**. 7122.) Das aus 2.4-Dihydroxy-2'-methoxyphenylbenzylketon mit Äthoxyacetylchlorid (**I**) in Pyridin dargestellte *2-Äthoxymethyl-7-hydroxy-2'-methoxyisoflavon* liefert mit HBr-Eisessig *2-Brommethyl-7.2'-dihydroxyisoflavon*, aus dem durch Ringschluß mit $K_2CO_3$ in Aceton *7-Hydroxychromeno-[3'.4':2.3]-chromon* erhalten wird.

Versuche: *2-Äthoxymethyl-7-hydroxyisoflavon*, $C_{18}H_{16}O_4$, F. 146—147°, aus 5 g ω-Phenylresacetophenon u. **I** in Pyridin bei 0° (24 Std.), Ringschluß des rohen Diketons mit sd. 10%ig. $Na_2CO_3$ (2 Std.) u. Ansäuern; aus Ae. Prismen; 3 g (Ausbeute). — *2-Brommethyl-7-hydroxyisoflavon*, F. 246—247°, aus 1 g vorst. Verb. u. HBr-Eisessig erst bei n. Temp. (12 Std.), dann auf dem Wasserbad (³/₄ Std.); aus Äthylacetat-PAe. Prismen; 0,8 g. — *2-Äthoxymethyl-7-hydroxy-2'-methoxyisoflavon*, $C_{19}H_{18}O_5$, F. 168 bis 170°, aus 5 g 2.4-Dihydroxy-2'-methoxyphenylbenzylketon u. **I**; aus Ae. Prismen; 3,2 g. — *2-Brommethyl-7.2'-dihydroxyisoflavon*, $C_{16}H_{11}BrO_4$, F. 213—214° (Zers.), aus 1 g vorst. Verb. u. HBr-Eisessig; aus Äthylacetat Prismen; 0,8 g. — *7-Hydroxychromeno-[3'.4':2.3]-chromon*, F. 240—242° (Zers.), aus 0,3 g vorst. Verb. u. $K_2CO_3$ in sd. Aceton (10 Std.); aus A. Nadeln; 0,2 g. (Proc. Indian Acad. Sci., Sect. A **42**. 192—94. Okt. 1955. Delhi, Univ., Dep. of Chem.) E. HANSCHKE. 3211

**J. M. Sehgal**, **T. R. Seshadri** und **K. L. Vadehra**, *Synthesen in der Benzopyronreihe*. 57. Mitt. *Synthese von 5.6.7.8.4'-Pentamethoxyflavanon und -flavon: Die Konstitution des Ponkanetins*. (56. vgl. vorst. Ref.) Durch Kondensation von Pentamethoxybenzol mit p-Methoxycinnamoylchlorid erhalten Vff. *2-Hydroxy-3.4.5.6.4'-pentamethoxychalkon* (**I**), das mit alkoh. $H_2SO_4$ in *5.6.7.8.4'-Pentamethoxyflavanon* (**II**) u. mit $SeO_2$ in das entsprechende *Flavon* übergeführt wird. **II** ist nicht ident. mit dem von ICHIKAWA u. YAMASHITA (J. chem. Soc. Japan **62**. [1941.] 1006) aus Citrus poonensis Hort isolierten Ponkanetin.

Versuche: *2-Hydroxy-3.4.5.6.4'-pentamethoxychalkon* (**I**), $C_{20}H_{22}O_7$, F. 91—92°, durch Zugeben von p-Methoxycinnamoylchlorid zu 5 g Pentamethoxybenzol in $AlCl_3$ in absol. Ae. (¹/₂ Std.) u. Stehen über Nacht; aus PAe. orangegelbe Prismen u. Nadeln; 2,7 g (Ausbeute); $FeCl_3$-Rk. in A. bräunlichrot. — *2.3.4.5.6.4'-Hexamethoxychalkon*, $C_{21}H_{24}O_7$, F. 105—106°, aus **I**, Dimethylsulfat u. $K_2CO_3$ in Aceton; aus PAe. strohfarbene Blättchen. — *5.6.7.8.4'-Pentamethoxyflavanon* (**II**), $C_{20}H_{22}O_7$, F. 108—109°, aus 2 g **I** u. sd. alkoh. $H_2SO_4$ (30 Std.); aus Ae. Nadeln u. Platten; 1,2 g; Farb-Rk. mit Mg u. HCl rosa, mit konz. $HNO_3$ orangerot. — *5.6.7.8.4'-Pentamethoxyflavon*, $C_{20}H_{20}O_7$, F. 150—151°, aus 2 g I u. $SeO_2$ in sd. Amylalkohol (40 Std.); aus Äthylacetat–PAe. Prismen u. Stäbe; 0,8 g. (Proc. Indian Acad. Sci., Sect. A **42.** 252—54. Nov. 1955.) E. HANSCHKE. 3211

**Shin'ichrô Fujise, Haruo Tatsuta** und **Sumu Matsueda,** *Flavanonuntersuchungen.* 30. Mitt. *Darstellung wasserlöslicher Flavanone.* (29. vgl. C. **1959.** 2451.) 7-Methoxy-4'-hydroxy- (I), 4'-Hydroxy- (II) u. 7-Hydroxyflavanon (III) werden in die *K-*, *Na-* u. *$NH_4$-Salze* der *Schwefelsäureester* übergeführt.

Versuche: *K-7-Hydroxyflavanonsulfat,* $C_{15}H_{11}KO_6S$, F. 280° (Zers.), aus III in Pyridin mit $H_2SO_4$ (15 Min. bei 110°), Zusatz von Methanol u. Aussalzen aus dem Filtrat mit geschmolzenem K-Acetat; 52,4% (Ausbeute). — *K-7-Methoxy-4'-hydroxyflavanonsulfat,* analog vorst. Verb. aus I; gibt mit sd. 2n HCl I zurück; 97,3%. *Na-Salz,* $C_{16}H_{13}NaO_7S$, F. 285°, Plättchen. *$NH_4$-Salz,* $C_{16}H_{17}NO_7S$, F. 265—269°, Plättchen. — *K-4'-Hydroxyflavanonsulfat,* F. 216—218°, aus II analog vorvorst. Verb.; Plättchen. Gibt mit sd. 2n HCl II u. *4-Hydroxychalkon.* (J. chem. Soc. Japan, pure Chem. Sect. [Nippon Kagaku Zassi] **79.** 1014—17. Aug. 1958. Sendai, Tôhoku-Univ., Naturwiss. Fak. [Orig.: japan.]) E. MAEKAWA. 3211

**F. Runge, A. Jumar** und **P. Held,** *Über einige unsymmetrische Disulfide. 2-Mercaptopyridin* (I) wurde durch Rk. von 2-Brompyridin mit KSH in Glykol bei 170° oder durch Schwefelung von Pyridon-(2) mit $P_2S_5$ dargestellt. *4-Mercaptopyridin* (II) wurde durch Behandlung von Pyridylpyridiniumchlorid mit $H_2S$ in Pyridin erhalten. Durch Rk. der Mercaptane mit Arylsulfenylchloriden wurden heterocycl.-aromat. *Disulfide* dargestellt. Das Reaktionsprod. aus I, das als Pyridinthion-(2) vorliegt, u. Sulfenylchlorid wurde IR-spektroskop. als *Disulfid* identifiziert. Die IR-Spektren von I u. *Pyridyl-(2)-phenyldisulfid* (IV) sind angegeben. Die Umsetzung von Arylsulfenylchloriden mit I-Na ergab bessere Ausbeuten an reineren Pyridyl-(2)-disulfiden. II wurde ohne Lösungsm. mit den Arylsulfenylchloriden zur Rk. gebracht. *Pyridyl-(4)-disulfide* ergeben mit 4.4'-Dichlordiphenyldisulfimid in Aceton–Ae. krist. Salze, *Pyridyl-(2)-disulfide* nicht. *Pyridyl-(2)-aryldisulfidhydrochloride* werden in abgestuft saurer Lsg. eher als die *Pyridyl-(4)-derivv.* hydrolysiert. 6-Methyl-2-mercaptopyridin (III) wurde durch Rk. von 6-Methyl-2-brompyridin mit KSH oder Thioharnstoff dargestellt. III liegt in der tautomeren Form als *Thion* vor. Durch Rk. von III-Na mit Arylsulfenylchloriden wurden die entsprechenden *Disulfide* erhalten. Die dargestellten *Pyridylaryldisulfide* sind therm. labil. Bei Destillationsverss, konnten im Destillat stets die durch Radikaldissoziation entstandenen *symm. Disulfide* nachgewiesen werden. Beim Erhitzen zeigen die dargestellten Disulfide Thermochromie. Sie zerfallen zu freien Thiylradikalen, die sich beim Abkühlen wieder vereinigen; dabei entstehen auch die beiden *symm. Disulfide.* Die farblose Schmelze von IV beginnt sich bei 50—70° zu verfärben, über 150° liegt eine orangegelbe Fl. vor. Beim Abkühlen hellt sich die Farbe auf, es tritt weder Farblosigkeit noch Rekristallisation auf; aus dem Prod., das sich nicht mehr vollständig in konz. HCl löst, wurden *Diphenyl-* u. *Dipyridyldisulfid* isoliert. Pyridylaryldisulfide lösen sich in konz. $H_2SO_4$ unter Violett- bis Blaufärbung, die auf Thianthrenbldg. hinweist. Aus dem mit konz. $H_2SO_4$ behandelten *Pyridyl-(2)-4'-tolyldisulfid* konnte *Dimethylthianthren* isoliert werden. Die dargestellten Pyridylaryldisulfide lassen sich mit Zn u. HCl red.; es tritt sofort der Geruch nach Thiophenol auf. Durch GRIGNARD-Rk. von Halogenthiophen, Rk. mit S, Überführung des 2-Mercaptothiophen–Mg-Halogenids mit HCl in *2-Mercaptothiophen* u. Rk. mit Sulfenylchlorid bei —5° in Chlf. oder $CCl_4$ wurden *Thienylaryldisulfide* dargestellt. Auch durch direkte Rk. des 2-Mercaptothiophen–Mg-Halogenids mit Sulfenylchloriden wurden obige *Disulfide* erhalten, die als *Dichlormercuriderivv.* charakterisiert wurden. Durch Rk. von 2-Mercaptothiophen mit $Cl_2$ bei —15° u. Umsetzung des erhaltenen Sulfenylchlorids mit I wurde *Pyridyl-(2)-thienyl-(2')-disulfidhydrochlorid* erhalten; die freie Base ist tiefrot u. instabil. Die Red. mit Zn u. HCl liefert die beiden heterocycl. Thiole.

Versuche: Disulfide: *Pyridyl-(2)-phenyl-* (IV), $C_{11}H_9NS_2$, F. 48—49° (PAe.), a) durch Zugabe von 0,1 Mol I zu 0,11 Mol Benzolsulfenylchlorid (VI) unter Rühren bei 0—5°, Verreiben der erstarrten M. mit absol. Ae., Filtrieren, Zers. des Hydrochlorids mit verd. NaOH u. fraktionierte Fällung mit HCl aus Ae.; b) durch Zugabe von 0,1 Mol NaOH zu 0,1 Mol I in $CH_3OH$, Schütteln unter Luftabschluß bis zur Lsg., Eindampfen unter $N_2$ im Vakuum auf dem Wasserbad, Trocknen über $P_2O_5$, Pulverisieren unter Ae., Zugabe von 0,1 Mol VI unter Rühren unterhalb 10° u. Absaugen; 83,5% (Ausbeute). *Pikrat,* F. 126° (wss. A.). — *Pyridyl-(2)-2'-tolyl-,* $C_{12}H_{11}NS_2$, Fl., analog IV nach b); 88%. — *Pyridyl-(2)-4'-tolyl-,* F. 40—41° (PAe.), analog IV; 85%. — *Pyridyl-(2)-4'-chlorphenyl-,* $C_{11}H_8ClNS_2$, gelbliche Fl., analog IV; 81,3%. — *6-Methylpyridyl-(2)-phenyl-,* $C_{12}H_{11}NS_2$, Fl., analog IV; 88%. — *6-Methylpyridyl-(2)-2'-tolyl-,* $C_{13}H_{13}NS_2$, Fl. analog IV; 85,3%. — *6-Methylpyridyl-(2)-4'-tolyl-,* F. 38—39° (PAe.), analog IV; 89,5%. — *6-Methylpyridyl-(2)-4'-chlorphenyl-,* $C_{12}H_{10}ClNS_2$, gelbliche Fl., analog IV; 78,6%. — *6.6'-Dimethyldipyridyl-(2.2')-,* $C_{12}H_{12}N_2S_2$, gelbliche Fl., analog IV; 63,8%. — *Pyridyl-*

*(4)-phenyl-* (**V**), $C_{11}H_9NS_2$, F. 38° (Ae.), durch portionsweise Zugabe von 0,05 Mol **II** zu 0,055 Mol **VI** bei 0° unter Rühren u. Aufarbeitung analog **IV** nach a); 89,5%. *Bis-[4-chlorphenyl]-disulfimid*, F. 161° (Aceton), durch Vereinigen der Lsgg. von Bis-[4-chlorphenyl]-disulfimid u. **V** in Aceton–Ae. (1:2) u. Stehen. — *Pyridyl-(4)-2'-tolyl-*, $C_{12}H_{11}NS_2$, Fl., analog **V**; 91%. *Bis-[4-chlorphenyl]-disulfimid*, F. 144° (Ae.–Aceton). — *Pyridyl-(4)-4'-tolyl-*, F. 36°, analog **V**; 88%. *Bis-[4-chlorphenyl]-disulfimid*, F. 170° (Aceton–Ae.), F. 180° (gelbe Nadeln aus A.). — *Pyridyl-(4)-4'-chlorphenyl-*, $C_{11}H_8ClNS_2$, gelbliche Fl., analog **V**; 91%. *Bis-[4-chlorphenyl]-disulfimid*, F. 182° (Aceton–Ae.). — *Thienyl-(2)-phenyl-* (**VII**), $C_{10}H_8S_3$, gelbliche Fl., a) durch Zutropfen von 0,1 Mol **VI** in $CCl_4$ zu 0,1 Mol 2-Mercaptothiophen in $CCl_4$ bei 0°; b) durch Zutropfen von 0,097 Mol **VI** in Ae. zu 0,1 Mol Thiophen-2-mercapto-MgJ in Ae. unter jeweiligem Abwarten der Entfärbung, Filtrieren u. Absaugen des Ae. im Vakuum; ca. 100%. *Dichlormercuriverb.*, $C_{10}H_6Cl_2HgS_3$, Zers. bei 200° unter Sublimation (gelb) durch Schütteln von **VII** mit gesätt. $HgCl_2$-Lsg. in W.–A. (4:1) u. Na-Acetat, 2tägiges Stehen, Filtrieren u. Digerieren mit sd. Aceton als Rückstand; 93,5%. — *Thienyl-(2)-2'-tolyl-*, $C_{11}H_{10}S_3$, gelbliche Fl., analog **VII**; 100%. *$HgCl_2$-Verb.*, $C_{11}H_8Cl_2HgS_3$, gelb. — *Thienyl-(2)-4'-tolyl-*, gelbliche Fl., analog **VII**; 100%. *$HgCl_2$-Verb.*, sublimiert bei 200° unter Zers., gelb. — *Thienyl-(2)-4'-chlorphenyl-*, $C_{10}H_7ClS_3$, gelbliche Fl., analog **VII**; 100%. *$HgCl_2$-Verb.*, $C_{10}H_5Cl_3HgS_3$, gelb. —*Pyridyl-(2)-thienyl-(2')-*, $C_9H_7NS_3$, rote Fl., durch Einleiten von 0,1 Mol $Cl_2$ in $CCl_4$ bei —10°, Zutropfen von 0,1 Mol 2-Mercaptothiophen in $CCl_4$ bei —15°, Absaugen von HCl u. $CCl_4$ im Vakuum, Zugabe von 0,1 Mol **I** unter Kühlung, Zerstoßen, Extraktion mit kalter konz. HCl, Filtrieren, Verdünnen, Alkalisieren unter Kühlung, Ätherextraktion, fraktionierte Fällung des Extrakts mit HCl u. Zers. des Hydrochlorids wie oben; 73%. *$HgCl_2$-Verb.-Hydrochlorid*, $C_9H_6Cl_3HgNS_3$, gelb. (J. prakt. Chem. [4] **8** (**280**). 44—54. Febr. 1959. Halle-Wittenberg, Univ., Inst. für techn. Chem.; Magdeburg, VEB Fahlberg-List, Biol. Inst.) H. BERTSCH. 3231

**Dragutin Barković** und **Margita Rill-Cerkovnikov**, *Untersuchungen über die Reaktionsprodukte einiger Farbreaktionen der organischen Basen mit Brom. 1. Mitt. über die Perbromide einiger Chinolinderivate.* Durch Einw. von HBr u. $Br_2$ oder HBr u. $H_2O_2$ auf Chinolinderivv. wurden *Perbromide* der allg. Zus. Base·HBr·x Br (x = 1—3) erhalten. Die Perbromide unterscheiden sich untereinander in der Farbe nicht genügend, um zur Unterscheidung u. Identifizierung der einzelnen Verbb. dienen zu können.

Versuche (FF. im zugeschmolzenen Röhrchen): Die Bromierungen wurden mit a) 48%ig. HBr u. $Br_2$ oder b) 48%ig. HBr u. 30%ig. $H_2O_2$ durchgeführt: *2-Phenylcinchoninsäure-2.3-dibrompropylesterhydrobromidtriperbromid*, $C_{19}H_{17}Br_2NO_2$·HBr·3Br, F. 103—104°, aus 2-Phenylcinchoninsäureallylester in Chloroformlsg. nach a); glänzende orangefarbene Plättchen aus Chlf./HBr/$Br_2$; 97,6% (Ausbeute). *Hydrobromidmonoperbromid*, $C_{19}H_{15}Br_2NO_2$·HBr·Br, F. 152—154°, aus vorst. Verb. durch 12tägiges Stehen an der Luft; gelbe, zersetzliche Kristalle. — *Chininsäuremethylesterhydrobromidmonoperbromid*, $C_{12}H_{11}NO_3$·HBr·Br, F. 145°, aus Chininsäuremethylester in Chloroformlsg. nach a); zersetzliche, gelbe, glänzende, längliche Plättchen aus Äthylacetat; 52,2% (Ausbeute). — *Chininsäureäthylesterhydrobromiddiperbromid*, $C_{13}H_{13}NO_3$·HBr·2 Br, F. 92—93°, aus Chininsäureäthylester nach b); gelbe Nadeln aus Eisessig; 56%. — *Brom-2-hydroxy-4-methylchinolinhydrobromidmonoperbromid*, F. 100—103°, aus 2-Hydroxy-4-methylchinolin in Chloroformlsg. nach a); amorphes orangefarbenes Pulver, das sich beim Umkristallisieren zers. u. beim Waschen mit kaltem Chlf. eine gelbe *Verb. vom F. 225—227°* (mit 1,5% Br) gibt; 53,2%. — *8-Hydroxychinolinhydrobromidmonoperbromid*, $C_9H_7NO$·HBr·Br, F. 179—180°, aus 8-Hydroxychinolin nach b); glänzende orangegelbe Kristalle aus Eisessig; 100%. — *6-Äthoxycinchoninsäurehydrobromidmonoperbromid*, $C_{12}H_{11}NO_3$·HBr·Br, F. 184—190° (Zers.), aus 6-Äthoxycinchoninsäure nach b); unbeständiges ziegelrotes Pulver, das beim Stehen gelb wird. — *2-Methylchinolinhydrobromidmonoperbromid*, $C_{10}H_9N$·HBr·Br, F. 138—139°, aus 2-Methylchinolin nach b); glänzende orangefarbene Kristalle aus Eisessig; 89,4%. — *5-Nitrochinolinhydrobromiddiperbromid*, $C_9H_6$·$N_2O_2$·HBr·2 Br, F. 184°, aus 5-Nitrochinolin nach b); glänzende, orangegelbe rhomb. Prismen, die beim Umkristallisieren aus Eisessig unter Br-Abspaltung orangegelbe Kristalle vom F. 185—186° geben. — *Chinolinhydrobromiddiperbromid*, $C_9H_7N$·HBr·2 Br, F. 87°, aus Chinolin nach b); glänzende orangegelbe Würfel aus Eisessig; 50,8%. (Acta pharmac. jugosl. **8.** 71—78. 1958. Zagreb, Farmac. fak., Zav. za farmac. kemiju; Zav. za org. kemiju.) S. BECKMANN. 3231

**Dragutin Barković, Zvonimir Gašparec** und **Marija Movrin**, *Über die Gewinnung einiger Chinolincarbonsäure-(4)-derivate durch Oxydation von Chinaalkaloiden und verwandten Verbindungen mit Chrom(VI)-oxyd.* 3. Mitt. (2. vgl C. **1959.** 4795.) Die durch Oxydation von Chinin (**I**) mit $CrO_3$-Lsg. in Ggw. von $MnSO_4$ gewonnene *Chininsäure* (**II**) wird durch überschüssiges $CrO_3$ in Ggw. von 1—2% $H_2SO_4$ als *Chromat* langsam u. unvollständig ausgeschieden; aus stärker saurer Lsg. (6—8% $H_2SO_4$) krist. das *Bichromat* rasch in guter Ausbeute.

Versuche: *Chininsäurechromat*, $(C_{11}H_9O_3N)_2 \cdot H_2CrO_4$, a) aus der bei der Oxydation von **I** mit $CrO_3$ (vgl. 1. Mitt., C. **1957.** 12791) erhaltenen Fl. direkt oder durch Zugabe von $CrO_3$ oder NaCl unter 24std. Kühlen bei 0—5°; b) durch Auflösen von 5 g **II** in 50 cm³ 10%ig. $H_2SO_4$, Zugabe von 5 g $CrO_3$ in 450 cm³ W. oder von 5 g $CrO_3$, 2 g $MnSO_4 \cdot 4\,H_2O$ u. 150 cm³ W. u. Kühlen bei 0—5°; 93—96% (Ausbeute); aus 1—2%ig. $H_2SO_4$ glänzende orangefarbene Nadeln. *Bichromat*, $(C_{11}H_9O_3N)_2 \cdot H_2Cr_2O_7$, a) aus der durch Oxydation von **I** mit $CrO_3$ bei 60—65° u. anschließendes 2std. Erwärmen bis 85° erhaltenen heißen Fl. durch Zugabe von $^2/_5$ der zur Oxydation verwendeten Menge $CrO_3$ u. $H_2SO_4$ u. 6std. Kühlen bei 5—10°; 83—84%; b) aus 5 g **II**, 2 g $MnSO_4 \cdot 4\,H_2O$ u. 100 cm³ 10%ig. $H_2SO_4$ durch Erwärmen auf 80—85° u. dann 6std. Kühlen bei 5—10°; 94%; rotorangefarbene säulenförmige Kristalle, die beim Umkristallisieren aus 1—2%ig. $H_2SO_4$ das *Chromat*, aus W. **II** liefern. (Acta pharmac. jugosl. **8.** 51—58. 1958. Zagreb, Sveučilište, Farmac. fak., Zav. za farmac. kemiju.) S. BECKMANN. 3231

**L. Salukajew** und **N. Pumpur**, *Untersuchungen auf dem Gebiet von bimolekularen Alkylidenarylaminen. 6. Mitt. Reaktion von N-Alkylanilinen mit Acetaldehyd.* (5. vgl. C. **1959.** 6475.) Das aus N-Äthylanilin (**I**) u. Acetaldehyd (**II**) in wss. A. erhaltene Kondensationsprod. (KP), vermutlich *1-Äthyl-2-methyl-4-[N-äthylanilino]-1.2.3.4-tetrahydrochinolin*, zerfällt beim Erhitzen im wesentlichen in *Chinaldin* (**III**) u. **I**. Ohne Lösungsm. bildet sich aus **I** u. **II** ein KP, das beim Erhitzen neben **I** u. einer höher sd., nicht identifizierten Base ebenfalls **III** liefert. Bei mehrstd. Erhitzen von 1.2-Dimethyl-4-[N-methylanilino]-1.2.3.4-tetrahydrochinolin (**IV**) bildet sich ebenfalls eine höher sd. Base (Trimeres von **III**?). Aus einem analog aus N-Benzylanilin u. **II** erhaltenen KP erhält man bei Pyrolyse dagegen nicht **III**, sondern *Anilin, Crotonaldehyd* u. *Toluol.*

Versuche: *1-Äthyl-2-methyl-4-[N-äthylanilino]-1.2.3.4-tetrahydrochinolin* (?), aus 48,4 g **I** u. 46,4 ml **II** in 1 Liter 60%ig. A. (12 Std. bei Zimmertemp.); Öl; 43,7 g (Ausbeute) zerfällt bei Erhitzen auf ca. 200—300° in 9,4 g **III** u. **I**, das als *N-Acetylderiv.* (28,9 g) isoliert wird. — KP aus 30 g **I** u. 45 ml **II** ohne Lösungsm. in 12 Std.; Öl; 25 g; zerfällt bei Erhitzen in 2,3 g **III**, **I** (10,9 g *N-Acetylderiv.*) u. eine *Base*, Kp. 240—280° (*Pikrat*, F. 186°). — KP aus N-Benzylanilin u. **II**; zerfällt bei Erhitzen in *Crotonaldehyd, Toluol, Anilin* u. höher sd. Basen. — *Chinaldintrimeres* (?), $C_{30}H_{33}N_3$, F. 200°, aus 18 g **IV** durch mehrstd. Kochen; gelbe Kristalle aus Aceton; 0,4 g (Ausbeute). (Известия Академии Наук Латвийской ССР [Nachr. Akad. Wiss. LettSSR] **1957.** Nr. 2. 101—06. Chem. Inst. der Akad. der Wiss. der LettSSR.) H.-J. GRASSHOFF. 3231

**A. Richards** und **T. S. Stevens**, *Synthese und Eigenschaften von Dehydropyridocoliniumsalzen.* (Vorl. Mitt. vgl. C. **1955.** 7212.) Vff. synthetisieren einige in 2-, 3- u. 4-Stellung substituierte *Dehydropyridocolinium* (**A**)-*Salze* durch Rk. der mit Orthoameisensäuretriäthylester (**I**) erhaltenen *Enoläther* oder *Monoacetale* von β-Diketonen oder β-Ketoaldehyden mit Picolyl-(2)-Li (**II**) u. Ringschluß der gebildeten Additionsprodd. mit Pikrinsäure oder HJ. Der Ringschluß gelang nicht bei *4-Äthoxy-3-methyl-2-phenyl-1-[pyridyl-(2)]-buten-(3)-ol-(2)*. *1-Allyl-2-formylpyridiniumbromid* ließ sich nicht zum unsubstituierten **A**-Salz dehydratisieren. Rk. von **II** mit β-Äthoxycrotonsäureäthylester (**III**) führte zu *4-Äthoxy-1-[pyridyl-(2)]-penten-(3)-on-(2)*, dessen CO-Gruppe sich wie die von 2-Acetonylpyridin nicht reduzieren ließ, u. das mit Pikrinsäure das wenig stabile *2-Hydroxy-4-methyl-**A**-Pikrat* liefert. *2-Methyl-**A**-Jodid* reagiert mit N.N-Dimethyl-p-nitrosoanilin (**IV**) oder p-Dimethylaminobenzaldehyd (**V**) unter Bldg. des *p-Dimethylaminoanils* des *2-Formyl-**A**-Jodids* bzw. des *2-p-Dimethylaminostyryl-**A**-Jodids*. **A**-Jodide geben in Essigsäure mit $Br_2$ *Dibromjodide* (**A**—$JBr_2$); die von BOEKELHEIDE u. ROSS (C. **1959.** 2799) als 1.2-Dibrom-1.2.3.4-tetrahydro-**A**-Jodid beschriebene Verb. ist zweifellos *3.4-Dihydro-**A**-Dibromjodid*. 3.4-Dihydro-**A**-Jodid gibt mit **IV** *3-p-Dimethylaminophenylimino-3.4-dihydro-**A**-Jodid*. Hydrierung von 2-Methyl-**A**-Jodid führt zu *Oktahydro-2-methylpyridocolin*, das ein gelbes *Pikrat* gibt. 3-Phenyl-1.2-benzo-**A**-Bromid u. 2.3-Benzo-**A**-Bromid red. $[Fe(CN_6)]K_3$ u. bilden in $NH_4OH$ vermutlich die *Pseudobasen.*

Versuche: *4-Methyl-3-oxovaleraldehyd* (**VI**), $C_6H_{10}O_2$, Kp.$_{20}$ 54°, aus Methylisopropylketon u. $HCOOC_2H_5$ durch Zutropfen zu Na-Draht unter Ae. bei 0°, 48std. Stehen u. Isolierung aus dem Na-Salz. — Dehydropyridocolinium-(**A**)-Pikrate (aus A. gelbe Nadeln): *2-Methyl-*, $C_{16}H_{12}N_4O_7$, F. 161°, aus 25 g 4.4-Dimethoxybutanon-(2) in Ae. u. **II** (aus Li, Picolin u. Brombenzol) durch 1std. Rühren bei n. Temp., Zugabe von Eis, Ätherextraktion, Dest. des entstandenen *4.4-Dimethoxy-2-methyl-1-[pyridyl-(2)]-butanols-(2)* (Kp.$_{0,2}$ 110—115°, goldgelb, 13,5 g; *4.4-Diäthoxy*-Verb., Kp.$_{0,15}$ 112 bis 116°) u. einige Min. Kochen mit Pikrinsäure in $C_2H_5OH$. 4—5std. Kochen mit **V** in A. → *2-p-Dimethylaminostyryl-**A**-Jodid* [$C_{19}H_{19}JN_2$, F. 316° ($CH_3OH$), weinrote Nadeln].

Analoge Rk. mit **IV** → *2-Formyl-***A***-Jodid-p-dimethylaminoanil* ($C_{18}H_{18}JN_3$, F. 230—232°, tiefbraune Nadeln). — *2-Phenyl-*, $C_{21}H_{14}N_4O_7$, F. 171°, aus Formylacetophenon (aus 24 g Na-Salz), **I** u. $FeCl_3$ in A. durch 10 Min. Kochen, Gießen in kalte wss. NaOH, Ätherextraktion, Waschen mit Alkali u. W., Dest. des gebildeten Enoläther/Diäthylacetal (**E**/**D**)-Gemisches ($C_{11}H_{12}O_2/C_{13}H_{18}O_3$, Kp.$_{0,04}$ 100—114°, 6,8 g), Umsetzung mit **II** → Gemisch der Pyridyl-(**P**)-Verbb. u. Ringschluß wie vorstehend. — Analog (Kpp. in der Reihenfolge **E**/**D** → **P**-Gemisch): *2-Isopropyl-*, $C_{18}H_{16}N_4O_7$, F. 156—157°, aus **VI** → (Kp.$_{40}$ 90 bis 112°) → (Kp.$_{0,5}$ 114—120°). — *2-tert.-Butyl-*, $C_{19}H_{18}N_4O_7$, F. 184°, aus 4.4-Dimethyl-3-oxovaleraldehyd → (Kp.$_{10}$ 92—96°) → (Kp.$_{0,05}$ 100—108°). — *2.3-Dimethyl-*, $C_{17}H_{14}N_4O_7$, F. 216° (Zers.), aus 2-Methyl-3-oxobutyraldehyd → (Kp.$_{10}$ 90—98°) → (Kp.$_{0,02}$ 100—112°). — *2.4-Dimethyl-*, F. 150—151°, aus Acetylaceton → **E** (Kp.$_{30}$ 74—78°) → (Kp.$_{0,5}$ 108—116°). — *2-Äthyl-3-methyl-*, $C_{18}H_{16}N_4O_7$, F. 189,5°, aus 2-Methyl-3-oxovaleraldehyd → (Kp.$_{10}$ 92—96°) → (Kp.$_{0,2}$ 128—134°). — *2-Phenyl-4-methyl-*, $C_{22}H_{16}N_4O_7$, F. 226° (Zers.), aus α-Acetylacetophenon → **E** → *4-Äthoxy-2-phenyl-1-[pyridyl-(2)]-penten-(3)-ol-(2)* (**VII**; $C_{18}H_{21}NO_2$, F. 78°, citronengelbe Nadeln). — *2-Hydroxy-4-methyl-*, $C_{16}H_{12}N_4O_8$, aus **III** u. **II** in Ae. über *4-Äthoxy-1-[pyridyl-(2)]-penten-(3)-on-(2)* [Kp.$_{0,1}$ 126 bis 132°, dunkles Öl; *Jodmethylat*, $C_{13}H_{18}JNO_2$, F. 126° (A./Ae.)]. — *4-Äthoxy-3-methyl-2-phenyl-1-[pyridyl-(2)]-buten-(3)-ol-(2)*, F. 62—63°, aus α-Methyl-α-formylacetophenon wie **VII** über das **E**/**D**-Gemisch (Kp.$_{0,05}$ 100—106°). — *1-Allyl-2-formylpyridiniumbromid*, aus Pyridin-2-aldehyd u. Allylbromid in 4 Wochen bei n. Temp.; verharzt beim Kochen mit 45%ig. HBr oder 50%ig. $H_2SO_4$; 12std. Erhitzen mit Polyphosphorsäure auf 100 bis 120° → wenig gummiartiges *Pikrat*. — **A** - D i b r o m j o d i d e: *unsubstituiert*, $C_9H_8Br_2JN$, F. 182—184°, aus **A**-Jodid u. 10%ig. $Br_2$/Essigsäurelsg. in Essigsäure; orangefarbene Nadeln. — *2-Methyl-*, $C_{10}H_{10}Br_2JN$, F. 100—101°, orangefarbene Plättchen u. Nadeln. — *2.3-Dimethyl-*, $C_{11}H_{12}Br_2JN$, F. 160° (Zers.), blaßorangefarbene Plättchen u. Nadeln. — *2-Äthyl-3-methyl-*, $C_{12}H_{14}Br_2JN$, F. 98°, gelbe Nadeln. — *2.3-Benzo-*, $C_{13}H_{10}Br_2JN$, F. 222—224°, orangefarbene Nadeln. — *3.4-Dihydro-*, $C_9H_{10}Br_2JN$, F. 142°. — **A** - T r i j o d i d e: *2-Äthyl-3-methyl-*, $C_{12}H_{14}J_3N$, F. 85°, aus 2-Äthyl-3-methyl-**A**-Jodid u. $J_2$ in Alkohol. — *3.4-Dihydro-*, $C_9H_{10}J_3N$, F. 133° (Zers.), dunkle Plättchen. — *3-p-Dimethylaminophenylimino-3.4-dihydrodehydropyridicoliniumjodid*, $C_{17}H_{18}JN_3$, F. 224 bis 225° (Zers.), aus 3.4-Dihydro-**A**-Jodid u. **IV** durch 4std. Kochen in A. u. wenig Piperidin; rotbraune Nadeln. — *Oktahydro-2-methylpyridocolin, Pikrat*, $C_{16}H_{22}N_4O_7$, F. 150—151° (A.), aus dem **A**-Jodid durch Hydrierung in $CH_3OH$ über ADAMS-Katalysator u. Isolierung als Pikrat; gelbe Nadeln. — **A**-Jodid red. wss. $K_3Fe(CN)_6$-Lsg. unter Bldg. einer in W. lösl. *Verb. vom F. 70—75°* (*Pikrat*, F. 130—140°). (J. chem. Soc. [London] **1958**. 3067—73. Sept. Sheffield, Univ.) E. RIEDEL. 3231

**Robert A. Benkeser** und **Everett W. Bennett**, *Ein Siliconanalogon von Cyclohexanon. Die Herstellung und Reaktionsfähigkeit von 4.4-Dimethyl-4-silacyclohexanon.* In einer Vierstufensynth. wurde *4.4-Dimethyl-4-silacyclohexanon* (**I**) hergestellt u. in seinen Eigg. mit *4.4-Dimethylcyclohexanon* (**II**) verglichen. Die Dissoziationskonstante K der Cyanhydrine wurden titrimetr. bestimmt von **I** 94,7 ($\cdot 10^{-4}$, Mol/Liter, 25°), **II** 20,8, *4-Methylcyclohexanon* (Kp.$_{743}$ 165,5°, $n_D^{20}$ 1,4451) 4,92 u. *Cyclohexanon* (Kp.$_{742}$ 151,5°, $n_D^{20}$ 1,4505) 8,26; sie ist bei **I** also 5mal größer als die von **II**. Durch das IR-Spektr. [$\nu$(C=O) bei **I** 1702, **II** 1709] wurde festgestellt, daß der 6-Ring von **I** etwas größer ist als der von **II**, so daß **I** in seiner Reaktivität Ähnlichkeit mit der des Cycloheptanons aufweist.

V e r s u c h e: *Dimethyl-bis-[3-chlorpropoxy]-silan*, Kp.$_3$ 95—100°, aus Dimethyldichlorsilan, 3-Chloropropanol-(1) u. Pyridin; $n_D^{20}$ 1,4436; 85% (Ausbeute). — *Dimethyl-bis-[3-hydroxypropyl]-silan*, Kp.$_{24}$ 177°, aus vorst. Verb. mit Na u. Trimethylchlorsilan in Toluol; $n_D^{20}$ 1,4649; 57%. — *Dimethyl-bis-[2-carboxyäthyl]-silan*, $C_8H_{16}O_4Si$, F. 97 bis 98°, aus vorst. Verb. durch alkal. Oxydation mit $KMnO_4$ bei Tempp. unterhalb 10°, 6 Std. im Eisbad; 54%. — *4.4-Dimethyl-4-silacyclohexanon* (**I**), $C_7H_{14}OSi$, Kp.$_{11}$ 73—74°, aus vorst. Verb. durch Fällen mit Th-Nitratlsg. u. anschließende Pyrolyse des Salzes bei 25 mm u. Erhitzen auf 315°—460 im Metallbad; $n_D^{20}$ 1,4635, D.$^{20}$ 0,9285; 35%. *Semicarbazon*, $C_8H_{17}N_3OSi$, F. 191—192° (Zers.). — *4.4-Dimethyl-4-silacylhexanol*, $C_7H_{16}OSi$, Kp.$_5$ 70—71°, durch Red. von **I** in Ae. mit $LiAlH_4$, 5std. Kochen; $n_D^{31}$ 1,4648; D.$^{29}_{29}$ 0,9295; 66%; *α-Naphthylurethan*, $C_{18}H_{23}NO_2Si$, F. 100—101°. — *1.1-Dimethyl-3.3-dicarbäthoxy-1-silacyclobutan*, Kp.$_{15}$ 141—143°, aus Malonsäurediäthylester u. $C_2H_5ONa$. 30 Min. bei Zimmertemp., Zugabe von 50,0 g Dimethyldi-(chlormethyl)-silan, 24std. Kochen; $n_D^{22}$ 1,4321; 75%; daneben *symm.-Tetramethyl-bis-[2.2-dicarbäthoxypropyl]-disiloxan* (?), $C_{22}H_{42}O_9Si_2$, Kp.$_{0,05}$ 155—161°, $n_D^{20}$ 1,4468; 15,7 g. Hydrolyse mit KOH in 50%ig. A. gab *freie Säure*, $C_{14}H_{26}O_9Si_2$, F. 131—133°; 64%. *Verb. $C_{12}H_{24}O_4Si_2$*, Kp.$_{0,15}$ 90—92°, F. 110,5—111,5°, a) durch Hydrolyse vorvorst. Verb.; b) durch 7std. Erhitzen vorst. Säure auf 170°. — *β.β-Dimethylglutarsäure*, F. 101—102°, aus Cyanacetamid, Aceton u. KOH in W. bei Raumtemp. über 2-Imino-3-carbamyl-4.4-dimethyl-5-cyanpiperidon-(6) (20%) u. dessen Zers. mit 96% ig. $H_2SO_4$; 90%. *Diäthylester*, Kp.$_3$ 91—93°, aus der Säure mit $SOCl_2$ u. A.; $n_D^{23}$ 1,4270; D.$^{20}_{20}$ 0,9923, 84%. — *3.3-Dimethylpentandiol-(1.5)*, durch Red. von vorst. Ester mit $LiAlH_4$ in Äther. — *3.3-Dimethyl-1.5-dibrompentan*, $C_7H_{14}Br_2$, Kp.$_3$ 98°, aus vorst. Verb. mit HBr; $n_D^{20}$ 1,5088; D.$^{20}_{20}$ 1,5435. — *4.4-Dimethylheptandisäure*, F. 96,5—97,5°, aus vorst. Verb. in 95% ig. A. mit NaCN-Lsg. 36 Std. am Rückfluß u. Hydrolyse des Dinitrils mit konz. HCl; 88%. — *4.4-Dimethylcyclohexanon* (II), Kp. 173—176°, F. 43—44,5°, aus vorst. Verb. beim Erhitzen in Essigsäureanhydrid, Abdest. des Überschusses u. Pyrolyse bis 300°, 61%. *Semicarbazon*, F. 200—201° (Zers.). (J. Amer. chem. Soc. **80.** 5414—17. 20/10. 1958. Lafayette, Ind., Purdue Univ., Chem. Labor.) W. SCHRAMM. 3241

**John A. Carbon,** *Darstellung einiger 4-substituierter Imidazo-[4.5:d]-pyridazine als mögliche Purin-Antimetaboliten.* Während *Imidazo-[4.5:d]-5H.6H-pyridazindion-(4.7)* sowohl gegenüber $POCl_3$ als auch $PCl_5$ bzw. $POCl_3$/N.N-Dimethylanilin inert ist, lassen sich die 1-Phenyl-, 1-Methyl- u. 1-Benzylverb. mit $POCl_3$ glatt in *1-Phenyl-*, *1-Methyl-* (I) bzw. *1-Benzyl-4.7-dichlorimidazo-[4.5:d]-pyridazin* (II) überführen. II liefert mit $NH_3$ bzw. Aminen in A. neben der *1-Benzyl-7-chlor-4-äthoxyverb.* die *4-Amino-1-benzyl-7-chlorderivv.*, die sich im Falle der unsubstituierten *4-Aminoverb.* (III) u. der *4-Alkylaminoverbb.* mit Na/fl. $NH_3$ zu den *4-Aminoimidazo-[4.5:d]-pyridazinen* reduzieren lassen. Bei der Red. der *4-Dimethylamino-* bzw. *4-Diäthylamino-1-benzyl-7-chlorverb.* entstehen nur Teere. *4-[Di-n-propylamino]-imidazo-[4.5:d]-pyridazin* wurde in 20% ig. Ausbeute erhalten. II setzt sich mit NaHS/A. zur *1-Benzyl-7-chlor-4-mercaptoverb.* um, die mit Na/fl. $NH_3$ zur *4-Mercaptoverb.* red. wird. Mit sd. 10% ig. NaOH wird II in *1-Benzyl-7-chlorimidazo-[4.5:d]-5H-pyridazinon-(4)* u. dieses mit Na/$NH_3$ in *Imidazo-[4.5:d]-5H-pyridazinon-(4)* übergeführt. Während II bei der Red. mit Na/$NH_3$ nur teerige Prodd. liefert, entsteht bei der Hydrierung über Pd-Kohle glatt *1-Benzylimidazo-[4.5:d]-pyridazin.* 1-Benzyl-4.7-bis-[diäthylamino]-imidazo-[4.5:d]-pyridazin konnte nicht aus II u. äthanol. $(C_2H_5)_2$·NH erhalten werden, wogegen die *1-Benzyl-4.7-bis-[benzylamino]-verb.* leicht gewonnen wurde. Letztere gibt mit Na/$NH_3$ *4.7-Bis-[benzylamino]-imidazo-[4.5:d]-pyridazin.* I verhält sich analog II. Die mit NaHS zugängliche *1-Methyl-4-mercapto-7-chlorverb.* liefert mit NaHS in sd. Dimethylformamid die *1-Methyl-4.7-dimercaptoverb.*, die mit $N_2H_4 \cdot H_2O$ in Methylcellosolve nicht reagiert. I läßt sich mit äthanol. $NH_3$ zur *4-Amino-7-chlor-1-methylverb.* umsetzen, die sich über Pd-Kohle zur *4-Amino-1-methylverb.* reduzieren läßt. Als Nebenprod. entsteht die *7-Amino-1-methylverb.*, wahrscheinlich als Folge einer Verunreinigung des Ausgangsprod. mit der *7-Amino-4-chlor-1-methylverbindung.* Die Konstitutionszuordnung erfolgte unter Zuhilfenahme der UV-Spektren.

Versuche: *1-Benzyl-2-mercaptoimidazol-4.5-dicarbonsäurediäthylester*, $C_{16}H_{18}N_2O_4S$, F. 131,0—131,5° (verd. A.), aus N-Benzyl-N-formylglycinäthylester; Nadeln; 71% (Ausbeute). — *1-Benzylimidazol-4.5-dicarbonsäurediäthylester*, $C_{16}H_{18}N_2O_4$, F. 54—55° (Chlf.-Skelly B), durch 1—1½ std. Zugeben vorst. Verb. zu wss. $HNO_3$/$NaNO_2$ bei 25—35°, 1 std. Weiterrühren, Alkalisieren mit $Na_2CO_3$ u. Extrahieren mit Essigester; Prismen; 80%. — *1-Benzylimidazo-[4.5:d]-5H.6H-pyridazindion-(4.7)*, $C_{12}H_{10}N_4O_2$, F. 318 bis 320° (Zers.; so im Original), durch 1 std. Kochen vorst. Verb. in $CH_3OH$ mit $N_2H_4 \cdot H_2O$, 1 std. Erhitzen des Nd. in W. auf 85°, Ansäuern gegen Kongorot u. 15—20 Min. Rühren bei 85—90°; 88%. — Imidazo-[4.5:d]-pyridazine: *1-Benzyl-4.7-dichlor-* (II), $C_{12}H_8Cl_2N_4$, F. 161,0—161,5° (A.), durch 5 std. Kochen vorst. Verb. mit $POCl_3$, Einengen u. Gießen auf Eis; hellgelbe Nadeln; 68%. — *4.7-Dichlor-1-methyl-* (I), $C_6H_4Cl_2N_4$, F. 236 bis 237,5° (Dimethylformamid-W.), hellgelbe Nadeln; 61,5%. — *4.7-Dichlor-1-phenyl-*, $C_{11}H_6Cl_2N_4$, F. 231,0—231,5° (A.), Nadeln; 76%. — *1-Benzyl-4-amino-7-chlor-* (III), F. 271—273° (Zers.; Dimethylformamid), durch 12 std. Erhitzen von II mit äthanol. $NH_3$ im Autoklaven auf 100—110°; 52%. — *1-Benzyl-4-methylamino-7-chlor-*, F. 185—187° (50% ig. A.); 58%. — *1-Benzyl-4-äthylamino-7-chlor-*, F. 215—217° (50% ig. A.); 42%. — *1-Benzyl-4-[n-propylamino]-7-chlor-*, F. 169—171° (50% ig. A.); 53%. — *1-Benzyl-4-dimethylamino-7-chlor-*, F. 181—183° (A.); 44%. — *1-Benzyl-4-diäthylamino-7-chlor-*, F. 139 bis 140° (A.); 61%. — *1-Benzyl-4-[di-n-propylamino]-7-chlor-*, F. 160—161° (A.); 57%. — *1-Benzyl-4-[bis-(β-hydroxyäthyl)-amino]-7-chlor-*, F. 158—159° (40% ig. A.); 71%. — *1-Benzyl-7-chlor-4-äthoxy-*, $C_{14}H_{13}ClN_4O$, F. 190—192° (A.), neben III u. den analogen Verbb.; kleine Nadeln. — *4-Amino-*, F. 262—263° (Zers.; W.), durch 1 std. Red. von III mit Na in fl. $NH_3$ u. Neutralisieren mit $NH_4Cl$; 74%. *Monohydrochlorid*, $C_5H_6ClN_5$, F. 334 bis 337° (Zers.; wss. HCl), Nadeln. — *4-Methylamino-*, F. 298—300° (Zers.; HCl–NaOH); 64%. — *4-Äthylamino-*, F. 280—281° (Zers.; Dimethylformamid–W.); 61%. — *4-[n-Propylamino]-*, F. 215—216° (30% ig. A.); 69%. — *4-[Di-n-propylamino]-*, F. 146,5—147° (30% ig. A.); 20%. — *1-Benzyl-7-chlor-4-mercapto-*, $C_{12}H_9ClN_4S$, F. 207—209° (Zers.; verd. KOH–Eisessig), durch Sättigen einer Lsg. von Na in A. mit $H_2S$, 1 std. Rühren mit II, Filtrieren, Einengen, Lösen in W. u. Ausfällen mit HCl; hellgelbes Pulver; 94%. —

*4-Mercapto-*, $C_5H_4N_4S$, Zers. ab 315° (W.), aus vorst. Verb. in fl. $NH_3$ mit Na; hellgelbe Nadeln; 32,5%. — *1-Benzyl-*, $C_{12}H_{10}N_4$, F. 206—207° (25%ig. A.), durch Hydrieren von **II** in A./3n NaOH in Ggw. von Pd-Kohle bei 30 lbs./sq.in. u. 60°; Prismen; 60,5%. — *1-Benzyl-4.7-bis-[benzylamino]-*, $C_{26}H_{24}N_6$, F. 202—203° (Dimethylformamid-W.), durch 5std. Kochen von **II** mit Benzylamin; Prismen; 78%. — *4.7-Bis-[benzylamino]-, Hydrochlorid*, $C_{19}H_{19}ClN_6$, F. 201—203° (n-Propanol), aus vorst. Verb. mit Na in fl. $NH_3$; Nadeln; 51%. — *7-Chlor-4-mercapto-1-methyl-*, $C_6H_5ClN_4S$, Zers. >300° (Dimethylformamid-W.), aus **I** u. NaHS/A. durch 5std. Kochen; hellgelbe Nadeln; 75%. — *4.7-Dimercapto-1-methyl-*, $C_6H_6N_4S_2$, F. 249—251° (Zers.; verd. $Na_2CO_3$-konz. HCl), durch Sättigen einer Lsg. von $NaO \cdot C_2H_5$ in Dimethylformamid mit $H_2S$, 3std. Kochen mit vorst. Verb., Konz., Gießen in W. u. Ansäuern auf $p_H$ 2; hellgelbes Pulver; 87%. — *4-Amino-7-chlor-1-methyl-*, $C_6H_6ClN_5$, F. 273—275° (Zers.; HCl-KOH), durch 5std. Erhitzen von **I** mit äthanol. $NH_3$ im Autoklaven auf 150°; 53%. — *7-Amino-1-methyl-*, $C_6H_7N_5$, F. 318—319° (Zers.; W.), durch 19std. Hydrieren vorst. Verb. in Eisessig/Na-Acetat bei 30 lbs./sq.in. u. 55—60° in Ggw. von Pd-Kohle; Nadeln; 3,9%. — *4-Amino-1-methyl-*, $C_6H_7N_5$, F. 295—296° (Zers.; Dimethylformamid), neben vorst. Verb.; lange Nadeln; 44%. — *1-Benzyl-7-chlorimidazolo-[4.5:d]-5H-pyridazinon-(4)*, $C_{12}H_9ClN_4O$, F. 232 bis 233° (A.), durch 75 Min. Kochen von **II** mit 10%ig. wss. NaOH u. Ansäuern mit Eisessig; lange Nadeln; 81%. — *Imidazo-[4.5:d]-5H-pyridazinon-(4)*, $C_5H_4N_4O$, F. >300° (verd. NaOH-Essigsäure), aus vorst. Verb. mit Na in fl. $NH_3$; Nadeln; 57%. (J. Amer. chem. Soc. **80**. 6083—88. 20/11. 1958. North Chicago, Ill., Abbott Labors.)
R. PASEDAG. 3272

**Josef Klosa**, *Synthese und chemisches Verhalten von basischen β-Dialkylaminoäthyläthern des 8-Hydroxycoffeins.* Als potentielle Antihistamine ohne sedative Nebenwrkg. wurden *8-β-Dialkylaminoäthoxycoffeine* dargestellt. Es gelang nicht, die dargestellten Verbb. in krist. Penicillinsalze überzuführen.

Versuche: *8-β-Dimethylaminoäthoxycoffein* (**II**), $C_{12}H_{19}N_5O_3$, F. 123—125° (Toluol/PAe.), durch Lösen von 0,5 g Na in 25 ml Dimethylaminoäthanol, Verdünnen mit 25 ml Toluol, portionsweise Zugabe von 6 g 8-Bromcoffein (**I**) [bzw. 8-Chlorcoffein (**IV**)] unter Schütteln, Erhitzen auf dem Wasserbad (40—50 Min.), Absaugen in der Hitze, nach beginnender Kristallisation Zugabe von 50 ml PAe. u. Absaugen nach 6 Std.; Nadeln; 4,5 g (Ausbeute). *Hydrochlorid*, $C_{12}H_{19}N_5O_3 \cdot HCl$, F. 185°. *Methojodid*, $C_{13}H_{22} \cdot JN_5O_3$, F. 231—233° (Zers.) bzw. F. 223—225° (wss. A., enthält 1 Mol Kristallwasser). *Äthobromid*, $C_{14}H_{24}BrN_5O_3$, F. 225—227° (Zers.). *Äthojodid*, $C_{14}H_{24}JN_5O_3$, F. 240—242°. *n-Propobromid*, $C_{15}H_{26}BrN_5O_3$, F. 215—217° (Zers.). *Benzylobromid*, $C_{19}H_{26}BrN_5O_3$, F. 183 bis 185°, nach Stehen an der Luft kristallwasserhaltig F. 165—168°. — *8-Hydroxycoffein*, $C_8H_{10}N_4O_3$, F. 344—346°, a) durch 5 Min. Erhitzen von 0,5 g **II** in 10 ml 10%ig. HCl auf dem Wasserbad; b) durch Erhitzen vorst. bzw. nachst. Hydrochlorids über den F.; c) durch Erhitzen von **II** über 230°. — *8-β-Diäthylaminoäthoxycoffein* (**III**), $C_{14}H_{23}N_5O_3$, F. 97—99° (Toluol/PAe.), verfilzte Nadeln; 2,5 g aus 6 g **I**. *Hydrochlorid*, $C_{14}H_{23}N_5O_3 \cdot HCl$, F. 200—203°. *Methojodid*, $C_{15}H_{26}JN_5O_3$, F. 220° (wss. A.). *Benzylobromid*, $C_{21}H_{30}BrN_5O_3$, F. 200—202°, verfilzte Nadeln, erstarrt bei 204° unter Umlagerung in das *Harnsäurederiv.* (F. 260—270°). — *1.3.7-Trimethyl-9-[β-dimethylaminoäthyl]-harnsäure*, $C_{12}H_{19}N_5O_3$, F. 256 bis 258°, durch 15 Min. Erhitzen von **II** auf 150—160° u. Aufnehmen in A.; derbe Kristalle. *Hydrochlorid*, F. 242—244° (Zers.). *Methojodid*, $C_{13}H_{22}JN_5O_3$, F. 295—297°. — *1.3.7-Trimethyl-9-[β-diäthylaminoäthyl]-harnsäure*, $C_{14}H_{23}N_5O_3$, F. 260° (Braunfärbung bei 240 bis 245°), analog vorst. Verb. aus **III**. — *8-β-Piperidinoäthoxycoffein*, $C_{15}H_{23}N_5O_3$, F. 120 bis 122° (Toluol/PAe.), aus 0,25 g Na u. 10 ml β-Piperidinoäthanol in 10 ml Toluol mit 2 g **IV**, 30 Min. Erhitzen auf dem Dampfbad, Absaugen in der Hitze u. Versetzen mit PAe.; 1,8 g. *Hydrochlorid*, hygroskopisch. *Methojodid*, $C_{16}H_{26}JN_5O_3$, F. 213—215° (Zers.). (J. prakt. Chem. [4] **6** (**278**). 8—13. Febr. 1958. Berlin-Zehlendorf, Asal, Wiss. Labor.)
R. WISSLER. 3272

**K. S. Ennor** und **John Honeyman**, *Zuckernitrate*. 5. Mitt. *Entfernung der Nitratgruppen*. (4. vgl. C. **1958**. 11534; vorl. Mitt. vgl. C. **1958**. 5372.) Zuckernitrate lassen sich mit Hydrazinhydrat (**V**) zu den entsprechenden OH-Verbb. reduzieren. Mit dieser Meth. lassen sich Nitratgruppen unter Erhaltung anderer Substituenten (p-Toluolsulfonyl-, Methansulfonyl-, Methyl- oder Benzylgruppen) entfernen; bei Anwendung der entsprechenden Menge **V** ließen sich aus Methyl-4.6-[O-äthyliden]-α- (**VI**) u.-β-D-glucosid-2.3-dinitrat die *2-* (**VIII** bzw. **IX**) bzw. *3-Mononitrate* (**XI** bzw. β-Anomeres) zu gleichen Teilen gewinnen. Bei dieser Rk. tritt keine Wanderung der Nitratgruppen ein, da nach unvollständiger Red. von **XI** zu *Methyl-4.6-[O-äthyliden]-α-D-glucosid* neben unverändertem **XI** kein **VIII** gefunden wurde. — Mit **V** lassen sich ferner Acetate, Benzoate u. Benzolfulfinate von Zuckern zu OH-Verbb. umsetzen. Dabei bilden sich die *Säureamide*, ferner — wohl als Reaktionsprod. von Benzamid mit überschüssigem Hydrazin — *Benzhydrazid*. —

Im Gegensatz zu sek. Zuckernitraten liefert Cyclohexylnitrat mit NaJ in Methanol *Cyclohexen*, *$NaNO_3$*, nur wenig $J_2$ u. kein $NaNO_2$. Dagegen sind die den Zuckern ähnlicheren Verbb., 1.3-[O-Benzyliden]-glycerin-2-nitrat u. bes. trans-Cyclohexandiol-(1.2)-dinitrat (trans-**XVII**) gegen NaJ sehr beständig u. liefern eine geringe Menge der entsprechenden Alkohole sowie $NaNO_2$. Kinet. Unterss. können mit diesen Rkk. nicht angestellt werden. Die mit NaJ durchgeführte Umsetzung von 1.3;2.4-Di-[O-äthyliden]-sorbit-5.6-dinitrat (**III**) zu *5,6-Dehydro-5.6-didesoxy-1.3;2.4-di-[O-äthyliden]-sorbit* (**XV**) ist der erste Fall der Bldg. einer Verb. mit Äthylenbindung aus einem Zuckernitrat. Es wurde dabei kein 5-Nitrat von **XV** als Zwischenprod. gefaßt, so daß anzunehmen ist, daß die Nitratgruppe des prim. C-Atoms gleich durch J ersetzt wird u. sich das hypothet. Zwischenprod. rasch zur ungesätt. Verb. umsetzt. Neben **XV** als Hauptprod. bildet sich bei der Rk. noch *1.3;2.4-Di-[O-äthyliden]-sorbit-6-nitrat* (**XVI**), das auch durch Umsetzung von **III** mit $NaNO_2$ in wss. A. entsteht. Daß die Rk. von $NaNO_2$ mit Nitraten grundsätzlich von der Rk. von NaJ verschieden ist, zeigt die Resistenz von trans-**XVII** u. von 1.2;3.4-Di-[O-isopropyliden]-D-galaktose-6-nitrat gegenüber $NaNO_2$ in wss. Alkohol. Aus **III** wird mit $NaNO_2$ nur die 5-Nitratgruppe langsam entfernt. — Konz. $H_2SO_4$ entfernt aus cis- u. trans-**XVII** die Nitratgruppen unter Bldg. von $HNO_3$ u. den stereomeren *Cyclohexandiol-(1.2)* (**XIX**)*-bis-hydrogensulfaten* (cis- u. trans-**XVIII**), die auch aus den **XIX** selbst mit konz. $H_2SO_4$ erhältlich sind; dabei dürfte eine komplexe Ionisation der **XVII** in konz. $H_2SO_4$ statthaben. trans-**XVIII** erwies sich als beständig gegen verd. $H_2SO_4$.

Versuche [opt. Drehungen in Chlf.; Chromatographie (Chr.) an akt. $Al_2O_3$]: *Methyl-4.6-[O-benzyliden]-α-D-mannosid-2.3-dinitrat* (**I**), $C_{14}H_{16}N_2O_{10}$, F. 142° (Methanol), aus Methyl-4.6-[O-benzyliden]-α-D-mannosid u. $HNO_3$ (D. 1,50) in Acetanhydrid (nach 10 Min. bei Raumtemp., Gießen in $K_2CO_3$-Lsg.); $[\alpha]_D^{20}$ −3,1° (c = 2,4); 69% (Ausbeute). — *1.3;2.4-Di-[O-äthyliden]-sorbit-5.6-dinitrat* (**III**), $C_{10}H_{16}N_2O_{10}$, F. 80—80,5° (A./PAe. oder wss. A.), analog aus 1.3;2.4-Di-[O-äthyliden]-sorbit (**XIV**); Würfel; $[\alpha]_D^{26}$ 8,7° (c = 3,4); 70%. — *1.3-O-Benzylidenglycerin-2-nitrat*, $C_{10}H_{11}NO_5$, F. 93—93,5° (Methanol), aus 1.3-[O-Benzyliden]-glycerin analog; Nadeln; 27%. — *trans-Cyclohexandiol-(1.2)-dinitrat* (trans-**XVII**), F. 17,5—18°, aus trans-**XIX** u. Reinigung durch Chr. des Ae.-Extraktes (Eluieren mit PAe.); $n_D^{20}$ 1,4754; 67%. — *cis-Cyclohexandiol-(1.2)-dinitrat* (cis-**XVII**), F. 24° (PAe.), wie vorst., durch Eluieren mit Bzl.; $n_D^{20}$ 1,4772; 64%. — *Cyclohexylnitrat*, $C_6H_{11}NO_3$, Kp.$_7$ 56°, aus Cyclohexanol analog **I**, nur Rk. bei 0° über Nacht, Lösen in PAe., Eindampfen u. Dest.; $n_D^{20}$ 1,4546; $D_{16}^{16}$ 1,104; 74%. — *Methyl-4.6-[O-benzyliden]-α-D-glucosid* (**IV**), F. 164—165° (Chlf./PAe.), durch 90 Min. langes Kochen von Methyl-4.6-[O-benzyliden]-α-D-glucosid-2.3-dinitrat (**VII**) mit 6 Mol **V** in A., Zers. von **V** mit RANEY-Ni u. Eindampfen; 80%. — *1.2;5.6-Di-[O-cyclohexyliden]-D-glucose* (**XII**), F. 133—134°, $[\alpha]_D^{20}$ +1,1°, aus dem 3-Nitrat analog **IV**; 90%. — *1.2;3.4-Di-[O-isopropyliden]-D-galaktose*, aus dem 6-Nitrat analog **IV**; Fl.; $[\alpha]_D^{20}$ −57,3°; 100%. *6-p-Toluolsulfonat*, F. 90—91°. — *Methyl-4.6-[O-benzyliden]-α-D-mannosid*, F. 142 bis 143°, $[\alpha]_D^{20}$ +63,5°, aus **I**; 84%. — *Methyl-4.6-[O-benzyliden]-α-D-altrosid*, F. 170°, aus dem 2.3-Dinitrat; $[\alpha]_D^{20}$ +116°; 74%; oder aus dem 3-Nitrat; 98%. — *1.3;2.4-Di-[O-äthyliden]-sorbit* (**XIV**), F. 212—213°, aus **III**; $[\alpha]_D^{20}$ −11,5° (W.); 75%. Bei vorst. Redd. wird Chlf. zugegeben, wenn die Verb. in A. nicht hinreichend lösl. ist. — *Methyl-4.6-[O-äthyliden]-α-D-glucosid-2-nitrat* (**VIII**), $C_9H_{15}NO_8$, F. 133° (A./PAe.), durch 3½std. Kochen von **VI** u. **V** (Molverhältnis 1 : 1,2) in A., Eindampfen, Chr. in Bzl. u. Eluieren mit Ae. (Eluieren von 4,5% **VI** mit Bzl.); lange Nadeln; $[\alpha]_D^{17.5}$ +147° (c = 1,1); 34%. — *Methyl-4.6-[O-äthyliden]-α-D-glucosid-3-nitrat* (**XI**), F. 173—174° (A./PAe.), neben **VI** durch Eluieren mit Ae. u. dann mit Chlf.; 34%. — *Methyl-4.6-[O-äthyliden]-β-D-glucosid-2-nitrat* [**IX**; $C_9H_{15}NO_8$, F. 144°, $[\alpha]_D^{20}$ −43,8° (c = 1,0)] neben *Methyl-4.6-[O-äthyliden]-β-D-glucosid-3-nitrat*, analog aus dem 2.3-Dinitrat; 22 bzw. 24% (3% unverändert zurückerhalten). — *Methyl-4.6-[O-benzyliden]-α-D-glucosid-2-nitrat* (**X**), neben *-3-nitrat*, aus **VII**; 30 bzw. 28% (8% unverändert zurückerhalten). — *Methyl-4.6-[O-äthyliden]-3-[O-methyl]-α-D-glucosid-2-nitrat*, $C_{10}H_{17}NO_8$, F. 87—87,5° (Methanol), durch 8std. Kochen von **VIII** mit $CH_3J/Ag_2O$; Prismen; $[\alpha]_D^{20}$ +147° (c = 0,8); 96%. — *Methyl-4.6-[O-äthyliden]-3-[O-methyl]-α-D-glucosid*, $C_{10}H_{18}O_6$, F. 106° (Chlf./PAe.), durch 1½std. Kochen vorst. Verb. mit **V** in A.; $[\alpha]_D^{21}$ +146° (c = 1,3); 76%. — *3-O-Methyl-α-D-glucose*, F. 158—160° (A.), durch 6std. Erhitzen vorst. Verb. mit n-$H_2SO_4$ auf 100°, Neutralisieren mit $BaCO_3$ u. Eindampfen des Filtrats; 51%. — *Methyl-4.6-[O-äthyliden]-3-[O-methyl]-β-D-glucosid-2-nitrat*, $C_{10}H_{17}NO_8$, F. 83—84° (PAe.), durch Methylierung von **IX**; Prismen; $[\alpha]_D^{20}$ −22° (c = 0,5); 95% (roh). — *Methyl-4.6-[O-äthyliden]-β-D-glucosid*, F. 133—134° (Chlf./PAe.), aus vorst. Verb. u. **V**; 75%. — *Methyl-4.6-[O-benzyliden]-3-[O-methyl]-α-D-glucosid-2-nitrat*, $C_{15}H_{19}NO_8$, F. 149—150° (Methanol), durch Methylierung von **X**; Nadeln; $[\alpha]_D^{20}$ +102° (c = 1,1); 98% (roh). — *Methyl-4.6-[O-benzyliden]-*

*3-[O-methyl]-α-D-glucosid* (**II**), F. 146—147° (A./PAe.), a) durch 8std. Kochen von **II**-2-p-Toluolsulfonat mit Na-Methylat/Methanol, Neutralisieren mit Essigsäure u. Chr. des Eindampfrückstandes in Bzl. (Eluieren mit Bzl. u. Chlf.); $[\alpha]_D^{18}$ $+117°$ (c = 1,0; $CHCl_2 \cdot CHCl_2$); 63%; b) aus dem **II**-2-Nitrat u. **V**; 70%. — *Methyl-4.6-[O-äthyliden]-α-D-glucosid*, F. 75—76° (Ae.), a) durch 3std. Kochen von **XI** u. **V** (Molverhältnis 1 : 1) in A. u. Chr. des Eindampfrückstandes in Chlf. (Eluieren von 31%-**XI** mit Chlf. u. dann mit A.); 43%; b) aus **VIII**; 47% neben 25% **VIII**. *3-Nitrat-2-p-toluolsulfonat*, $C_{16}H_{21}NO_{10}S$, F. 134 bis 134,5° (A.), aus **XI** u. p-Toluolsulfochlorid in Pyridin (nach 23 Std. bei Raumtemp. Gießen auf Eis); Nadeln; $[\alpha]_D^{22}$ $+104°$ (c = 1,0); 79%. *2-Nitrat-3-p-toluolsulfonat*, $C_{16}H_{21}NO_{10}S$, F. 152—153°, analog aus **IX**; Würfel; $[\alpha]_D^{20}$ $+96,3°$ (c = 1,2); 55%. — Nach 1½std. Kochen von **V** in Ggw. oder in Abwesenheit von RANEY-Ni wurden folgende Verbb. wiedergewonnen: Methyl-4.6-[O-benzyliden]-α-D-glusosid-di-p-toluolsulfonat (88%), -dimethansulfonat (86%), -dimethyläther (88%), -dibenzyläther (94%), 1.2;3.4-Di-[O-isopropyliden]-D-galaktose-6-p-toluolsulfonat (81%) u. Methyl-2.3-anhydro-4.6-[O-benzyliden]-α-D-allosid (89%). — *Methyl-4.6-[O-benzyliden]-α-D-glucosid, 3-p-Toluolsulfonat*, F. 159—160°, aus dem 2-Nitrat u. **V**; 71%. *2-p-Toluolsulfonat*, F. 153,5 bis 154°, analog; $[\alpha]_D^{21}$ $+62,9°$ (c = 1,3); 74%. *2-Methansulfonat*, F. 131,5—132°. $[\alpha]_D^{22}$ $+72°$ (c = 1,1); 70%. *3-Methansulfonat*, F. 142—143°, $[\alpha]_D^{24}$ $+88°$ (c = 1,0; 87%. — *Methyl-4.6-[O-äthyliden]-α-D-glucosid, 2-p-Toluolsulfonat*, $C_{16}H_{22}O_8S$, F. 150°, Nadeln aus Chlf./PAe.; $[\alpha]_D^{22}$ $+82,1°$ (c = 1,2); 88%. *3-p-Toluolsulfonat*, $C_{16}H_{22}O_8S$, F. 145—145,5°, $[\alpha]_D^{22}$ $+68,4°$ (c = 0,7); 69%. — **IV**, a) durch Red. seines 2.3-Diacetats mit **V**; 78%; b) analog aus seinem 2.3-Dibenzolsulfinat; 53%; c) aus seinem 2.3-Dibenzoat (in 14 Std.); 71%. — *1.2;3.5-Di-[O-methylen]-D-glucose*, F. 62—63° (A./PAe.), aus seinem 6-Acetat u. **V** (Chr. des Eindampfrückstandes in Bzl./Chlf., Eluieren mit Chlf. u. Entfernung von 44% *Acetamid* durch Sublimation); $[\alpha]_D^{22}$ $+42,5°$ (c = 0,8; A.); 59%. — **XII**, a) aus 1.2;5.6-Di-[O-cyclohexyliden]-D-glucose-3-benzoat (**XIII**) u. **V**, Chr. in Bzl. u. Eluieren mit Bzl. (→ 52% **XIII**), Chlf. u. A.; 31% neben 14% *Benzamid*; b) aus **XIII** u. **V** in Ggw. von RANEY-Ni; 7% **XII**, 3% *Benzamid* u. 84% **XIII** zurück; c) durch 17std. Kochen von **XIII** ohne Katalysator; 90% **XII**, 1% **XIII**, ferner durch Eluieren mit Chlf./A. (10: 1) 7% *Benzamid* u. mit A. *Benzhydrazid* (F. 111—112°; 33%). — *1.2;5.6-Di-[O-isopropyliden]-D-glucose*, aus seinem 3-Benzoat u. **V** in 5½Std.; 74% neben 4% *Benzamid*, 36% *Benzhydrazid* u. 4% Ausgangssubstanz. — **XII**, durch 1½std. Hydrierung des 3-Nitrats mit Pd/Holzkohle bei Raumtemp. u. n. Druck; 99%. — **IV**, analog aus **VII** in 2½ Std.; 98%. — **XIV**, analog aus **III** in 3½ Std.; 100%. — *Methyl-α-D-glucosid*, F. 165 bis 166°, analog aus dem 2.3.4.6-Tetranitrat in 4½ Std.; 96%. — *Cyclohexen*, Kp. 48 bis 77°, a) durch 44std. Erhitzen von Cyclohexylnitrat mit NaJ in Methanol auf 100°; 69% neben 88% $NaNO_3$ u. 3,3% $J_2$; b) durch 66std. Rk.; 75% neben 2,2% $J_2$ u. 95% $NaNO_3$. — *1.2-Dibromcyclohexan*, $Kp._{12}$ 100—102°, durch Umsetzung von Cyclohexen mit $Br_2$ in $CCl_4$ (20 Min. bei 0°). — *1.3-O-Benzylidenglycerin*, F. 82—83° (Isopropanol/PAe.), aus 1.3-O-Benzylidenglycerin-2-nitrat u. NaJ in Methanol (44std. Erhitzen auf 100°, Eindampfen, Chr. des in Chlf. lösl. in Bzl. u. Eluieren mit Bzl. (→ 83% Ausgangssubstanz) u. mit Chlf.; 2%, bei 90std. Reaktionszeit 5% neben 71% Ausgangssubstanz. — *Verb. vom $Kp._{14}$ 126—130°*, durch 5tägiges Kochen von 4,12 g trans-**XVII** mit NaJ in n-Propanol, Chr. des in Chlf. lösl. in Bzl. u. Eluieren mit Bzl./PAe. (1:4) (→ 58% trans-**XVII**) u. Chlf.; 0,05 g; ferner durch Eluieren mit A. 4% trans-**XIX**. — *5,6-Dehydro-5.6-didesoxy-1.3;2.4-di-[O-äthyliden]-sorbit* (**XV**), F. 122—123° (Essigester), aus **III** u. NaJ in Aceton (2 Std. bei 100°), Chr. u. Eluieren mit Bzl./PAe. (1 : 1) (→ 35% **III**), dann mit Bzl.; Nadeln; $[\alpha]_D^{20}$ $-24,3°$ (c = 1,8); 14% neben nachst. **XVI**. Durch 21std. Rk. 51% **XV** u. 8% **XVI**. — *1.3;2.4-Di-[O-äthyliden]-sorbit-6-nitrat* (**XVI**), $C_{10}H_{17}NO_8$, F. 129,5 bis 130°, a) neben **XV** durch Eluieren mit Chlf.; aus A./PAe. Prismen; $[\alpha]_D^{23}$ $+12,9°$ (c = 7,0); 12%; b) durch 101std. Kochen von **III** in 80%ig. A. mit $NaNO_2$, Extrahieren mit Chlf., Chr. in Bzl. u. Eluieren mit Bzl. (→ 12% **III**), dann mit Chlf.; 25% neben 11% **XIV** durch Eluieren mit Äthanol; c) bei 23std. Rk. 50% **III** u. 15% **XVI**. *5-p-Toluolsulfonat*, $C_{17}H_{23}NO_{10}S$, F. 111—112° (Methanol), aus **XVI** u. p-Tosylchlorid in Pyridin in 3 Tagen bei 0°; Prismen; $[\alpha]_D^{21}$ $+6,3°$ (c = 3,9); 74%. — *1.3;2.4-Di-[O-äthyliden]-sorbit-5-p-toluolsulfonat*, $C_{17}H_{24}O_8S$, F. 128° (Methanol), durch 1½std. Kochen vorst. Verb. in A. mit **V** u. wenig RANEY-Ni, Zers. von **V** mit mehr Ni u. Eindampfen des Filtrats; Nadeln; $[\alpha]_D^{25}$ $-29,1°$ (c = 2,8); 96% (roh). — *1.3;2.4-Di-[O-äthyliden]-sorbit-6-benzoat-5-p-tosylat*, $C_{24}H_{28}O_9S$, F. 122—123° (PAe.), aus vorst. Verb. u. Benzoylierung in Pyridin (22 Std. bei Raumtemp., Gießen auf Eis, Chr. u. Eluieren mit Ae.); Nadeln; $[\alpha]_D^{25}$ $+9,3°$ (c = 2,4); 55%. — *trans-Cyclohexandiol-(1.2)* (trans-**XIX**), F. 103,5—104° (Aceton), a) durch Kochen von trans-**XVII** in 70%ig. A. mit $NaNO_2$ (6 Tage), Chloroformextraktion, Chr. in Bzl. u. Eluieren mit PAe. (→ 74% trans-**XVII**) u. Chlf.; 3%; b) durch 17std. Stehen einer gesätt. wss. trans-**XVIII**-Lsg. bei 93° u. Aufnehmen in

Chlf.; 52%. *Bis-hydrogensulfat* (trans-**XVIII**), *Ba-Salz*, $C_6H_{10}BaO_8S_2$, a) durch Eintragen von trans-**XVII** in kalte konz. $H_2SO_4$, Gießen in W. nach 10 Min., Neutralisieren mit $BaCO_3$ u. Extraktion des Filtratrückstandes mit 80%ig. A.; verfilzte Nadeln; 46% (gleiche Ausbeute auch bei 1 bzw. 13 bzw. 30std. Reaktionsdauer); b) *Ba-Salz, Dihydrat*, $C_6H_{10}\cdot BaO_8S_2\cdot 2\,H_2O$, aus trans-**XIX** analog a); aus 75%ig. A. feine Nadeln; 75% (roh). *Bis-phenylhydrazinsalz*, F. 182,5—183° (Zers.; n-Propanol), aus dem Ba-Salz u. n-$H_2SO_4$ u. Zugabe von Phenylhydrazin in A.; 73% (roh). Zers. sich in sd. n-Propanol unter Bldg. einer *Verb. vom F. 177°* (Zers.). — *cis-Cyclohexandiol-(1.2)* (cis-**XIX**), durch 24std. Erhitzen einer gesätt. wss. Lsg. von cis-**XVIII**; 72%. *Bis-hydrogensulfat* (cis-**XVIII**), *Ba-Salz, Dihydrat*, a) wie trans-**XVIII** nach a) aus cis-**XVII**, jedoch Extraktion mit Dimethylformamid; aus 70%ig. A. Nadeln; 40%; b) aus cis-**XIX** nach b); 70%. *Bis-phenylhydrazinsalz*, F. 160—161° (Zers.), analog der trans-Form; 74%. (J. chem. Soc. [London] **1958**. 2586—94. Juli. London, King's Coll., Chem. Dep.)

W. WILLENBERG. 3400

**H. El Khadem** und **Zaki M. El-Shafei**, *Umfang und Mechanismus der Bildung von Osotriazolen von Kohlenhydraten.* 2. Mitt. *Die Einwirkung oxydierender Agentien auf Osazone und Osotriazole.* (1. vgl. C. **1954**. 9765.) Die Umsetzung von Glucosearylosazonen mit Cu- oder Fe-Salzen oder mit Bromwasser ist ein Oxydationsvorgang. Bei der Rk. mit Bromwasser tritt außerdem eine Bromierung in p-Stellung ein, soweit diese frei ist. Starke Oxydationsmittel, wie $KMnO_4$, $K_2Cr_2O_7$ oder 20%ig. $HNO_3$, oxydieren Glucosephenylosazon (I) in geringer Ausbeute zu *2-Phenyl-1.2.3-triazol-4-carbonsäure* (**IV**) u. *Benzoesäure*, doch entsteht **IV** bei Oxydation von *Glucosephenylosotriazol* (II) fast quantitativ. Glyoxalphenylosazon (V) gibt mit $CuSO_4$-Lsg. bei Raumtemp. *1.2-Bis-[phenylazo]-äthylen* (**VI**) u. beim Kochen — offenbar mit **VI** als Zwischenprod. — *2-Phenyl-1.2.3-triazol* u. *Anilin*. UV-Spektren vgl. Original.

V e r s u c h e: *Glucosephenylosotriazol* (**II**), durch Kochen von **I** mit Schwermetallsalzen bis zur Lsg., Filtration in der Hitze u. Stehen über Nacht; mit $CuSO_4$ in 4 Std. 59% (Ausbeute), mit $CuCl_2$ in ½ Std. 62%, mit $Cu(NO_3)_2$ in 3 Std. 55%, mit Cu-Acetat in 2 Std. 53%, mit $FeCl_3$ in 1 Std. 29%, mit $Fe_2(SO_4)_3$ in ½ Std. 18%, mit $K_3Fe(CN)_6$ in 3 Std. 66%. — *Glucose-p-bromphenylosotriazol* (**VII**), $C_{12}H_{14}BrN_3O_4$, F. 225° (A.), a) durch Behandeln von 2 g **I** in W. mit $Br_2$ über Nacht in der Kälte; Nadeln; 1,5 g; b) analog aus **II**; c) analog aus 1 g Glucose-p-bromphenylosazon; 0,4 g. — *Galaktose-p-bromphenylosotriazol*, F. 159°, aus 0,5 g Galaktosephenylosotriazol; 0,4 g. — *Glucose-p-tolylosotriazol* (III), $C_{13}H_{17}N_3O_4$, F. 204° (W./A.), aus 1 g Glucose-p-tolylosazon; 0,8 g. — *2-Phenyl-1.2.3-triazol-4-carbonsäure* (**IV**), $C_9H_7N_3O_2$, F. 191° (W./A.), a) durch Behandeln von 2 g **II** in W. mit $KMnO_4$ in kleinen Portionen, Behandeln der heiß filtrierten Lsg. mit $NaHSO_3$ u. Ansäuern mit konz. HCl; Nadeln; 1,2 g; b) analog aus 10 g **I** (1 Std.), Ansäuern, Extraktion mit Ae., Entfernung der Benzoesäure aus dem Extrakt durch Sublimation u. Sublimation von **IV** bei 150°; c) durch 1std. Erhitzen von **I** in W. mit $K_2Cr_2O_7$ in Essigsäure, Extraktion mit Ae. u. Behandlung wie unter b); d) analog aus **I** u. 70%ig. $HNO_3$ in der Kälte (12 Std.). — *2-p-Carboxyphenyl-1.2.3-triazol-4-carbonsäure*, $C_{10}H_7N_3O_4$, F. 344° (Zers.), durch allmähliche Zugabe von $KMnO_4$ zu einer sd. Lsg. von **III** in W., heiße Filtration, Zugabe von $NaHSO_3$ u. Ansäuern; aus A. Nadeln; 0,2 g. — *2-p-Bromphenyl-1.2.3-triazol-4-carbonsäure*, $C_9H_6BrN_3O_2$, F. 236° (W./A.), aus 2,3 g **VII** wie vorst.; Nadeln; 1 g; oder aus 0,6 g **IV** in W. u. $Br_2$ über Nacht; 0,5 g. — *2-Phenyl-1.2.3-triazol*, $C_8H_7N_3$, Kp.$_{12}$ 80°, durch 1½std. Kochen von **V** mit wss. $CuSO_4$-Lsg., Wasserdampfdest., Extraktion des Destillats mit Ae., Entfernung von Anilin mit verd. HCl, Trocknen u. Eindampfen; Öl. — *1.2-Bis-[phenylazo]-äthylen* (**VI**), $C_{14}H_{12}N_4$, F. 150° (A.), aus **V** u. wss. $CuSO_4$-Lsg. bei Raumtemp. in 30 Tagen oder aus **V** u. $K_2Cr_2O_7$; dunkelrote Tafeln. (J. chem. Soc. [London] **1958**. 3117—19. Sept. Alexandria, Egypt, Univ., Fac. of Sci.) W. WILLENBERG. 3400

**Richard B. Turner** und **Joseph A. Meschino**, *Ouabagenin.* 3. Mitt. *Zuordnung der sechsten Hydroxylgruppe und strukturelle Beziehung zu Strophanthidin.* (2. vgl. C. **1956**.

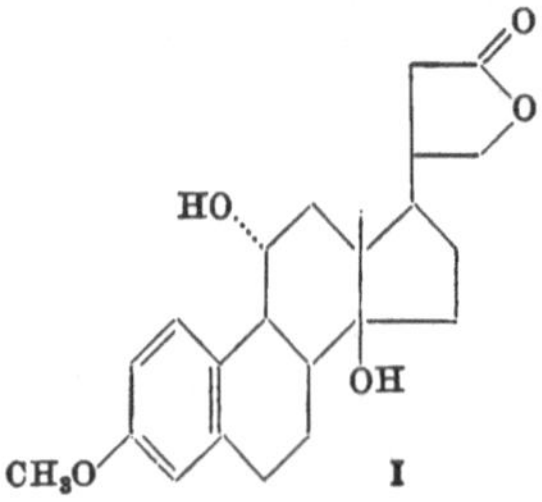

I

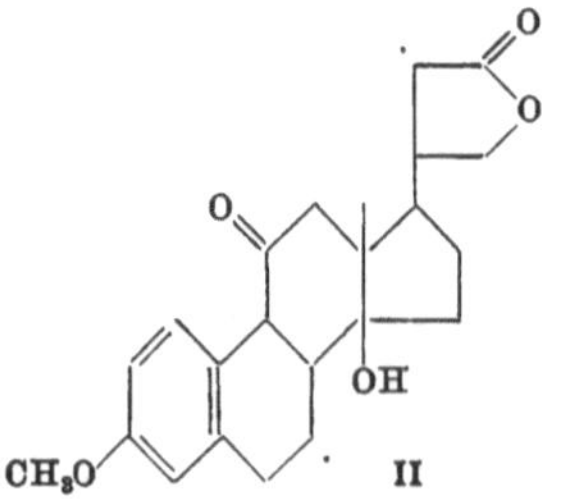

II

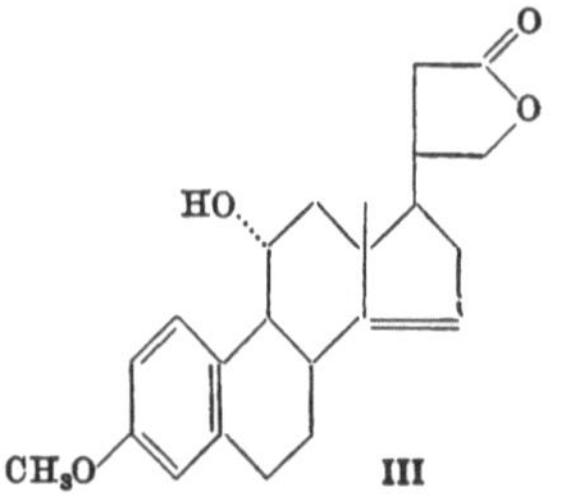

III

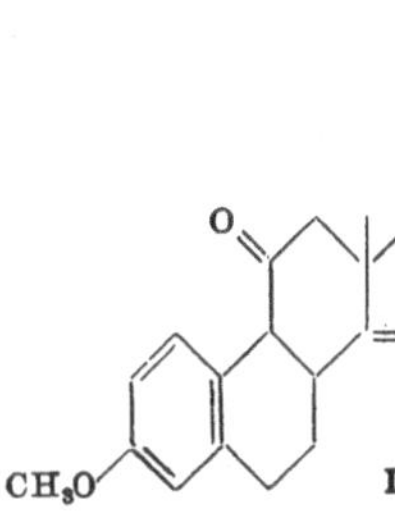

IV

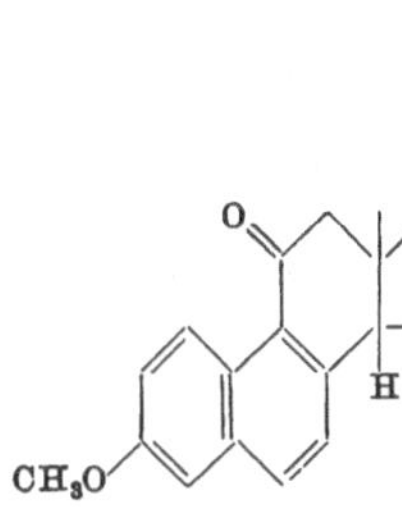

V

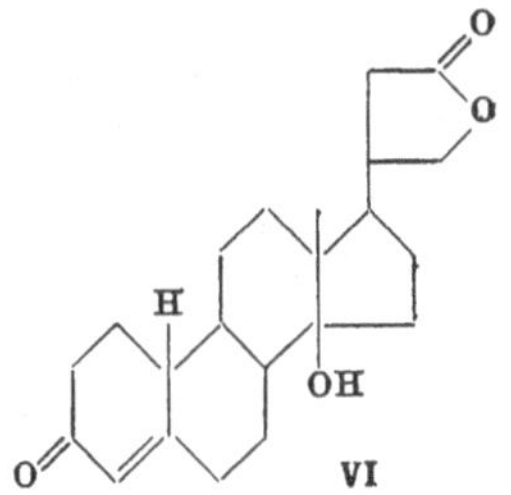

VI

6124.) Oxydation des Diols **I** (vgl. l. c.) mit $CrO_3$/Pyridin gibt *Verb.* **II**. Deren Dehydrierung führt zu *Verb.* **V**, welche eine Ketogruppe in Konjugation zu einem Naphthalinringsyst. enthält. Daraus geht hervor, daß Ouabagenin am $C_{(11)}$ eine sek. Hydroxylgruppe enthält. **V** wird auch aus **I** durch Acetylierung u. Dehydratisierung zu *Verb.* **III**, Oxydation zu *Verb.* **IV** u. Dehydrierung erhalten. Durch katalyt. Oxydation von 20.22-Dihydrostrophanthidin (**IX**) entsteht *Verb.* **VI**, welche sich zu *Verb.* **VII** dehydrieren läßt. Deren *Methyläther* (**VIII**) kann auch direkt aus **II** erhalten werden.

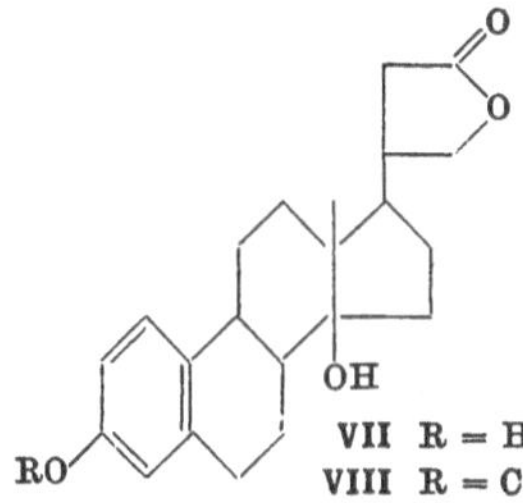

VII R = H
VIII R = $CH_3$

Versuche: *Ketol* **II**, $C_{23}H_{28}O_5$, F. 189—191° (Aceton–PAe.), aus 500 mg **I** mit $CrO_3$ in Pyridin (3 Std. bei 20°); $[\alpha]_D$ +182° (c = 1,34 in Aceton); 350 mg (Ausbeute). — *Verb.* **III**, $C_{23}H_{28}O_4$, F. 222—223° (Aceton–PAe.), aus **I** durch Acetylierung u. Wasserabspaltung mit $CH_3COCl$/Pyridin (vgl. l. c.) u. 1std. Kochen von 240 mg des gebildeten *11β-Acetoxy-Δ¹⁴-deriv.* mit 5%ig. methanol. KOH; Prismen; $[\alpha]_D$ +30,3° (c = 1,43 in Chlf.); 150 mg. — *Keton* **IV**, $C_{23}H_{26}O_4$, F. 239° (Zers.; Aceton–PAe.), aus 135 mg vorst. Verb. mit $CrO_3$/Pyridin (3 Std. bei 20°); Prismen; $[\alpha]_D$ +270° (c = 1,01 in Chlf.); 65 mg. — *Keton* **V**, $C_{23}H_{24}O_4$, F. 260,5—262,5° (Aceton–PAe.), aus 100 mg **II** (oder aus **IV**) mit Pd-Schwarz (6 Std. bei 260° im evakuierten Rohr) u. $SiO_2$-Chromatographie; $[\alpha]_D$ +159° (c = 0,97 in Chlf.); 20 mg. — *Verb.* **VI**, $C_{22}H_{30}O_4$, F. 197,5—199° (Aceton–PAe.), aus 1,2 g **IX** mit $O_2$ über Pt-Schwarz in wss. Aceton, Rk. des Prod. mit 4%ig. NaOH bei 0° unter $N_2$ u. $SiO_2$-Chromatographie; $[\alpha]_D$ +38,6° (c = 1,0 in Chlf.); 350 mg. — *Verb.* **VII**, $C_{22}H_{28}O_4$, F. 271—272° (Zers.; Aceton), a) aus 100 mg **VI** durch Dehydrierung über Pd-Schwarz in sd. A. (10 Std. unter $N_2$); 27 mg; b) aus 1,0 g **IX** mit Cyclohexanon u. RANEY-Ni in sd. Xylol (48 Std.); Prismen; $[\alpha]_D$ +94,2° (c = 1,0 in Pyridin); 40 mg. *Methyläther* (**VIII**), $C_{23}H_{30}O_4$, F. 173,5—174,5° (Aceton–PAe.), a) aus **VII** u. $(CH_3)_2SO_4$ in wss. $CH_3OH$ in Ggw. von NaOH (2 Std. bei 25°) u. $SiO_2$-Chromatographie; b) aus 70 mg **II** in $CH_2Cl_2$ mit Äthandithiol u. HCl in Chlf. (24 Std. bei 0°), 10std. Kochen des Prod. mit RANEY-Ni in Dioxan u. Chromatographie an $SiO_2$; $[\alpha]_D$ +82,1° (c = 1,02 in Chlf.). — Die UV-Spektren der Verbb. sind angegeben. (J. Amer. chem. Soc. **80**. 4862—65. 20/9. 1958. Houston, Texas, Rice Inst., Dep. of Chem.)

WALTER SIMON. 3450

**K. Balenović, N. Bregant** und **T. Galijan**, *Untersuchungen in der Muscarinreihe.* 2. Mitt. *Acetale von Betainaldehyd und ihre Muscarinaktivität; einige Ansichten über die Muscarinstruktur.* (3. vgl. C. **1958**. 9221.) Vff. stellen aus Phthalimidoacetaldehyd (**II**) u. Butandiol-(1.3) (**III**) bzw. Benzylalkohol (**IV**) *Betainaldehydbutandiol-(1.3)-* (**I**) u. *-dibenzylacetal* her. Nur **I** zeigt geringe Muscarinaktivität. Die Konst. von Muscarin wird besprochen.

Versuche: *Phthalimidoacetaldehydbutandiol-(1.3)-acetal*, $C_{14}H_{15}NO_4$, F. 139 bis 140°, durch 7std. Kochen von **II**, **III** u. p-Toluolsulfonsäure in Bzl.; Prismen aus $CH_2Cl_2$/PAe.; 98% (Rohausbeute). — *Aminoacetaldehydbutandiol-(1.3)-acetal*, $Kp._{18}$ 60 bis 70°, durch 3std. Kochen vorst. Verb. mit Hydrazinhydrat in A.; 66,6%. *Pikrat*, $C_{12}H_{16}N_4O_9$, F. 199°, aus Methanol gelbe Nadeln. — *[Formylmethyl]-trimethylammoniumjodidbutandiol-(1.3)-acetal* (**I**), $C_9H_{20}JNO_2$, F. 208°, durch 4std. Erhitzen vorst. Verb. mit $CH_3J$, NaOH u. A. u. Stehen über Nacht aus absol. A. Nadeln; 74,5%. — Analog: *Phthalimidoacetaldehyddibenzylacetal*, $C_{24}H_{21}NO_4$, F. 108—109°, aus **IV**; aus $CH_2Cl_2$/PAe. Nadeln; 99% (roh). — *Aminoacetaldehyddibenzylacetal*, $C_{16}H_{19}NO_2$, $Kp._{0,03}$ 110—115°; 80% (roh). *Pikrat*, $C_{22}H_{22}N_4O_9$, F. 123—124°, aus Äthylacetat/PAe. gelbe Nadeln. — *[Formylmethyl]-trimethylammoniumjodiddibenzylacetal*, $C_{19}H_{26}JNO_2$, F. 146°, aus absol. A. Nadeln; 76%. (Arhiv Kem. **26**. 233—37. 1954, herausg. Jan. 1955. Zagreb, Univ., Fac. of Sci., Chem. Inst.)

H. FECHTER. 3500

**F. Kögl, C. A. Salemink, H. Schouten** und **F. Jellinek**, *Über Muscarin.* 3. Mitt. (2. vgl. C. **1943**. I. 1878; 4. vgl. C. **1959**. 10907.) Die l. c. für Muscarin (**I**) angenommene

Struktur hat sich bei erneuten Unterss., bei denen die seinerzeit noch nicht bekannte Chromatographie verwandt wurde, als unrichtig erwiesen. Zur Isolierung von I aus Fliegenpilzen wurden nunmehr Säulen von *Norit* u. Cellulose verwendet. Auf diesen bildet I beim Anfärben mit DRAGENDORFFS-Reagens orangerote bis violette Flecken auf gelbem Grund. Bei der Isolierung über die *Reineckate* werden chromatograph. neben I u. *Cholin* auch das pharmakol. hochakt. *Acetylcholin* erhalten. Werden die zu chromatographierenden Gemische zunächst noch mit 2n HCl oder 3n NaOH gekocht, so wird das letztere verseift. I wird aus den Chromatogrammen am besten als *Chlorolaurat* isoliert. Die pharmakol. Prüfung nach FÜHNER ergab 200—300 Wirkungseinheiten/g I-Chlorid. Letzteres krist. mit 1 Mol Kristallwasser. I bildet mit Na-Tetraphenylbor ein gutkrist. *Additionsprodukt*. Gegenüber sd. HCl ist I beständig, wird aber durch NaOH-Schmelze abgebaut. Von den beiden O-Atomen in I liegt eines als freie OH-Gruppe vor, da die *Chloroaurate* des *p-Chlorbenzoyl-* u. *p-Jodbenzoylmuscarins* hergestellt werden können. Das zweite O-Atom liegt nicht, wie ursprünglich angenommen, in einer Keto- oder Aldehydgruppe vor (vgl. l. c.), da sich mit Phenylhydrazin, Semicarbazid u. ähnlichen Verbb. keine Derivv. herstellen lassen. Hingegen findet ein langsamer Verbrauch von Hydroxylaminhydrochlorid statt. Gegenüber der Hydrierung mit Na-Amalgam, $LiAlH_4$, $NaBH_4$ u. $K_2$/Pt ist I beständig. Es wird daher das zweite O-Atom in einem Tetrahydrofuranring angenommen, was durch HOFMANN-Abbau zu *Trimethylamin* u. *Normuscarin* bestätigt wird. Die Unters. der IR-Spektren ergibt OH-Banden bei 3330 u. 1380 $cm^{-1}$, eine quarternäre Ammoniumgruppierung (1495 $cm^{-1}$) u. eine Bande bei 1079 $cm^{-1}$, die für einen Tetrahydrofuranring charakterist. ist. Durch den Abbau von I mit HJ im Rohr unter bestimmten Bedingungen, anschließende Behandlung mit $PbCO_3$, $Ag_2O$ u. $H_2S$ nacheinander sowie Hydrierung über Pd/$CaCO_3$ kann *Trimethylhexylammoniumchlorid* isoliert werden. Demnach konnte I nicht die von EUGSTER (C. **1958**. 3614) angenommene Struktur besitzen. Auf Grund der röntgenograph. Unterss. (Einzelheiten vgl. Original) wird I schließlich als *Trimethyl-[5-methyl-4-hydroxytetrahydrofurfuryl-(2)]-ammoniumhydroxyd* identifiziert.

V e r s u c h e: *Muscarin* (I), *Chloroaurat*, $C_9H_{20}AuCl_4NO_2$, F. 120—121°, durch Extraktion von 1250 kg gemahlener Fliegenpilze mit 96%ig. A., Einengen zur Sirupdicke (50% Wassergeh.), Verrühren von 1 kg hiervon mit A., Trennen der beiden gebildeten Schichten A u. B, Verrühren der oberen Schicht A mit 2 Litern Ae. (Bldg. der Schichten C u. D), Verrühren der Schicht B mit W. u. A. (Bldg. der Schichten E u. F), Einengen der oberen Schicht E, Vermischen mit Ae. (Bldg. der Schichten G u. H), Verrühren der vereinigten Schichten D u. H mit W./A./Ae. (Bldg. der Schichten L u. M), Eindampfen der vereinigten Schichten C, G u. L, Aufnehmen des Rückstandes in W., Ansäuern ($p_H$ 3), Aufnehmen des Filterrückstandes in NaOH, Ansäuern u. Filtrieren, Einstellen der beiden Filtrate auf $p_H$ 7, Einengen bei 40°/14 mm (90 g Sirup), Aufnehmen von 120 g des Sirups in W., Chromatographieren über Natriumpermutit, Eluieren mit W., Eindampfen, Ausziehen mit absol. A., Eindampfen u. Reinigen über das *Reineckat*, Chromatographieren an *Norit* (zuvor mit 20%ig. HCl gekocht u. dann gewaschen) u. Behandeln mit $HAuCl_4$; aus W. gelbe Blättchen. — I-*Chlorid*, $C_9H_{20}ClNO_2$, F. 180—181°, durch Auflösen vorst. Salzes in verd. HCl, Zerlegen mit $H_2S$, Filtrieren u. Einengen unter $N_2$; nadelförmige Kristalle. — I-*Reineckat*, $C_9H_{20}NO_2 \cdot C_4H_6CrN_6S_4$, F. 177—179°; aus Aceton/W. Blättchen. — I-*Tetraphenylbor*, $C_9H_{20}NO_2 \cdot C_{24}H_{20}B$, F. 174—175° (verd. Aceton). — *p-Chlorbenzoylmuscarin, Chloroaurat*, $C_{16}H_{23}AuCl_5NO_3$, F. 163—165°, durch 4 std. Erhitzen des I-Chlorids u. p-Chlorbenzoylchlorid im Rohr auf 100°; $R_F$ 0,80 für Butanol/A./W. (5 : 5 : 2). — *p-Jodbenzoylmuscarin, Chloroaurat*, $C_{16}H_{23}AuCl_4JNO_3$, F. 163; $R_F$ 0,73. — *Trimethylaminchloroaurat*, F. 234—235°, durch 1 std. Schütteln von 0,1 g I-Chlorid mit $Ag_2O$, Erhitzen bei 0,003 mm bis auf 250°, Einleiten der entwickelten Gase in 4n HCl, Chromatographieren der gebildeten Hydrochloride, erneute $Ag_2O$-Behandlung der Zone mit $R_F$ 0,42 u. Verwandeln in das Chloroaurat; 18,3 mg. — *Desoxymuscarin* (?), *Chloroaurat*, $C_9H_{20}AuCl_4NO$, F. 108—109°, durch 4 std. Erhitzen des I-Chlorids, HJ (D. 1,7) u. rotem P im Rohr auf 140° u. Chromatographie. — *Trimethylhexylammoniumchloroaurat*, $C_9H_{22}AuCl_4N$, F. 125—126°, durch Erhitzen von 50 mg I-Chlorid, HJ (D. 1,96) u. rotem P wie vorst., Verdünnen mit W., Behandeln mit $PbCO_3$, $Ag_2O$ u. $H_2S$ nacheinander unter Abfiltrieren der jeweilig entstehenden Ndd., Eindampfen des Filtrats, Aufnehmen in W., Alkalisieren, Hydrieren in A. über Pd/$CaCO_3$ u. Chromatographie; 30 mg. (Recueil Trav. chim. Pays-Bas **76**. 109—28. Jan. 1957. Utrecht, Rijks-Univ., Organ.-chem. Labor. u. Labor. für Kristallchem.)

H. LEHWALD. 3500

**C. C. J. Culvenor** und **L. W. Smith**, *Die Alkaloide aus Crotalaria retusa L.* Neben dem als Hauptbestandteil in allen *Crotalaria retusa* L. vorkommenden, teils als *N-Oxyd* vorliegenden *Monocrotalin* (I; vgl. ADAMS u. ROGERS, J. Amer. chem. Soc. **61**. [1939.]

2815) u. dem ebenfalls schon bekannten *Retronecin-N-oxyd* (vgl. LEISEGANG u. WARREN, J. chem. Soc. [London] **1949**. 486) wurden 3 neue Alkaloide isoliert: *Retusin* (**II**), *Retusamin* (**III**) u. eine nur unvollständig charakterisierte *Base vom F. 130—132°*. Der Anteil der als N-Oxyd vorkommenden Alkaloide schwankt bei den verschied. Pflanzensorten zwischen 2 u. 70%. — Unter milden Hydrolysebedingungen entsteht aus **I** *α-2.3.4-Trimethyl-4-hydroxyglutarsäurelacton-(1 → 4)*, das erst mit Alkali zu dem *β-Lacton* epimerisiert wird, außerdem ein Aminoalkohol, $C_8H_{15}NO_2$, wahrscheinlich *Hastanecin*, für den aus Analogiegründen die Struktur eines *7-Hydroxy-1-hydroxymethyl-pyrrolizidins* angenommen wird. Auf Grund der IR-Spektren u. in Analogie zu **I** wird für **II** nebenst. Struktur wahrscheinlich gemacht. — **III** bildet ein *Tetrahydroderiv.*, das durch alkal. Hydrolyse die *Dicarbonsäure* $C_{10}H_{14}O_6$ ergibt. Bei der direkten Hydrolyse entsteht eine ähnliche Säure. **III** scheint eine ähnliche Struktur zu haben wie das von SHDANOWITSCH u. MENSCHIKOW [1941] isolierte Otosenin bzw. Tomentosin.

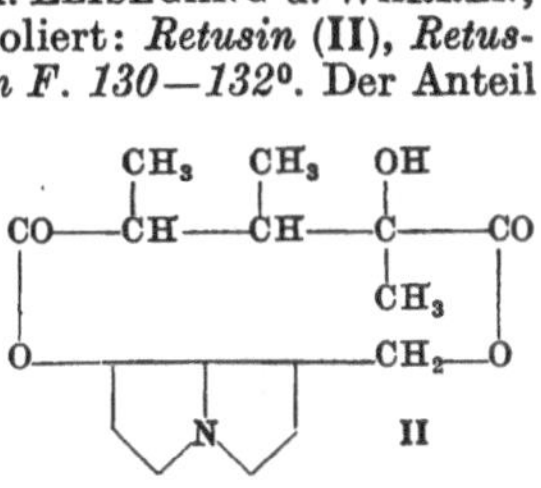

II

V e r s u c h e (FF. korr.; $R_F$-Werte in Butanol/5%ig. Essigsäure): *Monocrotalin* (**I**), $C_{16}H_{23}NO_6$, F. 201—202° (Zers.; A.), durch Extraktion der Pflanzen mit heißem Methanol, Verdampfen des Methanols im Vakuum u. Extraktion des Rückstandes mit verd. HCl; beim Vorliegen eines N-Oxyds Red. der sauren Lsg. mit Zn, Alkalisieren mit $NH_4OH$ u. Extrahieren mit Chlf.; $[\alpha]_D^{20}$ —57° (c = 1,0; Chlf.). *Methojodid*, F. 205—206° (Zers.). — *Retusin* (**II**), $C_{16}H_{25}NO_5$, F. 174—175°, durch Eindampfen der Mutterlaugen von **I** u. Chromatographie an $Al_2O_3$; aus A. u. aus Aceton Nadeln; $R_F$ 0,46; $[\alpha]_D^{20}$ +16,2° (c = 1,0; Chlf.); daneben **I** u. eine *Base vom F. 130—132°*, $R_F$ 0,40; aus Aceton Platten. — *Retusamin* (**III**), $C_{20}H_{27}NO_7$, F. 174,5°, durch Extraktion von 450 g gemahlenem Samen mit heißem Methanol, Ausziehen des Methanolrückstandes mit verd. HCl, Red. einer Hälfte mit Zn u. HCl, Alkalisieren beider Teile (von ähnlicher Zus.) mit $NH_4OH$, Extrahieren mit Chlf. [→ **I**, aus A. Prismen; 1,19% (Ausbeute)], Eindampfen der Mutterlauge, Chromatographie an mit Phosphatpufferlsg. vom $p_H$ 7,5 befeuchtetem Kieselgur, Eluieren mit PAe./$CCl_4$ (4 : 1) (→ *Base* vom $R_F$ 0,37; 0,01%), mit $CCl_4$ (→ **III**), mit $CHCl_3/CCl_4$ (3 : 2) (→ **I**; 1,19%) u. chromatograph. Reinigung des Alkaloidrückstandes an $Al_2O_3$ (Eluieren mit Chlf.); aus W. u. Bzl./PAe. lange Nadeln; $[\alpha]_D^{17}$ +13° (c = 1,93; A.); 0,16%. Daneben 0,87% **I**-*N-Oxyd* u. 0,03% **III**-*N-Oxyd*. — *Retronecin-N-oxyd* (Isatinecin), $C_8H_{13}NO_3$, Zers. bei ca. 210—220°, a) durch Extraktion der wss. Lsg. aus dem nicht red. Alkaloidanteil mit Butanol u. Chromatographie des alkohollösl. Teils an $Al_2O_3$ (Eluieren mit Chlf./50%ig. A.); aus Aceton/Methanol Nadeln oder Prismen; $[\alpha]_D^{17}$ +41° (c = 4,24; A.); b) durch Oxydation von Retronecin mit $H_2O_2$ (vgl. LEISEGANG u. WARREN, l. c.); aus Aceton/Methanol Prismen; $[\alpha]_D^{17}$ +25° (c = 2,68; W.); $[\alpha]_D^{17}$ +42° (c = 3,34; A.); $R_F$ 0,24. — *Monocrotalin-N-oxyd*, $C_{16}H_{23}NO_7 \cdot 5H_2O$, F. 196° (Zers.), durch 2tägiges Stehen von 0,5 g **I** mit 15%ig. $H_2O_2$ in A., Zers. mit $MnO_2$ u. Verdampfen des Filtrats im Vakuum; aus Aceton/Methanol Prismen; 0,41 g. *Pikrat*, F. 165—175° (Zers.; A.). — *α-2.3.4-Trimethyl-4-hydroxyglutarsäurelacton-(1→4)*, $C_8H_{12}O_4$, F. 130—131°, a) durch 1std. Kochen von 0,46 g **II** mit $Ba(OH)_2$, Sättigen mit $CO_2$, Ansäuern (kongosauer) mit HCl u. 6std. Extraktion mit Ae.; Reinigung aus Essigester/PAe. u. Bzl.; $[\alpha]_D^{20}$ +3,3° (c = 1,18; A.); $R_F$ 0,70; 70 mg. Aus dem Rückstand der Mutterlauge (170 mg) durch Chromatographie an mit 0,5n $H_2SO_4$ befeuchtetem Kieselgel u. Eluieren mit Chlf. *β-2.3.4-Trimethyl-4-hydroxyglutarsäurelacton-(1 → 4)* [F. 118°; $[\alpha]_D^{20}$ —60° (c = 0,5; A.); aus Essigester/PAe. Plättchen; $R_F$ 0,80] u. aus der wss. Lsg. 0,22 g einer *Base* vom $R_F$ 0,18 [*Pikrolonat*, F. 162—164°. *Hydrochlorid*, $C_8H_{16}ClNO_2$, F. 116°, aus A./Ae. Nadeln]; b) durch Dehydratisierung von Monocrotalsäuremethylester mit $H_3PO_4$ in Ae., Hydrierung bei 125°/100 at an RANEY-Ni, 4std. Kochen mit verd. NaOH, Ansäuern, Extraktion mit Ae. u. Chromatographie des Säuregemisches ($R_F$ 0,70 u. $R_F$ 0,80 sowie $R_F$ 0,85, wahrscheinlich ein *Diastereomeres*) an Silicagel. — *Dicarbonsäure* $C_{10}H_{14}O_6$, F. 181° (Zers.), durch Hydrierung von 100 mg **III** mit $PtO_2$ in A. (Aufnahme von 2 Mol $H_2$), 2std. Erhitzen des Rückstandes in NaOH auf 100° unter Durchleiten von $N_2$, Extraktion mit Chlf., Ansäuern der wss. Phase u. Extraktion mit Chlf.; Nadeln; $R_F$ 0,74; 35 mg. Durch direkte alkal. Hydrolyse von 100 mg **III** entstand eine *Säure vom F. 178°*, Misch-F. 172°; aus Bzl./Aceton Nadeln; $R_F$ 0,74; 52 mg. (Austral. J. Chem. **10**. 464—73. Nov. 1957. Melbourne, C.S.I.R.O., Div. of Ind. Chem.) E. FRANCK. 3500

**C. C. J. Culvenor** und **L. W. Smith,** *Die Alkaloide aus Crotalaria spectabilis Roth.* Aus *Crotalaria spectabilis* Roth. wurde neben *Monocrotalin* (**I**) (vgl. vorst. Ref.) ein neues Alkaloid, *Spectabilin* (**II**), isoliert. Die Ergebnisse der Hydrierung, der sauren

u. alkal. Hydrolyse von **II** u. der Acetylierung von **I** zeigten, daß **II** ein *O-Acetylmonocrotalin* mit der Acetylgruppe in $\beta$-Stellung ist.

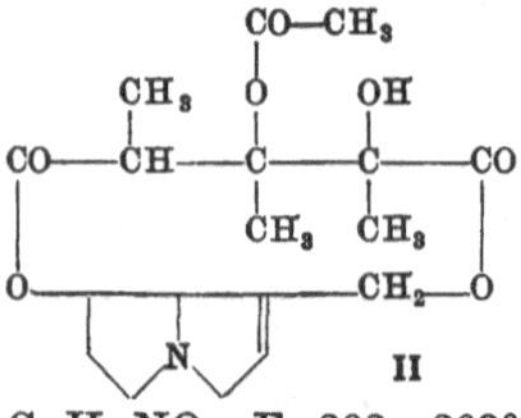

II

Versuche (FF. korr.; $R_F$-Werte in Butanol/5%ig. Essigsäure): *Spectabilin* (**II**), $C_{18}H_{25}NO_7$, F. 185,5—186°, a) durch Extraktion von 1710 g gemahlenen Pflanzen mit heißem Methanol, Extraktion des Methanolrückstandes mit verd. $H_2SO_4$, Red. mit Zn u. zusätzlicher $H_2SO_4$, Versetzen mit $NH_3OH$ u. Extraktion mit Chlf.; 9 g (Rohausbeute; aus 740 g Samen u. 1900 g Schalen mit unreifen Samen 53 bzw. 25 g rohe Base ohne Red. mit Zn + $H_2SO_4$); Kristallisation der rohen Base aus A. [→ *Monocrotalin* (**I**), $C_{16}H_{23}NO_6$, F. 202—203°; Prismen; $[\alpha]_D^{20}$ —55° (c = 1; A.)] u. des Rückstandes aus Aceton/PAe.; aus A. Prismen; $[\alpha]_D^{20}$ +121° (c = 1,7; Chlf.); $[\alpha]_D^{20}$ +143° (c = 1,38; A.); $R_F$ 0,43; 3,4 g neben 2 g **I**; b) durch 1std. Einleiten von Keten in eine Chloroformlsg. von **I** u. Chromatographie an $Al_2O_3$; aus Aceton/PAe. hexagonale Prismen; $[\alpha]_D^{20}$ +132° (c = 0,3; A.). Daneben **I**-*Carbonat*, $C_{17}H_{21}NO_7$, F. 213°; $[\alpha]_D^{20}$ +78,5° (c = 0,84); aus Aceton/PAe. u. A. feine Nadeln; c) durch ½std. Kochen von **I** mit Acetylchlorid; $[\alpha]_D^{20}$ +140° (c = 1,17; A.). — *Monocrotalin* (**I**), F. 202—203° (A.), a) durch 4std. Kochen von **II** mit 10%ig. HCl, Extraktion mit Ae. [→ *Monocrotalsäure* (**III**)] u. der alkalisierten wss. Lsg. mit Chlf.; b) durch 3std. Kochen des **I**-Carbonats mit 10%ig. HCl u. Isolierung nach a); c) durch 2std. Hydrolyse nachst. Verb. mit 10%ig. HCl. — *Diacetylmonocrotalin*, $C_{20}H_{27}NO_8$, F. 101°, durch 3std. Kochen von 1 g **I** mit Acetylchlorid, Abdampfen, Aufnehmen in verd. Säure, Alkalisieren, Extraktion mit Chlf. u. Chromatographie an $Al_2O_3$ (Eluieren mit Bzl./PAe.); aus PAe. Prismen; $[\alpha]_D^{20}$ +152° (c = 2,56; A.); $R_F$ 60; 0,74 g. — *Retronecinhydrochlorid*, F. 164—165°, durch 2std. Kochen von 1 g **II** mit $Ba(OH)_2$ in W., Sättigen mit $CO_2$, Ansäuern des Filtrats mit HCl, 6std. kontinuierliche Ae.-Extraktion, Dest., Eindampfen des Rückstandes u. Extrahieren mit A.; Prismen. — *Monocrotalsäure* (**III**), $C_8H_{12}O_5$, F. 182—183° (Aceton/PAe.), a) durch 6std. Kochen von 0,5 g **II** mit 10%ig. HCl u. Extraktion mit Ae.; $[\alpha]_D^{26}$ —2,6° (c = 1,92; A.); $R_F$ 0,54; 0,23 g; b) durch 5std. Kochen der Diacetylverb. von **I** mit 20%ig. HCl neben *Retronecin*. — *Anhydromonocrotalsäure*, $C_8H_{10}O_4$, F. 117—118°, a) durch 5std. Kochen von 1 g **III** mit $SOCl_2$ (vgl. ADAMS u. WILKINSON, J. Amer. chem. Soc. **65.** [1943.] 2203), 2maliges Verdampfen des Ae. in einem Luftstrom, chromatograph. Reinigung des Rückstandes (1,53 g) an mit 0,5n $H_2SO_4$ befeuchtetem Silicagel u. Eluieren mit Bzl. (0,5 g neutrale Substanz) u. Chlf./Bzl. (3 : 1); aus Bzl. Platten oder Prismen; $[\alpha]_D^{20}$ +219° (c = 1,02; A.); $R_F$ 0,75; b) durch Hydrierung von 0,5 g **II** in essigsäurehaltigem A. an $PtO_2$, Eindampfen zur Trockne, Aufnehmen in NaOH, Extraktion mit Chlf., Ansäuern der wss. Phase u. Extrahieren mit Ae.; aus Essigester/PAe. Platten; $[\alpha]_D^{20}$ +214° (c = 1,19; A.); $R_F$ 0,70; 0,35 g. Aus dem Chloroformextrakt durch Eindampfen u. Dest. ($Kp._{0,4}$ 60—100°) *Retronecanol* [$C_8H_{15}NO$, F. 93—94°; $R_F$ 0,38; 0,23 g]. — *Acetylmonocrotalsäure, Brucinsalz*, $C_{33}H_{40}N_2O_{10}$, F. 184°, durch Hydrierung von 0,5 g **II** in A. an RANEY-Ni; 0,29 g. (Austral. J. Chem. **10.** 474—79. Nov. 1957; **11.** 97. Febr. 1958. Melbourne, C.S.I.R.O., Div. of Ind. Chem.) E. FRANCK. 3500

**Kyosuke Tsuda** und **Hiroshi Mishima**, *Untersuchungen zur Synthese von Matrin.* 2. Mitt. *Die Synthese von Oktadehydromatrin und Allomatridin.* (1. vgl. C. **1957.** 9930.) Das durch Verseifung des Äthylesters zugängliche *11-Carboxy-10-oxo-1.2.3.5.6.7-hexahydrochinoliso-[1.9a.9:ab-(„1.8:ab")]-chinolizin* (vgl. l. c.) läßt sich mit $CuSO_4$/Chinolin zu *10-Oxo-1.2.3.5.6.7-hexahydrochinolizo-[1.9a.9:ab]-chinolizin* (**I**) decarboxylieren, das sich als mit *Oktadehydromatrin* ident. erwies. Die Hydrierung in Essigsäure in Ggw. von $PtO_2$ lieferte *Didehydromatrin*, dem auf Grund der UV- u. IR-Absorption die Konst. eines *1-[ω-Hydroxybutyl]-4.5.6.8.9.10-hexahydropyrido-[3.4.5:ij]-chinolizins* (*8-[ω-Hydroxybutyl]-9-azajulolidin*) zukommt. Letzteres gibt bei der Hochtemperatur–Hochdruck-Hydrierung über Cu-Chromit *Perhydrochinolizo-[1.9a.9:ab]-chinolizin* (rac.-**II**; *rac.-Allomatridin*), das auch direkt aus **I** > 200° entsteht. Die Pd-Dehydrierung von Matrin (**V**) bzw. Matridin (**III**) bei 280° liefert *Allomatrin* (**IV**) bzw. **II**, die Isomerisierung von **III** mit $AlCl_3$ bei 220° liefert **II**. Daraus wird für **II** u. **IV** auf die stabilereKonstellation mit Sesselform aller Ringe u. trans-Verknüpfung aller 4 Ringe geschlossen. Damit ist die höhere Pd-Dehydrierungsgeschwindigkeit für **III** u. **V** gegenüber der von **II** u. **IV** in Einklang. **V** besitzt die angegebene instabilere Konstellation. Die Rk. von **IV** mit CNBr in Bzl. führt zu *Bromallomatrincyanamid*. **III** läßt sich in das $N_{(9)}$-*Methojodid*, **II** in das $N_{(4)}.N_{(9)}$-*Dimethojodid* überführen. Die unterschiedliche Reaktionsweise erklärt sich durch die aus der Konstellation folgende Abschirmung des N-Atoms.

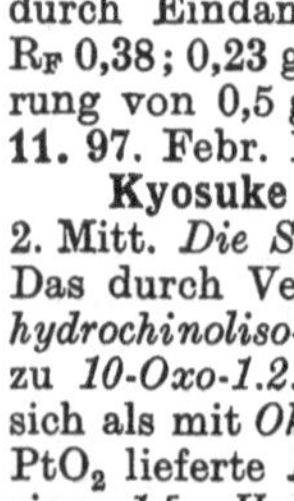

V

Versuche: *11-Carboxy-10-oxo-1.2.3.5.6.7-hexahydrochinolizo-[1.9a.9:ab]-chinolizin*, $C_{16}H_{16}N_2O_3$, F. 272° (Zers.; Pyridin), durch 3std. Kochen des Äthylesters mit äthanol. KOH; 77% (Ausbeute). — *10-Oxo-1.2.3.5.6.7-hexahydrochinolizo-[1.9a.9:ab]-chinolizin* (I; *Oktadehydromatrin*), $C_{15}H_{16}N_2O$, F. 174—176° (Aceton), durch 2std. Erhitzen von 410 mg vorst. Verb. mit $CuSO_4$ in Chinolin auf 210—240° (Badtemp.), Einengen u. Lösen in Bzl.; gelbe Kristalle; 50 mg. —*1-[ω-Hydroxybutyl]-4.5.6.8.9.10-hexahydropyrido-[3.4.5:ij]-chinolizin* (*Didehydromatrin*), $C_{15}H_{22}N_2O$, F. 105—106° (Aceton), a) durch 4std. Hydrieren von I in Dioxan bei 160—170° u. 100 at in Ggw. von Cu-Chromit; b) in Essigsäure in Ggw. von $PtO_2$. — *Perhydrochinolizo-[1.9a.9:ab]-chinolizin* (rac.-II; *rac.-Allomatridin*), $C_{15}H_{26}N_2$, F. 53—55° (PAe.), a) durch 3std. Hydrieren vorst. Verb. in Dioxan bei 200—210° u. 120 at in Ggw. von Cu-Chromit; b) analog aus I. (+)-II, F. 76—78°, $Kp._1$ 98—130°, a) durch 3std. Erhitzen von III (F. 60°; $[\alpha]_D$ —11,6°; *Hydrojodid*, F. 285—290°; Platten) mit Pd-Asbest auf 310—340° über das *Hydrojodid* (F. 305—310° [Aceton-$CH_3OH$], Nadeln; daneben ein *Hydrojodid* $C_{15}H_{22}N_2 \cdot HJ$, F. 194 bis 195° [Aceton], Platten); b) durch 9std. Erhitzen von 2,6 g III mit $AlCl_3$ auf 220° im $N_2$-Strom, Lösen in 5%ig. HCl, Alkalisieren u. Ausäthern; 0,5 g. — *Bromallomatrincyanamid*, $C_{16}H_{24}BrN_3O$, F. 167—168° (Aceton), durch 30 Min. Erhitzen von 5 g IV mit CNBr in Bzl. auf 60—70°; Platten; 4 g. — II-$N_{(4)}$.$N_{(9)}$-*Dimethojodid*, $C_{15}H_{26}N_2 \cdot 2CH_3J$, F. 293—296° (Zers.; $CH_3OH$-W.), Platten. — III-$N_{(9)}$-*Methojodid*, $C_{15}H_{26}N_2 \cdot CH_3J$, F. 238—239° (Aceton), Prismen. (J. org. Chemistry **23.** 1179—83. Aug. 1958. Tokyo, Univ., Inst. of Appl. Microbiol.) R. PASEDAG. 3500

**Eduardo Mario Barilari** und **Jorge Comin,** *Untersuchungen über argentinische Pflanzen.* 15. Mitt. *Tertiäre Basen aus der Rinde von Fagara coco (Gill) Engl.* (14. vgl. C. **1956.** 9730.) Nach Abtrennen von N-Methylisocorydin isolierten Vff. aus der Lsg. der Extrakte von 40 kg Rinde von *Fagara coco* in Trichloräthylen durch Extrahieren mit 5%ig. HCl, Abdampfen des Lösungsm., Einstellen mit NaOH auf $p_H$ 3,5, Ausziehen mit Chlf., Eindampfen der Extrakte, fraktionierte Kristallisation aus A. u. fraktionierte Chromatographie an $Al_2O_3$ aus Bzl. *Skimmianin* [I, F. 177—178° (A.); 1,144 g (Ausbeute; roh); *Pikrat*, F. 196—197°] u. *Allokryptopin* [*α-Form*, F. 160—161° (A.), u. *β-Form*, F. 167—168° (A.); 1,715 g (roh); *Pikrat*, F. 206—207°]. Neben I entsteht eine *Base vom F. 138°* (50%ig. A.). — Durch analoge Chromatographie lassen sich I u. *γ-Fagarin* [F. 139—141° (50%ig. $CH_3OH$); *Pikrat*, F. 176°] voneinander trennen. (An. Asoc. quím. argent. **43.** 180—84. Sept. 1955. Martínez, Buenos Aires, E. R. Squibb & Sons Argentina S. A., Labor. de Invest.) H.-E. TOUSSAINT. 3500

**Shoshichiro Kimoto** und **Masao Okamoto,** *Untersuchungen über die Alkaloide von Amsonia elliptica Roem et Schult.* 3. Mitt. *Identität von Amsonin mit β-Yohimbin.* (2. vgl. J. pharmac. Soc. Japan [Yakugakuzasshi] **63.** [1943.] 159.) Durch Vgl. der physikal. Eigg. von *Amsonin* [F. 236—237°; $[\alpha]_D^{25}$ —38,6° (Pyridin); $[\alpha]_D^{9}$ —17,6° (A.); *Hydrochlorid*, F. 303—305°; $[\alpha]_D^{27}$ +37,4° (W.); *Freie Säure*, F. 257—259°; $[\alpha]_D^{13}$ +16,8° (Pyridin)] u. β-Yohimbin wird auf die Identität der beiden Substanzen geschlossen. Die OPPENAUER-Oxydation von Amsoninsäure (49std. Erhitzen von 0,95 g mit Al-Phenolat u. Cyclohexanon in Xylol auf 155—165°) liefert *Yohimbon* [F. 307—309°; $[\alpha]_D^{10}$ —96,0° (50 mg/15 ml Pyridin); 0,5 g]. (Pharmac. Bull. [Tokyo] **3.** 392—93. Okt. 1955. Kyoto, Pharm. Coll. [Orig.: engl.]) H. STRUCK. 3500

**Mary-Louise Rothschild** und **Lawrence S. Myers jr.,** *Die spontane Veränderung von Ferriprotoporphyrin in alkalischer Lösung.* Die spektrophotometr. verfolgte Veränderung von Ferriprotoporphyrin (I) in alkal. Lsg. in Ggw. von $O_2$ ist bei hohen Alkalikonzz. am stärksten u. wird geringer, je weniger Alkali zugesetzt wird. Auch Komplexbildner am Fe-Atom, wie CN′ u. Pyridin, vermindern die Umsetzung. Am Fe-Atom des durch Butanolextraktion isolierten Reaktionsprod. wurde keine Veränderung festgestellt. Ein Vgl. der Rk. in alkal. Lsg. mit der durch γ-Strahlen hervorgerufenen Umsetzung u. ein spektrophotometr. Vgl. des Umsetzungsprod. mit Ferrideuteroporphyrin läßt erkennen, daß die Veränderung von I auf einer Rk. der Vinylgruppen beruht, die nur in Ggw. des nicht komplex gebundenen Fe-Atoms abläuft. (Nature [London] **182.** 1671 bis 1672. 13/12. 1958. Los Angeles, Calif., Univ., School of Med., Dep. of Nucl. Med. and Radiat. Biol.; Dep. of Radiol.) A. GUDE. 3550

**William F. Newhall,** *Derivate von (+)-Limonen.* 1. Mitt. *Ester von trans-p-Menthandiol-(1.2).* Vff. gewinnen durch partielle Hydrierung von (+)-Limonen (I) in Ggw. von 5%ig. Pt-Kohle *$\Delta^1$-p-Menthen*, das sie mit Perameisensäure in ein Gemisch von zwei *trans-p-Menthandiolen-(1.2)* vom *F. 89°* (II) u. vom *F. 55°* (III) überführen. II u. III entsprechen wahrscheinlich den Verbb. *1-Hydroxyneocarvomenthol* bzw. *1-Hydroxyisocarvomenthol* von JEFFERIES u. MILLIGAN (J. chem. Soc. [London] **1956.** 4384) u. von COLE u. JEFFERIES (J. chem. Soc. [London] **1956.** 4391) u. wurden mit $H_2SO_4$ zu *Tetrahydrocarvon* dehydratisiert. Reines II entstand bei der Rk. von I mit PWameisensäure zu *$\Delta^{8,10}$-p-Menthendiol-(1.2)* (**IV**) u. anschließender Hydrierung. Behandlung von **II** mit den Anhydriden von Essig-, Propion- u. Buttersäure in Ggw. von Na-Acetat lieferte die entsprechenden *Diester.*

Versuche: *$\Delta^1$-p-Menthen*, Kp. 174—176°, aus **I** (Kp. 175—176°, $[\alpha]_D^{23}$ +118,7°, $n_D^{23}$ 1,4722) durch 1std. Hydrierung bei n. Temp. u. 52 at Anfangsdruck in Ggw. von 5%ig. Pt-Kohle; $[\alpha]_D^{23}$ +109°, $n_D^{23}$ 1,4557; 100% (Ausbeute). — Gemisch von *trans-p-Menthandiol-(1.2) vom F. 89°* [**II** (Bzl./PAe.), $C_{10}H_{10}O_2$, $[\alpha]_D^{23}$ +48° (10%ig. Acetonlsg.)] u. *vom F. 55°* [**III** (PAe.), $C_{10}H_{10}O_2$, $[\alpha]_D^{23}$ +25° (10%ig. Acetonlsg.)], a) aus 120ml vorst. Verb. durch Zutropfen einer Lsg. von 200 ml 90%ig. HCOOH u. 75,2 g 34%ig. $H_2O_2$ innerhalb 1 Std. bei 35°, 2std. Rühren, Zusatz von $NaHSO_3$, Eindampfen im Vakuum, Zusatz von A. u. alkoh. KOH (bis $p_H$ 11—12), 3std. Rühren, Zusatz von konz. HCl (bis $p_H$ 6), Eindampfen im Vakuum, Ausäthern, Dest. bei 102—108°/1 mm u. fraktionierte Kristallisation; 43% **II** u. 7,8% **III**; b) reines **II** aus *$\Delta^{8,10}$-p-Menthendiol-(1.2)* [**IV**, $C_{10}H_{18}O_2$, F. 70—71,6° (Bzl./PAe., Kp. 30—60°), aus **I** durch Rk. mit HCOOH + $H_2O_2$ analog a); $[\alpha]_D^{23}$ +41° (10%ig. Acetonlsg.); 19,6%] durch 10 Min. Hydrierung in A. in Ggw. von 5%ig. Pt/Kohle; 92%. **II**-*Diacetat*, $C_{14}H_{24}O_4$, Kp.$_{0,8}$ 99°, aus **II** durch 2std. Kochen mit Acetanhydrid in Ggw. von Na-Acetat; $[\alpha]_D^{23}$ +93°; $n_D^{23}$ 1,4498; 92%. **II**-*Dipropionat*, $C_{16}H_{28}O_4$, Kp.$_{0,8}$ 114°, analog mit Propionanhydrid; $[\alpha]_D^{23}$ +83°; $n_D^{23}$ 1,4478; 94%. **II**-*Dibutyrat*, $C_{18}H_{32}O_4$, Kp.$_{0,8}$ 131°, analog mit Butyranhydrid; $[\alpha]_D^{23}$ +74°· $n_D^{23}$ 1,4486; 92%. — *Tetrahydrocarvon*, $C_{10}H_{18}O$, Kp.$_1$ 55—56°, a) aus **II** durch 2std. Kochen mit 10%ig. $H_2SO_4$; $[\alpha]_D^{23}$ +18°; $n_D^{23}$ 1,4545; 56%; b) aus **III** analog. *Semicarbazon*, F. 185—189°. (J. org. Chemistry **23.** 1274—76. Sept. 1958. Lake Alfred, Fla., Univ., Citrus Exp. Stat.) H.-J. KÖTZSCH. 3600

**Franz Sondheimer** und **David Rosenthal**, *Synthesen in der Terpenreihe.* 6. Mitt. *Synthese von 10-Methyldekalon-(1). Die stereochemische Stabilitätsbeziehung in der 9-Methyldekalinreihe.* (5. vgl. C. **1959.** 2468.) Das aus 2-Methylcyclohexanon (**V**) u. 4-Diäthylaminobutanon-(2)-methojodid (**VI**) in Ggw. von K-tert.-Butylat/tert.-Butylalkohol zugängliche *10-Methyl-$\Delta^{1,9}$-oktalon-(2)* (**III**) dient als Ausgangsmaterial für eine 4-Stufensynth. von *10-Methyldekalon-(1)* (**I**). Aus **III** u. 1.2-Dimercaptoäthan (**VII**) entsteht in Ggw. von $BF_3$-Ätherat **III**-*Äthylenthioketal*, das mit RANEY-Ni glatt *10-Methyl-$\Delta^{1,9}$-oktalin* (**IV**) gibt. **IV** liefert mit Perbenzoesäure (**VIII**) ein *Isomerengemisch* der entsprechenden *Epoxyde*, aus dem mit $BF_3$-Ätherat maximal 25% **I** erhalten werden. Nebenprodd. sind *10-Methyl-$\Delta^{1,8}$-hexalin* u. *10-Methyl-$\Delta^8$-oktalol-(1)*. **I** besteht aus einem Gemisch von 40% *cis-* u. 60% *trans-Isomeren*. Beim Kochen mit $NaOC_2H_5$ bleibt dieses Gleichgewichtsgemisch erhalten. Es kann das *Semicarbazon* (**Ia**) der einen reinen Form isoliert werden, **Ia** gibt aber bei der Spaltung das Gemisch zurück. Die $LiAlH_4$-Red. des **I**-Gemisches führt zum Gemisch der *10-Methyldekalole-(1)*, die mit $PBr_3$ die *Bromide* liefern. Durch Red. mit Pd–Zn u. HJ/Essigsäure wird das Gemisch von *cis-* u. *trans-9-Methyldekalin* (cis- u. trans-**II**) erhalten. Durch Vgl. mit reinen Proben konnte an Hand der relativen Intensitäten der IR-Maxima bei 11,87 $\mu$ (cis-**II**) bzw. 12,03 $\mu$ (trans-**II**) die Zus. obigen Gemisches bestimmt werden. Auch das Gemisch der *Äthylenthioketale* von **I** liefert bei der Desulfurierung das gleiche **II**-Gemisch. Bei der HUANG-MINLON-Red. von **Ia** entstehen 55% cis-**II** u. 45% trans-**II**. Die Red. von **III** mit Li in fl. $NH_3$, $CrO_3$-Oxydation u. HUANG-MINLON-Red. bzw. Desulfurierung des entsprechenden *Äthylenthioketals* mit RANEY-Ni führt zu fast reinem (mindestens 95%) trans-**II**. Dies wird auf die Ausbldg. eines speziellen Dianions mit einem freien Elektronenpaar an $C_{(9)}$ zurückgeführt. Im allg. wird aber für die 9-Methyldekalinreihe ein cis–trans-Gemisch von 40:60 als stabil angesehen. Die Hydrierung von **III** in Ggw. von Pd-Kohle in A. u. HUANG-MINLON-Red. gibt 80% cis-**II** u. 20% trans-**II**. Bei der analogen katalyt. Hydrierung von **IV** entstehen 55% cis-**II** u. 45% trans-**II**. Die Konst. der beschriebenen Verbb. wurde durch ihre IR-Spektren bestätigt.

Versuche: *10-Methyl-$\Delta^{1,9}$-oktalon-(2)* (**III**), Kp.$_1$ 106—116°, aus **V** u. **VI**; 46% (Ausbeute). *Semicarbazon*, F. 200—202° (A.). *Äthylenthioketal*, $C_{13}H_{20}S_2$, F. 58 bis 59° ($CH_3OH$–Pentan), durch Zugeben von $BF_3$-Ätherat zu **III** u. **VII** bei 0° u. 10 Min. Stehen; 61%. — *10-Methyl-$\Delta^{1,9}$-oktalin* (**IV**), $C_{11}H_{18}$, Kp.$_{35}$ 92—94°, durch 15std. Kochen von **III**-Äthylenthioketal u. RANEY-Ni-W-2 in absol. A.; $n_D^{22}$ 1,4929; 61%. — *10-Methyldekalon-(1)* (**I**; *cis–trans-Gemisch*), $C_{11}H_{18}O$, Kp.$_{26}$ 126—130°, a) durch Zugeben von **IV** zu **VIII**, <8°, 2std. Stehen bei 8°, Einengen, 10 Min. Zutropfen von $BF_3$-Ätherat zum Epoxyd in Chlf., 10 Min. Stehen bei 5°, Extrahieren mit Chlf. u. Chromatographie an $Al_2O_3$; $n_D^{21}$ 1,4901; 24%; b) durch 30 Min Erhitzen von **Ia** mit Na-Acetat, Brenztraubensäure u. wss. Essigsäure (1:5) auf 90°; 84%. *Semicarbazon* (**Ia**), $C_{12}H_{21}N_3O$, F. 209 bis 211° (A.). *2.4-Dinitrophenylhydrazon*, $C_{17}H_{22}N_4O_4$, F. 159—161° (A.-Essigester). — *Gemische von cis- u. trans-9-Methyldekalin* (**II**), a) aus 177 mg **I** über das Äthylenthioketalgemisch u. dessen 10std. Kochen mit RANEY-Ni in $CH_3OH$ u. Extrahieren mit Pentan; 145 mg; b) durch 1std. Kochen von 390 mg **I** mit $LiAlH_4$ in Ae., Stehen des Alkoholgemisches mit $PBr_3$ in absol. Bzl. über Nacht, Zugeben von Eis, Ausäthern, 4std. Rühren der Bromide mit HJ (D. 1,70)-Eisessig u. Pd-Zn bei Raumtemp. u. 30 Min. bei 50°, Ausäthern u. Dest. bei 90—100°/35 mm; 210 mg; c) durch ½std. Erhitzen von **Ia** mit NaOH, 90% ig. $N_2H_4 \cdot H_2O$ u. Diäthylenglykol auf 190°, 3 Std. auf 210°, Zugeben von W. u. Extrahieren mit Pentan; d) durch 1std. Rühren von 1,0 g **III** in Ae. mit Li in fl. $NH_3$, Zugeben von $NH_4Cl$, Einengen, Ausäthern, Stehen über Nacht mit $CrO_3$-wss. Essigsäure bei Raumtemp., Zugeben von $CH_3OH$, Ausäthern u. 5½std. HUANG-MINLON-Red. (160—195°); 0,13 g; e) durch 15 Min. Hydrieren von **III** in A. in Ggw. von Pd-Kohle u. HUANG-MINLON-Red.; f) durch 30 Min. Hydrieren von 0,16 g **IV** in A. in Ggw. von Pd-Kohle; 0,15 g. (J. Amer. chem. Soc. **80.** 3995—4001. 5/8. 1958. Rehovoth, Israel, Weizmann Inst. of Sci., Daniel Sieff Res. Inst.) R. PASEDAG. 3600

**Toshitake Tamura, Shigeo Tamai** und **Tarô Matsumoto,** *Cycloartenol und Hexakosanol in Rüböl.* Aus den krist. Anteilen der unverseifbaren Bestandteile von Rüböl werden durch fraktionierte Kristallisation aus Aceton-Methanol u. anschließende Chromatographie an $Al_2O_3$ *Cycloartenol* (**I**) u. *Hexakosanol* (**II**) isoliert. **I**, $C_{30}H_{50}O$, F. 112—114°, $[\alpha]_D$ +49,2° (c = 2; Chlf.); *Acetat* (**III**), $C_{32}H_{52}O_2$, F. 122—123°, $[\alpha]_D$ +58,3° (c = 2; Chlf.). **III**-*Dibromid*, $C_{32}H_{52}Br_2O_2$, F. 162° (Zers. bei 170°). **I** u. **III** werden katalyt. über Pt zu *Cycloartanol*, F. 99—101°, bzw. dessen *Acetat*, $C_{32}H_{54}O_2$, F. 130—132°, hydriert, das mit getrocknetem HCl in Chlf. in *Artenylacetat*, $C_{32}H_{54}O_2$, F. 170—172°, $[\alpha]_D$ +82,1° (c = 2; Chlf.), u. *Lanostenylacetat*, $C_{32}H_{54}O_2$, F. 121—123°, übergeht. **III** gibt mit $O_3$ *Aceton* u. *Trisnorcycloartanolsäureacetat*, $C_{29}H_{46}O_4$. **II** geht bei Chromsäureoxydation in *Cerotinsäure* über. (J. chem. Soc. Japan, pure Chem. Sect. [Nippon Kagaku Zassi] **79.** 1053—59. Sept. 1958. Tokyo, Nihon-Daigaku. [Orig.: japan.]) E. MAEKAWA. 3600

**P. F. Beal, M. A. Rebenstorf** und **J. E. Pike,** *Darstellung von 6-Methylsteroiden durch die Oxoreaktion.* 3β-Acetoxy-$\Delta^5$-pregnen-20-on (**I**) gibt in Toluol mit CO u. $H_2$ in Ggw. von $Co_2(CO)_8$ oder $CoCO_3$ in 60—65% ig. Ausbeute *3β-Acetoxy-6α-hydroxymethyl-5α-pregnan-20-on* (**II**), daneben etwas **II**-*Formiat* (**IIa**) u. *3β-Acetoxy-5α-pregnan-20-on.* **II** liefert mit Triphenylphosphitmethojodid *3β-Acetoxy-6α-jodmethyl-5α-pregnan-20-on* (**III**), das mit Dimethylamin in die *6α-Dimethylaminomethylverb.* übergeführt wird. Deren *N-Oxyd* wird durch Erhitzen in *3β-Acetoxy-6-methylen-5α-pregnan-20-on* übergeführt, weiter mit HCOOH zum *6-Methyl-$\Delta^5$-pregnen* umgesetzt u. nach OPPENAUER zu *6α-Methylprogesteron* (**IV**) oxydiert. **III** gibt bei der $LiAlH_4$-Red. u. anschließenden Oxydation mit $CrO_3$/Pyridin *6α-Methyl-5α-pregnan-3.20-dion*, das zum Vgl. ebenso wie sein *6β-Epimeres* aus authent. **IV** bzw. 6β-Methylprogesteron (**V**) durch Red. mit Li u. A. in fl. $NH_3$ u. Reoxydation dargestellt wird. **II**-*Tosylat* wird mit Na-Formiat in **IIa** übergeführt. Die entsprechende Hydroxymethylierung von β-Sitosterin (**VI**) liefert *6α-Hydroxymethylsitostanol*, dessen Struktur in Analogie zu **II** angenommen wird.

Versuche: *3β-Acetoxy-6α-hydroxymethyl-5α-pregnan-20-on* (**II**), $C_{24}H_{38}O_4$, F. 149 bis 151° (Aceton-Skellysolve B), a) aus 30,0 g **I** in Toluol in Ggw. von $Co(CO)_8$ unter CO (42 kg/cm²) u. $H_2$ (bis 88 kg/cm²; 18 Std. bei 120°), Chromatographie von 2,0 g des Rohprod. (20,7 g) an Florisil u. Elution mit Skellysolve B-Aceton; 1,86 g (Ausbeute), daneben 0,18 g **IIa** u. aus den Mutterlaugen des Rohprod. durch Chromatographie 4,24 g **II** u. 3,72 g *3β-Acetoxy-5α-pregnan-20-on*, F. 141—144° (wss. $CH_3OH$); b) aus 10,0 g **I** in Toluol in Ggw. von $CoCO_3$ unter CO (46 kg/cm²) u. $H_2$ (bis 93 kg/cm²; 12 Std. bei 180°). *Tosylat*, $C_{31}H_{44}O_6S$, F. 95—105°, aus 4,2 g **II** u. p-Toluolsulfonylchlorid in Pyridin, Chromatographie an Florisil u. Elution mit 10 % ig. Aceton-Skellysolve B; 4,91 g. *Formiat* (**IIa**), $C_{25}H_{38}O_5$, F. 134—135° (Skellysolve B-Aceton), a) als Nebenprod. bei der Darst. von **II** nach a); b) aus dem rohen Tosylat mit HCOONa in sd. wss. A. (16 Std.) u. Chromatographie an Florisil. — *3β-Acetoxy-6α-jodmethyl-5α-pregnan-20-on* (**III**), $C_{24}H_{37}JO_3$, F. 160—166° (Zers.), aus 3,06 g **II** mit Triphenylphosphitmethojodid in sd. $CH_3J$ (90 Min.); 2,68 g. — *3β-Acetoxy-6α-dimethylaminomethyl-5α-pregnan-20-on*, $C_{26}H_{43} \cdot NO_3$, F. 118—119° (Skellysolve B), aus 4,0 g **III** u. Dimethylamin im Rohr (90 Min. auf dem Dampfbad), Chromatographie an Florisil u. Elution mit 20—30% ig. Aceton-Skellysolve B; 2,24 g (roh). *N-Oxyd*, $C_{26}H_{43}NO_4 \cdot H_2O$, F. 114—117° (Zers. bei 130°; Skellysolve B), aus 1,77 g Amin in $CH_3OH$ mit 30 % ig. $H_2O_2$ unter Eiskühlung, dann 18 Std. bei Zimmertemp., Aufkochen, Zers. von $H_2O_2$ mit $MnO_2$ u. Chromatographie an Florisil; 0,57 g. — *3β-Acetoxy-6-methylen-5α-pregnan-20-on*, $C_{24}H_{36}O_3$, F. 113—117° (Skellysolve F), aus 3,84 g vorst. N-Oxyd bei 130—140°/2 mm (30 Min.) u. Chromatographie an Florisil; 1,27 g. — *3β-Formyloxy-6-methyl-$\Delta^5$-pregnen-20-on*, $C_{23}H_{34}O_3$, F. 158—160° (Skellysolve B), aus 1,17 g vorst. Verb. in HCOOH (90 Min. bei Zimmertemp. u. 20 Min. auf dem Dampfbad) u. Chromatographie an Florisil; 0,91 g. — *6α-Methyl-*

*progesteron* (**IV**), F. 116—119° (wss. $CH_3OH$), aus 73 mg vorst. Verb. in sd. Xylol–Cyclohexanon mit Al-Isopropylat (45 Min.) u. Chromatographie an Florisil; 18 mg. — *6α-Methyl-5α-pregnan-3.20-dion*, $C_{22}H_{34}O_2$, F. 152—153° (Aceton–Skellysolve B), a) aus 1,5 g **III** in Bzl. mit $LiAlH_4$ in Ae. (5½ Std. Kochen) u. Oxydation des Prod. mit $CrO_3$/Pyridin; 0,161 g; b) aus 2,2 g **IV** in A. u. fl. $NH_3$ mit Li, Oxydation des Prod. wie unter a) u. Chromatographie; $[\alpha]_{589}$ +119°, $[\alpha]_{315}$ +2635°, $[\alpha]_{285}$ —188° (c = 0,101 in Dioxan); 0,98 g. — *6β-Methyl-5α-pregnan-3.20-dion*, $C_{22}H_{34}O_2$, F. 179—181° (Aceton–Skellysolve B), aus 2,5 g **V** analog vorst. Verb. nach b); $[\alpha]_{589}$ +100°, $[\alpha]_{315}$ +2644°, $[\alpha]_{285}$ —395° (c = 0,100 in Dioxan); 0,95 g. — *6α-Hydroxymethylsitostanol*, $C_{30}H_{54}O_2$, F. 208—210° (A.), aus 10,35 g **VI** in Toluol in Ggw. von $Co(CO)_8$ unter CO (56 kg/cm²) u. $H_2$ (bis 112 kg/cm²); 4,0 g. — Die IR-Absorptionsmaxima einiger Verbb. sind angegeben. (J. Amer. chem. Soc. **81**. 1231—34. 5/3. 1959. Kalamazoo, Mich., Upjohn Co., Res. Labors.) H.-J. KOCH/Berlin. 3700

**Thomas L. Jacobs** und **Nobuyoshi Takahashi**, *A-Nor-Δ³,⁵-cholesten-2-on*. Vff. beschreiben die Darst. von *A-Nor-Δ³,⁵-cholesten-2-on* (**V**) als Modellfall für die Synth. von A-Nor-Δ³,⁵-testosteron. Die Ozonisierung von 2-Hydroxymethylen-Δ⁴-cholesten-3-on (**I**) ergibt in kleiner Ausbeute *2.3-Seco-Δ⁴-cholesten-2.3-disäure* (**II**), die hydriert u. anschließend zu *A-Norcholestan-2-on* (**III**) cyclisiert wird. Bei der Bromierung von **III** wird Halogen ausschließlich an $C_{(3)}$ zu *3.3-Dibrom-A-norcholestan-2-on* addiert, das mit Kollidin zu *3-Brom-A-nor-Δ³,⁵-cholesten-2-on* (**IV**) dehydrobromiert wird. Hieraus ist **V** durch Red. nach ROSENMUND zugänglich. Dieses geht bei der katalyt Hydrierung in *A-Norkoprostan-2-on* über. Das bei der Ozonisierung von **I** als Hauptprod. anfallende *A-Nor-3-oxacholestan-5-ol-2-on* (**VI**) wird zu *A-Nor-3-oxa-Δ⁵-cholesten-2-on* (**VII**) dehydratisiert, das allerdings nicht in **V** umgesetzt werden konnte. Die Hydrierung von **VII** liefert neben *2.5-Seco-3.4-bisnor-cholestan-2-säure* ein *Lacton*, das als *A-Nor-3-oxacholestan-2-on* angesehen wird. UV- u. IR-Spektren sind angegeben.

V e r s u c h e ($[\alpha]_D$ in Chlf.): *2.3-Seco-Δ⁴-cholesten-2.3-disäure* (**II**), $C_{27}H_{44}O_4$, F. 186 bis 187,5° (Nadeln aus Essigester), durch Ozonisierung von 3 g **I** (vgl. WEISENBORN REMY u. JACOBS, C. **1955**. 1521) in Essigester/Eisessig bei —10 bis —15°, Verdünnen mit W., Zugabe von $H_2O_2$ u. 48std. Stehen, Entfernen von ausgefallenem *A-Nor-3-oxacholestan-5-ol-2-on* (**VI**; F. 157—159°; 700 mg), Ausäthern, Extraktion mit 5%ig. $NaHCO_3$-Lsg. u. Ansäuern neben 225 mg **VI**; $[\alpha]_D^{26}$ +88° (A.); 120 mg (Ausbeute). Die Änderung des Verf. durch Überführung von **I** in ein Piperidinderiv. u. dessen Ozonisierung lieferte lediglich **VI**. *Dimethylester*, $C_{29}H_{48}O_4$, F. 46—47° (Methanol). — *2.3-Secocholestan-2.3-disäure*, F. 194—195° (Essigester), aus 300 mg **II** mit $H_2/PtO_2$ in Eisessig während 30 Min.; 270 mg. — *A-Norcholestan-2-on* (**III**), F. 101,5—102,5° (A.), durch 1std. Kochen von 150 mg vorst. Säure in Acetanhydrid, Eindampfen u. Dest. ($Kp._2$ 280°); $[\alpha]_D^{24}$ +139°; 80 mg. *2.4-Dinitrophenylhydrazon*, F. 171—172°. *Oxim*, F. 197—198°. — *3.3-Dibrom-A-norcholestan-2-on*, $C_{26}H_{42}Br_2O$, F. 148—150° (A.), aus 2 g **III** mit $Br_2$ in Eisessig während 2 Tagen; $[\alpha]_D^{25}$ +60°; 400 mg. — *3-Brom-A-nor-Δ³,⁵-cholesten-2-on* (**IV**), $C_{26}H_{41}BrO$, F. 110,5—111,5° (A.), aus 160 mg vorst. Verb. (bzw. des Rohprod.) mit sd. Kollidin während 15 Min., Filtration u. Ausäthern des Filtrats; $[\alpha]_D^{25}$ +27,1°; 80 mg. Ozonisierung gibt **VI**. — *A-Nor-Δ³,⁵-cholesten-2-on* (**V**), $C_{26}H_{42}O$, F. 95—96° (A.), durch 37std. Hydrierung von 730 mg **IV** in sd. m-Xylol an $Pd/BaSO_4$ unter Rühren in Ggw. von Chinolin–Schwefel-Reagens u. Chromatographie; $[\alpha]_D^{28}$ —143°; 440 mg. *2.4-Dinitrophenylhydrazon*, $C_{32}H_{46}N_4O_4$, F. 191—193°, aus Chlf./A. rote Nadeln. — *A-Norkoprostan-2-on*, F. 102—103°, durch Hydrieren von 110 mg **V** in Eisessig an $PtO_2$; $[\alpha]_D^{28}$ —43,6°; 105 mg. *Semicarbazon*, F. 237—238°. — *A-Nor-3-oxa-Δ⁵-cholesten-2-on* [**VII**; *5-Hydroxy-2.5-seco-3.4-bisnor-Δ⁵-cholesten-2-säurelacton-(2 → 5)*], $C_{25}H_{40}O_2$, F. 97 bis 98° (Aceton), aus 650 mg **VI** durch 44std. Kochen in Acetanhydrid/Acetylchlorid, Eindampfen u. Aufnehmen in Ae.; $[\alpha]_D^{26}$ —47°; 404 mg. Durch Erhitzen mit 3%ig. wss. KOH → **VI**. — *2.5-Seco-3.4-bisnor-cholestan-2-säure*, F. 155—156°, durch Hydrierung von 420 mg **VII** in Eisessig an $PtO_2$ bis zur Aufnahme von 1,88 Mol $H_2$ u. Trennung in einen sauren u. neutralen Anteil; $[\alpha]_D^{25}$ +44,3°; 260 mg. — *A-Nor-3-oxacholestan-2-on*, $C_{25}H_{42}O_2$, F. 126—127° (Methanol), aus der Neutralfraktion vorst. Verb.; $[\alpha]_D^{25}$ +8,8°; 160 mg. (J. Amer. chem. Soc. **80**. 4865—68. 20/9. 1958. Los Angeles, Calif., Univ. of California at Los Angeles, Dep. of Chem.) O. A. NEUMÜLLER. 3700

**A. William Johnson**, *Die Isolierung von β-Sitosterin aus Cassia absus Linn.* Aus dem Samen von *Cassia absus* L. wurde *β-Sitosterin* durch Extraktion mit 0,3%ig. methanol. HCl (24 Std. bei Zimmertemp.) u. Verseifung mit alkoh. NaOH isoliert: $C_{29}H_{50}O$, F. 137—138°, aus A. Platten, $[\alpha]_D^{25}$ —30° (c = 1,1 in Chlf.); *Acetat*, $C_{31}H_{52}O$, F. 126—128° aus A. Nadeln; *Benzoat*, F. 139—140°, aus A. Nadeln. Gibt bei 10std. Hydrierung in Essigsäure–Äthylacetat über $PtO_2$ bei Zimmertemp. *Dihydro-β-sitosterin* (*Stigmastanol*),

$C_{29}H_{52}O$, F. 139—140° (A.). — Die UV-Spektren der Verbb. werden diskutiert. (J. org. Chemistry **23**. 1814—15. Nov. 1958. Pittsburgh, Pa., Mellon Inst.) WALTER SIMON. 3700

**Toshitake Tamura, Nobuyasu Sakaedani** und **Tarô Matsumoto,** *Dihydro-β-sitosterylferulat aus Maisknospen.* Aus dem Öl der Knospe des Maises (aus Südafrika) wird als phenol. Komponente *Ferulasäuredihydro-β-sitosterylester,* $C_{39}H_{60}O_4$, F. 156—157°. $[\alpha]_D$ + 13 1°, $\lambda_{max}$ 231 ($b$ = 12270) u. 290,5 mμ ($\varepsilon$ = 21460 in Heptan), isoliert. Es gibt bei alkal. Verseifung *Dihydro-β-sitosterin,* F. 141—142°, $[\alpha]_D$ +24,2° (*Acetylderiv.,* $C_{31}H_{54}O_2$, F. 138°, $[\alpha]_D$ +13,8°), u. *Ferulasäure,* $C_{10}H_{10}O_4$, F. 169—170°. (J. chem. Soc. Japan, pure Chem. Sect. [Nippon Kagaku Zassi] **79**. 1011—14. Aug. 1958. Tokyo, Nihon-Daigaku. [Orig.: japan.]) E. MAEKAWA. 3700

**Arnaldo Corbellini, Giangiacomo Nathanson** und **Vahan Gurdjian,** *Untersuchungen über Gallensäuren.* 3. Mitt. *Die Reaktionen der Hydroxylgruppen von Hyodesoxycholsäure.* (2. vgl. Gazz. chim. ital. **85**. [1955.] 1487; 1. vgl. C. **1956**. 14041.) Bei der Rk. des Di-p-tosyl- (**III**) bzw. Dimesylderiv. (**I**) von Hyodesoxycholsäuremethylester (**II**) mit K-Acetat in $CH_3COOH$ findet unter Abspaltung von Methan- bzw. p-Toluolsulfonsäure u. Bldg. der Doppelbindung $\Delta^5$ Acetolyse mit Inversion der am C-Atom 3 gebundenen Gruppe statt. Neben *3β-Acet-oxy-$\Delta^5$-cholensäuremethylester* (**IV**) wurde auch die Bldg. von *$\Delta^{3.5}$-Choladiensäuremethylester* festgestellt.

Versuche: *3α.6α-Dimethansulfonoxycholansäuremethylester* (**I**), $C_{27}H_{46}O_8S_2$, F. 121,5°, durch Eindampfen von **II** (F. 112—114°) in absol. Toluol zur Trockne im Vakuum, Aufnehmen in absol. Pyridin, Zugabe von Methansulfochlorid bei —5° unter 1 std. Rühren, 12 std. Stehen bei 0°, ½ std. Eintropfen in Eis/konz. HCl unter Turbinieren, Zugeben von 0,1 n HCl, mehrstd. Rühren, Extraktion mit Ae. u. Eindampfen zur Trockne; aus $CH_3OH$ Blättchen; $[\alpha]_D^{18}$ +5,8° (Chlf.); ca. 60% (Ausbeute). — *3α.6α-Di-p-toluolsulfonoxycholansäuremethylester* (**III**), $C_{39}H_{54}O_8S_2$, F. 164—165°, durch Lösen von dehydratisiertem **II** in Pyridin, Zugabe von p-Toluolsulfochlorid in Pyridin von 0°, 12 std. Stehen bei 0°, 20 std. Stehen bei Raumtemp., Zugabe von Eis, 1 std. Stehen im Eisschrank u. Gießen in W.; aus PAe.-Bzl. Nadeln; $[\alpha]_D^{24}$ +7,7° (Chlf.); 82%. — *3β-Acetoxy-$\Delta^5$-cholensäuremethylester* (**IV**), $C_{27}H_{42}O_4$, F. 155—156°, a) durch 5 std. Kochen von 1 g **I** mit 4 g wasserfreiem K-Acetat in Eisessig, Abdest. des Lösungsm. im Vakuum, Aufnehmen des Rückstandes in W., Extrahieren mit Ae. u. Eindampfen zur Trockne; 0,20 g; aus 50% ig. A. Nadeln; $[\alpha]_D^{18}$ —41° (Chlf.); b) analog a) aus 2 g **III** in $CH_3COOH$ mit 8 g K-Acetat; 0,26 g; c) durch 3 std. Behandeln von 0,7 g **III** in Eisessig mit 3,5 g K-Acetat im Rohr bei 160°; 0,10 g. — *$\Delta^{3.5}$-Choladiensäuremethylester,* $C_{25}H_{38}O_2$, F. 94 bis 95°, Nadeln aus $CH_3OH$, durch Behandeln von 3 g **I** in $CH_3COOH$ mit 12 g K-Acetat analog **IV**, Eindampfen der äther. Extrakte u. Chromatographie an $Al_2O_3$ in Bzl.-PAe. (1 : 3); 0,481 g neben 0,890 g **IV**. — *3β-Hydroxy-$\Delta^5$-cholensäure,* $C_{24}H_{38}O_3$, F. 235 bis 237,5°, in Dioxan, aus 1 g **IV** in 80% ig. $CH_3OH$ u. 2,5 g $K_2CO_3$ durch 1½ std. Kochen, Dest. im Vakuum, Ansäuern des wss. Rückstandes mit verd. $H_2SO_4$, Ausäthern des entstandenen Nd. u. Eindampfen der Extrakte zur Trockne; aus $CH_3OH$ Nadeln; $[\alpha]_D^{20}$ —39,6°; 0,5 g. — *3β-Acetoxyallocholansäuremethylester* (**V**), $C_{27}H_{44}O_4$, F. 151° ($CH_3OH$), aus 0,3 g **IV** in Essigsäure durch katalyt. Hydrierung in Ggw. von $PtO_2$ u. Eindampfen zur Trockne; 0,22 g. — *3β-Hydroxyallocholansäure,* F. 216—218°, weiße Nadeln aus verd. $CH_3OH$, durch 1 std. Kochen von 0,05 g **V** in 80% ig. $CH_3OH$ mit 0,25 g $K_2CO_3$, Eindampfen im Vakuum u. Fällen des wss. Rückstandes mit verd. HCl. (Gazz. chim. ital. **86**. 35—45. Jan./Febr./März 1956. Milano, Univ., Ist. di Chim. org.) G. PLATZER. 3700

**Arnaldo Corbellini** und **Giangiacomo Nathanson,** *Untersuchungen über Gallensäuren.* 4. Mitt. *Die Waldensche Umkehrung bei den 3.6-Derivaten von Cholan- und Allocholansäure.* (3. vgl. vorst. Ref.) Die Unters. über die Rk. des Dimesylderiv. von Hyodesoxycholsäuremethylester (3α.6α-Dihydroxycholansäuremethylester) mit $CH_3COOK$ in essigsaurer Lsg. wird auf 3β.6β-Dimethansulfonoxyallocholansäuremethylester (**IV**) u. 3α.6β-Dimethansulfonoxycholansäuremethylester (**VI**) ausgedehnt. Beide Verbb. geben dabei *3β-Acetoxy-$\Delta^5$-cholensäuremethylester* (**V**); im ersten Falle findet Acetolyse am C-Atom 3 der Methansulfonoxygruppe ohne, im zweiten Fall unter WALDENscher Umkehrung statt.

Versuche (unter Mitarbeit von **A. Trebbi**): *3β-p-Toluolsulfonoxy-6β-hydroxyallocholansäuremethylester* (**I**), $C_{32}H_{48}O_6S$, F. 143—144° (Bzl.-PAe.), aus 0,5 g 3β.6β-Dihydroxyallocholansäuremethylester (**II**; durch Erhitzen bei 100° im Vakuum entwässert) in wasserfreiem Pyridin durch anteilweise Zugabe von 0,5 g p-Toluolsulfochlorid in Pyridin unter Kühlung, 40 std. Stehen bei 4—5°, Gießen in Eiswasser, Ansäuern mit HCl gegen Kongorot u. Eindampfen des äther. Extrakts zur Trockne. — *3β-p-Toluolsulfonoxy-6β-methansulfonoxyallocholansäuremethylester* (**III**), $C_{33}H_{50}O_8S_2$,

F. 139° ($CH_3OH$), aus 1,3 g **I** in Pyridin durch stufenweise Zugabe von 3 cm³ Methansulfochlorid bei 0°, mehrstd. Stehen bei 4—5° u. Gießen in Eiswasser. — *3β.6β-Dimethansulfonoxyallocholansäuremethylester* (**IV**), $C_{27}H_{46}O_8S_2$, F. 120° (Zers.), aus 0,5 g dehydratisiertem **II** in Toluol durch Abdestillieren des Lösungsm. zuerst bei n. Druck, dann im Vakuum zur Trockne, Lösen des Rückstands in Pyridin, Zugabe von 1 cm³ Methansulfochlorid unter Kühlung bei 0°, mehrstd. Stehen bei 4—5°, Versetzen mit Eiswasser u. Ansäuern mit HCl gegen Kongorot; aus $CH_3OH$ Schuppen. — *3β-Acetoxy-Δ⁵-cholensäuremethylester* (**V**), F. 155°, durch a) 5std. Kochen von 0,2 g **IV** mit 1 g wasserfreiem $CH_3COOK$ in Eisessig, Dest. des Lösungsm. im Vakuum, Aufnehmen des erhaltenen Rückstands in W. u. Aufarbeitung wie bei der Darst. von **I**; aus $CH_3OH$ Nadeln; b) 5std. Kochen von 0,9 g **III** mit 3,6 g $CH_3COOK$ in Eisessig u. Aufarbeiten wie unter a). — *3α.6β-Dimethansulfonoxycholansäuremethylester* (**VI**), $C_{27}H_{46}O_8S_2$, F. 141—142° ($CH_3OH$), aus 0,6 g im Vakuum bei 60° dehydratisiertem 3α.6β-Dihydroxycholansäuremethylester (aus Hyodesoxycholsäuremethylester) in Pyridin durch anteilweise Zugabe von 1 cm³ Methansulfochlorid im Eis-NaCl-Gemisch, 12std. Stehen bei 4—5° u. Gießen in schwefelsaures Eiswasser; 5std. Kochen von 0,6 g **VI** mit 3 g $CH_3COOK$ in Eisessig, Lösen des Rohprod. in Bzl.-PAe. (1:2), Chromatographie an $Al_2O_3$, Eluieren mit Bzl.-PAe. (1:2), Bzl.-PAe. (1:1) u. Bzl.-$CH_3OH$ (100:1) u. Eindampfen des Eluats mit Bzl.-PAe. (1:1) zur Trockne gibt 0,17 g **V**, F. 151—153° ($CH_3OH$). (Gazz. chim. ital. **86.** 1240—45. Dez. 1956.) G. PLATZER. 3700

**Frank L. Weisenborn** und **Harold E. Applegate,** *Synthese von A-Norsteroiden.* 2-Hydroxymethylentestosteron (**I**; C. **1955.** 1521) liefert bei der Ozonolyse u. anschließenden Veresterung *Δ⁴-2.3-Secoandrosten-17β-ol-2.3-disäure* (**IIa**), *Dimethylester* (**IIb**). Daneben wird ein Monoester isoliert, der auf Grund des IR-Spektr. u. des Übergangs mit $NaOCH_3$ in **IIa**-*3-Monomethylester* der aus der bei der alkal. Aufarbeitung infolge Hydratisierung entstandenen *Hydroxysäure* durch Lactonisierung gebildete *2.3-Secoandrostan-5α.17β-diol-2.3-disäure-5 → 2-lacton* (**IIIa**)-*3-Methylester* (**IIIb**) ist. Entsprechend lassen sich aus dem Ozonisierungsprod. direkt **IIa** u. **IIIa** isolieren. **IIa** (oder einfacher das rohe Gemisch mit **IIIa**) liefert mit sd. Acetanhydrid *A-Nortestosteron* (**IV**)-*17-Acetat*, das zu **IV** verseift wird. **IV** gibt bei der Oxydation *Δ³-A-Norandrosten-2.17-dion*, bei der Hydrierung über Pd/Kohle *A-Norätiocholan-2-on-17β-ol* (**V**) u. bei der Red. mit Li in fl. $NH_3$ ein Gemisch (ca. 1:1) von **V** u. *A-Norandrostan-2-on-17β-ol* (**VI**). **VI** wird zum Vgl. aus Testosteron (**VII**) durch Red. zu *Androstan-3-on-17β-ol*, Überführung in die *2-Hydroxymethylenverb.*, Ozonolyse, Acetylierung, Pyrolyse u. Hydrolyse dargestellt. Ein Vers. zur Cyclisierung von **IIb** durch DIEKMANN-Kondensation mit NaH in Bzl. gelang nicht. Zur Darst. von *A-Norprogesteron* wird Progesteron (**VIII**) zunächst zu *Δ⁴-Pregnen-3-on-20β-ol* red., dieses in die *2-Hydroxymethylenverb.* übergeführt, der Ozonolyse unterworfen, zu *Δ³-A-Norpregnen-2-on-20β-ol* cyclisiert u. mit $CrO_3$ oxydiert.

V e r s u c h e ([α] = $[\alpha]_D$ in A.): *Δ⁴-2.3-Secoandrosten-17β-ol-2.3-disäure* (**IIa**), F. 260—262°, aus 3,00 g **I** in Äthylacetat-Essigsäure mit 1 Mol $O_3$ bei —10 bis —15°, Zusatz von W. u. 30%ig. $H_2O_2$, 24std. Stehen u. fraktionierte Kristallisation der sauren Prodd. aus $CH_3OH$; Nadeln; 515 mg (Ausbeute), daneben 509 mg *2.3-Secoandrostan-5α.17β-diol-2.3-disäure-5 → 2-lacton* (**IIIa**), $C_{19}H_{28}O_5$, F. 263—265° ($CH_3OH$-Ae.), [α] +36°. **IIa**-*Dimethylester* (**IIb**), $C_{21}H_{32}O_5$, F. 123—124° (Ae.-Hexan), aus 3,00 g **I** durch Ozonolyse analog **IIa**, Veresterung der sauren Prodd. (2,1 g, enthalten ca. 40% **IIa**) in Ae. mit $CH_2N_2$, Chromatographie aus Bzl. an $Al_2O_3$ u. Elution mit 2—10%ig. Cblf.-Bzl.; $[\alpha]_D$ +89°; 274 mg; daneben aus den 50%ig. Chlf.-Bzl.-Eluaten 212 mg **IIIa**-*3-Methylester* (**IIIb**), $C_{20}H_{30}O_5$, F. 183—183,5°, aus Ae. Rosetten, $[\alpha]_D$ +82° (Chlf.). **IIIa**-*17-Acetat*, $C_{21}H_{30}O_6$, F. 267—268° ($CH_3OH$-W.), [α] +49°. **IIa**-*Monomethylester*, $C_{20}H_{30}O_5$, F. 194—195° (Ae.-Hexan), aus 40 mg **IIIb** mit sd. methanol. $NaOCH_3$ (2 Std.); [α] +91°; 25 mg; gibt in $CH_3OH$ mit äther. $CH_2N_2$ **IIb**. — *A-Nortestosteron* (**IV**), $C_{18}H_{26}O_2$, F. 175—176° (Äthylacetat-Hexan), aus 600 mg **IIa** mit sd. Acetanhydrid (1 Std.), Dest. bis zum Einsetzen der $CO_2$-Entw. (bei ca. 250°), Dest. von **IV**-*17-Acetat* (gelbes viscoses Öl; 433 mg) bei 250°/0,01 mm u. Hydrolyse mit sd. wss.-alkoh. NaOH (45 Min.); [α] —22°; 241 mg. — *Δ³-A-Norandrosten-2.17-dion*, $C_{18}H_{24}O_2$, F. 166—166,5° (Äthylacetat-Hexan), aus 62 mg **IV** in Aceton mit $CrO_3$ u. $H_2SO_4$ in Aceton (5 Min.); [α] +55,9°; 45 mg. — *Androstan-3-on-17β-ol*, F. 184—185° (Äthylacetat-Hexan), aus 5,0 g **VII** in Dioxan-Ae. mit Li in fl. $NH_3$; 4,6 g. — *2-Hydroxymethylenandrostan-3-on-17β-ol*, $C_{20}H_{30}O_3$, F. 217—218° ($CH_3OH$), aus 1,50 g vorst. Verb. in Bzl. u. Ameisensäureäthylester mit NaH (5 Tage unter $N_2$); [α] +49°; 1,20 g. — *2.3-Secoandrostan-17β-ol-2.3-disäure*, $C_{19}H_{30}O_5$, F. 280,5—281° ($CH_3OH$), a) aus 1,20 g vorst. Verb. analog **IIa**; [α] +11°; 691 mg; b) aus 100 mg **IIa** in $CH_3OH$ mit $H_2$ über 5%ig. Pd/Kohle (16 Std.); 45 mg. — *A-Norandrostan-2-on-17β-ol* (**VI**), $C_{18}H_{28}O_2$, F. 195—196,5° (Äthylacetat-Hexan), aus

485 mg vorst. Verb. analog **IV** über das *Acetat* (Kp.$_{0,025}$ 220—230°; 346 mg); [α] +174°; 252 mg. — *A-Norätiocholan-2-on-17β-ol* (**V**), $C_{18}H_{28}O_2$, F. 196,5—197° (Äthylacetat–Hexan), a) aus 66 mg **IV** mit $H_2$ über Pd/Kohle (24 Std.); [α] —72°; 48 mg; b) aus 200 mg **IV** in Tetrahydrofuran–Ae. mit Li in fl. $NH_3$; 189 mg Prod. aus ca. 53% **V** u. 47% **VI**. — *3-Pyrrolidino-Δ$^{3.5}$-pregnadien-20-on*, $C_{25}H_{37}NO$, F. 188—190° (Äthylacetat, dann Ae.), aus 10,0 g **VIII** in $CH_3OH$ mit Pyrrolidin; 11,7 g. — *Δ$^4$-Pregnen-3-on-20β-ol*, F. 173 bis 174°, aus vorst. Verb. in Tetrahydrofuran mit $LiAlH_4$, Zers. mit W., 2½std. Kochen mit $CH_3OH$ u. Acetatpuffer u. Chromatographie der neutralen Prodd.; [α] +80°. — *2-Hydroxymethylen-Δ$^4$-pregnen-3-on-20β-ol*, $C_{22}H_{32}O_3$, F. 86—88° ($CH_3OH$–W.), aus 27,7 mg vorst. Verb. in Bzl. u. Ameisensäureäthylester mit NaH (2 Tage unter $N_2$); 29,9 g. — *Δ$^3$-A-Norpregnen-2-on-20β-ol*, $C_{20}H_{30}O_2$, F. 213—214° (Äthylacetat–Hexan), aus 24,8 g vorst. Verb. analog **IIa** u. Rk. der rohen Disäure analog **IV**; [α] —22°; 8,2 g. — *A-Norprogesteron*, $C_{20}H_{28}O_2$, F. 150—151°, aus vorst. Verb. mit $CrO_3$ u. $H_2SO_4$ in Aceton; aus Äthylacetat–Hexan Prismen, [α] +76°. — Die UV- u. IR-Absorptionsmaxima der meisten Verbb. sind angegeben. (J. Amer. chem. Soc. **81**. 1960—64. 20/4. 1959. Brunswick, N. J., Squibb Inst. for Med. Res.) H.-J. KOCH/Berlin. 3750

**J. Elks** und **G. H. Phillipps**, *Untersuchungen über die Synthese von Cortison. 13. Mitt. Die epimeren 3β.7-Dihydroxy-Δ$^{22}$-ergosten-11-one.* (12. vgl. J. chem. Soc. [London] **1955**. 2807.) Zur Klärung der Konfiguration an $C_{(8)}$ u. $C_{(9)}$ von 3β-Acetoxy-Δ$^{22}$-ergosten-7.11-dion (**I**) u. verwandten 7.11-Diketonen wird **I** mit alkoh. KOH behandelt. Dabei entsteht *3β.7α-Dihydroxy-Δ$^{22}$-ergosten-11-on* (**III**) neben wenig *3β.7β-Dihydroxy-Δ$^{22}$-ergosten-11-on* (**IV**), Acetylierung des Gemischs gibt die beiden *3.7-Diacetylderivv.* (**VIII** u. **IX**); bei der Chromsäureoxydation entsteht *Δ$^{22}$-Ergosten-3.7.11-trion*. **IV** ist Hauptprod. bei der Red. von **I** nach MEERWEIN-PONNDORF, während **III** hierbei in geringen Mengen anfällt. **III** u. **IV** werden auch in sehr geringer Ausbeute durch Red. mit Na in Propanol-(2) erhalten. Die aus den opt. Drehungen abgeleitete Konfiguration an $C_{(7)}$ wird durch die UV-Absorptionsspektren der Verbb., die aus **III** u. **IV** durch Einw. von $POCl_3$ in Pyridin (HEUSLER u. WETTSTEIN, C. **1953**. 9501, u. a.) entstehen, bestätigt: **III** liefert ein Harz, bei dem die Doppelbindung in Konjugation gewandert ist, mit starkem Maximum bei 247 mμ, während die Verb. aus **IV** nur allg. Absorption aufweist. Aus **I** entstehen mit alkoh. Alkali nur 4% **IV** neben 46% **III**. Unter den Reaktionsbedingungen tritt keine Gleichgewichtsumlagerung ein. Der Reaktionsverlauf bei der Red. von **I** mit Al-Alkoholat wird durch die Bldg. eines cycl. Al-Komplexes als Zwischenprod. erklärt, durch dessen Raumanordnung der ster. Verlauf der Rk. diktiert wird. Dagegen soll die H-Übertragung durch Alkalialkoholate von der weniger gehinderten Seite erfolgen. Dieses Postulat bestätigend, liefert die Red. von Hecogeninacetat (**V**) mit alkoh. KOH 60% axiales *Epirockogenin* (**VI**) neben nur 40% von *Rockogenin* (**VII**). Dagegen entsteht äquatoriales **VII** allein oder als überwiegendes Hauptprod. aus **V** bei der katalyt. Hydrierung in Ggw. von Pt oder bei der Red. mit Na + A. oder mit $LiAlH_4$. — Das von BUDZIAREK u. Mitarbeitern (C. **1955**. 3386) bei der Behandlung von 3β-Acetoxy-9α.11α-epoxy-Δ$^{22}$-ergosten-7-on oder von 3β.11α-Diacetoxy-Δ$^{8,9,22}$-ergostadien-7-on mit starker wss.-alkoh. KOH u. nachfolgender Acetylierung erhaltene Nebenprod. $C_{32}H_{52}O_5$ wird als *3.7-Diacetylderiv. von* **III** (**VIII**) identifiziert. IR-Spektren vgl. Original.

Versuche (opt. Drehungen in ca. 1%ig. Lsgg. in Chlf.): *3β.7α-Diacetoxy-Δ$^{22}$-ergosten-11-on* (**VIII**), $C_{32}H_{50}O_5$, F. 175—177°, aus **I** durch 18std. Kochen mit alkoh. KOH, Fällung mit W. u. Erwärmen der trocknen Fällung mit Acetanhydrid in Pyridin auf 100°, aus wss. A. oder Methanol Nadeln; $[\alpha]_D^{20}$ —18,5°; 46% (Ausbeute); → mit alkoh. KOH **III**, F. 197—198°; $[\alpha]_D^{20}$ +12° (c = 0,5). — *3β.7β-Dihydroxy-Δ$^{22}$-ergosten-11-on* (**IV**), $C_{28}H_{46}O_3$, F. 225—228°, aus **I** durch 6std. Rk. mit der gleichen Menge Al-Isopropylat in absol. Propanol-(2); aus wss. $CH_3OH$ Plättchen; $[\alpha]_D$ +44° (c = 0,5); 61% neben 16% **III**. — *3β.7β-Diacetoxy-Δ$^{22}$-ergosten-11-on* (**IX**), $C_{32}H_{50}O_5$, F. 172—174°, aus **IV** durch 1std. Erwärmen mit Acetanhydrid u. Pyridin (1:1) auf 100°; Nadeln aus wss. Methanol; $[\alpha]_D$ +27,5°. — *3β-Hydroxy-Δ$^{22}$-ergosten-7.11-dion* (**II**), $C_{28}H_{44}O_3$, F. 194—196°, durch 2std. Kochen von **I** mit alkoh. KOH; Nadeln aus wss. A.; $[\alpha]_D$ —23°. — *Δ$^{22}$-Ergosten-3.7.11-trion*, $C_{28}H_{42}O_3$, F. 187—189°, aus **II** oder **III** oder **IV** durch Oxydation mit 2%ig. $CrO_3$-Lsg. in Eisessig u. Chromatographie der gereinigten Lsgg. in Bzl. an säuregewaschenem $Al_2O_3$; Tafeln aus wss. Methanol; $[\alpha]_D$ —8°. — Die Red. von **II** mit Na-Isopropylat [Eintragen von Na in die warme **II**-Lsg. in Propanol-(2) u. 2std. Kochen] liefert nach Acetylierung u. $Al_2O_3$-Chromatographie ein Benzoleluat von **VIII** u. ein Bzl.–Ae. (3:1)-Eluat von **IX** (Mol-Verhältnis ca. 1:2). — Die 2std. Behandlung von **III** mit $POCl_3$ in Pyridin bei 100° liefert nach chromatograph. Reinigung ein Harz, dessen alkoh. Lsg. ein deutliches UV-Absorptionsmaximum bei 247 mμ zeigt ($E_{1cm}^{1\%}$ 202). Auf analoge Weise aus **IV** erhaltene Prodd. zeigen nur eine allg. UV-Absorption. —

*Epirockogenin* (**VI**) u. *Rockogenin* (**VII**) aus **V** durch 18std. Kochen mit alkoh. KOH, Reinigung mit GIRARD-Reagens P u. Extraktion mit Ae.; das Gemisch (F. 204—210°) besteht nach IR-Analyse u. opt. Drehung ($[\alpha]_D$ —40° in Aceton) aus 67% **VI** u. 33% **VII**; das daraus hergestellte Gemisch der *Diacetate* ($C_{31}H_{48}O_6$) zeigt $[\alpha]_D$ —33° (Aceton; c = 1,19), entsprechend einer Zus. von 61% **VI** + 39% **VII**. Papierchromatographie der Gemische bestätigte diese Ergebnisse. (J. chem. Soc. [London] **1956**. 4320—25. Nov. Greenford, Middlesex, Glaxo Labors. Ltd.) G. PEUKERT. 3750

**J. Elks** und **G. H. Phillipps**, *Untersuchungen über die Synthese von Cortison. 14. Mitt. Acetylhydrazone und Azine von steroiden Ketonen.* (13. vgl. vorst. Ref.) Die WOLFF-KISHNER-Red. von 3β-Acetoxy-$\Delta^{22}$-ergosten-7.11-dion (**I**) liefert unter milderen Bedingungen als CHAMBERLIN u. Mitarbeiter (C. **1954**. 7662) anwandten (bei 160 statt 200°) nach Chromatographie der Reacetylierungsrohprodd. an $Al_2O_3$ *3β-Acetoxy-$\Delta^{22}$-ergosten-11-on* (**II**) in guter Ausbeute u. stärker adsorbiertes *3β-Acetoxy-$\Delta^{22}$-ergosten-11-onacetylhydrazon* (**III**); mit wss.-alkoh. KOH daraus entstehendes *3β-Hydroxy-$\Delta^{22}$-ergosten-11-onacetylhydrazon* ist zu **III** reacetylierbar. Die α-Stellung des H-Atoms an $C_{(9)}$ ist weitgehend gesichert; eine α.β-Gleichgewichtseinstellung unter den alkal. enolisierenden Bedingungen ist unwahrscheinlich. Die mangelnde Reaktionsfähigkeit der 11-Ketogruppe mit Carbonylreagentien ist beiden epimeren Ketonen eigen. Die IR- u. UV-Absorptionsspektren von **III** zeigen die für Acetylhydrazone charakterist. Banden u. Maxima. — **I** liefert mit Acethydrazid in A. ein *7-Acetylhydrazon.* Mit Hydrazin in Essigsäure entstehen aus **I** u. aus 3β-Hydroxy-$\Delta^{22}$-ergosten-7.11-dion (**V**) die entsprechenden *7-Azine* (**VI** u. **VII**); **VII** ist zu **VI** acetylierbar, ohne daß die Azingruppe reagiert, während das aus Cholestan-3-on (**VIII**) analog erhaltene *Azin* (**IV**) gegen heiße Essigsäure unbeständig ist u. bei der Acetylierung ein Gemisch von **VIII** u. seinem *Acetylhydrazon* liefert. Alle untersuchten Acetylhydrazone zeigen charakterist. Banden bei ca. 3150 $cm^{-1}$ (für N—H) u. ca. 1665 $cm^{-1}$ (für C=O u. C=N); hingegen fehlt bei den 7- u. 11-Ketonderivv. der Steroide — wohl aus ster. Gründen — die „Amid II"-Bande bei ca. 1540 $cm^{-1}$ (für C—N), die aber beim 7-Semicarbazon von **I** in Nujol auftritt. Für die UV-Spektren der Acetylhydrazone werden 2 Maxima bei 235 u. 215 mμ ermittelt. Für die Kerosteroidazine wird ein Hauptabsorptionsmaximum bei ca. 213 mμ (ε = 20000) gefunden. Die IR-Spektren dieser Azine zeigen keine (NH)-Absorptionsbanden u. nur eine schwache (C=N)-Bande bei 1635 $cm^{-1}$, spektroskop. Angaben vgl. Original.

Versuche: *3β-Acetoxy-$\Delta^{22}$-ergosten-11-on* (**II**), F. 123—125° ($CH_3OH$), durch WOLFF-KISHNER-Red. von **I** (50 g) mit NaOH (43 g) u. Hydrazinhydrat (90—95%ig., 15 ml) durch 1std. Erhitzen auf 160°, 2std. Rk. bei dieser Temp., Fällung mit W., Reacetylierung mit Acetanhydrid in Pyridin, Chromatographie an $Al_2O_3$ u. Eluieren mit Bzl.; $[\alpha]_D$ +11,5°; 64,3% (Ausbeute). *Acetylhydrazon* (**III**), $C_{32}H_{52}N_2O_3$, F. 202—204° ($CH_3OH$ u. Essigsäure) als $CH_3OH$-Eluat aus vorst. Reaktionsgemisch nach Entfernung der nichtkrist. Öle mit Bzl.–Ae.; $[\alpha]_D$ +71°. — *3β-Hydroxy-$\Delta^{22}$-ergosten-11-onacetylhydrazon,* $C_{30}H_{50}N_2O_2$, F. 216—218° (A. oder $CH_3OH$), durch Hydrolyse von **III** (18std. Kochen) mit 10%ig. wss.-alkoh. KOH; $[\alpha]_D$ +81°; Reacetylierung gibt **III**. Geringe Mengen **III** (7,5%) entstehen auch durch 2std. Erhitzen von **II** mit NaOH u. Hydrazinhydrat in Diäthylenglykol auf 150°, Reacetylierung u. chromatograph. Trennung als Eluat mit Bzl. neben 80% **II**. — Die Säurehydrolyse von **III** durch 2std. Kochen mit konz. $H_2SO_4$ u. 80%ig. A. (1:10) liefert nach Reacetylierung u. Chromatographie geringe Mengen (2,8%) **II**; die gleiche Spaltung gelingt bei 18std. Kochen von **III** mit Brenztraubensäure u. Na-Acetat in Eisessig; 5,6%. — *Cholestan-3-onazin* (**IV**), $C_{54}H_{92}N_2$, F. 222—226° (Zers.), durch Fällung der Lsg. von **VIII** in warmer Essigsäure mit 90—95%ig. Hydrazinhydrat; aus $CH_3OH$ + Essigester Prismen; $[\alpha]_D$ +63°. — *3β-Acetoxy-$\Delta^{22}$-ergosten-7.11-dion-7-azin* (**VI**), $C_{60}H_{92}N_2O_6$, F. 300—305° (Zers.), wie vorst. aus **I**; aus Essigester Nadeln; $[\alpha]_D$ —230°. Bei 2std. Erhitzen des Reaktionsgemischs auf 100° tritt Spaltung von **VI** unter Rückbldg. von **I** ein. — *3β-Hydroxy-$\Delta^{22}$-ergosten-7.11-dion-7-azin* (**VII**), $C_{56}H_{88}N_2O_4$, F. 260—270° (Zers.), wie vorst. aus **V** u. Hydrazin; aus $CH_3OH$ Tafeln; $[\alpha]_D$ —229°. Acetylierung bei 100° liefert **VI**. — *Acetonacetylhydrazon,* F. 138°, UV- u. IR-Spektrum. — *Cholestan-3-onacetylhydrazon,* $C_{29}H_{50}N_2O$, F. 223—225°, a) durch kurzes Kochen von **VIII** mit Acethydrazid in A.; Nadeln; b) neben **VIII** durch kurzes Erhitzen von **IV** mit Acetanhydrid in Pyridin auf 100°; $[\alpha]_D$ +30°. — *3β-Acetoxy-$\Delta^{22}$-ergosten-7.11-dion-7-acetylhydrazon,* $C_{32}H_{50}N_2O_4$, F. 249—250°, durch 16std. Kochen von **I** mit Acethydrazid in A.; aus $CH_3OH$ Nadeln; $[\alpha]_D$ —180°. — *3β-Acetoxy-$\Delta^{22}$-ergosten-7.11-dion-7-semicarbazon,* $C_{31}H_{49}N_3O_4$, F. 259—263° (Zers.), durch 1½std. Kochen von **I** mit Semicarbazidhydrochlorid u. krist. Na-Acetat in wss. A.; Nadeln; $[\alpha]_D$ —214°. (J. chem. Soc. [London] **1956**. 4326—30. Nov.)

G. PEUKERT. 3750

**Lester O. Krampitz, Gerhard Greull, Charles S. Miller, John B. Bicking, Helen R. Skeggs** und **James M. Sprague,** *Eine aktive Acetaldehyd–Thiamin-Zwischenstufe.* In Fortführung von Unterss. (vgl. J. Bacteriol.-Proceedings **1955.** 113) über den Mechanismus der Thiamin (I)-Wrkg. wurde *DL-3-[2-Methyl-4-aminopyrimidyl-(5)-methyl]-2-[1-hydroxyäthyl]-4-methyl-5-[2-hydroxyäthyl]-thiazoliumchloridhydrochlorid* (II) synthetisiert u. dessen Wrkg. auf Enzym-Rkk. u. Bakterienwachstum geprüft. Alkal. gewaschene, an I-Pyrophosphat verarmte Hefe decarboxyliert in Ggw. von Phosphoenolpyruvat (PEP), Adenosinmonophosphat u. I aus PEP gebildetes Pyruvat zu *Acetaldehyd* (III), wobei II das I ersetzen kann. Mittels eines lösl., Thiaminokinase enthaltenden Hefecarboxylasepräp. wurde eine III-Abspaltung aus II festgestellt. Die wachstumsfördernde II-Aktivität betrug bei *L. fermenti* u. *L. viridescens* ca. 80% der von I.

V e r s u c h e: *2-[1-Benzoyloxyäthyl]-4-methyl-5-[2-hydroxyäthyl]-thiazol,* $C_{15}H_{17}N \cdot O_3S$, $Kp._{0,7}$ 200—208°, aus α-[Benzoyloxy]-thiopropionamid u. 3-Acetyl-3-chlorpropanol-(1) in Pyridin; $n_D^{23}$ 1,5672. — *2-[1-Hydroxyäthyl]-4-methyl-5-[2-hydroxyäthyl]-thiazol,* $C_8H_{13}NO_2S$, F. 80—81,5° (korr.; Äthylacetat), aus vorst. Verb. mit methanol. KOH bei 50°. — *DL-3-[2-Methyl-4-aminopyrimidyl-(5)-methyl]-2-[1-hydroxyäthyl]-5-[2-hydroxyäthyl]-4-methylthiazoliumchloridhydrochlorid* (II), $C_{14}H_{22}Cl_2N_4O_2S$, F. 225° (Zers.; $CH_3OH$–Ae.), aus vorst. Verb. u. 2-Methyl-4-amino-5-brommethylpyrimidinhydrobromid in Dimethylformamid bei 50—55°, fraktionierte Kristallisation aus $CH_3OH$–Aceton, Papierchromatographie ($R_F$ 0,54 in Isopropanol–konz. HCl–W., 170:41:250), $\lambda_{max}$ 245—257 mμ (0,005 n HCl) u. 228—230 bzw. 267,5—269,5 mμ (Phosphatpuffer, $p_H$ 7 bzw. 8). (J. Amer. chem. Soc. **80.** 5893—94. 5/11. 1958. Cleveland, Ohio, Western Reserve Univ., School of Med., Dep. of Microbiol.; West Point, Pa., Merck Sharp & Dohme, Res. Labors.)

K. MAIER. 3800

**Elisabeth Dryselius** und **Bengt Lindberg,** *Struktur von Harzphenolen und ihre biogenetischen Zusammenhänge.* 21. Mitt. *Pinoresinol und sein Dimethyläther aus Araucaria angustifolia.* (20. vgl. C. **1958.** 3038.) Aus dem aus Wurzelauswüchsen von *Araucaria angustifolia* mit A. extrahierten Harz wurden *Pinoresinoldimethyläther,* F. 107—109° (korr.; $CH_3OH$), $[\alpha]_D^{20}$ +65° (c = 2,0 in Chlf.) u. geringe Mengen freies *Pinoresinol* [*Diacetat,* F. 162—163° (A.)] isoliert. (Acta chem. scand. **10.** 445—46. 1956. Stockholm, Kungl. TH, Svenska Träforskningsinst. and Inst. för Träkemi.) F. KRUSEN. 3950

**Bernt Carnmalm,** *Struktur von Harzphenolen und ihre biogenetischen Zusammenhänge.* 22. Mitt. *Über die absolute Konfiguration der Lignane.* (21. vgl. vorst. Ref.) Zur Klärung der Konfiguration der Lignane in bezug auf Glycerinaldehyd unternommene Verss., das aus Pinoresinol erhaltene (+)-Bis-[hydroxymethyl]-bernsteinsäuredilacton in Verbb. bekannter Konfiguration zu überführen, mißlangen. Es gelang jedoch, (—)-Dihydroguajaretsäuredimethyläther durch Ozonolyse in *(+)-Dimethyladipinsäure* (I) zu überführen. Diese gab *(—)-Dimethylcyclopentanon.* Überführung von I in Dimethylbernsteinsäure u. Decarboxylierung von deren Halbester zu α-Methylbuttersäure, deren Konfiguration durch CROMBIE u. HARPER (C. **1954.** 4367) geklärt ist, dürfte die Klärung der Konfiguration erbringen. (Acta chem. scand. **10.** 477. 1956.) F. KRUSEN. 3950

**M. M. Yan** und **C. B. Purves,** *Versuche zur Entlignifizierung mit Natriumbicarbonat–Kohlendioxyd und mit wasserfreiem flüssigem Ammoniak unter Druck.* Unter dem Aspekt einer möglichen Carboxylierung des Lignins (I) nach KOLBE-SCHMITT u. einem damit verbundenen Löslichwerden von I wurde Fichtenholzmehl für 20 bzw. 24 Std. bei verschied. Tempp. ≧100° mit festem $NaHCO_3$, festem $CO_2$ u. W. behandelt. Dabei ging I kaum in Lsg., eher war im Rückstand etwas mehr Klason-I nachweisbar als im Holz. Dagegen wurden beträchtliche Mengen an Holocellulose (II) entfernt. Auch eine Vorbehandlung des Holzes mit sehr verd. HCl bzw. NaOH zwecks Erhöhung der Anzahl freier phenol. OH-Gruppen in I hatte keinen Einfl. auf die Löslichkeitseigg. von I. Verss. mit isoliertem Perjodat-I bzw. A.-I zeigten, daß das Versagen der KOLBE-SCHMITT-Rk. nicht durch die Ggw. der Polysaccharide im Holz bedingt ist, sondern daß die Ursachen in dem chem. Verh. von I selbst zu suchen sind. Während durch fl. $NH_3$ bei 100° aus Fichtenholz nur geringe Mengen I extrahierbar sind, steigt die Ausbeute bei Birke, Buche u. Ahorn an u. erreicht bei Roggenstroh über 50%. In der gleichen Richtung bewegt sich auch der Temperaturkoeffizient. Eine Quellung der Cellulose (III) in fl. $NH_3$ bei —33°, wie sie früher bei isolierter III beobachtet worden ist (vgl. CLARK u. PARKER, J. physic. Chem. **41.** [1937.] 777), wird im Holz durch die Ggw. von I weitgehend verhindert. Zugabe von $NH_4Cl$ zum fl. $NH_3$ erhöht die I- u. II-Ausbeute bei Fichte u. Birke, nur die I-Ausbeute bei Roggenstroh; dagegen hat $(NH_4)_2SO_3$ einen positiven Einfl. nur auf die I-Ausbeute bei Birke. NaCN besitzt eine relativ hohe Lösungswrkg. sowohl auf I als auch auf II. Eine Nachbehandlung des $NH_3$-extrahierten Holzes mit 1%ig. NaOH führt zu einem weiteren geringen I-Verlust, der jedoch mit einer beträchtlichen Abnahme des II-Geh. verbunden ist. (Canad. J. Chem. **34.** 1582—90. Nov. 1956.

Montreal, McGill Univ., Div. of Ind. and Cellulose Chem.; Pulp and Paper Res. Inst. of Canada, Wood Chem. Div.) H. KOBLITZ. 3950

**M. M. Yan** und **C. B. Purves**, *Extraktion einer Ligninfraktion aus Ahornholz durch flüssiges Ammoniak.* (Vgl. vorst. Ref.) Erschöpfend extrahiertes Holzmehl von einem 90 Jahre alten *Acer saccharum* wurde mit wasserfreiem fl. $NH_3$ bei 25° für 5 Std. behandelt, wobei 5,7% des Holzes in Lsg. gingen. Durch Fraktionierung des Extraktes konnten ein rohes Polysaccharid (0,9%; vermutlich Pektin), krist. Acetamid (4%; entsprechend $^2/_3$ des im ursprünglichen Holz enthaltenen Acetyls) u. verschied. rohe *Lignin*-Fraktionen (0,7%) gewonnen werden. Eine zweite Extraktion mit $NH_3$ für 25 Std. lieferte nur 0,54% in Form eines dunkelbraunen Harzes, so daß die Gesamtausbeute ca. 6,2% betrug. Die Zerlegung der Ligninanteile mittels Methanol u. W. gab zwei Fraktionen, von denen die eine in Dioxanlsg. durch Ae. in weitere vier Subfraktionen unterteilt werden konnte. Wie aus den physikal. Eigg. u. den kryoskop. Mol.-Geww. (alle ca. 1000) hervorgeht, sind jedoch diese Subfraktionen fast identisch. Aus den Analysenergebnissen wurde unter Annahme einer homogenen Substanz die entsprechende Mol.-Formel, $C_{42}H_{38}O_{10}(OH)_5(OCH_3)_7$, berechnet, welche zeigt, daß diese Fraktion weniger hoch kondensiert ist als die Hauptmenge des Lignins im Holz. Weitere Unterss. beziehen sich auf das Verh. gegenüber Methanolyse, Oxydation mit Perjodat u. Sulfitkochungen. (Canad. J. Chem. **34**. 1747—55. Dez. 1956. Montreal, McGill Univ., Div. of Ind. and Cellulose Chem.; Pulp and Paper Res. Inst. of Canada, Wood Chem. Div.)
H. KOBLITZ. 3950

**L. Field, P. E. Drummond** und **P. H. Riggins** (unter Mitarbeit von **E. A. Jones**), *Die organische Chemie des Schwefels im Kraft-Prozeß.* 1. Mitt. *Kiefernthiolignin als ein Gemisch.* Verss. zur Fraktionierung von *Indulin A* (I), einem handelsüblichen Kiefernthiolignin, mittels sukzessiver Ausfällung von I aus einer Dioxanlsg. durch Essigester, Ae. u. Cyclohexan verliefen insofern ungünstig, als zur Gewinnung pulverförmiger Fraktionen große Mengen Lösungsmittel nötig waren. Bessere Ergebnisse wurden erzielt durch schrittweises Ansäuern einer alkal. I-Lsg. mit HCl; Vff. erhielten bei $p_H$ 8,3; 6,7 bzw. 3,5 drei Fraktionen, von denen die mittlere [höchster S-Geh., Mol.-Gew. (1100) gleich dem des unfraktionierten I] mittels Acetons weiter fraktioniert wurde. Von den erhaltenen drei Fraktionen wurde die erste mittels Säulenchromatographie an $Al_2O_3$ in neun Fraktionen zerlegt, die nach Elution mit verschied. Lösungsmitteln durch Zersetzungspunkt, Elementaranalyse, Papierchromatographie u. IR-Spektr. charakterisiert wurden. Die Best. der Mol.-Geww. erfolgte kryoskop. mit Äthylencarbonat als Lösungsm.; ferner wurden die Äquivalentgewichte ermittelt. Aus den Ergebnissen ist zu ersehen, daß mit steigender Fraktionsnummer die Säuregruppen zunehmen, während S- u. C-Geh. abnehmen, u. daß I ein Gemisch verschied. Stoffe ist, die sich in einigen Eigg. voneinander unterscheiden, im wesentlichen jedoch miteinander verwandt sind. (Tappi **41**. 721—27. Dez. 1958. Nashville, Tenn., Vanderbilt Univ., Chem. Dep. and Phys. Dep., Infrared Labor.) H. KOBLITZ. 3950

**L. Field** und **P. E. Drummond** (unter Mitarbeit von **E. A. Jones**), *Die organische Chemie des Schwefels im Kraft-Prozeß.* 2. Mitt. *Die Natur der Schwefelbindungen im Kiefernthiolignin.* (1. vgl. vorst. Ref.) Die Tatsache, daß präparativ dargestellte *Thiolignine* S-Gehh. von 12—18% besitzen, während handelsübliche Thiolignine durch S-Abspaltung in Intermediärprozessen nur ca. 1,4% S enthalten, haben Vff. zu Unterss. über die Bindungsarten des S in einem unfraktionierten Kiefernthiolignin (Indulin A; I) veranlaßt. Die Desulfurierung von I mit RANEY-Ni (II) in verd. Alkali entfernt 74%, II in Dioxan 52%, verd. Alkali 23% u. mit heißem W. 11% des vorhandenen S. Sowohl mittels IR-Unterss. als auch durch den FEIGL-Test konnten keine —SH- u. —CHS-Gruppen nachgewiesen werden; auch —S—S- bzw. —($S_x$)-Gruppen scheinen zu fehlen, da nach Red. mit $LiAlH_4$ bzw. $KBH_4$ keine —SH-Gruppen gefunden wurden. IR-Unterss. an durchmethyliertem u. bei 25° mit $H_2O_2$ oxydiertem I weisen auf die Ggw. von $>$SO- u. $>SO_2$-Gruppen hin; bes. der bei der II-Behandlung resistente S scheint in dieser Form vorzuliegen. Spaltung von I mit Li in $CH_3NH_2$ führte weder zur Bldg. von $H_2S$, noch konnten im Rückstand —SH-Gruppen nachgewiesen werden; jedoch scheint die Meth. für den Beweis der Abwesenheit von $>$S-Gruppen nicht ausreichend zu sein, da auch zugesetztes $(C_6H_5CH_2)_2S$ kein $H_2S$ entwickelt. Durch Pyrolyse von I werden drei Fraktionen mit je 2% Ausbeute erhalten, von denen die erste 5% S enthielt, jedoch nicht als integrierender Bestandteil, sondern als Verunreinigung, vielleicht als $CH_3SH$. Die kryoskop. Mol.-Gew.-Best. von I (1100) u. methyliertem I (1750) zeigt, daß jener Wert infolge des sogenannten „Perlschnureffekts" zu niedrig liegt. Aus dem Vgl. des „Minimum"- u. des kryoskop. Mol.-Gew. wird geschlossen, daß im I auf eine S-freie Alkalilignineinheit zwei Thiolignineinheiten entfallen. (Tappi **41**. 727—33. Dez. 1958.)
H. KOBLITZ. 3950

**Karl Kratzl** und **Gerhard Billek,** *Zur Biogenese des Lignins. — Synthese und Prüfung von Ligninvorstufen.* (Nach einem Vortrag, gehalten auf der dritten „Lignin Round Table Conference" in Appleton, Wis., 25/9. 1956. Vgl. C. **1957.** 11890.) Zusammenfassende Darst. eigener u. fremder Ergebnisse der letzten 10 Jahre auf dem Gebiet der chem. u. biochem. Ligninforschung: Ligninbegriff, Polymerisation des Coniferylalkohols, Biogenese der Aromaten, Synth. markierter Cambialsaftglucoside, Umwandlungen des Coniferins in verholzendem Gewebe, Mikroäthanolyse u. ihre Anwendungen einschließlich der quantitativen Auswertung der Äthanolyse markierter Implantate u. Methoden zum Nachw. polymerer Coniferylaldehydstrukturen. — 88 Literaturangaben. (Holzforschung **10.** 161—78. Febr. 1957. Wien, Univ., I. Chem. Inst.)
H. KOBLITZ. 3950

---

**Friedrich Klages,** Lehrbuch der organischen Chemie. In 3 Bänden. Bd. 1, Hälfte 1. Systematische organische Chemie. Kohlenwasserstoffe, Halogenverbindungen, Sauerstoffverbindungen. 2. durchges. u. verb. Aufl. Berlin: de Gruyter. 1959. (XV + 559 S. m. 12 Abb. u. 25 Tab.) 8°. DM 72,—.

**Paul de Mayo,** Mono- and sesquiterpenoids. London: Interscience Publrs. 1959. (328 S. m. Abb. u. Tab.) = Chemistry of natural products. Vol. 2. 52 s.

**Paul de Mayo,** The higher terpenoids. London: Interscience Publrs. 1959. (248 S. m. Abb.) = Chemistry of natural products. Vol. 3. 42 s.

## D. Makromolekulare Chemie.

**Jean Néel,** *Rolle der elektrostatischen Kräfte beim Verhalten von makromolekularen Verbindungen in wässerigen Elektrolytlösungen.* Theoret. Arbeit, in der die Abhängigkeit der Eigg. (Löslichkeit, Viscosität, osmot. Druck) der wss. Lsgg. von Makromoll. von den elektrostat. Kräften in der Umgebung der gleichzeitig in den Lsgg. enthaltenen Ionen (z. B. von gelösten Salzen herrührend) behandelt wird. Die von CHAMPETIER u. Vf. (vgl. C. **1951.** II. 827) u. vom Vf. (vgl. C. **1955.** 9346) für die Hydratation von *Polyvinylalkohol* in verschied. wss. Elektrolytlsgg. erhaltenen Ergebnisse lassen sich so qualitativ verstehen. (J. Chim. physique Physico-chim. biol. **54.** 768—75. Okt. 1957. Paris, École supérieure de Phys. et Chim. industrielle, Labor. de Chim. macromol.)
O. FUCHS. 4000

**Hiroshi Sobue** und **Yoneho Tabata,** *Eine neue einfache Näherungsmethode zur Bestimmung der Verteilung des Molekulargewichts.* 2. Mitt. (1. vgl. C. **1959.** 3836.) Die Verteilung des Mol.-Gew. in einer Fraktion eines Polymeren kann angenähert durch ein gleichschenkliges Dreieck ausgedrückt werden, die Mitte der Grundlinie, $x_0$, ist dabei der auf das Gewicht bezogene durchschnittliche Polymerisationsgrad, u. die Länge der Grundlinie, n, ist $x_0 \cdot \xi$, wobei die Ungleichmäßigkeit $\mu = {}^1/_6\,\xi^2 + {}^1/_{15}\,\xi^4 + {}^1/_{28}\,\xi^6 + \cdots$ ist u. experimentell erhalten werden kann. Die Höhe des Dreiecks ist, wie l. c. erwähnt, zu bestimmen. Die gesamte Verteilungskurve wird durch Summierung dieser Dreiecke gezeigt. (J. chem. Soc. Japan, ind. Chem. Sect. [Kōgyō Kagaku Zassi] **60.** 751—52. Juni 1957. Tôkyô, Univ., Techn. Fak. [Orig.: japan.]) E. MAEKAWA. 4000

**A. Ja. Drinberg,** *Vernetzte Polymere auf der Grundlage von gesättigten Polymeren von linearem Bau.* (Vgl. C. **1957.** 11038.) Übersicht über die Eigentümlichkeiten der vernetzten Polymeren aus linearen gesätt. Polymeren im Vgl. mit solchen aus ungesätt. Polymeren, ihre Bldg. mittels freier Radikale (aus Makromoll.) in Ggw. von Initiatoren u. die Änderung der physikal.-mechan. Eigg. bei der Strukturierung: Zunahme von Adhäsion, Erweichungspunkt, Härte, Zerreißfestigkeit, Abnahme von Löslichkeit, Plastizität, Elastizität. Ohne Anwendung von Initiatoren erfolgt die Strukturierung bei Tempp., die derjenigen der beginnenden Zers. naheliegen, in Ggw. von Initiatoren oder unter dem Einfl. von UV-Licht bei niedrigerer Temp., in Ggw. von $O_2$ in Abhängigkeit von der spezif. Oxydationsoberfläche. (Химическая Промышленность [Chem. Ind.] **1958.** 401—04. Okt./Nov.) R. K. MÜLLER. 4000

**R. A. Hines, W. M. D. Bryant, A. W. Larchar** und **D. C. Pease,** *Synthese von linearem Polyäthylen durch eine freie Radikalreaktion bei sehr hohen Drucken.* Ein bei einem Druck von 7000—7700 at bei 53—80° mit α.α'-Azodiisobutyronitril u. ähnlichen Verbb. als Katalysator hergestelltes *Polyäthylen* entspricht in seinen techn. u. chem. Eigg. weitgehend einem ZIEGLER-Niederdruckpolyäthylen u. ist sehr verschieden von dem n. Hochdruckpolyäthylen nach FAWCETT. (Ind. Engng. Chem. **49.** 1071—74. Juli 1957. Wilmington, Del., E. I. du Pont de Nemours & Co.) H. BECKER. 4010

**A. W. Toptschijew, B. A. Krenzel** und **L. G. Ssidorowa,** *Über die Polymerisation von Propylen in Gegenwart von $TiCl_4$ und Triisobutyl-Al.* Bei der Polymerisation von *Propylen* (**I**) in Ggw. des katalyt. Syst. $TiCl_4$ (**II**)-Triisobutyl-Al (**III**) zeigt die Unters. des Mol.-Gew. des entstandenen *polymeren* **I**, daß schon 15 Sek. nach Beginn der Rk. ein hochmol. Prod. gebildet wird, dessen [η] = 0,8 in Dekalin bei 120° beträgt. Die Dauer der Rk. wirkt sich auf das Mol.-Gew. des polymeren **I** nicht aus, die Strukturketten entsprechen also den kinet. Ketten, d. h. die Makromoll. wachsen rasch bis zu der den Bedingungen entsprechenden Größe. Die Aktivität des **II**–**III**-Komplexes ändert sich stark mit der Zeit u. damit auch die Polymerisationsgeschwindigkeit, deren Differentialkurve der Aktivitätsänderung des Katalysators entspricht; diese ist vielleicht durch das Verschwinden freier Radikale zu erklären. (Известия Академии Наук СССР, Отделение Химических Наук [Nachr. Akad. Wiss. UdSSR, Abt. chem. Wiss.] **1958.** 1133. Sept. Erdölinst. der Akad. der Wiss. der UdSSR.) R. K. Müller. 4010

**M. M. Koton,** *Metallorganische ungesättigte Verbindungen und ihre Polymeren.* Allg. Überblick über metallorgan. Vinyl-, Allyl- u. Isopropenylverbb. u. die Möglichkeiten ihrer Polymerisation. — 100 Literaturangaben. (Успехи Химии [Fortschr. Chem.] **26.** 1125—40. Okt. 1957.) G. Froelich. 4010

**A. I. Schapowalowa, Ss. Ss. Wojutzki** und **A. P. Pissarenko,** *Adhäsion von Hochpolymeren.* 2. Mitt. *Ausarbeitung einer Methode zur Bestimmung der gegenseitigen Adhäsion von Hochpolymeren.* (1. vgl. C. **1957.** 13999.) *Cellophan* (**I**)-Filme von 30 $\mu$ Dicke wurden im feuchten Zustand auf eine glatte Oberfläche aufgespannt, getrocknet u. dann mit 8%ig. benzol. Lsg. von *Butadien–Acrylonitril-Copolymeren* (**II**; 37,7% *Acrylonitril*-Geh.) übergossen. Nach Verdunsten eines Benzolanteils wurde die obere Oberfläche von **II** mit Perkal bedeckt. Andererseits wurde eine 2%ig. wss. *Gelatine* (**III**)-Lsg., der in einigen Fällen $Cr_2O_3$ zugesetzt wurde (1 g $Cr_2O_3$ auf 100 g trockenes **III**), auf einer glatten PVC-Oberfläche zu 50 $\mu$ dicken Filmen ausgetrocknet u. diese ebenfalls mit 8%ig. benzol. **II**-Lsg. wie bei **I** behandelt. Die nunmehr unter Anwendung eines Adhäsiometers durchgeführten Messungen der Adhäsionsfestigkeit von **II** an **I** bzw. an **III** zeigen, daß der Vorgang bei einer langsamen Schichtentrennung einen Kohäsions-, bei schneller ($v > 0{,}250$ $cm \cdot sec^{-1}$) Schichtentrennung einen Adhäsionscharakter trägt. Eine Vergrößerung der Abtrennungsgeschwindigkeit erforderte keine zusätzliche Adhäsionsarbeit. Die spezif. Adhäsionsarbeit hängt weder von dem zur Verklebung angewendeten Druck noch von der Dicke der **II**-Schicht (im Bereich von 150—550 $\mu$) ab. Die Adhäsion wird durch eine therm. Behandlung (45 Min. langes Erhitzen bei 25—100°) verstärkt. Eine geringe u. einem Grenzwert zustrebende Adhäsionsverstärkung findet bei Lagerung der verklebten Filme statt. (Коллоидный Журнал [Kolloid-J.] **18.** 485—93. Juli/Aug. 1956. Moskau, Zentr. Forschungsinst. für Kunstlederind.) W. Dawydoff. 4010

**H. Kolsky** und **Y. Y. Shi,** *Durch Spannunsimpulse in glasähnlichen festen Körpern erzeugte Brüche.* An Stäben von *Glas, Polystyrol* u. *Polymethylmethacrylat* wurden die Amplituden der maximalen Zugspannungsimpulse gemessen, die sich entlang den Stäben fortbewegen konnten, ohne daß Bruch eintrat. Method. wurde derart vorgegangen, daß an dem einen Ende des Stabes eine kleine Menge Bleiazid zur Detonation gebracht wurde, wodurch ein scharfer Druckimpuls erzeugt wurde. Dieser Impuls pflanzt sich entlang des Stabes fort, wurde an dem anderen Ende reflektiert u. erzeugt hier Zugspannungen. Die apparative Anordnung u. die Meßtechnik wurden früher bereits von Kolsky (vgl. Philos. Mag. **1.** [1956.] 693) beschrieben. Die gemessenen maximalen Amplituden wurden mit den nach dem üblichen Verf. erhaltenen Zugfestigkeiten verglichen. Da die Belastungszeit mit den Spannungsimpulsen nur einige $\mu$sec beträgt, ist das Verhältnis der Belastungsgeschwindigkeiten zwischen den „stat." u. dynam. Unterss. von der Größenordnung $10^6$. Für alle 3 untersuchten Substanzen war der dynam. Wert etwa zweimal so hoch wie der stat. Wert. In den beiden plast. Stoffen konnten innere Sprünge erzeugt werden, die von den höheren Zugspannungen im Inneren der Stäbe herrührten. Im Glas wurden keine solchen inneren Sprünge beobachtet. (Proc. physic. Soc. **72.** 447—53. 1/9. 1958. Providence, R. I., Brown Univ.) C. Gottfried. 4010

**Adolphe Chapiro** und **Jeanne Sebban-Danon,** *Radiochemische Polymerisationen bei erhöhten Intensitäten.* Fortführung der von Chapiro u. Mitarbeitern (vgl. C. **1957.** 8819 u. früher) angestellten Verss. über die Polymerisation von Monomeren mit Hilfe von kurzwelligen Strahlen. Die Polymerisation wurde mit Röntgenstrahlen im Intensitätsbereich $J = 6000-34000$ r/min unter Verwendung von *Methylmethacrylat* (**I**) bzw. *Acrylonitril* (**II**) bzw. *Styrol* (**III**) bei 19° ausgeführt; bei einigen Verss. wurden auch $\gamma$-Strahlen von $^{60}Co$ verwendet. Bestimmt wurde die pro Std. entstandene Polymerisatmenge m. Die Ergebnisse sind zusammen mit allen bekannten Daten der gleichen Monomeren in ein (log m, log J)-Diagramm eingetragen. Hiernach ändert sich m bei **III** linear mit $J^{1/2}$, nur oberhalb $J = 1000$ ist m etwas kleiner als hiernach berechnet. Bei **I** gilt bis ca. $J = 200$ die gleiche Beziehung, doch sind bei höherem J die Abweichungen hiervon größer als bei **III**. Bei **II** ändert sich m unterhalb $J = 1000$ mit $J^{0,8}$, bei höherem J ist m ebenfalls kleiner als hieraus berechnet. Die Ursachen für das verschied. Verh. von **I, II** u. **III** werden kurz diskutiert, doch ist eine eindeutige Erklärung noch nicht möglich. (J. chim.

physique Physico-chim. biol. **54.** 776—79. Okt. 1957. Paris, Fac. des Sci., Labor. de Chim.-Phys.) O. FUCHS. 4010

**Florence Fayard,** *Abbruchreaktionen bei der Radikalpolymerisation von Methylmethacrylat in einem Fällmittel.* Die Polymerisation von *Methylmethacrylat* wurde nach der von BEVINGTON u. Mitarbeitern (vgl. C. **1955.** 7225; **1956.** 3052) angegebenen Meth. in W. bzw. in Methanol (I) unter Verwendung von $^{14}C$ enthaltendem Azo-bis-isobutyronitril als Initiator ausgeführt. Von dem entstandenen *Polymethylmethacrylat* (II), das in W. bzw. I unlösl. ist, wurden das Mol.-Gew. $M_n$ (osmot. Messungen) u. die Zahl $\alpha$ der Katalysatorbruchstücke pro II-Kette (Messung der C-Aktivität des durch Umfällen gereinigten II) zu $5{,}6 \cdot 10^5$ u. 0,91 für II aus W. bzw. zu $2{,}78 \cdot 10^5$ u. 0,93 für II aus I bestimmt. $\alpha$ ist kleiner als der l. c. für die Polymerisation in homogener Phase erhaltene Wert; daraus folgt, daß der Kettenabbruch in W. bzw. I in heterogener Phase nur durch Disproportionierung oder Okklusion erfolgt. — Der Verlauf des red. osmot. Druckes von II mit der Konz. hängt stark von der Art des verwendeten Lösungsm. (Bzl., Bzl.-I-Mischungen, Chlf.) ab. (J. Chim. physique Physico-chim. biol. **54.** 780—81. Okt. 1957. Fac. des Sci., Labor. de Chim. Phys.) O. FUCHS. 4010

**W. A. Mjagkow** und **A. B. Pakschwer,** *Untersuchung der Struktur hochmolekularer Stoffe.* 14. Mitt. *Reaktion von Basen mit Polyamidfasern.* (13. vgl. C. **1957.** 9673.) 0,4—0,5% des mit Phenol umgefällten, feinverteilten *Caprons* (I) mit einem viscosimetr. Mol.-Gew. (in 40%ig. $H_2SO_4$) von 13700 u. einem Geh. von 1 Mol COOH- u. 0,62 Mol $NH_2$-Endgruppen/Mol I wurden mit 25 cm³ verschieden starker KOH-Lsgg. in 96%ig. A. bei 15° bzw. mit wss. Lsgg. von carbonatfreiem Triäthylbenzylammoniumhydroxyd (II) bei 20° bzw. mit solchen von *Methylenblau* (III)-*hydrochlorid* bei 97° unter $N_2$ bis zum Auftreten des Sorptionsgleichgewichtes (1—1½ Tag) zusammengebracht. Die nicht aufgenommene Menge der Base nimmt mit steigender Konz. der Ausgangslsg. bis zum Erreichen eines Grenzwertes ab. Der KOH-Verbrauch entspricht bei Anwendung von 0,01 mol. (bzw. stärkeren) Lsgg. dem Verhältnis 1 Mol: 1 Mol COOH-Gruppen, während der maximale II-Verbrauch unter 1 Mol liegt u. bei weiterer Steigerung der Konz. wieder absinkt. Die Versuchsergebnisse stehen in Widerspruch zu der von GILBERT u. RIDEAL (Proc. Roy. Soc. [London], Ser. A **182.** [1944.] 335) geäußerten Annahme über den Mechanismus der Zusammenwrkg. von COOH-Endgruppen der Polyamide u. von Basen. Dieses Zusammenwirken erfolgt nach einem Ionenaustauschmechanismus unabhängig von der Zahl der vorhandenen Aminoendgruppen u. wird durch die Konz. der beteiligten Ionen u. durch die Dissoziationskonstanten der teilnehmenden Polyamidgruppen bestimmt. Die Gleichgewichtskonstanten nehmen bei zunehmender Größe des Kations ebenfalls zu. (Журнал Прикладной Химии [J. angew. Chem.] **29.** 1229—36. Aug. 1956. Iwanowo, Chem.-Technol. Inst.) W. DAWYDOFF. 4010

**B. W. Petuchow** und **A. B. Pakschwer,** *Untersuchung der Struktur hochmolekularer Stoffe.* 15. Mitt. *Sorption von Wasserdämpfen durch Capronfasern.* (14. vgl. vorst. Ref.) 0,25—0,30 g nichtorientierte bzw. orientierte, 24 Std. bei 20° mit wss. Phenol (I)-Lsg. (20 g/Liter) bzw. kurz mit Wasserdampf bei 125° bzw. mit 165° heißem Vaselinöl (II) vorbehandelte *Capron* (III)-Fasern wurden nach Trocknung bis zur Gewichtskonstanz mit Wasserdampf (bei konstantem Dampfdruck) in Berührung gebracht u. die Wassersorption mit Hilfe einer hochempfindlichen Wolframfederwaage kinet. verfolgt. Die ohne Spannung mit I-Lsg. vorbehandelten orientierten Proben zeigen bei niedriger relativer Feuchtigkeit eine verminderte, bei hoher eine stärkere Sorption als die nichtvorbehandelten, während die Vorbehandlung unter Spannung keinen Einfl. auf die Sorption ausübt. Die therm. Vorbehandlung, vor allem unter Spannung bzw. bei zusätzlichem Recken, ruft infolge einer Verstärkung von intermol. Bindungen u. der Zunahme der Packungsdichte eine Herabsetzung des Sorptionsvermögens hervor. Dieser, bereits nach 30 Sek. Erhitzen eingetretene Effekt ist bei Anwendung von II bes. stark ausgeprägt. Der Diffusionskoeff. von Wasserdampf in orientierten III-Proben ist kleiner als in nichtorientierten; die Sorptionsgröße hängt nicht unmittelbar von der Orientierung der Makromoleküle, sondern von der Zahl u. der Stärke intermol. Bindungen ab. (Журнал Прикладной Химии [J. angew. Chem.] **29.** 1236—42. Aug. 1956. Iwanowo, Chem.-Technol. Inst.) W. DAWYDOFF. 4010

**W. A. Mjagkow** und **A. B. Pakschwer,** *Untersuchung der Struktur hochmolekularer Stoffe.* 16. Mitt. *Reaktion verschiedener Stoffe mit den Amidgruppen von Polyamidfasern.* (15. vgl. vorst. Ref.) 0,5—1,0 g *Capron* (I) als ungereckte Fasern bzw. als durch Umfällung aus Phenol (II) zurückerhaltenes Pulver (viscosimetr. Mol.-Gew. in 40%ig. $H_2SO_4$ 17000 bzw. 13700) wurden mit 25—50 cm³ HCl verschied. Konz., auch unter Zusatz von KCl bzw. mit der gleichen Menge schwacher Basen 24 Std. bei 20° gehalten. Die Sorptionsisothermen von HCl weisen auf zwei Vorgänge, Rk. der

Säure mit Aminoendgruppen von **I** u. im Bereich von $p_H > 1{,}5-1{,}7$ Rk. der Säure mit **I**-Amidogruppen hin. Da beim Vorliegen überschüssiger $Cl^-$-Ionen eine Verschiebung des Gleichgewichtes der ersten Rk. (ohne Veränderung der Gleichgewichtskonstante) gemäß $-NH_3^+OH^- + H^+ + A^- \rightleftarrows -NH_3^+A^- + H^+ + OH^-$ stattfindet, während die zweite Rk. nicht begünstigt wird, ist zu schließen, daß mit **I**-Amidogruppen nicht die Ionen, sondern die undissoziierten HCl-Moll. unter Bldg. von Wasserstoffbindungen reagieren, wobei die Menge der gebundenen Säure der Konz. der Lsg. direkt proportional ist. Auch die Auswertung früherer Verss. von Vff. (vgl. C. **1957.** 9673) mit **II**, *Resorcin, Salicylsäure, Tannin* usw. bestätigt die Feststellung, daß die Amidogruppen nur mit undissoziierten Moll. unter Bldg. von Wasserstoffbindungen reagieren, wobei sich ein Mol. des Reagens mit einer Amidogruppe verbindet. Diese weisen (bei gleichem Orientierungsgrad von **I**) gleiche Reaktionsfähigkeit auf. Die Reaktionskonstante läßt sich aus der Gleichung $K = x/(1-x)\cdot C_\infty$ errechnen (x = Konz. des reagierten, 1—x die nicht reagierter Amidogruppen, $C_\infty$ = Gleichgewichtskonz. des Reagens). (Журнал Прикладной Химии [J. angew. Chem.] **29.** 1242—50. Aug. 1956. Iwanowo, Chem.-Technol. Inst.)

W. Dawydoff. 4010

**G. P. Michailow, B. I. Ssashin** und **N. N. Kuprijantschik,** *Über einige Besonderheiten der dielektrischen Verluste von Polycaprolactam.* (Vgl. C. **1953.** 4053. **1958.** 12410.) *Polycaprolactam* (**I**) wird durch langsame Abkühlung der Schmelze krist. erhalten, die Unterss. der dielektr. Verluste (tg $\delta$) erfolgt an **I**, das durch Abschrecken der Schmelze auf 0—18° (**Ia**) oder durch Wiedererhitzen von **Ia** erhalten ist (**Ib**), bei 20—150° u. $10^3$ bis $5\cdot10^6$ Hz. **Ib** zeigt ein Maximum von tg $\delta$, das sich bei steigender Frequenz nach höheren Tempp. verschiebt u. bei 480 kHz u. 5 MHz annähernd $40\cdot10^{-2}$ erreicht. Bei **Ia** tritt ein zweites Maximum von tg $\delta$ auf, dessen Lage von der Frequenz prakt. unabhängig ist. Die aus den Beobachtungen gefolgerte Annahme, daß das Maximum von tg $\delta$ mit der Bldg. neuer H-Bindungen zusammenhängt, kann aus IR-Unterss. nachgeprüft werden. **Ia** krist. bei 50—100° nicht. Durch Annäherung an das Maximum der dielektr. Relaxationsverluste nimmt tg $\delta$ zu, durch Bldg. neuer H-Bindungen ab. (Журнал Технической Физики [J. techn. Physik] **27.** 948—52. Mai 1957. Leningrad, Polytechn. Inst.)

R. K. Müller. 4010

**Je. W. Kuwschinski** und **M. M. Fomitschewa,** *Einfluß des Molekulargewichtes des Kautschuks auf die dynamischen mechanischen Eigenschaften von Gummi.* (Vgl. C. **1959.** 8728.) Bei 20, 60 u. 100° wird an Gummi aus *Butadien–Styrol-Kautschuk* (SKS-30-A) mit dem Mol.-Gew. (M) 45000—620000 die Änderung des dynam. Elastizitätsmoduls ($E_d$) mit M u. mit dem Vulkanisationsgrad (VG) bei Gleichgewichtsmoduln von 5—70 kg/cm² untersucht. $E_d$ hängt bei allen untersuchten Tempp. wenig von M ab. Die Änderung mit dem VG ist bei höheren Tempp. bei verschied. M annähernd gleich, bei 20° ist sie um so größer, je höher M ist. Die Höchstwerte von $E_d$ werden vom angewandten Vulkanisationsbeschleuniger nicht beeinflußt. (Журнал Технической Физики [J. techn. Physik] **27.** 1019—28. Mai 1957. Leningrad, Allunions wiss. Forsch.-Inst. für synthet. Kautschuk.)

R. K. Müller. 4030

**Robert L. Boehm,** *Chlorierung von Cellulose mit Thionylchlorid in Pyridin.* Baumwoll-Linters, aktiviert durch Behandlung mit 18%ig. wss. NaOH, liefert bei der Rk. mit $SOCl_2$ (**I**) in wasserfreiem Pyridin (**II**) (50 Mol **I** u. 10 Mol **II** auf 1 Grundmol Cellulose) *Cellulosederivv.*, die bis zu 20,16% Cl (ca. 1,3 Cl-Atome pro Glucoseeinheit) enthalten. Der Cl-Geh. nimmt mit steigender Temp. (25—69°) u. der Reaktionsdauer (1 bis 4 Std.) zu. S-haltige Gruppen, wahrscheinlich in Form von Schwefligsäureestern, werden bei der unter starkem Kettenabbau verlaufenden Rk. ebenfalls eingeführt. (Der S-Geh. kann durch entsprechende Nachbehandlung noch beträchtlich gesteigert werden.) Die *Chlorcellulosen* lassen sich mit 72%ig. $H_2SO_4$ ohne Abspaltung von Cl hydrolysieren, jedoch nimmt die Hydrolysenbeständigkeit mit steigendem Cl-Geh. zu. Aus einem an Cellulose chromatograph. fraktionierten Hydrolysat wird *Glucose* u. *Monochlorglucose* [wahrscheinlich *6-Chlor-D-glucose,* F. 134—135°, $[\alpha]_D^{25}$ $+100 \pm 3°$ (c = 0,5; absol. A.), $+43 \pm 3°$ (c = 0,5; W.)] isoliert. Der Reaktionsmechanismus wird diskutiert. (J. org. Chemistry **23.** 1716—20. Nov. 1958. Appleton, Wis., Inst. of Paper Chem.)

E. Kuntz. 4050

**H. G. Higgins, Valerie Goldsmith** und **A. W. McKenzie,** *Die Reaktionsfähigkeit der Cellulose.* 3. Mitt. *Säurehydrolyse der Eukalyptus-α-cellulose innerhalb einer Reihe von Molekulargewichten.* (2. vgl. C. **1959.** 8181.) *α-Cellulose* aus Eukalyptusholz (DP 310, gemahlen u. durch 60 Maschen/Zoll durchgesiebt) wurde unter homogenen (2 g Cellulose in 130 ml 67,5%ig. $H_2SO_4$, 16 Std. bei 0° u. 30 Min. bei 20°) u. heterogenen Bedingungen [5 g Cellulose in 100 ml 0—50%ig. $H_2SO_4$ (2 Std.) u. 21,3%ig. $H_2SO_4$ bis eine Woche bei 50°] hydrolysiert. Ausbeute durchschnittlich 97%, gelegentlich bis 89%. Der Hydrolysengrad wurde bei regenerierten Proben u. Rückständen durch Best. der Grenzviscosität [$\eta$] festgestellt (0,5—0,1% Cellulose in Kupferäthylendiamin). Es wurde geprüft, ob der Abbaugrad (S) = $2/\bar{P}_t - {}^2/\bar{P}_0$ = kt bzw. k$\alpha$t ist ($\bar{P}$ = Gewichtsmittel des Polymerisationsgrades zur Zeit t u. 0, wobei Gewichtsmittel/Zahlenmittel des DP = 2 beträgt, k = Geschwindigkeitskonstante, $\alpha$ = Anteil der der Hydrolyse zugänglichen glucosid. Bindungen bei nicht zu hohem Abbau). Bei $\bar{P}$ = 310—70 nimmt k mit der Hydrolysendauer ab. Der Verlauf der homogenen u. heterogenen Hydrolyse zeigt den Einfl. übermolekularer Faktoren. Statt eines definierten, nichtkristallinen Faseranteils, der schnell von der Säure durchdrungen wird u. dessen $\beta$-glucosid. Bindungen angegriffen werden, ist die Vorstellung richtiger, daß die Rk. in einem großen Bereich durch Diffusion gesteuert wird, da zwischen amorphem u. kristallinem Bereich in Holzzellstoff keine scharfen Grenzen zu bestehen scheinen. Als Stütze für die Auffassung dient die Tatsache, daß gemahlener Zellstoff (unter Berücksichtigung der Abnahme des $\bar{P}$ von 332 auf 310) viel schneller hydrolysiert als intakte Faser, was auf die größere Oberfläche (Zugänglichkeit) zurückgeführt wird, da die Kristallinität prakt. unverändert bleibt. Die Aktivierungsenergie bei homogener Hydrolyse mit ca. 28 kcal/Mol stimmt mit der anderer Autoren überein. In der HUGGINS-KRAEMER Gleichung $\eta_{red} = [\eta] + K'[\eta]^2 \cdot c$ sinkt bei heterogener Hydrolyse k' von 0,7—0,6 für [$\eta$] < 1 auf 0,47 für [$\eta$] > 2, bei regenerierten Proben ist k' ca. 0,44 für [$\eta$] > 1. Das IR-Spektr. aller heterogenen hydrolysierten Fasern weist auf *Cellulose I*-Struktur, das aus Lsgg. in starker Säure (homogene Hydrolyse) regenerierte Material auf Cellulose II-Struktur hin. (J. Polymer Sci. **32.** 57—74. Okt. 1958. Melbourne, Australia, Commonwealth Scient. and Industrial Res. Organization, Div. of Forest Products.) H. DEMUS. 4050

**H. G. Higgins, Valerie Goldsmith** und **A. W. McKenzie,** *Die Reaktionsfähigkeit der Cellulose.* 4. Mitt. *Die Aktivierungsenergie für heterogene saure Hydrolyse.* (3. vgl. vorst. Ref.) *Cellulose* wurde mit n-$H_2SO_4$ bei 40 u. 50° hydrolysiert, wobei der Verlust an lösl. Material < 1% betrug. Nach verschied. Zeiten wurden die Hydrolysenprodd. viscosimetr. untersucht u. aus der Intrinsicviscosität der DP bzw. Hydrolysengrad berechnet. Aus den ermittelten Reaktionsgeschwindigkeiten u. Aktivierungswärmen wird geschlossen: Die Hydrolyse verläuft anfangs infolge Spaltung leicht zugänglicher Bindungen schnell, dann verzögert sie sich bei eintretender Diffusion der Säure u. steigert sich wieder nach Durchtränkung der Cellulose mit Säure infolge Fortfalls physikal. Faktoren. Für die Spaltung glucosid. Bindungen sind 28—29 kcal/Mol Aktivierungswärme erforderlich; da jedoch 34 kcal gefunden wurden, wird geschlossen, daß außerdem H-Bindungen gespalten werden (Energie einer H-Bindung 5—6 kcal/Mol). (J. Polymer Sci. **32.** 247—52. Okt. 1958.) H. DEMUS. 4050

**W. I. Issaguljanz** und **T. A. Asisjan,** *Synthese einiger Äther der Glykolsäure aus Cellulose und 1.3-Dichlorbuten-(2).* Alkalicellulose u. 1.3-Dichlorbuten-(2) geben in Ggw. von NaOH in rein wss. Medium oder in Gemischen mit Bzl., Xylol oder Cumol bei 80 bis 150° *Cellulosemono-γ-chlorcrotyläther,* $(C_{10}H_{15}O_5Cl)_n$, u. *Cellulosedi-γ-chlorcrotyläther,* $(C_{14}H_{20}O_5Cl_2)_n$. Ausbeute 70—95%. Die Äther sind durchsichtige, harzähnliche Stoffe von hellgelber Farbe, lösl. in A. oder aromat. KW-stoffen. Nach Verdampfen des Lösungsm. erhält man Filme. Die Oxydation mit 10—54%ig. $HNO_3$ bei 90—30° führt zu Verbb. vom Carboxymethylcellulosetypus in Ausbeuten von 52—72%: *Cellulosedicarbonsäure* u. *Cellulosetricarbonsäure.* Identifiziert wurden sie durch Best. der SZ. u. durch Elementaranalyse. (Доклады Академии Наук Армянской ССР [Ber. Akad. Wiss. ArmenSSR] **27.** 75—80. 1958. Inst. für org. Chem. der Akad. der Wiss. der ArmenSSR.) M. ULMANN. 4050

**E. Husemann, B. Fritz, R. Lippert, B. Pfannenmüller** und **E. Schupp,** *Über natürliche und synthetische Amylose.* 8. Mitt. *Molekülgröße und Molekulargewichtsverteilung von synthetischer Amylose.* (1. Teil.) (7. vgl. C. **1959.** 7155.) Bei der Synth. von *Amylose* (I) mit Hilfe von Phosphorylaseferment aus CORI-Ester (Glucosephosphat) in Ggw. von Startersubstanzen (abgebaute, niedermolekulare I) erhält man Prodd. mit bedeutend niedrigeren Mol.-Gewichten, als sie natürliche I aufweisen. Es wird untersucht, ob hierfür das frühzeitige Ausfallen (Retrogradation) der synthet. I aus dem Reaktionsmedium verantwortlich zu machen ist. Durch Vergleichsverss. in homogenem Syst. (15%ig. wss. Formamid) wird gezeigt, daß dies nicht der Fall ist, u. andere Faktoren hierbei eine Rolle spielen müssen. Es wird festgestellt, daß die niedrigen Mol.-Gewichte durch die Ggw. eines hydrolysierend wirkenden Enzyms verursacht werden. Auch ist die Gesamtzahl der I-Moll. ca. 17mal größer als die der Startermoleküle. Führt man die Synth. bei Tempp. von 45—50° durch, so wird das störende Enzym inaktiviert, u. man erhält höhermolekulare synth. I. (Makromolekulare Chem. **26.** 181—98. Mai 1958. Freiburg i. Br., Inst. für makromol. Chemie.) E. KUNTZ. 4050

**E. Husemann, B. Fritz, R. Lippert** und **B. Pfannemüller,** *Über natürliche und synthetische Amylose. 9. Mitt. Molekülgröße und Molekulargewichtsverteilung von synthetischer Amylose.* (2. Teil.) (8. vgl. vorst. Ref.) Es werden mit Hilfe von Phosphorylase, in der das Hydrolyseenzym durch Erhitzen inakt. war, weitere Unterss. zur enzymat. Synth. von *Amylose* (**I**) durchgeführt. Es wird gezeigt, daß die Polymerisationsgrade im Verlauf der Rk. zunehmen u. nun die Zahl der **I**-Moll. mit der der Startermoll. übereinstimmt. Die Mol.-Gew.-Verteilungen entsprechen bis zu 20% Umsatz POISSON-Verteilungen, darüber hinaus ist die Uneinheitlichkeit größer als berechnet. Die Reaktionsgeschwindigkeit ist in weiteren Bereichen proportional der Starterkonz., auch dann, wenn die Zahl der Startermoll. größer ist als die der Phosphorylasemoll.; man muß daher annehmen, daß ein Vielkettenmechanismus vorliegt. Bei der Synth. unter Störung des Endgleichgewichts (Durchführung im Dialysierschlauch zwecks Entfernung des Phosphates u. weiterer Zuführung von CORI-Ester) wird ein Prod. erhalten, das im Polymerisationsgrad u. in der Löslichkeit mit natürlicher Kartoffel-**I** übereinstimmt. (Makromolekulare Chem. **26.** 199—213. Mai 1958.) E. KUNTZ. 4050

**E. Husemann, R. Lippert** und **B. Pfannemüller,** *Über natürliche und synthetische Amylose. 10. Mitt. Über das hydrolysierende Enzym in Kartoffelphosphorylase.* (9. vgl. vorst. Ref.) Es wird versucht, das thermostabile *hydrolysierende Enzym* aus Phosphorylase abzutrennen. Eine vollständige elektrophoret. Trennung beider Enzyme gelingt nicht, jedoch läßt sich durch fraktionierte Acetonfällung der größte Teil der hydrolysierenden Aktivität in einer Fraktion konzentrieren. Vergleichende Unterss. (Best. der Amylose (**I**)–Jod-Extinktion u. der Änderung des Reduktionswertes) ergeben, daß sich das hydrolysierende Enzym in der Wirkungsweise wie Speichel-α-Amylase verhält, u. daß die von BERNFELD (C. **1948.** E. 1881) als Isophosphorylase bezeichnete Fraktion aus Kartoffelsaft mit dem Hydrolysenenzym übereinstimmt. Es wird ferner gezeigt, daß die Polymerisationsgrade von enzymat. synthetisierten **I** durch das Verhältnis der Aktivität der Phosphorylase u. des zugesetzten hydrolysierten Enzyms festgelegt werden. (Makromolekulare Chem. **26.** 214—25. Mai 1958.) E. KUNTZ. 4050

**K. Frömbling** und **F. Patat,** *Über extrem große Makromoleküle.* 1. Mitt. *Die Charakterisierung von Dextranen. Dextrane* (**I**) wurden bei 0° (**Ia**) bzw. 25° (**Ib**) mit Hilfe von aus *Leuconostoc mesenteroides NRRL B 512* erhaltenem Enzym hergestellt (5% Saccharose, 0,5 mol. Acetatpuffer, $p_H$ 5,2). Die durch Umfällen mit Methanol gereinigten u. gefriergetrockneten Prodd. wurden mit Methanol fraktioniert u. das Mol.-Gew. wurde mit Hilfe der Extinktion von Konzentrationsreihen der **I** unter Extrapolation auf die Wellenlänge ∞ u. die Konz. 0 bestimmt. Diese Werte liegen unter den durch Messung bei seitlichem Streulicht erhaltenen. Bei **Ib** ergab sich ein Gang des Mol.-Gew. u. von $[\eta]$ mit der Löslichkeit in wss. Methanol. Bei **Ia** findet durch Fraktionierung keine Auftrennung nach dem Mol.-Gew. statt, doch ist, wie auch bei **Ib**, ein Gang des 2. osmot. Virialkoeff. B* u. des Quotienten $D^2/M$ (D = mittlere maximale Ausdehnung eines statist. geknäuelten Fadenmol.) zu beobachten. Dies weist auf einen nicht polymerhomologen Aufbau von **I** hin. Die Lösefraktionierung der **I** nach FUCHS liefert eine weniger gute Trennung u. ergibt beim Auftragen der integralen Verteilungsfunktion von **Ia** gegen $[\eta]$ infolge des Absinkens von $[\eta]$ bei den letzten Fraktionen einen anomalen Kurvenzug, der bei den Fällungsfraktionierungen nicht auftritt. Aus der integralen Verteilungsfunktion von **Ib** wurde der Wert $M_w/M_n = 1,44$ berechnet, während sich aus der Best. der Extinktion u. aus der Endgruppenbest. (Reduktionsvermögen) $> 10^2$ ergibt. Die Abweichung wird auf geringe, in den **I** adsorbierte Zuckermengen zurückgeführt. **Ia** besitzt höhere B*-Werte als **Ib** u. gegenüber **Ib** aufgeweitete Polymerknäuel. Es weist höhere Strukturviscosität auf u. dürfte eine andere Verzweigung als **Ib** haben. $JO_4^-$-Oxydationen konnten für diese Frage nicht ausgewertet werden. Die erhaltenen **I** sind als recht einheitlich anzusehen. (Makromolekulare Chem. **25.** 41—52. Dez. 1957. München, TH, Inst. für Chem. Technologie.) W. WILLENBERG. 4050

**J. Hartmann** und **F. Patat,** *Über extrem große Makromoleküle.* 2. Mitt. *Das Fließverhalten von Lösungen hochmolekularer Dextrane.* (1. vgl. vorst. Ref.) *Dextrane* (**I**), die bei 0° (**Ia**) bzw. 25° (**Ib**) auf enzymat. Wege hergestellt worden waren (vgl. l. c.), wurden auf ihre Fließeigg. untersucht. Die Viscosität von **Ia**-Lsgg. ist von den Fällungsbedingungen (Konz. der Lsgg. vor dem Fällen in Methanol) abhängig. Die Viscosität von aus verd. Lsgg. gefälltem **Ia** ist geringer als nach Fällung aus 2%ig. Lsg., doch wird das Mol.-Gew. der **I** durch die Fällungsbedingungen nicht beeinflußt, da die Viscositäts-Konz.-Kurven der bei verschied. Konzz. gefällten Prodd. prakt. zum gleichen Nullpunkt verlaufen; dagegen unterscheiden sich die Präpp. in ihren 2. u. 3. viscosimetr. Virialkoeffizienten. Diese Erscheinung wird durch eine Verzögerung der Einstellung der statist. Lagen der Ketten bei der Herst. von **Ia,** wofür auch ein Beispiel aus der bakteriellen

I-Synth. gegeben wird, u. der „Entflechtung" bei Verdünnung der **I**-Lsgg. gedeutet. **Ib** zeigte im COUETTE-Viscosimeter, von apparativen Anlaufvorgängen abgesehen, keine zeitlichen Viscositätsänderungen bei konstanter Beanspruchung, u. nur bei hohen Beanspruchungen im Capillarviscosimeter u. bei Konzz. über ca. 0,6% treten neben der n. Strukturviscosität — vermutlich durch langsam verlaufende Deformationsvorgänge — reversible Zeiteffekte auf. Bei ca. 1%ig. **Ia**-Lsgg. erfolgen bei Schergefällen von bis ca. 15 $sec^{-1}$ ($20^0$) spontane Gleichgewichtseinstellung u. darüber zeitliche Verfestigungsprozesse, die ein Maximum durchlaufen u. bei hohen Gradienten sehr schnell vor sich gehen. Temperaturerhöhung bewirkt schwächere u. langsamere Verfestigung. Diese Vorgänge verlaufen nur bei sehr kurzzeitiger Beanspruchung reversibel. Mit steigender Beanspruchung geht eine Verstärkung der Trübung der anfangs nur schwach opalisierenden Lsgg. einher. Messungen von $M_w$, B*, $D^2/M$ u. [$\eta$] derart irreversibel veränderter Prodd. zeigten, daß eine Vergrößerung der Teilchengewichte (bis über $10^9$) bei gleichzeitiger Verminderung der Wechselwrkgg. mit dem Lösungsm. erfolgt war. Es ist anzunehmen, daß durch die mechan. erzwungenen Deformationen H-Brücken zwischen den OH-Gruppen benachbarter Ketten unter gleichzeitiger Verminderung der Wechselwrkg. mit dem Lösungsm. gebildet werden, so daß schließlich kompakte, wegen einer nur geringen Anzahl freier OH-Gruppen prakt. unlösl. Partikel entstehen. Bei gesteigerter Beanspruchung überwiegt der auf die Viscosität dem Verknüpfungsvorgang gegensinnig wirkende Einfl. der herabgesetzten Wechselwrkg. mit dem Lösungsm., so daß dann der Fließwiderstand wieder abnimmt. Die Koagulationen finden auch bei Verwendung von Formamid als Lösungsm. statt u. sind nicht allein auf enzymat. Tieftemperaturprodd. beschränkt. Als charakterist. Maß für die prinzipielle mechan. Labilität eines nativen **I** kann der 2. osmot. Virialkoeff. B* angesehen werden. (Makromolekulare Chem. **25.** 53—70. Dez. 1957.)
W. WILLENBERG. 4050

**Hans-Georg Elias**, *Über extrem große Makromoleküle.* 3. Mitt. *Lichtstreuung, Extinktion und Mehrfachstreuung von Dextranlösungen.* (2. vgl. vorst. Ref.) Die Lichtstreuung u. Extinktion wss. Lsgg. von enzymat. hergestellten *Dextranen* (vgl. vorvorst. Ref.) vom Mol.-Gew. von ca. $10^8$—$10^9$ wurden untersucht. Mit Hilfe von Streulichtmessungen lassen sich Mol.-Gew. u. Moleküldimensionen ohne Berücksichtigung von Korrekturen bestimmen, sofern durch die experimentelle Anordnung das Auftreten eines Verdünnungseffektes ausgeschlossen ist. Zur Ermittlung des 2. Virialkoeff. B* dagegen ist durch zusätzliche Extinktionsmessungen eine Korrektur für die Mehrfachstreuung anzubringen. Die sich aus Streulichtmessungen ergebenden Radien stimmen mit den aus Viscosität u. Mol.-Gew. berechneten gut überein. Bei den Extinktionsmessungen ist außer der Mehrfachstreuung noch der Verdünnungseffekt zu berücksichtigen. Dies geschieht durch Extrapolation der Extinktionen auf die Küvettenlänge Null. Die Radien lassen sich aus Extinktionsmessungen nur dann nach DEBYE u. CASHIN abschätzen, wenn man die Konzentrationsabhängigkeit des Wellenlängenexponenten berücksichtigt. Phasenverschiebung, Verzerrung des Feldes beim einfallenden Strahl, Depolarisation des Streulichtes u. Aperturfehler haben bei Extinktionsmessungen keinen Einfl. auf die Ermittlung des Mol.-Gewichtes. Die Best. des 2. Virialkoeff. durch Extinktionsmessungen ist aus meßtechn. Gründen sehr unsicher. Die Messungen der Radien lassen darauf schließen, daß man mit Streulichtmessungen auch Teilchen bestimmen kann, die größer als die Wellenlänge des eingestrahlten Lichtes sind. Es wurde für Streulichtmessungen bei 5460 u. 4360 Å u. für Extinktionsmessungen bei 4360—9000 Å gearbeitet. (Makromolekulare Chem. **27.** 192—217. Juli 1958.) W. WILLENBERG. 4050

**K. N. Udupa** und **J. Englebert Dunphy**, *Die Wirkung der Ascorbinsäure auf die Metachromasie in Protein- und sauren Polysaccharidlösungen.* Die Umsetzung von 0,005%ig. Toluidinblaulsg. (chromatograph. gereinigt) in 0,2%ig. Salzlsg. (mit einem Geh. von 0,01 n HCl) mit *Heparin* oder *Chondroitinsulfat* (je 0,01% der Salzlsg.) wird durch Zugeben von menschlichem *Serumalbumin* quantitativ beeinflußt. Diese Wrkg. kann durch Zugabe von Ascorbinsäure (gepufferte Lsg., End-$p_H$-Wert 6,5, mit 0,025% $H_2O_2$ u. 0,00075% $CuSO_4$ in gleichen Mengen unmittelbar vor der Zugabe) umgekehrt werden. (J. Histochem. Cytochem. **4.** 448—52. Sept. 1956. Harvard Med. School, Dep. of Surgery; Peter Bent Brigham Hospital, Surgical Service; Boston City Hospital, 5. Surgical Service and Sears Surgical Labor.) W. FELDHEIM. 4050

**Hector A. Dieu**, *Über die Bestimmung des Molekulargewichtes von Proteinen und Polymeren durch die Methode der monomolekularen Schichten.* 1. Mitt. *Untersuchung von Proteinfilmen.* Vf. untersuchte verschied. Proteine [*Ocalbumin* (**I**), *Serumalbumin, Pepsin* (**II**), *Papain* (**III**), *Tropomyosin, Kohlenoxydhämoglobin, β-Lactoglobulin, Insulin, Myoglobin* (**IV**), *Trypsin* (**V**)] auf ihre Film-Mol.-Gewichte bei $p_H$ 2 bei 2 verschied. Bereichen des Oberflächendruckes (0,001—0,02 u. 0,02—0,6 dyn/cm). Es wurde der Einfl.

von $p_H$, Ionenstärke, oberflächenakt. Verbb. u. Temp. untersucht. Auf Grund der Ergebnisse lassen sich die untersuchten Proteine in 2 Gruppen einteilen: a) solche mit Film-Mol.-Gew. der gleichen Größenordnung, wie die aus osmot. bzw. Sedimentationsdaten bestimmten u. b) solchen, die wesentlich kleinere Film-Mol.-Gewichte aufweisen. Zu a) gehören **I, II, III, IV** u. **V**. Der Einfl. elektrostat. Faktoren sowie der Flexibilität der Proteinstruktur wird diskutiert. Auf die Notwendigkeit der Berücksichtigung von Enthalpiefaktoren bei der Theorie der monomolekularen Proteinfilme wird hingewiesen. (Bull. Soc. chim. belges **65**. 847—73. Sept./Okt. 1956. Liège, Univ., Fac. des Sci., Labor. de Chim. physic.) E. Schwerdtfeger. 4070

**George Scatchard, James S. Coleman** und **Amy L. Shen,** *Physikalische Chemie von Proteinlösungen.* 7. Mitt. *Die Bindung einiger kleiner Anionen am Serumalbumin.* (5. vgl. C. **1955**. 6768.) Eine Zelle für Messungen von Änderungen der EMK. bei einem Wechsel der Konz. oder der Zus. einer Lsg. zwischen einer Anion- u. einer Kationaustauschmembran oder zwischen einer Membran u. einer gesätt. KCl-Brücke wird beschrieben. Das Verh. von *Rinderserummercaptalbumin* gegenüber Lsgg. von NaCl, NaJ, NaSCN, Na-Trichloracetat, HCl, HJ, HSCN oder Gemischen von NaCl mit HCl oder NaOH wird untersucht. Die Messungen ergeben, daß bei niedrigem $p_H$ *Albumin* mehr Protonen u. weniger Anionen bindet, als aus der Bindung an ein isoion. Albumin errechnet werden kann. Sie zeigen weiterhin, daß wenigstens 4 Bindungsarten für Anionen in Serumalbumin vorhanden sind; es werden die angenäherte Zahl u. die Konstanten für die 3 aktivsten Gruppen angegeben. Die Natur dieser Gruppen konnte nicht festgestellt werden. (J. Amer. chem. Soc. **79**. 12—20. 5/1. 1957. Cambridge, Mass., Massachusetts Inst. of Technol., Dep. of Chem.) K. Nehring. 4070

**K. Felix, A. Goppold-Krekels, L. Hübner** und **P. Meissner,** *Über Clupein.* 13. Mitt. (12. vgl. Rauen u. Mitarbeiter, C. **1956**. 3056.) Vff. stellten *Clupeinmethylesterhydrochlorid* (**I**; vgl. l. c.) u. sein *Dinitrophenyl* (*DNP*)-*Deriv.* dar. **I** u. DNP-**I** wurden sowohl mit n-HCl als auch mit Trypsin partiell hydrolysiert u. ein Teil der entstandenen Oligopeptide durch weiteren Abbau u. Papierchromatographie identifiziert. Es wurde in dem Partialhydrolysat von DNP-**I** 1 Dipeptid aus Prolin u. Alanin, 1 Tripeptid aus Prolin, Alanin u. Arginin u. ein weiteres Peptid, das außerdem Valin u. Isoleucin enthält, gefunden. Das Partialhydrolysat von **I** enthält 3 Dipeptide: *Ser·ala*, *Ileu·ala* u. *Val·ala*, 1 Hexapeptid *Pro·val·arg·arg·arg·arg* u. 1 Tetrapeptid *Val·ala·arg·arg*. Vff. schließen, daß die Komponenten des Clupeins vom Aminoende her mit den gleichen 6 Aminosäuren: Pro·val·arg·arg·arg·arg beginnen u. alle mit Arginin enden. Die Komponenten unterscheiden sich wahrscheinlich durch die Anzahl der Aminosäuren bzw. Monoaminsäurepeptide, die zwischen den Arginintetrapeptiden liegen. (Bull. Soc. Chim. biol. **40**. 1973—82. 15/2. 1959. Frankfurt/M.., Univ., Inst. für vegetat. Physiol.) F. Schwerdtfeger. 4070

**D. F. Bradley** und **A. Rich,** *Die Trennung von Ribonucleinsäuren an ECTEOLA-Celluloseanionenaustauschern.* Mit Epichlorhydrin u. Triäthanolamin präparierte *Cellulose* wird als Anionenaustauscher zur Trennung von *Ribonucleinsäuren* (**I**) benutzt. Die **I** werden aus 0,01 mol. neutralen Phosphatpuffer adsorbiert u. mit NaCl-Lsgg. zunehmender Konz. eluiert. Die Elutionsprofile der **I**, die aus verschied. Ausgangsmaterialien hergestellt werden, unterscheiden sich deutlich. Ebenso differieren die Profile einer **I**, wenn sie aus dem gleichen Ausgangsstoff, aber nach verschied. Methoden dargestellt wird. **I** mit durchschnittlich höherem Sedimentationskoeff. wird bei höheren Salzkonzz. eluiert. Die Fraktionen, die bei diesen höheren Salzkonzz. eluiert werden, haben wiederum höhere Sedimentationskoeffizienten. Die Fraktionen sind jedoch hinsichtlich der Sedimentationskoeffizienten des Ausgangsmaterials heterogen. Daraus geht hervor, daß die Sedimentationsgeschwindigkeiten der adsorbierten **I** nicht die einzigen Faktoren sind, die den Elutionsprozeß bestimmen. (J. Amer. chem. Soc. **78**. 5898—902. 20/11. 1956. Bethesda, Md., Nat. Inst. of Mental Health, Sect. on Physical Chem.) H. Nürnberger. 4090

**Geoffrey Zubay,** *Ein Matritzenmodell für die Synthese von Ribonucleinsäure aus Desoxyribonucleinsäure.* In verschied. neueren Arbeiten (vgl. Zubay, Nature [London] **182**. [1958.] 112) wird die Annahme diskutiert, daß die *Ribonucleinsäure* (**I**) an der Doppelschraube der Desoxyribonucleinsäure (**II**) synthetisiert würde. Durch systemat. Unterss. an Mol.-Modellen versucht Vf. die physikal.-chem. Bedingungen für eine solche Synth. zu klären u. kommt zu folgenden Ergebnissen: Zwei Bedingungen sind zunächst zu erfüllen: 1. Die **I**-Nucleotide müssen in einer energet. günstigen Weise an **II** gebunden werden; 2. die Bindung muß in einer solchen Art erfolgen, daß die reakt. Gruppen in der Lage sind, zum wachsenden Ende der Polymerenkette hin zu kondensieren. Diese Bedingungen sind nur zu erfüllen, wenn **II** weitgehenden Modifikationen unterworfen wird, wodurch reaktive Gruppen der **II**-Basen frei werden, diese jedoch über —NH...N-Wasserstoffbrücken miteinander verbunden bleiben. Die freigewordenen Gruppen sind nun in der Lage, Bindungen mit Ribonucleotidbasen einzugehen, die den oben erwähnten zwei Bedingungen entsprechen. Auf diese Weise kommt eine Nucleinsäure-Dreistrangschraube zustande. — Jedoch ist zu vermerken, daß jede der vier I-Basen unter den gleichen energet. u. räumlichen Bedingungen mit jedem II-Basenpaar verbunden werden kann, so daß dieses Matrizenmodell jegliche Spezifität bzgl. der Übertragung der Information von II auf I vermissen läßt. — Diese Schwierigkeit glaubt Vf. in Unterss. mit einem kompletten dreidimensionalen Mol.-Modell klären zu können. Er deutet an, daß möglicherweise die Spezifität der Matrize z. T. von den I-polymerisierenden Enzymen bestimmt wird. (Nature [London] **182.** 1290—92. 8/11. 1958. London, King's College, Med. Res. Council Biophysics Res. Unit.) K. Kran. 4090

# E. Biologische Chemie. Physiologie. Medizin.

## $E_1$. Allgemeine Biologie und Biochemie.

**Hans-Wolfgang Hagens,** *Eine Polyäthylen-Glas-Taucherwaage.* Zur Massebest. kleiner Gewebeproben in der Kultur-Fl. nach dem Prinzip des Cartes. Tauchers wurde aus *Polyäthylen* eine Taucherwaage entwickelt, deren Empfindlichkeit durch Vol. u. reduziertes Gewicht begrenzt ist. (Histochemie **1.** 109—12. 1958. Kopenhagen, Physiol. Abt. des Carlsberg-Labor.) H. Büttner. 4100

**E. C. Dougherty** und **Mary Belle Allen,** *Die Worte „Protist" und „Protista".* Es wird angeregt, die Bezeichnungen *„Protist"* u. *„Protista"* wieder im Sinne von Haeckel zu verwenden, sie umfassen demnach 1. Bakterien u. Blaualgen, 2. Rotalgen u. 3. Algen, Pilze u. Protozoen. (Experientia [Basel] **14.** 78. 15/2. 1958. Berkeley, Calif., Univ. of California, Dep. of Physiol., School of Med. and Dep. of Soils and Plant Nutr., Labor. of Plant Physiol.) F. Radler. 4100

**C. S. Bachofer** und **Q. L. Hartwig,** *Beziehung von struktureller Konfiguration zum Schutz gegenüber ionisierenden Strahlungen. Bakteriophage T 1,* spezif. für *Escherichia coli,* Stamm B, wurde in Lsgg. von *Cyclohexancarbonsäure* (**I**), *o-, m-* u. *p-Aminobenzoesäure* (**II**), *o-, m-* u. *p-Hydroxybenzoesäure* (**III**) u. *Benzoesäure* (**IV**) mit Röntgenstrahlen bestrahlt. Vff. untersuchten den Einfl., den die substituierten Gruppen u. ihre Stellungen im Ring auf die Schutzfähigkeit jeder Verb. haben. Die Bestrahlungen wurden bei verschied. $p_H$-Werten, verschied. Konzz. der einzelnen Verbb. sowie mit verschied. Dosierungen durchgeführt. Es wurde zum ersten Mal gefunden, daß Verbb. gleicher Zus., aber verschied. mol. Konfiguration unterschiedliche Schutzwrkgg. haben. Die höchste Schutzwrkg. für das bestrahlte T 1 hatte **I**; die Schutzwrkg. nimmt mit dem $p_H$ u. der Konz. der Verb. zu. o-, m- u. p-**II** schützen in dieser Reihenfolge, wobei die o-Verb. nahezu die gleiche Wrkg. hat wie **I**. Dieselbe Reihenfolge, o $>$ p $>$ m wurde für die Schutzfähigkeit der **III** gefunden; die Schutzwrkg. ist jedoch gering. **IV** hatte bei allen Konzz. u. $p_H$-Werten so gut wie keine Schutzwirkung. (Radiation Res. **5.** 528—41. Nov. 1956. Notre Dame, Ind., Univ., Dep. of Biol.) C. Gottfried. 4102

**Bernard S. Strauss,** *Die genetische Wirkung von inkorporierten Radioisotopen. Das Transmutationsproblem.* Zusammenfassend u. krit. wird der Einfl. der mit dem $\beta$-Zerfall im Organismus inkorporierter Radioisotope verbundenen Elementtransmutationen auf die genet. Wrkg. behandelt, bes. die Trennung der auf die Strahlung u. der auf die Elementumwandlung zurückzuführenden Effekte. (Radiation Res. **8.** 234—47. März 1958. Syracuse, N. Y., Syracuse Univ., Dep. of Zool.) W. Reusse. 4130

**Susumu Nagai** und **Hideko Nagai,** *Das Zusammenwirken von Coffein, Guanosin und Adenosin bei der Erzeugung von Atmungsmangelhefe. Coffein* (**I**) erzeugt bei Hefeflüssigkeitskulturen in der Konz. von 0,2% fast zu 100% die Atmungsmangel- oder „petite colonie"-Mutante. Dabei ist 0,1% **I** die krit. Konzentration. 0,2% *Guanosin* (**II**) mit 0,2% *Adenosin* (**III**) heben die mutagene Wrkg. von **I** prakt. völlig auf. **II** u. **III** allein sind dabei unwirksam. (Naturwissenschaften **45.** 577. 1. Dez.-H. 1958. Osaka, Japan, City Univ., Inst. of Polytechnics, Dep. of Biology.) L. Kiesow. 4130

**Helmut Koblitz,** *Über die unterschiedlichen Wirkungen der stimulierenden Stoffe aus der Cocosmilch und dem festen Endosperm der Cocosnuß auf Gewebekulturen.* Gewebe von Mohrrüben wurde auf White-Medium gezüchtet. Zusatz von Cocosmilch lieferte gelb gefärbte Gewebe aus Riesenzellen mit geringer Differenzierung u. dünnen Zellwänden. Zusatz der „G-1-Fraktion" aus dem festen Endosperm der Cocosnuß (nach Mauney aufgearbeitet) verursacht dagegen die Bldg. völlig farbloser Zellen. Die Wachstumsgeschwindigkeit ist geringer als bei Einw. von Cocosmilch. Die Kulturen haben ein starkes Organbildungsvermögen; so wurde häufig starke Wurzelbldg., in einem Fall sogar das

Entstehen eines n. beblätterten Sprosses beobachtet. (Naturwissenschaften **45.** 447—48. 2. Sept.-H. 1958. Teltow-Seehof, Dtsch. Akad. der Wiss. zu Berlin, Inst. für Faserstoff-Forschg.) J. DITTMANN. 4150

**Bengt Falck, Nils Åke Hillarp** und **Alf Torp,** *Eine neue Form von chromaffinen Zellen, die möglicherweise Dopamin speichern.* Vff. finden nach Behandlung verschied. Gewebe mit Kaliumbichromat–Chromat-Lsg., die *Dopamin* wie Adrenalin u. Noradrenalin zu dunklen Pigmenten oxydiert, chromaffine Zellen, die sich durch Größe, Gestalt u. Granula von den klass. chromaffinen Zellen unterscheiden. Diese Zellen finden sich in Geweben von Rind, Schaf u. Ziege. Ihre Verteilung hat keine Beziehung zum autonomen Nervensyst., u. sie sind vorzugsweise in Dopamin reichen Organen anzutreffen. (Nature [London] **183.** 267—68. 24/1. 1959. Lund, Univ., Dep. of Histology.) L. KIESOW. 4150

**J. Tomcsik,** *Feinstruktur der Bakteriengrenzflächen.* Übersicht über Forschungsergebnisse zur Struktur u. chem. Zus. der Bakterienkapseln, der eigentlichen Zellwand, der Cytoplasmazellmembran u. über die Grenzflächen der Bakteriensporen. (Zbl. Bakteriol., Parasitenkunde, Infektionskrankh. Hyg., I. Abt., Orig. **173.** 361—68. Dez. 1958. Basel, Hyg. Inst.) E. FISCHOEDER. 4150

**A. Winkler,** *Feinstruktur des Bakterienzellinhaltes.* Fragen über die metachromat. Granula u. ihre Bedeutung für den Bakterienstoffwechsel werden erörtert. (Zbl. Bakteriol., Parasitenkunde, Infektionskrankh. Hyg., I. Abt., Orig. **173.** 369—75. Dez. 1958. Göttingen, Univ., Hyg. Inst.) E. FISCHOEDER. 4150

**R. Hess, D. G. Scarpelli** und **A. G. E. Pearse,** *Die cytochemische Lokalisierung Pyridinnucleotid-gekoppelter Dehydrogenasen.* Die Metall–Formazan-Meth. zur intramitochondrialen Lokalisierung von *Bernsteinsäuredehydrogenase* (**IV**) (C. **1958.** 13519) eignet sich modifiziert auch zum örtlichen Nachw. Pyridinnucleotid-gekoppelter Dehydrogenase (**II**)–*Diaphorase*-Systeme. Das *Tetrazoliumsalz* (**VI**) kann in derartigen Systemen nur dann Elektronen aufnehmen, wenn die Atmungsenzymkette völlig red. ist, was durch bestimmte Atmungsinhibitortypen, nicht aber durch $O_2$-Entzug allein, erreicht werden kann. Von *Amytal* (**III**), *Na-Azid, Urethan, Phthiocol* u. *Chinacrin* wurden die schnellsten Inhibierungs-Rkk. mit den **3** erstgenannten erreicht, die beiden letzten waren unwirksam. Zur Enzymlokalisierung wurden Mikrotomschnitte 15—45 Min. bei 37° in einem Substrat, Coenzym I oder II, Phosphat- oder Trispuffer, $p_H$ 6,8—7,0, $MgCl_2$, *Polyvinylpyrrolidon* u. **I** incubiert. Bei den Substraten *β-Hydroxybutyrat* oder *Glucose-6-phosphat* (**I**) diente *3-[4.5-Dimethylthiazolyl-(2)]-2.5-diphenyltetrazoliumbromid* in Ggw. von $Co^{2+}$ als terminaler Elektronenacceptor (Bldg. eines hexacovalenten Komplexes; durch d–s–p-Hybridisierung Bldg. eines ungepaarten Elektrons, das **VI** red.). Bei *α*-Ketosäuren bildenden **II**-Systemen waren *Cyanid* als Atmungsinhibitor u. CO-Gruppen-bindendes Agens erforderlich, während als Acceotor *2.2'-Di-p-nitrophenyl-5.5'-diphenyl-3.3'-[3.3'-dimethoxy-4.4'-biphenylen]-ditetrazoliumchlorid* verwendet wurde. Bei Verwendung von Coenzym I konnten *β-Hydroxybuttersäure, Glutaminsäure, α-Glycerinphosphorsäure, Milchsäure* u. *Alkoholdehydrogenasen,* mittels Coenzym II **I**-*Dehydrogenase* lokalisiert werden. Die **VI**-Red. wurde durch **III** im **IV**- u. *β-Hydroxybuttersäuredehydrogenase*-Syst. stark erhöht, d. h. die Hemmung der Atmungskette erfolgt an einer beiden Systemen gemeinsamen Stelle, dem SLATER-Faktor. Hier reagiert vermutlich auch **VI** mit dem Atmungssystem. Zu den Verss. wurden Mitochondrien aus dem Fettkörper vom *Locusta migratoria* u. aus Rattenniere benutzt. (Nature [London] **181.** 1531—32. 31/5. 1958. London, Postgraduate Med. School.) K. MAIER. 4150

**Frederick H. Kasten,** *Die Feulgen-Absorptionskurve von gewebegebundener DNS.* (Vgl. C. **1959.** 3253.) Die Nuclealfärbung nach FEULGEN (DNS. + fuchsinschweflige Säure → Rotfärbung; Desoxyribose reagiert als Aldehyd) dient zur quantitativen spektrophotometr. Best. von *Desoxyribonucleoprotein* (**I**) im Gewebe. Vf. untersuchte den Einfl. von Art u. Herkunft des Gewebes u. anderer Faktoren auf Genauigkeit u. Spezifität der I-Absorptionskurven. Proben von pflanzl. u. tier. Gewebe wurden in homogenisierter Suspension oder paraffiniert angefärbt u. die Absorption bei $\lambda$ 500—620 m$\mu$ aufgenommen. Das Absorptionsmaximum liegt bei 570—590 m$\mu$. Folgende Faktoren sind ohne Einfl. auf die FEULGEN-Absorptionskurve (FAK): Temp. des Farbkomplexes zwischen 20—40°; verwendete Solventien (W., Canadabalsam, Glycerin, 50%ig. A.), $p_H$ 1,6—7,0; mono- oder polychromat. Licht; auch Art, Vorbehandlung u. Herkunft des Zellgewebes beeinflußt nur wenig die FAK, die dem BEERschen Gesetz folgt. (Histochemie **1.** 123—50. 1958. Texas, A. & M. Coll. of Texas, Dep. of Biol.) H. BÜTTNER. 4150

**Kin'ichirô Miura** und **Itaru Watanabe,** *Konstitution der basischen Bestandteile von hochpolymerisierter Ribonucleinsäure.* Die aus Ochsenleber (a), Hefe (b) oder Tabakmosaikviren (c) unter milden Bedingungen erhaltenen Ribonucleinsäure (**I**)-Präpp. werden durch 1 std. Erwärmen mit 1 n HCl hydrolysiert u. die Hydrolysate papierchromatograph. (aufsteigende Meth.; 65%ig. Isopropanol–2nHCl) untersucht. — Die den bas. Bestandteilen, nämlich *Guanin* (**II**) ($R_F$-Wert 0,3), *Adenin* (**III**) (0,4), *Cytosin* (**IV**) (0,7) u. *Uracil* (**V**) (0,85) entsprechenden Flecke werden eluiert u. photoelektr. bestimmt. Die Konstitutionen der bas. Bestandteile der **I** aus einem Gewebe sind für diese Gewebeart relativ spezifisch. Der Quotient (**II** + **IV**)/(**III** + **V**) zeigt für jedes Ausgangsmaterial relativ konstante spezif. Werte: **I** aus a 1,75, aus b 0,90, aus c 0,80, aus Rattenleber 1,83, aus Rattenblinddarm 1,77, aus Mäuseleber 1,85, aus Seidenraupen (Seidendrüse) 1,16, aus E. coli B (H) 1,16. Bei den **I**-Präpp. aus tier. Körpern betragen die Quotienten **II**/**IV**, **III**/**V**, Purin/Pyrimidin u. 6-Aminobasen/6 Ketobasen ca. 1, was jedoch für die aus pflanzlichem Ausgangsmaterial erhaltenen **I**-Präpp. nicht mehr gilt. (J. chem. Soc. Japan, pure chem. Sect. [Nippon Kagaku Zassi] **79.** 1138—44. Sept. 1958. Tokyo, Univ., Rikôken. [Orig.: japan.]) E. MAEKAWA. 4150

**Adolf Wacker** und **Dörthe Pfahl**, *DNS-Aufnahme ruhender Bakterienzellen.* Vff. stellten fest, daß an Desoxyribonucleinsäure (DNS) verarmte Zellen von *Lactobacillus leichmannii 313* (a) u. *L. acidophilus* $R_{26}$ ein Mehrfaches ihres eigenen DNS-Geh. an fremder DNS (Verss. mit Sperma-, Kalbsthymus- u. E. coli-9637-DNS) aufnehmen. Die Aufnahmefähigkeit wachsender a-Zellen ist im Vgl. zu ruhenden wesentlich geringer. Kalbsthymus- u. Coli-DNS werden durch a in geringerem Maße aufgenommen als Sperma-DNS. (Z. Naturforsch. **14b.** 220—22. 1959. Berlin-Charlottenburg, TU, Organ.-chem. Inst.) H. KOCKERT. 4150

**Kurt Fleischhauer,** *Über eine Verbesserung des Succinodehydrogenasenachweises mit Neotetrazoliumchlorid durch Anwendung von polarisiertem Licht.* Incubiert man Gefrierschnitte eines unfixierten Gewebes in wss. Lsgg. eines Tetrazoliumsalzes u. bernsteinsaurem Na, so bilden sich an Orten hohe *Succinodehydrogenase* (**I**)-Aktivität rötliche Formazan-Ndd. (SELIGMANN 1951). Zu deren besserer Sichtbarmachung schlägt Vf. vor, mit *Neotetrazoliumchlorid* vorbehandelte Gewebeproben unter polarisiertem Licht zu benutzen. Dann leuchten die *Formazan*-Kristalle auf, der **I**-Nachw. wird empfindlicher. Vermutlich lassen sich durch polarisiertes Licht auch andere histochem. Nachweise verfeinern, bei denen krist. Formazan auftritt. (Histochemie **1.** 119—22. 1958. Kiel, Anatom. Univ. Inst.) H. BÜTTNER. 4150

**Walther Graumann,** *Untersuchungen zum cytochemischen Glykogennachweis.* 2. Mitt. *Chemische Fixation auf Pikrinsäurebasis.* (1. vgl. C. **1958.** 4512.) Zur Unters. der günstigsten Bedingungen für die cytochem. Fixierung von *Glykogen* (**I**) wurden verschied. fl. Reagentien bei —7 u. +20° an vergleichbaren Gewebeproben getestet. Folgende Fl. wurden erprobt: 1. A.–Chlf.–*Eisessig* (**II**) nach CARNOY; 2. wss. *Pikrinsäure* (**III**)–Formol–**II** nach BOUIN; 3. alkoh. **III**–Formol–**II** nach GENDRE; 4. alkoh. **III**–Formol nach ROSSMANN. Nach der Fixierung wurden die Gewebeproben nach Standardmeth. in Paraffin eingebettet. 2. war unbrauchbar. 3. u. 4. sind bzgl. quantitativer Ausbeute u. Lokalisationstreue bessere Fixiermittel als 1. Die **I**-Konservierung wird durch Kaltfixierung begünstigt. (Histochemie **1.** 97—108. 1958. Göttingen, Anatom. Univ. Inst.) H. BÜTTNER. 4150

**John C. Hadder** und **G. B. Wilson,** *Cytologische Untersuchung von c-mitotischen und prophasischen Giftwirkungen.* Die bereits beschriebene Anwendung des Erbsentestes (vgl. BOWEN u. WILSON, C. **1955.** 5092) zur Best. der c-mitot. Wrkg. von *Colchicin* u. der Prophasegiftwrkg. des Antibioticums *Actidion* wurde zu quantitativen Unterss. erweitert. (Chromosoma [Berlin] **9.** 91—104. 29/3. 1958. East Lansing, Mich., Michigan State Univ., Dep. of Botany and Plant Pathol.) J. DITTMANN. 4150

**M. P. Khokhlova,** *Pathologische Anatomie der experimentellen Leukämie, die mittels Injektion von Benzolextrakten aus leukämischen Organen erzeugt wurde.* Durch Injektion von Benzolextrakten aus verschied. pathol. veränderten Organen von Menschen, die an Myelosen, Lymphadenosen, akuten Leukämien, Myelomen u. Magencarcinomen gestorben waren, konnten bei Mäusen Leukämien, lokale maligne Tumoren oder beides erzeugt werden. (Blood **13.** 917—25. Okt. 1958. Moscow, Ministry of Health, Inst. of Hematol. and Blood Transfusion, Pathologoanatomical Labor.) W. SCHELER. 4160

**Maire T. Hakala** und **Edythe Taylor,** *Die Fähigkeit von Purin- und Thymidinderivaten sowie von Glycin, das Wachstum von Säugetierzellen in Kultur zu unterstützen.* Im EAGLE-Medium (C. **1956.** 8652) mit $10^{-6}$ mol. *Amethopterin* (**I**), das als Folsäureantagonist wirkt, sowie $3 \cdot 10^{-4}$ (bzw. $3 \cdot 10^{-5}$) mol. *Glycin* (**II**) u. $3 \cdot 10^{-5}$ mol. *Thymidin* (**III**) wird die Vermehrung von HeLa-Zellen bzw. Zellen des Mäusesarkoms S-180 durch *Adenin* (**IV**) angeregt. Das Optimum liegt bei ca. $5 \cdot 10^{-5}$ mol. **IV**. Im EAGLE-Medium mit $10^{-6}$ mol. **I**, $3 \cdot 10^{-5}$ mol. **II** u. $3 \cdot 10^{-5}$ mol. **III** wird das Wachstum von S-180-Zellen gefördert durch *Guanosin, Guanindesoxyribosid,* sowie *2'-*, *3'-* u. *5'-Guanylsäure* (Optimum stets bei ca. $5 \cdot 10^{-4}$ Mol/Liter). Im gleichen Medium wird das Wachstum von S-180-Zellen ebenfalls gefördert durch: *Hypoxanthin* (**V**), *Inosin*, *Hypoxanthindesoxyribonucleosid*, *5'-Inosinsäure*, **IV**, *Adenosin*, *Desoxyadenosin*, *2'-*, *3'-* u. *5'-Adenylsäure* sowie *5'-Desoxyadenylsäure*. (Die Konz., die die Hälfte der maximalen Vermehrung ermöglicht, liegt etwa bei 1—1,4 · $10^{-5}$ Mol/Liter.) Die Zellen humaner monocyt. Leukämie („J-111-Zellen") vermehren sich stärker, wenn zum EAGLE-Medium mit $10^{-6}$ mol. **I**, 3 · $10^{-4}$ mol. **II** u. 3 · $10^{-5}$ mol. **V** folgende Verbb. zugesetzt werden: **III**, *Thymidylsäure* (**VI**) bzw. *5-Methylcytosindesoxyribosid* (**VII**) in optimalen Konzz. von ca. $10^{-5}$ Mol/Liter. **III**, **VI** u. **VII** regen auch die Vermehrung von S-180- (bzw. HeLa)-Zellen im EAGLE-Medium mit $10^{-6}$ mol. **I**, 3 · $10^{-5}$ mol. **II** u. $10^{-4}$ mol. **V** (bzw. 3 · $10^{-4}$ mol. **II** u. 3 · $10^{-5}$ mol. **V**) an. Die Konz. für die Hälfte des maximalen Wachstums liegt für S-180-Zellen bei 2—3 · $10^{-6}$ Mol/Liter, für HeLa-Zellen bei 5—6 · $10^{-6}$ Mol/Liter. Durch Dialyse des Serums wird nur der **II**-Bedarf von Zellen im **I**-Medium erhöht. Der Bedarf an *Purinen* u. **III** bleibt unverändert. *Xanthosin*, *Adenylsuccinat*, *Isoguanin*, *2.6-Diaminopurin*, *Dihydrothymidin*, *Ribosylthymin*, *5-Methylcytosin* u. *5-Hydroxymethyluracil* sind ohne Einfl. auf das Wachstum von S-180- u. HeLa-Zellen im **I**-Medium. Auf HeLa-Zellen haben keinen Einfl. *Guaninnucleoside* u. *-nucleotide*. *Thymin* hat auf HeLa-Zellen gering fördernden Einfl., auf andere Zellen nicht. Der **II**-Bedarf verschwindet bei **I**-Abwesenheit. *Serin*-Bedarf besteht nie. **II** kann durch *Glycylglycin* bzw. *Glycylglycylglycin* ersetzt werden. (J. biol. Chemistry **234**. 126—28. Jan. 1959. Buffalo, N. Y., Roswell Park Memorial Inst.; Dep. of Exper. Therapeutics.) S. DITTMANN-MITZSCHERLICH. 4160

**Otto Warburg** (unter Mitwirkung von **Karlfried Gawehn, August-Wilhelm Geissler, Walter Schröder, Hans-Siegfried Gewitz** und **Wolgang Völker**), *Partielle Anaerobiose der Krebszellen und Wirkung der Röntgenstrahlen auf Krebszellen*. (Naturwissenschaften **46**. 25—29. 2. Jan.-H. 1959. — C. **1959**. 7500.) P. LOCH. 4160

**R. G. J. Willighagen** und **H. T. Planteydt**, *Aminopeptidaseaktivität in Krebszellen*. Der histochem. Nachw. von *Aminopeptidase* (**I**) bestätigt ihr Vork. im Stromagewebe, das an die Krebszellen epidermaler Tumoren angrenzt. Die Krebszellen dieser Tumoren enthalten **I** nicht. Dagegen kommt **I** in den Carcinomzellen von Magen- u. Gallengangstumoren vor, u. zwar unabhängig von der Art des zum Carcinom entarteten Ausgangsgewebes. Da n. Zellen keine oder sehr wenig **I** enthalten, empfehlen Vff. die Meth. zum Nachw. von Krebszellen im Operationsmaterial. (Nature [London] **183**. 263—64. 24/1. 1959. Leyden, Univ., Patholog. Labor.) L. KIESOW. 4160

**I. D. Kolomina**, *Der Blutzucker bei Kranken mit Magen- und Ösophaguskrebs vor und nach der Entfernung der Geschwulst*. Unterss. des Nüchternblutzuckers bei 44 Patienten mit Magenkrebs, 73 mit Cardiakrebs u. 32 mit Ösophaguskrebs ergaben Werte von 75—95 mg% (n. 80—120 mg%). Bei inoperablem Krebs sind die Werte niedriger als bei operablem. $^1/_2$ Jahr nach Tumorentfernung nimmt der Blutzucker auf 85 mg% u. mehr zu; bei Recidiven sinkt er auf 70—80 mg% ab. Beim Ösophaguskrebs ist der Nüchternblutzucker etwas höher als beim Magenkrebs. Die hyperglykäm. Kurve bei doppelter Zuckerbelastung (2mal je 50 g Zucker in 200 ml W.) zeigt einen hohen Anstieg nach der 1. u. 2. Belastung unter Hochbleiben der Kurve. Je schwerer die Krebserkrankung, um so stärker ist die Abweichung der Kurve von der Norm. Der hyperglykäm. Koeff. ist meist stark erhöht. Ca. $^1/_2$ Jahr nach Entfernung des Tumors zeigt die glykäm. Kurve einen starken Anstieg nach der 1. u. 2. Zuckerbelastung, jedoch mit nachfolgendem starkem Absinken der Kurve, was bei Recidiven nicht der Fall ist. (**Клиническая Медицина** [Klin. Med.] **37** (**40**). Nr. 1. 78—86. Jan. 1959. Tomsk, Med. Inst., Hospit.-Chir. Klin., Abt. des Inst. für exper. Pathol. u. Ther. des Krebses der Akad. der med. Wiss. der UdSSR.) E. RENTZ. 4160

**A. N. Parschin** und **S. W. Malejewa**, *Die Bildung von Nicotinsäure aus Tryptophan in der Leber normaler und tumorbefallener Tiere*. Der Harn von Ratten mit überimpften Rabdomyoblastomen, die eine n. Nahrung erhielten, enthält fast die gleiche Menge *Tryptophan* (**I**) u. etwas weniger *Nicotinsäure* (**II**) als der Harn gesunder Ratten. Erhalten die Tiere eine Mohrrübendiät so zeigt der Harngeh. an **II** fast keine Unterschiede bei gesunden u. Geschwulsttieren, während **I** bei Rabdomyoblastom mit dem Harn viel stärker ausgeschieden wird. Die subcutane Zufuhr von **I** führt bei n. u. kranken Tieren, unabhängig von der Diät, zu einer Erhöhung der **I**- u. **II**-Konz. im Harn. Auch hierbei wird bei den kranken Tieren mit dem Harn weniger **II** u. mehr **I** ausgeschieden als bei gesunden Tieren. Im Leberbrei der kranken Tiere wird **I** fast 2mal langsamer gespalten als im Leberbrei der gesunden Tiere. Im Leberbrei von Kaninchen mit BROWN-PEARCE-Geschwulst u. von hepatomierten Ratten beobachtet man eine nur schwache **I**-Spaltung; bei hepatomierten Mäusen bleibt die **I**-Spaltung unverändert im Vgl. zu gesunden Tieren. Eine **II**-Bldg. aus zugesetztem **I** kann im Leberbrei von tumorkranken Ratten, Mäusen u. Kaninchen nicht beobachtet werden. Im Hepatombrei der Ratte wird keine **I**-Spaltung

u. II-Bldg. aus I beobachtet; dies wird jedoch im Hepatombrei der Maus beobachtet. Dieser Prozeß verläuft jedoch langsamer als im Leberbrei der gleichen Tiere. (Український Біохімічний Журнал [Ukrain. biochem. J.] **30.** 831—39. 1958. Leningrad, Onkol. Inst. der Akad. der med. Wiss. der UdSSR, Biochem. Labor.) O. Lebtag. 4160

**Albert Sjoerdsma, Lemuel C. Leeper, Luther L. Terry** und **Sidney Udenfriend,** *Untersuchung über die Biogenese und den Stoffwechsel von Noradrenalin bei Patienten mit Phäochromocytomen.* An Phäochromocytomen, die in vermehrtem Maße *Noradrenalin* (I) bilden, wurde die Biogenese u. der Stoffwechsel von I untersucht. Als Untersuchungsmaterial diente der Urin u. Tumorgewebe. Mittels $^{14}$*C-Phenylalanin* (bildet Tyrosin), $^{14}$*C-Tyrosin*, $^{14}$*C-3.4-Dihydroxyphenylalanin* (Dopa) u. $^{14}$*C-3.4-Dihydroxyphenyläthylamin* (Dopamin) wird gezeigt, daß alle diese Verbb. bei der Bldg. von I im Organismus eine Rolle spielen. Die I-Bldg. verläuft über folgende Stufen: Tyrosin-, Dopa-, Dopamin, I, Adrenalin. Der Stoffwechsel von I kann im Pheochromocytom über 2 Wege zur *3-Methoxy-4-hydroxymandelsäure* (II) führen, die sich bei Personen mit solchen Tumoren im Urin stark vermehrt findet. Einmal entsteht aus I durch die Aminoxydase *3.4-Dihydroxymandelsäure* (III) u. daraus durch die O-Methylferase II, u. im anderen Falle bildet die O-Methylferase aus I zunächst *m-O-methylnoradrenalin* (IV), u. daraus entsteht durch die Aminoxydase II. IV wurde hier zum ersten Male in menschlichem Gewebe (Tumor) gefunden. Da III u. IV im Urin erscheinen, kann die Diagnose eines Phäochromocytoms durch den Nachw. dieser beiden Stoffe im Urin erhärtet werden. (J. clin. Invest. **38.** Nr. 1. [Part I] 31—38. Jan. 1959. Bethesda, Md., Nat. Heart Inst., Section of Experim. Therapeutics and Labor. of Clinical Biochem.) G. Kimmerle. 4160

**W. Ss. Lawrowa,** *Der Gehalt an Vitamin $B_{12}$ im Blutserum und in der Leber bei Magenkrebs.* Bei 32 Patienten mit Cardia- bzw. Pyloruskrebs betrug der *Vitamin $B_{12}$* (I)-Geh. des Blutserums im Mittel 270 (50—590), bei 26 Patienten mit Funduskrebs 240 (60—590), bei 32 Patienten mit verschied. Lokalisation des Krebses ohne Störung der Magensekretion 400 (70—840) $\mu\gamma$/ml. In der Leber von 7 Patienten mit Magenkrebs wurden im Mittel 854,4 (599,5—1031) $\mu\gamma$/g Trockensubstanz gefunden, in der Leber von 3 gesunden, an akutem Trauma verstorbenen Personen 348, 442 u. 626 $\mu$g I/g. Aus den Verss. wird geschlossen, daß beim Magenkrebs, wahrscheinlich infolge der vorausgehenden atroph. Gastritis, die Resorption von I aus der Nahrung herabgesetzt ist. (Клиническая Медицина [Klin. Med.] **37 (40).** Nr. 1. 75—78. Jan. 1959. Tomsk, Med. Inst., Lehrst. für Pathophysiol. u. Lehrst. für hospit. Chir.) E. Rentz. 4160

---

**Leonard Ernest Bayliss,** Principles of general physiology. 5th ed. Vol. 1: The physico-chemical background. London: Longmans Green. 1959. (XIII + 520 S. m. Abb., Tab. u. Diagr.) 55 s.

**J. E. Courtois** et **R. Perles,** Précis de chimie biologique. T. I. Paris: Masson. 1959. (454 S. m. Abb.) 3400 fr.

**E. M. Crook,** ed., The structure and function of subcellular components: Biochemical Society Symposium No. 16 held at the Senate House, University of London on 23 February, 1957. Cambridge: Cambridge U. P. 1959. (100 S. m. Tab. u. Diagr.) 22 s. 6 d.

**Robert E. Eckardt,** Industrial carcinogens. New York: Grune & Stratton. 1959. (164 S. m. Abb.) 8° = Modern monographs in industrial med., no. 4. $ 6,50.

**J. Levitt,** Frost, drought and heat resistance. Bd. VIII: Physiologie des Protoplasmas. 6. Wien: Springer. 1958. (IV + 87 S. m. 29 Abb.) 8°. DM 31,—.

**H. Peeters,** ed., Protides of the biological fluids. 6th, Bruges, 1958. Amsterdam, London: Elsevier. 1959. (IX + 330 S. m. Abb., Tab. u. Diagr.) 45 s.

**Bernard Vazart,** Différenciation des cellules sexuelles et fécondation chez les phanérogames. Bd. VII: Befruchtung und Kernverschmelzung. 3a. Wien: Springer. 1958. (IV + 158 S. m. 54 Abb.) 8°. DM 54,—.

## E$_2$. Enzymologie. Gärung.

**Newton Ressler,** *Über den Ladungstransport bei enzymatischen Reaktionen.* Vf. interpretiert den Übergang von positiven u. negativen Ladungen zwischen Enzym u. Substrat als elektrostat. Reaktionen. Diese Annahme wird durch experimentelle Angaben bestätigt. Ebenso läßt sich die durch Kationen bedingte Enzymaktivierung durch elektrostat. Wrkgg. erklären. — 30 Literaturangaben. (Enzymologia [Den Haag] **19.** 310—18. 30/6. 1958. Eloise, Mich., Wayne County Gen. Hosp., Dep. of Med.) R. Lenschau. 4200

**R. Lowy, R. Derache** und **J. Tremolieres,** *Wirkung des Cortisons auf die oxydativen Multienzymsysteme der Mitochondrien.* 1. Mitt. *Metallische Enzymeffektoren.* (Vgl. C. **1958.** 12141.) *Cortison* (I) wirkt direkt auf die bei den Oxydationssystemen der Rattenlebermitochondrien bestehenden Gleichgewichte zwischen Enzymen u. Metallkomponenten ein. I unterbindet die mit millimol $Mg^{2+}$ erzielbare Reaktivierung des *α-Ketoglutarat* (II)-Oxydationssyst. u. vermindert die Zahl der Cu- bzw. Pb- (sehr wirksamer Inhibitor mit großem Ionenmol.) bindenden Stellen um 50 bzw. 100%. Diese Hemmung wird durch Versene (bei hohen Konzz. selbst ein Inhibitor!) bei 10 mMol. **II** vermindert. Die Affinitätskonst. der Inhibitoren der **II**-Oxydation lassen sich berechnen u. ergeben, nach steigender Affinität zu den akt. Stellen geordnet, die Reihe Versenat < **I** < $Cu^{2+}$ < $Pb^{2+}$ ($pk_i$ für $v_0$ 2,9, 3,6, 4,2, 5,2). (Bull. Soc. Chim. biol. **40.** 137—50. 12/3. 1958. Paris, Inst. Nat. d'Hygiène et École Pratique des Hautes Études, Labor. de Nutrit. humaine.) K. MAIER. 4210

**R. Lowy, R. Derache** und **J. Tremolières,** *Wirkung des Cortisons auf die oxydativen Multienzymsysteme der Mitochondrien.* 2. Mitt. *Enzymsubstrat.* (1. vgl. vorst. Ref.) *Cortison* (**I**) hemmt zu Beginn der Rk. das Gleichgewicht *α-Ketoglutarat* (**II**)- bzw. *Succinat* (**III**)-Enzym kompetitiv. Die kompetitive Hemmung geht allmählich in eine koppelnde Hemmung über. Die **II**-Oxydation ist in **I**-Ggw. am stärksten blockiert. **I** hemmt die Wrkg. eines zunehmenden Diphosphopyridinnucleotid (**IV**)-zusatzes, der anfangs aktiviert, dann inhibiert. **I** hebt die $AsO_2^-$-bedingte Hemmung von Succinodehydrogenase u. **II**-Oxydase auf. In Verbindung mit früheren Unterss. über den P/O-Quotienten in Ggw. von **II** u. **III** wird für **I** ein Wirkungsmechanismus im Bereich der SH-Gruppen der Dehydrogenasen unter der Annahme diskutiert, daß **I** zwischen **IV** u. Flavinadeninnucleotid wirksam ist. (Bull. Soc. Chim. biol. **40.** 151—59. 12/3. 1958. Paris.) K. MAIER. 4210

**J. Gordin Kaplan** und **Woon Ki Paik,** *Die Wirkung der Ultraviolettbestrahlung auf die Hefekatalase.* Die Wrkg. von längerer UV-Bestrahlung (meist 2537 A) auf die *Katalase* (**I**)-Aktivität einer wss. Hefesuspension wurde untersucht. Es lassen sich dabei 4 Abschnitte erkennen: In der ersten Zeit verlieren die Zellen ihre Fähigkeit zur Koloniebldg., die **I**-Aktivität verändert sich aber nicht. In der zweiten Periode tritt eine beträchtliche Erhöhung der **I**-Aktivität auf (EULER-Effekt). Der EULER-Effekt wird von einer Veränderung des Enzyms begleitet, wie aus der Verringerung der Aktivierungsenergie des Enzym–Substrat-Syst. hervorgeht. Am Anfang der zweiten Periode, wenn die **I**-Aktivität zu steigen beginnt, erhöht sich dagegen die Aktivierungsenergie vorübergehend. Wärme beschleunigt die Umwandlung, wenn sie während oder nach der Bestrahlung angewandt wird. Die Aktivierungsenergie für die Umwandlungs-Rk. beträgt 24 kcal, ein Wert, der dem bei Veränderung durch chem. Stoffe gefundenen sehr nahe kommt. Trotzdem scheint der geschwindigkeitsbestimmende Schritt in beiden Fällen verschieden zu sein. In der dritten, ziemlich langen Periode führt die Bestrahlung zu keiner Verringerung der maximalen **I**-Aktivität der Hefesuspension. Dieser merkwürdige Befund wird als Schutzeffekt bezeichnet. Der Schutzeffekt ist nicht auf eine einfache physikal. Abschirmung des Enzyms durch die Ribonucleinsäure des Plasmas zurückzuführen, sondern es kommt offenbar in der Zelle zu einer Art Komplexbldg. zwischen **I** u. Ribonucleinsäure, so daß **I** gegen photochem. Inaktivierung stabiler wird. In vivo konnte an Hand von Modellverss. diese Vorstellung bestätigt werden (Zugabe von Adenin oder Ribonucleaseverdauungsprodukten von Ribonucleinsäure zu **I**-Lsgg. vor der Bestrahlung verdoppelt den Schutzeffekt). Die im 4. Abschnitt auftretende Photoinaktivierung des intracellulären Enzyms war der des krist. Enzyms in vitro sehr ähnlich. Der Beginn der Photoinaktivierung ist auf eine Modifikation der Proteinstruktur u. nicht der Ribonucleinsäure zurückzuführen. (J. gen. Physiol. **40.** 147—69. 20/9. 1956. Halifax, Canada, Dalhousie Univ., Dep. of Physiol.) R. HÄHNEL. 4210

**Maurice M. Black** und **Francis D. Speer** (unter Mitarbeit von **Jean Watts**), *Dehydrogenaseaktivität in vitro von normalen und pathologischen Lymphknoten.* Die *Dehydrogenase*-Aktivität in vitro von n. u. patholog. Lymphknoten wurde histochem. gezeigt u. quantitativ mit 2.3.5-Triphenyltetrazoliumchlorid (TTC) bestimmt. Es ergab sich kein quantitativer Unterschied zwischen der endogenen Aktivität von n. Lymphknoten u. der von Lymphknoten bei Lymphosarkom, HODGKINscher Krankheit u. chron. lymphat. Leukämie. In Ggw. von $F^-$ aber bestand für die Tumorlymphknoten die Neigung, eine größere Red. von TTC/mg Gewebe zu zeigen. Im histochem. Bild ergaben sich Unterschiede im Typ u. in der Lokalisation des reduzierenden TTC in den Zellen zwischen n. u. leukäm. bzw. lymphosarkomatösen Knoten, nicht aber für HODGKIN-Knoten. Sarkoide oder tuberkulöse Lymphknoten ließen eine akt. TTC-Red. durch die spezif. Granulome erkennen. (A. M. A. Arch. Pathol. **59.** 100—04. Jan. 1955. New York, N. Y., Med. Coll., Flower and Fifth Avenue Hosp., Dep. of Pathol.) G. KIMMERLE. 4210

**Herrick Baltscheffsky** und **Margareta Baltscheffsky,** *Eine submitochondriale DPNH-Oxydasefraktion aus Herzmuskel.* Die aus Herz- u. Lebermitochondrien (♂ Ratte, ♂ Meerschweinchen) isolierten DPNH-Oxydase (**I**)-Fraktionen verhalten sich hinsichtlich des Einfl. der Atmungsketteinhibitoren *2-n-Heptyl-4-hydroxychinolin-N-*

*oxyd* (II), *Antimycin A* (III) u. *5-Äthyl-5-isoamylbarbiturat* (*Amytal*, IV) auf die *Cytochrom c* (V)-akt. DPNH-Oxydation verschieden. Diese wird im Herzpräp. prakt. vollständig gehemmt, während die durch V-Zusatz ausgelöste Atmung im Leberpräp. unbeeinflußt bleibt. Im DPNH-V-Reduktasesyst. (VI) hemmen II—IV wiederum nur die Aktivität der Herzmitochondrienfraktion. Das *Succinat*-V-Reduktasesyst. (VII) wird nur durch II u. III, nicht durch IV, gehemmt. Das VI/VII-Verhältnis der Herzfraktion ist kleiner als das der Leberfraktion (3,2 bzw. 8,1). Die *Adenosintriphosphatase*-Aktivität (in Ggw. von $Mg^{2+}$) betrug bei 30° in *Na-Desoxycholat* behandelten Lebermitochondrien, der Leber-I- u. Herz-I-Fraktion (Meerschweinchen) 0,21, 3,3 bzw. 3,4 μMol freigesetztes *Phosphat*/Min./mg Protein. (Biochim. biophysica Acta [Amsterdam] **29.** 220—21. Juli 1958. Stockholm, Univ., Wenner-Gren Inst.) K. MAIER. 4210

**I. Ja. Sacharowa,** *Die Xanthinoxydase des urspünglichen B. Breslau und der aus seinen Filtraten regenerierten sekundären Kulturen.* Die Verss. über die Oxydation von *Adenin* (I), *Hypoxanthin* (II) u. *Xanthin* (III) durch die Ausgangsformen u. die sek. Kulturen von *Bacterium Breslau* beim $p_H$ 8,4 ergaben, daß alle untersuchten Kulturen fähig sind, das Prod. der I-Desaminierung II zu III zu oxydieren. Auch III wird oxydiert. Diese Kulturen besitzen demnach eine *Xanthinoxydase* (IV). Die in μMol ausgedrückte Menge des von I abgespalteten $NH_3$ ist immer viel größer als die Menge des hierbei aufgenommenen $O_2$. Es wird nur ein Teil von II weiter oxydiert. In Ggw. von I ist die $O_2$-Aufnahme immer größer als in Ggw. von II u. III. Als Erklärung für diese Tatsache wird angenommen, daß entweder I direkt oxydiert wird, oder daß die I-Zugabe die Stoffwechselprozesse aktiviert, wodurch der $O_2$-Verbrauch erhöht wird. (Мікробіологічний Журнал (Київ) [Mikrobiol. J. (Kiew)] **20.** Nr. 4. 19—22. 1958. Mikrobiol. Inst. der Akad. der Wiss. der UkrainSSR.) O. LEBTAG. 4210

**W. P. Korotkorutschko** (unter Mitarbeit von **M. D. Matwejewa**), *Der Einfluß des Eiweißmangels auf die Aktivität der Xanthinoxydase und Aldehydoxydase des Kaninchengewebes.* In Verss. mit gesunden u. carcinombefallenen Kaninchen wird festgestellt, daß die manometr. bestimmte *Xanthinoxydase* (I) der Leber wenig empfindlich gegenüber Eiweißmangel ist. Nach 15 Tagen wird kein Einfl. des Eiweißhungers auf die I-Aktivität festgestellt; erst nach 90 Tagen tritt eine starke Abnahme der I-Aktivität ein. In allen Fällen zeigt sich unter anaeroben Bedingungen keine I-Aktivität, während unter aeroben Bedingungen eine hohe I-Aktivität beobachtet wird. Die *Aldehydoxydase* (II) ist gegenüber dem Eiweißmangel in der Nahrung empfindlicher als I. Bei 90 Tage langer eiweißarmer Diät verschwindet in Leber u.Darm die aerob u. anaerob bestimmte II-Aktiviität vollständig. Im Unterschied zu I macht sich die II-Aktivität unter aeroben Bedingungen stärker bemerkbar. Die endogene Atmung der Leberhomogenate nimmt schon bei 15 Tage langer eiweißarmer Diät sehr stark ab, nimmt nach 45 Tagen weiter ab, nach 90 Tagen jedoch zu. (Український Біохімічний Журнал [Ukrain. biochem. J.] **30.** 815—30. 1958. Kiew, Inst. für Biochem. der Akad. der Wiss. der UkrainSSR.) O. LEBTAG. 4210

**Joseph S. Gots** und **Edith G. Gollub,** *Aufeinanderfolgende Blockade der Synthese von Adenin durch genetischen Verlust einer offenbar bifunktionellen Deacylase.* Einige, lediglich *Adenin* (I) für das Wachstum erfordernde Mutanten von *Escherichia coli* u. *Salmonella typhimurium* häufen in den Kultur-Fll. eine Vorstufe der Biosynth. an, die als *Ribotid des 5-Amino-4-imidazol-N-succinylocarboxamids* (II) erkannt wurde. (Dieses würde normalerweise dann deacyliert zu *5-Amino-4-imidazolcarboxamidribotid*, der unmittelbaren Vorstufe der *Inosinsäure*.) Die Anhäufung von II beruht auf Verlust des deacylierenden Enzyms; zugleich geht damit die Fähigkeit zu Deacylierung von Adenylbernsteinsäure verloren (welche Adenylsäure liefern würde, u. deren Fehlen das spezif. Bedürfnis für I bedingt). Der also durch Mutation bedingte Verlust einer offenbar zwei Funktionen erfüllenden *Deacylase* führt damit zu einer doppelten Blockierung der Biosynth. von I. (Proc. nat. Acad. Sci. USA **43.** 826—34. Sept. 1957. Philadelphia, Pa., Univ. of Pennsylvania, School of Med., Dep. of Microbiol.) A. HESSE. 4210

**Alfred Polson,** *Die Isolierung und Reinigung der Desoxyribonuclease durch Mehrfachmembran-Elektrodekantierung. Desoxyribonuclease* (I) dient in der Therapie zur Verflüssigung hochviscoser Exsudate. Eine ergiebigere Gewinnungsmeth. ist die Mehrfachmembran-Elektrodekantierung nach POLSON (C. **1954.** 8829). Vf. bestimmt an roher I aus Rinderpankreas den isoelektr. Punkt zu 4,7 nach der papierelektrophoret. Meth. von FLYNN u. DE MAYO (Lancet **261.** [1951.] 235). Die aus dem Pankreasextrakt mit 0,25n $H_2SO_4$ durch fraktionierte Fällung mit $(NH_4)_2SO_4$ u. Dialyse gegen $H_2O$ gewonnene Proteinfraktion wird in 0,025 mol. Acetatpuffer bei 5 V/cm u. einer Einflußgeschwindigkeit von 300 ml/Std. der Elektrodekantation an Cellophanmembranen unterworfen. Die I-haltige Lsg. wird mit einer 10%ig. Glucoselsg. in Acetatpuffer zu 80% verdrängt, das

Ferment mit $(NH_4)_2SO_4$ gefällt u. in wss. Lsg. gegen $H_2O$ dialysiert. Ausbeute: 0,7 g pro 9 kg Pankreas. Das Prod. war homogen in der Ultrazentrifuge u. der Elektrophorese u. erwies sich in der enzymat. Aktivität u. papierelektrophoret. als ident. mit krist. I. Aus der Sedimentationskonstanten (2,63) folgt ein Mol.-Gew. von 40000. (Biochim. biophysica Acta [Amsterdam] **22.** 61—65. Okt. 1956. Cape Town, Univ. of Cape Town, C.S.I.R. and N.C.T., Virus Res. Unit; Dep. of Pathol.) W. KRONE. 4210

**K. Maruyama,** *Reaktion von Insektenactomyosin mit Adenosintriphosphat.* Gereinigtes Insekten-*Actomyosin* (I) wurde durch 3std. Extraktion des Thorax von 600 bis 700 Honigbienen (Apis mellifera L., 10—20 Tage alt) bei 0° mit WEBER-EDSALL-Lsg. (0,6mol. KCl + 0,04mol. $NaHCO_3$ + 0,01mol. $Na_2CO_3$) gewonnen u. in 0,6mol. KCl gelöst. — In der Lsg. von I in 0,1mol. KCl trat bei $p_H$ 6,9 (Veronal-Acetat-Puffer) u. 20° nach Zugabe von $10^{-4}$mol. *Adenosintriphosphat* (II) „Superpräzipitation" nach SCENT-GYÖRGYI ein, die durch Ca-Ionen ($10^{-4}$mol. $CaCl_2$) mehr verzögert wurde als durch Mg-Ionen. Die Viscositätszahl von I-Lsgg. fiel bei Zugabe von $1{,}7\cdot10^{-4}$mol. II von 0,40 auf 0,17. — Die Abnahme der Refraktion der I-Lsg. in 0,6mol. KCl war in Ggw. von $2{,}5\cdot10^{-3}$mol. $MgCl_2$ proportional der Konz. des zugegebenen II. Aus dieser Konzentrationsabhängigkeit ließ sich berechnen, daß $4{,}0\cdot10^5$ g I 1 Mol II binden. — I spaltet die endständige Phosphatgruppe von II ab. — Die Kinetik der *Adenosintriphosphatase* (III)-Wrkg. von I ergab nach der Formel von MICHAELIS u. MENTEN bei $p_H$ 6,0 u. 32° folgende Konstanten: MICHAELIS-Konstante Km: $2{,}0\cdot10^{-4}$ Mol/Liter. V max.: $38\cdot10^{-6}$ Mol/Sek. u. $k_2$: 15,2 $sec^{-1}$. I u. *Kaninchenactomyosin* verhielten sich bei der Superpräcipitation, der Viscositätsabnahme u. in der III-Wrkg. qualitativ u. quantitativ ähnlich. (J. cellular comparat. Physiol. **51.** 173—87. April 1958. Tokyo, Japan, Tokyo Univ., Fac. of Sci., Zool. Inst.) H. CARLS. 4210

**Charles L. Wadkins** und **Albert L. Lehninger,** *Der Oxydationszustand der Atmungsträger und die Teilreaktion der oxydativen Phosphorylierung.* Atmungsträger wurden mit *Digitonin* aus Rattenlebermitochondrien gewonnen. Sie wurden durch aerobe Incubation bei Abwesenheit irgendwelcher oxydierbarer Substrate in den oxydierten Zustand versetzt. Red. der Atmungsträger erfolgte entweder durch Zugabe von β-Hydroxybutyrat (I) u. Füllung der Incubationsgefäße mit $N_2$ oder durch Zugabe von I u. NaCN. Der *Adenosintriphosphat* (II)/*anorgan.* $^{32}$*P-Phosphat*-Austausch ist in oxydierten submitochondr. Fragmenten am stärksten u. wird im red. Zustand (Anaerobiose bzw. NaCN) um 65—90% gehemmt. Zugabe von *Adenosindiphosphat* (III) zu oxydierten Atmungsträgern hemmt ebenfalls den Austausch. Im red. Zustand ist die Hemmung bei niedriger Anfangskonz. von III u. $^{32}PO_4^{3-}$ maximal, bei hoher Konz. von III, $^{32}PO_4^{3-}$ oder beiden erfolgt keine Hemmung. Hohe II-Anfangskonzz. sind dagegen für die Hemmung günstig. Red. der Atmungsträger durch *Succinat* (IV) ist hinsichtlich der Hemmung gleich wirksam wie Red. durch I. Kombinierte I + IV-Einw. verursacht noch stärkere Hemmung. Bei hohen Enzymkonzz. u. langen Incubationszeiten erfolgt geringere Hemmung des Austausches infolge der stets vorhandenen *Adenosintriphosphatase* (V)-Aktivität. Der $p_H$-Wert ist ohne großen Einfl. auf die Hemmung. — Die V-Aktivität ist bei Abwesenheit von $Mg^{2+}$ u. *2.4-Dinitrophenol* (VI) bei Ggw. der red. Atmungskette ebenfalls stark gehemmt. Kombinierte I + IV-Red. verstärkt auch hier die Wirkung. VI-stimulierte V-Aktivität ist durch red. Atmungsträger ebenfalls stark hemmbar, $Mg^{2+}$-stimulierte Aktivität dagegen kaum. Die $Mg^{2+}$-Stimulierung scheint demnach nach einem anderen Mechanismus abzulaufen. Die V-Hemmung ist stark $p_H$-abhängig u. hat ein Maximum bei $p_H$ 7,5. — Der II–III-Austausch — mit $^{32}$P-III u. auch mit $^{14}C_{(8)}$-III gemessen — wird durch Red. der Atmungsträger kaum gehemmt. — Der II-$^{32}PO_4^{3-}$-Austausch in intakten Mitochondrien wird durch Red. ebenfalls stark gehemmt, die V-Aktivität wird dagegen in diesem Fall kaum beeinflußt. (J. biol. Chemistry **234.** 681—87. März 1959. Baltimore, Md., Johns Hopkins Univ., School of Med., Dep. of Physiol. Chem.) S. DITTMANN-MITZSCHERLICH. 4210

**W. Albrecht, H. K. Mittelstrass** und **R. Sauthoff,** *Das Verhalten der alkalischen und sauren Phosphatase in Zellkulturen aus Affennieren nach Infektion mit ECHO-Virus Serotyp 9 und Poliovirus hominis Typ 1.* Die Aktivität *alkal.* (I) u. *saurer* (II) *Phosphatase* verschied. Organe ändert sich durch Infektion mit bestimmten Virusarten. Nach Infektion in vitro gezüchteter, trypsinierter Rhesusaffennierenzellen mit *ECHO*-Virus Serotyp 9 u. Poliomyelitisvirus Typ 1 fällt die II-Aktivität in der Zelle stark ab u. steigt im Verlauf von 9 u. 12 Std. wieder an. Die I-Aktivität bleibt nach ECHO-Virusinfektion zunächst konstant u. nimmt dann nach 9 u. 12 Std. signifikant zu. Nach dem Anfangsabfall tritt eine Zunahme von Ribonucleinsäure, bezogen auf Desoxyribonucleinsäure, ein. Nach Poliomyelitisvirusinfektion verhält sich die I-Aktivität ähnlich, wenn auch nicht so ausgeprägt. Die zeitlichen Veränderungen der I- u. II-Aktivität stehen mit der

Virusvermehrung in Zusammenhang. (Z. Naturforsch. **13b.** 71—74. März 1958. Freiburg/Br., Univ., Kinderklinik.) K. MAIER. 4210

**Lucie Arvy** und **Annie Bonichon,** *Beitrag zur Histoenzymologie der Nebennieren bei Crocodilus niloticus Laurenti.* Das chromaffine Gewebe der Nebennieren von C. niloticus ist reich an *saurer Phosphomonoesterase* u. *Acetylthiocholinesterase*, enthält aber nur wenig *Acetylnaphtholesterase* (I). Das interrenale Gewebe ist sehr reich an *alkal. Phosphomonoesterase* (II; vergleichbar mit dem II-Geh. der Nebennierenrinde anderer höherer Wirbeltiere), ärmer an I als das chromaffine Gewebe u. hydrolysiert *Acetylthiocholin* nicht. (C. R. hebd. Séances Acad. Sci. **246.** 1759—61. 17/3. 1958. Paris, Sorbonne, Labor. d'Anat. et Histol. comp.; Nancy, Fac. des Sci., Labor. de Physiol.) U. LASCHET. 4210

**W. Ss. Iljin,** *Über die Bedeutung der Hexokinasereaktion und die Mechanismen ihrer Regulierung.* Übersicht an Hand der Literatur. Behandelt werden: *Hexokinasen*; die Hexokinase als ein die Geschwindigkeit des Stoffwechsels begrenzender Faktor; Änderung der Hexokinaseaktivität bei Diabetes u. Hungern u. hormonale Regulation ihrer Aktivität; über die Bedeutung der *Glucokinase* für die Prozesse der oxydativen Phosphorylierung in der Leber; Aktivitätsänderung der Hexokinase in den denervierten Muskeln u. in bösartigen Geschwulsten. — 93 Literaturangaben. (Український Біохімічний Журнал [Ukrain. biochem. J.] **30.** 911—43. 1958.) O. LEBTAG. 4210

**George Weber** und **Antonio Cantero,** *Die Enzyme der Glucose-6-phosphat-Verwertung in der menschlichen Leber.* Vff. incubieren Rattenleber (a)- u. Leberhomogenate aus (bei der Biopsie erhaltenen) menschlichen Organen (b) in isoton. KCl-Lsg. mit Glucose-6-phosphat u. bestimmen nach Zentrifugieren (30 Min. 100000·g; 0°) in der Homogenatphase die Aktivität von *Glucose-6-phosphatase* (I) u. in der überstehenden Fl. die von *Phosphoglucomutase* (II), *Phosphohexoisomerase* (III) u. *Glucose-6-phosphat-dehydrogenase* (IV). Eine I-Einheit wird definiert als µg P, der innerhalb 15 Min. pro g Feuchtgewebe bei 37° entsteht. Eine III-Einheit als diejenige Menge Enzym, die 1µMol *Fructose-6-phosphat* pro Min. u. g Feuchtgewicht bei 37° bildet (nach der von GLOCK u. MCLEAN modifizierten Meth. von BRUNS u. HINSBERG, C. **1957. 957**). II wird durch das Absinken des Geh. an säurelabilem Phosphat nach Hydrolyse mit 5 n $H_2SO_4$ (100°, 3 Min.) ermittelt [1 Einheit katalysiert die Bindung von 1 mg säurelabilem P pro g Gewebe (37°) innerhalb von 10 Min.]. Eine IV-Einheit (bestimmt nach GLOCK u. MCLEAN, C. **1954.** 9313) red. 0,01 µMol *Triphosphopyridinnucleotid* pro Min. u. g Gewebe (37°). Die enzymat. Aktivitäten werden in g (Feuchtgewebe) pro mg N angegeben. Der N-Geh. von a beträgt 31,9 mg/g (Homogenat) u. 15,0 (überstehende Fl.), der von b 29,6 u. 14,1. Bei optimalen $p_H$- u. Substratbedingungen besitzen II u. III die stärksten Wirksamkeiten, wobei die absol. Werte in a niedriger sind als in b. I u. IV zeigen nur geringe Aktivitäten, u. zwar besitzen in b die von I niedrigere u. die von IV höhere Werte als die entsprechenden Enzymwirksamkeiten in a. Das III/II-Verhältnis ist in a u. b gleich groß (1,55); der I/IV-Quotient dagegen in a erheblich höher als in b (6,3 bzw. 1,6, bezogen auf N-Basis), infolge geringerer I- u. höherer IV-Werte in b. Die Ergebnisse zeigen, daß eine biochem. Artspezifität bei enzymat. Stoffwechselvorgängen in Erscheinung tritt. (Sience [Washington] **126.** 977—78. 8/11. 1957. Montreal, Quebec, Canada, Notre Dame Hosp., Cancer Inst., Res. Labors.) P. FAHRNLAENDER. 4210

**K. A. C. Elliott** und **M. Rosenfeld,** *Anaerobe Glykolyse in Gehirnschnitten nach Entziehung von Sauerstoff und Glucose.* Werden Gehirnschnitte (Ratten) während ihrer Incubation in Salzlsg. bei 38° des $O_2$ u. der Glucose (I) beraubt, so wird die anschließend in Ggw. von $O_2$ u. I (10 mMol) gemessene Atmungstätigkeit langsam erniedrigt; die nach Zusatz von I gemessene anaerobe Glykolyse geht rasch verloren. Diese Effekte treten nicht ein, wenn das Entfernen von $O_2$ u. I bei 0° erfolgt. — Der Verlust der glykolyt. Aktivität tritt nicht rasch auf, wenn das Gehirn nach der Dekapitation bei 38° im Kopf aufbewahrt wird, oder wenn die Gehirnschnitte feucht, aber ohne Suspensionsmittel bei 38° in Abwesenheit von $O_2$ gehalten werden. — Glykolyt. Aktivität von Schnitten, welche bei 38° in Salzlsg. des $O_2$ u. der I beraubt wurden, kann durch eine Aerobiose oder nur durch ein frisch mit $O_2$ versehenes Medium rasch wiederhergestellt werden. — Die Glykolyse wird durch Zusatz von *Brenztraubensäure* (II) bei n., nicht aber bei inakt. Schnitten, aktiviert; diese aktivierende Wrkg. der II tritt wieder auf, wenn die genannten Schnitte einer Aerobiose ausgesetzt wurden. — Hieraus wird geschlossen, daß die drast. irreversiblen Effekte, welche eine kurze cerebrale Anämie auf die Gehirnfunktion ausüben, nicht einem irreversiblen Verlust von aerober oder anaerober Stoffwechselaktivität zugeschrieben werden können. (Canad. J. Biochem. Physiol. **36.** 721—30. Juli 1958. Montreal, Quebec, Canada, McGill Univ., Dep. of Neurol. and Neurosurg.; Montreal Neurol. Inst., Donner Labor. of Exp. Neurochem.) A. HESSE. 4210

**Edwin A. Popenoe** und **Ruth M. Drew,** *Die Einwirkung eines Enzyms aus Clostridium perfringens auf Orosomucoid.* Orosomucoid (I), ein α-Glykoprotein im n. Plasma des Menschen, wurde aus dem Urin von Patienten mit nephrot. Syndrom, ähnlich einer von WEIMER, MEHL u. WINZLER (C. **1951.** I. 2912) angewandten Meth. dargestellt. Als Nährboden für Clostridium perfringens diente 1 Liter Difco-TODD-HEWITT-Bouillon, im Autoklaven sterilisiert, mit Zusatz von 17,5 ml einer sterilen Supplementlsg. (Dextrose, $Na^+$, $HPO_4^{2-}$, Cystein-HCl) auf 150 ml Nährbouillon. Zur Darst. des enzymhaltigen Filtrats wurden 150 ml Nährlsg. mit 1,5 ml Keimkultur inoculiert, 18 Std. bei 37° unter $N_2$ bebrütet, die Kulturen zentrifugiert, die überstehende Fl. filtriert, mit $(NH_4)_2SO_4$ ausgesalzt, dialysiert u. zentrifugiert, wonach die enzymat. Aktivität sich in der überstehenden Fl. befand. Best. der *Sialsäure* (**II**), einer *N-Acetylglucosaminbrenztraubensäure,* erfolgte nach der BIAL-Rk. von WERNER u. ODIN (vgl. Acta Soc. Med. Upsaliensis **54.** [1949.] 69). Das $p_H$-Optimum für die maximale Enzymreaktionsgeschwindigkeit lag bei 5,0—5.5. Metallionen, wie *$Na^+$*, *$Ca^{2+}$*, *$Mg^{2+}$*, *$Mn^{2+}$*, waren nicht imstande, die Enzymaktivität zu vergrößern. Der isoelektr. Punkt von **I** verschob sich nach enzymat. Entfernung der **II** von $p_H$ 2,7 auf 5,0. Die Sedimentationskonstante von **I**, bei $p_H$ 4,66 bestimmt, verschob sich gegenüber natürlichem **I** von 3,11 auf 2,98 S. Die elektrophoret. Beweglichkeit des von **II** befreiten **I** ging von positiven Werten bei $p_H$ 4,4 auf negative Werte bei $p_H$ 5,5 herab. Vff. schlossen hieraus auf den Verlust von stark sauren Gruppen in dem Protein. Durch Vgl. der Titrationskurve von **I** mit der von **II**-freiem **I** stellten sie bei Annahme eines Mol.-Gew. von 45000 für **I** einen Verlust von 15—16 stark sauren Gruppen pro Mol. Protein während der enzymat. Rk. fest. (J. biol. Chemistry **228.** 673—83. Okt. 1957. Upton, N. Y., Brookhaven Nat. Labor., Med. Dep.) CARL FREESE. 4210

**Keith A. Booman** und **Carl Niemann,** *Die Assoziation von α-Chymotrypsin und ihr Einfluß auf die Kinetik einer durch dieses Enzym katalysierten Reaktion.* In wss. Lsg. bei 25°, $p_H$ 7,9 (0,3 ml Tris-[hydroxymethyl]-aminomethan·HCl-Puffer) bewirkt ein Anstieg der *α-Chymotrypsin* (**I**)-Konz. von ca. $8{,}5\cdot10^{-6}$ auf $8{,}2\cdot10^{-4}$mol. einen im wesentlichen proportionalen Anstieg der Anfangsgeschwindigkeit $v_0$ der **I**-katalysierten Hydrolyse von *L-Tryptophanhydroxamid* (**II**). In 0,3mol. Na-Cacodylatpuffer, $p_H$ 7,0 bzw. 6,9, führt dagegen ein analoger **I**-Anstieg (von ca. $8{,}0\cdot10^{-6}$ auf $8{,}4\cdot10^{-4}$mol. u. von ca. $8{,}5\cdot10^{-6}$ auf $8{,}4\cdot10^{-4}$mol.) nur zu einer Steigerung von $v_0$, die ca. 60% der auf Grund direkter Proportionalität zu erwartenden beträgt. Im gleichen Puffer bei $p_H$ 6,0 bewirkt ein **I**-Anstieg von ca. $9{,}5\cdot10^{-6}$ auf $8{,}2\cdot10^{-4}$mol. u. von ca. $8{,}0\cdot10^{-6}$ auf $8{,}4\cdot10^{-4}$mol. nur ca. 40% des erwarteten Anstiegs von $v_0$. Zwischen $p_H$ 6,0 u. 8,0 besteht die Beziehung $\log (r_H/r_L) = -1{,}60 + 0{,}20\ (p_H)$. Die Beziehung zwischen der Aktivität von **I** u. dem Assoziationszustand werden diskutiert.

Versuche: *L-Tryptophanhydroxamid* (**II**), $C_{11}H_{13}N_3O_2$, F. 157,0—157,5°, $[\alpha]_D^{25}$ +93,1° (c = 0,4; W.), aus 20 g Tryptophanmethylesterhydrochlorid (F. 212°; Zers.) u. 11 g Hydroxylamin·HCl in Methanol, Neutralisation mit Na-Methylat bei 0°, 1 Woche stehen bei 5°, NaCl entfernen, zum sd. Filtrat Hexan bis zur Phasentrennung zusetzen u. danach Isopropyläther bis zum Verschwinden der 2. Phase, einige Std. bei 5° halten; die ausgeschiedenen Kristalle in der gleichen Weise umkristallisieren; 12,0 g (Ausbeute). (Biochim. biophysica Acta [Amsterdam] **26.** 439—41. Nov. 1957. Pasadena, Calif., Inst. of Technol., Gates and Crellin Labor. of Chem.) E. SCHWERDTFEGER. 4210

**E. Werle, W. Appel** und **E. Happ,** *Über Hemmkörper für Trypsin und Kallikrein im Blut der Weinbergschnecke (Helix pomatia) und über eine Kreislaufschockwirkung des Schneckenblutes. Trypsin* (**I**), nicht aber Papain oder Chymotrypsin, wird durch Blut der Weinbergschnecke (durch Punktion des pulsierenden Herzens mittels Injektionskanüle entnommen) gehemmt. Die hemmende Wrkg. nimmt mit steigender Temp. u. Zeitdauer der Vorincubation zu. Die Hemmung wird durch Salze in $5\cdot10^{-2}$mol. Konz. reversibel aufgehoben, wobei die Wrkg. unabhängig von der Art des Kations ($Co^{2+}$, $Mn^{2+}$, $Mg^{2+}$, $Ca^{2+}$, $Na^+$, $K^+$, $NH_4^+$) ist. Die Salzwrkg. nimmt mit sinkender Salzkonz. ab u. ist bei $10^{-4}$ mol. Lsgg. prakt. Null (d. h. die Hemmung bleibt in dieser Salzlsg. voll erhalten). — Bleibt die **I**-Menge konstant, so nimmt die Hemmung mit fallender Blutkonz. bis zu einem Maximum (bei $2\cdot10^{-2}/cm^3$ Blut) zu, sinkt dann ab, erreicht bei $2\cdot10^{-3}$mol. Lsg. ein zweites Maximum u. sinkt schließlich bei unter $10^{-4}$mol. auf Null ab. — Schneckenblut enthält einen hoch- u. einen niedrigmol. Hemmstoff (**IIa**, **IIb**) für **I**. Die Wrkg. von niedermol. **IIa** gegenüber **I** sinkt bei überoptimaler Konz. auf Null ab; die Wrkg. von **IIb** bleibt dagegen erhalten. **IIa** ist bei tiefen Tempp. im unveränderten Schneckenblut über Monate haltbar; **IIa** wird durch Kochen zerstört. **IIb** ist dagegen kochbeständig. Die Wrkg. von **IIa** u. **IIb** ist salzempfindlich. — Blut der Weinbergschnecke enthält einen reversibel wirkenden *Inaktivator für Kallikrein,* der wenig haltbar im Blut ist u. nicht ident. mit **IIa** oder **IIb** ist. — Blut der Weinbergschnecke löst bei intravenöser Injektion bei Hunden (nicht aber bei Ratten oder Meerschweinchen) einen schweren Kreislaufschock aus. In diesem Zustand findet man keine Erhöhung des Geh. an *Histamin.* Das schockverursachende Agens ist im eingefrorenen Schneckenblut monatelang haltbar; es wird durch Kochen zerstört. — Schneckenblut ist zur Bldg. von *Bradykinin* aus Hundeserum nicht befähigt. (Naunyn-Schmiedebergs Arch. exp. Pathol. Pharmakol. **234.** 364—72. 5/8. 1958. München, Univ., Chirurg. Klinik, Wiss. Labor.) A. HESSE. 4210

**Emil L. Smith** und **M. J. Parker,** *Kinetik der Papainwirkung.* 3. Mitt. *Hydrolyse von Benzoyl-L-argininäthylester.* (2. vgl. C. **1958.** 12144.) Es wurde die Kinetik der Spaltung von *α-Benzoyl-L-argininäthylester* durch krist. *Papain* bei 25 u. 37° mit derjenigen von α-Benzoyl-L-argininamid verglichen. Die Ergebnisse deuten auf eine Teilnahme einer temperaturunabhängigen ionisierten Carboxylgruppe (pK' 4,3) u. einer temperaturabhängigen nichtionisierten Sulfhydrylgruppe (pK' 8,0 bei 37°) bei dem geschwindigkeitsbestimmenden Reaktionsschritt ($k_1$) hin (vgl. 2. Mitt.). Aus der Charakteristik von $k_0$ folgt außerdem die Beteiligung einer ionisierten Carboxylgruppe. Vff. schließen aus der Beziehung zwischen $k_1$ u. $k_0$, daß die gleiche Carboxylgruppe sowohl bei der Bldg. als auch beim Abbau des Enzymsubstratkomplexes beteiligt ist. Auftretende Anomalien lassen sich nach Ansicht der Vff. durch die Ggw. geringer Verunreinigungen erklären. (J. biol. Chemistry **233.** 1387—91. Dez. 1958. Salt Lake City, Utah, Univ. of Utah, Coll. of Med., Dep. of Biol. Chem. and Med., Labor. for the Study of Hereditary and Metabol. Disorders.) E. SCHWERDTFEGER. 4210

**Emil L. Smith,** *Das aktive Zentrum von Papain und kovalente „energiereiche" Bindung von Proteinen.* (Vgl. vorst. Ref.) Vf. weist an Hand der vorliegenden thermodynam., kinet. u. chem. Daten (vgl. vorst. Ref.) darauf hin, daß die für das akt. Zentrum von *Papain* postulierte SH-Gruppe nicht in freier Form vorliegt, sondern einen „energiereichen" internen Thiolester mit einer benachbarten Carboxylgruppe bildet, der durch die Faltungsenergie des Proteins gebildet u. aufrechterhalten wird. Nach Ansicht des Vf. läuft die Papain-katalysierte Spaltung in der Form ab, daß zunächst aus dem „inneren" Thiolester ein „äußerer" mit dem Substrat gebildet wird ($k_1$) u. daß im 2. Reaktionsschritt ($k_2$) das umgekehrte erfolgt; es laufen also nur Übertragungs-Rkk. ab. Aus weiteren Überlegungen folgt, daß an enzymat. akt. Zentren neben Thiolestergruppen auch entsprechende Acyl–Imidazolyl- oder Acyl–Phenol-Bindungen auftreten können. Derartige kovalente Bindungen dürften nach Ansicht des Vf. auch bei der Aufrechterhaltung der dreidimensionalen Proteinstruktur beteiligt sein. (J. biol. Chemistry **233.** 1392—97. Dez. 1958. Salt Lake City, Utah, Univ. of Utah, Coll. of Med., Dep. of Biol. Chem. and Med., Labor. for the Study of Hereditary and Metabol. Disorders.)
E. SCHWERDTFEGER. 4210

**Louis Colobert,** *Kinetik der spezifischen Phase bei der Lyse von Coccus P (sp. Sarcina flava) durch Lysozym. Einfluß von Ionen.* Nach (9) früheren Befunden (COLOBERT u. LENOIR, C. **1957.** 9956) ist bei Lyse von *Coccus P* (sp. Sarcina flava) durch *Lysozyme* (**I**) unter der Bedingung, daß die opt. Dichte in $^1/_{15}$mol. Phosphatpuffer anfänglich 0,800 ist, die %ig. Änderung des Lichtdurchganges bis zur opt. Dichte 0,700 linear; Messungen erfolgen nur innerhalb dieser „spezif. Phase" (innerhalb deren ein völliger Abbau des Substrates erfolgt); die anschließende weitere Klärung der Lsgg. verläuft nicht gesetzmäßig („unspezif. Phase"). — Im Gegensatz zu anderen Autoren wird $p_H$-Optimum bei ca. 7,0—7,2 gefunden. Bei diesem $p_H$ ist $Cl^-$ (entgegen anderen Angaben) kein Aktivator, kann jedoch ebenso wie andere Ionen bei ungünstigen $p_H$-Bedingungen u. ungünstiger Ionenstärke die Geschwindigkeit der Lyse erhöhen. Hieraus wird geschlossen, daß die geschwindigkeitsbestimmende Stufe der Lyse nicht der Zerfall der Enzym–Substrat-Verb., sondern das Freisetzen des an den Spaltprodd. fixierten **I** ist. — Aus kinet. Daten wird geschlossen, daß die Vorgänge in der spezif. Phase aus der früher (l. c.) bereits aufgestellten Hypothese erklärt werden können: Bldg. von Komplexen zwischen **I** u. den aus **I**-Einw. auf die Zellwände gebildeten Abbauprodukten. — Enzymat. Best. von **I** muß nach gegebener Vorschrift innerhalb der „spezif. Phase" bei $p_H$ 7,2, geringer Ionenstärke u. bestimmtem Verhältnis zwischen **I** u. Bakterien erfolgen. (Bull. Soc. Chim. biol. **39.** 1155—62. 26/9. 1957. Lyon, Sect. Techn. de Recherches et d'Études des Services de Santé des Armées, Labor. de Bactériol.) A. HESSE. 4210

**Patricia J. Keller, Elaine Cohen** und **Hans Neurath,** *Die Proteine des Rinderpankreassaftes.* Der Pankreassaft (Ps) wurde von jungen ♂ Rindern mit permanenter Pankreasfistel entnommen. Durch Säulenchromatographie an *Diäthylaminoäthylcellulose* (DEAE-Cellulose) konnten 8 anion. Proteinkomponenten abgetrennt werden, von denen 6 als *Carboxypeptidase B* (**I**), *Procarboxypeptidase B* (**II**), *Chymotrypsinogen B* (**III**)

*Desoxyribonuclease* (**IV**) u. 2 Formen der *Procarboxypeptidase A* (**V**) identifiziert werden konnten. Durch Fraktionierung der kation. Komponenten an Amberlite XE-64 konnten *Trypsinogen* (**VI**), *α-Chymotrypsinogen* (**VII**) u. *Ribonuclease A* (**VIII**) isoliert werden. Die Gehh. der einzelnen Komponenten betrugen (% des Gesamtprotein): **VI** 14, **VII** 16, **III** 19, **I** + **II** 7, **VIII** 2,4 u. **IV** 1,4, d. h. ca. 72% der Proteine besitzen proteolyt. Eigenschaften. **VI, VII, VIII, III** u. **V** aus Ps erwiesen sich chromatograph. u. enzymat. ident. mit den aus Rinderpankreasdrüsen isolierten Proteinen. (J. biol. Chemistry **233.** 344—49. Aug. 1958. Seattle, Wash., Univ., Dep. of Biochem.) E. SCHWERDTFEGER. 4210

**Phyllis S. Roberts,** *Messung der Plasminwirkung an synthetischen Substraten.* Es wird eine modifizierte Meth. zur Best. der *Plasmin*-Wrkg. nach HESTRIN (C. **1951.** I. 1204; colorimetr. Verf., das auf der Bldg. eines $Fe^{3+}$-Komplexes der durch Rk. eines Esters mit alkal. $NH_2OH$ resultierenden Hydroxamsäure beruht) mit *p-Toluolsulfonyl-L-arginin-* oder *L-Lysinmethylester* als Substrat beschrieben (Fehlergrenze ±3%). Die Aktivität von *Plasminogen* in menschlichem Plasma, Serum u. der Euglobulinfraktion von Serum wurde nach Aktivierung mit Streptokinase bestimmt, ebenso die von Rinderfibrinolysin u. krist. Trypsin. Das Verf. liefert besser reproduzierbare Werte als die Titrationsmeth. nach TROLL u. SHERRY (C. **1956. 4751**). — Kurven, Tabellen. (J. biol. Chemistry **232.** 285—91. Mai 1958. Richmond, Med. Coll. of Virginia, Va., Div. of Cancer Studies.) H. GOEBEL. 4210

**Ju. W. Galajew,** *Die Glutaminsäuredecarboxylase der Dysenteriebakterien.* Die Unters. der *Glutaminsäuredecarboxylase* (**I**) aus *Bacterium dysentheriae Sonne 9529* ergab eine Abhängigkeit der **I**-Aktivität vom $p_H$ des Mediums (Optimum $p_H$ 5,0) im Vers. mit lebenden Zellen u. mit Acetonpulver (Optimum $p_H$ 6,0). Bei den lebenden Zellen beobachtet man eine **I**-Aktivität im $p_H$-Bereich 4,0—7,0, beim Acetonpulver bei $p_H$ 5,0—7,0. Die optimalen Bedingungen für die Gewinnung von **I** aus zerstörten Bakterienzellen im Citrat–Phosphat-Puffer u. die elektrophoret. Trennung u. Reinigung von **I** werden eingehend beschrieben. (Український Біохімічний Журнал [Ukrain. biochem. J.] **30.** 880—87. 1958. Rostow/Don, Med. Inst., Lehrstuhl für biol. Chem.) O. LEBTAG. 4210

**R. H. Hopkins** und **D. Kulka,** *Glucamylase und „Debrancher" von S. diastaticus.* Saccharomyces diastaticus scheidet *Glucamylase* (**I**), ein *Seitenketten abspaltendes Enzym* (**II**) u. eine *Maltase* (**III**) aus. **I** kann verzweigte Dextrine nicht vollständig hydrolysieren; sie wird durch kurzes Erhitzen auf 55° bei $p_H$ 6,4 nicht inaktiviert. Es scheint, als könnte **I** unter Umgehung der α-1.6-Bindung aus *β-Grenzdextrinen* ein *Trisaccharid* abspalten. **II** vereinigt die Funktionen von *R-Enzym* (C. **1953.** 1825) u. *α-1.6-Glucosidase*; es wird bei 55° $p_H$ 6,4 inaktiviert. **I** u. **II** zusammen spalten *β*-Grenzdextrine; Anzeichen für einen Synergismus wurden nicht gefunden. Die **III** aus S. diastaticus erinnert an gewöhnliche Maltase aus Brauhefe. — Diskussion der Ergebnisse. (Arch. Biochem. Biophysics **69.** 45—55. Juli 1957. Birmingham, Univ., Dep. of Appl. Biochem.) H. GOEBEL. 4210

**D. I. Zandee, H. J. Nijkamp, Indrawati Roosheroe, J. de Waart, Ph. D. J. W. Sedee** und **H. J. Vonk,** *Transaminierungen bei Invertebraten.* An verschied. Organen von Insekten (*Tenebrio molitor L., Apis mellifica L.* u. *Calliphora erythrocephala Meig.*), Crustaceen (*Astacus fluviatalis L., Eriocheir sinensis* u. *Cancer pagurus L.*), sowie von *Helix pomatia L.* u. *Metridium senile L.* wurden Transaminierungen, hauptsächlich zwischen Glutaminsäure u. Brenztraubensäure unter Alaninbldg., beobachtet. Bei Tieren mit einem Hepatapankreas u. mit Kiemen waren diese beiden Organe aktiv. Bei den Insekten war auch der Darm akt.; diese Aktivität kann nicht den Darmbakterien zugeschrieben werden. Bei den Crustaceen war der Darm inaktiv. Das Blut, soweit es gesammelt werden konnte, war inaktiv. Bei Tieren, deren Muskeln untersucht wurden, zeigten diese eine positive Reaktion. — Bei *Apis, Calliphora* u. *Astacus* konnte keine Transaminierung zwischen Glutaminsäure u. Phenylbrenztraubensäure beobachtet werden. (Arch. int. Physiol. Biochim. **66.** 220—27. Mai 1958. Utrecht, Univ., Labor. of Comparative Physiol.) K. F. MÜLLER. 4210

**Antonio Horvath,** *Über die Wirkung von Thyroxin auf die Alanin–Glutamin- und die Asparagin–Glutamin-Transaminase der Rattenleber.* Vf. untersucht den Einfl. von L-Thyroxin (**I**), DL-**I**, L-3.5-Dijodthyroxin (**II**), DL-**II**, 3.5.3'-Trijodthyronin, L-Thyronin (**III**), DL-**III**, Dijodthyrosin, Hydroxylaminhydrochlorid (**IV**), Semicarbazidhydrochlorid (**V**) u. L-Tyrosin auf *Alanin–Glutamin-Transaminase* (**VI**) u. *Asparagin–Glutamin-Transaminase* (**VII**). L-**I** verringert die **VI**-Aktivität, die durch Pyridoxalphosphat regeneriert werden kann, u. hat keine Wrkg. auf **VII**. Von allen **I**-Derivv. hat nur **II** eine vergleichbare Wirkung. **IV** u. **V** wirken ähnlich wie **I**. Vf. vermutet, daß zwischen **I** u. den Coenzymen von **VI** ein Komplex gebildet wird. (Enzymologia [Den Haag] **19.** 297—302. 30/6. 1958. Santiago, Univ. of Chile, Inst. of Physiol.) R. LENSCHAU. 4210

**William I. Scher jr.** und **Henry J. Vogel,** *Vorkommen von Ornithin-δ-transaminase: eine Dichotomie.* Während bei *Neurospora crassa* die Synth. von *Ornithin* (**I**) durch Transaminierungs-Rk. zwischen Glutaminsäure u. Glutaminsäure-γ-halbaldehyd (unter gleichzeitiger Bldg. von α-Ketoglutarsäure) unter dem Einfl. von *Ornithin-δ-transaminase* (**II**) erfolgt, verläuft die **I**-Synth. bei *Escherichia coli* über mehrere acetylierte Zwischenprodd. (VOGEL, C. **1954.** 8827; **1955.** 612). Die Unters. zahlreicher Organismen ergab, daß **I** in allen untersuchten grampositiven Bakterien, Grünalgen, Protozoen, höheren Pflanzen (Spinat) sowie tier. Geweben (Kalbsleber) vorhanden ist. Dagegen fehlt **I** in den untersuchten gramnegativen Bakterien sowie in den blaugrünen Algen. Diese Sonderstellung der zuletzt genannten Organismen steht in Übereinstimmung mit taxonom. Befunden anderer Autoren. — Ein Vgl. mit den Befunden von WORK u. Mitarbeitern (C. **1953.** 6662; **1956.** 1628) über Vork. von *α.ε-Diaminopimelinsäure* (**III**) (aus der durch Decarboxylierung das dem **I** homologe *Lysin* entsteht) zeigt, daß **III** in all den genannten Organismen fehlt, für die hier Ggw. von **II** nachgewiesen wurde; umgekehrt ist **III** in den **II**-freien Organismen (blaugrüne Algen; gramnegative Bakterien) enthalten. Eine Ausnahme findet sich bei einer Gruppe von grampositiven Bakterien (z. B. Bac. subtilis), welche sowohl **II** als auch **III** enthalten. Die Gruppe der g r a m - positiven Bakterien, welche **II**, aber nicht **III** enthalten, wird durch *Micrococcus lysodeikticus* S repräsentiert. (Proc. nat. Acad. Sci. USA **43.** 796—803. Sept. 1957. Yale Univ., Dep. of Microbiol.) A. HESSE. 4210

**K. G. Kapetanaki,** *Die diagnostische Bedeutung der Aldolaseaktivität bei der Botkinschen Krankheit und anderen Gelbsuchtformen.* In akuten Fällen von infektiöser Hepatitis (450 Patienten) ist die *Aldolase* (**I**)-Aktivität im Vgl. zur Norm (3—6 E.) erhöht (25—70 E.), u. zwar bes. während der Zunahme u. maximalen Entw. der Bilirubinämie. Demgegenüber findet man beim Verschlußikterus infolge maligner Tumoren (80 Patienten) u. bei der chron. Hepatitis u. Lebercirrhose (20 Patienten) eine niedrige **I**-Aktivität oder einen nur geringen Anstieg derselben. Gallenkoliken können von einer bedeutenden Erhöhung der **I**-Aktivität begleitet sein. (Клиническая Медицина [Klin. Med.] **37** (**40**). Nr. 1. 121—25. Jan. 1959. Leningrad, San.-Hygien. Med. Inst., Lehrstuhl für Infektionskrankh.; Botkin-Krankenhaus.) E. RENTZ. 4210

**K. Bobek, V. Petera, V. Lan, J. Jindra** und **V. Karliček,** *Die Transaminasen und die Botkinsche Krankheit.* Mittels der colorimetr. Meth. wird an 40 Patienten mit infektiöser Hepatitis (BOTKINscher Krankheit) festgestellt, daß in allen Fällen im Laufe der Erkrankung, maximal in der 2.—3. Woche, der Geh. des Blutserums an *Glutamin-Oxalessigsäure-Transaminase* (**I**) von n. 22 ± 7 E. auf 200—700 E. u. der Geh. an *Glutamin-Brenztraubensäure-Transaminase* (**II**) von n. 16 ± 9 E. auf 400—1200 E. zunimmt (1 colorimetr. E. = Aktivität von 1 ml Serum bei der Bldg. von 1 γ Brenztraubensäure), während die Thymolprobe in 25% u. die $ZnSO_4$-Probe in 50% der Fälle negativ ist. Beim Obturationsikterus ist **II** höher als **I**, bei der dekompensierten Cirrhose **I** höher als **II**; bei der kompensierten Cirrhose sind **I** u. **II** n. oder leicht erhöht. (Клиническая Медицина [Klin. Med.] **37** (**40**). Nr. 1. 33—40. Jan. 1959. Pilsen (Tschechoslowakei), Gebietsinst. zur Erhaltung der Volksgesundh., Klinik für inn. Krankheiten u. Infektionsabt.) E. RENTZ. 4210

**D. Cavallini, C. De Marco** und **B. Mondovì,** *Cystaldimin: das Produkt der Oxydation von Cystamin durch Diaminoxydase.* (Vgl. C. **1958.** 4521.) Die *Diaminoxydase* (**I**) wurde aus Erbsenkeimlingen nach KENTEN u. MANN (C. **1950/54.** 1005 S) extrahiert. Die Oxydation von *Cystamin* (**II**) wurde bei $p_H$ 7,4 u. 5,6 in WARBURG-Gefäßen durchgeführt, wobei gefunden wurde, daß die $O_2$-Aufnahme von **II** in Ggw. von **I** höher als die von *Cadaverin* ist. Incubation von **I** mit **II** in Ggw. von *o-Aminobenzaldehyd* (**III**) führt zu einem Rückgang der $O_2$-Aufnahme auf den theoret. Wert. Papierchromatographie des enteiweißten Reaktionsgemisches in Butanol/Essigsäure/W. (4:1:5) ergab nach 30 Min. Incubation das Auftreten einer Verb. mit dem $R_F$-Wert 0,67, der durch verschied. Rkk. auf dem Papier als Azomethinderiv. von **II** (*Cystaldimin*; **IV**) identifiziert wurde. **IV** ließ sich aus dem Reaktionsgemisch nach Rk. in Ggw. von **III** als Pikrat des Dihydrochinazolinderiv. isolieren; F. 155—156°; rote Nadeln (A.). Nach Ansicht der Vff. wird durch die Einw. von **I** auf **II** zunächst **IV** gebildet, das dann unter $O_2$-Aufnahme weiter umgesetzt wird; niedrige $p_H$-Werte u. die Ggw. von **III** hemmen die sek. Umsetzungen von **IV**. (Biochim. biophysica Acta [Amsterdam] **24.** 353—58. Mai 1957. Rom, Univ., Inst. of Biol. Chem.; Centro di Enzimol. del C.N.R.) E. SCHWERDTFEGER. 4210

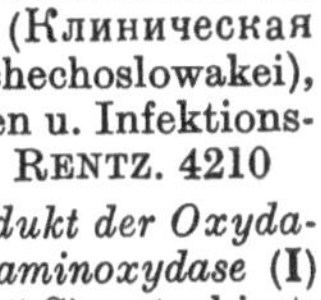

IV

**R. M. Desai** und **B. A. Kilby,** *Versuche über die Harnsäuresynthese durch den Insektenfettkörper.* Bis zu 70 Std. alte *Calliphora*-Larven haben im Fettkörper keine

*Harnsäure* (**I**); in älteren stieg der Geh. je Fettkörper auf 65 μg an. Die *Uricase*-Aktivität zeigte ein Maximum beim Alter von 67 Std. u. nahm dann stetig bis zur Verpuppung auf Null ab. — Von verschiedenen geprüften Substraten konnte der Fettkörper von kurz vor der Verpuppung stehenden Larven nur aus Oxalessigsäuremonoäthylester u. aus 4-Aminoimidazol-5-carboxamid **I** bilden. — Es wird vermutet, daß das letzte Substrat über das entsprechende Ribosid u. Inosinsäure in **I** übergeführt wird, da Guanase u. Xanthinoxydase im Fettkörper vorkommen. (Arch. int. Physiol. Biochim. **66**. 282—86. Mai 1958. Leeds, Univ., Dep. of Biochem.) K. F. MÜLLER. 4210

**R. M. Desai** und **B. A. Kilby,** *Einige Gesichtspunkte über Stickstoffwechsel im Fettkörper der Larve von Calliphora erythrocephala.* Die aktivsten, im Fettkörper von *Calliphora* vorkommenden *Transaminasen* sind diejenigen, welche die Rkk.: α-Ketoglutarat (**I**) + Alanin ⇄ Glutamat (**II**) + Pyruvat u. **I** + Asparagat ⇄ **II** + Oxalacetat katalysieren. Das Glutamatdehydrogenase–Cytochromoxydase-Syst. im Fettkörper von Calliphora ist in einer partikelähnlichen Zellfraktion enthalten. Der Fettkörper enthält eine mäßig akt. D-Aminosäureoxydase; Arginase u. Urease fehlen. (Arch. int. Physiol. Biochim. **66**. 248—59. Mai 1958. Leeds, Univ., Dep. of Biochem.) K. F. MÜLLER. 4210

**Harry Rudney** und **Tibor G. Farkas,** *Biosynthese von verzweigten Säuren.* Bei 2½ std. Bebrütung bei 38° von jeweils markiertem u. nichtmarkiertem Acetat (**I**) u. $HCO_3^-$ bei Ggw. von DPN u. ATP mit β-Hydroxy-β-methylglutarsäure (**II**), β-Hydroxyisovaleriansäure (**III**) u. β-Hydroxybuttersäure (**IV**) u. a) einem Homogenatsyst. oder b) einem wasserlösl. Präp. (vgl. RABINOWITZ u. GURIN, C. **1950/54**. 472 S) wurde mit a) $CO_2$ stark in **IV** (Carboxylgruppe) u. kaum in **II** u. **III** fixiert; mit b) wurde $CO_2$ von **II**—**IV** nur in Spuren aufgenommen. Die Radioaktivität von markiertem **I** war mit a) u. b) in **II**—**IV** steigend nachzuweisen. Die b-Aktivität blieb bei Lyophilisation 6 Monate haltbar. Wurde das Präp. durch $(NH_4)_2SO_4$-Fällung u. anschließender Dialyse gewonnen, verlor es die meiste Aktivität, die teilweise durch Zugabe von ATP, $Mg^{2+}$ u. Coenzym A wieder hergestellt werden konnte. Vff. folgern, daß die **II**-Synth. unabhängig von der $CO_2$-Fixierung verläuft u. daß die **II**-Decarboxylierung dazu keinen rückläufigen Prozeß darstellt. Durch b) wird Acetessigsäure mit $^{14}C$-markierter COOH-Gruppe in **II**—**IV** einverleibt, wobei $^{14}C$ in der Carboxylgruppe erscheint. Unterss. der Struktur der durch Kondensation zweier Moll. aktivierter β.β-Dimethylacrylsäure entstehenden Verb. ergaben, daß eine der Geraniumsäure ähnliche Verb. vorzuliegen scheint. (Federat. Proc. **14**. 757—59. Sept. 1955. Cleveland, O., Western Res. Univ., School of Med., Dep. of Biochem.) H. TÄNZLER. 4210

**D. R. Sanadi, Martha Langley** und **Fred White,** *Über den Mechanismus der oxydativen Decarboxylierung von α-Ketosäuren.* Für die oxydative Decarboxylierung von α-Ketosäuren (**II**), $R{-}COCOOH + CoASH + DPN^+ \rightarrow CoAS{-}COR + DPNH + H^+ + CO_2$ werden in der Literatur 4 Teil-Rkk. diskutiert. Hochgereinigte Säuger-*α-Ketoglutarsäuredehydrogenase* (**I**) katalysiert keine Succinylübertragung von *Succinyl-CoA* (erhalten aus *Guanosintriphosphat, CoA* u. *Succinat*) auf *Dihydrolipoat* (**IV**) oder *Dihydrolipoamid. Escherichia coli-Transacetylase* (Transacetylierung zwischen externem *Lipoat* u. *CoA*) ist völlig von *Brenztraubensäuredehydrogenase* abtrennbar. Incubation von *$^{14}C$-α-Ketoglutarsäure* mit relativ großen **I**-Mengen u. *$NH_2OH$* gibt *$^{14}C$-Succinohydroxamsäure*, womit erstmals eine Acylenzymbldg. bei der **II**-Oxydation eindeutig nachgewiesen ist. Hemmverss. mit *Arsenit*, das die **II**-Oxydation durch Bindung der Dithiolgruppen von *Dimercaptoliposäure* blockiert, sprechen für die reduktive Acylierung gebundener Liposäure (**III**). Die Verss. zeigen, daß bei der oxydativen Decarboxylierung keine direkte Acylübertragung von enzymgebundener Acyl-S-**III** auf freies Lipoat, sondern nur auf CoA stattfindet. Eine weitere Acylübertragung von Acyl–CoA auf externes **IV** könnte bei Verunreinigung des Enzympräp. mit Thioltransacetylase eintreten. (Biochim. biophysica Acta [Amsterdam] **29**. 218—19. Juli 1958. Berkeley, Calif., Univ. of California, Med. School, Dep. of Physiol. Chem.) K. MAIER. 4210

**E. Habermann,** *Über α-Toxin (Lecithinase), ϑ-Toxin, Hyaluronidase und das gelatinolytische Prinzip des Giftes von Clostridium Welchii Typ A.* Aus Zentrifugat der Kulturen von Clostridium welchii Typ A, Stamm BP6K, konnten nach Fällen mit $CH_3OH$ bei $p_H$ 4,65 mittels chromatograph. u. elektrophoret. Trennverff. in guter Ausbeute folgende Komponenten des Gasbrandgiftes erhalten werden: *Gelatinase* (**I**) u. die langsamer anod. wandernde *Hyaluronidase* (**II**) wurden (Elektrophorese in der Stärkesäule bei $p_H$ 9,0) von den im Startbereich verbleibenden *α-Hämolysin* (**III**), *Lecithinase* (**IV**), „*Allgemeintoxizität*" u. *ϑ-Hämolysin* (**V**) getrennt. — **I** u. **II** lassen sich nach Dialyse gegen 0,01 mol. Phosphatpuffer $p_H$ 6,8 an der Hydroxylapatitsäule von anhaftenden Verunreinigungen, namentlich **V**, befreien. — **V** wird durch Adsorption an Hydroxylapatit u. Elution mit Phosphatpuffer gewonnen; dabei erscheinen zunächst

**IV** (**III**) u. **I**, etwas später **II** u. dann erst, deutlich abgesetzt, **V**. — Die Anreicherung von **III** geht stets parallel mit der von **IV**; es ist daher empfehlenswert, zunächst **III** u. **V** nach ROTH u. PILLEMER (J. Immunology **75**. [1955.] 50) zu trennen, u. dann das dem **III** noch anhaftende **V** durch Chromatographie an Ionenaustauscher IRC-50 weiter zu vermindern. (Naturwissenschaften **45**. 366. 1. Aug.-H. 1958. Würzburg, Univ., Pharmakol Inst.) A. HESSE. 4210

**H. Dengler** und **G. Reichel**, *Hemmung der Dopadecarboxylase durch α-Methyldopa in vivo.* Die bei Ratten, Meerschweinchen u. „Spinalkatzen" durch *Dihydroxyphenylalanin* (*Dopa*) u. *Dihydroxyphenylserin* verursachte Blutdrucksteigerung läßt sich durch Vorbehandlung der Tiere mit *α-Methyldihydroxyphenylalanin*, einem Inhibitor der *Dopadecarboxylase*, verhindern. (Naunyn-Schmiedebergs Arch. exp. Pathol. Pharmakol. **234**. 275—81. 5/8. 1958. Heidelberg, Univ., Med. Klinik [Ludolf-Krehl-Klinik.]) A. HESSE. 4210

**Simone Bouchilloux, Serge Lissitzky** und **Denis Kertesz**, *Über das Vorkommen eines Acidifizierungsphänomens im Verlauf der Oxydation von verschiedenen Substraten durch Polyphenoloxydase.* LISSITZKY u. Mitarbeiter (Bull. Soc. Chim. biol. **39**. [1957.] 133) haben gefunden, daß die Oxydation von *Thyronin* (**I**) durch *Polyphenoloxydase* (**II**) zur Spaltung der Phenylätherbrücke führt, wobei aus einem Teil der Moll. die Bldg. von Tyrosin u. eines Gemisches von p-Hydroxy-o-benzochinon + o-Hydroxy-p-benzochinon resultiert. Im nichtgepufferten Syst. wird zugleich eine erhebliche $p_H$-Erniedrigung beobachtet. Diese Säurebldg. wird jetzt bei konstantem $p_H$ titrimetr. verfolgt, wobei **II** aus *Psalliota campestris* auf folgende Substrate einwirkte ($p_H$-Werte sowie verbrauchte Äquivalente KOH/Mol. Substrat bei vollständiger Oxydation): *L-Tyrosin* ($p_H$ 5,60; 0,44 bzw. $p_H$ 7,00; 0,79); *L-Dopa* ($p_H$ 7,00; 0,75); *DL-Dopa* (6,95; 0,71); DL-**I** ($p_H$ 5,80; 0,33 bzw. 7,00; 0,63). *Tyramin-Hydrochlorid* (6,90; 1,03); *3-Hydroxytyramin-HCl* (6,90; 0,92); *DL-Adrenalin-HCl* (6,90; 1,08); *DL-Noradrenalin-HCl* (6,90; 1,08); *Brenzcatechin* ($p_H$ 5,70; 0,21; $p_H$ 6,30; 0,27; $p_H$ 6,90; 032); *Hydroxyhydrochinon* (5,05; 0,60). — Die Erörterung der Ergebnisse führt Vff. zu dem Schluß, daß die überaus rasche Säurebldg. auf zahlreichen, bei den einzelnen Substraten variablen Ursachen beruht, u. daß sie bei jeder Hypothese über den Mechanismus der **II**-Wrkg. berücksichtigt werden muß. (Bull. Soc. Chim. biol. **39**. 1049—58. 26/9. 1957. Marseille, Fac. de Méd. et Pharm., Labor. de Chim. Biol.; Tunis, Inst. des Hautes Études, Labor. de Méd. exp.) A. HESSE. 4210

**E. Quagliariello, S. Auricchio** und **E. Rinaldi**, *Über die enzymatische Umwandlung von 3-Hydroxyanthranilsäuren zu Chinolinsäure.* Vff. bestimmen in n. u. homogenisierten Rattenlebern, die 90 Min. lang bei 37° mit ATP, DPN u./oder *3-Hydroxyanthranilsäure* (**I**) bebrütet wurden, den *Chinolinsäure*-Geh. nach der von RABINOVITZ (C. **1954**. 853) angegebenen Methode. Bei Leberhomogenaten, die vor den Verss. 24 Std. lang bei 0° gehalten worden waren, wurde eine Abnahme der enzymat. Aktivität festgestellt, die durch ATP-Zusatz ($10^{-3}$mol.) wieder rückgängig gemacht werden konnte. Der Mechanismus der enzymat. Regenerierung wird diskutiert. (Enzymologia [Den Haag] **19**. 284—88. 30/6. 1958. Naples, Italy, Univ., Inst. of Biochem.) R. LENSCHAU. 4210

**Julius Axelrod**, *Die enzymatische Umwandlung von Codein in Morphin.* Vf. stellte fest, daß ein Enzymsyst. (**I**) im Lebergewebe verschied. Säugetiere (Kaninchen, Ratte, Meerschweinchen, Hund) in der Lage ist, den Abbau (Demethylierung) von Codein u. seinen Analogen unter Bldg. von Morphin bzw. dessen Analogen u. *HCHO* zu katalysieren. Dieses **I** ist in den Mikrosomen lokalisiert u. benötigt *red. Triphosphopyridinnucleotid* (*TPNH*), $O_2$ u. die lösl. Fraktion des Gesamtleberhomogenisats. (J. Pharmacol. exp. Therapeut. **115**. 259—67. Nov. 1955. Bethesda, Md., US Public Health Serv., Dep. of Health, Educat. and Welfare, Nat. Inst. of Health, Nat. Heart Inst.; Nat. Inst. of Mental Health, Labor. of Clin. Biochem. and Physiol.) H. KOCKERT. 4210

**Klas-Bertil Augustinsson**, *Die enzymatische Hydrolyse von Organophosphorverbindungen.* 8. Mitt. *Die Wirkung von Anionen.* (7. vgl. C. **1958**. 9524.) *Molybdat* (**I**) u. *Wolframat* (**II**) bewirken eine merkliche Steigerung der spontanen Hydrolyse von *Tabun*, *Dimethylamidoäthoxyphosphorylcyanid* (**III**). Von 25 geprüften Anionen waren Chromat, Metavanadat, Perborat u. Selenit ebenfalls, wenn auch schwächer als **I** u. **II**, wirksam. Keines der Anionen beeinflußte die enzymat. **III**-Hydrolyse durch *Phosphorylphosphatase* (aus Humanserum), außer Fluorid, das hemmte. Die bei **I**-Behandlung von **III** gebildeten Abbauprodd. aktivierten Cholinesterase (**IV**) nicht. **IV** wird durch Mischen mit **I** (Bldg. eines Organophosphormolybdatkomplexes?) vor **III**-Zusatz gegen Inaktivierung durch **III** geschützt. Phosphorylphosphatasen anderer Herkunft (Schweineniere, -leber) wurden von Anionen nicht signifikant beeinflußt. Lediglich $10^{-4}$mol. $Ca(ClO_4)_2$ hemmte das Nierenenzym zu 93%. (Acta chem. scand. **12**. 1286—91. 1958. Stockholm. Univ., Inst. of Org. Chem. and Biochem.) K. MAIER. 4210

**P. Ohlmeyer, D. Grünwedel** und **E. Hahn,** *Über die Maceration von Hefe.* 1. Mitt. (Vorl. Mitt. vgl. C. **1959.** 1496.) Bei Maceration von Trockenhefe nach LEBEDEW (Hoppe-Seyler's Z. physiol. Chem. **73.** [1911.] 447) steigt in der Suspension der Hefe die Wrkg. der *Alkoholdehydrogenase* (**I**) auf mehr als das Doppelte. Solange nicht feststeht, wie dieser Anstieg über die Wrkg. der „präformierten" **I** hinaus zustande kommt, nennen Vff. diesen Vorgang „Entw. von **I**". Der Anstieg kommt durch Zusammenwirken einer unlösl. Fraktion u. einer lösl., hitzebeständigen Fraktion aus Hefe zustande u. beruht auf einer chem. Rk., die nur bei ausreichender Konz. der unlösl. Fraktion meßbar verläuft. (Hoppe-Seyler's Z. physiol. Chem. **314.** 6—11. 30/1. 1959. Tübingen, Univ., Leibniz-Kolleg u. Physiol.-chem. Inst.) A. HESSE. 4270

**W. McD. Armstrong,** *Umkehrung der durch ein kationisches Netzmittel verursachten Hemmung des Hefestoffwechsels durch Magnesiumionen.* Die Verss. wurden mit einer Suspension von Bäckerhefe in 5%ig. Glucoselsg. (1 : 20) durchgeführt, als Netzmittel diente *Dodecyltrimethylammoniumbromid* (**I**), der Grad der Hemmung wurde an der Abnahme der $CO_2$-Bldg. gemessen. Setzt man gleichzeitig mit dem Netzmittel (0,0025mol.) oder vorher steigende Mengen an $MgSO_4$ zu, so nimmt die Hemmung von 95 (ohne $Mg^{2+}$) bis auf 40% (0,004mol. $Mg^{2+}$) ab, bei 0,002mol. **I** unter gleichen Bedingungen von 85 auf 10%. Ein Salzzusatz (bis zu 0,003mol. $Mg^{2+}$) nach vorheriger Behandlung der Hefezellen mit dem Netzmittel (30 Min., 0,0025mol. **I**) hat keine Wrkg. mehr. Der Effekt scheint nur unwesentlich von der Art des zugesetzten Kations abzuhängen, in der gleichen Größenordnung wie $MgSO_4$ wirken andere 2wertige Metallsalze [z. B. $CaCl_2$, $Sr(NO_3)_2$, $BaCl_2$, $FeSO_4$, $CoCl_2$]; als sehr viel weniger wirksam erweisen sich einwertige Ionen ($Li^+$, $Na^+$, $K^+$, $NH_4^+$), während $La^{3+}$ eine noch stärkere Wrkg. als $Mg^{2+}$ zeigte. Die durch **I** bedingte Lyse der Hefezellen (gemessen am abgegebenen Gesamtphosphor; Hefesuspension, 1 : 20, ohne Glucose) nimmt ebenfalls mit steigender Konz. von $MgSO_4$ ab. Vf. erklärt die Befunde damit, daß $Mg^{2+}$ u. andere Metallionen mit **I** um die Besetzung anion. Gruppen an der Zelloberfläche konkurrieren. (Nature [London] **182.** 326—27. 2/8. 1958. Dublin, Univ. Coll., Dep. of Biochem.) H. REMBOLD. 4270

**M. A. Ter-Karapetjan** und **M. N. Malatjan,** *Über Besonderheiten der Aufnahme von Sauerstoff bei der aeroben Assimilation der Glucose und Xylose durch sich vermehrende Hefeorganismen.* Bei Hefe (*Candida*) in Nährmedien mit *Glucose* (**I**) oder *Xylose* (**II**) ist weder die Wachstumsdauer noch die absol. Menge des verbrauchten $O_2$ in der Zeiteinheit verschieden, jedoch wird **II** langsamer assimiliert als **I**; deshalb wird das Verhältnis verbrauchter $O_2$/assimilierter Zucker bei aerob assimilierter **II** größer als bei **I**. Die synthetisierte Biomasse betrug bei **I** 43%, bei **II** 66% des assimilierten Zuckers. Das Verhältnis zwischen verbrauchtem $O_2$ u. assimilierter **I** (2,5 g-Atome O auf 1 Mol **I**) macht die bekannten Summengleichungen mit 4—6 g-Atomen O auf 1 Mol **I** revisionsbedürftig. Auf Grund des Verhältnisses zwischen verbrauchtem $O_2$ u. **II** (3,5 g-Atome/1 Mol **II**) kann man eine neue Gleichung für die aerobe Assimilation von **II** durch Hefe aufstellen. Der verschied. $O_2$-Verbrauch spricht gegen den gleichen Weg der oxydativen Spaltung von **I** u. **II** nach **I** → Glucose-6-phosphat → 6-Phosphogluconsäure → $CO_2$ + Phosphopentose, da dann der $O_2$-Verbrauch bei **II** um den Betrag, der zur Oxydation der Aldehydgruppe von **I** nötig ist, kleiner sein müßte. (Доклады Академии Наук Армянской ССР [Ber. Akad. Wiss. ArmenSSR] **23.** 29—34. 1956. Inst. für Tierzucht des Minist. für Landwirtsch. der ArmenSSR.) W. SCHMELZ. 4270

**Marie T. Hudson** und **Gladys E. Woodward,** *Glucoson.* 1. Mitt. *Darstellung und Eigenschaften.* Ein Verf. zur Darst. u. chromatograph. Reinigung von Glucoson (**I**) in Anlehnung an bekannte Verff. (vgl. BRÜLL, Ann. Chim. applicata **26.** [1936.] 415;, TOPPER u. LIPTON, J. biol. Chemistry **203.** [1953.] 135 u. DORFMAN u. Mitarbeiter C. **1957.** 1974) wird beschrieben. So gewonnenes, papierchromatograph. homogenes **I** red. FEHLING-Lsg. in der Kälte, zeigt gegenüber HAGEDORN-JENSEN-Reagens u. bei der colorimetr. Best. nach NELSON-SOMOGYI (vgl. J. biol. Chemistry **153.** [1944.] 375; **160.** [1945.] 69) annähernd halb so stark reduzierende Wrkg. wie Glucose u. gibt mit 2.4-Dinitrophenylhydrazin bei 37° innerhalb von 12 Min. einen Niederschlag. In Abhängigkeit von der Zeit wurden die Änderungen des opt. Drehwertes (6 Min. bis 25 Std. 36 Min.) u. der UV-Spektren in W. ($p_H$ 4,5; 10 Min. bis 28 Std.), 0,25n NaOH (18 Min. bis 48 Std.) u. in 0,1mol. Phosphatpufferlsg. ($p_H$ 7; $^1/_4$ bis 30 Std.) verfolgt. Außerdem wurden UV-Spektren bei verschied. **I**-Konzz. u. in 0,05n $Na_2CO_3$-Lsg. aufgenommen.

V e r s u c h e: *D-Glucoson* (**I**), F. 85—96°, aus 3 g mehrfach aus A. umkrist. Glucosephenylosazon u. 3fach dest. Brenztraubensäure in 40%ig. Isopropanol durch ½std. Erhitzen auf dem Wasserbad unter Durchleiten von $CO_2$, Einengen im Vakuum unter $N_2$, Abkühlen im Eisbad, Filtrieren, Waschen mit W., 5maliges Extrahieren des Filtrates mit Bzl., Erhitzen der wss. Lsg. auf 80° unter $CO_2$, mehrfaches Filtrieren durch Darco G-60, Eindampfen im Vakuum unter $N_2$, Anreiben des Sirups mit Chlf.-A. (3 : 2) u. Zentrifugieren; 150 mg (Ausbeute); Reinigung durch Adsorption an zuvor mit 25%ig. A., W., 1%ig. HCl u. W. gewaschenem Darco G-60/Celite 535-Gemisch (2 : 1), Elution mit 15%ig. A. u. Eindampfen im Vakuum unter $N_2$; Identifizieren von I in den einzelnen Fraktionen papierchromatograph. durch Entwickeln mit Diphenylaminreagens u. Erhitzen auf 100—105°; $[\alpha]_D^{29}$ —23,75° (6 Min.) → 0° (25 Std. 36 Min.; c = 4,0 in W.). (J. Franklin Inst. **264.** 61—68. Juli 1957. Newark, Del., Biochem. Res. Found.)

W. BITTERLICH. 4270

**Marie T. Hudson** und **Gladys E. Woodward,** *Glucoson.* 2. Mitt. *Inhibition des Hefestoffwechsels, der Hefehexokinaseaktivität und der Glykolyse von Geweben.* (1. vgl. vorst. Ref.) Der Einfl. von D-Glucoson (**I**) auf die Enzymwrkg. von Hefe auf *D-Glucose* (**II**) unter aeroben Bedingungen ist stark von den verschied. Hefeproben u. deren Lagerung sowie vom **I** : **II**-Verhältnis u. der Acidität des Mediums abhängig. Bei Verss. in ungepufferter oder mit $KH_2PO_4$- bzw. $NaH_2PO_4$-$KH_2PO_4$-gepufferter Lsg. wurde geringste Inhibition bei $p_H$ 3,5 u. stärkste bei $p_H$ 6,5 beobachtet; bei einem **I** : **II**-Verhältnis 5 : 1 ist die Hemmwrkg. bereits bei $p_H$ 3,5 100%ig. Die anaerobe Fermentation von *Fructose* (**III**) wird noch stärker gehemmt als die von **II**. Auf die Hefeatmung hat **I** bei $p_H$ 4,5 u. einem **I** : **II**-Verhältnis 5 : 1 keinen Einfl., dagegen wird die aerobe Fermentation schon bei einem Verhältnis 2 : 1 etwa in gleichem Maße wie unter anaeroben Bedingungen beeinflußt. Die Hemmwrkg. von **I** auf die Phosphorylierung von **II** u. **III** durch Hefehexokinase ist ebenfalls vom Verhältnis **I** : **II** (bzw. **III**), daneben von der Substratkonz. abhängig. Auch bei dieser Rk. ist die Hemmwrkg. auf **III** stärker als die auf **II**. Der Test nach ACKERMANN u. POTTER (C. **1949.** E. 3849) deutet darauf, daß die Hemmwrkg. kompetitiver Art ist. Die Enzym–Inhibitor-Dissoziationskonstante wurde für **II** u. **III** zu ca. $6{,}0 \cdot 10^{-5}$ berechnet; die MICHAELIS-Konstante wurde für **II** zu $2{,}0 \cdot 10^{-4}$ u. für **III** zu $1{,}0 \cdot 10^{-3}$ graph. ermittelt. Auf die Glykolyse von Tumor- (WALKER 256) u. Hirngewebe ♂ Ratten übten bereits sehr geringe **I**-Mengen starke Hemmwrkg. aus. Hirngewebe war empfindlicher gegenüber **I** als Tumorgewebe. (Biochim. biophysica Acta [Amsterdam] **28.** 127—33. April 1958. Newark, Del., Biochem. Res. Found.)

W. BITTERLICH. 4270

## $E_3$. Mikrobiologie. Bakteriologie. Immunologie.

**Frederick T. Wolf, Ernest A. Jones** und **Helene A. Nathan,** *Fluorescierendes Pigment aus Microsporum.* Weitere spektroskop. u. mikrobiol. Unterss. des fluorescierenden Pigments aus *Microsporum gypseum* (vgl. WOLF, C. **1959.** 7179 u. CHATTAWAY u. BARLOW, C. **1959.** 3187) ergaben, daß es sich um ein nichtkonjugiertes trisubstituiertes *Pteridin* (**I**) handelt mit $NH_2$- oder OH- in 2-, OH- in 4-Stellung u. $HOCH_2$- oder einer längeren aliphat. Kette mit 2 vicinalen OH-Gruppen in 6-Stellung. Es handelt sich bei **I** auf Grund spektroskop. Vgll. nicht um *2-Amino-4-hydroxy-6-trihydroxypropylpteridin, Verb. A von* FORREST u. MCNUTT (J. Amer. chem. Soc. **80.** [1958.] 739), oder *Verb. C von* VAN BAALEN u. Mitarbeitern (C. **1959.** 7187). (Nature [London] **182.** 475—76. 16/8. 1958. Nashville, Tenn., Vanderbilt Univ., Dep. of Biol. and Dep. of Phys.; New York, N. Y., Haskins Labors.)

H. GOEBEL. 4315

**M. R. J. Salton,** *Zellwandaminosäuren und -aminozucker.* Zum qualitativen Nachw. von *D-Alanin* (**I**) in Bakterienwänden wurden diese mit 6n HCl (16 Std., 107°) hydrolysiert, die Chromatogramme mit D-Aminosäureoxydase (Schweinenierenrinde) besprüht u. die aus D-**I** gebildete Brenztraubensäure mit 2.4-Dinitrophenylhydrazin identifiziert. Merkliche D-**I**-Mengen waren bei *S. aureus, Sporosarcina ureae, Sarcina lutea, M. lysodeikticus, B. megaterium, B. subtilis* u. *Cl. welchii*, geringe bei *Rhodospirillum rubrum* nachweisbar. *D-Glutaminsäure* (**II**) wurde durch papierelektrophoret. Abtrennung (Pyridin-Essigsäure-Puffer, $p_H$ 6,4, 220 V), Best. von Gesamt-**II** durch die Ninhydrin-Rk. u. von L-**II** mittels Decarboxylase in *M. lysodeikticus* (6%) u. *B. megaterium* (4%) identifiziert. *meso-Diaminopimelinsäure* (**III**) konnte mittels des Lösungsmittelsyst. von HOARE u. WORK (C. **1957.** 960) in den Wänden von *E. coli B, R. rubrum, Chlorobium thiosulfatophilum, Micrococcus varians* u. einem gramnegativen Coccus (*LC*, aus Schafpansen) aufgefunden werden. *B. megatherium* (*KM*)-Wände enthielten neben vorwiegend *meso*-**III** etwas LL-Form, *Cl. welchii* nur LL-**III**. Der von STRANGE u. DARK (C. **1956.** 7271) erstmals bei Bakterien aufgefundene *Aminozucker* (**IV**) wurde, zusammen mit Glucosamin, nunmehr in den Zellwänden von *E. coli B, Spirillum serpens, Salmonella gallinarum,* Coccus *LC, C. thiosulfatophilum* u. *R. rubrum* nachgewiesen. Die Zus. der Wände der gramnegativen Bakterien ist komplizierterer Natur. Durch Rk. trypsinbehandelter Zellwände mit 1-Fluor-2.4-dinitrobenzol wurden bei verschied. Gramnegativen I, Glycin, Asparaginsäure u. II als N-terminale Aminosäuren nachgewiesen. (Nature [London] **180.** 338—39. 17/8. 1957. Manchester, Univ., Dep. of Bacteriol.) K. Maier. 4315

**Leo Pine,** *Fixierung von Kohlendioxyd durch Actinomyces und Lactobacillus bifidus.* Fermentationsprodd., die bei der Fermentierung von Glucose durch *Actinomyces bovis,* Stamm ATCC # 10048 u. # 10049 unter aeroben u. anaeroben Bedingungen u. durch *Lactobacillus bifidus* Stamm # 308 in Ggw. von $^{14}CO_2$ entstanden, wurden isoliert u. abgebaut. Die von diesen Organismen gebildete *Bernsteinsäure* (I) enthielt einen hohen %-Satz der Radioaktivität in den *Methylenkohlenstoff* (II)-Atomen. In Ggw. von $O_2$ fixierte ein Actinomyces-Stamm 90% der gesamten I-Aktivität in den II-Atomen, dagegen nur 62% unter anaeroben Bedingungen. (Proc. Soc. exp. Biol. Med. **93.** 468—72. Dez. 1956. Bethesda, Md., Nat. Inst. of Allergy and Infect. Diseases.) M. Ebert. 4320

**V. Bolcato, M. E. Scevola** und **M. A. Tisselli,** *Mögliche Beziehungen zwischen dem direkten Oxydationssystem von Acetat und dem Tricarbonsäurecyclus in Versuchen mit lebenden Hefezellen.* Bei der Oxydation von Acetat (I) werden von lebenden Hefezellen unter n. Bedingungen *Glykolsäure* (II), *Bernsteinsäure* (III), *Äpfelsäure* (IV) u. *Citronensäure* (V) im Medium abgeschieden. In Ggw. von Phenylhydrazin sind neben etwa den gleichen Mengen von II, III, IV u. V Acetyl (als Acetophenon), Formyl (als Benzaldehyd), Formaldehyd (VI) u. Fumarsäure nachweisbar. Diese Befunde deuten darauf hin, daß bei Hefe die Oxydation von I sowohl über den Krebscyclus als auch direkt über II, Glyoxylsäure u. VI erfolgt. Als Verbindungsglieder zwischen den beiden Oxydationswegen wird Isocitronensäurelyase u. IV-Synthetase vermutet. (Experientia [Basel] **14.** 212. 15/6. 1958. Pavia, Univ., Ist. di Chim. Farmaceut. e Tossicol.; Milano, Ist. Sieroterapico „S. Belfanti".) F. Radler. 4320

**V. Bolcato** und **M. E. Scevola,** *Glykolsäurezwischenprodukt bei der Oxydation von Acetat durch Zellen von E. coli.* Nachdem bereits früher die Zwischenprodd. der Oxydation von Essigsäure durch Zellen von *Escherichia coli* zu $CO_2$ u. $H_2O$ über „Acetyl", Glykolsäure (I), Glyoxylsäure (II), Formaldehyd u. „Formyl" mit Ausnahme von I isoliert werden konnten, gelang es jetzt, auch I abzutrennen. Das filtrierte Kulturmedium (vgl. Bolcato, C. **1957.** 13084) wurde im Vakuum auf $^1/_4$ eingeengt, mit NaOH auf $p_H$ 8 eingestellt, zur Entfernung der Neutralsubstanzen (*Acetophenon, Benzaldehyd, Essigsäure-β-phenylhydrazid*) mit Ae. extrahiert; nach Ansäuern mit $H_2SO_4$ werden die sauren Anteile mit Ae. extrahiert, die freien Säuren von den *Phenylhydrazonen* der *Brenztraubensäure* u. II durch Ausschütteln mit W. abgetrennt. Nach Trennung an Amberlite IRA-400 u. Amberlite IR-120 werden papierchromatograph. (Whatman Nr. 1; Sprühmittel Bromkresolgrün in A.) I, *Fumar-, Bernstein-* u. *Citronensäure* nachgewiesen. Die I-Menge beträgt 0,9—3,8 mg/Liter Kulturmedium. (Naturwissenschaften **44.** 539. 2. Okt.-H. 1957. Milano, Ist. Sieroterap. Milanese S. Belfanti; Pavia, Univ., Ist. di Chim. Farmac. e Tossicol.) E. Hanschke. 4320

**R. B. Duff** und **V. C. Farmer,** *Identifizierung von 6-O-Acetyl-D-glucopyranose in Kulturen von Bacillus megaterium: Synthese von 6-O-Acetyl-D-glucopyranose und 6-O-Acetyl-D-galaktopyranose.* Aus Kulturen von *Bacillus megaterium* wurde entsprechend Duff u. Webley (Biochem. J. **70.** [1958.] 520) ein krist. Ester, $C_8H_{14}O_7$, isoliert; F. 133°; $[\alpha]_D^{20}$ +42—48,2° in W.; lösl. in A., Essigsäure, Äthylacetat, Pyridin, Aceton; unlösl. in Benzol. Die IR-Spektren verschied. Präpp. lassen das Vork. von α- u. β-Anomeren erkennen. Saure Hydrolyse der Verb. ergibt Glucose u. Essigsäure. Die Verb. ist reduzierend u. bildet ein Phenylhydrazon u. ein Phenylosazon; je Mol ist eine —CHO-Gruppe nachweisbar. Mit Tritylchlorid in trocknem Pyridin wird kein Tritylather gebildet. Diese Ergebnisse führten zu dem Schluß, daß es sich bei dem isolierten Ester um *6-O-Acetyl-D-glucopyranose* (I) handelt, was durch Synth. bestätigt wurde.

V e r s u c h e: *6-O-Acetyl-D-glucopyranose* (I), durch Hydrolyse von 6-O-Acetyl-1.2;3.5-di-O-isopropyliden-D-glucose 80 Std. in 0,5n $H_2SO_4$, Entfernung der Säure mit $BaCO_3$, Trocknen im Vakuum bei 25°, Trennung von I durch Chromatographie auf Cellulosesäule, Kristallisation aus $H_2O$; $[\alpha]_D^{14}$ +47,6° (c = 1,3; W.). — *6-O-Acetyl-D-galaktopyranose* (II), $C_8H_{14}O_7$, F. 132—135°, durch Erhitzen von 6-O-Acetyl-1.2;3.5-di-O-isopropyliden-D-galaktose in 0,2n Oxalsäure in 50%ig. A. für 3 Std., Entfernung der Säure mit $CaCO_3$, nach Eindampfen im Vakuum Trennung durch Cellulosesäulenchromatographie; $[\alpha]_D^{14}$ +66,9° (c = 5,1; W.). — Die instabile, sirupöse *3-O-Acetyl-D-glucose* wurde in analoger Weise aus 3-O-Acetyl-1.2;5.6-di-O-isopropyliden-D-glucose erhalten; $[\alpha]_D^{14}$ +46° (c = 4,3; W.). (Biochem. J. **70.** 515—20. Nov. 1958. Aberdeen, Scotland, Macaulay Inst. for Soil Res., Dep. of Biochem. and Spectrochem.) F. Radler. 4320

**R. B. Duff** und **D. N. Webley,** *Stoffwechsel von 6-O-Acetyl-D-glucopyranose und anderen Monoacetylzuckern bei Stämmen von Bacillus megatherium und anderen Boden-*

*organismen.* 3 Stämme von *Bacillus megatherium* bildeten in Schüttelkulturen 0,35 bis 2,75 mg *Acetylglucose* (I) je ml. I wurde aus dem Kulturmedium nach Entfernung der Bakterien durch Zentrifugieren, Abscheiden von Polysacchariden mit A., u. nach Ionenaustausch (Amberlite IR-120H u. IR-4B) durch Chromatographie auf Cellulosesäulen isoliert u. aus W. u. anschließend aus A. kristallin gewonnen. Ausbeute aus 1,2 Liter 4 %ig. Glucosemedium 11,8 g I bei Stamm NCJB 8508. Die Bldg. von I erreicht gleichzeitig mit der Bldg. von *Essigsäure* (II) ein Maximum nach ca. 50 Std. Wachstum der Kulturen; nach 120 Std. sind I u. II aus dem Medium verschwunden. I wurde von B. megaterium aus *Glucose* (III) u. Rohrzucker in gleichen Mengen gebildet; bei Wachstum auf Mannose, Galaktose, Arabinose, Xylose, Glucose-1-phosphat, Glucose-6-phosphat, Glyceraldehyd, Maltose u. Fructose erfolgte keine Synth. von I. Ruhende Zellen vermögen I aus III zu bilden. II u. *Brenztraubensäure* (IV) beschleunigen die Bldg. von I. In Abwesenheit von $O_2$ bilden die ruhenden Zellen I nur in Ggw. von IV. Hemmstoffe (Arsenit, Fluorid, Azid, Cyanid usw.) beeinflussen die Synth. von I durch ruhende Zellen nur wenig. Die Anhäufung von IV durch ruhende Zellen bei Ggw. von Arsenit u. die Bldg. von II durch wachsende Kulturen lassen vermuten, daß II u. IV Intermediärprodd. bei der Synth. von I sind. Natürliches u. synthet. I werden von ruhenden Zellen in gleicher Weise hydrolysiert, III tritt dabei jedoch nicht auf, da sie offenbar sofort veratmet wird. Die I-*Desacetylase* ist sowohl in der lösl. als auch in der Partikelfraktion der zellfreien Extrakte vorhanden. I-Desacetylase, die nur in I-bildenden Stämmen vorkommt, vermag ähnliche Verbb. wie 6-O-Acetyl-D-galaktopyranose, Acetylxylose, N-Acetylglucosamin oder Acetylcholin nicht zu hydrolysieren. Mit Hilfe von zellfreien Extrakten konnte I nicht synthetisiert werden, was auf der Ggw. einer spezif. Esterase beruht. In den Extrakten wurde eine Phosphotransacetylase, eine Acetylcoenzym-A-kinase u. ein Hydroxylamin acetylierendes Enzym nachgewiesen. Es wird angenommen, daß I von den Bakterien aus III via IV u. Acetylcoenzym A gebildet wird, wobei für dessen Bldg. II u./oder Acetylphosphat als Intermediärstufen vorkommen können. (Biochem. J. **70.** 520—28. Nov. 1958. Aberdeen, Scotland, Macaulay Inst. for Soil Res., Dep. of Biochem. and Sect. of Microbiol.) F. RADLER. 4320

**M. Fiore,** *Untersuchungen über den Stoffwechsel von Pasteurella multocida.* Vf. untersuchte die Atmungsaktivität von Pasteurella multocida Stamm 3150, in Ggw. verschied. Substrate. Die Keime besitzen allg. eine gute Oxydationsfähigkeit gegenüber einer Anzahl von Kohlenhydraten (*Arabinose, Rhamnose, Xylose, Galaktose, Glucose, Mannose, Lävulose, Maltose, Saccharose, Lactose, Raffinose, Dextrin, Inulin, Salicin* u. *Amygdalin*), mehrwertigen Alkoholen (*Sorbit, Glycerin, Mannit, Dulcit* u. *Inosit*) u. Aminosäuren (*Glykokoll, dl-Alanin, dl-Serin, dl-Threonin, dl-Valin, l-Leucin, l-Isoleucin, dl-Lysin, dl-Asparaginsäure, dl-Glutaminsäure, l-Asparagin, l-Cystein, l-Cystin, l-Methionin, dl-Phenylalanin, l-Tyrosin, dl-Tryptophan, l-Histidin* u. *l-Prolin*), nicht jedoch gegenüber Fettsäuren (mit Ausnahme von *Essigsäure*, die gut ausgenutzt wird) u. Fettsäuremethylestern. Die am KREBS-Cyclus beteiligten Säuren werden durchweg mehr oder weniger intensiv veratmet. (Riv. Ist. sieroterap. ital. **32.** 387—92. Sept./Okt. 1957. Napoli, Univ., Ist. di Microbiol.) H. KOCKERT. 4320

**Anne-Marie Lacoste, Jean Blaizot** und **Pierre Raynaud,** *Abbau von Phenylalanin durch Bakterien aus dem Pansen von Wiederkäuern.* Bakterien aus dem Pansen von Rindern können anaerob Phenylalanin (I) abbauen u. gleichzeitig wird im Milieu *Phenylessigsäure* (II) angereichert. Die Bakterien wurden 2 mal mit 0,1 mol. Phosphatpuffer, $p_H$ 6,6, gewaschen u. unter Hinzufügung von $Na_2S \cdot 9\,H_2O$ (0,02 %) unter $N_2$ in Fläschchen, enthaltend 400 $\mu$g I, übertragen. Nach einer Incubation von 6 Std. (39°) waren 30—50 %, nach 24 Std. 75—100 % I verschwunden. Parallel dazu war II entstanden. Die einfachste Erklärung der Ergebnisse wäre die Annahme einer Desaminierung von I mit einer darauffolgenden Decarboxylierung der *Phenylbrenztraubensäure*; jedoch wurde letzte niemals festgestellt. Augenblickliche Verss. bewiesen die Entw. von $NH_3$. Die Desaminierung steht daher außer Zweifel. Indessen ist die Bldg. von *Desaminase* viel größer, wenn die Bakterien vorher auf einem N-reichen Medium (Harnstoff, Peptone) gezogen werden. (C. R. hebd. Séances Acad. Sci. **246.** 1280—81. 24/2. 1958.) H. AMAN. 4320

**Adolf Wacker** und **Ernst-Randolf Lochmann,** *Konstitution und Wirkung Biopterin-ähnlicher Verbindungen.* Vff. bestimmten die Wuchsstoffaktivität folgender Pteridine (Konz.: 100 mγ/ml Nährmedium) bei *Crithidia fasciculata*: *1-Amino-6-hydroxy-8-[L-erythro-1.2-dihydroxypropyl]-pteridin* (+: sehr gutes Wachstum), *1-Amino-6-hydroxy-8-[L-erythro-1.2.3-trihydroxypropyl]-pteridin* (+), *1-Amino-6-hydroxy-8-[L-arabo-1.2.3-trihydroxybutyl]-pteridin* (+), *1-Amino-6-hydroxy-8-[L-threo-1.2-dihydroxypropyl]-pteridincarbonsäure-(9)* (gutes Wachstum), *1-Amino-6-hydroxy-8-[D-arabo-1.2.-*

*3.4-tetrahydroxybutyl]-pteridin* (mittelmäßiges Wachstum), *1-Amino-6-hydroxy-8-formylpteridin* (geringfügiges Wachstum), *1-Amino-6-hydroxy-9-[L-threo-1.2-dihydroxypropyl]-pteridincarbonsäure-(8)* (—: kein Wachstum), *1-Amino-6-hydroxy-8-[D-erythro-2.3.4-trihydroxybutyl]-pteridin* (—), *1-Amino-6-hydroxypteridincarbonsäure-(8)* (—) u. *1-Amino-6-hydroxypteridincarbonsäure-(9)* (—).

Versuche: *1-Amino-6-hydroxy-8-* bzw. *-9-[L-threo-1.2.3-trihydroxypropyl]-pteridincarbonsäure-(9)* bzw *-(8)*, durch Kondensation von 500 mg 2.4.5-Triamino-6-hydroxypyrimidinsulfat, das, einer n/10 KJ·$J_2$- u. L-Ascorbinsäurelsg. zugefügt, 30 Min. am Rückfluß zum Sieden erhitzt wurde; brauner Nd.; Reinigung u. Trennung der beiden isomeren Verbb. papierchromatograph.; 205 mg (Ausbeute). — Die $R_F$-Werte (Lösungsmittelsyst.: sid. Butanol-90%ig. HCOOH-W., 8:2:5) vorst. genannter 10 Verbb. sind angegeben. (Z. Naturforsch. **14b**. 222—24. 1959. Berlin-Charlottenburg, TU, Organ.-chem. Inst.) H. KOCKERT. 4320

**T. O. Galkina,** *Die Nucleinsäuremenge bei B. Breslau und den aus seinen Filtraten regenerierten sekundären Kulturen.* Die Unterss. über den Geh. an *Nucleinsäuren* (**I**) in den 18 Std. alten, auf Fleisch-Pepton-Agar bei 37° gezüchteten Kulturen der Ausgangsformen von *B. Breslau* u. aus deren Filtraten regenerierten sek. Formen ergaben, daß die einzelnen Stämme fast keine Unterschiede im **I**-Geh. aufweisen. Bei den sek. Formen ist der **I**-Geh. im Vgl. zu den Ausgangsformen entweder erhöht oder gleich. Hierin sieht Vf. einen Beweis dafür, daß bei den sek. Formen der Stoffwechsel intensiviert ist. (Мікробіологічний Журнал (Київ) [Mikrobiol. J. (Kiew)] **20**. Nr. 4. 9—12. 1958. Mikrobiol. Inst. der Akad. der Wiss. der UkrainSSR.) O. LEBTAG. 4320

**R. Wallace Brockman, M. Carolyn Sparks** und **Marguerite S. Simpson,** *Vergleich des Stoffwechsels von Purinen und Purinanalogen bei chemikalienresistenten und -empfindlichen Bakterien und neoplastischen Zellen.* Vff. untersuchten den Stoffwechsel von *$^{14}C_{(2)}$-8-Azaguanin* (**I**) u. *6-Mercaptopurin* (**II**) bei empfindlichen oder gegen diese Verbb. resistenten Stämmen von *Streptococcus faecalis* (S.f.) u. *L 1210 Leukämie.* Zur Analyse der Extrakte aus den biol. Systemen wurden 2dimensionale Chromatographie u. Radioautographie nach TOMISEK u. Mitarbeitern (C. **1957**. 8840) benutzt. **I**-*empfindliche L 1210* bildet aus **I** die entsprechenden *Riboside* u. *Ribotide*, während **I**-*resistente L 1210* diese Derivv. nicht bilden. Ebenso liegen die Verhältnisse bei **I**-empfindlichem u.-resistentem S.f. Bei Unters. des Purinstoffwechsels wurde gefunden, daß **I**-empfindlicher S.f. Purine rasch zu Ribosiden u. Ribotiden verarbeitet, während **I**-resistenter S.f. *Hypoxanthin* (**III**) u. *Guanin* (**IV**) nicht umsetzt. **II**-resistenter S.f. verarbeitet **II**, **III** u. **IV** nicht, während gegen **II** empfindlicher S.f. aus **II** ein Ribotid bildet. *Inosinsäure-pyrophosphorylase* katalysiert die Rk. zwischen *5-Phosphoribosylpyrophosphat* u. **II, III** bzw. **IV**; andere natürlich vorkommende Purine werden durch dieses Enzym nicht in Ribotide übergeführt. Die Resistenz gegen **I** u. **II** beruht auf der Unfähigkeit resistenter Zellen, diese Purinantagonisten in Ribotide zu überführen. (Biochim. biophysica Acta [Amsterdam] **26**. 671—72. Dez. 1957. Birmingham, Ala., Southern Res. Inst., Kettering-Meyer Labor.) H. GOEBEL. 4330

**T. B. Gorgijew,** *Zur Frage der Auswertung der baktericiden Eigenschaften von Fischtran.* Die verschied. Proben von Fischtran besitzen ungleiche bakteridcide Eigenschaften. Durch 30—40 Tage lange Thermostatierung bei 37—40° kann ein hochbaktericides Prod. erhalten werden. Es wird ein Verf. beschrieben, nach welchem die Baktericidfaktoren in Form der „baktericiden Fl." erhalten werden. Die Aktivität der 2 Jahre alten Fl., wird, in Abhängigkeit von der Testmikrobe u. der Art der Herst. (auf dest. W. oder auf physiol. Lsg.), bei der Neutralisation auf $^1/_2$—$^1/_{12}$ gesenkt. Die Erreger von Typhus-Paratyphus, Bacterium coli u. Bac. pyocyaneum, sterben darin in 5—30 Min. ab, die Staphylokokken nach 2—4 Stunden. Robbenfett besitzt schwächere baktericide Eigg. als Dorschfett. Es werden Ergebnisse über die heilende Wrkg. der „baktericiden Fl." auf infizierte Wunden mitgeteilt u. eine Meth. zur Herst. einer Autovaccine beschrieben. (Мікробіологічний Журнал (Київ) [Mikrobiol. J. (Kiew)] **20**. Nr. 4. 28—33. 1958. Dnepropetrowsk, Inst. für Mikrobiol. u. Epidemiol.) O. LEBTAG. 4330

**Ingmar Bosund,** *Einwirkung der Benzoesäure auf Mikroorganismen. Versuche zur Einwirkung der Benzoesäure auf Oxydationsprozesse bei Proteus vulgaris. Benzoesäure* (**I**) beeinflußt bei Einw. auf Proteus vulgaris unter den angewandten Bedingungen vor allem die Länge der Anfangsphase, wirkt aber auf die Wachstumsgeschwindigkeit in der logarithm. Phase nicht ein. Die bei verschied. $p_H$ für einen bakteriostat. Effekt erforderliche Menge undissoziierter **I** ist konstant. Bei Unters. der $O_2$-Aufnahme u. der Oxydation der Glucose (**II**) zeigt sich, daß in der stationären Phase die Stufe **II** → 2 Brenztraubensäure ungestört verläuft, bevor ein Angriff von **I** erfolgt. Die wachstumshemmende Wrkg. der **I** beruht wahrscheinlich darauf, daß **I** die Oxydation der Essigsäure hemmt;

die Oxydation der α-Ketoglutarsäure wird stärker gehemmt als die der Citronen- u. Bernsteinsäure. Eine große Rolle scheint der Einfl. der I auf die Bldg. energiereicher Verbb. zu spielen. (Svenska Inst. Konserveringsforskn., Publ. **123.** 1—36. 1956.)
R. K. Müller. 4330

**Klaus Wechselberg,** *Zur tuberkulostatischen Wirkung ätherischer Öle und verwandter Pflanzenwirkstoffe.* Nach einem Überblick der Literatur über die antibakterielle Wrkg. der äther. Öle u. verwandter Pflanzenstoffe werden in der vorliegenden Mitt. mehrere *in vitro*-Testmethoden als Grundlage für die Auffindung u. Beurteilung geeigneter Versuchsanordnungen besprochen. Es werden 2 Gastest- u. 2 Emulsionsmethoden beschrieben, von denen die Gastestmeth. II (Wägegläser mit Nährboden im hohlen Glasdeckel) als die am besten brauchbare eingehend beschrieben wird. Als Testorganismus diente *Mycobacterium tuberculosis H 37 Rv.* — 10 Tabellen u. 5 Abbildungen. (Z. Hyg. Infektionskrankh. **144.** 564—83. 14/5. 1958. Köln, Univ., Kinderklin.)
H. Dölle. 4330

**Stanislaw Lewak,** *Makroliden.* Allg. Überblick über *Makroliden* (*Pikromycin, Methmycin, Neomethmycin, Narbomycin, Erythromycin, Erythromycin B, Griseomycin, Oleandomycin, Magnamycin, Magnamycin B, Foromacidin A, -B, -C* u. *-D, Leukomycin, Angolamycin*), eine neue Gruppe von Antibioticis, unter Berücksichtigung der antibakteriellen Aktivität, der Methoden u. Ergebnisse der Strukturunterss. dieser Verbindungen. Der wahrscheinliche Weg der Biosynth. wird dargestellt. — 62 Literaturangaben. (Wiadomości chem. **12.** 433—69. Aug. 1958.) H. Guischard. 4340

**Eudoxie Bachrach** und **Noël Guillot,** *Hemmwirkung von Lactobacillus acidophilus auf das Wachstum von Candida albicans (Rob.) Berkh.* Die Verss. wurden in einem Kulturmedium durchgeführt, welches aus pankreat. abgebautem *Casein* bestand, u. worin die beiden Organismen gleichzeitig wuchsen. Die Entw. der Kulturen wurde durch Trübungsmessungen bestimmt. Es wurde festgestellt, daß Lact. acidophilus während seines Wachstums einen Stoff bildet, welcher auf Candida albicans biostat. wirkt. Der Faktor ist thermolabil, in W. lösl., relativ stabil (ein Filtrat blieb nach mehreren Wochen noch wirksam) u. kann durch Aktivkohle adsorbiert werden. (C. R. hebd. Séances Acad. Sci. **246.** 1277—79. 24/2. 1958.) H. Aman. 4340

**Shuji Hasegawa, Shiyun Tanabe, Fumiko Shiozawa** und **Hisako Nakagaki,** *Suchteste auf antibiotische Wirkung von Pflanzenextrakten.* Es wurden ca. 3000 Species höherer Pflanzen Japans getestet. Als Testkeime dienten *Staphylococcus aureus, Escherichia coli, Mycobact. tuberculosis hominis* u. *Mycobact. tuberculosis avium,* gegen die die Pflanzenextrakte aus Blüten, Blättern, Stengeln, Früchten, Knollen oder Samen nach verschied. Methoden geprüft wurden. Ca. 575 Species waren antibiot. wirksam. Wichtig sind vor allem die Familien *Abietaceae, Aceraceae, Alliaceae, Asteraceae, Betulaceae, Caprifoliaceae, Cupressaceae, Daphnaceae, Euphorbiaceae, Fagaceae, Geraniaceae, Lamiaceae, Liliaceae, Lythraceae, Paeoniaceae, Pinaceae, Pirolaceae, Poligonaceae, Ranunculaceae, Rhodoraceae, Rosaceae, Saxifragaceae, Spiraeaceae, Stachyuraceae* u. *Ternstroemiaceae.* Bes. gegen *Mycobact. tuberculosis* waren die Arten *Cardamine, Dioscorea, Elaeagnus, Lespedeza, Oxalis, Scirpus, Sophora, Stellaria* u. *Wasabia* wirksam. (Jap. J. exp. Med. **28.** 139—58. Juni 1958. Tokyo, Univ., Inst. for Infect. Diseases. [Orig.: engl.])
K. Böhm. 4340

**F. Filadoro** und **N. Orsi,** *Die Züchtung von Trichomonas vaginalis auf festem Nährboden und deren Anwendung zur Bestimmung der Trichomycinaktivität.* Es wird eine Meth. zur anaeroben Züchtung von T. vaginalis in Oberflächen- u. Submerskultur auf C.P.L.M.-Agarnährboden (vgl. Trussel, T. vaginalis and Trichomoniasis, Springfield, Ill., Charles C. Thomas, 1947) beschrieben, die zur quantitativen Best. der Aktivität von Trichomycin dienen kann. (Antibiotics and Chemotherapy **8.** 561—63. Nov. 1958. Rome, Univ., Ist. di Microbiol.) K. Maier. 4340

**S. Fúrész, O. Zangaglia** und **R. Scotti,** *Die Wirkung bestimmter Antibioticakombinationen auf Staphylokokken in vitro.* Die Unters. der in vitro-Wrkg. von Antibioticakombinationen, *Novobiocin* (**I**) + *Tetracyclin* (**II**), *Chloramphenicol* (**III**) + **II**, **II** + *Oleandomycin* (**IV**), **I** + *Penicillin* (**V**) u. **I** + **III**, gegenüber 65 *Micrococcus pyogenes*-Stämmen ergab, verglichen mit den Einzelverbb., stets eine höhere Wirksamkeit. Die größte Hemmwrkg. zeigten **I** + **II**. $3\,\gamma/cm^3$ hemmten alle, $<0{,}5\,\gamma/cm^3$ die meisten Stämme. $<3\,\gamma/cm^3$ **II** + **III** u. **I** + **III** hemmten 57 Stämme. **I** + **IV** u. **I** + **V** waren den Kombinationen **II** + **III** u. **I** + **III** überlegen. (Antibiotics and Chemotherapy **8.** 571—75. Nov. 1958. Milano, Lepetit S.p.A., Res. Labors.; Pavia, Univ., Dep. of Internal Med.) K. Maier. 4340

**Arpad Berczeller** und **Grace Frank,** *Der Schutz gegen Hitzeinaktivierung von Dihydrostreptomycin und Streptomycin durch Beimischung von Isoniazid.* Wird *Strepto-*

*mycin* (I) u. *Dihydrostreptomycin* (II) im Autoklaven bei 121° sterilisiert, so wird I u. II zerstört. Vff. untersuchen den Einfl. der Beimischung von *Isoniazid* (III) auf den Verlust der antibiot. Aktivität von I u. II im Autoklaven. Durch Zusatz von 25 mg III/ml I oder /ml II ließen sich die Lsgg. klar erhalten. Der Zusatz von 120 mg III/ml zu 500 g/ml I oder II schützte beide Antibiotica vor dem Verlust der Aktivität durch Erhitzen, wie sich bei der Prüfung gegen *Escherichia coli* u. *Mycobact. tuberc.* ergab. Diese Stabilisierung durch III wird von Vff. eingehend mittels IR-Spektroskopie untersucht. Vff. nehmen an, daß die Schutzwrkg. durch die Bldg. des *Isonicotinylhydrazons* von I oder II auf Grund einer *Hydrazin–Carbonyl*-Kondensation hervorgerufen wird. (Antibiotics and Chemotherapy **8.** 309—17. Juni 1958. Staten Island, A. Y., Sea View Hosp., Dep. of Bact.) H. DÖLLE. 4340

**M. Blumauerová** und **J. Stárka,** *Die Umkehrung der antibiotischen Wirkung von Cycloheximid (Actidon) durch zweiwertige Metallionen.* Vff. haben die Hemmung des Wachstums von *Candida krusei* (C.k.) u. *Candida albicans* (C.a.) durch *Cycloheximid* (I) turbidimetr. geprüft u. festgestellt, daß 0,5 μg I/cm³ einen merklichen Effekt haben u. 2 μg I/cm³ das Wachstum von C.k. vollständig hemmt, während C.a. selbst durch eine 50fach höhere Konz. nicht gehemmt wurde. Die Wrkg. von I wird durch Ersatz des Ammoniumsulfats im Medium durch andere N-Lieferanten, wie Aminosäuren, Peptide oder Proteinhydrolysate, nicht vermindert, wohl aber durch Pepton (II). Die Hemmung hängt in ihrem Ausmaß von der Art des verwendeten II ab. Sobald das in II enthaltene Fe ausgefällt u. abgetrennt worden war, verhielt sich II wie andere N-Lieferanten auch. I hemmt zu 40% die Oxydation von Glucose durch intakte Zellen von C.k., nicht aber, wenn Fe-, Cu-, Cd-, Ca-, Zn- oder Mg-Ionen anwesend sind. Vff. erklären diese Tatsache damit, daß I mit 2wertigen Metallen antibiot. unwirksame Chelate bildet. (Nature [London] **183.** 261. 24/1. 1959. Prag, Karls Univ., Fac. of Biol., Dep. of Microbiol.) HEINRICH HERMANN. 4340

**A. M. Passitschnik,** *Über den Einfluß der Antibiotica auf die Erreger der Gasgangrän in vitro.* Auf Grund der krit. Bewertung des Literaturmaterials wird festgestellt, daß die Erreger der Gasgangrän eine starke Empfindlichkeit gegenüber den Antibioticis aufweisen, bes. gegenüber *Penicillin* (I) u. *Biomycin* (II). I, II, *Gramicidin, Sanazin* (III), *Synthomycin* (IV), *Lävomycetin, Aureomycin* u. *Chloromycetin* üben auf die Gasgangränerreger eine bakteriostat. Wrkg. aus. II, III u. IV neutralisieren die Toxine der Erreger. Sowohl die toxigenen als auch die pathogenen Eigg. werden durch die Antibiotica abgeschwächt. Unter dem Einfl. von I, III, IV u. *Streptomycin* entstehen resistente Formen mit anderen biol. Eigenschaften. (Мікробіологічний Журнал (Київ) [Mikrobiol. J. (Kiew)] **20.** Nr. 4. 54—63. 1958. Mikrobiol. Inst. der Akad. der Wiss. der UkrainSSR.) O. LEBTAG. 4340

**Austin H. Kutscher, Lucille Seguin, Robin M. Rankow** und **John D. Piro** (unter Mitarbeit von **J. B. Campbell**), *Thiostrepton, ein neues Antibioticum. Scheibchenempfindlichkeitsuntersuchungen.* Vergleichende Best. der Empfindlichkeit von 289 pathogenen Mikroorganismen gegenüber 13 antibakteriellen Verbb.: Thiostrepton (I), *Erythromycin, Chloramphenicol, Chlortetracyclin, Oxytetracyclin, Penicillin, Streptomycin, Bacitracin, Polymyxin B, Tetracyclin, Nitrofurantoin, Nitrofurazon* u. *Neomycin,* zeigten, daß I vor allem gegen hämolyt. *Staphylocuccus aureus, S. albus,* nichthämolyt. *Streptococcus, S. viridans* u. *S. haemolyticus* wirksam ist. (Antibiotics and Chemotherapy **8.** 576—83. Nov. 1958. New York, N. Y., Columbia Univ., Coll. of Phys. and Surg., Inst. of Cancer Res.) K. MAIER. 4340

**Gyuláné Gantner** und **Károly Vas,** *Einfluß von partiellem Kationenmangel auf die Zellenform und Vermehrung von zwei Saccharomycesarten.* Laut früheren Beobachtungen von VAS genügt zur Erhöhung der Haltbarkeit von Tomatensaft eine Kationenaustauschbehandlung. Um den Mechanismus der hindernden Wrkg. zu studieren, untersuchten Vff. die Formänderung u. Vermehrungsverhältnisse von *Saccharomyces cerevisiae* var. *ellipsoideus T 22* u. *Sacch. rouxi 841* in mittels Kationenaustausch behandeltem Tomatensaft bzw. Serum. Das Zellvol. von T 22 wurde kleiner, die Schrumpfung erfolgte in Richtung des kleineren Durchmessers. Die Hefe 841 erleidete keine wesentliche Formänderung. Die Vermehrungsgeschwindigkeit ist bei der osmophilen Hefe geringer. (Élemenzési Ipar [Lebensmittelind.] **12.** 108—13. April 1958.) J. PLANK. 4350

**F. H. Caselitz** und **A. A. Buck,** *Biologische Studien an Mikroorganismen des Genus Aeromonas.* Der Nachw. eines gramnegativen, monotrich. begeißelten, der Aeromonasgruppe nahestehenden Stäbchens im Octeomyelitiseiter eines Patienten gab Anlaß, sich mit der Morphologie u. dem kulturellen, biochem. u. serolog. Verh. von 8, z. T. aus Trinkwasser isolierten Stämmen dieses Genus zu beschäftigen. Es gibt mehr als die vier in Bergeys Manual erwähnten Varianten. In biochem. Hinsicht sind Unterschiede im

Verh. gegenüber *Arabinose, Saccharose,* der *Methylrot*-Rk. u. der *Nitrat*-Rk. feststellbar. Alle Stämme verflüssigen *Gelatine* u. Löfflerserum. *Dulcit* wird nicht angegriffen. (Zbl. Bakteriol., Parasitenkunde, Infektionskrankh. Hyg., I. Abt., Orig. **173.** 407—16. Dez. 1958. Hamburg-Altona, Allg. Krankenhaus, Bakteriol. Inst.) E. FISCHOEDER. 4350

**Julia Gerwing** und **D. A. Long,** *Die Wirkung bakterieller Ektotoxine auf den nicht an Protein gebundenen SH-Gruppengehalt der Organe verschiedener Tierspecies.* Die einmalige Injektion von bakteriellem Ektotoxin bewirkt bei a) Maus, b) Ratte, c) Kaninchen, d) Meerschweinchen u. e) Affe eine Abnahme der nicht an Protein gebundenen SH-Gruppen im Muskel, bes. bei a) u. b). In der Leber dagegen steigt der SH-Geh. bei a), b) u. c), bleibt fast gleich bei d) u. fällt stark bei e). Differenzen im Verh. verschied. Tierspecies findet man auch bei einer protrahierten *Cortison*-Behandlung (Wrkg. auf Körpergewicht u. Serum-$\gamma$-Globulin). Sie beruhen im Toxinvers. anscheinend auf der verschied. Ansprechbarkeit der Schilddrüse auf als Stress wirksame Reize. (Biochem. J. **70.** 652—55. Dez. 1958. London, Mill Hill, Nat. Inst. for Med. Res.) E. FISCHOEDER. 4370

**Gerald A. LoGrippo,** *Die antigenen Eigenschaften von Virusimpfstoffen, die mittels β-Propiolacton und ultravioletten Strahlen inaktiviert sind.* Rabies- u. Pferdeencephalitisvirus erfahren durch $\beta$-Propiolacton eine fast völlige Inaktivierung (vgl. J. Immunology **75.** [1955.] 123), jedoch bleibt ein Virusrest vermehrungsfähig. Ähnlich, aber träger, wirken UV-Strahlen. Eine Kombination beider Agentien inaktiviert die Viren in kürzester Zeit vollständig u. ermöglicht eine Reduzierung der $\beta$-Propiolactonkonz., die schädigend auf die antigenen Eigg. der Viren wirken kann. Vergleichende Immunisierungsverss. an Mäusen mit Impfstoffen, die entweder nur mit $\beta$-Propiolacton oder UV oder im kombinierten Verf. inaktiviert wurden, beweisen die überlegenen Eigg. der Impfstoffe aus nach der kombinierten Meth. inaktivierten Virussuspensionen. (J. Immunology **80.** 198—203. März 1958. Detroit, Mich., Henry Ford Hosp., Dep. of Labor.) E. FISCHOEDER. 4374

**W. Schäfer** und **E. Wecker,** *Strukturelemente und deren Funktion bei kleineren Virusarten.* Nur der Nucleinsäureanteil eines Virus vermag einer Wirtszelle den Impuls zur Umstellung ihres Stoffwechsels u. damit zur Virusbldg. zu geben. Er ist der eigentliche infektiöse Bestandteil, der von Hüllen, wie *Protein, Lipiden* u. *Kohlenhydraten* umgeben ist, die außer einer Schutzwrkg. unter Umständen auch noch zellaggressive Funktionen ausüben. (Zbl. Bakteriol., Parasitenkunde, Infektionskrankh. Hyg., I. Abt., Orig. **173.** 352—60. Dez. 1958. Tübingen, Max-Planck-Inst. für Virusforsch.) E. FISCHOEDER. 4374

**A. D. Bobir,** *Der Einfluß einiger Metabolite auf die durch das Tabakmosaikvirus verursachte nekrotische Reaktion.* Bei der Behandlung der Blätter von *Nicotiana glutinosa* gleichzeitig mit deren Infektion durch das Tabakmosaikvirus wurden folgende Nekrosezahlen (in % von der Kontrolle) gefunden: 0,01%ig. *DL-Alanin* 144; 0,01%ig. *D-Arginin* 163; 0,01%ig. *Asparagin* 550; 0,01%ig. *Asparaginsäure* 36; 0,1—0,001%ig. *DL-Valin* 95; 0,001%ig. *Histidinhydrochlorid* 135; 0,1%ig. *Glykokoll* 62; 0,01%ig. *L-Glutaminsäure* 42; 0,15%ig. *L-Leucin* 41; 0,1%ig. *DL-Lysin* 34; 0,1—0,001%ig. *Serin* 90; 0,1—0,01%ig. *L-Tyrosin* 84; 0,1%ig. *DL-Tryptophan* 58; 0,01%ig. DL-Tryptophan 76; 0,1—0,001%ig. *DL-β-Phenylalanin* 61; 0,01%ig. *Cystein* 47; 0,1%ig. *Cystin* 33; 0,01—0,001%ig. *Cystin* 62; 0,01—0,001%ig. *Anthranilsäure* 101; 0,1%ig. *p-Aminobenzoesäure* 68; 0,1%ig. *Vitamin* $B_1$ 45; 0,1%ig. *Vitamin D* 43; 0,1%ig. *2-Aminothiazol* 84; 0,1%ig. *Nicotinsäure* 150 (Behandlung 24 Std. nach der Infektion); 0,01%ig. *Picolinsäure* 65. In Verss. mit isolierten Blättern wurden folgende Werte erhalten: 0,1%ig. *Adrenalin* 52; 0,01%ig. Adrenalin 53; 0,1—0,001%ig. *Thyreoidin* 40; 0,1 bis 0,00%ig. Thyreoidin 36 (Behandlung 24 Std. nach der Infektion); 0,01%ig. *Follikulin* 42. (Мікробіологічний Журнал (Київ) [Mikrobiol. J. (Kiew)] **20.** Nr. 4. 23—27. 1958. Mikrobiol. Inst. der Akad. der Wiss. der UkrainSSR.) O. LEBTAG. 4374

**H. Fraenkel-Conrat** und **B. Singer,** *Die Stabilität der Ribonucleinsäure des Tabakmosaikvirus.* Ribonucleinsäure (I) aus Tabakmosaikviren wird durch Extraktion nach der Na-Dodecylsulfatmeth. (vgl. C. **1959.** 6186) erhalten. Die I-Stabilität wird aus dem Grad der I-Sedimentierbarkeit u. ihrer Infizierfähigkeit abgeleitet. Danach ist der Abbau eine Funktion der Temperatur. Bei 92° ist I nach 5 Min. schon zu 90% abgebaut. Bei niedrigen Salzkonzz. ist I relativ stabil. Eine optimale Stabilität wurde in einer wss. Lsg. von $10^{-3}$mol. Äthylendiamintetraacetat, $p_H$ 6—8, beobachtet. I ist so bei 35° während 2 Std. ohne Inaktivierung haltbar. In 0,1mol. Salzlsgg. erfolgt allmählich Abbau. Nur in 0,1mol. Pyrophosphatlsg. erfolgt die Inaktivierung wesentlich langsamer. Vff. schreiben den I-Abbau einer Ionenaktivierung von Enzymspuren in den I-Präpp. zu. (Bull. Soc. Chim. biol. **40.** 1717—25. 15/2. 1959. Berkeley, Calif., Univ., Virus Labor.) L. TRÄGER. 4374

**Russel A. Eversole** und **Jerome J. Wolken,** *Photochemische Aktivität von Digitoninextrakten aus Chloroplasten.* Vff. weisen nach, daß in Ggw. des mit Digitonin extrahierbaren Komplexes aus Euglenachloroplasten einige typ. photosynthet. Rkk. erfolgen. Untersucht wurden die Geschwindigkeit der Photoreduktion von 2.6-Dichlorphenolindophenol (I). Im Dunkeln fand Reoxydation des I statt. Gleichzeitig wurde eine Erhöhung (Licht-Rk.) bzw. eine Erniedrigung (Dunkel-Rk.) des für ein Euglena-Carotinoid charakterist. Absorptionsmaximum beobachtet. Unter anaeroben Bedingungen wurde $O_2$-Entw. festgestellt. Die Umwandlung von anorgan. in labiles Phosphat fand in Ansätzen statt, denen die fehlenden Cofaktoren zugesetzt worden waren. (Science [Washington] **127.** 1287. 30/5. 1958. Pittsburgh, Pa., Eye and Ear Hosp., Biophys. Res. Labor.; Univ. of Pittsburgh, Med. School.) W. FIEDLER. 4380

## $E_4$. Pflanzenchemie. Pflanzenphysiologie. Pflanzenpathologie.

**I. W. Guljakin, N. M. Kirillowa, A. W. Korowkina** und **Je. W. Judinzewa,** *Der Einfluß von Radiothorium auf Wachstum und Ernteertrag von Weizen.* Bei Einw. von $^{288}_{90}Th$ in Dosen von 0,14—140 γ/Liter auf *Triticum persicum* wird festgestellt, daß der schädigende Einfl. des $^{288}_{90}$Th von der Entwicklungsphase der Pflanze abhängt. Er nimmt bis zur beendeten Bestockung zu, dann ab. Die stärkste Schädigung erleiden die Fortpflanzungsorgane. Der Stoffwechsel wird durch erhöhte Bldg. von Zuckern u. Nichteiweiß-N in den oberird. vegetativen Organen verschoben. (Известия Тимирязевской Сельскохозяйственной Академии [Nachr. landwirtsch. Timirjasew-Akad.] **1957.** Nr. 6. 7—18.) R. K. MÜLLER. 4404

**Siegfried Beckmann** und **Albrecht Manz,** *Über einige Inhaltsstoffe der Bucheckern.* Im „Säurenauszug" (hergestellt durch Extraktion von Bucheckernpreßkuchen mit $Na_2CO_3$-Lsg., Ansäuern mit $H_2SO_4$, Extraktion mit Ae. u. Eindampfen) wurden durch wiederholtes Lösen in Aceton u. Fällen mit Bzn. (Kp. 80—110°) *Fumarsäure* u. durch aufsteigende Papierchromatographie der methanol. Lsg. in mit 1,5n $NH_3$ gesätt. n-Butanol *Ferula-, Vanillin-, p-Hydroxyzimt-* u. *p-Hydroxybenzoesäure* nachgewiesen u. nach Extraktion der einzelnen Zonen mit $CH_3OH$ durch UV-Absorptionsspektroskopie identifiziert. Im Heißwasserextrakt des Bucheckernpreßsaftes wurden *Fructose, Saccharose, Glucose* u. *Raffinose* gefunden. (Chem. Ber. **92.** 161—63. 1959. Stuttgart-Hohenheim, Landwirtschaftl. Hochschule, Chem. Inst.) L. BÜRGER. 4420

**W. O. Kasarjan** und **E. Ss. Awundshjan,** *Über die Veränderungen der Aminosäurezusammensetzung in Blättern im Zusammenhang mit dem Auftreten der generativen Phase der Pflanzenentwicklung.* Die papierchromatograph. Unters. der Zus. der *Aminosäuren* (I) von Blättern einer typ. Kurztagpflanze (rotblättrige Perilla) zu verschied. Zeiten der genet. Entw. (Knospenbldg., Blüte u. Samenreife) ergab, daß sich die Anzahl der freien I stark mit den Entwicklungsphasen der Pflanze u. der Anzahl der Photoperioden ändert. Die geringste Anzahl von I enthielten alte Blätter von Langtagpflanzen (*Glykol, Threonin, Glutaminsäure* u. *Tryptophan*); viel mehr enthielten junge wachsende Blätter der Langtagpflanzen (*Cystin, Asparagin, Asparaginsäure, Threonin, Glutaminsäure, Alanin,* Tryptophan u. *Phenylalanin*). Von wesentlichem Interesse sind die Veränderungen in den I-Verhältnissen unter dem Einfl. einer 5tägigen oder längeren Kurztageinwirkung. Hierbei treten eine Reihe neuer I auf (Cystin, *Histidin,* Asparagin, Asparaginsäure, Alanin, *L-Aminobuttersäure,* Phenylalanin u. *Leucin*), die in älteren Blättern der Langtagpflanzen fehlen. Die maximale Anzahl u. Menge an I beobachtet man während der Knospenbldg.; während der Blüte u. Samenreife nimmt die I-Menge ständig ab. (Доклады Академии Наук Армянской ССР [Ber. Akad. Wiss. ArmenSSR] **27.** 125—28. 1958. Botan. Inst. der Akad. der Wiss. der ArmenSSR.) M. ULMANN. 4420

**Michiharu Miyazaki, Hisanori Watanabe** und **Tadayoshi Takano,** *Untersuchungen über Bestandteile von Trachelospermun asiaticum Nakai var. intermedium Nakai.* 1. Mitt. *Isolierung der Bestandteile.* Aus den Stengeln von Trachelospermun asiaticum Nakai var. intermedium Nakai werden 4 krist. Bestandteile, $C_{36}H_{50}O_{18}$ (I), F. 176° (Zers.; aus Äthylacetat); 0,1—0,2% (Ausbeute), *Acetamid,* $C_2H_5NO$, F. 76° (aus Äthylacetat), *Inositdimethyläther* (II), $C_8H_{16}O_6$, F. 205° (Nadeln aus Äthylacetat–Methanol) u. $(C_{10}H_{14}O_6)_n$ (III), F. 204° (Zers.; Nadeln aus W.) isoliert. I, ein neues Glykosid, $[\alpha]_D^{15}$ + 78,0° (c = 0,5; Methanol), wird von Vff. *Trachelosid* genannt u. enthält vier Methoxygruppen pro Mol. u. Glucose als Zuckerkomponente. Die Struktur von II wird durch IR-Spektr. u. Bldg. von Tetraacetylinositdimethyläther, F. 193°, beim Behandeln von II mit Acetanhydrid bestätigt. III ist vermutlich ein Flavonglykosid. UV- u. IR-Absorptionsspektren von I u. III sind angegeben. (J. pharmac. Soc. Japan [Yakugakuzasshi] **78.** 879—82. Aug. 1958. Ôsaka, Fujisawa Pharmac. Ind. [Orig.: japan.; Auszug: engl.]) E. MAEKAWA. 4420

**Hisanori Watanabe** und **Tadayoshi Takano,** *Untersuchungen über Bestandteile von Trachelospermun asiaticum Nakai var. intermedium Nakai.* 2. Mitt. *Die Struktur des Trachelosids.* 1. Teil. (1. vgl. vorst. Ref.) Trachelosid (I) zers. sich bei 5std. Erwärmen in 5—10%ig. $H_2SO_4$ unter Bldg. von *Trachelogenin* (II), $C_{24}H_{30}O_8$, F. 144° (Nadeln aus W.) u. Glucose (III) [Glucosazon, $C_{18}H_{22}N_4O_4$, F. 201° (gelbe Nadeln aus Methanol)]. Mit Hilfe der Meth. von BERTRAND wurde festgestellt, daß ein Mol. I aus zwei Moll. III u. einem Mol. II besteht. I bzw. II ergibt beim Behandeln mit alkal. Lsg. *Trachelonsäure,* F. 143°, bzw. *Trachelogensäure* (IV), $C_{24}H_{32}O_9$, F. 160° (Zers.). Die aus IV u. Dimethylsulfat hergestellte *Methyltrachelogensäure,* $C_{25}H_{34}O_9$, F. 93—95°, ergibt bei 2std. Erwärmen mit 10%ig. $H_2SO_4$ in Aceton das Lacton, *Methyltrachelogenin,* $C_{25}H_{32}O_8$, F. 122°, u. beim Versetzen mit $CH_2N_2$ in Ae. den *Methylester,* $C_{26}H_{36}O_9$, F. 103°. Aus diesen Daten u. UV- sowie IR-Spektren läßt sich ableiten, daß ein II-Mol. Benzolkern(e), eine phenol. OH-Gruppe, vier Methoxygruppen, einen $\gamma$-Lactonring u. $CH_2$-Gruppe(n) enthält. Folglich ist I ein aus zwei Moll. III u. einem Mol. II durch Bindung über eine phenol. OH-Gruppe in II gebildetes Glucosid. (J. pharmac. Soc. Japan [Yakugakuzasshi] **78.** 882—85. Aug. 1958. [Orig.: japan.; Auszug: engl.]) E. MAEKAWA. 4420

**Tadayoshi Takano,** *Untersuchungen über Bestandteile von Trachelospermun asiaticum Nakai var. intermedium Nakai.* 3. Mitt. *Die Struktur des Trachelosids.* 2. Teil. (2. vgl. vorst. Ref.) Trachelogenin (I) ergibt bei Oxydation mit $KMnO_4$ *3-Methoxy-4-hydroxyphenylessigsäuremethylester,* $C_{10}H_{12}O_4$, F. 118°, u. eine Substanz mit sauren Eigg., F. 163°. Andererseits ergibt *Äthyltrachelogenin* durch $KMnO_4$-Oxydation *3-Methoxy-4-hydroxybenzoesäure,* F. 205° (Nadeln aus verd. A.) u. *3.4-Dimethoxyphenylessigsäure,* $C_{10}H_{12}O_4$, F. 98°. Aus Methyltrachelogensäuremethylester wird durch Behandeln mit Acetanhydrid das Diacetat, $C_{30}H_{40}O_{11}$, F. 123° (aus 95%ig. A.) erhalten, was darauf hindeutet, daß I noch eine OH-Gruppe außer der im Lactonring vorliegenden enthält. Aus diesen Ergebnissen u. UV- sowie IR-Absorptionsspektren wird angenommen, daß I eine 3.4-Dimethoxy- u. eine 3-Methoxy-4-hydroxyphenylgruppe enthält, u. daß die Komponente, die einen $\gamma$-Lactonring, eine sek. OH-Gruppe u. eine $OCH_3$-Gruppe enthält, die beiden Benzolkerne verbindet. (J. pharmac. Soc. Japan [Yakugakuzasshi] **78.** 885—88. Aug. 1958. [Orig.: japan.; Auszug: engl.]) E. MAEKAWA. 4420

**Paul Mazliak,** *Entwicklung des Lipidüberzuges der Schalen von Äpfeln (Variation Calville blanc) im Laufe des Reifens.* Aus dem durch Extrahieren mit PAe. gewonnenen Lipidüberzug von Apfelschalen lassen sich eine ölige Fraktion u. ein Wachs gewinnen. Es wird festgestellt, daß das Gewicht der Wachsfraktion während des Reifens der Äpfel konstant bleibt, die ölige Fraktion dagegen während des Reifens zunimmt u. während des Alterns der Früchte abnimmt. Nach Verseifen mit alkoh. KOH lassen sich aus den einzelnen Fraktionen papierchromatograph. (aufsteigende Meth., stationäre Phase Erdölfraktion vom Kp. 180—210°, bewegliche Phase Essigsäure 90%, W. 10%) folgende Fettsäuren abtrennen: *Ölsäure* u. wahrscheinlich *Ursolsäure* aus der Wachsfraktion, *Ölsäure* u. wahrscheinlich *Palmitin-* u. *Linolsäure* neben 2 weiteren Säuren aus der Ölfraktion. Während des Reifens erscheinen in der Ölfraktion 3 weitere Säuren, die weniger gesätt. sind u. ein niedrigeres Mol.-Gew. haben. (C. R. hebd. Séances Acad. Sci. **246.** 3368—70. 16/6. 1958. Bellevue, C.N.R.S., Stat. du Froid, Labor. de Biol. végétale.) U. WÖRFFEL. 4420

**W. E. Hillis** und **Gerda Urbach,** *Leuko-Anthocyanine als mögliche Vorstufen der Tannine.* Es wurden Rohtanninprodd. von *Acacia mollissima, Eucalyptus wandoo, Rhizophora mucronata* u. *R. apiculata, Bruguiera gymnorrhiza* sowie *Eucalyptus calophylla* untersucht. Auf Papierchromatogrammen konnte nachgewiesen werden, daß die meisten dieser Rohtannine 7—12% freie Flavane enthielten (Vanillin–Salzsäure +). Die Formaldehyd (I)-Aufnahme war bei niederer Temp. höher als bei 100°. Vff. nehmen an, daß bei der Erhitzung mit I einzelne Bindungen der Flavandiole aufgebrochen werden u. dadurch eine spezif. Anzahl von Monomeren frei wird. Bei $p_H$ 8 zeigten Catechinpolymere bei 410 m$\mu$ das gleiche Maximum wie die Tannine; nur die Mangroveprodd. besaßen bei 500 m$\mu$ ein zweites Maximum, ähnlich den Tanninen von *Acacia catechu* u. *Uncaria gambis.* (Nature [London] **182.** 657—58. 6/9. 1958. Melbourne, Commonwealth Sci. and Ind. Res. Org., Div. of Forest Products.) H. FRANK. 4420

**S. S. Block, R. L. Stephens** und **W. A. Murrill,** *Die Amanitatoxine in Pilzen.* Methanolextrakte von Amanita verna wurden durch Chromatographie an Cellulose fraktioniert u. die einzelnen Fraktionen nach einem früher beschriebenen Verf. (BLOCK u. Mitarbeiter, Science [Washington] **121.** [1955.] 505) papierchromatographiert. Es wurden erhalten: a) violetter Fleck mit $R_F$ 0,43, *α-Amanitin* (I); b) hellvioletter Fleck mit $R_F$ 0,17, vermutlich *β-Amanitin* (II); c) orangefarbener Fleck mit $R_F$ 0,07, wobei es sich wahrscheinlich um Peptide handelt. Ähnliche Unterss. an Extrakten von Amanita tenuifolia ergaben nur einen violetten Fleck entsprechend **II** u. einen orangefarbenen Fleck in der Nähe des Startpunktes. In weiteren Unterss. wurden Extrakte von über 50 Pilzarten, davon 13 Amanitaarten, chromatograph. auf **I** u. **II** geprüft u. gleichzeitig ihre Toxizität bei intravenöser Injektion an Mäusen geprüft. Letale Effekte hatten nur die Extrakte aus A. verna u. A. tenuifolia, in denen auch **I** u./oder **II** gefunden worden war. In den übrigen Amanita- u. sonstigen Arten wurde weder **I** noch **II** nachgewiesen. Es wurden auch einige A. verna-Exemplare gefunden, die kein **I** u. **II** enthielten u. dementsprechend nicht tox. waren. Die in früheren Arbeiten mitgeteilten letalen Dosen der Amanitatoxine für den Menschen u. verschied. Tiere werden in einer Tabelle wiedergegeben. (J. agric. Food Chem. **3.** 584—87. Juli 1955. Gainesville, Fla., Univ. of Florida.) F. KRUSEN. 4420

**J. Janicki, Z. Duda** und **M. Gogolewski,** *Bestimmung von Vitamin E in manchen polnischen Getreideprodukten und Samen.* Die Best. von *Vitamin E* wird nach FURTER u. MEYER [1939] durchgeführt. Die miterfaßten Carotinoide werden gesondert colorimetr. ermittelt u. vom Ergebnis abgezogen. Es wurden folgende Konzz. gefunden: In Weizenkeimöl 321—350 (mg%), Roggenkeimöl 341—402, Lupinenöl 163—202, Sojaöl 133—147, Tomatenöl 234—305, Johannisbeeren 266—316. (Przemysł Spożywczy **12.** 415—17. Okt./Nov./Dez. 1958. Poznań.) F. URBAN. 4425

**D. R. Meyer** und **A. J. Anderson,** *Temperatur und symbiotische Stickstoffbindung.* Kleepflanzen (*Trifolium subterraneum* L. var. Bacchus Marsh), die auf N-freiem Agarnährboden gewachsen waren, zeigten, daß bei mäßig hohen Tempp. (30°) nach Okulieren mit *Rhizobium* die N-Bindung gehemmt war, während bei 20° die N-Aufnahme u. das Wachstum n. waren. Die im Protein enthaltene N-Menge war bei den bei höheren Tempp. gezogenen Pflanzen um ca. 30% erniedrigt. Die nichtokulierten Pflanzen zeigten dagegen bei Zugabe von $KNO_3$ ein temperaturunabhängiges Verhalten. Die Vermutung, daß die hemmende Wrkg. höherer Temp. auf einen Mangel an lösl. Kohlenhydraten in den Knötchen u. eine damit verbundene stärkere Atmung zurückzuführen sei, konnte nicht bestätigt werden. Zugabe von Zucker zum Nährboden erhöhte weder bei hohen noch niedrigen Tempp. die aufgenommene N-Menge. (Nature [London] **183.** 61. 3/1. 1959. Canberra, Commonwealth Sci. and Ind. Res. Organiz., Div. of Plant Ind.) HORST SCHÄFER. 4450

**S. M. Bromfield,** *Die Eigenschaften eines biologisch gebildeten Manganoxyds, seine Verfügbarkeit für Hafer und seine Löslichkeit durch Wurzelextrakte.* Aus einer Mn-haltigen Nährlsg. wurde durch Beimpfen mit Corynebacterium sp. ein *Mn-Oxyd* gewonnen, das der Formel $MnO_{1.76-1.88}$ entsprach u. amorph, vermutlich hydratisiert, nicht in W., aber zu 1,6% in 1% ig. Essigsäure u. zu 21,3% in 1 n $H_2SO_4$ lösl. war. Durch eine 0,05% ig. wss. Hydrochinonlsg. wurde es leicht red. (in 1 Std. zu 33%). Da hieraus gefolgert werden muß, daß das Mn des biol. gebildeten Oxyds pflanzenverfügbar ist, wurde in Wasser-, steriler Agar- u. Sandkultur sowie in einem Gefäßvers. mit einem Mn-Mangelboden (Ton, $p_H$ 6) seine Verfügbarkeit für Hafer getestet. — In Sandkultur ($p_H$ 6 bis 7) wurde das Oxyd ebenso gut aufgenommen wie $MnSO_4$, in dem Mn-Mangelboden dagegen erheblich schlechter. Sterilisation steigerte die Verfügbarkeit des Oxyds ebenso wie die von $MnSO_4$ auf das 1½fache. — Wss. Wurzelextrakte lösten $MnO_2$ ab $p_H$ 6,5. Mit sinkendem $p_H$ sank die Löslichkeit. Es wird daher vermutet, daß Mn-Oxyde durch Wurzelexkrete mobilisiert werden u. daß die mit dem $p_H$ abnehmende Verfügbarkeit nicht auf eine „Fixierung", sondern auf geringer werdende Aktivität der Wurzelexkrete bei sinkendem $p_H$-Wert zurückzuführen ist. (Plant and Soil [The Hague] **9.** 325—37. Juli 1958. Canberra, A.C.T. Australia, C.S.I.R.O., Div. of Plant Ind.) WILFRIED WERNER. 4450

**K. Mothes** und **L. Engelbrecht,** *Die Bedeutung einiger äußerer Faktoren für die Nicotinbildung durch Nicotiana rustica.* An bewurzelten Blattstecklingen u. Einblattpflanzen von *Nicotiana rustica* wurde der Einfl. von *Indolylessigsäure* (**I**; 1 mg/Liter bis 30 mg/Liter) sowie von *K*- u. *N*-Gaben auf die Synth. von *Nicotin* (**II**) untersucht. In geringen Gaben steigert **I** die Wurzel- u. Blattmasse, das Wurzeleiweiß u. das Gesamt-**II**, aber nicht den prozentualen Alkaloidgehalt. Höhere **I**-Gaben hemmen zwar nicht die **II**-Synth. jedoch die Eiweißbildung. K wirkt in zu geringen u. zu hohen Gaben hemmend auf die **II**-Bldg., während zunehmende N-Gaben die **II**-Bldg. fördern. Bei häufigerem Wechsel der Nährlsg. ergeben Nitrate u. Harnstoff positivere Werte für die **II**-Produktion als Ammoniumsulfat. Alle geprüften Substanzen scheinen jedoch nicht direkt auf die **II**-Synth., sondern indirekt über das Wurzelwachstum zu wirken. (Planta med. [Stuttgart] **6.** 317—47. Dez. 1958. Halle/Saale, Arbeitsstelle für Biochem. der Pflanzen der Dtsch. Akad. der Wiss.) I. GEIBLER. 4460

**K. Mothes, H. R. Schütte, H. Simon** und **F. Weygand,** *Die Bildung von Anabasin us* $^{14}C_{(1.5)}$*-Cadaverin mit Hilfe von Extrakten aus Erbsenkeimlingen.* Die von HASSE u.

BERG gefundene fermentative Bldg. von *Anabasin* aus *Cadaverin* durch Extrakte aus Erbsenkeimlingen stellt die erste bekannte fermentative Alkaloidsynth. dar. Sie konnte von Vff. unter Verwendung von markiertem Cadaverin bestätigt werden. Die Oxydation von $^{14}C_{(1,5)}$-*Cadaverindihydrochlorid* mit der frisch bereiteten Enzymlsg. aus 7—14 Tage alten Erbsenkeimlingen erfolgte mit Hilfe der WARBURG-Technik. Abbauverss. des Anabasins beweisen, daß bei der Oxydation von Cadaverin durch Extrakte aus Erbsenkeimlingen der Piperidin- u. der Pyridinring aus dem Diamin entstehen, während nach LEETE in Nicotiana glauca der Pyridinring des Anabasins nicht aus Cadaverin gebildet wird. (Z. Naturforsch. **14b.** 49—51. Jan. 1959. Halle, Arbeitsstelle für Biochem. der Dtsch. Akad. der Wiss.; Berlin, Univ., Org.-chem. Inst.) W. SCHNEIDER. 4460

**C. P. Whittingham,** *Der chemische Mechanismus der Photosynthese.* Übersicht. — 12 Literaturangaben. (Advancement of Sci. **14.** 441—47. Juni 1958.) F. HELLER. 4460

**G. E. Fogg,** *Tatsächliche und mögliche Ausbeuten bei der Photosynthese.* Übersicht über die augenblickliche Größe des Umsatzes von $CO_2$ zu gebundenem C auf der Erde u. Diskussion der möglichen Ausbeuten bei der Photosynth. unter Verwendung von Chlorella. — 19 Literaturangaben. (Advancement of Sci. **14.** 395—400. Juni 1958.) F. HELLER. 4460

**Otto Kandler** und **Martin Gibbs,** *Untersuchungen über den Einfluß der Photosynthese auf die Austauschvorgänge innerhalb des Hexosemoleküls.* Von Vff. wurde $^{14}C_{(1)}$-, $^{14}C_{(2)}$- u. $^{14}C_6$-*Glucose* u. unmarkierte Glucose bei gleichzeitiger Zuführung von $^{14}CO_2$ zu Suspensionen von Chlorella pyrenoidosa gegeben u. die aerob oder anaerob im Licht oder im Dunkeln aufgebauten Polysaccharide nach 50—100 Min. isoliert u. abgebaut. Mehr als 95% der Aktivität fanden sich in Glucose. Diese wurde zur Feststellung der Verteilung der Radioaktivität innerhalb des Glucosemol. mit Leuconostoc mesenteroides abgebaut. Der Austausch der Radioaktivität war im Dunkeln von der Ggw. von $CO_2$ unabhängig, im Licht jedoch bei $CO_2$-Ggw. gesteigert. Der geringste Austausch erfolgte im Licht unter anaeroben Bedingungen ohne $CO_2$. — Im Dunkeln wurden ca. 10% der Radioaktivität nach den symm. gelegenen homologen C-Atomen ausgetauscht, also von $C_{(1)}$ nach $C_{(6)}$, von $C_{(2)}$ nach $C_{(5)}$ u. von $C_{(6)}$ nach $C_{(1)}$. Der Austausch nach den übrigen Positionen betrug ebenfalls ca. 10%. Im Licht ohne $CO_2$ war der Austausch auf mehr als die Hälfte vermindert, bei $^{14}CO_2$-Ggw. betrug er ca. 20% nach den homologen C-Atomen der jeweils anderen Hexosehälften, während die übrigen Austauschvorgänge deutlich gehemmt waren. Bei Gaben von unmarkierter Glucose u. $^{14}CO_2$ fanden sich 50% der Aktivität in $C_{(3)}$ u. $C_{(4)}$. Die Verteilung der beiden Hälften war asymmetrisch. Im Gegensatz dazu war bei Fütterung von $^{14}C_{(6)}$-Glucose u. unmarkiertem $CO_2$ die Aktivität der Mittelpositionen am niedrigsten. — Die Austauschvorgänge bei der oxydativen Glucoseassimilation können qualitativ weitgehend durch die bekannten Aldolase- u. Transketolase-Rkk. erklärt werden, jedoch nicht in quantitativer Hinsicht. Bei günstigen Photosynthesebedingungen (bei $CO_2$-Ggw.) dominiert der symm. Austausch, der auf einen nur geringen Umfang der Rück-Rk. des Transaldolase–Transketolase-Syst. (Pentosecyclus) schließen läßt. Nicht wahrscheinlich ist, daß die asymm. Verteilung der Radioaktivität in der nach Photosynth. in $^{14}CO_2$ isolierten Hexose auf Grund von Rück-Rkk. einer prim. symm. markierten Hexose verursacht wird. (Z. Naturforsch. **14b.** 8—13. Jan. 1959. Upton, US Nat. Labor.; Brookhaven, N. Y., Biol. Dep.) W. SCHNEIDER. 4460

**M. Ja. Schkolnik** und **Ss. A. Abduraschitow,** *Der Einfluß von Spurenelementen auf die Keimung von Samen und die Kältefestigkeit der Maiskeimlinge.* 2jährige Verss. ergaben, daß die Keimfähigkeit von Maissamen, der vor der Aussaat (Bodentemp. 6,2—11,1°) mit einer Lsg. von 0,5 (g/Liter) $MnSO_4$ (**I**) behandelt wurde, 79 (%) beträgt, mit 0,04 $CuSO_4$(**II**) 76, mit 0,2 $ZnSO_4$(**III**) 75 u. mit 0,25 $(NH_4)_2MoO_4$(**IV**) 69 gegenüber 59 in der Kontrolle. *B* hatte keinen positiven Einfluß. Bei einer Außentemp. von 8—9° betrug die Keimfähigkeit nach Behandlung mit **II** 81, mit **III** 78% gegenüber 48% nach Behandlung des Samens mit Wasser. Eine Abhärtung der angekeimten Maissamen vor der Aussaat durch konstante niedrige Tempp. blieb ohne Wrkg. auf die Keimfähigkeit; mit Wechseltempp. (0 bis —1°, danach 17—18°) wurde eine gewisse positive Wrkg. erzielt. In allen Fällen erhöhten die Spurenelemente die Keimfähigkeit u. Keimenergie. Die Kältefestigkeit von Maiskeimlingen wurde durch Behandlung der Samen mit **III**, **IV**, **II** u. *Al* am meisten gesteigert; **I** u. B zeigten eine geringere Wirkung. Zu hohe Al-Dosen (50 mg/Liter) wirkten toxisch. (Земледелие [Ackerbau] **7.** Nr. 2. 69—70. Febr. 1959.) OTTO MAIER. 4470

**Ch. K. Assarow,** *Zur Frage der Aufnahme von Bor durch die Pflanzen bei der Kalkung saurer Böden.* In den Blättern, Stengeln u. Knollen der Kartoffelpflanze schwankt der Geh. an *B* in Abhängigkeit von seinem Geh. im Boden, von den Gaben als Dünger

u. von der chem. Zus. der gegebenen Kalkdüngung. Auf eine Einheit Trockensubstanz entfallen die größten B-Mengen in den Blättern, geringere in den Stengeln, die kleinsten in den Knollen. Bei der Kalkung mit $CaCO_3$ sinkt der Geh. an B in der Kartoffelpflanze. Wird bei der Kalkung neben $CaCO_3$ auch $MgCO_3$ gegeben, so ist die Verminderung des B-Geh. in der Pflanze geringer. Gaben von B in den Boden vor oder nach der Anpflanzung der Kartoffeln bzw. Spritzen der Kartoffelpflanzen mit schwacher B-Lsg. bewirkten eine Erhöhung des B-Geh. in verschied. Teilen der Kartoffelpflanze. Die Ausnutzung des B der Düngung war in den Verss. nicht höher als 31%; beim Spritzen der Pflanzen war die Ausnutzung höher. Die Versorgung der Pflanzen mit B hängt von der Entw. ihres Wurzelsyst. sowie vom Tempo des Übertritts aus schwerlösl. mineral. u. organ. Verbb. in die Bodenlsg. während des intensivsten Wachstums der Pflanzen ab. Gaben von Mg intensivieren die Mineralisierung der organ. Stoffe u. dadurch die Überführung von B in die Bodenlösung. (Известия Тимирязевской Сельскохозяйственной Академии [Nachr. landwirtsch. Timirjasew-Akad.] **1958.** Nr. 3. 153—66.)
M. GORDIENKO. 4470

**W. G. Bagajew,** *Der Einfluß der Phosphorernährung auf das Wachstum und die Qualität der Soja.* Eine Verbesserung der P-Ernährung bei Soja zu Beginn der Blüte bewirkt eine Beschleunigung der Bldg. ihrer reproduktiven Teile, indem das Wachstum der Stengel u. Blätter früh aufhört, während das der Samen beschleunigt wird. Bei Verminderung der P-Ernährung zu Beginn der Blüte verzögert sich dagegen die Bldg. der reproduktiven Teile, während das Wachstum der vegetativen stärker wird. Werden die P-Mengen zum 2. Mal zu Beginn der Samenbldg. erhöht, so steigt der Samenertrag bedeutend. Die Akkumulation von P in den reproduktiven Pflanzenteilen vollzieht sich hauptsächlich durch Verminderung der P-Mengen in den Blättern. Bei mäßiger P-Ernährung der Sojapflanze spielt der P im Boden für die Samenbldg. eine große Rolle. Bei reichlicher P-Ernährung vor u. nach der Blüte u. bei nur mäßiger während der Blüte erhält man Samen mit hohem Eiweiß- u. Fettgehalt. (Известия Тимирязевской Сельскохозяйственной Академии [Nachr. landwirtsch. Timirjasew-Akad.] **1958.** Nr. 3. 193—206.)
M. GORDIENKO. 4470

**J. M. Wybenga** und **J. J. Lehr,** *Gefäßversuche über die Empfindlichkeit verschiedener Pflanzen gegenüber Natrium: E. Rote Rüben.* In einem Gefäßvers. wurden Rote Rüben auf einem humosen Sandboden ($p_H$ 5,5; organ. Substanz 2%; 10,6 mg K, 6,6 mg Na u. 32 mg Ca in „austauschbarer" Form in 100 g Boden) bei unterschiedlicher K-Gabe mit 2,5 g N/Gefäß in Form von Chilesalpeter (I), Kalksalpeter (II) u. Kalichilesalpeter (III) gedüngt. Die besten Erträge wurden mit den Na-enthaltenden Düngern **I** u. **III** erzielt. K-Steigerung beeinflußte die Erträge bei gleichzeitiger **I**-Gabe nur schwach, bei **II**-Zufuhr dagegen erheblich. Die Na-gedüngten Rüben wiesen höhere Rohprotein- u. P-Gehh. auf u. waren tiefer rot gefärbt, wobei die Farbintensität mit sinkendem $p_H$ des wss. Extrakts anstieg. — Vff. folgern, daß Na bei Roten Rüben nicht nur zu einer optimalen Entw. u. Ertragsbldg. erforderlich ist, sondern auch zur Erzielung einer guten Qualität. (Plant and Soil [The Hague] **9.** 385—94. Juli 1958. Wageningen, Chilean Nitrate Agric. Serv., Plant Nutrit. Res. Labor.) WILFRIED WERNER. 4470

**I. P. Prosskura,** *Einfluß der Düngung auf Ernteertrag und Futterqualität der alkaloidarmen Lupine.* Der Ernteertrag an weißer Lupine der Sorte Nossowsk auf schwach podsoliertem Sandboden konnte durch verschied. mineral. Dünger (45 kg/ha) gesteigert werden: von 11 (dz/ha) auf 14,6 mit *Kali,* auf 14,4 mit *Kainit,* auf 12,2 mit *Superphosphat,* auf 12,3 mit *Phosphoritmehl,* auf 15,6 mit Kali u. Superphosphat. Die Eiweißausbeute stieg von 4,2 auf 5,78, 5,75, 4,87, 4,98 u. 6,27. Der Alkaloidgeh. im Samen betrug 0,017 bis 0,038 (ungedüngt), 0,015—0,027, 0,014—0,024, 0,026—0,041, 0,019—0,05 u. 0,017 bis 0,023%. Am vorteilhaftesten ist also eine kombinierte Düngung mit K u. P, wie Kainit u. Phosphoritmehl. (Животноводство [Tierzucht] **19.** Nr. 5. 65. Mai 1957.)
W. SCHMELZ. 4470

**W. T. Smali,** *Die Heteroauxinbildung in den Bakterienkulturen der Weizenrhizosphäre.* In Verss. mit verschied. Bakterien aus der Rhizosphäre von Weizen (vorwiegend Pseudomonasarten) wird gezeigt, daß diese Bakterien beim Wachstum auf synthet. Nährböden *Heteroauxin* (I) bilden. Am stärksten ist die Fähigkeit der **I**-Bldg. bei den Pseudomonasarten. Wo diese Fähigkeit fehlt, findet sich in den Bakterien kein *Tryptophan* (II). Ein Zusatz von **II** zum Nährboden verstärkt die Bldg. von **I**. **II** liefert demnach das Material für die Bldg. von **I**. Pseudomonas herbicola bildet **I** nur bei **II**-Zugabe zum Nährboden. (Мікробіологічний Журнал (Київ) [Mikrobiol. J. (Kiew)] **20.** Nr. 4. 5—8. 1958. Mikrobiol. Inst. der Akad. der Wiss. der UkrainSSR.) O. LEBTAG. 4485

**H. N. Fukui, L. E. Weller, S. H. Wittwer** und **H. M. Sell,** *Natürliche Wuchsstoffe in vernalisierten und nichtvernalisierten Salatsamen.* Papierchromatograph. Auftrennung der sauren u. neutralen Fraktion des Ae.-Extrakts von vernalisierten u. nichtvernalisierten Samen von *Lactuca sativa* ergaben, daß in der sauren Fraktion von nichtvernalisierten Samen doppelt soviel *Indolylessigsäure* enthalten ist wie in der entsprechenden Fraktion von vernalisierten Samen. In der neutralen Fraktion sowohl von vernalisierten als auch von nichtvernalisierten Samen wurden 2 wachstumsfördernde Substanzen nachgewiesen, die keinen Indolkern enthalten. (Amer. J. Bot. **45.** 73—74. Jan. 1958.) G. KLESSE. 4485

**Hitoshi Kojima, Masaki Yahiro** und **Takeo Etô,** *Über den Einfluß der Auxine und der Antiauxine auf die Vernalisierung.* Vff. prüften die Wrkg. von *α-Naphthylessigsäure* (I), *β-Indolylessigsäure* (II) u. *Trijodbenzoesäure* (III) auf die Vernalisierung von Raphanus sativus L. var. raphanistroides Makino. Die Behandlung von Sämlingen mit I, II oder III katte keine Wrkg. auf das Ansetzen von Blüten u. die Vernalisierung, falls die Pflanzen nicht vorher einer Tieftemperaturbehandlung ausgesetzt wurden. (J. Fac. Agric., Kyushu Univ. **11.** 25—35. Aug. 1957. Botan. Labor., Fac. of Agric. [Orig.: engl.]) H. GOEBEL. 4485

**Paul Émile Pilet,** *Die Wirkung von Indol auf den Abbau der Auxine in Abhängigkeit vom Zellalter.* An Gewebekulturen von Karotten u. Linsenwurzeln wurde die Hemmwrkg. von *Indol* (I) auf den Abbau von *Indolyl-(3)-essigsäure* (II) geprüft. Junge Zellen hatten dabei mehr „*Auxinoxydasen*" als alte. Während bei den alten Zellen der Abbau der II durch I in Konz. von 0,5—10,0 γ/ml um ca. 50% gesenkt werden konnte, reagierten die jungen Zellen auf I überhaupt nicht. Bei ihnen lag aber die natürliche Rate des Wuchsstoffabbaus nur ca. $^1/_3$ so hoch wie bei den alten Zellen. (C. R. hebd. Séances Acad. Sci. **246.** 1896—98. 24/3. 1958.) H. FRANK. 4485

**K. E. von Maltzahn,** *Wechselwirkung zwischen Kinetin und Indolylessigsäure bei der Kontrolle der Knospenreaktivierung bei Splachnum ampullaceum (L.) Hedw. Kinetin* (I) wirkt bei männlichen 20—21 Tage alten Pflanzen von *Splachnum ampullaceum,* die in künstlichem Nährmedium u. bei künstlicher Beleuchtung kultiviert werden, als Antagonist der *β-Indolylessigsäure* (II), indem es die Reaktivierung lateraler Knospen an decapitierten Trieben in Ggw. von II fördert. I wirkt jedoch der Hemmung der Basalknospenentw. durch II oder den Apex nicht entgegen. Hieraus wird geschlossen, daß die Mechanismen, die zur Entwicklungshemmung der Lateral- u. Basalknospen führen, verschieden sein müssen. (Nature [London] **183.** 60—61. 3/1. 1959.) U. WÖRFFEL. 4485

**Martin J. Bukovac** und **Harold Davidson,** *Gibberellinwirkungen bei photoperiodisch kontrolliertem Wachstum von Weigela-Pflanzen.* 2 Jahre alte Pflanzen von *Weigela* cl. Varizek wurden in 18std. Photoperiode u. bei 16° Nachttemp. gezogen, bis die wöchentliche Wachstumsrate der Zweige 4 cm betrug. Mit jeweils 6 Pflanzen wurden folgende Verss. durchgeführt: a) die 18std. Photoperiode wurde beibehalten; b) gleiche Versuchsbedingungen aber Zusatz von *Gibberellin* (I); c) 9std. Photoperiode; d) 9std. Photoperiode bei Zusatz von I; e) 9std. Photoperiode u. Zusatz von I nach 4 Wochen. Die I-Behandlung bestand aus einer einmaligen Einsprühung der Blätter mit einer K-Gibberellatlsg. (0,005% Säureäquivalent) unter Zusatz von 0,1% Tween 20 als Netzmittel. Alle Pflanzen wurden 9 Std. natürlichem Sonnenlicht ausgesetzt u. bei 18std. Photoperiode nach 9 Std. mit künstlichem Licht (ca. 320 Lux aus 60 W-Glühlampen) bestrahlt. Bei allen mit I behandelten Pflanzen zeigte sich ein beträchtliches Ansteigen des Wachstums gegenüber den nichtbehandelten Pflanzen. Die Länge der Zweige war nach 8 Wochen bei d) um 65% u. im Vgl. zu a) um 15% erhöht. Hierbei erhöhte sich sowohl die Anzahl der Ranken als auch die Länge zwischen den Knoten. Bei b) betrug die Zunahme 63%, die hauptsächlich auf Längenwachstum zwischen den Knoten zurückzuführen war. Bei e) wurde das Ruhestadium der Pflanzen unterbrochen. Die Blätter der behandelten Pflanzen waren gewöhnlich länger, schmaler u. heller grün gefärbt als die der nichtbehandelten Pflanzen. (Nature [London] **183.** 59—60. 3/1. 1959. East Lansing, Rich., Michigan State Univ., Dep. of Horticult.) HORST SCHÄFER. 4485

**P. W. Brian, J. H. P. Petty** und **P. T. Richmond,** *Wirkungen der Gibberellsäure auf die Entwicklung der Herbstfärbung und den Blattabfall bei Holzpflanzen. Gibberellsäure* (I) in wss. Lsg. (0,005% I, 0,01% Tween 20, 1% Glycerin) wurde auf Blätter verschied. Pflanzen gesprüht. Zum Vgl. wurde ein abgesonderter Blattbezirk mit der gleichen Lsg. ohne I besprüht. In keinem Fall zeigte sich bei der Vergleichslsg. ein sichtbarer Effekt. Die 1. Einsprühung wurde am 11/8. vorgenommen u. danach in wöchentlichen Abständen. Geringe oder keine Wrkg. wurde festgestellt bei *Acer rubrum* L., *Quercus robur* L., *Castanea sativa* Miller, *Fagus sylvatica* L. u. *Ulmus procera* Salisb. I verzögerte dagegen die Entw. der Herbstfärbung u. den Blattabfall bei *Acer pseudoplatanus* L. (II), *Betula verrucosa* Erhr. (III), *Fraxinus exelsior* L. (IV), *Liriodendron tulipifera* L. (V), *Parthenocissus tricuspidata* Planch., *Prunus avium* L. (VI) u. einer

*Rhododendron molle* Vuedelang. Die stärkste Wrkg. wurde bei **II**, **IV** u. **VI** erzielt. Alle Blätter waren noch am 21/11. grün, die der unbehandelten Pflanzen dagegen schon abgefallen. Bei **V** waren die nichtbesprühten Blätter gelb. Umgekehrt war das Verh. von *Taxodium distichum* RICH. Kurz nach der 1. Einsprühung nahmen die Blätter Bronzefarbe an u. waren am 20/10. abgefallen. Bei **II**, **III** u. **V** wurde nach Einsprühung mit **I** auch die Sproßbldg. fortgesetzt, u. es bildeten sich neue Zweige u. Blätter. (Nature [London] **183**. 58—59. 3/1. 1959. Welwyn, Hertfordshire, Akers Res. Labor., Imp. Chem. Ind. Ltd.) HORST SCHÄFER. 4485

**C. G. Guttridge** und **P. A. Thompson**, *Wirkung der Gibberellsäure auf Größe und Anzahl der Epidermiszellen in Blattstielen der Erdbeere.* Erdbeerpflanzen var. REDGAUNTLET wurden in 12std. Photoperiode bei 60° F gezogen. Belichtet wurde mit 2 verschied. Lichtstärken (ca. 8600 u. 13000 Lux) einer aus gleichen Teilen bestehenden Menge fluorescierenden kurz- u. langwelligen Lichtes mit Unterstützung von W-Fadenlampen. Nach einer Anfangsgabe von 16 $\mu g$ *Gibberellsäure* (**I**) in wss. Lsg./Pflanze wurden diesen 2mal wöchentlich jeweils 8 $\mu g$ über einen Zeitraum von ca. 8 Wochen zugesetzt. Dann wurden Länge des Stiels u. Länge u. Anzahl der Zellen von jeweils 5 mit **I** behandelten u. 5 nichtbehandelten Pflanzen bestimmt. Der Einfl. von **I** war bei den mit stärkerem Licht bestrahlten Pflanzen ca. 3mal so groß wie bei den mit schwächerem Licht bestrahlten Pflanzen. Im Vgl. zu den nicht mit **I** behandelten Pflanzen erhöhten sich die Länge des Stiels um 35,6%, die mittlere Zellenlänge um 18,1% u. die Anzahl der Zellen um 15,1%. (Nature [London] **183**. 197—98. 17/1. 1959. Invergowrie by Dundee, Mylnefield, Scott. Hortic. Res. Inst.) HORST SCHÄFER. 4485

**Hideo Okajima** und **Seiichi Takagi**, *Physiologisches Verhalten von Schwefelwasserstoff in der Reispflanze. 5. Mitt. Wirkung von Schwefelwasserstoff auf die Atmung der Reiswurzel.* (4. vgl. C. **1959**. **4197**.) In WARBURG-Verss. wird gezeigt, daß $H_2S$ den aeroben u. anaeroben Atmungsvorgang der Reiswurzeln hemmt. Die Hemmwrkg. von $H_2S$ wie von KCN ist reversibel, aber die Erholungs-Rk. verläuft etwas verschieden. Durch $NH_4$-Salze (**I**) wird der $O_2$-Verbrauch der Wurzeln stark gesteigert, was außerdem nur im Fall von Nitraten zu beobachten ist. Zwischen Wurzelatmung u. N-Assimilation der Wurzeln bestehen enge Beziehungen. Die durch **I** gesteigerte $O_2$-Aufnahme wird auch durch $H_2S$ gehemmt. Die Erholung von dieser Wrkg. geht parallel jener der endogenen Wurzelatmung. — 8 Diagramme. (J. Sci. Soil Manure, Japan [Nippon Dozyo-Hiryo-Gaku Zasshi] **26**. 323—28. Dez. 1955. Sendai, Tohoku Univ. [Orig.: japan.; Auszug: engl.]) L. SCHULER. 4495

## E5. Tierchemie. Tierphysiologie. Tierpathologie.

**Eiichi Fukada** und **Iwao Yasuda**, *Über den piezoelektrischen Effekt an Knochen.* Ähnlich wie bei Holz u. Ramiefasern (vgl. C. **1958**. 326; J. appl. Phys., Japan **24**. [1955.] 299) wurde ein piezoelektr. Effekt an aus Schenkelknochen von Menschen u. Ochsen geschnittenen, vollständig getrockneten Proben beobachtet. Die piezoelektr. Konstanten wurden nach 3 Methoden bestimmt: aus dem stat. direkten Effekt, dem dynam. direkten Effekt u. dem dynam. Umkehreffekt. Der Effekt tritt nur auf, wenn die Kollagenfasern Scherkräften unterworfen werden, so daß sie übereinander gleiten. Die Größe des Effekts hängt vom Winkel zwischen einwirkender Kraft u. Knochenachse ab. Der maximale Wert der Konstanten betrug $6 \cdot 10^{-9}$ elektrostat. cgs, das ist ca. $^1/_{10}$ des Wertes der $d_{11}$-Konstanten von Quarzkristallen. In heißem $H_2O$ gekochte u. dann getrocknete Proben zeigten nur eine geringe Änderung des Effekts, was darauf hindeutet, daß die Erscheinung nicht biol. Ursprungs ist. Vielmehr dürfte die Ursache im piezoelektr. Verh. der krist. Micellen der Kollagenmoll. zu suchen sein. Eine Betrachtung der Konfigurationssymmetrie der Kollagenfasern in der Knochentextur zeigt die Ggw. von Effekten, die sich durch nur 2 piezoelektr. Konstanten $d_{14}$ u. $d_{25}$ der $(3 \times 6)$-Matrix beschreiben lassen, beide gleich groß sind, aber entgegengesetztes Vorzeichen haben. (J. physic. Soc. Japan **12**. 1158—62. Okt. 1957. Kokutunji, Tokyo, Kobayasi Inst. of Phys. Res.; Kamikyo-ku, Kyoto, Kyoto Prefectural Med. Univ., Dep. of Orthopaedic Surg. [Orig.: engl.]) D. JÖRCHEL. 4510

**Pentti Jokelainen** und **Paavo Mäkelä**, *Der Wassergehalt unter normalen Bedingungen von Gehirn, Herz, Lungen, Leber, Nieren und quergestreiften Muskeln der Albinoratte, besonders in den ersten Lebenstagen.* (Ann. Med. exp. Biol. fenn. **35**. 242—49. 1957. Helsinki, Univ., Children's Clinic.) G. KIMMERLE. 4510

**Alfred Gottschalk**, *Neuraminsäure: Die funktionelle Gruppe einiger biologisch aktiver Mucoproteine.* Übersicht über die Chemie verschied. *Neuraminsäure*-Derivv. aus Mucoproteinen. — 41 Literaturangaben. (Yale J. Biol. Med. **28**. 525—37. April 1956. Melbourne, Australia, Walter and Eliza Hall Inst. of Med. Res.) R. HÄHNEL. 4520

**R. M. Colbert, F. M. Calton, Ruth E. Dinda** und **Jack Davies,** *Kompetitiver Transfer von Sorbose und Glucose in der Placenta von Kaninchen.* Vff. bestimmten die Permeabilitätskoeffizienten (PK) für *Sorbose* (I) während einer intravenösen Infusion von I allein u. mit *Glucose* (II) an trächtigen Kaninchen kurz vor dem Wurf. Es konnte hierbei eine deutliche Depression des PK für I beobachtet werden, wenn das mütterliche Blut mit II überladen war. Vff. deuten die Ergebnisse als Anzeichen einer kompetitiven Hemmung des I-Transfers über die Placenta durch II. (Proc. Soc. exp. Med. **97.** 867–69. April 1958. St. Louis, Mo., Washington Univ., Med. School, Dep. of Anatom.) G. BRATFISCH. 4550

**Francisco Garcia Gonzalez** und **A. Gomez Sanchez,** *Die Speichelsäuren als vermutliche aktive Gruppen der Mucoproteine.* Übersicht. — 23 Literaturangaben. (Medicamenta [Madrid] **19(10).** Nr. 165. 207–10. 24/4. 1958. Sevilla, Cátedra de Quím. Organ. de la Univ.) HEINRICH HERMANN. 4555

**A. Zenisek, I. M. Hais** und **J. A. Kral,** *Die Problematik des Urocaninsäuregehaltes der Haut und des Schweißes.* Überblick über den bisherigen Stand der Erkenntnisse hinsichtlich Vork. (tier. Material) u. chem. Konst. der *Urocaninsäure* (I). In eigenen Unterss wurden im menschlichen Schweiß bedeutende Konzz. gefunden. Die physiol. Bedeutung von I wird auf ihre Absorptionsfähigkeit für den erythemogenen Bereich der UV-Strahlen zurückgeführt. Vff. folgern aus ihren weiteren Unterss., daß die in sek. Schweiß auftretende I in der Epidermis entsteht. (Kosmetik-Parfum-Drogen Rdsch. [Innsbruck] **5.** 104–05. 1958.) H. SONTAG. 4555

**Gy. Róna, N. Kerényi, E. Oblatt** und **M. Bretán,** *Einfluß des Methylandrostendiols (Neosteron) auf die bei experimentellem Steroiddiabetes auftretenden vasculären Veränderungen.* Vff. untersuchen an Tieren mit durch *Cortison* (I) induziertem Steroiddiabetes die Wrkg. von *17α-Methyl-$\Delta^5$-androsten-3β.17β-diol* (*Methylandrostendiol*; *Neosteron,* ORGANON; II), einer Substanz, deren androgene Wrkg. stark gemindert, deren Fähigkeit, den Aufbau von Eiweißkörpern zu fördern, voll erhalten ist. I steigert den Verbrauch an Eiweißkörpern u. aktiviert die Fermentsysteme, die an der Depolymerisierung der interstitiellen Substanz beteiligt sind. Unter II treten die durch I hervorgerufenen Glomerulus- u. Gefäßveränderungen fast immer zurück. Damit erhärten Vff. ihre Meinung, daß die beim Steroiddiabetes auftretenden vasculären Veränderungen auf einer Störung des Eiweißstoffwechsels beruhen. II kompensiert die spezif. Wrkg. des I durch Stimulierung der polymerisierenden Fermentsysteme. Diese Wrkg. soll durch Insulin unterstützt werden. Mit II entwickelt sich eine Lipämie, die auf einer Aktivierung der Nebennierenrinde beruhen soll. Bei gesunden Tieren führt II zu einer erhöhten Glykogenspeicherung in der Leber. (Z. ges. exp. Med. **128.** 87–102. 1956. Budapest, Univ., I. Inst. für path. Anat. u. exp. Krebsforsch. u. II. Med. Klinik.) CH. FOLESKY. 4559

**E. K. Oyakawa** und **B. H. Levedahl,** *Bindung von Testosteron an Rinder- und Menschenserumalbumin: Die Bedeutung der Tyrosingruppen.* Vff. incubieren nach der Meth. von HUGHES (C. **1955.** 6768) vorzugsweise in den 2- u. 6-Stellungen der Tyrosin (I)-Reste jodiertes Rinder (a)- u. Menschen (b)-Serumalbumin (II) mit Testosteron (III) u. bestimmen den Anteil des von IIa u. IIb gebundenen III. Es wird festgestellt, daß die III-Bindung bei Einführung bis zu 43,2 Jodatomen in II a u. b pro Mol. Protein nicht verändert wird. Bei nichtspezif. Jodierung (bis 134 Atome J/pro Mol.) wird die III-Aufnahme um 50% erniedrigt. Normale u. jodierte II a-Präpp. zeigen in Abhängigkeit von der Temp. (25 u. 37°) u. vom $p_H$ (7,4; 9,2) die gleichen Bindungswerte für III. Diese Ergebnisse lassen vermuten, daß die Ggw. von 38 J-Atomen in den 2- u. 6-Stellungen fast sämtlicher (ca. 18) I-Reste von IIa keinen Einfl. auf das III-Bindungsvermögen ausübt. Eine Ketenisierung (Meth. von SANDOR u. GOLDIE, Bull. Soc. Chim. biol. **20.** [1938.] 1130), die die phenol. OH- u. freien $NH_2$-Gruppen der I-Reste blockiert, beeinflußt dagegen die III-Bindung in starkem Ausmaß. So wird bereits durch eine Substitution von 10–15% der phenol. OH das III-Aufnahmevermögen erheblich vermindert. Hydrolyse von ketenisiertem II a u. b ergibt die ursprünglichen III-Bindungswerte. Die III-Resorption ist etwa dem Anteil blockierter phenol. OH-Gruppen proportional. Aus den Ergebnissen geht hervor, daß III in stets gleicher Konfiguration parallel zur Ringstruktur der I-Seitenketten über die OH-Gruppen der Mol.-Reste gebunden wird. (Arch. Biochem. Biophysics **74.** 17–23. März 1958. Los Angeles, Univ. of California, Dep. of Zool.) P. FAHRNLAENDER. 4559

**J. Varangot, A. Seeman** und **L. Cedard,** *Die fluorimetrische Bestimmung der Östrogene des Blutes.* Die *Östrogene* des Blutes wurden durch Papierchromatographie nach AXELROD u. Messung der UV-Absorption der Östron (I)-Östradiol (II)-Fraktion in konz. $H_2SO_4$ bestimmt. Zwischen den Werten der I-II-Fraktion während der Schwangerschaft u. während der beiden Phasen des Menstruationscyclus bestanden signifikante Unterschiede, während zwischen den Werten der Follikulations- u. Luteinisierungsphase keine solchen Unterschiede bestanden. *Östriol* fehlt während der Follikulationsphase, ist jedoch während der Luteinisierungsphase im Blut vorhanden. (Ann. d'Endocrinol. **18.** 942—51. Nov./Dez. 1957. Paris, Fac. de Méd., Clinique Obstétricak.)

K. F. MÜLLER. 4559

**Aage Theil Nielsen,** *Über den Einfluß der Wasserstoffionenkonzentration auf die Empfindlichkeit des isolierten Rattenuterus, mit Bezug auf die Bestimmung von Oxytocin.* In Unterss. am isolierten Rattenuterus wird der Einfl. des $p_H$ auf die zur Erzielung von 50% der maximalen Kontraktion erforderliche Dosis *Oxytocin* (I) ($D_{50}$) geprüft. Zwischen $p_H$ 6,7 u. 8,2 gilt $\log D_{50} = -0{,}74 \cdot p_H + 5{,}069$; Anstieg des $p_H$ von 7,0 auf 8,0 erhöht also die Empfindlichkeit des Uterus auf das 6fache. Nach einer anderen Technik ergibt sich das Empfindlichkeitsverhältnis bei $p_H$ 7,6 u. $p_H$ 7,1 für I zu 3,9, für *Vasopressin* (II) zu 4,0, für *Carbacholin* (III) zu 1,4. Während bei I u. II die Zunahme der Empfindlichkeit mit steigendem $p_H$ auf die abnehmende Ionisierung einer $NH_2$-Gruppe zurückgeführt werden kann, zeigt die, wenn auch geringere Zunahme bei III, daß daneben auch andere Faktoren eine Rolle spielen können. Für die Prüfung von I wird eine Erhöhung der $NaHCO_3$-Konz. im Bad von 0,5 auf 2,5 mg/ml empfohlen. (Dansk Tidsskr. Farmaci **32.** 132—48. Juli 1958. Danmarks farmac. Højskole afd. for farmac. biol.)

R. K. MÜLLER. 4560

**Je. B. Pawlowa,** *Über die Teilnahme der acidophilen Zellen des Hypophysenvorderlappens an der Bildung des adrenocorticotropen Hormons.* In Verss. an 79 weißen Ratten von 60—80 g Körpergewicht, bei welchen durch tägliche Verabreichung von 20 mg *Methylthiouracil* nach 35 Tagen eine Blockierung der Hormonbldg. in der Schilddrüse u. damit zugleich ein Verschwinden der acidophilen Zellen im Hypophysenvorderlappen erzielt wurden, führte die linksseitige Nebennierenentfernung, in gleicher Weise wie bei den Kontrollen, zu einer Hypertrophie der rechten Nebenniere. Da eine solche Hypertrophie nur unter dem Einfl. des *adrenocorticotropen Hormons* erfolgt, wird geschlossen, daß die Bldg. desselben nicht an das Vorhandensein von acidophilen Zellen im Hypophysenvorderlappen gebunden ist. (Проблемы Эндокринологии и Гормонотерапии [Probleme Endokrinol. Hormontherap.] **4.** Nr. 6. 3—7. Nov./Dez. 1958. Moskau, Unions-Inst. für experim. Endokrinol., Morphol. Abt.) E. RENTZ. 4560

**A. Ghilain** und **J. Schwers,** *Extraktion und Bestimmung von ACTH in der Hypophyse des menschlichen Foeten.* Die Hypophyse muß innerhalb von 30 Min. nach dem Tode des Foeten entnommen u. in Aceton (I) bei —32° aufbewahrt werden. Sie wird zur Unters. in 70%ig. I, das 2,5% konz. HCl enthält, homogenisiert, 5 Min. mit 4500 U./Min. zentrifugiert, das *ACTH* in der überstehenden Fl. durch Zugabe von I, bis die Konz. daran 95% ist, ausgefällt u. abzentrifugiert. In $^1/_{10}$ des Extraktes wird der *ACTH*-Geh. durch Vgl. der Absorptionen bei 2400—2550 Å mit bekannten *ACTH*-Lsgg. größenordnungsmäßig ermittelt u. dann nach SAFFRAN u. SCHALLY (C. **1956.** 1638) genau bestimmt. Bei 3 männlichen Foeten von 4—5$^3/_4$ Monaten u. 15,5—30 cm Größe wurden 21,4, 26,8 u. 58 Millieinheiten *ACTH* gefunden, bei einem weiblichen Foeten von 5 Monaten u. 27 cm Größe 284 Millieinheiten. (C. R. Séances Soc. Biol. Filiales **151.** 1606—08. 1957; herausg. 15/4. 1958. Bruxelles, Univ., Hôp. St. Pierre.)

F. KRUSEN. 4560

**G. L. Mednik** und **B. M. Wowssi,** *Einfluß des adrenocorticotropen Hormons (ACTH) und Cortisons auf die hämatoophthalmische Barriere bei Kaninchen.* Verss. an 30 Kaninchen ergaben, daß das Auftreten von intravenös injiziertem *Fluorescein-Na* (*Uranin*; 1 ml 1%ig. Lsg./kg) im Kammerwasser des Auges durch vorher verabreichtes *ACTH* (I; 5 E.) oder *Cortisonacetat* (II; 5 mg subcutan) verzögert wird. Statt wie n. in 2,25—3,17 (Mittel 2,72) Min. wurde der Farbstoff erst nach 3,67—23, im Mittel 11,12 Min. bzw. 6—22, im Mittel 13,79 Min. im Kammerwasser festgestellt. Aus den Verss. wird geschlossen, daß I u. II die Permeabilität der hämatoophthalm. Barriere herabsetzen. (Проблемы Эндокринологии и Гормонотерапии [Probleme Endokrinol. Hormontherap.] **4.** Nr. 6. 15—19. Nov./Dez. 1958. Stalinabad, Med. Inst., Lehrst. für Pharmakol. u. Lehrst. für Augenkrankh.) E. RENTZ. 4561

**Kristen Eik-Nes, Avery A. Sandberg, Frank H. Tyler** und **Leo T. Samuels,** *Veränderungen des Plasmaspiegels der 17-Hydroxycorticosteroide nach Gaben von ACTH.* 3. Mitt. *Die Wirkung verschiedener Vermittler und Arten der Applikation.* (2. vgl. C. **1956.** 2791.) Vff. haben n. Personen ACTH verschied. Herkunft intravenös u. intramuskulär gegeben u. den Plasmaspiegel der *17-Hydroxycorticosteroide* nach NELSON u. SAMUELS bestimmt u. bei allen Arten von ACTH die gleiche Wrkg. festgestellt, wenn es in Dosen von 25 Einheiten innerhalb 6 Std. gegeben wird. Bei intramuskulären Gaben wird ACTH schneller zerstört als bei intravenösen. Dies kann verhindert werden durch Gaben von ACTH als Protein- oder Zinkkomplex. (J. clin. Endocrinol. Metabolism **18.** 882—85. Aug. 1958. Salt Lake City, Utah, Univ., Coll. of Med., Dep. of Biol. Chem. and Med.) HEINRICH HERMANN. 4561

**E. Lacroix,** *Die Rolle der Keimdrüsen bei der Reaktion des Gewebestoffwechsels auf die Verabreichung von Cortison in vivo bei der Albinoratte.* Die Rk. des Leber- u. Milzgewebes auf die Verabreichung von *Cortison* (**I**) bei der Albinoratte scheint durch die Keimdrüsen nicht beeinflußt zu werden. Die Rk. des Zwerchfellgewebes auf **I** wird dagegen durch die Keimdrüsen beeinflußt. (Arch. int. Physiol. Biochim. **66.** 233—40. Mai 1958. Gand, Univ., Labor. de Physiopathologie.) K. F. MÜLLER. 4561

**Hans Selye,** *Paradoxe antinekrotische Wirkung von Cortisol.* Die Sofortnekrosen des mit starken Reizstoffen (Crotonöl) behandelten Gewebes (Haut) werden in den ersten 24 Std. durch entzündungswidrige Hormone (*Corticotropin, Cortison, Cortisol*) stark erleichtert. Die Nekrosen, die nach chron. Applikation von starken Crotonöl-Lsgg. sich erst später ausbilden, können aber verhindert werden, wenn die Entzündung durch äußere Anwendung von Cortisol gehemmt wird. Dieser paradoxe antinekrot. Effekt des entzündungswidrigen Cortisols konnte bei intakten u. adrenalektomierten Ratten gezeigt werden. (A. M. A. Arch. Pathol. **59.** 90—93. Jan. 1955. Montreal, Kanada, Univ., Inst. of Experim. Med. and Surg.) G. KIMMERLE. 4561

**Je. P. Ssemenowa,** *Die Anwendung von Cortison bei der Behandlung der tuberkulösen Meningitis.* Vf. behandelte 4 Patienten mit schwerer tuberkulöser Meningitis mit *Cortisonacetat* (25 mg in 1 ml 4 mal täglich intramuskulär 10—20 Tage lang) in Kombination mit *Streptomycin* (1000000 E. täglich intramuskulär u. 100000 E. intralumbal) u. *Phthivazid* (0,5 g 3mal täglich) u. erzielte damit eine Besserung des Allgemeinbefindens u. Beschleunigung der klin. Heilung. (Проблемы Эндокринологии и Гормонотерапии [Probleme Endokrinol. Hormontherap.] **4.** Nr. 6. 68—71. Nov./Dez. 1958. Gorki, Med. Kirow-Inst., Lehrst. für Nervenkrankh.) E. RENTZ. 4561

**Kathleen W. Robinson,** *Die Nebennierenrindenfunktion bei trächtigen Schafen.* Die Ausscheidung der *17-ketogenen Steroide* (Meth. NORYMBERSKI) schwankt während der Trächtigkeit bei Schafen innerhalb der üblichen Grenzen bis gegen Schwangerschaftsende; dann ist eine verminderte Ausscheidung bis kurze Zeit nach dem Lammen festzustellen; es folgten ein Anstieg während der Lactation u. eine Verminderung der Ausscheidung nach künstlicher Unterbrechung der Lactation. (Nature [London] **183.** 690—91. 7/3. 1959. Brisbane, Univ. of Queensland, Sir William Mac Gregor School of Physiol.) U. LASCHET. 4561

**Paul Fischer** und **Armin Böhme,** *Der Einfluß von Bädern auf die 17-Ketosteroidausscheidung im Harn.* Vff. untersuchten die Wrkg. von Heißbädern u. Schwefelbädern (2—3 mal/Woche über 4 Wochen) auf die Ausscheidung von $C_{(17)}$-*Ketosteroiden* im Harn von Patienten mit rheumat. u. inneren Erkrankungen u. fanden bei Ruhebehandlung verminderte Ausscheidung. Heiße Bäder waren ohne Einfl. auf die Verminderung. Schwefelbäder (Sulfidium) riefen in 55% vermehrte Ausscheidung hervor, die Vff. durch Resorption des S u. dadurch angeregte Ausscheidung des *adrenocorticotropen Hormons* erklären, die ihrerseits eine Hypertrophie der Nebennierenrinde bewirkt. (Arch. physik. Therap. **10.** 457—62. Nov./Dez. 1958. Leipzig, Univ., Med.-poliklin. Inst.; Dresden, Sächs. Serumwerk AG, Chem.-klin. Unters.-Labor.) R. LESCHBER. 4561

**Albert Rakoto Ratsimamanga, Marie Nigeon-Dureuil** und **Marianne Rabinowicz,** *Das Vorkommen eines Hormons vom „Cortin-Typ" in der Milch der graviden Kuh.* Vff. gelang mit biol., physikal. u. chem. Methoden der Nachw. eines in 8 Milchproben von graviden Kühen 1—3 Monate vor dem Werfen vorkommenden Hormons vom Cortin-Typ, bei dem es sich um einen Ketonkörper aus der Reihe der klass. *Corticosteroide* handelt [Identifizierung durch $R_F$-Wert, UV-Absorption, mit Hilfe des Reagens nach GIRARD, der reduzierenden Eigg. der Verb., der Rk. nach BUSH C. **1953.** 6947) u. der nach ZAFFARONI u. Mitarbeitern (C. **1949.** E 5807)]. Daneben wurden stark polare Verbb. vom *Hydrocortison*-Typ u. wenig polare Verbb. vom *Desoxycorticosteron*-Typ gefunden. (C. R. Séances Soc. Biol. Filiales **150.** 2179—82; herausgeg. 23/5. 1957.) H. KOCKERT. 4561

**Lj. Mihailović, M. Draškoci** und **Lj. Kržalić,** *Der Einfluß von Epinephrin auf den Blutzucker- und Kaliumspiegel bei Hypothermie.* *Epinephrin,* das Kaninchen im Stadium starker Hypothermie (19—21°) intravenös injiziert wurde, verändert den Blutzucker- u. K-Spiegel nicht signifikant. (Arch. int. Physiol. Biochim. **66.** 177—81. Mai 1958, Belgrad, Univ., School of Pharmacy, Inst. of Pharmacology u. Med. School, Inst. of Patholog. Physiology.) K. F. MÜLLER. 4561

**K. Credner,** *Untersuchungen über die nekroseerzeugenden Eigenschaften intracutan injizierten Noradrenalins und Novadrols.* Vf. hat Kaninchen 0,25 cm³ einer 1, 2 oder 3 mg/Liter enthaltenden Lsg. von *Noradrenalin* (I) oder *Novadrol* (II; *dl-1-[m-Hydroxyphenyl]-äthanolaminhydrochlorid*) intracutan injiziert u. nach Gaben von I ischäm. Nekrosen, nach II aber solche nur in 15,6% u. nur bei Verwendung der höchsten Konz., beobachtet. (Anaesthesist **7.** 342—43. Nov. 1958. Berlin-Waidmannslust, Diwag AG, Wiss. Labor.)
HEINRICH HERMANN. 4561

**L. Macho,** *Der Einfluß endokriner Drüsen auf den Kohlenhydratstoffwechsel. Wirkungen von experimentellem Hyperthyroidismus und Thyreoidektomie auf den Glucose-assimilationskoeffizienten bei Kaninchen.* Bei thyreoidektomierten Kaninchen, 30—70 Tage nach der Operation, nehmen der Assimilationskoeff. u. die Verwertung der Glucose (I) ab, u. die I-Toleranz wird beeinträchtigt. Nach Behandlung mit *Thyroxin* (II) nehmen der Assimilationskoeff. u. die I-Toleranz wieder zu, sogar über die n. Werte hinaus. Bei mit II behandelten Tieren wurde eine geringe signifikante Zunahme des I-Assimilationskoeffizienten beobachtet. (Arch. int. Physiol. Biochim. **66.** 260—69. Mai 1958. Bratislava, Slovak Acad. of Sciences, Endocrinol. Inst.) K. F. MÜLLER. 4562

**W. P. Nikitin,** *Über die Nebenwirkung von Methylthiouracil.* Vf. beschreibt einen Fall, wo nach Einnahme von 2 g *6-Methylthiouracil* Angina mit Temperaturerhöhung (bis 39,6°), Übelkeit, Kopf- u. Gelenkschmerzen u. Hautjucken beobachtet wurden. Die neutrophilen Leukocyten erreichten Grenzwerte von 20500/mm³, verbunden mit einer Verschiebung der Leukocytenformel nach links u. einer Lymphopenie. Da diese Erscheinungen nach jeder Gabe von Methylthiouracil erneut auftraten, werden sie als allerg. Rk. gedeutet. (Советская Медицина [Sowjet-Med.] **22.** Nr. 12. 122—23. Dez. 1958. Militärmed. Kirow-Akad., Lehrst. für Propädeutik der inneren Krankh.)
K. WOLFF. 4562

**J. P. Mixner** und **H. D. Lennon jr.,** *Wirkungen von Thyrotropin, L-Thyroxin und L-Trijodthyronin auf den Spiegel des plasmagebundenen Jods bei männlichen Milchkälbern.* Die intramuskuläre Injektion von *Thyrotropin* (ARMOUR) in Dosen von 10, 20, 40 oder 80 U.S.P.-Einheiten verursacht bei männlichen Milchkälbern (166—244 kg) eine Erhöhung des Spiegels des plasmagebundenen *Jods* (I) von 3,05 auf 8,02 γ% 15—31 Std. nach der Injektion. Die mittlere biol. Halbwertszeit des endogen gebildeten I bis zum Erreichen von wieder n. Werten ist 22,1 Stunden. Nach Injektion von *Na-L-Thyroxin-pentahydrat* (2,5 u. 5,0 mg) oder *Na-L-Trijodthyronin* (5,58 u. 11,16 mg) treten in charakterist. Weise 2 exponentielle Rückgänge während des Absinkens von I zu n. Werten auf. Der erste zeigt den Betrag der Bewegung der Stoffe in ihre entsprechenden Verteilungsvoll. an (mittlere biol. Halbwertszeit für Thyroxin 1,93 Std. u. für Trijodthyronin 0,31 Std.). Der 2. Rückgang mißt den Betrag der peripheren Verwertung oder Ablagerung der Stoffe (mittlere biol. Halbwertszeit für Thyroxin 18,0 Std. u. für Trijodthyronin 5,10 Std.). Das mittlere Verteilungsvol. für Thyroxin ist 9,07% des Körpergewichtes u. für Trijodthyronin 37,5%. Diese Konstanten werden benützt, um den Betrag der Sekretion oder den Abbau des Thyroxins zu bestimmen: ca. 0,231 mg/Tag/100 lbs. Körpergewicht. (J. Dairy Sci. **41.** 840—48. Juni 1958. Sussex, New Jersey Agricultural Exp. Stat.) G. KIMMERLE. 4562

**Karl R. Paley, Estelle S. Sobel** und **Rosalyn S. Yalow,** *Die Wirkung oraler und intravenöser Gaben von $CoCl_2$ auf die Schilddrüsenfunktion.* Die Ausscheidung von oral u. intravenös verabreichtem $^{60}$*Co* mit Urin u. Faeces wurde bei je 2 n. Personen untersucht. — 10 n. u. 5 hyperthyreot. Erwachsene erhielten $^{131}$*J*. Die Radioaktivität ihrer Schilddrüsen wurde vor u. nach einmaligen oder über lange Zeit wiederholten zusätzlichen Gaben von $CoCl_2$ gemessen. Lang dauernde orale Gaben von $CoCl_2$ vermindern die $^{131}$J-Speicherung in der Schilddrüse. Nachfolgende Gaben von *NaSCN* entspeichern die Schilddrüsen vollständig von $^{131}$J. Bei intravenösen Gaben von $CoCl_2$ erfolgt die Entspeicherung schneller als bei oralen. Bei n. Menschen werden innerhalb 48 Std. 56—73% intravenös gegebenen $^{60}$Co mit dem Urin u. 48% mit den Faeces ausgeschieden. Die Nierenclearence von $^{60}$Co betrug 10—12 cm³ pro Minute. Tabellar. Mitt. der Menge $^{60}$Co in verschied. Organen von Ratten nach intraperitonealen Gaben. (J. clin. Endocrinol. Metabolism **18.** 850—59. Aug. 1958. Bronx, N. Y., Veterans Administration Hosp., Radioisotope Serv.)
HEINRICH HERMANN. 4562

**Charles G. Lewallen, Mones Berman** und **Joseph E. Rall,** *Untersuchung des Jodalbuminstoffwechsels.* 1. Mitt. *Mathematisch-kinetische Modelle.* Mittels $^{131}$*J-Albumin* wurden bei myxödematösen u. euthyreoiden Patienten kinet. Unterss. durchgeführt. Dabei zeigte sich, daß *Jodid* u. *Dijodtyrosin* die hauptsächlichen Urinausscheidungsprodd. waren. — 21 Literaturangaben. (J. clin. Invest. **38.** Nr. 1. [Part I]. 66—87. Jan. 1959. Upton, N. Y., Brookhaven Nat. Labor., Med. Dep.; New York, Sloan-Kettering Inst.,

Div. of Biophysics; Bethesda, Md., Nat. Inst. of Health, Nat. Inst. of Arthritis and Metabolic Diseases.) G. KIMMERLE. 4562

**Charles G. Lewallen, Joseph E. Rall** und **Mones Berman,** *Untersuchungen des Jodalbuminstoffwechsels.* 2. Mitt. *Die Wirkungen des Schilddrüsenhormons.* (1. vgl. vorst. Ref.) Unterss. bei myxödematösen Personen, die $^{131}$*J-Jodalbumin* erhalten hatten, zeigen, daß es hierbei zu einem Ansteigen des gesamten austauschbaren Albumins, zu einer Herabsetzung des Betrages der Albuminsynth. u. des -katabolismus, zu einem Ansteigen des transcapillären Transportbetrages von Albumin u. zu einer Verminderung des Plasmavol. kommt. — 34 Literaturangaben. (J. clin. Invest. **38.** Nr. 1 [Part I] 88—101. Jan. 1959. Upton, N. Y., Brookhaven Nat. Labor., Med. Dep.; New York, Sloan-Kettering Inst., Div. of Biophysics; Bethesda, Md., Nat. Inst. of Health, Nat. Inst. of Arthritis and Metabolic Diseases.) G. KIMMERLE. 4562

**Raymond Hiramoto, Karl Engel** und **David Pressman,** *Tetramethylrhodamin als immunhistochemischer fluorescierender Indicator bei chronischer Thyreoditis. Tetramethylrhodaminisocyanat* (**I**) fluoresciert orange u. eignet sich daher zur Kontrastfärbung von *Proteinen* in Geweben, die schon ungefärbt im UV grün erscheinen wie gewisse Gebiete in Schilddrüsenschnitten (SS). Getrocknete n. SS wurden mit 1 Tropfen Serum von an chron. Thyreoditis leidenden Patienten 1 Std. behandelt, dann gewaschen u. mit Antihumanglobulin-Kaninchenserum, das mit **I** markiert war, 1 Std. incubiert. Die Bindung der im Patientenserum vorhandenen Antikörper (AK) erfolgte an die koll. SS-Substanz u. die Epithelien. Rührten die SS von erkrankten Schilddrüsen her, so fand die AK-Bindung vorzugsweise in den mit Lymphocyten durchsetzten Bezirken statt. Um falsche Deutungen des Befundes auszuschließen, sind mehrere Kontrollen notwendig. Die Herst. von **I** wird beschrieben. (Proc. Soc. exp. Biol. Med. **97.** 611—14. März 1958. Buffalo, N. Y., Roswell Park, Mem. Inst., Dep. of Biochem. Res.) E. FISCHOEDER. 4562

**Howard Rasmussen** und **Roland Westall,** *Die chemische Natur des Parathyreoidhormons.* Bei Nacharbeitung der von RAOUL, MARNAY u. PRELOT (C. **1956.** 12042) beschriebenen Isolierung eines hochwirksamen, N-freien Prod. mit *Parathyreoidhormon* (**I**)-Aktivität konnte in keiner N-freien Fraktion **I**-Aktivität mittels der Meth. von DAVIES, GORDON u. MUSSETT (J. Physiology **125.** [1954.] 383), die mit parathyreoidektomierten Ratten arbeitet, nachgewiesen werden. Diese Differenz beruht wahrscheinlich auf dem von RAOUL u. Mitarbeiter verwendeten Test nach DYER (Quart. J. Pharmac. Pharmacol. **8.** [1935.] 197) an n. Kaninchen, die für vorliegenden Zweck ungeeignet sind. Vff. nehmen an, daß **I** ein niedermol. Protein in der Größenordnung des Insulins oder adrenocorticotropen Hormons ist. Ein teilweise gereinigtes, hochwirksames **I**-Präp. (100 E./mg) enthielt 14% KJELDAHL-N, u. 97% des Gewichtes waren als Aminosäuren erfaßbar. (Nature [London] **180.** 1429. 21/12. 1957. London, Univ. Coll. Hosp. Med. School, Med. Inst.) K. MAIER. 4563

**J. R. Elliott** und **Roy V. Talmage,** *Einfluß der Nebenschilddrüsen auf das Herauslösen von* $^{40}$*Ca und* $^{45}$*Ca aus Knochen durch Citrat.* Nephrektomierten ♂ Ratten (HOLTZMAN) wurden 30 ml einer neutralen, 15—25 mg *Citronensäure* (**I**) je 100 ml enthaltenden Lsg. intraperitoneal appliziert u. nach 1 Std. wieder entnommen. Gegenüber Verss. ohne **I** wurde eine wesentliche Erhöhung des Ca-Geh. in der entnommenen Fl. festgestellt, die sich bei wiederholten Verss. sowie bei Verweildauer von 1½ Std. noch steigerte. Bei zusätzlicher Parathyreoidektomie war ebenfalls eine Erhöhung des Ca-Geh. festzustellen, die jedoch geringer als bei den ersten Verss. war. In weiteren Unterss. wurde den Tieren 24 Std. vorher $^{40}$Ca oder $^{45}$Ca injiziert. Während die entnommenen Fll. wie bei den vorhergehenden Verss. erhöhte Gehh. an Gesamt-Ca aufwiesen, waren unter dem Einfl. von **I** bei nephrektomierten u. zusätzlich parathyreoidektomierten Tieren die $^{40}$Ca- bzw. $^{45}$Ca-Konzz. nicht erhöht, häufig sogar vermindert. Vff. nehmen an, daß **I** das Ca hauptsächlich aus den tieferen Knochenschichten mobilisiert, die nicht mit der extracellulären Fl. in Kontakt kommen u. deshalb weniger radioakt. Ca enthalten. (Endocrinology **62.** 709 bis 716. Juni 1958. Houston, Texas, Rice Inst., Dep. of Biol.) F. KRUSEN. 4563

**Roy V. Talmage** und **J. R. Elliott,** *Einfluß der Nebenschilddrüsen auf das Herauslösen von Calcium aus Knochen.* (Vgl. vorst. Ref.) ♂ Ratten erhielten $^{45}$*Ca*-Injektionen, wurden nach 6—8 Std. nephrektomiert, u. nach 18—24 Std. wurden 5—8 aufeinanderfolgende, intraperitoneale Applikationen von 30 ml Spül-Fl. (mit 0,84% NaCl u. 1,5% *Glucose*) von 1—1½ Std. Dauer vorgenommen. Während der 3. Spülung wurden die Tiere parathyreoidektomiert. Die Unterss. zeigten, daß zwar das Gesamt-Ca in den Spül-Fll. nach Parathyreoidektomie abnimmt, das Herauslösen von $^{45}$Ca aber nicht beeinflußt wird. Wurde dagegen das $^{45}$Ca den Tieren 2—3 Wochen vor den Verss. appliziert, so nahm der $^{45}$Ca-Geh. der Spül-Fll. nach Parathyreoidektomie zusammen mit dem Gesamt-Ca ab. Vff. schließen aus diesen Verss., daß das Nebenschilddrüsenhormon überwiegend auf die inneren Knochenzonen wirkt, während das $^{45}$Ca nach der Zufuhr zunächst an den Knochenzonen deponiert wird, die mit der extracellulären Fl. in engerem Kontakt stehen u. erst allmählich gleichmäßiger in den Knochen verteilt wird. (Endocrinology **62.** 717—22. Juni 1958. Houston, Texas, Rice Inst., Dep. of Biol.) F. KRUSEN. 4563

**D. Amelung,** *Chemie, Wirkungsweise und Abbau des Insulins.* Übersicht. — 34 Literaturangaben. (Dtsch. med. Wschr. **83.** 2002—05. 7/11. 1958. Düsseldorf, Med. Akademie, 1. Med. Klinik.) HEINRICH HERMANN. 4564

**A. Ss. Oganessjan,** *Einfluß von Insulin auf die Reabsorption von Phosphaten in den Nierentubuli.* Die Verss. wurden an Hunden durchgeführt, denen die Nieren in die Bauchwand verpflanzt waren. Kontrollverss. zeigten, daß sich die Menge des reabsorbierten *Phosphates* (**I**) parallel zum filtrierten **I** ändert. (Normalwerte: 1,85—2,40 mg/3 Min.). Ca. 90% des filtrierten **I** werden reabsorbiert, das übrige im Urin ausgeschieden. Nach intravenöser Gabe von 0,3 E. *Insulin* kommt es zu einer kurzfristigen Verminderung der Filtrations- u. Reabsorptionsprozesse. Gegen Ende des Vers. werden filtriertes u. reabsorbiertes **I** erhöht, wobei die Reabsorption 100% der filtrierten Menge betragen kann. Im Urin zeigt sich entsprechend ein stufenweises Absinken der **I**-Menge. — Vf. erklärt diesen Effekt damit, daß das Insulin auf den **I**-Stoffwechsel im Sinne einer verstärkten Umwandlung von anorgan. in organ. **I** wirkt u. daß unter Insulin ein vermehrter **I**-Bedarf in der Niere besteht. (Доклады Академии Наук Армянской ССР [Ber. Akad. Wiss. ArmenSSR] **26.** 21—26. 1958. Physiol. Inst. der Akad. der Wiss. der ArmenSSR.) E. GÖRES. 4564

**I. D. Golowatzki,** *Der Einfluß von Insulin und Glucose auf die Bildung und Umwandlung der Pentosen im Blut.* (Vgl. C. **1959.** 4211.) In Verss. mit Kühen, denen subcutan Insulin (**I**) in der Dosis 0,5 E./kg oder 40%ig. Glucose (**II**)-Lsg. intravenös in der Dosis 0,5, 0,25 oder 0,125 g/kg zugeführt wurde, bestimmte Vf. den Pentose (**III**)-Geh. im Trichloressigsäurefiltrat des Blutes vor der Zufuhr von **I** oder **II** in bestimmten Zeitabständen nach deren Zufuhr u. die **III**-Umwandlungen nach der Incubation. Die Incubation erfolgte im Hämolysat mit Boratpuffer mit u. ohne Zusatz von Adenosintriphosphat (**IV**) bzw. bei Sättigung mit $O_2$ im Boratpuffer mit u. ohne Zusatz von Glucose sowie in Ggw. von Glucose + NaF + Toluol u. schließlich unter anaeroben Bedingungen. Es zeigte sich, daß bei **II**-Zufuhr die **III**-Menge zunimmt, während nach **I** die **III**-Menge abnimmt. Die **III**-Senkung durch **I** ist bei Zusatz von **IV** größer als ohne **IV**. Die Zugabe von Glucose, NaF u. Toluol bei aeroben Bedingungen u. von Glucose allein unter anaeroben Bedingungen verursacht eine geringere Änderung des **III**-Geh. als sonst. Die **III**-Dynamik bleibt hierbei die gleiche wie vor der Incubation. Die **III**-Zunahme unter der Wrkg. von **II** wird in Ggw. von **IV** vermindert. Die **III**-Umwandlung in vitro ist abhängig von den Bedingungen der Incubation. Bei anaeroben Bedingungen u. bei Sättigung mit $O_2$ in Ggw. von NaF, Glucose u. Toluol werden die **III** synthetisiert, sonst erfolgt ein **III**-Verbrauch. Ein Zusatz von Methylenblau verstärkt den **III**-Verbrauch u. die **III**-Synth. aus Sorbit. Ein **I**-Zusatz in vitro beeinflußt die **III**-Umwandlung nicht. (Український Біохімічний Журнал [Ukrain. biochem. J.] **30.** 888—96. 1958. Lwow, Zooveter.-Inst., Lehrstuhl für organ. u. biol. Chemie.) O. LEBTAG. 4564

**Mogens Iversen,** *Perorale Diabetesbehandlung.* Übersicht über Entw., Theorien des Wirkungsmechanismus, Anwendungsart, Neben-Wrkgg. u. Indikationsbereich. (Farmac. Tid. **68.** 389—91. 28/6. 1958. Hillerød, Centralsygehuse.) R. K. MÜLLER. 4564

**Iw. Pentschew, Al. Popow, Pan. Kolarow** und **Dim. Andrejew,** *Behandlung der Zuckerkrankheit mit Sulfanilharnstoffpräparaten.* Vff. berichten über ihre Erfahrungen mit dem Präp. *BZ-55* (*Invenol, Nadisan, Midosal*) u. *D-860* (*Rastinon*) an 75 Diabetikern. Der Erfolg war bei 40 Patienten sehr zufriedenstellend, bei 17 befriedigend u. bei 18 ungenügend. Empfohlen wird die Anwendung allmählich ansteigender Dosen (bis auf 1,5 g), hingegen bei Kombination mit Insulin die Anwendung allmählich abnehmender Dosen, beginnend mit 3—4 g täglich. Die Sulfanilharnstoffpräpp. werden als nicht tox. angesehen. Gelegentlich kommt es zu Stenocardie u. Kopfschmerzen sowie zum Auftreten von Eosinophilie im peripher. Blut. Eine bestehende Obstipation wird meist verstärkt. (Проблемы Эндокринологии и Гормонотерапии [Probleme Endokrinol. Hormontherap.] **4.** Nr. 6. 20—28. Nov./Dez. 1958. Sofia, Inst. für Ärztefortbldg. u. -Spezialisierung, Klin. für inn. Krankh. einschließlich Endokrinol. u. Stoffwechselkrankh.) E. RENTZ. 4564

**H. Südhof, S. Altenburg** und **E. Sander,** *Zur Frage der D 860-Eliminationsgeschwindigkeit aus dem Serum beim Diabetiker.* An Diabetikern wird nach 2—5monatiger Behandlung mit D 860 (*$N^1$-p-Toluolsulfonyl-$N^2$-n-butylharnstoff*) eine Gewöhnung festgestellt, die sich in einer höheren Eliminationsgeschwindigkeit des *Artosins* aus dem

Serum als zu Beginn der Indikation bemerkbar macht. Die Resorptionsverhältnisse waren dagegen unverändert. (Klin. Wschr. **36.** 585. 15/6. 1958. Göttingen, Univ., Med. Klin.) H. STRUCK. 4564

**Samuel J. N. Sugar, Lawrence J. Thomas** und **Serkis Tatlier,** *Behandlung von Diabetes mellitus mit Chlorpropamid.* Vorl. Mitt. Klin. Unterss. an 45 Patienten mit Diabetes mellitus über den Einfl. von *Chlorpropamid* (*N-Propyl-N'-p-chlorbenzolsulfonylharnstoff*, CHAS PFIZER & CO; I). Patienten, bei denen sich der antidiabet. *N-Butyl-N'-p-tolylsulfonylharnstoff* (*Orinase*) nach längerer Verabreichung nicht mehr als wirksam erwies, konnten mit 0,5—1,0 g I/Tag in 67% der Fälle erfolgreich behandelt werden. Bei 8 von 19 Fällen, die vorher mit *Insulin* behandelt waren, gelang es mit I, über eine Beobachtungszeit von 5—12 Wochen den Blutzuckerspiegel zu normalisieren. Als unerwünschte Nebenwrkg. von I traten vereinzelt Hypoglykämie (5), Nausea u. Erbrechen (3) Mattigkeit (7) u. Leukopenie (1) auf. (Med. Ann. District Columbia **27.** 445—50. Sept. 1958. Washington, Univ., District of Columbia Gen. Hosp., Diabetic Clin.) R. LAFFERENZ. 4564

**H. Elrick, Y. Arai** und **C. J. Hlad jr.** (unter techn. Mitarbeit von **V. Yearwood-Drayton**), *Aktivität von Glukagon–Insulin-Gemischen bei Diabetikern.* 30 Diabetiker erhielten Glucose–Insulin-Gemische u. kurz darauf Gaben von *Glukagon* (I). In Zeitabständen wurde ihr venöses, arterielles u. capillares Blut auf Glucose untersucht. Wie die graph. u. tabellar. Mitt. der Resultate zeigt, steigert I in Kombination mit *Insulin* die Glucosespeicherung unabhängig von der Schwere des Diabetes. (J. clin. Endocrinol. Metabolism **18.** 825—33. Aug. 1958. Denver, Univ. of Colorado, Dep. of Med.) HEINRICH HERMANN. 4564

**H. Elrick, E. R. Huffman, C. J. Hlad jr., N. Whipple** und **A. Staub** (unter techn. Mitarbeit von **A. E. Smith** und **V. Yearwood-Drayton**), *Die Wirkung von Glukagon auf die Nierenfunktion beim Menschen.* Bei 20 nierengesunden Männern wurde nach 14 Std. Fasten nach GOLDRING u. Mitarbeiter unter Verwendung konstanter Infusionen der Urin in 10—15-Minutenportionen gesammelt u. Clearence von Na, K, Cl, $PO_4$, Kreatinin u. in einigen Fällen auch von p-Aminohippursäure u. $^{131}J$ vor u. nach Gaben von *Glukagon* (I) oder *Glucose* (II) durchgeführt. Im Venenblut der Versuchspersonen wurden *Inulin, p-Aminohippursäure, Chloride, Na* u. *K*, **II**, *Kreatinin, anorg. P* u. *Kohlensäureanhydratase* (**III**) bestimmt. I läßt die Menge des mit dem Urin ausgeschiedenen NaCl, K, $PO_4$ u. den Geh. des Plasmas an II ansteigen u. läßt die Kreatininclearence unbeeinflußt. II vermindert die Ausscheidung von NaCl u. K, steigert die von $PO_4$ mit dem Urin sowie den Plasmageh. an II u. läßt die Kreatininclearence unbeeinflußt. III steigert die Wrkg. von I. (J. clin. Endocrinol. Metabolism **18.** 813—24. Aug. 1958. Denver, Univ. of Colorado, Dep. of Med.) HEINRICH HERMANN. 4564

**I. Arthur Mirsky, Gladys Perisutti** und **Neil C. Davis,** *Die Zerstörung von Glukagon, Adrenocorticotropin und Somatotropin durch menschliches Blutplasma.* Es wird in vitro die hydrolyt. Wrkg. von menschlichem Blutplasma auf *Adrenocorticotropin* (ACTH), *Somatotropin, Glukagon* u. *Insulin* vor u. nach der Umwandlung von Plasminogen zu Plasmin durch Streptokinase untersucht. Dabei ergibt sich, daß ACTH, Glukagon u. Somatotropin, aber nicht Insulin, von Plasmin hydrolysiert werden. (J. clin. Invest. **38.** Nr. 1. [Part I] 14—20. Jan. 1959. Pittsburgh, Pa., Univ., School of Med., Dep. of Clinical Science.) G. KIMMERLE. 4564

**Franklin G. Ebaugh jr., Ted Clemens jr., Gerald Rodnan** und **R. E. Peterson,** *Quantitative Bestimmung von gastrointestinalen Blutverlusten.* Zur Best. des Blutverlustes im 24-Std.-Stuhl bei Fällen von chron. gastrointestinalem Blutverlust bei Anämien mit unklarer Ätiologie wurden die Erythrocten durch Injektion von 10—20 $cm^3$ Eigenblut, dem 1—10 $\gamma$ $^{51}Cr$ als $Na_2{}^{51}CrO_4$ (entsprechend 1—3 $mC/kg/cm^3$) zugesetzt wurden, radioakt. markiert. Die Radioaktivität wurde auch in verschied. Proben von Magen–Darm-Fl. gemessen. Der Blutverlust betrug bei n. Personen 0,3—2 $cm^3$, höchstens 1,2 $\pm$ 0,5 $cm^3$/Tag. — Mit dem Benzidindihydrochloridtest zur qualitativen Hämoglobinbest. wurde bei Stuhlproben nur 1% der Empfindlichkeit in wss. Lsg. erreicht. — In 8 von 9 Fällen stimmte das mit der $^{51}Cr$-Meth. erhaltene Ergebnis mit dem operativen Befund überein. (Amer. J. Med. **25.** 169—81. Aug. 1958. Bethesda, Md., National Inst. of Health, Nat. Inst. of Arthritis and Metabolic Diseases, and Hannover, New Hampshire, Dartmouth Med. School and Hitchcock Hosp.) H. CARLS. 4572

**M. Netousek** und **M. Jirsa,** *Neue Anschauungen über den Stoffwechsel des Bilirubins und die Entstehung der Gelbsucht.* Übersicht an Hand der neueren Literatur. — 28 Literaturstellen. (Клиническая Медицина [Klin. Med.] **37** (**40**). Nr. 1. 40—44. Jan. 1959. Prag, Karls-Univ., 1. Therapeut. Klin., Lab. für Pathophysiol. des hämopoet. Syst.) E. RENTZ. 4572

**Parik S. Gerald,** *Elektrophoretische und spektroskopische Charakterisierung von Hämoglobin M.* Es wurde das Blut eines Patienten untersucht, der eine Cyanose aufwies, die auf die Anwesenheit eines abnormen Hämoglobins (I), dem I-M, zurückzuführen war. Das Hämolysat zeigte die n. Banden für *Oxyhämoglobin-A* (542 u. 577 m$\mu$). Mittels $K_3Fe(CN)_6$ hergestelltes *Methämoglobin M* (II-M) zeigte etwa gleiche Banden wie n. II-A, besaß lediglich um 600 m$\mu$ etwas höhere Absorption. Wurde das oxydierte Hämolysat bei $p_H$ 8,6 elektrophoret. (Stärkeblock) analysiert, konnte eine deutliche Trennung in 2 Fraktionen herbeigeführt werden, wobei die langsamere Komponente n. II-A war, die schnellere II-M. Die *Cyanid*-Verb. des oxydierten Hämolysates wanderte jedoch elektrophoret. völlig einheitlich. Bei der Elektrophorese bei neutralem $p_H$ ließ das Hämolysat 3 ineinander übergehende Komponenten erkennen, wobei die am weitesten kathod. liegende Bande n. I-A war; die 3. Zone enthielt ein I mit folgenden Lichtabsorptionsmaxima: 407, 490—495, 532—540 u. 577 sowie eine Schulter bei 600 m$\mu$. Nach $K_3Fe(CN)_6$-Oxydation lagen zwei Maxima vor: 495 u. 600 m$\mu$. Dieses Spektr. entsprach weitgehend dem Spektr. des II-M. Die mittlere Zone wurde als prim. vorliegendes II-M. angesehen. II-M zeigte mit $10^{-3}$ mol. Cyanid eine verringerte Reaktionsfähigkeit zum roten *Cyan*-II-*M*. Erhöhung der CN-Konz. führte zu weitgehender, aber nicht vollständiger Umwandlung. Es wurde angenommen, daß im II-M einige Hämgruppen teilweise eine stark verminderte CN-Affinität besitzen, während andere n. reagieren. (Blood **13.** 936—49. Okt. 1958. Nat. Heart Inst.) W. SCHELER. 4572

**Sverre Osnes,** *Ein in der Niere produzierter erythropoetischer Faktor.* (Vorl. Bericht.) Mäuse wurden einer Röntgenstrahlung zwischen 100 u. 18000 r auf ihre Nieren ausgesetzt. Dadurch heben sich Blutdruck sowie Blutgeh. im Urin, u. der *Hämoglobin*-Geh. des Blutes sinkt. Das allg. Krankheitsbild wird definiert. Wird $^1/_4$ der Niere gegen die Bestrahlung abgeschirmt, so bleibt der *Hämoglobin*-Geh. unverändert, der Blutgeh. im Urin ist jedoch erhöht. Demnach stammt aus der Niere ein für die Erythropoese wirksamer Faktor. Wird Serum von n. Mäusen bestrahlten Tieren injiziert, so produzieren die bestrahlten Mäuse Reticulocyten. Serum, das durch Ultrafiltration proteinfrei erhalten wurde, behält das akt. Prinzip. (Brit. med. J. **1958 II.** 1387—88. 6/12. Oslo, Univ., Inst. of General and Experimental Pathol.) L. TRÄGER. 4573

**Eric Ponder** und **Ruth V. Ponder,** *Die zur Erzeugung der Kugelgestalt von Säugererythrocyten erforderlichen Mengen an radioaktivem Lecithin und radioaktivem Cephalin mit Liposit.* Aus dem „*Alcolec Granules*“-Präp. der AMERICAN LECITHIN CO., bestehend aus je $^1/_3$ Lecithin (I), Cephalin (II) u. Liposit (III) stellten Vff. im wesentlichen nach der Meth. von HOFFMAN (vgl. C. **1954.** 1284) $^{131}$*J*-markierte Sole her. Zu 0,5 ml einer Suspension, die $1{,}9 \cdot 10^9$ gewaschene menschliche Erythrocyten enthielt, wurden jeweils für sich verschied. konz. Sole an I einerseits, an II + III andererseits zugefügt. Nach 15 bis 30 Min. wurde durch opt. Vergleichsmessung gegen entsprechend konz. Sole ohne Erythrocyten, jedoch plus je 0,35 ml NaCl-Lsg., Kugelgestalt (KG) beobachtet. Zu diesem Zeitpunkt wurde die Radioaktivität der überstehenden Fl. u. des Kontrollsyst. bestimmt. 0,1 mg sowohl I als auch II + III ist die Mindestmenge, die KG hervorruft. Die Diskussion macht wahrscheinlich, daß sich alle Phospholipoide einer Zelle gleich reakt. gegenüber dem KG erzeugenden Agens verhalten. (Nature [London] **180.** 814. 19/10. 1957. Mineola, N. Y., Nassau Hosp.) W. EBING. 4573

**Joseph F. Hoffman,** *Physiologische Eigenschaften der menschlichen Erythrocytenstromata.* Es wurden die Eigg. von Stromata menschlicher u. Kaninchenerythrocyten nach hypoton. Hämolyse (H) untersucht. Werden Kaninchenzellen in einer hypotonen Lsg., die mit $^{59}$*Fe-Hämoglobin* (I) versetzt ist, hämolysiert, so ist nach H u. Zentrifugation das I gleichmäßig zwischen Stromata u. Überstand verteilt. I ist nur während des H-Vorganges selbst in beiden Richtungen austauschbar, danach nicht mehr. Nach partieller bzw. vollständiger H wieder in isoton. Medium (0,17 mol. NaCl–$PO_4$-gepufferte Lsg.) gebrachte Stromata nehmen ihr ursprüngliches Vol. wieder ein u. zeigen ihr vorheriges osmot. Verhalten. Werden solche „revertierten“ Zellen mit unterschiedlichem I-Geh. einer erneuten H im hypotonen Medium unterworfen, dann ist die H-Geschwindigkeit proportional ihrer I-Konzentration. Eine eindeutige Beschleunigung der Rehämolyse konnte in Ggw. von *Butylalkohol* (II; $p_H$ 6,48 > 6,87 > 7,55) sowie bei Temperaturerhöhung beobachtet werden; Rohrzucker (III) hemmt sie. Gleichzeitig wird mit II auch die mittels $^{42}$*K* gemessene $K^+$-Einwanderung u. -Auswanderung gesteigert; III ist ohne Einfluß. Die H der „revertierten“ Zellen mit unterschiedlichem Hämoglobingeh. wird in ihrem Mechanismus als „kolloid-osmot. H“ gedeutet. (J. gen. Physiol. **42.** 9—28. 20/9. 1958. Princeton, N. J., Univ., Biol. Dep.; Upton, Long Island, N. Y., Med. Dep., Brookhaven Nat. Labor.) W. SCHELER. 4573

**J. Chaptal, R. Jean, A. Crastes de Paulet, H. Bonnet, Crastes De Paulet** und **R. Guillaumot,** *Vergleichende Untersuchungen über Chlor, Natrium und Kalium in den* *roten Blutkörperchen und im Plasma im Verlauf von akuten Entwässerungssyndromen und ihrer Behandlung.* Die roten Blutkörperchen scheinen Notfall-K-Donatoren zu sein. Die in den ersten Tagen der Rehydratation in fast allen Fällen beobachtete Hypoglykämie muß durch K-Gaben vermieden werden. (Arch. franç. Pédiatrie **15.** 352—73. 1958. Montpellier, Fac. de Méd., Clin. des Maladies des Enfants et d'Hyg. du Premier Age et Labor. de Chim., Biol.) H. CARLS. 4573

**Morton D. Prager, Margaret Goerner** und **Nancy Matthews,** *Reinigung von Humanleukocyten.* Vff. prüften verschied. Methoden zur Gewinnung u. Reinigung von Human-Leukocyten (L.) aus Venenblut. Bes. geeignet war die Sedimentation der Erythrocyten (E.) durch Fibrinogen oder Phytohämagglutinin (I) von *Phaseolus vulgaris.* Der Reinheitsgrad der mittels I-Meth. isolierten L. betrug 72,7 u. 96,5% aus n. beziehungsweise leukäm. Blut. Durch Ausnützung eines Phosphatpuffers, der vorzugsweise Lysis der E. hervorruft, die L. aber intakt läßt, wurde der Reinheitsgrad auf 93,8 u. 98,8% gesteigert. (Proc. Soc. exp. Biol. Med. **97.** 726—28. April 1958. Dallas, Texas, J. K. and S. L. Wadley Res. Inst. and Blood Center.) G. BRATFISCH. 4573

**James H. Jandl, John K. Inman, Richard L. Simmons** und **David W. Allen,** *Übergang des Eisens von Serumeisen-bindendem Protein zu menschlichen Reticulocyten.* Die Unterss. mit $^{59}Fe$ ergaben, daß an gereinigtes, menschliches *Fe*-bindendes *Protein* (I) oder *Conalbumin* gebundenes Fe nur an unreife, nicht aber an reife Erythrocyten übergeführt wird. Diese Fe-Übertragung ist abhängig von der I-Sättigung, u. es besteht eine Konkurrenz zwischen I u. den Fe-bindenden Receptoren der Reticulocytenmembran (die durch gewisse proteolyt. Enzyme zerstört werden können). Das Fe wird dabei direkt übertragen, ohne eine freie Zwischenform zu bilden. Das an die Receptoren gebundene Fe kann durch freies Fe nicht ausgetauscht u. durch hohe Konzz. an I oder Äthylendiamintetraessigsäure nicht abgetrennt werden. Die Übertragung des Fe auf die Erythrocyten ist von der Stoffwechselenergie abhängig; Glucose oder $O_2$ verstärken u. Stoffwechselinhibitoren, nicht physiol. Tempp. u. Hämolyse schwächen sie ab. Dabei ist die Fe-Aufnahme nicht prim. an die Hämsynth. gebunden, da z. B. $Pb^{2+}$ den Fe-Einbau in Häm durch Reticulocyten hemmt, aber keinen Einfl. auf den Fe-Transport hat. Die Fe-Aufnahme von Leberschnitten findet nur bei hoher I-Sättigung statt. Der Transport hängt jedoch hier nicht von der Stoffwechselenergie ab, u. das gebundene Fe kann durch nicht gesätt. I herausgelöst werden. Im Gegensatz zum freien Fe, das in gleicher Weise von reifen wie von unreifen Erythrocyten gebunden werden kann, wird freies Co stärker an unreife Zellen gebunden. $Co^{3+}$ wird ebenfalls von I gebunden u. kann auch auf Reticulocyten übertragen werden. Dieser Vorgang kommt jedoch unter physiol. Bedingungen nicht vor. (J. clin. Invest. **38.** Nr. 1 [Part I]. 161—85. Jan. 1959. Boston, Mass., Boston City Hosp., Thorndike Mem. Labor. and 2nd and 4th Med. Serv. and Harvard Med. School, Dep. of Med.) G. KIMMERLE. 4573

**Marjorie B. Zucker** und **Jennie Borrelli,** *Blutplättchen als eine Quelle der sauren Nitrophenylphosphatase im Serum.* Ein großer Teil der Serumenzymaktivität gegen *p-Nitrophenylphosphat* bei saurem $p_H$ stammt aus den Blutplättchen u. wird bei der Gerinnung in Freiheit gesetzt. Suspensionen von intakten gewaschenen Thrombocyten in physiol. NaCl-Lsg. u. ungewaschenen in Thrombocyten-reichem Plasma besitzen eine saure *Nitrophenylphosphatase*-Aktivität. Durch Ausfrieren u. Auftauen der Suspensionen wird die Aktivität größer. Bei Patienten mit erhöhter saurer Serumphosphatase-Aktivität auf Grund von metastasierenden Prostatacarcinomen befindet sich das Enzym wahrscheinlich im zirkulierenden Plasma, da die Serumaktivität von Blutplättchen-armem Plasma erhöht ist u. da die saure Phosphataseaktivität der Blutplättchen n. ist. (J. clin. Invest. **38.** Nr. 1 [Part I]. 148—54. Jan. 1959. New York, N. Y., Sloan-Kettering Inst. for Canc. Res., Div. of Metabol. and Enzyme Stud., Sect. of Clotting Mechanismus.) G. KIMMERLE. 4573

**H. Harris, E. B. Robson** und **M. Siniscalco,** *β-Globulinvarianten beim Menschen.* Bericht über 12 seltene, elektrophoret. Befunde. (Nature [London] **182.** 452. 16/8. 1958. London, London Hosp. Med. Coll., Biochem. Dep.; Univ. Coll., Galton Labor.) E. FISCHOEDER. 4574

**Joseph F. Foster** und **Koichiro Aoki,** *Weitere Untersuchungen über die Isomerisierung von Rinderplasmaalbumin. Die Wirkung von oberflächenaktiven Stoffen bei niedrigem* $p_H$ *und vorläufige Beobachtungen bei hohem* $p_H$. Das Isomerisationsgleichgewicht von Rinderplasmaalbumin (I; vgl. C. **1957.** 2258) wurde in Ggw. von *Natriumdodecylsulfat* (II) untersucht, wobei der $p_H$ zwischen ca. 3,1 u. 4,5 variiert wurde. II verschob das Gleichgewicht im ganzen $p_H$-Bereich deutlich in Richtung zum nativen (N) I. Oberhalb von 0,5 mg II auf 20 mg I liegt bei $p_H$ 3,91 prakt. nur noch N-I vor. Die elektrophoret. Beweglichkeit beider Formen ist zunächst unabhängig von der II-Konz., wenn jedoch nur noch N-I vorliegt, so sinkt seine Beweglichkeit bei steigender II-Menge. Die kation. Waschmittel Trimethyldodecylammoniumbromid u. Dodecylpyridiniumbromid waren dagegen selbst in Konzz. von 1 mg/20 mg I ohne merklichen Einfl. auf das Gleichgewicht. Sedimentationsverss. zeigten, daß die Sedimentationskonstante bei $p_H$ 4,0 in Ggw. von 1 mg II/20 mg I unverändert bleibt ($S_{20,w}$ 4,5). Dagegen wurden in Abwesenheit von II bei $p_H$ 10,5 u. 10,8 S-Werte von 3,2 bzw. 2,2 gemessen. Das weist auf einen Übergang von N-I in die F- (isomerisierte) Form. Dieser kann jedoch durch Herabsetzen des $p_H$ nicht wieder vollständig rückgängig gemacht werden. — Die $p_H$-Abhängigkeit des Gleichgewichts entspricht in Ggw. u. in Abwesenheit von II der Aufnahme von 3 $H^+$ beim Übergang N I → F-I. Aus der Abhängigkeit des Gleichgewichts von der II-Konz. (bezogen auf I; die II-Konz. war mit ca. $10^{-6}$mol. stets bedeutend kleiner als die krit. Micellkonz.) schließen die Vff., daß N-I 10—12 starke Bindungsstellen mit der wahren Dissoziationskonstanten K $7{,}5 \cdot 10^{-6}$ besitzt. Bei der F-Form sind diese Stellen aufgehoben u. durch ca. 100 schwächere mit K $2{,}7 \cdot 10^{-4}$ ersetzt. — In dem Bereich, in dem die II-Konz. die Beweglichkeit von I nicht beeinflußt, scheint II mit den $Cl^-$-Ionen in der Lsg. um die Bindungsstellen zu konkurrieren. (J. Amer. chem. Soc. **80.** 5215—19. 5/10. 1958. Lafayette, Ind., Purdue Univ., Dep. of Chem.) E. DEHMLOW. 4574

**J. M. Fine, J. Loeb** und **E. Waszczenko-Z.**, *Eine hochgradige Aufteilung der Humanplasmakomponenten durch Stärkegel-Elektrophorese.* Die eindimensionale Elektrophorese wird in mit Stärkegel gefüllten Plexiglasküvetten (370×50×20 mm) vorgenommen. Das Plasma (zu gleichen Teilen mit 30% lösl. Stärke in 0,025mol. Boratpuffer) wird in eine 40×2 mm große Vertiefung gegeben. Stromanschluß an beiden Gelenden mit starkem Filterpapier 450 V, 18 Std. bei 4°. Danach Fixierung in 5%ig. $CH_3COOH$ u. Färbung mit Amidoschwarz 10 B. Im reproduzierten Muster sind etwa 20 Fraktionen erkennbar. (Nature [London] **182.** 452—53. 16/8. 1958. Paris, Centr. Nat. de Transfusion Sanguine.) E. FISCHOEDER. 4574

**Birger Blombäck**, *Untersuchungen über Fibrinogen: Seine Reinigung und Umwandlung in Fibrin.* (Vgl. C. **1958.** 13554.) Gewinnung u. Reinigung von *Fibrinogen* aus Fraktion I (nach COHN) durch Extraktion der Verunreinigungen mit glycinhaltiger Citratpufferlsg. bei $p_H$ 6—7 u. —3° u. anschließende fraktionierte Fällung. — 172 Literaturangaben. (Acta physiol. scand., Suppl. **43.** Nr. 148. 1—51. 1958. Stockholm, Karolinska Inst., Chem. Dep.) H. CARLS. 4574

**Oscar D. Ratnoff** und **Jerold M. Rosenblum**, *Rolle des Hageman-Faktors bei der Auslösung der Gerinnung durch Glas. — Beweis für die Aufhebung der Hemmung des Hageman-Faktors durch Glas.* Für die gerinnungsfördernde Wrkg. von Glas u. anderen Adsorbentien auf n. menschliches Blutplasma ist die Ggw. von HAGEMAN-*Faktor* (I) erforderlich. I-armes menschliches oder Entenplasma hemmt die gerinnungsfördernde Wrkg. von Glas oder von $BaCO_3$ auf n. menschliches Plasma. Die einmal aktivierte gerinnungsbeschleunigende Fähigkeit von n. Plasma wird wahrscheinlich durch enzymat. Abbau rasch zerstört. (Amer. J. Med. **25.** 160—68. Aug. 1958. Cleveland, Ohio, Western Res. Univ., School of Med.; Univ. Hosp., Dep. of Med., Obstetr. and Gynecol.) H. CARLS. 4574

**W. E. Connor** und **John R. Carter**, *Einfluß von Sojabohnenphosphatid auf die Blutgerinnung und seine Anwendung im Thromboplastin-Generationstest.* Vff. untersuchten die Wrkg. von Sojabohnen-*Phosphatid* (I) in bestimmten Gerinnungssystemen u. beschreiben die Anwendung von I in einem vereinfachten *Thromboplastin* (II)-Generationstest. I wirkte wie Humanhirn-*Cephalin* in verschied. Gerinnungssystemen als Partial-II. In vitro besitzt I Antiheparin-Aktivität in Human- u. Hundeblut u. Antiprotamin-Aktivität in Humanplasma. (Proc. Soc. exp. Biol. Med. **97.** 38—43. Jan. 1958. Iowa, State Univ., Coll. of Med., Dep. of Internal Med. and Pathol.) G. BRATFISCH. 4574

**Ss. K. Udalow**, *Erforschung der Eigenschaften neuer hämostatischer Präparate aus neutralisierter Oxycellulose.* Der in die Bauchhöhle von Ratten u. Kaninchen eingeführte Mull aus Ca- oder Na-Salz der neutralisierten *Oxycellulose* (allein oder in Kombination mit *Thrombin, Streptomycin, Gramicidin* oder *Furacilin*) verwandelte sich in eine homogene sulzige M., die anschließend in einzelne Fragmente zerfiel u. in 7—9 Tagen aufgesaugt wurde. Entzündliche Erscheinungen innerhalb der Bauchhöhle fehlten, desgleichen Nebenwirkungen. Diese Präpp. werden in erster Linie bei der prim. chirurg. Behandlung von Schußwunden empfohlen. Kaninchen in die Weichteile des Oberschenkels beigebrachte Schußwunden heilten mit diesen Präpp., die 24—48 Std. nach der Verwundung verwendet wurden, per primam. Die Oxycellulose wurde vollkommen resorbiert. (Хирургия [Chirurgie] **35.** Nr. 2. 115—17. Febr. 1959. Leningrad, Militärärztl. Akad.) F. DU MANS. 4574

**Otto Roemmele,** *Vergleichende Untersuchungen mit Polyphosphaten und mit Natriumcitrat zur Verhinderung der Blutgerinnung für diagnostische Untersuchungen.* Mit *Polyphosphaten* (I) in blutisoton. 10%ig. Lsgg. wurde bei Rinder-, Pferde-, Kalbs-, Schweine- u. Hammelblut (1 Teil I-Lsg.–9 Teile Blut) günstigere Gerinnungshemmung erzielt als mit *Natriumcitrat.* I entsprechen den Polyphosphaten im *Fibrisol* (J. A. BENKKISER, Ludwigshafen). (Mh. Tierheilkunde **10.** 113–17. 1958. Braunschweig, Staatl. Vet. Untersuchungsamt.) H. CARLS. 4574

**I. A. Nowikow,** *Zur Frage der thrombolytischen Eigenschaften von Dicumarin.* Vf. erzeugte in den Ohrvenen von Kaninchen Thromben u. behandelte die Tiere in verschied. Zeitabständen nach der Thrombenbldg. mit *Dicumarin* (65–10 $\gamma$ auf 100 g Körpergewicht). Dabei wurde festgestellt, daß das Präp. keine thrombolyt. Wrkg. hat. Die histolog. Unterss. ergaben keine Unterschiede in der Struktur der Thromben bei den Versuchs- u. Kontrolltieren. (Советская Медицина [Sowjet-Med.] **22.** Nr. 12. 16–19. Dez. 1958. Moskau, Städt. Gesundheitsamt, Klin. Krankenhaus Nr. 6.) K. WOLFF. 4574

**Gavin Kellaway,** *Klinische Bewertung von Miradon.* Ein neues Antikoagulans, *Miradon* [*2-(p-Anisyl)-indandion-(1.3)*; I; SCHERING CORP.], wurde an 25 Patienten, bei denen eine entsprechende Therapie angezeigt war, klin. geprüft. Auf eine Belastungsdosis von 300 mg I hin kam es bei über 50% der Patienten im Verlauf von 24 Std. zu einem Absinken der Prothrombinwerte bis zu den therapeut. gewünschten Grenzwerten. 36–72 Std. nach Absetzen der Behandlung wurden die Normalwerte wieder erreicht. Mit *Vitamin* $K_1$ konnte der Antikoagulans-Effekt von I schnell aufgehoben werden. I scheint damit nahe an das Ideal eines kurz wirksamen Antikoagulans heranzukommen. Die Gleichmäßigkeit der Wrkg. auf eine tägliche Einzeldosis läßt vermuten, daß I ebenso auch für eine Langzeitbehandlung geeignet zu schein sein. (Brit. med. J. **1958 II.** 889–91. 11/10. Edinburgh, Registrar, Dep. of Cardiol., Royal Infirm.) K. BÖHM. 4574

**S. William Ross** und **Richard V. Ebert,** *Mikroelektrophorese von Blutplättchen und die Wirkungen von Dextran.* Der isoelektr. Punkt von mit physiol. NaCl-Lsg. gewaschenen menschlichen Thrombocyten einer Citratpuffer-Suspension beträgt 4,0. Blutplättchen werden in einer Lsg. von menschlichen Albumin, Serum, $\gamma$-Globulin oder Hämoglobin anscheinend vom Eiweiß teilweise eingehüllt, da ihr isoelektr. Punkt dem des Proteins zustrebt. Thrombocyten in Albumin- bzw. $\gamma$-Globulinlsgg. haben verschied. isoelektr. Punkte, die im Serum bzw. $\gamma$-Globulin sind einander ähnlich. Durch *Dextran* bekommen die isoelektr. Punkte niedrigere Werte. Es wird angenommen, daß Dextran die Oberfläche der Thrombocyten verändert u. dadurch die Thrombenbldg. verhindert. (J. clin. Invest. **38.** Nr. 1. [Part I] 155–60. Jan. 1959. Little Rock, Ark., Univ., Med. Center, Dep. of Med.) G. KIMMERLE. 4576

**H. W. Friedrich, R. Schautz** und **H. L. du Mont,** *Tierexperimentelle Untersuchungen nach Dextranapplikation.* 8 Kaninchen erhielten in 10 Dosen insgesamt 8,5 bis 10,8% ihres Körpergewichtes an 6%ig. *Dextran* (I)-Lsg. (*Macrodex*; KNOLL). Neben Schaumzellenbldg. in der Leber wurde 2 Tage nach der Infusion starke Hämosiderose in der Milz festgestellt. Es kam zu einer Alteration des Nierenparenchyms mit Epithelschwellung u. nephrohydroseähnlichen Bildern. Nach 12 Wochen zeigten die Nieren wieder n. Befunde. — In der Leber wurde der Geh. an I u. Glykogen (II) bestimmt. Während der Anteil von I im I/II-Gemisch nach 6 Wochen auf 40% bzw. 10% angewachsen war, sank er dann bald auf einen Wert um 1% ab, der der Fehlergrenze oder einem natürlichen I-Geh. der Leber entspricht. (Anaesthesist **4.** 68–71. Juni 1955. Würzburg, Chirurg. Universitätsklinik.) W. WILLENBERG. 4576

**William S. Rosenthal, Daniel J. O'Connell, D. Robert Axelrod** und **Max Bovarnick,** *Wirksamkeit von Glutamylpeptidpolymeren als Plasmavolumenvermehrer.* Mit Hilfe von *Bacillus subtilis* gewonnenes Na-Salz der *Polyglutaminsäure* (I), Mol.-Gew. 30000 bis 100000 (Zahlenmittel) wurde durch Fällung mit A. aus NaCl-haltiger wss. Lsg. fraktioniert u. bildete das Ausgangsmaterial für die Hauptketten. Gereinigte I vom Mol.-Gew. 12000–15000 wurde in 7n methanol. HCl suspendiert, die nach 10 Std. entstandene Lsg. eingedampft u. die viscose Lsg. des Methylpolyesters mit Ae. gefällt. Das erhaltene Pulver wurde mit Pyridin extrahiert u. der in Pyridin lösl. Teil mit der mittleren Fraktion der erhaltenen Hauptketten nach CURTIUS über das Azid kondensiert u. verseift (vgl. BOVARNICK u. Mitarbeiter, J. biol. Chemistry **207.** [1954.] 593). Nach Abtrennung der nicht reagierten Ketten durch Fraktionierung mit A., 2maliges Umfällen u. Gefriertrocknung wurden 2,0–2,5%ig. Lsgg. des erhaltenen *verzweigten Polypeptids* (II; Mol.-Gew. osmot. um 48000) hergestellt. Die von II hervorgerufene Plasmavolumenvermehrung bei Menschen (Messung durch die Färbemeth.) betrug bei Präpp. mit dem Seitenketten-Mol.-Gew. von 3200 bzw. 3400 u. dem Hauptketten-Mol.-Gew. von 46000 bzw.

42900 nach 6 Std. 76 bzw. 90% des 1 Std. nach der Infusion gemessenen Wertes, was einer Halbwertszeit der Plasmavolumenvermehrung von 15 Std. u. mehr entspricht. Bei II mit kürzeren Seitenketten ging die Plasmavolumenvermehrung schneller zurück. Für eine gute Wirksamkeit ist weiter ein Mol.-Gew. der Hauptkette von 40000—50000 wünschenswert. Die onkot. Wirksamkeit (vom g II zurückgehaltene Fl.) wurde zu 51 ml/g in vivo u. 52 ml/g in vitro gemessen. — Die Verträglichkeit war bei den 7 klin. Verss. gut. (J. exp. Medicine **103.** 667—78. 1/5. 1956. New York, N. Y., Brooklyn Veterans Administr. Hosp., Med. and Labor. Services; State Univ., Coll. of Med., Dep. of Med.) W. WILLENBERG. 4576

**Ja. M. Bersin,** *Die Salze der Spurenelemente bei der Fütterung der Kühe.* In Fütterungsverss. mit Kühen eines Co- u. Cu-Mangelgebietes bei Riga wurde das Kraftfutter der Tiere im 1. Vers. durch folgende tägliche Gaben in mg/100 kg ergänzt: 1. 10 $CoCl_2$; 2. 10 $CoCl_2$ + 30 $ZnSO_4$; 3. 10 $CoCl_2$ + 30 $ZnSO_4$ + 30 $MnSO_4$. Im 2. Vers. wurde jedem Tier der Versuchsgruppe zusätzlich zum Futter ein Salzleckstein verabreicht, der je nach Versuchsgruppe, in wechselnder Zus. NaCl, $CoCl_2$, $MnSO_4$, $ZnSO_4$, $CuSO_4$ u. KJ enthielt. In beiden Verss. übertrafen die Kühe der Versuchsgruppen die Kontrolle an Gewicht, Fruchtbarkeit, Milchleistung, morpholog. u. biochem. Zus. des Blutes u. Futterverwertung, wobei im 1. Vers. die Gruppe 3 u. im 2. Vers. Gruppe 5 mit einem Salzleckstein mit 398,428 kg NaCl, 0,284 kg $CoCl_2$, 0,852 kg $MnSO_4$, 0,424 kg $ZnSO_4$ u. 0,012 kg KJ am besten abschnitten. Es wurde angenommen, daß jede Kuh täglich 10 g/kg u. 2 g/kg Milch an Salz verzehrt. (Известия Академии Наук Латвийской ССР [Nachr. Akad. Wiss. LettSSR] **1958.** Nr. 7. 35—38.) H.-D. BOCK. 4585

**G. S. Bains, D. S. Bhatia** und **V. Subrahmanyan,** *Untersuchungen über den Nährwert von Diäten, die mit dem Galaktomannanschleim der Samen von Caesalpinia pulcherrima, Linn. ergänzt worden sind.* In Fortsetzung früherer Unterss. (J. Indian chem. Soc., ind. News Edit. **17.** [1954.] 187) u. im Hinblick auf die technolog. Verwendung von *Polysaccharid-Schleimen* als Dickmittel bei Lebensmitteln werden Tierverss. durchgeführt; man verabfolgt definierte Diäten, die 1,5—3,0% des Schleimes von C. pulcherrima enthalten; der Schleim tritt in der angegebenen Menge an die Stelle der in der Diät enthaltenen Maisstärke. Die Verss. erstrecken sich auf den Wachstumstest (Albinoratten), Unterss. von Urin u. Faeces der Tiere auf Geh. an Stickstoff bzw. Saccharid, chromatograph. Prüfung der Diät, des Harns u. der Faeces auf anwesende Zucker. Aus den tabellar. papierchromatograph. mitgeteilten Befunden wird abgeleitet, daß ein wachstumssteigernder Effekt vonseiten des getesteten Schleimes nicht in Erscheinung tritt, daß sich ein Einfl. auf die Verdaulichkeit der Saccharide, des Proteins u. der Fette nicht manifestiert u. daß — nach den Chromatogrammen — der verabfolgte Schleim weitgehend hydrolysiert u. die in Freiheit gesetzten Saccharide resorbiert werden. (J. Indian chem. Soc., ind. News Edit. **19.** 103—09. 1956. Mysore, Indien, Central Food Technol. Res. Inst.) K. TÄUFEL. 4585

**Edmund Nowacki,** *Antimetabolite in Futterpflanzen.* Übersicht über *Antivitamine* in Pflanzen. Die Mehrzahl der Futterpflanzen enthält Substanzen, die den tier. Organismus ungünstig beeinflussen, deren Wrkg. aber bei entsprechender Variation des Futters nicht sichtbar wird. (Postępy Nauk Rolniczych **5** (**10**). Nr. 2. 3—7. März/April 1958. Poznań, PAN, Zakł. Hodowli Roślin.) F. URBAN. 4587

**Ronald Breslow,** *Über den Mechanismus der Thiaminwirkung.* 4. Mitt. *Beweis durch Untersuchungen an Modellsystemen.* (3. vgl. Chem. and Ind. **1957.** 893; 2. vgl. C. **1958.** 3271.) Untersucht wurde die Wirkungsweise von *Thiamin* (**I**) u. verwandten Verbb. als Katalysatoren auf die Benzoin- (B, mit Benzaldehyd [V]) u. Furoinkondensation (F, mit Furfurol) analog UGAI u. Mitarbeiter (J. pharmac. Soc. Japan [Yakukagu-zasshi] **63.** [1943.] 269). Folgende Verbb. katalysieren diese Rk.: *3-Benzyl-4-methylthiazoliumbromid* (**III**, F), *I-Chloridhydrochlorid* (**Ia**, B), *3-Äthyl-4-methylthiazoliumbromid* (**XI**, B), *3.4-Dimethylthiazoliumbromid* (**IV**, F), *3-[β-Hydroxy-β-phenyläthyl]-4-methylthiazoliumbromid* (B, F), *3-Benzyl-4-phenylthiazoliumbromid* (**VII**, F) u. *1.3-Dimethylbenzimidazoliumjodid* (F). Keine katalyt. Wrkg. zeigten dagegen *3-Phenacylthiazoliumbromid* (**VI**, F), *3-Isopropyl-4-methylthiazoliumjodid* (**VIII**, B), *3-Methylbenzthiazoliumjodid* (**IX**, F) u. *1.2.3-Trimethylbenzimidazoliumjodid* (**X**, F). Bei der Acetoinkondensation (Ac, mit 0,1 mol. Brenztraubensäure [II] u. 1,0 mol. Acetaldehyd) wurden folgende Acetoinausbeuten (in $\mu$g) erhalten: **Ia** 300, *Oxythiaminchlorid* (**XII**) 15, *N-Methylthiaminchloridhydrochlorid* 200, *N-Benzyl-4-methylthiazoliumchlorid* 100 bzw. *-bromid* (**XIII**) 90, *N-Allyl-4-methylthiazoliumbromid* 50, *N-Äthyl-4-methylthiazoliumbromid* (**XI**) 15, *N-Propyl-4-methylthiazoliumbromid* 20, *4-Amino-5-hydroxymethyl-2-methylpyrimidin* 15, ohne Katalysator 15. Da bei Verwendung von N-[α.α-$D_2$-Benzyl]-thiazoliumbromid bei der F kein H/D-Austausch zu verzeichnen ist, kommt in Übereinstimmung mit den Befunden von FRY u. Mitarbeitern (C. **1958.** 11823) der früher (vgl. C. **1958.** 14372) vorgeschlagene Mechanismus (Kondensation von **II** mit der N-Methylengruppe des Katalysators) nicht in Betracht. Andererseits wurde festgestellt, daß **III** u. **IV** in neutralem $D_2O$ (einige Std. Stehen bei n. Temp.) ein H-Atom gegen D austauschen, bei **Ia** werden entsprechende 5 H-Atome durch D ersetzt (einschließlich der OH- u. $NH_3^+$-Gruppe). Der H/D-Austausch findet am $C_{(2)}$-Atom des Thiazoliumringes statt, wie durch das IR-Spektr. u. die magnet. Kernresonanz bestätigt wird. Offensichtlich tritt hierbei nebenst. Zwitterion **Z** auf, das sowohl hinsichtlich seiner Struktur als auch seiner katalyt. Wrkg. dem $CN^-$-Ion ähnlich ist. Für den Verlauf der durch **I** u. analoge Verbb. katalysierten Kondensation wird ein ähnlicher Mechanismus wie für die durch HCN katalysierte B angenommen, die über die resonanzstabilisierte Zwischenstufe **D** als „akt. Aldehyd" verläuft. So konnte Vf. nachweisen, daß 2-[α-Hydroxybenzyl]-4-methylthiazoliummethojodid leicht in **V** u. 3.4-Dimethylthiazoliumjodid zerfällt. In Übereinstimmung mit dem Mechanismus katalysieren alle Verbb., die ein Ion wie **Z** bilden können (auch analog gebaute Imidazoliniumverbb.), während 2-substituierte Verbb. inakt. sind. Das Versagen der Phenacylthiazoliumsalze, wie **VI** u. dessen p-Bromderiv., ist nach den Befunden von MCNELIS (unveröffentlicht) auf eine Zers. durch Neben-Rkk. zurückzuführen. Im Gegensatz zu UGAI u. Mitarbeitern (l. c.) war **VII** katalyt. wirksam, dessen Aktivität durch ster. Hinderung beeinträchtigt wird. Das Fehlen einer katalyt. Wrkg. bei **VIII** ist wohl ebenso zu erklären. Die von UGAI u. Mitarbeitern (J. pharmac. Soc. Japan [Yakugakuzasshi] **64.** [1944.] 7 A, 3) bei der B beobachtete Aktivität von **X** konnte nicht bestätigt werden. Die Inaktivität von **IX**, das unter neutralen Bedingungen in $D_2O$ einem H/D-Austausch unterliegt, ist vielleicht darauf zurückzuführen, daß im bas. Medium durch Bldg. der konjugierten Base von **IX**, die katalyt. unwirksam ist, die Konz. an **Z** für eine erkennbare katalyt. Wrkg. zu sehr herabgesetzt ist. In Benzothiazoliumsalzen ist der aromat. Charakter geringer, u. die Ringöffnung wird bei der Einw. von $OH^-$ erleichtert, so daß die Bldg. von **Z** weitgehend verhindert wird u. eine katalyt. Wrkg. ausbleibt. Diese Vermutung wird durch den $pK_a$-Wert von Benzothiazoliummethojodid (6,35) unterstützt, der sehr erheblich von denen der einfachen Thiazoliumsalze (10,3; vgl. MAIER u. METZLER, C. **1958.** 14331) abweicht. Bei den Benzothiazol- wie bei den Benzimidazoliumverbb. konkurriert also die Ringöffnungs-Rk. erfolgreich mit der Bldg. von Zwitterionen. Die gegenüber **XI**, das ohne Einfl. auf die Ac ist, aber die B katalysiert, erhöhte Wirksamkeit des Benzylanalogen **XIII** bei der Ac deutet darauf hin, daß der aromat. Kern eine induktive Wrkg. ausübt. Das Fehlen einer katalyt. Wrkg. bei **XII** wird auf eine Ionisierung am O-Atom u. folgende intramol. Ringbldg. über das O-Atom zurückgeführt.

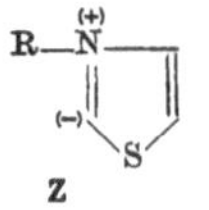
Z

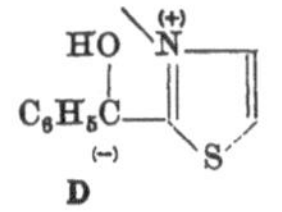
D

V e r s u c h e (FF. im FISHER-JOHNS-App.): T h i a z o l i u m s a l z e aus dem entsprechenden Thiazol u. Alkylhalogenid: *3-Allyl-4-methyl-, Bromid*, $C_7H_{10}BrNS$, F. 132 bis 134° (Methanol–Ae.). — *3-Äthyl-4-methyl-, Bromid* (**XI**), $C_6H_{10}BrNS$, F. 170—171° (A.). — *3-Propyl-4-methyl-, Bromid*, $C_7H_{12}BrNS$, F. 139—141° (Methanol–Ae.). — *3-Isopropyl-4-methyl-, Jodid* (**VIII**), $C_7H_{12}JNS$, F. 136—137° (Methanol–Ae.). — *3.4-Dimethyl-, Bromid* (**IV**), $C_5H_8BrNS$, F. 155—157° (A.). — *3-[β-Hydroxy-β-phenyläthyl]-4-methyl-, Bromid*, $C_{12}H_{14}BrNOS$, F. 182,5—183° (A.). — *1.3-Dimethylbenzimidazoliumjodid*, $C_9H_{11}\cdot JN_2$, F. 200—201°, a) durch direkte Methylierung von Benzimidazol mit $CH_3J$; b) durch Stufenmethylierung über N-Methylbenzimidazol; ergibt mit Alkali *Pseudobase*, F. 70°. — *O-Benzoylmandelsäurethioamid*, $C_{15}H_{13}N_2OS$, F. 142—143° (Bzl.), durch Lösen von Mandelsäurenitrilbenzoat in A. in Ggw. von Diäthylamin, Sättigen mit $H_2S$ bei —60° (n. Druck) u. 5std. Erhitzen auf 100° im geschlossenen Gefäß; 86% (Ausbeute). — *2-[α-Hydroxybenzyl]-4-methylthiazol*, $C_{11}H_{11}NOS$, Kp.$_{0,1}$ 125—130° (F. nicht angegeben), durch 1½std. Kochen vorst. Verb. mit Chloraceton in A. u. 3std. Kochen mit äthanol. KOH unter $N_2$; ergab durch 3std. Erhitzen mit $CH_3J$ in Butanon *3.4-Dimethylthiazoliumjodid*, F. 119—120°, u. **V** (*2.4-Dinitrophenylhydrazon*, F. 240°) bzw. sein *Methojodid*, $C_{12}H_{14}JNOS$, F. 165—167° (kaltem Methanol–Ae.). (J. Amer. chem. Soc. **80.** 3719—26. 20/7. 1958. New York, N. Y., Columbia Univ., Dep. of Chem.) B. GNAUCK. 4587

**J. P. Lambooy**, *Die biologische Aktivität von 6-Äthyl-7-methyl- und 6-Methyl-7-äthyl-9-[1'-D-ribityl]-isoalloxazin.* Bei der Synth. von 6-Äthyl-7-methyl-[1'-D-ribityl]-isoalloxazin (**I**) nach KARRER u. QUIBELL (vgl. Helv. chim. Acta **19.** [1936.] 1034) entsteht als Nebenprod. das Isomere 5-Methyl-6-äthyl-9-[1'-D-ribityl]-isoalloxazin. **I** u. *6-Methyl-7-äthyl-9-[1'-D-ribityl]-isoalloxazin* (**II**), die eindeutig synthetisiert worden sind, aktivieren bei der *Riboflavin* (**III**)-Mangelratte das Wachstum (**I** 43—52%; **II** 36—38% der **III**-Aktivität). Bei Ratten, die 10 Monate lang 20,8 bzw. 41,6 γ **I** bzw. **II**/g Futter erhielten, ließen keine tox. Wrkgg. erkennen. ♂ Tiere, die als einziges Nahrungsflavin **I**

erhielten, kopulierten beim Erreichen der Reife (dann nicht mehr) u. erhielten mit n. ♀ Junge. Weibchen auf I-Diät zeigten prakt. n. Cyclus, wurden aber nur schwer trächtig. Die lebend geborenen Jungen, die n. aussehen, überlebten nicht. Bei II-Verfütterung kopulierten Männchen nicht. Weibchen wiesen prakt. n. Östruscyclus auf, wurden aber nur schwer trächtig. Sie gaben bei Paarung mit n. Männchen nur tote oder rasch sterbende Junge u. zeigten keine Lactation. (Biochim. biophysica Acta [Amsterdam] **29.** 221. Juli 1958. Rochester, N. Y., Univ. of Rochester, School of Med. and Dent., Dep. of Physiol.) K. MAIER. 4587

**Ss. Ja. Michlin** und **S. M. Pawlowa,** *Die Veränderungen des Gehaltes der Faeces von Welpen an einigen Fermenten nach Zufuhr von Aminopterin.* In Verss. an 7 zwei Monate alten Hunden wird nachgewiesen, daß *Aminopterin* (I; 5 mg pro Tier 1mal täglich subcutan, insgesamt 3—4 Injektionen in 7—9 Tagen) in den Faeces zu einer Abnahme des *Enterokinase* (II)-Geh. von 1000—3500 E./g auf $^1/_{50}$—$^1/_{100}$ u. des *Phosphatase* (III)-Geh. von 12000—22500 E./g auf $^1/_5$—$^1/_{10}$ dieses Wertes führt. Auch in der Schleimhaut u. im Inhalt des Dünndarms bewirkt die I-Zufuhr eine deutliche Abnahme von II u. III. Zur Wiederherst. der Norm benötigt der Organismus 1—1½ Monate nach der letzten I-Injektion. Aus den Verss. wird geschlossen, daß die Störung der II- u. III-Bldg. in der Darmschleimhaut auf den durch I verursachten Folsäuremangel zurückzuführen ist. (Вопросы Медицинской Химии [Fragen med. Chem.] **4.** 109—13. März/April 1958. Moskau, Ernährungsinst. der Akad. der med. Wiss. der UdSSR, Labor. für Physiol. der Verdauung.) E. RENTZ. 4587

**Max Wachstein** und **Cyril Moore,** *Pyridoxalphosphat* (*$B_6$-al-$PO_4$*)*-Gehalt von Organen, Leukocyten und Blut bei Ratten, aufgezogen mit einem Vitamin-$B_6$-Mangel.* Der Pyridoxalphosphat (I)-Geh. wurde in Herz (0,82 ± 0,09 [γ I/g]; Durschnittswerte), Leber (0,86 ± 0,10), Niere (0,93 ± 0,06), Muskel (1,15 ± 0,21), den zirkulierenden Leukocyten (1,34 ± 0,13 [mγ/Million Zellen]), im Plasma (116,4 ± 24,1 [mγ/ml]) u. im Gesamtblut (122,6 ± 19,2) von ♂ WISTAR-Ratten, die eine synthet. Futtermischung mit u. ohne Pyridoxinhydrochlorid (2,2 mg/100 g Diät; II) erhielten, nach der Meth. von BOXER (vgl J. of Nutrit. **63.** [1957.] 623) mit *Streptococcus faecalis* bestimmt. Innerhalb 5 bis 6 Wochen sinkt der I-Geh. auf ca. 10—15% der Kontrollwerte. (Proc. Soc. exp. Biol. Med. **97.** 905—09. April 1958. Brooklyn, N. Y., St. Catherine's Hosp., Div. of Labors.) W. FELDHEIM. 4587

**T. Feszt, G. Kemény** und **Cs. Hadnagy,** *Die Wirkung der Folsäureantagonisten auf die Fähigkeit der alkalischen und sauren Phosphatase.* Vff. haben mit Hilfe der histochem. Meth. von GOMORI die Wrkg. der Folsäureantagonisten *Teropterin* (I) u. *Aminopterin* (II) auf die Aktivität der alkal. (AP) u. sauren Gewebe-*Phosphatase* (SP) untersucht. 1—2 mg I (intraperitoneal) bewirken bei weißen Ratten innerhalb 3—4 Std. eine deutliche Herabsetzung der Tätigkeit der SP ($p_H$ 4,7, Incubationszeit 6 Std.) in Leber, Milz, Darm, Nieren u. Nebennieren, während die AP nicht beeinflußt wird ($p_H$ 9,2, 30 Min.). Nach intraperitonealer Injektion von 0,125 mg II ist die Aktivität der SP ebenfalls herabgesetzt, die der AP etwas vermindert. (Acta histochem. [Jena] **5.** 244—46. 27/6. 1958. Tg.-Mureş, Marosvásárhely, II. Med. Klinik u. Histolog. Inst.) B. GÖRLICH. 4587

**William J. Darby, E. B. Bridgforth, Jean Le Brocquy, Sam L. Clark jr., Jose Dutra de Oliveira, John Kevany, William J. McGanity** und **Carlos Perez,** *Vitamin-$B_{12}$-Bedarf bei Erwachsenen.* Bei erwachsenen Patienten mit perniziöser Anämie wird der *Vitamin-$B_{12}$*-Bedarf untersucht. Es wird ein täglicher Bedarf von 0,5—2,0 γ als notwendig erachtet. Das Verschwinden der Makrocytose wird dabei als spezif. Indicator angesehen. (Amer. J. Med. **25.** 726—32. Nov. 1958. Nashville, Tenn., Vanderbilt Univ., School of Med., Div. of Nutrit. of the Deps. of Med. and Biochem.) G. KIMMERLE. 4587

**Harry Prystowsky, André E. Hellegers, Elma Ranke, Bruno Ranke** und **Bacon F. Chow,** *Weitere Beobachtungen über den Stoffwechsel von Vitamin $B_{12}$ während der Schwangerschaft.* Vff. bestimmten in Blutproben von nicht schwangeren (a) u. schwangeren Frauen (b) sowie von deren Foeten (c) den Vitamin-$B_{12}$ (I)-Geh., die Bindungskapazität des Serums gegenüber I u. den *Transaminase* (II)-Geh. des Serums sowie den *Glutathion* (III)-Geh. der Erythrocyten. — Der Geh. an I im Blutserum von c ist stets höher als im Serum von b (380 γ gegenüber 180 γ I/ml). Die a weisen einen I-Geh. von ca. 286 γ/ml Blutserum auf. Der Geh. an III in den Erythrocyten von b ist ebenfalls niedriger als von c. Der III-Geh. von a ist etwa so hoch wie der von c. Das Blut der b weist einen geringeren Geh. an II auf als das von c. Im Gegensatz dazu weist das foetale Serum einen kleineren Geh. an I-bindender Substanz auf als das mütterliche Serum. (Amer. J. Obstetr. Gynecol. **77.** 1—5. Jan. 1959. Baltimore, Md., Johns Hopkins Univ.,

School of Med. and Hosp., Dep. of Obstetr., and School of Hyg. and Public Health, Dep. of Biochem.) L. TRÄGER. 4587

**G. O. Giritschewa,** *Untersuchung des Einflusses von Cobalamin (Vitamin $B_{12}$) auf den Eiweißumsatz der Leber und des Blutes mit Hilfe von markiertem Methionin.* In Verss. mit weißen Ratten, die auf eine Diät ohne *Cobalamin* (I) gesetzt wurden u. peroral I bekamen, wurde festgestellt, daß die Radioaktivität der Leberproteine (II) u. der Blutserumproteine (III) von der Dosis des zugeführten $^{35}$*S-Methionins* (IV) abhängig ist. Unter dem Einfl. einer I-Zufuhr nimmt die Radioaktivität von II um 47%, die von III um 26% zu. Die Elimination von IV aus den lösl. II wird durch I fast nicht gehemmt. Diese 3 Tage nach der I-Zufuhr zu beobachtende Hemmung verschwindet nach 6 Tagen völlig. Auch in Verss. mit Leberschnitten beobachtet man nach I-Zufuhr eine Zunahme der Radioaktivität der II. Sowohl in vivo wie in vitro ist nicht I selbst wirksam, sondern seine biochem. akt. Form, da die unmittelbare Zugabe von I zur Suspension ohne Einfl. auf den IV-Einbau bleibt. Adenosintriphosphat hemmt diesen Prozeß, bes. nach zusätzlicher Zufuhr von I. (Український Біохімічний Журнал [Ukrain. biochem. J.] **30.** 840—51. 1958. Kiew, Inst. für Biochem. der Akad. der Wiss. der UkrainSSR.) O. LEBTAG. 4587

**Raymond W. Monto** und **James T. Howell,** *Vitamin-$B_{12}$-Aktivität im Harn nach intranasaler Verabreichung.* Nach oraler Verabreichung von *Vitamin $B_{12}$* (I) findet man kein I im Harn. Das ist aber bei parenteraler Verabreichung der Fall. Es wird nun auch gezeigt, daß nach intranasalen Gaben im Harn eine I-Aktivität nachzuweisen ist u. somit eine direkte I-Resorption durch die Nasenschleimhäute stattfindet. I-Kristalle von 200 u. 150 $\gamma$ verursachen keine Reizerscheinungen der Nasenschleimhäute. (J. Lab. clin. Med. **45.** 474—77. März 1955. Detroit, Mich., Henry Ford Hosp., Div. of Hematol.) G. KIMMERLE. 4587

**Victor Herbert,** *Mechanismus der Intrinsic-Factor-Wirkung bei Verwendung von Beuteln aus Rattendünndarm.* Die *Vitamin-$B_{12}$* (I)-Aufnahme von umgestülpten Rattendünndarmstücken wird durch Präincubation mit *Intrinsic-Factor*-Konzentrat vom Schwein (II) bedeutend erhöht (bei 6°). Die Verstärkung ist in einem Ca-haltigem Incubationsmedium maximal u. wird durch *Dinatriumäthylendiamintetraacetatdihydrat* zum größten Teil wieder rückgängig gemacht, ebenso durch Erhitzen auf 100° oder Incubation bei $p_H$ 1,85, wobei die II-Wrkg. gestört wird. Es wird angenommen, daß die erste Stufe bei der Resorption von physiol. I-Mengen durch den Dünndarm die Bindung von I an II u. die Bindung von II an Darmreceptoren in Ggw. von Ca ist. (J. clin. Invest. **38.** Nr. 1. [Part I] 102—09. Jan. 1959. New York, N. Y., Montefiore Hosp., Dep. of Hematol., Div. of Labor.) G. KIMMERLE. 4587

**W. Nyberg** und **P. Reizenstein,** *Resorption von an Schweineleber gebundenem Radiovitamin $B_{12}$ in den Eingeweiden.* Schweine erhielten parenteral eine tägliche Dosis von radioakt. markiertem *Vitamin $B_{12}$* (I). Nach 1 Monat enthielt die Leber 6 m$\gamma$ radioakt. I u. ca. 560 m$\gamma$ nicht radioakt. I/g Leber. Ca. 88% von I war nicht dialysabel. Proben der Schweineleber wurden an gesunde u. kranke Personen verabreicht, 7 Tage lang die Faeces gesammelt u. deren Radioaktivität gemessen. Außerdem wurde krist. radioakt. I einer Kontrollgruppe gegeben. Die Ergebnisse zeigen, daß das an Leber gebundene I leichter resorbiert wird als krist. I. Durch Fraktionierung des Leberhomogenisates wird der Sitz von I in der Proteinfraktion der Leber sichergestellt. Die die I-Resorption im Menschen beeinflussenden Faktoren werden erläutert. (Lancet **2.** 832—33. 18/10. 1958. Vasa, Finnland, Central Hosp.; Stockholm, Med. Clinic; u. Gastav V. Res. Inst., Karolinska Sjukhuset.) L. TRÄGER. 4587

**W. Pribilla** und **H.-E. Posth,** *Untersuchungen mit radioaktivem Vitamin $B_{12}$ bei partieller und totaler Gastrektomie unter besonderer Berücksichtigung der Intrinsic-factor-Produktion.* Vff. geben eine ausführliche Übersicht über Funktion, Wirkungsbereich u. Entstehungsort des *Intrinsic Factors* (I) bei Mensch u. Schwein. Zur Aufstellung der Topographie der I-Produktion wurde an eine Gruppe von Patienten mit partieller oder totaler Gastrektomie 0,5 mC radioakt. markiertes *Vitamin $B_{12}$* (II) gegeben u. durch den Urinexkretionstest die II-Resorption verfolgt. Danach sind Patienten mit totaler Gastrektomie nicht in der Lage, II zu absorbieren. Diese Resorptionsstörung ist auf den durch die totale Magenresektion bedingten I-Mangel zurückzuführen. Sie läßt sich durch Gabe eines I-Konzentrates kompensieren. Nach partieller Gastrektomie mit verbliebenem Magenfundus oder Antrum zeigt sich nur eine schwache II-Resorptionsstörung; dabei ist die I-Produktion im Antrum etwas geringer als im Fundus, am höchsten im Corpus. Patienten mit totaler Gastrektomie sind auf eine laufende Behandlung mit II angewiesen. (Schweiz. med. Wschr. **88.** 1306—10. 27/12. 1958. Köln, Univ., Med. Poliklinik, Chirurg. Univ.-Klinik, Städt. Krankenanstalt Köln-Merheim.) L. TRÄGER. 4587

**J. L. Hutchison, S. R. Townsend** und **Douglas G. Cameron,** *Die Überlegenheit von* $^{58}$*Cobalt im Vitamin* $B_{12}$ *bei der Untersuchung der Vitamin-*$B_{12}$*-Resorption.* Vff. verwenden zur Unters. der *Vitamin-*$B_{12}$ (I)-Resorption $^{58}$*Co*, das nur 72 Tage Halbwertszeit besitzt u. untersuchen seine klin. Verwendungsmöglichkeit nach der modifizierten SCHILLING-Technik. Sie konnten hierbei feststellen, daß bei der Unters. der I-Resorption mit $^{58}$Co eine weit geringere Strahlungsgefahr vorhanden war als mit $^{60}$*Co*. So war diese in Ggw. von 1,0 μC $^{58}$Co weit geringer als bei 0,25 μC $^{60}$Co. Die Impulse waren ebenfalls besser bei $^{58}$Co zu zählen. (Canad. med. Assoc. J. **78.** 685—87. 1/5. 1958. Montreal, McGill Univ., Clinic of Montreal Gen. Hosp.) H. DÖLLE. 4587

**L. I. Jaworkowski,** *Zur Ätiologie und Pathogenese der* $B_{12}$*-Hypovitaminose.* An Hand von 3 klin. Beispielen der ADDISON-BIERMERschen Erkrankung u. der einschlägigen Literatur (36 Literaturstellen) wird die Bedeutung der Infektion für die Entw. einer $B_{12}$-Hypovitaminose erörtert. (Клиническая Медицина [Klin. Med.] **37** (**40**). Nr. 1. 68—74. Jan. 1959. Riga, Klin. Krankenhaus, Hämatol. Abt.) E. RENTZ. 4587

**Ágoston Simon,** *Produktion von Stoffen mit Vitamin-*$B_{12}$*-Aktivität bei Strahlenpilzstämmen.* Aus der Umgebung von Budapest wurden aus 103 Bodenproben verschied. Charakters 240 Actinomyces-Stämme isoliert u. die Vitamin-$B_{12}$ (I)-Produktion von 219 Stämmen untersucht. In Schüttelkulturen bei 25° wurde die Aktivität nach 6 Tagen bestimmt. Im Durchschnitt wurden 0,38 μg/ml erzielt, 0,9% der Stämme bildeten 2 bis 3 μg/ml, 4,5% bildeten über 1 μg/ml. Die Verss. bestätigen die Behauptung nicht, daß die aus Gartenerde oder Kompost gezüchteten Stämme weniger I produzieren, dagegen erwiesen sich so manche aus Waldboden gezüchteten Stämme schwach, die aktivsten Stämme wurden in Kalkböden gefunden. Stämme von Streptomyces olivaceus sind entgegen anderen Literaturangaben laut Verss. des Vf. nicht immer die besten I-Erzeuger. Stämme, die auf Agar-Nährboden stark gefärbte Luftmycelien bilden u. die Schüttelkultur stark färben, bilden wenig I. (Élelmezési Ipar [Lebensmittelind.] **12.** 87—89. März 1958. Budapest, Chem. Fabrik „Chinoin".) J. PLANK. 4587

**R. H. Rigdon, J. R. Couch, Doyle Brashear** und **R. Taher Qureshi,** *Wirkung von Vitamin* $B_{12}$ *auf die Selenvergiftung bei der Ratte.* Erhalten Ratten 0,05 mg *Selen*/g Nahrung als *Natriumselenit* für eine kurze Zeit, so haben sie in der Leber größere Mengen *Vitamin* $B_{12}$ (I) als die Kontrolltiere. Die tägliche subcutane Injektion von 200 γ I beeinflußt bei erwachsenen Ratten das Auftreten der Lebernekrosen, die bei der Verfütterung der Se-haltigen Kost über 17 Wochen auftreten, nicht. Durch I-Gaben kann man jedoch die Regenerationserscheinungen in der Leber nach einer Se-Schädigung beschleunigen. Bei Ratten mit schwerer Leberschädigung durch Se ist der I-Geh. in der Leber vermindert. Da der I-Geh. der Leber z. Z. der Regeneration niedrig ist, wird vermutet, daß die sich regenerierenden Leberzellen entweder mehr I verbrauchen oder daß sie nicht in der Lage sind das I so zu speichern wie n. Leberzellen. (A.M.A. Arch. Pathol. **59.** 66—72. Jan. 1955. Galveston, Texas, Univ., School of Med., Labor. of Exp. Pathol.; Texas Agricult. Exp. Stat., Dep. of Biochem. and Nutrition.) G. KIMMERLE. 4587

**M. I. Balachowskaja,** *Über die Anwendung von Vitamin* $B_{12}$ *bei der Behandlung der Thyreotoxikose.* Beobachtungen an 34 Patienten mit Thyreotoxikose, von denen 8 täglich 10—30 Tage lang 50—100 γ *Vitamin* $B_{12}$ (ingsgesamt 1375 γ) per os u. 26 Patienten 2—4 mal wöchentlich 20 γ 2—6 Wochen lang subcutan (insgesamt 80—360 γ) erhielten, ergaben eine Besserung nur in 5 Fällen leichter Erkrankung, während 16 Patienten mit mittelschwerer Thyreotoxikose unbeeinflußt blieben u. der Zustand von 13 Patienten mit mittelschwerer u. schwerer Erkrankung sich sogar verschlechterte. (Проблемы Эндокринологии и Гормонотерапии [Probleme Endokrinol. Hormontherap.] **4.** Nr. 6. 100—01. Nov./Dez. 1958. Unions-Inst. für exp. Endokrinol., Poliklin. Abt.) E. RENTZ. 4587

**Ss. Rshegak, W. Bartouschek** und **B. Dubanski,** *Die Anwendung von Vitamin* $B_{12}$ *bei Erkrankungen des Sehnerven.* Auf Grund der Bedeutung des *Vitamin* $B_{12}$ (I) für die Funktion des Nervengewebes wurde I mit gutem Erfolg zur Behandlung von 24 Sehnervenerkrankungen angewandt. Die tägliche Dosis betrug 100—250 γ I bei einer Gesamtmenge von 2000—3000 γ. Bei 13 Patienten beobachtete man eine gute therapeut. Wrkg., bei 8 Patienten eine objektive Besserung, in 5 Fällen keine Besserung. I hat große Bedeutung für die Funktion u. Struktur des Myelins wegen seiner Wrkg. auf den Stoffwechsel des Cholins, Methionins, Lecithins, der Sphingomyeline u. Nucleinsäuren. I-Mangel führt zu Störungen im Zentralnervensystem. (Вестник Офтальмологии [Nachr. Ophthalmol.] **71.** Nr. 4. 28—31. Juli/Aug. 1958. Gradez Kralove, ČSR, Militärärztl. Purkinje-Akad., Augenklinik.) G. BREHM. 4587

**Je. F. Schamrai, N. Ss. Werchratski, U. A. Kusminskaja** und **W. A. Nikonowa,** *Der Einfluß des Vitamin-P-Präparates aus Hagebutten auf die Widerstandsfähigkeit der*

*Tiere in verdünnter Luft.* Verss. an 60 weißen Mäusen, welche im Vakuum-Exsiccator der Einw. verd. Luft (Hypoxie u. niedriger Luftdruck) ausgesetzt wurden, ergaben, daß ein aus Hagebutten gewonnenes *Vitamin-P* (I)-Präp. (Extraktion der Hagebutten mit 80%ig. A. im Verhältnis 1 : 5 auf dem Wasserbad bei 70° über 6 Std., Vertreibung des A. u. Auflösen des Rückstandes in dest. W. im Verhältnis 1 : 9), 3 Tage lang täglich, entsprechend einer Menge von 1 mg I subcutan verabreicht, die Überlebensrate im Vgl. zu den Kontrollen steigert u. die hämorrhag. Erscheinungen in den Lungen abschwächt. Die Atmung des Lebergewebes weißer Ratten u. Meerschweinchen (WARBURG-App.) wird durch das I-Präp. nicht beeinflußt. Ergänzende Verss. an weißen Ratten (Herabsetzung des Luftdruckes mit u. ohne Hypoxie) ergaben ferner, daß die erhöhte Widerstandsfähigkeit der Tiere gegenüber der Luftverdünnung auf eine Kräftigung der Capillaren durch I zurückzuführen ist. (Вопросы Медицинская Химии [Fragen med. Chem.] **4.** 120—24. März/April 1958. Kiew, Med. Inst., Lehrstuhl für Biochemie.) E. RENTZ. 4587

**Annemarie Mex, Wolfgang Michel** und **Hans-Werner Muth,** *Der normale Vitamin-A-Spiegel im Serum.* Vff. untersuchten den *Vitamin-A*-Spiegel im Serum mit der Meth. von BISAZ, modifiziert nach RIECHERT (Krankenhausarzt **1955.** 17; C. **1957.** 9706). Bei gesunden Personen ergab sich für die Nüchternwerte eine statist. gesicherte Schwankungsbreite zwischen 170 u. 234 I.E. *Vitamin A*/100 ml Serum bei einem Mittelwert von 202 ± 3,48. Die Werte liegen bei Frauen ca. 8% niedriger als bei Männern. Als erhöht werden Werte über 240, als erniedrigt unter 165 I.E./100 ml betrachtet. Bei 67 gesicherten Lebercirrhosen schwankten die Werte zwischen 18 u. 149 I.E., Mittelwert 98 ± 6,6; bei einwandfreien Nephrosen ergab sich ein Mittelwert von 330 ± 66 I.E.; Schwankungsbreite 264—396 I.Einheiten. Nach Vitamin-A-Belastung (60000 u. 90000 I.E.) waren ein steiler Anstieg des Serum-Vitamin A innerhalb der ersten 3 Std. u. ein langsamer Abfall in den folgenden 9 Std. zu beobachten. (Ärztl. Forsch. **11.** I/98—102. 10/2. 1957. Berlin-Schöneberg, Auguste-Viktoria-Krankenhaus, I. u. II. Inn. Abt.) U. LASCHET. 4587

**J. Špinka,** *Verfolgung der Wirkung differenzierter Dosen von Vitamin $D_2$ auf Hähne und Hennen in der Wachstumsperiode, insbesondere im Hinblick auf die Ausbildung des Skelettes, der Muskeln und des Sexualapparates.* Zusatz von *Vitamin $D_2$* (in Form von aktivierter Hefe, ca. 1 Gew.-%) zum Futter bewirkt beim Federvieh eine deutliche Gewichtszunahme während der Wachstumsperiode (20—40%), raschere Entw. des Kammes, Ausbldg. größerer Testikel sowie höhere Spermatogenese. Mit akt. Hefe wurden bessere Ergebnisse erzielt, als mit reinem Vitamin D. (Sborník Československ. akad. zemědělských věd, živočišná výroba **3** (**31**). 439—52. Juni 1958. Krč, Biologická stanice Pokusného ústavu pivovarského.) B. GÖRLICH. 4587

**K. Marcinka** und **L. Landau,** *Die Anwendung von Vitamin E als Stabilisator des Vitamins A in der Ernährung von Scharrgeflügel.* Zusatz von 1 mg *Vitamin E*/Tag zum Futter erhöht die Ausnutzbarkeit des *Vitamins A* beim Scharrgeflügel. Vitamin A wird unter der Wrkg. von Vitamin E vorwiegend in der Leber in einer stabilisierten Form gespeichert. (Sborník Československ. akad. zemědělských věd, živočišná výroba **3** (**31**). 453—58. Juni 1958.) B. GÖRLICH. 4587

**P. W. Russell Eggitt** und **F. W. Norris,** *Die chemische Bestimmung der Vitamin-E-Aktivität in Getreideprodukten.* 4. Mitt. *ε-Tocopherol.* (3. vgl. C. **1959.** 3552.) Unterss. an ε-Tocopherol (I), das aus Weizenkleie gewonnen worden war, zeigten, daß I weitgehend mit *β-Tocopherol* (II) übereinstimmt. So gleichen sich die UV-Absorptionsspektren sowie die der Nitrosoverbindungen. Mit $HNO_3$ in A. bildet I ein rotes o-Chinon (u. a. Reaktionsprodd.), dessen Spektr. dem der entsprechenden II-Verb. sehr ähnlich ist. Nur die β- u. ε-Homologen des Tocopherols ergeben mit $HNO_3$ in Chlf. eine leuchtendviolette, unbeständige Färbung. Die Untersuchungsergebnisse deuten darauf hin, daß I u. II in 5-Stellung methyliert u. in 7-Stellung nicht substituiert sind u. I als 5-Methyltocopherol aufzufassen ist, was auch dadurch bestätigt wird, daß I 5.7-Dimethyltocopherol unter Bedingungen bildet, die II in α-Tocopherol verwandeln. Weiterhin spricht dafür, daß I nicht mit diazotiertem o-Dianisidin kuppelt. (J. Sci. Food Agric. **7.** 493—511. Juli 1956. Birmingham, Univ., Dep. of Appl. Biochem.) W. SPITALER. 4587

**A. I. Alijew,** *Einfluß der Reizung der Magenreceptoren auf die Resorption der Glucose aus dem Dünndarm.* Chron. Verss. an 3 Hunden mit isolierter Dünndarmschlinge u. Magenfistel ergaben, daß von der in die Dünndarmschlinge eingeführten *Glucose* (I)-Menge im Laufe von 20 Min. unter n. Verhältnissen im Mittel 46% resorbiert werden. Bei Nahrungszufuhr (Nudelsuppe, Brot) steigt die I-Resorption auf 56,5%, bei Reizung der Mechanoreceptoren des Magens durch Einführung eines mit Luft gefüllten Gummiballons für 3—5 Min. auf 68,5%. Novocainisierung der Magenschleimhaut setzt die I-Aufnahme auf 48% herab. (Известия Академии Наук Азербайджанской ССР,

Серия Биологических и Сельскохозяйственных Наук [Nachr. Akad. Wiss. AserbaidshanSSR, Ser. biol. landwirtsch. Wiss.] **1958.** Nr. 5. 79—84.) E. RENTZ. 4594

**R. H. Wasserman, F. W. Lengemann** und **C. L. Comar,** *Vergleichender Stoffwechsel von Calcium und Strontium bei der Lactation.* Mittels $^{45}$*Ca* u. $^{89}$*Sr* wird bei säugenden u. nichtsäugenden Ziegen der Stoffwechsel von *Ca* u. *Sr* vergleichend untersucht. In konstanter Weise erscheint 11 mal mehr Ca in der Milch als Sr, wenn beide mit dem Futter in gleichen Mengen verabreicht werden. Ca wird aus dem Magen-Darm-Kanal von nichtsäugenden Tieren 3—4mal besser resorbiert als Sr. Bei Verabfolgung von Sr + Ca im Verhältnis 1:1 beträgt dieses im Plasma 0,23, Skelett 0,23, Milch 0,09 u. Urin 4,0. Diese Werte zeigen, daß es keine unterschiedliche Bewegung von Ca u. Sr zwischen Blut u. Knochen gibt u. daß Sr hauptsächlich durch die Nieren ausgeschieden wird. (J. Dairy Sci. **41.** 812—21. Juni 1958. Oak Ridge, Tenn., Oak Ridge Inst. of Nuclear Studies, Med. Div.) G. KIMMERLE. 4596

**L. Heilmeyer, W. Keiderling** und **F. Wöhler,** *Der Eisenstoffwechsel beim Infekt und die Entgiftungsfunktion des Speichereisens.* Übersicht. — 48 Literaturangaben. (Dtsch. med. Wschr. **83.** 1965—74. 7/11. 1958. Freiburg/Br., Med. Klinik der Univ.) HEINRICH HERMANN. 4596

**Sch. K. Batyrow,** *Vergleichende Daten über die Störung des Kohlenhydratumsatzes bei akuten und chronischen Enterocolitiden.* Bei Gesunden ist der Nüchternblutzucker im arteriellen Blut meist höher als im venösen; die arterio-venöse Differenz beträgt im Mittel 13,3, die capillar-venöse 6,9 mg%. Der *Milchsäure* (**I**)-Geh. ist im Venenblut um 2, der *Brenztraubensäure* (**II**)-Geh. um 0,36 u. der *Acetonkörper* (**III**)-Geh. um 0,81 mg% höher als im arteriellen Blut. Bei akuter Enterocolitis (45 Patienten) sinkt der Blutzucker im Capillar- u. Venenblut meist auf 70, in einigen Fällen bis auf 61 mg%, im arteriellen bis auf 80 mg%. Die Zuckerausnutzung ist in der Regel nicht gestört. Bei chron. Enterocolitis (55 Patienten) sinkt der Zuckergeh. im Capillar-, Venen- u. Arterienblut bis auf 70 bis 60 mg%; es kommt zu einer Verschlechterung der Utilisation (Verschwinden der capillar-venösen u. arteriell-venösen Differenz). Die **I**-Konz. steigt im arteriellen Blut auf 13 bis 22, im venösen auf 15—23 mg%, die **II**-Konz. auf 1,5—6,1 bzw. 1,6—6,5 mg%, die **III**-Konz. auf 2,6 bis 6,5 mg%. (Клиническая Медицина [Klin. Med.] **37** (**40**). Nr. 1. 143—48. Jan. 1959. Taschkent, Med. Inst., Pädiatr. u. San. Hygien. Fak., Lehrst. für Propädeutik der inn. Krankh.) E. RENTZ. 4596

**H. Sunzel,** *Stoffwechselwirkungen von intravenöser Glucose und Fructose während der beginnenden postoperativen Zeit. Vergleichende Untersuchungen über die Ausscheidung von Hexose, Wasser, Stickstoff, Natrium, Kalium und Chlorid.* Am Tage von Magen-Darm-Operationen (Ulcus ventriculi oder duodeni) erhielten die Patienten intravenöse Infusionen von *Glucose* oder Glucose + *Fructose.* Dadurch kommt es zu keinem wesentlichen Verlust an Zucker, W., Na, K, Cl u. N durch Ausscheidung im Urin. Man kann aber doch beobachten, daß eine Infusion mit Fructose zu kleineren Harn-K-Verlusten führt als eine solche mit Glucose. Auch ist der Betrag an reduziertem Zucker im Urin nach der Fructoseinfusion kleiner als nach Glucose. Die Verabreichung von Fructose führt bei den Patienten zu geringeren subjektiven Beschwerden als von Glucose. (Acta chirurg. scand. **115.** 325—31. 25/9. 1958. Gothenburg, Schweden, Univ., Sahlgrenska Sjukhuset, Dep. of Surg. II.) G. KIMMERLE. 4596

**K. Bod'a,** *Zur Untersuchung einiger N-Metaboliten im Blut der Rinder.* 2. Mitt. *Kreatinin.* Der *Kreatinin*-Geh. im Blutserum der Kühe wurde während der Lactation, der Trächtigkeit u. in Abhängigkeit vom Milchertrag verfolgt. Die physiol. Schwankung des Kreatiningeh. bewegte sich von 0,75—2,04 mg%. Eine signifikante Erhöhung seiner Konz. gegenüber der Lactationsperiode wurde im Stadium des Trockenstehens (im 8. bis 9. Monat der Trächtigkeit) vermerkt. Bei Kühen mit klin. Symptomen einer Lebererkrankung wurden keine statist. bedeutenden Abweichungen im Kreatiningeh. des Blutes beobachtet. (Sborník Československ. akad. zemědělských věd, veterin. med. **3.** 779—84. Okt. 1958. Moskovske, Vet. Akad., Lehrst. für path. Physiol.) G. KIMMERLE. 4596

**K. Bod'a,** *Zur Untersuchung einiger N-Metaboliten im Blut der Rinder.* 3. Mitt. *Die Harnsäure.* (2. vgl. vorst. Ref.) Der Harnsäuregeh. im Blutserum der Kühe schwankte zwischen 0,13—1,22 mg%. Es wurde ein direkter Zusammenhang zwischen der Konz. der Harnsäure u. den Lactationsperioden nachgewiesen. In der 1. Periode war der Geh. am größten: 0,87 (mg%), in der 2. Periode 78, in der 3. 0,64 u. im Stadium des Trockenstehens 0,48. (Sborník Českoslov. akad. zemědělských věd, veterin. med. **3.** 829—34. Nov. 1958.) G. KIMMERLE. 4596

**Kensuke Shimura, Fusaoki Koide, Hiroko Itabashi** und **Hironobu Fukai,** *Proteinsynthese in der Spinndrüse der Seidenraupe in vitro.* 1. Mitt. Spinndrüsen von Raupen des

Seidenspinners (Bombyx mori L.) wurden am 3. bis 5. Tag des 5. Larvalstadiums ektomiert u. ausgewaschen in je 5 ml einer physiol. Nährlsg. ($NaCl$, $KCl$, $MnCl_2$, $MgCl_2$, $NaHCO_3$, $NaH_2PO_4 \cdot 2 H_2O$ + Glucose) bei $p_H$ 8,0 u. 30° in vitro kultiviert. Nach 1 Std. wurde der fl. Drüseninhalt nephelometr. durch Zusatz von SUEYOSHIs Reagens 1:1 auf Proteinbldg. (PB) untersucht. Zum Vgl. dienten abgestufte Standard-Lsgg. von *Ovalbumin.* Der für die PB optimale $p_H$ liegt zwischen 7,8 u. 8,5 mit einer Spitze bei 8,0. Anorgan. Phosphate, α-Ketosäuren (z. B. *Pyruvat, Phosphoenolpyruvat, Oxalacetat, α-Ketoglutarat*), ATP (in Konz. 0,002—0,003 mol.), Lactate u. Vitamine (*Pantothensäure* u. *Ascorbinsäure*) stimulierten die PB, *Succinate, Citrate, Malate* u. *Fumarate* waren weniger wirksam. Einflüsse von *Thiamin, Riboflavin, Pyridoxin* u. *Cholinhydrochlorid* waren nicht erkennbar. *2.4-Dinitrophenol* ($0{,}8 \cdot 10^{-3}$) u. NaF ($1 \cdot 10^{-3}$) inhibieren die PB deutlich, NaCN ($10^{-2}$, $10^{-3}$) weniger klar. Der Nachw. der PB erfolgte mit der Biuret-Rk. u. durch Ausfällen mit A., $HgCl_2$, Trichloressigsäure u. Pikrinsäure. (J. Biochemistry [Tokyo] **42.** 285—94. Mai 1955. Sendai, Tohoku Univ., Fac. of Agric., Biochem. Labor. [Orig.: engl.]) H. GLEISS. 4596

**Toshifumi Fukuda, Jiro Kirimura, Motoichi Matuda** und **Tadao Suzuki,** *Biochemische Studien über die Bildung des Seidenproteins.* 1. Mitt. *Die an der Biosynthese des Seidenproteins beteiligten freien Aminosäuren.* N. Raupen des Seidenspinners (Bombyx mori L.) u. solche, denen zu Beginn des 4. Larvalstadiums die Spinndrüse exstirpiert worden war, wurden am 3. u. 6. Tag des 5. Larvalstadiums auf ihren Geh. an freien *Aminosäuren* (AS) vergleichend untersucht (mikrobiol. mit Leuconostoc citrovorum u. mesenteroides u. Streptococcus faecalis). Die spinndrüsenlosen Larven enthielten am 6. Tag des 5. Stadiums mehr AS als die n. Vergleichstiere (*Glycin* 20fach, *Threonin* 9fach, *Prolin* 6fach, *Serin* 3fach, *Tyrosin* 2fach). Während der Seidensynth. wandern die genannten AS. intensiv von der Körper-Fl. zur Spinndrüse, nicht jedoch Alanin. Ein Vgl. mit der Zus. der Kokonfaser zeigt, daß Seidenprotein sich zwar z. T. aus freien AS zusammensetzt, außerdem jedoch aus wandernden *Peptiden* u. *Proteinen* oder solchen Substanzen, die erst in den Drüsenzellen in AS umgewandelt werden. (J. Biochemistry [Tokyo] **42.** 341—46. Mai 1955. Tokyo, Japan, Sericultural Exp. Stat. [Orig.: engl.]) H. GLEISS. 4596

**Toshifumi Fukuda,** *Biochemische Studien über die Bildung des Seidenproteins.* 3. Mitt. *Die Umwandlung von $^{14}C$-Phenylalanin zu Tyrosin in der Seidenraupe* (*Bombyx mori*). (1. vgl. vorst. Ref.; 2. vgl. Seikagaku [Biochemistry] **27.** [1955.] 147.) Zur Klärung der Umwandlung von *Phenylalanin* (I) zu *Tyrosin* (II) in der Seidenspinnerlarve wurde *$^{14}C_{(2)}$-Phenylalanin* in den Larvenkörper injiziert u. danach die Radioaktivität des aus den Kokons isolierten **II** bestimmt. **II** als eine der bedeutendsten Aminosäuren des Seidenproteins wird aus I im Larvenkörper synthetisiert. (J. Biochemistry [Tokyo] **43.** 137—42. März 1956. [Orig.: engl.]) G. BREITIG. 4596

**L. Hartman, F. B. Shorland** und **B. Cleverley,** *Vorkommen von trans-ungesättigten Säuren in den fäkalen Lipiden von Wiederkäuern und Nichtwiederkäuern.* Aus Angaben über Vork. u. Entstehung von trans-ungesätt. Fettsäuren im Depotfett von Wiederkäuern u. Beuteltieren wird abgeleitet, daß im Darm aller Tiere mit seinem mikrobiellen reduktiven Milieu die Voraussetzungen für die Bldg. von trans-Säuren durch partielle Hydrierung gegeben sind. Es werden frische Faeces von Tieren (Pferd, Hauskaninchen, Wildkaninchen, Ratte, Kuh, Schaf) sowie die Bakterien aus den Faeces von Pferd u. Schaf auf Art u. Menge der konstituierenden Fettsäuren (Menge, JZ., Verseifungsäquivalent) untersucht; für die Ermittlung der trans-Säuren vgl. HARTMAN u. Mitarbeiter (C. **1956.** 4762); die Dien- u. Triensäuren werden spektroskop. nach BRICE u. Mitarbeitern (C. **1953.** 4620) bestimmt. Aus den Befunden geht hervor, daß am Aufbau der fäkalen Lipide der geprüften Wieder- u. Nichtwiederkäuer trans-Säuren in einer Menge von 9—18%, bezogen auf die Gesamtfettsäuren, beteiligt sind. Von den anwesenden Dien- u. Triensäuren entfallen auf die Konjuene 1,0—3,7 bzw. 0—0,5%, auf die Isolene 0,7—18,6 bzw. 0,9—10,9%. Der Geh. an trans-Säuren im bakteriellen bzw. im nichtbakteriellen Faecesfett liegt in etwa gleicher Höhe, wobei die Darmbakterien rund 30% der trans-Säuren beisteuern. In Analogie zu der experimentell erhärteten Tatsache, daß die trans-Säuren bei den Wiederkäuern auf die Hydrierungsvorgänge im Pansen zurückzuführen sind, wird das Auftreten der trans-Säuren in den fäkalen Lipiden mit der hydrierenden Tätigkeit der Darmbakterien erklärt. (Biochem. J. **69.** 1—5. Mai 1958. Wellington, New Zealand, Fats Res. Labor. and Dep. of Scientific and Industrial Res., Dominion Labor.) K. TÄUFEL. 4596

**Hidehiko Takahashi, Kyoji Watanabe, Nobuyuki Morita** und **Taro Tomikawa,** *Wirkungen einiger Sulfhydrylreagentien auf die mechanische und elektrische Aktivität des Krötenherzens.* Die Wrkgg. von *$CdCl_2$, p-Chlormercuribenzoesäure* u. *Phenylmercuriacetat* auf das Elektrocardiogramm u. das Mechanogramm des isolierten Krötenherzens wurden untersucht. Die Wrkg. der Hg-haltigen Stoffe war prinzipiell der $CdCl_2$-Wrkg. gleich u. bestand in einer verminderten Herzkontraktion (bis zum völligen Stillstand), Verlängerung des PQ-Intervalls, Verkürzung des ST-Intervalls u. Verminderung der Amplituden der T- u. der R-Zacke. Die durch die mercaptidbildenden Reagentien hervorgerufenen Veränderungen in der mechan. u. elektr. Aktivität des Herzens konnten durch Cysteinhydrochlorid oder Thioglykolsäure fast völlig rückgängig gemacht werden. (Jap. J. Physiol. **6.** 226—35. 31/10. 1956. Tokyo, Med. Coll., Dep. of Physiol. [Orig.: engl.]) R. HÄHNEL. 4597

**Walther Falholt,** *Die Farbstoffinjektionsmethode für Kreislaufuntersuchungen. Eine kritische Auswertung der Techniken, Apparaturen und Ergebnisse.* Es wird ein Überblick über die Farbstoffinjektionsmeth. für Kreislaufunterss. gegeben. Als hauptsächliche Indicatoren kommen der Farbstoff *Evans blue* u. radioakt. Indicatoren in Frage. Die verschied. Methoden u. die dabei benutzten App. werden besprochen. Man kann mit der Farbmeth. das Herzschlagvol., die Gesamtblutmenge, das Blutvol. in den Lungen, das Restblutvol. in den Herzkammern u. den Durchfluß u. das Vol. in anderen inneren Organen bestimmen. Auf die Bedeutung dieser Meth. bei congenitalen Herzfehlern wird hingewiesen. — 188 Literaturangaben. (Scand. J. clin. Lab. Invest., Suppl. **10.** 1—105. 1958.) G. KIMMERLE. 4597

**A. F. Makarowa,** *Die biochemischen Veränderungen in den Muskeln von Tieren beim experimentellen Training verschiedenen Charakters.* Im Vers. mit Kaninchen wurden die systemat. Muskelkontraktionen durch Reizung des Nervus ischiadicus durch elektr. Strom bewirkt. In Gruppe **A** erfolgten 208 Kontraktionen/Min. jeweils 20 Sek. lang (mit jedem Tag um 20 Sek. zunehmend) mit Intervallen von 1 Min.; in Gruppe **B** wurden bei gleichem Tempo an die Hinterbeine eine Last von 50 g angehängt (tägliche Zunahme um 10 g); in Gruppe **C** erfolgten unter den gleichen Bedingungen wie bei **B** 60 Kontraktionen/Minute. Es zeigte sich, daß das Training zu einer Erhöhung des Muskelgeh. an *Strukturproteinen* (I) führt, bes. bei **B** u. **C**. Unter den I zeigen die Proteine des Myosinkomplexes den stärksten Anstieg, so daß auch die *Adenosintriphosphatase*-Aktivität der Muskeln zunimmt. Die Zunahme der Proteine des Muskelstromas ist am stärksten bei **C**. Die Zunahme des *Glykogen*-Geh. u. der *Dehydrase*-Aktivität unter dem Einfl. des Trainings ist vom Tempo der Kontraktionen stärker abhängig als von der Größe der Anstrengung. Die biochem. Veränderungen in den Muskeln sind bei **B** am stärksten. (Український Біохімічний Журнал [Ukrain. biochem. J.] **30.** 903—10. 1958. Leningrad, Wiss. Forschungsinst. für Körperkultur, Sektor Physiol. u. Biochemie.) O. LEBTAG. 4597

**A. V. Hill** und **J. V. Howarth,** *Die Wirkung von Kalium auf den Ruhestoffwechsel des Froschsartorius.* Eingehende Unterss. über die K-Wrkg. [Steigerung des Sauerstoffverbrauchs u. der Wärmeproduktion (WP)] beim Muskel ergaben, daß WP nicht mit einer mechan. Veränderung im Muskel verbunden ist, daß bei Ersatz eines K-reichen sauerstoffhaltigen Mediums durch Sauerstoff meist eine starke Erhöhung der WP eintritt, wie wenn ein vorher durch Diffusion entfernter Stoff an der Oberfläche angereichert wurde u. daß bei n. RINGER-Lsg. die Schwelle bei 10 (mmol.) KCl u. die volle Wrkg. bei 18 liegt, entsprechend Membranpotentialen 65 u. 50 mVolt anstatt den n. 90. Ca in äquimol. Mengen wirkt K entgegengesetzt. Rb wirkt ca. halb so stark wie K. Bei Ersatz von Cl durch $NO_3$ oder J in der RINGER-Lsg. ist K in geringerer Konz. wirksam. Bei Ersatz von NaCl durch Saccharose oder von Cl durch $SO_4$ hat K die gleiche Wrkg.; diese ist jedoch stark erhöht in isoton. Saccharose oder bei Fehlen von zusätzlichem Ca in der $SO_4$-RINGER-Lösung. Bei Fehlen von Sauerstoff ist die K-Wrkg. gering. Es wird angenommen, daß bei diesen Rkk. einige der chem. Vorgänge eintreten, die in zusammenhängender Weise durch Erregung in Gang gesetzt werden. Sie werden im einzelnen erörtert. (Proc. Roy. Soc. [London], Ser. B **147.** 21—43. 24/8. 1957. London, Univ. Coll., Dep. Physiol.) J. SCHWAIBOLD. 4597

**A. Rossi-Fanelli** und **E. Antonini,** *Sauerstoffgleichgewicht der menschlichen Myoglobine (Mb I und Mb II).* Menschliches Myoglobin (Mb) läßt sich durch präparative Zonenelektrophorese in Stärkegel mit Boratpuffer ($p_H$ 8,6, 1—3%ig. Mb-Lsg., 6—8 Volt pro cm) in die elektrophoret. homogenen Fraktionen Mb I, II u. III zerlegen. Für Mb I u. II wurden die $O_2$-Dissoziationskurven bei $p_H$ 8 u. 20° nach enzymat. Red. aufgenommen. Die spektrophotometr. Messungen zeigten, daß die Kurve im Bereich $0{,}2—4{,}5 \cdot 10^{-4}$ mol. von der Mb-Konz. unabhängig ist u. daß die Kurven für Mb I u. II hyperbol. Typs der Form $Mb \cdot O_2/Mb = K \cdot p_{O_2}$ sind. Die Extinktionen u. Maxima der sauerstoffhaltigen u. -freien Formen von Mb I u. II sowie die $O_2$-Affinitäten unterschieden sich prakt. nicht. Die Reaktionswärme zwischen 20 u. 40° wurde zu —13500 cal (Mb I) bzw. —13300 (Mb II) bestimmt. Auch nichtfraktioniertes Mb zeigte gleiches Verhalten. (Experientia [Basel] **13.** 477—79. 15/12. 1957. Rom, Univ., Inst. of Biol. Chem.) E. DEHMLOW. 4597

**P. A. Werbolowitsch**, *Über die den Myoglobingehalt der Muskeln beeinflussenden Faktoren.* Übersichtsreferat über die Bedeutung von Alter, Geschlecht, Grad der Muskelaktivität, Funktion des Nervensyst., Ernährung u. Lebensumstände für den *Myoglobin*-Geh. des Muskels, welcher letzten Endes von der Intensität der oxydativen Prozesse im Muskel abhängt. — 47 Literaturstellen. (Вопросы Медицинской Химии [Fragen med. Chem.] **4.** 83—96. März/April 1958. Alma-Ata, Kasach. Med. Inst., Lehrstuhl für Biochemie.) E. RENTZ. 4597

**K. J. Ullrich** (unter techn. Mitarbeit von **G. Pehling**), *Aktiver Natriumtransport und Sauerstoffverbrauch in der äußeren Markzone der Niere.* Nur in Schnitten der äußeren Markzone von Hundenieren wurde nach der WARBURG-Meth. bei steigender $Na^+$-Außenkonz. (bis auf 450 mmol.) eine lineare $O_2$-Verbrauchssteigerung gefunden, wobei die MICHAELIS-MENTEN-Gleichung erfüllt scheint. Hierbei wurden die $Na^+$-Salze $Cl^-$, $SO_4^{2-}$, $PO_4^{3-}$, $P_2O_7^{4-}$, $Br^-$, $J^-$, $NO_3^-$, *Acetat, Lactat, Citrat* u. *Pyruvat* untersucht. $K^+$ u. $Li^+$-Salze zeigten den genannten Effekt nicht, der durch $HgCl_2$, $NaN_3$, *Jodessigsäure*, $F^-$, $CN^-$, $AsO_4^{3-}$ u. *Dinitrophenol* in die Atmung nicht beeinflussenden, u. a. jedoch den $Na^+$-Transport in Froschhaut hemmenden Dosen inhibiert wurde. Daraus wurde gefolgert, daß der steigende $O_2$-Verbrauch durch den Na-Transport bedingt ist. (Pflügers Arch. ges. Physiol. Menschen Tiere **267.** 207—17. 5/8. 1958. Göttingen, Univ., Physiol. Inst.) R. LESCHBER. 4597

**Jack Orloff** und **Douglas G. Davidson**, *Der Mechanismus der Kaliumausscheidung beim Huhn.* Beim Huhn bewirkt die Infusion von $K^+$ ein Ansteigen der Ausscheidungsbeträge von $K^+$, $Na^+$ u. $Cl^-$, u. der Urin wird alkalisch. Der Mechanismus verläuft dabei ähnlich wie beim Hund u. beim Menschen. Bei hohen $K^+$-Plasmakonzz. wird ein maximaler Ausscheidungsbetrag erreicht, u. dieser ändert sich bei noch höheren $K^+$-Konzz. wenig. Dabei bleibt die Nierendurchblutung unverändert. Es besteht also bis zu bestimmten Konzz. eine lineare Beziehung zwischen der peritubulären $K^+$-Konz. u. der $K^+$-Ausscheidung. Wird der maximale Ausscheidungsbetrag erreicht, so ist diese Beziehung nicht mehr linear, da der Transportmechanismus in der Niere das höchst mögliche Maß erreicht hat u. eine passive Diffusion des K von Plasma zum Urin nicht stattfinden kann. Eine ähnliche Wrkg. wie mit $K^+$-Infusionen bekommt man mit *Acetazolamid* (*Diamox*), einem Carboanhydrasehemmer. Ein Anstieg des intracellulären $p_{CO_2}$ u. der $H^+$ bei respirator. Acidose fördert den Transport von $H^+$ im Urin u. hemmt den $K^+$-Transport. Die gleichen Effekte sind auch durch intravenöse Injektion von Essigsäure zu erreichen. $Hg^{2+}$ in dem Diureticum *Salyrgan* hemmt die $K^+$-Ausscheidung beim Huhn durch direkten Angriff am Sekretionsprozeß. (J. clin. Invest. **38.** Nr. 1. [Part I] 21—30. Jan. 1959. Bethesda, Md., Nat. Heart Inst., Labor. of Kidney and Electrolyte Metab.) G. KIMMERLE. 4597

**K. J. Ullrich, H. H. Hilger** und **J. D. Klümper**, *Sekretion von Ammoniumionen in den Sammelrohren der Säugetierniere.* Mit einer Diffusionsmikrometh. zur Best. von $NH_3$ analysierten Vff. Sammelrohrurin u. fanden, daß $NH_4^+$-Ionen in die Sammelrohre sezerniert werden, wo ebenfalls Austausch von $NH_4^+$ gegen $Na^+$ stattfindet. (Pflügers Arch. ges. Physiol. Menschen Tiere **267.** 244—50. 5/8. 1958. Göttingen, Univ., Physiol. Inst.; Bonn-Venusberg, Univ., Med. Univ.-Klinik; Göttingen, Univ., Chirurg. Univ.-Klinik.) R. LESCHBER. 4597

**J. D. Klümper, K. J. Ullrich** und **H. H. Hilger**, *Das Verhalten des Harnstoffs in den Sammelrohren der Säugetiere.* Vff. untersuchen an Goldhamstern das Verh. des *Harnstoffs* (I) in den Sammelrohren u. fanden, daß im Urin eine Konzentrierung von I bei Passieren der Sammelrohre infolge Wasserrückresorption erfolgt, die jedoch geringer ist als der Wasserrückresorption entspricht. Daraus folgt, daß ein Teil des I das Sammelrohr verläßt. Vff. vermuten hierbei Diffusion von I. (Pflügers Arch. ges. Physiol. Menschen Tiere **267.** 238—43. 5/8. 1958. Göttingen, Univ., Chirurg. Univ.-Klin. u. Physiol. Inst.; Bonn-Venusberg, Univ., Med. Univ.-Klinik.) R. LESCHBER. 4597

**Francis P. Chinard, W. Rowland Taylor, Mary F. Nolan** und **Theodore Enns**, *Glucosetransport durch Nierentubulizellen von anästhesierten Hunden.* Bei narkotisierten Hunden wird $^{14}C_{(1)}$-*Glucose* (I) in die Nierenarterie injiziert. Aus der Nierenvene werden durch einen Blutkatheter Proben entnommen. Es kann papierchromatograph. nachgewiesen werden, daß es sich bei der im Nierenvenenblut wiedergefundenen radioakt. Substanz um unveränderte I handelt. Daß die I von den oberen Tubuli rückresorbiert wird, zeigen Vergleichskurven nach gleichzeitiger Gabe von I u. *Kreatinin* (II). II wird von den unteren Nierentubuli rückresorbiert, u. es tritt also später in das Nierenvenenblut ein als I. Man kann also annehmen, daß während des Transportes der I durch die Tubulizellen kein Auf- oder Abbau derselben stattfindet. Der Transport der I beruht mehr auf einem Membraneffekt als auf einer Fortbewegung durch das Cytoplasma. Der vermutete I-Trägerkomplex hat ein Mol.-Gew. von ca. 2000 u. ist somit kein Makromolekül.

(Science [Washington] **125.** 736—37. 19/4. 1957. Baltimore, Md., Johns Hopkins School of Med., Depp. of Physiol. Chem. and Med.; Baltimore, Md., City Hosp., Med. Div.) G. KIMMERLE. 4597

**L. M. Makarewitsch-Galperin** und **Ss. N. Uschenko,** *Die Änderung des Glykogengehaltes der Leber und des Gewichtes einiger Organe von Ratten im Zusammenhang mit der Ovariektomie.* Verss. an 380 geschlechtsreifen weißen Ratten ergaben, daß die Ovarektomie nach vorausgegangenem 24std. Hungern zunächst eine Abnahme des *Glykogen*-Geh. der Leber bewirkt (von n. 320 ± 14,5 auf maximal 225 ± 14 mg% am 15. Tag), um diesen dann (beginnend mit dem 30. bis zum 210. Tag) über die Norm hinaus zu steigern (mit Schwankungen zwischen 390 ± 16 u. 748 ± 25 mg%). Nach 6std. Hungern u. anschließender Ovariektomie sind Abnahme u. Zunahme der Werte geringer. Das absol. Lebergewicht nimmt, bes. nach 6std. Hungern, ebenfalls erst ab (von n. 5290 ± 122 auf 4390 ± 135 mg) u. dann zu (maximal am 210. Tag auf 6970 ± 193 mg), während das relative Lebergewicht (in % des Körpergewichts) von n. 3,7 ± 0,02 auf maximal 2,57 ± 0,3% abnimmt. Das Milzgewicht nimmt sowohl nach 6- als auch nach 22std. Hungern u. nachfolgender Ovariektomie von n. 770 ± 66 auf maximal 1270 ± 80 mg% bzw. von n. 812 ± 30 auf 1800 ± 190 mg% zu. (Проблемы Эндокринологии и Гормонотерапии [Probleme Endokrinol. Hormontherap.] **4.** Nr. 6. 8—14. Nov./Dez. 1958. Charkow, Ukrain. Inst. für experim. Endokrinol., Pharmakotherapeut. Abt.) E. RENTZ. 4597

**L. I. Palladina** und **A. M. Gudina,** *Die fermentativen Prozesse in der Leber bei der Regeneration.* In Verss. mit Ratten, bei denen ein Teil der Leber entfernt u. der verbliebene Teil nach 4—7tägiger Regeneration untersucht wurde, war nach 4tägiger Regeneration die glykolyt. Aktivität erhöht. Die Abnahme des P-Geh. als Folge der spaltenden Aktivität der *Phosphorylase* (**I**) betrug 2,2 (mg/g Trockensubstanz) gegenüber 1,6 in der Kontrolle. Die Zunahme des anorgan. P als Folge der synthetisierenden Aktivität von **I** betrug 4,32 gegenüber 3,88 in der Kontrolle. Auch die Aktivität der *Phosphoglucomutase* (**II**) war nach 4tägiger Regeneration erhöht: Abnahme des P von Glucose-1-phosphat bei der Incubation um 23,2 gegenüber 21,5 in der Kontrolle. Die Aktivität der *Aldolase* (**III**) war erhöht: 84,7 (in mg P von Triosephosphorsäuren je 1 g Trockensubstanz) gegenüber 73,0 in der Norm. Die Zunahme des P bei der Incubation als Folge der *Phosphatase* (**IV**)-Aktivität betrug 2,04 gegenüber 1,65 mg/g Trockensubstanz in der Norm. Nach 7tägiger Regeneration wurde erhalten: Abnahme des P durch **I** 2,9 (mg/g Trockensubstanz) gegenüber 3,7 in der Kontrolle; Zunahme des anorgan. P als Folge der **I**-Synth. 2,7 (4,4); P-Abnahme durch **II** 18,6 (21,3); **III**-Aktivität (in mg P) 75,5 (87,8); P-Zunahme durch **IV** 1,92 (2,20) mg/g Trockensubstanz. Der Koeff. der oxydativen Phosphorylierung P/O betrug nach 4- bzw. 7tägiger Regeneration 0,47 bzw. 0,30 gegenüber 0,35 bzw. 0,38 in der Kontrolle. Bei Zusatz von Bernsteinsäure, Guanin u. Xanthin wurde der P/O-Koeff. im regenerierten Lebergewebe stärker erhöht als im n. Gewebe. (Український Біохімічний Журнал [Ukrain. biochem. J.] **30.** 865—79. 1958. Kiew, Inst. für Biochem. der Akad. der Wiss. der UkrSSR.) O. LEBTAG. 4597

**Z. M. Schtutman,** *Über den Gehalt an Adenosintriphosphat, Kreatinphosphat und Milchsäure im Gehirn und in den Muskeln bei Hypothermie.* In Verss. mit Kaninchen, deren Körpertemp. durch 4std. Einpacken in Eis (**A**) auf 32—30°, durch subcutane Zufuhr von 20 mg Aminazin (**I**)/kg (**B**) oder durch Eiskühlung nach erfolgter **I**-Zufuhr (**C**; Senkung auf 28—30 u. 19—20°) gesenkt wurde, untersuchte Vf. im Hirn- u. Muskelgewebe den Geh. an *Adenosintriphosphat* (**II**), *Kreatinphosphat* (**III**), *Milchsäure* (**IV**) u. *Glykogen* (**V**) während der Hypothermie u. nach Wiedereintritt der n. Körpertemperatur. Es zeigte sich, daß bei **A** der **II**- u. **III**-Geh. im Hirn- u. Muskelgewebe ab-, der **IV**-Geh. in beiden Geweben zunahm. Bei **B** u. **C** wurden während der Hypothermie **II, III** u. **IV** im Hirn- u. Muskelgewebe nicht wesentlich verändert. Auch der **V**-Geh. im Hirngewebe blieb unverändert. Bei Aufhebung der Hypothermie wurde der Geh. an **II, III, IV** u. **V** ebenfalls nicht verändert. (Український Біохімічний Журнал [Ukrain. biochem. J.] **30.** 852—59. 1958. Kiew, Inst. für Biochem. der Akad. der Wiss. der UkrSSR.) O. LEBTAG. 4597

**O. N. Ssawtschenko,** *Der Kohlenhydrat–Phosphor-Umsatz des Gehirns bei Hypothermie und Hypoxie.* In Verss. an Kaninchen, welche in Ae.-Narkose in W. von +1 bis 3° gehalten wurden, wird festgestellt, daß bei Herabsetzung der Körpertemp. auf 25—20° (selbst für die Dauer von 2 Std.) die Konz. des labilen P der *Adenosintriphosphorsäure* (**I**) u. des *Phosphokreatins* (**II**), des *anorgan. P* (**III**) u. der *Milchsäure* (**IV**) im Gehirngewebe im Rahmen der Norm (14,0; 11,2; 12 bzw. 23 mg%) bleibt. Auch die Konz. des P der *Hexosephosphate* (**V**; *Glucose-6-phosphat, Fructose-6-phosphat* u. *Fructose-1.6-phosphat*) verändert sich kaum (n. —10,0; 0,60 bzw. 1,21 mg%). Demnach tritt unter den genannten Bedingungen eine Hypoxie des Gehirns nicht ein. Wird bei Kaninchen das Herz für 5—10 Min., mit oder ohne Abkühlung, aus dem Kreislauf ausgeschlossen, so kommt es im Gehirn zu einem völligen Verschwinden von **II**, einem Absinken von **I** auf 3,3—9 mg%, einem Anstieg von **III** auf 28,3—39,1 mg% u. von **IV** auf 121—132 mg% sowie zu einer geringen Zunahme des **V**-P. Zufuhr von *Aminazin* (10 mg/kg subcutan) ist ohne Einfl. auf den Kohlenhydrat-P-Umsatz sowohl in der Norm als auch nach Ausschluß des Herzens aus dem Kreislauf. Die beobachteten Veränderungen des Stoffwechsels sind schnell restituierbar; nur der Geh. des Gehirns an **IV** u. **V** bleibt noch einige Zeit übernormal. (Вопросы Медицинской Химии [Fragen med. Chem.] **4.** 139—48. März/April 1958. Leningrad, Physiol. Pawlow-Inst. der Akad. der Wiss., Labor. für Biochem. des Nervensyst.) E. RENTZ. 4597

**F. Erbslöh, P. Klärner** und **A. Bernsmeier**, *Die Milchsäureabgabe des menschlichen Gehirns.* Bei Hirn- u. Stoffwechselgesunden u. -kranken wurden die arterio-venöse Milchsäure (**I**)-Differenz, die Glucose (**II**)- u. $O_2$-Differenz des Hirnblutes sowie die Durchblutung gemessen u. für die **I**-Differenz bei n. Patienten 0,8 mg% u. bei allen Verss. im Durchschnitt 0,83 mg% gefunden. Die mittlere **I**-Abgabe für Normale wurde mit 0,5 $\pm$ 0,21 $mg \cdot min^{-1} \cdot g^{-1}$ Hirngewebe bestimmt. Aus dem Verhältnis **II**-Aufnahme–**I**-Abgabe wurde der Gärungsanteil am **II**-Umsatz mit ca. 10% ermittelt, der bei verschied. Stoffwechselerkrankungen zu-, bei cerebralen Gefäßkrankheiten abnimmt. (Pflügers Arch. ges. Physiol. Menschen Tiere **268.** 120—33. 3/12. 1958. München, Univ., II. Med. Klinik.) R. LESCHBER. 4598

**D. R. Curtis** und **J. W. Phillis**, *γ-Amino-n-buttersäure und Übertragung an Rückenmarksynapsen. γ-Amino-n-buttersäure* (**I**) red. die synapt. Potentiale in den Vorder- u. Hinterhörnern des Katzenrückenmarks, ohne daß diese Red. durch intravenös zugeführtes Strychnin veränderbar ist oder die präsynapt. Fasern beeinträchtigt wären. **I** wirkt wahrscheinlich depressor. auf die somatodentrit. Membranen zentral gelegener Neurone. **I** wird deshalb nicht als synapt. Überträgersubstanz beim Säugetier angesehen. (Nature [London] **182.** 323. 2/8. 1958. Canberra, Australian Nat. Univ., Dep. of Physiol.) U. TAUSENDFREUND. 4598

**Isao Hanawa**, *Photostoffwechsel isolierter Außensegmente von Stäbchen.* Die Wrkg. von *l-Natriumglutamat* (**I**), *l-Natriumasparaginat* (**II**), *γ-Aminobuttersäure* (**III**), *l-Glutamin* (**IV**), *l-Asparagin* (**V**), *Alanin* (**VI**), *Natrium-α-ketoglutarat* (**VII**) u. *$NH_4Cl$* (**VIII**) auf die Atmung der von der dunkeladaptierten Retina von Krötenaugen isolierten Außensegmente von Stäbchen wurde im WARBURG-App. bei 26° untersucht. **I** erhöht im Dunkeln anfangs die Atmung, vermindert sie aber später, so daß nach 150 Min. die Atmung geringer ist als bei den Kontrollen. **I** vermindert im Hellen die Atmung. **IV, VI, VII** u. **VIII** haben im Dunkeln keinen deutlichen Einfl. auf die Atmung. Durch **II** wird die Atmung im Dunkeln stark herabgesetzt, geringer durch **III** u. **V**. **VIII** hemmt die Wrkg. der Belichtung auf die Atmung; ebenso wirken in geringerem Maße **III** u. **VI**. Auf der Grundlage der experimentellen Ergebnisse entwickelt der Vf. einen Stoffwechselcyclus für die Außensegmente der Stäbchen. (Jap. J. Physiol. **6.** 218—25. 31/10. 1956. Osaka, Univ., Med. School, Abeno-ku, Dep. of Physiol. [Orig.: engl.]) R. HÄHNEL. 4598

## E₆. Pharmakologie. Therapie. Toxikologie. Hygiene.

**Walter C. Quevedo jr.** und **Douglas Grahn**, *Der Einfluß täglicher γ-Bestrahlungen auf die Pigmentierung bei der Maus.* Braune u. schwarze Mäuse wurden mit Tagesdosen zwischen 6 u. 1650 r γ-Strahlung bis zum Exitus behandelt. Bei Dosiswerten bis zu 410 r/Tag tritt wachsende Dunkelung der Extremitäten ein als Folge erhöhter Melaninerzeugung in der Basalschicht der Epidermis. Gleichzeitig wird das Fell zunehmend grau. (Radiation Res. **8.** 254—64. März 1958. Lemont, Ill., Argonne Nat. Labor., Div. of Biol. and Med. Res.) W. REUSSE. 4601

**Kenneth L. Jackson, Robert Rhodes** und **Cecil Entenman**, *Elektrolytausscheidung bei der Ratte nach schwerem Intestinalschaden infolge Röntgenbestrahlung.* ♀ Ratten wurden mit 1500 r röntgentotalbestrahlt. Bestrahlungsdaten: 250 kV, Dosisleistung 23—28 r/Min. Filter 0,5 mm Cu + 1 mm Al. Unters. des Urins u. der Faeces auf ihren Geh. an W., Na u. K ergab, daß gegenüber unbestrahlten Kontrolltieren die K-Abgabe um 27%, die Na-Abgabe um 138% höher lagen. K wird vorwiegend durch den Harn, Na durch das Gastrointestinum abgegeben. Da forcierte Na-Abgabe unbestrahlter Ratten durch intraperitoneale Dialyse mit Glucoselsg. innerhalb 24 Std. zum Exitus führt, wird geschlossen, daß die strahleninduzierte Alkaliabgabe die eigentliche Todesursache bei den letal bestrahlten Tieren ist. (Radiation Res. **8.** 361—73. April 1958. San Francisco, Calif., U. S. Naval Radiol. Defense Labor., Biochem. Branch.) W. REUSSE. 4601

**C. O. Rupe, R. W. Monsul** und **Virgil L. Koenig**, *Elektrophoretische Untersuchung der Proteine von normalen und bestrahlten Linsen beim Kaninchen.* Die rechte Augenlinse von Kaninchen wurde mit 4000 r röntgenbestrahlt. Bestrahlungsdaten: 260 kV, Filter 0,5 mm Cu + 1 mm Al, HWS 1,25 mm Cu, Dosisleistung 180 r/Minute. Nach 1—195 Tagen wurden die Linsen der getöteten Tiere entnommen u. nach entsprechender Präparierung das lösl. Protein elektrophoret. untersucht. Es zeigte sich, daß 95% des Gesamtprotein-geh. in Veronalpuffer ($p_H$ 8,6) lösl. sind u. daß dieser lösl. Anteil aus 8 verschied. Proteinen besteht. Während der Nachbestrahlungsperiode nimmt der Anteil der 8 Komponenten unterschiedlich ab, nach 195 Tagen verbleiben noch 2 Komponenten. (Radiation Res. **8.** 265—72. März 1958. Chicago, Ill., Northwestern Univ., Med. School, Dep. of Biochem.) W. REUSSE. 4601

**M. A. Kolomitschenko,** *Die Änderung der physikalisch-chemischen und biologischen Eigenschaften von Eiweißstoffen, die nacheinander verschiedener Strahlung ausgesetzt wurden.* Untersucht wurden die Wrkg. der Behandlung von *Katalase* (I), *Myogen A* (II) u. *Hämoglobin* (III) zunächst mit Röntgenstrahlen, dann mit UV-Strahlen u. die Änderung der opt. Dichte von III, das zunächst mit baktericiden UV-Strahlen von 2537 Å, dann mit Erythemstrahlen von 3130 Å behandelt wurde. Es wurde festgestellt, daß die Bestrahlung von I, II u. III mit einer Röntgendosis von 800—1000 r prakt. ohne Einfl. auf die physikal.-chem. u. biol. Eigg. ist. Die latente Wrkg. der Röntgenstrahlen wird durch eine anschließende UV-Bestrahlung sichtbar. Sind die Dosen der UV-Bestrahlung relativ hoch, so wird die UV-Inaktivierung von I, II u. III durch die vorangegangene Röntgenbestrahlung verstärkt. Bei mittlerer schädigender UV-Dosis werden I, II u. III um 20% weniger inaktiviert als ohne vorherige Röntgenbestrahlung. Ein Zusatz von 5 mg/mg Cystein u. Histidin schützt I u. II vor einer Schädigung der Fermentaktivität durch die UV-Strahlen. Die durch die baktericide Bestrahlung (2537 Å, Dosis der Größenordnung 30 Watt·sec/cm²) veränderten spektralen Eigg. von III werden durch anschließende Erythembestrahlung (3130 Å, Dosis ca. 0,9 Watt·sec/cm²) fast zur Norm gebracht. (Український Біохімічний Журнал [Ukrain. biochem. J.] **30.** 803—13. 1958. Kiew, Inst. für Biochem. der Akad. der Wiss. der UkrainSSR.) O. LEBTAG. 4601

**Patricia P. Weymouth,** *Der Einfluß einer Röntgeneinzelbestrahlung der C 57 BL-Maus auf den Gehalt des Thymus an Nucleodepolymerasen.* In Zeitabständen von $^1/_3$ bis zu 168 Std. nach einer Ganzkörperbestrahlung von C57BL-Mäusen mit 160 r wurden die Tiere getötet, der Thymus entnommen, gewogen u. homogenisiert. Dann wurde nach entsprechender Präparierung festgestellt, daß die Gehh. der Thymuszellen an *Desoxyribonuclease* (I), *Ribonuclease* mit Optimum bei $p_H$ 6 (II) u. Ribonuclease mit Optimum bei $p_H$ 8 (III) reversibel ansteigen. Der zeitliche Ablauf des Anstieges ist unterschiedlich, ebenso die Höhe des Maximums. Das Gewicht des Thymus durchläuft ein Minimum nach ca. 72 Stunden. Als Funktion der verabfolgten Dosis (0—160 r) steigen die Zellgehh. an I u. III an, derjenige an II erreicht bei 80 r einen oberen Grenzwert. Die Befunde werden diskutiert mit dem Resultat, daß die Änderung in der Zellpopulation allein nicht die ermittelten Zellgehaltsänderungen erklären kann. (Radiation Res. **8.** 307—21. April 1958. Potsdam, N. Y., Clarkson Coll. of Technol.) W. REUSSE. 4601

**J. F. Spalding, V. G. Strang** und **S. B. Hawkins,** *Gravidität ist kein Schutzmittel gegen Röntgenstrahlwirkungen.* 14—18 Tage nach Beginn einer Gravidität wurden ♀ $CF_1$-Mäuse mit 250 kV Röntgenstrahlen bestrahlt. Die Gesamtdosis lag zwischen 438 u. 766 rad (Gewebedosis). Vergleichsweise wurden nichtgravide Tiere mit gleichen Dosen bestrahlt. Die Anzahl der Nachkommen der bestrahlten Tiere wurde ermittelt u. die Zahlen statist. ausgewertet. Es zeigte sich, daß mit wachsender Dosis das Verhältnis der lebend zu den tot Geborenen kräftig abnimmt, ebenso die Summe beider Gruppen. Die Strahlenresistenz der graviden u. der nichtgraviden Muttertiere zeigt keine Unterschiede. (Radiation Res. **8.** 222—26. März 1958. Los Alamos, N. Mex., Univ. of California, Los Alamos Scient. Labor.) W. REUSSE. 4601

**Martin Schneider, William E. Watson, Carroll C. Jones** und **John C. Finerty,** *Nachbestrahlungsparabiose. Der Einfluß von Myleran auf die Schutzwirkung.* Mit 700 r röntgenbestrahlte (250 kV) Ratten zeigten nach 30 Tagen 60% Letalität, wenn sie unmittelbar nach der Bestrahlung operativ in Parabiose mit unbestrahlten Partnern gebracht wurden. Erhält der unbestrahlte Partner am Tag nach der Operation eine Injektion mit 20 mg *Myleran* (*1.4-Dimethylsulfonyloxybutan*)/kg, dann sinkt die Überlebensrate auf 0%. In diesem Fall tritt die durch den Parabionten bewirkte weitgehende Regeneration der Leukocytenzahl beim bestrahlten Partner nicht ein. (Radiation Res. **8.** 227—33. März 1958. Galveston, Tex., Univ. of Texas Med. Branch, Dep. of Radiol. and Anatomy.) W. REUSSE. 4601

**U. S. Kumta, S. U. Gurnani** und **M. B. Sanasrabudhe,** *Einfluß der Verabreichung von Methionin nach Bestrahlung auf die Ausscheidung von Kreatin, Kreatinin und N-Me-*

*thylnicotinamid im Rattenharn.* Es wurde die Möglichkeit überprüft, durch Zugabe von *Methionin* (I) die Kreatin (II)-, Kreatinin (III)-, N-Methylnicotinamid (IV)- u. N-Ausscheidungsmengen nach Bestrahlung wieder herzustellen. Bei **I**-Zugabe ½ Std. nach Bestrahlung kehrte die **II**- u. **IV**-Menge im Urin zur Norm zurück; wurde **I** jedoch vor der Bestrahlung verabreicht, so blieben die Ausscheidungsmengen von **II, III** u. N hoch. (Experientia [Basel] **13.** 372—73. 15/9. 1957. Bombay, Indian Cancer Res. Centre, Atomic Energy Establishment, Biol. Div.) K. F. MÜLLER. 4601

**Walter Braun, Günther Stille** und **Viktor Wolf,** *Oraler und parenteraler Strahlenschutz durch Thiolactone.* Bei Mäusen, die mit einer letalen Röntgenstrahlendosis von 550 r bestrahlt worden sind, werden *α-Homocysteinthiolactonhydrochlorid* (**I,** 800 bzw. 1000 mg/kg) u. *N-Acetyl-α-homocysteinthiolactonhydrochlorid* (**II,** 1000 bzw. 1200 mg/kg) vergleichend mit *Cysteinhydrochlorid* (**III,** 1000 mg/kg) auf Strahlenschutz nach oraler u. intraperitonealer Verabreichung untersucht. **I** u. **II** zeigen in beiden Verabreichungsarten Strahlenschutzwirkung. Die Qualität der Effekte liegt dabei bei **I** in der Größenordnung von **III,** während **II** zwar weniger tox., aber auch etwas schwächer wirksam ist. Das Problem der freien *SH*-Gruppe im Rahmen der *Cystein-Cysteamin*-Strahlenschutzkörper wird in bezug auf die besondere chem. Konst. der beiden Verbb. kurz besprochen. Beide Verbb. spalten in vitro nämlich den Thiolactonring sehr langsam. Die akute intravenöse $DL_{50}$ beträgt an der Maus für **I** 770 u. für **II** 1200 mg/kg. (Arzneimittel-Forsch. **7.** 753—54. Dez. 1957. Hamburg, Werk Uetersen, Nordmark Werke G. m. b. H., Wiss. Labor.) G. KIMMERLE. 4601

**R. E. Rowland, J. Jowsey** und **J. H. Marshall,** *Das Entweichen von Radon aus den mineralischen Teilen des Knochens.* Zwei Hunde erhielten Injektionen mit 4,4 bzw. 13,3 $\mu$C Ra/kg u. wurden nach 4 bzw. 4½ Wochen getötet. Anschließend hergestellte Schnitte aus den Knochen wurden mittels Scintillationszähler auf ihren Rn-Geh. geprüft (Meth. nach GUSTAFSON u. MARINELLI). Bei dem ausgewachsenen Hund wurden ca. 22%, bei dem Jungtier 13% des Rn im Knochengerüst festgehalten. Bei Erhitzung (Veraschung) auf 600° entweicht das Rn nahezu vollständig, bei Unterkühlung bleibt das Rn prakt. vollständig im Knochen. Behandlung der Knochenproben mit Äthylendiamin (Extraktion der organ. Bestandteile) verringert den Rn-Geh. auf 50—60%. Einbettung der Knochenproben in Methylmethacrylat ändert nichts am Rn-Gehalt. (Radiation Res. **8.** 298—306. April 1958. Lemont. Ill., Argonne Nat. Labor., Radiol. Phys. Div.) W. REUSSE. 4601

**George R. Meneely** und **Con O. T. Ball,** *Experimentelle Epidemiologie der chronischen Natriumchloridtoxizität und die schützende Wirkung von Kaliumchlorid.* (Vgl. C. **1958.** 9832.) Ratten erhalten zu einer festgelegten Kost Zusätze von 0,15, 2,8, 5,6, 7,0, 8,4 oder 9,8% *NaCl.* Vom 2. bis zum 6. Monat beobachtete man bei den Tieren, die 7,0% u. mehr NaCl in der Kost erhalten hatten, ein nephroseähnliches Bild (Ödem, Hypertension, Anämie, Lipämie, Hypoproteinämie, Azotämie) mit nachfolgendem Tod. Die Gewichte von Herz, Niere u. Leber waren bei den Tieren mit NaCl-reicher Kost erhöht. Durch Zusatz von *KCl* zu der NaCl-reichen Kost wurden die chron.-tox. Schäden des NaCl verhindert. — 44 Literaturangaben. (Amer. J. Med. **25.** 713—25. Nov. 1958. Nashville, Tenn., Vanderbilt Univ., School of Med., Dep. of Med. and Preventive Med. and Public Health.) G. KIMMERLE. 4606

**A. I. Ssafarow** und **K. B. Chalilow,** *Einfluß des Natriumbromids auf den Stickstoffumsatz im Gehirn.* Im Kaninchenvers. wird gezeigt, daß bei täglich 2maliger Verabreichung von je 0,2 g NaBr (**I**; 4% ig. wss. Lsg.)/kg 15 Tage lang im Frühjahr folgende Veränderungen im Hirngewebe eintreten: *Gesamt-N* (**II**) 8,306% (in der grauen Trockensubstanz), *Rest-N* (**III**) 0,890%, *Eiweiß-N* (**IV**) 6,786%, *Lipoid-N* (**V**) 7,59 gegenüber 9,347 bzw. 1,333 bzw. 7,287 bzw. 0,727% in der Kontrolle; in der weißen Hirnsubstanz 5,556% **II,** 0,701% **III,** 4,194% **IV** u. 0,661% **V** gegenüber 5,672 bzw. 0,883 bzw. 4,369 bzw. 0,420% in der Kontrolle. Bei der gleichen Behandlung während der Sommermonate enthält die graue Hirnsubstanz 6,270% **II** (8,396), 0,723% **III** (0,875), 5,108% **IV** (6,807) u. 0,439% **V** (0,714); die weiße Hirnsubstanz enthält 4,697% **II,** 0,561% **III,** 3,617% **IV,** 0,519% **V** gegenüber 5,980 bzw. 0,741 bzw. 4,583 bzw. 0,656% in der Kontrolle. Die Wrkg. der **I**-Zufuhr ist demnach abhängig von der Jahreszeit der Zufuhr. (Український Біохімічний Журнал [Ukrain. biochem. J.] **30.** 860—64. 1958. Aserbaidshan, Landwirtsch.-Inst., Lehrstuhl für Biochem.) O. LEBTAG. 4606

**R. D. Prewitt** und **C. P. Merilan,** *Wirkung von Kaliumnitrat auf Milchkälber.* Es werden die Wrkgg. der Höhe, Häufigkeit u. Dauer von *Nitrat*-Aufnahme auf das Nitratgleichgewicht von jungen Milchkälbern untersucht. Es zeigt sich, daß die orale Verabreichung von 30 g $KNO_3$/100 lbs Körpergewicht bei Kälberbullen als minimale letale Dosis anzusehen ist. Erhalten Kälber 25 g $KNO_3$/100 lbs Körpergewicht, so findet man im Urin bis zu 1,3 g% Nitrat, aber kein Nitrit u. außerdem nur eine geringe Methämoglobinbldg. im Blut. (J. Dairy Sci. **41.** 807—11. Juni 1958. Columbia, Mo., Univ., Dep. of Dairy Husbandry.) G. KIMMERLE. 4606

**Marvin L. Amdur,** *Telluroxyd. Tierversuche zur akuten Toxizität.* Zur Frage der Entgiftung u. Ausscheidung von *Telluroxyd* (I) bei gewerblichen Intoxikationen wurde die akute Toxizität an Meerschweinchen geprüft. Dabei ergab sich, daß I-Injektionen allein keine bes. hohe Toxizität haben. Neben Gewichtsverlust war der knoblauchähnliche Geruch nach Methyltellurid zu beobachten. Nach 48 Std. überlebten 75% der Tiere. Vor- u. Nachbehandlung mit *Dimercaprol* (*BAL*) riefen Hämaturie hervor, u. kein Tier überlebte 48 Stunden. Ähnlich wirkte Nachbehandlung mit *Ascorbinsäure.* (A. M. A. Arch. ind. Health **17.** 665—67. Juni 1958. Buffalo, Ind. Med. Center.) H. ZELLER. 4606

**D. W. Furnas** und **C. H. Hine,** *Neurotoxische Wirkung einiger ausgewählter Kohlenwasserstoffe.* Ratten wurden der Inhalation verschied. KW-stoffe in Konzz., die bei 7 std. Einw. letal waren (LAZAREW, Naunyn-Schmiedebergs Arch. exp. Pathol. Pharmakol. **143.** [1929.] 223), ausgesetzt. Die Einwirkungsdauer wurde jedoch verändert (30—70 Min.). Verss. mit *Bzl.* (I), *Toluol, Xylol, Äthyltoluol, p-Methylstyrol* (II), *m-tert.-Butyltoluol, p-tert.-Butyltoluol* (III) zeigten, daß ihre Toxizität mit dem Mol.-Gew. ansteigt, jedoch nicht einheitlich. Am giftigsten war II, jedoch ohne neurolog. Effekt. Alle übrigen Verbb. riefen zwar keine histolog. Schädigungen am Zentralnervensyst. hervor, das klin. Bild ließ jedoch eine tox. Wrkg. auf das Zentralnervensyst. erkennen. Encephalogramme von I u. III waren deutlich verändert. III-Sättigung von Rattenleberschnitten veränderte ihre $O_2$-Aufnahme nicht. (A. M. A. Arch. ind. Health **18.** 9—15. Juli 1958. San Francisco, Univ. of California, School of Med., Dep. of Pharmacol. and exp. Therapeut.) H. ZELLER. 4607

**P. Ramamurti** und **H. E. Taylor,** *Schädigung des Skelettsystems von Ratten durch Verfütterung von β-Mercaptoäthylamin.* Junge Ratten, die über 8—12 Wochen 0,5% *β-Mercaptoäthylamin* (I) in der Nahrung erhielten, wiesen hiernach schwere Schädigungen des Knochenwachstums, wie Verkrümmung der Wirbelsäule, Verwachsung der Epiphysen u. Verbiegung der Extremitätenknochen auf. Tiere, die I in Gestalt einer einmaligen Injektion (20 mg) erhielten, wiesen dagegen keine patholog. Veränderungen auf. (A. M. A. Arch. Pathol. **66.** 270—77. Sept. 1958. Vancouver, Univ. of British Columbia, Dep. Pathol.) R. LAFFERENZ. 4607

**Albert N. Booth, O. H. Emerson, Francis T. Jones** und **Floyd DeEds,** *Stoffwechselprodukte der Kaffeesäure und der Chlorogensäure im Harn.* Nach Aufnahme von *Kaffeesäure* (I), *Chlorogensäure* (II) oder Kaffee werden beim Menschen wie im Rattenvers. im Harn neben anderen Stoffen mindestens 10 phenol. Säuren papierchromatograph. nachgewiesen, wobei sich Vff. der zweidimensionalen Technik bedienen u. die Identifizierung im UV-Licht (Reagens: diazotierte Sulfanilsäure) vornehmen. Nach Kaffegenuß im menschlichen Harn auftretende *m-Hydroxyhippursäure* wird eindeutig als Abbauprod. von I (oder auch von II) nachgewiesen. Ratten produzieren davon abweichend, nach II-Gaben vorwiegend *m-Hydroxyphenylpropionsäure.* Der Chemismus der Vorgänge ist komplizierter Natur; er umfaßt Hydrierungs-, Dehydrierungs- u. Methylierungs-Rkk., Seitenkettenoxydationen, sowie Kondensationen mit Glykokoll u. Glucuronsäure. Die genet. Zusammenhänge zwischen den Umwandlungsstufen sind in einem Schemabild dargestellt.

Versuche: *Feruloylglycinäthylester,* $C_{14}H_{17}NO_5$, F. 136—137° (A.), Darst. nach SHEEHAN u. HESS (C. **1955.** 10486), aus Glycinäthylester u. Dicyclohexylcarbondiimid; *Feruloylglycin,* $C_{12}H_{13}NO_5$, F. 215—216° (Zers., W.), aus vorst. Verb. nach Verseifen mit methanol. KOH. — *m-Cumaroylglycin* (III), $C_{11}H_{11}NO_4$, aus m-Cumarsäure in $Na_2CO_3$-Lsg. durch Rk. mit $CH_3CCl_3$ wird Carbomethoxy-m-cumarsäure, F. 138—140° (verd. Aceton) erhalten, mit $PCl_5$ versetzt, das erhaltene Öl in trockenem Ae. mit Glycinlsg. u. $Na_2CO_3$-Lsg. umgesetzt u. III durch Ansäuern ausgefällt. (J. biol. Chemistry **229.** 51—59. Nov. 1957. Albany, Calif., US Dep. of Agric., Western Regional Res. Labor.) R. KLOCKMANN. 4607

**Masuhisa Tsukamoto,** *Art der Vererbung der Resistenz gegen Nicotinsulfat bei Drosophila melanogaster.* 12. Mitt. (11. vgl. Botyu-Kagaku [Sci. Insect Control] **19.** [1954.] 25.) Genet. Analyse der Resistenzvererbung gegen *Nicotinsulfat,* auch im Vgl. zur Resistenz gegen *DDT* u. *BHC* (*Hexachlorcyclohexan*) bei verschied., auch wilden japan. Stämmen von Drosophila melanogaster. (Botyu-Kagaku [Sci. Insect Control] **20.** 73—81. Aug. 1955. Osaka Univ. [Orig.: japan.; Auszug: engl.]) L. SCHULER. 4607

**A. K. Keltch, M. E. Krahl** und **G. H. A. Clowes,** *Veränderung des Weges der Glucoseoxydation in Eiern von Arbacia punctulata durch Dinitrokresol.* Die Bldg. von $^{14}CO_2$ durch Arbacia-Eier u. -Embryonen aus $^{14}C_{(1)}$-*Glucose,* $^{14}C_{(2)}$-*Glucose* u. $^{14}C_{(6)}$-*Glu-*

*cose* wurde ohne u. mit Dinitrokresol (**I**) im Incubationsmedium untersucht. Bei Abwesenheit von **I** ist die $^{14}CO_2$-Bldg. aus $^{14}C_{(1)}$-Glucose vorherrschend gegenüber der Bldg. aus $^{14}C_{(2)}$- oder $^{14}C_{(6)}$-Glucose. In Übereinstimmung mit früheren Unterss. geht daraus hervor, daß der Glucoseabbau in Arbacia-Eiern hauptsächlich über den sogenannten Hexosemonophosphatweg verläuft. Bei Ggw. von **I** ist die $^{14}CO_2$-Bldg. aus $^{14}C_{(6)}$-Glucose u. $^{14}C_{(1)}$-Glucose gleich, d. h., daß in Ggw. von **I** der Glucoseabbau auf dem Wege der Glykolyse erfolgt. Die Inkorporation von $^{14}C$ aus $^{14}C_{(1)}$-, $^{14}C_{(2)}$- oder $^{14}C_{(6)}$-Glucose in andere Stoffwechselprodd. von Arbacia-Eiern oder -Embryonen wird durch **I** ebenfalls gehemmt, bes. die Inkorporation in die säureunlösl. nucleoproteinhaltige Fraktion. (J. gen. Physiol. **40.** 27—35. 20/9. 1956. Woods Hole, Marine Biol. Labor., Lilly Res. Labor.; Chicago, Univ., Dep. of Physiol.) R. HÄHNEL. 4607

**D. Henschler,** *Zur Frage der Gefährdung durch moderne Trikresylphosphate.* Die Gefahr einer Vergiftung durch moderne *Trikresylphosphate* mit niedrigem Orthokresolgeh. (ca. 3%) ist gering. Verss. des Vf. an Hühnern mit chron. Verabfolgung kleiner Einzeldosen (20 mm³/kg) sowie ein Vgl. mit den bei Vergiftungen des Menschen durch ältere hochtox. Präpp. ermittelten, minimal tox. Dosen berechtigen nach Ansicht des Vf. zu der Annahme, daß für den Erwachsenen die tägliche Aufnahme von Mengen bis zu 0,4 cm³ eines solchen modernen Präp. über 2 Monate mit hoher Wahrscheinlichkeit als unbedenklich gelten könnte. (Zbl. Arbeitsmed. Arbeitsschutz **8.** 265—67. Nov. 1958. Würzburg, Pharmakol. Inst. der Univ.) H. ZELLER. 4607

**William E. Robbins, Theodore L. Hopkins** und **Gaines W. Eddy,** *Stoffwechsel und Ausscheidung von* $^{32}$*P-Diazinon bei einem Rind.* Vff. stellen fest, daß $^{32}$*P-Diazinon* (**I**; 20 mg/kg oral) im Organismus des Rindes sehr rasch zers. u. 36 Std. nach **I**-Zufuhr zu 74% mit dem Harn in Form polarer Abbauprodd. ausgeschieden wird. Im Blut u. in der Milch treten nur geringe Mengen von unverändertem **I** (nach 24—36 Std.) auf. (J. agric. Food Chem. **5.** 509—13. Juli 1957. Corvallis, Ore., U. S. Dep. of Agric., Agric. Res. Serv., Entomol. Res. Branch.) P. FAHRNLAENDER. 4607

**J. Schormüller,** *Fermenthemmung als Prinzip toxischer Wirkungen.* 3. Mitt. *Pesticide, grenzflächenaktive Verbindungen, Schwermetalle.* (2. vgl. C. **1959.** 6213.) Übersicht. Schädlingsbekämpfungsmittel (Herbicide, Fungicide, Insekticide), grenzflächenakt. Verbb. (quaternäre $NH_4$-Basen, Ampholytseifen), Schwermetalle u. Metalloide als Enzyminhibitoren. — 134 Literaturangaben. (Z. Lebensmittel-Unters. u. -Forsch. **107.** 257—64. März 1958. Berlin, TU, Inst. für Lebensmittelchem. u. Lebensmitteltechnol.) K. MAIER. 4607

**J. Schormüller,** *Fermenthemmung als Prinzip toxischer Wirkungen.* 4. Mitt. *Desinficientien, Strahlenwirkung, Arzneimittel.* (3. vgl. vorst. Ref.) Literaturübersicht über die Wirkungsweise u. -spezifität der Fermenthemmungen durch Nitrofurane, substituierte Phenole u. Fermentbeeinflussung durch Strahlungen (UV-, Röntgen-, $\beta$-, $\gamma$- u. radioakt. Strahlungen). Strahlenschutzstoffe u. ihre Wirkungsweise, Antimetaboliten- u. Fermentinhibitorwrkg. der nachst. Arzneimittel: Barbiturate u. Anästhetica, Antabus u. seiner Derivv., Diamox, Lysergsäure, Chlorpromazin u. Reserpin, arsenhaltiger Mittel, Stickstoffloste gegen Krebs, Germanin, Chinin, Phenylbutazon, Benzoesäure u. Nicotin. Abschließend wird eine Reihe von Naturprodd. mit Vitalinhibitorwrkg. unbekannter Wirkungsweise u. Wirkungsweise antithyreoider Stoffe besprochen. — 188 Literaturangaben. (Z. Lebensmittel-Unters. u. -Forsch. **107.** 352—68. April 1958. Berlin, TU, Inst. für Lebensmittelchem. u. Lebensmitteltechnol.) H. TÄNZLER. 4607

**W. Döll,** *Bakteriologische Untersuchung des Fluortherapeuticums Albothyl.* Albothyl (Kondensationsprod. aus *Metakresolsulfonsäure* mit *Methanol*; $p_H < 1$; BYK-GULDEN, LOMBERG GMBH., Konstanz; **I**) besitzt in Verdünnungen mit Traubenzuckerbouillon von 1 : 10 ($p_H$ 1,2) bis 1 : 100 ($p_H$ 5,08) gegenüber den bei Fluor vaginalis vorkommenden Bakterienstämmen eine deutliche Hemmwrkg., die jedoch nicht allein an den niedrigen $p_H$-Wert gebunden ist, da **I** auch noch nach Neutralisierung bei $p_H$ 7 eine, wenn auch etwas geringere Hemmwrkg. besitzt. (Zbl. Gynäkol. **80.** 1095—97. 12/7. 1958. Würzburg, Univ., Inst. für Hyg. u. Mikrobiol.) U. TAUSENDFREUND. 4610

**V. Sobek** und **I. Janků,** *Ein Beitrag zum Wirkungsmechanismus des Chlortetracyclins. Chlortetracyclin* (**I,** 25 u. 100 mg/kg in Natriumglycinatlsg.) wurde Ratten intraperitoneal verabreicht. Beide Dosen verringerten den *Ascorbinsäure*-Geh. der Nebennieren. Hieraus wird angenommen, daß der Einfl. von **I** auf das adrenohypophysäre Syst. in seiner therapeut. Wrkg. eine gewisse Rolle spielt. (Experientia [Basel **13.** 118—119. 15/3. 1957. Prag, Karls-Univ., Pharmakol. Inst. der Kinderärztl. Fak.; Akad. der Wiss., Pharmakol. Labor. des Chem. Inst.) H. AMAN. 4611

**M. M. Hezebicks** und **Clara Nigg,** *Die Chemotherapie der experimentellen Mäuse-Melioidosis. Chloramphenicol* (**I**), oral, u. *Chlortetracyclin* (**II**), subcutan, bewirkten nach

15tägiger Verabreichung eine 70—100%ig. Heilquote bei experimenteller Mäusemelioidose (intraperitoneale Infektion mit 330—470 $DL_{50}$ *Malleomyces pseudomallei*, Stamm 114-8), während die übrigen *Tetracycline* die Infektion nur verringerten. *Sulfonamide* (**IV**) mit u. ohne *$Al(OH)_3$*-Gel, u. *Novobiocin* bewirkten oral nach 5 Tagen zu 20 bis 40% Heilung. 15tägige orale Behandlung mit *Sulfadiazin* (**III**) oder einer Kombination von **III**-*Sulfamerazin–Sulfamethazin* bewirkte eine 90—100%ig. Heilquote, subcutanes **III** nur eine 10—40%ige. **I** u. **IV** waren oral auch bei Aerosolinfektionen wirksam, während **II** subcutan in diesem Falle die Infektion nur abschwächte. Infektionen mit bestimmten Stämmen reagierten auf die Therapie mit den einzelnen Mitteln unterschiedlich. (Antibiotics and Chemotherapy **8.** 543—60. Nov. 1958. Berkeley, Calif., Univ. of California, School of Publ. Health, Naval Biol. Labor.) K. MAIER. 4611

**Alvin J. Reisch, William J. Martin, Donald R. Nichols** und **Fordyce R. Heilman** (unter techn. Mitarbeit von **Dorothy Rose** und **Edward Warren**), *Triacetyloleandomycin und Erythromycin im Serum. Vergleich der Konzentrationen und der antibakteriellen Einflüsse.* Nach der oralen Gabe von gleichen Mengen *Triacetyloleandomycin* (*Cyclamycin*; **I**) u. *Erythromycin* (**II**) werden die Konzz. beider Antibiotica im Serum von 25 Erwachsenen sowie die antibakteriellen Einfll. des Serums gegen *Sarcina lutea* verglichen. Die orale Gabe erfolgt alle 6 Std. mit einer Dosis von 500 mg. 2 Std. nach der 4. Gabe wird das Serum untersucht. Die Ergebnisse werden in einer Tabelle dargelegt. Vff. konnten keine bemerkenswerte Differenz zwischen den Wrkgg. von **I** u. **II** feststellen. **II** scheint einen stärkeren antibakteriellen Einfl. als **I** zu bewirken, aber die Differenz ist äußerst gering. (Proc. Staff Meetings Mayo Clin. **33.** 187—93. 16/4. 1958. Rochester, Minn., Mayo Foundation, Sect. of Med. and Bacter.) H. DÖLLE. 4611

**Eldon M. Boyd** (unter Mitarbeit von **T. M. D. Brown**), *Die chronische subcutane Toxizität von Spiramycinadipat.* Nach einer kurzen Übersicht der Literatur über *Spiramycin* (**I**), einem Antibioticum aus *Streptomyces ambofaciens*, werden die tox. Einfll. beschrieben, die einer chron. täglichen subcutanen Injektion folgen. Vff. stellten selbst bei einer täglichen Dosis von 0,2 g **I**/kg eine starke Toxizität bei Ratten fest. Eine Gabe von 0,6 g **I**/kg tötete innerhalb von 2—5 Wochen sämtliche Albinoratten, während 0,2 g **I**/kg starke Schäden wie Unterdrückung des Wachstums u. der Futteraufnahme zugunsten einer starken Wasseraufnahme, Anämie, Leukocytosie usw. hervorrufen. (Canad. med. Assoc. J. **78.** 671—74. 1/5. 1958. Kingston, Ontario.) H. DÖLLE. 4611

**Adalbert Lange** und **Ellen Vogel**, *Zur Methodik der Wirksamkeitstestung antibioticahaltiger Salben.* Mit 1%ig. *Leukomycin* (**I**)- u. 0,1%ig. *Pikromycin* (**II**)-Siliconpaste werden die von Vff. ausgearbeiteten Testmethoden zur Wirksamkeitstestung antibioticahaltiger Salben, die zur Therapie bakterieller Hautinfektionen verwendet werden, dargestellt. Die Verss. wurden mit Menschenserum durchgeführt. Vff. stellten dabei fest, daß die Antibioticaabgabefähigkeit der **I**- u. **II**-Salbe unabhängig von der Schichtdicke der Salbe sowie der Serummenge ist, die für die Diffusion der Antibiotica zur Verfügung steht. Sind die Hemmungsdosen von **I** für empfindliche Keime 3—20 $\gamma$/ml u. die von **II** 0,02—2 $\gamma$/ml, so beträgt die **I**-Konz. in dem mit der Salbe in Berührung stehenden Serum 5—55 $\gamma$/ml u. die von **II** 9—285 $\gamma$/ml. Somit kann **II** gegen *Staphylokokken, Streptokokken* u. *Enterokokken* eingesetzt werden. Gegen *Coli-, Pyocyaneus-* u. *Proteus*-Bakterien zeigt **II** keine Wirkung. **I** kann gegen Hautinfektion mit grampositiven Kokken als auch mit gramnegativen Stäbchen angewendet werden, obwohl mit chloramphenicolresistenten Stämmen gerechnet werden muß. (Z. Hyg. Infektionskrankh. **144.** 555—63. 14/5. 1958. Düsseldorf, Inst. für Hyg. u. Mikrobiol. der Med. Akad.) H. DÖLLE. 4611

**J. C. Gentles**, *Experimenteller Herpes tonsurans beim Meerschweinchen: Orale Behandlung mit Griseofulvin.* Mit *Microsporum canis* infizierte Meerschweinchen wurden nach Ausbldg. von Hautläsionen mit Griseofulvin (**I**; 60 mg/kg/Tag oral) behandelt; nach 4tägiger Behandlung gingen die Läsionen zurück, u. nach 8tägiger Behandlung waren nur noch vereinzelte Haarfollikeln infiziert. **I** wirkte oral auch gegen *Trichophyton mentagrophytes* beim Meerschweinchen u. gegen *T. verrucosum* beim Hornvieh. (Nature [London] **182.** 476—77. 16/8. 1958. Glasgow, Univ., Dep. of Bacteriol.) H. GOEBEL. 4611

**Irving Innerfield, A. Allen Goldbloom** und **Linn J. Boyd**, *Plasma-Antithrombinerhöhungen bei buccal mit Varidase behandelten Patienten.* Bei 16 Patienten, die 1 bis 34 Wochen ununterbrochen mit 4mal 20000 E. *Streptokinase* (*Varidase*, LEDERLE)/Tag buccal behandelt wurden, trat bereits nach wenigen Tagen Erhöhung des *Antithrombin*-Spiegels um 10—31% ein. (Surgery **43.** 956—58. Juni 1958. New York, N. Y., Med. Coll. Metropolitan Med. Center, Dep. of Med.) H. CARLS. 4614

**W. A. Omarowa**, *Der Citronensäurespiegel im Blutserum von Tieren in der Norm und bei Zufuhr von Aminazin.* Im Rattenvers. betrug der *Citronensäure* (**I**)-Geh. im Blutserum im Mittel 6,1 ($\gamma$/ml) nach intraperitonealer Zufuhr von 10 mg *Aminazin* (**II**)/kg,

6,1 nach 20 mg II u. 7,4 nach 30 mg II. Im Kaninchenvers. blieb der I-Geh. des Blutserums bei intraperitonealer II-Zufuhr auch bei tox. Dosis unverändert: 6,1 (γ/ml) nach 20 mg II u. 6,3 nach 30 mg II gegenüber 6,2 bzw. 5,8 in der Kontrolle. Die verschied. Wrkg. der II-Dosis auf den I-Geh. des Blutserums wird damit erklärt, daß bei den Ratten die Hypothermie ausgeprägter ist als bei den Kaninchen. Wahrscheinlich wird bei der Ratte hierbei der n. I-Zerfall im Organismus gestört. (Український Біохімічний Журнал [Ukrain. biochem. J.] **30.** 897—902. 1958. Moskau, Inst. für Pharmakol. u. Chemotherapie der Akad. der med. Wiss. der UdSSR, Labor. für allg. Pharmakol.) O. LEBTAG. 4620

**George D. Scott,** *Klinische Beobachtungen bei der Verwendung von Frenquel zur Behandlung der Frühschizophrenie.* Vf. behandelte 34 Patienten mit Frühschizophrenie, deren Symptomatologie kurz besprochen wird, mit *Frenquel* (*Azacyclonol*; I; WM. S. MERRELL COMP., Cincinnati). Die Dosierung betrug 3mal täglich 20 mg I oral. I wirkt nicht sedativ u. besitzt keine Nebenwirkungen. Fälle mit Halluzinationen reagierten schnell, solche mit Wahnideen langsamer auf I-Medikation. I ist für die Allgemeinpraxis des schizoiden Syndroms geeignet. (Canad. med. Assoc. J. **77.** 323—25. 15/8. 1957. Kingston, Ontario.) K. BÖHM. 4620

**R. A. Sandison** und **J. D. A. Whitelaw,** *Weitere Untersuchungen über den therapeutischen Wert von Lysergsäurediäthylamid bei Geisteskrankheiten.* (Vgl. SANDISON, SPENCER u. WHITELAW, C. **1955.** 6800.) An 100 Patienten mit verschied. Geisteskrankheiten werden mit *Lysergsäurediäthylamid* (I) gute Resultate erzielt. Bei Schizophrenen bewährt sich eine Kombination von I mit *Chlorpromazin.* (J. Mental Sci. **103.** 332—43. April 1957. Worcester, Powick Hosp.) K. BOHLE. 4620

**A. B. Walentinene,** *Die Anwendung von Pyrazolidin bei endogenen Iridocyclitiden.* Das ungar. Präp. *Pyrazolidin* (I; *Butadion; 3.5-Dioxo-1.2-diphenyl-4-n-butyl-Pyrazolidin-Na*) wurde mit gutem Erfolg in der Dosierung von 3mal täglich je 0,15 g per os bei Iridocyclitiden rheumat. u. anderer Ätiologie angewandt. Für I werden folgende Wrkg. angenommen: Abdichtung der Gefäßwände, Verminderung ihrer Durchlässigkeit u. Brüchigkeit. Ferner besitzt I antipyret. antiphlogist. u. Antihistaminwirkung. Eine maximale Blutplasmakonz. wird bei oraler Gabe nach 2 Std., bei intramuskulärer Gabe nach 6—10 Std. erreicht. Nach 7—10 Tagen ist I im Blut nicht mehr nachweisbar. (Вестник Офтальмологии [Nachr. Ophthalmol.] **71.** Nr. 4. 31—36. Juli/Aug. 1958. Moskau, Augenklinik des 2. Med. Pirogow-Inst.) G. BREHM. 4627

**E. W. Maynert** und **Laura Losin,** *Der Stoffwechsel von Butabarbital* (*Butisol*) *beim Hund.* Vff. verabfolgten an Hunde beiderlei Geschlechts *Butabarbital-Na* (I; peroral bzw. 3%ig. wss. Lsgg. intravenös; Gesamtdosis 50 mg/kg) u. bestimmten in Plasma u. Urin I bzw. dessen Stoffwechselprodukte. — Ca. 6% der verabreichten I-Dosis verschwanden pro Std. aus dem Plasma. Im Urin erschienen ca. 3—5% der verabreichten Dosis unverändertes I. Aus dem Urin von zweien der 4 untersuchten Tiere konnte das I-Stoffwechselprod. *5-Äthyl-5-[1-methyl-2-carboxyäthyl]-barbitursäure*, $C_{10}H_{14}N_2O_5$, F. 218 bis 219° (W.) [*Äthylester*, $C_{12}H_{18}N_2O_5$, F. 113—114° (wss. A.)], in Mengen von 28—35% der verabfolgten I-Dosis isoliert werden. I verursachte eine erhöhte Ausscheidung von Glucuroniden (als I-*Glucuronsäurekonjugate*) im Harn. (J. Pharmacol. exp. Therapeut. **115.** 275—82. Nov. 1955. New York, N. Y., Columbia Univ., Coll. of Phys. and Surg., Dep. of Pharmacol.; Baltimore, Md., Johns Hopkins Univ., Dep. of Pharmacol. and exp. Therapeutics.) H. KOCKERT. 4627

**Je. P. Tschetwerikowa,** *Der Einfluß von Medinal auf die Dehydrasen und den Atmungskoeffizienten des Lebergewebes.* Verss. an Leberschnitten von Kaninchen in vitro ergaben eine Zunahme der *Dehydrase* (I)-Aktivität unter *Medinal* (II), welche allerdings deutlich schwächer war als in vivo. Die Unters. der Bernsteinsäure-, Isocitronensäure- u. Milchsäure-I der Kaninchenleber ließ eine zweiphasige Wrkg. von II erkennen, insofern als niedrige Konzz. von II ($5 \cdot 10^{-4}$ u. $1 \cdot 10^{-3}$mol.) die I-Aktivität stimulieren u. hohe Konzz. ($1 \cdot 10^{-2}$ u. $2 \cdot 10^{-2}$mol.) diese hemmen, während an Kaninchen in vivo unter II nur die 1. Phase, die Verstärkung der I-Aktivität, zur Beobachtung kommt. Auf die Atmung von Leberschnitten wirkt II in gleicher Weise wie der II-Schlaf in vivo (Abnahme der $O_2$-Aufnahme u. der $CO_2$-Abgabe; Abnahme des Respirationskoeff.). (Вопросы Медицинской Химии [Fragen med. Chem.] **4.** 131—38. März/April 1958. Moskau, Inst. für Pharmakol. u. Chemotherap. der Akad. der med. Wiss. der UdSSR, Labor. für Pharmakol. des Stoffwechsels.) E. RENTZ. 4627

**Ju. M. Owtschinnikow,** *Über die Anwendung von Isopromedol in der Ösophagoskopie. Isopromedol* hat stärkere analgesierende, spasmolyt. u. narkot. Eigg. als *Promedol*; es senkt den Tonus der Speiseröhrenmuskulatur. 10—15 Min. nach der subcutanen Injektion von 1 ml der 2%ig. Lsg. treten Schläfrigkeit, Erschlaffung, Beruhigung u. in einigen Fällen Schlaf ein. Dadurch gelingt bei der überwältigenden Mehrzahl der Patienten ein leichtes Einführen des Ösophagoskops, ohne daß es zu Spasmen der Speiseröhre durch den Berührungsreiz kommt. Die Unters. wird am besten 25—30 Min. nach der Injektion durchgeführt. (Советская Медицина [Sowjet-Med.] **22.** Nr. 12. 104—08. Dez. 1958. Moskau, 1. Med. Ssetchenow-Inst., Klinik für Hals-, Nasen- u. Ohrenkrankheiten.) K. WOLFF. 4628

**Graham Chen,** *Die Anti-Tremorinewirkung einiger Mittel, bestimmt mit der Haffnerschen Methode zur Testung der Analgesiewirkung bei Mäusen.* Vf. untersuchte an Albinomäusen die Wrkgg. einer Anzahl Substanzen gegen die Effekte von *Tremorine* [*1.4-Dipyrrolidinbutin-(2)*; **I**] mit der HAFFNERschen Meth. zur Testung der Analgesiewirkung. Die Tiere erhielten 5 mg I/kg intramuskulär u. gleichzeitig eine Dosis der Testsubstanz intraperitoneal. Die durch I bewirkte Analgesie konnte durch *Hyoscin, Benztropine* (*Congentin*), *Benactyzine, PU 220* [*Benzilsäure-1-äthylpyrrolidinyl-(3)-ester·HCl*], *Atropin, PU 239* [*Benzilsäure-1-äthylpyrrolidinyl-(3)-esteräthobromid*], *Procyclidine* (*Kemadrin*), *Reserpin, Trihexyphenidyl·HCl* (*Artane*), *Caramiphen·HCl* (*Parpanit*), *Promethazin·HCl* (*Phenergan*), *Diäthazin·HCl* (*Diparcol*), *Chlorpromazin·HCl, Diphenhydramin·HCl* (*Benadryl*), *Orphenadrine·HCl* (*Desipal*), *AH 47* = *β-Benzhydryloxyäthyldiäthylamin·HCl* (*Rigidyl*), *AH 883* = *β-[2-Chlorbenzhydryloxy]-äthyldimethylamin·HCl* u. *Diphenylhydantoin-Na* (*Dilantin*) antagonist. beeinflußt werden. Diesen Substanzen kommen auch Wrkgg. bei PARKINSONscher Krankheit zu. Keine Wrkgg. hatten *Desoxyephedrin, PM 1090* (*α.α.β.β-Tetramethylsuccinimid*), *Nalorphine, Bromdiphenhydramin, Tripelennamin, Phenobarbital-Na, Pentylentetrazol, Barbital-Na, Meprobamate* u. *Zoxazolamine.* Der Antagonismus gegen die durch I bewirkte Analgesie kann als einfaches Verf. zur Best. von Mitteln mit Wrkg. gegen Parkinsonismus benutzt werden. (J. Pharmacol. exp. Therapeut. **124.** 73—76. Sept. 1958. Detroit, Mich., Parke, Davis & Comp., Res. Labors.) K. BÖHM. 4628

**E. Floris,** *Über den Mechanismus der Anticurareaktivität von Kongorot.* 2. Mitt. *Beurteilung der Anticurarewirksamkeit von Polysulfonatmolekülen in vivo.* (1. vgl. FERRARI u. Mitarbeiter, C. **1958.** 13045.) Vf. verabfolgte Kaninchen verschieden hohe Dosen (20—100 mg/kg) *Kongorot* (**I**), *Germanin, Trypanblau* (**II**), *Trypanrot* (**III**), *Heparin* u. *Liquoid* (*Na-Polyanetholsulfonat*) u. in Abständen von 8—15 Min. 150 bis 175 µg *D-Tubocurarin*/kg u. ermittelte die Anticurareaktivität (ACA) bzw. bestimmte in vitro die gerinnungshemmende Wrkg. (gW) vorst. genannter Substanzen u. verglich sie mit ihrer ACA. — Die Ergebnisse zeigen, daß die ACA unabhängig von der gW ausgeübt wird u. daß selbst strukturell sehr ähnliche Verbb., wie **II** u. **III**, eine sehr unterschiedliche ACA besitzen. Vf. vertritt die Ansicht, daß die ACA von I beispielsweise nicht ohne weiteres der Ausbldg. einer salzartigen Bindung zwischen dem elektronegativen Mol. u. dem bas. N-Atom der curarisierend wirkenden Verb. zuzuschreiben ist; gegen die Annahme einer solchen Bindung als alleinige Ursache der ACA spricht die unterschiedlich hohe ACA der untersuchten Polysulfonate, bes. die von **II** u. **III**. (Boll. Soc. ital. Biol. sperim. **33.** 75—77. Jan./Febr. 1957. Cagliari, Univ., Ist. di Farmacol.) H. KOCKERT. 4628

**L. L. Usstimenko,** *Zur klinischen Bewertung von Armin. Armin* (**I**; *Alkylphosphinsäureester*) ist eine gelborange Fl., die 1 : 300 in W. lösl. ist. Kp. 165—167,5°, D. 1,2540—1,2580. Die wss. Lsg. ist haltbar u. gut sterilisierbar. Die pharmakol. Aktivität bleibt 3 Jahre lang erhalten. I hat eine cholinesterasehemmende Wrkg. schon bei einer Konz. von $10^{-8}$. I wird in einer Konz. von 1 : 20000 u. 1 : 10000 in den Augenbindehautsack installiert u. führt zu einer Pupillenverengung u. Senkung des intraocularen Druckes. Die Wrkg. von I ist schwächer als die von Phosarbin u. stärker als die von Phosphacol u. Pilocarpin. I wird zur Therapie des grünen Stars empfohlen. (Вестник Офтальмологии [Nachr. Ophthalmol.] **71.** Nr. 4. 24—27. Juli/Aug. 1958. Kiew, Med. Bogomoletz-Inst., Lehrstuhl für Augenkrankh.) G. BREHM. 4628

**Philip F. Wagley,** *Eine Untersuchung der Endplattenpotentiale.* 1. Mitt. *Beobachtung über die Wirkung von Histamin.* Vf. bestimmt das Endplattenpotential (EPP) des mit Curare (1,3—2 E./100 ml) behandelten Iliofibularismuskels des Frosches (Rana pipiens) in einem Substrat, bestehend aus $K^+$ (3 mmol.), $Na^+$ (126), $Ca^{2+}$ (2), $Mg^{2+}$ (1), $SO_4^{2-}$ (1), $Cl^-$ (97), $PO_4^{3-}$ (3) u. $HCO_3^-$ (30) ($p_H$ 7,2, aerobe Bedingungen [5% $CO_2$, 95% $O_2$], 25—27°) mit Hilfe von Pt-Elektroden unter dem Einfl. steigender Zusätze von *Histamindiphosphat* (**I**, 1,22—4,54 mg%, Expositionsdauer 10—20 Min.). Das EPP-Amplitudenmaximum wird in allen Fällen durch I erniedrigt; der Effekt ist reversibel. $PO_4^{3-}$ ist ohne Einw. auf das EPP. Die Ergebnisse stützen die Annahme, nach der die Abgabe von Histamin aus curarisierten Geweben in keiner Beziehung zur myoneuralen Blockierung steht bzw. histaminähnliche Verbb. keinen Einfl. auf die Wrkg. von Curare-

alkaloiden besitzen. (Bull. Johns Hopkins Hosp. **99.** 333—38. Dez. 1956. Maryland, Army Chem. Center, Chem. Warfare Labors., Direct. of Med. Res., Clin. Invest. Branch.)
P. FAHRNLAENDER. 4628

**Philip F. Wagley,** *Untersuchung der Endplattenpotentiale.* 2. Mitt. *Beobachtungen über die Wirkungen verschiedener Oxime.* Vf. bestimmt das Endplattenpotential (EPP) des mit Curare behandelten Musculus iliofibularis (mit dem zugehörigen Nerv) von Rana pipiens unter Verwendung von Pt-Elektroden in Lsgg. von *Butandion-(2.3)-monoxim* (**I,** $7,95 \cdot 10^{-3}$; 1,57 u. $2,34 \cdot 10^{-2}$mol.), *Monoisonitrosoaceton* (**II,** bis $2,5 \cdot 10^{-2}$) u. *Pyridin-2-aldoximmethojodid* (**III,** bis $2,2 \cdot 10^{-3}$) nach 10 Min. Expositionsdauer bei 25—27°. Es zeigt sich, daß diese Verbb. erhebliche Wrkgg. auf das EPP besitzen, auch wenn keine Inaktivierung der Acetylcholinesterase vorausgegangen ist. Während durch steigende **I**-Konzz. das Maximum der EPP-Amplitude erniedrigt wird, tritt unter gleichen Versuchsbedingungen bei Ggw. von **II** u. **III** eine Erhöhung desselben ein; wobei **III** in Mengen von $> 1 \cdot 10^{-3}$mol. eine geringfügige Senkung des EPP-Maximums hervorruft. Der zeitliche Verlauf des EPP (ansteigende u. absteigende Phasen) wird jedoch nur durch steigende **I**-Mengen im Sinne einer Verlängerung verändert. Die Wrkgg. vorst. Oxime sind teilweise reversibel. Aus den Ergebnissen wird geschlossen, daß **I, II** u. **III** die Ionenbeweglichkeiten durch die Zellwandungen verändern u. **II** sowie **III** gleichzeitig die Acetylcholinabgabe aus den Geweben steigern bzw. (in höheren Konzz.) hemmen. (Bull. Johns Hopkins Hosp. **100.** 287—93. Juni 1957. Chem. Welf. Labors., Clin. Res. Div.)
P. FAHRNLAENDER. 4628

**A. T. Wedmedenko,** *Über die neuen Heilpräparate Mesaton und Tropacin. Mesaton* ist ein weißes krist. Pulver; es ist gut lösl. in W. u. zeigt keine Zers. bei der Sterilisation. Die Wrkg. ähnelt der von Adrenalin. Die 1%ig. Lsg. führt zu einer Pupillenerweiterung, ohne den intraocularen Druck zu verändern. *Tropacin* ist ein krist. Pulver, es ist gut in W. lösl. u. besitzt eine starke spasmolyt. u. cholinerg. Wirkung. Es führt zu Reizungen am Auge u. kann deshalb beim Menschen nicht empfohlen werden. (Вестник Офтальмологии [Nachr. Ophthalmol.] **71.** Nr. 4. 37—38. Juli/Aug. 1958. Tscherkassy, Gebietskrankenhaus.)
G. BREHM. 4628

**Henry A. Schroeder, Edna M. Menhard, H. Mitchell** und **Perry jr.** (unter Mitarbeit von **Evie G. Dennis**), *Die antihypertensiven Eigenschaften einiger Mercaptane und anderer schwefelhaltiger Verbindungen.* Eine Reihe von S-haltigen Verbb. werden auf antihypertensive Eigg. bei narkotisierten n. u. hyperton. (Abschnürung einer Nierenarterie) Ratten nach intravenöser Injektion untersucht. Die blutdrucksenkende Wrkg. der verschied. Verbb. wird in 4 Gruppen eingeteilt: 1. Gruppe (antihypertensiv): Es wird nur bei hypertensiven Ratten der Blutdruck gesenkt u. die pressor. Wrkg. von Noradrenalin bleibt unbeeinflußt: *Thioglykolsäure, Mercaptoäthanol, Cysteamin, Procainsalz* von *β-Mercaptopropionsäure, β-Mercaptopropionsäureäthylester, Methyl-tris-[β-mercaptoäthyl]-ammoniumchlorid, Thioäpfelsäure, 1-Äthyl-2-mercaptoimidazol, Thiosemicarbazid, Tetrathiodiessigsäure, 2-tert.-Butyl-2-thiopseudoharnstoffhydrochlorid, Guanylmercaptoessigsäureäthylester (Hydrochlorid), Pseudothiohydantoin.* 2. Gruppe (sympatholyt.), beeinflussen nur die pressor. Wrkg. des Noradrenalins bei n. u. hyperton. Ratten: *Acetonylmercaptan, Thiohydroxypropan, Natrium-2-mercaptobenzthiazol-5-sulfonat.* 3. Gruppe (antihypertensiv u. sympathicolyt.), senken den Blutdruck von hypertensiven Ratten u. hemmen die pressor. Wrkg. von Noradrenalin bei n. u. hyperton. Ratten: *β-Mercaptopropionsäure, red. Glutathion, Trithio-p-methoxyphenylpropen (SKF-1717), Ammoniummercaptopyruvat.* 4. Gruppe (depressor., aber nicht sympathicolyt.), senken den Blutdruck bei n. u. hypertensiven Ratten u. haben keinen Einfl. auf die pressor. Wrkg. von Noradrenalin: *α-Mercaptopropionsäure, Monothioglycerin, 6-Amino-α-mercaptobenzthiazol, 2.3-Dimercaptopropanol (BAL)* nur intramuskulär, *2-Pentyl-2-thiopseudoharnstoffpropionat, 2-Benzyl-2-thiopseudoharnstoffhydrochlorid, Hexamethylen-bis-[(2-guanylmercaptoäthyl)-dimethylammoniumchlorid]-dihydrochlorid.* Unwirksam waren *Cystein, 2-Mercaptoäthylhydrogen-[carboxymethylmercapto]-succinat, Mercaptosalicylsäure, 1-Methyl-2-mercaptoimidazol, Pantethein, BAL* intravenös, *Tridecylmercaptan, Cystin, Methionin* u. *oxyd. Glutathion.* Die Verbb., die bei hyperton. Ratten blutdrucksenkend wirken oder die Noradrenalinblutdrucksteigerung hemmen, enthalten also entweder freie SH-Gruppen, Thiopseudoharnstoff, S in Doppelbindung oder eine S—C=NH-Gruppierung in einem Ring. Vielleicht beeinflussen diese Verbb. einen bei hyperton. Ratten veränderten Mechanismus. (J. Lab. clin. Med. **45.** 431—40. März 1955. St. Louis, Mo., Washington Univ., School of Med., Dep. of Int. Med., Hypertension Div.)
G. KIMMERLE. 4630

**H. Z. Pomerantz, S. Barsky, L. Gordon** und **J. Wener,** *Erfahrung bei der Behandlung von nichtstationären Hochdruckpatienten mit Pentapyrrolidinium (Ansolysen),*

Vff. behandelten 16 Patienten mit mittelschwerem u. schwerem Hochdruck mit *Pentapyrrolidinium* (I; *Ansolysen*, POULENC LTD., Montreal). Die Behandlungsdauer schwankte zwischen 3 u. 12 Monaten. Der Gebrauch von I bei Ambulanten war durchführbar, wirksam u. ohne Nebenwrkgg., vorausgesetzt, daß die Dosis sorgfältig kontrolliert u. genügend intelligente u. zur Zusammenarbeit willige Patienten ausgewählt wurden. (Canad. med. Assoc. J. **77.** 325—28. 15/8. 1957. Montreal, Jewish General Hosp.) K. BÖHM. 4630

**E. A. De Felice,** *Das Verschwinden von Reserpin (Serpasil) aus dem Plasma und dessen Ausscheidung im Harn beim nicht anästhetisierten Hund.* Eine Dosis von 1,5 mg/kg Körpergewicht intravenös verabreichtes *Reserpin* (I) verschwindet beim Hund sehr schnell aus dem arteriellen Blut; nach 90 Sek. werden 1,5 $\mu$g/ml wiedergefunden. Nach 48 Std. werden weniger als 2% der verabreichten I-Menge im Urin wiedergefunden. (Experientia [Basel] **13.** 373—74. 15/9. 1957. Boston, Mass., New England Coll. of Pharmacy, Dep. of Biol. Sciences.) K. F. MÜLLER. 4630

**Jean La Barre,** *Über pharmakodynamische Eigenschaften reserpinfreier Extrakte aus Rauwolfia vomitoria.* Durch Unterss. an Hunden weist Vf. die hypotensive Wrkg. der Rauwolfiaextrakte nach, die derjenigen des *Reserpins* gleichkommt, ohne dessen Nebenwrkgg. aufzuweisen. Es wird deshalb für therapeut. Zwecke die Verwendung reserpinfreier Rauwolfiaextrakte vorgeschlagen. (Thérapie **13.** 698—712. 1958. Brüssel, Univ., Labor. de Pharmacodynamie et de Therapeutique.) K. RUCKPAUL. 4630

**Ju. G. Koslow,** *Ein Fall von Toxikodermie bei der Behandlung mit Gendon.* Beschreibung eines Falles von medikamentöser Toxikodermie nach Einnahme von insgesamt 120 Tabletten (1—3 Tabletten 3mal täglich) *Gendon*, einem Präp. aus den Alkaloiden von *Rauwolfia serpentina.* (Клиническая Медицина [Klin. Med.] **37** (**40**). Nr. 1. 157. Jan. 1959. Leningrad, Physiol. Pawlow-Inst. der Akad. der Wiss. der UdSSR, Psychiatr. Abt.) E. RENTZ. 4630

**A. W. Golawskaja,** *Die Anwendung von Neriolin und Lantosid bei der Behandlung von Blutkreislaufstörungen verschiedenen Grades bei Kindern. Lantosid* (I) wird aus Digitalis lanata hergestellt u. enthält 46% Lanatosid A, 17% Lanatosid B u. 37% Lanatosid C. I wurde mit gutem Erfolg bei herzdekompensierten Kindern angewandt. Es zeigte keine Kumulation, passierte die Leberschranke auch bei massiven Ödemen u. Lebervergrößerung, vergrößerte die Herzamplitude u. verlangsamte die Herzschlagfolge. Die Lsg. von I war so eingestellt, daß pro Lebensjahr der Kinder 1 Tropfen gegeben wurde. *Neriolin* (II) wird aus kaukas. Oleander hergestellt u. enthält das Glykosid Oleandrin. II führte zu Kumulation u. manchmal zu Nebenerscheinungen, wie Dyspepsie u. Extrasystolen. II wird bei weniger ausgeprägter Herzdekompensation empfohlen. Zur Vermeidung von Nebenerscheinungen wird eine Pause von 2—4 Tagen nach einer 14tägigen Kur empfohlen. (Педиатрия [Pädiatrie] **36.** Nr. 12. 32—37. Dez. 1958. Leningrad, Pädiatr. Med. Inst., Lehrstuhl für Fakultätspädiatrie.) G. BREHM. 4630

**F. Kradolfer** und **L. Neipp,** *Experimentelle Untersuchungen an amöbiciden, antibakteriellen und antiparasitischen Phenanthrolinverbindungen.* Es werden die Einfll. von *6-Hydroxy-4.7-phenanthrolin* (*8738*), *5.6-Dihydroxy-4.7-phenanthrolin* (*10029*; I), *4.7-Phenanthrolin-5.6-chinon* (*9837*), *-Monosemicarbazon* (*11925*), *-Monoxim* (*10087*), *1.10-Phenanthrolin-5.6-chinon* (*10086*; IV), *1.7-Phenanthrolin-5.6-chinon* (*9894*), *Jodchlorhydroxychinolin*, *Chloroquine*, *Carbasone*, *Chlortetracyclin* (II), *Emetinhydrochlorid* (III) u. *Fumagillin* (V) auf Amöben, Bakterien u. Parasiten untersucht. Auf Amöben wirkte V am stärksten in vitro, während I, *9837* u. IV die gleiche Wrkg. wie III zeigten.

**T. W. Ssokolowa,** *Über die diuretische Wirkung von Diacarb.* Das harntreibende *Diacarb* (I; *2-Acetamino-1.3.4-thiadiazol-5-sulfamid*) blieb bei 46 Kranken mit schwerer Herzinsuffizienz ohne Wirkung. Erst nach vorheriger Einführung von *Mercusal* (II) erhielt man mit I manchmal gute Ergebnisse. I war in seiner diuret. Wrkg. erheblich schwächer als II, übertraf jedoch $NH_4Cl$. Auch wurde I von den Kranken besser vertragen. Bei mittelschweren u. leichteren Zuständen ist es als selbständiges Diureticum verwendbar. Bei chron. u. schweren Herzinsuffizienzen muß I in Kombination mit II verwendet werden. Es erlaubt, die Zahl der II-Injektionen einzuschränken. Nebenerscheinungen traten nach I nicht auf. (Клиническая Медицина [Klin. Med.] **37** (**40**). Nr. 2. 134—38. Febr. 1959.) F. DU MANS. 4634

**E. H. Suter,** *Eine Meclizin-Oxalsäure-Kombination als neues Antiemeticum zur Bekämpfung des postoperativen Erbrechens.* Vf. konnte durch Gaben von *Meclizin* (HEYDEN, München) bei 40 von 50 Kranken in der postoperativen Phase Erbrechen gänzlich verhindern. (Anaesthesist **7.** 340—41. Nov. 1958. Zollikerberg, Krankenhaus Neumünster, Chir. Abt.) HEINRICH HERMANN. 4646

Bei der Unters. der Hemmwrkg. gegen Bakterien in vitro verwenden Vff. *Staphylococcus aureus, Streptococcus hemolyticus, Str. faecalis, Escherichia coli, Salmonella typhi* u. *Shigella sonnei* als Testorganismen. Hierbei war der Hemmeffekt der Phenanthrolinverbb. — bes. *9837* — auf die Intestinalflora größer als der von **III** u. **V**. Gegenüber S. typhi u. Sh. sonnei zeigte *9837* fast gleiche Aktivität wie **II**. Sehr starke Hemmung konnte gegen *Trichomonas foetus* beobachtet werden (Hemmkonz. 0,0016 mg/ml). Bei Ratten, die mit *Entamöba histolytica* infiziert worden waren, genügte die Verabfolgung von 50 mg *9837*/kg bzw. 75 mg *11925* pro Tag zur wirksamen Therapie. Das Verhältnis der effektiven zur tox. Dosis betrug 1:110 bei den Phenanthrolinchinonen. *9837* bewirkte im Gegensatz zu den in vitro-Verss. in vivo ein Ansteigen der Colibakterien in den Faeces der Ratten. *9837* u. *11925* zeigten auch völlige Hemmwrkgg. gegen *Trichomonas* (100 mg/kg 2mal täglich für 4 Tage) beim Hamster u. 80%ig. bei *Syphacia oboelata* (1000 mg *9837*/kg oder 250 mg *11925*/kg) in der Maus bei 2maliger Gabe. (Antibiotics and Chemotherapy **8**. 297—308. Juni 1958. Basel, Ciba Ltd., Pharm. Dep., Res. Labor.)
H. DÖLLE. 4649

**Birgit Borch Jørgensen,** *Glycyrrhetinsäure in der Hautbehandlung.* Bei 43 Poliklinikpatienten, die an atop. Dermatitis, lokalisierter Neurodermatitis, Pruritus ani sowie an verschied. ekzematösen Affektionen litten, wurden die Wrkgg. einer alternierend angewandten Behandlung mit 5% *Glycyrrhetinsäure* enthaltender Salbe (**I**) u. mit der Salbengrundlage (**II**) allein verglichen. Es fand sich kein statist. sicherer Unterschied zwischen den Behandlungsperioden mit **I** u. **II** u. mithin kein Beweis dafür, daß *Glycyrrhetinsäure* mit Hydrocortison bei der örtlichen Behandlung von Hautkrankheiten verglichen werden könnte. (Acta dermato-venereol. [Stockholm] **38**. 189—93. 1958. Copenhagen, Finsen Inst., Dermatol. Dep.) K. BÖHM. 4661

**H. Kutzim,** *Quantitative Untersuchungen über die Resorption durch die Warmblüterhaut mit radioaktiven Isotopen.* 3. Mitt. *Der Einfluß der Salbengrundlagen auf die Resorption.* (1. vgl. C. **1959**. 3225.) Unter Verwendung verschied. Salbengrundlagen wurde an der Rattenhaut die Resorption von $Na^{131}J$ u. $Na_2H^{32}PO_4$ geprüft. Durch die n. Haut wurden in 24 Std. aus Vaseline (a) 10,7%, aus Silicon (b) 8%, aus Öl-in-W.-Emulsion (c) 2,3% $Na^{131}J$ resorbiert. Gequollene Haut resorbierte 54,2% (a), 55% (b), 42 u. 36,6% (Cremolan 100; Polyäthylenoxyd). Bei Dermatitis (durch Cantharidin hervorgerufen) waren es nach 15 Min. 38,5% (a), 45,4% (b), 55,5% (c) u. 72% (Cremolan 100). (Arch. klin. exp. Dermatol. **204**. 32—36. 19/1. 1957. Köln, Univ., Hautklin.)
G. BREITIG. 4661

**G. N. Tschekulajew,** *Fälle von häuslicher Vergiftung durch Blei.* Vf. berichtet über 4 Fälle von chron. Pb-Vergiftung, welche nachweislich durch Genuß von Preißelbeeren verursacht war, welche in glasierten Tontöpfen aufbewahrt wurden. Das erste Vergiftungssymptom waren nur in einem Falle der Bleisaum, in den übrigen 3 Fällen waren es die basophil punktierten Erythrocyten. (Клиническая Медицина [Klin. Med.] **37** (**40**). Nr. 1. 154—56. Jan. 1959.) E. RENTZ. 4675

**Jørgen Frost** und **Emil Poulsen,** *Die organischen phosphorhaltigen Insekticide und ihre Beziehung zu den „Nervengasen".* Die Insekticide auf der Grundlage der organ. P-Verbb. haben mit Kampfgasen (Nervengasen) die cholinesterasehemmende Wrkg. gemeinsam. Für die Behandlung von Vergiftungen wird dem Atropin jetzt die Anwendung von Hydroxylaminen u. Oximen, bes. *2-PAM* [*Pyridyl-(2)-aldoximmethojodid*], vorgezogen. (Farmac. Tid. **68**. 517—24. 6/9. 1958.) R. K. MÜLLER. 4675

**W. H. Weihe,** *Über den Einfluß von Hydroxymethylnicotinamid und von Cholinbitartrat auf die Leber der Ratte bei chronischer Schädigung mit Tetrachlorkohlenstoff.* (An. Azevedos **7**. 84—98. 1955. München, Univ., Med. Poliklinik. — C. **1955**. 9848.)
R. K. MÜLLER. 4675

---

**Daniel Bovet, Filomena Bovet-Nitti** and **G. B. Marini-Bettolo,** eds., Curare and curare like agents. Proceedings of the International Symposium on curare and curare like agents, Rio de Janeiro, 5. bis 12. August 1957. Amsterdam: Elsevier. 1959. (XII + 478 S. m. Abb.) 8°. hfl. 45,—.

**J. Francis Braceland,** ed., The effect of pharmacologic agents on the nervous system. Baltimore: Williams & Wilkins. 1959. (461 S.) = Assn. for Research in Nervous and Mental Diseases, research pubn. 37. $ 13,50.

**Alfred Joseph Clark,** Applied pharmacology. 9th ed. London: Churchill. 1959. (XII + 750 S. m. Abb. u. Diagr.) 50 s.

**H. Elkins,** The chemistry of industrial toxicology. London: Chapman & H. 1959. (452 S. m. Abb. u. Diagr.) 92 s.

**G. Valette,** Précis de pharmacodynamie. Paris: Masson. 1959. (520 S. m. Abb.) 4200 fr.

**—,** Dictionary of medical terms; compiled and revised by members of the medical and ancillary professions with notes on underwriting by life assurance experts. New. ed. London: Stone & Cox. 1959. (100 S.) 8 s. 6 d.

## F. Pharmazeutische Chemie. Desinfektion.

**J. Richter,** *Das Arzneibuch der Vereinigten Staaten von Amerika. XV. Ausgabe, 1955.* Krit. Besprechung. (Pharmazie **11.** 741—45. Nov. 1956. Berlin-Friedrichshagen.) W. BARZ. 4750

**L. Rosenthaler,** *Bemerkungen zu Band II der Pharmacopoea Internationalis.* Krit. Besprechung folgender Artikel: Acidum lacticum, Acidum para-aminosalicylicum, Aethanolum, Aqua pro injectione, Benzylpenicillinum kalicum, Compressi Acidi acetylsalicylici, Compressi Santonini, Glucosum, Glycerolum, Injectiones, Tincturae u. Urethanum. (Pharmazie **13.** 513—14. Sept. 1958. Bern.) W. BARZ. 4750

**Ferdinand Schlemmer,** *Deutsches Arzneiprüfungs-Institut. Tätigkeitsbericht für die Zeit von Januar bis Juni 1958.* (Vgl. C. **1959.** 5892.) (Pharmaz. Ztg. verein. Apotheker-Ztg. **104.** 199—207. 26/2.; Dtsch. Apotheker-Ztg. **99.** 207—15. 26/2.; Pharmaz. Ind. **21.** 85—91. März 1959.) W. BARZ. 4750

**B. Martinek,** *Bedeutung der Verpackung in der pharmazeutischen Produktion.* Vf. behandelt die Problematik der Normformen u. der Automatisierung der Verpackung in der Industrie. (Českoslov. Farmac. **7.** 151—53. April 1958.) E. VEVERA. 4750

**P. Schaller** und **K. Steiger,** *Inkompatibilität: Polyäthylenglykol–Celluloid.* Vff. untersuchten einige Kunststoffe (Celluloid, Bakelit, Polyäthylen, Polyäthylenchlorid, Polyamid, Polyvinylchlorid), die als Werkstoffe für pharmazeut. verwendete Gegenstände (Salbentöpfe, Deckel, Stopfen, Tuben usw.) verwendet werden, auf ihre Resistenz gegenüber *Polyäthylenglykol 400* (I) u. *Unguentum Polyäthylenglycoli PM* (II). Dabei wurde festgestellt, daß Celluloid die geringste, Polyäthylen u. Polyamid die größte Widerstandsfähigkeit gegenüber **I** u. **II** besitzen. (Schweiz. Apotheker-Ztg. **97.** 255—57. 4/4. 1959. Wiss. Zentralstelle des Schweizer. Apothekervereins.) I. GEIBLER. 4758

**J. P. Curtis,** *Die Bereitung von Perfusionsflüssigkeiten in einem Krankenhaus.* Beschreibung eines geeigneten Geräts aus rostfreiem Stahl zur Bereitung von Perfusionsflüssigkeit. (Pharmac. J. **180** ([4] **126**). 422. 31/5. 1958.) F. NEUWALD. 4758

**R. Dolder,** *Pharmazeutische Groß- und Kleinapparaturen, Hilfsmittel und Utensilien.* 45. Mitt. *Polyäthylen-Bidon als Standgefäß für Schüttelpinselungen.* (44. vgl. C. **1958.** 200.) Als Standgefäße für Schüttelpinselungen bewähren sich Bidons aus ungefärbtem, hyalinem Polyäthylen in der sogenannten Benzinkanisterform (2 Abb.). (Schweiz. Apotheker-Ztg. **97.** 158—60. 28/2. 1959. Zürich, Kantonsapotheke.) W. BARZ. 4758

**J. Valentin** und **G. Brockelt,** *Semen Cucurbitae als Bandwurmmittel.* Nach zahlreichen Vorunterss. wurden entfettete Kürbissamen aufgearbeitet (Einzelheiten vgl. Original). Es wurde der vermutliche *Kürbiswirkstoff* (I) durch Extraktion mit *A.* (SOXHLET) in konz. Form neben verschied. unwirksamen Substanzen isoliert. Die I-Wrkg. wurde an Enchyträen getestet. I enthält N, aber keinen P u. S, krist. nicht, ist gegen Lackmus neutral, im UV-Licht fluorescierend, gut lösl. in A., Methanol, Isopropanol, Amylalkohol, Ae., Aceton, Chlf., Pyridin, W., Essigsäure, HCl, $H_2SO_4$, $NH_4OH$, Alkalilauge u. -carbonat, schwer lösl. oder unlösl. in PAe., $CS_2$, $CCl_4$, Bzl., Toluol u. Xylol. (Pharmazie **11.** 412—16. Juni 1956. Greifswald, Univ., Pharmazeut.-chem. Inst.) W. BARZ. 4782

**Bogusław Borkowski,** *Entwicklung der Forschungsarbeiten des P.I.N.L.S.R. auf dem Gebiet des Anbaues von Mutterkorn.* Übersicht. — 13 Literaturangaben. (Farmacja polska **15.** 19—22. 31/1. 1959. Poznań, Państw. Inst. Nauk. Leczn. Środków roślin.) F. URBAN. 4782

**G. N. Thomis,** *Neues Verfahren und Apparat zur kontinuierlichen Erzeugung von reinem pharmazeutischem Äther.* (Produits pharmac. **13.** 242—47. Mai 1958.) HEINZ WALTER. 4786

**F. G. Farrell,** *Verschlüsse für Augentropfen.* An Stelle von Korkstopfen werden Spezialkunststoffverschlüsse für Augentropfenbehälter aus Mischungen von Polythen u. Polyisobutylen sowie aus reinem PVC empfohlen, die nachträgliche Verunreinigungen ausschließen u. gegenüber den in der Augenheilkunde üblichen Arzneistoffen indifferent sind. Sie können allerdings nicht durch feuchte Hitze bei 100° sterilisiert werden. (Pharmac. J. **181** ([4] **127**). 471—72. 20/12. 1958. Pharmaceut. Soc. of Great Britain, Labors. of the Sci. Publicat. Dep.) F. NEUWALD. 4790

**E. M. Gorjajewa,** *Eine chromatographische Methode zur Abtrennung und Reinigung von Actinomycin „K".* Die Unterss. von 18 Adsorbenten u. 5 Eluatmitteln ergab, daß eine chromatograph. Isolierung u. Reinigung von *Actinomycin „K"* (I) am erfolgreichsten mit $Ca_3(PO_4)_2$ (II) u. 5%ig. $(NH_4)_2HPO_4$-Lsg. durchgeführt werden kann.

Die Kapazität von **II** gegenüber **I** beträgt 2,2%, die Ausbeute an akt. Stoff 98—100% bei einem Reinigungskoeff. von 23 gegenüber 14,3 bei Anwendung der Aussalzmethode. Der $(NH_4)_2SO_4$ (**III**)-Verbrauch beträgt je Liter Kultur-Fl. ca. 40 g gegenüber 750 g bei Anwendung der Aussalzmethode. Bei chromatograph. Abtrennung von **I** aus 30 Liter Kultur-Fl. beträgt die Ausbeute an akt. Stoff 97,5%; der Reinigungskoeff. nach dem Gesamt-$N_2$ 23, nach dem Eiweiß-$N_2$ 1,1, der **III**-Verbrauch 3,2 kg gegenüber 22,5 kg beim Aussalzen der gleichen Menge. Auf 1000 Mäuseeinheiten werden nach der Aussalzmeth. 300 g, nach der chromatograph. 49,6 g **III** verbraucht. Durch Spektrographie u. Elektrophorese auf Papier wird gezeigt, daß das chromatograph. abgetrennte **I**-Präp. stark homogen ist. (Вестник Академии Наук Казахской ССР [Nachr. Akad. Wiss. KasachSSR] **14**. Nr. 2. 73—83. Febr. 1958.) OTTO MAIER. 4810

**W. Kitzing,** *Prüfung von Arzneimittellösungen in Ampullen auf Zersetzungsprodukte durch Sterilisation.* Die sterilisierten Lsgg. wurden im Vgl. mit den nichtsterilisierten Lsgg. auf Zersetzungsprodd. geprüft (papierchromatograph. u. colorimetr. [ZEISS-PULFRICH-Photometer]). Auf Grund der Unterss. an 20 Arzneistoffen in wss. Lsg. können folgende Präpp. für eine Sterilisation (120°, 8 Min.) in gespanntem Dampf empfohlen werden: Atropinsulfat, Atropinmethylnitrat, -methylbromid, Strychninnitrat, die Hydrochloride von Adrenalin, Ephedrin u. Aneurin, Nicotinsäure, Glycerin, $J_2$-Lsg., $AgNO_3$. Keimfreie Filtration wird für folgende Präpp. vorgeschlagen: Hyoscyamin (**I**)–HBr, **I**–HCl, Scopolamin–HBr, Morphin–HCl, Papaverin–HCl, Jenacain, Adrenalin–HCl u. $CaBr_2$. (Pharmazie **13**. 530—34. Sept. 1958. Dresden, VEB Arzneimittelwerk.) W. BARZ. 4832

**Jack K. Dale, Mary Ann Nook** und **Arthur R. Barbiers,** *Die Wirksamkeit von Konservierungsmitteln in Augenheilmitteln des Handels.* Literaturübersicht über bakterielle Verunreinigungen in Augenwässern u. -tropfen, die z. T. sehr heftige Infektionen am Patienten verursachten. Vff. untersuchten insgesamt 2000 Packungen von 126 verschied. Prodd., die sich durchweg als steril erwiesen. Weiterhin wurde die Zeit bestimmt, die eine Reihe von Baktericiden zur Abtötung von Aspergillus niger, Pseudomonas aeruginosa, Proteus vulgaris, Micrococcus aureus u. Bacillus cereus benötigen. Myristyl-$\gamma$-picoliniumchlorid + Neomycinsulfat u. Benzalkoniumchlorid + Benzylalkohol + Neomycinsulfat töten die genannten Erreger in wenigen Min., Aspergillus in 3 Std. ab. Andere autosterile Substanzen benötigen zur Abtötung der Erreger bis 4 Wochen. — 38 Literaturzitate. (J. Amer. pharmac. Assoc., pract. Pharmacy Edit. **20**. 32—35. Jan. 1959. Kalamazoo, Mich., Upjohn Co.) S. ERBE. 4832

**Bernh. Schmidt,** *Die bakteriologische Prüfung und Begutachtung chemischer Desinfektionsmittel.* Übersicht über die Methoden der bakteriolog. Prüfung u. Begutachtung chem. Desinfektionsmittel. Beschreibungen der Vorprüfungen u. der Best. des prakt. Desinfektionswertes. (Dtsch. Apotheker-Ztg. **98**. 1089—93. 23/10. 1958. Berlin, FU, Inst. für Hyg. u. medizin. Mikrobiol.) H.-W. GRAMM. 4880

**C. R. Rehm** und **W. J. Mader,** *Eine colorimetrische Bestimmungsmethode für Chlorbutanol.* Die Best. beruht auf der Bldg. eines farbigen Komplexes (**I**) zwischen $Fe^{3+}$ u. $\alpha$-Hydroxyisobutterhydroxamsäure, die durch Umsetzung von Chlorbutanol [1.1.1-Trichlor-2-methylpropanol-(2); **II**] mit $NH_2OH$ in alkal. Lsg. nach der Gleichung $Cl_3 \cdot C-C(CH_3)_2-OH + NH_2OH + 4\,NaOH \rightarrow NaO-NH \cdot CO-C(CH_3)_2-OH + 3\,NaCl + 3\,H_2O$ entsteht. Das Absorptionsspektr. von **I** ist in saurer Lsg. gek. durch ein breites Maximum bei 500 m$\mu$. Die Bldg. von **I** gehorchte im Bereich 0,1—0,8 mg **II**/ml dem BEERschen Gesetz. Befreiung des **II** von nichtflüchtigen Stoffen kann leicht durch Wasserdampfdest. bewirkt werden. Reagentien u. Arbeitsmeth. werden eingehend beschrieben. (J. Amer. pharmac. Assoc., sci. Edit. **46**. 621—23. Okt. 1957. Summit, N. J., Ciba Pharmaceut. Prod., Inc.) C. FREESE. 4880

**Henri Laubie,** *Nachweis und Bestimmung des Fungicids Methoxyäthylquecksilberchlorid.* Best. von $Cl^-$ wie üblich. Nachw. von Hg in gesätt. wss. Lsg. von *Methoxyäthyl·HgCl* (**I**) durch Zusatz von 2%ig. KJ-Lsg.: weißer, mit HCl gelber Nd. u. langsame Bldg. von wenig rotem $HgJ_2$ (schneller mit einer Suspension von **I**). Weiterer Zusatz von NaOH u. $NH_4OH$ fällt orangefarbenen Nd. auch bei wenigen $\gamma$ (umgekehrte NESSLER-Rk.). Konz. HCl entwickelt mit **I** $C_2H_5 \cdot O \cdot CH_3$, typ. riechend u. brennbar mit grüngesäumter Flamme. Best. von Hg cyanargentometr. nach Kochen mit HCl/$HNO_3$; ohne diesen Aufschluß ist die Menge an gebundenem $CN^-$ infolge Bldg. von *Methoxyäthyl·HgCN* halb so groß. **I** spielt bei Anticariespräpp. eine Rolle. (Bull. Trav. Soc. Pharmac. Bordeaux **96**. 65—66. 1957. Labor. de Botan. et Cryptogamie.) W. SCHULENBURG. 4880

**R. Babin,** *Bestimmung von Flavonoiden aus Citrusarten.* Vf. beschreibt 2 zusätzliche elektrophotometr. Methoden für die Best. von *Flavonoiden* (**I**): a) der Summe wasserunlösl. I [*Hesperidin* (II) u. *Neo*-II] durch die Cyanidin-Rk. nach Willstätter [1914] bei 5300 Å im Vgl. mit einer alkoh. Eichlsg. von reinem *Rutosid* oder *Hesperidosid* (III), berechnet als III; b) der wasserlösl. I (hauptsächlich *Flavone, 3 Flavonole* u. *Chalkone*) mit dem Borsäure/Citronensäure-Reagens nach Wilson (C. **1939**. II. 4544; Gelbfärbung mit grüner Fluorescenz) in absol. trocknem Milieu bei 4600 Å im Vgl. mit einer Skala gelöster Eichsubstanz; Genauigkeit bis zu 5%. (Bull. Trav. Soc. Pharmac. Bordeaux **96**. 61—64. 1957.) W. Schulenburg. 4880

**Donald S. Blough,** *Neuer Test für Tranquilizer.* Vf. erprobte an Tauben einen neuen Test für *Tranquilizer,* der darin besteht, daß die Tiere ein gewisse Stellung einnehmen müssen, um Futter in gleichen Intervallen zu erhalten. Die Zeitdauer dieser Haltungs-Rk. wurde unter dem Einfl. von *Chlorpromazin* (I) u. *Pentobarbital* (II) gemessen. Nach I steigt die Zeitdauer an, nach II fällt sie ab. Die Erprobung dieses Testes an weiteren Tranquilizern ist notwendig, um seine Brauchbarkeit zu beweisen. (Science [Washington] **127**. 586—87. 14/3. 1958. Bethesda, Md., Nat. Inst. of Mental Health.) K. Böhm. 4880

**R. Miram** und **S. Pfeifer,** *Zur Papierchromatographie der Mohnalkaloide. 2. Mitt. Untersuchung von Auszügen aus Mohn, Opium und deren Zubereitungen.* Nachdem in der 1. Mitt. (C. **1959**. 11002) über die Trennung der Haupt- u. wichtigsten Nebenalkaloide des Opiums (I) berichtet wurde, haben Vff. nunmehr auch den Nachw. u. die Trennung der selteneren I-Alkaloide beschrieben. Diese Arbeiten sind vor allem von Interesse für die züchter. Auswahl u. Charakterisierung der Mohnsorten u. die Erforschung der Herkunft von I zur Verfolgung von Schmuggel u. Schwarzhandel. Auf Papier Schleicher & Schüll 2043 bm sind bei $p_H$ 6,5 (Entwickler-Fl. wassergesätt. Ae.), bei $p_H$ 4,0 (Entwickler-Fl. wassergesätt. Ae.) bzw. bei $p_H$ 5,5 (Entwickler-Fl. wassergesätt. Butanol) Pseudomorphin, Morphin (II), Kodein, Cotarnolin, „Porphyroxin-Meconidin", Hydrocotarnin, Protopin, Laudanin, Laudanidin, Kryptopin, Laudanosin, Thebain, Narcein, Narcotolin, Narcotin u. Papaverin sicher zu trennen. Auf einem dreiteiligen, unterschiedlich gepufferten Streifen nach Matthias entwickelt man mit wassergesätt. Ae. absteigend bei $p_H$ 6,5 im ersten Streifenabschnitt u. bei $p_H$ 4,0 im zweiten. Die am Startfleck liegengebliebenen Alkaloide werden aufsteigend bei $p_H$ 5,5 mit wassergesätt. Butanol entwickelt. Bei der Best. von Nebenalkaloiden neben II in Drogenextrakten ist ein besonderer Auszug herzustellen, da Mengenunterschiede zwischen den einzelnen Alkaloiden von 10000 : 1 auftreten können, wodurch eine Überlappung der selteneren Nebenalkaloide durch II auftritt. Als geeignet erwies sich in diesen Fällen ein Chloroformauszug aus einer auf $p_H$ 6,5 eingestellten Lsg., der die Hauptmenge des II nicht erfaßt. Narcotin braucht nicht abgetrennt zu werden, da es sich an der Lösungsmittelfront findet. Genaue Vorschriften über Extraktion aus Pflanzenteilen, I u. seinen Zubereitungen, über die chromatograph. Trennung u. den Nachw. der Alkaloide auf dem Papier vgl. Original. (Scienta pharmac. **26**. 22—40. 31/3. 1958. Berlin, Humboldt-Univ., Pharmazeut. Inst.) S. Erbe. 4880

**Daniel Banes,** *Bericht über Reserpin.* Das Verf. nach Szalkowski u. Mader (C. **1957**. 11955) zur Best. von *Reserpin* wird in modifizierter Form (J. Assoc. off. agric. Chemists **40**. [1957.] 63) zur amtlichen Einführung empfohlen. (J. Assoc. off. agric. Chemists **40**. 796—98. 15/8. 1957. Washington, D. C., Food and Drug Admin., Dep. of Health Educat. and Welfare.) Ph. Fresenius. 4880

---

**C. F. Boehringer & Soehne G. m. b. H.,** Mannheim, *Herstellung von Sulfonylharnstoffen.* Die Angaben zu D. A. S. 1 011 413; C. **1958**. 13582 sind wie folgt zu ergänzen: *$N_1$-(o-Toluolsulfonyl)-$N_2$-(3-methoxy-n-propyl)-*, F. 132—133°; *$N_1$-(o-Toluolsulfonyl)-$N_2$-(3-methoxy-n-butyl)-*, F. 107—108°; *$N_1$-(o-Toluolsulfonyl)-$N_2$-(2-äthoxyäthyl)-*, F. 130 bis 132°; *$N_1$-(m-Toluolsulfonyl)-$N_2$-(3-methoxy-n-butyl)-*, F. 71°; *$N_1$-(p-Isopropylbenzolsulfonyl)-$N_2$-(3-äthoxy-n-propyl)-*, F. 96—98°; *$N_1$-(p-Isopropylbenzolsulfonyl)-$N_2$-(3-methoxy-n-propyl)-*, F. 104—106°; *$N_1$-(4-Äthylbenzolsulfonyl)-$N_2$-(3-methoxy-n-propyl)-*, F. 108 bis 110°; *$N_1$-(3.4-Dimethoxybenzolsulfonyl)-$N_2$-(3-methoxy-n-propyl)-*, F. 152—154°; *$N_1$-(3.4-Dimethoxybenzolsulfonyl)-$N_2$-(3-äthoxy-n-propyl)-*, F. 154—156°; *$N_1$-(3-Methoxy-4-methylbenzolsulfonyl)-$N_2$-(3-methoxy-n-propyl)-*, F. 128—129°; *$N_1$-(3-Methoxy-4-methylbenzolsulfonyl)-$N_2$-α-tetrahydrofurfuryl-*, F. 133°; *$N_1$-(3.4-Dimethylbenzolsulfonyl)-$N_2$-(3-methoxy-n-propyl)-*, F. 116—117,5°; *$N_1$-(3.4-Dimethylbenzolsulfonyl)-$N_2$-(3-äthoxy-n-propyl)-harnstoff*, F. 107—108,5°. — *Peroral applizierbare Antidiabetica.* (**E. P. 795 606** vom 27/11. 1956, ausg. 28/5. 1958. D. Priorr. 28/11. 1955, 18/10. u. 19/10. 1956.) F. Kreis. 4807

**André Buzas, Claude Dufour** und **Soc. d'Études et Applications Chimiques,** Frankreich, *Herstellung von Isatinderivaten,* dad. gek., daß man 3.3-Bis-[hydroxyphenyl]-isatin in Ggw. von Pyridin oder $H_2SO_4$ mit 2 Äquivalenten Dehydrocholsäure, ihrem

Chlorid, Anhydrid oder Ester, umsetzt unter Bldg. von *Bis-[dehydrocholyloxyphenyl]-isatin*, F. 235—236°. — *Heilmittel.* (**F. P. 1 161 345** vom 31/3. 1955, ausg. 26/8. 1958.) S. BÖTTCHER. 4807

**Allen & Hanburys Ltd.**, London, England (Erfinder: **Mervyn Evan Peel**), *Thiobarbitursäurederivate. 5-sek.-Butyl-5-äthyl-1-methylthiobarbitursäure* (I), F. 96—97°, u. *5-sek.-Butyl-5-allyl-1-methylthiobarbitursäure* (II), F. 90—91°, werden erhalten durch Kondensation entsprechend substituierter Malonsäuredialkylester mit N-Methylthioharnstoff (III) in einer Lsg. eines Alkalialkoholats, bes. eines Na-Alkoholats, in einem niedermol., aliphat. Alkohol oder durch Rk. eines niedermol. Alkylesters der entsprechend substituierten Cyanessigsäure mit III zur entsprechenden Iminothiobarbitursäure u. Hydrolyse zu I oder II. Die Salze von I oder II werden wie üblich hergestellt: II-*Na-Salz*, F. 235°. — *Anästhetica.* (**E. P. 802 628** vom 21/7. 1955, ausg. 8/10. 1958.) H. BRÄUCKER. 4807

**Ciba Akt.-Ges.**, Basel, Schweiz (Erfinder: **George de Stevens**, New Providence, und **Lincoln Harvey Werner**, Summit, N. J., V. St. A.), *6-Chlor-7-sulfamyl-3.4-dihydro-1.2.4-benzothiadiazin-1.1-dioxyd* (I), F. 272—275° (aus W.), erhält man durch Rk. von 5-Chlor-2.4-disulfamylanilin (II) mit $CH_2O$ oder einem funktionellen Deriv. von $CH_2O$, z. B. einem Acetal (Dimethoxymethan), oder durch Rk. von II mit einem Halogenid oder Ester der Chloressigsäure, oder schließlich durch Red. der C=N-Bindung des 6-Chlor-7-sulfonyl-1.2.4-benzothiadiazin-1.1-dioxyds, z. B. mit $NaBH_4$. — Hervorragende *diuret.* u. *natriuret.* Wirkung. (**Schwz. PP. 337 203, 337 204** u. **337 205** vom 26/11. 1958, ausg. 15/5. 1959. A. Priorr. 3/3., 9/4., 9/6., 29/7. u. 29/9. 1958.) A. BRÖSAMLE. 4807

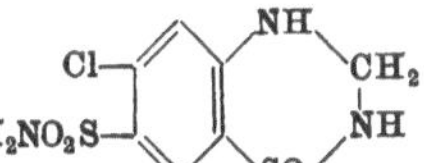

I

**F. Hoffmann-La Roche & Co. Akt.-Ges.** (Erfinder: **Otto Isler, Marc Montavon, Rudolf Rüegg**, Basel, und **Paul Zeller**, Neuallschwil), Schweiz, *Herstellung von Retrodehydropolyenaldehyden der Vitamin-A-Reihe*, dad. gek., daß man einen Aldehyd der allg. Formel I, in der X = —CHO, —CH=CH—CHO oder —CH=CH—CH=C($CH_3$)—CHO bedeutet, oder dessen Acetal bei 0—30° einer WOHL-ZIEGLER-Rk. (Halogenieren mit N-Bromsuccinimid oder N-Bromacetamid) in Ggw. von Methylenchlorid unterwirft u. die gebildete Halogenverb. mit einer tert. Base, wie Chinolin, erwärmt, wobei unter Allylumlagerung Halogenwasserstoff (HBr) abgespalten wird. — Es werden hergestellt: *4-[2'.6'.6'-Trimethylcyclohexen-(2')-yliden-(1')]-2-methylbuten-(2)-al-(1)* (*Retrodehydro-$C_{14}$-aldehyd*), Kp.$_{0,03}$ 90°; $n_D^{25}$ 1,6152; UV-Absorptionsmaximum bei 318 mμ; $E_{1\,cm}^{1\,\%}$ 1610 (in PAe.); *Phenylsemicarbazon*, F. 160—161°; UV-Absorptionsmaxima bei 339 u. 354 mμ; $E_{1\,cm}^{1\,\%}$ 1870 u. 1590 (in PAe.). — *6-[2'.6'.6'-Trimethylcyclohexen-(2')-yliden-(1')]-4-methylhexadien-(2.4)-al-(1)* (*Retrodehydro-$C_{16}$-aldehyd*), 2 Isomere, F. (aus PAe. bei −70°) 73—74°; UV-Absorptionsmaxima bei 353 u. 372 mμ; $E_{1\,cm}^{1\,\%}$ 2360 u. 2200 (in PAe.), gelbe Prismen, u. ein öliges Prod., das sich durch 5std. Erwärmen mit Essigsäure u. Na-Acetat auf 100° in die kristalline Form umwandeln läßt; *Phenylsemicarbazon*, 2 Isomere, F. 184—186°; UV-Absorptionsmaxima bei 366 u. 386 mμ; $E_{1\,cm}^{1\,\%}$ 2330 u. 2160 u. F. 164—166°; UV-Absorptionsmaxima bei 362 u. 382 mμ; $E_{1\,cm}^{1\,\%}$ 2140 u. 1800 (in PAe.). — *8-[2'.6'.6'-Trimethylcyclohexen-(2')-yliden-(1')]-2.6-dimethyloctatrien-(2.4.6)-al-(1)* (*Retrodehydro-$C_{19}$-aldehyd*), UV-Absorptionsmaxima bei 382 u. 403 mμ; $E_{1\,cm}^{1\,\%}$ 1615 u. 1445 (in PAe.); *Phenylsemicarbazon*, F. 198—201°; UV-Absorptionsmaxima bei 372,5, 393 u. 416,5 mμ; $E_{1\,cm}^{1\,\%}$ 1690, 2575 u. 2360 (PAe.). — Die Ausgangsverbb. können z. B. nach D. B. PP. 953 073; C. **1958.** 10506 u. 953 074; C. **1959.** 8384 hergestellt werden. — Zwischenprodd. zur Herst. von *Carotinoiden*, z. B. *4.4'-Dihydroxycarotin* u. *Bis-dehydro-β-carotin*, u. Riechstoffe. (**D. B. P. 961 258** Kl. 12o vom 16/7. 1955, ausg. 4/4. 1957. Anmeldung bekanntgemacht 11/10. 1956. Schwz. Prior. 16/8. 1954.) R. LINK. 4809

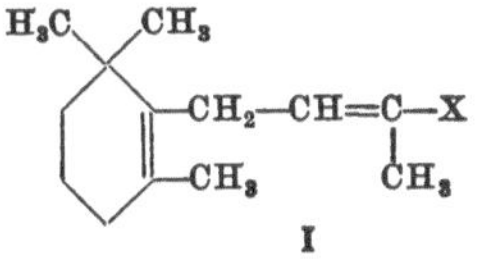

I

**Parke, Davis & Co.**, übert. von: **Edward Emerson Schuler** und **Earl Walker Baldwin**, Detroit, Mich., V. St. A., *Herstellung haltbarer klarer wässeriger Thiamin–Hydrochlorid-Lösungen*, dad. gek., daß man einer Vitamin-$B_1$ (Thiamin)–Hydrochlorid-Lsg. ca. 0,001—1 Gew.-% an Äthylendiamintetraessigsäure oder an $NH_4$- bzw. einem Alkali- oder Erdalkalisalz derselben je Volumeneinheit der filtrierten Lsg. zusetzt u. gegebenenfalls den $p_H$-Wert der Lsg. auf ca. 3—3,5 einstellt. (**D. A. S. 1 047 990** Kl. 30h vom 16/8. 1957, veröff. 31/12. 1958. A. Prior. 16/8. 1956.) K. KOEBKE. 4809

**Upjohn Co.**, übert. von: **J. Allan Campbell**, Kalamazoo, und **John C. Babcock**, Portage, Mich., V. St. A., *17β-Hydroxy-5(10)-östren-3-on-17β-acetat*, F. 138—143°; $[\alpha]_D$ +152°, erhält man entweder durch Spaltung des entsprechenden 3-Enoläthers mit verd. Oxalsäure oder durch Acetylierung des freien 17-Alkohols mit Acetanhydrid in Pyridin–Dioxan. — Analog lassen sich verschiedenartige 17-Acylate des 17β-Hydroxy-5(10)-östren-3-ons herstellen. — *Heilmittel.* (**A. P. 2 846 452** vom 6/9. 1955, ausg. 5/8. 1958.) U. SIEVERS. 4809

**Upjohn Co.**, übert. von: **Raymond L. Pederson** und **Erik H. Jensen**, Kalamazoo, Mich., V. St. A., *3-Keto-bis-nor-4.17(20)-choladien-22-ol*, F. 166—168°; $[\alpha]_D$ +105°, erhält man durch Red. von 3-Keto-bis-nor-4.17(20)-choladien-22-al mit $NaBH_4$ in 1n NaOH. — *Zwischenprod.* für die Herst. von *Heilmitteln.* (**A. P. 2 844 601** vom 10/10. 1955, ausg. 22/7. 1958.) U. SIEVERS. 4809

**Upjohn Co.**, übert. von: **Raymond L. Pederson**, Kalamazoo, Mich., V. St. A., *Halogen-bis-norcholan-22-ale.* Man bromiert z. B. 22-(N-Piperidyl)-bis-nor-4.20(22)-choladien-3-on in $CHCl_3$ mit $Br_2$ in $CCl_4$ bei —20° → *3-Keto-20-brom-bis-nor-4-cholen-22-al* (I), F. 124—126°, welches sich auch durch Rk. von 22-(N-Piperidyl)-bis-nor-4.20(22)-choladien-3-ondibromid mit 95%ig. A. bei n. Temp. herstellen läßt. I läßt sich durch Erhitzen mit Pyridin überführen in *3-Keto-bis-nor-4.17-choladien-22-al*, F. 139 bis 141°; daraus durch Ozonolyse *4-Androsten-3.17-dion*, F. 171—172°. — Analog: *3α-Acetoxy-20-brom-bis-norcholan-22-al*, F. 131—132°; daraus *3α-Acetoxy-bis-nor-17(20)-cholen-22-al*, F. 151—154°. — *Zwischenprodd.* für die Herst. von *Heilmitteln.* (**A. P. 2 844 605** vom 10/10. 1955, ausg. 22/7. 1958.) U. SIEVERS. 4809

**Merck & Co., Inc.**, Rahway, N. J., V. St. A., *1.4-Pregnadien-17α.21-diol-3.11.20-trion*, F. 220—230°, gewinnt man durch Rk. von 1-Pregnen-17α.21-diol-3.11.20-trion mit $Br_2$ in Essigsäure, Behandlung der erhaltenen 1.2.4-Tribromids mit NaJ → *4-Brom-1-pregnen-17α.21-diol-3.11.20-trion*; $[\alpha]_D$ +163°, u. anschließende HBr-Abspaltung mit LiCl in Dimethylformamid. — *Heilmittel.* (**E. P. 799 722** vom 26/7. 1956, ausg. 13/8. 1958. A. Prior. 5/8. 1955.) U. SIEVERS. 4809

**Sterling Drug, Inc.**, New York, übert. von: **Robert L. Clarke**, Elsmere, N. Y., V. St. A., *2-Hydroxyverbindungen der Pregnanreihe.* Man setzt z. B. Progesteron mit Pb-Tetraacetat in Eisessig bei ca. 70° um u. arbeitet die erhaltenen Prodd. chromatograph. auf → *2-Acetoxyprogesteron* (I), F. 198—199,5°; $[\alpha]_D^{25}$ +158°, u. *21-Acetoxy-1.4-pregnadien-3.20-dion*, F. 202,5—204°; $[\alpha]_D^{25}$ +125,6°. I läßt sich mit methanol. $KHCO_3$ verseifen → *2-Hydroxyprogesteron*, F. 185—187°; $[\alpha]_D^{25}$ +194°, das mit $H_2$ in Ggw. von Pd-$CaCO_3$ hydriert werden kann → *Allopregnan-2-ol-3.20-dion*, F. 201—204°, u. *Pregnan-2-ol-3.20-dion*, F. 115—122°. — Analog läßt sich I hydrieren → *2-Acetoxy-pregnan-3.20-dion*, F. 146—152°, u. *2-Acetoxyallopregnan-3.20-dion*, F. 124—126°; $[\alpha]_D^{25}$ +99°. — *Heilmittel.* (**A.P. 2847428** vom 27/10. 1955, ausg. 12/8. 1958.) U. SIEVERS. 4809

**Schering Corp.**, Bloomfield, N. J. (Erfinder: **Eugene P. Oliveto** und **David H. Gould**), V. St. A., *2.4-Dibrompregnan-17α.21-diol-3.11.20-trion-21-acetat* erhält man durch Rk. von Pregnan-17α.21-diol-3.11.20-trion-21-acetat mit 2 Mol $Br_2$ in Essigsäure. — Analog: *2.4-Dibrompregnan-11β.17α.21-triol-3.20-dion-21-acetat* sowie die entsprechende *Alloverbindung.* — *Zwischenprodd.* zur Herst. von *Steroidhormonen.* (**E. P. 806 162** vom 11/1. 1955, ausg. 17/12. 1958.) U. SIEVERS. 4809

**Chas. Pfizer & Co., Inc.**, Brooklyn, übert. von: **Gerald David Laubach**, Jackson Heights, N. Y., V. St. A., *11.14-Steroidperoxyde.* Inhaltlich ident. mit D. A. S. 1 002 350; C. **1957.** 9464. Zu ergänzen ist lediglich: $\Delta^{6,8(14),9(11)}$-Allopregnatrien-3β-ol-20-onacetat → *$\Delta^{6,8}$-Allopregnadien-3β-ol-20-onacetat-11.14-peroxyd*, sowie $\Delta^{6,8(14),9(11)}$-Allopregnatrien-3β.21-diol-20-ondiacetat → *$\Delta^{6,8}$-Allopregnadien-3β.21-diol-20-ondiacetat-11.14-peroxyd.* — Zwischenprodd. für die Herst. von *Heilmitteln.* (**A. PP. 2 833 762** u. **2 833 763** vom 17/3. 1954, ausg. 6/5. 1958.) U. SIEVERS. 4809

**Glaxo Laboratories Ltd.**, Greenford (Erfinder: **Robert Kenneth Callow** und **Vivian Hector Thomas James**), England, *Allopregn-9(11)-en-3β.17α-diol-20-on-3-acetat*, F. 201—207°; $[\alpha]_D^{23}$ —15°, erhält man durch Epoxydation von Allopregna-9(11).16-dien-3β-ol-20-on-3-acetat mit alkal. $H_2O_2$ → *Allopregn-9(11)-en-3β-ol-20-on-16α.17α-epoxydacetat*, F. 208—212°; $[\alpha]_D^{22}$ +88°, Spaltung des Epoxydes mit HBr → *16-Bromallopregn-9(11)-en-3β.17α-diol-20-on-3-acetat*, F. 180—184°; $[\alpha]_D^{22}$ +8°, u. Entbromierung mit RANEY-Nickel. — *Zwischenprod.* für die Herst. von *Steroidhormonen.* (**E. P. 805 497** vom 13/7. 1955, ausg. 10/12. 1958.) U. SIEVERS. 4809

**Chas. Pfizer & Co., Inc.**, Brooklyn, N. Y., V. St. A., *In 1- und 4-Stellung ungesättigte 3-Ketosteroide* erhält man durch Dehydrierung der entsprechenden $\Delta^1$- oder $\Delta^4$-3-Ketosteroide mit Selendioxyd. — So ergibt REICHSTEINs Verb. S-Acetat → *$\Delta^{1,4}$-Pregnadien-3.20-dion-17α.21-diol-21-acetat*, F. 226—228°; $[\alpha]_D^{25}$ +92,5°. Cortisonacetat läßt sich in *1-Dehydrocortisonacetat*, $\Delta^1$-Androsten-3.17-dion in *$\Delta^{1,4}$-Androstadien-*

*3.17-dion*, $\Delta^{4.7.22}$-Ergostatrien-3-on in die entsprechende, in 1-Stellung ungesätt. Verb. überführen. — *Heilmittel* sowie Zwischenprodd. zu deren Herstellung. (**E. P. 799 343** vom 31/7. 1956, ausg. 6/8. 1958. A. Prior. 5/8. 1955.) U. SIEVERS. 4809

**N. V. Organon** (Erfinder: **Stefan Antoni Szpilfogel,** Oss, und **Gerhard Anthony Overbeek,** Nijmegen), Holland, *Herstellung von wasserlöslichen 3-Hydroxy-20-oxopregnanverbindungen* (**II**), die einen depressor. Effekt auf das Zentralnervensyst. ausüben, durch Veresterung von 3-Hydroxy-20-oxopregnanverbb., die in 11-Stellung oxydiert sind (**I**). — Beispiele für **I**: *3α-Hydroxy-11.20-dioxopregnan*, F. 172°; *3α.11β-Dihydroxy-20-oxopregnan*, F. 222°; *3α.11α-Dihydroxy-20-oxopregnan*, F. 184°; *3β.11β-Dihydroxy-20-oxopregnan*, F. 255°; für **II**: *3α-Hydroxy-11.20-dioxopregnan-3-hemisuccinat*, F. 172—173°; *3α.11β-Dihydroxy-20-oxopregnan-3-hemisuccinat*. (**Holl. P. 87 804** vom 23/12. 1955, ausg. 15/4. 1958.) H. NEBELSIEK. 4809

**Olin Mathieson Chemical Corp.,** New York, N. Y., übert. von: **Josef E. Herz** und **Josef Fried,** New Brunswick, N. J., V. St. A., *Steroide*. Man verestert z. B. Hydrocortison (**I**) mit Mesylchlorid (**Ia**) in Ggw. von Pyridin → **I**-*21-Mesylat* (**II**), F. 186—187°; $[\alpha]_D$ +150°; daraus durch Rk. mit LiBr in Eisessig → *21-Brom-$\Delta^{4.9(11)}$-pregnadien-17α-ol-3.20-dion*, F. 200—201° (Zers.); $[\alpha]_D$ +115°. — **II** + LiCl in Eisessig → *21-Chlor-$\Delta^4$-pregnen-11β.17α-diol-3.20-dion*, F. 249—251° (Zers.); $[\alpha]_D$ +161°. — **II** + NaJ in Eisessig → *$\Delta^4$-Pregnen-11β.17α-diol-3.20-dion*. — **II** + NaF in Eisessig → **I**-*21-Acetat* (**III**). — **III** + LiBr in Eisessig → *$\Delta^{4.9(11)}$-Pregnadien-17α.21-diol-3.20-dion-21-acetat* (**IV**), F. 227—231°; $[\alpha]_D$ +105°. — **IV** auch aus **III** u. **Ia**. — *Zwischenprodd.* für die Herst. von *Steroidhormonen*. (**A. P. 2 842 568** vom 4/6. 1954, ausg. 8/7. 1958.) U. SIEVERS. 4809

**British Drug Houses Ltd.,** London (Erfinder: **Winifred June Adams, Vladimir Petrow, Bernard Ellis** und **Isobel Ann Stuart-Webb**), England, *6-Methylsteroide* erhält man durch Epoxydation einer entsprechenden, in 5(6)-Stellung ungesätt. Verb., Spaltung des Oxidoringes mit einem $CH_3$-Mg-Halogenid u. anschließende Dehydratisierung des erhaltenen 6-Methyl-5α-ols. — Man setzt z. B. 17α-Methylandrost-5-en-3β.17β-diol-3-acetat mit Monoperphthalsäure um → *3β-Acetoxy-5α.6α-epoxy-17α-methylandrostan-17β-ol*, F. 164—165°, u. spaltet dieses durch Rk. mit $CH_3MgBr$ → *6β.17α-Dimethylandrostan-3β.5α.17β-triol*, F. 212—229°; $[\alpha]_D^{23}$ +37°; *3-Acetat*, F. 156—157°; $[\alpha]_D^{25}$ —51°. — Analog: *3β-Acetoxy-5α.6α-epoxy-17α-äthinylandrostan-17β-ol*, F. 235 bis 236°; $[\alpha]_D^{23}$ —108°; *17α-Äthinyl-6β-methylandrostan-3β.5α.17β-triol*, F. 193—195°; *3-Acetat*, F. 130°; $[\alpha]_D^{22}$ —59°. — *6β-Methylallopregnan-3β.5α.20(α+β)-triol*, F. 230 bis 237°. — 3β.17β-Diacetoxy-6β-methylandrostan-5α-ol läßt sich durch Rk. mit $SOCl_2$ in Ggw. vom Pyridin dehydratisieren → *3β.17β-Diacetoxy-6β-methylandrost-4-en*, F. 123 bis 124°; $[\alpha]_D^{24}$ —43°. — Analog: *6β-Methylandrost-4-en-3β.17β-diol*, F. 195—200°; $[\alpha]_D^{20}$ +28°. — *6β-Methylpregn-4-en-3β.20β-diol*, F. 170—173°; $[\alpha]_D$ +34,3°; *3.20-Diacetat*, F. 148—150°; $[\alpha]_D^{25}$ —5,7°. — *Heilmittel* sowie Zwischenprodd. zu deren Herstellung. (**E. PP. 801 201** u. **801 202** vom 2/6. 1955, ausg. 10/9. 1958.) U. SIEVERS. 4809

**British Drug Houses Ltd.,** London (Erfinder: **Winifred June Adams, Bernard Ellis, Vladimir Petrow** und **Isobel Ann Stuart-Webb**), England, *6-Methylsteroide*. Vgl. D. A. S. 1 018 058; C. **1959**. 2562. Zu ergänzen ist: *5α.17β-Dihydroxy-17α-äthinyl-6β-methylandrostan-3-on*, F. 243—244°; $[\alpha]_D^{22}$ —42°. — *5α-Hydroxy-6β-methylallopregnan-3.20-dion*, F. 255—256°; $[\alpha]_D^{25}$ +64,5°. (**E. P. 802 003** vom 9/6. 1955, ausg. 24/5. 1958.) U. SIEVERS. 4809

**British Drug Houses Ltd.,** London (Erfinder: **Winifred June Adams, Bernard Ellis, Vladimir Petrow** und **Isobel Ann Stuart-Webb**), England, *6-Methylsteroide*. Man oxydiert z. B. 6β-Methylandrost-4-en-3β.17β-diol in Bzl. 3 Tage mit frisch bereitetem $MnO_2$ u. erhält *17β-Hydroxy-6β-methylandrost-4-en-3-on* (*6β-Methyltestosteron*), F. 212 bis 214°; $[\alpha]_D^{26}$ +57°. — Die 3-ständige Hydroxylgruppe von 6β-Methylsteroiden läßt sich ferner mit $CrO_3$ oder nach der Meth. von OPPENAUER oxydieren. So erhält man aus 6β-Methylandrostan-3β.5α.17β-triol durch Oxydation mit $CrO_3$ in Essigsäure *5α-Hydroxy-6β-methylandrostan-3.17-dion*, F. 226—227°; $[\alpha]_D^{24}$ +68°, welches sich mit $SOCl_2$ in Ggw. von Pyridin zu *6β-Methylandrost-4-en-3.17-dion*, F. 212—213°; $[\alpha]_D^{22}$ +141°, dehydratisieren läßt. — 17α-Äthinyl-6β-methylandrostan-3β.5α.17β-triol ergibt, nach OPPENAUER mit Al-Isopropylat in Ggw. von Cyclohexanon in Toluol dehydriert, *17α-Äthinyl-17β-hydroxy-6β-methylandrost-4-en-3-on*, F. 223—225°; $[\alpha]_D^{20}$ —22°. — Analog: 6β-Methylallopregnan-3β.5α.20(α+β)-triol → *6β-Methylprogesteron*, F. 169 bis 171°; $[\alpha]_D^{25}$ +64,5°. — *Heilmittel* sowie *Zwischenprodd.* zu deren Herstellung. (**E. P. 802 004** vom 20/6. 1955, ausg. 24/9. 1958.) U. SIEVERS. 4809

**Syntex Soc. An.,** übert. von: **Franz Sondheimer, Octavio Mancera** und **George Rosenkranz,** Mexico, Mexico, *17β-Methyl-$\Delta^4$-androsten-17α-ol-3-on*, F. 176—178°,

$[\alpha]_D$ + 68°, erhält man durch Decarboxylierung von $\Delta^{5,17(20)}$-Pregnadien-3β-ol-21-carbonsäure mit Chinolin in Ggw. von Cu-Chromit → *17-Methylen-$\Delta^5$-androsten-3β-ol*, F. 130 bis 131°, anschließende Oxydation nach OPPENAUER mit Al-Isopropylat in Ggw. von Cyclohexanon → *17-Methylen-$\Delta^4$-androsten-3-on*, F. 129—131°; $[\alpha]_D$ + 136°, Epoxydation mit Perbenzoesäure → *17.20-Epoxyd*, F. 183—185°, reduktive Spaltung des Epoxyds mit $LiAlH_4$ in Tetrahydrofuran → *17β-Methyl-$\Delta^4$-androsten-3β.17α-diol*, welches schließlich mit $MnO_2$ selektiv in 3-Stellung oxydiert wird. — *Heilmittel*. (**A. P. 2 846 451** vom 13/12. 1954, ausg. 5/8. 1958. Mexikan. Prior. 11/12. 1953.) U. SIEVERS. 4809

**Syntex Soc. An.**, übert. von: **Franz Sondheimer** und **George Rosenkranz**, Mexico, Mexico, *Entfernung von freien oder veresterten Hydroxylgruppen in 2- und 6-Stellung aus $\Delta^4$-3-Ketosteroiden*. Man behandelt z. B. $\Delta^4$-Androsten-2β.17β-diol-3-on bei n. Temp. mit Zn-Staub u. Essigsäure → *Testosteronacetat*, F. 139—141°. — Analog erhält man aus 6β-Acetoxyprogesteron *Progesteron*, F. 127—129°. — Man kann auch 6β-Hydroxytestosteron durch Rk. mit Li/$NH_3$ fl. in *Testosteron*, F. 152—153°, überführen. (**A. P. 2 827 469** vom 15/7. 1954, ausg. 18/3. 1958. Mexikan. Prior. 17/7. 1953.) U. SIEVERS. 4809

**Syntex Soc. An.**, übert. von: **Franz Sondheimer, Octavio Mancera** und **George Rosenkranz**, Mexico, Mexico, *Isotestosteron*, F. 213—216°; $[\alpha]_D$ 69°, *Acetat*, F. 113 bis 115°, erhält man durch Decarboxylierung von 3β-Hydroxy-$\Delta^{5,16}$-ätiocholadiensäure mit Chinolin in Ggw. von Cu-Chromit → *$\Delta^{5,16}$-Androstadien-3β-ol*, F. 140—141°; $[\alpha]_D$ —66°, anschließende Oxydation nach OPPENAUER mit Al-Isopropylat in Ggw. von Cyclohexanon → *$\Delta^{4,16}$-Androstadien-3-on*, F. 132—134°, Epoxydation mit Perbenzoesäure → *16.17-Epoxyd des $\Delta^4$-Androsten-3-ons*, F. 208—211°, Spaltung der Oxidogruppe mit $LiAlH_4$ in Tetrahydrofuran u. selektive Oxydation der 3-ständigen Hydroxylgruppe mit $MnO_2$. — *Heilmittel*. (**A. P. 2 842 565** vom 12/5. 1955, ausg. 8/7. 1958. Mexikan. Prior. 5/6. 1954.) U. SIEVERS. 4809

**Upjohn Co.**, übert. von: **Milton E. Herr**, Kalamazoo, Mich., V. St. A., *9α-Halogen-17-methyltestosterone*. Man dehydratisiert z. B. 11β-Hydroxy-4-androsten-3.17-dion mit N-Bromacetamid in Pyridin → *4.9(11)-Androstadien-3.17-dion*, F. 197—203°, setzt dieses mit Pyrrolidin um zu *3-Pyrrolidyl-3.5.9(11)-androstatrien-17-on*, F. > 165° (Zers.), methyliert dieses durch Rk. mit $CH_3MgBr$ → *3-Enamin* des *9(11)-Dehydro-17-methyltestosterons*, aus welchem sich durch Hydrolyse mit 10%ig. NaOH das *9(11)-Dehydro-17-methyltestosteron*, F. 167—170°, herstellen läßt; daraus durch Rk. mit N-Bromacetamid in Ggw. von $HClO_4$ → *9α-Brom-11β-hydroxy-17-methyltestosteron*, F. 153 bis 155°, aus welchem mit 0,1 n NaOH HBr abgespalten wird → *9.11β-Epoxy-17-methyltestosteron*, F. 165—172°; $[\alpha]_D$ —40°; daraus durch Rk. mit 48%ig. HF → *9α-Fluor-11β-hydroxy-17-methyltestosteron*, F. 265°; $[\alpha]_D$ + 110°; daraus durch $CrO_3$-Oxydation → *9α-Fluor-11-keto-17-methyltestosteron*, F. 213—220°; $[\alpha]_D$ + 144°. — *Heilmittel* sowie Zwischenprodd. zu deren Herstellung. (**A. P. 2 837 517** vom 8/8. 1955, ausg. 3/6. 1958.) U. SIEVERS. 4809

**United States Vitamin Corp.**, New York, übert. von: **Louis Freedman**, Mount Vernon, und **Seymour L. Shapiro**, Hastings-on-Hudson, N. Y., V. St. A., *β-Halogenpropionsäureester von Androgenen*. Man verestert z. B. Testosteron (I) in Ggw. von Pyridin mit β-Chlorpropionylchlorid → *Testosteron-β-chlorpropionat*, F. 154—154,5°. — Analog: I-*β-Brompropionat*, F. 153—153,5°. — I-*β-Jodpropionat*, F. 140° (Zers.). — *Androstan-17β-ol-3-on* (II)-*β-chlorpropionat*, F. 102—104°. — II-*β-Brompropionat*, F. 83,5—84,5°. — II-*β-Jodpropionat*, F. 84,5—85,5°. — *Heilmittel*. (**A. P. 2 843 523** vom 7/7. 1955, ausg. 15/7. 1958.) U. SIEVERS. 4809

**Chas. Pfizer & Co., Inc.**, Brooklyn, übert. von: **Ellis Rex Pinson jr.** und **Gerald D. Laubach**, Jackson Heights, N. Y., V. St. A., *Testosteron-4.4-dimethylpentanoat*, F. 130,9—131,3°; $[\alpha]_D^{25}$ + 98,7°, erhält man durch Rk. von Testosteron mit 4.4-Dimethylpentanoylchlorid in Ggw. von Pyridin u. übliche Aufarbeitung des Esters. — *Heilmittel*. (**A. P. 2 831 873** vom 13/10. 1954, ausg. 22/4. 1958.) U. SIEVERS. 4809

**Chas. Pfizer & Co., Inc.**, Brooklyn, N. Y., V. St. A., *Hydrocortison* erhält man durch Bebrütung von 4.6-Pregnadien-17α.21-diol-3.20-dion mit z. B. *Curvularia lunata* → 4.6-Pregnadien-11β.17α.21-triol-3.20-dion, F. 230—232,2°; $[\alpha]_D$ + 138,4°, u. anschließende selektive Red. der 6-ständigen Doppelbindung mit Zn u. Essigsäure. Als Nebenprod. der biol. Oxydation wurde *4.6-Pregnadien-11β.14α.17α.21-tetraol-3.20-dion*, F. 230,2 bis 232,4°, erhalten. — *Heilmittel*. (**E. P. 800 797** vom 23/1. 1956, ausg. 3/9. 1958. A. Prior. 8/2. 1955.) U. SIEVERS. 4809

**Upjohn Co.**, Kalamazoo, Mich., V. St. A., *Hydrocortison-21-hemisuccinat*, F. 170 bis 172°; $[\alpha]_D$ + 125°, erhält man durch Rk. von Hydrocortison mit Bernsteinsäureanhydrid in Pyridin; daraus läßt sich durch Rk. mit N-Methylglucamin (I) das entsprechende Salz herstellen. I kann durch verschiedenartige Aminoverbb. ersetzt werden.

Die erhaltenen Salze sind wasserlöslich. — *Heilmittel.* (**E. P. 800 889** vom 22/6. 1956, ausg. 3/9. 1958. A. Prior. 1/7. 1955.) U. Sievers. 4809

**Upjohn Co.**, Kalamazoo, übert. von: **Philip F. Beal**, Portage, Mich., V. St. A., *20-Ketopregnanverbindungen* erhält man durch Oxydation der entsprechenden 20α-Hydroxyverbb. mit aktiviertem $MnO_2$ in Äthylacetat, Aceton oder Hexan-KW-stoffen. Es wurden hergestellt z. B. *Hydrocortisonacetat*, Reichsteins *Verb. S-Acetat* sowie weitere Ester dieser Verbindungen. — *Heilmittel* sowie *Zwischenprodd.* zu deren Herstellung. (**A. P. 2 842 542** vom 20/6. 1955, ausg. 8/7. 1958.) U. Sievers. 4809

**Lepetit S. p. A.**, Mailand (Erfinder: **Gustavo Adolfo Weitnauer,** Torre Annunziata), Italien, *Herstellung von wenig toxischen Calcium-Glucoheptonat-Komplexsalzen des Streptomycins und Dihydrostreptomycins.* Man versetzt Streptomycin- bzw. Dihydrostreptomycinsulfat mit einer äquivalenten Menge Ca-Glucoheptonat in W. u. verd. die entstandene wss. Lsg. mit Aceton, Dioxan oder einem niederen, wasserlösl., aliphat. Alkohol. — Unter „Glucoheptonat" sind die Komplexsalze der Glucoheptonsäure zu verstehen. — Das so hergestellte Streptomycin-Glucoheptonat-Komplexsalz ist ein weißes, krist. Pulver der Bruttoformel $C_{84}H_{162}Ca_3N_{14}O_{84}S_3$, Mol.-Gew. 2928,76, das Dihydrostreptomycin-Glucoheptonat-Komplexsalz ist ebenfalls ein weißes, krist. Pulver, Bruttoformel $C_{84}H_{166}Ca_3N_{14}O_{84}S_3$, Mol.-Gew. 2932,77. Diese Salze ermöglichen die gleichzeitige Verabreichung von Streptomycin bzw. Dihydrostreptomycin u. Ca-Ionen. (**D. A. S. 1 043 325** Kl. 12o vom 28/3. 1957, veröff. 13/11. 1958. It. Prior. 29/3. 1956.) H. Nebelsiek. 4811

**Upjohn Co.**, übert. von: **Thomas E. Eble**, Kalamazoo, Mich., V. St. A., *Haltbare Fumagillin* (I)-*Präparate* erhält man, indem man krist. I mit 0,5—25 Teilen einer eßbaren Fett- oder Wachssubstanz (Lecithin, Spermaceti-Öl, Stearinsäure, Cholesterin, Stearin, Stearylamide, Polyalkylenoxydkondensationsprodd., Cephalin, gehärtete Fette) überzieht. Man mischt I mit der in flüchtigen Lösungsmitteln gelösten Überzugsmasse u. verdampft das Lösungsm.; die überzogenen Kristalle werden in einer für UV undurchlässigen Kapsel, z. B. aus Gelatine, aufbewahrt. — *Antibioticum.* (**A. P. 2 844 512** vom 5/11. 1954, ausg. 22/7. 1958.) K. Koebke. 4811

**Marie Anne Couchoud,** Seine, Frankreich, *Antibioticum.* Man gewinnt ein neues Antibioticum, „*Fusafungin*", F. 125—129°, aus der Kultur eines Stammes von Fusarium lateritium Wr., welcher in vielem von Fusarium lateritium Nees abweicht. — Angaben u. Tabellen über Mycel, Stroma, Sporen, Nährboden, Kultur sowie Zus. u. Wirkungsspektr. des neuen Antibioticums. (**F. P. 1 164 181** vom 24/2. 1954, ausg. 7/10. 1958.) G. Weltzien. 4811

**Parke, Davis & Co.,** Detroit (Erfinder: **J. William McLean,** Grosse Pointe, und **Wilton Adair Rightsel,** Harper Woods), Mich., V. St. A., *Herstellung von Impflösungen mit abgetötetem infektiösem Hepatitisvirus und zur Bestimmung überstandener oder akuter Hepatitis sowie zur Bestimmung der Brauchbarkeit von γ-Globulin zu ihrer Behandlung.* Die Herst. der Impf-Lsgg. unter Verwendung von Kulturen aus Detroit-6-Stämmen ist dad. gek., daß man eine Gewebekultur-Fl. von diesen Stämmen von epithelähnlichen oder Embryonalzellen von nichtinfizierten Menschen mit lebendem infektiösem Hepatitisvirus (I) beimpft u. die Kultur bei ca. 30—42° entwickelt, bis die einschichtige Zellage zerreißt u. Aggregate von kleinen, dunklen Granulatzellen mit Chromatin in Randstellung auftreten, dann die Kultur-Fl. von den Feststoffen abtrennt u. mit $CH_2O$, Phenol, β-Propiolacton, $Cl_2$ oder UV oder einer Kombination dieser Mittel behandelt, so daß die Infektionswrkg. des I völlig zerstört, die Antigenwrkg. aber nicht wesentlich beeinträchtigt wird. Die Impflsg. wird dann Affen oder Kaninchen injiziert u. aus deren Blut das Serum gewonnen. Zum Nachw. der überstandenen Krankheit wird ein Serum der zu untersuchenden Person dem Detroit-6-Stamm von epithelähnlichen u. Embryonalzellen aus nichtinfizierten Menschen zugegeben, die Gewebekultur mit I beimpft, 9—14 Tage bei 35—40° entwickelt u. dann die einschichtige Zellage auf einen cytopathogenen Effekt untersucht. Bei der Feststellung einer infektiösen Hepatitis wird mit dem Serum aus dem Blut des Patienten ebenso verfahren. Bei der Best. der Brauchbarkeit von γ-Globulinpräpp. zur Behandlung der Hepatitis geht man von einer Reihe von wss. Lsgg. mit bekanntem Geh. an γ-Globulin aus u. verfährt wie oben. — Beispiele u. Tabellen für die Herst. der beimpften Gewebekultur-Fll. u. der Impf-Lsgg. sowie für die Unterss. des γ-Globulins. (**D. A. SS. 1 037 655** u. **1 037 656** Kl. 30h vom 30/4. 1957, veröff. 28/8. 1958. A. Prior. 30/4. 1956.) H. Schindler. 4813

**Armour & Co.** (Erfinder: **Kenneth Carl Robbins**), Chicago, Ill., V. St. A., *Herstellung eines Intrinsic factor-Präparates,* dad. gek., daß man Duodenal- oder Magenschleimhaut, bes. den Pylorusteil von Schweinemagenmucosa, bei $<15°$, bes. bei $<5°$, mit auf $p_H$ von 2—5 angesäuertem W. extrahiert, das $p_H$ des wss. Extrakts auf 4—6 einstellt, den Intrinsic-Factor mit einem einwertigen aliphat. Alkohol, oder einem niedrigen aliphat. Keton mit weniger als 5 C-Atomen fällt, wobei die Konz. des organ. Lösungsm., bes. A. oder $CH_3OH$, an der Extraktlsg. 45—55 Vol.-% betragen soll, u. den Nd. abtrennt. (**D. A. S. 1 047 989** Kl. 30h vom 23/3. 1956, veröff. 31/12. 1958. A. Prior. 28/3. 1955.) W. Heyer. 4813

**Nicholas Proprietary Ltd.**, übert. von: **Robert Grenville Smith**, Croydon, Melbourne, Victoria, Australien, *Arzneimittel*, enthaltend ein Barbiturat (I) u., bezogen auf I 5—30%, bes. 15—20%, *β.β-Methyläthylglutarimid* in Form von Tabletten, Kapseln, Elixieren, Suspensionen. — *Nervenberuhigungsmittel*. (**A. P. 2 853 418** vom 17/4. 1956, ausg. 23/9. 1958. Aust. Prior. 20/4. 1955.) K. Koebke. 4815

**Otto Pfrengel**, Budenheim, *Pulverförmiges Haftmittel für Zahnprothesen*, bestehend aus pulverförmigen Schleim- u. Quellstoffen, z. B. Pflanzengummen, Alginaten oder Pektinaten, die 1—15%, bezogen auf die Gesamtmenge des Präp., an fett-/oder wachsartigen Stoffen, die bei n. Temp. fest sind, z. B. als Überzug auf den Schleim- u. Quellstoffen oder als Beimischung in Pulverform, enthalten. Die Körnung des Mittels liegt zweckmäßig zwischen den Normsieben 10 u. 50, bes. 20 u. 40. Zur Herst. des Mittels werden die Schleim- u. Quellstoffe, z. B. über den F. der fett- u. wachsartigen Stoffe erhitzt, dann mit diesen vermischt u. darauf wird die M. abgekühlt. (**D. A. S. 1 050 508** Kl. 30h vom 29/7. 1957, veröff. 12/2. 1959.) E. Petersen. 4823

**Monsanto Chemicals Ltd.**, London (Erfinder: **Joseph Patrick Brown** und **Ernest Bryson McCall**), England, *Herstellung von Desinfektionsmitteln*. Die (großenteils aus gemischten Phenylphenolen bestehenden) Rückstände der Herst. von Phenol aus Bzl. über das Sulfonat werden bei Tempp. über 90° u. bei $p_H$ 6—8 mit W. gewaschen, dest., das hochsd. Destillat mit Sulfurylchlorid oder $Cl_2$ chloriert, bis 1 (Teil) Chlor auf 5 Destillat eingeführt ist. (**E. P. 799 400** vom 26/10. 1955, ausg. 6/8. 1958.) K. Koebke. 4833

## G. Analyse. Laboratorium.

**F. L. Hahn**, *Wägebüretten*. Vf. beschreibt die Herst. einer Wägebürette aus Polyäthylen, die eine Tropfengröße von ca. 30 mg aufweist u. in 30 Min. <0,2 mg an Gewicht durch Verdunstung verliert. (Z. analyt. Chem. **167**. 104—05. 1959. Mexiko.) Herbert Müller. 5014

**N. Ss. Bubyrewa, B. I. Markin, B. P. Bindass, Ju. A. Ssilkin** und **K. W. Tschmutow**, *Kombinierte Apparatur zur Messung der Viscosität, der Dichte und der Erstarrungs- und Schmelztemperatur*. (Vgl. C. **1957**. 4199.) Zur Unters. der Veränderungen von Viscosität, D. u. Kristallisationstemp. bzw. F. an Proben von ca. 5 ml wird eine Glasapp. angegeben, die die Best. dieser Eigg. an derselben Probe mit einem 0,5—3% nicht übersteigenden Fehler ermöglicht. Mit Hilfe einer elektron. Verstärkungsanlage ist die Messung auch in Entfernung von der App. durchführbar. Die Best. von E. u. F. erfolgt durch Aufnahme von Erhitzungs- u. Abkühlungskurven (Genauigkeit 0,5%), die der Viscosität nach dem Fließen der Fl. in einer Capillaren (2%), die der D. aus dem Aufstieg der Fl. in einem Rohr (3%). (Журнал Физической Химии [J. physik. Chem.] **31**. 2580—83. Nov. 1957. Moskau.) R. K. Müller. 5040

**Zdeněk Menčík**, *Hochtemperaturviscosimeter*. Es wurde ein Viscosimeter nach Ubbelohde zur Messung an Polymerenlsgg. bis zu Tempp. von 160° entwickelt. Der Vorteil der App. liegt in der Möglichkeit des Reinigens, Filtrierens, Waschens usw. bei erhöhten Temperaturen. Die Gleichung für die Größe der kinet. Korrektur wird angegeben. Diese Korrektur wird durch die Verwendung von 2 waagerechten Capillaren verkleinert. (Chem. Průmysl **8** (**33**). 24—25. Jan. 1958. Brno, Výzk. ústav makromol. chem.) J. Schneider. 5040

**Zdeněk Ministr**, *Praktische Möglichkeiten der Verwendung der quantitativen metallographischen Gitteranalyse*. Die Hauptfehler bei der quantitativen metallograph. Gitteranalyse bestehen in den durch den Beobachtenden verursachten Beobachtungsfehler beim Zählen der Punkte, in der Ungenauigkeit der Abschätzung, in der ungenauen Scharfeinstellung des Mikroskops u. schließlich in dessen Auflösungsvermögen. Es werden weiter Beziehungen für die Umrechung der Volumenteile auf Gewichtsanteile für poröses Material bei zwei u. mehr Komponenten enthaltenden Strukturen angeführt. (Hutnické Listy **13**. 598—603. Juli 1958. Vestec u. Praha, Výzk. ústav pro prášk. metalurg.) H. Tůma. 5060

**János Inczédy**, *Verwendung von Ionenaustauschern in der analytischen Chemie*. Literaturzusammenfassung über die theoret. Probleme der Ionenaustauschchromatographie, über Trennung von Metallionen mit Hilfe von Anion- u. Kationaustauschern.

Entfernung von Störionen, Anreichern einiger Ionen, Anwendung in der organ.-chem. Analyse. (Magyar, Kémikusok Lapja [Z. Ver. ung. Chemiker] **13.** 293—99 Juli/Aug. 1958. Budapest, Müszaki Egyetem Általános Kémie Tanszék.) G. HALMI. 5062

**Nikolaus Békésy,** *Über das Füllen von Adsorptionsröhren.* Vf. schlägt vor, Adsorptionsröhrchen (z. B. mit $Al_2O_3$) derart herzustellen, daß kleine, gleiche Portionen des Adsorbens in ein KPG-Rohr eingeschlämmt u. jeweils durch eine ausgestanzte, genau passende Filtrierpapierscheibe voneinander getrennt u. festgedrückt werden. Derartige Säulen haben ein um 6% kleineres Vol. als einfach eingeschlämmte Säulen. Risse u. ähnliche Schäden treten auch beim Schiefhalten nicht auf. Die Trennschärfe ist größer u. die kappenförmige Wölbung der Zonen ist weniger ausgeprägt als bei den üblichen Säulen. Außerdem kann die Säule leicht in die einzelnen Portionen zwischen den Filtrierpapierscheibchen zerlegt werden. (Z. analyt. Chem. **157.** 272—74. 1957. Budapest, Heilpflanzen-Forschungsinst.) F. UMLAND. 5062

**G. Coryn, A. Speecke** und **J. Hoste,** *Ein elektronischer Tropfenzähler für Ionenaustauschchromatographie.* Bei den radiometr. aufgezeichneten Elutionskurven ist es meist schwierig, die Fließgeschwindigkeit konstant zu halten. Da die Tropfengröße, definierter Lsgg. innerhalb weiterer Grenzen der Elutionsgeschwindigkeit konstant bleibt, ist die Tropfenzahl als Bezugsgröße für das Radiogramm vorzuziehen. Vff. beschreiben einen elektron. Tropfenzähler, mit dem wahlweise jeder einzelne oder jeder fünfzigste Tropfen als Strich auf dem Registerpapier markiert werden kann. (Bull. Soc. chim. belges **66.** 650—53. Nov./Dez. 1957. Ghent, Univ., Labor. for Analytic. Chem.) F. UMLAND. 5062

**G. T. Lalos, R. J. Corruccini** und **H. P. Broida,** *Entwurf und Bau eines Schwarzen Körpers und seine Anwendung bei der Eichung eines Gitterspektroradiometers.* Der aus Graphit bestehende Schwarze Körper, der sich in einer He-Atmosphäre induktiv bis auf 2700° K aufheizen läßt, wurde als Strahlungsquelle bei der Eichung eines Spektroradiometers benutzt. Die Eichung wurde im Gebiet von 2600—3800 Å in der 2. Ordnung u. von 3300—7550 Å in der 1. Ordnung durchgeführt. Die Genauigkeit wird auf 9% im Gebiet von 2600—2800 Å, von 2800—3800 Å auf 5% in der 2. Ordnung, auf 55% im Gebiet von 3300—7000 Å, von 7000—7550 Å auf 9% in der 1. Ordnung geschätzt. (Rev. Sci. Instruments [N. S.] **29.** 505—09. Juni 1958. Washington, D. C., Nat. Bureau of Standards.) H. LINDBERG. 5063

**G. Godoli,** *Bestimmung des Instrumentalprofils des Sonnenspektrographen des Dominion Observatory Ottawa.* Beschreibung des Spektrographen sowie der von dem Vf. verwendeten Methoden zur Best. des Instrumentalprofils. (Mem. Soc. astronom. ital. **28.** Nr. 3. 1—10. 1957. Sept.) C. GOTTFRIED. 5063

**Georg Graue, Siegfried Eckhard** und **Robert Marotz,** *Übergroße Spektralgeräte und ihre Anwendung bei der Untersuchung von Eisen und Stahl.* Der Begriff „Übergroßer Spektrograph" wird erläutert u. die Berechtigung seines Einsatzes an Al-Bestimmungen im Stahl nachgewiesen. Es wird ein 3,4 m-Gitterspektrograph in EBERT-Aufstellung beschrieben, bei dem sich durch das Prinzip der gekreuzten Dispersion die einzelnen Ordnungen echt voneinander trennen lassen. Weitere Anwendungsmöglichkeiten des Spektrographen werden beschrieben u. es wird gezeigt, daß das Gerät bes. für die Lsg. von Sonderaufgaben u. weniger für einfache Betriebsunterss. geeignet ist. (Arch. Eisenhüttenwes. **29.** 619—26. Okt. 1958. Duisburg-Ruhrort, Phoenix-Rheinrohr; Düsseldorf, Max-Planck-Inst. für Eisenforschung.) H. HOCHSTEIN. 5063

**L. Erdey** und **I. Buzás,** *Lophin, eine neuer chemiluminescenter Indicator. Lophin* (2.4.5-Triphenylimidazol; **I**) wird gewonnen durch Sättigen der alkoh. Lsg. von Benzil u. Benzaldehyd (1 + 1) mit $NH_3$. Eine 0,4%ig. alkoh. oder 1%ig. aceton. **I**-Lsg. kann als chemiluminescenter Säure–Base-Indicator für einen Umschlagsbereich zwischen $p_H$ 8,9 u. 9,4 verwendet werden. Zur Titration von schwachen oder verd. starken Säuren versetzt man die Säure mit 30 ml A./100 ml Lsg., 5 ml 3%ig. $H_2O_2$, 1 ml 5%ig. $K_3[Fe(CN)_6]$-Lsg. u. 1 ml **I**-Lsg. u. titriert im Dunkeln mit 1n oder 0,1n NaOH bis zu auftretender Chemiluminescenz, die mindestens 1 Min. stabil ist. Das Auftreten der Chemoluminescenz wird durch $H_2O_2$ u. $K_3[Fe(CN)_6]$ katalysiert. Zur Titration von starken Laugen versetzt man mit überschüssiger Säure u. titriert den Überschuß zurück. (Analytica chim. Acta [Amsterdam] **15.** 322—24. Okt. 1956. Budapest, TU, Inst. for Gener. Chem.) H. PLUSKAL. 5068

**F. Holmes, K. G. Reed** und **W. R. C. Crimmin,** *Das Verhalten einiger Metallanthranilate in gepufferten Lösungen.* Es wurde die Empfindlichkeit der Rk. zwischen *Anthranilsäure* u. $Ag^+$, $Al^{3+}$, $Be^{2+}$, $Cd^{2+}$, $Co^{2+}$, $Cu^{2+}$, $Fe^{3+}$, $Hg^{2+}$, $Ni^{2+}$ u. $Zn^{2+}$ in neutraler Lsg. u. bei Ggw. verschied. Puffer-Lsgg. untersucht. Außer für Cu u. Ag vermindert Acetatpuffer die Empfindlichkeit merkbar, aber nicht sehr. Einen ähnlichen aber stärkeren

Einfl. zeigt Phthalatpuffer. Die $p_H$-Werte beginnender Fällung in $HNO_3$ (bzw. HCl) betragen für $Cu^{2+}$ 1,5 (1,5), $Ni^{2+}$ 2,0 (—), $Co^{2+}$ 2,6 (2,8), $Zn^{2+}$ 3,1 (3,2), $Pb^{2+}$ 3,4 (3,5), $Cd^{2+}$ 3,5 (3,1) u. $Mn^{2+}$ 3,8 (3,8). Sie liegen außer bei Cu tiefer als die von GOTO für Acetatpuffer angegebenen Werte. (Analytica chim. Acta [Amsterdam] **15.** 312—16. Okt. 1956. Bangor, Caernarvonshire, Univ., Coll. of North Wales, Chem. Dep.) H. PLUSKAL. 5072

## a) Elemente und anorganische Verbindungen.

**R. Belcher, R. Harrison** und **W. I. Stephen,** *Untersuchungen in qualitativer anorganischer Analyse.* 6. Mitt. *Lötrohrproben.* (5. vgl. C. **1959.** 11677.) Zur Durchführung von Lötrohrproben wird die Verwendung einer einfachen kleinen reduzierenden Gasflamme empfohlen. Man zieht ein 8 mm dickes Glasrohr zu einer Capillare aus, biegt rechtwinklig u. läßt die Flamme, 10—20 Sek. auf die Testmischung gerichtet, brennen, die durch Mischen einer Messerspitze Substanz mit der 3—4fachen Menge $Na_2CO_3$ hergestellt u. in eine Vertiefung in der Kohle gelegt wird. Man kann die Substanz auch mit Kohlepulver mischen, was bes. für $BaSO_4$ zweckmäßig ist. Um die charakterist. Farb-Rk. von $Co(NO_3)_2$ mit Zn- u. Al-Verbb. zu bekommen, erwärmt man die Substanz vorher allein 10—15 Sek. auf dem Block, befeuchtet nach dem Abkühlen mit 1 Tropfen 1 mol. $Co(NO_3)_2$-Lsg. u. erwärmt weitere 10—15 Sekunden. (Mikrochim. Acta [Wien] **1958.** 201—03. Birmingham, Univ., Dep. of Chem.; Gloucester, Technol. Coll., Dep. of Sci.) H. PLUSKAL. 5106

**H. G. Rieck, I. T. Myers** und **R. F. Palmer,** *Ein Standard für tritiertes Wasser.* Beschreibung der Herst. eines tritierten Wasserstandards u. der Best. seines T-Geh. nach 3 verschied. unabhängigen Methoden: 1. Berechnung aus Daten über Reinheit, Vol., Temp., Druck u. Verdünnung; 2. Ionisationskammermessungen; 3. Messungen mit innengelöschtem GM-Zähler. Als mittlere Aktivität dieser Messungen ergab sich $0{,}204 \pm 0{,}004$ mc/ml. Während der Standardisierungsmessungen wurde bes. Sorgfalt darauf verwendet, die Isotopeneffekte u. die Effekte der T-Adsorption (HTO-Adsorption) an den Oberflächen der App. zu reduzieren. (Radiation Res. **4.** 451—66. 1956. Richland, Wash., General Electric Co., Radiolog. Sci. Dep.) HERBERT WEBER. G 238

**J. Vepřek-Šiška, Vl. Pliška** und **F. Šmirous,** *Farbreaktion zum Nachweis von Hyponitriten.* Vff. prüfen die Spezifität u. Empfindlichkeit des Nachw. von $N_2O_2^{2-}$ nach CORBET (Biochem. J. **28.** [1934.] 1577). Der Nachw. mit $KJO_4$ u. Resorcin ist in dem empfohlenen $p_H$-Bereich 2—5 nicht für $N_2O_2^{2-}$, sondern lediglich für $NO_2^-$ spezifisch. Die rote Färbung wird daher von allen Verbb. (*$NH_2OH$, Oxyhyponitrit*) geliefert, die von $KJO_4$ zu $NO_2^-$ oxydiert werden. Die Bldg. einer Grünfärbung in alkal. Lsg. erfolgt unabhängig von der Anwesenheit von $N_2O_2^{2-}$ oder $NO_2^-$. (Analyst **84.** 119. Febr. 1959. Prag, TU, Dep. of Inorg. Chem.) HERBERT MÜLLER. G 243

**Masaakira Kamada, Tomio Ōnishi** und **Moriro Ōta,** *Neue colorimetrische Bestimmung von kleinen Mengen Fluorid unter Verwendung des p-Dimethylaminoazobenzolarsonsäure-Zr-Lackes.* 10 ml der Probelsg. ($F^- \geqq 1$ p.p.m.) werden in ein mattiertes Reagensglas mit Stopfen gegeben u. 2 ml 6n HCl u. 1 ml Lackreagens hinzugefügt, so daß durch Komplexbindung des $F^-$ an Zr der Farbstoff freigesetzt wird. (Herst. des Lackreagenses: 40 ml Lsg. von 0,1 g *$ZrOCl_2 \cdot 8\ H_2O$* in 100 ml 6n HCl werden langsam in die Lsg. von 0,2 g p-Dimethylaminoazobenzolarsonsäure in 100 ml 6n HCl getropft. Nach 30 Min. wird der rote Lack mit 3000 U/Min. abzentrifugiert wiederholt mit 2n HCl gewaschen u. schließlich in 200 ml 1n HCl suspendiert. Das Reagens ist im Dunklen mehrere Wochen haltbar.) — Gleichzeitig werden $\geqq 3$ Vergleichsproben angesetzt: je 10 ml NaF-Lsg. (zwischen 0,01 u. 1,00 p.p.m. $F^-$), mit Lackreagens versetzt u. dann die Proben weiter wie folgt verarbeitet: Die Reagensgläser werden einige Sek. geschüttelt u. eine gleiche Zeit bei Raumtemp. z. B. 1 Std. abgestellt. Durch ein quantitatives Filterpapier wird abfiltriert u. die Farbtiefe der Filtrate verglichen bzw. photoelektr. gemessen Absorptionsmax. bei 500 m$\mu$. Die Best. von 0—1 p.p.m. $F^-$ wird gestört durch 2 p.p.m. $S_2O_3^{2-}$, $S^{2-}$; 5 p.p.m. $NO_2^-$, $CN^-$, $CrO_4^{2-}$; 10 p.p.m. $SO_3^{2-}$, $MnO_4^-$, Al; 50 p.p.m. $SO_4^{2-}$, Borat, Sb, Sn, Cd u. Fe. Andere anorgan. Substanzen stören bei einem Geh. von $<50$ p.p.m. nicht. Viele organ. Verbb. können erheblich stören. (Bull. chem. Soc. Japan **28.** 148—49. März 1955. Kagoshima, Univ., Fac. of Liberal Arts, Labor. of analytic. Chem. [Orig.: engl.]) H.-G. MOSLÉ. G 246

**Helmut Bode** und **Heinz Mösenthin,** *Ein Verfahren zur photometrischen Bestimmung von Selen.* Vff. beschreiben ein Verf. zur indirekten Best. von 5—100 $\mu$g *Se.* Das Se wird bei $p_H$ $4{,}5 \pm 1$ aus ammoniumcitrathaltiger Lsg. in Ggw. einer überschüssigen Menge Cu als *$Cu_2Se$* abgeschieden. Die Menge des Nd wird photometr. nach Überführen des Cu u. Se in die Diäthyldithiocarbaminate ermittelt. Die Best. wird nicht gestört durch As, Cd, Co, Fe, Mn, Ni, Pb, Sb, Tl u. Zn, auch wenn sie in mehr als 2000fachem Überschuß vorliegen. Au, Bi, Hg, Mo, Pt, Rh, Sn u. Te dürfen nur in begrenzten Mengen anwesend sein. Bei Ggw. von Ag u. Pd versagt die Methode. (Z. analyt. Chem. **164.** 232 bis 241. 1958. Hannover, TH, Anorgan.-Chem. Inst.) Herbert Müller. G 254

**A. M. Scherhaufer,** *Zur Bestimmung des Selens mit Eisen(II)-sulfat.* Die Best. von *Se* in $SeO_3^{2-}$-Lsgg. durch Red. zu elementarem Se mit Hilfe von $FeSO_4$ gelingt am besten in 3—6 mol HCl-Lsg.; bei geringeren HCl-Konzz. ist die Umwandlung des Se in die graue Modifikation unvollständig u. eine Filtration nicht möglich. Das abgeschiedene Se kann nach dem Trocknen bei 105° gewogen werden. Außerdem kann bei Verwendung einer bekannten Menge $Fe^{2+}$ zur Red. die unverbrauchte Menge $Fe^{2+}$ mit $KMnO_4$ zurücktitriert werden. Die Titration gelingt nur nach Abtrennung des Se, das sonst durch $MnO_4^-$ zu $SeO_3^{2-}$ rückoxydiert wird. In $SeO_4^{2-}$-Lsgg. ist eine Best. des Se nach dem angegebenen Verf. erst dann möglich, wenn $Se^{6+}$ durch Kochen mit 4n HCl zu $Se^{4+}$ red. wird. Wird in einer Lsg., die $SeO_3^{2-}$ neben $SeO_4^{2-}$ enthält, $Se^{4+}$ zunächst mit $Na_2S_2O_3$ nach $SeO_3^{2-} + 4\,S_2O_3^{2-} + 5\,H^+ \rightarrow SeS_4O_6^{2-} + S_4O_6^{2-} + 3\,H_2O$ bestimmt, so erhält man nach Ermittlung der Gesamtmenge Se nach dem angegebenen Verf. die Anteile $Se^{4+}$ u. $Se^{6+}$. Die gravimetr. Se-Best. wird durch $TeO_3^{2-}$ nicht gestört, während $Te^{4+}$ bei der volumetr. Best. zuerst als $TeO_2$ abgetrennt werden muß. (Z. analyt. Chem. **164.** 327—35. 11/6. 1958. Wien, TH, Inst. für anorgan. u. analyt. Chem.)
Herbert Müller. G 254

**Enrico Bovalini** und **Marcello Piazzi,** *Spektrophotometrische Mikrobestimmung des Bors durch seine Abtrennung als Bariumborotartratkomplex.* Das Komplexsalz $Ba_5B_2 \cdot C_{16}H_8O_{24}$ (I) kann zur analyt. Best. des *B* dienen, indem man das abfiltrierte u. ausgewaschene I mit $H_2SO_4$ zers. u. die freigesetzte *Weinsäure* (II) spektrophotometr. bestimmt. — Ausführung: Borax-Lsgg., die 10—120 $\gamma$ B enthalten, werden auf 0,1 bis 0,2 ml (solche mit 120—180 $\gamma$ B auf 0,3—0,4 ml) im Quarzgefäß eingeengt. Dazu gibt man 0,4—0,8 ml (bzw. 1,5—2,0 ml) Reagenslsg., die im Liter 13 g $BaCl_2 \cdot 2\,H_2O$ + 14 g III + 240 g $NH_4Cl$ enthält ($p_H$ ca. 2), nach 24 Std. wird filtriert u. dann mit $^1/_{10}$ ihres Vol. konz. $NH_4OH$ (ca. 15n) versetzt, so daß das $p_H$ auf 8,8 ansteigt. Der abfiltrierte I-Nd. wird mit der Mischung von 2 Voll. konz. $NH_4OH$, 1 Vol. Aceton u. 1 Vol. W. gewaschen, bei 100° getrocknet, in konz. $H_2SO_4$ gelöst u. mit derselben auf 100 ml aufgefüllt. Hierzu werden 2 Tropfen des Reagenses von Pesez (Resorcin + KBr in verd. $H_2SO_4$) gegeben u. die Mischung nach 45 Min. auf dem Wasserbad u. Abkühlung spektrophotometr. bei 653 m$\mu$ (nahe dem Maximum der Blaufärbung) gemessen. Reproduzierbarkeit ± 1%. (Ann. Chimica **48.** 305—09. April/Mai 1958. Siena, Univ., Ist. Chim. gener.; Livorno, Accad. navale, Ist. Chim.) W. Metzener. G 258

**Francis E. Crane jr.,** *Potentiometrische Bestimmung von Tetraphenylborat mit Silbernitrat.* Potentiometr. Titration von synthet. *Tetraphenylboraten* (I) prim., sek. u. tert. Amine sowie quartärer $NH_4$-Verbb. mit 0,06n $AgNO_3$-Lsg. unter Verwendung einer Ag-Glaselektrodenkette (Beckman $p_H$-Meter) bzw. von Pt-Elektroden (automat. Titrimeter nach Malmstadt). Zur Titration werden die I in 40 ml Aceton gelöst, mit 3 ml 3 mol. Essigsäure u. 3 ml 3 mol. Na-Acetatlsg. versetzt ($p_H$ 5,0) u. mit soviel W. verd., daß noch kein Nd. auftritt (höchstens jedoch 34 ml W.). Einstellung der $AgNO_3$-Lsg. mit umkrist. Na-I bzw. K-I. Bei Verwendung von NaCl liegen die Werte um 5,4% tiefer. Die Endpunkterkennung ist gut außer bei den I einiger prim. aromat. Amine. Bei 22 von 31 titrierbaren Verbb. lag die maximale Abweichung vom theoret. Wert innerhalb 2%. (Analytica chim. Acta [Amsterdam] **16.** 370—77. April 1957. New Brunswick, N. J., Rutgers Univ., Douglass Coll.) R. Reiss. G 258

**Franz Rost,** *Zur Spektralanalyse von Siliciumcarbid.* Da die Erfassung der Spurenelemente in SiC mit chem. Methoden zu ungenau ist, liefert Vf. einen Beitrag für die Grundlagen eines spektrograph. Analysenverfahrens. Als Bezugssubstanz für die Aufstellung einer Eichkurve wird $SiO_2$ als Bergkristall vorgeschlagen, der genügend rein ist, während auch reinstes SiC zuviel Verunreinigungen enthält. In der Temperaturzone der Lochelektrode zwischen 1900 u. 2200° bilden sich aus $SiO_2$ u. dem anwesenden C intermediär beträchtliche Mengen SiC. Fe u. Al zeigen im Intensität/Zeit-Diagramm einen befriedigenden Kurvenverlauf. Ti zeigt dagegen mit $SiO_2$ als Basis erst gegen Ende der Ableuchtung das Hauptmax. der Verdampfung. Die Eichkurven ergaben sich durch photometr. Auswertung von Aufnahmen der Eichmischungen mit SiC einerseits u. $SiO_2$ andererseits u. Zumischung der Oxyde von Fe ,Al, Ti u. Mg. Für Fe, Ti u. Mg laufen beide Kurven ziemlich parallel, für Al hatte die SiC-Kurve keine parallele Lage zur $SiO_2$-Kurve. Dies wird auf Ableuchtungsunterschiede zurückgeführt. Die Eichkurven eignen sich nicht für exakte absol. Gehaltsbest. der Spurenelemente in SiC, doch ist eine relative u. größenordnungsmäßige Gehaltsbestimmung auf Grund von Kurvenverlauf u. Lage möglich. 7—15% Fehler bei relativer Bestimmung. Als Analysenlinien

wurden verwendet: *Si* 2987,7; *Fe* 3020,6; *Al* 3082,2; *Ti II* 3234,5; *Mg II* 2802,7; *Ca* 3933,7 Å. (Mikrochim. Acta [Wien] **1956**. 343—52. München, TH, Inst. für Mineralog.)
E. SAJAK. G 261

**John T. Stock** und **Lucinda M. Garcia,** *Colorimetrischer Nachweis von Arsen als Kupferarsenid.* Dem Nachw. liegt die Tatsache zugrunde, daß $AsH_3$ ein mit Cu-Salzlsg. getränktes Papier unter Bldg. von Cu-Arsenid dunkelfärbt. Die Meth. arbeitet mit Flüssigkeitsmengen von 0,5 ml. Ein mit einem Tropfen 10%ig. $CuSO_4$-Lsg. getränkter Streifen Filterpapier wird mit dem feuchten Ende in ein Reagensglas eingeführt, in dem sich 4 Tropfen der Probelsg. befinden. Nach Zugabe von 10 Tropfen 4n $H_2SO_4$ u. einer Spatelspitze Zn-Granalien wird das Reagensglas mit einem Wattebausch verschlossen. Ein dunkler Fleck, der innerhalb von 2 Min. auf dem Papier erscheint, zeigt As an. Mengen $> 1$ mg erzeugen Flecken innerhalb 40 Sekunden. Die Konz. der Cu-Lsg. ist unwesentlich, eine Lsg., die 1 g $CuSO_4 \cdot 5\,H_2O$/Liter enthält, ergibt noch eine deutliche Fleckenbildung. Sb u. Sn stören den Nachw. nicht; das in Ggw. von Sb gebildete $SbH_3$ färbt das Testpapier nicht. (J. chem. Educat. **35**. 401. Aug. 1958.)
R. WOTSCHKE. G 265

**L. Szekeres** und **E. Bakács-Polgár,** *Eine Schnellmethode zur Bestimmung von Alkalicarbonaten und Alkalihydrogencarbonaten nebeneinander.* Gemische von Alkalicarbonat–Alkalihydrogencarbonat (Mol-Verhältnis $CO_3^{2-}:HCO_3^- \geqq 1:0,5$) können analysiert werden, indem zunächst $CO_3^{2-}$ in 20—30%ig. A. in Ggw. von Phenolphthalein als Indicator mit 0,1 mol. $BaCl_2$-Lsg. titriert wird. Nach Zugabe eines $BaCl_2$-Überschusses wird $HCO_3^-$ durch Kochen zers. u. als $BaCO_3$ gefällt. Der Ba-Überschuß wird mit $Na_2CO_3$-Lsg. zurücktitriert. (Z. analyt. Chem. **165**. 85—88. 1958. Budapest, Landwirtschaftl. Univ., Inst. für Allg. Chem.; Veterinärwiss. Hochschule, Chem. Inst.)
HERBERT MÜLLER. G 272

**L. S. Bark** und **W. F. Jones,** *Untersuchungen in qualitativer anorganischer Analyse.* 7. Mitt. *Nachweis der Alkalimetalle und des Magnesiums.* (6. vgl. C. **1959**. 12002.) Zum exakten Nachw. von *Na, K, Li* u. *Mg* dampft man die Lsg. nach Abtrennung der Zn-Gruppe auf 0,25—0,50 ml ein, versetzt mit 5 Tropfen 2 mol. $(NH_4)_2CO_3$-Lsg. u. 1,0 ml A. oder Methanol, zentrifugiert $MgCO_3 \cdot (NH_4)_2CO_3$ ab, wäscht, löst in 1—2 Tropfen 4n HCl, verkocht $CO_2$ u. weist Mg mit Titangelb nach. Das Filtrat versetzt man im 5 Tropfen konz. $HCl/Br_2$-Lsg. (1:1), dampft ein, verglüht die $NH_4$-Salze, löst in 1 Tropfen HCl (1:30), versetzt mit 0,25 ml A. u. nach dem Umrühren mit 1,0 ml Ae. u. zentrifugiert nach 2—3 Min. Stehen die K + Na-Salze ab. Li bleibt im Filtrat. Man dampft dieses ein, nimmt mit 1—2 Tropfen W. wieder auf, versetzt mit 1—2 Tropfen 2n KOH u. fällt Li mit $KJO_4$-Reagens. Den K + Na-Nd. wäscht man mit 1 ml A./Ae. (1:4), löst in 2—3 Tropfen W., prüft in 1 Tropfen auf Na durch Zugabe von 0,5 ml $Cu(UO_2)_3(CH_3COO)_8$ u. in dem Rest nach Ansäuern mit 4n $CH_3COOH$ mit 2—3 Tropfen frisch bereiteter $Na_3 \cdot [Co(NO_2)_6]$-Lsg. auf K. Nach einem 2. schnelleren Verf. weist man K in dem zum Anionennachw. bestimmten Sodaauszug nach. Man säuert mit einigen Tropfen 4n $CH_3COOH$ an u. fällt mit einigen Tropfen Reagens wie oben. Zum Nachw. für Na u. Li trennt man Mg wie oben ab, dampft die Lsg. auf $^1/_3$ ihres Vol. ein, teilt in 2 Teile u. prüft getrennt wie oben auf Na u. Li. (Mikrochim. Acta [Wien] **1958**. 406—10. Derby, Derby and District Coll. of Technol., Chem. Dep.; Worcester, Victoria Inst., Sci. Dep.)
H. PLUSKAL. G 272

**R. O. Scott** und **A. M. Ure,** *Die Bestimmung von Magnesium in Lösung durch direkte Photometrie.* Die spektrochem. Best. von *Mg* in wss. Lsgg. durch Abfunken aus porösen Becherelektroden wird unter Verwendung der direkten Photometrie sehr erleichtert. Zur Best. dient die Mg-Linie 2802 Å, als innerer Standard wird *Sr* ($\lambda = 4077$ Å) verwendet. Die direkte Analyse von Lsgg. mit 0,3—24 p.p.m. ist mit einer Fehlerbreite von $\pm 2\%$ möglich; in der Std. können 40 Analysen ausgeführt werden. Die Störungen durch Begleitelemente, die in den vorwiegend aus der Agrikulturchemie stammenden Proben (Bodenextrakte u. Pflanzenmaterial) vorkommen, sind zu vernachlässigen. Die notwendige spektrograph. App. erfordert den Anbau von zwei Photomultipliern, einen für die Mg- u. einen für die Sr-Linie. Die Photoströme werden kapazitiv integriert u. das Spannungsverhältnis als Maß für das Intensitätsverhältnis Mg: Sr angezeigt. Der Aufbau der App. u. die Arbeits- (Anregungs-) bedingungen sind beschrieben. (Analyst **83**. 561—70. Okt. 1958. Aberdeen, Macaulay Inst. for Soil Res.)
HERBERT MÜLLER. G 282

**José María Rafols Rovira,** *Komplexometrische Bestimmung des Calciums und Magnesiums in Wässern.* Reagentien: a) 37,2254 g *Komplexon III* (I, Di-Na-Äthylendiamintetraacetat-2 $H_2O$) mit W. zum Liter gelöst; b) trockene Mischung Murexid + NaCl 1:100; c) 0,4 g Eryochromschwarz T in 100 ml absol. Alkohol; d) 54 g $NH_4Cl$ + 350 ml konz. $NH_4OH$, auf 1000 ml aufgefüllt; e) 10%ig. NaOH. C a - B e s t.: Zu 250 ml W.

gibt man 5 ml Reagens e), so daß das $p_H$ wenig > 12 wird u. 0,3 g Murexid, Farbe Leuchtendrot; man titriert gegen 0,1 mol. I-Lsg. [Reagens a)] bis zum Umschlag nach Blauviolett. Mg-Best.: Zu 250 ml W. gibt man ca. 0,5 ml Reagens c), dann ca. 10 ml Reagens d) u. erwärmt auf 50—55°, um dann gegen Reagens a) bis zum Umschlag Weinrot → Blau zu titrieren. Man findet die Summe Ca + Mg. (Inform. Quím. analít. **12.** 46—48. März/April 1958. Barcelona, Servicios Quím. „Aprovech. Salineros".) W. Metzener. G 283

**D. Chr. Nonowa,** *Die photometrische Mikrobestimmung des Calciums mit Pikrolonsäure und Methylenblau.* Ein von Bolliger angegebenes Mikroverf. zur volumetr. Best. von *Ca* wird zu einer photometr. Mikrobest. ausgearbeitet. Ca wird mit Li-Pikrolonat gefällt, das gebildete Ca-Pikrolonat abgesaugt u. in warmem W. gelöst. Die gelbe Lsg. wird mit Methylenblau versetzt u. das entstehende Methylenblaupikrolonat mit Chlf. augeschüttelt. Der blaugrüne Chloroformauszug wird photometriert. Das Lambert-Beersche Gesetz ist bis zu 80 μg/2 ml Ca erfüllt. Ca-Mengen von 10—80 μg lassen sich bei Abwesenheit anderer Ionen mit einem mittleren Fehler von 1% bestimmen. Vf. nimmt an, daß das beschriebene Verf. auf alle solche Komponenten anwendbar ist, die als Pikrolonate gefällt werden können (Mg, Sr, La u. a.). (Mikrochim. Acta [Wien] **1958.** 111—16. Sofia, Univ., Inst. für analyt. Chemie.) G. Günzler. G 283

**J. R. Dunstone** und **E. Payne,** *Eine einfache spektroskopische Methode zur Bestimmung von Magnesium, Calcium, Strontium, Barium, Cadmium und Zink mit Äthylendiamintetraessigsäure.* Das angegebene Verf. zur spektrophotometr. Best. von Mg, Ca, Sr, Ba, Cd u. Zn mit *Äthylendiamintetraacetat* (I) beruht auf der Messung der Extinktion der I-Lsg. mit u. ohne Zusatz eines Metallions bei 225 mμ. Die Extinktionsdifferenz entspricht der Menge des zugesetzten Metalls, da die Chelate der angegebenen Metalle bei 225 mμ nur eine geringe Absorption besitzen. Der Fehler beträgt ± 3% für Lsgg. mit Gehh. zwischen 1 u. 5 μMol an den betreffenden Metallionen. Ein Nachteil der Meth. ist ihre Unspezifität für die einzelnen Kationen. (Analyst **84.** 110—13. Febr. 1959. Brisbane, Univ. of Queensland, Biochem. Dep.) Herbert Müller. G 289

**Max Ziegler** und **Horst Winkler,** *Der Nachweis des Cadmiums durch selektive Papierchromatographie.* Durch die Anwendung eines $H_2S$-haltigen Laufmittels (*n-Butanol* gesätt. mit 3n HCl) werden $Cu^{2+}$, $Pb^{2+}$, $Bi^{3+}$ u. $Hg^{2+}$ am Startpunkt des Papierchromatogramms als Sulfide fixiert, während $Cd^{2+}$ nach kurzer Laufzeit in scharf begrenzter Zone als *CdS* nachgewiesen wird. Die Ausführung der Chromatogramme erfolgt in großen Reagensgläsern. Die Spezifitäten liegen für 5 μg Cd bei folgenden Mischungsverhältnissen: Cd:Cu = 1:2000, Cd:Pb = 1:2000, Cd:Bi = 1:2000 u. Cd:Hg = 1:100. (Z. analyt. Chem. **166.** 241—42. 1959. Göttingen, Univ., Anorgan.-Chem. Inst.) Herbert Müller. G 289

**Anil Kumar Majumdar** und **Siddheswar Banerjee,** *5.6-Benzochinaldinsäure als analytisches Reagens.* 3. Mitt. *Bestimmung von Quecksilber.* (5. vgl. C. **1959.** 905.) *5.6-Benzochinaldinsäure* (I) bildet mit Hg zwischen $p_H$ 1,9 u. 6,0 einen Komplex der Zus. $Hg \cdot (C_{14}H_8O_2N)_2$ (**II**), der nach Trocknen bei 100—150° wasserfrei gewogen werden kann. Zur Best. von Hg neben $NH_4^+$, Alkalien, Erdalkalien, Seltenen Erden, Mg, Cr, Fe, Al, Th, Ti, Zr, $UO_2^{2+}$, Pb, Bi, $SO_4^{2-}$, $NO_3^-$, $MoO_4^{2-}$, $VO_4^{3-}$, $WO_4^{2-}$, $AsO_4^{3-}$ u. $PO_4^{3-}$ versetzt man eine Lsg. von ca. 20 mg Hg mit 2,5 g Weinsäure u. 2 g $NH_4NO_3$, verd. auf 300 ml, löst einen entstehenden Nd. mit verd. $HNO_3$, neutralisiert mit $NH_3$ bis zur Gelbfärbung von Methylrot, säuert mit verd. $HNO_3$ oder $CH_3COOH$ an, fällt **II** aus warmer Lsg. durch langsame Zugabe von 1%ig. wss. I-Lsg., filtriert, wäscht u. trocknet bei 110°. (Analytica chim. Acta [Amsterdam] **15.** 511—13. Dez. 1956. Calcutta, Jadavpur Univ.) H. Pluskal. G 290

**Norbert Isenberg, Elaine M. Perlman, Ruby L. Puryear** und **Sonia A. Sparks,** *Die Analyse von Quecksilber(II)-salzen mit Thioacetamid.* Die Rk. zwischen Thioacetamid (I) u. Hg(II)-Salzen ergibt eine Vielfalt von Ndd., die von der I-Konz., dem $p_H$-Wert der Lsg. u. den in der Lsg. vorhandenen Anionen abhängt. Zweck der Unterss. war es, festzustellen, ob der orange oder braune Nd., der unter gewöhnlichen Analysenbedingungen erhalten wird, den Nachw. von Hg stört. Bei 0,3 mol. $H^+$-Ionenkonz. u. Fällung mit einem Überschuß 8%ig. I-Lsg. bildet sich der orange Nd., der sich bei Einw. von $NH_4OH$ u. I nicht löst. Er löst sich teilweise in 6 mol. KOH, die mit HCl neutralisierte Lsg. ergibt einen schwarzen Nd., welcher aus HgS besteht. Bei 2 mol $H^+$-Ionenkonz. war die Farbe des mit I erhaltenen Nd. dunkelbraun, sein Verh. während der folgenden Trennungsoperationen war analog dem des orangenen. Beide Verbb. lösen sich nicht in 6 mol. $HNO_3$. Dieses Verh. erlaubt die Trennung der Cd-, Bi-, Cu- u. Pb-Salze vom Hg(II)-Salz. Sowohl die orange als auch die braune Verb. lösen sich in Königswasser u. geben positive Tests mit $SnCl_2$. Man kann also vermuten, daß die Vielzahl der Verbb., die bei der Fällung von HgS durch I entstehen, die Analysenmethoden nicht stören. Eine 2 mol. $H^+$-Ionenkonz. ist vorteilhaft, wenn an Stelle von $H_2S$ I im Analysengang verwendet wird. (J. chem. Educat. **35.** 404. Aug. 1958.) R. WOTSCHKE. G 290

**R. C. Rooney,** *Die Bestimmung von Spurenmengen Aluminium in Gußeisen.* Zur Best. von *Al*-Spuren in Gußeisen u. Stählen werden die Hauptverunreinigungen durch Extraktion ihrer Diäthyldithiocarbaminatkomplexe mit Chlf. entfernt. Al wird selektiv als *Cupferronat* bei $p_H$ 4,5 mit Chlf. extrahiert u. nach Aufarbeitung des Extraktes polarograph. unter Verwendung von Solochromviolett RS (I) bestimmt. Da es sich um die Best. von Al-Mengen zwischen 1 u. 200 $\mu$g handelt, müssen für die Herst. der Analysenlsg. reinste Reagentien verwendet werden; der Blindwert wird vor allem durch Cupferron (**II**) (4,4 p.p.m.) u. $HClO_4$ (3,0 p.p.m.) geliefert. Während für Al-Gehh. im Ausgangsmaterial zwischen $2 \cdot 10^{-3}$ u. 0,2% die Entfernung des Fe mit Diäthyldithiocarbaminat (**III**) möglich ist, muß die Hauptmenge des $Fe^{3+}$ bei $0{,}4 \cdot 10^{-3}$ bis $4 \cdot 10^{-3}$% Al als $FeCl_3$ mit Isobutylacetat (**IV**) extrahiert werden. Bei noch kleineren Al-Gehh. muß die Probe zur Entfernung des Fe elektrolyt. gelöst werden. — Für Al-Gehh. zwischen $0{,}4 \cdot 10^{-3}$ u. $4 \cdot 10^{-3}$% wird eine Probe von 5 g in einer Mischung von 40 ml HCl u. 10 ml konz. $HNO_3$ ohne Erwärmung gelöst u. die Lsg. zentrifugiert. $FeCl_3$ wird durch 30 Sek. langes Schütteln mit 150 ml **IV** extrahiert. Die wss. Phase wird nach dem Eindampfen unter Zusatz von 5 ml konz. $HNO_3$ u. 4 ml 5n $HClO_4$ abgeraucht. Die Lsg. wird in einen Schütteltrichter gespült u. nach Zugabe von 15 ml 2n $CH_3COONa$-Lsg. u. 20 ml 20%ig. **III**-Lsg. mit Chlf. extrahiert, bis die Extrakte farblos sind. Die wss. Phase wird mit 1 ml wss. II-Lsg. versetzt u. 2mal mit 15 ml Chlf. extrahiert. Die Chloroformphase wird eingedampft u. der Rückstand unter Zusatz von 1 ml $HNO_3$ u. 2 ml $HClO_4$ abgeraucht. Der Rückstand wird in 1 ml $HClO_4$ aufgenommen, mit 5 ml 2n $CH_3COONa$-Lsg. u. 5 ml 0,05%ig. wss. I-Lsg. versetzt u. auf 50 ml verdünnt. Die Lsg. wird in einer Polyäthylenflasche 5 Min. in einem 60—70° warmen Wasserbad erhitzt, gekühlt u. zwischen —0,50 u. —0,85 V gegen die Hg-Sumpfanode polarographiert. Die Al-Stufe erscheint bei —0,72 V. (Analyst **83.** 546—54. Okt. 1958. Birmingham, Brit. Cast Iron Res. Assoc.) HERBERT MÜLLER. G 294

**Donald H. Wilkins** und **James F. Fleischer,** *Die Bestimmung von Sauerstoff in Titan durch Vakuumschmelze in einem Platinbad.* Da festgestellt wurde, daß die bisherigen Methoden der Ti-Schmelze in einem Fe- bzw. Trockenbad bei einem großen Anfall von Proben zu zeitraubend sind, versuchten Vff. die Schmelze in einem Pt-Bad vorzunehmen. Es zeigte sich, daß Pt nicht nur für Ti, sondern ebensogut für Mo, W, Ta, Cu, Cr, Zr sowie höherschm. Legierungen verwendet werden kann. Eine große Anzahl von Schmelzen kann in einem Tiegel durchgeführt werden u. Blindverss. mit Fe oder Sn fallen weg. Methoden mit Temperatur- u. Zeitangaben werden beschrieben. (Analytica chim. Acta [Amsterdam] **15.** 334—36. Okt. 1956. Schenectady, N. Y., General Electric Co., Res. Labor.) E.-M. KREBS. G 321

**Nakaaki Oda, Noboru Katayama** und **Kazue Endo,** *Einflüsse von kritischen Faktoren auf Genauigkeit und Zuverlässigkeit der Bestimmung von Sauerstoff und Wasserstoff in Titan nach dem Vakuumschmelzverfahren.* 2. Mitt. (1. vgl. Nippon Kinzoku Gakkai-Si [J. Japan Inst. Metals] **22.** [1955.] 137.) Arbeitstemp. u. Abmessungen der verwendeten Graphitspäne sind die Hauptfaktoren, die die Ergebnisse der H- u. O-Best. beeinflussen. Die günstigsten Bedingungen sind 1920—1950° u. 18—20 Maschinensiebgröße. Erstarrung des Bades u. „Getter"-Wrkg. vermindern den Umfang der Gasextraktion, was durch geeignete Maßnahmen bekämpft wird. Der Einfl. des Cl-Geh. in Ti auf die O- u. H-Werte wird erörtert. Mittels der empfohlenen Arbeitsweise werden 98% des O erfaßt, mit einer Abweichung von 5% des Schwankungskoeff. bei 0,01 (%) O-Geh. u. von ca. 8% bei 0,001 H-Gehalt. Die untere Grenze des Bestimmungsverf. beträgt 0,003 (0,0002)% für O (H). (Nippon Kinzoku Gakkai-Si [J. Japan Inst. Metals] **22.** 408—12. Aug. 1958. [Orig.: japan.; Auszug: engl.]) W. WESLY. G 321

**Maurice Codell, George Norwitz** und **Edwin F. Schneider,** *Bestimmung von Kohlenstoff in Titan und Titanlegierungen durch Verbrennung.* Für die C-Best. in Ti oder Ti-Legierungen, die bisher wegen ihrer langen Analysendauer unbefriedigend war, wurden eingehende Unterss. der Methoden vorgenommen. Es ergab sich, daß gekörntes Pb als Flußmittel verwendet werden muß u. daß die Anfangstemp. 900° betragen soll. Bei dieser hohen Anfangstemp. wird der C innerhalb weniger Min. auch aus der Schlacke ausgetrieben u. das Pb legiert sich mit dem Ti, ehe es zu PbO oxydiert werden kann. Bei zu hoher Anfangstemp. erhält man falsche u. zu niedrige Ergebnisse. Da Gummiverbb. zu hohe Blindwerte ergeben würden, wird empfohlen, Quarzschliffgeräte zu benutzen u. die Gase durch $MnO_2$ u. $CuSO_4$ zu leiten, um $SO_2$ u. Cl zu entfernen. Als Analysenmenge wird je nach C-Geh. 1—5 g vorgeschlagen. Soll in der gleichen Probe H bestimmt werden, muß der verwendete $O_2$ durch 750° heißes CuO u. ein Trockenmittel geleitet werden, wie überhaupt nur gereinigter $O_2$ verwendet werden soll. (Analytica chim. Acta [Amsterdam] **15.** 218—22. Sept. 1956. Philadelphia, Pa., Frankford Arsenal, Pitman-Dunn Labor.) E.-M. Krebs. G 321

**E. Popper, L. Popa, V. Junie** und **L. Roman,** *Eine neue gravimetrische Schnellmethode zur Makro-, Halbmikro- und Mikrobestimmung von Blei mit organischen Reagentien.* (Vgl. C. **1958.** 519.) *Monophenyl-* (I), *Monoallyl-* (II) u. *Mononaphthylhydrazodicarbothioamid* [III; allg. Formel: R—NH—C(S)—NH—NH—C(S)—$NH_2$] liefern mit $Pb^{2+}$-Ionen gelbe, krist. Ndd. der Zus. R—NH—C(S—Pb—S)=N—N=C—$NH_2$ (beide S an Pb gebunden: S—Pb—S über den beiden C). Die Fällung erfolgt mit alkoh. Reagenslsg. [Löslichkeiten in A. in der Kälte: **I** 0,60 (g%), **II** 1,24, **III** 0,05; in der Wärme: **I** 1,20, **II** 5,00, **III** 0,10] aus neutraler oder schwach saurer Lsg. auf dem Wasserbad. Nach kurzem Stehen wird noch heiß durch einen Filtertiegel filtriert, mit 50%ig. A., anschließend mit 3—5 ml 96%ig. A. u. 3 ml Ae. gewaschen, im Vakuum getrocknet u. gewogen. Faktoren: für **I** 0,4802, für **II** 0,5239, für **III** 0,4303. — Vff. empfehlen zur Best. größerer $Pb^{2+}$-Mengen (0,05—0,2 g) Fällung mit **I** oder **II** (Genauigkeit $\pm$ 0,4%), für Halbmikro- u. Mikrobestimmungen hingegen Verwendung von **III**, das am empfindlichsten ist (5 $\gamma$ $Pb^{2+}$/ml) u. infolge seines hohen Mol.-Gew. die genauesten Ergebnisse liefert. Alkalien u. Erdalkalien stören nicht. (Studii Cercetări Chim. (Cluj] **8.** Nr. 3—4. 269—79. Juli/Dez. 1957. Cluj, I. M. F., Fac. de farm.) H. Roth/Cluj. G 328

**A. Lipčinsky** und **M. Krstewa,** *Quantitative Bestimmung des Bleis nach dem Verfahren der Oxydations-Inner-Elektrolyse durch anodische Abscheidung als Blei(IV)-oxyd.* Die Abscheidung von *Pb* als *$PbO_2$* durch innere Elektrolyse stellt ein neues Verf. zur Best. von Pb in Mengen bis zu 17 mg dar. Zur Ausführung der Best. bringt man eine Mischung aus überschüssigem *$K_2S_2O_8$* u. W. in eine mit einem Kollodiumdiaphragma versehene Hülse, verbindet mit einer Pt-Netzelektrode u. taucht die App. in die $PbO_2^{2-}$ enthaltende Lösung. Die Abscheidung des $Pb^{2+}$ erfolgt in der Kette (C)$S_2O_8^{2-}$/2 $SO_4^{2-}$/ $PbO_2^{2-}$/$PbO_2$(Pt) als $PbO_2$ auf der Pt-Elektrode; sie ist quantitativ, da das Oxydationspotential der Rk. $PbO^{2-} - 2e \rightarrow PbO_2$ wesentlich niedriger ist als das Potential der Rk. $S_2O_8^{2-} + 2e \rightarrow 2\ SO_4^{2-}$ ($E_h^0 = +2{,}05$ V). (Z. analyt. Chem. **164.** 246—50. 1958. Sofia, Chem.-technol. Inst.) Herbert Müller. G 328

**P. D. Blundy,** *Die Bestimmung von Chrom durch eine Lösungsmittelextraktionsmethode.* Vf. beschreibt ein Verf. zur Best. kleiner Mengen *Cr* in Ggw. vergleichbarer Mengen *Fe* u. *Ni* in Lsgg., die ca. 0,04 mol. an *U* u. 0,005 mol. an *Cu* sind. Die Extraktion des Cr erfolgt als *$Cr_2O_7^{2-}$* mit Isobutylmethylketon (I). Nach der Rückextraktion mit W. wird $Cr^{6+}$ mit Diphenylcarbazid (II) bestimmt. — Die schwach schwefelsaure Lsg. mit 10 bis 90 $\mu$g Cr wird nach Zusatz von 2 ml 4n $H_2SO_4$ u. 2 ml 0,02n $(NH_4)_2Ce(NO_3)_6$-Lsg. auf 15 ml verdünnt u. 25 Min. im sd. Wasserbad erhitzt. Nach dem Abkühlen auf $\lesseqgtr$ 10° werden 8 ml 4n HCl zugesetzt, auf 32 ml verd. u. das $Cr^{6+}$ mit 20 ml **I** extrahiert. Aus der organ. Phase wird $Cr^{6+}$ mit 2mal 20 ml W. rückextrahiert. Die wss. Phase wird mit 5 ml 4n $H_2SO_4$ versetzt, auf 90 ml verd., mit 2 ml 1%ig. **II**-Lsg. in Aceton versetzt u. auf 100 ml aufgefüllt. Nach 5 Min. wird die Extinktion der Lsg. unter Verwendung des Ilford-Filters Nr. 605 gemessen. Der mittlere Fehler der Meth. beträgt $\pm$0,8%. (Analyst **83.** 555—58. Okt. 1958. Harwell, Berks., A.E.R.E., Chem. Engng. Div.) Herbert Müller. G 335

**E. Bishop,** *Die Zersetzung von Cyanaten in saurer Lösung im Zusammenhang mit der Analyse chromhaltiger Mineralien und Legierungen.* Die hydrolyt. Fällung von *$Cr^{3+}$* aus Lsgg. von Cr-haltigen Mineralien oder Stählen erfolgt am besten in Ggw. von $CNO^-$, da in diesem Fall ein gut filtrierbarer Nd. erhalten u. die Bldg. lösl. Komplexe wie *$[Cr(NH_3)_6]^{3+}$* vermieden wird. Die Hydrolyse von KCNO mit 0,1—2n HCl verläuft sehr langsam u. unter Bldg. einer schwach oxydierenden Lsg.; außerdem tritt zu Beginn der Rk. ein schwerlösl. Nd. auf, der nur schwer zers. wird. In Ggw. von *$HNO_3$* bzw. *$HNO_2$* wird dieser Nd. nicht gebildet u. die erhaltene Lsg. zeigt keine Oxydationswirkung. Der Mechanismus der Zers. von KCNO u. der Einfl. von $HNO_3$ auf die einzelnen Rkk. werden diskutiert. Es folgt, daß der Rückstand nach der Dehydratation von $SiO_2$ mit $HNO_3$ aufzunehmen u. die hydrolyt. Fällung des $Cr^{3+}$ mit KCNO in salpetersaurer Lsg. auszuführen ist. Auf diese Weise wird das gesamte *Cr* gefällt u. Störungen der Bestimmungen weiterer Elemente (Ni, Mg) vermieden. (Analyst **83.** 588—91. Okt. 1958. Exeter, Univ., Washington Singer Labors.) Herbert Müller. G 335

**James J. Lingane** und **Donald G. Davis,** *Silber(II)-oxyd als oxydimetrisches Reagens. Bestimmung von Mangan, Cer und Chrom.* Sehr reines AgO (Merck) kann zur schnellen u. genauen titrimetr. Best. von Mn(II), Ce(III) u. Cr(III) dienen. Man löst die

Proben in 2—5 mol. $HNO_3$, das überschüssige AgO löst sich u. das Ag(II) wird durch W. beim Erwärmen reduziert. Anschließend kann entweder gegen Fe(II)-Lsg. wie üblich titriert werden oder man benutzt die potentiometr. Meth., weil dann Ag(II) nicht beseitigt zu werden braucht. Bei Best. bis zu 5 mVal Mn, Cr oder Ce ist Zugabe von 0,5 g AgO gewöhnlich ausreichend. Alle 3 Elemente sind mit einem mittleren Fehler von $\pm 0,2\%$ bestimmbar. Best. von Ce in Mischmetallen u. von Cr u. Mn in Al- u. Fe-Legierungen wurden mit gleich gutem Erfolg durchgeführt. Auf Tl u. Co war die Meth. nicht anwendbar. (Analytica chim. Acta [Amsterdam] **15.** 201—06. Sept. 1956. Cambridge, Mass., Harvard Univ., Dep. of Chemi.) E.-M. KREBS. G 350

**H. Pohl,** *Vergleichende Manganbestimmungen in Kupfer und seinen Legierungen.* Beschrieben wird eine potentiometr. *Mn*-Best. in Cu-Legierungen. Cu, das die Rk. stört, wird mit Zn ausgefällt u. das Mn(II) in pyrophosphathaltiger Lsg. bei $p_H$ 6,5 mit $KMnO_4$ unter stöchiometr. Bedingungen zu einem Mn(III)-Pyrophosphat-Komplex oxydiert. Kontrollanalysen ergaben einwandfreie Werte. (Metall **11.** 947—48. Nov. 1957. Berlin, B.M.B.) F. VIER. G 350

**Hugo Wiedmann,** *Schnellbestimmung von Zinn, Kupfer, Blei, Eisen, Nickel in Rotguß und Bronzen.* Zur Überwachung des Schmelzbetriebes geeignete maßanalyt. u. photometr. Bestimmungsverff. werden angegeben. Zur Vollanalyse werden bei entsprechender Vorbereitung folgende Zeiten benötigt: Sn ca. 15 (Min.), Cu $<10$, Pb $<10$, Fe $<10$, Ni ca. 10. (Z. Metallkunde **49.** 545—47. Okt. 1958. München.) F. VIER. G 358

**E. Lassner, R. Scharf** und **P. L. Reiser,** *Zur komplexometrischen Bestimmung von Kupfer, Nickel und Eisen in Wolframlegierungen.* Vff. beschreiben eine Schnellmeth. zur komplexometr. Best. von *Cu, Ni* u. *Fe* in Pseudolegierungen mit *W*, bei der keinerlei Trennungen erforderlich sind. Die Best. erfolgt durch drei Titrationen in aliquoten Teilen der Lsg. der Probe mit Äthylendiamintetraessigsäure. Als Maskierungsmittel werden für $Fe^{3+}$ $NH_4F$, für $Cu^{2+}$ $Na_2S_2O_3$ u. für W *Weinsäure* verwendet. Alle Titrationen werden bei $p_H$-Werten zwischen 3,5 u. 3,8, eingestellt mit Hilfe von Spezialindicatorpapier, unter Verwendung von 1-(2-Pyridylazo)-2-naphthol als Indicator durchgeführt. Der relative Fehler liegt zwischen 0,2 u. 1,5%. Die Zeitdauer für eine Analyse beträgt 1—1½ Stunden. (Z. analyt. Chem. **165.** 88—94. 1958. Reutte/Tirol, Metallwerk Plansee AG., Versuchsanstalt, Chem. Labor.) HERBERT MÜLLER. G 358

**J. Xavier,** *2-Mercaptobenzimidazol (2-Benzimidazolthiol) als colorimetrisches Reagens für Palladium.* Vf. beschreibt eine spektrophotometr. Meth. zur Best. von 0,04—8 $\mu$g Pd/ml mit *2-Mercaptobenzimidazol* (**I**). Die orangegelbe Farbe, die sich bei Zugabe einer 1%ig. Lsg. von **I** in A. zwischen $p_H$ 1,0 u. 2,6 entwickelt, wird bei 380 m$\mu$ gemessen. Die Toleranzgrenzen (in $\mu$g/ml) sind für $Co^{2+}$ 400, $Ni^{2+}$ 20, $Cd^{2+}$ 600, $Mn^{2+}$ 500, $Cr^{3+}$ 50, $Pb^{2+}$ 500, $Cu^{2+}$ 20, $Fe_3^{+}$ 150 in Ggw. von ca. 1% $H_3PO_4$, $Fe^{2+}$ 200 u. $MoO_4^{2-}$ 40. $NO_3^-$, $SO_4^{2-}$, $CH_3COO^-$ u. $PO_4^{3-}$ stören nicht. (Z. analyt. Chem. **164.** 250—54. 1958. Calcutta, Indian Assoc. for the Cultivat. of Sci., Dep. of Inorgan. Chem.) HERBERT MÜLLER. G 365

**E. Jackson,** *Die Trennung und Bestimmung von Rhodium und Iridium.* Vf. beschreibt ein Verf. zur Best. von *Rh* u. *Ir* in Mengenverhältnissen Rh:Ir zwischen 1:1 u. 10000:1. In der Lsg. der Probe in $Li_2SO_4$-haltiger $H_2SO_4$ wird Rh durch Zugabe von $CrCl_2$ zu $Rh^{2+}$ red. u. mit *Thioacetanilid* (**I**) gefällt. Der Nd. wird nach dem Verglühen u. der Red. mit $H_2$ zur Entfernung von $SiO_2$ mit HF u. von mitgerissenem $Cr^{3+}$ mit $Cl_2$ behandelt. Aus dem Filtrat der Rh-Fällung wird Ir mit Hilfe von *Thioharnstoff* als Sulfid gefällt. Der Sulfid-Nd. wird bei größeren Ir-Mengen verglüht u. mit $H_2$ zum Metall red.; beim Vorliegen von Ir-Spuren wird der Nd. in $HNO_3 + H_2SO_4$ gelöst u. nach der Entfernung der $HNO_3$ mit *Hydrochinon*-Lsg. unter Verwendung von *3.3'-Dichlorbenzidin* als Indicator titriert. Die Fällung des Rh mit **I** in Ggw. von $CrCl_2$ wird durch *Cu, Hg, Ag, Au, Pd, Os, Pt, Bi, Ru, Re* u. *W* gestört, da diese Elemente ebenfalls Fällungen liefern. (Analyst **84.** 106—10. Febr. 1959. Sheffield, Sheffield Smelting Co. Ltd.) HERBERT MÜLLER. G 367

**John N. Rosholt jr.,** *Quantitative radiochemische Methoden zur Bestimmung von Quellen natürlicher Radioaktivität.* Es wird die Best. der langlebigen Radionuclide u. ihrer kurzlebigen Folgeprodd., wie sie zur Erforschung des radioakt. Nichtgleichgewichtszustandes in Gesteinen u. Mineralien nötig ist, beschrieben. Das Ausmaß des Nichtgleichgewichtszustandes kann festgestellt werden, wenn der Geh. des betreffenden Minerals an der U-Gruppe, an $^{230}Th$, $^{226}Ra$, der $^{222}Rn$-Gruppe, der $^{210}Pb$-Gruppe, der $^{231}Pa$-Gruppe u. der $^{232}Th$-Serie bekannt ist. Für die Abtrennung u. Best. dieser Radionuclide wurde nachst. Verf. ausgearbeitet: 1 g Probe wird mit 4—5 g $Na_2O_2$ geschmolzen, in W. aufgenommen u. nach Neutralisation mit HCl auf 100 ml verd., so daß die Lsg.

1,0n an HCl ist. Die für die Best. von $^{222}Rn$ u. $^{210}Pb$ benutzten Bi- u. Po-Isotope werden nach Zugabe von 6 mg Bi-Träger bei 45° mit $H_2S$ gefällt u. durch eine 47 mm-Millipore-membrane filtriert. Aus dem Filtrat wird $H_2S$ durch Eindampfen entfernt, 2 mg La-Träger (um Ausfällung der Ac-Isotope zu verhindern) u. 15 mg Zr-Träger zugegeben u. mit 3 ml 0,1 mol. $Na_4P_2O_7$-Lsg. unter 1—2 Min. Kochen gefällt. Der Nd. (mit $^{230}Th$ u. $^{232}Th$) wird abzentrifugiert u. in der abdekantierten Lsg. nach Zugabe von 20 mg Ba-Träger Ra mit 3 ml verd. $H_2SO_4$ in der Wärme gefällt. Nach 15 Min. wird zentrifugiert u. abdekantiert; der Nd. wird nach Zugabe von 30 ml W., 2 Tropfen HCl u. 150 mg ZnS filtriert, gewaschen u. getrocknet. Wenn $^{230}Th$ bestimmt werden soll, wird der Zr-Phosphat-Nd. mit 1 g Oxalsäure in 50 ml W. gelöst, u. in die Lsg. werden unter Kochen nacheinander 20 mg Pr (in 6 ml W.) eingetragen. Nach Zugabe von 300 mg ZnS wird abfiltriert u. getrocknet. Wenn anstatt $^{230}Th$ $^{232}Th$ bestimmt werden soll, wird der Zr-Nd. mit 50 ml W., 2 ml HCl u. 0,3 ml 0,1 mol. $Na_4P_2O_7$-Lsg. versetzt, 3—20 Tage aufbewahrt u. das beim Zerfall von $^{228}Th$ entstehende $^{224}Ra$ wie nachst. beschrieben abgetrennt: Nach Zufügen von 3 bzw. 5 mg Zr-Träger wird zweimal mit 0,5 bzw. 1 ml 0,1 mol. $Na_4P_2O_7$-Lsg. in der Wärme gefällt, im Filtrat nach Zugabe von 150 mg ZnS bei $p_H$ 3 durch Sättigung mit $H_2S$ $^{212}Pb$, $^{212}Bi$ u. $^{212}Po$ abgeschieden. Im Filtrat wird in Ggw. von 20 mg Ba-Träger Ra mit 5 Tropfen verd. $H_2SO_4$ gefällt u. der Nd. nach Zugabe von 150 mg ZnS abfiltriert, gewaschen u. getrocknet. Die $\alpha$-Aktivität der auf diese Weise isolierten Isotope $^{214}Bi$, $^{212}Bi$ u. $^{210}Po$; $^{226}Ra$ u. $^{223}Ra$; $^{230}Th$ u. $^{227}Th$ bzw. $^{224}Ra$ wird mit einem Scintillationszähler gemessen u., nachdem die Ausbeute für die verschied. Isotope bei der Abtrennung u. die Standardzählwerte bestimmt wurden, die gesuchten Konzz. berechnet. Die Best. der Ausbeute u. die Standardisierung der Aktivitätsmessungen wird beschrieben; die Ausbeute bei der Best. von $^{230}Th$ u. $^{227}Th$ beträgt $60,4 \pm 2,9$ bzw. $60,4 \pm 2,4$% (Zählrate $444 \pm 21$ bzw. $20,4 \pm 0,8$ cpm/mg-Äquivalent), für $^{226}Ra$ u. $^{223}Ra$ $89,2 \pm 0,7$ bzw. $89,8 \pm 3,5$% (Zählrate $665 \pm 5$ bzw. $30,4 \pm 1,2$), für $^{222}Rn$ $20,1 \pm 0,6$% ($148 \pm 4$), für $^{210}Pb$ $26,8 \pm 0,3$% ($197 \pm 2$) u. für $^{232}Th$ bei der Best. von $^{212}Bi$–$^{212}Po$ $11,9 \pm 0,15$ ($25,8 \pm 0,3$) u. bei der Best. von $^{224}Ra$ u. Zerfallsprodd. $295 \pm 7$% ($638 \pm 14$ cpm/mg $^{232}Th$). (Analytic. Chem. **29.** 1398—1408. Okt. 1957. Denver, Color., US Geol. Survey.) W. KARCHER. 5290

## b) Organische Verbindungen.

**Georg Halfter,** *Ein Verfahren zur Bestimmung des Bedarfs an Nitriermitteln organischer Verbindungen für analytische Zwecke.* Vf. beschreibt ein Verf. zur Best. des Bedarfs an *Nitriersäure,* bei dem die Probe durch automat. potentiometr. gesteuerte Nitrierung mit Hilfe des Colora-Redoxomaten untersucht wird. Das Gerät läßt so lange anteilweise Nitriersäure zufließen, bis nach der letzten Zugabe kein langsamer Potentialabfall (durch Säureverbrauch) mehr feststellbar ist. (Z. analyt. Chem. **165.** 275—78 1959. Grenzach, Baden, J. R. Geigy A. G.) E. DEHMLOW. 5350

**R. R. Barefoot** und **J. E. Currah,** *Einige Anwendungen der Gasphasenchromatographie.* Art u. Anwendungsmöglichkeiten eines Dampfphasenchromatographierapp., in der Gemische von KW-stoffen, Chlormethanen, -äthanen, -äthylenen u. Aromaten sowie Aminen, Alkoholen, Estern u. Gemische vieler anderer $<200°$ im Vakuum sd. Stoffe qualitativ u. quantitativ getrennt u. bestimmt werden können, werden an Beispielen (13 chlorierte $C_1$ -u. $C_2$-KW-stoffe konnten aus dem Gemisch in 70 Min. abgetrennt werden) beschrieben. Als Verteiler-Fll. dienen Triäthanolamin, Dibutylphthalat u. bes. Paraffinöl auf Kieselgur. Zur Identifizierung von Einzelkomponenten wird eine neue, für jeden Stoff spezif. Konstante, das „retention-volume" (zurückgehaltenes Vol.; $V_r$), definiert als das Prod. aus der für die entsprechende Phase typ. Verzögerungszeit (retention time) in der Trennkolonne u. der Durchflußgeschwindigkeit des Trägergases. Die Trennung von 2 Komponenten hängt ab von der Temp. der Säule, der Zus. der stationären Phase, dem Druck u. der Strömungsgeschwindigkeit des Trägergases. Die Best. der Zus. eines Stoffgemisches ist auf verschied. Wegen möglich, so durch graph. Methoden (beim Auftragen der $V_r$ in verschied. Verteiler-Fll. gegeneinander oder von $V_r$ gegen die Zahl der C-Atome entstehen in homologen Reihen Geraden) oder auf Grund bekannter elektr. oder therm. Leitfähigkeitsbestimmungen der einzelnen Fraktionen. Die $V_r$-Werte für nachst. Chlor-KW-stoffe in 30%ig. Paraffinöl–Kieselgur bei 100° wurden angegeben: *Monochlor-*, Kp. —24,2°, 46 [$V_r$ in ml; $N_2$, Strömungsgeschwindigkeit 2030 ml/Std.]; *Dichlor-*, 40,1°, 73; *Trichlor-*, 61,3°, 133; *Tetrachlormethan,* 76,8°, 213; *Monochlor-*, —13,9°, 46; *1.1-Dichlor-*, 37°, 80; *1.2-trans-Dichlor-*, 48,4°, 100; *1.2-cis-Dichlor-*, 60,1°, 113; *Trichlor-*, 87°, 272; *Tetrachloräthylen,* 121°, 680; *Monochlor-*, 12,2°, 60; *1.1-Dichlor-*, 57,3°, 100; *1.2-Dichlor-*, 83,5°, 173; *1.1.1-Trichlor-*, 74,1°, 154; *1.1.2-Trichlor-*, 113, 5°, 370; *1.1.1.2-Tetrachlor-*, 130,5°, 1060; *1.1.2.2-Tetra-*

*chlor-*, 146,3°, 1440; *Pentachloräthan*, 162°, 2260. (Chem. in Canada 7. Nr. 11. 45 bis 52. Nov. 1955. McMasterville, Canada, Canadian Ind. Ltd., Central Res. Labor.)
H. CIERPKA. G 500

**James D. Boggus** und **N. G. Adams,** *Gaschromatographie zur Spurenanalyse.* Apparative Ausrüstung u. Arbeitsweise zur gaschromatograph. Best. von Spuren von Verunreinigungen in 99%ig. *Chloräthyl* werden beschrieben. Die Verunreinigungen werden angereichert u. mit PERKIN-ELMER-Fraktometern bei 40° an einer ca. 3 m-Säule mit Nujol getränktem Trägermaterial unter Verwendung von $N_2$ bzw. He als Trägergas chromatograph. bestimmt. (Analytic. Chem. **30.** 1471—73. Sept. 1958. Baton Rouge, La., Ethyl Corp.) W. LUCHSINGER. G 510

**H. Roth** und **Ph. Schuster,** *Bestimmung von Säureamiden.* Es wird ein einfaches Verf. zur Best. von *Säureamiden* (I) beschrieben. 2—5 mg des I werden in den Aufschlußkolben der Mikro-KJELDAHL-App. nach ROTH eingewogen u. mit 20 ml 5n NaOH destilliert. Das Destillat wird wie bei der N-Best. in 0,01n HCl aufgefangen u. die unverbrauchte Säure zurücktitriert. Für schwer verseifbare I unterscheidet sich das Verf. von dem vorst. dadurch, daß die Substanz ½—1 Std. mit der NaOH unter Rückfluß gekocht u. erst dann das $NH_3$ bzw. das Amin abdest. wird. In besonderen Fällen kann die Verseifung auch zuvor in mineralsaurer Lsg. erfolgen. (Mikrochim. Acta [Wien] **1957.** 837—39. Ludwigshafen/Rh., BASF, Landwirtsch. Versuchsstat. Limburgerhof.)
K. PAVEL. G 810

**H. Roth** und **W. Beck,** *Bestimmung der Dithiocarbaminat- und Thiuramdisulfidgruppe.* Bei dem beschriebenen Verf. zur Best. von Salzen der Dithiocarbamidsäuren (Carbate) u. von Thiuramdisulfiden wird der S in einer geeigneten App. (Abb.) als $CS_2$ mit Pyridin-$H_3PO_4$ abgespalten. Nach Überführen des $CS_2$ in das Xanthogenat mit 2n methanol. KOH wird dieses mit 0,01n Jodlsg. titriert. Sehr kleine Mengen Carbate werden bestimmt, indem das abgespaltene $CS_2$ zu $Cu^{2+}$-Carbat umgesetzt wird, dessen gelbe Farbe bei 430 m$\mu$ photometr. gemessen wird. Aus Nebenprodd. oder Verunreinigungen stammendes $H_2S$ wird durch Cd-Acetat-Lsg. ausgewaschen. (Mikrochim. Acta [Wien] **1957.** 844—48. Ludwigshafen/Rh., BASF, Landwirtsch. Versuchsstat. Limburgerhof.) K. PAVEL. G 880

**H. L. Kies** und **G. J. van Weezel,** *Eine coulometrische Methode zur Bestimmung von Thioharnstoff.* Das näher beschriebene coulometr. Verf. arbeitet mit einer Quecksilberanode in einem Grundelektrolyten unter Bldg. des Komplexions $\{Hg[CS(NH_2)_2]_2\}^{2+}$. Als Grundelektrolyte wurden $H_2SO_4$, $HNO_3$, $HClO_4$ u. $CH_3COOH$ in verschied. Konzz. u. teilweise unter Zusatz der entsprechenden Alkalisalze untersucht. Bei steigender Konz. von $HNO_3$ u. $HClO_4$ nehmen die negativen Abweichungen der Ergebnisse zu; ein zu niedriges Resultat wird bei einer niedrigen Konz. von $CH_3COOH$ beobachtet. Die günstigste Zus. des Grundelektrolyten ist 15 ml 0,1n $H_2SO_4$ + 5 ml 0,5mol. $K_2SO_4$-Lsg. auf 25 ml. Die Erfassungsgrenze der Meth. liegt zwischen 50 $\mu$g u. 50 mg Thioharnstoff. (Z. analyt. Chem. **161.** 348—54. 1958. Delft, TH, Analyt.-chem. Inst.)
G. GÜNZLER. G 880

**Sidney Udenfriend** und **Ralph E. Peterson,** *Die Bestimmung aromatischer Aminosäuren.* Übersicht. Phenylalanin, Tyrosin, Tryptophan. — 19 Literaturangaben. (Methods Enzymol. **3.** 607—14. 1957. Bethesda, Md., Nat. Inst. of Health.) K. MAIER. G 1350

**Luděk Jirousek,** *Über papierchromatographische Trennung von Trithionen.* Während Trithione auf nichtimprägniertem Papier entweder mit der Front des Lösungsm. wandern oder gestreckte, bandartige Flecke bilden, erhält man mit imprägniertem Papier gute Trennungen. Auf WHATMAN-Papier 1, imprägniert mit 30%ig. alkoh. Formamidlsg., u. mit PAe. als mobiler Phase gelingt bes. die Trennung von Trithionen mit kleinen aliphat. Substituenten. Weniger polare Trithione mit großen Substituenten haben $R_F$-Werte um 0,8—0,95 u. unterscheiden sich zu wenig. Diese lassen sich gut trennen nach Imprägnierung des Papiers mit 20%ig. petroläther. Lsg. der Petroleumfraktion Kp. 190—210° u. mit 80%ig. A. als mobiler Phase. Dabei wird die Fleckenreihenfolge umgekehrt, u. Trithione mit kleinen Substituenten werden schlecht getrennt. Zum Sichtbarmachen der Flecken dient die Bldg. von Berliner Blau mit einer $CN^-$-haltigen $FeCl_3$-Lösung. (Naturwissenschaften **45.** 211—12. 1. Mai-H. 1958. Prag, Endokrinolog. Forschungsinst.) F. UMLAND. G 3112

**Malcolm C. Henry, J. F. Hazel** und **Wallace M. McNabb,** *Konduktometrische Titration organischer Basen mit Bortribromid in protonenfreien Lösungsmitteln.* Die Leitfähigkeitskurven der Rkk. zwischen den Basen *Pyridin, Chinolin, Isochinolin, α-Picolin* u. *2-Methyl-5-äthylpyridin* mit $BBr_3$ wurden in *Thionylchlorid* (I), *Nitrobenzol* (II) u. *Thiophosphorylchlorid* (III) als Lösungsm. aufgenommen. Bei der Titration der Basen traten stöchiometr. Rkk. ein, u. die Knickpunkte der Titrationskurven sind scharf. Wird $BBr_3$ vorgelegt, so beginnt die Titrationskurve von **I** u. **III** bei der Leitfähigkeit 0, während bei **II** infolge Bldg. einer 1:1-Additionsverb. mit $BBr_3$ eine Anfangsleitfähigkeit auftritt. Der Komplex ist stark dissoziiert. Mit den Basen wird ein fester Komplex gebildet. (Analytica chim. Acta [Amsterdam] **15.** 187—92. Aug. 1956. Natick, Mass., US Army Quartermaster, Res. and Developm. Command.; Philadelphia, Pa., Univ. of Pennsylvania.) E. DEHMLOW. G 3231

**Giovanni Sandri,** *Die Bromthalliumsäure als neues Reagens zum Nachweis organischer Basen.* Vf. schlägt die Verwendung der *Thallium(III)-bromwasserstoffsäure* $HTlBr_4$ als Reagens zum qualitativen Nachw. von Alkaloiden u. organ. Basen vor. Einige Fällungen organ. Basen, wie *Betain, Cholin, Pyridin, α-Picolin, Chinolin* u. *Nicotinsäureamid* werden an Hand von Mikrophotographien beschrieben. Von besonderem Interesse ist die Möglichkeit, mit $HTlBr_4$ die Purinbasen *Coffein, Theobromin* u. *Theophyllin* unterscheiden zu können. Die Empfindlichkeit der Fällungen der Alkaloide ist sehr groß; so geben Lsgg. mit 0,1 mg/ml *Chinin* bzw. mit 0,2 mg *Spartein* noch deutlich krist. Niederschläge. (Mikrochim. Acta [Wien] **1958.** 253—58. Bologna, Univ., Ist. di Chim. Agr.) HERBERT MÜLLER. G 3500

**Giovanni Sandri,** *Über die Verwendung der Goldbromwasserstoffsäure zum mikrochemischen Nachweis von Alkaloiden und organischen Basen.* Die Verwendung von *Gold(III)-bromwasserstoffsäure* $HAuBr_4$ gestattet einen empfindlichen mikrochem. Nachw. von Alkaloiden u. organ. Basen. Mikrophotographien der Fällungen von *Pyridin, Piperidin, Morpholin, Chinolin, Chinaldin, Coffein, Theobromin* u. *Theophyllin* sind angeführt. Besonderes Interesse verdienen die mit den Purinbasen erhaltenen Kristallfällungen, da sie zur Unterscheidung der Verbb. geeignet sind. Die Nachweisgrenze von Pyridin liegt bei Verwendung von $HAuCl_4$ bei 2 mg/ml, mit $HAuBr_4$ gelingt der Nachw. noch bei 0,15 mg/ml. (Mikrochim. Acta [Wien] **1958.** 248—52. Bologna, Univ., Ist. di Chim. Agr.) HERBERT MÜLLER. G 3500

**H. Thies** und **Cl. H. Sorgenfrey,** *Über die spektrophotometrische Bestimmung von Alkaloiden im ultravioletten Spektralbereich bei 2537 Å.* (Vgl. C. **1958.** 11901.) Extinktionsmessungen an *Alkaloiden* (I) bei 2537 Å sind mit großer Genauigkeit möglich u. reproduzierbar. Die ermittelten Extinktionswerte können daher zur Identifizierung u. Charakterisierung der **I**, aber auch für quantitative Bestimmungen mit Vorteil verwendet werden. Die mol. Extinktionskoeffizienten u. die spezif. Extinktionen verschied. **I** werden neben anderen für die Auswertung der Messung wichtigen Daten wiedergegeben. (Arch. Pharmaz. Ber. dtsch. pharmaz. Ges. **291/63.** 68—76. Febr. 1958. München, Univ., Inst. für Pharmaz. u. Lebensmittelchem.) H. P. FIEDLER. G 3500

**M. Pöhm,** *Ein Verfahren zur Trennung und Bestimmung der Mutterkornalkaloide mittels Papierchromatographie.* In polaren Lösungsmitteln schreitet die Isomeriesierung der Mutterkornalkaloide nur wenig fort, was für die quantitative Best. von Vorteil ist. Günstig erwies sich eine Imprägnierung des Papiers mit 0,4—0,5 g Formamid mit 4% Benzoesäure/$dm^2$ Papier. Chromatographiert wurde absteigend auf WHATMAN-Papier Nr. 1 mit $CCl_4$–Chlf.–Bzl. (7:2:1) oder $CCl_4$–n-Dibutyläther (8:2). Nachw. der Alkaloide mit UV-Licht, Nachweisgrenze 0,2 μg. Getrennt werden Ergotamin, Ergotaminin, Ergosin, Ergosinin, Ergokryptin u. Ergokryptinin. Gemeinsame Flecke ergeben *Ergometrin* (**I**) u. *Ergometrinin* (**II**), *Ergocristin* (**III**) u. *Ergocornin* (**IV**) sowie *Ergocristinin* (**V**) u. *Ergocorninin* (**VI**). **I** u. **II** können auf Formamid-imprägniertem Papier mit Bzl.–Pyridin (6:1) getrennt werden. **III, IV, V** u. **VI** werden mit Phthalsäuredimethylester-imprägniertem Papier mit Formamid-W. (6:4) getrennt. Die Best. erfolgte durch Messen der mit p-Dimethylaminobenzaldehyd erhaltenen blauen Farbsalzlösungen. Weiterhin wird ein Verf. zur Hydrolyse der Mutterkornalkaloide u. zur Best. der charakterist. Aminosäuren *Valin, Leucin* u. *Phenylalanin* angegeben. (Arch. Pharmaz. Ber. dtsch. pharmaz. Ges. **291/63.** 468—80. Sept. 1958. Wien, Univ., Pharmakognost. Inst.) S. ERBE. G 3500

**Achim Hager,** *Zur Chromatographie der lipoidlöslichen Blattfarbstoffe.* Mit neuartiger App. konnten in aufsteigender Adsorptionspapierchromatographie relativ große Mengen Blattpigmente (BP) in vacuo chromatographiert werden. Als Entwicklergemisch (EG) dient: Bzn. (100—140°):Bzl.:Chlf.:Aceton:Isopropanol = 50:35:10:0,5:0,17. Es wurden ca. 20 Komponenten getrennt (Front → Start): **I** farblose, weißlich fluorescierende Substanz; **IIa, IIb**: 2 gelbe *β-Carotine*; **III**: *β-Carotin-di-epoxyd*, schwachgelb; **IV**: *Phäophytin a*; **V**: gelbes *Carotinoid*; **VI**: *Phäophytin b*; **VII**: *Lutein*, orange; **VIII**: *Zeaxanthin*, gelb; **IX**: *Xanthophyllepoxyd*, hellgelb; **X**: *Violaxanthin*, gelb; **XI**: *Chrysanthemaxanthin*, gelb; **XII**: *Flavoxanthin*, gelb; **XIII, XIV, XV** unbekannte, gelbe *Xanthophylle*; **XVI**: *Neoxanthin*, citronengelb; **XVII**: *Phäophorbid a*; **XVIII**: *Phäophorbid b*,

**XIX** am Start sitzengebliebene *Chlorophyllide*, hellgrün; **XI—XIII** ist meist von *Chlorophyll a* (**XX**), **XIV** u. **XV** von *Chlorophyll b* (**XXI**) überdeckt. Spektren: **I**: $\lambda_{max}$ 271 m$\mu$ in Hexan (Hx); **IIa**: 450; 477; **IIb**: 449; 475 (Hx); **III**: 455; 484,5 (Chlf.); **V**: 411; 466 (A.); **VII**: 422; 446; 474 (A.); **VIII**: 451,5; 478 (A.); **IX**: 425; 446; 474 (A.); **X**: 417,5; 441; 470 (A.); **XI**: 423,5; 448 (A.); **XII**: 424; 449 (A.); **XIII**: 431; 466 (A.); **XIV**: 430,5; 468 (A.); **XV**: 450 (A.); **XVI**: 414; 437; 466 (A.). — Vf. beschreibt ein modifiziertes Verf. zur säulenchromatograph. Best. der BP. Zerkleinerte Blätter werden mit Aceton–Bzn. (4:1) im Starmix extrahiert. Gelöste BP werden im Schütteltrichter mit 10%ig. NaCl Lsg. in Bzn. übergeführt. Wasser- u. A.-freie BP–Bzn.-Lsg. wird auf Kartoffelstärkesäule chromatographiert. EG–Bzn.: Bzl.: Chlf.: Aceton: Isopropanol = 60:35:1,25:0,55: 0,06 Vol.-%. Es wurden getrennt (oben → unten): **XVI, XXI, XX, X, VII**; im Eluat: Carotine; Farbzonen werden mit peroxydfreiem Ae. extrahiert u. colorimetriert. (Planta **48.** 592—621. 1957. München, Univ., Botan. Inst.) H. Büttner. G 3550

**F. J. Petracek** und **L. Zechmeister**, *Ermittlung der Verteilungskoeffizienten der Carotinoide als Mittel der Pigmentanalyse.* Die Verteilungskoeffizienten von 40 verschied. *Carotinoiden* zwischen Hexan (I) u. Methanol wurden bestimmt. Die Verteilung erwies sich als strukturabhängig. So verblieben KW-stoffe u. Äther vollständig, die Ester überwiegend in **I**, während Alkohole, Ketone u. Carbonsäuren sich auf beide Phasen vereilten. Der Nachw. der Verbb. erfolgte photometrisch. Das Verf. kann zur Homogenitätsprüfung von Carotinoidproben dienen. (Analytic. Chem. **28.** 1484—85. Sept. 1956. Pasadena, Calif., Inst. of Technol., Gates and Crellin Labor.) E. Moisar. G 3550

**Vittorina Gerosa** und **Marcello Melandri**, *Polarometrische Bestimmnug des 17-Hydroxyprogesteroncapronats in Benzylbenzoat und Ricinusöl.* Vff. entwickelten eine Meth. zur Best. von 17-Hydroxyprogesteroncapronat in einer Mischung von Benzilbenzoat u. opt.-akt. Ricinusöl. Die experimentell ermittelten Daten der opt. Drehung $\alpha$ wurden in einem dreidimensionalen Diagramm zusammengestellt. Die $\alpha$-Fläche wurde auf eine Ebene projiziert u. so umgeformt, daß sich aus dem Diagramm die für ein gemessenes $\alpha$ zugehörige Hormonkonz. bei gegebener Lösungsmittelzus. ablesen läßt. (Ann. Chimica **47.** 1388—93. Dez. 1957. Milano, Soc. Hal. Prod. Schering.) H. Nöth. G 3750

**Helen B. Burch**, *Bestimmung von FAD, FMN und Riboflavin durch Fluorescenzmessung.* Übersicht. — 4 Literaturangaben. (Methods Enzymol. **3.** 960—62. 1957. St. Louis, Miss., Washington Univ.) K. Maier. G 3800

**G. Pancrazio** und **V. Duse**, *Nomogramme zur Berechnung und Prüfung der Korrektur nach Morton und Stubbs in der spektrophotometrischen Bestimmung von Vitamin A.* Vff. bringen zwei Nomogramme für Lsgg. von *VitaminA-Alkohol* in Isopropanol u. von *Vitamin A-Acetat* in absol. A., die eine rasche Anwendung der Korrekturmeth. nach Morton u. Stubbs (Biochem. J. **42.** [1948.] 195) ohne numer. Berechnungen gestattet. Da die Korrekturmeth. in manchen Fällen zu fehlerhaften Ergebnissen führt, wird ein prakt. Verf. zur Prüfung der korr. Extinktion vorgeschlagen. Bei dieser Prüfung kann entschieden werden, ob die opt. Störabsorption annähernd linear in dem Wellenlängenbereich zwischen den zwei Fixpunkten ist, bei denen die Extinktion für Vitamin A 6/7 der Extinktion beim Absorptionsmaximum beträgt. (Analyst **83.** 579—84. Okt. 1958. Rom, Ist. Therapeut. Romano, ORMA, Res. Labor.) Herbert Müller. G 3800

**L. Szekeres, É. Sugár** und **É. Pap**, *Bemerkungen zu bromatometrischen Messungen. 3. Mitt. Über die bromatometrische Bestimmung der Ascorbinsäure.* (1. vgl. C. **1959.** 8659.) Wenn die Ascorbinsäurelsg. wenigstens 3% HCl enthält, kann die Best. mit $KBrO_3$ Maßlsg. ausgeführt werden, indem nach Zugabe von 1 Tropfen 0,1n KJ u. 1 ml Stärkelsg. bis zum Erscheinen der blauen Farbe titriert wird. (Z. analyt. Chem. **163.** 32—34. 1958. Budapest, Univ., Inst. für Chem. der Landwirtschaft.) J. Plank. G 3800

**B. H. Arison, O. C. Speth** und **N. R. Trenner**, *Bestimmung von Gibberellsäure durch Isotopenverdünnung.* Es wird eine Isotopenverdünnungsmeth. zur Best. von *Gibberellsäure* (I) angegeben, die bes. für Kulturlsgg. geeignet ist. Die Herst. der Leitsubstanz Deutero-**I** (**II**) erfolgt durch 3tägiges Erwärmen von **I** mit Deuteroessigsäure auf 56° in Ggw. eines Pt-Katalysators. Zur Best. wird eine bekannte **II**-Menge der nichtmarkierte **I** enthaltenden Lsg. zugesetzt, eine Probe **I** + **II** isoliert, verbrannt u. der D-Geh. des gebildeten W. durch UR-Messung ermittelt (Genauigkeit ca. ±4%). (Analytic. Chem. **30.** 1083—85. Juni 1958. Rahway, N. J., Merck & Co., Inc., Merck Sharp & Dohme Res. Labors.) K. Maier. G 3950

## d) Medizinische und toxikologische Analyse.

**David G. Nathan** und **F. Lee Rodkey**, *Ein colorimetrisches Verfahren zur Bestimmung von Blutammoniak.* Zur Best. von Blut-$NH_3$ (I) wird Vollblut mit Trichloressigsäure enteiweißt. Ein aliquoter Teil des Zentrifugats wird mit gesätt. $K_2CO_3$-Lsg. versetzt u. I daraus mit dem Mikrodiffusionsverf. von Seligson in Freiheit gesetzt u. an einem mit 1 mol. Citronensäurelsg. (II) befeuchteten Glasstab aufgefangen. Die I-Best. erfolgt in der II-Lsg. photometr. mit Ninhydrin. (J. Lab. clin. Med. **49.** 779—85. Mai 1957. Boston, Mass., Harvard Med. School, Dep. of Biol. Chem.) Ph. Fresenius. 5727

**N. C. Ganguli,** *Papierscheibenelektrophorese. Eine neue Vorrichtung zur Trennung der Serumproteine.* Zur gleichzeitigen papierelektrophoret. Trennung von bis zu 12 Proben nebeneinander wird ein Verf. beschrieben. Das mit Pufferlsg. getränkte Rundfilter trägt kreisförmig um den Mittelpunkt die Proben u. wird zwischen zwei Petri-Schalen etwas kleineren Durchmessers eingespannt. Der Papiermittelpunkt ist durch eine Bohrung in der oberen Schale über eine Elektrolytbrücke mit der Kathode verbunden. Der ausgezahnte äußere Papierrand taucht in eine, die untere Schale umgebende, mit der Anode verbundene Pufferlsg. ein. Die elektrophoret. Trennung von *Blutserum* wird nach der vorliegenden Meth. beschrieben. (Analytic. Chem. **28.** 1499—1501. Sept. 1956. Calcutta, Univ., Coll. of Sci. and Technol., Dep. of Appl. Chem.) E. Moisar. 5728

**A. Häußler** und **P. Hajdú,** *Die flammenphotometrische Bestimmung von Natrium, Kalium und Calcium in Serum und Harn, unter besonderer Berücksichtigung der hauptsächlichsten Störungen.* Vff. beschreiben die flammenphotometr. Bestimmungen der Ionen in Serum u. Urin eingehend. Die *Na*-Best. wird nicht gestört, während die *K*- u. *Ca*-Best. (letzte am besten bei 560 m$\mu$) durch Na beeinträchtigt wird. Dieser Fehler läßt sich durch Na-Zusatz zur K- bzw. Ca-Eichlsg. bis auf die Größenordnung der Fehlergrenze herabdrücken. Die Störung durch Eiweiß bei der K-Best. läßt sich ebenfalls durch Na-Zusatz herabdrücken. Beim Ca ist die Störung durch Eiweiß am besten durch bekannte $Ca^{2+}$-Zumischungen auszuschalten, da die Störungen von $Ca^{2+}$ u. Eiweißmenge abhängen. (Arch. Pharmaz. Ber. dtsch. pharmaz. Ges. **292/64.** 73—84. Mai 1959. Höchst, Farbwerke Hoechst A. G., Pharmaz.-wiss. Labor.)
E. Dehmlow. 5732

**A. A. Henly** und **R. A. Saunders,** *Bestimmung von Calcium in biologischem Material.* Die vorgeschlagene Meth. zur Best. von *Ca* in biol. Material (*Serum, Urin* u. *Cerebrospinal-Fl.*) benutzt zur Abtrennung des Ca die Fällung als Oxalat. Das Oxalat wird in verd. HCl gelöst, überschüssige 0,0025 mol.-Äthylendiamintetraacetatlsg. mit einem Geh. an 3% Äthanolamin zugesetzt u. der Überschuß an Komplexbildner mit 0,025 mol.-$Mg(CH_3COO)_2$-Lsg. zurücktitriert. (Analyst **83.** 584—86. Okt. 1958. Birmingham, Little Bromwich Gen. Hosp., Pathol. Dep.) Herbert Müller. 5732

**A. T. H. van der Meulen,** *Parathion und p-Nitrophenol in biologischem Material.* Vf. diskutiert die möglichen Fehlerquellen bei der Best. von *Parathion* (I) u. *p-Nitrophenol* (II) u. Gemischen von I u. II. Bei der Wasserdampfdest. zur I-Isolierung verliert man 10—20% I u. dest. 10—20% II mit über. I kann im Destillat ohne weiteres bestimmt werden, bei der II-Best. im Destillationsrückstand muß man dagegen mit 10—20% Verlust infolge der Flüchtigkeit des II mit Wasserdampf rechnen. Der Kontakt mit $NH_3$ während der II-Best. verursacht keine I-Hydrolyse. Bei der II-Best. in Urin kann durch Glucuronsäureabspaltung bzw. $H_2SO_4$ 40% des I hydrolysiert werden. Das ist jedoch ohne prakt. Bedeutung, da I in Urin kaum vorkommt. Beim Diazotieren bzw. Kuppeln in saurer Lsg. tritt keine I-Hydrolyse auf. Die Methodik der Best. von I in Serum, Blut u. Mageninhalt u. von II in Urin wird sehr ausführlich beschrieben. (Chem. Weekbl. **54.** 380—84. 19/7. 1958. Utrecht, Rijksinst. voor de Volksgezondh., Farm. en Anal. Labor.) H. Thiele. 5732

**Kurt Erne,** *Der toxikologische Nachweis und die Bestimmung von Pentachlorphenol.* Vf. beschreibt eine empfindliche analyt. Meth. für *Pentachlorphenol* (I), die auf Extraktion des angesäuerten u. getrockneten Materials, Eluieren störender Stoffe durch Verteilungschromatographie u. nachfolgender Extraktion mit wss. Pyrophosphatlsg. beruht. Der eigentliche Nachw. geschieht durch UV-Spektrophotometrie u. Papierchromatographie; ebenso wird die quantitative Best. durch UV-Photometrie, u. zwar des chromatograph. Eluats, vorgenommen. Nachweisgrenze 1—2 $\mu$g I/g; Grenze der quantitativen Best. ca. 5 $\mu$g I/g, Reproduzierbarkeit des Einzelwertes besser als $\pm 7\%$. (Acta pharmacol. toxicol. [Köbenhavn] **14.** 158—72. 1958. Stockholm, Staatl. Veterinärmed. Inst.) R. Klockmann. 5764

---

**Louis Gordon** and others, Precipitation from homogeneous solution. New York: Wiley. 1959. (195 S. m. Abb. u. Diagr.) 8°. $ 7,50.

—, Analytical method radiochemical determination of strontium 89 and strontium 90 in vegetation, fish and seaweed ash. London: H. M. S. O. 1959. (K. S.) = Industrial Group: IGO-AM/W-185. 2 s. 6 d.

—, Arbeitsvorschriften für das Pulfrich-Photometer. Hrsg. von VEB Carl Zeiss, Jena. Sammlung 3. Photometrische Bestimmungen in der Metall- und Hüttenindustrie. 3. Aufl. d. Buches: Absolutkolorimetrische Metallanalysen. Jena: VEB G. Fischer. 1958. (144,54 S. m. Abb.) 8°. DM 30,—.

# H. Angewandte Chemie.

## I. Allgemeine chemische Technologie.

**Ernest F. Johnson,** *Die Anwendung der Frequenzcharakteristik bei der Regelung chemischer Prozesse.* 1. Mitt. Einfache Behandlung des Problems der Verfahrensregelung nach der Frequenzcharakteristik bei chem. Prozessen. Das Prinzip der Regelung mit einer der Regelstrecke aufgezwungenen Schwingung, die Bedeutung u. Ermittlung der Frequenzkennlinie am offenen u. geschlossenen Regelkreis, die Stabilität eines Regelkreises u. andere Begriffe der Regeltechnik mit der Frequenzcharakteristik werden in einfacher Weise erläutert. (Chem. Engng. Progr. **51.** 353—56. Aug. 1955. Princeton, N. J., Princeton Univ.) E. PASCHKE. 5800

**W. G. Mathers, A. J. Maden jr.** und **Edgar L. Piret,** *Gleichzeitiger Transport von Wärme und Masse durch freie Konvektion. Numerische Lösungen für eine vertikale Platte.* Für den Fall des gleichzeitigen Transportes von Wärme u. M. werden für eine vertikale Platte unter der Annahme einer Grenzschicht erstmalig numer. Lsgg. der entsprechenden Gleichungen mit einer Rechenmaschine ermittelt. Der Weg der Rechnung wird beschrieben u. die Resultate mit ähnlichen Werten verglichen. An zwei Messingkugeln mit 1 u. 0,5″ Durchmesser, im Innern mit einem Heizwiderstand versehen, wird der gleichzeitige Transport von M. u. Wärme von einer Kugel in ein Gas hinein bei freier Konvektion experimentell ermittelt, indem die zeitliche Verdunstung von Naphthalin oder Bzl. von der Kugeloberfläche aus unter bestimmten Bedingungen durch Gewichtsverlust bestimmt wird. (Ind. Engng. Chem. **49.** 961—68. Juni 1957. Minneapolis, Minn., Univ. of Minnesota.) E. PASCHKE. 5816

**H. Kramers,** *Anwendung der Strömungstechnik auf die Konstruktion eines Thermostaten für hohe Temperaturen.* Es wird ein Thermostat beschrieben, durch den nach Passieren eines Siebes mit vielen Düsen heiße Luft von 300—500° oder höher strömt u. das Innere sowie das Gut aufheizt. Die Temp. in diesem Thermostaten wird geregelt: Ein Widerstandsthermometer mißt die Ofentemp. u. bildet den Zweig einer WHEATSTONE-Brücke, in deren Diagonale hinter einem Schreiber ein Servomotor liegt, der von dem Zeiger (Schreibfeder) des Instruments u. somit von der durch das Widerstandsthermometer angezeigten Temp. gesteuert wird u. dadurch wieder auf den erhitzten Luftstrom einwirkt. (Génie chim. **77.** 25—33. Febr. 1957. Delft, Niederlande, TH, Labor. Phys. Technol.) H. MIETHING. 5836

**Gusztáv Tarján,** *Die im Hydrocyclon sich ausbildende schwere Suspension.* Theoret. Erörterung der Verhältnisse, welche zur Ausbldg. stagnierender Suspensionen führen u. eine Anreicherung schwerer Suspensionen ermöglichen. (Bányászati Lapok **13 (91).** 361—66. Juni 1958.) J. PLANK. 5840

**W. M. Wlassenko, G. K. Boresskow** und **G. Je. Braude,** *Katalytische Reinigung eines Stickstoff-Wasserstoff-Gemisches von CO.* Aus der Gleichgewichtskonstante $K_p$ der Rk. $CO + 3 H_2 = CH_4 + H_2O$, der CO-Konz. a ($cm^3/m^3$) im Gemisch von 75% $H_2$ + 25% $N_2$ u. dem Gesamtdruck P (at) des Gasgemisches ergibt sich die CO-Gleichgewichtskonz. $a_{Gl} = (a^2/0{,}422 \cdot K_p \cdot P^2) \cdot 10^{-6}$ bzw. $[(a + a_{CH_4})(a + a_{H_2O})/0{,}422 \cdot K_p \cdot P^2)] \cdot 10^{-6}$. Die Befreiung des $N_2$–$H_2$-Gemisches von CO erfolgt bei Drücken bis 300 at an einem porösen Ni-Katalysator (51,4% Ni, 61,5% Poren, mittlerer Porenradius 370 Å) schon bei 100° schnell. Bei 10 at, 0,05% CO u. linearer Gasgeschwindigkeit von 4 cm/Sek. verläuft die Hydrierung des CO bei 125° u. mehr im Gebiet der äußeren Diffusion; bei geringerer CO-Konz. oder höherem Druck ist dies bei noch niedrigeren Tempp. der Fall. Bei einem Massenübertragungskoeff. $\beta$ (kg·Mol/kg/Std.), wo $\Delta_p$ = mittlere logarithm. Differenz des CO-Partialdruckes (kg/$m^2$) vor u. nach dem Katalysator, u. der äußeren Oberfläche der Katalysatorkörner s ($m^2$) ist die der Katalysatoroberfläche zugeführte CO-Menge $q = \beta \cdot \Delta_p \cdot s$. Bei gleichzeitiger Ggw. von CO u. $O_2$ im $N_2$–$H_2$-Gemisch wird die Gasreinigung durch die CO-Hydrierung bestimmt. (Химическая Промышленность [Chem. Ind.] **1958.** 200—05. Juni. Wiss. Forschungs- u. Projekt-Inst. der Stickstoffind.) R. K. MÜLLER. 5850

**N. I. Gelperin, N. G. Krochin** und **Je. N. Kisselewa,** *Extraktion aus Lösungen durch sich kondensierende dampfförmige Extraktionsmittel.* Untersucht wurde die Massenübertragung (MÜ) in den Systemen: *Bzl.–Vanillin*-wss. A.-Lsg.–HCl-Lsg.; *Dichloräthan–Vanillin*-wss. A.-Lsg.–HCl-Lsg.; *Bzl.–Guajacol*–W.; Dichloräthan–Guajacol–W.; *$CCl_4$–Phenyläthylalkohol*–Wasser. Es zeigte sich, daß die Diffusionskoeffizienten den größten Einfl. auf die Geschwindigkeit der MÜ haben. Der Koeff. der MÜ steigt mit Zunahme des Verhältnisses der Diffusionskoeffizienten der zusammenhängenden u. dispersen Phasen u. mit zunehmendem Diffusionskoeff. der zusammenhängenden Phase. Der

Koeff. der MÜ steigt mit zunehmendem Verhältnis der kinet. Viscositäten der dispersen u. zusammenhängenden Phase, bes. bei Verringerung letzterer. Die Geschwindigkeiten der dispersen u. zusammenhängenden Phase, bezogen auf den freien Querschnitt der Extraktionskolonnen, haben einen gleichen Einfl. auf die Größe des Koeff. der MÜ u. bewirken durch ihre Zunahme eine Steigerung des letzteren. Der Koeff. der MÜ steigt mit zunehmender Differenz der D. beider Phasen (auf Kosten ihrer besseren Verteilung) mit Verringerung der Oberflächenspannung an der Phasengrenze (auf Kosten der Dispersitätszunahme) u. mit Verringerung der akt. Kolonnenhöhe. (Журнал Прикладной Химии [J. angew. Chem.] **31.** 1026—36. Juli 1958. Allunions Wiss. Forschungsinst. für synthet. u. natürliche Riechstoffe.) OTTO MAIER. 5862

**Paul A. Wilks jr.**, *Ein Führer durch die kontinuierliche Stromanalyse in Anlagen für chemische Prozesse.* Es werden die Gründe für den Einsatz kontinuierlich arbeitender Analysengeräte in der chem. Industrie aufgezählt. Die Funktion von Geräten nach dem Prinzip der IR-Absorption, der Wärmeleitfähigkeit, der UV-Absorption, der Massenspektroskopie als bekannte Meth. u. der Refraktion, Gaschromatographie u. Kernresonanzspektrometrie als neue Meth. wird erläutert. Abschließend werden drei Wege zur Installierung eines kontinuierlich arbeitenden Analysengerätes diskutiert. (Chem. Engng. Progr. **51.** 357—60. Aug. 1955. Norwalk, Conn., Perkin-Elmer Corp.) E. PASCHKE. 5888

**N. L. Parr**, *Zonenraffinierung.* Ähnlich dem Metallgießen mit verlorenem Kopf, in dem sich die Unreinigkeiten der Schmelze sammeln u. entfernt werden, lassen sich Metalle u. organ. Verbb. durch das „Zonenraffinieren" reinigen. Voraussetzung ist ein möglichst kleiner Trennungskoeff., d. h. ein möglichst großer Unterschied der Löslichkeit der Verunreinigungen in der fl. u. festen Phase; er kann experimentell oder aus den Phasendiagrammen festgestellt werden. Ausgeführt wird das Verf. 1. als „gerichtete" oder Gleichgewichtserstarrung, 2. als Schmelzzonenraffinieren. 1 hat den Nachteil großer Verluste durch die abfallenden Endanteile mit den Verunreinigungen, wird aber mit Vorteil bei der KYROPOULOS-Technik zur Erzeugung reiner Einkristalle angewendet. Bei 2 wird eine verhältnismäßig lange, in einer waagerechten oder schwach geneigten Geraden oder zum unterbrochenen Ring gebogenen Rinne oder in einem senkrechten Schutzrohr befindliche gegossene Stange von einer oder mehreren in gleichem Abstand befindlichen Schmelzzonen durchwandert; hierbei reichern sich die Verunreinigungen in der Schmelzzone an, wenn sie den F. der Grundmasse erniedrigen; wenn sie ihn erhöhen, wird die Schmelzzone an ihnen ärmer. Unterstützt wird die Wrkg. durch Flotation, Verdampfen, Sublimieren, Entgasen, bei den senkrechten außerdem durch Konvektion. Die Heizung erfolgt je nach der benötigten Temp. dielektr., durch Gasflammen, elektr. Strahlungs- oder induktive Wirbelstromheizung, Elektronenbeschuß oder Sonnenenergie; in Schutzröhren kann unter Vakuum oder in Gasen, wie Ar, $H_2$ u. a., gearbeitet werden. Vorläufig wird das Verf. im allg. nur im Laboratoriumsmaßstab angewandt bei Fe, Al, Cu, W, Re, Ti, Zr, Pb, U, Sn, Bi, Sb u. halbtechn. für die Transistorenbaustoffe Ge, Si u. Ga. Die Unreinigkeiten werden, unter Umständen durch mehrfache Wiederholung, in günstigsten Fällen bis auf 0—0,1 p.p.m. ausgeschieden (Tabelle). Das Verf. u. seine Bedingungen u. die prakt. Ausführung mit App. wird eingehend beschrieben, auf die Verwendung bei geeigneten organ. Verbb. (Naphthalin, Benzoesäure, Anthracen, Morphin u. a.), die Entfernung von Spaltprodd. aus verbrauchten Reaktorbrennstoffelementen u. die sich aus der hohen Reinheit ergebenden analyt. Probleme wird hingewiesen. — 6 Diagramme, 13 Skizzen, 6 Photos, 13 Literaturangaben. (Roy. Inst. Chem., Lectures, Monogr. Rep. **1957.** Nr. 3. 1—28. London, Admiralty Mat. Labor.) H. MÜHLMEISTER. 5906

---

**N. V. de Bataafsche Petroleum Mij.**, 's Gravenhage (Erfinder: **Cornelis Bezemer** und **Gover Aliander Croes**, Amsterdam), Holland, *Brechen und Trennen von Emulsionen,* bes. aus *Öl* u. *W.*, mittels eines nichthomogenen elektr. Feldes, dad. gek., daß das elektr. Feld zwischen einer Anzahl paralleler drahtförmiger Elektroden angelegt wird, die ein sich senkrecht zur Längsrichtung der Elektroden nach allen Richtungen erstreckendes, in der Hauptsache regelmäßiges Anoden–Kathoden-Muster bilden. So wird der Wassergeh. von Ölen von 31—35 (Gew.-%) auf 0,89—0,99 reduziert. — Vorrichtung. (**Holl. P. 88 004** vom 15/6. 1956, ausg. 15/4. 1958.) K. DEMMLER. 5825

**Directie van de Staatsmijnen in Limburg,** Heerlen, Holland, *Anionenaustauscher mit schwach basischen Eigenschaften.* Man erhitzt eine stark bas. makromol. Alkoxyarylsulfoniumgruppe enthaltende Verb. in Form der freien Base in alkal. Lsg. auf 75—150°, oder man polykondensiert eine schwach bas. S-Verb., erhalten entweder durch Erhitzen eines Triarylsulfoniumhydroxyds, das an mindestens einer der Arylgruppen eine Alkoxygruppe besitzt, in alkal. Lsg. oder durch Einw. von $SO_2$, eines Thionylhalogenids, eines

Halogenids einer Arylsulfinsäure oder eines Diarylsulfoxyds auf eine Alkoxyarylverb. bei einer Temp., die über derjenigen liegt, bei welcher stark bas. tert. Sulfoniumverbb. gebildet werden. — Z. B. erhitzt man einen stark bas. Anionenaustauscher (erhalten aus Trianisylsulfoniumchlorid, $CH_2O$ u. $H_2SO_4$) mit 4%ig. NaOH 10 Std. auf 120°, oder man erhitzt stark bas. Triphenetylsulfoniumhydroxyd (erhalten durch Einw. von $SO_2$ u. $AlCl_3$ auf Phenetol bei 0° u. anschließende Behandlung mit NaOH) 10 Std. bei 120° mit 4%ig. NaOH u. polykondensiert dann mit $CH_2O$ u. $H_2SO_4$, oder man erwärmt Anisol in Ggw. von $AlCl_3$ mit $SOCl_2$ 2 Std. auf 75°, zers. die $AlCl_3$-Verb. mit W. u. polykondensiert das erhaltene Trianisylsulfoniumchlorid mit $CH_2O$ in $H_2SO_4$ bei 0°. (**Holl. P. 73 798** vom 5/6. 1952, ausg. 15/12. 1953.) F. BÖHM. 5827

**Directie van de Staatsmijnen in Limburg,** Heerlen, Holland, *Herstellung niedermolekularer organischer Schwefelverbindungen mit schwach basischen Eigenschaften,* bzw. deren Salzen. Man läßt ein Diarylsulfoxyd, bes. Dialkoxyphenylsulfoxyd, in Ggw. eines Reaktionsbeschleunigers, bes. $H_2SO_4$, auf eine Hydroxyarylverb., bes. Phenol, einwirken. — Beispiel: Ein Gemisch aus 4 (Gewichtsteilen) Phenol u. 11 Dianisylsulfoxyd wird in 40 $H_2SO_4$ (D. 1,84) eingerührt (Temp. $< 20°$). Nach Verdünnen mit W. wird mit Barytwasser gefällt, mit HCl neutralisiert u. mit $CHCl_3$ extrahiert. Das so gewonnene Hydrochlorid wird mit Hilfe eines stark bas. Anionenaustauschers in eine schwach bas. Verb. umgesetzt, die ident. ist mit derjenigen, die nach Holl. P. 75 349 (C. **1950/54.** 3477 S) durch Erhitzen von Trianisylsulfoniumhydroxyd mit verd. Lauge erhalten wird. — *Zwischenprodd.* für schwach bas. *Anionenaustauscher.* (**Holl. P. 77 896** vom 25/4. 1953, ausg. 15/4. 1955.) F. BÖHM. 5827

**Directie van de Staatsmijnen in Limburg,** Heerlen, Holland, *Herstellung makromolekularer organischer Verbindungen mit schwach basischen Eigenschaften.* Man polykondensiert schwach bas. S-Verbb., die nach Holl. P. 77 896; vgl. vorst. Ref., hergestellt worden sind, bes. mit $CH_2O$ in $H_2SO_4$-Lsg.; während der Polykondensation können Körner, Folien oder Platten aus dem Reaktionsprod. gebildet werden. — Beispiel: Ein Gemisch aus 4 (Gewichtsteilen) Phenol u. 11 Di-m-xylylsulfoxyd wird in 40 $H_2SO_4$ (D. 1,84) eingerührt (Temp. $< 20°$). Nach 15 Min. wird bei 0° eine Lsg. von 2 Paraformaldehyd in 8 $H_2SO_4$ zugefügt u. die Temp. $< 80°$ gehalten. Die Kapazität des so erhaltenen *Austauscherharzes* beträgt 500 m Val/Liter. (**Holl. P. 77 897** vom 25/4. 1953, ausg. 15/4. 1955. **Zusatz zu Holl. P. 73 798; s. vorvorst. Ref.**) F. BÖHM. 5827

**Gewerkschaft Zeche Heinrich** (Erfinder: **Hans Adolf Lenssen** und **Gustav Rolli**), Essen-Kupferdreh, *Aufbereitung von körnigem Gut in einer Schwerflüssigkeit* unter Beseitigung der Scheindichte, nach D. B. P. 968 421. Der an dem aufzubereitenden Gut anhaftende u. mit in die Trenn-Fl. (I) gelangende Luftfilm wird durch die I ganz oder teilweise absorbiert, chem. gebunden oder auf beide vorgenannten Arten entfernt, indem man eine I mit besseren Absorptionseigg. als W. wählt bzw. eine beliebige I durch Zusätze dazu geeignet macht. (**D. B. P. 969 633** Kl. 1c vom 23/2. 1952, ausg. 26/6. 1958. Anmeldung bekanntgemacht 15/1. 1953. **Zusatz zu D. B. P. 968 421; C. 1959. 996.**) W. HAUSWALD. 5829

**Deutsche Gold- & Silberscheideanstalt vormals Roessler,** Frankfurt/M. (Erfinder: **Hans Uthe,** Brilon Wald), *Herstellung von Aktivkohle* durch Calcinieren oder Verschwelen der Ausgangsstoffe u. anschließende Aktivierung, bei dem beide Verfahrensstufen in einem Ofen durchgeführt u. die dabei gewonnenen Gase an beiden Enden des Ofens oder an der Seite des Eintritts des Rohmaterials u. am Ende der Schwelzone abgeleitet werden, dad. gek., daß ein Teil der beiden Gase aus der Aktivierungszone in der zur direkten Beheizung der Schwelzone erforderlichen Menge unmittelbar in die Schwelzone übergeführt wird u. die Menge dieser Gase durch Einstellung der Zug- u. Druckverhältnisse im Ofen geregelt wird. Rohstoffe können mit die Aktivierung fördernden Salzen imprägniert werden. — Vorrichtung. (**D. B. P. 970 762** Kl. 12i vom 25/10. 1944, ausg. 30/10. 1958. Anmeldung bekanntgemacht 26/6. 1952.) E. MIESSGANG. 5849

**Farbenfabriken Bayer Akt.-Ges.,** Leverkusen, *Herstellung von Aktivkohle.* Diese wird in dauernd alkal. Medium mit Hypochlorit behandelt, das vorzugsweise in statu nascendi durch Einleiten von $Cl_2$ in das alkal. Medium erhalten wird. Alkalilauge u. $Cl_2$ wird der in einem Gefäß befindlichen Aktivkohle von unten zugeführt u. oberhalb der Aktivkohle die an Alkalichlorid angereicherte Lsg. abgeführt. (**Oe. P. 190 494** vom 30/11. 1954, ausg. 10/7. 1957.) W. WITTHOLZ. 5849

**Julius Wilisch** (Erfinder: **Julius Wilisch,** Wurzen/Sa., und **Alexander Wilisch,** Leipzig), *Entölen von Dampf* bzw. Gas, wobei das durch Düsen zerstäubte W. in einem Gehäuse auf Prallbleche auftrifft. Die abwärts gerichteten Düsen stäuben die Kühl-Fl. im spitzen Winkel in die Zwischenräume von profilierten Lamellen, die als Prallkühlregister wirken. — 2 Abbildungen. (**D. P. [DDR] 13 429** Kl. 12e vom 9/10. 1952, ausg. 25/6. 1957 [Ausschließungspatent].) M. F. MÜLLER. 5851

**Gesellschaft für Linde's Eismaschinen Akt.-Ges.**, Höllriegelskreuth (Erfinder: **Max Seidel**, München), *Zerlegung von Methan–Sauerstoff–Stickstoff-Gemischen* in $CH_4$ u. ein Restgas mit über der oberen Explosionsgrenze liegendem $CH_4$-Geh., nach D. B. P. 951 875. Die Zerlegung erfolgt in $O_2$-haltiges $CH_4$ von einer Zus., welche über der oberen Explosionsgrenze liegt, u. in $O_2$-armes Restgas mit über der oberen Explosionsgrenze liegendem $CH_4$-Gehalt. — Vorr., Zeichnung. (**D. A. S. 1 032 286** Kl. 17g vom 18/1. 1957, veröff. 19/6. 1958. **Zusatz zu D. B. P. 951 875; C. 1957. 10841.**) H. JASS. 5857

**Metallgesellschaft Akt.-Ges.** (Erfinder: **Wolfgang Rudbach**, Griedel/Butzbach, **Heinrich Sontheimer** und **Kurt Kaul**), Frankfurt/M., *Rückgewinnung von in Wasser teilweise löslichen Lösungsmitteln* durch Adsorption u. Anreicherungskondensation, dad. gek., daß der wss. Teil des sich in zwei Schichten trennenden Kondensats mit dem aus der Desorption kommenden, noch dampfförmigen Gemisch von Desorbat u. Desorptionsmittel in innige Berührung gebracht wird, so daß das Lösungsm. verdampft u. zur Kondensation geleitet wird, während lösungsmittelarme wss. Mischung zurückbleibt. (**D. A. S. 1 014 075** Kl. 12a vom 1/12. 1954, veröff. 22/8. 1957.) A. HEINSEN. 5855

**Food Machinery & Chemical Corp.**, San José, Calif., übert. von: **George Grant Crewson**, Snyder, und **Joseph R. Ryan**, Tonawanda, N. Y., V. St. A., *Fraktionieren von gelösten Stoffen*, deren eine Komponente (I) große Temperaturabhängigkeit der Löslichkeit aufweist, z. B. $K_2SO_4$ u. $(NH_4)_2SO_4$ oder KCl u. $NH_4Cl$. Die Lsg. wird etwa in der Mitte in eine Kolonne gegeben, der man oben I in fester Form zugibt u. die unten mit einer Lsg. des anderen Stoffes im Kreislauf speist. Die an I reine Lsg. wird am Kopf der Kolonne abgeführt. — Abbildung. (**A. P. 2 798 796** vom 10/1. 1956, ausg. 9/7. 1957.) O. STEIL. 5869

**Stichting voor Fundamenteel Onderzoeg der Materie**, 's Gravenhage (Erfinder: **Jan Jacobus Went** und **Hendrik de Bruijn**, Arnhem), Holland, *Kernreaktor*, bei dem der Brennstoff körnig durch den Reaktor u. einen Wärmetauscher zirkuliert. Der Kernbrennstoff, der auch mit einem körnigen Moderator gemischt sein kann, wird durch Schwerkraftwrkg. durch den Reaktor geleitet, an dessen Unterseite kontinuierlich abgeführt u. dosiert an einen Gasstrom abgegeben, dann als Suspension in Gas über den Wärmetauscher nach einer Stelle oberhalb des Reaktors geführt, wo das körnige Gut von dem Gas abgetrennt u. dem Reaktor wieder zugeleitet wird. (**D. B. P. 957 147** Kl. 21g vom 14/4. 1955, ausg. 31/1. 1957. Anmeldung bekanntgemacht 5/7. 1956. **F. P. 1 122 596** vom 14/4. 1955, ausg. 10/9. 1956. Beide Holl. Prior. 14/4. 1954.) H. KESSEL. 5895

**Stichting voor Fundamenteel Onderzoeg der Materie**, s'Gravenhage, Utrecht, und **Stichting Reactor Centrum Nederland**, Den Haag (Erfinder: **Hendrik de Bruijn**, Arnhem), Holland, *Kernreaktor*. Der Kernbrennstoff durchströmt den Reaktor u. einen Wärmetauscher als Spaltstofflsg. oder -suspension. Diese wird außerhalb des Reaktors verd. mit einer zur Förderung dienenden zusätzlichen Menge Träger-Fl., die von der Suspension wieder abgeschieden wird, bevor diese wieder in den Reaktor eintritt. (**D. B. P. 950 494** Kl. 21g vom 19/11. 1954, ausg. 11/10. 1956. Anmeldung bekanntgemacht 8/3. 1956. **Schwz. P. 325 997** vom 17/11. 1954, ausg. 15/1. 1958. **F. P. 1 113 055** vom 16/11. 1954, ausg. 23/3. 1956. **Belg. P. 533 613** vom 24/11. 1954, ausg. 9/5. 1958. **E. P. 757 015** vom 22/11. 1954, ausg. 12/9. 1956. Alle Holl. Prior. 25/11. 1953.) H. KESSEL. 5895

**Stichting voor Fundamenteel Onderzoek der Materie**, Utrecht, Holland, *Kernreaktor*. Schutzmantel u. Reflektor bestehen aus metall. Bi oder einer Bi-Verb. u. sind mit einer Vorr. zum Wärmeentzug versehen. (**F. P. 1 108 289** vom 17/9. 1954, ausg. 11/1. 1956. **Belg. P. 531 880** vom 16/9. 1954, ausg. 20/12. 1957. **E. P. 751 700** vom 15/9. 1954, ausg. 4/7. 1956. Alle Holl. Prior. 19/9. 1953.) H. KESSEL. 5895

**United Kingdom Atomic Energy Authority**, London, England (Erfinder: **Peter Fortescue**), *Kernkraftanlage*. Ein Reaktorgefäß enthält unter einem Druck von ca. 20 atü eine krit. M. eines gasförmigen Spaltstoffs (z. B. an $^{235}U$ hochangereichertes $UF_6$) umgeben von einer Moderatorschicht (z. B. aus geschmolzenem $BeF_2$ in einem Ni-Gefäß). Das heiße Reaktorgas strömt über eine Gasturbine u. einen Wärmeaustauscher in einen Kondensator. Das Kondensat wird durch eine Pumpe über den Wärmeaustauscher in den Reaktor zurückgedrückt. (**E. P. 799 575** vom 17/10. 1953, ausg. 13/8. 1958.) H. KESSEL. 5895

**United Kingdom Atomic Energy Authority**, London, England (Erfinder: **Jack Diamond** und **Stefan George Bauer**), *Strahlenschutz bei Kernreaktoren*, die von einer Betonstrahlenabschirmung umgeben sind. Zwischen der Reaktionszone u. dem damit baulich vereinigten Wärmeaustauscher liegt eine Neutronenabsorptionsschicht, durch die wendelförmige Verbindungsleitungen hindurchgeführt sind; über allem eine γ-Strahlenabsorptionsschicht. (**E. P. 796 992** vom 13/4. 1953, ausg. 25/6. 1958.) H. Kessel. 5895

**United Kingdom Atomic Energy Authority** (Erfinder: **Piyatilleke Perera Guneratne, Meville Young** und **George Henry French**), London, England, *Brennstoffelement.* In einem Kanal, der durch die Schutzhülle in der Nähe des Brennkörpers hindurchführt, ist ein Thermoelement als keilförmiger Bauteil festsitzend angeordnet. (**D. A. S. 1 051 426** Kl. 21g vom 25/7. 1957, veröff. 26/2. 1959. E. Prior. 27/7. 1956.) H. Kessel. 5895

**United Kingdom Atomic Energy Authority** (Erfinder: **Kenneth Henry Dent**), London, England, *Beschickungs- und Fördervorrichtung* für einen unter Druck arbeitenden gasgekühlten heterogenen Kernreaktor mit einer Laderinne, die durch die Strahlungsschutzhülle u. die Druckbehälterwand des Reaktors zum Reaktorkern führt. Die Laderinne weist eine Säule auf, die mit einem Fixierzapfen ausgerüstet ist, sowie eine schwenkbar eingesetzte Rinne mit einem Stützglied. Die Laderinne mit Säule u. Rinne wird gedreht u. dabei die schwenkbare Rinne radial bewegt. (**D. A. S. 1 049 985** Kl. 21g vom 13/8. 1957, veröff. 5/2. 1959. E. Prior. 14/8. 1956.) H. Kessel. 5895

**Badische Anilin- & Soda-Fabrik Akt.-Ges.** (Erfinder: **Ernst Plauth,** Bad Dürkheim, **Hans Joachim Waldmann** und **Walter Simon**), Ludwigshafen, *Kontinuierliche Durchführung chemischer Reaktionen,* bei denen ein oder mehrere Ausgangsstoffe oder während der Rk. entstehende Prodd. auf die Gefäßwand korrodierend wirken, die Endprodd. jedoch keine Korrosion mehr verursachen, dad. gek., daß ein nicht korrosionsbeständiges Reaktionsgefäß verwendet wird, in dem ein kürzerer, röhrenförmiger Einsatz aus korrosionsfestem Werkstoff mit Abstand von der Gefäßwand angeordnet ist u. in diesen die Reaktionskomponenten derart, z. B. mit Hilfe eines Injektors, eingebracht werden, daß die nicht mehr korrodierend wirkenden Stoffe über den Zwischenraum zwischen Einsatz u. Gefäßwand zirkulieren. — Pyrrolidinsynth. über Oxybuttersäureamid als Zwischenprod.; Verff., bei denen eine Neutralisation im Reaktionsgefäß erfolgt. (**D. B. P. 971 044** Kl. 12g vom 1/6. 1952, ausg. 4/12. 1958. Anmeldung bekanntgemacht 25/10. 1956.) W. Matthaes. 5897

**Fa. Carl Still,** Recklinghausen (Erfinder: **Helmut Fritzsche,** Oberhausen), *Herstellung von basischen oder neutralen Carbonaten oder Gemischen von basischen mit neutralen Carbonaten hohen Feinheitsgrades der Elemente der II., III., IV., VII. und/oder VIII. Gruppe des Periodischen Systems* durch Fällung der wss. Lsgg. der Salze der betreffenden Elemente mit wss. Lsgg. von Carbonaten, beide vor ihrer Mischung ohne Bodenkörper, bei n. oder erhöhter Temp., dad. gek., daß nach Zusammenmischen der Metallsalzlsg. mit der zur Fällung verwendeten Carbonatlsg. oder nach Suspension bereits gewaschener u. getrockneter Carbonate eine Behandlung des Gemisches bzw. der Suspension entweder in einem geschlossenen Gefäß unter dem sich entwickelnden $CO_2$-Druck, wobei entweder mittels Rührwerk oder Durchleiten von gasförmigem $CO_2$ bei variierten Drucken gerührt wird, oder in einem offenen Gefäß unter Durchleiten gasförmigen $CO_2$ bei n. oder erhöhter Temp., bes. bei 70—100°, u. unter feinster Verteilung der $CO_2$, während einer Zeit von bis zu 20 Std., deren Dauer dem angewandten Druck umgekehrt proportional ist, stattfindet, bis der gewünschte Feinheitsgrad des Fällungsprod. bei dem angestrebten Metall-$CO_2$-Verhältnis erreicht ist. Zur Herabsetzung der Oberflächenspannung u./oder Viscosität können organ. Lösungsmittel bis zu 70%, bes. 25—35%, zugesetzt werden. Die Ausfällung der Metallcarbonate kann in Ggw. von Trägerstoffen, wie Tonerde, Bimsstein, Kieselgur oder Silicaten, stattfinden, wobei das entstandene Gemisch vor oder nach vollständiger Trocknung in die für den Verwendungszweck günstigste Form gebracht wird. — *Katalysatoren für Synth. von Co-Carbonyl, Herst. von Magnetofonbändern.* (**D. A. S. 1 045 374** Kl. 12g vom 2/2. 1957, veröff. 4/12. 1958.) W. Matthaes. 5905

**Rodney Hunt Machine Co.,** Orange, Mass. (Erfinder: **Harold H. Belcher,** Orange, Mass.), V. St. A., *Inkontaktbringen von Flüssigkeiten und Dämpfen,* bes. zur Dest. einer Fl. oder zur Behandlung flüchtiger Fll. oder kondensierbarer Dämpfe, wobei ein nach unten gerichteter Flüssigkeitsstrom in dünnem Film auf der Innenwand einer senkrechten Kammer mit kreisförmigem Querschnitt herabrieselt, ein Dampfstrom in dünner Schicht in Berührung mit dem Flüssigkeitsfilm geführt u. wobei die Dampfschicht u. der Flüssigkeitsfilm in einem begrenzten Raum in Bewegung gehalten werden, dad. gek., daß die Fl. bei der Einführung in die Kammer auf oder nahezu auf der Gleichgewichtstemp. zwischen fl. u. gasförmiger Phase gehalten u. ganz oder teilweise auf einem kurzen beheizten Abschnitt am unteren Ende der Kammer verdampft wird u. daß der ganz oder teilweise aus dem so erzeugten Dampf bestehende Dampfstrom unter heftiger Durchwirbelung mit der Fl. in dem den größten Teil der Kammer bildenden unbeheizten Abschnitt an den flüchtigen Bestandteilen angereichert wird. Die hierfür benutzte Vorr. besteht aus einer senkrechten Kammer von kreisförmigem Querschnitt u. einem koaxial im Innern der Kammer gelagerten angetriebenen Rotor von kreisförmigem Querschnitt, wobei der Durchmesser des Rotors nur wenig kleiner als der Innendurchmesser der Kammer ist. Der Rotor ist über seine ganze Länge mit bis fast an die Kammerwand ragenden Vorsprüngen versehen; am unteren Ende der Kammer ist ein Heizmantel zur Verdampfung der Fl. angebracht. — Anwendung bei der Dest., Fraktionierung, Rektifizierung, Esterrückgewinnung, Wasserdampfdest., Gasabsorption, Desodorierung, Dampf-Fl.-Extraktion u. Gaswäsche. — Zeichnung. (**D. A. S. 1 050 317** Kl. 12g vom 19/4. 1955, veröff. 12/2. 1959. A. Prior. 19/4. 1954.) W. MATTHAES. 5905

—, Proposed international chemical notation (A) by the International Union of pure and applied chemistry, commission on codification, ciphering, and punched card techniques. New York: Longmans. 1958. (K. S.) $ 7,—.

**Friedrich August Henglein**, Grundriß der chemischen Technik. Ein Lehrbuch f. Studierende d. Chemie u. d. Ingenieurfaches. Ein Übersichtsbuch f. Chemiker u. Ingenieure im Beruf. 10. Aufl. Weinheim/ Bergstr.: Verl. Chemie. 1959. (XII + 762 S. m. 460 Abb., 223 Tab. u. 4 Taf.) 8°. DM 55,—.

**N. I. Ssyromjatnikow** und **W. F. Wolkow**, Die Prozesse in der Wirbelschicht. Swerdlowsk: Metallurgisdat. 1959. (248 S. m. Zeichng.) 10 Rbl. 5 Kop. [russ.]

## II. Betriebsschutz. Feuerschutz.

**Tetsuzô Kitagawa**, *Chemische Industrie und ihre Sicherheitsprobleme.* Übersicht. — 28 Literaturangaben. (J. chem. Soc. Japan, ind. Chem. Sect. [Kōgyō Kagaku Zassi] **61.** 485—90. Mai 1958. Yokohama, Kokuritu-Daigaku. [Orig.: japan.]) E. MAEKAWA. 5930

**Rudolf Freitag**, *Gesundheitsschädigung durch Schwefelwasserstoff.* Bericht über die Schädlichkeit des $H_2S$ als Atemgift mit Angabe der für die Gesundheit bedenklichen bzw. tödlichen Konzz. (0,01—0,2%). Beispiele von $H_2S$-Vergiftungen in Kläranlagen von Papierfabriken, bei Kanalisations- u. Gründungsarbeitern u. andere. — Vf. hebt bes. die *Augenerkrankungen* durch $H_2S$-haltige Luft bei Arbeitern der verschiedensten Sparten, mit besonderer Erwähnung der Viscosekunstfaserfabriken, hervor. Gegenmaßnahmen: Einträufeln von Olivenöl in den Bindehautsack oder Verwendung von Lebertransalbe. (Desinfekt. u. Gesundheitswes. **49.** 116—18. Aug./Sept. 1957. Frankfurt/M.) H. ECKSTEIN. 5932

**H. Ehrlicher**, *Benzidin in arbeitsmedizinischer Sicht.* Nach kurzem histor. Rückblick u. nach Mitt. toxikolog. Angaben mit Hinweis auf Eintrittspforten u. Wirkungsmodus werden die Arbeitsplätze bei der Benzidin (I)-Herst. u. die mögliche Exposition an diesen Stellen für die Jahre 1939—1958 genau beschrieben unter Angabe der durchschnittlichen Ausscheidung von aromat. Aminen im Harn der an den einzelnen Arbeitsplätzen tätigen Arbeiter (KUCHENBECKER-Meth., Zbl. Gewerbehyg. Unfallverhüt. **8.** [1920.] 68). Die in dem geschilderten I-Betrieb an Blasentumoren erkrankten 44 Arbeiter waren durchschnittlich 12 Jahre (maximal 38 Jahre u. 10 Monate, minimal 5 Monate) exponiert; die durchschnittliche Latenzzeit betrug 18 Jahre u. 6 Monate. Durch regelmäßig u. systemat. durchgeführte Harnanalysen wurden die gefährdeten Arbeitsplätze erkannt, so daß die entsprechenden techn. Maßnahmen zur Sanierung vorgenommen werden konnten. Nach Mitt. der sonstigen hygien.-prophylakt. Maßnahmen werden im einzelnen die der Früherkennung der Blasentumoren dienenden überwachungsärztlichen Maßnahmen geschildert. (Zbl. Arbeitsmed. Arbeitsschutz **8.** 201—07. Sept. 1958. Leverkusen, Bayer-Werk, Ärztl. Abt./Arbeitsmed.) H. ZELLER. 5932

**W. Stöber** und **G. Bauer**, *Zur Wertung der derzeitigen Kausaltheorien über die Silicoseentstehung.* Die heute noch vertretenen u. vertretbaren Kausaltheorien zur Silicoseentstehung, das sind die Löslichkeits- u. die Oberflächentheorie, letztere wieder differenziert zwischen Matrizen- u. Kontakttheorie, werden untersucht. Es gibt noch kein Experiment, das eine der genannten Theorien unhaltbar macht. Es besteht aber die Möglichkeit einer Sicherung jüngerer Untersuchungsergebnisse, u. dann bliebe allein die Kontakttheorie unwiderlegt. Das Problem wird gesehen u. behandelt vom Blickpunkt des physikal. Chemikers. Wirkungsagens bei der Silicoseentstehung ist festes $SiO_2$ oder eine andere Substanz mit ähnlichen Eigenschaften. (Staub **19.** 1—5. 1/1. 1959. Göttingen, Arb.-Gem. Silicoseforsch. Med. Forschungsanst., Max-Planck-Ges. zur Förder. der Wiss.) F. O. W. MEYER. 5932

**M. Anghelescu**, *Die Lösung „B", ein neuer Beitrag zur Bekämpfung der Silicose.* Unter Mithilfe von Ärzten hat man ein Mittel zur Bekämpfung des Gesteinsstaubes beim Bohren u. damit der Silicose gesucht. Am besten bewährt hat sich eine 1—2%ig. Lsg. von Bentonit („Präp. B"), die bei Anwendung als Bohr-Fl. allen untersuchten oberflächenakt. Mitteln überlegen ist. (Rev. Minelor **9.** 55—59. Febr. 1958.) R. K. MÜLLER. 5932

**Yoshiyuki Yasui,** *Heiße Arbeitsplätze in der chemischen Industrie.* Übersicht über Störungen u. Unfälle durch Hitzeeinw. in der chem. Industrie. — 60 Literaturangaben. (J. chem. Soc. Japan, ind. Chem. Sect. [Kōgyō Kagaku Zassi] **61.** 498—504. Mai 1958. Tokyo, Asahi-Garasu. [Orig.: japan.]) E. MAEKAWA. 5936

**Shigeya Suzuki** und **Akira Nagase,** *Löschen von Ölbränden.* Übersicht über das Löschen von Ölbränden in der chem. Industrie. (Chem. and chem. Ind. [Kagaku to Kogyo] **11.** 430—35. Mai 1958. Tokyo, Kokka-Syôbôhonbu. [Orig.: japan.]) E. MAEKAWA. 5944

---

**Willis Bevan Whitney,** Combustible industrial gases: possibilities of ignition by particles of light alloys heated by arcing or by frictional impact. An appraisal of published information. Leatherhead (Sy.): British Electrical & Allied Industries Research Association. 1958. (19 S. m. Tab.) = Technical reports no. D/T 104. 12 s. 6 d.

**T. Yates,** Industrial fire hazards. London: Stone & Cox. 1957. (VII + 159 S. m. Tab.) 16 s.

## III. Elektrotechnik.

**Research Corp.,** New York, N. Y., übert. von: **Edwin N. Klemgard,** Pullman, Wash., V. St. A., *Herstellen von Elektrodenkohle.* Eine Kohle, die weniger als 2% Aschebestandteile enthält, wird mit wss. Mineralsäure ausgelaugt, zur Entfernung der lösl. Salze gewaschen u. darauf getrocknet. Das trockene Kohlepulver wird mit ca. 40 Gew.-% Pech vermischt u. langsam in Ggw. von Luft auf 1000—1200° erhitzt, um die flüchtigen Bestandteile abzutreiben. Danach wird unter Luftabschluß bei 1600—2000° graphitiert. Das Prod. hat einen spezif. elektr. Widerstand von unter 0,0027 Ohm pro Kubikzoll. (**A. P. 2 764 530** vom 6/10. 1952, ausg. 25/9. 1956.) F. REINHART. 5953

**Union Carbide & Carbon Corp.,** New York, übert. von: **Robert C. Stroup,** Lewiston, N. Y., V. St. A., *Kohlenstofformkörper,* bes. für elektrotherm. *Graphitelektroden* mit geringem elektr. Widerstand, die in ihren Eigg. temperaturunabhängig sind u. gute mechan. Festigkeit aufweisen, werden hergestellt durch Mischen von feingemahlenem, C-haltigem Material (**I**), wie Petrolkoks, u. einem Bindemittel (**II**) vom F. 150 bis 175°, wie Pech, Bldg. grüner Teilchen daraus mit einem Durchmesser von mindestens $^1/_{16}$ Zoll u. erneutem Mischen der Teilchen (30—60 Gew.-% der Gesamtmischung) mit **I** u. **II** oder einem Bindemittel mit F. ca. 100°. Dann wird geformt u. gesintert. (**A. P. 2 799 052** vom 2/4. 1953, ausg. 16/7. 1957.) G. FRIKELL. 5953

**Telegraph Construction & Maintenance Co. Ltd.,** England, *Isoliermaterial* von verringerter Entflammbarkeit besteht prakt. aus Polyäthylen, chloriertem Wachs u. einem anorgan. Pb-Salz, z. B. weißem, bas. Pb-Carbonat. (**F. P. 1 148 192** vom 26/4. 1956, ausg. 4/12. 1957.) H. KESSEL. 5957

**British Insulated Callender's Cables Ltd.,** London, England, *Korrosionsschutzmantel für elektrische Kabel.* Dieses wird zuerst mit einer dickeren Schicht (1,2—1,5, bes. 0,62—0,65 mm) nichtvulkanisierten Kautschuks (**I**), der zwar einen Vulkanisationsbeschleuniger, aber keinen S u. keine S-haltigen Verbb. enthält, umwickelt, worauf darüber eine zweite dünnere Schicht (0,05—0,075 mm) von nichtvulkanisiertem **I** aufgebracht wird, der einen hohen %-Satz S, bes. 50% oder mehr S, aber keinen Vulkanisationsbeschleuniger enthält, u. bei n. oder leicht erhöhter Temp. aufbewahrt wird, bis die Vulkanisation beendet ist. Die beiden Schichten können auch in umgekehrter Reihenfolge aufgebracht werden. Die dickere Schicht besteht z. B. aus 100 (Gewichtsteilen) **I**, 1 Stearinsäure, 5 ZnO, 75 Füllstoff (mineral.), 1 Aldonaphthylamin, 1,25 Pentamethylenpyridindithiocarbamat, 0,75 Isopropylxanthat des Zn u. 0,25 Diphenylguanidin, die dünnere Schicht enthält 100 **I** u. 75 S. — Vgl. auch Belg. P. 506 020; C. **1950/54.** 2760 S. (**It. P. 487 014** vom 13/9. 1951. E. Prior. 26/9. 1950.) E. KOEBKE. 5957

**North American Philips Co., Inc.,** New York, N. Y., V. St. A., übert. von: **Krijn Jacobus de Vos, Adolf Johannus Jacobus Koch, Hendrik Meerkamp van Embden, Bartholomeus Haes** und **Johannes Flipse,** Eindhoven, Holland, *Herstellung eines Dauermagneten mit wesentlich erhöhtem* $(BH)_{max}$*-Wert* ist dad. gek., daß ein Dauermagnetkörper aus einer Stahllegierung mit 15—42 (%) Co, 10—20 Ni, 6—10 Al, 2—8 Cu, 4—10 Ti, Rest im wesentlichen Fe hergestellt, von über 1200° auf ca. 900° abgeschreckt u. dann der Einwirkg. eines Magnetfeldes ausgesetzt wird, während der Dauermagnetkörper bei im wesentlichen gleichbleibend gehaltener Temp., die sich weniger als 20° verändert, bei ca. 10—70° unterhalb seiner Curie-Temp. ca. 2—30 Min. gehalten wird. Abbildung. (**A. P. 2 837 452** vom 18/1. 1956, ausg. 3/6. 1958. Holl. Prior. 19/1. 1955.) H. HOCHSTEIN. 5959

**N. V. Philips' Gloeilampenfabrieken,** Holland, *Ferromagnetische Körper auf der Grundlage von Eisen- und Kobaltferriten* mit $(R_S)_{max} \geq 0,85$ u. $H_C < 100$ Oerstedt. Man frittet die Ausgangsmischung von FeO + CoO bei Tempp. oberhalb 1200°, u. verdichtet auf die gewünschte Form. Die Atomverhältnisse von Co:Fe sollen in der Grenze zwischen 0,007:1 u. 0,4:1 liegen. Die Formlinge werden dann nochmals in Ggw. von Luft auf über 250°, bes. auf 600°, erhitzt u. in einem Magnetfeld abgekühlt. (**F. P. 1 150 733** vom 26/3. 1956, ausg. 17/1. 1958. Holl. Prior. 28/3. 1955.) W. HAUSWALD. 5959

**Agfa Akt.-Ges.,** Leverkusen, *Magnetisierbare Tonträger* weisen eine Schicht eines nichtmagnet. Bindemittels (Cellulosederivv., wie Nitrocellulose, Polyamid, Vinyl- oder Acrylpolymere u. härtbare Polyurethane) mit Geh. an pulverförmigen, nichtgesinterten ferromagnet. Fe-Oxyden (I) u. solchen I auf, in denen 2,5—4% des Fe durch Co ersetzt sind. Diese beiden ferromagnet. Verbb. können auch in getrennten Schichten aufgebracht werden. (**E. P. 799 912** vom 6/7. 1956, ausg. 13/8. 1958. D. Prior. 8/7. 1955.) G. TEWES. 5959

**Yardney International Corp.,** New York, N. Y., V. St. A., übert. von: **Paul Lindsay Howard,** Ridgewood, N. J., *Elektroden für Akkumulatoren* werden hergestellt durch Niederschlagen von schwammigem Cd, Cu oder Pb aus sauren Lsgg. ihrer Salze auf Drahtnetze aus diesen Metallen mit Hilfe des elektr. Stroms. Nach dem Waschen werden die Elektroden in einem engen Spalt zwischen zwei Heizplatten getrocknet. — Vgl. F. P. 1 092 651; C. **1956.** 11533. (**A. P. 2 724 732** vom 18/1. 1954, ausg. 22/11. 1955.) F. LAASS. 5971

**International Telephone & Telegraph Corp.,** Md., übert. von: **André R. Gobat,** North Caldwell, N. J., V. St. A., *Primäres Lagerelement mit Lösungselektrode aus Magnesium.* Damit das Mg beim Lagern des Elements vor der Einw. der Atmosphäre geschützt wird, wird seine Oberfläche in einem Bade, welches $Hg(NO_3)_2$ u. $CH_3COOH$ enthält, amalgamiert u. dann in einer wss. Lsg. von $K_2Cr_2O_7$ mit einer Schutzschicht überzogen. (**A. P. 2 726 279** vom 23/8. 1951, ausg. 6/12. 1955.) F. LAASS. 5971

**Michael Ebert,** London, England, **Friedrich-Karl Hupp,** Meschede/Ruhr, und **Gustav-Adolf Leisten,** Castrop-Rauxel, *Colorimetrische Messung ionisierender Strahlung* mit einer der Strahlung für eine festgelegte Zeit ausgesetzten Lsg. einer auf die Strahlung durch Verfärbung ansprechenden Substanz in einem organ. Lösungsm. u. Vgl. der Verfärbung mit einer Farb-Zeit-Skala. Ein durchsichtiges, das Lösungsm. enthaltendes Gefäß ist mit einem 2., die sich in Lsg. bei Bestrahlung verfärbenden Substanzen, bes. Diphenylhydrazin, enthaltenden Gefäß durch eine Trennwand verbunden, die zur Messung zerstört wird, so daß sich das Lösungsm. mit den sich in Lsg. bei Bestrahlung verfärbenden Substanzen mischt. (**D. A. S. 1 023 154** Kl. 21g vom 9/10. 1954, veröff. 23/1. 1958.) H. KESSEL. 5975

**Standard Telephones & Cables Ltd.,** London, England, *Elektrisch leitfähige und transparente Schichten auf Isolierkörpern,* wie Glas, Keramik, Glimmer, Silica oder Kunststoffen. Durch selektive Einw. von Wärme werden dampfförmig aufgebrachte Metallverbb., wie $SnCl_4$ oder $SnCl_2$, in Ggw. von Luft nur an den erhitzten Stellen in $SnO_2$ umgewandelt. Das Verf. dient zur Herst. von *elektr. Entladungsröhren,* wie Kathodenstrahlröhren, Resistoren. (**E. P. 791 667** vom 30/9. 1955, ausg. 5/3. 1958. D. Prior. 1/10. 1954.) G. FRIKELL. 5975

**Haloid Co.,** Rochester, N. Y., übert. von: **Osmar O. Ullrich jr.,** Worthington, Ohio, V. St. A., *Photoleitfähige Schicht für die Xerographie.* Die Schicht besteht aus einer im Vakuum auf eine Messingplatte aufgedampften, ca. 50 μ starken Schicht aus einem Gemisch von glasigem Se u. 0,5—20, vorzugsweise 1—10%, $As_2O_3$. (**A. P. 2 803 542** vom 26/7. 1955, ausg. 20/8. 1957.) A. KALIX. 5977

**Edward Rolle,** San Diego, Calif., V. St. A., *Härtbare Gießharze* bestehen aus 85—95 (Gew.-%) eines Gemischs aus ungesätt. Polyestern u. Styrol, $>3$ Benzylalkohol, $<2$ β-Naphthol, $<3$ eines partiell hydrierten Polyphenyls (hydrierte isomere Terphenyle), $<3$ Ölsäure oder Dodecylsäure u. $<4$ Benzoyl-, Acetyl-, Di-tert.-butyl- oder Methyläthylketonperoxyd. Wegen der niedrigen exothermen Wärmebldg. dienen sie bes. zum *Einbetten von elektron. Geräten.* Letztere werden zweckmäßig in einer Form mit dem Harz umgossen, dann die Form auf 15 bis —10° gekühlt, bis in 4—5 Std. die M. auspolymerisiert ist. Nachhärten bei Tempp. bis 46° ist möglich. (**A. P. 2 835 640** vom 5/6. 1952, ausg. 20/5. 1958.) G. TEWES. 5983

## IV. Wasser. Abwasser.

**A. E. Williams,** *Neue Fortschritte bei der Meerwasserdestillation.* Überblick über neuere Entww. auf dem Gebiet der Meerwasseraufbereitung für Trink- oder Brauchwasserzwecke durch Dest. unter besonderer Berücksichtigung der Frage, inwieweit dieses kostspielige Verf. durch Gewinnung von Nebenprodd. rentabler gemacht werden kann. (Chem. Process Engng. **39.** 55—58. Febr. 1958.) W. NIEMITZ. 6016

**F. A. Eidsness** und **A. P. Black,** *Carbonisierung des aus Wasseraufbereitungsanlagen stammenden Schlammes.* Schlamm aus Kalk–Soda-Aufbereitungsanlagen mit bis zu 65% Feststoffen (nach Konzentrierung) wird bei ca. 1100° gebrannt, wobei $CaCO_3$ u. $Mg(OH)_2$ in die Oxyde übergeführt werden. — Ergebnisse: $CO_2$-Zusätze von 10—33 Vol.-% bewirken eine weitgehende Selektivität der Umwandlung des $Mg(OH)_2$ zum lösl. $Mg(HCO_3)_2$ in Ggw. viel größerer Mengen von feinverteiltem $CaCO_3$. — Der Anteil von koll., weitgehend hydratisiertem $Mg(OH)_2$ in Roh- bzw. carbonisiertem Schlamm ist für die Absetzfähigkeit u. das Endvol. des Schlammes nach dem Absitzen von besonderer Wichtigkeit. — 5 Abb., 2 Zahlentafeln. — Diskussion. (J. Amer. Water Works Assoc. **49.** 1343—54. Okt. 1957. Gainesville, Fla.) H. Eckstein. 6024

**Gerhard E. Kurzmann,** *Verfahrenstechnik bei der Betriebswasserozonisierung.* Zusammenfassender Überblick über die Anwendung der Ozonisierung bei der Betriebswasseraufbereitung unter besonderer Berücksichtigung verfahrenstechn. Fragen. (Molkerei- u. Käserei-Ztg. **10.** 58—62. 15/1. 1959. Schwetzingen.) W. Niemitz. 6026

**G. H. Ireland,** *Der Einfluß oberflächenaktiver Stoffe auf die Kesselsteinbildung in Boilern.* Theoret. Erörterung des Zustandekommens von schalenförmigen Ca-Salzablagerungen (vom *Calcit*- u. *Anhydrit*-Typ) beim abwechselnden Erhitzen u. Abkühlen industrieller Boileranlagen. An Stelle der häufig verwendeten alkal. Tannin-Lsgg., die sich nur bei ständiger u. intensiver Kontrolle bewährt haben, schlägt Vf. die Verwendung des Neutralsalzes einer organ. Sulfonsäure („*Belloid FW*") als Schutzmittel gegen die Kesselsteinbldg. vor. Das Präp. ist weder korrosiv, noch flüchtig oder giftig, hat keinen wesentlichen Einfl. auf die Oberflächenspannung des W. u. verursacht weder Schäumen noch Spucken. — Weitere Verwendung z. B. für sehr große Kühlsysteme mit einem täglichen Durchsatz von mehreren Mill. Gallonen. — Arbeitsvorschriften. 6 Abbildungen. (Corrosion Prevent. and Control **5.** Nr. 10. 57—60. Okt. 1958. Geigy Co. Ltd.) H. Eckstein. 6030

**Hans Trutnovsky,** *Die phenolhaltigen Abwässer des Gaswerkes.* Erörterung der Verschmutzungsursachen des Grundwassers u. der Vorfluter (im vorliegenden Fall der Mur) durch phenolhaltige Abwässer aus dem Gaswerk Graz-Süd. — Gegenmaßnahmen: 1. Bau einer Betonwanne unter der Abfüllstelle für Teer-Kesselwagen; 2. Schutz durch Überdachung aller Anlagen gegen Regen; 3. Einbau mehrerer Beton- bzw. Gußrohrleitungen, die durch Torkretierung gegen Scheidewasser, $NH_3$-Wasser u. Teergruben abgedichtet werden; 4. Einrichtung von Kontrollbrunnen im Werksgelände. — Das Phenosolvan-Verf. u. die Phenolgewinnung mit NaOH aus $NH_3$-Wasser u. Gaskondensat werden eingehend besprochen. — Ferner werden verschied. Verff. zur Phenolvernichtung beschrieben. — 9 Abbildungen. (Gas, Wasser, Wärme [Wien] **10.** 241—51. Sept. 1956. Graz.) H. Eckstein. 6036

**I. W. Skrynnik, Ss. I. Ssuchanowski** und **M. I. Tschudakow,** *Austauscheigenschaften von „Ligninsäuren".* Die „*Ligninsäuren*", in W. gut lösl. *Na-Salze*, welche sich bei der alkal. Aktivierung von Hydrolysenlignin bilden, zeigen die Fähigkeit, verschied. Metalle aus ihren Lsgg. auszufällen. So erhält man bei Zugabe von 5—10 ml einer solchen Na-Salzlsg. zu 100 ml 0,01n Lsgg. verschied. Salze folgende Mengen an ausgefällten Metallen in %: $Pb(CH_3COO)_2$ 99,75, $BaCl_2$ 97,30, $Al_2(SO_4)_3$ 95,40, $Bi(NO_3)_3$ 69,50, $FeSO_4$ 71,00, $MnSO_4$ 47,80, $NiSO_4$ 47,00, $CuSO_4$ 40,00, $CaCl_2$ 38,60, $MgCl_2$ 35,00, $CoSO_4$ 25,00. Der Charakter des Anions ist prakt. ohne Einfl. auf die Ausfällbarkeit des Kations. Aus konzentrierteren Metallsalz-Lsgg. werden größere als die zu erwartenden Mengen ausgefällt. Man hat es neben Austauscheffekten mit Adsorptionserscheinungen zu tun. Einen Einfl. zeigt auch das $p_H$ der Lösung. Die Ergebnisse sprechen für eine Verwendbarkeit der Ligninsäuren für die Ausfällung wertvoller Substanzen aus Abwässern. (Журнал Прикладной Химии [J. angew. Chem.] **31.** 655—57. April 1958. Allunions Wiss. Forschungsinst. für die Hydrolysen- u. Sulfitalkoholind.) M. Ulmann. 6042

**Herbert E. Stokinger** und **Richard L. Woodward,** *Toxikologische Betrachtungen zur Aufstellung von Standardmethoden für die Trinkwasseruntersuchung.* Toxikolog. Unterss. zwecks Aufstellung von Standardverff. zur Prüfung der Trinkwassergüte. Es werden behandelt: 1. die Schwellenwerte (die maximal erlaubte Konz.) giftiger Stoffe in der Luft der Industriegegenden; 2. dasselbe für giftige oder schädliche Rückstände in W., Lebensmitteln u. a. nach Behandlung mit Entgiftungsmitteln; 3. Klassifizierung der Giftstoffe auf Grund ihrer chem. Struktur. — Krit. Beurteilung der sogenannten nichtgiftigen bzw. unschädlichen Bestandteile des W. in Konzz. von ca. 200 mg/Liter u. ihre prakt. Auswertung; betreffs die verschied. Empfindlichkeit junger, älterer u. geschwächter Individuen, die Einw. carcinogener Stoffe u. verschied. Giftstoffkombinationen, die im allg. additiv wirken. — 6 Tabellen. (J. Amer. Water Works Assoc. **50.** 515—29. April 1958. Cincinnati, Ohio, R. A. Taft San. Engng. Center, USPHS.) H. Eckstein. 6060

**János Bognár** und **Olga Jellinek,** *Neuzeitliche Verfahren der technischen Wasseranalyse.* Bei der neuzeitlichen techn. Wasseranalyse wird die Carbonathärte, wie üblich mit 0,1n HCl, die Gesamthärte mit EDTA bestimmt. Zu dieser Titration verwenden Vff. einen neuen Metallindicator Chrombordeaux B [1-(1.5-dioxy-2-phenylazo)-5-methyl-2-oxysulfonsaures Na], dessen wss. Lsg. $<7$ ph gelb ist, die Farbe geht in auf $p_H$ 9—10 gepufferter Lsg. in Ggw. von Ca-, Mg-, Zn-Ionen in Pfirsichgelb über u. schlägt bei der Titration im Endpunkt in Violett um. $Ca^{2+}$ u. $Mg^{2+}$ kann auch nach Körös (C. **1955.** 1805) bestimmt werden. Der Gesamtmineralgeh. ergibt sich nach Kationenaustausch (Wofatit F oder P, Amberlite IR-120) u. Titration mit 0,1n NaOH. Aus diesen Werten ergibt sich auch ohne weiteres der Alkaligehalt. (Kohászati Lapok **13** (**91**). 508—12. Okt./Nov. 1958.) J. Plank. 6062

**Hans Erich Hömig,** Physikochemische Grundlagen der Speisewasserchemie. Essen: Vulkanverl. Classen. 1959. (255 S. m. 70 Abb.) 8°. DM 54,—.

**Paul Oesterle und Hans Helmuth Wundsch,** Aktuelle Probleme in der Abwasserhygiene. Maßnahmen zur Reinhaltung unserer Gewässer im Rahmen des Ministerratsbeschlusses vom 15. März 1956 (Gesetzblatt 30/10). Berlin: Akademie-Verl. 1959. (28 S.) 4° = Abhandlungen d. Deutschen Akademie d. Wissenschaften zu Berlin. Klasse f. Chemie, Geologie u. Biologie. Jg. 1959, Nr. 1. DM 2,80.

## V. Anorganische Industrie.

**E. Muñoz Larrea** und **J. M. Rafols Rovira,** *Natriumsulfat. Beitrag zu seiner Anwendung in der Fabrikation von Natriumcarbonat und Ammoniumsulfat.* Als Grundlagen des modifizierten Solvay-Verf. mit $Na_2SO_4$ statt NaCl werden die beteiligten Gleichgewichte erörtert: bei der Carbonisation von ammoniakal. NaSO-Lsgg. die Gleichgewichte zwischen $Na^+$, $NH_4^+$, $SO_4^{2-}$ u. $HCO_3^-$ bei 15 u. 40°; bei der Gewinnung von $(NH_4)_2SO_4$ die Gleichgewichte des Syst. $(NH_4)_2SO_4$–$Na_2SO_4$–$H_2O$ bei —10, 30 u. 100°. In einer Tabelle werden die von verschied. Seiten gefundenen Versuchswerte zusammengestellt. — 57 Literaturhinweise. (Ion [Madrid] **19.** 324—29. Mai 1958. Barcelona, Aprovech. Salineros S. A. [APROSA].) R. K. Müller. H 274

**J. Marshall Downey,** *Bemerkungen zur Erzeugung von Pottasche.* Übersicht über Entw. der Verff. des Abbaus der Amin- u. Seifenflotation u. Kristallisation von $K_2CO_3$ u. seines Verbrauchs in den letzten 10 Jahren. (Mining Engng. **10.** 1253—56. Dez. 1958. Carlsbad, N. M., Southwest Potash Corp.) W. Wesly. H 275

**Friedrich Erdmann-Jesnitzer** und **Fritz Günther,** *Fließverhalten von polykristallinem Steinsalz nach Wasserbenetzung.* An polykristallinen, zylindr. Steinsalzproben (Höhe = Durchmesser = 50 mm) in Luft u. unter W. bis zu 500 Sek. ausgeführte Druckverss. zeigen eine mit dem Druck steigende Verformungsgeschwindigkeit, die für wasserbenetzte Proben größer ist als für unbenetzte, woraus sich Gefahrenmomente für Frischwassereinbrüche in Salzbergwerken ergeben. Entsprechende an Rohrzucker ausgeführte Unterss. zeigen so starke Schwankungen, daß kein Zusammenhang zwischen Benetzungsdauer u. Festigkeit bzw. Verformungsvermögen abgeleitet werden kann. (Bergakademie [Freiberg] **10.** 384—87. Juli 1958. Inst. für Metallkunde u. Materialprüfung.) W. Wesly. 6148

**A. Kalman, F. Ropceanu, Laura Creangă, N. Zorio** und **Georgetta Buduci,** *Die Verarbeitung rumänischer Diatomite und deren Verwendungsmöglichkeiten.* (Vorl. Mitt.) Als Anwendungsbereiche für rumän. Diatomite werden untersucht: Filtration von W. u. anderen Fll., als Rohstoff für die Herst. von Alkali- u. Erdalkalisilicaten, $SiCl_4$, als Katalysatorträger u. Adsorptionsmittel sowie als Isoliermittel. (Rev. Chim. [Bucureşti] **8.** 158—61. März 1957.) R. K. Müller. 6148

**Andrzej Waksmundzki** und **Janusz Barcicki,** *Entkalkte Kreideformationen als Bleicherde.* Entkalkte Kreidebildungen, die an der Weichsel in Form von Kieselerde mit 87,7% $SiO_2$, 2,6% $Al_2O_3$ u. geringen Mengen $Fe_2O_3$, CaO u. MgO auftreten, zeigen nach Mahlen auf Korngrößen $<0,1$ mm u. Trocknen auf 105° gute Bleichwrkg.: 1 g entfärbt 5 ml rohes Rapsöl bei 100° prakt. vollkommen. (Ann. Univ. Mariae Curie-Sklodowska, Sect. AA **8.** 1—8. 1953, herausgeg. 1955. Lublin.) F. Urban. 6156

**A. Ianu, D. Totoescu** und **Zinaida Coşocaru,** *Das Verhalten einiger Rückstände der Verarbeitung nickelhaltiger Serpentine.* Die bei der Extraktion von MgO aus Ni-haltigen Serpentinen mit $(NH_4)_2SO_4$ verbleibenden Rückstände eignen sich nach alkal. oder saurer Extraktion als Bleicherde mit gleicher Wrkg. wie die Bleicherde Sondafin, z. B. bei einer Lsg. von 5% Erdöl in Benzin. (Rev. Chim. [Bucureşti] **8.** 154—57. März 1957.) R. K. Müller. 6156

**Soc. An. des Manufactures des Glaces et Produits Chimiques de Saint-Gobain, Chauny & Cirey,** Frankreich, *Herstellung von Ammoniumsulfat* durch Rk. von $SO_2$ mit $NH_3$ in Ggw. von W. u. Luft in gasförmiger Phase. Dabei wird die 6fache der theoret. notwendigen Menge W. u. ein leichter Überschuß an $SO_2$ angewandt; Temp. 70—80°. — Zeichnung. (**F. P. 1 119 169** vom 25/6. 1954, ausg. 15/6. 1956.) M. F. Müller. H 243

**Jones & Laughlin Steel Corp.**, Pittsburgh, übert. von: **Carl F. Allison, George M. Dreher,** Mount Lebanon Township, Allegheny County, und **Charles A. Trathowen,** McKeeport, Pa., V. St. A., *Gewinnung von Ammonsulfat* aus schwefelsauren Eisenbeizlaugen. Man fügt zu der Lauge $(NH_4)_2CO_3$, $NH_4HCO_3$ u./oder $NH_2COONH_4$, wobei sich $(NH_4)_2SO_4$ u. $FeCO_3$ bilden. Setzt man der Lsg. nun $NH_4OH$ oder NaOH bis zum $p_H > 9$ zu, so fällt $Fe(OH)_2$ aus, während man aus dem Filtrat $(NH_4)_2SO_4$ gewinnt. (**A. P. 2 845 332** vom 24/9. 1954, ausg. 29/7. 1958.) H. Nebelsiek. H 243

**Martin Schmeisser,** Aachen (Erfinder: **Martin Schmeisser** und **Friedo Huber**), *Herstellung von Stickstofftrifluorid* durch Elektrolyse, dad. gek., daß eine Lsg. von Harnstoff in wasserfreiem HF elektrolysiert wird. — Z. B. werden 200 g Harnstoff bei $-10^0$ in ca. 2 Liter wasserfreiem HF gelöst u. bei 6 V u. ca. 20 A elektrolysiert. Die flüchtigen Reaktionsprodd. werden über festes KF geleitet u. mit alkal. $Na_2S_2O_3$-Lsg. gewaschen. Das erhaltene Rohprod. wird im Hochvakuum zwischen $-183$ u. $-196^0$ fraktioniert, dest. u. so von allen Verunreinigungen bis auf ca. 1% $CF_4$ befreit. Verwendung als *Dielektrikum* sowie als F abgebender Stoff. (**D. A. S. 1 052 369** vom 16/12. 1957, veröff. 12/3. 1959.) K. Demmler. H 246

**Farbwerke Hoechst Akt.-Ges., vormals Meister Lucius & Brüning** (Erfinder: **Rudolf Hirschberg**), Frankfurt/M., *Kontinuierliche Herstellung von Chlordioxyd* durch Rk. eines Alkali- oder Erdalkalichlorats mit $SO_2$ in saurer Lsg., dad. gek., daß die Rk. in 2 Stufen vorgenommen wird mit der Maßgabe, daß in der 1. Stufe die Hauptmenge, ca. 70—95%, des eingesetzten Chlorats bei Konzz. $>1{,}0$ Gew.-% der Reaktionslsg. u. die in der 1. Stufe nicht umgesetzte Menge des Chlorats in der 2. Stufe mit soviel $SO_2$ umgesetzt wird, daß die Konzz. $<1{,}0$ Gew.-% sind, wobei die Tempp. in den beiden Reaktionsstufen zwischen ca. 15 u. ca. $60^0$, bes. bei $30-50^0$, liegen. (**D. A. S. 1 051 256** Kl. 12i vom 9/11. 1957, veröff. 26/2. 1959.) K. Demmler. H 247

**Callery Chemical Co.,** Pittsburgh, Pa., übert. von: **Nelson F. Murphy** und **Richard S. Tinsley,** Blacksburg, Va., V. St. A., *Elektrolytische Gewinnung von Bor.* Ein Gemisch aus $K_2CO_3$ bzw. $Na_2CO_3$, $KBF_4$ bzw. $NaBF_4$ u. $B_2O_3$ im Mol-Verhältnis 1:1:1 bis 2:2:1 wird auf über $900^0$, bis die $CO_2$-Abgabe aufgehört hat, erhitzt u. die Schmelze dann, je nachdem, ob im Gemisch die K- oder Na-Verb. vorliegt, bei $750-875^0$ unter Verwendung von Graphitanoden u. Stahlkathoden, an denen sich B abscheidet, elektrolysiert. (**A. P. 2 848 396** vom 4/2. 1955, ausg. 19/8. 1958.) K. Wolk. H 258

**Badische Anilin- & Soda-Fabrik Akt.-Ges.,** Deutschland, *Herstellung von sehr fein verteiltem $SiO_2$ oder Metalloxyden,* wie *$Al_2O_3$* oder *$TiO_2$*, oder Gemischen oder Verbb. von beiden durch Erhitzen von Dispersionen oder koll. Lsgg. von $SiO_2$ oder der Metalloxyde oder der Gemische davon auf die krit. Temp. unter dem krit. Druck. Man verwendet z. B. koll. Lsgg., die man aus den Ausgangsstoffen herstellt, indem man die Gele unter hohem Druck in W. oder in organ. Fll. einfließen läßt. — Zur Herst. von sehr feinem $SiO_2$ von geringer D. verwendet man ein $SiO_2$-Sol, welches erhalten wurde durch Peptisieren eines $SiO_2$-Hydrogels bei $150-180^0$, mit einem Zusatz geringer Mengen einer alkal. Substanz, z. B. $NH_4OH$. — Zeichnung. (**F. P. 1 109 779** vom 13/10. 1954, ausg. 1/2. 1956. D. Prior. 14/10. 1953.) M. F. Müller. H 261

**Büttner-Werke Akt.-Ges.** (Erfinder: **Kurt Giesswein**), Krefeld, *Herstellung von Natriumtripolyphosphat,* wobei Lsgg. von Orthophosphatgemischen in einem Zerstäubungstrockner getrocknet u. teilcalciniert werden u. die Fertigcalcinierung in einer 2. Stufe nicht nach dem Sprühverf. in Ggw. von Wasserdampf erfolgt, dad. gek., daß als Heizmedium in der 2. Stufe Dampf von $200-400^0$ verwendet wird. — Zeichnung. (**D. A. S. 1 050 737** Kl. 12i vom 23/7. 1956, veröff. 19/2. 1959.) A. Gradl. H 264

**Godfrey L. Cabot, Inc.,** Boston, übert. von: **Robert D. Beattie,** Cambridge, und **Laurent P. Michel,** Watertown, Mass., und **Charles A. Stokes,** Houston, Texas, V. St. A., *Herstellung von Siliciumtetrachlorid,* dad. gek., daß eine auf 50 Maschen zerkleinerte M., bestehend aus 50—80% SiC, 3—10% C, 17—45% unred. Si-haltige Stoffe, Rest metall. Verunreinigungen, oberhalb $900^0$ mit $Cl_2$-Gas, dem ein kleiner Anteil eines $O_2$-haltigen Gases beigemischt ist, umgesetzt wird. Die Rk. wird bes. im Wirbelschichtverf. durchgeführt. (**A. P. 2 843 458** vom 20/10. 1955, ausg. 15/7. 1958.) A. Gradl. H 261

**Godfrey L. Cabot, Inc.,** Boston, übert. von: **Merrill E. Jordan,** Walpole, Mass., V. St. A., *Dragieren von Metallsilicaten,* wie Wollastonit, Talkum, Al- u. Fe-Silicaten, dad. gek., daß die Silicate auf weniger als 2 $\mu$ Feinheit gemahlen u. mit mehr als 100% W. befeuchtet werden, worauf ein Filterkuchen mit 1—10% Wassergeh. geformt wird, der in Teilchen von $>2\ \mu$ zerkrümelt u. anschließend getrommelt wird. (**A. P. 2 844 444** vom 19/3. 1954, ausg. 22/7. 1958.) A. Gradl. H 261

**Diamond Alkali Co.**, Cleveland, übert. von: **William T. Gooding jr.**, Painesville, Ohio, V. St. A., *Herstellung von frei fließendem Natriumsilicat* mit F. von ca. 2000° F u. einem $Na_2O:SiO_2$-Verhältnis von 1,65:1 bis 2,25:1, dad. gek., daß eine NaOH-Lsg. mit 55—74% NaOH mit einer $Na_2SiO_3$-Lsg. mit einem $Na_2O:SiO_2$-Verhältnis von 1:1 bis 1:3,4 gemischt wird, u. zwar in solchen Mengen, daß das Gemisch ein $Na_2O:SiO_2$-Verhältnis von mindestens 3:1 hat u. daß das Gemisch auf mindestens 90° erhitzt, dann auf 65—90° gekühlt u. auf dieser Temp. bis zur völligen Kristallisation gehalten wird; die abgetrennten Kristalle werden mit Wärme getrocknet. (**A. P. 2 840 456** vom 4/1. 1954, ausg. 24/6. 1958.) A. GRADL. H 261

**Reymersholms Gamla Industri A/B** (Erfinder: **Karl Verner Reppestam**), Hälsingborg, Schweden, *Herstellung von Dicalciumphosphat* mit niedrigem F-Geh. aus Lsgg., die durch Aufschluß eines F-haltigen Phosphats mit z. B. HCl erhalten sind u. die mit CaO teilweise entfluoriert sind, dad. gek., daß diesen Lsgg. Hydroxylapatit zugefügt u. nach Abtrennung des Nd. das Dicalciumphosphat durch Neutralisation ausgefällt wird. Die Menge Apatit beträgt bes. 2—20% der ausscheidbaren Menge an Phosphat. (**D. A. S. 1 051 821** Kl. 12i vom 10/2. 1958, veröff. 5/3. 1959. Schwed. Prior. 15/2. 1957.) A. GRADL. H 264

**Soc. An. Progil**, Frankreich, *Reinigen von Natronlauge*, welche NaCl u. $NaClO_3$ enthält. Die Lauge wird mit fl. $NH_3$ unter Druck gesättigt. Die in der ammoniakal. Lsg. angereicherten Verunreinigungen werden durch Dest. entfernt, wobei ein sehr flüchtiges Lösungsm., z. B. ein Alkohol, verwendet wird. Die NaOH ist in der alkoh. Lsg. lösl., das NaCl u. $NaClO_3$ nur wenig löslich. Außer dem Alkohol oder einem Gemisch von Alkoholen als Lösungsm. kann noch ein Äther oder ein KW-stoff zugesetzt werden. Nach der Entfernung der Verunreinigungen wird das Lösungsm. entfernt u. die wss. NaOH konzentriert. — 2 schemat. Zeichnungen. (**F. P. 1 110 477** vom 4/9. 1954, ausg. 13/2. 1956.) M. F. MÜLLER. H 274

**VEB Farbenfabrik Wolfen**, Wolfen, Kr. Bitterfeld (Erfinder: **Felix Seidel**, Wolfen, und **Walter Singer**, Dessau), *Herstellung von Aluminiumsalzen* aus Al-Silicaten mit Säuren unter Druck u. bei erhöhten Temperaturen. Dabei schließt man die ungeglühten Al-Silicate im Autoklaven bei Tempp. von 150—250° auf u. kann an Stelle einer Säure deren Anhydrid oder Säurereste oder diese abgebende Stoffe verwenden. (**D. A. S. 1 051 828** Kl. 12m vom 4/6. 1957, veröff. 5/3. 1959.) H. NEBELSIEK. H 294

**Stanley Tucker**, Collingdale, Pa., V. St. A., *Gewinnung von Fe-freien Aluminiumverbindungen aus Tonen oder Silicaten*. Man behandelt das zerkleinerte Mineral mit 0,1 bis 5mol. $HNO_3$, filtriert von der ungelösten $SiO_2$ ab u. sättigt das Filtrat mit $CaCl_2$, um die Acidität herabzudrücken. Dann extrahiert man das Fe durch Zusatz von Methylbutylketon oder Methylisobutylketon u. behält in der wss. Phase das Al. (**A. P. 2 847 279** vom 25/5. 1955, ausg. 12/8. 1958.) H. NEBELSIEK. H 294

**United States Atomic Energy Commission**, übert. von: **Robert F. McCullough**, Glenview, Ill., V. St. A., *Gewinnung von Uranverbindungen* aus der über dem Florida-Pebble-Phosphat liegenden Schicht, die säurelösl. u. -unlösl. Silicate, z. B. des U, P, Al, Ca, Fe u. dgl., enthält. Dieses Material erhitzt man ca. 1—6 Std. auf ca. 500—700°, läßt abkühlen, schlämmt mit W. an u. leitet in den Schlamm bei ca. 25—80° 2—6 Std. $SO_2$ ein. Nach dem Verdünnen u. Abtrennen vom Unlöslichen schüttelt man das Filtrat mit einer Kerosinlsg., die 10% eines Phosphorsäureesters von Tridecylalkohol enthält, u. gewinnt durch Zusatz einer wss. HF-Lsg. aus der organ. Phase $UF_4$. (**A. P. 2 841 467** vom 18/1. 1955, ausg. 1/7. 1958.) H. NEBELSIEK. H 339

**Badische Anilin- & Soda-Fabrik Akt.-Ges.** (Erfinder: **Joseph Hille** und **Wolfgang Dürrwächter**), Ludwigshafen/Rh., *Herstellung von wasserfreiem Eisen(III)-chlorid* durch Chlorieren von metall. Fe im Schachtofen. Dabei heizt man die Gase für die Chlorierung vor ihrem Eintritt in den Ofen in einem dampfbeheizten Wärmeaustauscher auf ca. 50—200°, bes. 80—120°, vor. (**D. A. S. 1 054 978** Kl. 12n vom 7/1. 1958, veröff. 16/4. 1959.) H. NEBELSIEK. H 354

**Chemical Construction Corp.**, New York, übert. von: **Felix A. Schaufelberger**, Rye, N. Y., V. St. A., *Trennen von Kobalt- und Nickelverbindungen*. Man versetzt eine Co- u. Ni-haltige, saure Lsg. bis zum $p_H$ 8 mit CaO oder $Mg(OH)_2$ u. trennt die ausgefallenen Hydroxyde des Co u. Ni ab. Das Hydroxydgemisch schlämmt man bis zum $p_H$ 10 mit weiterer wss. CaO-Lsg. an u. leitet dabei bei 25—100° Luft durch die Aufschlämmung. Das abgetrennte, feste Hydroxydgemisch wird zwecks Entfernung der Ni-Verbb. mit verd. $H_2SO_4$ behandelt. Man erhält auf diese Weise Ni-freies $Co_2O_3$. (**A. P. 2 845 333** vom 21/6. 1955, ausg. 29/7. 1958.) H. NEBELSIEK. H 355

—, Density-composition tables for aqueous solutions of sulphuric acid. 1st revision. London: British Standards Institution. 1959. (67 S. m. Tab.) 15 s.

## VI. Silicatchemie. Baustoffe.

**Tryggve Baak,** *Die Thermodynamik des Arsens im Glas.* Zur Klärung der Rolle, die das As im Glas spielt, wurden As-haltige Gläser zwischen 900 u. 1800° geschmolzen u. die Dampfdrucke von $As_2O_3$ über dem Glas gemessen. Darüber hinaus ist auf analyt. Wege der Geh. an 3- u. 5wertigem As im Glas bestimmt worden. Aus diesen Daten gelang die Berechnung der freien Lösungsenergien der As-Oxyde. Aus diesen Werten geht hervor, daß im Glas das 5wertige As stabiler ist als das 3wertige. Dies bestätigt auch die Beobachtung, daß Salpeterzusätze zum $As_2O_3$ die As-Verdampfung erheblich herabsetzen. Weiterhin wurde die Bildungsenergie von $Na_4As_2O_7$ zu —83,6 kcal bei 1150° bestimmt. (J. Amer. ceram. Soc. **42.** 27—29. 1/1. 1959. Pennsylvania State Univ., Min. Ind.) H. SAALFELD. 6200

**B. Simmingsköld,** *Untersuchungen über den Angriff von neutralen oder schwach alkalischen Flüssigkeiten auf Glas.* Vf. beschreibt einen von ihm entwickelten App., bei dem die Fl., deren Angriff untersucht werden soll, bei einer Temp. von 97° durch das pulverisierte Glas strömt. Die Wrkg. dieses Verf. entspricht dem Angriff bei längerer Lagerzeit. Die Anreicherung des gelösten Materials wird laufend kontrolliert durch die Messung der Leitfähigkeit u. des $p_H$-Wertes über im Flüssigkeitsstrom angebrachte Elektroden. Es wird in erster Linie Na aus dem Glas gelöst. Der Einfl. von NaCl ist nicht wesentlich größer als der von W. oder schwacher KOH-Lsg., hingegen zeigen Lsgg. von Citraten einen kräftigen zers. Einfl. auf die Glasoberflächen. (Glastekn. Tidskr. **13.** 153—63. 1958.) L. KÜHNERT. 6200

**L. Šimon,** *Einige Anmerkungen zur Verwendung von radioaktiven Isotopen.* Überblick über die Möglichkeiten der Anwendung von Radioisotopen im Bauwesen u. bei der Herst. von Baustoffen, z. B. zur Best. der Geschwindigkeit von Materialien im Drehrohrofen; Sicherheitsmaßnahmen; Vorteile. (Stavivo **35.** 314—16. Aug. 1957. Praha, Úst. jad. fys.) R. K. MÜLLER. 6206

**M. Stratilík,** *Beseitigung von Strukturmängeln mittels Vibration.* Übersicht über die Möglichkeiten der Anwendung von Rüttelmaschinen bei der Herst. von keram. Materialien, bes. Elektroporzellan, Ziegeln, Schamotte, feuerfesten Materialien usw. (Stavivo **35.** 148—51. April 1957. Brno.) R. K. MÜLLER. 6208

**W. Ss. Lomakin** und **W. I. Ssawtschenko,** *Verschleißfeste Emailleüberzüge von Maschinenteilen.* Beschrieben werden Laboratoriumsunterss. u. eine Verschleißprüfvorr. zur Ermittlung der Veränderung des Verschleißes von Stahl u. emaillierten Proben in Abhängigkeit von der Untersuchungszeit. Auch wird hierbei der Einfl. der $H_2SO_4$-Konz. in einer Prüflsg. auf die Größe des Verschleißes bestimmt. Im Betrieb wurden Prüfungen emaillierter Teile im Bergbau bei verschied. geolog. Verhältnissen durchgeführt. Auch hierbei zeigten die Ergebnisse, daß die emaillierten Teile gegen Abrieb u. Korrosion beständiger sind als nichtbehandelte Stahlteile. Die Verwendung emaillierter Kohlenrutschen zeigte sich bes. wirkungsvoll unter den Bedingungen erhöhter Feuchtigkeit der Kohlen, wo die n. Rutschen einer intensiven Korrosion unterworfen sind. (Вестник Машиностроения [Nachr. Maschinenbau] **38.** Nr. 2. 64—66. Febr. 1958.) H. HOCHSTEIN. 6212

**Viktor Bauma,** *Verfahren zur Trocknung des Kaolins.* (Vgl. C. **1959.** 7595.) Beschreibung der verschied. Methoden zum Trocknen von Kaolin. (Bányaszati Lapok **13** (**91**). 774—79. Dez. 1958.) J. PLANK. 6216

**O. P. Nicholson,** *Feuerfeste Stoffe.* Übersicht über Grundstoffe, Gewinnung, Zus., Eigg., Prüfung u. Anwendung von feuerfesten Stoffen. — 30 Literaturangaben. (Metal Ind. [London] **88.** 165—67. 2/3. 189—92. 9/3. 209—12. 16/3. 230—32. 23/3. 245—48. 30/3. 1956.) W. WESLY. 6218

**F. C. Roe,** *Die Erzielung höherer Verschleißfestigkeit durch keramische Stoffe.* Übersicht über die Eigg., bes. Verschleißfestigkeit u. Härte der z. Z. verfügbaren keram. Stoffe: Hart gebrannte Tone u. Porzellane, Sonderporzellane, Basalt, keram. gebundenes SiC, gesintertes $Al_2O_3$, B-Carbid, geschmolzene Gußwerkstoffe. (Iron Age **178.** Nr. 21. 91—94. 22/11. 1956. Perth Amboy, N. J., Carborundum Co., Techn. Serv.) W. WESLY. 6220

**A. Froimescu** und **V. Ille,** *Einfluß der mineralogischen Zusammensetzung des Zements auf die physikalisch-mechanischen Eigenschaften des Betons und des Eisenbetons. Langsames Kriechen.* Die Kriechverformung (KV) wird an Betonbalken untersucht, die auf 2 Stützen gelagert u. vertikal belastet werden. Mit zunehmender Wasserzementzahl nimmt die KV zu. Bei Verwendung verschied. Zemente nimmt die KV ab in der Reihenfolge $2CaO \cdot SiO_2$-Zement > $3CaO \cdot SiO_2$-Zement > Portlandzement (KV sehr gering). Mit zunehmender Armierung nimmt die KV ab. Mit zunehmender Belastung nimmt die KV zu. (Studii Cercetări Mecan. apl. **6.** 589—605. Juli/Dez. 1955.) R. K. MÜLLER. 6222

**M. Weissenberg** und **S. Ciungu**, *Einfluß der mineralogischen Zusammensetzung des Zements auf die Adhäsion zwischen Beton und Armierung.* Bei Beton mit 3 Sorten Zement: **I** mit überwiegend $3CaO \cdot SiO_2$, **II** mit überwiegend $2CaO \cdot SiO_2$ u. **III** mit der Zus. von Portlandzement wird nach 7, 28 u. 90 Tagen mit Wasserzementzahl 0,65 u. 0,50 die Haftfestigkeit gegenüber der Armierung untersucht. Die geringste Haftfestigkeit zeigt in den ersten Monaten der Beton mit **II**, jedoch nimmt die Haftfestigkeit bei diesem gelreichen Beton rascher zu als bei demjenigen mit **I** u. **III**. Je höher der Gelgeh. des Zements ist, desto kleiner ist das Verhältnis Zugfestigkeit : Haftfestigkeit, desto kleiner ist auch der Abstand der bei Biegebroben auftretenden Risse. (Studii Cercetări Mecan. apl. **6.** 571—88. Juli/Dez. 1955.) R. K. MÜLLER. 6222

**S. Bechyně** und **E. Filčáková**, *Das Impfen des Zements und Betons.* In Verss. mit Zement u. Beton wird gezeigt, daß ein Zusatz eines Impfstoffs das Erhärten beschleunigt, noch mehr, wenn daneben noch 2% $CaCl_2$ zugesetzt werden. (Stavivo **35.** 311—12. Aug. 1957. Praha.) R. K. MÜLLER. 6224

**György Balázs, János Kelemen** und **József Kilián**, *Neues Verfahren zur Beschleunigung des Erhärtungsvorganges der Betone.* Vff. versuchten das Beschleunigungsverf. von DURIEZ u. LÉSY auf ungar. Zemente anzuwenden. Abweichend von den üblichen Verff. zur Beschleunigung des Erhärtungsvorganges, werden zur Betonmischung sogenannte Kristallisationskeime zugegeben, welche aus demselben Zement unter festgelegten Bedingungen durch Hydratation gebildet werden. Mit diesen Nichtfremdstoffen kann die Festigkeit des 2- u. 7 tägigen Betons um 10—30% erhöht werden. Für jede Zementsorte muß Hydratationsart u. Menge der Kristallisationskeime getrennt bestimmt werden. Die Hydratation kann durch 7 tägiges Dämpfen bei 100° oder 28 Tage bei 20° in einer Klimakammer mit 90—100% relativer Feuchtigkeit durchgeführt werden. Vorteilhaft kann man dieses Verf. mit anderen festigkeitsbeschleunigenden Verff. kombinieren (z. B. $CaCl_2$), ohne Schädigung der Eisenbewehrung. (Épitöanyag [Baumaterial] **10.** 326—31. Sept. 1958.) J. PLANK. 6224

**L. Hrdlička** und **E. Viktora**, *Feuerbeständige Betone aus Portlandzement.* Mit Portlandzement als Grundmaterial können feuerfeste Betone mit Zusatz von Tonen, Schiefertonen, Flugasche, Schamotte, Kieselgur u. Sägespänen hergestellt werden. Verss. mit verschied. Gemischen werden in einer Tabelle zusammengefaßt. (Stavivo **35.** 141—44. April 1957. Praha.) R. K. MÜLLER. 6224

**Pedro López Gómez**, *Calcinieren von Kalkstein und Zement in Drehöfen.* 2. Mitt. (1. vgl. C. **1958.** 2249.) Überblick: Beziehung zwischen Brenntemp. u. Koksverbrauch; Kontrolle der Gebläseluft; Kennwerte der Gebläse; Druckverhältnisse im Ofen; Aufwand an mechan. Energie; Beziehung zwischen Druck u. Drehzahl. (Ion [Madrid] **18.** 12—16. Jan. 1958. Santander, A. E. de Prod. Dolomíticos.) R. K. MÜLLER. 6226

**Béla Csizi**, *Die Untersuchung der Erzeugnisse der Ziegel- und Dachziegelindustrie.* Beschreibung der Methoden zur Best. der Festigkeit, Wasseraufnahme, Wasserhaftfähigkeit, Frostbeständigkeit, schädlicher Einschlüsse, ausblühender Salze u. Wärmeleitfähigkeit grobkeram. Erzeugnisse. Besprechung der diese Eigg. beeinträchtigenden Faktoren. (Építőanyag [Baumaterial] **10.** 389—96. Nov. 1958.) J. PLANK. 6228

**Pierre Tyvaert**, *Versuche hinsichtlich des Haftvermögens und der Sprödigkeit von hochgebrannten Emailüberzügen auf Gußeisen und Stahlblech.* Beschreibung der zur Unters. an Probekörpern geeigneten apparativen Ausrüstung sowie Mitt. der an Gußeisen u. Stahlblech ermittelten Werte. (Fonderie **1956.** 185—97. Mai.) K. HILLINGER. 6240

**W. Ward**, *Spektrographische Analyse von opaken Gläsern.* Die Entw. einer Meth. der spektrograph. Analyse für opake Gläser erscheint wichtig im Hinblick auf die für eine vollständige Analyse benötigte Zeit von 5 Tagen u. die besonderen Schwierigkeiten, die dabei auftreten. Vf. beschreibt die bei seinen Verss. verwendete Einrichtung. Die gepulverte Probe wird mit einem Teil Silberoxyd u. 3 Teilen Pulver spektralreiner Kohle gemischt. Dieser Mischung wird als Vergleichsmaterial für die Mehrzahl der Metalle Co, für Zn Cd u. für Erdalkalimetalle Sr zugegeben, deren Linien als Bezugslinien verwendet werden. Die Elektrode wurde mit einem 4 mm tiefen, 2,4 mm im Durchmesser haltenden Krater versehen, in den das Untersuchungsmaterial eingebracht wurde. Vf. macht genaue Angaben über die für die Analyse geeigneten Linien von Fe, Al, Cr, Zn, Mn, Ba, Ca, Mg u. B u. gibt in Tabellen u. Kurven Vgll. der Genauigkeit der chem. u. der spektrograph. Analyse. (J. Soc. Glass Technol. **42.** Trans. 240—47. Okt. 1958.) L. KÜHNERT. 6242

**H. Otterbein,** *Eine verbesserte komplexometrische Calcium–Magnesium-Bestimmung.* Es wird eine relativ einfache Titriervorr. u. opt.-elektr. Endpunktsanzeige für die komplexometr. Ca- u. Mg-Best. angegeben sowie eine Arbeitsvorschrift für die Best. von Ca u. Mg (allein oder neben Ca) u. für die Analyse von Zement u. Kalk. Die Genauigkeit beträgt für CaO 0,05% der Einwaage, für MgO ca. 0,1%. Die Zeitdauer für die *Zementanalyse* läßt sich mit dem beschriebenen Verf. wesentlich verkürzen. (Zement-Kalk-Gips **10 (46).** 57–60. Febr. 1957. Lengerich/Westfalen.) P. NEY. 6252

**K. H. Schmidt,** *Bestimmung des Mischungsverhältnisses von Mörtel und Beton bei Anwesenheit von Kalkstein.* Die Meth. benutzt die Erscheinung, daß die Luftkohlensäure unserer Atmosphäre kleine Mengen von radioakt. C (**I**) enthält im Gegensatz zu der im Kalkstein gebundenen Kohlensäure, bei der im Laufe von 50000 bis 100000 Jahren ein völliger Zerfall des **I** erfolgt ist. Durch Säureeinw. wird das Gesamt-$CO_2$ frei gemacht, gewogen u. an einem Teil die Radioaktivität bestimmt. Hieraus kann auf die Menge des Kalksteinzuschlages rückgeschlossen werden, wenn es gilt, die Ursache unzureichender Festigkeit zu ermitteln. (Zement-Kalk-Gips **11 (47).** 491–93. Nov. 1958. Stuttgart.) G. FRIKELL. 6254

---

**Deutsche Spiegelglas Akt.-Ges.,** Freden/Leine (Erfinder: **Otto Gott,** Delligsen), *Entgasen von Glasschmelzflüssen.* Am Boden des Schmelzgefäßes wird intermittierend mit einer Frequenz von 2–50 Hz Fl., bes. W., in Mengen von 0,2–2 $cm^3$ eingespritzt. Durch die in der ca. 1400° heißen Schmelze entstehenden Explosionen wird auf Grund der örtlich wechselnden Verdichtungen u. Verdünnungen spontan Entgasung bewirkt. (**D. A. S. 1 038 721** Kl. 32a vom 14/9. 1954, veröff. 11/9. 1958.) G. FRIKELL. 6175

**Titangesellschaft m. b. H.,** Leverkusen (Erfinder: **Malcolm Douglas Beals,** Fanwood, N. J., und **Edward August Giess,** Alfred, N. Y., V. St. A.), *Frittenzusammensetzung zum Herstellen von undurchsichtigen, weißen keramischen Glasuren* aus 50 bis 65 (Mol.-%) $SiO_2$, 4–12 $Al_2O_3$, 6–18 $TiO_2$, bis zu 6 $ZrO_2$, 10–18 $Na_2O$ u. $K_2O$, ca. 7 bis 15 Erdalkalioxyd, wie CaO, MgO, SrO oder deren Gemische, die teilweise durch BaO, PbO, CdO oder ZnO ersetzt sein können. F u. $P_2O_5$ können vorhanden u. $Na_2O$ bis zu 35 durch $Li_2O$ ersetzt sein. Die Fritten werden wie üblich durch Schmelzen, Abschrecken in W. u. Vermahlen hergestellt. Sie werden für Glasuren von hohem Glanz verwendet u. eignen sich, mit Farboxyden versetzt, für Glasuren mit Pastelltönen. (**D. A. S. 1 048 532** Kl. 80b vom 5/2. 1957, veröff. 8/1. 1959. A. Priorr. 7/2. u. 31/7. 1956.) F. REINHART. 6213

**Guido Busconi Francalanci,** Florenz, Italien, *Dekorieren von Glas, Porzellan und anderen Keramikwaren.* Man trägt einen Grund aus z. B. Gold auf, brennt bei 450–750° (wobei die niedrigen Werte für Glas, die höheren für Porzellan gelten), bringt das Muster auf u. brennt bei einer niedrigeren Temp. von 400–650°. (**It. P. 494 599** vom 10/12. 1952.) K. KOEBKE. 6213

**Zirconal Ltd.,** London, England (Erfinder: **Clifford Shaw**), *Feuerfeste Erzeugnisse.* Mehrschichtige feuerfeste Körper werden durch aufeinanderfolgendes Gießen von Schlickern hergestellt, die aus verschied. feuerfesten Grundstoffen, wie SiC für die erste u. $Al_2O_3 \cdot SiO_2$ für die zweite Schicht, einem niederen Alkylsilicat als Bindemittel, einem Lösungsm., z. B. einer methylierten Alkohol–W.-Mischung u. einem Beschleuniger für die Ausfällung der Schlicker bestehen. Hierbei wird die Menge des Beschleunigers derart abgestimmt, daß die zuerst gegossene Schicht langsamer ausfällt u. erhärtet als die folgende. Die Prodd. werden getrocknet u. bei ca. 1450–1500° gebrannt. (**E. P. 796 703** vom 21/11. 1955, ausg. 18/6. 1958.) F. REINHART. 6219

**ARBED (Aciéries Réunies de Burbach-Eich-Dudelange), Soc. An.,** Luxemburg, *Feuerfeste Stoffe* (Kohle- u. Graphitelektroden, Magnesia-, Dolomit- u. Kohlesteine, Konverterböden), die mit C-haltigen Verbb. bzw. KW-stoffen behandelt werden sollen, werden durch Einführung in einen auf 600–2500° erhitzten Ofen so schnell auf die Zersetzungstemp. der KW-stoffe erhitzt, daß diese keine Gelegenheit mehr haben, um sich verflüchtigen zu können. Das C-haltige Material kann entweder bereits als Bindemittel in den feuerfesten Stoffen enthalten sein oder wird von außen dem Ofen zugeführt. (**F. P. 1 164 414** vom 12/1. 1957, ausg. 9/10. 1958. Luxemburg. Priorr. 13/1. u. 22/12. 1956.) O. KAYSER. 6219

**Wiedes Carbidwerk Freyung m. b. H.,** Freyung vorm Wald, *Stäbe und Rohre aus einem hochschmelzendem Oxyd–Metall-Gemisch.* Aus Gemischen eines hochschm. Metalloxyds, wie $ZrO_2$ oder $Al_2O_3$, u. eines Metalls, wie W oder Mo, oder C oder mehrerer solcher Oxyde oder Metalle wird ein Rohr gebildet, mit feinkörnigem $ZrO_2$ oder $Al_2O_3$ gefüllt oder ausgekleidet u. auf Tempp. erhitzt, die oberhalb des F. des Oxyds oder der

Oxydgemische liegen. Die Prodd. können als Heizleiter oder Leuchtstäbe bei 2000° oder darüber verwendet werden. (**D. A. S. 1 041 852** Kl. 80b vom 22/4. 1955, veröff. 23/10. 1958.) F. REINHART. 6221

**Dyckerhoff Zementwerke Akt.-Ges.**, Wiesbaden, *Sulfatbeständiger Portlandzement.* Die Zus. des Klinkers ist auf einen $Al_2O_3$-Modul von 0,45—0,60, bes. 0,50—0,55, u. auf einen Silicatmodul > 1,8 eingestellt. Der Klinker soll mindestens 1½mal soviel $3CaO \cdot SiO_2$ wie $Fe_2O_3$-haltige Mischkristallphase enthalten. (**D. A. S. 1 054 366** Kl. 80b vom 25/10. 1957, veröff. 2/4. 1959.) HANS HOFFMANN. 6223

**Heinrich Franz Heymann**, Belgien, *Wasserdichtmachender Zusatz zum Zementmörtel*, der auch als wss. Brei, gegebenenfalls im Gemisch mit Zement u. Sand, zur Behandlung (Verkitten) von frischem u. altem Beton (Betonstraßen, Mauerwerk) verwendet werden kann, bestehend aus: Alkalialuminat, Alkaliseife, Alkalihydroxyd, $CaCl_2$, $SiO_2$ u. Glycerin. — Beispiel: Zu einer wss. Lsg. von 3 (Teilen) Fettsäuren, 2 Harzseife, 7 NaOH u. 0,5 Glycerin wird eine wss. Lsg. von 36 $AlCl_3$ u. 42 KOH u. eine wss. Lsg. von 24 KOH, 30 CaO u. 9 $CaCl_2$ gegeben. (**F. P. 1 157 365** vom 1/8. 1956, ausg. 29/5. 1958.) O. KAYSER. 6227

**Hinrich Reimers G. m. b. H.** (Erfinder: **Hinrich Reimers**), Neustadt/Weinstraße, *Raumverkleidungsplatte*, gek. durch eine der Wand zugekehrte Dämmplatte u. eine darüber angeordnete Abdeckplatte, die aus einer aus Anhydrit, Fasern u. Korkschrot bestehenden Schicht besteht u. die durch Anstrich oder Tapete abgedeckt sein kann. — Schall- u. Wärmedämmung wie zweischalige Wand. (**D. A. S. 1 049 561** Kl. 37b vom 19/12. 1953, veröff. 29/1. 1959.) H. SCHINDLER. 6229

**Zonolite Co.**, Chicago, Ill., übert. von: **Glenn Sucetti**, Grass Valley, Calif., V. St. A., *Herstellung wasserabweisender Leichtzuschlagstoffe für anorganische Bindemittel.* Zur Vermeidung der unerwünschten Aufnahme von W. werden Prodd. wie expandierter Perlit oder Vermiculit bei 300—2100° F mit einer wss. Dispersion wasserabweisender Materialien, wie Asphalt, behandelt. Durch die Bldg. einer Dampfdispersion dieser Substanz werden die Füllstoffteilchen mit einem gleichmäßigen ca. 10 μ starken Film überzogen. (**A. P. 2 824 022** vom 16/2. 1955, ausg. 18/2. 1958.) G. FRIKELL. 6235

---

**Ulrich Hofmann, Theodor Ernst** und **Artur Zwetsch**, Vergleichende Prüfung der Verfahren zur quantitativen Mineralanalyse bei Tonen und Kaolinen. Bonn: Verl. d. Dt. Keram. Ges. 1958. (47 S.) 4° = Fachausschußbericht d. Dt. Keram. Gesellschaft Nr. 12. DM 11,—.

## VII. Agrikulturchemie. Schädlingsbekämpfung.

**L. I. Stremowski** (unter Mitarbeit von **Ss. I. Ssacharow** und **A. P. Tkatschuk**), *Extraktion des Phosphats aus Obolussandsteinen nach der Flotationsmethode.* Bei der Verarbeitung des mit Phosphatadern durchzogenen Gesteins von Kingisepp aus grob- bis mittelkörnigem Quarzsand durch selektive Zerkleinerung unter Ausnutzung der Härteunterschiede u. anschließende Flotation unter Zusatz von Kerosin gelingt es, das $P_2O_5$ bis zu 85—90% auszubringen; als weitere Flotationsreagentien werden Wasserglas, Soda u. Sulfatseife verwendet. Die erhaltenen Prodd. können auf Superphosphat verarbeitet oder direkt als P-Düngemittel verwendet werden. (Химическая Промышленность [Chem. Ind.] **1958**. 476—81. Dez.) R. K. MÜLLER. 6282

**A. B. Bekturow, Ss. I. Kalmykow** und **W. W. Tichonow**, *Geschmolzene Magnesiumphosphate aus Phosphoriten des Kara-Tau und Astrachanit.* Durch Schmelzen u. kurzzeitiges Erhitzen auf 1400° eines Gemisches von 100 (Gewichtsteilen) *Phosphorit* von Kara-Tau bzw. *Apatitnephelinerz* [28,3 bzw. 26,5 (%) $P_2O_5$ u. 12 bzw. 13,9 $SiO_2$], 5 $SiO_2$, 50 bzw. 45 entwässertem *Astrachanit* (**I**; 56,7 $Na_2SO_4$, 41,3 $MgSO_4$) u. Steinkohle im Mol-Verhältnis C : **I** = 3 : 1 erhält man ein Mg-haltiges Düngemittel mit 23—24 bzw. 22,7% $P_2O_5$, das fast quantitativ in Citronensäure lösl. ist. Für **I** abweichender Zus. werden optimale Chargen angegeben. Technolog. günstig ist die Benutzung eines Cyclonofens. Der F-Geh. des Materials sinkt dabei auf 0,04—0,11%, das Düngemittel kann leicht als Granulat gewonnen werden. 93,2% des $P_2O_5$ sind citratlöslich. (Вестник Академии Наук Казахской ССР [Nachr. Akad. Wiss. KasachSSR] **14**. Nr. 6. 53—61. Juni 1958.) H. HUBER-EMDEN. 6282

**D. W. Chan**, *Die Zusammensetzung der Humusstoffe und ihre Beziehung zum Mineralteil des Bodens.* Auf Grund der Unterss. über die Zus. der Humusstoffe (**I**) in einem Wiesenhumusboden, einem dunkel gefärbten Rasenwiesenboden, einer Schwarzerde auf lehmigem Löß u. einem mittelpodsoligen Rasenboden schlägt Vf. vor, die Böden in Fraktionen mit verschied. **I**-Geh. aufzuteilen. 92—97% der gesamten **I**-Menge sind in 3 Fraktionen enthalten. Davon sind 60—70% an die Fraktion < 1 μ (Mineralien der

Montmorillonitgruppe) gebunden, 5—23% an die Fraktion der amorphen Kieselsäure; 10—14% liegen in freier Form vor. Die in den genannten 3 Fraktionen enthaltenen I lösen sich teilweise in Laugen in Form von Huminsäure u. Fulvosäuren. Von allen im Boden vorkommenden Mineralien sind für die Fixierung der I die der Montmorillonitgruppe am bedeutungsvollsten. Aus der Fraktion $< 1\,\mu$ werden je 2 Fraktionen von Fulvosäuren u. Huminsäuren isoliert. Die in den 3 Fraktionen enthaltenen I werden eingehend beschrieben. (Почвоведение [Bodenkunde] **1959.** Nr. 1. 10—18. Jan. Dokutschajew-Bodeninst. der Akad. der Wiss. der UdSSR.) O. LEBTAG. 6304

**W. C. White, Lloyd Dumenil** und **John Pesek,** *Bewertung von Reststickstoff in Böden.* Die Einfll. von Rest-N in Böden auf Sommerhafer waren 49% der Düngermengen äquivalent, die im vorangehenden Jahr zu Mais gegeben worden waren. Zur Beurteilung der Wrkg. von Rest-N eigneten sich der N-Ertrag von Hafer besser als der Korn- oder Trockensubstanzertrag. Rest-N dürfte in enger Beziehung zu den Mengen an Nitrat-N im Boden stehen. (Agronomy J. **50.** 255—59. Mai 1958. Ames, Io., Iowa Agric. Exp. Stat.) B. SCHEIFELE. 6304

**I. I. Burlatschenko, A. A. Kulik, T. M. Posnjakowa** und **A. I. Iljassow,** *Erfahrungen bei der Anwendung flüssiger Stickstoffdüngemittel.* Bericht über Düngeverss. auf Baumwollfeldern mit fl. *$NH_3$* u. „*Ammiakat A*" (I), einem Gemisch von 64—67 (%) $NH_4 \cdot NO_3$, 14—17 $NH_3$ u. 16—22 W., Gesamt-N 34—37%. Die erzielten Ernten an Rohbaumwolle betragen bei $NH_3$ bis zu 3960, bei I bis zu 3330 kg/ha u. sind von derselben Größenordnung wie bei Düngung mit festem $NH_4NO_3$. Für die weitergehende Einführung der fl. N-Düngemittel sind vor allem noch einige techn. (Einbringmaschinen) u. organisator. Fragen (Lagerung usw.) zu lösen. (Химическая Промышленность [Chem. Ind.] **1958.** 492—94. Dez. Tschirtschik, Elektrochem. Stalin-Kombinat.) R. K. MÜLLER. 6304

**M. F. Maschkowzew** und **A. N. Korshina,** *Einfluß der Stickstoffdüngung auf die Nicotinanreicherung in der Tabakpflanze.* Verss. mit 5 Sorten Tabak zeigen, daß bei Düngung mit PK (60 g $K_2SO_4$ + 30 g $KH_2PO_4$/kg Boden) die Pflanzen zunächst besser wachsen, 2½ Wochen nach der techn. Reife aber 2mal kleiner sind als bei Düngung mit NPK (100 g/kg $NH_4NO_3$ zusätzlich zu PK). Während der techn. Reife betrug mit NPK der Nicotin (I)-Geh. in den oberird. Pflanzenteilen 11%, in den Wurzeln 30% weniger als mit PK. Später war der I-Geh. ausgeglichen u. teilweise sogar mit NPK höher als mit PK. Weitere Verss. zeigen, daß in den Wurzeln sofort nach dem Abtrennen von der Pflanze (ohne Nachdüngung) das Verhältnis Zucker/lösl. N 9,4 beträgt, bei Nachdüngung mit $(NH_4)_2SO_4$ 2,88, 18 Std. nach der Abtrennung entsprechend 2,5 u. 0,73. Die I-Zerstörung steigt mit der Abnahme des Verhältnisses Zucker/lösl. N an. Die Verss. zeigen, daß Tabakpflanzen mit allmählich steigenden N-Dosen nachgedüngt werden müssen. (Агробиология [Agrobiologie] **1958.** Nr. 6. 84—92. Nov./Dez. Krasnodar, Allunions Wiss. Forschungsinst. für Tabak u. Machorka.) OTTO MAIER. 6304

**P. A. Wlassjuk** und **P. S. Lissowal,** *Verbesserung der Pflanzenernährung durch Anwendung verschiedener Formen von Kalidünger.* Bei organ.-mineral. Grunddüngung wurde die Wrkg. von *KCl* (I), *$K_2SO_4$* (II), *Kalimagnesia* (III), *Kainit* (IV) u. *Sylvinit* (V) auf podsoliertem Wiesenschwarzerdeboden untersucht. In 3jährigen Verss. wurden im Mittel folgende Ertragssteigerungen in dz/ha erzielt: Durch II Winterweizen 2,9; Zucker bei Zuckerrüben 7,8; Grasgemisch 4,7; Körner bei Mais 8,4; Erbsen 1,8; durch I 3,5; 5,8; 2,0; 6,2; 1,2; durch I + II (1 : 1) 3,5; 5,4; 4,9; 7,6; 1,9; durch IV 1,3; 3,6; 2,3; 2,0; 0,5; durch III 3,8; 10,3; 6,7; 12,2; 2,6; durch I + III (1 : 1) 4,0; 9,8; 5,2; 6,4; 2,8. Durch die Sulfatformen der Kalidünger wurden die Eiweißsynth. bei Winterweizen u. Mais sowie die Stärkebldg. in den Kartoffelknollen verstärkt u. dadurch die Qualität der Ernte wesentlich verbessert. Bei Nestereintragung bewirkten bei Kartoffeln u. Mais III u. II die höchsten Ertragssteigerungen. Bei Reiheneintragung der Kalidünger zu Zuckerrüben wurden die besten Ergebnisse mit I + V u. I + IV erzielt. Bei Buchweizen konnten wesentliche Ertragssteigerungen durch II u. III u. I + II oder I + III erzielt werden. Bei Tomaten wurde der Ertrag durch II u. III merklich gesteigert. Die Sulfatformen haben in höherem Maße als die Cl-Verbb. die Bldg. beweglicher N-Formen im Boden begünstigt. (Агробиология [Agrobiologie] **1959.** Nr. 1. 9—22. Jan./Febr. Kiew, Inst. für Pflanzenphysiol. der UkrainSSR.) OTTO MAIER. 6304

**M. G. Tschishewski** und **M. A. Korowkin,** *Über die Wirksamkeit der Kalkung saurer Böden mit verschiedenem Gehalt an beweglichem Aluminium.* Die $p_H$-Best. des Bodens reicht zur Ermittlung seines Kalkbedarfs nicht aus; dazu müssen noch die Austausch- u. hydrolyt. Acidität, die Sättigung des Bodens mit Basen u. der Geh. an beweglichem Al bestimmt werden. Sehr kalkbedürftig sind Böden mit hohem Geh. an beweglichem Al. Auf solchen Böden werden Gerste, Sommerweizen, Klee u. andere Pflanzen in ihrem Wachstum beeinträchtigt, indem sie kein n. entwickeltes Wurzelsyst. bilden u. ihre P-Aufnahme stark vermindern. Dadurch bleibt die Bldg. der reproduktiven Pflanzenteile aus. Die durch $H^+$ hervorgerufene Bodenacidität wirkt auf das Wachstum u. die Entw. der Pflanzen weniger schädigend als die durch bewegliches Al bedingte. Bei geringem Geh. an beweglichem Al erweisen sich schon kleine Kalkmengen, gegeben in einem organomineral. Gemisch oder auch in reiner Form, als wirksam. (Известия Тимирязевской Сельскохозяйственной Академии [Nachr. landwirtsch. Timirjasew-Akad.] **1958.** Nr. 3. 137—52.) M. GORDIENKO. 6304

**T. L. Iwanowskaja** und **N. Ss. Gawrilowa,** *Über die Wirksamkeit der lokalen Oberflächeneinbringung von organisch-mineralischen Gemischen zu Rübe und Kürbis.* Verss. ergaben, daß bei lokaler Oberflächeneinbringung von einem organ.-mineral. Gemisch aus 1 kg *Stalldung* + 50 g *Superphosphat* + 50 g *Phosphorit* + 100 g *Kalk* (300 g je Nest) nach der Aussaat von Rübensamen der Ertrag an Kraut um 28,7%, an Wurzeln um 25,4% erhöht wurde. Mit anderen Gemischen wurden durch die Oberflächeneinbringung ähnliche Ertragssteigerungen erzielt. Bei Kürbis wurde durch Oberflächeneintragung eines Gemisches aus 200 g Stalldung + 10 g Superphosphat + 10 g Kalk je Nest eine Ertragssteigerung bis zu 250% erzielt. (Агробиология [Agrobiologie] **1958.** Nr. 6. 93—97. Nov./Dez. Moskau, Inst. für Genetik der Akad. der Wiss. der UdSSR.) OTTO MAIER. 6304

**William A. Seay** und **L. E. DeMumbrum,** *Gehalt an Spurenelementen von acht Kentuckyböden und von Lespedeza.* Der mittlere Geh. an Spurenelementen in den Böden betrug (in p.p.m.): Co 0,2, Zn 1,7, Cu 0,8, Mn 25, Ni 0,8 u. in korean. Lespedeza: Co 0,6, Zn 10,5, Cu 10, Mn 350, Ni 2,5. Kalkdüngung verminderte die Pflanzenverfügbarkeit der 5 Elemente. Der Geh. an verfügbaren Spurenelemente kann beträchtlichen jahreszeitlichen Schwankungen unterliegen. (Agronomy J. **50.** 237—40. Mai 1958. Univ. of Kentucky, Agronomy Dep.) B. SCHEIFELE. 6304

**B. Ss. Gusseinow,** *Stoffwechsel, Wachstum und Entwicklung des weißen Maulbeerbaumes unter dem Einfluß verschiedener Relationen der Mineraldünger.* Untersucht wurde der Einfl. von *B* u. *Mn* bei Volldüngung auf Stoffwechsel, Wachstum u. Entw. des weißen Maulbeerbaumes. Katalaseaktivität, Reduktionsvermögen u. Intensität der Assimilation in den Blättern werden durch B u. Mn wesentlich gesteigert. Die Intensität der Atmung wird gegenüber der Kontrolle u. anderen Düngungen etwas verringert. Die Intensität der Transpiration wird im Laufe des Tages bei wesentlicher Verbesserung der Porenöffnung erhöht. In den trockeneren Tagesstunden verbrauchen die Pflanzen unter dem Einfl. von B u. Mn weniger W.; es wird eine wesentliche Chlorophyllanreicherung beobachtet. In den oberird. Organen u. im Wurzelsyst. der Versuchspflanzen wurde eine wesentliche Anreicherung an Trockensubstanz beobachtet. (Известия Академии Наук Азербайджанской ССР, Серия Биологических и Сельскохозайственных Наук [Nachr. Akad. Wiss. AserbaidshanSSR, Ser. biol. landwirtsch. Wiss.] **1959.** Nr. 1. 9—19.) OTTO MAIER. 6304

**D. M. Gusseinow, Sch. D. Assadow** und **A. Ju. Alijew,** *Einfluß des aus den Abfällen der Erdölindustrie gewonnenen Mikroclementdüngers auf den Ertrag der landwirtschaftlichen Kulturen.* Feldverss. in den wichtigsten Gemüseanbaugebieten von Aserbaidshan ergaben bei einer Düngung mit 30 kg/ha Mikroclementdünger (**I**; gewonnen aus Abfällen der Erdölindustrie; enthält Sulfate von Fe, Al, Cu u. Zn) im Mittel eine Ertragssteigerung an Kohl um 31,7 dz/ha gegenüber der Kontrolle, bei Düngung mit **I** + NP um 49,9 dz/ha gegenüber der Kontrolle mit NP ohne **I**. Bei Tomaten betrug die Ertragssteigerung bei Düngung mit **I** 56,9, bei Düngung mit **I** + NP 71,6 dz/ha gegenüber den Kontrollen. (Известия Академии Наук Азербайджанской ССР, Серия Биологических и Сельскохозяйственных Наук [Nachr. Akad. Wiss. AserbaidshanSSR, Ser. biol. landwirtsch. Wiss.] **1958.** Nr. 6. 109—19.) OTTO MAIER. 6304

**Joan I. Sperber,** *Freisetzung von Phosphat aus Bodenmineralien durch Schwefelwasserstoff.* Gewisse anaerobe u. aerobe Bakterien fällen durch Bldg. von $H_2S$ das als Phosphat (**I**) im Nährboden vorliegende Eisen als Sulfid. *Bac. megatherium* kann in gut belüftetem Boden $H_2S$ bilden u. dadurch möglicherweise **I** freisetzen. Vf. untersuchte den Einfl. einer 24std. $H_2S$-Behandlung auf das **I** in *Fe-*, *Ca-* u. *Al-Salzen.* **I** wurde aus Eisen-**I** durch wesentlich geringere $H_2S$-Konzz. freigesetzt als aus Tricalcium- u. Aluminium-**I** oder aus Eisen- u. Calcium-**I**. Daher dürften die $H_2S$-Konzz. der meisten Böden selbst unter anaeroben Bedingungen nur zur Freisetzung des **I** aus Eisensalzen ausreichen. Durch $Fe_2O_3$ oder $Al_2O_3$ wird die mit steigendem $H_2S$-Geh. zunehmende **I**-Freisetzung kompetitiv gehemmt. Der **I**-Geh. erreicht dabei nach mehreren Std. sein Maximum, um dann durch Rk. des **I** mit den Oxyden wieder zu fallen. In wasserreichen Silicatböden mit geringem Geh. an diesen Oxyden dürfte die **I**-Freisetzung durch $H_2S$ von Bedeutung

sein. (Nature [London] **181.** 934. 29/3. 1958. Adelaide, Waite Agric. Res. Inst., Div. of Soils, Commonwealth Scient. and Ind. Res. Organizat., Microbiol. Dep.)
HANS THIELE. 6306

**G. Ss. Muromzew,** *Die lösende Wirkung einiger Wurzel- und Bodenmikroorganismen auf die wasserunlöslichen Calciumphosphate.* Untersucht wurde die lösende Wrkg. von Bacterium altum geminum, Chromobacterium denitrificans, Mycobacterium cyaneum, Pseudomonas gracilis, Pseudomonas herbicola, Sarcina flave u. Aspergillus niger auf $Ca_3(PO_4)_2$ (**I**); *Phosphoritmehl* (**a**) u. *Apatitkonzentrat* (**b**). Eine lösende Wrkg. wurde nicht nur in saurer, sondern auch in neutraler u. sogar alkal. Lsg. beobachtet. Am stärksten ist die lösende Wrkg. auf **I**, am geringsten auf **b**. Die durch Chr. denitrificans aus **b** in Lsg. übergeführte P-Menge ist der Versuchsdauer (29 Tage Incubation) direkt proportional. Die Phosphate werden durch A. niger viel intensiver gelöst als durch die Bakterien. A. niger löst auch Phytin intensiv. (Агробиология [Agrobiologie] **1958.** Nr. 5. 9—14. Sept./Okt.) OTTO MAIER. 6306

**Ju. M. Wosnjakowskaja,** *Die Bedeutung der Stickstoffestlegung im Boden durch nichtsymbiotische Mikroorganismen.* Übersicht. — 110 Literaturangaben. (Агробиология [Agrobiologie] **1959.** Nr. 1. **37**—48. Jan./Febr.) OTTO MAIER. 6306

**J. Lipa,** *Der Einfluß von HCH auf die Bodenfauna.* 15 cm tief eingetragenes 12%ig. HCH veränderte in 18 Monaten die Bodenfauna wie folgt: Im Rübenfeld wurden bei Dosen von 70 (kg/ha) 24,4 Regenwürmer u. 4,3 Diptera je $m^2$ festgestellt, bei Dosen von 140 entsprechend 20,5 u. 6,0, bei Dosen von 200 23,3 u. 7,1, bei 400 18,3 u. 6,6 gegenüber 11,8 u. 3,8 in der Kontrolle. Im Kartoffelfeld entsprachen den gleichen Dosen 21,1 u. 0,1, 25,5 u. 0,1, 26,1 u. —, 14,6 u. — gegenüber 10,0 u. — in der Kontrolle. Der Ertrag blieb in beiden Fällen fast unverändert. (Агробиология [Agrobiologie] **1958.** Nr. 6. 135—36. Nov./Dez. Pulawy/Polen, Inst. für Pflanzenschutz.) OTTO MAIER. 6312

**József Vörös,** *Die Anwendung des Antibioticums Trichothecin gegen die Monilia der Sauerkirsche.* Vf. berichtete über erfolgreiche Verss. zur Bekämpfung der Monilia laxa Ehr. mit *Trichothecin*, hergestellt durch Extraktion der Oberflächenkultur von Trichotheoicum roseum. (Növénytermelés **6.** 65—70. 1957. Budapest, Forsch.-Inst. für Pflanzenschutz.) J. PLANK. 6312

**C. V. G. Morgan, N. H. Anderson** und **J. E. Swales,** *Einwirkung einiger Fungicide auf Obstgartenmilben in Britisch-Columbia. Kalkschwefelsprays* waren sehr wirksam gegen Metatetranychus ulmi. *S* war unwirksam gegenüber M. ulmi, aber wirksam gegen Tetranychus telarius u. Vasates schlechtendali. *Ferbam* war wirksam gegen Eotetranychus carpini borealis, während *Captan* das Wachstum von M. ulmi u. E. carpini borealis begünstigte. *Ziram* (**I**) begünstigte ebenfalls das Wachstum von M. ulmi. *Maneb* (**II**) u. *Manam* waren wirksam gegen M. ulmi u. T. telarius. Typhlodromus spp. wurden durch **I** reduziert u. durch **II** sowie durch *Karathane* (**III**) nahezu ausgerottet. Mediolata sp. wurde durch *Glyodin* red. u. durch **III** vernichtet. (Canad. J. Plant Sci. **38.** 94—105. Jan.1958.) I. KEINERT. 6312

**G. Unterstenhöfer,** *Die Bekämpfung von Pflanzenschädlingen durch Saatgutbehandlung mit systemischen Insekticiden.* (Vortrag.) Die Entw. der Saatgutbehandlung mit system. Insekticiden wird über folgende Etappen verfolgt: Naßbehandlung mit *Schradan* (**I**) u. *Demeton* (**II**), Trockenbehandlung mit **I** u. **II** unter Verwendung von Aktivkohle, Trockenbeizung mit „*Disyston*" (**III**) u. „*Thimet*" (**IV**). Das Wirkungsspektr. von **III** u. **IV** erstreckt sich auf beißende, vor allem aber saugende Insekten. (Z. Pflanzenkrankh. (Pflanzenpathol.) Pflanzenschutz **64.** 619—25. Juli/Okt. 1957. Opladen.)
H. ECKSTÄDT. 6312

**Eugeniusz Świniarski,** *Der Einfluß von Glucoalkaloiden in Solanum tuberosum und Solanum chacoense auf die Entwicklung der Kartoffelkäferlarven (Leptinotarsa decemlineata, Say). Solanin* aus Blättern von Solanum tuberosum u. S. chacoense sowie aus der Kreuzung von S. tuberosum u. S. demissum, hemmt, wenn auch schwächer als *Demissin*, die Entw. der Kartoffelkäferlarven. (Roczniki Nauk rolniczych, Ser. A **75.** 667—73. 1957. Gdańsk, IHAR.) F. URBAN. 6312

**R. S. Downing,** *Neuere in den Obstgärten von British Columbia mit neuen Acariciden durchgeführte Versuche. Chlorphenyl-p-chlorbenzolsulfonat, Fensone* (**II**); *p-Chlorphenylbenzolsulfonat*), *Chlorbenside* (**III**; *p-Chlorbenzyl-p-chlorphenylsulfid*), *Genite 923* (**IV**), *Chlorbenzilat* (**V**) u. *Kelthane* (**VI**), wirksam gegen Metatetranychus ulmi u. Bryobia arborea, wenn die Acaricide während des Rosablütestadiums bei Apfelbäumen angewendet werden. Ein Besprühen mit **VI** u. *Trithion* im Sommer vernichtete M. ulmi, während *Diazinon* nur z. T. wirksam war. **V** war wirksam gegen Bryobia arborea. **I** u. **III** schädigten das Laub der Apfelbäume, wenn sie im Rosablütestadium angewendet wurden. **I, III**

u. II schädigten die Früchte u. IV das Laub, wenn sie im Sommer zur Anwendung kamen. (Canad. J. Plant Sci. **38.** 61—66. Jan. 1958. Summerland, British Columbia, Canad. Dep. of Agric.) I. KEINERT. 6312

**Je. Ss. Kalmykow,** *Die Wirksamkeit von Chlorophos bei der Bekämpfung von Fliegen in der Stadt.* Aus den Verss. folgt, daß *Chlorophos* (I) auf Fliegen stark tox. wirkt u. daß Fliegen von den mit I behandelten Flächen angelockt werden. Vf. empfiehlt, in den Städten nur die sanitären Einrichtungen u. ihre Umgebung regelmäßig 1mal in 20 Tagen mit 100 g/m² 2%ig. I-Lsg. zu behandeln. (Медицинская Паразитология и Паразитарные Болезни [Med. Parasitol. parasit. Krankh.] **28** (**37**). Nr. 1. 53—56. Jan./Febr. 1959. Stalinabad, Inst. für Epidemol. u. Hyg.) OTTO MAIER. 6312

**W. P. Derbenewa-Uchowa** und **W. A. Linewa,** *Versuch einer Anwendung von Chlorophos bei der Bekämpfung einer gegenüber chlorierten Kohlenwasserstoffen resistenten Population von Musca domestica.* Es wird festgestellt, daß bei der Bekämpfung von Musca domestica L. durch *Chlorophos* (I) unter prakt. Bedingungen im 1. Jahr keine Anzeichen von Resistenz bei den Fliegen beobachtet werden. Bei Anwendung von I als Imagokontaktgift wurden bei Behandlung der Räume mit 1 g/m² gute Ergebnisse erzielt. Mit zunehmender Temp. steigt die Wirkung. Bei Erhöhung der Temp. von 18 auf 27° nach dem Kontakt der Fliegen konnte die I-Dosis je Weibchen zur Erreichung einer 50%ig. Sterblichkeit, von 2 auf 0,3 $\gamma$ verringert werden. 2%ig. I-Lsgg. töten die Fliegen u. können als Lockmittel verwendet werden. Bei Behandlung eines Bodens mit 2 g/m² I erreicht die Sterblichkeit der Larven 100%. (Медицинская Паразитология и Паразитарные Болезни [Med. Parasitol. parasit. Krankh.] **28** (**37**). Nr. 1. 44—53. Jan./Febr. 1959. Inst. für Malaria, med. Parasitol. u. Helmintol. des Min. für Gesundheitswesen der UdSSR.). OTTO MAIER. 6312

**Giuseppe Russo** und **Rolando Santoro,** *Versuche zur Bekämpfung der Olivenfliege in Ascea Marina (Salerno) im Jahre 1955.* (Ann. Sperimentaz. agrar. [N. S.] **12.** 333—85. 1958. C. **1959.** 1248.) R. K. MÜLLER. 6312

**D. D. Pond** und **D. Chisholm,** *Einfluß der Witterung auf DDT-Beläge bei einem Kartoffelspritzplan.* Unterss. zur Witterungsabhängigkeit der DDT-Ndd. ergaben, daß im Juli u. August gespritztes Kartoffellaub auf dem Felde während 24 Std. 26—63% der anfänglichen DDT-Beläge verliert, während unter Gewächshausbedingungen der Verlust wesentlich geringer ist. (Canad. J. Plant. Sci. **38.** 81—83. Jan. 1958.) I. KEINERT. 6312

**F. T. Korowin,** *Untersuchung der insekticiden Eigenschaften organischer Phosphorverbindungen gegenüber Aedes-Stechmücken.* Pyrophos (I; Tetraäthylmonothiopyrophophat) u. Dithio (II; Tetraäthyldithiopyrophosphat) besitzen eine starke insekticide Wrkg. gegenüber Larven u. ausgewachsenen Aedesmücken. I u. II werden in Form von wss. Emulsionen angewandt, zu deren Herst. die oberflächenakt. Stoffe OP-7 u. OP-10 benutzt werden. Nach Anstreichen der Zimmerwände mit einer 0,2%ig. II-Lsg. (80 mg II/m²) waren während der Beobachtungszeit von 12 Tagen keine Mücken oder Fliegen nachweisbar. Im Freien wurde I von einem Flugzeug aus vernebelt, wobei 0,023 g I/m² kamen. (Медицинская Паразитология и Паразитарные Болезни [Med. Parasitol. parasit. Krankh.] **27** (**36**). 341—44. Mai/Juni 1958.) G. BREHM. 6312

**K. G. Daven** und **G. F. Manson,** *Chemische Bekämpfung von Luzerne befallenden Insekten in Südwest-Ontario.* Nymphen von Philaenus leucophthalmus L. konnten an Luzerne mit *Malathion, Perthane, Toxaphen* u. *Heptachlor* erfolgreich bekämpft werden. (Canad. J. Plant Sci. **38.** 34—38. Jan. 1958. Chantham, Ontario, Canada, Dep. of Agric.) I. KEINERT. 6312

**Andrzej Wilski,** *Untersuchungen über die Bekämpfung von Heterodera schachtii Schmidt mit chemischen Mitteln.* Von den untersuchten Mitteln hatten Dithiocarbaminsäureester (1 t/ha) die wenigsten negativen Eigg. bei höchster Toxizität (85% Sterblichkeit). — 54 Literaturangaben. (Roczniki Nauk rolniczych, Ser. A **75.** 645—66. 1957. Inst. Ochrony Roślin.) F. URBAN. 6312

**Henry T. Mulryan,** *Mineralien als Trägerstoffe von Insektenvertilgungsmitteln.* Zusammenstellung einer großen Zahl von Nichtmetallmineralien als Trägerstoffe für neuzeitliche Insektenvertilgungsmittel. (Mining Engng. **10.** 1259—60. Dez. 1958. South Pasadena, Calif., Sierra Talc and Glay Co.) W. WESLY. 6312

**Lászlóné Márkus,** *Die Bestimmung von Kohlenhydraten in Pflanzenteilen mit Anthronreagenz.* 2. Mitt. *Messung der Cellulaseaktivität in Boden und Dünger.* (1. vgl. C. **1956.** 14141.) Die in der l. c. beschriebene colorimetr. Glucosebest. mittels Anthrons wird zur Cellulosebest. in Cellophanfolien überprüft. Cellophanstreifen von 10 mg u. 2,5 cm² Oberfläche wurden in 20 ml 60%ig. $H_2SO_4$ hydrolysiert u. der Glucosegeh. nach der früher beschriebenen Meth. colorimetriert. Die erreichbare Genauigkeit der Meth. betrug bei 2—16 $\gamma$ Cellulose/ml $\pm$ 3,3—0,5%. Die Cellulaseaktivität wurde sodann an einem Modellvers. überprüft. Der durch Dialyse u. Filtration gereinigte cellulasehaltige Verdauungssaft von Weinbergschnecken wurde in Ggw. verschied. Puffer-Lsgg. bei variierendem $p_H$ u. 28 bzw. 35° auf die Cellophanstreifen 2—16 Std. einwirken gelassen. Der restliche Cellulosegeh. der Streifen wurde nach der Hydrolyse mittels oben angeführter Meth. bestimmt u. gefunden, daß in Übereinstimmung mit anderen Autoren die maximale Celluloseaktivität dieses Verdauungssaftes bei $p_H$ 5,05—5,25 u. 28° lag. Ferner wurde ein kalkhaltiger Sandboden auf seine Cellulaseaktivität untersucht. Bei Bakteriengegenwart wurde optimaler Celluloseabbau bei $p_H$ 5,8 u. 35° erreicht. Nach Abtöten der Keime mit Toluol lag das Maximum der Abbauaktivität ähnlich wie bei der β-Glucosidase bei $p_H$ 6,8 u. ziemlich gleich bei 35 u. 45°. Vf überprüft die Meth. zur Best. der Celluloseaktivität an Stalldüngern verschied. Reifezustandes sowie in Freilandverss. an verschied. Böden in Tiefen von 10 u. 30 cm. (Agrokémia és Talajtan [Agrochem. u. Bodenkunde] **4**. 207—16. Okt. 1955.) G. S. PILINSZKY. 6324

**Ss. N. Aleschin** und **B. F. Kaleganow,** *Die Bestimmung der wasserlöslichen Salze des Bodens mit Hilfe der Elektroleitfähigkeit.* Bei der Best. der wasserlösl. Salze des Bodens kann die umständliche quantitative chem. Analyse im Wasserauszug durch die einfachere Elektroleitfähigkeitsmeth. ersetzt werden, die darin besteht, daß man zunächst die Ionen der Lsgg. qualitativ ermittelt, dann ihre spezif. Elektroleitfähigkeit bestimmt. Nach der Tabelle wird die Summe der elektrolyt. Beweglichkeit der Ionen u. der entsprechende Koeff. der Elektroleitfähigkeit ermittelt. Ein Vgl. der durch chem. Analysen erzielten Resultate mit denen nach der spezif. Elektroleitfähigkeit zeigt, daß die Differenzen nicht groß sind. (Известия Тимирязевской Сельскохозяйственной Академии [Nachr. landwirtsch. Timirjasew-Akad.] **1958**. Nr. 3. 229—32.) M. GORDIENKO. 6324

**Edgar Weber,** *Beitrag zum Nachweis vom Gammexan neben DDT in Schädlingsbekämpfungsmitteln.* Ausführlichere Wiedergabe der C. **1955**. 11668 referierten Arbeitsvorschrift. (Z. analyt. Chem. **153**. 270—71. 1956.) W. WESLY. 6328

---

**A. W. Tschernow, J. P. Chudiakow** und **R. W. Balschin,** *Erzeugung von trockenen Phosphorbakterien.* Man trocknet eine nach dem Tiefzuchtverf. hergestellte Paste von fl. Phosphorbakterien bei 20—25° vor u. stellt das vorgetrocknete Prod. bei 30—32° auf einen zur Vermehrungsstabilisierung günstigen Feuchtigkeitsgeh. von 3—3,5% W. ein. (**UdSSR. P. 112 231** vom 5/7. 1957, gedruckt 29/5. 1958.) B. PANKOW. 6293

**William L. Howard, Stanley R. McLane jr.** und **Robert L. Weintraub,** Frederick, Md., V. St. A., *Chlor- und Fluorphenoläther.* Man setzt ein Chlor- oder Fluorphenolat mit einem höhermol. Alkylhalogenid, z. B. Octylchlorid, Myristyl-, Cetyl- oder Laurylbromid, in Ggw. eines Lösungsm. (absol. A.) u. von NaJ als Katalysator am Rückfluß um u. fällt aus dem Reaktionsgemisch den Ae. mit W. aus. Als Phenole benutzt man bes. 2.4-Dichlor-, ferner 4-Chlor-, 2.4.5-Trichlor-, 4-Fluor- u. 2-Methyl-4-fluorphenol. Die Prodd. eignen sich zur *Regelung des Pflanzenwachstums.* Bes. wirksam ist *2.4-Dichlorphenylmyristyläther,* F. 33—34°. (**A. P. 2 839 582** vom 29/10. 1954, ausg. 17/6. 1958.) R. SCHWECHTEN. 6297

**Wacker-Chemie G. m. b. H.** (Erfinder: **Karl Milles**), München, *Unkrautbekämpfungsmittel,* enthaltend anorgan. oder organ. F-Verbb., gek. durch einen Geh. an Phenolen u. organ. oder anorgan. F-Verbb. oder Phenolen u. Kresolen unter Zusatz von Ca-Verbb., koll. $SiO_2$ oder Si-organ. Verbb., herbiciden, fungiciden u. insekticiden Stoffen, sowie Pflanzennährstoffen, Netz- u. Haftmitteln. — Beispiele von Gemischen: 60 (Teile) Na-Pentachlorphenol, 20 NaF u. 20 $Na_2CO_3$ oder 20 Na-Dinitro-o-kresol, 30 Na-Pentachlorphenol, 30 NaF u. 20 $Na_2CO_3$ oder 60 Na-Pentachlorphenol, 20 Na-Fluoracetat, 10 $K_2CO_3$ u. 10 Harnstoff. Von den Gemischen werden 6—8 kg/ha, gelöst in 600—800 Liter W., benötigt. (**D. A. S. 1 053 860** Kl. 45 l vom 30/12. 1957, veröff. 26/3. 1959.) H. NEBELSIEK. 6313

**Monsanto Chemical Co.,** St. Louis, Mo., übert. von: **George H. Saul,** Nitro, W. Va., und **Philip C. Hamm,** Webster Groves, Mo., V. St. A., *Anhydride von Carbonsäuren und Amidophosphorsäuren* erhält man durch Erhitzen von gegebenenfalls halogensubstituierten niederen Fettsäurechloriden (I), phenylsubstituierten I, Dicarbamyl-, Dithiocarbamylchloriden u. Chloriden der Formel $ClC(O)-(CH_2)_nC(O)Cl$, worin n 0—4 ist, mit Verbb. der Formel $RO-P(X)(NR_1R_2)(NR_3R_4)$, worin R Alkylreste, X O oder S u. $R_1$, $R_2$, $R_3$, $R_4$ gegebenenfalls chlor-, cyan- oder hydroxysubstituierte niedere Alkylreste bzw. gegebenenfalls chlorsubstituierte niedere Alkenylreste bedeuten. Durch Rk. von Tetramethyldiamidophosphorsäureäthylester mit Diäthylthiocarbamylchlorid bei 148 bis 160° erhält man die entsprechende Anhydridverb. als dunkle Flüssigkeit. — *Herbicide.* (**A. P. 2 848 492** vom 28/2. 1955, ausg. 19/8. 1958.) J. MÜHLEISEN. 6313

**United States Rubber Co.**, New York, N. Y., übert. von: **Walter D. Harris**, Naugatuck, und **Albert W. Feldman**, North Haven, Conn., V. St. A., *Di- und Tri-(chlorphenoxyäthyl)-phosphite.* Man setzt 1 (Mol) $PCl_3$ mit 3 eines Chlorphenoxyäthanols um, bes. in Ggw. eines inerten Lösungsm., wie Bzl. oder Xylol. In Abwesenheit eines säurebindenden Mittels (I) bilden sich Diphosphite, während in Ggw. eines tert. Amins als **I**, wie Pyridin oder Dimethylanilin, Triphosphite entstehen. Verfahrensprodd.: *Tris-[β-(2.4-dichlorphenoxy)-äthyl]-phosphit*, viscose Fl., $n_D^{20}$ 1,5875; *Bis-[β-(2.4-dichlorphenoxy)-äthyl]-phosphit*, $n_D^{26}$ 1,5738; *Bis-[β-(2.4.5-trichlorphenoxy)-äthyl]-phosphit*, $n_D^{26}$ 1,5907. — *Herbicide.* (**A. P. 2 828 198** vom 21/7. 1955, ausg. 25/3. 1958.)
R. SCHWECHTEN. 6313

**Badische Anilin- & Soda-Fabrik Akt.-Ges.**, Ludwigshafen/Rh. (Erfinder: **Gustav Steinbrunn**, Schwegenheim, **Adolf Fischer**, Mutterstadt, und **Herbert Stummeyer**, Mannheim), *Unkrautbekämpfungsmittel*, enthaltend als wirksamen Bestandteil mindestens eine Verb. der allg. Formel **I**, in der X Halogen, Alkyl-, Alkoxy- u./oder Nitrilgruppen, n = 1, 2 oder 3, Y einen gesätt., gegebenenfalls durch O- oder S-Atome unterbrochenen, Nitrilgruppen enthaltenden, aliphat. Rest u. $R_1$ u. $R_2$ niedermol. Alkylreste bedeuten. — Man erhält I z. B. durch Rk. von N-Cyanmethyläthylanilin oder N-Cyanalkylchlortoluidinen mit Dimethylcarbaminsäurechlorid oder Dimethylcarbaminsäureestern von niedermol. Alkoholen. — Beispiele: *N-β-Cyanäthyl-N-phenyl-N'.N'-dimethylharnstoff*, *N-β-Cyanäthyl-N-m-toluyl-N'.N'-dimethylharnstoff*, *N-β-Cyanäthyl-N-p-chlorphenyl-N'.N'-dimethylharnstoff*, F. 99—100°, *N-β-Cyanäthyl-N-o-anisyl-N'.N'-diäthylharnstoff*, *N-Cyanmethyl-N-p-chlorphenyl-N'.N'-dimethylharnstoff.* (**D. A. S. 1 055 286** Kl. 45l vom 22/11. 1957, veröff. 16/4. 1959.) H. NEBELSIEK. 6313

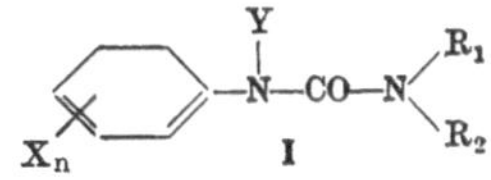

I

**Hercules Powder Co.** (Erfinder: **Walter Shade Ropp**), Wilmington, Del., V. St. A., *Monoperoxyacetale* der allg. Formel $CH_3$—CH(OR)OOR' (I; R u. R' = KW-stoffreste ohne Äthylen- u. Acetylenbindungen) erhält man durch Rk. eines Vinyläthers der allg. Formel $CH_2$=CHOR mit einem Hydroperoxyd der allg. Formel R'OOH (Diisopropylbenzol-, Phenylcyclohexan-, p-Menthan-, Isopropylnaphthalin-, Pinan-, tert.-Butyl-, tert.-Amylhydroperoxyd) in Ggw. eines sauer wirkenden Katalysators (Mineralsäuren, FRIEDEL-CRAFTS-Katalysatoren, saure Tone, organ. Sulfonsäuren, $BF_3$) u. eines Lösungsm. (Bzl., Hexan, Nitrobenzol, Pentane, Hexane, Acetylentetrachlorid), zweckmäßig bei 0—32°. — Aus 21,8 (Teilen) 95%ig. Dihydroterpinyläther u. 18,2 97%ig. Cumolhydroperoxyd in 360 trockenem auf 19° gekühltem Bzl. u. 0,2 $BF_3$ bei 28° → 34,4 *α-Dihydroterpinyläthyläther-α-cumylperoxyd* (**I**, R = Dihydroterpinyl, R' = α-Cumyl). — Vinyläthyläther → *Äthyl-α-cumylperoxydäthyläther* (**I**, R = Äthyl, R' = α-Cumyl). — Isobutylvinyläther → *Äthyl-α-cumylperoxydisobutyläther* (**I**, R = Isobutyl, R' = α-Cumyl). Weitere Ausgangsstoffe sind: Bornyl-, Isobornyl-, Fenchyl-, Dihydroabietyl-, Cyclohexyl-, 1-Methylcyclohexyl-, Methyl-, n-Propyl-, Isopropyl-, n-Butyl-, tert.-Butyl- u. Stearylvinyläther. Isobutylvinyläther + p-Methanhydroperoxyd → **I**, R = Isobutyl, R' = p-Menthyl. — *Polymerisationskatalysatoren. Insekticide. Fungicide, Bakterieide* u. *Entblätterungsmittel.* (**D. A. S. 1 039 517** Kl. 12o vom 21/1. 1956, veröff. 25/9. 1958. **A. P. 2 776 319** vom 26/5. 1954, ausg. 1/1. 1957. **E. P. 779 323** vom 9/12. 1955, ausg. 17/7. 1957.) G. KRAUSS. 6313

**Pittsburgh Coke & Chemical Co.**, Pa., übert. von: **Calvin N. Wolf**, New York, N. Y., V. St. A., *Fungicide* von höchster Wirksamkeit erhält man durch Mischen von inerten oberflächenakt. Dispersionsmitteln mit Estern, bes. Methylestern, von 3.5-Dinitro-4-chlorbenzoesäure. (**A. P. 2 841 522** vom 20/5. 1954, ausg. 1/7. 1958.)
L. STADELMANN. 6313

**Gaines W. Eddy**, Corvallis, Oreg., und **Edward F. Knipling**, Arlington, Va., V. St. A., *Insekticides Mittel*, bestehend aus einem Gemisch aus einem organ. Phosphat der allg. Formel **I**, worin $R_1$ u. $R_2$ für gleiche Alkylreste, nämlich $CH_3$- oder $C_2H_5$-, u. $R_3$ für H oder Cl stehen, u. einem Synergisten (**II**) für **I**, bestehend aus 1.2-Methylendioxy-4-[2'-octylsulfinylpropyl]-benzol oder dem α-Isopropylpiperonylester von Chrysanthemummonocarbonsäure. — Das Verhältnis von **I** : **II** ist 0,0025 bis 0,005 (%) : 0,025—0,05. — Beispiele: O.O-Diäthyl-O-4-methylumbelliferonthiophosphat; O-(3-Chlor-4-methylumbelliferon)-O.O-diäthylthiophosphat. (**A. P. 2 826 530** vom 14/6. 1954, ausg. 11/3. 1958.) H. NEBELSIEK. 6313

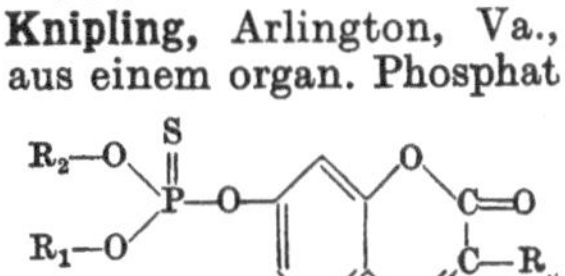

I

**Farbenfabriken Bayer Akt.-Ges.**, Leverkusen (Erfinder: **Gerhard Schrader**, Wuppertal), *Herstellung von schwefelhaltigen Phosphonsäureestern*, dad. gek., daß alkyl- oder arylsubstituierte Vinylphosphon- bzw. -thiophosphonsäurealkylesterhalogenide mit aryl-bzw. alkylsubstituierten Mercaptoalkylmercaptanen oder aryl- bzw. alkylsubstituier-

I 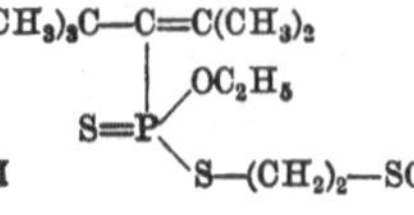 II 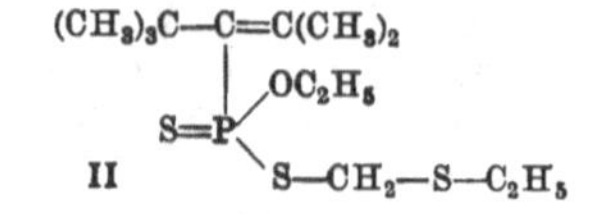

ten Mercaptoalkoholen in Ggw. von säurebindenden Mitteln umgesetzt werden. — 32 g β-Äthylmercaptothioäthyläther in 120 cm³ Ä. werden nach Zugabe einer Lsg. von $NaOC_2H_5$ bei 30° mit 65 g Diisobutenylthionophosphonsäureäthylesterchlorid versetzt. Nach der Aufarbeitung erhält man 60 g des Esters der Formel **I**, Kp.$_{0,01}$ 125°. Weitere Verbb.: $C_6H_5 \cdot CH{=}CH-P(:S)(OC_2H_5)SCH_2CH_2SC_2H_5$, Kp.$_{0,01}$ 134°; $C_6H_5 \cdot CH{=}CH-P(:S)(OC_2H_5)-SCH_2-S-C_2H_5$, Kp.$_{0,01}$ 130°; **II**, Kp.$_{0,01}$ 110°. — *Schädlingsbekämpfungsmittel.* (**D. A. S. 1 053 503** Kl. 12o vom 2/11. 1957, veröff. 26/3. 1959.) J. MÜHLEISEN. 6313

**Farbenfabriken Bayer Akt.-Ges.,** Leverkusen (Erfinder: **Gerhard Schrader,** Wuppertal), *Herstellung von β-Alkoxyvinylphosphonsäurethiolestern* der Formel $RO-CH{=}CH-P(:O)(OR_1)(SR_2)$, worin R u. $R_1$ einen Alkylrest bedeuten u. $R_2$ einen gegebenenfalls substituierten aliphat., aliphat.-aromat. oder aromat. Rest darstellt, dad. gek., daß β-Alkoxyvinylphosphonsäurealkylesterchloride der Formel $RO-CH{=}CH-P(:O)(OR_1)Cl$, worin R u. $R_1$ die obige Bedeutung haben, mit gegebenenfalls substituierten aliphat., aliphat.-aromat. oder aromat. Mercaptanen in Ggw. eines geeigneten Säurebindemittels umgesetzt werden, oder daß β-Alkoxyvinylthionophosphonsäurealkylesterchloride der Formel $RO-CH{=}CH-P(:S)(OR_1)Cl$ mit Alkali verseift u. die freien Säuren danach mit gegebenenfalls substituierten Alkyl-, Aralkyl- oder Arylhalogeniden umgesetzt werden. — Eine Aufschlämmung von Na in Bzl. wird mit β-Acetylmercaptoäthylmercaptan umgesetzt; zu dem Na-Mercaptid gibt man bei 50—60° β-Äthoxyvinylphosphonsäureäthylesterchlorid u. hält noch 2 Std. bei 50°. Nach Gießen in Eiswasser wird die Benzollsg. abgetrennt, mit W. gewaschen, getrocknet, das Bzl. abdest. u. der Rückstand fraktioniert, wobei man $C_2H_5O-CH{=}CH-P(:O)(OC_2H_5)-SCH_2CH_2SC_2H_5$, Kp.$_{0,01}$ 110°, als schwachgelbes Öl erhält. Weitere Verbb. [wobei $C_2H_5O-CH{=}CH-P(:O) = I-$ bedeutet]: $I(OC_2H_5)-S-C_6H_4-Cl_{(p)}$, nichtdestillierbares Öl; $I(OC_2H_5)-S-$ 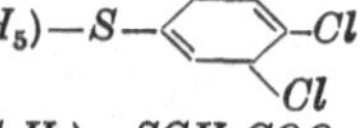 nicht destillierbares Öl; $I(OC_2H_5)-S-C_6H_4-CH_{3(p)}$, hellgelbes Öl; $I(OC_2H_5)-SCH_2COO \cdot C_2H_5$, farbloses Öl, Kp.$_{0,01}$ 115°; $I(OC_2H_5)-SCH(CH_3)COOC_2H_5$, farbloses Öl, Kp.$_{0,01}$ 120°; $I(OC_2H_5)-SC_6H_{13}$, Kp.$_{0,01}$ 110°; $I(OC_2H_5)-SC_{12}H_{25}$, Kp.$_{0,01}$ 160°; $I(OC_2H_5-SCH_2CH_2 \cdot N(C_2H_5)_2$, farbloses Öl, dest. im Hochvakuum unter Zers.; $I(OC_2H_5)-SCH_2CN$, gelbes Öl, dest. im Hochvakuum unter Zers.; $I(OC_2H_5)-SCH_2S-C_6H_4-Cl_{(p)}$, gelbes Öl; $I(OC_2H_5)-SCH_2C_6H_5$, schwachgelbes Öl, Kp.$_{0,01}$ 130°; $I(OCH_3)-SCH_2C_6H_5$, schwachgelbes Öl; $I(OCH_3)-SCH_2CH_2SC_2H_5$, schwachgelbes Öl; $I(OCH_3)-SCH_2CH_2N(C_2H_5)_2$, gelbbraunes Öl. — *Insekticide.* (**D. A. S. 1 051 852** Kl. 12o vom 5/6. 1957, veröff. 5/3. 1959.)

J. MÜHLEISEN. 6313

**Farbenfabriken Bayer Akt.-Ges.,** Leverkusen (Erfinder: **Gerhard Schrader,** Wuppertal-Cronenberg), *Herstellung von Phenylthionophosphonsäureestern,* dad. gek., daß Phenylthionophosphonsäurealkylesterhalogenide mit Phenolen umgesetzt werden, die durch Halogene oder Halogen- u. Nitrogruppen substituiert sind. Durch Rk. von $C_6H_5P(S)(OC_2H_5)Cl$ (**I**) mit 3-Nitro-4-chlorphenol erhält man $C_6H_5P(S)(OC_2H_5)-OC_6H_3 \cdot (NO_2)Cl$ als rotbraunes Öl. Weitere Verbb. durch Rk. von I mit 2.4.5-Trichlorphenol, 3-Chlor-4-nitrophenol, 2.4-Dichlorphenol, 4-Chlorphenol. — *Insekticide.* (**D. A. S. 1 050 768** Kl. 12o vom 28/9. 1957, veröff. 19/2. 1959.) J. MÜHLEISEN. 6313

**Phillips Petroleum Co.,** übert. von: **Lyle D. Goodhue,** Bartlesville, und **Kenneth E. Cantrel,** Dewey, Okla., V. St. A., *Insekticide Mittel,* bes. abwehrende Mittel, enthaltend folgende drei Komponenten als akt. Bestandteile: a) mindestens einen Di-n-alkylester einer Pyridindicarbonsäure (**I**), worin die Alkylgruppen 2—4 C-Atome enthalten; b) mindestens ein 1-Acetoxy-3-phenyl-2-alken (**II**), worin das Alken 3—4 C-Atome besitzt; u. c) wenigstens ein N-Alkylimid einer Bicyclo-[2.2.1]-5-hepten-2.3-dicarbonsäure (**III**), worin der Alkylrest nicht mehr 12 C-Atome besitzt. **III** ist in dem Gemisch in Mengen von 25—75% enthalten u. das Verhältnis von **I** : **II** beträgt 4 : 1 bis 1 : 4. — Beispiele für **I**: *Di-n-propylester* von *Pyridin-3.4-dicarbonsäure*; *Diäthylester* von *Pyridin-3.5-dicarbonsäure* u. von *Pyridin-2.5-dicarbonsäure, Di-n-propylester* u. *Di-n-butylester* von *Pyridin-2.5-dicarbonsäure*; für **II**: *1-Acetoxy-3-phenyl-2-buten,* Kp.$_{0,8}$ 95—100°; u. für **III**: *N-Methylbicyclo-*[*2.2.1*]*-5-hepten-2.3-dicarboximid, N-Äthyl-, N-Isopropyl-, N-2-Äthylhexyl-, N-tert.-Dodecyl-, N-Isoheptyl-, N-3-Propyloctyl-* u. *N-Octylbicyclo-*[*2.2.1*]*-5-hepten-2.3-dicarboximid.* Man verwendet das Gemisch in Form einer Lsg. in einem gemeinsamen Lösungsm., einer Emulsion, eines Aerosols oder eines Nebels. (**A. P. 2 824 822** vom 21/6. 1955, ausg. 25/2. 1958.) H. NEBELSIEK. 6313

**E. Merck Akt.-Ges.** (Erfinder: **Ernst Jacobi, Siegmund Lust,** Darmstadt, und **Albert van Schoor,** Traisa), *Insektenabwehrmittel* bzw. Zubereitung für kosmet. oder techn. Zwecke mit insektenabwehrender Wrkg., gek. durch einen Geh. an Caprylsäurediäthylamid (I). — Man erhält I durch Rk. von Caprylsäurechlorid oder -ester mit Diäthylamin. — Man wendet I als Sprühlsg. an, z. B. durch Lösen in Isopropanol, oder als Salbe unter Verwendung von Salbengrundlagen, oder in Anstrichfarben. Repellent-Wrkg. gegen Fliegen, Mücken u. Schaben. (**D. A. S. 1 055 283** Kl. 45 l vom 7/9. 1957, veröff. 16/4. 1959.) H. Nebelsiek. 6313

**Insecta Laboratories Ltd.** (Erfinder: **Miles David Price** und **John Harrison**), London, England, *Herstellung einer ein Schädlingsbekämpfungsmittel enthaltenden Zusammensetzung.* Man löst in einem organ. Lösungsm. 60—80 (Gewichtsteile) eines Aminoplasten, z. B. ein butyliertes Harnstoff-Formaldehyd-Harz, 40—20 eines ölmodifizierten Alkydharzes mit einem Fettsäuregeh. von wenigstens 60 (Gew.-%), z. B. ein mit Rizinusöl modifiziertes Alkydharz, u. ein Schädlingsbekämpfungsmittel in einer Konz. von 2—20 des Gesamtharzgehaltes. Man trägt die M. auf u. verdampft das Lösungsm., so daß der Gegenstand mit einem dünnen Film überzogen ist. (**E. P. 806 261** vom 28/3. 1955, ausg. 23/12. 1958.) H. Nebelsiek. 6313

**Constantine Katsaros,** Lake Geneva, Wis., und **Andrew A. Baldoni,** Woodstock, Ill., V. St. A., *Nagetierbekämpfung.* Um bestimmte Gegenstände, z. B. Getreide, vor dem Zugriff von Ratten u. dgl. zu schützen, umgibt oder vermischt man sie mit einem Vergällungsmittel, wie 2.4.6-Trinitrotoluol oder Komplexverbb., wie 2.4.6-Trinitrotoluol-β-Naphthol, 2.4.6-Trinitrotoluol-o-Anisidin, 2.4.6-Trinitrotoluol-α-Naphthylamin oder 2.4.6-Trinitrotoluol-Acenaphthen-Komplex. (**A. P. 2 824 826** vom 1/6. 1954, ausg. 25/2. 1958.) H. Nebelsiek. 6313

---

**Geoffrey Leigh Hey** and **Owen Keith Marshall,** The control of pests and diseases in agricultural and horticultural crops. London: Vinton. 1958. (172 S. m. Abb., Tab. u. Diagr.) 12 s. 6 d.

**Ir. H. Smits** and **A. J. Wiggers,** Soil survey and landclassification as applied to reclamation of sea bottom land in the Netherlands. Wageningen (Holland): H. Veenman & Zonen. 1959. (60 S. m. Abb.) = International Institute for Land Reclamation and Improvement. Publication 4. Keine Preisang.

**Ch. A. P. Takes,** Physical planning in connection with land reclamation and improvement. Wageningen (Holland): H. Veenman & Zonen. 1958. (79 S. m. Abb.) = International Institute for Land Reclamation and Improvement. Publication 1. Keine Preisang.

**—,** Pflanzenschutzmittel-Verzeichnis. 1959. Mittel gegen Pflanzenkrankheiten, Schädlinge und Unkräuter im Feld-, Obst-, Wein- und Gemüsebau. Hrsg. Eidg. Versuchsanst. für Obst-, Wein- und Gartenbau, Wädenswil, Eidg. landwirtsch. Versuchsanst. Zürich-Oerlikon, Stations fédérales d'essais agricoles, Lausanne. Bern: Eidg. Drucksachen- und Materialzentrale. 1959. (59 S.) 8°. sfr. 1,30.

## VIII. Metallurgie. Korrosion.

**F. A. Williams,** *Arbeitsstudien an Sieben, Hydrocyclonen, Schüttelrosten und Mischen bei der Gewinnung schwerer Begleitmineralien aus feinzerlegtem Granit im Jos Plateau, Nigeria.* Diskussion zu C. **1958.** 9330 referierten Arbeit. (Bull. Instn. Mining Metallurgy Nr. **617.** Trans. **67.** 351—57. April 1958.) M. Gehlen-Keller. 6360

**Hidefumi A. Hasimoto,** *Der aerodynamische Bau des Siemens-Martin-Ofens.* 2. Mitt. *Strömungsmerkmale in typischen Bauformen.* Beschreibung des Baus von Siemens-Martin-Öfen nach aerodynam. Gesichtspunkten. (Tetsu to Hagane [J. Iron Steel Inst. Japan] **42.** 1102—66. Dez. 1956. [Orig.: japan.; Auszug: engl.]) W. Wesly 6370

**Hidefumi A. Hasimoto,** *Der aerodynamische Bau des Siemens-Martin-Ofens.* 3. Mitt. *Funktionen des niedrigeren Ofens.* (2. vgl. vorst. Ref.) Unterss. über die in Siemens-Martin-Öfen herrschenden Strömungen. (Tetsu to Hagane [J. Iron Steel Inst. Japan] **43.** 117—21. Febr. 1957. [Orig.: japan.; Auszug: engl.]) W. Wesly. 6370

**Hidefumi A. Hasimoto,** *Der aerodynamische Bau des Siemens-Martin-Ofens.* 4. Mitt. *Die Aufgaben der Brennkammer.* (3. vgl. vorst. Ref.; 5. vgl. C. **1958.** 5200.) Beschreibung der Aufgaben u. günstigsten Abmessungen der Brennkammer. (Tetsu to Hagane [J. Iron Steel Inst. Japan] **43.** 628—32. Juni 1957. [Orig.: japan.; Auszug: engl.]) W. Wesly. 6370

**M. Michałowski,** *Temperaturmessung von Luft und Abgasen in Siemens-Martin-Öfen mit Abzugsthermoelementen.* Eine korrekte Temperaturmessung von Gasen in Industrieöfen ist nur mit Abzugsthermoelementen möglich. Mit ihrer Hilfe lassen sich Korrekturen der Anzeige n. Thermoelemente ermitteln. (Prace Inst. Hutniczych **10.** 147—51. 1958. Inst. Metalurg. Żelaza.) F. Urban. 6370

**Michihiko Shimada,** *Untersuchung über Verbrennung im Siemens-Martin-Ofen durch Bestimmung der Flammenstrahlung.* (*Einflüsse der Art des Atomisierungsmittels und des Verhältnisses Öl/C-Gas.*) Im Bereiche von 900—1000 Liter *Schweröl*/Std. wird mit 550 $m^3$ *Luft*/Std. beste Flammenstrahlung erzielt, bei 400 $m^3$ ist sie unzulänglich, mit

700 $m^3$ ist die Strahlung in der Vorderhälfte erhöht, in der hinteren erniedrigt. Die Atomisierung mit Dampf u. mit Luft ist bei gleichen Mengen ohne sichtlichen Unterschied. Bei zunehmender Zumischung von *C-Gas* wird nur die Strahlung der vorderen Flamme erniedrigt. — 3 Diagramme. (Tetsu to Hagane [J. Iron Steel Inst. Japan] **41.** 207—09. März 1955. Yawata Stahl-Forschungslabor. [Orig.: japan.]) L. SCHULER. 6370

**Kusuyata Tanaka,** *Ofen mit Kreislaufrückführung des Abgases.* 1. Mitt. Beschreibung mit 2 Skizzen. (Tetsu to Hagane [J. Iron Steel Inst. Japan] **41.** 360—61. März 1955. [Orig.: japan.]) L. SCHULER. 6370

**Gerhard Blümel,** *Der Kunstharzkernbinder K 7, seine Verwendung und Bewährung in der Praxis.* (Giessereitechnik **4.** 191—92. Aug. 1958.) M. GEHLEN-KELLER. 6382

**Walter Birke,** *Konstruktion von Modelleinrichtungen für das Formmaskenverfahren.* (Giessereitechnik **4.** 179—87. Aug. 1958.) M. GEHLEN-KELLER. 6382

**Herbert Bode,** *Präzisionsguß nach dem Wachsausschmelzverfahren.* (Giessereitechnik **4.** 197—200. Aug. 1958.) M. GEHLEN-KELLER. 6382

**Heinrich Backof,** *Die Herstellung dünnwandiger Lagerausgüsse nach dem Druckgieß-Verfahren (Luhmann-Martin-Verfahren).* Kurzer Überblick. (Giessereitechnik **4.** 188—91. Aug. 1958.) M. GEHLEN-KELLER. 6382

**Miki Kai,** *Einfluß von Anstrichen der Gießformen auf die Güte der Stahlingots.* Bei unberuhigtem u. halbberuhigtem *Stahl* ergibt Ölfarbanstrich der Gießformen hinsichtlich Gießhaut u. Oberflächenrisse gegenüber Graphit eine günstige Wirkung. Auch im Verspritzvers. ergibt sich ein ähnlicher Einfluß. Einzelheiten in 6 Tabellen. (Tetsu to Hagane [J. Iron Steel Inst. Japan] **41.** 222—24. März 1955. Yawata Stahlw. [Orig.: japan.]) L. SCHULER. 6382

**Henry Allen,** *Pyrophores Verhalten von Metallen.* Übersicht über Begriff u. Ursachen des pyrophoren Verh. von Metallen u. die zur Verhütung der spontanen Entzündung erforderlichen Vorsichtsmaßnahmen. (Metal Treatment **26.** 31—32. Jan. 1959. Yale and Towne Mfg. Co., Brit. Div.) W. WESLY. 6388

**Marcel Englander,** *Metalle für Kernreaktoren.* Die Eignung von *Al, Mg, Stahl, Zr* u. *Be* für die Verwendung in Kernreaktoren wird besprochen. (Mines [Paris] **13.** 167—71. 1958.) M. GEHLEN-KELLER. 6388

**R. C. Kopituk,** *Werkstoffe für Raketenantriebe.* Überblick. (Metal Progr. **73.** Nr. 6. 79—84. Juni 1958. Denville, N. J., Reaction Motors Inc.) F. VIER. 6388

**Fritz Naumann,** *Der gegenwärtige Stand der Kokillengußfertigung in der Sowjetunion.* Überblick. — 11 Literaturangaben. (Giessereitechnik **5.** 134—39. Mai 1959.) M. GEHLEN-KELLER. 6402

**Alois Gabriel,** *Über die Verwendung von Gußeisenlegierungen in Erdöl- und Erdgasbetrieben.* An Hand von Diagrammen u. Bildern wird die Entw. der Eigg. von Gußeisen geschildert. Auf Grund der Güteeigg. von Gußeisenlegierungen werden verschied. Verwendungsmöglichkeiten (Rohre, Wellen, Tübbings) dargelegt. (Erdöl u. Kohle **12.** 100—04. Febr. 1959. Düsseldorf, Zentrale für Gußverwend.) F. ROSENDAHL. 6404

**Daiji Yoshinari,** *Messung der Temperatur des Stahlschmelzbades.* Zur Messung dient ein Thermoelement PR von 3 m Länge. Mit Quarz u. Graphithüllen können Tempp. bis an 1600° auf 7° genau bestimmt werden. Bei 1750° beginnen Schwierigkeiten, die vielleicht mit Mo—W-Thermoelementen zu überwinden sind. Es wird der zeitliche Verlauf der Tempp. beim Einschmelzen von C-armem beruhigtem Stahl (1500—1650°) u. die Tempp. beim Anstich in Diagrammen dargestellt. (Tetsu to Hagane [J. Iron Steel Inst. Japan] **41.** 212—13. März 1955. Sumitomo Metall K.K. [Orig.: japan.]) L. SCHULER. 6408

**Keizo Ishizaki,** *Einfluß von Zinn und Arsen auf die mechanischen Eigenschaften von niedrig gekohltem beruhigten Flußstahl.* Bei Zunahme des *Sn*-Geh. um 0,01% nimmt die Zugfestigkeit von niedrig gekohltem beruhigten *Flußstahl* um je 0,35 kg/$mm^2$ zu, bei 0,01% *As*-Zunahme um 0,09 kg/$mm^2$, die Abnahme der Dehnung ist dabei jeweils 0,27 bzw. 0,11%. Mit zunehmendem Sn- u. As-Geh. nimmt der Schlagfestigkeitswert nach CHARPY ab. Die Umwandlungstemp. wird durch Sn nicht deutlich beeinflußt, durch As aber merklich erhöht. (Tetsu to Hagane [J. Iron Steel Inst. Japan] **41.** 265—66. März 1955. Yawata K.K. [Orig.: japan.]) L. SCHULER. 6408

**Kiyoyuki Ogawa,** *Einfluß von Al, Ti und B auf das Verspröden von einsatzgehärtetem Stahl, der bei niedriger Temperatur getempert wird.* Die untersuchten Stähle enthalten 0,01—0,05 (%) *Al*, 0,02—0,10 *Ti* u. 0,002 *B*. Die Austenit-Korngröße (925°, 1 Std.) ist nach Zusatz von Al zum Herd am gröbsten, doch herrscht hoher Grad von Mischkorn. Al + Ti gibt das feinste Korn u. wenig Größeschwankung. B vergröbert das Korn. Unabhängig von der Temperungstemp. verbessert Al mit 0,05—0,10% Ti den

Schlagfestigkeitswert. Al u. bes. Ti verringern die Sprödigkeit der Tieftemperaturtemperung (bei 300—360°). Weitere Zusammenhänge zwischen der Art der Zusatzelemente u. den Umwandlungskurven sowie den mechan. Eigg. u. Tempertempp. in 3 Diagrammen u. Elektronenmikrofotos. (Tetsu to Hagane [J. Iron Steel Inst. Japan] **41.** 275—77. März 1955. Tokyo, Univ. [Orig.: japan.]) L. SCHULER. 6408

**Sadayoshi Morita,** *Über den Einfluß verschiedener Faktoren auf die Kerbzähigkeit von Stählen. C* u. *P* lassen die Kerbzähigkeit Tr 15 von Stahl ansteigen, *Mn, Si* u. *Al* lassen sie sinken. Normalglühen übt eine günstige Wrkg. aus, bes. in Ggw. von Al. Glühen bei 900° erhöht die Schlagfestigkeit. Andere Wärmebehandlungen wirken ungünstig, aber bei Al-Stahl nur in leichtem Grad. Der Einfl. der Wärmebehandlung ist in verschied. Tiefen ungleich stark. (Tetsu to Hagane [J. Iron Steel Inst. Japan] **41.** 264—65. März 1955. Yawata Stahl K. K. [Orig.: japan.]) L. SCHULER. 6408

**Shuji Murayama,** *Zähigkeit von Stahl und Verhalten von Wasserstoff im Stahl.* 1. Mitt. *Rückkehr des Dehnungs- und Verdrehungswertes und Abnahme der Fläche bei C-reichem Stahl.* Stahlschienen mit 0,55—0,75 (%) *C* u. 0,60—0,80 *Mn* nehmen in der Zeit von 1—30 Tagen nach dem Walzen an Länge zu, von z. B. 14% Dehnung auf 18,5%, bes. beschleunigt durch 30 Min. Erhitzung auf 500°. Bei der mechan. Behandlung entweicht ein Teil des zurückbleibenden H bei gewöhnlicher Temp. (1,57 $cm^3$ $H_2$, 1 Tag, 0,86 $cm^3$ 30 Tage nach dem Walzen). Dies wird durch die Wärmebehandlungen noch gefördert u. muß zur Erklärung der mechan. Nachwrkg. herangezogen werden. (Tetsu to Hagane [J. Iron Steel Inst. Japan] **41.** 262—64. März 1955. Yawata Stahl K. K. [Orig.: japan.]) L. SCHULER. 6408

**Masato Yoshida,** *Reckalterung von niedrig gekohltem Flußstahl.* 1. Mitt. *Einflüsse der Alterungstemperatur.* Physikal. läßt sich das Ausmaß der Reckalterung (RA) nach der Dislokationstheorie analyt. behandeln. Von Raumtemp. bis 100° ist die Erscheinung der RA wenig unterschieden, nur erfordert sie bei Raumtemp. längere Zeit als bei 100°. — 3 Diagramme. (Tetsu to Hagane [J. Iron Steel Inst. Japan] **41.** 254—56. März 1955. Fuji Metallw. [Orig.: japan.]) L. SCHULER. 6408

**W. Ciaś,** *Der Einfluß der thermischen Bearbeitung unterhalb der Temperatur $A_1$ auf die Eigenschaften von kohlenstoffarmem Stahl für Kesselbleche.* Es wird experimentell nachgewiesen, daß auf Grund einer Biegeprobe nach Abkühlung der Bleche von 650° unterhalb des Punktes $A_1$ in W. keine Beurteilung der Alterungsneigung des Materials möglich ist. (Prace Inst. Hutniczych **10.** 95—108. 1958. Inst. Metalurg. Żelaza.) F. URBAN. 6408

**K. J. Irvine,** *Schweißbare hochfeste Baustähle.* Zuss. u. Festigkeitswerte engl. u. amerikan. Baustähle u. Einfl. des Gefüges auf die Festigkeit u. Schweißbarkeit. Neben den bekannten Stählen mit ferrit.-perlit. Gefüge kommen neuerdings die Stähle mit bainit. Gefüge zur Verwendung, die 0,1 (%) *C*, 0,5 *Mo*, 0,003 *B* enthalten u. eine Streckgrenze von 47 sowie eine Festigkeit von 63 $kg/mm^2$ besitzen. Der Vorteil des bainit. Gefüges wird hervorgehoben. — 24 Literaturangaben. (Metallurgia [Manchester] **58.** 13—23. Juli 1958. United Steel Cos. Ltd., Res. and Dev. Dep.) K. STEIN. 6408

**Kichiya Suzuki,** *Untersuchung über borhaltigen Federstahl TS50B60.* 1. Mitt. Die untersuchten *Federstähle* enthalten 0,55—0,65% *C* u. 0—0,0035% *B*. In Diagrammen sind für die Sorten AISI TS 50 B 60, JIS Sup 6, SAE 6150 u. SAE 5160 die Ergebnisse der Härtbarkeitsprüfung in Abhängigkeit vom Abstand vom abgeschreckten Ende u. die Ergebnisse u. Restspannungen vom Rande bis zum Kern der Stähle dargestellt. (Tetsu to Hagane [J. Iron Steel Inst. Japan] **41.** 269—71. März 1955., Hirai Shinri Kogyo K. K. [Orig.: japan.]) L. SCHULER. 6408

**Yoichi Yasuda,** *Untersuchung über borhaltigen Federstahl TS 50 B 60.* 2. Mitt. (1. vgl. vorst. Ref.) Hinsichtlich mechan. Eigg., Härte, Schlagfestigkeit (nach CHARPY) bei niedrigen Tempp. sowie Biegungsermüdung sind die Sorten TS 50 B 60 u. SAE 6150 prakt. gleichwertig u. für Federstahl zu empfehlen. — 3 Diagramme. (Tetsu to Hagane [J. Iron Steel Inst. Japan] **41.** 271—72. März 1955. Hirai, Shinri Kogyo K. K. [Orig.: japan.]) L. SCHULER. 6408

**R. F. Hehemann** und **A. R. Troiano,** *Beeinflussung der Schnelldrehwerkzeugstähle durch Nickel.* 1. Teil. An zwei Schnelldrehstahlsorten, u. zwar 1. an einem Stahl mit ca. 0,74 (%) *C*, 0,33 *Mn*, 0,12—0,33 *Si*, 0,025 *P*, 0,020—0,030 *S*, 4 Cr, 1 V, 18 *W*, 0,35 Mo, 0,20 Co sowie 2. an einem Stahl mit 0,85 C, 0,35 bzw. 0,55 Mn, 0,25 Si, 0,025 P, 0,030 S, 4 Cr, 2,00 V, 6,5 W, 5 *Mo*, 0,1 *Co* wird der Einfl. eines Ni-Zusatzes von ca. 3% auf die Gefügeausbldg., die Härte u. die Carbidausbldg. untersucht. Bei diesen Vergleichsunterss. zeigt sich u. a., daß die $A_1$-Tempp. der Schnelldrehstähle durch den Ni-Zusatz wesentlich erniedrigt werden. Bei isotherm. Behandlung ergibt sich, daß Ni die Temp. der Perlitnase von 1400° F auf 1150° verringert. Dies bewirkt eine Verringerung in der $A_1$-Temperatur. Auch wird eine Verzögerung der Umwandlung durch Ni beobachtet. Die Zeit für eine vollständige Umwandlung wird im Vgl. zu Normschnelldrehstählen ohne Ni von ca. 45 Min. auf ca. 3 Tage verlängert, was z. T. auf die niedrige Temp. der Perlitnase im Perlitumwandlungsbereich zurückgeführt wird. Die isotherm umgewandelten Ni-haltigen Stähle zeigen im Vgl. zu denselben, doch Ni-freien Stählen, eine starke Zunahme der Härtbarkeit, wenn die Austenitisierungstemp. erhöht wird. Sehr kurzes Glühen ergibt eine Austenitisierung bei 1350° F u. eine Umwandlung bei 1150° F, was eine Härtezunahme auf mindestens 32 $R_C$ im Vgl. zu den Ni-freien mit höchstens 30 $R_C$ bedingt. Der Härtebereich von 32—34 $R_C$ wird durch die bes. Carbidverteilung, wie sie sich aus der Kurzzeitglühung ergibt, bedingt. Bei einer vollständigen Umwandlung können auch bei den Ni-haltigen Schnelldrehstählen Härtewerte von unter 30 $R_C$ erhalten werden. Ein Anlassen im Bereich von 1150—1200° F von 8—10std. Dauer erzeugt bei beiden Ni-Schnelldrehstählen $R_C$-Härten von 32—34. Bei einem Anlassen bei 1150° F von 3tägiger Dauer sinkt die Härte auf 31 $R_C$ ab. Bei einer Anlaßtemp. von über 1250° F tritt eine Härtezunahme auf. Durch cycl. Glühbehandlungen unter u. über dem krit. Umwandlungspunkt werden Änderungen in der Härte nicht erzielt. (Iron Age **182.** Nr. 25. 94—96. 18/12. 1958. Cleveland, Case-Inst. of Technol.) H. HOCHSTEIN. 6410

**S. Przegaliński** und **M. Białecki,** *Der Einfluß des Ersatzes von Molybdän durch Wolfram auf thermisch vergüteten Stahl.* Zusatz von 0,5 % W zu Ni-freiem Konstruktionsstahl verhindert die Sprödigkeit beim Anlassen. *Ni*-haltiger Stahl zeigt bei Zusatz von W in der 3fachen Menge des Mo-Geh. eine erhöhte Neigung zur Sprödigkeit. Höhere W-Zusätze können sich bei Ni-freiem Stahl schädlich auswirken. Die Empfindlichkeit gegen Sprödigkeit beim Anlassen scheint vom Verhältnis Mo (W):Cr (Mn) abzuhängen. Der Ersatz von Mo durch W hat auf die Festigkeit nach dem Tempern keinen Einfl., die Härtbarkeit wird dagegen deutlich erniedrigt, so daß die Anwendung von Mo-freiem W-Stahl auf kleine Profile beschränkt bleiben muß. (Prace Inst. Hutniczych **10.** 109—19. 1958. Inst. Metalurg. Żelaza.) F. URBAN. 6410

**Z. Kuliński** und **B. Paczuła,** *Darstellung von Ferromolybdän nach einer aluminosilicothermischen Methode.* Übersicht über elektrotherm. u. metallotherm. Darstellungsmethoden von Ferromolybdän. Zur Red. des abgerösteten Molybdänits wird Fe–Si u Al verwendet. Je geringer der $SiO_2$-Geh. des Rohstoffs ist, desto weniger Al wird benötigt. Bei 3—6% $SiO_2$ wird mit 10—15% Al eine 75%ig. Red. erzielt. (Prace Inst. Hutniczych **10.** 143—45. 1958. Inst. Metalurg. Żelaza.) F. URBAN. 6418

**S. Socha,** *Tiefziehen von Bandzink.* Die Faltenbldg. beim Tiefziehen von Zn-Bändern wird bei Anwendung eines Mindestdruckes (je nach Zn-Art 8,5—26 kg/mm²) vermieden. Die optimale Temp. des Tiefziehens ist 20—40°. Innere Spannungen können durch Tempern bei 80—120° beseitigt werden. (Prace Inst. Hutniczych **10.** 161—70. 1958. Inst. Metali nieżelaznych.) F. URBAN. 6426

**S. Socha,** *Struktur und mechanische Eigenschaften tiefgezogener Zinkbänder.* (Vgl. vorst. Ref.) Tiefziehen von elektrolyt. oder raffiniertem metallurg. Zn mit starker Querschnittsverengung liefert homogene Bänder. Je niedriger die Walzentemp. ist, desto feinkörniger wird das Material, aber desto größer werden die inneren Spannungen. Durch 1std. Tempern bei 100—150° werden die Spannungen beseitigt. Auch die Anisotropie der Bänder wird so verringert. (Prace Inst. Hutniczych **10.** 171—79. 1958.) F. URBAN. 6426

**K. G. Wikle,** *Halbkontinuierliches Gießen von Beryllium–Kupfer.* Beschrieben werden die Vorteile des halbkontinuierlichen Gießens von Be–Cu im Vgl. mit dem DURVILLE-Verfahren. Vergossen werden Cu-Legierungen mit 0,25—2,15% Be. Der Guß ist feinkörnig, fehlerfrei u. ohne Rückstände von β-Phase. (Metal Progr. **73.** Nr. **4.** 85—89. April 1958. Elmore, Ohio, Brush Beryllium Co.) F. VIER. 6432

**—,** *Eigenschaften und Verwendung von Alpakka.* Überblick. (Nickel [Milano] **1959.** Nr. 78. 1—16. Febr.) M. GEHLEN-KELLER. 6432

**F. R. Morral,** *Kobalt hoher Reinheit, seine Eigenschaften.* Durch Zonenraffinieren kann Co mit einer Reinheit von 99,95—99,98% hergestellt werden. Seine mechan. u. physikal. Eigg. werden erörtert. (J. Metals **10.** 662—64. Okt. 1958. Columbus, Ohio, Battelle Mem. Inst.) F. VIER. 6434

**Karl Bungardt** und **Hans-Hermann Weigand,** *Einfluß der Wärmebehandlung auf einige Eigenschaften von korrosionsbeständigen Nickel–Molybdän-Legierungen.* An vier korrosionsbeständigen Ni–Mo-Legierungen mit u. ohne *Cr* wird der Einfl. von Wärmebehandlungen auf Gefüge, Härte u. Festigkeitseigg. sowie Korrosionsverh. untersucht. Die Ergebnisse zeigen, daß bei allen Legierungen nach Glühbehandlungen zwischen 700 u. 1100° Ausscheidungen entstehen, die bei kurzen Glühzeiten ein zusammenhängendes Band auf den Korngrenzen bilden, unter dem Einfl. längerer Glühzeiten jedoch koagulieren. Bei einer Cr-freien Legierung mit 0,02 (%) *C*, 0,05 *Si*, 0,43 *Mn*, 29,38 *Mo*, 63,19 *Ni*, 6,88 *Fe* wird außerdem nach langen Glühzeiten die Bldg. von zwei intermetall. Phasen beobachtet. Deutliche Härtezunahmen werden bei allen Legierungen immer erst dann gefunden, wenn im Gefüge größere Ausscheidungsmengen erkennbar sind. Eine Erhöhung der Lösungsglühtemp. wirkt sich bei der nachfolgenden Ausscheidungsglühung im Sinne eines verringerten Härteanstiegs aus. Brucheinschnürung u. Bruchdehnung nehmen durch Ausscheidungsglühungen deutlich ab, während Streckgrenze u. Zugfestigkeit geringfügig erhöht werden. Der Korrosionswiderstand wird durch Glühung im Ausscheidungsbereich stark beeinflußt. Zwei Legierungen zeigen eine deutliche Zunahme der Gewichtsverluste wenn die Ausscheidungen als Band auf den Korngrenzen vorliegen, während die Korrosionsgeschwindigkeit bei der vorgenannten Cr-freien Legierung erst nach langen Glühzeiten, bei denen die Bldg. einer neuen Phase beginnt, zunimmt. Die anderen beiden Legierungen (0,02 C, 0,34 Si, 1,02 Mn, 21,11 Mo, 56,80 Ni, 19,60 Fe u. 0,02 C, 0,44 Si, 1,01 Mn, 17,46 Cr, 16,90 Mo, 58,64 Ni, 5,22 Fe) sind nach Glühungen zwischen ca. 600 u. 800° kornzerfallsanfällig infolge der Ausscheidung einer Mo-reichen Phase an den Korngrenzen, verbunden mit einer Mo-Verarmung der Korngrenzenbereiche. Erhöhte Gewichtsverluste sind zu erwarten, solange ein Mo-Gefälle zwischen der Ausscheidungszone u. dem Korninnern besteht. Erst bei verlängerter Glühdauer oder erhöhter Temp. kommt es durch Mo-Diffusion aus dem Korn in die Mo-verarmten Zonen zu einem Konzentrationsausgleich u. damit zu einer Abnahme der Gewichtsverluste. Bei der Cr-haltigen Legierung tritt nach einer Sensibilisierung bei 800 u. 900° auch unter oxydierenden Angriffsbedingungen Kornzerfall auf, so daß bei dieser Legierung auch mit der Ausscheidung einer Cr-haltigen Phase zu rechnen ist. (Z. Metallkunde **50.** 11—18. Jan. 1959. Krefeld, Deutsche Edelstahlwerke Akt.-Ges.) H. HOCHSTEIN. 6434

**E. J. Sandford,** *Molybdän und Wolframlegierungen.* Bericht über die Entw. des Gießens u. Sinterns von Mo u. W-Legierungen. — 18 Schrifttumsstellen. (Alloy Metals Rev. **9.** Nr. 90. 2—8. Dez. 1958. Coventry, Hard Metal Tools, Ltd.) F. VIER. 6440

**Charles Guinard,** *Stand der Entwicklung der Leichtmetallegierungen für Lager.* Übersicht. Besonderes Interesse finden die *Al–Sn*-Legierungen für Lager, u. zwar mit 6 (%) Sn für Vollkörper u. bis 20 für Auflageschichten. — 11 Literaturangaben. (Rev. de l'Aluminium **1959.** 64—69. Jan.) F. VIER. 6442

**V. J. Hill,** *Herstellung und Anwendungsgebiete von Aluminiumpulver und -paste.* Nach einer kurzen Beschreibung der Verff. zur Zerkleinerung von Al werden Eigg. u. Anwendung der körnigen u. Flockenform behandelt mit besonderer Berücksichtigung der Flockenform u. -größe sowie Auswahl des Pigmentträgers auf die Eigg. der Al-Farben. (Metallurgia [Manchester] **57.** 75—78. Febr. 1958. British Aluminium Co., Ltd.) K. STEIN. 6446

**F. H. Smith,** *Bessere Aluminiumgußlegierungen.* Überblick über *Al–Cu-*, *Al–Mg-*, *Al–Mg–Zn-* u. *Al–Si–Mg*-Legierungen zeigt, daß die Güte LM 8 mit 0,1 (%) *Cu*, 0,3 bis 0,8 *Mg*, 3,5—6,0 *Si*, 0,6 *Fe*, 0,5 *Mn*, 0,1 *Ni*, 0,1 *Zn*, 0,1 *Pb*, 0,05 *Sn*, 0,2 *Ti*, Rest *Al* bei Begrenzung des Fe auf 0,15 u. entsprechender Wahl des Mg-Geh. sowie angemessener Wärmebehandlung eine Gußlegierung liefern kann, die entweder eine höhere Festigkeit oder eine bessere Zähigkeit besitzt. — 18 Literaturangaben. (Metallurgia [Manchester] **57.** 64—70. Febr. 1958.) K. STEIN. 6446

**C. W. Vigor** und **J. R. Hornaday jr.,** *Rißversuch für Titanblech.* H-haltige Ti-Bleche reißen leicht beim Verformen. Durch Anwendung des Zerreißvers. nach SCHAPIRO können einwandfreie Voraussagen über die Verformbarkeit des Ti-Bleches gemacht werden, wie an Beispielen gezeigt wird. (Metal Progr. **73.** Nr. **4.** 103—06. April 1958. Detroit, General Motors Corp.) F. VIER. 6448

**Theophile Boving** und **Jean Andre,** *Germanium, ein wichtiges Nebenprodukt von Zink.* Überblick über die Herst. u. Reinigung von Ge. (J. Metals **10.** 659—61. Okt. 1958. Balen, Soc. de la Vieille Montagne S. A.) F. VIER. 6448

**Richard Kieffer, Karl Sedlatschek** und **Horst Braun,** *Gesinterte hochschmelzende Wolframlegierungen.* Hingewiesen wird auf die Sonderstellung des W auf Grund seines hohen F. u. seiner Stellung im Period. System. Die Legierungen von W mit einigen Metallen der IVa- bis VIIIa-Gruppen werden besprochen. Nach einer Literaturübersicht wird über qualitative Verss. auf der W-Seite in den Systemen mit *Ti*, *Zr* u. *Cr* berichtet, wobei der Legierungszusatz 1—10% beträgt. Das bisher ungeklärte Syst. *W–V* scheint, wie aus Schmelzkurve u. Gitterparametern gefolgert wird, ähnlich wie Mo–Cr beschaffen zu sein. Die Systeme des W mit *Nb* u. *Ta* werden eingehend behandelt u. die technolog. Eigg. der Legierungen, wie D., Härte, spezif. elektr. Widerstand sowie Korrosionsverh. bestimmt. — 21 Literaturangaben. (Z. Metallkunde **50.** 18—24. Jan. 1959. Reutte/Tirol, Metallwerk Plansee Akt.-Ges.) H. HOCHSTEIN. 6474

**M. Bouchet,** *Das Borcarbid.* Eigg., Gewinnung, Verarbeitung u. Anwendung. — 60 Literaturangaben. (J. Four électr. Ind. électrochim. **64.** 23—25. Jan./Febr. 1959. St. Gobain, Chauny et Cirey.) M. GEHLEN-KELLER. 6476

**J. W. Graham** und **W. F. Zimmerman,** *Cermets in Strahltriebwerken.* Überblick über die Entw. der Verwendung von Cermets in Strahltriebwerken. (Metal Progr. **73.** Nr. 4. 108—11. April 1958. Evandale, Ohio, General Electric Co.) F. VIER. 6476

**W. D. Biggs,** *Bruch der Metalle. Einige heutige Ansichten über Entstehung und Verlauf.* Überblick. — 42 Schrifttumsstellen. (Iron and Steel **31.** 57—60. Febr. 1958.) F. VIER. 6480

**H. Harris,** *Fragen des Sprödbruches.* (Vgl. C. **1959.** 8317.) Übersicht über die derzeitigen Kenntnisse bzgl. des Auftretens von Sprödbrüchen u. deren Bekämpfung durch gute Planung u. Arbeitsweise, bes. für Druckgefäße. (Metal Treatment Drop Forging **26.** 15—20. Jan. 1959. Babcock and Wilcox, Ltd.) W. WESLY. 6480

**Ludwig Reimer,** *Elektronenmikroskopie an Metalldünnschnitten mit Diamantmesser.* Berichtet wird über Erfahrungen bei der Herst. von Metalldünnschnitten mit einem Ultramikrotom nach FERNÁNDEZ-MORAN, u. es werden die Möglichkeiten erörtert, die sich bei der elektronenmkr. Beobachtung ergeben, wenn man direkt Dünnschnitte von dem zu untersuchenden Metall herstellen kann, ohne die bisher üblichen Oberflächenabdrücke anzufertigen. Verss. an reinen Metallen werden beschrieben, bei denen der Einfl. des Schneidvorganges auf die Struktur ermittelt wird. Bes. werden die Scheinstrukturen durch BRAGGsche Reflexion an den Netzebenen erörtert. Mit Feinbereichbeugungen definierter Objektstellen ist der Grad der Kristallstörungen durch den Schneidvorgang zu erkennen. (Z. Metallkunde **50.** 37—41. Jan. 1959. Münster/Westf., Univ.) H. HOCHSTEIN. 6482

**K. W. Andrews** und **H. Hughes,** *Mikrobestandteile in Stählen, ihre elektrolytische Partisierung und Röntgenuntersuchung.* Eine Meth. u. Vorr. zur Freilegung von Mikrobestandteilen in Stählen durch elektrolyt. Auflsg. der Grundmasse wird beschrieben u. die Brauchbarkeit verschied. Elektrolyte erörtert. Für niedrig legierte Stähle sind *Na-Citrat*-Elektrolyte bes. geeignet, für hochlegierte Stähle $FeCl_3$ 45%ig. bzw. 10% *HCl* in Alkohol. Die Röntgenprüfung wird an Hand von Beugungsbildern erläutert. Die Anwendung des Verf. auf metallurg. Probleme wird erörtert. — 23 Literaturangaben. (Iron and Steel **31.** 43—50. Febr. 1958. United Steel Co. Ltd.) F. VIER. 6484

**H. Farragi,** *Einige Anwendungen der Autoradiographie in der Metallurgie.* Vf. gibt eine kurze Beschreibung der Schwärzungs- u. der Spurenautoradiographie u. deren Anwendungsmöglichkeiten bei metallurg. Problemen unter bes. Hinweis auf die wachsende Bedeutung der Spurenautoradiographie. Es wurden neben anderen einige eigene Beispiele für die Unters. von Diffusionsvorgägen des U in Zr u. den Nachw. der Bldg. von $^{238}U$ in mit Elektronen beschossenem Th gegeben. Ferner werden techn. Schwierigkeiten der Methoden diskutiert. — 10 Literaturangaben. (Photogr. Korresp. **94.** 179—86. 1958. Gif-sur-Yvette, Centre d'Études Nucl. de Saclay.) GERDA CLEVE. 6484

**Alexander Geleji,** *Eine neue Walztheorie.* Nach einem Überblick über die vorliegenden Walztheorien wird auf Grund mathemat. Überlegungen eine neue Theorie entwickelt, nach der der Verformungswiderstand aus jeder beliebigen Stelle des Einspannbogens gleich der Summe der Verformungsfestigkeit des gewalzten Werkstoffes u. der Druckfestigkeit ist, die in der Walzrichtung in dem vertikalen Querschnitt, der zu der eben untersuchten Stelle des Einspannbogens gehört, auftritt. Diese Druckspannung beruht auf einer Komponente aus den bei der Walzung an den Druckflächen entstehenden Reibungskräften u. den damit verbundenen gegeneinander wirkenden Druckkräften. Die andere Komponente entsteht dadurch, daß das sich im Walzspalt zwischen dem Eintrittsquerschnitt u. dem neutralen Querschnitt befindende Werkstoffprisma bei seiner Zusammendrückung auf den neutralen Querschnitt in Walzrichtung eine Druckkraft ausübt, die den hinter dem neutralen Querschnitt befindlichen Teil des gewalzten Stückes durch den Austrittsquerschnitt mit einer Geschwindigkeit aus dem Walzspalt hinaustreibt, die größer ist als die Umfangsgeschwindigkeit der Walzen. Die Theorie ist sowohl beim Warmwalzen als auch beim Kaltwalzen gültig. (Freiberger Forschungsh., Ausg. B Heft Nr. **27.** 52—83. Mai. 1958. Budapest.) F. VIER. 6490

**Gerhard Gärtner,** *Versuche zur Übertragung des Kegelstauchverfahrens auf das Warmstauchen von Metallen.* Kegelstauchverff. können auf das Warmstauchen von Metallen übertragen werden, wenn dafür Sorge getragen wird, daß die Wärme nicht über die Druckstempel abfließt. Die Ausdehnung der Kegelstauchverss. auf *Stahl* ist möglich, wenn Wärmebecher u. Stauchkegel aus geeignetem Werkstoff hergestellt sind. —

11 Literaturangaben. (Freiberger Forschungsh., Ausg. B Heft Nr. **27.** 28—51. 3 Tafeln. Mai. 1958. Zwickau.) F. VIER. 6490

**R. K. Wuerfel,** *Metallurgie des Temperns und Glühens in Bruchteilen von Minuten.* Die Einführung der Induktionserhitzung verminderte die Zeit zum Tempern u. Glühen von NE-Metallen u. Stählen von Std. auf Bruchteile von Min., wie am Beispiel des rostfreien Stahls des Typs 410 nachgewiesen wird. Beispiele für die Berechnung der erforderlichen Erhitzungszeit werden gegeben. (Metal Progr. **73.** Nr. 4. 93—96. April 1958. Baltimore, Md., Westinghouse Electric Corp.) F. VIER. 6492

**A. E. Pickles,** *Blankglühen.* Übersicht über die Verff. zum Blankglühen verschied. Werkstoffe unter Verwendung von Schutzgasen oder Vakuum u. die dazu verwendeten Öfen. (Metal Treatment Drop Forging **26.** 7—14. Jan. 1959. Birlec Ltd.) W. WESLY. 6492

**C. Dawes,** *Die Pulverzementation und Wärmebehandlung eines $4^1/_4$% igen Nickel–Chrom–Molybdän-Einsatzstahles.* Zur Prüfung dient ein Stahl mit 0,12—0,18 (%) C, 0,05—0,35 Si, 0,40—0,70 Mn, 3,80—4,50 Ni, 1,00—1,40 Cr, 0,15—0,35 Mo sowie ein unlegierter Stahl mit 0,15 C. Dem Holzkohlenpulver werden verschied. Mengen von $Na_2CO_3$ u. $BaCO_3$ zugesetzt. Gefüge u. Härte werden geprüft. Bei dem legierten Stahl treten bei 1% $Na_2CO_3$ u. 2,5% $BaCO_3$ weniger freie Carbide in der Zementationszone auf. Das Einsatzmittel kann im Verhältnis von 9 Teilen alt zu 1 Teil neu wieder verwendet werden. Bei dem unlegierten Stahl erhält man nur mit neuen Pulvern eine gute Zementation. Bei Zufügen von 5% $Na_2CO_3$ u. Verwendung von 4 Teilen alt zu 1 Teil neu werden gute Ergebnisse erzielt. (Metallurgia [Manchester] **58.** 3—9. Juli 1958. Birmingham Joseph Lucas, Ltd.) K. STEIN. 6492

**Yoshihiro Mitarai,** *Reckalterung und Weichglühung von kaltgewalzten Blechen.* Die ERICKSON-Zahl (EZ) der Reckalterung ist nach Bearbeitung bei gewöhnlicher Temp. nach 5—6 Std. noch im Steigen, den tiefsten Wert erreicht sie nach 5 Tagen. Werden die Bleche während der Reckalterung kurze Zeit auf ca. 150° erhitzt, so hört die Reckalterung auf. Wird während der Reckalterung bei 100—200° weichgeglüht, so steigt die EZ erheblich an (Diagramm). Werden die bearbeiteten Bleche auf ca. 650° weichgeglüht, so steigt die EZ ohne Beziehung auf den Grad der Bearbeitung, erreicht aber für alle Fälle etwa den gleichen Wert. (Tetsu to Hagane [J. Iron Steel Inst. Japan] **41.** 252—54. März 1955. Himajima TH. [Orig.: japan.]) E. SCHULER. 6492

**A. D. Hopkins,** *Flüssiges Metall und Salzbäder.* Übersicht über Zus., Eigg. u. Anwendung der zur Wärmebehandlung von Stahl dienenden fl. Metalle u. Salzbäder: Pb-Bäder, Cyanide enthaltende Salzbäder zum Einsatzhärten, Neutralsalzbäder zum Härten u. Glühen, Nitrierbäder u. S-Verbb. enthaltende Cyanidbäder (*Sulfinuz*-Verfahren). (Metal Treatment Drop Forging **25.** 197—204. Mai 1958. Imperial Chem. Ind., General Chem. Div., Techn. Serv. Dept., Heat Treatment Sect.) W. WESLY. 6492

**Albert R. Pardoe,** *Überwachte Atmosphären zum Hartlöten.* Zus. u. Anwendung der zum Hartlöten verwendeten Atmosphären: reduzierende Gase ($H_2$ u./oder CO), inerte Gase (Ar u. He) u. Vakuum. (Western Machinery Steel Wld. **49.** Nr. 12. 66—68. Dez. 1958. Downey, Calif., North American Avivation, Inc., Missile Div., Labor.) W. WESLY. 6504

**A. T. Cape,** *Nickel–Hartlot-Legierungen.* Zus., Eigg. (Gefüge, Festigkeit u. Eindringtiefe) einer Reihe von Ni–Hartlot-Legierungen. (Western Machinery Steel Wld. **49.** Nr. 12. 62—65. Dez. 1958. Coast Metals, Inc.) W. WESLY. 6504

**J. Byron Jones,** *Schweißen unter Ultraschall — eine neue, im Gebrauch zunehmende Technik.* Schweißen, bei dem die zu schweißenden Teile durch Ultraschalleinw. in Schwingungen versetzt werden, führt zu bes. dauerhaften, festen Verbindungen. Das Verf. ist bes. anwendbar zum Schweißen dünnwandiger Gegenstände aus temperatur- u. korrosionsbeständigen Metallen. (Metal Progr. **73.** Nr. 4. 68—72. April 1958. West Chester, Pa., Aeroprojects Inc.) F. VIER. 6506

**J. Gordon Parr,** *Die Metallurgie von Stahlrohren, die nach dem elektrischen Widerstandsverfahren geschweißt worden sind.* Unterss. über die Einw. der Arbeitsbedingungen beim elektr. Widerstandsschweißen von Stahlrohren auf die Metallographie der Schweißen zeigen, daß die (im einzelnen aufgeführten) Arbeitsbedingungen zur Erzielung einwandfreier Schweißen eingehalten werden müssen. (Canad. Mining metallurg. Bull. **51.** 624—29. Okt. 1958. Edmonton, Alberta, Univ. of Alberta, Dep. of Mining and Metallurgy.) W. WESLY. 6506

**Hansgeorg Specht,** *Vorrichtung zum Schweißen dünner Thermoelemente.* Beschrieben wird eine Meth. zum Schweißen von Thermoelementen durch Kondensatorentladung, mit der Thermoelemente aus Ni/NiCr von 0,03—0,1 mm Durchmesser an metall. Oberflächen angeschweißt werden können. (Z. Metallkunde **50.** 36. Jan. 1959. Stuttgart, MP-Inst. für Metallforsch.) H. HOCHSTEIN. 6506

**D. J. Fishlock,** *Die Wahl des richtigen Reinigungsverfahrens.* Übersicht über die Verff. zur Beseitigung von Fett, Öl, Schmiermitteln, Sand, Feilspänen, Polierrückständen u. Schmutz von Metallen. (Metalwork. Product. **103.** 223—28. 6/2. 1959.) W. WESLY. 6508

**Hans Reufels,** *Die Berechnung der Beheizung galvanischer Bäder.* (Metallwaren-Ind. Galvano-Techn. **49.** 512—16. Dez. 1958.) M. GEHLEN-KELLER. 6514

**—,** *Spannungsfreie Nickelüberzüge.* Der Ni-Überzug wird elektrolyt. aus einem Bad abgeschieden, das 60 (oz.per.gat) *Ni-Sulphamat,* 10,2 *Ni,* 4 $B(OH)_3$ u. 0,05 Mittel gegen Lochfraß enthält, bei $p_H$ 3—5 u. 100—140°F. Die maximale Stromdichte beträgt 300 A/ft² bei 140°F. Die Stromausbeute lag dicht bei 100%. Der Überzug ist spannungsfrei u. scheint bes. geeignet für hochhitzebeanspruchte Überzüge von Geschossen u. Raketen. Durch kleine Modifizierungen des Verf. können Härten bis zu 550 Vickers erreicht werden. (Metal Progr. **73.** Nr. 4. 90—92. April 1958.) F. VIER. 6520

**—,** *Vielschichtige Nickelüberzüge.* Es wird darauf hingewiesen, daß mehrschichtige elektrolyt. aufgebrachte Ni-Überzüge bessere Korrosionsbeständigkeit haben als einfache Überzüge. (Metal Progr. **73.** Nr. 6. 95—96. Juni 1958.) F. VIER. 6520

**A. T. Baldwin** und **W. H. McMullen,** *Die praktische Anwendung des schmelzflüssigen Verzinkens.* (Galvanotecnica **9.** 193—202. Aug. 1958. — C. **1958.** 11943.) M. GEHLEN-KELLER. 6524

**G. A. Marsh** und **E. Schaschl,** *Einwirkung von gelöstem Sauerstoff auf die Korrosion und die Anforderungen für kathodischen Schutz.* Kurze Bemerkungen zu Arbeiten der Verfasser. (Corrosion [Houston] **13.** Nr. 11. 17. Nov. 1957. Crystal Lake, Ill., Pure Oil Co.) H. ECKSTEIN. 6538

**A. W. Neal,** *Korrosion im Wasserbau.* Kurze Übersicht über mögliche Korrosionserscheinungen an gußeisernen u. Messingrohren (Narbenbldg., Graphitausscheidung bzw. Entzinkung) u. Schutzmaßnahmen durch Bituminierung, Galvanisierung oder Verwendung von Asbestzementrohren. — Ferner wird kurz die Anwendung polymerer Kunststoffe u. der kathod. Schutz der Metallteile (boden- u. wasserseitig) erörtert. (Corrosion Prevent. and Control **5.** Nr. 10. 46—48. Okt. 1958.) H. ECKSTEIN. 6538

**M. Starczewski,** *Der Einfluß von Ferrokoks auf feuerfeste Stoffe.* Während Chromit–Magnesit-Material im ganzen Temperaturgebiet gegen die korrodierende Wrkg. von Ferrokoks beständig ist, greift Ferrokoks mit 75% Magnetit, Hochofenstaub oder Pyritabbrand Ofenauskleidungen aus silicat. Material $>$1140° an. Quarz–Schamotte-Auskleidung wird durch CO unter der katalyt. Einw. von Fe-Oxyden porös. — 30 Literaturangaben. (Prace Inst. Hutniczych **10.** 77—89. 1958. Inst. Mater. orgniotrwałych.) F. URBAN. 6538

**Norman Hackerman, Ray M. Hurd** und **Earl S. Snavely,** *Korrosionsverhalten weicher Stähle in wässerigen $NH_4NO_3$–$NH_3$–$H_2O$-Lösungen.* Sprüh-Lsgg. aus wss., ammoniakal. $NH_4NO_3$-Lsgg. mit einem Gesamt-N-Geh. von 40—50 Gew.-% greifen kalt gewalzten, bei 800° in He vergüteten weichen Stahl bei Tempp. von 30, 45 u. 60° an. Dabei ist die Korrosion ohne Zusatz von Inhibitoren bei 45 u. 60° viel geringer als bei 30°. Als Inhibitoren haben sich bes. S-haltige Verbb. vom *CNS*- bzw. *Thioharnstoff*-Typ bewährt, deren Wrkg. durch Zusatz von *Arseniten* noch verstärkt wird. Als günstigste Inhibitorlsg. bei 30° wird der Zusatz von ca. 1% $NH_4CNS$ u. 0,05% Na-Arsenit empfohlen. (Corrosion [Houston] **14.** Nr. 4. 57—59. April 1958. Austin, Texas, Univ.) H. ECKSTEIN. 6538

**E. Herzog,** *Die Korrosion von Stahl im Falle des Angriffes durch Beladung mit Wasserstoff. Das Problem von Lacq.* Übersicht über die Korrosion von schwach legierten Stählen in sauren Lsgg. u. Gasen, die beim Taupunkt kondensierende „Säuren" ($CO_2$, $SO_2$, $H_2S$) enthalten u. die Beschleunigung der Korrosion durch S, P, C, N, Al, geringe Cr-Mengen u. die Verzögerung durch As, Sn, Mo, geringe Cu-, erhöhte Ni- u. Cr-Mengen. (Techn. Appl. Pétrole **13.** 5731—35. 5737. 5739. April. 5803—08. Mai. 5947—52. Juli 1958. Pompey, Centre de Recherches des Aciéries de Pompey.) W. WESLY. 6538

**A. C. Hamstead, G. B. Elder** und **J. C. Canterbury,** *Reaktion einiger chlorierter Kohlenwasserstoffe mit Aluminium.* Ein Al-Rohr vom Typ 3003 wurde zum Transport von *Propylendichlorid* verwendet u. versagte bereits nach wenigen Std. infolge völliger Korrosion unter starker Hitzeentw. u. Durchbruch des Chlorids. — Obwohl bisher chlorierte KW-stoffe unter bestimmten Grenzbedingungen (Reinheit, Temp. u. Einwirkungsdauer des Chlorids sowie Oberflächenbeschaffenheit des Al) keinen Einfl. auf Al ausübten, empfehlen Vff. doch eine eingehende Eignungsprüfung des Al-Werkstoffs vor dem Einbau in Anlagen chlorierter KW-stoffe. (Corrosion [Houston] **14.** Nr. 4. **43**—**44.** April 1958. South Charleston, W.-Va., Union Carbide Chem. Co.) H. ECKSTEIN. 6538

**J. Tourret,** *Der Kampf gegen die Korrosion in der Erdölindustrie.* In Ergänzung zu der C. **1958.** 14442 referierten Arbeit beschreibt Vf. Korrosionserscheinungen, bes. Ermüdungsbrüche u. -risse an Bohrern u. Wellen, sowie innere u. äußere Korrosion an Kondensatorrohren (Entzinkung) durch Einw. von Destillationsprodd. bzw. Meerwasser. Dabei handelt es sich um Rohre aus „Admiralitätsbronze" ohne As, wobei die Korrosion erosiv (durch hohe Wassergeschwindigkeit), mechan. (durch starke Gasbldg.) oder intergranular sein kann. Die Entzinkung kann homogen oder durch Narben gekennzeichnet sein. — Als Gegenmaßnahme wird die Verwendung von *As* oder *P*, ferner *Al* oder *Cu-Ni* enthaltender Legierungen empfohlen. (Métallurgie Construct. mécan. **90.** 285—87. 289. April 1958. Comp. franç. de Raffinage.) H. ECKSTEIN. 6538

**S. Greenberg, J. E. Draley** und **W. E. Ruther,** *Neue dynamische Prüfvorrichtung für Untersuchung wässeriger Korrosionen.* Beschreibung einer Hochdruck- u. Hochtemperaturkreislaufanlage zur Unters. der Beschaffenheit eines Kühlwassers für wassergekühlte Kernreaktoren (Abb.: Fließschema). Die Prüfdaten: Maximum Temp.: 360°, Höchstdruck: ca. 3000 at u. 20—30 feet/sek. Strömungsgeschwindigkeit. Einzelheiten der techn. Verwendung. (Corrosion [Houston] **14.** Nr. 4. 45—46. April 1958. Lemont, Ill., Argonne Nat. Labor.) H. ECKSTEIN. 6540

---

**SIATEM Soc. Italiana Apparecchi Termo-Elettro-Meccanici S. p. A.,** Mailand, Italien, *Induktionsschmelze von Metallen* mit niederfrequentem Strom, unter Verwendung von Schmelztiegeln, die zwei zu beiden Seiten der Primärwicklung des Transformators liegende, durch Kanäle untereinander verbundene Wannen besitzen. Man legt die Kanäle so, daß jeweils der untere Teil der einen Wanne mit dem oberen Teil der anderen Wanne verbunden wird. (**It. P. 494 533** vom 14/4. 1951.) K. KOEBKE. 6371

**Demag-Elektrometallurgie G. m. b. H.,** Duisburg (Erfinder: **Friedrich Okens,** Karlsruhe), *Betreiben von elektrischen Schmelzöfen,* bes. Reduktionsöfen, bei denen die Elektroden eine Relativbewegung zum Ofen ausführen, gek. durch eine Bewegung, die nach dem Prinzip der Pilgerschritte erfolgt. — Zeichnung. (**D. B. P. 970 588** Kl. 40c vom 27/3. 1954, ausg. 9/10. 1958. Anmeldung bekanntgemacht 30/5. 1956.) G. APEL. 6371

**Duisburger Kupferhütte** (Erfinder: **Alfred Dietrich),** Duisburg, *Pelletisieren von feinkörnigem Gut,* z. B. Erzen bei Raumtemp. unter Einsatz von fl. Formungsmitteln in einer rotierenden Vorrichtung. Als fl. Formungsmittel werden Lsgg. verwendet, die mehr Gelöstes enthalten als der Sättigung der entsprechenden Fl. bei Raumtemp. entspricht, z. B. Schmelzen von *Salzhydraten,* deren Liquiduspunkt über Raumtmp. liegt. (**D. B. P. 969 626** Kl. 40a vom 30/5. 1954, ausg. 3/7. 1958. Anmeldung bekanntgemacht 25/10. 1956.) M. NECKERMANN. 6377

**Columbia-Southern Chemical Corp.,** V. St. A., übert. von: **Howard Hail Hoekje** und **Robert Andrew Kearley,** *Behandlung von Erzen* mit mehreren Metalloxyden. Die Erze werden mit Alkalihydroxydschmelze behandelt u. der verbleibende Rückstand von der Schmelze abgetrennt. Das Verf. eignet sich zur Extraktion von $TiO_2$ aus Ilmenit, wobei das $Fe_2O_3$ im Rückstand bleibt. (**F. P. 1 160 268** vom 13/11. 1956, ausg. 10/7. 1958. A. Prior. 14/11. 1955.) M. NECKERMANN. 6381

**Mercast Corp.,** New York, N. Y., V. St. A., *Herstellen von dünnen, selbsttragenden, schalenförmigen, höchstens 0,65 cm dicken Gießformen,* wobei um eine Modellform ein feuerfester Brei gelegt wird, der ein zeitweilig wirkendes Bindemittel sowie ein Formsubstanz lieferndes Bindemittel enthält, dad. gek., daß als die genannten Substanzen verteilende Fl. ein Gemisch aus *Chlorfluormethanverbb.,* bes. Monochlordifluormethan, Dimethyläther u./oder Methylchlorid verwandt wird. (**Holl. P. 83 735** vom 29/11. 1950. ausg. 15/1. 1957.) K. DEMMLER. 6383

**Aldo Bartocci,** Terni, Italien, *Gießen von Metallbarren.* Man taucht in das geschmolzene Metall ein Gefäß ein, in dessen Boden sich Öffnungen befinden, durch welche das Metall mit dem der Eintauchtiefe entsprechenden Druck nach der Innenseite des Gefäßes gedrückt wird, wobei es erstarrt. Das Gefäß kann vor dem Eintauchen oder auch während des Eintauchens mit Fll. oder Gasen gekühlt werden. (**It. P. 492 828** vom 24/5. 1952.) K. KOEBKE. 6383

**Electrolyser Corp. Ltd.** (Erfinder: **Alexander Thomas Stuart),** Toronto, Ontario Canada, *Reduktion von Metalloxyden,* z. B. *Fe-Oxyden* ohne Schmelzen der Beschickung Die heißen Reduktionsgase werden in der Reduktionszone eines Schachtofens von oben nach unten oder umgekehrt geleitet u. dann abgezogen. Nach der Red. wird kaltes, neutrales oder reduzierendes Gas von unten durch die Kühl-, Reduktions- u. Vorwärmzone des Schachtofens geführt u. schließlich heißes, neutrales durch die Reduktions- u. Vorwärmezone geleitet. Die Beschickung wandert period. durch den Ofen. — Abbildung. (**D. A. S. 1 033 419** Kl. 40a vom 15/7. 1952, veröff. 3/7. 1958.) M. NECKERMANN. 6381

**Ernst Brederhoff** und **Fa. W. Seibel** (Erfinder: **Ernst Brederhoff**, Schwelm/Westf., und **Friedrich Winterhager**), Mettmann/Rhld., *Einbringen von festen Stoffen in Metallschmelzen zur Raffination, Desoxydation und zum Auflegieren* unter Benutzung eines die zuzusetzenden Stoffe in Form eines Kolbens aufnehmenden Zylinders, dad. gek., daß der Zylinder in das Schmelzbad eintaucht u. der in ihm enthaltene Kolben durch ein Druckgas in die Schmelze eingeführt wird, wobei die aufgeschmolzenen oder aufgelösten Massen von dem durch einen Spalt zwischen Kolben einerseits u. Zylinderwandung andererseits austretenden Druckgas durch das Schmelzbad gespült werden, z. B. Auflegieren von *Al* u. *V*. Die Verwendung von $N_2$ als Druckgas fördert die Nitridbldg. von Al, Ti u. Cr u. es lassen sich damit in allen möglichen Legierungsgraden besondere Eigg. bes. Feinkörnigkeit in *Stahl*, erzielen. Vorr. (**D. A. S. 1 033 420** Kl. 40a vom 4/5. 1954, veröff. 3/7. 1958.) M. NECKERMANN. 6381

**Ateliers des Charmilles Soc. An.**, Schweiz, *Reduktion von Eisenmineralien mittels Wasserstoff und Kohlenoxyd.* Dieses Reduktionsmittel wird in dem hermet. abgeschlossenen Ofen selbst erzeugt, indem der durch die Red. des Minerals mit $H_2$ gebildete Wasserdampf für die Zers. des in den Ofen eingeführten Öldampfes zu $H_2$ u. CO verwendet wird. (**F. P. 1 152 006** vom 29/6. 1956, ausg. 10/2. 1958. Schwz. Prior. 7/7. 1955.) W. HAUSWALD. 6391

**N. Örne**, Stockholm, Schweden, *Trennung von Silicium und Eisen* bei Si-haltigem Eisenerz. Das Erz wird mit Säure, z. B. HCl, HF u. dgl., die durch Wechselstrom erwärmt wird, aufgeschlossen. — Zeichnung. (**Schwed. P. 150 080** vom 17/6. 1953, ausg. 24/5. 1955.) K. H. KÄHLER. 6391

**Air Reduction Co., Inc.**, übert. von: **James Warren Estes** und **Grant Edward Spangler**, V. St. A., *Herstellung von Gußeisen mit Kugelgraphit* ist dad. gek., daß einem geschmolzenen Gußeisen, welches im n. Gußzustand Graphit in Form von Lamellen enthalten würde, unterhalb der Badoberfläche ein neutrales Gas, feinverteiltes $CaC_2$ u. Teilchen aus metall. Mg zugeführt werden, wobei der Mg-Zusatz 5—15% des Zusatzgemisches ausmacht u. die Mg-Teilchen derart fein sind, daß sie durch ein Maschensieb von 840 $\mu$ hindurchgehen, jedoch fast vollständig von einem Maschensieb von 150 $\mu$ zurückgehalten werden, während die $CaC_2$-Teilchen genügend fein sind, um durch ein Maschensieb von 840 $\mu$ hindurchzugehen. Nach dem Zusatz wird die so behandelte Schmelze abgegossen. (**F. P. 1 148 540** vom 6/2. 1956, ausg. 11/12. 1957. A. Prior. 7/2. 1955.) H. HOCHSTEIN. 6405

**James J. Bowden**, Cortland, Ohio, V. St. A., *Erzeugung von Stahl mit geringen Phosphor- und Stickstoffgehalten aus Roheisen* ist dad. gek., daß in eine bas. ausgekleidete Frischzone geschmolzenes Roheisen eingeführt, darauf ein vorgemischtes bas. schlackenbildendes Material aus 50—90 (%) *CaO*, 0,5—35 $Fe_2O_3$ u. 0,5—15 $Al_2O_3$ in einer Menge von 2—10% des Chargengewichtes zugesetzt sowie ein mindestens 95 Vol.-% freien $O_2$ enthaltendes oxydierendes Gas unter Vermischung der Schlacke u. des Metallbades eingeblasen wird, wobei das Einblasen solange fortgesetzt wird, bis der C-Geh. des Bades durch Oxydation auf den gewünschten Endgeh. gebracht ist. (**A. P. 2 826 488** vom 24/6. 1955, ausg. 11/3. 1958.) H. HOCHSTEIN. 6409

**Chromium Mining & Smelting Corp.**, Sault St. Marie, Ontario, Canada, übert. von: **John O. Evans jr.**, Michigan City, Ind., V. St. A., *Verringerung des C-Gehaltes in hochkohlenstoffhaltigem Ferrochrom.* Letzteres wird in granuliertem Zustand bei Tempp. von 1000—1400° u. unterhalb des F. des Ferrochroms der Oxydation unterworfen, wobei nicht nur der C oxydiert, sondern auch ein Teil des Metalls. Der $O_2$-Geh. des Metalls soll nur so gering sein, daß die Oxyde nicht mit dem restlichen C-Geh. zur Bldg. von CO reagieren. Das erhaltene Prod. wird mit feinen festen Oxydationsmitteln, die zur Oxydation des restlichen C dienen vermischt u. bei höheren Drucken erhitzt, um ein Ferrochrom mit niedrigem C-Geh. von z. B. 0,003% zu erhalten. (**A. P. 2 829 041** vom 26/4. 1955, ausg. 1/4. 1958.) W. HAUSWALD. 6419

**Livio Cambi**, Mailand, Italien, *Elektrolytische Gewinnung von Zink.* Um das bei der Elektrolyse störende F aus den sulfathaltigen Zn-Elektrolyt-Lsgg. zu entfernen, fällt man bei $p_H$ 4—6,5 mit Salzen des Ce oder anderer Seltener Erdmetalle oder des Th, gegebenenfalls in Ggw. von $Fe_2(SO_4)_3$ u. behandelt mit Aktivkohle oder anderen Adsorbentien nach. Durch Behandlung mit $H_2SO_4$ kann man die Erdmetallsalze regenerieren u. in den Prozeß zurückführen. (**It. P. 494 487** vom 6/12. 1952.) K. KOEBKE. 6427

**Hugo Lodewijk Radino** und **Companhia Mercantil e Industriel Ingá,** Nova Ignacú (Erfinder: **Lodewijk Radino**), Rio de Janeiro, Brasilien, *Hydrometallurgische Extraktion von Zink aus Zink und säurelösliche Silicate enthaltenden Erzen* durch Laugen der Erze mit Säuren, vorzugsweise $H_2SO_4$ u. nachfolgende Neutralisation der sauren Lsg. durch frisches Erz, dad. gek., daß das Laugen der Erze u. die Neutralisation in Ggw. einer solchen Menge von *Al-Ionen* durchgeführt wird, daß leicht filtrierbare Suspensionen erhalten werden. (**D. A. S. 1 040 258** Kl. 40a vom 28/3. 1957, veröff. 2/10. 1958. Brasilian. Prior. 4/4. 1956.) M. NECKERMANN. 6427

**Metallgesellschaft Akt.-Ges.** (Erfinder: **Hermann Clasen**), Frankfurt/M., *Entzinkung von oxydischen Materialien.* Der für die Entzinkung erforderliche Wärme wird dem zu entzinkenden Gut vor der Vakuumentzinkung zugeführt. Die Aufheizung kann auch mit Hilfe von Gasen erfolgen, wenn dafür gesorgt wird, daß der $CO_2$- u. $H_2O$-Geh. der Gase so hoch gewählt wird, daß die Aufoxydation des FeO noch vermieden, aber durch die Anwesenheit von $CO_2$ u. $H_2O$ in hoher Konz. die Bldg. von freiem Zn u. damit die Zn-Verflüchtigung unterbunden wird. — Abbildung. (**D. A. S. 1 042 245** Kl. 40a vom 23/1. 1957, veröff. 30/10. 1958. **Zusatz zu D. A. S. 1010740; C. 1958. 6965.**) M. NECKERMANN. 6427

**Metallgesellschaft Akt.-Ges.** (Erfinder: **Hermann Clasen**), Frankfurt/M., *Entzinkung von oxydischen Materialien.* Die Erhitzung für die Red. der Zn-Verbb. wird nach einer Vorerhitzung bis mindestens 600° durch direkte elektr. Erhitzung durchgeführt, wobei das Material selbst als Heizwiderstand eingeschaltet ist. Das Material wird bes. in Form von Pellets eingesetzt. — Abbildung. (**D. A. S. 1 042 246** Kl. 40a vom 23/1. 1957, veröff. 30/10. 1958. **Zusatz zu D. A. S. 1010740; C. 1958. 6965.**) M. NECKERMANN. 6427

**Ernst Brunhuber,** München, *Kupferlegierungen für Kokillenguß* bestehen aus 4—10 (%) *Sn,* 4—7 *Zn,* 1—6 *Si,* 1—5 *Mn,* 0—3 *Pb,* Rest mindestens 78 *Cu.* Die Legierungen können außerdem noch 0,05—0,7 *Al,* 0,01—0,2 *P,* 1,5—3 *Fe,* 0,01—0,6 *K, Na, Li* einzeln oder zu mehreren enthalten. (**E. P. 746 451** vom 1/7. 1954, ausg. 14/3. 1956. D. Prior. 18/9. 1953.) C. GÖTZE. 6433

**Eaton Mfg. Co.,** Cleveland, Ohio, übert. von: **Robert L. Pettibone,** Grosse Ile, Mich., V. St. A., *Hitzebeständige Titan-Nickel-Legierung* mit 39—41 *Ni,* 34—36 *Ti* u. 9—11 *Cr.* Sie ist bes. für die Herst. von Turbinenschaufeln u. dgl. geeignet. (**A. P. 2 818 332** vom 6/8. 1953, ausg. 31/12. 1957.) W. HAUSWALD. 6435

**Bethlehem Steel Co.,** übert. von: **Arthur Norman Hixson,** Moylan, und **Conrad B. Bare,** Lebanon, Pa., V. St. A., *Gewinnung von Nickel aus Nickel und Eisen enthaltenden Erzen.* Das Erz wird reduzierend geröstet u. dann mit einer wss.-ammoniakal. Lsg. eines $NH_4$-Salzes der $H_2CO_3$, $H_2SO_4$, $HNO_3$ oder HCl in einer Menge vermischt, daß das Erz angefeuchtet ist, aber noch nicht klumpt. Das so vorbehandelte Erz wird mit $O_2$ u. $NH_3$ enthaltendem Gas in Berührung gebracht u. anschließend mit einer ammoniakal. Lsg. eines $NH_4$-Salzes der genannten Säuren gelaugt. (**A. P. 2 829 963** vom 22/4. 1955, ausg. 8/4. 1958.) M. NECKERMANN. 6435

**Soc. An. pour l'Industrie de l'Aluminium,** Chippis, Wallis, Schweiz, *Elektrolytischer Prozeß zur Reinigung einer Alkalialuminatlösung unter gleichzeitiger Gewinnung von Galliummetall und Vanadinverbindungen.* Als Kathode wird in Bewegung gehaltenes fl. Hg verwendet, eine oder mehrere Anoden bestehen aus einem unter den Elektrolysebedingungen unlösl. Metall (Ni). Die Endspannung beträgt mindestens 3 (3,8—4,2) V, Kathodenpotential mindestens 1,6 (1,9—2,2) V, kathod. Stromdichte mindestens 0,35 (0,45—0,60) A/dm². Temp. zwischen 40 u. 60°. Metall. Ga wird als Alkaligallat durch Behandlung des als Kathode dienenden Hg mit kaust. Alkali wieder in Lsg. gebracht, während die gefällten V-Verbb. durch Dekantation, gefolgt von Filtration oder Zentrifugieren, abgetrennt werden. — Abb. der Elektrolysierzelle. (**E. P. 797 502** vom 6/6. 1956, ausg. 2/7. 1958. Schwz. Priorr. 13/6. 1955 u. 22/5. 1956.) E. MIESSGANG. 6443

**Dominion Magnesium Ltd.,** Toronto, Canada (Erfinder: **Peter W. Gibbs** und **Boguslaw Lagowski**), *Herstellung von Magnesiumlegierungen.* Mg- oder Mg-Legierungspulver wird mit feinverteilten Metallen, die unterhalb oder oberhalb des F. des Mg liegen, vermischt, die Mischung zu Pellets verformt u. letztere in ein Bad aus Mg oder Mg-Legierungen gebracht. Die Pellets bestehen aus *Mg* u. mindestens eines Metalles *Be, Mn, Zr, Th, Ni, Co, Hf* oder *Zn* sowie *Seltenen Erden* u. das Bad aus Mg mit *Zn, Al, Ce, La* oder *Nd.* (**E. P. 751 567** vom 27/7. 1954, ausg. 27/6. 1956.) C. GÖTZE. 6445

**Aluminum Co. of America,** Pittsburgh, Pa., V. St. A., *Aluminiumlegierungen* bestehen aus 5—13 (%) *Cu,* 0,2—1,7 *Mn,* 0,05—0,2 *V,* 0,05—0,3 *Zr,* 0,05—0,7 *Mg,* als Verunreinigungen bis 0,75 *Fe* u. bis 0,4 *Si,* Rest *Al.* Außerdem können die Legierungen 0,01—0,25 eines oder mehrerer der Elemente *Co, Ni, W, Cr, Ti, B, Ta, Mo* oder *Nb* enthalten. Sie werden 24 Std. auf 960—1020° F erhitzt, abgeschreckt u. 1—50 Std. bei 350—450° F gehärtet. Die Legierungen zeichnen sich durch hohe Festigkeit aus, sind kriechfest u. widerstandsfähig gegen Ermüdung bei höheren Temperaturen. (**E. P. 752 802** vom 2/2. 1954, ausg. 18/7. 1956. A. Prior. 22/4. 1953. **Zusatz zu E. P. 733 881; C. 1956. 14564.**) C. GÖTZE. 6447

**Eaton Mfg. Co.**, Cleveland, Ohio, übert. von: **Robert L. Pettibone,** Grosse Ile, Mich., V. St. A., *Hitzebeständige Titanlegierung,* bes. für Turbinenschaufeln oder dergleichen. Sie enthält: 31—33 (%) *Ti*, 16—18 *C*, 9—11 *Ni*, 14—16 *Cr*, 3—5 *W* u. 21 bis 23 *Co*. (**A. P. 2 818 331** vom 6/8. 1953, ausg. 31/12. 1957.) W. HAUSWALD. 6449

**E. I. du Pont de Nemours & Co.**, übert. von: **Russell B. Eaton** und **Charles H. Winter jr.**, Wilmington, Del., V. St. A., *Herstellung von Metallen der Gruppe IVA des Periodischen Systems der Elemente,* wie *Ti, Zr* u. *Hf*, durch Red. ihrer Subchloride mit Reduktionsmetallen, wie Alkali- oder Erdalkalimetallen sowie Mg. Die Reaktionsmischung wird durch besondere Fördermittel, z. B. Förderschnecken, von unten in eine Reaktionskammer gedrückt, wobei sich in deren unteren Teil eine Reaktionszone ausbildet. In dieser Zone entsteht Metall in Schwammform, das von geschmolzenem Salz des Reduktionsmetalls durchsetzt ist. Das geschmolzene Salz läuft kurz über der Reaktionszone durch eine Reihe von in gleicher Höhe liegenden Öffnungen ab, so daß hier ein Salzspiegel entstehen kann; der Metallschwamm schiebt sich durch die von unten kontinuierlich nachdrängende Reaktionsmischung nach oben weiter u. wird schließlich mittels eines elektr. Lichtbogens zu einem flachen Metallsumpf eingeschmolzen, von dem das Metall durch eine seitlich angeordnete Öffnung abfließen kann. Über dem Metallspiegel wird eine Ar-Atmosphäre von niedrigem Druck aufrechterhalten, die die Reaktionskammer an dem genannten Metallsumpf vorbei von oben nach unten durchströmt u. an den Ablauföffnungen für die Salzschmelze die Reaktionskammer verläßt. Das Ar spült die in der Nähe des Metallsumpfes gebildeten Salzdämpfe mit nach unten, wo sie in den kälteren Zonen wieder kondensieren u. vom Metallschwamm ablaufen können. Der Ar-Strom verhindert auch eine Kondensation der Salzdämpfe in der Reaktionskammer über dem Metallsumpf. Das Metall läßt man nach dem Ablaufen aus der Reaktionskammer zu Granalien erstarren. — Abbildung. (**A. P. 2 825 642** vom 9/3. 1954, ausg. 4/3. 1958.) M. NECKERMANN. 6449

**Dow Chemical Co.**, übert. von: **Douglas S. Chisholm** und **Don F. Hall,** Midland, Mich., V. St. A., *Herstellung von Titanlegierungen.* Das zu legierende pulverförmige Element, z. B. *Cr*, wird mit *Mg*-Pulver vermischt, auf einer Unterlage ausgebreitet, erhitzt u. Dämpfen von $TiCl_4$ ausgesetzt. Dabei bildet sich *Ti-Schwamm* mit gleichmäßig verteiltem Zusatzelement. (**A. P. 2 766 113** vom 11/2. 1953, ausg. 9/10. 1956. **E. P. 751 113** vom 2/2. 1954, ausg. 27/6. 1956. A. Prior. 11/2. 1953.) C. GÖTZE. 6449

**Lakefield Research Ltd.**, übert. von: **John W. Britton,** Lakefield, Ontario, Canada, *Goldgewinnung* aus Fe-haltigem, *Au* führendem Material. Das Material wird geröstet u. mit Au lösenden Reagentien behandelt. Der Rückstand aus dem Löseprozeß wird mindestens auf 1650° F, jedoch über die höchste Rösttemp. erhitzt, gekühlt u. dann nochmal mit Au lösenden Reagentien behandelt. Der genannte Röstrückstand wird vorteilhafter in pelletisiertem Zustand erhitzt u. gelaugt. Als Lösungsm. wird eine Cyanidlsg. verwendet. (**A. P. 2 827 372** vom 19/4. 1957, ausg. 18/3. 1958. Can. Prior. 3/7. 1956.) M. NECKERMANN. 6463

**Gebrüder Böhler & Co. Akt.-Ges.,** Wien, Österreich, *Herstellung von Permanentmagneten* mit bevorzugter Magnetrichtung auf der Basis Fe–Al–Co–Ni–Ti mittels Sinterung, dad. gek., daß das gesamte Ti in Form des Hydrids zugegeben wird. (**It. P. 490 302** vom 22/12. 1949. D. Prior. 4/12. 1943.) K. KOEBKE. 6475

**J. L. Lurje** und **N. N. Timoschenko,** *Herstellen von Eisenpulver* durch Regeneration von Eisenerz oder -oxyden unter Verwendung von Kohle u. $H_2$ als Regenerator. Ausgangsprod. u. Kohle befinden sich in undurchmischten Schichten auf dem Boden des Heizofens in einem Tiegel unter Röstred. durch $H_2$ oder dissoziiertem $NH_3$. (**UdSSR. P. 112 200** vom 24/5. 1949, gedruckt 14/4. 1958.) B. PANKOW. 6475

**Soc. d'Électro-Chimie, d'Électro-Métallurgie et des Aciéries Électriques d'Ugine,** Frankreich, *Herstellung von Chrom–Molybdän–Chromborid-Legierungen.* Eine Mischung aus 10—90 (%) $Cr_2B$ u. 90—5 einer gepulverten *Cr–Mo*-Legierung, wobei das Verhältnis von Cr zu Mo von 95/5 zu 50/50 variiert, wird gepreßt u. bei 1400—1550° gefrittet. Die Legierungen zeigen großen Widerstand gegen Druck, Stoß u. Korrosion. (**F. P. 1 147 790** vom 19/4. 1956, ausg. 29/11. 1957. A. Prior. 20/4. 1955.) C. GÖTZE. 6475

**United States of America,** übert. von: **Harry W. Dodds,** Bay Village, Ohio, V. St. A., *Herstellung duktiler Körper aus Beryllium.* Feingepulvertes Be wird in einem

Behälter gebracht, der die Form des fertigen Körpers hat. Der Behälter wird evakuiert, unterhalb 900° erhitzt, bis absorbierte Gase aus dem Material entwichen sind. Darauf wird die Temp. bis 1125° erhöht u. so lange gehalten, bis die Charge durchgesintert ist. Gleichzeitig wird sie unter Druck gesetzt, der jedoch nicht so groß sein darf, daß eine Deformation des Behälters eintritt. — Apparatur. (**A. P. 2 818 339** vom 28/2. 1955, ausg. 31/12. 1957.) C. Götze. 6475

**United States of America,** übert. von: **Harry W. Dodds,** Bay Village, und **Charles B. Sawyer,** Cleveland Hights, Ohio, V. St. A., *Herstellung eines Sinterkörpers.* In eine längliche, biegsame Hülse aus Stahl, Ni, Mo oder Pt wird das pulverförmige Material, z. B. *Be,* eingefüllt, die Hülse wird in einen Stahlzylinder eingebracht u. der Raum zwischen Hülse u. Zylinderwand mit einem Carbid oder Oxyd ausgefüllt. Der Zylinder wird von außen beheizt auf eine Temp., die der Sintertemp. des Materials in der Hülse entspricht, zugleich wird der Raum zwischen Hülse u. Zylinder mittels Ar, He, $N_2$ oder $H_2$ unter Druck gesetzt. — Abbildungen. (**A. P. 2 725 288** vom 26/8. 1952, ausg. 29/11. 1955.) C. Götze. 6475

**Spojené Ocelárný, Národní Podnik,** Kladno, Tschechoslowakei, *Herstellung von metallischen Filtern großer Durchlässigkeit.* Zu Schwz. P. 309 169; C. **1957.** 11147, ist nachzutragen: Als Füllstoffe werden mit einem Gas reduzierbare Metallsalze verwendet, die während der Sinterung zers. u. zu Metall red. werden. (**Schwz. P. 312 165** vom 14/2. 1952, ausg. 29/2. 1956.) A. Heinsen. 6475

## IX. Organische Industrie.

**Miloslav Štaud,** *Die Verwendbarkeit von tschechoslowakischen Adsorbentien für Hypersorptionsverteilung von Kohlenwasserstoffgasen.* Es wurden 5 Sorten von Adsorbentien tschechoslowak. Erzeugung, Aktivkohle Supersorbon oder Benzorbon, Tonerde, Silicagel u. Alusil untersucht. Als beste erwiesen sich die beiden Sorten Aktivkohle. Ihre Vorteile: größere mechan. Festigkeit, höhere Abriebfestigkeit, unverhältnismäßig größere Fähigkeit, eine große Menge von Gasen zu binden, u. die Möglichkeit, größere Mengen der gebundenen Komponenten bei konstanter Zufuhr von Wärme frei zu machen. Nachteil: kleine Selektivität für KW-stoffe mit gleicher Anzahl von C-Atomen. Von beiden Sorten Aktivkohle hat das Benzorbon bessere mechan. Eigenschaften. (Chem. Průmysl **8 (33).** 617—22. Dez. 1958. Brno, Ústav pro naftový výzkum.) J. Schneider. H 500

**Tadeusz Czarnota, Jan Orłowski** und **Kazimierz Krzemicki,** *Oxydation von Anthracen zu Anthrachinon nach dem katalytischen Wirbelschichtverfahren.* Bei Anwendung von geschmolzenem $V_2O_5$ auf akt. $Al_2O_3$ als Träger wird bei der Oxydation von Anthracen viel Phthalsäureanhydrid u. $CO_2$ gebildet. Die höchste Ausbeute an Anthrachinon (75%) wird mit geschmolzenem $V_2O_5$ u. $Fe_2O_3$ auf akt. $Al_2O_3$ oder auch ohne Träger erzielt. Das Prod. ist 90%ig. Auf Kieselgel als Träger beträgt die Ausbeute nur 58 Mol-%, auch ist dabei die Regelung der Temp. schwieriger als bei Anwendung von $Al_2O_3$. (Przemysł chem. **37.** 167—72. März 1958. Warszawa, Inst. Chem. Ogóln., Kędzierzyn, ZPA.) F. Urban. H 2800

---

**Böhme Fettchemie G. m. b. H.,** Düsseldorf, *Herstellung organischer Sulfonsäuren beziehungsweise deren Salze* durch Umsetzung von alkylierbaren Verbb., die über O, S, N bzw. direkt an Kohlenstoff oder an Halogen gebunden, ein austauschfähiges H-Atom enthalten, mit cycl. Anhydriden von organ. Hydroxysulfonsäuren der allg. Formel R—O, in welcher R einen gegebenenfalls substituierten KW-stoffrest mit 3 oder

$SO_2$

4 C-Atomen bedeutet, der über die C-Atome 1.3 bzw. 1.4 den Sulfonring schließt, wobei diese C-Atome auch Bestandteile eines cycloaliphat. oder aromat. Ringes sein können. Die Umsetzung wird in Ggw. von W. oder wasserhaltigen Lösungsmittelgemischen durchgeführt. Gegebenenfalls wird in Ggw. säurebildender Mittel gearbeitet. — Zu einer Lsg. von 17,9 (Teilen) 2.4.6-Trichlorphenol in 50 $cm^3$ 8%ig. wss. NaOH gibt man bei 35° 12,2 1.3-Propansulton, welches rasch in Lsg. geht. Beim Stehen scheidet sich das *Na-Salz* der *2.4.6-Trichlorphenoxypropan-ω-sulfonsäure* ab. — Mit Thiophenol wurde analog das *Na-Salz* der *Phenylmercaptopropan-ω-sulfonsäure* erhalten. — Beschrieben werden weiter die *Na-Salze* der *Thiocarbonyl-bis-[mercaptopropan-ω-sulfonsäure], N.N-Diäthyldithiocarbaminsäurepropylester-ω-sulfonsäure, Mercaptobenzthiazol-S-propan-ω-sulfonsäure, 3-Chlorpropan-1-sulfonsäure.* — Aus Thioharnstoff u. 1.4-Butansulton wird das *Sulfobetain* der *Isothioharnstoff-S-butan-ω-sulfonsäure* erhalten. — Zu einem Gemisch von 15,4 (Gewichtsteilen) $CS_2$ u. 30 Volumteilen W. werden 5,6 Piperazin in 40 Volumteilen

W. gegeben. Es wird ½ Std. bei 25⁰ gerührt, worauf 100 Volumteile 2n NaOH zugegeben werden. Beim Stehen bildet sich das *Na-Salz* der *Piperazin-N.N'-bis-dithiocarbamidsäure*, welches mit 1.3-Propansulton in das *Na-Salz* der *Piperazin-N.N'-bis-dithiocarbamidsäure-n-propylester-ω-sulfonsäure* übergeht. — Die Salze sind mehr oder weniger wasserlöslich. Das Verf. bietet die einfache Möglichkeit zur schonenden Einführung wasserlösl. machender Gruppen in organ. Moleküle. — Vgl. F. P. 1 110 914; C. **1958.** 5250. (**Oe. P. 191 388** vom 14/7. 1954, ausg. 26/8. 1957. D. Prior. 5/8. 1953.) M. F. Müller. 6567

**Imperial Chemical Industries Ltd.**, England, *Oxydation organischer Verbindungen*, dad. gek., daß man mit $O_2$ in fl. Medium in Ggw. von $Br_2$, HBr, AuBr, NaBr u./oder CuBr u. V-, Co- oder Mn-Katalysatoren in Propion- oder Essigsäure bei höherer Temp. u. Druck oxydiert. — Beispiele für die Oxydation von o-, m-, p-Toluylsäure, p-Carboxybenzaldehyd, o-, m-, p-Xylol, Acetophenon, p-Diisopropylbenzol, p-Nitrotoluol, p-Toluolsulfonsäure, γ-Picolin, Äthyl-, Isopropylbenzol, p-Diacetylbenzol, α.α'-Dihydroxydiisopropylbenzol, Cuminsäure, p-Tolylaldehyd, p-Cymol, 2.6-Dimethylnaphthalin, Phenanthren, Mesitylen, p-Tolunitril, p-Xylylendichlorid u. p-Chlortoluol zu *Phthalsäure, Iso-, Terephthalsäure, Benzoesäure, p-Nitro-, p-Sulfobenzoesäure, Isonicotinsäure, Naphthalin-2.6-dicarbonsäure, Diphensäure, Trimesinsäure* u. *p-Chlorbenzoesäure*. (**F. P 1 157 469** vom 24/8. 1956, ausg. 29/5. 1958. E. Priorr. 24/8. u. 4/11. 1955, 20/2., 14/3., 29/3. u. 3/8. 1956.) S. Böttcher. 6583

**Esso Research and Engineering Co.**, Elizabeth, N. J., V. St. A., *Stabilisierung von nichtflüchtigen organischen Stoffen* gegen *Oxydation* u. *Verfärbung* beim Lagern erfolgt durch Zusatz von 0,01—5%, bes. 0,5—1%, eines Hydroxyarylamids oder dessen Alkali- u. Erdalkalisalzen der allg. Formel I (R = Alkyl, Cycloalkyl, Aryl, Alkaryl; R' u. R'' = H u. Alkyl). Diese erhält man durch Kondensation einer Hydroxyarylcarbonsäure mit dem entsprechenden Amin, z. B. bei 150⁰ in Ggw. eines Wasserschleppmittels. — Aus 1 Mol p-Hydroxybenzoesäure u. 1 Mol n-Butylamin bei 180—220⁰ im Druckrohr → *Amid*; 1% davon dient zur Stabilisierung von *Butadien–Acrylnitril-Kautschuk*. Ferner können stabilisiert werden: *Polymere* u. *Mischpolymere* aus *1.3-Butadien, Isopren, 2-Chlorbutadien, Piperylen, Cyclopentadien, Methacrylnitril, Styrol, Vinylnaphthaline, Vinylketone, Vinylidenchlorid, Fumarsäurediäthylester* u. *Polyisobutylen* (= Vistanex B 100, Mol.-Gew. 100000) mit Mol.-Gew. von 40000 bis 300000, *Ester* von *Alkyl-* u. *Arylcarbonsäuren*, wie *Phthalsäure, Sebacin-, Öl-, Stearin-, Laurin-* u. *Maleinsäure*, u. *Mineralölfette, Schmierfette* mit *N-Lauryl-* (*N-Dodecyl-*), *N-Octadecyl-*, *N-Isododecyl-p-hydroxybenzamid*, *N-Isododecyl-p-hydroxy-m-tert.-butylbenzamid*, *N-Dodecyl-p-hydroxy-m-propylbenzamid*. (**E. P. 779 360** vom 5/8. 1954, ausg. 17/7. 1957. A. Priorr. 28/10. u. 30/11. 1953.) G. Krauss. 6583

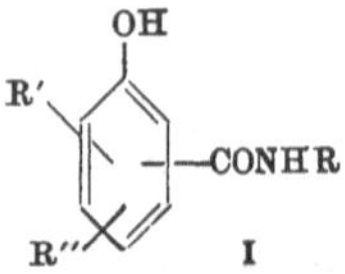

I

**Phillips Petroleum Co.**, Del., übert. von: **Harris A. Dutcher** und **Howard R. Sailors**, Bartlesville, Okla., V. St. A., *Trennung organischer Verbindungen*, z. B. gerad- u. verzweigtkettiger oder cycl. KW-stoffe, durch Bldg. eines *Addukts* (**I**) einer der zu trennenden Komponenten mit *Harnstoff* (**II**) oder *Thioharnstoff* (**III**) erfolgt die Zerlegung des **I** durch erhitztes Trägergas im Gegenstrom. Hierbei werden die im Prozeß unerwünschten feinen Kristalle von **I** u. **II** im Trägergasstrom, der auch die durch Zerlegung gewonnene **I** bildende Komponente mitführt, suspendiert u. in einem Waschturm durch Berührung mit W. gelöst u. auf diese Weise von dem Gasstrom getrennt. Die gröberen Kristalle von **I** u. **II**, die infolge ihrer Schwere vom Trägergas nicht mitgeführt werden, werden in die Zone, in der das **I** gebildet wird, zurückgeführt. (**A. P. 2 744 887** vom 3/8. 1950, ausg. 8/5. 1956.) F. Kreis. H 460

**Badische Anilin- & Soda-Fabrik Akt.-Ges.**, Ludwigshafen/Rh. (Erfinder: **Hugo Kröper**, Heidelberg, und **Rolf Platz**, Mannheim), *Kontinuierliche thermische Behandlung flüssiger organischer Stoffe oder deren Gemische und Trennung der dadurch entstandenen flüssigen oder flüssigen und dampfförmigen Produkte*, dad. gek., daß man die Ausgangsstoffe oder Ausgangsgemische in einem waagerecht liegenden rohrförmigen Behälter mit einer in einer den Behälter wenigstens teilweise füllenden Formkörperschicht eingelagerten Heizung oder von außen erhitzt u. die verdampften Stoffe in einem an einem Ende des Behälters angebrachten aufsteigenden Kühler teilweise oder ganz verflüssigt, so daß eine fraktionierende Strömung in dem liegenden Behälter auftritt u. entweder die den Kühler verlassenden, nicht verflüssigten Dämpfe verflüssigt oder die niedrigsd. fl. Stoffe an einer nahe beim Kühler gelegenen Stelle entnimmt, während man die höher sd., bes. teerartigen Bestandteile an einer vom Kühler möglichst weit entfernt liegenden Stelle abzieht. Durch Spaltung von Dipenten erhält man *Isopren* neben $H_2$, $CH_4$, Äthylen, geringe Mengen CH≡CH, CO u. Teer in getrennten Fraktionen. Ferner können gespalten werden: paraffin. Erdölfraktionen in *Äthylen* u. *Propylen*,

Cyclohexan in *Butadien* u. *Äthylen*, Terpentinöl in *α-Pinen*. Die Vorr. kann auch zur *Zerlegung* von *Stoffgemischen* durch *Dest.*, zum *Verdampfen* von *Fll.* u. zum *Einengen* von *Lsgg.* verwendet werden. — Vorr., Zeichnung. (**D. A. S. 1 029 378** Kl. 12o vom 2/12. 1954, veröff. 8/5. 1958.) G. KRAUSS. H 500

**General Electric Co.**, übert. von: **John F. Brown jr.**, Schenectady, N. Y., V. St. A., *Niedere aliphatische Kohlenwasserstoffe mit einem Cl-Atom und einer $NO_2$-Gruppe* an einem benachbarten C-Atom erhält man, wenn ein niederer aliphat. KW-stoff, der mindestens eine olefin. Doppelbindung aufweist, mit Nitrosylchlorid (I) u. $O_2$ in Ggw. katalyt. Mengen eines N-Oxyds mit Ausnahme von $N_2O$ umgesetzt wird. — 1 (Mol) Buten-(1), 1,2 $O_2$, 1,13 I u. 0,27 $N_2O_4$ werden in einem Druckgefäß 1 Std. bei 25° umgesetzt. Man erhält *1-Nitro-2-chlorbutan*. (**A. P. 2 837 578** vom 19/11. 1953, ausg. 3/6. 1958.) J. MÜHLEISEN. H 510

**Soc. Belge de l'Azote et des Produits Chimiques du Marly Soc. An.**, Belgien, *Herstellung von Vinylchlorid*, dad. gek., daß man aus 1.2-Dichloräthan bei 350—450° mit einem $BaCl_2$-Katalysator auf Aktivkohle HCl abspaltet u. daß man $C_2H_2$ in Ggw. von $HgCl_2$ auf Aktivkohle bei 120—160° mit diesem HCl umsetzt. — Schema der Anlage. (**F. P. 1 157 791** vom 2/8. 1956, ausg. 3/6. 1958. E. Priorr. 5/8. 1955 u. 22/6. 1956.) S. BÖTTCHER. H 520

**Comp. Française de Raffinage**, Frankreich, *Gewinnung von Isobutylen* aus Gemischen mit anderen KW-stoffen durch Extraktion mit 50—55 %ig. wss. $H_2SO_4$, Dest. des tert.-Butanols u. erneute Dehydratisierung im Gegenstrom mit $H_2SO_4$. — Schema der Anlage. (**F. P. 1 157 398** vom 14/8. 1956, ausg. 29/5. 1958.) S. BÖTTCHER. H 520

**Montecatini Soc. Gen. per l'Industria Mineraria e Chimica**, übert. von: **Giacomo Fauser**, Novara, Italien, *Abtrennung von Acetylen aus Methanspaltgasen*. Aus einer Gasmischung, die bei der teilweisen Verbrennung von $CH_4$ anfällt, können Acetylen u. $CO_2$ ziemlich rein gewonnen werden. Man komprimiert das Gasgemisch auf ca. 13 at, kühlt im Mehrstufenverf. auf ca. —80° ab, um kondensierte Feuchtigkeit zu entfernen, u. gibt eine 1. Portion Acetaldehyd als selektives Lösungsm. zu. Man unterwirft den aufsteigenden Strom dieser Mischung einer Wäsche u. Absorption einer im Gegenstrom fließenden 2. Portion dieses Lösungsm., welches, wieder mit Acetylen angereichert, die höheren Acetylene u. zusätzliches Acetylen selektiv absorbiert. Man unterwirft die aufsteigenden Dämpfe einer Wäsche u. Absorption durch eine im Gegenstrom zugefügte 3. u. größere Portion dieses Lösungsm., welches nur wenig über den Gefrierpunkt des Acetylens abgekühlt wurde u. welches das restliche Acetylen u. $CO_2$ der Gasmischung absorbiert. Man trennt die gewaschene Gasmischung in eine CO- u. $H_2$-Fraktion, eine $CH_4$-Fraktion, die zur Verbrennung zurückgeleitet wird, u. eine Äthylenfraktion. Man befreit die im Gegenstrom zugefügte 2. Lösungsmittelportion von $H_2$, CO, $CH_4$ u. $N_2$ durch Entspannen u. gewinnt $C_2H_2$ u. $CO_2$ durch Erhitzen, wobei man die 2. Lösungsmittelportion als Rückfluß verwendet, die 3. Portion des Lösungsm., die ebenfalls im Gegenstrom zugefügt wurde, befreit man von den weniger lösl. Gasen $H_2$ u. CO als auch von den inerten Gasen durch Entspannen u. gewinnt den Hauptanteil von Acetylen u. $CO_2$ durch Erhitzen auf ca. 30°, wobei man die 3. Lösungsmittelportion als Rückfluß verwendet. Man trennt das $CO_2$ vom Acetylen ab, kühlt die 3. Lösungsmittelportion teilweise ab, nachdem man sie von $H_2$, CO, $C_2H_2$ u. $CO_2$ befreit hat, im Wärmeaustausch mit Teilen der 3. Lösungsmittelportion, die nicht erhitzt u. als Rückfluß eingedüst wurden. Man komprimiert auf den ursprünglichen Druck von ca. 13 at, kühlt einen Teil des komprimierten Lösungsm. auf ca. —80° ab u. fügt das komprimierte u. gekühlte Lösungsm. als Teil der im Gegenstrom applizierten 3. Lösungsmittelportion zu. Man bringt das teilweise gekühlte u. komprimierte Lösungsm. mit der erhitzten 2. Lösungsmittelportion ins Gleichgewicht, befreit die kombinierte Mischung von den meisten der höheren Acetylene unter Durchleiten von $CH_4$. Man spaltet die entweichenden Gase u. leitet sie zurück. Das zurückbleibende Lösungsm. erhitzt man, während es z. T. als Rückfluß benützt wird, kondensiert die rektifizierten Lösungsmitteldämpfe im Wärmeaustausch mit W., komprimiert es auf ca. 13 at u. kühlt es auf ca. —90°. Dieses komprimierte Lösungsm. verwendet man bei ca. —85° als die im Gegenstrom zugefügte 3. Lösungsmittelportion. — Zeichnung. (**A. P. 2 834 431** vom 12/12. 1955, ausg. 13/5. 1958. It. Prior. 16/12. 1954.) P. UNGER. H 530

**Comp. Française de Raffinage**, Paris, Frankreich, *Herstellung von Alkoholen* durch Behandeln von Olefinen mit $H_2SO_4$ in kontinuierlichem Prozeß in einer aus 2 Destillierkolonnen bestehenden Apparatur. — Ein Mischer wird mit 100 (kg/Std.) eines Propan–Propylen (I)-Gemisches mit 35% I u. 210 70%ig. $H_2SO_4$ beschickt (Temp. —50°). Die abströmende Fl. ergibt nach dem Dekantieren 68,5 KW-stoff mit 5% I u. 255 Sulfonsäurebad (II), welches 49 kg *Isopropanol* (III) in freier oder veresterter Form enthält. Man wäscht das KW-stoffgemisch mit 25 Säurelsg., die 1 kg **III** enthält u. durch Mischen von 5,5 kg **II** u. 19,5 kg regenerierter Säure erhalten wird. Die vereinigten Säurebäder werden in den Kopf der 1. Kolonne eingeführt, gleichzeitig mit 28 W. bei 94—96°. Der Boden der 1. Kolonne wird auf 166—168° gehalten, der Eintritt in die 2. Kolonne auf 99—100°, deren Boden auf 100°. Am Kopf der 2. Kolonne werden 50 **III** abgezogen. (**It. P. 492 563** vom 5/8. 1952.) K. KOEBKE. H 560

**Soc. Belge de l'Azote et des Produits Chimiques du Marly Soc. An.**, Belgien, *Trennung von höheren Fettalkoholen und Kohlenwasserstoffen*, wie sie bei der Hydrierung von Cocosöl anfallen, durch Veresterung der ersteren mit einem 10%ig. Überschuß feinverteilter $H_3BO_3$ bei 145—160° u. Fraktionierung bei ca. 230° u. 150—200 mm. Die Ester werden bei 100° hydrolysiert; $H_3BO_3$ kann wieder verwendet werden. — Schema der Anlage. (**F. P. 1 157 985** vom 14/9. 1956, ausg. 5/6. 1958. Belg. Prior. 15/9. 1955.) S. BÖTTCHER. H 560

**Mitsubishi Chemical Industries Ltd.** (Erfinder: **Saburo Hattori**), Tokio, Japan, *Herstellung von Vinylacetalen*, dad. gek., daß man einen eine niedere Alkylgruppe besitzenden Vinyläther in Ggw. von $Hg_2F_2$ oder $HgF_2$ als Katalysator oder eines gemischten Katalysators aus einer Hg-Verb. [Hg(I)- oder Hg(II)-oxyd, -nitrat, -formiat, -acetat, -oxalat, -benzoat oder -phthalat) u. einer F-Verb. ($BF_3$ oder dessen Komplexverbb., HF oder Dihydroxyfluorborsäure) mit sich selbst, bes. bei —10 bis +50°, gegebenenfalls in Ggw. eines organ. oder von 2 Typen organ. Lösungsmittel (Keton, Alkohol, aliphat. oder aromat. KW-stoff, Äther, Ester, Fettsäure oder ein Vinylacetal) umsetzt u. die so durch Additions-Rk. entstandenen Vinylacetale gegebenenfalls aus dem Reaktionsgemisch durch fraktionierte Dest. isoliert. Bei dieser Dest. erhält man nach dem Abtreiben von nichtumgesetztem Alkylvinyläther als erste Fraktion 4.4-Dialkoxybuten-(1), als zweite 4.6.6-Trialkoxyhexen-(1), als dritte 4.6.8.8-Tetraalkoxyocten-(1) u. die höher sd. Polymere mit mehr als 3 Vinyläthereinheiten. So erhält man *4.4-Dimethoxybuten-(1)*, $Kp._{120}$ 61,2—61,8°, $n_D^{30}$ 1,4010, $D._4^{30}$ 0,8652, $MR_D$ 32,63; *4.4-Diäthoxybuten-(1)*, $Kp._{60}$ 71,5°, $n_D^{30}$ 1,4047, $D._4^{30}$ 0,8382, $MR_D$ 42,13; *4.4-Diisopropoxybuten-(1)*, $Kp._{20}$ 61,0°, $n_D^{30}$ 1,4084, $D._4^{30}$ 0,8251, $MR_D$ 51,49; *4.4-Di-n-butoxybuten-(1)*, $Kp._4$ 74,5—75,0°, $n_D^{30}$ 1,4215, $D._4^{30}$ 0,8369, $MR_D$ 60,72; *4.6.6-Trimethoxyhexen-(1)*, $Kp._{15}$ 79,0, $n_D^{30}$ 1,4230, $D._4^{30}$ 0,9195, $MR_D$ 48,24; *4.6.6-Triäthoxyhexen-(1)*, $Kp._{1,5}$ 72,0°, $n_D^{30}$ 1,4213, $D._4^{30}$ 0,8814, $MR_D$ 62,27; *4.6.8.8-Tetramethoxyocten-(1)*, $Kp._{1,5}$ 82,5—83,5°, $n_D^{30}$ 1,4369, $D._4^{30}$ 0,9528, $MR_D$ 63,87; *4.6.8.8-Tetraäthoxyocten-(1)*, $Kp._2$ 108,0—110,0°, $n_D^{30}$ 1,4328, $D._4^{30}$ 0,9087, $MR_D$ 82,46. Diese neuen Verbb. dienen als Ausgangsstoffe zur Herst. von 1-Alkoxybutadienen u. Tetraalkoxypropanen. (**D. A. S. 1 040 540** Kl. 12o vom 8/11. 1956, veröff. 9/10. 1958. Jap. Prior. 9/11. 1955.) W. GRÄGER. H 580

**California Research Corp.**, San Francisco, übert. von: **Maurice R. Barusch**, Richmond, **Jack Q. Payne**, Concord, und **John T. Neu**, Berkeley, Calif., V. St. A., *Alkohole, Aldehyde, Ketone, Carbonsäuren, Äther und ungesättigte Kohlenwasserstoffe* erhält man durch Oxydation von aliphat. oder cycloaliphat., gesätt. oder ungesätt., gerad- oder verzweigtkettigen KW-stoffen in einem Rohr mit $O_2$ oder diesen enthaltenden Gasen im mol. Verhältnis bei n. Druck u. 500—800° F u. einer linearen Gasgeschwindigkeit von ca. 10 cm/Sek., so daß eine kalte Flamme (blaue Luminescenz; vgl. J. chem. Soc. [London] **41.** 363) entsteht. Aus den Abgasen werden die Oxydationsprodd. abgetrennt. — Aus Butan bei 650° F u. $O_2$ mit einer Geschwindigkeit von 58 cm/Sek. → *Acetylen, Äthylen, Methan, 2-Buten, 1.3-Butadien*, CO u. $CO_2$. — *n-Pentan* → *2.4-Pentandion*. — n-Butan, 1-Buten, trans-2-Buten u. 1.3-Butadien → *HCHO* + *Butanal-3-on*. — Vorr., Zeichnung. (**A. P. 2 706 740** vom 17/3. 1951, ausg. 19/4. 1955.) G. KRAUSS. H 650

**M. W. Kellogg Co.**, V. St. A. (Erfinder: **William Siddall Barnhart** und **Joseph La Mar Zollinger**), *Perfluorchlorketone* erhält man dadurch, daß man ein Perfluorchlorcarbonsäurehalogenid mit einer metallorgan. Verb. (Zn-, Cd-, Al-, Pb-, Ag-, Cu- oder Bi-Alkyl-, Aryl-, Alkenyl-, Cycloalkyl-, Cycloalkenyl- oder heterocycl. Verbb.) oder ein Säurehalogenid oder -anhydrid in Ggw. eines LEWIS-Katalysators mit einer aromat. Verb. oder einen Säureester in alkal. Medium mit einer akt. H enthaltenden Verb. oder ein Perchlorfluornitril mit einer GRIGNARD-Verb. oder ein Perchlorfluorolefin mit einem Aldehyd umsetzt oder daß man einen sek. Perchlorfluoralkohol oxydiert. — 0,33 (Mol) $AlCl_3$ in 1 Bzl. werden bei 3—7° allmählich mit 0,3 $Cl(CF_2CFCl)_3CF_2COCl$ (**I**) versetzt, über Nacht wird gerührt, mit 6n HCl angesäuert, die organ. Phase mit 5%ig. $NaHCO_3$ gewaschen u. mit Wasserdampf destilliert. Nach Aufarbeiten erhält man *$Cl(CF_2CFCl)_3 \cdot CF_2COC_6H_5$*, $Kp._{1,3}$ 148—149°; $n_D^{20}$ 1,4534; $D._4^{20}$ 1,732. Nach Red. u. Sulfonierung des Ketons erhält man ein *oberflächenakt.* Produkt. — *$Cl(CF_2CFCl)_3CF_2COC_4H_9$*, $Kp._{2,5}$ 129 bis 131°, $n_D^{20}$ 1,4027, $D._4^{20}$ 1,636, aus **I** u. Butyl-MgBr; als Nebenprod. mit höherem

Kp. entsteht wahrscheinlich ein Diketon. — *Propyl-2.4.5-trichloroktafluorpentylketon*, aus $Cl(CF_2CFCl)_2CF_2COOCH_3$ u. Butyrophenon. — $Cl(CF_2CFCl)_2CF_2CHFCF_2COCH_3$, aus 4.6.7-Trichlorundekafluorhepten-(1) u. Acetaldehyd. — *Äthyl-2.4.6.7-tetrachlorundekafluorheptylketon*, aus 3.5.7.8-Tetrachlorundekafluoroctansäurenitril (II) u. Äthyl-MgBr. — *Methyl-2-hydrogen-4.5-dichloroktafluorpentylketon*, aus dem Carbinol. — *3.5.7.8-Tetrachlorundekafluoroctansäureanhydrid*, aus 3.5.7.8-Tetrachlorundekafluoroctansäure u. $SO_3$. — *1.6-Dibenzoyl-2.4.6-trichlornonafluorhexan*, $C_6H_5CO(CFClCF_2)_3COC_6H_5$, aus $ClCO(CFClCF_2)_3COCl$. —*1-[Furoyl-(2')]-2-hydrogen-4.6.7-trichlorundekafluorheptan*, aus 4.6.7-Trichlorundekafluorhepten-(1) u. Furfurol. — *Cyclohexyl-2.4.6.7-tetrachlorundekafluorheptylketon*, aus **II** u. Cyclohexyl-MgBr. — *Allyl-2.4.6.7-tetrachlorundekafluorheptylketon*, $Cl(CF_2CFCl)_3CF_2COCH_2CH{=}CH_2$, aus **II** u. Allyl-MgCl. — *Cyclopenten-(2')-yl-2.4.6.7-tetrachlorundekafluorheptylketon*, aus **II**, Mg u. 3-Chlorcyclopenten. (**F. P. 1 156 867** vom 6/6. 1956, ausg. 22/5. 1958. A. Prior. 24/6. 1955.) S. BÖTTCHER. H 700

**M. W. Kellogg Co.**, V. St. A. (Erfinder: **William Siddall Barnhart** und **Robert Harold Wade**), *Herstellung von Fluorperhalogencarbonsäuren*, dad. gek., daß man Tetomere von perhalogenierten Äthylenen der allg. Formel $CF_2{=}CX_aX_b$, worin $X_a$ u. $X_b$ F oder Cl bedeuten, $>125^0$ mit rauchender $H_2SO_4$ behandelt. — Beschrieben wird die Hydrolyse von $CCl_3(CF_2CFCl)_2Br$, Kp.$_{20}$ 118°, zu $CCl_3{-}CF_2CFClCF_2COOH$, wovon das *Pb*-u. *Ca-Salz* hergestellt wurde, u. von $CCl_3(CF_2CFCl)_3Br$, Kp.$_{10}$ 146—148°, zu *3.5-Dichloroktafluorpimelinsäure*, Kp.$_{0,2}$ 145—165°. — *3.5.7-Trichlorundekafluorazelainsäure*, Kp.$_{0,1-0,2}$ 182—205°, neben $HOOC(CF_2CFCl)_2CF_2COOH$ aus einem Telomerisationsprod. von Chlortrifluoräthylen u. Bromtrichlormethan. — $HOOC(CF_2CFCl)_4CF_2COOH$ u. $HOOC(CF_2CFCl)_5COOH$. — *3-Chlorpentafluorglutarsäureanhydrid*, Kp. 102—102,5°, aus $CCl_3(CF_2CFCl)_2Br$. — *3.5.5.5-Tetrachlorpentafluorvaleriansäureanhydrid*, Kp.$_{20}$ 80—90°, $n_D^{20}$ 1,4205, $D^{20}_{20}$ 1,94. — *3.5.6-Trichloroktafluorcapronsäure*, Kp.$_{20}$ 132—135°, Kp.$_5$ 105—106°, $n_D^{20}$ 1,3903, $D^{20}_{20}$ 1,86, aus $Cl(CF_2CFCl)_3Cl$, Kp. 203°. — *3.5.7.8-Tetrachlorundekafluorcaprylsäure*, Kp.$_{10}$ 154—156,5°, $n_D^{20}$ 1,3980, $D^{20}$ 1,899, u. *2.4.6-Trichlornonafluorkorksäure*, Kp.$_{0,1}$ 125—127°, aus $Cl(CF_2CFCl)_4Cl$. — $Cl(CF_2CFCl)_5CF_2COOH$. — $CF_2Cl(CFClCF_2)_4COOH$ u. $HOOC(CF_2CFCl)_4COOH$, aus $Cl(CF_2CFCl)_5Cl$. — *Hexachloroktafluorhexan*, Kp.$_{20}$ 118—122°, aus $Cl(CF_2CFCl)_3Cl$ u. $AlCl_3$ in $CCl_4$. (**F. P. 1 156 305** vom 17/8. 1955, ausg. 14/5. 1958. A. Prior. 27/8. 1954.) S. BÖTTCHER. H 800

**Union Carbide Corp.**, New York, N. Y. (Erfinder: **Benjamin Phillips, Frederick Charles Frostick jr.** und **Paul Spencer Starcher,** Charleston, W. Va.), V. St. A., *Herstellung von wasserfreien Peressig- oder Perpropionsäurelösungen* durch Rk. der entsprechenden Aldehyde in Ggw. eines inerten organ. Lösungsm. mit $O_2$ oder einem $O_2$-haltigen Gas unterhalb von 15°, dad. gek., daß man die das entsprechende Aldehydmonoperacylat (I) enthaltende Reaktionsmischung auf mindestens 15°, bes. 50—250°, erhitzt u. den dabei gebildeten Aldehyd (II) als Dampf aus dem die Persäure (**IV**) enthaltenden Reaktionsgemisch entfernt. Vor der Zers. des **I** entfernt man bes. den Überschuß an **II** u. des gegebenenfalls vorhandenen Lösungsm. (**III**). Die Zers. des **I** erfolgt bes. in Ggw. eines sauren Veresterungskatalysators, bes. $H_2SO_4$, bei —10 bis 54° in einer Destilliervorr. u. in einem unter Rückfluß sd. **III**, dessen Kp. höher als der der **IV** liegt oder mit dieser ein azeotrop. Gemisch bildet. — Vgl. F. P. 1 116 816; C. **1958.** 9613. (**D. A. S. 1 043 315** Kl. 12o vom 23/11. 1954, veröff. 13/11. 1958. A. Prior. 25/11. 1953.) O. MÜLLER-MEININGEN. H 810

**Badische Anilin- & Soda-Fabrik Akt.-Ges.** (Erfinder: **Manfred Minsinger,** Ludwigshafen/Rh., und **Herbert Friederich,** Worms), *α-Chloracrylsäureester* erhält man durch Chlorwasserstoffabspaltung aus Dichlorpropionsäureestern mit mindestens einem Halogen in α-Stellung in fl. Zustand, bes. bei 80—160° in Ggw. von katalyt. Mengen einer Carbon- oder Sulfonsäure (Propion-, Butter-, Pentan-, Hexan-, Heptan-, 2-Äthylhexan-1-, Bernstein-, Glutar-, Adipin-, Monochloressig-, Di- u. Trichloressig-, α-Chlorpropion-, α.β-Dichlorpropion-, α.α-Dichlorpropion-, α.α.β-Trichlorpropion-, α- u. β-Chlorbutter-, Benzoe-, Salicyl-, o-Chlorbenzoe-, p-Toluolsulfon-, p-Nitrotoluol-o-sulfonsäure). Durch Erhöhung der Verweilzeit u. durch Ändern der Abspaltungstemp. kann die Abspaltung quantitativ durchgeführt werden. Durch Zusatz von ca. 0,1—5% der Halogenide der Metalle der 2.—8. Gruppe des Period. Syst. kann die Abspaltungstemp. um ca. 10 bis 15° gesenkt werden. — Aus 157 (Teilen) α.β-Dichlorpropionsäuremethylester, 8 2-Äthylhexan-1-säure u. 9,5 Pikrinsäure bei 145° nach 6 Std. u. Dest. → *α-Chloracrylsäuremethylester*, Ausbeute 95,5% bei einem Umsatz von 45%. In weiteren Beispielen werden Ausbeuten bis zu 97% erreicht. — *Zwischenprodd.* zur Herst. von *Polymeren,* die *nicht vergilben.* (**D. A. S. 1 024 956** Kl. 12o vom 4/7. 1956, veröff. 27/2. 1958. **Zusatz zu D. A. S. 1 021 357; C. 1958. 13101.**) G. KRAUSS. H 810

**Hardman & Holden Ltd.**, England, *Herstellung organischer Al-Verbindungen*, dad. gek., daß man ein Al-Alkoholat mit einer Fettsäure kondensiert u. das entstehende Zwischenprod., ein Acyloxy-Al-Alkoholat, bis zur vollständigen Kondensation auf 160 bis 240° erhitzt. — Beschrieben wird die Rk. von Al-Isopropylat mit der äquimol. Menge Stearinsäure, wobei neben Isopropanol, Isopropylstearat u. einem Diisopropoxy-Al-Monostearat eine *Verb.* der Formel I (Pr = Isopropyl) entsteht. — Analog *Diisopropoxy-Al-Acetat*. — *Mono-sek.-butoxy-Al-Dinonanoat* u. *sek.-Butylnonanoat*, aus Tri-sek.-butoxy-Al u. 3.5.5'-Trimethylhexansäure. — Andere Ausgangsprodd. sind Octansäure, Phenol u. Leinölfettsäuren. — Verwendung in *Lacken*, *Linoleum*, *Schmierölen* u. *Tuschen*. (**F. P. 1 155 831** vom 17/8. 1956, ausg. 8/5. 1958.) S. BÖTTCHER. H 810

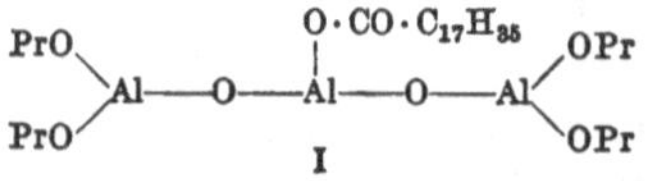

I

**Gulf Research & Development Co.**, Pittsburgh, Pa., übert. von: **George P. Brown jr.**, West Deer Township, Allegheny County, **Edgar I. Crowley**, Pittsburgh, und **Norman W. Franke**, Pen Township, Allegheny County, Pa., V. St. A., *Dicarbonsäuren* erhält man durch Rk. von Gemischen aus Cycloalkanolen (I) u. -alkanonen $C_4$—$C_9$ (II) mit über 40%ig., bes. 60%ig., $HNO_3$ (III) mit einem $O_2$-Partialdruck von mindestens 2 at u. einem Gesamtdruck von 50—2000, bes. 50—500 lbs./sq.in. u. bei 30—150, bes. 20—120°, wobei die $O_2$-Menge (IV), berechnet auf das Gesamtgewicht der Charge mindestens 5% beträgt. Verhältnis I:II:III:IV = bes. 1:1:10:1. Man kann die Rk. in 2 Stufen durchführen. — Beispiele für Herst. von *Adipinsäure* aus Cyclohexanol–Cyclohexanon. (**A.P. 2831024** vom 4/4. 1955, ausg. 15/4. 1958.) O. MÜLLER-MEININGEN. H 820

**Dr. Kurt Herberts & Co. vorm. Otto Louis Herberts** (Erfinder: **Gustav Hägele, Wilhelm Meyer** und **Dieter Strauch**), Wuppertal, *Herstellung von Acylcitronensäureestern* durch gleichzeitige Acylierung u. Veresterung von Citronensäure (I) in Ggw. eines aus einem Metall u. einem sauren Salz bestehenden Mischkatalysators, dad. gek., daß man eine wss. I-Lsg., bes. der fermentativen I-Herst., verwendet. (**D. A. S. 1 041 944** Kl. 12o vom 28/9. 1956, veröff. 30/10. 1958. **Zusatz zu D. A. S. 1035124; C. 1959. 5641.**) O. MÜLLER-MEININGEN. H 850

**Air Reduction Co., Inc.**, New York, N. Y., übert. von: **Daniel C. Rowlands**, Worthington, Ohio, V. St. A., *2.5-Dimethyl-3-hexin-2.5-dioladipat* der Formel $CH_3C\cdot(OH)(CH_3)-C\equiv C-C([CH_3]_2)-O-\{CO-[CH_2]_4-COOC[CH_3]_2-C\equiv C-C[CH_3]_2-O\}_2-OC-(CH_2)_4-COOH$, erhält man durch Rk. von 1 Mol Adipylchlorid mit 1 Mol 2.5-Dimethyl-3-hexin-2.5-diol bei 45—60° in Ggw. eines säurebindenden Mittels (1 Mol Pyridin) in Bzl., Entfernen des Pyridinhydrochlorids u. Erhitzen auf $Kp._1$ 75—100°. — Weichmacher; Schmieröl; Zwischenprodukt. (**A. P. 2 806 873** vom 29/10. 1954, ausg. 17/9. 1957.) G. KRAUSS. H 850

**Farbwerke Hoechst Akt.-Ges., vormals Meister Lucius & Brüning** (Erfinder: **Walter Aumüller, Hans Wagner, Gerhard Korger**), Frankfurt/M., *Herstellung von N.N'-Bis-(alkan-, cycloalkan- beziehungsweise benzolsulfonyl)-harnstoffen*, dad. gek., daß man Sulfonylcarbamidsäurealkylester der Formel $R-SO_2-NH-CO-OX$ mit Sulfamiden der Formel $R-SO_2-NH_2$, wobei R einen Alkyl-, Cycloalkyl- oder Cycloalkylalkylrest bzw. einen gegebenenfalls durch 1 oder 2 Alkyl- oder Alkoxygruppen substituierten Phenylrest u. X einen Alkylrest bedeutet, bei $> 100°$ trocken erhitzt, wobei einer der Reaktionsteilnehmer in Form eines Alkalisalzes eingesetzt wird, u. gegebenenfalls die erhaltenen Monoalkalisalze mit Säuren behandelt. — p-Toluolsulfamid-Na u. p-Toluolsulfonylcarbamidsäuremethylester werden in einer Reibschale verrieben u. im Trockenschrank 5½ Std. auf 120—130° erhitzt. Nach Aufarbeiten des erkalteten Rückstandes erhält man *N.N'-Bis-(4-methylbenzolsulfonyl)-harnstoff*, F. 159—160°, Ausbeute: 72%. — Analog: *N.N'-Bis-(benzolsulfonyl)-*, F. 155—156°; 75%. — *N.N'-Bis-(2-methylbenzolsulfonyl)-*, F. 163—165°; 59%. — *N.N'-Bis-(4-isopropylbenzolsulfonyl)-harnstoff*, F. 185—186°; 55%. — Zwischenprodukte. (**D. A. S. 1 036 248** Kl. 12o vom 7/7. 1956, veröff. 14/8. 1958.) F. KREIS. H 880

**Hubert Schade** und **Walter Sperling**, Leuna, *Herstellung von Diäthylamin* (**I**) durch reduktive Aminierung von Acetaldehyd, dad. gek., daß das gleichzeitig anfallende Mono- (II) u. Triäthylamin (III) katalyt. miteinander, auch in Ggw. von $H_2$ u./oder $NH_3$, zu weiterem I umgesetzt wird. Als Katalysator kann ein für die reduktive Aminierung von $CH_3CHO$ verwendeter u. unbrauchbar gewordener Katalysator benutzt werden. — Aus einer Mischung von 45 (Gewichtsteilen) II u. 100 III erhält man durch Überleiten von 1 Liter pro Std. über 2 Liter eines gespillten $Ni-Al_2O_3$-Katalysators bei 155° u. Dest. pro Std. 300 g I. — Weiteres Beispiel. (**D. P. [DDR] 14 768** Kl. 12q vom 8/2. 1956, ausg. 17/5. 1958 [Wirtschaftspatent].) H.-J. NITZSCHKE. H 910

**Soc. An. Manufactures de Produits Chimiques du Nord Établissements Kuhlmann**, Frankreich (Erfinder: **P. Mastagli, A. Lamendin** und **G. Tesquet**), *Extraktion* *von Diaminen*, z. B. Äthylendiamin, aus ihren Hydrochloriden durch Behandlung mit Kunstharzionenaustauschern, die durch Auswaschen regeneriert werden, u. anschließende Destillation. (**F. P. 1 156 901** vom 2/7. 1956, ausg. 22/5. 1958.)

S. BÖTTCHER. H 910

**Ciba Akt.-Ges.**, Basel, *Herstellung von Kondensationsprodukten von Aminocarbonsäureestern* (linearen oder cycl. Polyamiden oder einfachen cycl. Amiden), dad. gek., daß man Salze von Aminocarbonsäureestern mit einer freien $NH_2$-Gruppe, die durch mindestens 2 C-Atome oder mindestens einen Acylaminorest von der Estergruppe getrennt ist, u. die in der Alkoholkomponente einen elektrophilen Substituenten (CN, $NO_2$, Sulfonylgruppe) tragen, durch Behandlung mit bas. Mitteln (tert. organ. Basen) mit sich selbst kondensiert u. gegebenenfalls in erhaltenen Poly- oder cycl. Amiden mit geschützten Aminogruppen diese in die freien $NH_2$-Gruppen überführt. Man kann auch von Salzen von Peptidestern, die aus mindestens 3 Aminocarbonsäureestern bestehen, ausgehen. Bei hohen Konzz. an Ausgangsmaterial wird die Bldg. von linearen Polypeptiden, bei niedrigen Konzz. die von cycl. Polypeptiden begünstigt. Saure Katalysatoren ($CH_3COOH$, $H_2SO_4$) verbessern die Ausbeute. — 70 mg Triglycincyanmethylesterhydrochlorid (I) geben in 1,5 ml Dimethylformamid (II) mit 1 (Tropfen )Eisessig u. 15 Triäthylamin [*Polytriglycin*]-*cyanmethylester*;' 45 mg (Ausbeute). — *Cyclohexaglycyl*, aus 100 mg **I** in **II** u. 3 Tropfen $CH_3COOH$ (Gesamtvol. 4 ml) durch Eintropfen in 20 (ml) Pyridin u. 0,5 Eisessig; Kristallisation aus W.; 51%. — *Cyclo-L-valyl-N$^\delta$-tosyl-L-ornithyl-L-leucyl-D-phenylalanyl-L-prolyl-L-valyl-N$^\delta$-tosyl-L-ornithyl-L-leucyl-D-phenylalanyl-L-prolyldihydrat*, F. 319—320° unter Zers. (65%ig. A.), aus 390 mg trifluoressigsaurem L-Valyl-N$^\delta$-tosyl-L-ornithyl-L-leucyl-D-phenylalanyl-L-prolyl-L-valyl-N$^\delta$-tosyl-L-ornithyl-L-leucyl-D-phenylalanyl-L-prolin-p-nitrophenylester (III) durch Eintropfen mit 3 Tropfen Eisessig + 10 ml **II** in 75 ml Pyridin bei 95°, Verdampfen, Extraktion mit sd. Ae., Lösen des Rückstandes in Isopropanol–$CH_3OH$–W. (1:1:1), Filtrieren durch Ionenaustauscher, Versetzen mit W. bei 45°, Entfernen der organ. Lösungsmittel im Vakuum, Adsorption in Bzl.–Chlf. (9:1) an $Al_2O_3$, Elution mit Chlf. u. Essigester, Wiederholung dieser Operation u. Trocknen nach Eindampfen; Stäbchen; 91,1 mg. — Daraus *Gramicidin S* (*Cyclo-L-valyl-L-ornithyl-L-leucyl-D-phenylalanyl-L-prolyl-L-valyl-L-ornithyl-L-leucyl-D-phenylalanyl-D-prolyl*), durch Lösen in fl. $NH_3$, Versetzen mit Na, dann mit wenig $NH_4Cl$, Abdunsten, Aufnehmen in absol. A. + wenig HCl in Essigester, Verdampfen, Lösen in wenig 65%ig. A. u. Versetzen mit W. bei 65° bis zur Trübung als *Dihydrochlorid*, F. 268—270° (Zers.); $[\alpha]_D$ —295°; feine Nadeln. — **III**, aus 100 mg L-Valyl-N$^\delta$-tosyl-L-ornithyl-L-leucyl-D-phenylalanyl-L-prolinmethylester (**IV**)-Hydrochlorid in 1,5 ml Chlf. durch Zugabe von 100 mg Triphenylchlormethan u. 5 Tropfen $(C_2H_5)_3N$, 10std. Stehen, Einengen im Vakuum, Verreiben mit PAe.–Ae. (1:1), Lösen des Rückstandes in Essigester, Eindampfen, Umfällen des *Trityl-L-valyl-N$^\delta$-tosyl-L-ornithyl-L-leucyl-D-phenylalanyl-L-prolinmethylesters*, $C_{57}H_{70}N_6O_8S$, F. 123,5—125,5°, aus Bzl. mit PAe., Lösen von 200 mg in 7,5 ml Dioxan, $^3/_4$std. Erwärmen mit 1,5 (ml) n-NaOH, 1,5 W. u. 0,5 $CH_3OH$ auf 37°, Eingießen in 200 W. von 5°, Ansäuern mit 2 2n $CH_3COOH$, Abnutschen der freien *Säure* (91%), 5std. Stehen von 580 (mg) mit 475 **IV** u. 155 Cyclohexyl-[morpholinoäthyl]-carbodiimid in Essigester, Waschen, Eindampfen u. Umfällen des *Trityl-L-valyl-N$^\delta$-tosyl-L-ornithyl-L-leucyl-D-phenylalanyl-L-prolyl-L-valyl-N$^\delta$-tosyl-L-ornithyl-L-leucyl-D-phenylalanyl-L-prolinmethylesters*, F. 106 bis 107°, aus Bzl.–PAe., Verseifung in Dioxan mit methanol. NaOH, Fällen der *Säure*, F. 133—134°, mit verd. $CH_3COOH$, 5std. Stehen von 540 (mg) mit 500 Bis-[p-nitrophenyl]-sulfit in 5 ml Pyridin, Eindampfen, Aufnehmen in Essigester, Waschen, Ausziehen mit Ae.–PAe. (1:1) u. Abspaltung des Tritylrestes im *Trityl-L-valyl-N$^\delta$-tosyl-L-ornithyl-L-leucyl-D-phenylalanyl-L-prolyl-L-valyl-N$^\delta$-tosyl-L-ornithyl-L-leucyl-D-phenylalanyl-L-prolin-p-nitrophenylester* durch langsame Zugabe von 2 ml W. zu 500 mg in 10 ml Trifluoressigsäure bei —5° u. Einengen bei $10^{-2}$ mm. — *Cycloglycyl-DL-phenylalanylglycyl*, F. 312° (Zers.), aus 420 mg Glycyl-DL-phenylalanylglycin (**V**)-Cyanmethylesterhydrochlorid in 10 ml **II** + 5 Tropfen Eisessig durch Eintropfen in 100 ml Pyridin + 2,5 ml Eisessig, 2½std. Rühren bei 95°, Eindampfen, Lösen in heißem $CH_3OH$–W. (1:1), Filtrieren durch sauren u. bas. Ionenaustauscher, Eindampfen u. Verreiben mit Aceton; aus viel $CH_3OH$–W. Plättchen; 20%; entsteht ähnlich auch aus **V**-p-Nitrophenylesterhydrobromid; 29%, 38%; oder aus **V**-p-Methansulfonylphenylesterhydrochlorid; 45%. — *Cycloglycylglycyl-DL-phenylalanyl*, aus Glycylglycyl-DL-phenylalanin-p-methansulfonylphenylesterhydrochlorid; 25%. — *ε-Caprolactam*, aus ε-Amino-n-capronsäure-p-methansulfonylphenylesterhydrochlorid (**VI**). — **VI**, F. 157—158° (absol. A.), aus Aminocapronsäure in 1 Mol n NaOH durch 1std. Rühren mit 1,5 Mol Carbobenzoxychlorid in Ae. u. 2 Mol 4n NaOH, Ansäuern der alkal. Lsg., 17std. Stehen der in 95%ig. Ausbeute erhaltenen *ε-Carbobenzoxyamino-n-capronsäure* (**VII**), F. 54 bis

55°, Nädelchen aus $CCl_4$, in Pyridin mit Bis-[p-methansulfonylphenyl]-sulfit, Einengen, Lösen in Bzl., Waschen u. Hydrierung des so in 99%ig. Ausbeute erhaltenen *N-Carbobenzoxyverb.* von **VI**, F. 83,5—84°, Nädelchen aus $CH_3OH$ + wenig W., in $CH_3OH$ + HCl in Ggw. von 10%ig. Pd-Kohle. (**Oe. P. 196 065** vom 24/10. 1956, ausg. 25/2. 1958. Schwz. Priorr. 27/10. 1955 u. 19/7. 1956.) H.-J. Nitzschke. H 950

**American Cyanamid Co.**, New York, N. Y., übert. von: **Sheldon A. Buckler**, Stamford, und **Vernon P. Wystrach**, Darien, Conn., V. St. A., *Bis-(1-alkyl-1-carboxy-1-hydroxymethyl)-phosphinsäuren* der Formel I, worin Y H, ein Alkalimetall, wie Li, Na, K oder ein Erdalkalimetall, wie Ca, Ba, Sr bedeutet u. R ein Alkylrest mit 1—6 C-Atomen ist, erhält man durch Oxydation, bes. mit $HNO_3$ oder $KMnO_4$, von in saurem Medium gebildeten α-Ketoalkansäure (II)-Phosphin-Addukten bzw. deren Salzen. — Als **II** dienen solche mit 3—7 C-Atomen, wie bes. α-Ketopropionsäure (**III**). — Zu 38 (Teilen) **III** in 250 Ae. gibt man bei 15° während 2 Std. 6 Phosphin, wobei sich das Addukt niederschlägt, das man nach Filtrieren als weißen Stoff, F. 272 bis 273°, erhält. Durch Rk. von 0,75 des Addukts mit 4 $HNO_3$ (33%ig), Abdestillieren von $HNO_3$ u. Umkristallisieren des Prod. aus Essigsäure erhält man *Bis-(1-methyl-1-carboxy-1-hydroxymethyl)-phosphinsäure*, F. 148—149°. — *Komplexsalzbildner* für Metallverbb., bes. Fe-Salze. (**A. P. 2 845 454** vom 27/6. 1957, ausg. 29/7. 1958.) J. Mühleisen. H 980

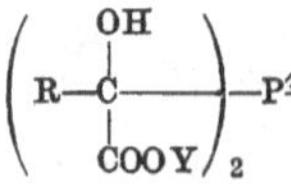

I

**Standard Oil Co.**, Chicago, Ill., V. St. A., *Herstellung von praktisch reinem m-Cymol und 3.5-Diisopropyltoluol.* Unter Fernhaltung von Feuchtigkeit werden Toluol u. Isopropylbenzol gemischt. Zu diesem Gemisch werden mindestens 0,5 (Mol) fl. HF u. mindestens 0,5 $BF_3$ je 1 Alkylbenzol gegeben u. so eine fl. Säurephase gebildet. Das Gemisch wird auf 40° gehalten u. nach erfolgter Rk. werden HF u. $BF_3$ abgetrennt. — Zeichnung. (**E. P. 777 365** vom 15/10. 1954, ausg. 19/6. 1957. A. Prior. 27/11. 1953.) E. Kahles. H 1010

**Henri Martin Guinot**, Versailles, und **Ateliers Pingris & Mollet-Fontaine Réunis**, Lille, Frankreich, *Entphenolung von Abwässern* (**I**) *aus Gaswerken und Kokereien.* Die **I** werden bei einem $p_H < 7$, z. B. nach Einstellung auf eine Acidität von 0,01—0,1 n. mittels HCl, mit $Cl_2$ behandelt, wobei sich Polychlorphenole (**II**), bes. Trichlorphenole, unlösl. abscheiden. Die Vermischung der Reaktionspartner erfolgt bei kontinuierlichem Zu- u. Abfluß zweckmäßig in einer Turbulenzzone. Die **II** werden durch Extraktion mit in W. unlösl. Lösungsmitteln, wie schwerflüchtigen KW-stoffen, Bzl., Toluol, Xylole, Cyclohexan, Methylcyclohexan, den KW-stoff-Fraktionen äther. Öle, Lösungsbenzol, Chlor-KW-stoffe, abgetrennt u. gegebenenfalls über die Alkalichlorphenolate gereinigt. Vorteilhaft entfernt man vor der Chlorierung die Hauptmenge der Phenole durch Extraktion mit Estern, wie Butylacetat, Äthern, wie Diisopropyläther, oder Ketonen, Bzl.-KW-stoffen oder substituierten Aminen. — Vgl. F. P. 1 104 539; C. **1958.** 4666. (**E. P. 769 283** vom 9/5. 1955, ausg. 6/3. 1957. F. Priorr. 13/5. 1954 u. 11/2. 1955.) E. Lindemann. H 1060

**VEB Projektierung und Anlagenbau Chemie**, Dresden (Erfinder: **Werner Gey**, Großsteinberg, und **Rolf Goerz**, Grimma), *Entphenolung von Abwässern* durch Extraktion der Phenole mit O-haltigen organ. Lösungsmitteln mit beschränkter Wasserlöslichkeit, z. B. Butylacetat, dad. gek., daß man zur Erzielung eines Kreislauflösungsmittels mit äußerst niedrigem Phenolgeh. die Hauptmenge des mit Phenolen beladenen Lösungsm. unter Zuführung einer solchen Menge Wasserdampf oder W. abdest., daß das Lösungsm. in Form eines azeotropen Gemisches übergeht, worauf man in bekannter Weise die Lösungsmittelreste von den Phenolen abtrennt. (**D. A. S. 1 042 599** Kl. 12q vom 7/6. 1955, veröff. 6/11. 1958.) R. Schwechten. H 1060

**Vereinigte Glanzstoff-Fabriken Akt.-Ges.**, Wuppertal (Erfinder: **Erhard Siggel**, Laudenbach/M.), *Veresterung von Dicarbonsäuren mit hohem Siede- beziehungsweise Zersetzungspunkt* (>265°), dad. gek., daß man die Dicarbonsäuren, bes. *Terephthalsäure*, bei 100—310, bes. 200—310°, mit dampfförmigem Alkohol umsetzt, wobei bes. in Ggw. nichtflüchtiger, saurer Veresterungskatalysatoren ($ZnCl_2$, Borphosphat oder $H_3PO_4$-Aktivkohle) gearbeitet wird. — Beispiele: *Terephthalsäuredimethylester*, F. 139,5°; 96% (Ausbeute). — *Terephthalsäurediglykolester*; *Terephthalsäurediäthylester*; 91%. — *Sebacinsäuredimethylester*; 54%. — Vgl. E. P. 728 997; C. **1958.** 14174. (**Schwz. P. 316 153** vom 20/4. 1953, ausg. 15/11. 1956. **Holl. P. 80 983** vom 20/4. 1953, ausg. 15/3. 1956. Beide D. Prior. 21/4. 1952.) O. Müller-Meiningen. H 1220

**Farbwerke Hoechst Akt.-Ges., vormals Meister Lucius & Brüning**, Frankfurt/M. (Erfinder: **Leopold Horner, Hellmut Hoffmann** und **Hans Günther Wippel**, Mainz), *Herstellung von organischen Phosphinsäuren* der allg. Formel $RR_1P(O)OH$, worin R u.

$R_1$ Aryl-, Alkyl-, Alkenyl-, Aralkyl- oder Cycloalkylreste bedeuten, dad. gek., daß man Phosphinoxyde der allg. Formel $RR_1P(O)R_2$, worin R u. $R_1$ die obige Bedeutung haben u. $R_2$ für Aryl oder Arylmethyl steht, wobei alle diese Reste weiterhin durch Alkyl-, Alkoxy- oder Aminoreste substituiert sein können, in Ggw. von Alkali- oder Erdalkalihydroxyden schm. u. die erhaltenen Salze der Phosphinsäuren mit Säuren behandelt. — 1 (Mol) Triphenylphosphinoxyd wird mit 2 NaOH langsam auf 250° ca. 1 Std. erhitzt, wobei Bzl. abdestilliert. Das Prod. wird in W. gelöst u. heiß in 2n HCl gegeben, wobei *Diphenylphosphinsäure* sofort ausfällt u. bald erstarrt, F. 192° (aus A.). Analog folgende Phosphinsäuren: *Phenylmethyl-*, F. 129—130°, roh; *Phenyläthyl-*, F. 78—80°, rein; *Diäthyl-*, krist. bei —80°; *α.α-Naphthylphenyl-*, F. 185—187° (aus Dioxan u. A.); *Cyclohexylphenyl-*, F. 112—114° (aus A. u. W.); *Dodecylphenyl-*, F. 66—67°; *Phenyl-p-tolyl-*, F. 134—136° (aus A. u. W.); *Octadecylphenyl-*, F. 67—68° (aus A.); *p-Dimethylaminophenylphenyl-*, F. 184—188°; *Äthylhexyl-*, fest beim Abkühlen auf —80°. — Zwischenprodukte. (**D. A. S. 1 044 813** Kl. 12o vom 26/4. 1957, veröff. 27/11. 1958.) J. MÜHLEISEN. H 1380

**Badische Anilin- & Soda-Fabrik Akt.-Ges.**, Ludwigshafen/Rh. (Erfinder: **Walter Reppe**, Heidelberg, **Otto Schlichting** und **Walter Schweter**, Ludwigshafen/Rh.), *Herstellung von Cyclooctatetraen* durch cyclisierende Polymerisation von Acetylen bei erhöhtem Druck u. bei erhöhter Temp., wie 100—140°, in Ggw. von Ni-Katalysatoren, wie Ni-Cyanid (I) oder Ni-Enolaten (II), u. einem wasserfreien u. prakt. peroxydfreien Lösungsm., dad. gek., daß man als Katalysatoren Gemische aus I u. II oder aus verschied. II u./oder aus Ni-Komplexverbb. von o-Aminophenolen oder -thiophenolen mit I oder II verwendet. Zweckmäßig wird ein Gemisch aus etwa äquivalenten Mengen Ni-Acetylacetonat u. Ni-Acetessigester verwendet. (**D. A. S. 1 039 059** Kl. 12o vom 29/6. 1957, veröff. 18/9. 1958.) J. MÜHLEISEN. H 1810

**Farbwerke Hoechst Akt.-Ges., vormals Meister Lucius & Brüning**, Frankfurt/M. (Erfinder: **Hans Götte** und **Martin Wenzel**, Mainz), *Herstellung von trägerfreiem radioaktivem Dicyclopentadienylruthenium* (I), dad. gek., daß ein bei 0—50°, bes. bei Zimmertemp., mit Cyclopentadien gesätt. inerter Gasstrom, z. B. $N_2$- u./oder $H_2$-Strom, bei 250—360° in bekannter Weise über einen radioakt. Ru-haltigen $Fe-Al_2O_3$-Katalysator (II) geleitet u. das erhaltene Reaktionsprod. aus I, gegebenenfalls auf chromatograph. Weg, getrennt wird. Zweckmäßig werden dem II aktivitätssteigernde Metalle, wie Ag, Se, Ni oder Pd bzw. deren Gemische, zugesetzt. — Vorr., Zwischenprodukt. (**D. A. S. 1 049 860** Kl. 12o vom 6/12. 1956, veröff. 5/2. 1959.) J. MÜHLEISEN. H 2180

## X. Färberei. Organische Farbstoffe.

—, *Farbstoffe und Textilhilfsmittel.* CASSELLA FARBWERKE MAINKUR AG., Frankfurt/M.-Fechenheim: *Fibramoll CW* wird als kationakt. Weichmacher für Garne, Gewebe u. Charmeusewaren aus Viscose u. Kupferreyon sowie pflanzlichen Fasern u. deren Mischmaterialien eingesetzt. — *Indanthrenbraun GCW* Pulver fein für Färbung/ *Indanthrenbraun GCW* „Stabilosol", färbt sehr schöne Sand-, Beige- u. Brauntöne von vorzüglicher Lichtechtheit. Für Allwetterartikel, Wasch- u. Buntbleichartikel geeignet. Für Pigmentierzwecke findet der Farbstoff in Form von „Stabilosol" Anwendung. — CIBA AG., Basel: *Cibacetscharlach B* dient zum Färben von Polyester-, Polyacrylnitril-, Acetat- u. Triacetatfaserstoffen. Das Prod. eignet sich auch für den Direktdruck. Auf Acetat u. Triacetat sind die Färbungen weiß ätzbar. — *Cibanogenbraun FBL* ergibt neutrale, gut deckende Brauntöne auf natürlichen u. regenerierten Cellulosefasern. Das Prod. kann allein oder in Kombination mit anderen Farbstoffen eingesetzt werden. Es wird durch kurzes saures Dämpfen oder durch Naßentwicklungsverf. fixiert. — *Cibacrolanblau 8G* u. *Cibacrolangrün VW* für Echtfärbungen von Wolle nach dem Neovadinverf. in allen Verarbeitungsstadien. Sehr gute Licht-, Naß- u. Reibechtheiten sowie Beständigkeit in der sauren Chlorierung. — *Uvitex A* ergibt als opt. Aufhellmittel neutrale Weißeffekte auf Polyacrylnitrilstapelfasern. — *Cibacronbrillantrot B* liefert in Färbung u. Druck sehr brillante Rottöne auf natürlichen u. regenerierten Faserstoffen. Sehr gute Allgemeinechtheiten. — COMP. FRANCAISE DES MATIÈRES COLORANTES, Paris: *Acetochinonlichtscharlach BLZ* besitzt gutes Dispersions- u. Egalisiervermögen. Der Farbstoff zieht gut auf Acetatfaser, färbt schwer durchzufärbende Ware u. eignet sich auch für den Direktdruck. — *Acetochinonlichtorange GL* weist die gleichen Eigg. auf u. dient zum Färben von Celluloseacetat u. Vinylchloridfasern. — FARBENFABRIKEN BAYER AG., Leverkusen: *Acraminorange F5G extra konz.* dient zur Herst. voller Orangedrucke. — *Indanthrenbrillantscharlach EFR Plv. fein f. Fbg.* eignet sich auf Grund sehr guter Licht- u. Waschechtheit für Vorhang- u. Dekorationsstoffe sowie Waschartikel. Als Typ 8059 auch für das Pigmentklotz- u. Pigmentfärbeverf., Kontinue- u. Appreturfärberei. — *Supracenbraun 3 G* eignet sich bes. für Damenkleider-, Möbel- u. Dekorationsstoffe sowie für Strick-, Wirk- u. Teppichgarne. Die Färbungen weisen sehr gute Allgemeinechtheiten auf. — *Supramingelb 5GL/Supramingelb ER* färbt Kammgarn, Strick-u. Wirkgarn sowie Stückware in lebhaften Gelbtönen. Die Prodd. sind sehr leicht lösl. u. weisen sehr gute Licht-, Schwefel-, Wasser-, Reib-, Bügel-, Dekatur-, Wasch- u. Walkechtheit auf. Die ER-Marke ist ferner für die Hut- u. Filzfärberei sowie für die Seiden- u. Halbwollfärberei einsetzbar. — FARBWERKE HOECHST AG., Frankfurt/M.-Höchst: *Halbwollechtblau HBLL* färbt einen sehr reinen Farbton, besitzt sehr gute Licht-, Naß-, Reib- u. Bügelechtheiten u. ist auf Grund guter Löslichkeit u. guten Egalisiervermögens für die Appreturfärberei wertvoll. — J. R. GEIGY AG., Basel: *Tinosolgrau SG* färbt Baumwolle, Zellwolle u. Kunstseide auf Foulard, Jigger u. Haspel in schwach grünstichigen Tönen von sehr guten Allgemeinechtheiten. Der Farbstoff kommt für ausgesprochene Wasch- u. Dekorationsartikel, sowie für Regenmantel- u. Hemdenpopeline in Anwendung. — MONSANTO CHEMICALS LTD., London: *Syton* verhindert die Schlüpfrigkeit von glatten Textilien. Nylonstrümpfe werden maschenfester u. Wollgewebe erhalten eine größere Festigkeit. — ROHNER AG., Pratteln: *Ronagenbrillantblau 3G* u. *Ronagenbrillantblau R* eignen sich bes. für den Roleauxdruck u. können mit Säuredampf oder nach dem Ronagen-Entwicklernaßverf. auch mit Neutraldampf entwickelt werden. 3G färbt einen grünstichigen u. R einen sehr brillanten rotstichigen Farbton. — *Ronagenbrillantrubin B* findet unter den gleichen Verf. Anwendung, wenn bes. große Brillanz des Farbtons verlangt wird. — „Helle Nuancen mit Naphthaniliden u. Echtbasen oder Diazoechtsalzen" heißt eine Musterkarte, die über Eigg. u. Anwendungsmöglichkeiten mit Naphthanilidfarbstoffen Auskunft gibt. — SANDOZ AG., Basel: *Brillantalizarinwalkblau F2GL* färbt Wolle, Seide u. synthet. Polyamidfasern in allen Verarbeitungsstadien. Auf Wolle färbt das Prod. einen grünstichigen Ton von sehr guter Licht-, Wasch-, Walk-, Chlor-, Dekatur- u. Carbonisierechtheit. — *Sandogenbraun F-BL* wird durch saures Dämpfen oder durch Behandeln im heißen Säurebad fixiert. Die Drucke weisen sehr gute Licht- u. Waschechtheit auf. — *Lanasynoliv 2GL* dient zum Färben von Wolle, Seide u. synthet. Polyamidfasern. Die sehr gute Löslichkeit macht das Prod. für den Vigoureuxdruck geeignet. Bes. in Kombinationen liefert der Farbstoff grünstichige Khakitöne zum Färben von Jäger- u. Armeenuancen (Lodenstoffe, Pullover u. Socken). (Melliand Textilber. **40.** 208—10. Febr. 1959.) P. ECKERT. 7018

**John Boulton,** *Das Färben von Cellulose: Die Theorie und der Färber.* Allg. Darst. über den Chemismus beim Färben von Cellulosefaser mit substantiven Farbstoffen, ausgehend vom Faseraufbau. In diesem Zusammenhang wird der Einfl. von Temp., Salz- u. Farbstoffkonz. sowie des Flottenverhältnisses auf das färber. Verh. der substantiven Farbstoffe besprochen u. auf die Nutzanwendung für den Färber hingewiesen. (Textile Res. J. **28.** 1022—30. Dez. 1958. Manchester, Courtaulds Ltd.) H. G. FRÖHLICH. 7020

**Ch. Weimann,** *Die Färbung der Wolle und anderer tierischer Fasern durch direkte Bildung nitroser Farbstoffe auf der Faser.* (Teintex **23.** 773—81. 15/11. 1958. — C. **1959.** 4312.) H. ROSSOW. 7020

**E. Elöd, K. Schupp** und **Y. Nakahara,** *Über den Einfluß des $p_H$-Wertes auf die Aufnahme von anionischen Farbstoffen durch Polyamidfaserstoffe.* Behandelt wird die Abhängigkeit der Aufnahme von Metallkomplexfarbstoffen vom $p_H$-Wert sowie die Abhängigkeit des Diffusionskoeff. vom $p_H$-Wert. Abschließend wird die Aggregation von Metallkomplexfarbstoffen besprochen. (SVF Fachorgan Textilveredlung **14.** 30—34. Jan. 1959.) P. ECKERT. 7020

**G. Back** und **Hch. Zollinger,** *Der Färbemechanismus neutralziehender Metallkomplexfarbstoffe: I. Adsorptionsisothermen auf Polyamidfasern.* 1. Mitt. *Über textilchemische Untersuchungen.* (Vgl. C. **1957.** 10619.) Es wurde der Färbemechanismus eines neutralziehenden Metallkomplexfarbstoffes beim Färben von Polyamidfasern untersucht. Verwendet wurde der *1:2-Chromkomplex* des Farbstoffes *2-Aminophenol-4-methylsulfonamid → 1-Acetylamino-7-naphthol* in wss. Phosphatpuffer, wobei die Färbegleichgewichte an Fasern aus *Nylon 66* u. *acetyliertem Nylon 66* bei 100° bestimmt wurden. Die Bindung des Farbstoffes an die Faser erfolgt einmal salzartig (LANGMUIRsche Adsorptionsisotherme), zum anderen durch einen Lösungsmechanismus. Beide Vorgänge verlaufen gleichzeitig u. unabhängig voneinander. Der acidimetr. bestimmte $NH_2$-Endgruppengeh. der Fasern entspricht beim Salzbindungsmechanismus dem durch Extrapolation aus den Gleichgewichtsdaten berechenbaren Sättigungswert der Adsorption. (Helv. chim. Acta **41.** 2242—52. 1/12. 1958. Basel, Univ., Inst. für Farbenchemie.) M. REIHER. 7020

**H. Stern,** *Das Färben von Rilsan rein oder in Mischung mit anderen Fasern.* Färberezepte. (Rev. Textile — Tiba [N. S.] **57.** 409—10. Okt. 1958.) H. Rossow. 7020

**Helen G. Sommar,** *Färben von Darvan Dinitrilfaser.* Nach einer Übersicht über Konst., Eigg. u. färber. Verh. der durch Mischpolymerisation von Acrylnitril u. Vinylidendinitril gewonnenen synthet. *Darvan*-Faser (I) behandelt Vf. verschied. für I geeignete Farbstoffe u. Färbeverfahren. — 8 Diagramme u. 12 Tabellen. (Amer. Dyestuff Reporter **47.** P553—P560. 11/8. 1958. Avon Lake, Ohio, B. F. Goodrich Chemical Co.)
A. Sander. 7020

**M. Hückel,** *Neuentwicklungen in der Anwendung von Azofarbstoffen.* Vf. beschreibt neue Ergebnisse in der Imprägnierung mit Naphthol AS sowie die Kupplungsbedingungen für verschied. Diazokomponenten. Ferner werden der Einfl. der Alkalisorte im Imprägnierbad auf die Färbung u. die Absorptionswerte u. der Chemismus der Kupplung besprochen u. prakt. Hinweise zur Pufferung der Entwicklungsbäder gegeben. Außerdem wird über das Bedrucken des mit den Kupplungskomponenten imprägnierten Gutes mit Diazoverdickung kurz berichtet. (J. Soc. Dyers Colourists **74.** 640—47. Sept. 1958. Farbwerke Hoechst, Frankfurt/M.) Gottfried Lange. 7022

**Ralph B. Smith,** *Farbechtheit von Textilien bei der Industriewäsche.* Da das Waschen stark verschmutzter Arbeitskleidung in der Industrie die Farbstoffe u. das Gewebe mehr angreift als gewerbliche u. Haushaltwäsche, kann die Standard-Testmeth. 61–1957 nicht zur Beurteilung der Waschechtheit herangezogen werden. Geeignet ist ein Test mit dem AATCC-Accelerator, der als „Tentative Test Method 87–1958" beschrieben wird u. vorerst nur auf Baumwollware anwendbar ist. (Amer. Dyestuff Reporter **47.** P684—P686. 6/10. 1958. AATCC Committee on Colorfastness to Washing.)
R. Junge. 7028

**G. S. Egerton** und **A. G. Roach,** *Untersuchungen über Aminoanthrachinonverbindungen.* 1. Mitt. *Absorptionsspektren in gelöstem und in festem Zustand.* Die Absorption von 1- u. 2-Amino-, 1.4- u. 1.5-Diamino-, 1.4.5-Triamino- u. 1.4.5.8-Tetraaminoanthrachinon in Lsg. auf Polymerfilmen u. auf mit dünnen Filmen überzogenen Quarzplatten im UV- u. im sichtbaren Teil des Spektr. wurde untersucht. Als Lösungsm. diente Äthyl- u. Isopropylalkohol, die Polymerfilme waren aus Nylon u. sek. Celluloseacetat. Die Wrkg. der Lösungsmittel oder Substrate auf das Absorptionsspektr. sowie die Beziehung zwischen Farbe u. chem. Konst. in bezug auf Aminoanthrachinon werden diskutiert. (J. Soc. Dyers Colourists **74.** 401—07. Mai 1958. Manchester, Univ., Dep. Text. Chem.) Gottfried Lange. 7058

**G. S. Egerton** und **A. G. Roach,** *Untersuchungen über Aminoanthrachinonverbindungen.* 2. Mitt. *Die Photochemie gefärbter Polymerfilme.* Die Einw. naher UV-Strahlung u. sichtbaren Lichts auf Polymerfilme aus Celluloseacetat, Nylon u. N-Methoxymethylnylon, die mit 6 Aminoanthrachinonen gefärbt waren, wurden spektrophotometr. in einem geschlossenen Syst. von trockenem $N_2$ oder $O_2$ verfolgt. Die Belichtung im $O_2$-Syst. macht sich durch Abnahme der opt. Dichte im gesamten Spektr., bes. bei 1- u. 2-Aminoverbb., bemerkbar. Bei in 1- u. 4-Stellung substituierten Derivv. verringert sich die Intensität der Doppelbanden im sichtbaren Bereich, am stärksten bei langwelligen Banden, in einigen Fällen wird die Doppelbande durch eine allg. Absorptionsbande ersetzt. Die Auslöschung ist bei 2-Aminoanthrachinon auf Nylon- u. Celluloseacetatfilmen in $N_2$ u. $O_2$ gleich groß, bei 1.5-Diaminoanthrachinon in $O_2$ größer. Die Lichtechtheit der Aminoanthrachinone ist am größten auf Celluloseacetatfilmen u. am geringsten auf N-Methoxymethylnylon. Die geringste Lichtechtheit haben 2-Amino- u. 1.5-Diaminoanthrachinon, am größten ist sie bei den 1.4-, 1.4.5- u. 1.4.5.8-Aminoverbindungen. Die Belichtung von 1-Amino- u. 1.5-Diaminoanthrachinon auf N-Methoxymethylnylon ergibt eine neue Spitze bei ca. 400 m$\mu$. 2-Aminoanthrachinon verhält sich unterschiedlich. (J. Soc. Dyers Colourists **74.** 408—14. Mai 1958.) Gottfried Lange. 7058

**G. S. Egerton** und **A. G. Roach,** *Untersuchungen über Aminoanthrachinonverbindungen.* 3. Mitt. *Photochemie im festen Zustand.* Feste durchsichtige Filme auf Quarz von 6 Aminoanthrachinonen wurden spektrophotometr. nach Belichtung mit naher UV-Strahlung u. sichtbarem Licht (I) u. kurzwelliger UV-Strahlung (II; 253,7 m$\mu$) untersucht. Der feste Farbstoff ist gegenüber I stabiler als seine Ausfärbung auf einem Polymerfilm. Die Stabilität ist an feuchter Luft geringer als in trockenem O oder N. Die Ursachen dieser Unterschiede werden besprochen. Einw. von II zerstört den festen Farbstoff in trockenem $O_2$ stärker als in trockenem $N_2$ schließlich bis zum völligen Verschwinden der Photoprodd. vom Quarz. 2-Aminoanthrachinon wird von I am stärksten angegriffen, ist aber gegen II am stabilsten. (J. Soc. Dyers Colourists **74.** 415—20. Mai 1958.) Gottfried Lange. 7058

**Instytut Barwników i Półproduktów,** Warschau (Erfinder: **Stanislaw Pizoń,** Zgierz), Polen, *Herstellung von Färbepräparaten, die eine beständige Diazoverbindung und eine Azokomponente enthalten.* Man diazotiert ein Arylamid einer o-Aminocarbonsäure (**I**) der Formel $H_2N-A-CONH-B$ in saurem Medium mit $HNO_2$, isoliert u. trocknet die entstandene Diazoverb. der Formel **II** u. mischt sie mit einer Azokomponente vom Typ der o-Hydroxyarylcarbonsäurearylamide (A = aromat. Rest der Benzol-, Naphthalin- oder Anthracenreihe oder heterocycl. Rest mit mindestens einer lösl. machenden Gruppe u. gegebenenfalls weiteren negativen Substituenten; B = gegebenenfalls substituierter Rest der Benzol-, Diphenyl- oder Naphthalinreihe). Das Präp. ist in wss. Alkalien lösl. u. kann nach dem Aufbringen auf Textilien, z. B. als Bestandteil einer Druckpaste, durch Einw. von Säuren, Wasserdampf oder Licht zu beständigen Farbstoffen entwickelt werden. — Beispiele für **I**: 2-Methyl-5-chloranilid der 4- oder 5-Sulfo-2-aminobenzoesäure, (**D. A. S. 1 044 026** Kl. 8m vom 27/11. 1956, veröff. 20/11. 1958.) F. Böhm. 7021

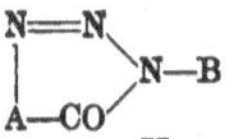

II

**Farbwerke Hoechst Akt.-Ges., vormals Meister Lucius & Brüning,** Frankfurt/M. (Erfinder: **Herbert Kracker, Fritz Bauer, Werner Kirst, Rudolf Löwenfeld** und **Walter Staab,** Offenbach/M.), *Erzeugung von wasserunlöslichen Azofarbstoffen auf geformten Gebilden aus Polyestern oder Celluloseacetat.* Man bringt auf den Fasern, Folien oder dgl. eine Aminoazoverb. der Formel **I** u. ein Arylamid der 2.3-Oxynaphthoesäure, deren Arylrest eine Alkyl- oder Alkoxygruppe tragen kann, auf u. entwickelt den Farbstoff durch Diazotierung u. Kupplung in bekannter Weise. Der Benzolrest a der Formel **I** kann durch Alkyl- oder Alkoxygruppen u./oder Halogen substituiert sein. — Als Diazokomponente verwendet man z. B. 4-Amino-2.5-dimethoxy-1.1'-azobenzol, als Azokomponente 1-(2'.3'-Oxynaphthoylamino)-2-methoxybenzol. (**D. A. S. 1 045 364** Kl. 8m vom 19/12. 1956. veröff. 4/12. 1958.) F. Böhm. 7021

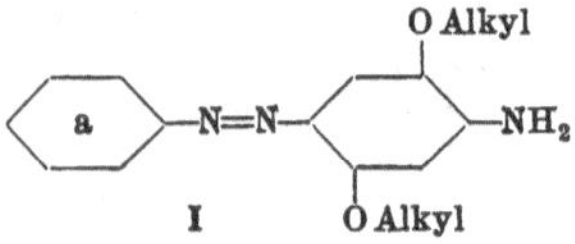

I

**Badische Anilin- & Soda-Fabrik Akt.-Ges.** (Erfinder: **Wilhelm Federkiel,** Frankenthal, **Dieter Leuchs** und **Hans Baumann**), Ludwigshafen/Rh., *Färben von Acrylnitril enthaltenden polymeren Gebilden.* Man verwendet Farbstoffe der allg. Formel **I** bzw. **II**

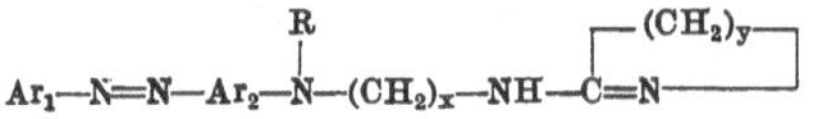

I

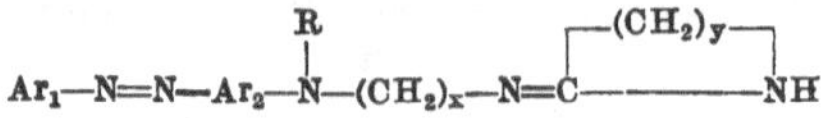

II

($Ar_{1,2}$ = gegebenenfalls substituierte aromat. Reste; R = H oder niedermol. Alkylrest; x = 2—3; y = 3—7). Man erhält aus neutraler bis saurer Lsg. Färbungen mit sehr guten Naßechtheitseigenschaften. (**D. A. S. 1 045 362** Kl. 8m vom 21/9. 1957, veröff. 4/12. 1958.) F. Böhm. 7021

**Farbenfabriken Bayer Akt.-Ges.,** Leverkusen (Erfinder: **Helmut Kleiner** und **Heinz Gutjahr,** Köln), *Erzeugung von Eisfarben im Zeugdruck.* Man bringt Diazoaminoverbb. erhalten aus diazotierten $SO_3H$- u. COOH-gruppenfreien Aminoazoverbb. u. 2-Alkylamino-4- oder -5-sulfobenzoesäure, mit üblichen Kupplungskomponenten auf die Faser auf u. entwickelt die Farbstoffe mit neutralem Dampf. — Eine Druckpaste enthält z. B. äquivalente Mengen der Diazoaminoverb. aus diazotiertem 4-Amino-2.5-dimethoxybenzol-(1.1')-azo-2'.6'-dichlor-4'-nitrobenzol u. 2-Äthylamino-5-sulfobenzoessäure u. 2.3-Oxynaphthoylaminobenzol. (**D. A. S. 1 044 029** Kl. 8n vom 4/5. 1957, veröff. 20/11. 1958.) F. Böhm. 7023

**Rütgerswerke Akt.-Ges.** (Erfinder: **Karl Friedrich Lang,** Frankfurt/M., und **Winfried Willicks,** Castrop-Rauxel), *Dinaphthylenfluorene* werden durch Rk. von *Dinaphthylenthiophen* (**I**) (oder dessen Substitutionsprodd.) mit *Inden* (**II**) in Ggw. eines Polymerisationsverzögerers, wie Hydrochinon (**III**) ohne Anwendung eines Verdünnungs- oder Lösungsm. durch längeres Erhitzen hergestellt, wobei man die Rk. nach Zusatz von z. B. 1.2.4-Trichlorbenzol (**IV**) zu Ende führt. — 10 (g) **I** u. 25 **II** werden in Ggw. von 5 **III** 16 Std. unter Rückfluß erhitzt, dann mit 100 **IV** weitere 7 Std. erhitzt. Das Prod., grüngelbe Kristalle vom F. 326—330°, wird in Bzl. aufgenommen u. abgesaugt. — Zwischenprodd. für die *Herst. von Farbstoffen.* (**D. A. S. 1 041 951** Kl. 12o vom 24/10. 1956, veröff. 30/10. 1958.) H. Möllering. 7049

**Comp. Française des Matières Colorantes,** Frankreich (Erfinder: **Robert Sureau, Georges Mingasson, Gilbert Kremer** und **Jean Rollet**), *Herstellung von Chromkomplexverbindungen von Monoazofarbstoffen* der allg. Formel **I** (X = —NH oder S; B = Aryl-

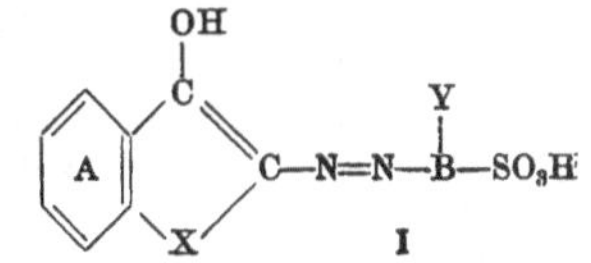

I

kern; Y = OH oder COOH, o-ständig zur —N=N-Gruppe; A u. B können nichtlösl. machende Substituenten, B auch eine zweite $SO_3H$-Gruppe enthalten) durch Kupplung von diazotierten o-Aminophenol- oder Anthranilsäuresulfonsäuren mit 3-Hydroxythionaphthen (**II**) oder Indoxyl (**III**) oder ihren Substitutionsprodd. u. Behandeln mit chromierenden Mitteln. — Die Herst. der Cr-Komplexverbb. folgender Farbstoffe (echte Farbtöne auf Wolle) ist beschrieben: 4-Nitro-2-aminophenol-6-sulfonsäure (**IV**) → **II** oder **II**-2-carbonsäure; grüngrau. — 5-Nitro-2-aminophenol → **II**-2-carbonsäure; grünblau. — 6-Nitro-2-aminophenol-4-sulfonsäure → **II** u. 2-Aminophenol-4-sulfonisopropylamid → **II**-2-carbonsäure; marineblau. — 2-Aminophenol-4-sulfonsäure → **III**; grau. — 4-Chlor-2-aminophenol-5-sulfonamid → **II**-2-carbonsäure u. **IV** → **II**; blaugrau. (**F. P. 1 160 503** vom 9/11. 1956, ausg. 17/7. 1958.)
G. HOPPE. 7053

**Comp. Française des Matières Colorantes**, Frankreich (Erfinder: **Robert Sureau, Georges Mingasson, Jean Rollet, Gilbert Kremer** und **Robert Pernot**), *Farbstoffchromkomplexverbindungen* vom Typ I-Cr-II, worin I u. II Monoazofarbstoffe der allg. Formeln **I** u. **II** darstellen (Y = metallkomplexbildende Gruppe; A u. B können nichtlösl. machende Substituenten enthalten; C = Arylkern mit OH oder COOH in o-Stellung zur —N=N-Gruppe; D = Rest einer o-ständig zu einer OH- oder $NH_2$-Gruppe kuppelnden Komponente; n = 1 oder 2). — Die Herst. der Cr-Verbb. folgender Farbstoffmischungen (echte Farbtöne auf Wolle) ist beschrieben: 4.6-Dinitro-2-aminophenol → 1-Aminonaphthalin-4-sulfonsäure u. 4-Chlor-2-aminophenol-5-sulfonamid (**III**) → 3-Hydroxythiophen-2-carbonsäure (**IV**); grüngrau. — 4-Nitro-2-aminophenol-6-sulfonsäure → Acetoacetanilid u. 2-Aminophenol-4-sulfonsäureisopropylamid (**V**) → **IV**; olive. — Anthranilsäure → 1-[4-Sulfophenyl]-3-methylpyrazolon-(5) (**VI**) u. **V** → **IV**; grün. — 4-Nitro-2-aminophenol → **VI** u. **III** → **IV**; braun. (**F. P. 1 161 640** vom 17/11. 1956, ausg. 2/9. 1958.)
G. HOPPE. 7053

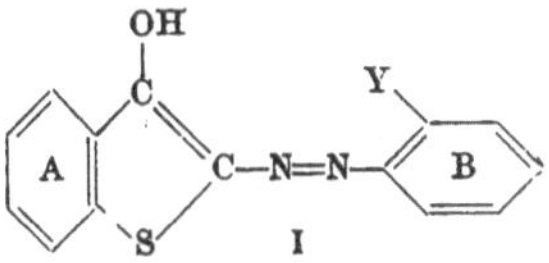

I

$(C—N=N—D)—(SO_3H)_n$

II

**Eastman Kodak Co.**, Rochester, N. Y., übert. von: **James Madison Straley** und **David George Hedberg jr.**, V. St. A., *Metallkomplexverbindungen von Anthrachinonfarbstoffen* erhält man durch Behandlung von Anthrachinonfarbstoffen der allg. Zus. **I** (R = Alkyl mit 1—4 C-Atomen, Hydroxyalkyl mit 2—4 C-Atomen, Alkoxyalkyl mit 3—4 C-Atomen, β-Hydroxy-β-äthoxyäthyl, β-Hydroxy-β-äthoxy-β-äthoxy oder ein unsubstituierter oder substituierter monocycl. Arylkern der Benzolreihe $—C_6H_4·X$ mit z. B. X = H, $CH_3$, $CH_2OH$, β-Hydroxyäthyl, β.γ-Dihydroxypropyl, β-Hydroxyäthoxy, β-Hydroxy-β-äthoxyäthoxy, β-Hydroxy-β-äthoxy-β-äthoxyäthoxy, β-Methoxyäthoxy, β-Methoxy-β-äthoxyäthoxy, β-Äthoxyäthoxy, β-Äthoxy-β-äthoxyäthoxy oder Monohydroxyalkyl mit 1—3 C-Atomen) in Substanz oder auf der Faser mit Salzen des Cr, Co, Cu, Fe, Mn, Ni oder V, z. B. Cr-Thiocyanat, Co-Clorid, Co-Thiocyanat, Cu-Acetat, $CuBr_2$, $CuSO_4$, $Fe^{2+}$- oder $Fe^{3+}$-Thiocyanat, Ni-Acetat oder Ni-Thiocyanat. Die erhaltenen Färbungen oder Drucke auf Celluloseacetat (**Ia**) oder Textilmaterialien aus synthet. Stoffen, z. B. Polyacrylnitril, sind sehr wasch-, licht- u. gasecht. — 1,88 (g) 1.8-Dihydroxy-5-nitro-4-anilinoanthrachinon (**II**) erhitzt man unter Rückfluß in 30 $cm^3$ Aceton (**III**), gibt 4 $cm^3$ 28%ig. wss. $NH_4OH$ u. dann 1,37 $Ni(OOCCH_3)_2·4H_2O$ (**IIIa**) in 30 $cm^3$ **III** hinzu, rührt unter Sieden 2½ Std., trägt in 800 W. aus, wäscht mit heißem W. u. trocknet im Vakuum bei 60°. Man erhält 2,42 der Ni-Komplexverb. von **II** als dunkelblaues Pulver. In ähnlicher Weise erhält man weitere Komplexverbb. (1.8-Dihydroxy-5-nitroanthrachinon = **IV**) aus dem 4-(β-Hydroxyäthyl)-aminoderiv. von **IV** u. **IIIa**, dunkelrotstichigblaue M.; dem 4-[m-(Methylol)-anilino]-deriv. von **IV** u. $CoCl_2$, dunkelblaues Pigment; dem 4-p-Toluidinoderiv. von **IV** u. **IIIa**, dunkelblaues Pulver. — Weitere Beispiele beschreiben die Entw. von Metallkomplexverbb. von **I**-Farbstoffen auf **Ia**-Fasern u. -Geweben sowie das Färben von Acrylnitrilpolymeren mit den Metallkomplexverbindungen. (**E. P. 799 708** vom 19/7. 1955, ausg. 13/8. 1958. A. Prior. 30/7. 1954.)
O. ROICK. 7059

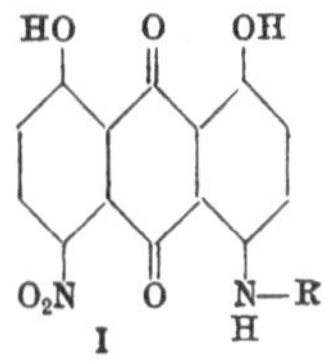

I

**Farbenfabriken Bayer Akt.-Ges.** (Erfinder: **Heinz Knop, Roderich Raue**, Leverkusen, und **Werner Müller**, Köln), *Basische Methinfarbstoffe*, geeignet zum Färben von gebeizter Baumwolle (**A**), Leder, Acetatreyon (**E**), Polyamid- u. Polyurethanfasern (**I**) oder Gebilden aus Polyacrylnitril (**II**), erhält man entweder durch Umsetzen von 7-Alkylindol-3-aldehyden (**III**), die am heterocycl. N-Atom durch einen Alkylrest u. in 2-Stellung durch einen Alkyl- oder Arylrest substituiert sein können, mit 1.3.3-

Trialkyl-2-methylenindolinen (**IV**), wobei die Ausgangskomponenten im übrigen noch weitere nichtionogene Substituenten aufweisen können, oder durch Rk. von 7-Alkylindolen (**V**), die wie **III** substituiert sein können, in saurem Medium mit 1.3.3-Trialkylindolin-2-methylenaldehyden oder durch Rk. von **V** u. **IV** mit organ. Formylverbb. u. Halogeniden des P oder der $H_3PO_4$ nach D. B. P. 865 925; C. **1954.** 8497. — 100 (Gewichtsteile) 1.3.3-Trimethyl-2-methylenindolin-ω-aldehyd (**VI**) rührt man 16—18 Std. in 860 30% ig. HCl mit 80 2-Methyl-7-äthylindol, saugt den entstandenen Farbstoff ab u. wäscht ihn mit 30% ig. HCl u. dann mit 20 % ig. NaCl-Lösung. Man erhält 190 eines gelben krist. Prod., das **II**, **E**, **I** u. **A** leuchtend orangegelb färbt. — Durch Auflösen von **VI** u. 7-Äthyl-2-phenylindol (**VII**) in Dichlorbenzol (**VIII**) bei 85—90°, Zutropfen von $POCl_3$ unter Rühren, 1 std. Rühren bei 95—100°, Austragen des Reaktionsgemisches in W., Abdest. von **VIII** mit Wasserdampf, Filtrieren u. Aussalzen erhält man einen roten krist. Farbstoff, der **II** aus essigsaurem Bade orange färbt. — Durch Rk. von **VII**-3-aldehyd (**IX**, F. 237—238°, erhältlich aus **VII** nach dem VILSMEIER-Verf.) mit 5-Methoxy-1.3.3-trimethyl-2-methylenindolin (**X**) in Essigsäureanhydrid enthaltendem Eisessig wird ein Farbstoff erhalten, der **II** klar gelbstichigrot färbt. Verwendet man an Stelle von **X** 5-Carbomethoxy-, 5-Carboäthoxy-, 5-Chlor- oder 5-Methyl-1.3.3-trimethyl-2-methylenindolin, so erhält man Farbstoffe, die **II** orangerot färben. Ähnliche Farbstoffe erhält man aus 7-Äthylindol-3-aldehyd u. **X** u. aus 2-(4'-Chlorphenyl)-3-äthylindol oder 2-Methyl-7-butylindol oder 2-Äthyl-7-äthylindol u. 1.3.3.5-Tetramethyl-2-methylenindolin. (**D. A. S. 1 049 994** Kl. 22e vom 23/5. 1957, veröff. 5/2. 1959.) O. ROICK. 7063

**B. F. Goodrich Co.**, New York, N. Y., übert. von: **Edwin B. Newton** und **Henry J. Kehe**, Akron, Ohio, V. St. A., *Metallphthalocyaninpigmente* erhält man in hohen Ausbeuten, wenn man bei der Herst. durch Erhitzen einer Phthalocyanin (**I**) bildenden Verb., wie Phthalsäure (**II**), **II**-Anhydrid, Methyl- oder Äthylestern von **II**, oder der Mono-, Di-, Tri- oder Tetrabrom- oder -chlorderivv. von **II**, in hochsd. inertem organ. Lösungsm. bei ca. 175—185° in Ggw. von Cu, Ni, Fe, Co, Vd, Sn, Cr, Pb, Al, Cd, Mg oder Zn oder der Salze dieser Metalle u. in Anwesenheit einer **I**-N liefernden Verb., wie Harnstoff, Biuret, Guanidin, Guanylharnstoff, Dicyandiamid oder Cyanursäure, als Katalysator in geringer Menge ein hydratisiertes mit Mineralsäure digeriertes Metalloxyd, das wenigstens teilweise in der **I**-N-abgebenden Substanz lösl. ist, bes. mit mindestens 30% ig. starken Säuren bei erhöhten Tempp. behandelten Ti- oder Zr-Dioxyden, oder frisch hergestelltes, prakt. anionfreies hydratisiertes Ti- oder Zr-Dioxydgel, das man z. B. durch Hydrolysieren der Halogenide oder anderer hydrolysierbarer Metallsalze u. Anionenfreiwaschen des Gels erhalten kann, verwendet. (**A. PP. 2 824 107** u. **2 824 108** vom 28/9. 1954, ausg. 18/2. 1958. **E. P. 799 710** vom 14/9. 1955, ausg. 13/8. 1958. A. Prior. 28/9. 1954.) O. ROICK. 7073

## XIa. Farben. Anstriche. Lacke. Naturharze.

**F. Margival**, *Reinigungsmittel und Reinigung.* Ausführliche Behandlung der mechan. u. chem. Reinigung, bes. der Metallentfettung mit zahlreichen Rezepten für Beizmittel u. Beschreibung von Entfettungsgeräten. (Peintures, Pigments, Vernis **34.** 401—14. Sept. 450—59. Okt. 1958.) B. SCHEIFELE. 7090

**H. Rabaté**, *Bor und seine Verbindungen in der Lackindustrie.* Zusammenfassende Angaben bes. aus der Patentliteratur. (Peintures, Pigments, Vernis **34.** 383—84. Sept. 1958.) B. SCHEIFELE. 7090

**V. N. Ojha**, **P. G. Sharma** und **J. S. Aggarwal**, *Modifizierung von Kamala-Samenöl für Öllacke und Ölfarben.* Mit Bzl. extrahiertes Kamala-Samenöl wurde der Alkoholyse mit einwertigen Alkoholen unter Verwendung von alkoh. HCl als Katalysator unterworfen, wobei modifizierte Öle resultieren, die ähnliche Gelatinierungszeiten wie Holzöl aufweisen u. einen Zusatz von über 60% eines anderen trocknenden Öles benötigen, um die für Lacköle gewünschten weichen Gele zu liefern. Zusatz von Antioxydantien oder Stabilisatoren erhöht nur wenig die Gelatinierungszeit. (J. sci. ind. Res. [New Delhi], Sect. A **16.** 213—16. Mai 1957. Poona, Nat. Chem. Labor. of India.) B. SCHEIFELE. 7096

**Edward J. Dunn jr.**, *Optische Klassifizierung von Pigmenten und Anstrichen.* Vf. diskutiert opt. Eigg. wie Refraktion, Glanz, Deckkraft u. a. im allg. u. im Hinblick auf die Unterss. von Pigmenten sowie Anstrichfilmen mit Angabe der Meßmethoden. — 16 Literaturangaben. (Off. Digest Federat. Paint Varnish Product. Clubs **30.** 466—89. Mai 1958. Brooklyn, N. Y., Nat. Lead Comp.) L. KEMPF. 7152

**Elisa Albertini**, *Die Kontrolle der chemisch-physikalischen Eigenschaften der Lackprodukte.* 2. Mitt. (1. vgl. C. **1958.** 9916.) Prüfung der Anstrichstoffe auf Filmdicke, Haftfestigkeit, Härte. — 15 Abb. von Prüfgeräten. (Ind. Vernice **12.** 69—76. 1958. Mailand, Dott. Massimilano Massa S.p.A.) B. SCHEIFELE. 7158

—, *Bericht über eine Gemeinschaftsarbeit zum Thema Viscosität.* Vf. berichtet über die Unterss. einer Arbeitsgruppe bzgl. Viscositätsmessungen nach GARDNER-HOLDT, die das Ziel hatten, den Einfl. der Variierung in der lichten Weite der zur Messung verwendeten Röhrchen zu erfassen u. diskutiert die Ergebnisse. (Off. Digest Federat. Paint Varnish Product. Clubs **30.** 540—44. Mai 1958.) L. KEMPF. 7158

**Paul N. Gardner,** *Filmauftragsgeräte, ihre Verwendung zum Auftrag nasser Farbfilme von bestimmter einheitlicher Dicke auf Probetafeln.* Beschreibung von Streichgeräten u. ihre Anwendung bes. zur Erzeugung von Anstrichfilmen vorgeschriebener Schichtdicke auf Probetafeln für Bewitterungsprüfung. — Abbildung. (Ind. Finishing **39.** 48—55. Aug. 1958. Gardner Labor., Inc.) B. SCHEIFELE. 7158

---

**J. R. Geigy Akt.-Ges.,** Basel, Schweiz, *Herstellung von neuen farbigen, organischen Pigmenten,* dad. gek., daß man eine polyprim. Aminoverb. mit der den Aminogruppen äquivalenten Menge gleicher oder verschied., im Benzorest mindestens 3 Halogenatome enthaltender Isoindolone-(1), welche in 3-Stellung leicht austauschbare Substituenten enthalten, die nach Art oder Zahl 2 Bindungen beanspruchen u. beweglicher sind als der doppelt gebundene O, kondensiert. Man verwendet als polyprim. Aminoverbb. z. B. *diprim. Aminoverbb.* der *Benzol-*, *Diphenyl-*, *Stilben-* u. *Naphthalin*-Reihe, ferner *Hydrazin,* als Isoindolon-(1) z. B. *3.3.4.5.6.7-Hexachlorisoindolon-(1).* (**Oe. P. 199 774** vom 12/7. 1957, ausg. 25/9. 1958. Schwz. Prior. 13/7. 1956.) T. OPPERMANN. 7093

**Kemisk Vaerk Køge A/S,** Kopenhagen, Dänemark, *Herstellen von ganz oder nahezu ganz in der β-Form vorliegenden Phthalocyaninpigmenten.* Ein metallhaltiges oder metallfreies Phthalocyaninpigment wird in Ggw. von 2—50% eines substituierten oder nichtsubstituierten aromat. Stoffes mit F. zwischen 20 u. 200°, der die Kristallisation unterstützt, durch kräftiges Mahlen mechan. bearbeitet bei einer Temp., bei der sich der aromat. Stoff in festem Zustand befindet. — Beispiel: In einem Kollergang wird ein Gemisch von 125 g Cu-Phthalocyanin u. 25 g Naphthalin gemahlen u. bereits nach 2½ Std. mit 1,5 Liter W. aufgeschwemmt u. das Naphthalin durch Erhitzen entfernt. (**Holl. P. 87 043** vom 3/2. 1954, ausg. 16/12. 1957. Dän. Prior. 28/12. 1953.) K. DEMMLER. 7093

**E. I. du Pont de Nemours & Co.,** Wilmington, Del., V. St. A., *Porenfüllmittel,* mit verbesserter Haftfestigkeit u. Kratzfestigkeit werden erhalten, wenn der Geh. an Polyvinylacetat (bezogen auf die wss. Gesamtmischung) entweder zwischen 5 u. 20 oder zwischen 50 u. 60 Gew.-% liegt. (**E. P. 797 960** vom 13/2. 1956, ausg. 9/7. 1958. A. Prior. 12/5. 1955.) P. KRUG. 7097

**Stamm & Co.,** Schweiz, *Deckschicht für Möbel, Fußböden oder Wände.* Man überzieht mit einer thermoplast. M., z. B. aus Polyvinylchlorid, Weichmacher u. Pigmenten u. bettet hierin Körner aus einer anderen M., z. B. Korkkrümel oder geliertes körniges Polyvinylchlorid. Man erhitzt die thermoplast. Grundschicht zum Gelieren u. überzieht gegebenenfalls mit einer Schutzschicht. (**F. P. 1 148 302** vom 2/5. 1956, ausg. 6/12. 1957. Schwz. Prior. 3/5. 1955.) M. PANKOW. 7107

**Robert Heinrich Sturm,** Enfield, England, *Herstellung eines Phenol–Aldehyd-Harz enthaltenden Überzugsmittels* für Oberflächen aus *Stahl* oder anderen Eisenmetallen, Zn, Al oder deren Legierungen. Man kondensiert Phenol mit $CH_2O$, z. B. im mol. Mengenverhältnis von 1 : 1,2 bis 1 : 2,5, in einer ammoniakal. wss. Lsg. mit einem alkal. Metallphosphat (Na-Hexametaphosphat oder $Na_4P_2O_7$), das anfänglich als bas. Katalysator wirkt u. während der Kondensation durch Abtreiben des $NH_3$ in das saure Metallphosphat übergeht, z. B. nach der folgenden Formel: $Na_2[Na_4(PO_3)_6] + 12 NH_4OH \rightarrow 6 NaH_2PO_4 + 12 NH_3 + 6 H_2O$. Entweder wird ein modifizierendes Mittel, wie Naturharz (Kolophonium) oder Abietinsäure bzw. deren Ester (Methylester), den Kondensationskomponenten vor der Kondensation zugesetzt, oder das Kondensationsprod. wird in dem gelösten Modifizierungsmittel dispergiert u. unter Rückfluß erhitzt, z. B. in Acetonlsg. mit einem Zusatz eines mehrwertigen Alkohols (Glycerin, Äthylenglykol oder Pentaerythrit). Dem erhaltenen Prod. wird $H_3PO_4$, gegebenenfalls zusammen mit einem wasserlösl. sauren Metallphosphat (bes. $ZnHPO_4$, $MnHPO_4$, $CdHPO_4$, $NaH_2PO_4$), zugesetzt. Nach Zusatz eines mit W. mischbaren Lösungsm. (Äthylenglykolmonoäthyläther) wird das Gemisch unter Rückfluß auf 70—80° erwärmt. Die mit dem Prod. bestrichene Al-Oberfläche wird im Ofen auf die für die Härtung des Phenolharzes erforderliche Temp. erwärmt. (**E. P. 742 461** vom 7/11. 1949, ausg. 30/12. 1955.) W. GRÄGER. 7107

**Udic Soc. An. Lausanne,** Vevey, Schweiz, *Herstellung modifizierter Phenol–Aldehyd-Harze mittels geschwefelter Weichmacher.* Solche Weichmacher erhält man durch Umsetzung von Estern oder anderen Reaktionsprodd. höherer Fettsäuren mit Polyglykolen mit S, Vereinigung dieser Prodd. mit Phenol u. Aldehyd zu einem Thermoplast, der mit weiteren Mengen Phenolen u. Aldehyd in Lösungsmitteln ankondensiert wird. — Man erhitzt 5 (g) Leinölfettsäuretriglykolester u. 0,7 S bis zum Aufhören der $H_2S$-Entw., hält mit 47 Phenol 1 Std. bei 180°, setzt kalt 12 Hexamethylentetramin u. 50 Butanol zu u. kocht 1 Std. weiter. Man verd. mit Butanol u. Toluol auf ca. 50% Feststoff u. erhält eine Lsg., die auf Eisenblech in 30 Min. bei 180° zu einem klaren, zähelast. *Film* eingebrannt werden kann. (**Oe. P. 199 370** vom 3/9. 1953, ausg. 25/8. 1958.) M. PANKOW. 7107

**Omnium de Produits Chimiques pour l'Industrie et l'Agriculture (O.P.C.I.A.)**, Seine, Frankreich (Erfinder: **Georges Quesnel**), *Herstellung wärmehärtbarer Formophosphamharze* der Formel **I** (R = Alkyl, Aryl, Alkyl-, Arylmercapto-, Alkaryl, Aralkyl, Alkoxy, Aroxy, Amido; Y = O oder S; n = ganze Zahl) durch Rk. von 1 Mol $RP{=}Y(NH_2)_2$ mit wenigstens 1,5 Mol $CH_2O$ in einem Verdünnungsmittel (A., Glykol, wss. Emulsion).

$$H{-}[N(CH_2OH){-}P(R)({=}Y)NHCH_2]_n{-}NHPR({=}Y)(NH_2) \quad \text{I}$$

— Man löst 45 g Trioxymethylen u. 172 g Phenoxyphosphodiamid in A., heizt in Ggw. von 1 g NaOH 1 Std. unter Rückfluß, neutralisiert u. säuert mit 2 g Oxalsäure an. — Die Lsg. dient als *Firnis* für Holz. Eine aus $(CH_3)_2NPO(NH_2)_2$ hergestellte M. dient als Bedeckungsmittel für Gewebe. Die Massen sind nicht entflammbar u. können gepulvert u. etwa zur Herst. *durchsichtiger Körper* gepreßt, auch zum *Imprägnieren* u. *Kleben* verwendet werden. Sie werden mit sauren Stoffen als Härtungsmittel gehärtet. (**F. P. 1 145 836** vom 16/3. 1956, ausg. 30/10. 1957.) M. PANKOW. 7107

**Hooker Electrochemical Co.**, übert. von: **Paul Robitschek**, Buffalo, und **George C. Schweiker**, Niagara Falls, N. Y., V. St. A., *Schwefelhaltige elastomere Polyester* werden erhalten durch Aushärten eines Gemisches aus einem ungesätt. Polykondensationsprod. eines mehrwertigen Alkohols (Glykole, Glycerin, Sorbit, Pentaerythrit, Butendiol oder Allyl- u. Vinylglycerinäther), mehrbas. Carbonsäure (Malon-, Glutar-, gegebenenfalls substituierte Malein- u. Fumarsäure usw.) u. einer mehrbas. Monothiocarbonsäure (Thiodipropion-, Methylendithiodiessigsäure u. höher mol. Analoge) u. aus anpolymerisierbaren monomeren Verbb. mit der Gruppierung $H_2C{=}C\langle$ (gegebenenfalls S-haltige Vinyl- u. Acrylverbb., sowie Dithiaalkene), bes. im Verhältnis 5—95 : 90 : 10, in Ggw. von Polymerisationskatalysatoren (organ. Peroxyde) u. gegebenenfalls Beschleunigern. — *Auskleidung* von *Ölbehältern* u. *Rohren* sowie *Überzugsmassen*. (**A. P. 2 813 086** vom 4/5. 1954, ausg. 12/11. 1957.) G. TEWES. 7107

**Willy Spangenberg & Co.** (Erfinder: **Karl Culemeyer**, Hamburg), *Herstellung trocknender Anstrichmittel* durch Rk. von hydroxylgruppenhaltigen Tallölestern mit Isocyanaten, dad. gek., daß prakt. reine Fettsäuren aus Tallöl, wie sie z. B. durch Hochvakuumdest. von Rohtallöl anfallen, mit einem Überschuß eines Polyalkohols derart verestert werden, daß die Ester auf ein Estermol. (I) weniger als eine freie OH-Gruppe (**II**) aufweisen, z. B. auf 3 **I** eine **II**, worauf die Polyalkoholester, gegebenenfalls nach einer Kondensation mit einer Polycarbonsäure, mit der zur Absättigung der freien **II** erforderlichen Menge an Diisocyanat umgesetzt werden. (**D. B. P. 970 932** Kl. 22h vom 11/9. 1949, ausg. 13/11. 1958. Anmeldung bekanntgemacht 22/2. 1951.) M. BÖTTCHER. 7107

**Rohm & Haas Co.**, Philadelphia, Pa., übert. von: **George L. Brown**, Moorestown, N. J., und **William R. Conn**, Perkasie, Pa., V. St. A., *Wässerige Dispersionen von Mischpolymerisaten zum Überziehen von Holz, Linoleum, Beton, Ziegeln* u. dergleichen. Diese enthalten a) ein Mischpolymerisat aus 72—92 (%) Vinylacetat, 5—25 Methyl- oder Äthylester der Acrylsäure sowie 1—3 Acryl-, Methacryl-, Itacon-, Croton- oder Maleinsäure, b) ein Wachs pflanzlichen, tier., mineral. oder synthet. Ursprungs u. c) ein Emulgiermittel. Das Verhältnis von a) : b) liegt zwischen 3 : 1—6 : 1. Die Dispersion hat einen $p_H$-Wert von wenigstens 7,5. (**A. P. 2 845 398** vom 12/11. 1954, ausg. 29/7. 1958.) P. KRUG. 7107

**E. I. du Pont de Nemours & Co.**, Wilmington, Del., übert. von: **Robert William, La Berge**, Philadelphia, und **Clyde George Murphy**, Springfield, Pa., V. St. A., *Verbesserung der Haftfestigkeit von Überzügen auf Holz.* Den Überzugsmitteln mit einem organ. Filmbildner (z. B. Nitrocellulose, organ. Celluloseester, Acrylharze, Vinylesterpolymerisate, Harnstoff- oder Melaminformaldehydharze, Phenol- oder Alkydharze, Schellack, trocknende Öle, Allylglycidylätherharze, Polyamide), Weichmacher u. organ. Lösungsm. wird ein fl. Säureamid (I) in einer Menge von 0,5—10%, bezogen auf den Filmbildner, zugesetzt. I vom Kp. 100—225° haben die allg. Formel $R_1CO{\cdot}NR_2R_3$, worin bedeuten $R_1$ = H oder $CH_3$, $R_2$ = H, $CH_3$ oder $C_2H_5$ u. $R_3$ = gesätt. KW-stoffrest mit 1 bis 12 C-Atomen, die Allylgruppe oder 2-Cyanoäthylgruppe. Bevorzugt werden die niedermol. N-substituierten Formamide, wie N.N-Dimethylformamid, N.N-Diäthylformamid, N.N-Allylmethylformamid, N.N-Cyanoäthylmethylformamid. Der Zusatz kann zu

Grundierungsmitteln ebenso wie zu den Deckschichten erfolgen. (**A. P. 2 778 745** vom 21/3. 1952, ausg. 22/1. 1957.) P. KRUG. 7107

**Skövde Gasbetong Aktiebolag,** Skövde, Schweden, *Schutz von in Beton einzubauenden Eisenteilen gegen Korrosion.* Die Eisenteile werden mit der Lsg. oder Emulsion des Filmbildners (Lack, trocknendes Öl) oder geschmolzenen plast. Substanz vorbehandelt. Vor dem Austrocknen des Überzuges werden noch körnige Füllstoffe (z. B. Sand, steinige Partikel, Schlacke) aufgebracht u. so zugleich die Oberfläche zur besseren Haftung des Betons aufgerauht. (**E. P. 745 497** vom 30/11. 1953, ausg. 29/2. 1956. Schwed. Prior. 18/12. 1952.) P. KRUG. 7107

**Plastoid Corp.,** V. St. A., übert. von: **Mathew F. Kritchever,** *Überziehen von Polyäthylenoberflächen mit Polyvinylchlorid* oder anderen Vinylharzen, einschließlich Polyvinylalkohol. In der Polyäthylenoberfläche werden durch längeres Bestrahlen mit Elektronen oder längeres Behandeln mit einer Flamme bis zu einer gewissen Tiefe ungesätt. Bindungen erzeugt. Man überzieht die so vorbehandelte Fläche mit einer Lsg. oder wss. Suspension eines Vinylharzes u. trocknet. Gut haftender Kunstharzverband. Die Durchsichtigkeit des Polyäthylens wird durch die Behandlung verbessert. (**F. P. 1 137 640** vom 14/10. 1955, ausg. 31/5. 1957. A. Prior. 15/10. 1954.) M. PANKOW. 7107

**Goodyear Tire & Rubber Co.,** V. St. A., übert. von: **Edward Cousins,** *Schutzschicht auf Flugzeugen,* auch als Schutz für die Radaranlage. Man verwendet Polyacrylate, z. B. das Mischpolymerisat aus 95 Gew.-% Äthylacrylat u. 5 Gew.-% Chloräthylvinyläther [Lactoprene-EV; I], die Phosphorsäureätherester der Formel $O{=}P\cdot[(OR_2)_nOR_1]_3$ ($R_1$ = einwertiger KW-stoffrest; $R_2$ = zweiwertiger KW-stoffrest; $n = 1$, 2 oder 3) in Mengen von 2—25, bes. 2—7 Gew.-% enthalten. Zur Herst. einer Radarhaube imprägniert oder überzieht man Glasfasermaterial mit einem härtbaren Harz, wie Phenol–$CH_2O$-Harz, Alkydharz oder einem Polytriallylcyanuratharz, härtet in einer Form u. überzieht deren Außenschicht mit einer Schutzschicht mittels einer Lsg., die 100 (Gewichtsteile) einer Mischung aus 100 **I**, 1 Stearinsäure, 2 S, 38,2 Santocel CS (Kieselsäurefüllstoff), 3 Ricinusöl, 2 Triäthylentetramin, 7 Tributoxyäthylphosphat in 400 einer Mischung von 3 Cyclohexanon u. 1 Amylacetat enthält. (**F. P. 1 137 538** vom 6/9. 1955, ausg. 29/5. 1957. A. Prior. 5/11. 1954.) M. PANKOW. 7107

**Photocolour Laboratories Ltd.,** London, England (Erfinder: **Reginald Burford Morris** und **Kenneth James Reed**), *Fluorescierende Überzugsmischungen.* Die Mittel bestehen aus Lsgg. von härtbaren Harzen (Alkyd-, Harnstoff-, Melamin-, Sulfonamid-, Epoxyharze) in flüchtigen organ. Lösungsmitteln (Harzgeh. $> 35$, bes. 45—60%), zusammen mit wenigstens einem fluorescierenden Farbstoff (der chem. oder physikal. an das Harz gebunden ist), unter Zusatz von farblosen, lichtzerstreuenden Substanzen, z. B. $SiO_2$, $Al_2O_3$, Ton, Stärke; Korngröße $< 2$, bes. $< 0{,}1\ \mu$. (**E. P. 721 827** vom 19/9. 1950, ausg. 12/1. 1955.) P. KRUG. 7107

## XIb. Plaste (Kunstharze. Plastische Massen).

**Irving Skeist,** *Durchbruch in der Polymertechnologie.* Übersicht über die Tendenzen bei den bekannten Kunststoffen u. über Neuentwicklungen auf dem Gebiet der Hochpolymeren. (SPE Journal **14.** Nr. 9. 25—30. Sept. 1958. Skeist & Schwartz Labors., Inc.) H. BECKER. 7170

**G. R. Rugger, E. McAbee** und **M. Chmura,** *Verhalten von Plasten bei schneller Belastung.* Verglichen wurde das mechan. Verh. von Celluloseacetat, Cellulosenitrat, Nylon, Polystyrol, Polyäthylen, Äthylcellulose, Polyvinylidenchlorid, Chlorpolyäther u. Polymethylmethacrylat bei hohen ($5—15\cdot10^{-3}$ sec) u. niedrigen Werten für die Belastungsgeschwindigkeit. Gegossenes Polymethylmethacrylat zeigte die höchste Reißfestigkeit u. Steifheit. (SPE Journal **14.** Nr. 12. 31—34. Dez. 1958. Picarinna Arsenal.) B. SCHEIFELE. 7170

**E. C. Crocker,** *Metallisierung von Casein- und anderen Kunststoffen.* Vf. beschreibt ein neues Verf. zur Erzeugung hochreflektierender Metallschichten (Ag, Al) auf Knöpfen auf der Basis casein-, polystyrol- u. harnstoff- oder phenolharzhaltiger Kunststoffe. Die techn. Durchführung des Verf. (Grundierung, Auftrag einer dünnen Metallschicht, Auftrag eines Schutzlacks, Einfärben) wird unter Angabe der Zus. der verwendeten Lsgg. sowie der apparativen Hilfsmittel beschrieben. Die Bedeutung von Rohstoffmaterial u. Form der Knöpfe für die Haftfestigkeit der aufgetragenen Metallschicht wird aufgezeigt. (Austral. Plastics Rubber J. **14.** Nr. 156. 11—12. Juli 1958.) H. SONTAG. 7170

**P. Talet,** *Einige industrielle Anwendungen der radiochemischen Pfropfung.* Die Polymerisation eines Gemisches aus einem natürlichen oder synthet. Polymeren mit einem Monomeren kann durch energiereiche Strahlung ausgelöst werden. Es werden dann gepfropfte Mischpolymerisate erhalten, deren Eigg. oft bemerkenswert sind. So lassen sich auf lange Ketten aliphat. Paraffine mit Hilfe von polymerisierbaren Monomeren Seitenketten aufpfropfen, u. dadurch z. B. die elektr. Eigg. des Ausgangspolymeren verändern. Als Strahlungsquellen eignen sich harte Röntgenstrahlen oder die energiereiche Strahlung radioakt. Isotope. (Chim. et Ind. **79.** 600—04. Mai 1958.) K. ROSS. 7170

**C. E. Schildknecht,** *Fortschritte auf dem Gebiet der Ionenpolymerisation von Monomeren des Vinyltyps.* An Hand von 129 Literaturangaben wird der heutige Stand der Erkenntnisse über Ionenpolymerisation umrissen, wobei der Reaktionsmechanismus der H-Wanderungs- u. Ringaufschlußpolymerisation näher erläutert wird. Beziehungen der Elektronenkonfiguration im Mol. von Vinylpolymeren zu der Natur des Katalysators u. dem Typ der Polymerisation (kation- oder anionakt. Ionenpolymerisation bzw. Polymerisation durch freie Radikale) werden aufgezeigt. Folgende, techn. durch Ionenpolymerisation hergestellte Polymere werden unter Angabe ihrer chem. Kennzahlen, Herstellungsverff. (Wrkg. des Katalysators) u. physikal. Eigg. ausführlich besprochen: Polyäthylen hoher D., Polypropylene, kristallisierbares Polystyrol, neue Polymere aus Dienen u. isomere Vinylätherpolymere. (Ind. Engng. Chem. **50.** 107—14. Jan. 1958. Hoboken, N. J., Stevens Inst. of Technol.) H. SONTAG. 7172

**R. I. Feldman** und **A. K. Mironowa,** *Veränderung der Zerreißfestigkeit von Polyvinylchlorid bei Einführung von zwei Plastifizierungsmitteln.* Unters. der weichmachenden Einw. von *Dibutylphthalat* (I) u. *Trikresylphosphat* (II) bei gleichzeitiger Zugabe im Verhältnis 20:80 bzw. 40:60 bzw. 80:20 auf das physikal.-mechan. Verh. von *Polyvinylchlorid* (III) zeigt, daß die konventionelle Zerreißfestigkeit von mit I + II plastifiziertem III bei 20$^0$ u. einer Dehnungsgeschwindigkeit von 2 mm/Min. sich annähernd durch die Gleichung $\sigma_G = \sigma_1^{N_1} \sigma_2^{N_2} \sigma_3^{N_3}$ beschreiben läßt ($\sigma_G$ = konventionelle Zerreißfestigkeit des Gemisches, $\sigma_1$, $\sigma_2$, $\sigma_3$ = Zerreißfestigkeit von I, II u. III, $N_1$, $N_2$, $N_3$ = Molanteile von I, II u. III. (Коллоидный Журнал [Kolloid-J.] **17.** 465—67. Nov./Dez. 1955. Moskau, Technolog. Kaganowitsch-Inst. für Leichtind.) W. DAWYDOFF 7172

**Hans Beck,** *Polystyrol 51.* Vf. behandelt die Eigg. u. die Verarbeitung von Styrolacrylnitril-Spritzgußmassen, bes. von *Polystyrol 51.* (Plastverarbeiter **9.** 441—46. Dez. 1958. Ludwigshafen/Rh.) M. WINIKER. 7172

**Frank L. Connors,** *Was sind verstärkte Kunststoffe?* Überblick über Polyester- u. Epoxyharze u. übliche Füllstoffe. (Austral. Plastics Rubber J. **14.** Nr. 160. 12—15. Nov. 1958. N. S. W., Univ. of Technol.) K. R. MÜLLER. 7204

**C. L. Cook,** *Die Verwendung verstärkter Kunststoffe in der Flugzeug- und Raketenindustrie.* Überblick über Eignung u. Verwendung von mit Papier, Gewebe, Glasfasern u. Asbest verstärkten Kunstharzen. Ausblick auf weitere Verbesserungs- u. Entwicklungsmöglichkeiten. (Austral. Plastics Rubber J. **14.** Nr. 160. 16—18. Nov. 1958. Salisbury S. A., Long Range Weapons Establishment.) K. R. MÜLLER. 7204

**Nicholas M. Trivisonno, Lieng Huang Lee** und **Selby M. Skinner,** *Haftung von Polyesterharzen an vorbehandelten Glasoberflächen.* Zur Prüfung der Haftfestigkeit zwischen Polyesterharzen u. Glas u. des Einfl. auf die Festigkeit von Schichtstoffen wurden 60 Mittel zur Oberflächenbehandlung von Glas auf ihre Wrkg. auf die Biegefestigkeit untersucht. Resultate: Die Mittel haben entscheidenden Einfl. auf die Haftfestigkeit zwischen Glas u. einer styrolungesätt. Polyesterharzmischung. Mittel, die mit der Glasoberfläche wie auch dem Polyester reagieren (z. B. Methacrylatchromchlorid), verbessern die Haftfestigkeit. Analog verhalten sich gewisse polymere Stoffe (z. B. eine Vinylbutyral–Neoprene-Mischung), die augenscheinlich eine elast.-biegsame Schicht zwischen Glas u. Polyester ausbilden. Mittel zur Oberflächenbehandlung, die chem. reagieren u. gleichzeitig eine elast.-biegsame Schicht ausbilden können, haben eine Haftfestigkeit, die die der einzelnen Komponenten übertrifft u. zeichnen sich durch Erhaltung der Haftfestigkeit im Naßzustand aus. Mittel, die die Haftfestigkeit erhöhen, verbessern auch die Biegefestigkeit. Nimmt die Haftfestigkeit größere Werte an als mit Vinyltrichlorsilan zu erzielen ist, steigt die Biegefestigkeit nur wenig. Oberflächenmittel, die chem. Bindungen eingehen, bedingen Haftfestigkeiten im Naßzustand, die denen anderer Mittel überlegen sind. Wird ein Prüfkörper zur Ermittlung der Haftfestigkeit auseinandergebrochen, findet zwischen beiden Bruchstücken eine Entladung statt, die sich durch Knistern u. bläuliches Aufleuchten im Dunkeln kundtut. In dem Maße als die Entladung stattfindet, nimmt die Restladung, die zur Haftfestigkeit als elektrostat. Komponente beiträgt, ab. An isolierenden Oberflächen verbleibt eine Restladung, deren Verteilung, zusammen mit oscilloskop. Messungen beim Brechen eine Beschreibung der elektr. Erscheinungen während des Bruches gestattet. (Ind. Engng. Chem. **50.** 912—17. Juni 1958. Cleveland, Ohio, Case Inst. of Technol.) A. BRING. 7204

**Daniel Swern**, Philadelphia, und **Hogan Barnes Knight**, Springhouse, Pa., V. St. A., *Epoxydiacetoxyglyceride* (I) als *Weichmacher* u. *Stabilisatoren* für zahlreiche *Kunstharze* erhält man z. B. durch Erhitzen eines Gemisches aus 400 (g) Triacetin u. 277 Tallöl (tallow; JZ. 50) auf 90°, Zugabe einer Lsg. von 2 Na in 25 cm³ $CH_3OH$ u. weiteres 2std. Erhitzen (90°). Man erhält 420 eines Diacetoglycerides (JZ 31, VZ. 390). In 50 dieses Prod. werden 50 cm³ einer 20%ig. Peressigsäure-$CH_3COOH$-Lsg. eingetropft u. 3 Std. auf 20—25° gehalten. Man erhält 43 I (JZ. $<$ 2, Epoxy-O-Geh. 1,66%). Weiteres Beispiel für die Herst. eines I von Schweineschmalz. (**E. P. 775 714** vom 12/4. 1955, ausg. 29/5. 1957. A. Prior. 12/4. 1954.) O. MÜLLER-MEININGEN. 7171

**Montecatini Soc. Gen. per l'Industria Mineraria e Chimica**, Italien, und **Karl Ziegler**, Deutschland (Erfinder: **Giulio Natta, Piero Pino** und **Giorgio Mazzanti**), *Polymerisieren von Olefinen* der Formel $CH_2:CHR$ (R = H, Alkyl oder Aryl) in Gasphase u. in Abwesenheit von Lösungsmitteln mit einem festen Katalysator, wie man ihn aus einer festen Verb. eines Übergangsmetalls der Gruppen IV—VI des Period. Syst., in der die Wertigkeit des Metalls um eine Einheit unter der Maximalwertigkeit liegt, mit einer Metallalkylverb. eines Metalls der Gruppe I—III des Period. Syst. erhält. — Im rotierenden Autoklaven mit 10 Kugeln mischt man 3 g $TiCl_3$, 30 g calciniertes NaCl u. eine Lsg. von 3,2 g $(C_2H_5)_3Al$ in 150 cm³ Pentan unter $N_2$ mehrere Std., entfernt Pentan, drückt bei 90° bis zu 3 at Buten-(1) ein u. wiederholt bei Druckabfall, bis 45 g Buten eingeführt sind. Man gibt dann $CH_3OH$ zu, zers. den Katalysator u. erhält ein Polymeres mit 81% krist. Anteilen. — Weitere Beispiele mit Äthylen u. Propylen. (**F. P. 1 163 071** vom 24/9. 1956, ausg. 22/9. 1958. It. Prior. 26/9. 1955.) M. PANKOW. 7173

**Farbwerke Hoechst Akt.-Ges., vormals Meister Lucius & Brüning**, Frankfurt/M., *Polymerisation von Olefinen* nach dem Niederdruckverf. in Ggw. indifferenter Schwebstoffe [anorgan. oder organ. Pigment, wie Ruß, $(NH_4)_2CO_3$]. — 1500 cm³ gesätt. aliphat. KW-stoff (I) mit Kp. 200—230° werden mit 4 g trocknem Ruß verrührt, unter $N_2$ 20 mMol $TiCl_4$ zugegeben u. auf 80° erhitzt, Äthylen wird eingeleitet u. eine Lsg. von 40 mMol $Al(C_2H_5)_3$ in 500 cm³ des I zugegeben. Nach 2 Std. bei 80—85° wird Polymeres abgesaugt, mit 5%ig. $HNO_3$ unter Emulgatorzusatz verrührt u. mit Wasserdampf destilliert. Gleichmäßige Färbung des Polymerisats. (**Oe. P. 200 796** vom 19/1. 1957, ausg. 25/11. 1958. D. Prior. 21/1. 1956.) M. PANKOW. 7173

**Esso Research and Engineering Co.**, Elizabeth, N. J., V. St. A., *Herstellung von Polymerisaten beziehungsweise Mischpolymerisaten aus Olefinen und/oder Multiolefinen* in inertem Lösungsm. mittels FRIEDEL-CRAFTS-Katalysatoren, dad. gek., daß man außerdem das bei solchen Polymerisationen für sich allein ziemlich unwirksame $BCl_3$ in einer Menge von 1—50 (Mol) je 1 des Hauptkatalysators (I) als Zusatzkatalysator verwendet. Als I sind $AlCl_3$, $FeCl_3$, $SnCl_4$, $TiCl_4$, $ZrCl_4$, $AlBr_3$ oder $BF_3$ genannt. Das Verf. wird in Ggw. eines Verdünnungsmittels, z. B. eines Alkylhalogenids, bes. Methylchlorid, bei unter 0°, bes. bei ca. —100° durchgeführt. Als Reaktionskomponenten werden z. B. Isobutylen, gegebenenfalls zusammen mit einem konjugierten Diolefin ($C_{4-6}$) oder Styrol, eingesetzt. Die Endprodd. sind vulkanisierfähig. Vulkanisationsrezept u. -daten. — Tabellen. (**D. A. S. 1 046 885** Kl. 39c vom 15/5. 1956, veröff 18/12. 1958. **E. P. 801 407** vom 25/4. 1956, ausg. 10/9. 1958. Beide A. Prior. 23/5. 1955.) H. SCHINDLER. 7173

**Cassella Farbwerke Mainkur Akt.-Ges.** (Erfinder: **Helmut Gehrke**), Frankfurt/M., *Polymerisieren von Äthylen* in Ggw. von inerten Lösungsmitteln oder deren Gemischen mit W. u. organ. Peroxyden, dad. gek., daß man unter Zusatz von Halogen- oder S(II)-Ionen liefernden Salzen von Alkalimetallen u. Reduktionsmitteln oder unter Zusatz von freiem Halogen ohne Reduktionsmittel bei 150—700 at u. 100—160° arbeitet. Es kann auch kontinuierlich polymerisiert werden. Nach den Beispielen werden KJ oder $Na_2S$ mit $NaHSO_3$ oder nur $Cl_2$ eingesetzt. Beschleunigung des Verf. u. hohes Mol.-Gew. der Polymerisate. (**D. A. S. 1 019 824** Kl. 39c vom 14/12. 1955, veröff. 21/11. 1957.) H. SCHINDLER. 7173

**Stamicarbon N. V.**, Heerlen, Holland, *Herstellung von festen Äthylenpolymeren*. Man polymerisiert bei n. Druck in Ggw. eines inerten organ. Lösungsm. u. eines Umsetzungsprod. von 0,2—0,4 (Mol) Dialkyl-Cd mit 1 einer Verb. der Metalle der 4. bis 6. Gruppe des Period. Syst., wie $TiCl_4$. — Z. B. löst man 5 (Gewichtsteile) $TiCl_4$ u. 1 Diäthyl-Cd in 150 Cyclohexan u. leitet bei 20—30° Äthylen ein. (**Holl. P. 86 879** vom 28/6. 1955, ausg. 15/11. 1957.) F. BÖHM. 7173

**Monsanto Chemical Co.**, St. Louis, Mo., V. St. A., *Polyäthylenadditionsprodukte* erhält man durch Rk. des Polyäthylens, gelöst in einem Fumarsäureester der allg.

R·COOC·CH
‖
HC·COOR′
I

Formel I, mit diesem Ester. In I sind R u. R′ = Alkyl ($C_{1-8}$), Alkoxyalkyl ($C_{2-8}$), Hydroxyalkyl ($C_{2-8}$), Alkylenmercaptoalkyl ($C_{4-8}$), Aryl ($C_{6-12}$), Aralkyl, Furfuryl oder Tetrahydrofurfuryl. In den Beispielen werden Polyäthylen (Mol.-Gew. 8000) mit Äthylfumarat in $N_2$ auf 215—220° am Rückfluß erhitzt. Es sollen sich 0,5—5% Äthyleneinheiten des Polymeren mit 1 Mol des Esters verbinden. Wachsartige, farblose Prodd. als Gleitmittel bei PVC-Verformung. (**E. P. 766 745** vom 4/1. 1955, ausg. 23/1. 1957. A. Prior. 4/1. 1954.)
H. SCHINDLER. 7173

**Minnesota Mining & Mfg. Co.**, St. Paul, Minn., übert. von: **Herbert J. Passino**, Englewood, und **Albert L. Dittman**, North Bergen, N. J., und **John M. Wrightson**, Whittier, Calif., V. St. A., *Thermoplastische Polymerisate von fluorhaltigen Monomeren*, wie Trifluorchloräthylen, Difluordichloräthylen oder ersteres zusammen mit Vinylidenfluorid, Tetrafluoräthylen oder Trifluoräthylen, bei 0—40° in wss. Suspension erhält man in Ggw. von einem wasserlösl. anorgan Peroxyd, z. B. $H_2O_2$, $BaO_2$, $K_2S_2O_8$, einem wasserlösl. Alkalibisulfit, -hydrosulfit, -thiosulfat oder Trimethylamin u. einem wasserlösl. Cu-Salz, z. B. $CuSO_4$, als Beschleuniger. Monomere: W. = 1:0,05—1:10; $p_H$ der Suspension 1—4. Mengenbeispiele, Tabelle, Diagramme. (**A. P. 2 820 026** vom 11/6. 1953, ausg. 14/1. 1958.)
H. SCHINDLER. 7173

**Montecatini Soc. Gen. per l'Industria Mineraria e Chimica** (Erfinder: **Enrico Beati, Giulio Natta** und **Feho Severini**), *Herstellung von Hydroperoxyden hochmolekularer Polymerer* der Formel $CH_2$:CHR (R = Alkyl, Aryl, Aralkyl) oder deren Mischpolymerisaten miteinander oder mit Äthylen mit einem Mol.-Gew. >1000 u. einem tert. C-Atom in der Hauptkette. Man behandelt das gelöste oder gequollene Polymere bei 50 bis 120°, zweckmäßig in Ggw. von $CH_3OH$ als Katalysator, mit $O_2$. Die krist. Polymeren werden in sehr verd. Lsgg. mit $O_2$ behandelt. — 28 g amorphes Polystyrol (Kopf–Schwanz-Polymeres), in 43 g Cumol gelöst, werden bei 70° unter 25 at Luft im 490 $cm^3$-Autoklaven ca. 7 Std. gerührt, bis der Druck auf 24 at gefallen ist. Setzt man 1,9 g $CH_3OH$ zu, so fällt der Druck in 8 Std. auf 22 at. Man fällt das Hydroperoxyd mit $CH_3OH$. — Diese Polymeren dienen zur Herst. von Pfropfpolymerisaten mit anderen Vinyl- u. Acrylverbindungen. Die Hydroperoxydgruppen können auch z. B. mit Ferrosalzen in Alkoholgruppen umgewandelt werden, die dann mit Äthylenoxyd oder Diisocyanaten weiter umgesetzt werden können. (**F. P. 1 157 790** vom 1/8. 1956, ausg. 3/6. 1958. It. Prior. 6/8. 1955.)
M. PANKOW. 7173

**Monsanto Chemical Co.** (Erfinder: **Ernest Alexander Sutton** und **Costas Harris Basdekis**), *Kornfreie Polystyrolmilch*. Man behandelt eine Polystyrolmilch mit 45—60 (%) Feststoffen, die 1% oder weniger übergroßes Korn z. B. von ca. 0,5 μ Durchmesser enthält, mit 0,1—2 Diatomeenerde, wovon 70 der Teilchen 10 μ Durchmesser besitzen, bes. 50 der Teilchen 30 μ u. ca. 45 10 bis 30 μ; anschließend wird die Mischung im Vakuum filtriert. (**Aust. P. 202 521** vom 10/5. 1955, ausg. 9/8. 1956. A. Prior. 13/5. 1954.)
G. KRAUSS. 7173

**Montecatini Soc. Gen. per l'Industria Mineraria e Chimica**, Mailand, Italien, und **Karl Ziegler**, Mülheim/Ruhr (Erfinder: **Giulio Natta, Ferdinando Danusso** und **Dario Sianesi**, Mailand, Italien), *Herstellung von isotaktischem Polystyrol*. Man bringt ein Metallhalogenid der IV., V. oder VI. Nebengruppe des Period. Syst. mit dem Metall in seiner höchsten Wertigkeit (z. B. $TiCl_4$) mit einer Organometallverb. eines Metalls der II. oder III. Gruppe des Period. Syst. [$(C_2H_5)_3Al$] zusammen u. gibt während oder nach der Herst. des Katalysators das Styrol (I) zu. Wird I nach der Organometallverb. zugesetzt, so entsteht ein prakt. 100%ig. isotakt. Polymeres, wird I zusammen mit der Organometallverb. zugesetzt, entsteht bei höheren I-Umsatz ein mehr als 90%ig. isotakt. Polymeres. Erfolgt die Herst. des Katalysators bei höherer Temp., so ist er aktiver, bei niedriger Temp. ergibt sich ein größerer Umsatz zu isotakt. Polymeren. Bei einem Verhältnis $(C_2H_5)_3Al$ zu $TiCl_4$ = 2,5 bis 3:1 wird prakt. nur isotakt. Polymeres erhalten. Auf die Ergebnisse hat die Anwesenheit von Feuchtigkeit, Luft oder die Natur des Lösungsm. einen gewissen Einfluß. — In 0,00345 (Mol) $TiCl_4$ in 40 ml Bzl. werden bei 70° 0,01 $(C_2H_5)_3Al$ in 10 ml Bzl. langsam eingetropft u. danach 18 g Styrol zugesetzt. Nach 7 Std. bei 70° wird das Prod. mit überschüssigem $CH_3OH$ gefällt. Neben geringen Mengen öligen Nebenprod. isotakt. Polymeres. (**Oe. P. 199 869** vom 21/2. 1957, ausg. 25/9. 1958. **F. P. 1 166 893** vom 19/2. 1957, ausg. 17/11. 1958. Beide It. Prior. 24/2. 1956.) M. PANKOW. 7173

**American Cyanamid Co.**, New York, N. Y., übert. von: **William A. Barber**, Stamford, und **Henry Z. Friedlander**, Greenwich, Conn., V. St. A., *Lösungen von Polyacrylamid* in Essig-, Chloressig-, Propion-, Acryl-, Glykol- oder Milchsäure. — *Klebstoffe, Textilausrüstungsmittel*. (**A. P. 2 798 058** vom 22/6. 1954, ausg. 2/7. 1957.)
O. SCHÖN. 7173

**Dow Chemical Co.** (Erfinder: **Clifford Jones** und **Frank Lawrence,** Ingley), *Herstellung thermoplastischer Mischpolymerisate* aus Acrylnitril (I) u. Styrol (II), dad. gek., daß man 20—35 (%) I mit 80—35% II u. 0—30 α-Methylstyrol in Ggw. von 10—40 eines Modifikationsmittels, wie Bzl., alkyliertes u. halogeniertes Bzl., auf 130—175° erhitzt, bis höchstens 70 der Monomeren polymerisiert sind. (**Aust. P. 205 221** vom 14/11. 1955, ausg. 31/1. 1957.) C. LÜTTGEN. 7173

**General Tire & Rubber Co.** (Erfinder: **Edward Florent Kalafus,** Akron, und **Elbert Egidius Gruber,** Cuyahoga Falls), Ohio, V. St. A., *Herstellung modifizierter Methylacroleinpolymerisate oder -mischpolymerisate,* die im wesentlichen Reste der Formel I enthalten, worin X ein Kation bedeutet, dad. gek., daß eine wss. Dispersion der (Misch)-Polymerisate mit einem mittleren Mol.-Gew. von mindestens 500 der Einw. einer wasserlösl. Base (I), deren Dissoziationskonstante > als die von $NH_4OH$ ist, bei mindestens 70° unterworfen wird. Als I können ein Hydroxyd oder ein bas. Salz von Na, K, Li oder Ca, oder eine starke organ. Stickstoffbase mit Alkyl- oder Aralkylresten mit < 6 aliphat. C-Atomen, z. B. ein Amin mit < 4-C-Atomen, verwendet werden. Eine Abänderung des Verf. besteht darin, daß man zunächst das modifizierte Prod. herstellt, dieses ansäuert u. das saure Reaktionsprod. zur Überführung in mit nichtsubstituierten $NH_4OH$ modifizierte Methylacroleinpolymerisate- oder -mischpolymerisate umsetzt. Diese Prodd. dienen zur Herst. von durch Rk. mit unsubstituiertem $NH_4OH$ als Base modifizierten Endprodukten. Beispiele für Herst. der Ausgangsstoffe, die als Latices modifiziert werden. Die Endprodd. dienen bes. als Bodenverbesserungsmittel, oberflächenakt. Stoffe, Seifen, Textilhilfsmittel u. (Polymerisations)-Emulgatoren, z. B. zur Mischpolymerisation von Styrol u. 3.4-Dichlor-α-methylstyrol in Ggw. von p-Menthanperoxyd. Anwendungsgebiete werden beschrieben. — Tabellen. (**D. A. SS. 1 024 714** Kl. 39c vom 12/5. 1955, veröff. 20/2. 1958 u. **1 042 234** Kl. 39c vom 12/5. 1955, veröff. 30/10. 1958. **E. P. 803 053** vom 9/5. 1955, ausg. 15/10. 1958. Alle A. Prior. 13/5. 1954.) H. SCHINDLER. 7173

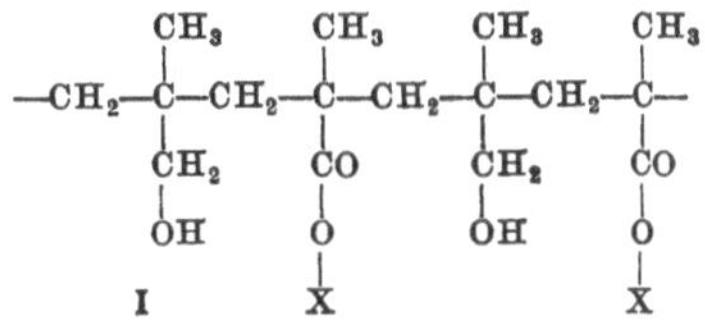

I

**Reichhold Chemie Akt.-Ges.** (Erfinder: **Hans Weisbart** und **Wolfgang Förster**), Hamburg, *Herstellung härtbarer Kondensationsprodukte.* Man gibt zu einem durch saure Kondensation von Phenol u. seinen Homologen mit $CH_2O$ erhaltenen phenolfreien Novolak freies Phenol oder dessen Homologe u. veräthert alkal. mit Epihalogenhydrin oder Dihalogenhydrin oder man veräthert einen von der Herst. freies Phenol enthaltenden Novolak. — Die erhaltenen Prodd. dienen als *Gießharze* u. können nach Zusatz bestimmter Amine (Triäthanolamin, Piperidin) oder mehrbas. Säuren (Phthal-, Maleinsäure) gehärtet werden u. eignen sich zur Verwendung als dekoratives Material oder *Isoliermaterial.* — 440 (g) phenolfreier Phenol-$CH_2O$-Novolak werden mit 170 Phenol in 2400 10%ig. NaOH gelöst, bei 50—60° 556 Epichlorhydrin eingerührt, u. bei Tempp. bis 80° wird ½ Std. gehalten. (**Oe. P. 199 371** vom 3/6. 1955, ausg. 25/8. 1958. D. Priorr. 4/6. u. 16/6. 1954.) M. PANKOW. 7177

**Siemens-Schuckertwerke Akt.-Ges.,** Berlin und Erlangen (Erfinder: **Robert Schwarz** und **Wilhelm Kuchen,** Aachen), *Weichmacher für organische Kunststoffe,* wie gegebenenfalls ölmodifizierte *Alkyd-* oder *Phenolharze,* sind die nach D. B. P. 952 812; C. **1959.** 4970 durch Umsetzung von gemischt aromat.-aliphat. Äthern mit Halogenorganosilanen erhaltenen Kieselsäureester alkylierter Phenole, z. B. *Butylphenyl-o-silicat.* (**D. A. S. 1 007 054** Kl. 39b vom 16/12. 1952, veröff. 25/4. 1957.) G. TEWES. 7177

**E. I. du Pont de Nemours & Co.,** Wilmington, Del., V. St. A., *Herstellung von Polyglykolterephthalaten* aus Terephthalsäure u. einem Polymethylenglykol mit $C_{2-10}$ erfolgt in Ggw. von Mono- oder Diammoniumphosphat oder Monoammoniumphosphit neben den üblichen esteraustauschenden Polymerisationskatalysatorgemischen, wie LiH, Zn-Acetat u. $Sb_2O_3$. Tabellen über Beispiele mit wechselnden Katalysatormengen u. über die physikal. Eigg. oder als Endprodd. anfallenden orientierten Filmen. (**E. P. 793 589** vom 31/1. 1956, ausg. 16/4. 1958. A. Prior. 31/1. 1955.) H. SCHINDLER. 7177

**Chemische Werke Aussig-Falkenau G. m. b. H.,** Aussig, Tschechoslowakei, *Herstellung von Kunstharzen aus mehrbasischen Säuren* (I) u. mehrwertigen Alkoholen, dad. gek., daß man die I oder deren Anhydride (z. B. Phthalsäure) mit *Cyclohexandiol-(1.2)* in Ggw. von Lösungsmitteln u. gegebenenfalls anderen Säuren, wie Fett- oder Harzsäuren, in üblicher Weise verestert. (**It. P. 493 002** vom 27/11. 1944. D. Prior. 2/7. 1943.) K. KOEBKE. 7177

**Monsanto Chemical Co.,** St. Louis, Mo., übert. von: **Milton Kosmin,** Dayton, Ohio, V. St. A., *Ungesättigte Polyester.* Gemische aus einem linearen Polykondensationsprod. olefin. Dicarbonsäuren (Malein-, Fumarsäure usw.) mit 2—14 C-Atomen, gegebenenfalls unter Mitverwendung gesätt. Dicarbonsäuren u. einer Dicyclohexanolverb. der allg. Formel $HO-C_6H_{10}-X-C_6H_{10}OH$ (X = 2wertiger gesätt. KW-stoffrest mit 1—14 C-Atomen), wie das 4.4'-Isopropylidendicyclohexanols, aus einer monomeren aromat. Monovinylverb. (gegebenenfalls halogenierte Styrole, 4-Methoxystyrol, 4-Acetylstyrol, α-Vinylnaphthalin, 4-Vinyl-bis-phenyl, 3-Vinylfluoren u. 2-Vinylacenaphthen) ergeben nach dem Aushärten in Ggw. von Polymerisationskatalysatoren (organ. Peroxyde) Kunstharze mit geringer Schrumpfung. Die Polyester können auch mit Isocyanaten umgesetzt werden. — Form-, Überzugs- u. Imprägniermasse. (**A. P. 2 828 278** vom 11/3. 1954, ausg. 25/3.1958.) G. TEWES. 7177

**N. V. de Bataafsche Petroleum Mij.**, Den Haag (Erfinder: **Pieter Bruin, Hendricus Anthonius Oosterhof** und **Jan Selman**, Amsterdam), Holland, *Gemische aus Äthoxylinkondensaten und Anhydriden mehrbasischer organischer Säuren*, die als *Gießharze* geeignet sind. Sie bestehen aus den für diesen Zweck üblichen Komponenten. Die Äthoxylinkondensate, die in wss. alkal. Medium in Abwesenheit von Lösungsmitteln hergestellt wurden, sollen jedoch nach ihrer Fertigstellung mit stark angesäuertem W. mit einem $p_H$ von höchstens 5,5, bes. 4,5—2, mindestens 15, bes. 30—120 Min., behandelt u. dann mit W. nachgewaschen worden sein. Die Härtungsgeschwindigkeit der Gießharze ist dann geringer, so daß sie leichter zu größeren Gegenständen verarbeitet werden können. (**Holl. P. 87 683** vom 23/12. 1954, ausg. 15/3. 1958.) F. BÖHM. 7177

**American Cyanamid Co.**, New York, N. Y., übert. von: **Erhart K. Drechsel**-Springdale, Conn., V. St. A., *Polykondensationsprodukte aus Alkyleniminen und organischen cyclischen Carbonaten*, die im Ring nur 3 C-Atome u. keine Doppelbindung enthalten, erhält man bei 20—100°. Als Komponenten sind in den Beispielen genannt: Äthylenimin, 1.2-Propylenimin, 1.2-Butylenimin u. 2.3-Butylenimin einerseits u. Glycerincarbonat, Äthylen-, Allylglycerin-, Propylen-, Phenylencarbonat andererseits. Die erhaltenen Harze können vielseitig modifiziert werden. Kautschukartige bis extrem harte Massen zur Herst. von Filmen, Fasern, Klebstoffen, Textil- u. Papierhilfsmitteln u. Formkörpern. (**A. P. 2 824 857** vom 28/6. 1954, ausg. 25/2. 1958.) H. SCHINDLER. 7181

**Montecatini Soc. Gen. per l'Industria Mineraria e Chimica**, Italien (Erfinder: **Odoardo Diena**), *Harnstoff–Formaldehyd-Schaum*. Man verwendet eine wss. Dispersion eines Harnstoff-$CH_2O$-Harzes, die mit einer wss. Lsg. eines Schaummittels, wie Na-Butylnaphthalinsulfonat, u. einem Härtungsmittel, z. B. einer starken Mineralsäure gemischt ist, drückt die Mischung in ein Ausdehnungsgefäß, in das gleichzeitig Luft geblasen wird, so daß eine schaumige M., die noch nicht gehärtet ist, das Gefäß verläßt. (**F. P. 1 157 279** vom 19/9. 1956, ausg. 28/5. 1958. It. Prior. 19/9. 1955.) M. PANKOW. 7181

**Ciba Akt.-Ges.**, Basel, Schweiz, *Herstellung von hochmolekularen Polyisocyanatumsetzungsprodukten aus Alkylenoxydanlagerungsprodukten*. Anlagerungsprodd. aus Alkylenoxyden u. Verbb., welche nur ein mit Alkylenoxyd reaktionsfähiges H-Atom u. mindestens 8 C-Atome besitzen, werden mit Polyisocyanaten umgesetzt; die Anlagerungsprodd. sollen ein Mol.-Gew. von mindestens 100 aufweisen. — 41 (Teile) des Anlagerungsprod. von 25 Mol Äthylenoxyd an 1 Mol Stearylalkohol werden nach Schmelzen mit 0,5 $CH_3COOH$ neutralisiert, bei 70° wird 2.6-Toluylendiisocyanat zugesetzt u. 15 Min. bei 100° gehalten. Zähfl. Harz. Eine 50%ig. wss. Lsg. des Prod. bildet ein steifes Gel, eine 20%ig. Lsg. ist fl., es wird beim Erwärmen vorübergehend wasserlöslich. — Andere als Ausgangsmaterial verwendbare Anlagerungsprodd. sind solche von Alkylenoxyd an alkylierte Monophenole, Mercaptane, Monocarbonsäuren, sek. Monoamine. — Die Reaktionsprodd. sind oberflächenakt. u. dienen zur *Herst.* u. *Stabilisierung von Emulsionen* u. *Suspensionen*, z. B. im *Pigmentdruck*. (**Oe. P. 197 582** vom 8/8. 1956, ausg. 10/5. 1958. Schwz. Prior. 12/8. 1955.) M. PANKOW. 7181

**Farbenfabriken Bayer Akt.-Ges.** (Erfinder: **Erwin Müller** und **Günther Braun**), Leverkusen, *Herstellung von hochmolekularen Kunststoffen* aus Polyoxyverbb. (I) u. Polyisocyanaten (II), dad. gek., daß als I di- oder höherfunktionelle Acetalverbb. mit Mol.-Gew. >500 verwendet werden, welche die Gruppierung —O—CHR—O—, gegebenenfalls neben Ätherbrücken, als alleinige, die C-Ketten verknüpfende Glieder enthalten, wobei R = H, aliphat. oder aromat. KW-stoffrest bedeutet, der gegebenenfalls auch ungesätt. u./oder verzweigt sein kann. Die II können im Überschuß oder in geringerer Menge verwendet werden als den OH-Gruppen der I entspricht. Die mit einem Überschuß an II hergestellten Prodd. können auch als II eingesetzt werden. Die Endprodd. können schließlich mit W., Glykolen, Aminen oder Aminoalkoholen vernetzt werden. — Nach einem Beispiel werden Butandiol-(1.4), Dimethylmethandiphenyl-4.4'-bis-β-dioxyäthyläther u. Paraformaldehyd in Bzl. suspendiert u. unter Zusatz von p-Toluolsulfonsäure zum Kp. des Bzl. erhitzt. Nachdem W. u. Bzl. abdest. sind, wird das Polyacetal mit N-Methyldiäthanolamin u. Triäthanolamin vermischt u. bei 90—100° Toluylendiisocyanat zugegeben. Das ölige Prod. wird mit Ölsäure, N-Diäthyläthanolamin u. W. gemischt u. nach Zugabe von Toluylendiisocyanat unter Rühren verschäumt. Tabellen der mechan. Werte. Gute Wasser u. Alkalibeständigkeit. Alterungserscheinungen auch bei Feuchtigkeitsalterung nicht bemerkbar. (**D. A. S. 1 039 744** Kl. 39c vom 24/10. 1955, veröff. 25/9. 1958. **E. P. 798 209** vom 11/10. 1956, ausg. 16/7. 1958. D. Prior. 24/10. 1955.) H. SCHINDLER. 7181

**Siemens-Schuckertwerke Akt.-Ges.**, Berlin und Erlangen (Erfinder: **Robert Schwarz** und **Wilhelm Kuchen**, Aachen), *Herstellung linearer Polykieselsäureester*, dad. gek., daß Metalloxyde mit solchen Dihalogensilanen umgesetzt werden, die aus der Rk. aromat. oder hydroaromat. Oxyverbb. mit mindestens einer direkten C—C-Bindung zwischen 2 aromat. bzw. hydroaromat. Kernen u. 2 Oxygruppen in O.O'-Stellung zu dieser C—C-Bindung mit Si-Tetrahalogenid im mol. Verhältnis 1:1 entstanden sind. — 67,0 g Bleiglätte, 56,6 Diphenylen-O.O'-dioxydichlorsilan u. 50 cm³ Xylol werden 24 Std. unter Rückfluß erhitzt. Nach Entfernen von Xylol erhält man ein gelblichbraunes, durchsichtiges *Harz*, das bei >100° zu einem viscosen Öl schmilzt. (**D. A. S. 1 049 590** Kl. 39c vom 5/12. 1953, veröff. 29/1. 1959.) J. MÜHLEISEN. 7189

**Gabriel Miège**, Ain, Frankreich, *Polyvinylchloridmischung*. Sie besteht aus einer Polyvinylchlorid-Weichmacherpaste, zu der man Lederwolle u. Korkpulver gibt, z. B. aus 10 (%) Lederwolle, 18 Korkkrümeln, 46 Polyvinylchlorid u. 26 Butylphthalat. Die M. wird nach Formgebung auf 160° erhitzt u. dient für Dichtungen, Schall- oder Erschütterungsdämpfer. (**F. P. 66 994** vom 11/10. 1954, ausg. 4/11. 1957. **Zusatz zu F. P. 1 075 422; C. 1950/54. 3482 S.**) M. PANKOW. 7205

**VEB Leuna-Werke „Walter Ulbricht"** (Erfinder: **Alfred Haas**) Leuna, Kr. Merseburg, *Herstellung von Preßmassen aus Phenol- und Kresol-$CH_2O$-Harzen* u. Füllstoffen, dad. gek., daß man Novolake verwendet, die aus Gemischen von Phenol u. seinen Homologen mit hohem o-Kresolgeh. von vorzugsweise 55—65% u. $CH_2O$ in Ggw. saurer Katalysatoren hergestellt worden sind. Man verwendet z. B. eine o-Kresolfraktion aus der Dest. von Rohphenolölen, erforderlichenfalls unter Zusatz von Phenol. (**D. A. S. 1 049 089** Kl. 39b vom 5/11. 1955, veröff. 22/1. 1959.) H. v. SCHILLER. 7205

---

**Hj. Saechtling und W. Zebrowski**, *Kunststoff-Taschenbuch*. 13. Ausgabe. München: Carl Hanser Verlag. 1957. (414 S. m. Abb. u. Tab.) DM 14,—.
Das von F. PABST begründete u. bekannte Taschenbuch ist ständig dem jeweiligen fortschreitenden Wissensstand angepaßt u. so ein Vademecum für den Kunststoff-Fachmann geworden. Anordnung u. Form des Textes entspricht den prakt. Bedürfnissen des Praktikers. M. PFLÜCKE.

## XII. Kautschuk.

**P. A. Winogradow, T. K. Passchaliss** und **Ss. I. Kosstina**, *Die Eigenschaften von Butadiennitrilcopolymeren*. Vff. untersuchen die Copolymerisation von *Butadien* mit *Acrylsäurenitril* (I) in einer n. Emulsion bei 30° in einem Autoklaven von 60 Liter Inhalt. Der Anteil an I im Monomerengemisch (MG) wurde von 5—70% gewählt. Die Polymerisationsgeschwindigkeit nimmt mit steigendem I-Geh. zu. Der I-Geh. im Copolymer ist vom Grad der Ausbeute abhängig. Für einen Geh. von 35—40% I im MG bleibt auch der Anteil im Copolymer stets der gleiche. Liegt der Anteil von I im MG jedoch niedriger, sinkt der I-Geh. im Copolymer mit steigender Ausbeute u. erreicht bei 100% Ausbeute das theoret. Verhältnis, das sich aus MG ergibt. Liegt der Anteil von I über 40% wird die theoret. Ausbeute nicht erreicht; der I-Geh. im Copolymer nimmt mit steigender Ausbeute zu. Bei 70% I erhält man bei 70%ig. Ausbeute ein Copolymer mit ca. 47,5% I, bei 85%ig. Ausbeute eines mit ca. 55% I. — Es werden die Copolymere bei einer 70%ig. Ausbeute mit u. ohne Füllstoffe(n) vulkanisiert. Mit steigendem I-Geh. nimmt die Zerreißfestigkeit zu. Für ungefüllte Mischungen ist sie bei geringem I-Geh. sehr niedrig (20 bis 30 kg/cm²). Die Dehnung durchläuft bei ca. 35% I-Geh. ein Maximum. Die Stoßelastizität nimmt mit steigendem I-Geh. ab, die Verglasungstemp. nimmt zu. Die Quellung in Bzn.:Bzl. 75:25 nimmt mit steigendem I-Geh. ab. Die Löslichkeit in Aceton nimmt im Bereich von 10—30% stark zu u. liegt bei höherem I-Geh. bei 100%. (Каучук и Резина [Kautschuk u. Gummi] **17**. Nr. 10. 5—10. Okt. 1958.) O. KRAMM. 7220

**H. C. Baker**, *Kautschuk aus durch Zentrifugieren entrahmtem Latex*. Vf. beschreibt die Verarbeitung des bei der Konz. von Latex durch Zentrifugieren anfallenden, kautschukarmen (2,5—10%) entrahmten Latex zu Crepekautschukfellen u. Sheets. Zus. u. Eigg. der so gewonnenen, genormten 8 Kautschuktypen sind tabellar. zusammengestellt. Es werden anwendungstechn. Hinweise zu ihrer Vulkanisation gegeben u. ihr Verh. beim Altern u. Verarbeiten besprochen. Die techn. wichtigen physikal. Eigg. dieser Kautschuksorten werden mit denen eines genormten Naturkautschuktyps verglichen u. die Verwendung dieser Kautschuktypen in der Praxis gezeigt. (Austral. Plastics Rubber J. **14.** Nr. 156. 14—17. Juli 1958.) H. Sontag. 7222

**Karl Kammermeyer,** *Siliconkautschuk als selektive Schranke.* Übersicht über die Eigg., bes. die hohen Durchlässigkeiten von Siliconkautschukfilmen u. Platten (Silastic u. Cohrlastic) u. ihre Anwendung zur Trennung von Gasen u. Dämpfen. — Beispiele. (Ind. Engng. Chem. **49.** 1685—86. Okt. 1957. Iowa City, State Univ., Dep. of Chem. Engng.) W. Wesly. 7224

**M. G. Maisels, W. G. Rajewski** und **Je. A. Parschina,** *Butylkautschuk.* 1. Mitt. *Die Prinzipien des Aufbaues einer rationellen Technologie zur Gewinnung technischer Gummiartikel auf Grundlage von Butylkautschuk.* Es werden genaue Angaben über die technolog. Bedingungen für die Herst. von Mischungen, deren Verarbeitung u. Vulkanisation aus *Butylkautschuk* (I) gemacht. Bes. besprochen wird die Type B mit einem Mol.-Gew. von 1,1 % Mol. Da sich I nicht mechan. abbauen läßt, muß seine Verarbeitung bei erhöhten Tempp. erfolgen. Die Mischungen kann auf Walzen (75—85°) oder besser im Banbury (100—130°) erfolgen. Anschließendes Refinern (80°) u. Strainern (120°) ist vorteilhaft. Beim Kalandrieren sollen die Walzen von oben nach unten 90—120°, 90—110°, 80 bis 100° haben, beim Friktionieren 90—110°, 70—90°, 80—100°. Je heißer die Mischung ist, um so besser ist die Haftung zur Faser. Als günstige Spritztemp. wird 120° angegeben. Lsgg. u. Pasten lassen sich gut aus I herstellen. Da die Viscosität gering ist, kann in wenig Lösungsm. mehr Kautschuk gelöst werden. Das Bestreichen von Textilien mit Gummilsg. wird beschrieben. Die Verarbeitung gefüllter Mischungen ist grundsätzlich besser als solcher ohne Füllstoffe. Die Vulkanisation muß länger oder bei höheren Tempp. ausgeführt werden; sie muß jedoch nach Meinung der Vff. zwischen 140—170° erfolgen, da sonst Fehlfabrikate erhalten werden. Am günstigsten wird bei 150—160° vulkanisiert. (Каучук и Резина [Kautschuk u. Gummi] **17.** Nr. 10. 11—15. Okt. 1958. Wiss. Forschungsinst. der Gummiind.) O. Kramm. 7230

**A. L. Miller** und **S. B. Robison,** *Butylkautschuklatex-Reifencordkleber.* Der Chemismus von Cordklebstoffen auf Resorcin–$CH_2O$-Basis für Butylkautschuklatex, die Variablen bei deren Anwendung für Reifengewebe u. die Bedeutung von Laborprüfdaten zur Bewertung der Reifeneignung wurden untersucht. Bei den Klebstoffen werden 3 Konkurrenz-Rkk. angenommen. Die mkr. Unters. von Oberflächen u. Querschnitten behandelter Cordfäden zeigt, daß die Menge an Latex, der durch Tauchen aufgenommen wird, u. dessen Lage zu verbesserter Adhäsion beitragen können. Ein besserer Test („*I*"-*Test*) wird vorgeschlagen; die beste Auswertung bzgl. Cordadhäsion erlauben aber nur Praxisversuche. Die Frage, ob die Cordadhäsion der Hauptfaktor für die Qualität u. das Verh. des Reifens ist, konnte nicht geklärt werden. (Rubber Wld. **137.** 397—403. 460. Dez. 1957. Linden, N. J., Esso Research & Engng. Co.) R. Schäff. 7230

**B. I. Aichodshajew, T. I. Ssogolowa** und **W. A. Kargin,** *Abhängigkeit der mechanischen Eigenschaften von strukturiertem Guttapercha von den Bedingungen der Bildung von Querbindungen.* Unters. des Einfl. des Vernetzungscharakters in *Guttapercha* (**I**)-Vulkanisaten auf deren mechan. Eigg. zeigt wesentliche Unterschiede in Abhängigkeit von der Entstehungsweise der Vernetzungen. Vulkanisation von **I** im amorphen Zustand (bei 143° mit feindispersem S (**A**) bei 70° mit $S_2Cl_2$ (**B**) oder durch Vermischen von 1,25 %ig. I-Lsg. in $CCl_4$ mit 5 %ig. $S_2Cl_2$-Lsg. in Ae. (**C**) tritt eine Verminderung der Kristallisierbarkeit von **I** ein. Die Abnahme des Kristallinitätsgrades wird bei steigendem S-Geh. im Vulkanisat immer deutlicher u. führt (bei **A**- u. **B**-Vulkanisaten) bei ca. 4% S-Geh. zu einem amorphen Gebilde. Die **C**-Proben weisen bei gleichem S-Geh. bessere Festigkeit u. stärkere Rekristallisationsspannung auf als **A** u. **B** u. erweisen sich bei 4% S noch als kristallin. Die Quellungswärmen der Proben mit 4% S in *m-Xylol* (**II**) bei 20° betragen bei **A** —0,7, **B** +0,1, **C** —3,85 cal/g. Die **A**-Proben weisen einen Elastizitätsmodul von 20 g/cm² u. eine Verglasungstemp. von —40° auf, die **B**-Proben 65 kg/cm² bzw. 0°. Daß die Wahl der Vulkanisationsbedingungen einen Einfl. auf den Ordnungszustand im amorphen Vulkanisat mit 4% S ausübt, beweist das Auftreten der Kristallisation bei **B** bei einer längeren Lagerung, während **A** unverändert bleibt. Vulkanisation von **I** im kristallinen Zustand durch Behandeln mit $S_2Cl_2$-Dämpfen bei 20° (**D**) oder c) durch Behandeln mit $S_2Cl_2$ als Lsg. bei 20° (**E**) ruft keine wesentliche Abnahme der Kristallisierbarkeit von **I** (auch nicht bei 5,6 % S) hervor. Eine merkliche Veränderung der mechan. Eigg. tritt ab 2,3% S ein. Die Vulkanisation in der kristallinen Phase bewirkt auch eine Abnahme der Sorptionsfähigkeit gegenüber den *n-Hexan*-Dämpfen. Die Quellungswärme bei 5,6 % S-Geh. in **II** beträgt —12,45 cal/g. Eine therm. Nachbehandlung von **D** u. **E** bei 70° bewirkt eine Veränderung in der Konfiguration der Vernetzungsbindungen. Eine vollständige Amorphisierung von **D** u. **E** mit 5,6 % S-Geh. wird erst

nach 2std. Erhitzen auf 150° erreicht. (Журнал Физической Химии [J. physik. Chem.] **31**. 2551–61. Nov. 1957 Moskau, Phys.-Chem. Karpow-Inst.)
W. DAWYDOFF. 7240

---

**Phillips Petroleum Co.**, Del., übert. von: **Robert S. Hammer**, Borger, und **James H. Carroll**, Phillips, Texas, V. St. A., *Stabile Latices mit hohem Feststoffgehalt* erhält man durch Polymerisation eines Mono- u. Diolefinmonomerengemisches in wss. Phase bei $<0^0$ unter Zusatz einer Mischung aus Methanol u. Äthylenglykol, Glycerin oder Erythrit als Stabilisator u. Gefrierschutzmittel bei gleichzeitiger Ausbeutesteigerung. Zusätzlich können noch Emulgatoren, Regler, z. B. Mercaptane, u. als Katalysatoren Redoxsysteme, z. B. aus Fe-II-Salzen u. Peroxyden, eingesetzt werden. Nachdem ca. 75% der Monomeren polymerisiert sind, wird der Rest u. das Methanol entfernt. Der konz. u. nichtgelierende Latex kann zur Herst. von Schaumstoffen u. Formkörpern nach dem Tauchverf. verwendet werden. (**A. P. 2 837 502** vom 24/4. 1953, ausg. 3/6. 1958.)
H. SCHINDLER. 7225

**Dow Corning Corp.** (Erfinder: **Ogden R. Pierce** und **George W. Holbrock**), Midland, Mich., V. St. A., *Herstellung von neuen Organocyclotrisiloxanen* der Formel $[RCH_2CH_2Si(CH_3)O]_3$, worin R einen Perfluoralkylrest mit 1–10 C-Atomen darstellt, dad. gek., daß ein Chlorsilan der Formel $RCH_2CH_2Si(CH_3)Cl_2$, worin R die obige Bedeutung hat, hydrolysiert u. das Hydrolysat mit einem Alkalihydroxyd oder -salz eines Siloxans erhitzt u. aus dem Reaktionsgemisch das Cyclotrisiloxan abdest. wird. — $CF_3CH_2CH_2Si(CH_3)Cl_2$ wird bei 0° mit einem Überschuß von W. hydrolysiert, das Hydrolysat in Ae. gelöst, neutral gewaschen, getrocknet u. nach Entfernen von Ae. mit KOH bei einem Druck von 8 mm Hg auf 190–200° erhitzt. Man erhält $[CF_3CH_2CH_2Si(CH_3)O]_3$, $Kp._8$ 115°, $n_D^{25}$ 1,3654, das nach Abkühlen weiße Kristalle bildet. Analog: $[C_2F_5CH_2\cdot CH_2Si(CH_3)O]_3$, $Kp._{11}$ 129°, $n_D^{25}$ 1,3501; $[C_3H_7CH_2CH_2Si(CH_3)O]_3$, F. 59–60°, $Kp._{0,4}$ 128°. — *Zwischenprodd.* zur Herst. von *Elastomeren.* (**D. A. S. 1 044 814** Kl. 12o vom 26/6. 1957, veröff. 27/11. 1958. A. Prior. 27/6. 1956.)
J. MÜHLEISEN. 7225

**Imperial Chemical Industries Ltd.** (Erfinder: **Arthur Lambert** und **Boris Nicholas Leyland**), *Bis-(2-hydroxy-3-α-alkylcycloalkyl-5-äthylphenyl)-methane,* in denen die Cycloalkylreste Cyclopentyl-, Methylcyclopentyl-, Cyclohexyl- oder Methylcyclohexylreste sind, die Alkylgruppe nicht >4 C-Atome aufweist u. an das α-C-Atom der Cycloalkylgruppe gebunden ist, erhält man durch Rk. von 1 (Mol) p-Äthylphenol (**I**) mit 1 eines α-Alkylcyclohexens oder Methyl-α-alkylcyclohexens in Ggw. eines Kondensationsmittels (**II**), worauf 2 des erhaltenen 2-α-Alkylcycloalkyl-4-äthylphenols mit 1 $CH_2O$ oder einer $CH_2O$-abgebenden Substanz in Ggw. eines **II** umgesetzt werden. — Durch Rk. von **I** mit 1-Methylcyclohexan in Ggw. von 98%ig. $H_2SO_4$ bei 35–40°, anschließendes Erhitzen mit 23%ig.wss. NaOH-Lsg., Verdünnen mit W. u. Extraktion mit Bzl. erhält man bei der Dest. 2-α-Methylchlorhexyl-4-äthylphenol; $Kp._{15}$ 178–190°. Dieses wird mit $CH_2O$ (37%ig.) u. HCl (35%ig.) bei 65–75° umgesetzt, in Bzl. aufgenommen u. mit wss. $NaHCO_3$-Lsg. u. W. gewaschen. Bei der Dest. der Benzollsg. erhält man *Bis-(2-hydroxy-3-α-methylcyclohexyl-5-äthylphenyl)-methan,* $Kp._{0,2}$ 200–240°, F. 84–86,5° (aus PAe., Kp. 40–60°). — *Zusätze* zu *Kautschuk* als *Antioxydantien.* (**Aust. P. 207 577** vom 23/12. 1955, ausg. 16/5. 1957. E. Prior. 24/12. 1954.)
J. MÜHLEISEN. 7227

**Monsanto Chemical Co.**, St. Louis, Mo., übert. von: **John J. D'Amico,** Charleston, W. Va., V. St. A., *Vulkanisationsbeschleuniger,* bestehend aus einem 5-Acyl-4-alkyl- (bzw. cycloalkyl- oder -aralkyl-) 2-mercaptothiazol der Formel **I** oder deren Metallsalz; R = KW-stoffrest, bes. Methyl. Das Mercapto-H-Atom kann ersetzt sein durch Zn, Pb, Ca, Mg, Cd, K, $NH_4$ u. dessen Substitutionsprodd., $-CH_2OH$, Benzoyl, 5-Acyl-4-alkyl-2-mercaptothiaryl, $-C(S)-N(alkyl)_2$, Nitrophenyl, $-CH_2-NH-$, bes. $-CH_2-NH-CX-NH-CH-_2$, worin X = S oder O. (**A. P. 2 817 641** vom 18/9. 1953, ausg. 24/12. 1957.)
W. OVERBECK. 7229

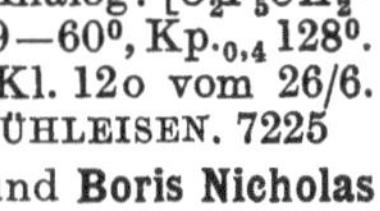

I

**Monsanto Chemical Co.**, St. Louis, Mo., übert. von: **John J. D'Amico,** Charleston, W. Va., V. St. A., *2.2'-Thio-bis-(5-acyl-4-alkylthiazole)* der allg. Formel **I** [R u. R' = KW-stoffreste, n = 2–4] werden erhalten durch Oxydation entsprechender 2-Mercaptothiazol bzw. deren Salzen in geeigneten Lösungsmitteln mit den üblichen Oxydationsmitteln. Monosulfide werden erhalten durch Rk. der entsprechenden Disulfide (**II**) mit NaCN u. Polysulfide aus **II** durch Erhitzen mit S. — 2.4-Pentandion + $SO_2Cl_2$ → 3-Chlor-2.4-pentandion, Kp. 60–63°, + $H_2N\cdot CS\cdot SNH_4$ → 2-Mercapto-4-methyl-5-acetylthiazol, aus A., F. 210 bis

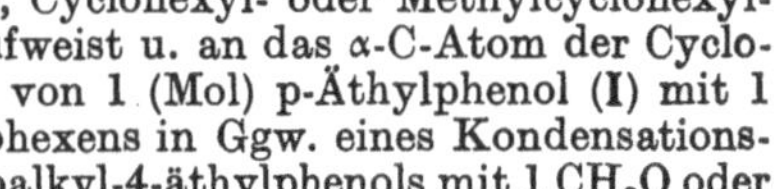

I

211°, + $(NH_4)_2S_2O_8$ in wss. Medium unter Rühren bei 25—30° → *2.2'-Dithio-bis-(5-acetyl-4-methylthiazol)*, aus A., F. 92—93°. — *Vulkanisationsbeschleuniger.* (**A. P. 2 713 053** vom 21/6. 1952, ausg. 12/7. 1955.) H. BRÄUCKER. 7229

**Monsanto Chemical Co.,** St. Louis, Mo., übert. von: **John J. D'Amico,** Charleston, W. Va., V. St. A., *2.2'-Thio-bis-(4-alkyl]-5-thiazolcarbonsäuren* der allg. Formel I

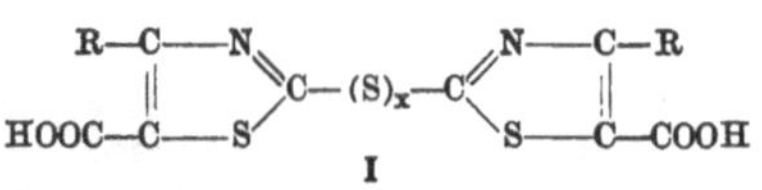

I

[R = Alkylrest; x = 2, 3 oder 4] werden erhalten durch Oxydation entsprechender 2-Mercapto-5-thiazolcarbonsäuren in geeigneten Lösungsmitteln mit den üblichen Oxydationsmitteln. Polysulfide werden aus den bei der Oxydation entstandenen Disulfiden durch Erhitzen mit S hergestellt. — 2-Mercapto-4-methyl-5-thiazolcarbonsäure + $(NH_4)_2S_2O_3$ bei 25—30° → *2.2 -Dithio-bis-(4-methyl-5-thiazolcarbonsäure)* (II), 99,5%, aus A., F. 189—199°. — II (0,1 Mol) + S (0,2 Mol) $\xrightarrow{150-155^\circ;}$ *2.2'-Tetrathio-bis-(4-methyl-5-thiazolcarbonsäure)*, F. 75—85°. — *Zwischenprodd.* u. *Vulkanisationsbeschleuniger.* (**A. P. 2 746 970** vom 19/3. 1953, ausg. 22/5. 1956.) H. BRÄUCKER. 7229

**Chemische Werke Hüls Akt.-Ges.** (Erfinder: **Walter Franke** und **Willi Ziegenbein**), Marl, Kr. Recklinghausen, *Pyrimidyl-2-sulfenmorpholide* erhält man, indem man alkal. Lsgg. von 2-Mercaptopyrimidinen allmählich in N-Halogenmorpholine einträgt. — Z. B. wird eine Lsg. von 12,5 (Teilen) 2-Mercapto-4-methylpyrimidin in 200 W., die 4 NaOH enthalten, unter Rühren u. Kühlung zu 12,5 N-Chlormorpholin getropft u. danach noch 1—2 Std. auf 30—40° erwärmt. Der größte Teil des Reaktionsprod. scheidet sich aus u. wird abfiltriert, wonach der Rest aus dem Filtrat mittels Ae. isoliert wird → *4-Methylpyrimidyl-2-sulfenmorpholid*, aus wss. $CH_3OH$, F. 93—94°. — Analog wird das *4.6-Dimethylpyrimidyl-2-sulfenmorpholid*, vom F. 98°, hergestellt. — *Vulkanisationsbeschleuniger* u. *Zwischenprodd.* für die Herst. von Heilmitteln. (**D. A. S. 1 051 859** Kl. 12p vom 19/1. 1957, veröff. 5/3. 1959.) H. BRÄUCKER. 7229

**Connecticut Hard Rubber Co.,** New Haven, Conn., V. St. A. (Erfinder: **Raymond Matthew Fuors**), *Leitfähige Kautschukmischung*, bestehend aus einem polaren Synthesekautschuk mit einer DK. (I) $\geqq 5$, z. B. Butadienacrylsäurenitrilmischpolymerisat, Chlorbutadienpolymerisat oder Polyäthylensulfid, einem polaren Erweicher mit einer DK. $\geqq 10$, z. B. cycl. oder aromat. Sulfone, Alkyl- oder Arylnitrile, Nitroverbb. oder Alkoxyester dibas. Carbonsäuren u. einem in dem Erweicher lösl. Elektrolyten, z. B. Sulfonium-, Phosphonium- oder Jodoniumsalze von Carbonsäuren. (**E. P. 784 621** vom 28/6. 1955, ausg. 9/10. 1957.) W. OVERBECK. 7231

## XIV. Zucker. Kohlenhydrate. Stärke.

**Grundmann,** *Speise- und Kesselwasserprobleme in Zuckerfabriken.* Übersicht über die modernen Verff. der Kesselspeise- u. Kesselwasserbehandlung. Hochleistungswasserrohrkessel benötigen stets einwandfrei aufbereitetes Wasser. Eingespeistes Kondensat muß $O_2$-frei sein u. einen $p_H$-Wert über 8,5 haben. Bei Flammrohrkesseln kommt auch Zugabe von Chemikalien zur Ausfällung der Härte im Kessel in Frage. (Zucker **9.** 75—82. 15/2. 1956. Hannover, TÜV.) R. RUTKOWSKI. 7400

**Ludwig-Arnold Schlösser** und **Friedrich Koch,** *Rassenbildung bei Cercospora beticola.* Im Feldinfektionsvers. wird bewiesen, daß auch bei *Cercospora beticola* Rassenbldg. auftritt. Einsporenkulturen aus Canada, Frankreich, Italien, Bayern, Spanien u. der Türkei wirken auf Zuckerrüben verschieden stark hinsichtlich Incubationszeit, Infektionsablauf u. Schädigungsgrad ein. Dabei gehen Wachstumsaktivität, Entwicklungsgeschwindigkeit u. Sporolation auf künstlichem Nährboden u. Rübenpflanzen nicht parallel. Zur Züchtung resistenter Pflanzen empfiehlt es sich, Sporengemische möglichst verschied. Herkunft zu verwenden. (Zucker **10.** 489—92. 15/11. 1957.) R. RUTKOWSKI. 7406

**D. Becker,** *Über den Einfluß des Kalkgehaltes im Auslaugewasser auf die Abpreßbarkeit der ausgelaugten Schnitzel.* Niedriger Kalksalzgeh. des Auslaugewassers bedingt eine schlechte Abpreßbarkeit der ausgelaugten Rübenschnitzel. Deshalb wurde im Betriebsvers. die Härte des Auslaugwassers durch Zugabe von techn. $CaCl_2$ um 21,4° deutsche Härte erhöht. Entsprechend stieg der Trockensubstanzgeh. der abgepreßten Schnitzel von 14,3 auf 16,2% an. Aus der ausführlichen Kostenrechnung ergibt sich, unter Zugrundelegung der Versuchsdaten, ein Verlust von 1,2 Pfennig/Doppelzentner Rüben. (Zucker **8.** 381—83. 1/9. 1955. Dormagen.) R. RUTKOWSKI. 7406

**M. von Lillienskiold** und **D. Becker,** *Über die Tätigkeit von Mikroorganismen bei der Rohsaftgewinnung.* Aus dem Rohsaft einer Diffusionsbatterie, dessen Temp. zwischen 68—70° lag, wurden folgende Mikroorganismen isoliert: *Bacillus subtilis* (I) *Bacillus pumilus* (II), *Bacillus megatherium* (III), *Alcaligenes marshalii* u. *Erysipelothrix rhusio-*

*pathiae*. Die beiden letztgenannten dürfen als Zufallsbefunde anzusehen sein. In einem Diffusionsturm, dessen Rohsafttempp. nur 52—56° betrugen, ließen sich außer **I**, **II** u. **III** noch *Leuconostoc*, *Streptococcus faecalis*, *Candida krusei*, *Saccharomyces fragilis* u. *Ensomyces lactis* nachweisen. Lactobazillen wurden nicht isoliert. Da sie aber sehr empfindlich sind, ist ihre Anwesenheit im Saft trotzdem nicht auszuschließen. Einfl. auf die Wachstumsbedingungen der Mikroorganismen haben neben der Temp. noch die D. der Säfte u. die Diffusionsgeschwindigkeiten. Regelmäßige Zugabe von Formalin allein hatte keine bes. Wrkg.; besser bewährte sich wechselweise oder kombinierte Anwendung verschied. Desinfektionsmittel. (Zucker **8**. 411—14. 15/9. 1955.) R. RUTKOWSKI. 7406

**Karl J. Demeter, Walter Kundrat** und **Helga Neumann,** *Zur Mikrobiologie des Zuckerabbaus im Diffusionsturm.* (Vorl. Mitt.) Für den Zuckerabbau u. die Säurebldg. in kontinuierlich arbeitenden Diffusionstürmen bei Tempp. um 70° ist der *Bacillus stearothermophilus* DONKER, der mit den Zuckerrübenschnitzeln in die App. gelangt, verantwortlich. Innerhalb von 6 Std. kann er sich im Turmsaft bei 66° im Verhältnis 1:1000000 vermehren. Gleichzeitig sinkt der $p_H$-Wert von 6 auf 5 ab. Am keimreichsten ist die Turmmitte. Andere Keime können bei Tempp. zwischen 65—70° nicht gedeihen. Eine wirksame Bekämpfung ist durch Zusatz von Desinfektionsmitteln möglich. (Zucker **9**. 5—8. 1/1. 1956. Weihenstephan, Süddtsch. Vers.- u. Forsch.-Anst. für Milchwirtschaft, Bakteriol. Inst.; Ochsenfurt, Zuckerfabrik.) R. RUTKOWSKI. 7406

**Vittorio Breveglieri,** *Experimentelle Untersuchungen über die wirklichen Saccharosezerstörungen infolge fermentativer und enzymatischer Wirkungen (bei der Diffusion) oder infolge des Einflusses erhöhter Temperatur (bei den verschiedenen Erwärmungen) auf die Zuckersäfte.* Die unvermeidlichen Zuckerverluste, die bei den einzelnen Arbeitsgängen der Zuckerherst. durch fermentative u. enzymat. Wrkg. bei der Diffusion u. durch die wiederholten Erwärmungen der Säfte auftreten, wurden quantitativ bestimmt u. in Tabellen veranschaulicht. (Ind. saccarif. ital. **51**. 92—100. Mai/Juni 1958.) F. GROH. 7406

**A. Brieghel-Müller,** *Dicksaftreinheit und Zuckerausbeute.* Der Zusammenhang zwischen Melassebldg., Zuckerausbeute u. Dicksaftreinheit, so wie er durch die elektr. Leitfähigkeit u. das Verhältnis zwischen organ. u. anorgan. Verunreinigungen zum Ausdruck kommt, wird besprochen. (Zucker **8**. 497—502. 15/11. 1955. Kopenhagen.) R. RUTKOWSKI. 7412

**Brukner,** *Brikettierung von Trockenschnitzeln und Troblako in der Zuckerindustrie.* Beschreibung einer Schnitzel-Brikettpresse, die 5,5 t Trockenschnitzel stündlich leistet. Die Schnitzel lassen sich nur pressen, wenn ihr Wassergeh. 12—14% beträgt. (Zucker **11**. 120—21. 1/3. 1958.) P. FAHRNLAENDER. 7412

**P. W. Golowin, A. A. Gerassimenko** und **M. A. Abramowa,** *Die Geschwindigkeit der Kristallisation von Saccharose in der Grünmelasse bei Temperaturen von 70, 80 und 90°.* Verss. ergaben, daß bei einem Übersättigungskoeff. von 1,025 die Kristallisationsgeschwindigkeit von *Saccharose* in der Grünmelasse bei 70° 45 (mg/m²·Min.), bei 80° 75, bei 90° 60 beträgt; beim Übersättigungskoeff. 1,050 85, 133 u. 110, bei 1,075 120, 180 u. 150, bei 1,100 153, 218 u. 187, bei 1,125 183, 258 u. 223, bei 1,150 215, 293 u. 255. Die Kurve Kristalisationsgeschwindigkeit–Übersättigungskoeff. verläuft bei 90° unterhalb der Kurve bei 80°. Beim Eindampfen der Füllmasse des 2. Prod. gelten daher 80° als optimal. (Сахарная Промышленность [Zucker-Ind.] **32**. Nr. 3. 10—12. März 1958. Inst. für organ. Chemie der Akad. der Wiss. der UkrSSR.) OTTO MAIER. 7416

**P. W. Golowin, A. A. Gerassimenko** und **M. A. Abramowa,** *Die Geschwindigkeit der Kristallisation von Saccharose bei hohen Temperaturen.* (Vgl. vorst. Ref.) Es wurde die Geschwindigkeit der Kristallisation von *Saccharose* in reiner Zucker (**I**)-Lsg., Zuckersirup (**II**; Reinheit 93,08) u. grüner Melasse (**III**; Reinheit 79,28) sowie die absol. Viscosität bei 70, 80 u. 90° untersucht. In **I** u. **II** nimmt die Kristallisationsgeschwindigkeit mit steigendem Übersättigungskoeff. zu, in **III** erreicht sie ihr Maximum bei 80° u. nimmt danach ab. Die absol. Viscosität sinkt im Bereich 70—90° bei Steigerung der Temp. um 10° fast auf die Hälfte. Die Temp. hat auf die Kristallisationsgeschwindigkeit einen größeren, auf die Viscosität einen geringeren Einfluß. (Сахарная Промышленность [Zucker-Ind.] **33**. Nr. 1. 28—29. Jan. 1959.) OTTO MAIER. 7416

**S. Winkler,** *Untersuchungen über die Eigenschaften von zellreinen und Nativstärken.* Unter Nativ-*Stärken* (**I**) werden durch den Gewinnungsprozeß, bes. durch die Wrkg. des Fruchtwassers veränderte **I** verstanden, während man bei schnellem Arbeiten unter dest. W. zellreine **I** erhält, die noch unverändert die Eigg. der **I** in der Zelle haben. Nativ-**I**, die K-reich sind, werden durch Ionenaustausch aus K-armen zellreinem **I** gebildet. Der Metallaustausch von **I** verläuft in reinen Elektrolyt-Lsgg. mit sehr großer, ca. 1000facher Geschwindigkeit im Vgl. zu der Austauschgeschwindigkeit in Kartoffel-

fruchtwasser; er ist von Temp. u. $H^+$.-Konz. etwas, von der Konz. der Elektrolytlsg. stärker abhängig. Es wird eine Schnellbest. zur Durchführung u. Messung des Ionenaustausches von I beschrieben u. eine quantitative Bestimmungsmeth. von I angegeben. (Stärke **10.** 125—30. 1958. Berlin, Bundesforsch.-Anst. für Getreideverarb.)
M. ULMANN. 7448

**V. Subrahmanyan, G. Lal, D. S. Bhatia, N. L. Jain, G. S. Bains, K. V. Srinath, B. Anandaswamy, B. H. Krishna** und **S. K. Lakshminarayana,** *Untersuchungen über Bananen-Pseudostamm-Stärke: Gewinnung, Ertrag, physikalisch-chemisches Verhalten und Anwendung.* Vff. weisen auf den hohen Geh. (ca. 27% bezogen auf Trockengewicht) an *Stärke* (I) beim Pseudostamm der Banane hin. Er zeigt starke Abhängigkeit von den Standortverhältnissen. Eine techn. Gewinnung von I ist zu empfehlen. Die Eigg. der Bananen-I liegen zwischen den der Getreide-I u. der Knollen-I. In der I sind *Amylose* u. *Amylopektin* enthalten, als Hauptprod. der Säurehydrolyse fällt Glucose an. Wie aus anderen I lassen sich gute Kleister gewinnen, die gegenüber Prodd. anderer Herkunft etwas durchscheinender sind. Auch Puddingpulver von guter Qualität läßt sich herstellen. In der Textilindustrie hat sich die Bananen-I als Schlichte bewährt. (J. Sci. Food Agric. **8.** 253—61. Mai 1957. Mysore, India, Cent. Food Techn. Res. Inst.) M. ULMANN. 7448

**G. Spicher,** *Grenzwerte der Temperatur und der relativen Luftfeuchtigkeit für das Wachstum von Bakterien und Schimmelpilzen in lagernden Weizenstärken.* (Brot u. Gebäck **12.** 145—46. Juni 1958. — C. **1958.** 11678.) H. HAEVECKER. 7448

**J. G. N. Gaskin** und **R. J. Mesley,** *Die Wirkung von basischer Bleiacetatlösung auf die optische Drehung (Polarisation) von Lösungen von Saccharose, Lävulose und Dextrose und verschiedene Mischungen dieser Lösungen.* Bei der Ermittlung von Saccharose-Pb-Kurven konnten im wesentlichen die Ergebnisse von BATES u. BLAKE (Bull. Nat. Bur. Standards **3.** [1907.] 105) bestätigt werden. Unterschiede in den Anfangswerten führt man auf die verwendeten Pb-Verbb. zurück. Die Saccharose–Pb-Charakteristik bleibt auch bei Ggw. anderer Zucker vorherrschend. Durch Saccharose werden die n. Ionen-Rkk. von Pb verhindert. Bas. Pb-Acetat fällt aus verd. Lävulose-Lsgg. ein Pb-Lävulosat, das durch einen Überschuß von Lävulose wieder in Lsg. geht. Die Ergebnisse werden im Hinblick auf die analyt. Zuckerbest. diskutiert. (Int. Sugar J. **60.** 65—71. März 1958.)
M. REIHER. 7470

---

**Dow Chemical Co.,** übert. von: **Robert M. Wheaton,** Midland, Mich., V. St. A., *Halogenierte Polymerisate von kernmethylierten Kohlenwasserstoffen und deren quaternäre Ammoniumsalze* erhält man nach den Beispielen aus Gemischen von m- u. p-Methylstyrol durch Bestrahlen mit einer Hg-Dampflampe unter gleichzeitigem Durchleiten von $Cl_2$ bei 50—58°. Das abgetrennte Polymerisat wird dann mit Trimethylamin auf ca. 100° erhitzt. Je nach der aufgenommenen Menge $Cl_2$ (Tabelle) erhält man lösl. oder unlösl. Prodd., die in der lösl. Form zur Herst. von koll. Lsgg. oder als Ausflockungsmittel, z. B. zum *Entfärben* von *Zucker-Lsgg.* dienen. In gleicher Weise können auch bromierte Prodd. erhalten werden. (**A. P. 2 823 201** vom 10/3. 1952, ausg. 11/2. 1958.)
H. SCHINDLER. 7413

**Inventa Akt.-Ges. für Forschung und Patentverwertung,** Luzern (Erfinder: **Johann Giesen,** Haldenstein, **Fritz Conradin,** Tamins, und **Marco Itin,** Trins), Schweiz, *Konzentrieren von wässerigen Zuckerlösungen,* bes. von *Glucose*-Lsgg., dad. gek., daß Zucker aus ihren Lsgg., wie bekannt, an Anionenaustauschern adsorbiert, die Austauscher vom Lösungsm. getrennt, die Zucker mit $CO_2$ anschließend an die Adsorption rasch desorbiert u. die am Austauscher haftenden desorbierten Zucker mit einer Menge Lösungsm., die kleiner ist als die der ursprünglichen Lsg., vom Austauscher abgelöst werden. Die Desorption kann vom teilweise trockenen Austauscher bei n. Druck oder vom feuchten Austauscher bei erhöhtem Druck mit $CO_2$ bewirkt werden. Es ist ohne weiteres möglich, 1%ig. Lsgg. auf $>$20% zu konzentrieren. (**D. A. S. 1 049 799** Kl. 89i vom 7/2. 1958, veröff. 29/1. 1959. Schwz. Prior. 6/3. 1957.) A. GRADL. 7461

## XV. Gärungsindustrie.

**H. Gutz,** *Über die Anwendung populationsgenetischer Gesichtspunkte zur Züchtung von Hefen mit verbesserten Eigenschaften.* Eine vom Vf. entwickelte Technik gestattet es, durch schonendes Zermahlen einer sporulierenden Hefe größere Mengen einzelner Askosporen zu erhalten. Nach einem Überblick über die wichtigsten Grundlagen der Populationsgenetik u. die sich daraus ergebenden Möglichkeiten für die Züchtung von Hefen berichtet Vf. über Modellverss. mit einem diploiden *Saccharomyces*-Stamm, der für die Merkmale Histidin- u. Uracilbedürftigkeit heterozygot ist. Bei Massenisolationen von Sporen zeigte die Uracilallele eine vom Nährboden abhängige Aufspaltung, die Histidinallele nicht. Bei sexueller Vermehrung hatte in Hefeextrakt–Pepton–Glucose-Lsg. keines

der beiden Histidinallele einen Selektionsvorteil u. das HARDY-WEINBERG-Gesetz wurde bestätigt; doch in Würze hatte hi einen Substitutionsnachteil gegenüber HI. Das Allel ur hatte in beiden Lsgg. einen Selektionsnachteil gegenüber UR. (Brauerei, wiss. Beilage **11.** 149—56. Okt. 1958. Inst. für Gärungsgewerbe, mikrobiol. Abt.)
K. H. SCHAUERTE. 7506

**M. A. Amerine,** *Acetaldehydbildung in Submerskultur von Saccharomyces beticus.* Der Einfl. von Temp., Belüftung, Druck u. Rühren auf das Wachstum u. die *Acetaldehyd* (**I**)-Bldg. von *Saccharomyces beticus* (*S. fermentati*) in Pampelmusenweinen wird untersucht. Über 500 mg **I** je Liter wurden unter folgenden Bedingungen erhalten: Temp. 65° F; am Ende der Alkoholgärung 100 lbs./sq.in. Druck u. Belüftung je Min. mit 0,1 Liter $O_2$ u. Übergang zu 15 lbs./sq. in. 0,1 Liter Luft u. 25 Sek./Std. Rühren. Im halbkontinuierlichen Verf. wurde täglich $^1/_{10}$ des Inhalts durch frischen Wein ersetzt. Höchste Ausbeuten lagen bei 1 g **I** je Liter. Essigsäure, Äpfelsäure, Glycerin u. A. wurden von der Hefe als C-Quellen genutzt. $NH_3$, Cu, Fe u. Ca-Pantothenat waren ohne Einfluß. (Appl. Microbiol. **6.** 160—68. Mai 1958. Davis, Calif., Univ., Dep. of Viticulture and Enology.)
W. SCHÖNBORN. 7506

**Jiří Barta** und **Oldřich Žváček,** *Neue Formen der Kontaminationsbekämpfung bei der Alkoholgärung.* (Vgl. C. **1958.** 9081.) Vff. beschreiben eine neue Meth. zur Unterbindung von Infektionen bei der alkoh. Gärung. Sie beruht auf der Blockierung von Wuchsstoffen (z. B. Vitamine der B-Gruppe, die an Phosphorproteide komplex gebunden sind), die von den Hefezellen gebildet werden, bei der Plasmolyse der Hefe in die Gärbrühe gelangen u. das Wachstum verschied. Bakterien, bes. der *Lactobacillen* (L. buchnerii, vermiforum, plantarum) fördern. Die Infektionen, vorwiegend Lactobacillen, werden meist mit der als Nährboden dienenden Melasse in den Gäransatz eingebracht. Als Blockierungsmittel eignet sich bes. *Formalin* (**I**), das während der Gärung in geeigneten Konzz. zugesetzt wird. $Na_3[Fe(CN)_6]$ (**II**) unterstützt die Wrkg. von **I. I** u. **II** können sowohl bei stationären, als auch bei kontinuierlich verlaufenden Gärungen mit Erfolg angewandt werden. Selbst in künstlich mit Lactobacillen infizierten Gärungen gelang es, deren Wachstum mit **I** u. **II** zu unterbinden, ohne den Verlauf der alkoh. Gärung zu beeinträchtigen. Geeignete Konzz. für die Hemmung des Wachstums der Lactobacillen sind 0,01—0,02% **I** (40%ig.) u. 0,01—0,1% **II**. Bei höheren Konzz. werden die Gärung bzw. das Wachstum der Hefezellen gehemmt. (Kvasný Průmysl **4.** 181—87. Aug. 1958. Praha, Výzk. úst. kvasn. prům.) B. GÖRLICH. 7510

**B. G. Oude Ophuis,** *Die Lagerung und die Schaffung guter Verhältnisse für Braugerste in den regionalen Genossenschaften.* Vf. erläutert verschied. Methoden zur kurzzeitigen Konservierung von Braugerste, die nicht sofort nach der Ernte getrocknet werden kann. (Petit J. Brasseur **67.** 43—44. 16/1. 1959. Rotterdam, Centraal Bureau.)
K. H. SCHAUERTE. 7540

**K. Schuster** und **H. Kieninger,** *Der Einfluß der Kornform und der Kornausbildung auf die Extraktergiebigkeit des Malzes.* Vff. untersuchten die tatsächliche Extraktergiebigkeit von verschied. Siebanteilen einheitlicher Gerstensorten u. fanden Differenzen von 3,3% u. mehr zwischen dem 2,8 mm- u. dem 2,2 mm-Anteil, wenn von den Veränderungen des Eiweißgeh. bei den verschied. Fraktionen abgesehen wurde. Aus der Gegenüberstellung von Körnern mit gleichem Eiweißgeh., aber verschied. Kornausbldg. u. Korngröße ergibt sich eine Differenz bis zu 2% u. mehr. Von wesentlicher Bedeutung ist deshalb das gegenseitige Verhältnis der Siebanteile über 2,5 bis zu 3,0 mm. Da in der Praxis normalerweise nur über 2,5 mm sortiert wird, außerdem die Gerstensortieranlagen sehr leistungsempfindlich sind, lassen sich Extraktunterschiede zwischen Kleinmälzungswerten u. der Praxis z. T. daraus erklären. (Brauwelt, Ausg. B. **1958.** 1453—56. 23/9. Weihenstephan, Chem.-technolog. Inst.) K. H. SCHAUERTE. 7540

**W. Kilp,** *Grünmalz. Wirtschaftlichkeit, Herstellung, Verwendung.* In zusammenfassender Übersicht wird über Grünmalz, seine bessere Wirtschaftlichkeit gegenüber Darrmalz, Herst. aus Malzgetreide (Gerste, Hafer) über den Reinigungs- u. Weichprozeß u. Mälzung, seine Verarbeitung, das Verzuckerungsvermögen sowie über den Schutz des Malzes gegen den „schwarzen Schimmel" durch Desinfektion mit Formalin berichtet. Vf. gibt ausführliche apparative u. verfahrenstechn. Angaben. (Alkohol-Ind. **1958.** 635—38. 646—48. 17/12.) R. LESCHBER. 7540

**W. W. Luchsinger,** *Die Oxydation beim Mälzen und Brauen.* Vf. erläutert die Grundlagen u. die Wrkg. der Oxydation bei der Bierherst. u. bespricht vergleichend einige Methoden zu ihrer Bestimmung. — 49 Literaturangaben. (Brewers Digest **32.** Nr. 3. 60—67. März 1957. Milwaukee, Wis., Kurth Malting Co.) K. H. SCHAUERTE. 7540

**František Hlaváček, Gaston Klazar** und **Miroslav Kahler,** *Sterile, halbkontinuierliche Gärführung in der Brauerei.* Vff. beschreiben ein Verf. zur halbkontinuierlichen Durchführung der Hauptgärung unter sterilen Bedingungen in der Brauerei. Das Verf. hat

gegenüber der stationären Gärung (im offenen Gärbottich) den Vorteil, daß die Würze nicht täglich, sondern nur 1mal für den ganzen Cyclus von 21—28 Tagen (10—14 Generationen) angestellt werden muß u. die Gärtanks erst nach 3—4 Füllungen gereinigt werden müssen. Der Gärprozeß läßt sich besser regulieren u. liefert ein qualitätsmäßig etwa gleiches, jedoch viel haltbareres Bier als das stationäre Verfahren. Die anfallende $CO_2$ kann gesammelt u. für die Brauerei verwendet werden. Das Problem der Entfernung der unerwünschten Stoffe, die beim halbkontinuierlichen Verf. im Jungbier bleiben, muß noch gelöst werden. Der Verlauf der Gärung wurde papierchromatograph. verfolgt u. im Chromatogramm (WHATMAN Nr. 3, Butanol:Essigsäure:W. = 4:1:5) mit Benizidinreagens Raffinose, Maltose, Saccharose, Glucose, Fructose u. Xylose nachgewiesen. (Kvasný Průmysl **4.** 175—80. Aug. 1958. Praha-Braník, Pokusný pivovar.)
B. GÖRLICH. 7544

**Gordon G. Halvorsen,** *Beobachtungen bei der Würzefiltration.* Vf. bespricht die Vor- u. Nachteile sowie die geeignetsten Filterarten bei der Würzefiltration. (Amer. Brewer **89.** Nr. 4. 42—44. April 1956. Cleveland, Ohio, Great Carbon Corp., Dicalite Div.)
K. H. SCHAUERTE. 7544

**Bernhard Mändl,** *Über die Ausbeutebilanz.* Eine volle Übereinstimmung der erzielten mit der erwarteten Ausbeute wäre bei der bisherigen Form der Ausbeutebilanz nur ein Zufall. Die Brauchbarkeit der Sudhausausbeutebilanz zur Kontrolle der Sudhausarbeit bleibt bestehen, wenn gewisse Mängel berücksichtigt werden. Im allg. genügt die Feststellung der Treberverluste. (Brauwelt, Ausg. B **97.** 1475—81. 27/9. 1957. Weihenstephan, Staatl. Brautechn. Prüf- u. Vers.-Anst.) K. H. SCHAUERTE. 7544

**Francis R. Omlor,** *Schluß mit „muffigem" Bier.* Vf. zeigt die Ursachen sowie Mittel u. Wege zur Vermeidung des Muffigwerdens von Bier. (Amer. Brewer **89.** Nr. 9. 56—100. Sept. 1956.) K. H. SCHAUERTE. 7550

**Baum-Henß,** *Beitrag zur Untersuchung der schwefligen Säure in Nahe-Weinen.* Es ist noch immer nicht möglich, genau anzugeben, welche Mengen $SO_2$ den verschied. Weinen beim Ausbau zugesetzt werden müssen. An einer Reihe von Kellerverss. wird gezeigt, daß die Abnahme der freien $SO_2$ um so rascher erfolgt, je stärker eingeschwefelt wird. Der Geh. an gesamter $SO_2$ veränderte sich bei den Weinen nur geringfügig. Es wird empfohlen, bei Weinen, die einen geringeren Geh. als 25 mg freie $SO_2$/Liter aufweisen, keinen Überschuß an $SO_2$ zuzusetzen. Bei der raschen Abnahme der freien $SO_2$ besteht die Gefahr, daß bei später notwendigen Schwefelungen die zulässige Menge von 200 mg $SO_2$ je Liter überschritten wird. (Dtsch. Wein-Ztg. **94.** Nr. 26. Wein u. Rebe **39.** 472—74. 11/9. 1958. Bad Kreuznach, Landes-Lehr- u. Versuchsanstalt.) F. RADLER. 7554

**Jiří Kalášek,** *Identifizierung von Weinen durch chromatographische Bestimmung der Aminosäuren.* Die Prüfung u. Identifizierung von Weinen durch Geschmacks- u. Geruchsproben ist nicht genügend zuverlässig. Vf. beschreibt ein Verf. zur Identifizierung von Weinen durch chromatograph. Best. der Aminosäuren u. zeigt an Hand von Papierchromatogrammen, daß sich z. B. Reben-, Obst- u. Hybridenweine hinsichtlich des Geh. an Aminosäuren deutlich unterscheiden. In Apfelweinen läßt sich Glutaminsäure (I), Alanin (II) u. Glykokoll (III) nachweisen, Rebenweine enthalten neben **I, II** u. **III** noch Prolin, Serin, Leucin, Valin, Lysin, Threonin u. Asparaginsäure. Die Entw. der Aminosäuren erfolgte zweidimensional auf WHATMAN-Papier Nr. 1 mit Phenol bzw. Butanol, Essigsäure u. W. (4 : 5 : 5) als Lösungsm., Trocknen u. Anfärben mit 0,1% Ninhydrin in Alkohol. (Vinarství **51.** 44—45. März 1958. Znojmo.)
B. GÖRLICH. 7606

**Dan W. Steuart,** *Die Sorbitprüfung.* Man dest. den A. aus 100 ml Wein ab, neutralisiert die zurückbleibende Fl., versetzt mit 5 ml 40%ig. wss. Pb-Acetat-Lsg., füllt auf 100 ml auf, schüttelt, filtriert in einen 1 g trockenes K-Oxalat enthaltenden Kolben, schüttelt, filtriert, dampft das Filtrat auf 4 ml ein, verd. in einem Meßzylinder auf 6 ml, versetzt mit 12 ml HCl (D. 1,18) u. 4 Tropfen o-Chlorbenzaldehyd (I), schüttelt, läßt 30 Min. im Dunkeln stehen, schüttelt wieder, filtriert am folgenden Tag durch ein trockenes, gewogenes Filter in einen 4 ml **I** enthaltenden Meßzylinder, schüttelt, läßt 6 Std. im Dunkeln stehen, filtriert durch dasselbe (gewogene) Filter, wäscht die vereinigten Ndd. mit 50 ml kaltem W. u. 50 ml $CH_3OH$ aus, trocknet u. wägt den Nd. von Tri-o-chlorbenzalsorbit. Sorbit (II) in Apfelwein wird in ähnlicher Weise bestimmt. Das Verf. weist für reine **II**-Lsgg. eine Genauigkeit von 80% auf. In Bordeauxwein (Apfelwein) findet man ca. 2 mg (0,12—0,51 g) **II** je 100 ml. Daher kann man 5% Apfel- in Traubenwein nachweisen. (J. Sci. Food Agric. **6.** 387—90. Juli 1955. Attleborough, Norfolk, William Gaymer & Son Ltd.) W. WESLY. 7606

**Je. Ss. Drboglaw,** *Eine Schnellmethode zur Bestimmung des Zuckergehaltes in Champagnerlikören.* (Vgl. FERTMANN, C. **1957.** 7513.) Die Best. erfolgt mit einem Zucker-Refraktometer. Der Nullpunkt wird vor Beginn mit dest. W. geprüft. Nach der Einstellung werden beide Kamerahälften mit Filtrierpapier trocken gerieben u. auf die untere Hälfte 3—4 Tropfen Likör aufgetragen. Aus dem Geh. an Trockensubstanz u. dem Dichtewert wird der Zuckergeh. nach einer Formel berechnet. Die Abweichung der Ergebnisse vom tatsächlichen Wert des Zuckergeh. beträgt höchstens $\pm 0,3\%$. Die Best. dauert nur einige Minuten. (Виноделие и Виноградарство СССР [Weinbereit. Weinbau UdSSR] **18.** Nr. 2. 4—6. 1958.) OTTO MAIER. 7606

## XVI. Nahrungs-, Genuß- und Futtermittel.

**Jan Boczek,** *Die Mehlmilbe (Tyroglyphus farinae L.). Morphologie, Biologie und Ökologie, Schädlichkeit und Bekämpfungsversuche.* Die wirksamste Bekämpfung der Mehlmilbe besteht in der Erniedrigung der Feuchtigkeit der Getreideprodd. auf $< 13\%$. Von den chem. Bekämpfungsmethoden ist Begasen mit chlorierten KW-stoffen bes. wirksam. (Roczniki Nauk rolniczych, Ser. A **75.** 559—644. 1957. Inst. Ochrony Roślin.) F. URBAN. 7670

**C. C. Walden,** *Die Wirkung der Weizenamylasen auf die Stärke unter den beim Backen üblichen Zeit- und Temperaturbedingungen.* Vf. untersuchte Stärkeamylasesysteme, die α- u. β-Amylase allein u. in Kombination enthielten, bei Tempp. von 30—98° entsprechend den im Inneren eines Brotes während des Backens herrschenden Bedingungen. Die Ergebnisse zeigten, daß ein hoher Grad der Stärkeumwandlung durch die Wrkg. der α-Amylase u. ein geringerer aber bestimmter Betrag durch die β-Amylase verursacht wird. Beide Amylasen kombiniert ergaben eine größere Menge Maltose, wobei die durchschnittliche Kettenlänge der Rückstandsdextrine vermindert wurde. (Cereal Chem. **32.** 421—31. Sept. 1955. Vancouver, Univ. of British Columbia.) H. HAEVECKER. 7674

**R. Ulrich,** *Physiologie der Früchte nach der Ernte.* Übersicht (bis März 1957). Reifungsbedingungen (Temp., Bestrahlung, Luftfeuchtigkeit, Äthylen [I], flüchtige Fruchtstoffe, Wuchsstoffe); Gasaustausch (respirator. Austausch, Bldg. von I u. verschied. flüchtiger Verbb.; Zus., mit deren Bldg. zusammenhängende prakt. Probleme), I-Bldg. Transpiration, Stoffwechsel der geernteten Früchte: Oxydationen u. Atmung (Oxydationsmechanismen, Redoxpotentiale, Dehydrogenasen, Oxydase [II] u. Atmung, II u. Braunfärbung der Früchte, KREBS-Cyclus u. Pentosecyclus, Atmung u. phosphorylierende Kopplung), Zucker (Polysaccharid-, lösl. Zucker-Stoffwechsel), Pektinkomponenten (Methodik, Stoffwechsel, pekt. Enzyme, Pektinesterase, Polygalakturonase), Ascorbinsäure, organ. Säuren (Vork. in Fruchtextrakten, quantitative Schwankungen, Aufbau- u. Abbauwege, aromat. Säuren), Aminosäuren u. Proteine, Lipide, Carotinoide, Phenolkomponenten, Auxine. — 289 Literaturangaben. (Ann. Rev. Plant Physiol. **9.** 385—416. 1958. Paris, Fac. des Scis.) K. MAIER. 7688

**M. Ss. Mordkowitsch,** *Die chemisch-technologischen Besonderheiten der in der Moldau-Republik gezüchteten Pflaumensorten.* Neben Trockensubstanz-, Zucker-, Säure-, Pektin-, Gerbstoff- u. Farbstoffanalysen der einzelnen Sorten wurden die für den Geschmack u. das Aussehen der Früchte ausschlaggebenden Zucker/Säure- sowie Gerbstoff/Säure-Koeff. ermittelt u. in Tabellen festgehalten. Die gefundenen Werte für die Aktivität der Ascorbinoxydase, Polyphenoloxydase u. Peroxydase werden in Beziehung zur Eignung der einzelnen Pflaumensorten für die Gewinnung von Dörrobst gesetzt. (Консервная и Овощесушильная Промышленность [Konserven- u. Dörrgemüse-Ind.] **14.** Nr. 4. 31—33. April 1959. Moskau, Wiss. Forsch.-Inst. der Nahrungsmittelind.) L. TUNGER. 7688

**F. Ss. Apt** und **L. P. Naidenowa,** *Der Verderb von Konserven durch thermophile Mikroorganismen.* Vf. führt das Sauerwerden ohne Gasbldg. bei grünen Erbsen, Zuckermais u. Kürbispüree auf den Bacillus aerothermophilus sp. zurück, dessen Entwicklungsoptimum bei 55—65° liegt. Die von den Normen vorgeschriebene Senkung der Temp. des Autoklavenwassers während der Konservenabkühlung auf 40° begünstigt das Wachstum der Sporen. Daher muß die Temp. im Inneren der Konservenbüchse während der Abkühlung auf 42° gesenkt werden. (Консервная и Овощесушильная Промышленность [Konserven- u. Dörrgemüse-Ind.] **14.** Nr. 4. 39—40. April 1959. Zentr. Wiss. Forsch.-Inst. der Konserven u. Dörrgemüseind.) L. TUNGER. 7690

**Alfred Schaller** und **Gotelinde Raffay,** *Beeinflußt Benzylmonobromacetat den oxydativen l-Ascorbinsäure-Abbau bei Fruchtsäften?* An vitaminierten (+250—500 mg/Liter Vitamin C) u. nativen Fruchtsäften u. Fruchtsaftgetränken unter begrenztem Sauerstoffzutritt durchgeführte Stehverss. ergaben, daß die nichtenzymat. Oxydation der *l-Ascorbinsäure* durch bromhaltige Konservantien (z. B. *Benzylmonobromacetat, Äthylenmonobromacetat, Monobromessigsäure*) nicht gefördert wird. (Fruchtsaft-Ind. **2.** 176—84. Sept. 1957. Wien, Bundeslehr- u. Versuchsanst. für chem. Ind.) V. FROBOESE. 7706

**J. M. Elliot** und **E. C. Birch**, *Chemische Zusammensetzung verschiedener Handelssorten von kanadischem heißluftgetrocknetem Tabak.* Auf Grund von Unterss. an 21 verschied. Qualitäten ergaben eine Beziehung zwischen „Qualitätsmerkmalen" (z. B. Farbe, Textur, Reife, Elastizität, Aroma) u. gewissen Analysendaten, nämlich Geh. an Alkohollöslichem, Gesamtzuckern, reduzierenden Zuckern u. Hygroskopizität einerseits (positive Korrelation) sowie Geh. an Gesamt-N, Protein-N, Gesamtalkaloide, Nicotin, Ca u. Mg anderseits (negative Korrelation). (Canad. J. Plant Sci. **38.** 73—80. Jan. 1958. Delhi, Ontario, Canada Dep. of Agric.) M. WINIKER. 7734

**W. G. Frankenburg** und **A. A. Vaitekunas**, *Die Chemie der Tabakfermentation.* 1. Mitt. *Die Umwandlung der Alkaloide.* D. *Identifizierung von Cotinin in fermentierten Blättern.* (1. vgl. C. **1958.** 13654.) Das l. c. aus den fermentierten Pennsylvania Tabakblättern erhaltenen Pyridinderiv., das ebenfalls bei der Oxydation von Nicotin mit $H_2O_2$ u. bei der Bestrahlung von Nicotin mit UV-Licht erhalten werden konnte, wurde auf Grund nachst. Unterss. als *Cotinin* (I) identifiziert. I besitzt im IR-Spektr. eine Bande bei 6 $\mu$, im UV-Spektr. ein Maximum bei 262 u. ein Minimum bei 234 m$\mu$. Die Lactamstruktur von I folgt aus der Oxydation des Methojodids von I mit $K_3[Fe(CN)_6]$ zu *N-Methyl-2-[N-methylpyridon-(2)-yl-(3)]-pyrrolidon-(5)*, aus dem bei der $CrO_3$-Oxydation *N-Methylpyrrolidon-(5)-carbonsäure-(2)* entstand, die zum Vgl. ebenfalls aus N-Methylglutaminsäure dargestellt wurde u. bei der anschließenden Red. *Hygrinsäure* (*N-Methylpyrrolidin-2-carbonsäure*) ergab. Die Oxydation von I mit $KMnO_4$ oder $CrO_3$ ergab *Nicotinsäure*, *Oxalsäure* u. in geringer Menge *Malonsäure*. In der l. c. erhaltenen I-Fraktion scheint noch eine weitere ähnliche Verb. enthalten zu sein, die nicht durch Chromatographie abgetrennt werden kann. Bei der Fermentation scheint I nicht über N-Methylmyosimin zu entstehen, wie die übrigen Abbauprodd. (vgl. l. c.) (IR-Spektr. von I s. Original).

Versuche (FF. von FISHER-JOHNS-App.): *Cotinin* (I), Kp.$_6$ 210—211°, a) durch Chromatographie der l. c. erhaltenen $\delta$-Fraktion an WHATMAN-Papier Nr. 1 mit einem Gemisch aus 60 Teilen Bzl., 15 Teilen $CH_3OH$ u. 25 Teilen Na-Acetat ($p_H$ 5,6), Alkalisieren des Eluats, Extrahieren mit Chlf. u. erneute Chromatographie; 30 mg (Ausbeute); b) durch Vakuumdest. von 100 g eines mehrere Jahre gestandenen Nicotins, Alkalisieren mit NaOH, Dampfdest., Ansäuern des Destillierrückstandes mit 3n HCl, 6std. Kochen, Einstellen auf $p_H$ 10, kurzes Kochen u. 40std. Ausäthern; 350 mg (Ausbeute); $R_F$ 0,79 bis 0,81 (in Butanol/A./Na-Acetat vom $p_H$ 5,6 [50 : 10 : 40]), 0,37 $\pm$ 0,01 (Butylacetat/$CH_3OH$/0,25%ig. $NH_4OH$ [95 : 5 : 25]), 0,56—0,57 (Bzl./$CH_3OH$/Na-Acetat vom $p_H$ 5,6 [60 : 15 : 25]). *Chlorplatinat*, $PtCl_4(C_{10}H_{12}N_2O \cdot HCl)_2$, F. 219—220° (Zers.). — *Nicotinsäure*, F. 233° (A.), durch Oxydation von 39 mg I mit 5%ig. $KMnO_4$ in 10%ig. NaOH bei 60—70°, Red. des überschüssigen $KMnO_4$ mit $NaHSO_3$, Einstellen auf $p_H$ 3 u. 40std. Ausäthern; 21 mg. — *N-Methyl-2-[N-methylpyridon-(2)-yl-(3)]-pyrrolidon-(5)*, durch Zufügen von 3,2 g $CH_3J$ zu einer Lsg. von 2,6 g konz. HJ, 2 g I u. 25 cm³ A. unter Kühlen, 12std. Kochen u. Vakuumabdampfen, Aufnehmen des *Methojodids* in KOH, ½std. Stehen mit $K_3[Fe(CN)_6]$, Sättigen mit $K_2CO_3$ u. Extrahieren mit Bzl.; 0,5 g (roh). — *N-Methylpyrrolidon-(5)-carbonsäure-(2)*, *Hydrochlorid*, F. 185—187°, a) durch Oxydation von 0,5 g vorst. Verb. mit $CrO_3/H_2SO_4$ (5std. Kochen), Red. des überschüssigen $CrO_3$ mit $SO_2$, Fällen des Cr-Salzes mit gesätt. $Ba(OH)_2$ u. Einengen des Filtrats; b) durch 4std. Erhitzen von 1 g N-Methylglutaminsäure auf 170—180°, Chromatographieren an Amberlite 100 u. Eluieren mit 2n HCl; 0,6 g; $R_F$ 0,48—0,50 (A./Propanol/Lsg. aus 1,6n $NH_4OH$ + $(NH_4)_2CO_3$ [60 : 10 : 30]), 0,45—0,47 (A./tert.-Amylalkohol/$NH_3$-Puffer [60 : 10 : 30]), 0,25—0,26 (Phenol/W./90%ig. Ameisensäure [30 : 10 : 0,1]). — *Hygrinsäure*, durch Red. vorst. Verb. mit Na in absol. A., 1½std. Erhitzen, Neutralisieren mit 3n HCl; $R_F$ (in gleichen Gemischen wie bei vorst. Verb.) 0,54—0,58, 0,51—0,54 bzw. 0,69—0,70. *Cu-Salz*, F. 207—208° (Zers.). (J. Amer. chem. Soc. **79.** 149—51. 5/1. 1957. Lancaster, Pa., Gen. Cigar Co., Inc., Res. Labor.) H. LEHWALD. 7734

**G. Nosskowa, G. Pek** und **Je. Moissejewa**, *Der Einfluß tiefer Temperaturen auf die Vermehrung und die biochemische Aktivität des Bacteriums Achromobacter sp.* Die Abhängigkeit der Vermehrung von Achromobacter sp. in Hackfleisch bei Tempp. von −1,8 bis +7,8° zeigt Veränderungen des lösl. N, der flüchtigen Säuren u. Basen sowie des $p_H$ nur in der logarithm. Phase des Bakterienwachstums. Hier gilt die Gleichung: log = −0,0722 + 1,127, wo g die Zeit der Bakterienverdoppelung, t die Temp. bedeutet. Die maximale Bakterienzahl beträgt, unabhängig von der Temp., $10^{10}$/g. Nach einer bestimmten Anfangszeit zeigt die Geschwindigkeit der Vermehrung eine lineare Abhängigkeit von der Temperatur. Als mögliche Kennzahlen für den Frischzustand von Hackfleisch bei Kälteaufbewahrung werden die chromatograph. Flecke von *Histidin* u. *Arginin* angesehen, die von allen mit Ninhydrin reagierenden Aminosäuren am ehesten verschwinden. (Холодильная Техника [Kälte-Techn.] **35.** Nr. 5. 44—48. Sept./Okt. 1958. Moskau, Wiss. Unions-Forsch.-Inst. der Kälteind.) L. TUNGER. 7750

**Jozef Wierzchowski, Władysław Kasiński** und **Barbara Wituszyńska,** *Untersuchungsmethodik und Beurteilung des calorischen Wertes der häufigsten polnischen Fischkonserven.* 3. Mitt. (2. vgl. Roczniki pánstwowego Zakładu Hig. **6.** [1955.] 235.) Übersicht über chem. Zus. u. Calorienzahl poln. Fischkonserven. Bemerkenswert ist der hohe F-Geh. (bis 12,9 mg/100 g) der Marinaden aus Ostseefischen. (Roczniki pánstwowego Zakładu Hig. **9.** 525—34. 1958.) F. URBAN. 7752

**J. J. Connell,** *Die auspreßbare Flüssigkeit von Fischfilets.* 6. Mitt. *Elektrophoretische Analyse der auspreßbaren Flüssigkeit von Kabeljaumuskel.* (5. vgl. C. **1959.** 10755.) Elektrophoret. Diagramme der auspreßbaren Fl. von Kabeljaumuskel wurden mit bei geringer Ionenstärke gewonnenen Extrakten verglichen. Dabei wurde eine *neue Komponente* (**I**; *Komponente EF*) gefunden. Bei **I** handelt es sich nicht um Tropomyosin, Actin, Serumalbumin oder Pseudoglobulin von PERRY; sie ist wahrscheinlich in der Intercellular-Fl., dem Sarcoplasma oder den Fibrillen lokalisiert. Diskussion; Abb. der elektrophoret. Banden. (J. Sci. Food Agric. **8.** 701—06. Dez. 1957.) H. GOEBEL. 7752

**R. M. Love** und **O. Karsti,** *Die auspreßbare Flüssigkeit von Fischfilets.* 7. Mitt. *Schädigung beim Einfrieren und Proteindenaturierung unter Druck.* (6. vgl. vorst. Ref.) Anwendung von Druck während des Einfrierens von Fischfilet hat keine erkennbaren Nachteile für das Gefriergut. Durch Anwendung von Druck kann die Gefrierzeit herabgesetzt werden. (J. Sci. Food Agric. **9.** 249—57. Mai 1958.) H. GOEBEL. 7752

**R. M. Love,** *Die auspreßbare Flüssigkeit von Fischfilets.* 8. Mitt. *Zellschädigung bei langsamem Einfrieren.* (7. vgl. vorst. Ref.) Einfrieren von Fischfilet innerhalb von 115 Min. hat nur unwesentliche Zellschädigungen zur Folge. Bei langsamerem (200 bis 500 Min.) Einfrieren besteht ein Maximum der Zellzerstörung. (J. Sci. Food Agric. **9.** 257—62. Mai 1958.) H. GOEBEL. 7752

**R. M. Love,** *Die auspreßbare Flüssigkeit von Fischfilets.* 9. Mitt. *Andere durch Einfrieren hervorgerufene Arten der Zellschädigung.* (8. vgl. vorst. Ref.) Vf. untersuchte die Zellschädigung in Fischfilet bei einer Einfrierzeit von 25 Min.; die Zellzerstörung entsteht durch Sprengung der Zellen durch im Zellinnern gebildete Eiskristalle. Aus den Filets austretende Fl. stammt aus der Nähe der Schnittflächen u. nicht aus tieferen Zellschichten. (J. Sci. Food Agric. **9.** 262—68. Mai 1958.) H. GOEBEL. 7752

**Teofil Dąbrowski** und **Zenon Ganowiak,** *Freie und gebundene Aminosäuren im Fleisch und in der Leber des baltischen Dorsches.* Die mit 75%ig. A. extrahierten freien Aminosäuren (AS) aus dem Fleisch u. der Leber des balt. Dorsches (0,29—0,37% vom Gesamteiweiß) bestehen prakt. aus allen exogenen AS, wobei Prolin, Asparaginsäure u. Histidin überwiegen. Im Säurehydrolysat lassen sich papierchromatograph. ebenfalls alle exogenen AS mit Ausnahme von Tryptophan, das dabei zers. wird, nachweisen. Im Hydrolysat überwiegen Prolin u. Glutaminsäure. (Roczniki państwowego Zakładu Hig. **9.** 549—56. 1958. Gdańsk, Woj. Stacja Sanit.-Epidemolog.) F. URBAN. 7752

**N. A. Golowkin** und **L. I. Perschina,** *Über die Rolle von Adenosintriphosphorsäure bei der Kältebehandlung und Lagerung von Fischen.* Spaltung u. Resynth. von *Adenosintriphosphorsäure* (**I**) bedingen das Starr- u. Schlaffwerden der Muskeln. Die quantitative Best. von **I** beruht auf der Abspaltung von 2 Phosphorsäureresten bei der sauren Hydrolyse in der Hitze. Aus der Menge des leicht hydrolysierbaren P (**II**) kann **I** berechnet werden. Nach dem Schlachten sofort gekühlte, zur Verhinderung des Austrocknens mit Polyäthylen überzogene Karpfen wurden bei 0, 3 u. 6° gelagert. 80—90% der ursprünglichen **I** werden in den ersten 24 Std. gespalten (bei 0°: 14,8 mg **II**/100 g Muskel → 2,91; bei 6°: 16,5 → 1,79). Nach 5 Tagen bei 0°, 4 bei 3° u. 3 bei 6° beginnt als Folge der Resynth. von **I** wieder langsam zuzunehmen. Parallel damit geht das Weichwerden des Muskelgewebes. Die Spaltung von **I** ist, außer von der Temp., abhängig von Art, Größe u. physiol. Zustand des Fisches. Bei fettreichen Fischen verläuft die Spaltung langsamer als bei mageren. Die quantitative Best. von **I** kann als zuverlässiges Kriterium für den Ablauf der biochem. Prozesse dienen. (Рыбное Хозяйство [Fischerei-Wirtsch.] **33.** Nr. 9. 87—90. Sept. 1957. Leningrad, Technol. Inst. der Kälteind.) W. SCHMELZ. 7752

**E. N. Frankel, L. M. Smith** und **E. L. Jack,** *Die Chromatographische Trennung einiger Milchlipide.* Fett, das aus Milch oder getrockneter Buttermilch durch Ae.-Pentan-Gemisch extrahiert worden war, wurde mittels $SiO_2$-Säule chromatographiert. Cholesterin u. Phospholipide konnten durch verschied. Lösungsmittel (Ae.-Pentan-Gemisch, Methanol, Aceton, W.) eluiert werden. Tocopherole u. Carotinoide blieben mit den Triglyceriden zusammen. Das aus Butterfett hergestellte Unverseifbare wurde mittels $Al_2O_3$-Celite- u. MgO-Celite-Säulen getrennt. Elutionsmittel: Hexan, Bzn., Ae., Methanol. Im Benzineluat wurde Cholesterin chem. u. infrarotspektroskop. nachgewiesen. Die Carotinoide ergaben mit Hexan 5 klar definierte Zonen. Vff. reinigten sie durch weitere Chromatographierung u. wiesen durch Infrarotspektroskopie *β-Carotin, Neo-β-Carotin, Lutein* u.

*Zeaxanthin* nach. (J. Dairy Sci. **41.** 483—91. April 1958. Davis, Calif., Univ. of California, Dep. of Dairy Ind.) E. WIEHR. 7756

**L. M. Smith, E. N. Frankel, W. Haab** und **E. L. Jack,** *Der Einfluß der Phospholipide und des Unverseifbaren auf die Oxydationsstabilität von Milchfett.* Die Stabilität von auf verschied. Weise hergestelltem Milchfett wurde durch Best. der Induktionsperiode bei 80 ± 0,5° bestimmt. Das Fett, das mit einem Ae.-Pentan-Gemisch extrahiert worden war, hatte eine größere Stabilität als in der Buttermaschine hergestellte Butter. Die längere Haltbarkeit wurde durch den Geh. an Phospholipiden u. anderen Antioxydantien u. Synergisten, die durch das Lösungsm. herausgelöst wurden, hervorgerufen. *α-Tocopherol* wirkte synergist. mit Phospholipiden. (J. Dairy Sci. **41.** 472—82. April 1958. Davis, Calif., Univ. of California, Dep. of Dairy Ind.) E. WIEHR. 7756

**O. W. Kaufmann,** *Ultrahocherhitzung.* Im wesentlichen inhaltsgleich mit der C. **1959.** 653 erschienenen Arbeit. Ultrahocherhitzung auf 87,7—137,7° ohne Heißhaltung ergibt eine in jeder Hinsicht einwandfreie Milch, die lediglich hinsichtlich des Vitamingeh. erneuter Anreicherung bedarf. (Proc. **50.** annu. Convent. Milk Ind. Foundat., Plant Sect. 58—61. East Lansing, Mich., Michigan State Univ.) HANS THIELE. 7756

**M. B. Tewilewitsch,** *Die Gäreigenschaften der Kulturen von Str. lactis auf Milch verschiedener Jahreszeiten.* NEPOMNJASCHTSCHAJA u. TEWILEWITSCH (vgl. C. **1955.** 9115) hatten gezeigt, daß es unter den Kulturen von *Str. lactis* gegenüber den jahreszeitlichen Veränderungen der Milch empfindliche u. weniger empfindliche Formen gibt. Auf Grund 4jähriger Beobachtungen wird nun gezeigt, daß die geringe Empfindlichkeit eine vererbbare Eig. ist. Diese Eig. bleibt bei 5—6°, Zimmertemp. u. 28—37° erhalten. Bei den empfindlichen Formen tritt jedes Frühjahr eine Abnahme der Aktivität der Säurebldg. u. eine Verlangsamung der Milchsäuerung ein. Das gleiche wiederholt sich im Herbst, jedoch nicht so stark. Die günstigste Temp. für die n. Säurebldg. liegt für alle Kulturen bei 28°. (Мікробіологічний Журнал (Київ) [Mikrobiol. J. (Kiew)] **20.** Nr. 4. 13—18. 1958. Mikrobiol. Inst. der Akad. der Wiss. der UkrainSSR.) O. LEBTAG. 7756

**B. Stupnitzki,** *Die Berechnung der fettfreien Trockensubstanz der Milch.* Es wird festgestellt, daß der mittlere Geh. an fettfreier Trockensubstanz in gesalzener *Butter* (**a**) 0,80—1,06 (%), in period. gewonnener, ungesalzener **a** 0,84—1,08 u. in kontinuierlich gewonnener, ungesalzener **a** 1,77—2,06 beträgt. Period. gewonnene ungesalzene **a** enthält höchstens 16,0 Feuchtigkeit u. mindestens 83,0 Fett, gesalzene **a** 16,0 bzw. 81,5 u. höchstens 1,5 Salz. Für kontinuierlich gewonnene **a** sind die entsprechenden Werte: (gesalzen) 16,0 bzw. 82,0 u. (ungesalzen) 15,5 bzw. 82,5. (Молочная Промышленность [Milch-Ind.] **20.** Nr. 1. 22. Jan. 1959. Ukrain. Wiss.-Forschungslabor. der Milchind.) OTTO MAIER. 7758

**G. Kotschankow,** *Erfahrungen bei der Lagerung von Käse in Kühlhäusern.* Für reifen Hartkäse soll die Lagertemp. —2 bis —5°, für reifenden 0—6° bei mittlerer Luftfeuchtigkeit von 85—90% betragen. Unparaffinierter u. weicher Käse sind bei 0° zu lagern, da bei Minustempp. ihre Qualität verschlechtert wird. Der für Stückkäse erforderliche Wachsüberzug besteht aus einer Mischung von 60% Paraffin, 40% Petrolatum u. einem Zusatz von ca. 0,65 g/kg Sudan III oder Farbstoff Nr. 19. Lagerbedingungen u. Haltbarkeit der einzelnen Käsesorten sind in einer Tabelle festgehalten. (Холодильная Техника [Kälte-Techn.] **35.** Nr. 5. 38—41. Sept./Okt. 1958. Moskau, Kühlhaus Nr. 1.) L. TUNGER. 7760

**Je. D. Jewstratjewa, A. P. Kurjatschjew** und **A. W. Ssinitzyn,** *Trocknen von Quark durch Sublimation.* Fettfreier u. fetthaltiger Quark (17—25%) sowie fetthaltige süße Quarkzubereitungen können durch Sublimation getrocknet werden, wobei die Feuchtigkeit der Ausgangsprodd. innerhalb 24 Std. von 60—80% auf 2—4% gesenkt wird. Beim Aufquellen mit W. von 20—30° zeigt der Geschmack keine wesentliche Veränderungen. (Консервная и Овощесушильная Промышленность [Konserven- u. Dörrgemüse-Ind.] **14.** 16—18. April 1959. Rostow, Konservenfabrik „Smytschka".) L. TUNGER. 7760

**A. P. Kalaschnikow** und **Ss. K. Klunko,** *Verwertung der Lupine als Viehfutter.* Trockenmasse u. Eiweißgeh. steigen bei Lupinen während der Vegetationsperiode stark an (von 15,7 auf 66,0 u. 4,14 auf 12,77). In den Blättern ist viel mehr Protein (31,7% der Trockenmasse) u. Fett (6,5%) enthalten als in den Stengeln (12,0 u. 2,0%), aber weniger Cellulose (13,3 bzw. 31,2%) u. Zucker (11,1 bzw. 29,0 ). Im Stengel wurden 8, in der Blattmasse 16 freie Aminosäuren gefunden. Es wurden bis zu 105 kg Lupine pro Kuh u. Tag verfüttert. Bei Fütterungsverss. waren für 1 kg Milch bei Lupinenbeigabe zu Grünmais u. Konzentratgemisch nur 0,76 Futtereinheiten, 80 g Eiweiß u. 168 g Konzentrat aufzuwenden gegenüber 0,79 Einheiten, 80 u. 260 g. Bes. gute Resultate werden durch Kombination von Lupine u. Mais als Grün- oder Silofutter erhalten. (Животноводство [Tierzucht] **19.** Nr. 5. 43—46. Mai 1957. Nowosybkowo, Landwirtsch. Versuchsstation.) W. SCHMELZ. 7782

**A. P. Gorbatschewa,** *Der Proteinnährwert von Futtergräsern.* Futterpflanzen, wie Mais, Rotklee, Luzerne, Wicke, enthalten vor der Blüte mehr Eiweiß (I) u. Aminosäuren (II) als in späteren Vegetationsperioden. Mais nimmt insofern eine Sonderstellung ein, als nach der Blüte die Grünmasse u. dadurch auch die Ernte an I u. II zunimmt. Vor der Blüte schwankt sein Geh. an I je nach Sorte u. Anbaugebiet zwischen 11,5 u. 19,5% der Trockenmasse. Diese ist gering im Vgl. zu Rotklee (bei der Blüte 13,8 bzw. 24,7%). Deshalb ist auch der Anteil von I an der Grünmasse bei Mais nur halb so groß wie bei Klee u. Luzerne. Mais enthält je kg Trockensubstanz vor der Blüte weniger Lysin u. mehr Aminodicarbonsäuren als die anderen Futterpflanzen. (Животноводство [Tierzucht] **19.** Nr. 7. 50—54. Juli 1957.) W. SCHMELZ. 7782

**A. F. Laguta** und **L. P. Netschiporuk,** *Verdaulichkeit und Nährwert von Heumehl.* In 2 Versuchsanlagen wurde aus verschied. Futtergräsern künstlich getrocknetes Heu teils als Mehl, teils in Brikettform bereitet. Die Heubriketts werden lieber gefressen. Der Carotingeh. betrug 12,0—18,07 mg% gegenüber 0—8,6 mg% bei gewöhnlicher Trocknung. Wesentlich ist rechtzeitiges Ernten. Ein am 15. Juni geerntetes Wicken-Hafer-Gemenge hatte um 3,18% mehr Protein u. um 3,79% mehr Mineralstoffe, aber um 6,18% weniger Cellulose als das gleiche, erst am 15. August geerntete Gemenge. Verdaulichkeit u. Nährwert (0,59—0,82 Futtereinheiten/kg) sind höher als bei gewöhnlichem Heu. Die Ca-Bilanz ist positiv, die P-Bilanz negativ. Eine stärkere Förderung der künstlichen Heutrocknung wird befürwortet. (Животноводство [Tierzucht] **19.** Nr. 5. 47—50. Mai 1957.) W. SCHMELZ. 7786

**W. I. Lintschenko,** *Das Problem der Biosynthese des Futtereiweißes aus wenig wertvollen pflanzlichen Rohstoffen.* Vf. beschreibt die Technologie bei der mikrobiol. Gewinnung von Futtereiweiß aus wenig wertvollen pflanzlichen Rohstoffen, wie Binsen, Stroh, in einem industriellen Versuchsbetrieb. Die dort produzierte Eiweißpaste enthält ca. 50% Rohprotein, 38—40% leicht verdauliche Kohlenhydrate, 2—3% Rohfett u. 8—10% Mineralsalze. Außerdem zeichnet sich die Paste durch ihren Geh. an Vitamin B aus. Je t Trockenbinsen werden bis zu 500 kg Paste mit ca. 25—30% Trockensubstanz gewonnen. Diskussion der Wirtschaftlichkeit des Verfahrens. (Животноводство [Tierzucht] **21.** Nr. 2. 24—34. Febr. 1959. Belgorod, Biochem. Vers.-Fabrik zur Erzeugung von Futtereiweiß.) H.-D. BOCK. 7786

**Krystyna Lemieszek-Chodorowska,** *Bestimmung von Nitraten und Nitriten im Fleisch und Fleischwaren.* Zur Best. von Nitrat u. Nitrit in wss. Fleischextrakten werden diese zunächst durch Zusatz von $CdSO_4$ von Eiweiß befreit. Überschüssiges $CdSO_4$ wird durch Fällung mit 0,25n NaOH beseitigt. Nitrit wird nach Zugabe von HCl u. 0,1%ig. Rivanollsg. colorimetr. bestimmt. Nitrat wird nach GRANDVAL u. LAJOUX colorimetriert, wobei an Stelle von Phenoldisulfonsäure eine Lsg. von Salicylsäure in konz. $H_2SO_4$ verwendet wird. Die Vergleichslsg. wird mit bekannten Mengen $KNO_3$ unter Zusatz von wenig $Na_2CO_3$ hergestellt, da die Fleischextraktion durch einige Tropfen einer 25%ig. $Na_2CO_3$-Lsg. erleichtert wird. Die Fehlergrenzen der Best. von Nitrit betragen —5 bis +7,7%, von Nitrat —9,6 bis +4,8%. (Roczniki państwowego Zakładu Hig. **9.** 205—23. 1958.) F. URBAN. 7850

**A. Ss. Iwanow,** *Die Bestimmung des Wassergehaltes von Salzheringen und Fischkonserven durch Trocknung mit der Solluxlampe.* Mit einer vertikal in 7 cm Abstand über der Al-Trockenschale befestigten SOLLUX-Lampe kann man den Wassergeh. von Salzheringen (Probe von 1,6—2 g in Sand verteilt) bei 156—158° (entsprechend 160 bis 165 V) in 8 Min. bestimmen; Fischkonserven in Tomatensauce erfordern 175—178° (180—185 V) u. 8 Min. oder 185—188° (190—195 V) u. 6 Minuten. Die Abweichungen von der Standardmeth. betragen ±5%. (Рыбное Хозяйство [Fischerei-Wirtsch.] **33.** Nr. 8. 79—81. Aug. 1957.) W. SCHMELZ. 7852

**A. O. Tschernogorzew,** *Bestimmung des Grads und der Dauer der Reifung von Strömlingspräserven.* Während des Reifens macht der Geschmack nach rohem Fisch einem würzigen Aroma Platz u. die Struktur wird zart. Zweckmäßig wird die organolept. Kontrolle durch die objektive chem. ergänzt. Infolge fermentativer Spaltungen nimmt der Geh. an Nichteiweiß-N (**a**) im Fisch von 10 auf 40—45 beim Reifen u. auf 50—55% des Gesamt-N (**b**) bei weiterer Lagerung zu. Bei 10—12° u. 10% NaCl-Geh. dauert dieser Prozeß ca. 40, bei —2° u. 14,5% NaCl mehr als 100 Tage. Der Amino-N (**c**), bestimmt durch Titration mit alkoh. KOH im alkoh. Auszug, steigt mit konstanter Temp. während der Reifung direkt proportional der Zeit von 6 auf 15—15,5%, nach 5—7 Monaten auf 30—35% des **b**. Der Anteil von **c** an **a** verschiebt sich von 22 nach 35% bei der Reifung u. infolge weiterer Spaltung prim. entstandener Peptone auf 61—76% bei der anschließenden Lagerung. Der Geh. an **c** + $NH_3$-N (**d**), bestimmt durch Formoltitration des NaCl-Auszugs (vgl. KOLOBOLOTSKI, C. **1954**. 3360), steigt von 4 auf 14—15% von **a**. In der Lake nehmen infolge Spaltung u. Übergangs lösl. Prodd. aus dem Fisch **a** u. **c** noch stärker zu u. erreichen 90 u. 50—60% von **b**, was 2—2,3% des Gewichts der Lake ausmacht. Da der Kaspisee-Strömling ziemlich konstant 2,6—2,7% **b** enthält, kann die Angabe von **c** u. **c** + **d** in mg% als ein einfaches Kriterium des Reifezustandes dienen: der Geh. an **c** soll 390 bis 410, der an **c** + **d** 360—380 mg% betragen. Im Ausgangsmaterial findet man nicht mehr als 25 mg% N aus flüchtigen Basen (**e**), bestimmt durch Wasserdampfdestillation. Da **e** langsamer zunimmt als **c**, fällt sein Anteil im Reifezustand auf 10—12 u. bei weiterer Lagerung auf 8—9% des **c**. Erst bei beginnendem Verderb steigt dann **e** rasch auf 110 bis 119 mg%. Der $p_H$-Wert bleibt bei 6,6—6,8, um erst beim Verderb auf 5—5,5 abzusinken. — Mittels einer Tabelle, in der die tägliche Zunahme von **c** in Abhängigkeit von Temp. u. NaCl-Geh. zusammengestellt ist, u. einer Formel, in der die Differenz zwischen Anfangs- u. Endgeh. an **c** mit dem täglichen Zuwachs in Beziehung gesetzt wird, kann man die Reifedauer berechnen. Erhöhung der Temp. von —2 auf +5° verkürzt die Reifedauer auf $^1/_2$, von —2 auf +4° auf $^1/_4$, Erhöhung des NaCl-Geh. von 9 auf 13% um $^1/_3$. Solange **c** unter 30% von **b** liegt, kann für das Prod. garantiert werden; bei 30—35% liegt bereits das Stadium der Überreife vor. (Рыбное Хозяйство [Fischerei-Wirtsch.] **33**. Nr. 3. 82—88. März 1957.) W. SCHMELZ. 7852

**G. Krampitz**, *Über die Verbesserung der Eiweißhydrolyse durch Proteinvorbehandlung mit Perameisensäure.* Aus den durch Säulenchromatographie nach MOORE u. STEIN (C. **1950/54**. 512 S.) erhaltenen Aminosäurewerten von Fischmehlen geht hervor, daß die Perameisensäureoxydation keine Schutzwrkg. auf säurelabile Aminosäuren ausübt u. die Spaltung HCl-labiler Peptide katalysiert. Bei dieser Meth. werden Cystein + Cystin zu Cysteinsäure oxydiert, Tyrosin wird in Chlortyrosin umgewandelt u. Methionin in Methioninsulfon. Ein Vgl. der aus der n. Hydrolyse erhaltenen Werte mit den Daten des mit Perameisensäure vorbehandelten Fischmehls zeigt, daß bei sämtlichen Aminosäuren des oxydierten Fischmehls Maximalwerte vorliegen.

Versuche: 0,5 ml 30%ig. $H_2O_2$ u. 4,5 ml 98%ig. Ameisensäure mischen u. bei 50° erhitzen. Je 0,8 ml hiervon zu 20 mg Protein + 20 mg NaCl geben, 15 Min. bei 50° erhitzen, mit 200 ml W. verd., die Lsg. bei 40° im Vakuum zur Sirupkonsistenz einengen u. den Rückstand 24 Std. mit HCl hydrolysieren. (Experientia [Basel] **13**. 239. 15/6. 1957. Bonn, Univ., Inst. für Anatomie u. Physiol. der Haustiere.)
E. SCHWERDTFEGER. 7868

---

**Chemische Fabrik Roehrig K. G.**, Lichtenfels/Bay. (Erfinder: **Fritz Röhrig**, Schney, und **Hans-Joachim Nebel**, Würzburg), *Herstellung keimfreier Gelatine*, dad. gek., daß handelsübliche trockene Gelatine während eines längeren Zeitraumes in trockenem Luftstrom auf eine < 100° liegende Temp., bes. 95°, erhitzt u. anschließend bei 120—125° sterilisiert wird. (**D. A. S. 1 047 970** Kl. 22i vom 17/8. 1957, veröff. 31/12. 1958.) C. LÜTTGEN. 7709

**Édouard Joseph Poret** und **François Louis Sandaran**, Frankreich, *Trennen von Bestandteilen aus Gemischen von Flüssigkeiten oder von Gasen* unter Verwendung von makromol. synthet. Harzen in Verbindung mit Proteinen, Polysacchariden oder anderen Naturstoffen in polymerer Form durch selektive Filtration. — Man löst z. B. ein Protein, wie Casein oder Blutprotein, in wss. Harnstofflsg. u. leitet $CH_2O$ ein, der mit den Aminogruppen des Proteins u. des Harnstoffs reagiert, wobei das Protein in dem gebildeten Harnstoff–Formaldehydharz aufgenommen wird. Gegebenenfalls ist es vorteilhaft, das Protein zunächst in ein Phosphorwolframderiv. überzuführen u. danach in das Harz einzuführen. — Beispiel: Man stellt ein selektives Protein–Harnstoff–Formaldehyd-Harzfilter her u. leitet *Tabakrauch* hindurch, um die darin enthaltenen Teerstoffe u. Alkaloide selektiv zu entfernen. (**F. P. 1 110 234** vom 21/10. 1954, ausg. 9/2. 1956.)
M. F. MÜLLER. 7735

**United States of America**, übert. von: **Harlow H. Hall**, und **Robert G. Benedict**, Peoria, Ill., V. St. A., *Vitamin und Antibiotica enthaltende Beifuttermittel.* In wss. Nährlsgg., die assimilierbaren N, Glucose, Sojabohnenmehl, Mineralsalze u. Co enthalten, werden *Streptomyces griseus forma farinosus*-Kulturen zur Entw. gebracht u. die M. wenigstens 48 Std. einer Fermentation unterworfen. Die Fermentations-Fl. wird eingedampft, in Trockentrommeln getrocknet u. das Trockenprod. mit üblichen Futtermitteln vermischt. Das Trockenprod. enthält *Vitamin* $B_{12}$ u. *Streptothricin.* Man erreicht ein rascheres Wachstum u. eine bessere Futterausnutzung, bes. bei Hühnern u. Küken. (**A. P. 2 846 310** vom 7/12. 1954, ausg. 5/8. 1958.) H. KARST. 7787

**Bristol Laboratories International Soc. An.**, Panama, Pa. (Erfinder: **Frank Harold Buckwalter**, Dewitt, N. Y.), V. St. A., *Beifuttermittel.* Die Verwendung von rohem oder gereinigtem *Kanamycin* als freie Base oder als Salz nichttox. Säuren zusammen mit festen Verdünnungsmitteln als haltbares, hochwirksames, gegebenenfalls zusammen mit dem gewöhnlichen Tierfutter oder Trinkwasser peroral verabreichbares Beifuttermittel. Je t Futtermittel werden ca. 1—400 g Kanamycin oder dergleichen verwendet. Bessere Ausnutzung der Futtermittel bes. bei Wiederkäuern, Schweinen u. Geflügel. (**D. A. S. 1 051 620** Kl. 53g vom 21/4. 1958, veröff. 26/2. 1959. A. Prior. 10/2. 1958.) H. KARST. 7787

## XVII. Fette. Seifen. Wasch- u. Reinigungsmittel. Wachse. Bohnermassen usw.

**K. L. Handa, Ishwar Chandra** und **Vasudev,** *Untersuchung des festen Öls der Samen von Adhatoda vasica.* Die getrockneten Samen von *Adhatoda vasica,* einem in Indien verbreiteten immergrünen Busch, enthalten 25,8% eines tief gelben Öles, dessen physikal. Daten angegeben werden. Es enthält 3,1 (%) Arachinsäure, 11,2 Behensäure, 10,7 Lignocerinsäure, 5,0 Cerotinsäure, 49,9 Ölsäure, 12,3 Linolsäure u. als unverseifbaren Bestandteil β-Sitosterin. (J. sci. ind. Res. [New Delhi], Sect. B **15.** 612—13. Okt. 1956. Jammu, Drug Research Laboratory.) M. NEGWER. 7894

**E. R. Cousins, Wilma A. Guice** und **R. O. Feuge,** *Isomerisierung bei der Hydrierung von Methyllinolat unter verschiedenen Bedingungen.* Es werden systemat. Hydrierverss. mit einem aus Safloröl in üblicher Weise über die Harnstoffaddukte dargestellten Methyllinolat unter Einsatz von Ni, von durch S vergiftetem Ni, von Pd auf Kohle sowie von $PtO_2$ als Katalysatoren durchgeführt. Hydrierung unter gesteuerten Bedingungen u. unter Variierung von Temp., Konz. am Katalysator, Menge an Wasserstoff. Die Hydrierung erfolgt bis zur Erreichung einer JZ. von 80. Unters. der Reaktionsprodd. in üblicher Weise auf JZ., auf Lage der Doppelbindung; trans-Isomere werden infrarotspektrometr. ermittelt. Die graph. u. tabellar. mitgeteilten Befunde zeigen, daß die Häufigkeit der nach der Hydrierung verbleibenden Doppelbindungen in weitgehender Übereinstimmung aller Verss. ein Maximum beim C-Atom 10 besitzt u. nach beiden Seiten hin symm. absinkt. Die üblichen Operationen zur Erhöhung der Selektivität der Hydrierung u. der Bldg. von trans-Isomeren führen zur Konzentrierung der Lückenbindung am C-Atom 10. Durch Erniedrigung der Härtungstemp. wird eine veränderte Verteilung der Lückenbindungen erreicht; mit Ni bei 110° liegt die größte Menge derselben (mehr als 50%) bei den C-Atomen 9 u. 12. Unter ident. Versuchsbedingungen angewendet, führen alle geprüften Katalysatoren zu analogen Ergebnissen. Bei Einsatz von Pt u. von Pd entstehen mehr trans-Formen als unter Wrkg. von Ni. (J. Amer. Oil Chemists' Soc. **36.** 24—28. Jan. 1959. New Orleans, La., Southern Regional Res. Labor.) K. TÄUFEL. 7894

**Cl. Franzke,** *Zur Kenntnis des Lindensamenöls.* Die untersuchten Lindensamen enthielten 25,2% Öl mit den Kennzahlen: SZ. 6,7; VZ. 191,9; JZ. (WIJS) 129,5; Unverseifbares 0,6%; $n_{20}$ 1,4785; REICHERT-MEISSL-Zahl 0,8; POLENSKE-Zahl 0,4. Nach Verseifung wurden folgende Säuren ermittelt: 52,1% Linolsäure, > 1% Linolensäure u. 10,3% feste Fettsäuren. Nach ADAMS-Hydrierung u. säulenchromatograph. Trennung ergaben sich ca. 2% Laurinsäure, 6% Myristinsäure u. als Hauptanteil Palmitin- u. Stearinsäure. (Seifen-Oele-Fette-Wachse **83.** 265—66. 8/5. 1957.) O. HENNING. 7894

**Dwight L. Baker** und **Nison N. Hellman,** *Antioxydantien in Malzmehlen und -extrakten.* Bei verschied. Malzerzeugnissen des Handels wurde eine ausgeprägte antioxydant. Wrkg. gegenüber fetten Ölen festgestellt. Speziell die Methanolextrakte von Malz-„sprouts" weisen infolge Konzentrierung um ca. 80—90% eine starke Wrkg. auf. Schon 0,01% solcher Extrakte verhinderten die Anhäufung von Peroxyden bei 10std. Erhitzen von Pflanzenölen auf 100° weitgehend. Es wird erwartet, daß diese physiol. Antioxydantien in der Zukunft eine erhebliche prakt. Bedeutung erlangen werden. (Food Technol. **12.** 33—35. Jan. 1958. Milwaukee, Wis., Froedtert Malt Corp.) G. ANDERSEN. 7894

**C. Carola,** *Charakteristica der Öle und Fette tierischen Ursprungs.* 1. Mitt. *Aus Landtieren gewonnene Öle und Fette.* Vf. hat die bekannten physiko-chem. Eigg. von Butterfett, Chrysalidenöl (aus den Puppen des Seidenspinners), Schweineschmalz, Schmalzöl, Schmalzstearin, Knochenfett, Rinderklauenöl u. Talg zusammengestellt u. dabei bes. die Zus. u. die unterschiedlichen Daten der JZZ., VZZ., Refraktionsindices usw. hervorgehoben. (Olii minerali, Grassi Saponi, Colori Vernici **34.** 233—41. Mai 1957.) E. DEHN. 7898

**C. Carola,** *Charakteristica der Öle und Fette tierischen Ursprungs.* 2. Mitt. *Öle und Fette aus Meerestieren.* (1. vgl. vorst. Ref.) Vf. hat die bisher bekannten, physikal. u. chem. Merkmale von Heringsöl, Waltran, Delphintran, Dorschleberöl, Seehundstran,

Menhadenöl, Sardinenöl, japan. Sardinenöl u. Thunfischöl zusammengestellt. Man findet die Öle u. Fette im Fleisch, Unterhautgewebe, Bauchfell, in der Leber u. in der Hirnschale. Ihre Menge u. Zus. sind abhängig von der Species, dem Alter, dem Geschlecht, der Ernährung u. der Wassertemperatur. Die Öle besitzen C-Ketten u. -Ringe u. enthalten bis zu 24 C-Atomen, vorwiegend ungesätt. Moll. mit 1—6 Doppelbindungen. Auch die JZZ., die VZZ., die Refraktionsindices u. die unverseifbaren Anteile variieren stark; ebenso schwanken die spezif. Gewichte etwas. Dorschleberöl kann bis zu 10300 I.E. *Vitamin A*/g enthalten; vom Dorschfleisch wird die genaue Zus. angegeben. (Olii minerali, Grassi Saponi, Colori Vernici **34.** 382—90. Aug. 1957.) E. DEHN. 7898

**Gennaco Lucio Aldinio,** *Chemisch reines Glycerin nach dem Ionenaustauschverfahren.* Vf. beschreibt ein Verf. zur Gewinnung von chem. reinem Glycerin (I) aus Roh-I, Spaltwässern u. I-haltigen Fll. unter Fortfall der Dest. u. Filtration durch Behandlung mit Ionenaustauschern auf Harzbasis. Die Arbeitsgänge (Abb.) bestehen in der chem. Vorreinigung, Deionisation u. Konz.; letztere ist versehen mit einer App. zur Wiedergewinnung des zum Waschen der Harze erforderlichen dest. Wassers. Reines Prod., geringere Herstellungskosten u. geringste Verluste an Roh-I sind die Vorteile dieses Verfahrens. Bei der Prüfung erwies sich ein derart gewonnenes I als den Vorschriften des italien. Arzneibuches entsprechend. (Olii minerali, Grassi Saponi, Colori Vernici **35.** 196—99. Mai 1958. Milano, Armando Gaito S.p. A.) G. PLATZER. 7908

**Vincent P. Maier** und **A. L. Tappel,** *Vergleichende Untersuchungen über die Oxydation ungesättigter Fettsäuren, katalysiert durch Häminverbindungen.* Hämin u. seine Derivv. katalysieren einmal die Fettautoxydation, zum andern fördern sie die Zers. von Peroxyden unter Bldg. freier Radikale, die ihrerseits Vorgänge der Polymerisation begünstigen. Es werden systemat. Verss. zur Sauerstoffaufnahme von Linolat im heterogenen sowie im homogenen Syst. in Abhängigkeit von der Konz. an Linolat, seinem Hydroperoxyd, Hämin bzw. Derivv. sowie von der Temp. durchgeführt. Zur Unters. wird das spektrophotometr. Verf. (Messung bei 232,5 m$\mu$) herangezogen; gemessen wird der unter Wrkg. des Katalysators erfolgende Rückgang im Geh. an konjugiertem Dien beim Linolathydroperoxyd; Best. der $O_2$-Aufnahme der Substrate in der WARBURG-Apparatur. Bei den Verss. werden eingesetzt: Linolat; Hämoglobin; mehrere Metalloprotoporphyrine (Mn, Zn, Cu, Co); rohe Rinderleberkatalase; krist. Pferdeherzcytochrom; Ferritriäthylentetramin; Cu-Chlorophyllin; ¡Vitamin $B_{12}$. Die tabellar. u. graph. mitgeteilten Befunde zeigen, daß Hämoglobin u. Hämatin die Oxydation von Linolat im heterogenen wie im homogenen Milieu in etwa gleicher Weise katalysieren; die Oxydationsgeschwindigkeit sinkt mit fallender Konz. an Linolat ab; bei Konzz. von $7{,}1 \cdot 10^{-3}$ Mol an abwärts treten lange Induktionszeiten in Erscheinung. (J. Amer. Oil Chemists' Soc. **36.** 8—12. Jan. 1959. Davis, Calif., Univ., Dep. of Food Technol.) K. TÄUFEL. 7908

**G. Weder,** *Die Wäschereiforschung in der Schweiz.* Zusammenstellung u. Erörterung der Ergebnisse folgender, von der EMPA in den letzten Jahren durchgeführten Unterss.: Reißfestigkeitsabnahme beim Waschen nach verschied. Verff., Einfl. des Tragens auf den Verschleiß von Herrenoberhemden sowie Wirtschaftlichkeit u. Leistungsvermögen von drei Waschmaschinentypen. (Textil-Rdsch. [St. Gallen] **13.** 637—42. Nov. 1958. St. Gallen, Eidgenöss. Materialprüfungs- u. Versuchsanst.) H. SONTAG. 7912

**Herbert Manneck,** *Waschrohstoffe.* 1. Mitt. Zusammenstellung der chem. Zus. u. Eigg. nichtionogener Waschrohstoffe (Handelsprodd.) der Typen *Kyolox, Witylon, Marlophen, Marlipan, Aeto* u. *Synthetics.* (Seifen-Öle-Fette-Wachse **83.** 220—21. 24/4. 1957.) O. HENNING. 7912

**Hans E. Tschakert,** *Synthetische Waschrohstoffe.* Vf. definiert die in der Waschmittelindustrie gebräuchlichen waschakt. Substanzen (WaS) nach ihrer internationalen Nomenklatur u. ihrem Chemismus u. führt bekannte Faustregeln bzgl. $H_2O$-Lsg., Netz- u. Schaumkraft, Härtebeständigkeit, Hygroskopizität durch unterschiedliche C-Kettenlänge bzw. Verzweigung an. Die einzelnen WaS-Typen mit ihren Handelsnamen, ihrer Verwendung u. ihrem Verh. im Heißsprühverf. werden aufgezählt. (Kosmetik-Parfüm-Drogen Rdsch. [Innsbruck] **5.** 72—75. 1958.) H. STACHE. 7912

**R. P. Harker,** *Einige Beobachtungen über den Mechanismus von Reinigungsmitteln.* Die ausführlichen Unterss. über den Mechanismus von Reinigungs- u. Waschmitteln (ionogen u. nichtionogen) beim Ablösen von Schmutz von Textilfasern haben gezeigt, daß mit zunehmender Polarität der Faser öliger Schmutz von der Faseroberfläche leichter entfernbar ist. Beim Waschen von Schweißwolle spielt die mechan. Behandlung, das Auftreten wss. Tropfen in der Öl-W.-Phase der Emulsion u. die Verteilung des Restfettes auf der gewaschenen Wolle für die eigentliche Waschwrkg. der verwendeten Wasch-

mittel eine wichtige Rolle. — 32 Abb. u. Mikrophotos, 42 Literaturzitate. (J. Textile Inst., Trans. **50.** T 189—T 222. Febr. 1959. Leeds, England, Wool Ind. Res. Assoc.)
H. G. FRÖHLICH. 7912

**Kenji Negoro, Hachirô Hiyama** und **Keiji Ôshima,** *Eigenschaften des Kreosot-Thermols aus Kreosotöl.* Kreosotöl, Kp. 240—260°, wurde nach 12std. Stehenlassen unter Eiskühlung von ausgefallenen Ndd. durch Filtrieren befreit, mit gleicher Gewichtsmenge konz. $H_2SO_4$ tropfenweise versetzt u. 1 Std. auf 160—165° erhitzt, nach kurzem Erkalten mit W. u. Formalin vermischt u. 2 Std. bei 95—100° gerührt. Die oberflächenakt. Eigg. der wss. Lsg. des über das Ca- u. Na-Salz gereinigten Prod. wurden gemessen. Das Prod. ist als *oberflächenakt. Mittel* auch zur Dispersion von Zement verwendbar. (J. chem. Soc. Japan, ind. Chem. Sect. [Kōgyō Kagaku Zassi] **61.** 991—94. Aug. 1958. Ôsaka, Siritu-Kôgyô-kenkyûzyo. [Orig.: japan.]) ——————— E. MAEKAWA. 7912

**Gaetano Cinquina,** Bari, Italien, *Extrahieren von Ölen und Fetten* aus tier. oder pflanzlichen Stoffen. Man extrahiert mit einem mit W. nicht mischbaren Lösungsm. u. behandelt das nicht getrocknete Ausgangsmaterial unabhängig von seinem Wassergeh. in einer 1. Stufe mit den Dämpfen des sd. Lösungsmittels. — Vorr., Zeichnung. (**It. P. 494 106** vom 26/3. 1952.) K. KOEBKE. 7873

**Aktiebolaget Separator,** Stockholm, Schweden, *Herstellung von Seife.* Die bekannten Stufen der Verseifung, des Aussalzens u. Waschens werden in getrennten, jeweils kontinuierlich arbeitenden Verff. durchgeführt. Sie stellen Kreisprozesse dar, in deren erstem ebensoviel Lauge von außen zufließt, als dem abgezogenen Verseifungsprod. entspricht, wobei auch unter Druck gearbeitet werden kann. — Vorr., Zeichnungen. (**It. P. 494 409** vom 14/6. 1952.) K. KOEBKE. 7907

**Compania Industrial** (Erfinder: **Klaus Appuhn**), Valparaiso, Chile, *Herstellung geruchloser Seifen* aus übelriechenden tier. u. pflanzlichen Fetten u. Ölen mit hoher JZ., die bei n. Verseifung weiche Seifen liefern, mit einem Überschuß an geschmolzenem Alkali in Abwesenheit von W. bei erhöhter Temp., dad. gek., daß die Verseifung kontinuierlich bei 275—330°, bes. bei n. Druck, in Ggw. von 40% Spermöl erfolgt. (**D. B. P. 970 933** Kl. 23e vom 2/2. 1950, ausg. 13/11. 1958. Anmeldung bekanntgemacht 25/10. 1951.)
C. LÜTTGEN. 7911

**Kraemer & Flammer K. G.** (Erfinder: **Walter Rudolf Burger**), Heilbronn/Neckar, *Einweichen, Waschen und Spülen von Wäsche,* gek. durch die Verwendung einer Waschflotte mit einem Geh. von ca. 0,005—0,1% Thioharnstoff oder dessen Substitutionsprodukten. (**D. A. S. 1 030 497** Kl. 23e vom 8/12. 1953, veröff. 22/5. 1958.)
C. LÜTTGEN. 7913

**Willi Maurer K. G.,** Boppard/Rh. (Erfinder: **Hermann Schütz,** Koblenz), *Waschmittel in Pastenform,* bestehend aus anionakt., oberflächenakt. Stoffen des Sulfat- u./oder Sulfonattyps in möglichst salzarmer Form u. weniger als 10% Sulfaten oxäthylierter $C_{10}$—$C_{14}$-Fettsäuren, bezogen auf die fertige Paste. (**D. A. S. 1 047 973** Kl. 23e vom 21/9. 1956, veröff. 31/12. 1958.) C. LÜTTGEN. 7913

**Hascher & Keim** (Erfinder: **Hans Keim**), Stuttgart, *Fleckentfernungs- und Bleichpräparate* in Pulver-, Pasten- oder Stiftform mit einem Geh. an Salzen der dithionigen Säure oder Sulfoxylaten, gek. durch den Geh. an schwachen Alkalien, wie $NH_3$, Triäthanolamin, oder $NH_4$-Salzen schwacher Säuren, wie $(NH_4)_2CO_3$, u. Verbb., die mit Fe im alkal. $p_H$-Bereich lösl. Verbb. eingehen, wie Na-Tartrat oder -Citrat. (**D. A. S. 1 042 165** Kl. 23e vom 26/10. 1955, veröff. 30/10. 1958.) C. LÜTTGEN. 7915

**Marcel Édouard Jallot,** Frankreich, *Putz- und Reinigungsmittel für Kupfergegenstände,* bestehend aus einer Lsg. von $Fe(NO_3)_3$ u. $Cu(NO_3)_2$ in überschüssiger $HNO_3$. Das Cu-Nitrat kann ganz oder teilweise durch eine Lsg. von Sn oder Messing in $HNO_3$ ersetzt werden. (**F. P. 1 090 639** vom 30/9. 1953, ausg. 1/4. 1955.) M. F. MÜLLER. 7917

**Petrolite Corp.,** St. Louis, Mo., übert. von: **George L. Meyers, Gerald W. De Walt,** und **Leonard M. Keene,** Barnsdall, Okla., V. St. A., *Herstellung von mikrokristallinen Hartwachsen* (**I**) mit guter Emulgierfähigkeit aus ihren Gemischen mit Weichwachsen (**II**), wie sie z. B. bei der Paraffinoxydation bis zu einer SZ. 60—75 anfallen, erfolgt durch Lösen des Gemisches bei 130—155° in einem acycl. KW-stoff $C_5$—$C_9$, bes. Hexan. Man läßt die erhaltene Lsg. mit einer Geschwindigkeit von 1,5—10° F/Min. auf 40—80° abkühlen, wobei **I** auskrist., sie werden von der **II**-haltigen Lsg., z. B. durch Zentrifugieren, getrennt. — Vorr.; Zeichnungen. (**A. P. 2 779 779** vom 17/2. 1955, ausg. 29/1. 1957.)
O. MÜLLER-MEININGEN. 7925

**Oscar Witt,** München, *Schweißabweisendes Pflegemittel für Schuhoberleder.* Es wird eine Wachs- bzw. Paraffinlsg. verwendet, die 2—5% (bezogen auf Trockensubstanz) Polyvinyläther enthält. (**D. A. S. 1 047 346** Kl. 22g vom 26/3. 1953, veröff. 24/12. 1958.)
P. KRUG. 7927

**Oskar F. Witt**, München, *Wasserabweisend machender Puder beziehungsweise Puderstift zur Pflege von Rauhleder*, gek. durch einen Geh. an Na-Seife aus Montanwachsen. Die Konz. beträgt zweckmäßig 2—7, bes. 3—5%. Neben der wasserabweisenden Wrkg. wird auch eine Verfärbung des aufgetragenen Puders durch W. verhindert. (**D. A. S. 1 053 695** Kl. 22g vom 17/6. 1952, veröff. 27/3. 1959.) P. KRUG. 7927

---

A. M. Goldowski, Die theoretischen Grundlagen der Gewinnung von Pflanzenölen. Moskau: Pischtschepromisdat. 1958. (448 S.) 20 Rbl. 35 Kop. [russ.])

F. W. Newolin, Die synthetischen Waschmittel. Moskau: Pischtschepromisdat. 1957. (144 S.) 5 Rbl. 30 Kop. [russ.]

## XVIIIa. Holz. Cellulose. Zellstoff. Papier. Papierdruck. Celluloid. Linoleum.

**V. B. Kumar**, *Quellungsuntersuchungen in Holz.* 2. Mitt. Nach der 1. Mitt. (C. **1958.** 1730.) mitgeteilten Meth. bestimmte Vf. von Schirmbaumholz (I), Pappel, Birke (II), Buche, Kiefer die prozentuale Flüssigkeitsaufnahme u. die volumetr. Quellung in W. u. Ameisen-, Essig-, Propion- u. Buttersäure sowie Pyridin (III). Je Holzart wurden 3 Probestücke der Größen 5×2,5×2,5 cm, 0,8×0,8×12 cm u. 1×1×1 cm untersucht. Die Stücke 0,8×0,8×12 cm absorbierten mehr Fl. als Stücke der anderen Größen. Die höhere Quellung von **I** u. **II** in **III** führt Vf. auf den höheren Geh. an Lignin zurück. Gewichtsverlust nach dem Auswaschen der organ. Fll. u. Trocknen der Proben trat nur bei **III** ein u. betrug 3—6% des Ausgangsgewichtes. Vf. erörtert den Einfl. des Mol.-Gew., der DK. u. der Oberflächenspannung der 5 Fll. auf die Quellung von Holz. — 9 Diagramme, 14 Schrifttumshinweise. (Norsk Skogind. **12.** 337—45. Sept. 1958. Drammen, NØSTED BRUK A/S, Norwegen.) E. BORCHERS. 7952

**Roy J. Pence**, *Bekämpfung von Lyctus planicollis.* Durch Lyctus planicollis befallene Parkettböden konnten mit IR-Strahlen behandelt werden, innerhalb 5—10 Min. wurden alle Stadien der Käfer abgetötet. Genaue Beschreibung der Apparatur. (Calif. Agric. **10.** Nr. 9. 8—9. Sept. 1956. Los Angeles, Calif., Univ. of California.) W. KNÖPKE. 7952

**Hannes Sihtola** und **Ermo Kaila**, *Kiefernarten aus Mittelfinnland als Zellstoffholz in Nordfinnland.* Vff. prüften die Eignung des Holzes der Kiefer Pinus sylvestris, die einerseits in Nord- u. andererseits in Mittelfinnland gewachsen war. Aus beiden Holzproben wurden nach dem Sulfatverf. Kraftzellstoffe (**I**) sowie nach dem Ca-Bisulfitverf. Viscosezellstoffe (**II**) erhalten. Die aus beiden Holzproben gewonnenen **I** unterschieden sich nicht betreffs Ausbeute u. Eigg., während die **II** aus südlicher gewachsenem Holz etwas höherern Glucangeh. hatten. Die Samen der Kiefer aus Mittelfinnland sollen zur Vermehrung des Kiefernbestandes in Nordfinnland dienen. (Paperi ja Puu **40.** 141—46. April 1958. Helsinki, Oy Keskuslaboratorio-Centrallaboratorium Ab.) E. BORCHERS. 7956

**Olavi Perilä**, *Über die Extraktstoffe von Birkensulfitzellstoff.* 1. Mitt. *Extraktgehalt in Abhängigkeit vom Fälldatum.* Birke (*Betula verrucosa*) wurde in 2monatlichem Abstand gefällt u. aus frischen u. gealterten Schnitzeln Sulfitzellstoff hergestellt, dessen Ae.-Extrakt ermittelt u. in Unverseifbares, Fettsäuren u. gesätt. Fettsäuren zerlegt wurde. Als Vgl. wurden von den jeweiligen Holzproben die Ae.-Extrakte bestimmt. Die höchsten Extraktgehh. hatte das im März gefällte Holz von 4,0% im frischen u. 2,86% im gealterten Zustand, während diese Zahlen im Juli mit 2,4% u. 0,89% am niedrigsten waren. Birkenzellstoffholz soll also im Sommer gefällt werden. Beim Aufschluß frischen Holzes lösen sich 15% der gesätt. Fettsäuren, durch Trocknung der Schnitzel vor der Kochung vermindert sich der Geh. im Zellstoff weiter um 35%. Feine Faseranteile enthalten mehr Extrakt als n. Fasern. — 3 Tabellen, 15 Schrifttumshinweise. (Paperi ja Puu **40.** 159—64. April 1958. Helsinki, Finland Inst. of Technol.) E. BORCHERS. 7962

**Olavi Perilä**, *Über die Extraktstoffe von Birkensulfitzellstoff.* 2. Mitt. *Bleiche.* (1. vgl. vorst. Ref.) Die aus der Sulfitzellstoffkochung von Birke verschied. Lagerdauer erhaltenen Sulfitzellstoffe wurden im Laboratoriumsvers. chloriert, mit NaOH extrahiert u. wahlweise mit $CaOCl_2$, $Na_2O$, $ClO_2$ u. mit verschied. Kombinationen dieser Chemikalien gebleicht. In diesen gebleichten Zellstoffen wurde der Geh. an Harzextrakt mit Ae. bestimmt, ebenso dessen Verbrauch an $Cl_2$. Der aus trockenem Holz erhaltene Zellstoff hatte den niedrigsten Extraktgehalt. Wenn der Stoff nach der Chlorierung mit $Ca(OH)_2$ neutralisiert wurde, war der Harzgeh. höher als bei Neutralisation mit NaOH. (Paperi ja Puu **40.** 335—38. 340. 15/6. 1958.) E. BORCHERS. 7962

**George A. Richter**, *Einige Eigenschaften von Zellstoffen, die für die Papierherstellung maßgebend sind.* Die Erzeugung von guten Papieren ist von der Qualität der verwendeten Zellstoffe (I) u. von den Vorgängen der Trocknung, der Blattbldg., der Quellung abhängig. Die Holzart, der Kochvorgang u. die Reinigungsmeth. bestimmen die Qualität der I. Die Kenntnis der chem. Daten der I ist für die Papierherst. wesentlich, ebenso wichtig ist aber auch die Kenntnis darüber, wie die I hergestellt wurde. Der Geh. an Hemicellulosen, Pentosanen u. anderen Holzinhaltsstoffen muß genau festgestellt werden, ehe man Aussagen über den erreichbaren Erfolg bei der Papierqualität machen kann. Die aus Holz hergestellten I unterscheiden sich weitgehend bei den verschied. Mahlverfahren. Das Mahlverh. bei erhöhten Tempp. u. in Ggw. von Alkalien ist in Tabellen angeführt. Die Abhängigkeit der üblichen Papierprüfwerte von aussortierten u. vorbehandelten I, von Glasfasern, von Bindemitteln, von Trocknungsvorgängen u. anderen chem. u. physikal. Einww. wird behandelt. Auf Grund der Verss. werden Theorien zur Erhöhung der Reißfestigkeit u. der Falzzahl aufgestellt. (Tappi **41.** 776—95. Dez. 1958. Pittsford, N. Y.) H. MEYER. 7974

**Alexander Meller,** *Der Einfluß oxydierter Stärke als Mahlzusatz auf die Papierfestigkeiten.* Handelsübliche Stärken wurden auf verschied. Weise oxydiert. Durch Zugabe dieser oxydierten Stärken während des Mahlprozesses wurden die Papierfestigkeiten (bes. Naßfestigkeit) (I) der aus diesem Zellstoff hergestellten Prüfblätter verstärkt. Es konnte durch Vgl. mit nichtoxydierter Stärke bzw. mit nach der Oxydation wieder red. Stärken bewiesen werden, daß die Zunahme der I durch die Menge der Carbonylgruppen bedingt ist. Die Größe der Zunahme der I ist von der Menge der Stärke abhängig, aber nicht von der Art der Trocknung der Prüfblätter. In einer Tabelle sind die gefundenen Prüfwerte aller Experimente zusammengestellt. (Tappi **41.** 684—86. Nov. 1958. Melbourne, Australia, Australian Paper Mfg. Ltd.) H. MEYER. 7978

**L. G. Borchardt** und **B. L. Browning,** *Bestimmung von Quecksilberspuren in Papier.* Ca. 1 g des zu untersuchenden Papiers wird in Ggw. angesäuerter $KMnO_4$-Lsg. (I) in einer Bombe mit $O_2$ verbrannt. Nach Red. der überschüssigen I wird das Hg mit einer Dithizon-Chlf.-Lsg. ausgeschüttelt, deren Absorption in einem Colorimeter bei 490 m$\mu$ vermessen wird. Bei Einhaltung eines $p_H$-Wertes unter 1 tritt durch die Anwesenheit von Cu keine Beeinflussung der Resultate ein. Genauigkeit ca. $\pm$ 3% bei einer Menge von 1—10 p.p.m. Hg. Zeitbedarf 15—20 Minuten. (Tappi **41.** 669—71. Nov. 1958. Neenah, Wis., Kimberly-Clark Corp.) H. MEYER. 8010

**Per Ekwall** und **Owe Andresen,** *Methoden zur Kontaktwinkelmessung an Faserstoffen.* 1. Mitt. *Horizontalplattenmethoden für Kontaktwinkelmessungen.* Nach Darlegung der bisher bekannten Methoden zur Kontaktwinkelmessung beschreiben die Vff. das Verf. von WAKEHAM u. SKAU mittels der Eintauchtiefenmessung an einer horizontalen Platte aus der zu messenden Substanz u. teilen dann eine Abänderung mit, bei der die Flüssigkeitshöhe über der unbenetzten Platte mittels Mikrometerschraube gemessen wird. Im Syst. aus Luft, W. u. Paraffin bestimmten Vff. damit den Kontaktwinkel mit 0,5—1,0$^0$ Genauigkeit. Das Verf. ist zur Messung an Papieren u. Geweben geeignet. — 6 Abb., 11 Schrifttumshinweise. (Paperi ja Puu **40.** 173—81. April 1958. Åbo, Åbo Akad. Finland.) E. BORCHERS 8010

**Per Ekwall, Henrik H. Bruun** und **Pentti Lahtonen,** *Methoden zur Kontaktwinkelmessung an Faserstoffen.* 2. Mitt. *Bestimmung der Kontaktwinkel durch Flüssigkeitstropfenmethoden* (1. vgl. vorst. Ref.) Der von den Vff. beschriebene App. gestattet die Messung des Kontaktwinkels an einem Tropfen von ca. 0,05 ml Anfangsvol., der nach erfolgter Messung stufenweise vergrößert wird. Vff. untersuchten dabei den Einfl. des Tropfenalters u. der Verdampfung sowie die Benetzbarkeit verschied. fester Stoffe wie Fett- u. Harzsäuren u. deren Salzen sowie von Papieren. — 10 Diagramme, 22 Schrifttumshinweise. (Paperi ja Puu **40.** 182—89. April 1958.) E. BORCHERS. 8010

---

**Paul Gille Charles Lepretre** und **Fortuné Gaston Raoul Martinez,** Frankreich, *Reinigen und Bleichen von Holz* durch Behandlung mit einem Sulfit, z. B. $Na_2SO_3$, u. danach mit einem Oxydationsmittel in Ggw. einer Säure, welche gleichzeitig die Farbe des Holzes beeinflussen. — Bei der Behandlung mit HCl u. $NaClO_2$ wird ein cremefarbiges Holz gewonnen, mit HCOOH ein graufarbiges u. mir $CrO_3$ ein grünfarbiges Holz. (**F. P. 1 092 777** vom 4/2. 1954, ausg. 27/4. 1955.) M. F. MÜLLER. 7953

**Pechiney Comp. de Produits Chimiques et Électrométallurgiques** und **Soc. Progil,** Frankreich, *Imprägnieren von grünen harzhaltigen Holzpfählen* zur Verwendung als Maste für elektr. u. telegraph. Leitungen. Die nicht entrindeten Kiefern- oder Fichtenholzstämme werden an dem einen Ende an ein Vakuum angeschlossen, u. am anderen Ende wird die Imprägnier-Fl. unter einem geringen Druck zugeführt. Zum Imprägnieren wird z. B. eine 1%ig. $CuSO_4$-Lsg. benutzt oder eine wss. Lsg. (1,2%ig) von Tetrachlorphenol-Na u. (0,4%ig) $Na_2HPO_4$. Weiter sind genannt: Na-Arsenat, NaF, $Na_2CrO_4$, Dinitrophenol. (**F. P. 1 106 775** vom 9/6. 1954, ausg. 22/12. 1955.) M. F. MÜLLER. 7953

**Joseph Fairbanks Estes**, V. St. A., *Elektrolytische Rückgewinnung von Cellulose.* Cellulosehaltiges Abfallmaterial, wie Bagasse, Hanf- u. Leinenabfälle, Sisal, Baumwolle in Fasern u. in verarbeitetem Zustande u. a., wird mittels Lsgg. von schwachen Hydroxyden, Sulfaten oder Na-Sulfit von Lignin u. anderen Verunreinigungen, wie Pektin, Wachs, Fetten usw. befreit, ohne daß der Geh. an $\beta$- u. $\gamma$-Cellulose verringert wird. Anschließend erfolgt Lösen der Cellulose mittels einer gesätt. Lsg. von Metallsalzen, z. B. $NH_4Cl$, welche $CuSO_4$ enthält, mit einer konz. NaOH-Lsg. zur Bldg. eines grünen Nd., welcher in $NH_4OH$ gelöst wird. Diese Lsg. wird der Elektrolyse in einer von dem Elektrolyt möglichst wirbelfrei durchströmten Zelle unterworfen, deren herausnehmbare Anode aus Cu enthaltendem Fe (99,874% Fe, 0,011 C, 0,017 Mn, 0,032 S, 0,008 P, 0,03 Cu, 0,028 gasförmige Bestandteile) besteht. Die Spannung beträgt 2—12 V u. die Stromdichte 0,5—2 A/dm². — 3 Zeichnungen. (**F. P. 1 158 671** vom 6/10. 1956, ausg. 18/6. 1958.) R. GLAFEY. 7955

**Soc. An. des Manufactures des Glaces et Produits Chimiques de Saint-Gobain, Chauny & Cirey**, Frankreich (Erfinder: **Robert Peteri**), *Mechanische und halbchemische Zellstoffherstellung* aus Lignocellulosematerial, z. B. aus Hackholzschnitzeln. Diese werden mit einer Na-Hydrosulfitlsg. (3%ig), die 1% Formaldehyd enthält, innerhalb 1½ Std. in einem Autoklaven auf 130° erhitzt u. 5 Std. bei dieser Temp. gehalten. Danach wird das Material gewaschen u. gemahlen. (**F. P. 1 150 451** vom 4/5. 1956, ausg. 14/1. 1958.) M. F. MÜLLER. 7963

**General Aniline & Film Corp.**, V. St. A., *Reaktionen von Kohlenhydraten*, dad. gek., daß man in Ggw. von Pyrrolidon-(2) bzw. N-Methylpyrrolidon-(2) arbeitet. — Beschrieben wird die Herst. von *Saccharoseoktastearat*, *-tetraacetat* u. einem *Maleinat* über *Na-Saccharat*, ferner die Rk. von Saccharose mit $SO_2Cl_2$, 1.4-Dichlorbutin-(2) u. Baumwollöl. Ebenso können d-Glucose, d-Threose, Raffinose, d-Xylose u. a. umgesetzt werden. — Die Prodd. lassen sich z. B. als *Weichmacher*, *oberflächenakt. Stoffe* u. a. verwenden. (**F. P. 1 160 763** vom 25/9. 1956, ausg. 5/8. 1958.) S. BÖTTCHER. 7971

**Union Carbide Corp.**, New York, N. Y. (Erfinder: **Frederick Poehler Reding**, Charleston, W. Va.), V. St. A., *Überzugsmasse für Papier, Stoff usw. aus Wachs und Polyäthylen* mit geringem O-Geh., dad. gek., daß 99,9—50 (Gew.-%) Erdölwachs u. 0,1—50 eines 0,1—10 $O_2$ enthaltenden Polyäthylens verwendet werden, das durch Oxydation eines verzweigtkettigen Polyäthylens mit Methylendgruppen u. einer spezif. Viscosität von 0,05—0,75, bestimmt an einer Lsg. von 0,4 g des Polymeren in 100 cm³ Methylcyclohexan bei 70°, erhalten wurde. — Tabellen, Beispiele. (**D. A. S. 1 034 972** Kl. 55f vom 23/8. 1956, veröff. 24/7. 1958. A. Prior. 24/8. 1955.) G. VOGEL. 7987

**P. L. Paschulja, W. M. Tremut** und **W. D. Gluschko**, *Ätzen von Druckformen beim Hochdruck.* Ätz-Fll. mit 6—9% $HNO_3$, die im senkrechten Strahl auf die Druckplatte treffen, werden mit einem Zusatzstoff versehen, um eine seitliche Verätzung der Druckform zu verhindern. — Z. B. wird ein Zusatz von 0,16—0,20 (%) Nekal, 10—18 techn. Xylol u. 0,0003—0,01 Gelatine verwandt. (**UdSSR. P. 112 274** vom 4/7. 1957, gedruckt 24/4. 1958.) B. PANKOW. 7989

**Établissements Lefranc**, Frankreich, *Druckerschwärze*, bestehend aus einer schweren Schmierölfraktion mit einem Zusatz von 3—6 Gew.-% eines cycl. Alkohols, wie Cyclobutanol, Cyclopropanol, Cyclohexanol oder Menthol, sowie von 15—25% eines pulverförmigen mineral. Stoffes, z. B. Schwerspat oder Mineralocker. — Es werden z. B. verwendet 45 (Gewichtsteile) Petrolschweröl, 15 Gilsonit, 5 Cyclohexanol, 25 $BaSO_4$, 10 Ruß; oder 50 (Gewichtsteile) Petrolschweröl, 5 Menthol, 25 $BaSO_4$, 20 Ruß. — 7 Zeichnungen. (**F. P. 1 145 872** vom 19/3. 1956, ausg. 30/10. 1957.) M. F. MÜLLER. 7991

**Soc. An des Pneumatiques Dunlop**, Frankreich, und **Semtex Ltd.**, *Belagmaterial* für Fußböden, Treppenstufen u. Schiffsbrücken, bestehend aus einem imprägnierten Textilgewebe, das auf der Oberseite mit einer Leimschicht überzogen wird, auf die Holz in feiner Verteilung, bes. Nußschalenmehl, aufgetragen u. fixiert wird. Als Bindemittel dient z. B. ein Phenol–Formaldehyd-Harz. (**F. P. 1 145 780** vom 14/2. 1956, ausg. 29/10. 1957. E. Priorr. 15/2. 1955 u. 17/1. 1956.) M. F. MÜLLER. 8021

## XVIIIb. Textilfasern.

**Wolfgang Ulmer**, *Gedanken über das Schlichten unter Berücksichtigung von Eiweißschlichten.* 2. u. 3. Mitt. (1. vgl. C. **1959**. 10764.) Behandelt werden die Vorgänge beim Arbeiten mit Stärke bzw. Kartoffelstärke. Auf den Unterschied zwischen dem chem. u. mechan. Aufbau wird hingewiesen. Die bekannten Verff. werden besprochen. Eingegangen wird ferner auf die Stärkezusatzmittel auf Eiweißbasis. Behandelt werden weiterhin Fragen des Verhornens sowie Fragen der Auswaschbarkeit von Eiweißschlichten. (Prakt. Chem. [Wien] **9**. 404—06. Nov. **440**—44. Dez. 1958.) P. ECKERT. 8030

**H. Rath,** *Über den Einfluß des $p_H$ bei der Veredlung von Cellulosefaserstoffen.* Einleitend wird die Frage der Veränderung des Cellulosezustandes durch das $p_H$ behandelt u. anschließend die Rolle des $p_H$ bei der Wechselwrkg. der Cellulosefasern mit den Veredlungsmitteln besprochen. Abschließend wird die nichtion. Bleiche behandelt. (SVF Fachorgan Textilveredlung **14.** 21—28. Jan. 1959.) P. ECKERT. 8032

**A. C. Nuessle, E. O. J. Heiges** und **R. A. Olney,** *Amingeruch in mit Harz ausgerüsteter Ware.* Die ausführlich beschriebenen u. diskutierten Verss. über die Bldg. von Methylaminen bei mit Harzen ausgerüsteter Ware (Harnstoff–$CH_2O$, Melamin, Äthylenharnstoff–$CH_2O$, Triazon–$CH_2O$) haben gezeigt, daß sich Methylamin entweder aus $NH_3$ + $CH_2O$, oder aus Formiationen bildet. Zur Best. des Methylamins wurde der KRAUS-Test verwendet. — 15 Tabellen, 1 Figur. (Textile Res. J. **29.** 41—54. Jan. 1959. Philadelphia, Pa., Text. Appl. Labor., Rohm & Haas.) H. G. FRÖHLICH. 8032

**F. W. Behmann,** *Einfluß der Hydrophobierung auf das bekleidungsphysiologische Verhalten von Textilien.* Vortrag mit Diskussion. — Ausgehend von den therm. Wechselbeziehungen zwischen Mensch u. Bekleidung wird der entscheidende Einfl. der Hautwasserabgabe nachgewiesen, u. die bekleidungsphysiol. Eigg. eines Textilgutes werden an Hand der physikal. meßbaren, capillaren Gewebekonstanten besprochen. Die durchgeführten Verss. an technolog. gleichartigen Textilgeweben aus Wolle, Baumwolle u. Perlon U ergaben, daß eine Silicon-Imprägnierung bei Regenbekleidung einen guten wasserabweisenden Effekt, jedoch bei anderen Kleidungsstücken eine Verschlechterung der bekleidungsphysiol. Eigg. zur Folge hat. (Melliand Textilber. **39.** 786—90. Juli 1958. Bad Nauheim, W.-G.-Kerckhoff-Inst. der Max-Planck-Ges.) E. KUNTZ. 8036

**Robert T. O'Connor, Elsie F. DuPré** und **Elizabeth R. McCall,** *Anwendungen der Infrarotabsorptionsspektroskopie zur Erforschung von Baumwolle und modifizierter Baumwolle.* 2. Mitt. *Chemische Modifikation.* (1. vgl. C. **1959.** 6674.) An Hand zahlreicher IR-Absorptionsspektren von modifizierten Baumwollen wird gezeigt, daß es auf diese Weise möglich ist, schnell zuverlässige Aussagen über die Art der chem. Rk. (Veresterung, Verätherung usw.) zu machen. Zur Erleichterung der Auswertung derartiger IR-Absorptionsspektren sind in einer Tabelle 50 Absorptionsbanden der wichtigsten Atomgruppen zusammengestellt. Die IR-Spektren wurden unter Verwendung der KBr-Technik ausgeführt. (Textile Res. J. **28.** 542—54. Juli 1958. New Orleans, La., Southern Reg. Res. Labor.) H. G. FRÖHLICH. 8044

**T. F. Cooke** und **P. B. Roth,** *Die Eigenschaften eines neuen vernetzend wirkenden Triazin–Formaldehyd-Produktes für Baumwollwaren.* Es wird die Eignung eines neuen polyfunktionellen Triazin–$CH_2O$-Harzes (*Aerotex Resin 23 Spezial*) zur knitterarmen Ausrüstung von Baumwollwaren beschrieben u. mit den üblichen Prodd. wie Triazonen u. Äthylenharnstoff–$CH_2O$ verglichen. Hierbei werden folgende Vorteile bei den Triazin–$CH_2O$-Harzen herausgestellt: gute Naß- u. Trockenknitterwinkel, geringes Cl-Rückhaltevermögen, gute Beständigkeit gegenüber Cl-Bleiche u. saure Hydrolyse, kein Fischgeruch, geringes Schmutzaufnahmevermögen aus Waschflotten u. geringer Festigkeitsverlust. Die optimalen Ergebnisse werden bei ca. 8% Harzaufnahme erhalten. Die Kondensation erfolgt unter Verwendung von $MgCl_2$ als Katalysator während 2 Min. bei 165°. Die ausführlichen Unterss. sind in 20 Figuren u. 7 Tabellen zusammengestellt. (Textile Res. J. **29.** 180—90. Febr. 1959. Bound Brook, N. J., American Cyanamid Comp., Text. Chem. Dep.) H. G. FRÖHLICH. 8044

**R. L. Wayland jr.,** *Triazone: Produkte für die knitterarme Ausrüstung von Baumwolle.* In einer allg. Darst. werden die Eigg. von Triazonen im Vgl. zu anderen geeigneten Hochveredlungsprodd. aufgezeigt. Hierbei wird darauf hingewiesen, daß die Triazone den besten Hochveredlungsprodd. prakt. gleichgestellt werden können, obwohl sie zur Fischgeruchbldg. u. zum Vergilben in Chlorbleichbädern neigen. Bes. gute Ergebnisse erhält man durch Mischen von Triazonen mit auf Äthylenharnstoff–$CH_2O$-Basis aufgebauten Produkten. Die erhaltenen Ergebnisse sind aus 10 Figuren u. 3 Tabellen zu entnehmen. (Textile Res. J. **29.** 170—79. Febr. 1959. Danville, Va., Dan River Mills, Res. Div.) H. G. FRÖHLICH. 8044

**J. O. Warwicker,** *Eine Röntgenuntersuchung von Verbindungen aus basischen Farbstoffen mit sauren Oxycellulosen und Alginsäure.* Es werden Faserdiagramme von mit bas. Farbstoffen [*Methylenblau* (**I**), *Phenosafranin, Pseudocyanin, Astraphloxin* u. *Isochinolinrot*] gefärbtem *Oxycellulosematerial* aufgenommen. Als Oxycellulosesubstrat diente 1. eine durch Perjodat u. Chlorit oxydierte Ramiecellulose mit variablem Carboxylgeh. (**A**), 2. eine mit $NO_2$ oxydierte Ramiecellulose mit variablem Carboxylgeh. (**B**) u. 3. *Alginsäure* (**C**). Die Färbung der Substrate erfolgte mit bei $p_H$ 7—8 abgepufferten Farbstoff-Lsgg. bis zum Gleichgewicht. Unter diesen Bedingungen werden die in dem

Substrat vorhandenen Carboxylgruppen durch **I** fast vollständig neutralisiert; bei den anderen Farbstoffen, die eine geringere Affinität zeigen, ist die Farbsalzbldg. weniger vollständig. Aus den Diagrammen ist zu erkennen, daß bei mit **I** gefärbten **A**-Substraten bis zu einem Carboxylgeh. von 20 mMol/100 g das Diagramm des ungefärbten **A**-Substrats erhalten bleibt, mit ansteigendem Carboxylgeh. erfolgt dann die zusätzliche Ausbildung eines in zunehmendem Maße intensiver werdenden Meridianreflexes (entsprechend einem Abstand von 3,5 Å) u. schließlich das Auftreten von diffusen Äquatorreflexen. Im Diagramm des gefärbten **A**-Substrats mit dem höchsten Carboxylgeh. (234 mMol/100 g) tritt noch ein weiterer, diffuser, breiter Meridianreflex auf. Die Diagramme der mit **I** gefärbten **B**- u. **C**-Substrate zeigen in Abhängigkeit vom Carboxylgeh. ein dem **A**-Substrat sehr ähnliches Verhalten. Wegen der großen Unterschiede in der Konst. der 3 Substrate u. der gleichförmigen Entw. der Diagramme in Abhängigkeit vom Carboxylgeh. wird gefolgert, daß die zusätzlichen Reflexe durch die Farbsalzbldg. hervorgerufen werden. Die mit den anderen Farbstoffen gefärbten Substrate liefern ähnliche, jedoch weniger charakterist. Diagramme. Die Ursache der zusätzlichen Reflexe (bes. des 3,5-Å-Reflexes) bei den mit **I** gefärbten Prodd. wird ausführlich diskutiert u. folgende Erklärung vorgebracht: 2 **I**-Kationen bilden unter maximal möglicher Überlappung der Molekülebenen ein stabiles „Dimeres", das mit den beiden $-N-(CH_3)_2^+$-Gruppen an die Carboxylatgruppen von 2 benachbarten Oxycellulose-ketten gebunden ist. Diese statist. über die Struktur des Substrates verteilten Farbstoffdimere, deren Molekülebenen senkrecht zur Molekülkettenachse (des Substrats) stehen u. den Abstand von ca. 3,5 Å haben, sind als beugende Einheiten zu betrachten. (Shirley Inst. Mem. **31.** 41—62. Jan. 1958. Didsbury, Manchester, Brit. Cotton Ind. Res. Assoc., Shirley Inst.) E. KUNTZ. 8050

**H. Zahn** und **E. Hille**, *Über eine teilweise reversible N.O-Peptidylverschiebung in Wolle beim Carbonisieren.* Vff. fanden, daß beim Carbonisieren von Wolle, auch unter schonendsten Bedingungen, N.O-Peptidylverschiebungen an den Serin- u. Threoninpeptidbindungen stattfinden (Überführung der Peptid- in eine Esterbindung), die beim Neutralisieren der gebrannten Wolle nur teilweise wieder in die ursprünglichen Peptidbindungen zurückverwandelt werden. (Z. Naturforsch. **13b.** 824. Dez. 1958. Aachen, Deutsches Wollforschungsinst.) H. G. FRÖHLICH. 8060

**Friedrich Winkler**, *Systematik der dynamischen Prüfverfahren für hochpolymere Festkörper.* 2. Mitt. *Verallgemeinerung der Systematik.* (1. vgl. C. **1958.** **11111.**) Die früher angegebene Systematik der Dauerwechselzugprüfverff. wird auf Druck-, Biege-, Scher- u. Torsionsbeanspruchungen erweitert. Es wird festgestellt, daß von den 149 möglichen Verff. bisher 50 angewendet wurden. Zum Schluß wird eine sinnvolle Beschränkung auf 46 Verff. vorgeschlagen, von denen bisher 34 verwendet worden sind. (Faserforsch. u. Textiltechn. **9.** 476—84. Nov. 1958. Berlin, Dtsch. Akad. der Wiss., Inst. für Faserstoffforsch. in Teltow-Seehof, Abt. Textilprüf. u. Textilveredl.) P. ECKERT. 8096

**J. C. Brown**, *Die Bestimmung von Schädigungen an Wollfasern.* Ausführliche Darst. über die Eignung verschied. Methoden zur Best. von Wollschädigungen. Hierbei werden Teste zur Erkennung von Veränderungen der Oberflächenstruktur, der Aufspaltung von Cystin- u. Peptidbindungen bes. ausführlich behandelt. Die Prüfmethoden selbst werden beschrieben. — 22 Figuren mit Mikrophotos, 8 Tabellen, 19 Literaturhinweise. (J. Soc. Dyers Colourists **75.** 11—21. Jan. 1959. Manchester, England, Ciba Clayton Ltd., Dyehouse.) H. G. FRÖHLICH. 8108

---

**J. R. Geigy Akt.-Ges.** (Erfinder: **Reinhard Zweidler**, Basel, und **Ernst Keller**, Binningen), Schweiz, *Herstellung von Bis-4.5-naphthylen-1.2.3-triazolyl-(2)-stilbenverbindungen* der Formel **I**, dad. gek., daß man 1 Mol 4.3′-Diaminostilben-2-sulfonsäure tetrazotiert u. die Tetrazoverb. mit 2 Mol gleichen oder verschied., in Nachbarstellung zur Aminogruppe kuppelnden Aminonaphthalinsulfonsäuren vereinigt u. den erhaltenen Di-o-aminoazofarbstoff zur 4.3′-Bis-[sulfonaphtho-(1.2)-triazolyl]-stilben-2-sulfonsäure oxydiert.

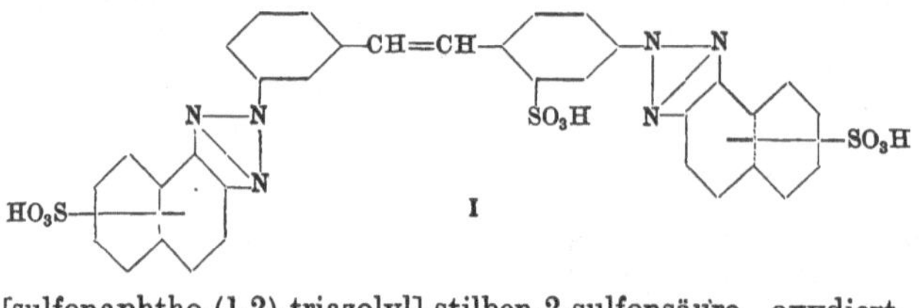


Es werden hergestellt: *4.3′-Bis-[5-sulfonaphtho-(1.2)-triazolyl]-stilben-2-sulfonsäure, 4.3′-Bis-[4-sulfonaphtho-(1.2)-triazolyl]-stilben-2-sulfonsäure, 4.3′-Bis-[6-sulfonaphtho-(1.2)-triazolyl]-stilben-2-sulfonsäure, 4.3′-Bis-[7-sulfonaphtho-(1.2)-triazolyl]-stilben-2-sulfonsäure, 4-[5-Sulfonaphtho-*

*(1.2)-triazolyl]-3'-[7-sulfonaphtho-(1.2)-triazolyl]-stilben-2-sulfonsäure.* — *Opt. Aufheller.* (**D. A. S. 1 040 559** Kl. 12p vom 23/8. 1957, veröff. 9/10. 1958. Schwz. Prior. 24/8. 1956.) I. LERCH. 8027

**Atlas Powder Co.**, übert. von: **John D. Zech**, Wilmington, Del., V. St. A., *Herstellung von Kondensationsprodukten.* Man kondensiert ein sek. Hexitylamin (**I**) mit $CH_2O$ (**II**) u. einem Phenol (**III**) mit wenigstens zwei unbesetzten Stellen, die mit **II** reagieren können. Die Verhältnisse der Reaktionsteilnehmer sind: 1 (Mol) **III**, wenigstens 1 **I** aber $<1$ je reaktionsfähige Stelle von **III** u. $>1$ **II** aber nicht $>1$ je reaktionsfähige Stelle von **III**. Es werden z. B. 1 **III** mit je 3 **II** u. N-Methylolglucamin kondensiert. Die neuen tert. Hexitylamine sind *oberflächenakt.* oder korrosionsverhindernde Mittel, auch *Textilhilfsmittel* u. synthet. Harze. (**A. P. 2 802 820** vom 18/2. 1953, ausg. 13/8. 1957.) H. v. SCHILLER. 8029

**American Cyanamid Co.**, New York, N. Y., übert. von: **Kenneth H. Barnard**, Bound Brook, und **James N. Growney**, Fords, N. J., V. St. A., *Glänzende, wasserfeste Knitterechtausrüstung von Textilien.* Man behandelt das Gut mit der wss. Dispersion eines hitzehärtbaren Aminoplasts, einem alkylierten Methylolmelamin (mit bis 4 C-Atomen im Alkylrest) u. einem N-Methylolamid einer Fettsäure (von $C_{12}$- an), worauf getrocknet u. bei 250—300° kalandert wird. — Geeignet ist z. B. eine Beladung des Textilgutes mit 0,5 (%) methyliertem *Trimethylolmelamin,* 0,5 *N-Methylolstearylamid* u. 4,8 *Dimethyloläthylenharnstoff* oder 4,8 *Bis-[methoxymethyl]-harnstoff.* — Skizze zur Imprägniervorrichtung. (**A. P. 2 819 179** vom 18/1. 1954, ausg. 7/1. 1958.) H. MÖLLERING. 8033

**Julien Dungler**, Frankreich, *Textilprodukt* in Form von Bändern, Streifen oder Bahnen aus Abfällen aus natürlichem oder künstlichem Fasermaterial aller Art, gegebenenfalls mit einem Zusatz von neuem Fasermaterial. Das Textilprod. wird mit einer wss.-ammoniakal. Dispersion von Latex, Neopren oder synthet. Harzen imprägniert u. durch Wärmebehandlung fixiert. — Die Imprägnierlsg. enthält z. B. 30 (%) Latex, 5 $NH_3$ u. 65 Wasser. — Gegebenenfalls werden mehrere Faserstoffschichten übereinander fixiert oder Stoffe nach Art von Velour oder Teppichgewebe hergestellt. (**F. P. 1 150 629** vom 18/5. 1956, ausg. 16/1. 1958.) M. F. MÜLLER. 8037

**Chemische Fabrik Theodor Rotta**, Mannheim (Erfinder: **Otto Gronych** und **Konrad Zimmermann**), *Herstellung wässeriger leicht verdünnbarer Emulsionen von hydrophoben Stoffen,* dad. gek., daß man verflüssigte Gemische von KW-stoffen, halogenierten KW-stoffen sowie verseifbaren natürlichen oder synthet. Fetten, Ölen u. Wachsen mit bas., in W. unlösl. Metallseifen unter Rühren mit wss. Lsgg. von bas. Al-Salzen verd. u. homogenisiert. — Man rührt z. B. in eine Lsg. von 6 (kg) Al-Formiat ein verflüssigtes Gemisch von 2,5 Paraffin, 0,5 Mineralöl u. 0,2 Cu-Stearat, setzt unter Rühren 5,8 W. zu u. homogenisiert. — *Textilhydrophobierungsmittel.* (**D. A. S. 1 047 357** Kl. 23c vom 23/5. 1955, veröff. 24/12. 1958.) E. DREWS. 8037

**C. Rheinwald & Scheffler G. m. b. H.** (Erfinder: **Max Scheffler**), Hüls, *Mit Gewebeauflage versehene Kapokvliese für Futterzwecke oder dergleichen* lassen sich einfach auf einer Vliesmaschine herstellen, wenn die Kapokfasern zuvor mit Mitteln, die *flammschützende* Eigg. erteilen, wie bes. $(NH_4)_3PO_4$ (**I**), behandelt worden sind. Derartige Vliese lassen sich auch gut mit Geweben verleimen, da die imprägnierte Kapokfaser den Leim gut annimmt. — Ein Faserhaufen aus Kapok wird mit einer wss. 20%ig. Lsg. von **I** genetzt, vorsichtig durchgearbeitet, zentrifugiert u. getrocknet. Das Gut wird zwischen 2 Gewebelagen als Vlies eingeblasen, worauf die Oberflächen mit einer Knochenleimlsg. bestrichen werden. (**D. A. S. 1 046 563** Kl. 8k vom 7/6. 1955, veröff. 18/12. 1958.) H. MÖLLERING. 8047

**Zschimmer & Schwarz Chemische Fabrik und Gerbstoffwerk Oberlahnstein Akt.-Ges.**, Oberlahnstein/Rh. (Erfinder: **Erich Heinisch**, Koblenz, **Hermann Behncke**, Frankfurt/M., und **Klaus Wollmann**, Eschhofen/Lahn), *Entfernung von Acetatseide- und Cellulosefasern sowie pflanzlichen Beimengungen aus Wolle und Wollgespinsten.* Man behandelt das vorgetrocknete Fasermaterial ca. 1 Std. bei ca. 100° mit gasförmigem, wasserfreiem $SiCl_4$ in Ggw. von $CH_2Cl_2$. Die nicht aus Wolle bestehenden Bestandteile werden hierbei vollkommen carbonisiert. (**D. A. S. 1 045 043** Kl. 29b vom 28/6. 1957, veröff. 27/11. 1958.) F. BÖHM. 8061

**E. I. du Pont de Nemours & Co.**, Wilmington, Del., übert. von: **Eugene Cameron Pontius**, Chester, Va., V. St. A., *Verspinnen modifizierter Viscose.* Der Zusatz von Monoaminen zur Viscose zwecks Erzielung besserer mechan. u. färber. Eigg. der hieraus hergestellten Kunstseide kann auf 0,02—1 mMol/100 g red. werden, wenn die Alkalicellulose zunächst nur bis zu 90% xanthogeniert u. dann mit Alkali, dem Amin u. dem restlichen $CS_2$ zur Beendigung der Xanthogenierung versetzt wird. Das Amin soll mindestens 1 H-Atom am N gebunden enthalten, mindestens 4 C-Atome aufweisen, aber deren höchstens 8 in einem Rest, u. zu mindestens 0,1% in 6 ig. NaOH lösl. sein Geeignet ist z. B. Cyclohexylamin, N-Methyl- u. N-Äthylcyclohexylamin, Diäthylamin, Morpholin u. o-Methyl-N-methylcyclohexylamin. Man spinnt in ein Bad von 0—80°, das 4—12 (Teile) $H_2SO_4$, 13—25 $Na_2SO_4$, 2—15 $ZnSO_4$ u. weniger als 200 pro 1 Million gebundenen N enthält. (**A. P. 2 810 658** vom 16/8. 1954, ausg. 22/10. 1957.) F. BÖHM. 8075

**Böhme Fettchemie G. m. b. H.** (Erfinder: **Hans Wedell**), Düsseldorf, *Knitterfestmachen von Textilien* mit üblichen Vorkondensaten des (Thio-) Harnstoffs, Melamins oder dgl. u. $CH_2O$ erfolgt in Ggw. von $NH_4$-Salzen oder Salzen niedrigmol. organ. Basen von organ. Sulfon- oder Phosphonsäuren oder entsprechenden $H_2SO_4$- oder $H_3PO_4$-Estern als Katalysator in der Art, daß die Flotte 2—3% Katalysator enthält. — Für das Ausrüsten von *Zellwollstoff* ist eine Flotte geeignet, die in 1 Liter 200 (g) Harnstoff-$CH_2O$-Vorkondensat (60%ig) u. 20 *Äthanolaminsalz einer Alkylphosphonsäure* ($C_{16}$—$C_{20}$) enthält. — Auch eine Flotte mit einem Geh. von 3% *Äthylaminsalz* des *Cetyl-* u. *Stearylphosphates* ist geeignet. — Vgl. F. P. 1 118 662; C. **1958.** 1185 u. E. P. 767 249; C. **1958.** 1737. (**D. A. S. 1 043 273** Kl. 8k vom 3/2. 1954, veröff. 13/11. 1958.) H. MÖLLERING. 8075

**Soc. Rhodiaceta,** Seine, Frankreich, übert. von: **Deutsche Rhodiaceta Akt.-Ges.,** *Verbesserung der Anfärbbarkeit von Gegenständen, wie Folien oder Fasern, aus Celluloseacetat* mit 58—62% gebundener $CH_3COOH$. Die nach dem Naßspinnverf. hergestellten Gegenstände werden ohne Zwischentrocknung mit einer wss. Lsg. eines nicht quellenden Stoffes von mittlerem Mol.-Gew. behandelt, der nach Auspressen u. Trocknen in dem Film usw. verbleibt, worauf man trocknet. Solche Stoffe sind NaCl, $Na_2SO_4$, $NaHCO_3$, Na-Alkylnaphthalinsulfonat, Na-Oleylisäthionat. So behandelt man noch feuchte, gewaschene Fäden 2 Std. bei Raumtemp. mit einer 10%ig. NaCl-Lsg., zentrifugiert sie u. trocknet. Sie enthalten 20,5% NaCl u. sind mit plastlösl. Farbstoffen gut färbbar, (**F. P. 1 121 525** vom 12/10. 1954, ausg. 20/8. 1956. D. Prior. 17/11. 1953.) M. PANKOW. 8077

**Hans Weikert,** Memmingen, *Vermindern der Dehnbarkeit von Kunstfasern,* bes. *Caprolactamfasern.* Die Fäden werden nach der üblichen Dehnung zusätzlich gedehnt, z. B. um 38%, im gespannten Zustand längere Zeit, wenigstens 5 Min., z. B. 45 Min., auf eine 30—60° unter dem F. liegende Temp., z. B. auf 160—175°, erhitzt u. im gespannten Zustand abgekühlt. Auch Nachbehandlungen, wie Dämpfen, Anfeuchten, Imprägnieren, Trocknen, werden unter Spannung vorgenommen. — Vorr., Zeichnungen. (**It. P. 493 146** vom 21/10. 1952. D. Prior. 27/10. 1951.) K. KOEBKE. 8081

**Rohm & Haas Co.,** übert. von: **Fred Harold Steiger,** Philadelphia, Pa., V. St. A., *Schutz von Nylontextilien vor Verfärbung durch Alterung oder Erwärmung.* Man belädt das Gut aus wss. Lsg. mit ca. 5% einer der folgenden Verbb.: Harnstoff, Biuret, Dicyandiamid u. $NH_4NCO$. Das imprägnierte Gut wird 2 Sek. bis 4 Std. auf 116—232° erwärmt. Anschließend kann noch mit einem hitzehärtbaren Aminoplastbildner, wie Harnstoff- oder Melamin-$CH_2O$-Vorkondensat, behandelt werden. — Nach A. P. 2 823 094 bewirkt man gleichzeitig die Thermofixierung des Gutes, indem man es in der wss. Lsg. mit einem Geh. von 15% einer der angegebenen Verbb. mindestens 30 Min., z. B. unter Rückfluß, erwärmt. (**A. PP. 2 823 093** vom 21/1. 1955 u. **2 823 094** vom 27/3. 1956, beide ausg. 11/2. 1958.) H. MÖLLERING. 8081

**Clorox Co.,** Cincinnati, Ohio, übert. von: **Larry J. Barton,** San Leandro, Calif., V. St. A., *Aufhellen von vergilbten Nylontextilien.* Man behandelt diese bei ca. 125° F 15—40 Min. mit einer wss. Hypochloritlsg. mit einem Cl-Geh. von 200—800 Teilen pro 1 Million, deren $p_H$-Wert durch Zusatz von Essig- oder Citronensäure auf 7,7—8,7 eingestellt wurde. (**A. P. 2 830 868** vom 27/9. 1955, ausg. 15/4. 1958.) F. BÖHM. 8081

**Dow Chemical Co.,** Midland, Mich., übert. von: **George W. Stanton,** Walnut Creek, **Clyde W. Davis,** Antioch, und **Thomas C. Spence,** Concord, Calif., V. St. A., *Herstellung farbloser Lösungen von Polyacrylnitril* in wss. Salz-Lsgg., die $ZnCl_2$ enthalten. Um Verfärbung der Lsgg. u. der daraus erzeugten *Fäden* zu vermeiden, setzt man ihnen eine wasserlösl., nicht oxydierende Säure, z. B. HCl, $H_3PO_4$ oder HCOOH, zu, so daß der $p_H$-Wert höchstens 4 beträgt. (**A. P. 2 837 492** vom 10/2. 1954, ausg. 3/6. 1958.) F. BÖHM. 8081

**Max Duch,** Bitterfeld, und **Helmut Lehnert,** Wolfen, Kr. Bitterfeld, *Verbesserung der Anfärbbarkeit von Gebilden aus Polyacrylsäurenitril.* Die frisch hergestellten Gebilde werden auf einen Feuchtigkeitsgeh. von mindestens 40%, bes. 60—70% (des Trockengewichts), gebracht, dann nachverstreckt u. getrocknet. — Fäden aus Acrylnitril-Vinylacetat (90:10)-Mischpolymerisat werden aus dem heißen Glycerinfällbad ohne Spannung durch ein Wasserbad geführt, auf ca. 60% Wasserfeuchtigkeit abgequetscht

u. im 100° heißen Glycerinbad verstreckt. Sie lassen sich z. B. mit Schwefelgrün G extra gut anfärben. (**D. P. [DDR] 16 143** Kl. 29b vom 5/7. 1956, ausg. 2/1. 1959 [Wirtschaftspatent].) M. PANKOW. 8081

**Farbwerke Hoechst Akt.-Ges., vormals Meister Lucius & Brüning** (Erfinder: **Paul Schlack**), Frankfurt/M., *Herstellung von orientierten Gebilden, wie Fäden, Fasern oder Bändchen, aus hochschmelzenden linearen Polyestern,* bes. Polyäthylenglykolterephthalaten. Man löst diese in polyfluorierten, niederen Fettsäuren, wie Trifluoressigsäure, 1.1.2-Trifluorpropionsäure oder Perfluorpropionsäure, gegebenenfalls im Gemisch mit niederen chlorierten Fettsäuren, wie Mono-, Di- oder Trichloressigsäure, u. verspinnt diese Lsgg. in warme, wss., konz. Lsgg. von $H_3PO_4$-Salzen, bes. Na-Phosphaten, mit einer D. $>1,3$, bes. $>1,35$. Der $p_H$-Wert der Fällbäder soll bei 4,5—6,5 konstant gehalten werden, die Temp. 35—45° betragen. Eingeschlepptes Lösungsm. wird mittels niederer Alkohole, wie A. oder Isopropylalkohol, laufend extrahiert. (**D. A. S. 1 040 177** Kl. 29b vom 29/7. 1955, veröff. 2/10. 1958.) F. BÖHM. 8081

**Mannesmann Akt.-Ges.**, Düsseldorf (Erfinder: **Peter Dickens, Klaus Gorke, Karl-Heinz Schmidt**, Duisburg, **Conrad Kaser**, St. Tönis, und **Paul König**, Elmpt). *Vorbehandlung von mineralischen Fasern,* die mit chem. wirkenden, die Bindung verbessernden Haftmitteln, wie Cr-Methacrylsäure-Komplexverbb., vor dem Verkleben mit Kunststoffen überzogen werden sollen. Zur Vermeidung der störenden Erhöhung des $p_H$-Wertes der Haftmittellsg., wodurch diese in ihrer Wirksamkeit gestört wird, werden die Fasern mit äthylendiamintetraessigsaurem Na in 1,5%ig. Lsg. vorbehandelt, mit W. gewaschen u. getrocknet. (**D. A. S. 1 052 295** Kl. 80b vom 15/9. 1956, veröff. 5/3. 1959.) G. FRIKELL. 8083

## XIX. Brennstoffe. Erdöl. Mineralöle.

**H. W. Flemming,** *Synthetische Klarmacher beim Waschen von Kohle.* Berichtet wird über die Vorteile des Gebrauches von Klarmachern (Derivv. der Polyacrylsäuren mit Mol.-Gew. zwischen 50000 u. 100000). Diese Prodd., die bei niederer Temp. stark dissoziiert sind, kehren die elektr. Ladungen der festen, in der Fl. dispergierten Teilchen um, wodurch das Absinken der Teilchen verursacht wird. Mengen von 0,1—0,5 g je m³ Wasch-Fl. führen zur Einsparung von Zeit, Material u. Wasser. (Chim. et Ind. **79.** 141—43. Febr. 1958.) E. BOYE. 8134

**Eufimia Olteanu, N. Ionescu** und **Elisabeta Fotache,** *Beiträge zur mechanischen Entaschung der Braunkohlen.* Nach einer Trennung der Braunkohlen in granulometr. Fraktionen von je 5 mm zwischen 0 u. 30 mm wird durch Absitzenlassen in mit W. nicht mischbaren organ. Fll. u. Schwereflüssigkeiten eine Trennung der Rohbraunkohle bzw. des Halbkokses von der Asche erzielt. (Rev. Minelor **9.** 82—87. Febr. 1958.) R. K. MÜLLER. 8134

**Miklós Szücs** und **László Gärtner,** *Mechanismus der Verkokung.* Diskussion der seit 100 Jahren entwickelten Theorien. — 78 Literaturangaben. (Kohászati Lapok **13 (91).** 491—97. Okt./Nov. 1958.) J. PLANK. 8142

**W. N. Adams, A. F. Gaines, D. H. Gregory** und **G. J. Pitt,** *Rauchentwicklung von Tieftemperaturkoks.* Entgegen der bisherigen Auffassung, daß nur rauchlose Brennstoffe mit einem Geh. an flüchtigen Bestandteilen zwischen 9,1 u. 19,5% keinen Rauch entwickeln, stellen Vff. fest, daß auch aus amerikan. Kohlen gewonnener Halbkoks mit flüchtigen Bestandteilen oberhalb 20% rauchlos verbrennt. Brit. Kohlen, die im Fließbett von flüchtigen Bestandteilen befreit wurden u. als Briketts dann noch 33% flüchtige Bestandteile besaßen, rauchten weniger als eine Flammkohle mit 18% oder einem daraus hergestellten Tieftemperaturkoks mit 23% flüchtigen Anteilen. Die Rauchentw. wird von Vff. an einer Reihe Tieftemperaturkokssorten aus verschied. Kohlen mit verschied. Mengen an flüchtigen Bestandteilen untersucht. Sie finden, daß der Rauch aus teerähnlichen Pyrolysenprodd. entstammt, die nicht vollständig verbrannt werden konnten. Die Rauchentw. sinkt mit fallendem Geh. an flüchtigen Bestandteilen, ist aber für einen Tieftemperaturkoks immer geringer als bei einer Kohle mit gleichen Anteilen an flüchtigen Bestandteilen. Aus den Verss. schließen Vff., daß die Rauchentw. von Kohlen u. Tieftemperaturkoks von der Teerausbeute u. der Temp. bei der Verkokung abhängt. Ein Tieftemperaturkoks mit 23% flüchtigen Bestandteilen verbrennt rauchlos, weil sein Teergeh. gering ist. Der Temperatureinfl. bei Ein- oder Zweistufenverkokung wird näher besprochen. (Nature [London] **183.** 33. 3/1. 1959. Stoke Orchard, Glos., Nat. Coal Board, Coal Res. Establ.) K. O. MÜLLER. 8144

**Władisław Lewandowski** und **Teodor Czech,** *Laboratoriumsapparatur zur Teerentwässerung.* Die Entwässerung von Teer erfolgt auf einer geneigten (10°), beheizten, abgeschlossenen Rinne (3 cm breit, 1,5 m lang), die auf 5 mm Wassersäule evakuiert ist.

Das Destillat wird über einen Kühler aufgefangen. (Koks-Smoła-Gaz **3.** 68—69. März/April 1958.) F. URBAN. 8176

**Jan Romatowski** und **Janusz Warmuziński,** *Anwendung eines neuen Verfahrens zur Teerentwässerung mittels Dünnschichtverdampfens.* Die Entwässerung von Teer von 20 auf 5% erfordert Wasserdampf von 170° u. 10 m² Heizfläche/t u. Stunde. Nachteilig bei Verwendung von Dünnschichtverdampfern ist die verstärkte Bldg. nichtflüchtiger $NH_4$-Salze. (Koks-Smoła-Gaz **3.** 138—43. Juli/Aug. 1958.) F. URBAN. 8176

**A. W. Masow, Ju. I. Turski** und **L. Je. Dantschenko,** *Die Extraktion von Phenolen aus Teerfraktionen durch wässerige Methanollösungen.* Es wird eine Charakteristik der für die Entphenolungsverss. mit $CH_3OH$ benutzten Teerfraktionen gebracht u. ein entsprechendes Schema der Extraktion besprochen. Es folgen Angaben über Ausbeuten u. Eigg. der wasserfreien Rohphenole u. die gewonnenen Phenolfraktionen. Der Verbrauch an $CH_3OH$ beträgt 0,3—0,4% vom Rohstoff zur Deckung der Verluste, der an Bzn. 0,4—0,5%. In halbtechn. Verss. mit den Fraktionen 160—210° u. 210—320° des Mittelöls aus der Kohlenverschwelung, Braunkohlenteer u. der Fraktion 190—300° aus der Torfverschwelung wurde die Möglichkeit der Gewinnung von Phenolen befriedigender Qualität u. die Zweckmäßigkeit des beschriebenen Schemas erwiesen. (Химия и Технология Топлив и Масел [Chem. Technol. Brennstoffe Öle] **3.** Nr. 10. 44—49. Okt. 1958. Allunions Wiss. Forschungsinst. der Erdölind.) E. v. PEZOLD. 8176

**Jerzy Kowalski** und **Barbara Szczurek,** *Versuche zur Phenolextraktion aus Teerölen mittels Aceton.* Phenole des Carbolöls lassen sich mit 20—90%ig. wss. Aceton extrahieren, wenn ca. 20% Kogasin als Hilfsextraktionsmittel anwesend sind. Bei der Extraktion tritt oft eine dritte wss. Phase auf, die kein Phenol enthält. Vff. nehmen an, daß das über Restaffinität an Aceton gebundene W. durch Phenol verdrängt wird. Die Extraktion von Phenolen aus dem Spülöl des Schwelteeres mit wss. Aceton nach ERDMANN gelingt nicht, da sich Aceton mit dem Öl leicht mischt. Zusatz von 33% Kogasin ermöglicht jedoch quantitative Extraktion auch bei Anwendung sehr verd. wss. Acetons. Auch hier wird die Bldg. einer dritten wss. Phase beobachtet. (Koks-Smoła-Gaz **3.** 143—51. Juli/Aug. 1958. Wrocław, Politechn., Kat. Chem., Techn. Węgla brunat.) F. URBAN. 8176

**M. K. Djakowa, A. B. Wol-Epstein, Je. A. Alexi** und **Je. I. Wassiltschikowa,** *Ausarbeitung eines Prozesses der hydrierenden Reinigung von Benzinen aus der thermischen Extraktion und Halbverkokung estnischer Schiefer bei niedrigem Wasserstoffdruck.* Die hydrierende Raffination der untersuchten Benzine aus estn. Ölschiefer wird bei Drucken von 50—100 at in 2 Stufen durchgeführt: 1. bei 350—360° über 25 ml $WS_2$ + NiS + $Al_2O_3$; 2. bei 400° über 100 ml $WS_2$ (auf Al-Silicat); $H_2$-Zugabe 1300—1500 Liter je Liter Rohbenzin. Dabei hat Bzn. aus der therm. Extraktion von Ölschiefer Vorteile gegenüber Bzn. aus der Halbverkokung: es verbraucht weniger $H_2$, das erhaltene Raffinat hat höhere Octanzahl u. neigt weniger zur Verkokung beim Erhitzen. Das Raffinat hat folgende Gruppenzus. (ohne Klammer Bzn. aus Halbverkokung, in Klammer Bzn. aus der therm. Extraktion): 1,6 (Gew.-%) Alkene (0,6), 66,5 (57,9 Alkane), 27,2 (32,2) Cyclane, 4,7 (9,3) Aromaten. Die Katalysatoren auf $WS_2$-Grundlage zeigen bei der Verarbeitung der instabilen, S-haltigen Schieferbenzine gute Lebensdauer. (Журнал Прикладной Химии [J. angew. Chem.] **30.** 1056—65. Juli 1957.) R. K. MÜLLER. 8180

**Matej Rákoš,** *Magnetische Untersuchungen über den Ablauf des künstlichen Alterns von Mineralölen.* Die im Verlaufe des künstlichen Alterns von Mineralölen entstehenden Abweichungen von deren n. magnet. Suszeptibilitäten wurden beobachtet. Aus der Abhängigkeit der Suszeptibilität sowie des Brechungsindex von der Dauer des Alterns wurden die Intensität, die Dauer u. die Art der Prozesse ermittelt, welche die Veränderungen der physikal. Eigg. der Öle zur Folge haben. (Chem. Listy **52.** 1229—34. Juli 1958. [Orig.: tschech.]; Collect. czechoslov. chem. Commun. **24.** 405—12. Febr. 1959. [Orig.: deutsch]. Košice, Vysoká škola technická, Katedra Fysiky.) O. KNESSL/Prag. 8188

**Douglas A. Kirk,** *Neue Erdölraffinerie.* Beschreibung der Anlage der AMERICAN OIL CO. in Yorktown, Va., ihrer Arbeitsweise mit weitgehender Automatisierung u. ihrer Hilfsmittel. (Ion [Madrid] **18.** 3—11. Jan. 1958.) R. K. MÜLLER. 8194

**Dalimil Vranjican, Boris Prohaska** und **Zlatka Tartaro,** *Hydrierung aromatischer Kohlenwasserstoffe in Erdölderivaten.* 1. Mitt. *Hydrierung höherer Erdölfraktionen zwecks Durchführung einer Strukturgruppenanalyse.* Für die Strukturgruppenanalyse höherer, Aromaten enthaltender Erdölfraktionen (z. B. Vakuumdestillate mit Kp. 220—390 u. 390—490°) wird eine Vorhydrierung über $MoO_3$ zur Entschwefelung u. Haupthydrierung mit RANEY-Ni bei 320—330° u. ca. 200 at bzw. 260—270° u. 173—180 at angewandt. RANEY-Ni kann auch als Katalysator für die Hydrierung niedrigerer KW-stoffe von geringem S-Geh. verwendet werden. Es zeigt sich, daß bei der Hydrierung mit RANEY-Ni eine Ausdehnung der einzelnen Hydrierungsstufen über 3 Std. zu einem Aktivitätsverlust führt; auch eine Erhöhung der Temp. über 230° ist schädlich. Die Verss. werden getrennt mit Destillat, Raffinat u. entparaffiniertem Öl durchgeführt. Ein Eluatchromatogramm zeigt die bei der Hydrierung erzielten Veränderungen. (Nafta [Zagreb] **9.** 33—38. Febr. 1958. Zagreb, Technol. fak.) R. K. MÜLLER. 8198

**Dalimil Vranjican, Stanko Jurjašević** und **Boris Prohaska,** *Hydrierung aromatischer Kohlenwasserstoffe in Erdölderivaten.* 2. Mitt. *Hydrierung aromatischer Konzentrate.* (1. vgl. vorst. Ref.) Auch bei der Hydrierung von aromat. Konzentraten ist es zweckmäßig, zur „direkten Strukturgruppenanalyse" $MoO_3$ u. RANEY-Ni als Katalysatoren zu kombinieren, da $MoO_3$ nicht weit genug hydriert, RANEY-Ni gegen S zu empfindlich ist. Die Verss. werden mit Crackrückstand, EDELEANU-Extrakt, Heizöl u. aromat. Teer durchgeführt. Durch die Hydrierung werden nach einem Chromatogramm (Abb.) vor allem die Zwei- u. Dreiring-KW-stoffe abgebaut. (Nafta [Zagreb] **9.** 95—98. April/Mai 1958.) R. K. MÜLLER. 8198

**Ja. B. Tschertkow** und **W. N. Srelow,** *Über die Autoxydation von Crackkerosin.* (Vgl. C. **1956.** 10830; C. **1957.** 7209; C. **1958.** 1467.) Die in den Crackkerosinen enthaltenen Nicht-KW-stoffanteile, die in der Hauptsache aus neutralen O-Verbb. bestehen, wirken der Autoxydation entgegen. Wenn man sie entfernt (im Laboratoriumsvers. durch Chromatographieren mit Silicagel, Trennung durch Lösen der KW-stoffe mit Isopentan, der Nicht-KW-stoffe mit Methanol), dann nimmt die Geschwindigkeit der Autoxydation erheblich zu; es wird eine breitere Gruppe von KW-stoffen erhalten. Die abgetrennten Nicht-KW-stoffe können als Ausgangsstoffe für chem. Synthesen Bedeutung haben. (Журнал Прикладной Химии [J. angew. Chem.] **30.** 1875—77. Dez. 1957. Wiss. Forsch.-Inst. für Brenn- u. Schmierstoffe.) R. K. MÜLLER. 8200

**Tadao Shiba,** *Katalysatoren zur Reformierung von Petroleum.* Übersicht. — 11 Literaturangaben. [Kagaku [Science] **28.** 333—36. Juli 1958. Tokyo-Meguro, TH. [Orig.: japan.]) E. MAEKAWA. 8200

**Richard Birthler, Erwin Deutloff, József Károlyi, Pál Steingaszner** und **András Zalai,** *Der hydrierende Abbau hochasphalthaltiger Erdöle und Teere in einer Mitteldruck-Kombikammer nach dem Varga-Verfahren.* Bei dem Verf. gelingt es, die Vorteile der Hochdruckhydrierung u. der Crackverff. zu verbinden, so daß bei niederen Drucken gearbeitet werden kann, daß der $H_2$-Verbrauch sehr gering u. die Verwendung von $H_2$-haltigen Gasen möglich ist u. ein wirksamer Abbau der Asphaltene u. der Schweröle bei denkbar geringer Koks- u. Gasbldg. möglich ist. Rohdieselöle können als Verdünnungsmittel verwendet werden, die dann zugleich mit raffiniert werden. Bei Erdölen mit geringem Asphaltgeh. genügen bereits 10—20% Verdünnungsmittel. In den meisten Fällen genügt es, nur die Benzine abzutoppen u. das restliche Erdöl in der Mitteldruck-Kombikammer in einer Stufe zum größten Teil zu hochraffinierten Motorkraftstoffen u. zum geringen Teil zu sehr gut raffiniertem Heizöl abzubauen. (Erdöl u. Kohle **12.** 71—73. Febr. 1959. Böhlen, Budapest u. Pétfürdö.) F. ROSENDAHL. 8200

**T. L. Narasimhan, M. R. K. Rao** und **H. A. Havemann,** *Alkohol als Hauptbestandteil eines Kraftstoffes in schnellaufenden Dieselmotoren.* Um den Einfl. des A. auf die Motorcharakteristik abzuschätzen, wurde ein Motor mit offenem Verbrennungsraum u. ein Motor mit Wirbelkammer unter konstanter Drehzahl, aber veränderter Last verwendet. Der A. wurde zusammen mit der Ansaugluft eingeführt, Dieselkraftstoff u. pflanzliche Öle wurden eingespritzt. Vff. stellen fest, daß ein sehr hoher Anteil an A., d. h. bis zu 93% des gesamten Kraftstoffbedarfes, von dem Motor mit offenem Verbrennungsraum verbraucht werden kann. Der Motor mit Wirbelkammer ergibt weniger gute Resultate. Der Einsatz von A. ist bes. nützlich unter Vollast- u. unter Überlastbedingungen. Die Leistung wird gesteigert durch Anstieg der Kompressionstemperatur. Der Auspuff ist rauchfreier, die Ablagerungen in den Zylindern geringer. Ein mäßiges Erhitzen der Einlaßluft ist von Vorteil, wenn der Motor mit A. als Hauptbestandteil des Kraftstoffes betrieben wird. (J. Indian Inst. Sci. **38.** Sect. B 224—47. Okt. 1956. Bangalore, Indian Inst. of Sci., Dep. of Internal Combust. Eng.) K. O. MÜLLER. 8204

**K. I. Iwanow** und **A. J. Michelsson,** *Der Einfluß des Reinigungsgrades energetischer Öle auf ihre Fähigkeit zur Bildung wasserlöslicher Säuren bei Beginn der Alterung.* Die Oxydierbarkeit (SZ. u. Niederschlagsmenge nach 14std. Oxydation mit $O_2$) u. der Geh. an in W. lösl. flüchtigen (I) u. nichtflüchtigen Säuren (II; nach 6std. Oxydation) verschied. energet. Öle (*Transformatoren-* u. *Turbinenöl*) wird in Abhängigkeit vom Reinigungsgrad (in % $H_2SO_4$) bestimmt. Die Menge der von sämtlichen untersuchten Ölproben im Anfangsstadium der Alterung gebildeten **I** u. **II**, von denen erstere überwiegen, sowie deren SZ. nehmen mit zunehmendem Reinigungsgrad bis zu einem Minimum ab. Im Gegensatz zur SZ., die bei weiterer Erhöhung der $H_2SO_4$-Konz. bei allen Proben mehr oder weniger stark wieder ansteigt, ändert sich der Geh. der Öle an I prakt. nicht mehr. Eine Ausnahme bilden die vorwiegend paraffin. KW-stoffe enthaltenden Emba-Öle, deren Säuregeh. mit zunehmender $H_2SO_4$-Konz. wieder steil ansteigt. Die I-Bldg. in Ölen mit niedrigem Reinheitsgrad beruht nach Ansicht der Vff. auf der Ggw. von Teerprodd. u. aromat. KW-stoffen. Der in hochgereinigten Emba-Ölen beobachtete erneute Anstieg des Säuregeh. wird durch den hohen Geh. dieser Öle an geradkettigen u. schwach verzweigten Paraffinen sowie durch das Fehlen der als natürliche Antioxydantien wirkenden u. bei der $H_2SO_4$-Reinigung abgetrennten Teere u. Aromaten erklärt. (Химия и Технология Топлива и Масел [Chem. Technol. Brennstoffe Öle] **1957.** Nr. 10. 34—41. Okt. Allunions Wärmetechn. Inst.) H.-E. MESSERKNECHT. 8218

**G. I. Fuks** und **N. Je. Galzowa,** *Die Oxydation von Schmierölen bei niedrigen und mittleren Temperaturen.* Es werden dünne Schichten (2 mm) von Turbinen- u. Transformatorenöl, Dioctylsebacinat, Knochen- u. Rhicinusöl, Ölsäure u. deren Triglycerid u. einigen Markenölen bei —50 bis 100° in offener u. geschlossener App. (im Original beschrieben) der Luft oder $O_2$ ausgesetzt u. die Oxydation an Hand der Änderung der Peroxydzahl, JZ. u. der Viscosität u. bei der geschlossenen App. durch Messung des $O_2$-Druckes untersucht. Aus der zeitlichen Änderung der verschied. analyt. Kennzahlen lassen sich 3 Stadien der Oxydation ableiten: 1. Induktionsperiode; 2. Bldg. von prim. Oxydationsprodd., wobei die Viscosität etwas abnimmt; 3. Bldg. von sek. Oxydationsprodd. bei weiterer Erniedrigung der Viscosität. Die bei $\geqq 100^{0}$ beobachtete größere Stabilität von Mineralölen im Vgl. zu den fetten Ölen ist bei niedrigeren Tempp. nicht mehr so ausgeprägt. Als Antioxydantien werden p-Hydroxydiphenylamin (I), Pyrogallol, $\beta$-Naphthol, $\alpha$-Naphthylamin u. Hydrochinon in Konzz. von 0,01 u. 0,05% den fetten Ölen zugesetzt u. deren Einfl. auf das Oxydationsverh. der Öle untersucht. I stabilisiert die fetten Öle gut. (Химия и Технология Топлива и Масел [Chem. Technol. Brennstoffe Öle] **1957.** Nr. 3. 28—37. März.) CH. WEISKE. 8220

**Brunello Ciuti,** *Beitrag zur Untersuchung der Korrosion von emulgierbaren Ölen nach der Probe I.P. 125.* Die modifizierte Korrosionsprobe I.P. 125 wird auf die Unters. der Korrosion emulgierbarer Öle auf Gußeisenplatten angewendet. Die dabei erhaltenen Oxydschichten werden auf einen durchsichtigen Film übertragen, sind in dieser Form haltbar u. deshalb für Vergleichszwecke geeignet. (Olii minerali, Grassi Saponi, Colori Vernici **35.** 395—98. Nov. 1958. San Donato Milanese, E. N. I., Labor. di Ric. Sci.-Tecniche.) B. SCHEIFELE. 8220

**Luigi M. Quarleri,** *Allgemeine chemische Zusammensetzung und chemisch-physikalisches Verhalten der modernen Schmierstoffadditivs für Verbrennungsmotoren.* Betrachtungen über chem. Aufbau u. physikal.-chem. Verh. von Antioxydantien, Antikatalysatoren, Korrosionsinhibitoren, Haftmittel, Verdickungsmittel, Dispersionsmittel u. Schaumverhütungsmittel. (Olii minerali, Grassi Saponi, Colori Vernici **35.** 402—07. Nov. 1958. Genua.) B. SCHEIFELE. 8222

**Gyula Nyul, Pál Zakar** und **Gyula Mózes,** *Das Bitumen von Tujmáz und Nagylengyel.* Analyse, physikal.-chem., chem.-technolog. u. rheolog. Unterss. der Destillations- u. geblasenen Bitumina u. deren Anwendungsmöglichkeit. (Magyar Kémikusok Lapja [Z. Ver. ung. Chemiker] **13.** 132—36. April 1958. Veszprém, Magyar Ásványolaj és Földgázkisérleti Intézet.) G. HALMI. 8224

**Jerzy Kowalski** und **Lidia Kostecka,** *Versuche über die Reinigung des Montanharzes durch Einwirken von Lösungsmitteln auf dessen Lösungen.* Vff. führten Verss. über die Reinigung des Montanharzes mittels Fällung u. Extraktion der Verunreinigung aus geschmolzenem u. gelöstem Harz. Geschmolzenes Harz ergab nach Mischen mit Paraffinen 3 Ndd.: einen schwarzen, einen rotbraunen u. einen weißen. Die Fällung des Harzes aus Benzol-Lsgg. mittels Paraffinen gibt 2 Ndd. in geringeren Mengen als aus geschmolzenem Harz; der erste Nd. ist rotbraun, der zweite weiß. Die in Bzl.–Paraffin-Gemischen gelösten Harze wurden mit Paraffinen gefällt u. mit organ. O-Verbb. extrahiert. Zur Reinigung u. Fraktionierung von Harz-Lsgg. in Bzl.–Bzn.-Gemischen wurde auch Methylalkohol angewandt. Vff. geben die Bedingungen an, um gelbes Raffinatharz zu erhalten. Es wurde festgestellt, daß manche Harzfraktionen trocknende Harze bilden. (Koks-Smola-Gaz **2.** 191—95. Sept./Okt. 1957. Wrocław, Politechnika Wrocławska, Katedra Chemii i Technologii Węgla Brunatnego.) A. BABCZYNSKI. 8226

**I. Barbu** und **Gabriela Reinhorn,** *Ein Apparat für die Bestimmung von Benzol und Lösungsmitteln in Gasen.* Der vorgeschlagene App. unterscheidet sich von demjenigen von KATTWINKEL dadurch, daß das zu untersuchende Gas durch einen mit W. gefüllten, mit 120 V Wechselstrom innenbeheizten, nach unten kon. Glaskolben geleitet wird; auch die darüber angeordnete Säule von akt. Kohle ist elektr. beheizt. (Rev. Chim. [Bucureşti] **8.** 204—05. März 1957.) R. K. MÜLLER. 8250

**Harry V. Drushel** und **James F. Miller,** *Polarographische Bestimmung von Thiophenen und aromatischen Sulfiden in Erdöl.* Das polarograph. Verh. der Sulfone einiger kondensierter Thiophene u. aromat. Sulfide als Vertreter der in Erdöl hauptsächlich vorkommenden S-Verbb. wurde untersucht. Die Sulfone wurden durch Oxydation der Stammkörper durch Erhitzen mit $H_2O_2$ in Eisessig gewonnen. Für die polarograph. Aufnahmen wurde als Grundelektrolyt eine 0,08mol. Lsg. von Tetra-n-butylammoniumjodid in Methanol/Bzl. (2 : 3) verwendet; die Potentiale wurden gegen Boden-Hg gemessen. *Benzothiophen-1-dioxyd* (**I**, F. 142—143,5°), *Dibenzothiophen-5-dioxyd* (**II**, F. 236 bis 237°), *Thianthren-5.10-tetroxyd* (F. 337,5—340°), (vermutlich *2.5-*) *Di-tert.-butylthiophen-1-dioxyd* (F. 127,5—128,5°), (vermutlich *2.5-*) *Di-tert.-octylthiophen-1-dioxyd* (F. 118,5—121°), *6a.11b-Dihydronaphtho-[2.1-b]-benzo-[d]-thiophen-7-dioxyd* (**III**, F. 184—185°), *Phenylsulfon* (**IV**), *p-Tolylsulfon* u. *Methyl-p-tolylsulfon* lieferten irreversible, meist diffusionsbedingte Reduktionsstufen. Die Halbstufenpotentiale lagen bei den Thiophenderivv. bei —1,0 bis —1,3 V u. bei den aromat. Sulfiden bei —1,7 V. Aus den Stufenhöhen u. durch potentiostat. gesteuerte coulometr. Messungen ergab sich für die Elektroden-Rk. bei **I**, **III** u. **IV** die Aufnahme zweier Elektronen pro Mol., wobei die Red. an der 2.3-Doppelbindung einsetzte. Dagegen wurde **II** in einer Vierelektronen-Rk. reduziert. Die Sulfone aliphat. Sulfide u. Dibenzylsulfon wurden unter den gewählten Versuchsbedingungen polarograph. nicht reduziert. Nach der beschriebenen Meth. wurden verschied. Erdölproben u. einige durch Molekulardest. gewonnene S-haltige Fraktionen oxydiert u. polarograph. untersucht. Ca. 90% der S-Verbb. des Erdöls konnten danach erfaßt werden. Die Ergebnisse werden auf Grund der durch Unters. der Modellsubstanzen gewonnenen polarograph. Daten ausführlich diskutiert. (Analytic. Chem. **30.** 1271—80. Juli 1958. Pittsburgh, Pa., Mellon Inst. of Ind. Res.) E. MOISAR. 8252

III

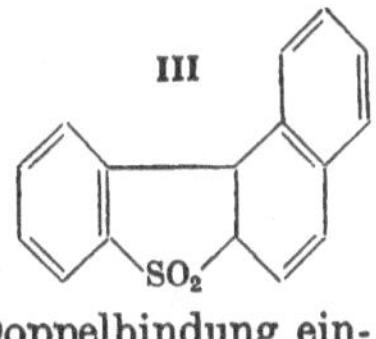


**A. Bartel,** *Schmierung und Schmierstoffprüfung bei hohen Temperaturen.* Beschreibung eines Gerätes zur Unters. von Schmierstoffen aus Glas u. Salzmischungen bei Tempp. bis zu 1000°. (VDI-Z. **101.** 318. 11/3. 1959. Hannover, Inst. für Erdölforsch.) W. WESLY. 8258

**P. W. L. Gossling,** *Die Arbeit des ERA/IEC über einen Oxydationtest für Isolieröle in den letzten zehn Jahren.* Vf. berichtet (13 Schrifttumsangaben) über internationale Bestrebungen, um zu einer einheitlichen Meth. zu kommen, wobei bes. der Ersatz von Metallen durch Metallsakkatalysatoren besprochen wird. Es wird über die Bestrebungen berichtet, einen besseren Einblick in die Vorgänge zu erhalten. (J. Inst. Petroleum **44.** 273—83. Sept. 1958. C. C. Wakefield & Co.) F. ROSENDAHL. 8258

**W. Schaack** und **D. Födisch,** *Über die Kennzahlen des Rohmontanwachses und ihre Auswertung für die Qualitätsbeurteilung.* 2. Mitt. *Auswertung der Kennzahlen.* (1. vgl. C. **1958.** 12572.) Rohmontanwachs (**I**) läßt sich durch kombinierte extraktive Behandlung in Reinmontanwachs (**II**), Montanharz (**III**) u. Montanasphalt (**IV**) zerlegen. SZ., VZ. u. EZ. von **I** setzen sich weitgehend additiv aus den Kennzahlen von **II**, **III** u. **IV** zusammen. Das gleiche gilt für Glührückstand, wogegen Acetonunlösliches, Paraffinunlösliches u. Viscosität bei 90° nicht mehr linear von dem Verhältnis **II** : **III** : **IV** abhängen. Vff. geben empir. Gleichungen (quadrat. mit 1 bzw. 2 Unbekannten) u. ein Nomogramm an, mit deren Hilfe sich aus letzteren Kennzahlen der Geh. von **II**, **III** u. **IV** errechnen bzw. ablesen läßt. (Fette, Seifen, Anstrichmittel **59.** 209—13. April 1957. Röblingen am See, VEB Braunkohlenwerk, Hauptlabor.) G. MEINHARDT. 8262

---

**L. & C. Steinmüller G. m. b. H.,** Gummersbach, und **Steinkohlen-Elektrizitäts-Akt.-Ges.,** Essen, *Entgasen von Brennstoffstaub,* wobei dieser in einer Zone des Entgasungsschachtes durch Teilverbrennung des Trägergases vorbehandelt u. anschließend vollständig entgast wird, dad. gek., daß dieses Verf. mit einem sich getrennt davon abspielenden Wirbelschichtverf. derart kombiniert wird, daß die in der Wirbelschicht auftretenden Wärmemengen an die Reaktionszone des Entgasungsapp. abgegeben werden. (**D. A. S. 1 051 448** Kl. 26a vom 27/9. 1956, veröff. 26/2. 1959.) E. KAHLES. 8157

**S. p. A. „Vetrocoke",** Turin, Italien, *Entfernen von Schwefelwasserstoff allein oder zusammen mit Kohlendioxyd aus Gasgemischen* durch Verwendung As-haltiger Absorptions-Lsgg., gek. durch die Kombination folgender Verfahrensschritte: a) Absorption des $H_2S$ u. $CO_2$ mittels einer alkal. Arsenit u. gegebenenfalls Arsenat enthaltenden Lsg.; b) Umwandlung des durch die Absorption des $H_2S$ gebildeten, in der Lsg. enthaltenen Thioarsenits in Monothioarsenat u. Arsenit durch Zusatz von Arsenat; c) Herabsetzung der Alkalität der Monothioarsenat enthaltenden Lsg. zwecks Abscheidung von S u. Rückbldg. von Arsenit; d) Entfernen des $CO_2$ aus der Absorptionslsg.

auf übliche Weise; e) Wiederoxydieren eines Teiles des anfallenden Arsenits zu Arsenat. — Schema der Anlage. (**Oe. P. 201 220** vom 29/6. 1956, ausg. 10/12. 1958. It. Prior. 13/2. 1956.) T. OPPERMANN. 8165

**Pure Oil Co.**, Chicago, Ill., übert. von: **Allyn T. Sayre jr.** und **Orvin C. Holbrook**, Crystal Lake, Ill., V. St. A., *Ansäuern geologischer Bohrungen.* Unmittelbar nach der Einführung der Säure wird eine überlagernde Fl., wie Petrolöl, eingeführt, deren Volumenmenge nicht kleiner als die Säuremenge ist u. ausreichend, um eine nicht aufhebbare Sättigung der geolog. Bohrung mit dem verbrauchten Säureagens zu bewirken. Letzteres besitzt die Tendenz, weiter mit den in der Formation verbleibenden Bestandteile zu reagieren (Bldg. von W. u. ölunlösl. Ndd.). (**A. P. 2 796 936** vom 14/7. 1954, ausg. 25/6. 1957.) W. HAUSWALD. 8191

**Pure Oil Co.**, Chicago, Ill., übert. von: **Orvin C. Holbrook**, Crystal Lake, Ill., V. St. A., *Ansäuern von Erdölbohrungen,* die durch Schichten verschied. Permeabilität treten. Man führt in die Formation eine Fl. mit einem weit über dem Druck in der Formation liegenden Druck ein, verringert dann unter den Formationsdruck, wodurch ein Gegendruck in der Formation durch Zurückfließen der eingeführten Fl. (Öl oder W.) eintritt. Nach Eintritt des Rückflusses werden durch Einführen eines Dichtungsmittels die durchlässigen Schichten abgedichtet. Der verbleibende Gegendruck muß ausreichend sein, um ein Eindringen des Dichtungsmittels in die weniger durchlässigen Schichten zu verhindern. Das Dichtungsmittel läßt man in den durchdrungenen Schichten bis zur Verfestigung einwirken. Hierauf werden die nicht gedichteten Schichten einem Säureangriff ausgesetzt. Das Dichtungsmittel ist z. B. ein reversibles Gel. (**A. P. 2 804 145** vom 30/11. 1954, ausg. 27/8. 1957.) W. HAUSWALD. 8191

**Universal Oil Products Co.**, Des Plaines, Ill., übert. von: **Herman S. Bloch**, Chicago, Ill., V. St. A., *Lösungsmittelextraktion von organischen Mischungen mit gemischten Glykoläthern als Lösungsmittel.* Man behandelt Petroleumfraktionen, die einen aromat. KW-stoff enthalten, mit einem gemischten Glykoläther aus Äthylen- u. Propylenglykolen der empir. Formel $HO(C_2H_4O)_x(C_3H_6)_yH$, in welcher x eine ganze Zahl von 1—6 u. y eine solche von 1—5 bedeutet. Es bilden sich Extrakt- u. Raffinatphasen, die man voneinander trennt. (**A. P. 2 834 820** vom 28/7. 1953, ausg. 13/5. 1958.) P. UNGER. 8195

**Socony Mobil Oil Co., Inc.**, New York, übert. von: **Grady L. Payne**, Mickleton, N. J., V. St. A., *Kontrollierter kontinuierlicher Abzug von granulierten Feststoffen aus einer Behandlungszone für Flüssigkeiten mit granulierten Feststoffen.* Man leitet einen breiigen Strom aus einem fl. KW-stoff u. körnigen Feststoffen in turbulentem Fluß aus der Behandlungszone abwärts durch eine begrenzte Zone, leitet den Brei aus dieser Zone über eine waagerechte perforierte Oberfläche, die die fl. KW-stoffe, nicht aber die gekörnten Feststoffe durchläßt. Man läßt diese Oberfläche sich um eine senkrechte Rotationsachse drehen, u. zwar in einem beachtlichen Abstand von dem Punkte der Einspeisung des Breies auf die Oberfläche. Man kontrolliert die lineare Geschwindigkeit des Stromes in der Durchgangszone, den Abstand zwischen dem unteren Ende des Durchganges u. der Oberfläche, die Schnelligkeit der Bewegung der Oberfläche u. die Durchlässigkeit der Oberfläche für die Fl., um eine Ansammlung der feuchten, gekörnten Festkörper auf der Oberfläche zu veranlassen u. um den Abfluß derselben aus der Durchgangszone zu drosseln. Der Ölgeh. dieser Ansammlung soll kleiner sein als der Gleichung $L = 100\ V^{0,0217} - 54$ entspricht, in der L = den Geh. der Ansammlung an fl. Öl in Vol.-% u. V die Viscosität der Fl. in cP. bedeuten. Außerdem kontrolliert man die Menge entfernter, gekörnter Feststoffe aus der Durchgangszone, indem man den Abstand zwischen dem unteren Ende der Durchgangszone u. der perforierten Oberfläche kontrolliert. — Zeichnung. (**A. P. 2 834 721** vom 26/8. 1953, ausg. 13/5. 1958.) P. UNGER. 8195

**Esso Research and Engineering Co.**, Elizabeth, N. J., V. St. A., *Süßen von Erdölfraktionen.* Man behandelt die sauren Fraktionen mit einer wss. Ätzalkalilsg. (Konz. 30—60 Gew.-%), die 10—50 Gew.-% aromat. Mercaptane enthält (bezogen auf die Gesamtmischung) u. Löslichkeitsförderer (z. B. aliphat. Carbonsäuren mit 3—7 C-Atomen, auch Naphthensäuren, alkylsubstituierte phenol. Verbb., ausgenommen methylsubstituierte Phenole). — Zeichnung. — Vgl. F. P. 1 086 951; C. **1957.** 3991. (**E. P. 760 690** vom 14/7. 1953, ausg. 7/11. 1956. A. Prior. 19/11. 1952.) P. UNGER. 8195

**Chemische Werke Hüls Akt.-Ges.**, Marl, *Thermisches Cracken von flüssigen Kohlenwasserstoffen.* Eine Flamme wird unter der Flüssigkeitsoberfläche der KW-stoffe unterhalten. Hierzu wird dem Brenner $O_2$ oder ein $O_2$-haltiges Gas u. ein Brennstoff zugeführt. Der $O_2$ wird in geringerer oder stöchiometr. Menge zur Verbrennung des Brennstoffs zu W. u. $CO_2$ zugegeben. — Zeichnung. (**E. P. 801 708** vom 16/4. 1957, ausg. 17/9. 1958. D. Prior. 28/9. 1956.) E. KAHLES. 8197a

**Chemische Werke Hüls Akt.-Ges.**, Marl, *Thermisches Cracken von flüssigen Kohlenwasserstoffen.* Ein Gas oder $O_2$ werden unter die Oberfläche des fl. KW-stoffs eingeleitet, u. zwar in ungenügender Menge zur Verbrennung von Brennstoff, wobei der fl. KW-stoff gecrackt wird. Das Verf. wird unter Vakuum durchgeführt. — Zeichnung. (**E. P. 802 226** vom 11/4. 1957, ausg. 1/10. 1958. D. Prior. 14/8. 1956.) E. KAHLES. 8197a

**J. R. Kazobaschwili,** *Katalytisches Cracken natürlicher und künstlicher Kohlenwasserstoffe,* z. B. Naphtha, in $H_2$-Atmosphäre unter milderen Bedingungen. Statt Anwendung von 300 at u. 480° wird das Verf. durch Dispergierung des Rohmaterials in einem Strom von $H_2$ oder Kontaktgasen mit dem Katalysator unter Aufwirbelung oder Zirkulation bei 30 at u. 370—420° durchgeführt. (**UdSSR. P. 109 423** vom 11/3. 1953, gedruckt 13/3. 1958.) B. PANKOW. 8197b

**British Petroleum Co. Ltd.**, London (Erfinder: **John Arthur Edgar Moy** und **Bernard Whiting Burbidge,** Sunbury-on-Thames), England, *Erhöhung der Octanzahl von Motorbenzinfraktionen,* dad. gek., daß als Benzinfraktion ein katalyt. Reformat oder ein Teil davon mit Katalysatoren, bei denen das Chromoxyd auf einem Träger aus Zinkaluminat mit der Formel $ZnAl_2O_4$ aufgebracht ist, bei Drucken unter 4,55 at u. 450—580° in Kontakt gebracht wird u. ohne von außen zugeführtem $H_2$ gearbeitet wird. (**D. A. S. 1 050 944** Kl. 23b vom 3/9. 1957, veröff. 19/2. 1959. E. Prior. 5/9. 1956.) E. KAHLES. 8201

**California Research Corp.,** San Francisco, übert. von: **Jacob D. Kemp,** El Cerrito, und **Robert P. Sieg,** Berkeley, Calif., V. St. A., *Umwandlung von Wachs in Öl.* Um *Schmieröl* herzustellen, wird KW-stoffwachs in fl. Phase mit einem Katalysator bei 600—800° F in Kontakt gebracht. Der Katalysator besteht aus einem Tonerdeträger, auf dem 0,1—10 Gew.-% $V_2O_5$ u. W-Oxyd zusammen mit einem Oxyd der Metalle Mo, Co u. Ni aufgebracht sind. (**A. P. 2 847 358** vom 24/9. 1954, ausg. 12/8. 1958.) E. KAHLES. 8221

**Esso Research and Engineering Co.,** Elizabeth, N. J., V. St. A., *Schmierölgemisch,* bestehend aus einem Mineralöl u. (als Zusatz) einem Mischpolymerisat aus Vinylacetat mit einem Gemisch aus Dialkylfumaraten (I), dad. gek., daß das Dialkylfumaratgemisch aus 1. I mit 8 C-Atomen in verzweigter Kette für jede Alkylgruppe u. 2. aus I mit ca. 14—18 C-Atomen in gerader Kette für jede Gruppe besteht u. daß das Gemisch der I im Durchschnitt ca. 9—11 C-Atome in jeder Alkylgruppe enthält. — Beispiel: Mischpolymerisat aus Talg-$C_8$-Oxofumarat-Vinylacetat. — Stockpunktserniedriger u. Viscositätsverbesserer. (**D. A. S. 1 037 631** Kl. 23c vom 7/12. 1956, veröff. 28/8. 1958. A. Prior. 7/12. 1955.) E. DREWS. 8221

**Esso Standard Soc. An. Française,** Paris, Frankreich, *Antikorrosionsmittel für Schmier- und Mineralöle.* Sie bestehen aus Gemischen von öllösl. Alkali- oder Erdalkalisulfonaten u. Reaktionsprodd. (I) einer $C_{8-24}$-Fettsäure u. einem Äthylendiamin oder Diäthylentriamin. — Beispiele für **I**: Aminsalze, z. B. Diamindioleat, Amide, z. B. Dioleylamidoäthan, Imidazole, z. B. Oleylimidazol. Zusatz des Sulfonates 0,01—5 (Gew.-%), von **I** 0,01—10. (**E. P. 782 879** vom 30/11. 1955, ausg. 11/9. 1957. F. Prior. 19/3. 1955.) E. DREWS. 8221

**Phillips Petroleum Co.,** Del., übert. von: **William B. Whitney** und **William N. Axe,** Bartlesville, Okla., V. St. A., *Mineralschmieröl.* Dasselbe enthält als Antikorrosionsmittel ein Sulfurierungsprod. (I) eines Diarylalkans von 4—12 aliphat. C-Atomen (II) mit S-Monochlorid. — Beispiele für **II**: Dixylyl-, Ditolylbutan. Zusatzmenge 0,1—10 Gew.-%. — Beispiel: Zusatz von 0,5 **I**, erhalten durch Alkylierung von Xylol mit 1,3 Butadien in mol. Mengen 10 : 1 in Ggw. eines $BF_3$-$HF$-$H_2O$-Katalysators u. Sulfurierung von 1,18 (Mol) des Dixylylbutans mit 1,5 S-Monochlorid in Ggw. von 40 g Zn-Staub in Benzol. (**A. P. 2 773 038** vom 20/11. 1951, ausg. 4/12. 1956.) E. DREWS. 8221

**Standard Oil Co.,** Cleveland, Ohio, übert. von: **John M. Musselman,** Brecksville, Ohio, V. St. A., *Stabilisieren von Phosphor, Schwefel und Sauerstoff enthaltenden Schmierölzusätzen* (I) gegen $H_2S$-Entwicklung. Man behandelt **I** mit 0,1—1 (%) KOH u. 0,5 bis 5 $SO_2$, einem Sulfit in solchen Mengen, daß 0,5—5 $SO_2$ entstehen, oder direkt mit 0,5—5 $SO_2$ bei Tempp. von mindestens 150° F, jedoch unterhalb der Zersetzungstemp. von **I** unter solchen Temp.-Druck-Bedingungen, daß zwischen $SO_2$ u. dem aus **I** entweichenden $H_2S$ eine Rk. nach der Gleichung $2\,H_2S + SO_2 = 3\,S + 2\,H_2O$ eintritt. Man erhält ein Prod., das 1,5 S mehr enthält als das ursprüngliche **I**. (**A. PP. 2 773 860, 2 773 861** u. **2 773 862** vom 30/12. 1955, ausg. 11/12. 1956.) E. DREWS. 8221

**Standard Oil Development Co.,** Elizabeth, N. J., V. St. A., *Stabilisieren von Schmierölen gegen Oxydation,* dad. gek., daß man ihnen 0,001—2 (%) einer Substanz beimischt, die ein Na-Phosphat enthält, in dem wenigstens 2 Atome Na auf 1 Atom P

kommen u. die 2—20 einer Metallseife oder eines Sulfonats eines Alkali- oder eines Erdalkalimetalls enthält. (**It. P. 492 520** vom 6/5. 1952. A. Prior. 9/5. 1951.)
K. KOEBKE. 8221

**Aluminium Laboratories Ltd.** Montreal, Canada (Erfinder: **Roman Dominik Guminski,** Banbury, England), *Schmiermittel für Kaltbearbeitung von Aluminium,* bestehend aus einem KW-stofföl mit einem Geh. an einem gesätt. aliphat. Alkohol (I) von mindestens 7 C-Atomen. — Beispiele: Nonyl-, Octadecyl-, Laurylalkohol. (**D. A. S. 1 049 035** Kl. 23c vom 20/4. 1957, veröff. 22/1. 1959. E. Prior. 23/4. 1956.)
E. DREWS. 8221

**N. V. de Bataafsche Petroleum Mij.,** Den Haag, Holland (Erfinder: **Knapel Frederick Schiermeier,** Alton, Ill., V. St. A.), *Emulsionskonzentrat vom Öl-in-Wasser-Typ für die Metallbearbeitung,* dad. gek., daß es in der zusammenhängenden Wasserphase 10—30 (Gew.-%) einer fl. Erdölfraktion, 5—25 eines öllösl. Alkali-Erdöl-Sulfonats, 0,1—2 eines Alkalicarbonats, 4—10 Gewichtsteile eines Alkalisalzes der Ricinolsäure oder von Ricinusfettsäuren dispergiert bzw. gelöst enthält. — Beispiel: 20 (Gew.-%) Na-Erdölsulfonat (60%ig. Konzentrat in Mineralschmieröl), 6 Ricinolsäure, 0,6 NaOH, 1 $Na_2CO_3$, 0,3 Na-o-Phenylphenolat, 0,003 Silicon, 21 helles Öl (100 SUS bei 37,8°), Rest Wasser. (**D. A. S. 1 052 615** Kl. 23c vom 4/6. 1958, veröff. 12/3. 1959. A. Prior. 7/6. 1957.)
E. DREWS. 8221

**Nopco Chemical Co.,** New Jersey, N. J., übert. von: **Paul Moritz Ruedrich,** Berkeley, Calif., V. St. A., *Emulgatorherstellung.* Zur Verwendung als *Emulgator für die Herst. von „lösl. Ölen“,* z. B. *Schmier-* u. *Schneidölen,* werden bei ca. 300—375° F Fettsäuren (I) mit mindestens 8 C-Atomen u. Äthylendiamintetraessigsäure (II) mit einem Dialkanolamin (III) in stöchiometr. Überschuß von 90—96% über den Gesamtsäurewert umsetzt u. das gebildete W. entfernt. Der Geh. an II beträgt 4—8 Mol-% der Gesamtsäure. — Beispiele für I: Gemisch aus Öl- u. Laurinsäure in mol. Mengen 3 : 1 bis 1 : 3; für III: Äthylbutanolamin, Diäthanol-, Dipropylamin. Zusatzmenge zu Mineralölen 5 Gew.-%. Das erhaltene „lösl. Öl“ wird z. B. als 10%ig. wss. Emulsion als *Schneidöl* verwendet. (**A. P. 2 794 000** vom 15/11. 1954, ausg. 28/5. 1957.) E. DREWS. 8221

**Kimberly-Clark Corp.,** übert. von: **John E. Valente,** Neenah, Wis., V. St. A., *Filtermittel für Gase und Flüssigkeiten,* bes. für *heiße Schmiermittelöle,* bestehend aus mehreren übereinandergelegten Schichten aus dünnen, gekreppten Cellulosegeweben, die durch ein Reaktionsprod. aus einem Melaminaldehydharz u. modifizierter Stärke verbunden sind, wobei das Reaktionsprod. 1 (Gewichtsteil) Harz auf 3—8 Stärke enthält u. 10 bis 40 Gew.-% des Filtermittels beträgt. (**A. P. 2 738 074** vom 21/1. 1953, ausg. 13/3. 1956.)
K. DEMMLER. 8221

**N. V. de Bataafsche Petroleum Mij.,** Den Haag, Holland (Erfinder: **Pierre Coant** und **Jean Conan,** Paris, Frankreich), *Schmiermittel und Kraftübertragungsflüssigkeit* auf der Basis von Alkyläthern u. gegebenenfalls Polyoxyalkylenverbb., gek. durch einen Geh. von 35—70 Gew.-% an einem oder mehreren Alkyläthern mehrwertiger Alkohole u. 30—65 Gew.-% eines Gemisches aus einer fl. Polyoxyalkylenverb. u./oder einem neutralen Ester einer aliphat. Dicarbonsäure, sowie einem durch Erhitzen modifizierten Ricinusöl mit einer Viscosität von 20—600 P bei 20° u. mit einer SZ. $< 20$, bes. $< 5$. — Beispiel: 56 (%) Äthyldiglykol, 21 oxydiertes modifiziertes Ricinusöl (Viscosität 55 P bei 20°; SZ. 5), 23 Polyoxypropylenglykol (Mol.-Gew. 2000). (**D. A. S. 1 041 623** Kl. 23c vom 13/11. 1957, veröff. 23/10. 1958. F. Prior. 15/11. 1956.) E. DREWS. 8223

**N. V. de Bataafsche Petroleum Mij.,** Den Haag, Holland (Erfinder: **Donald Merle Preiss,** Concord, Calif., V. St. A.), *Schmierfett* auf Schmierölbasis, das mit einem organ. Gelierungsmittel bis zur Schmierfettkonsistenz verdickt ist, gek. durch einen geringen Geh. an einem polymerisierten Lactam (I) einer Monoaminomonocarbonsäure mit einer Kette von mindestens 5 C-Atomen zwischen der Carboxyl- u. der Aminogruppe. — Beispiele für I: ε-Caprolactam, Cyclohexanon, 2-Methylcyclohexanon, Suberonisoxim. Zusatzmenge 5—250 Gew.-% des anorgan. Geliermittels. (**D. A. S. 1 052 043** Kl. 23c vom 26/8. 1957, veröff. 5/3. 1959. A. Prior. 27/8. 1956.) E. DREWS. 8223

**N. V. de Bataafsche Petroleum Mij.,** Den Haag (Erfinder: **Hendrik Willem Huijser,** Amsterdam), Holland, *Herstellung von basischen Salzen mehrwertiger Metalle mit organischen Säuren.* Man versetzt die Lsg. einer organ. Säure oder eines ihrer Salze in einem wasserfreien Lösungsm., wie Bzn., mit je einer wss. Lsg. einer starken Base u. eines anorgan. Salzes eines mehrwertigen Metalles u. dest. das W. ab. — Es wird die Herst. von als *Schmiermittelzusatz* geeigneten *Ca-Alkylsulfonaten* beschrieben. (**Holl. P. 86 362** vom 28/12. 1954, ausg. 15/10. 1957. **E. P. 780 642** vom 28/12. 1955, ausg. 7/8. 1957. Holl. Prior. 28/12. 1954.) F. BÖHM. 8223

**Aquila S. p. A. Tecnico Industriale,** Triest, Italien, *Verbessern der Emulgierbarkeit von Bitumen,* dad. gek., daß man ca. 0,4 (%) $H_2SO_4$, 0,7 Tallöl u. darauf 0,0—0,2 eines Amins zusetzt. (**It. P. 493 144** vom 20/10. 1952.) K. KOEBKE. 8225

**Badische Anilin- & Soda-Fabrik Akt.-Ges.** (Erfinder: **Emil Finck**), Ludwigshafen/Rh., *Erhöhung der Härte von Wachssäuren,* die durch Oxydation von Montanwachs mit $CrO_3$–$H_2SO_4$ erhalten wurden, oder ihren Veresterungsprodd., dad. gek., daß man sie in zerkleinertem ungeschmolzenem Zustand bei 5—50°, bes. bei 20—40°, bis zu einer Gewichtsverminderung um 4—40%, bes. 10—20%, mit organ. Lösungsmitteln, in denen die obigen Prodd. schwer oder nicht lösl. sind, auszieht. Die hierbei erhaltenen Wachssäuren kann man mit ein- oder mehrwertigen Alkoholen verestern. (**D. A. S. 1 049 847** Kl. 12o vom 18/5. 1957, veröff. 5/2. 1959.) O. MÜLLER-MEININGEN. 8227

**Jozef Tabin,** Gliwice, Polen, *Behandlung von gasförmigen, flüssigen oder feinverteilten Stoffen mittels Schallenergie,* wobei auf den zu bearbeitenden Stoff Schwingungen einwirken, die in einem Medium fl. Konsistenz durch einen als Zentrifugalpumpe wirkenden Rotor einer Ultraschallsirene erzeugt werden, dad. gek., daß das Medium durch einen Rotor mit einer gegenüber dem Stator verschied. Zahl von Durchlaßkanälen gleitet, so daß ein Teil der Statoröffnungen period. ganz oder teilweise geschlossen wird u. der Durchfluß des Mediums, durch einen Teil der Öffnungen unterbrochen, durch den anderen Teil der Öffnungen erfolgt. Der Rotor kann weniger Durchlaßkanäle als der Stator aufweisen. *Emulgieren von Teer in Wasser.* — Zeichnung. (**D. A. S. 1 047 176** Kl. 12g vom 9/10. 1957, veröff. 24/12. 1958. Poln. Prior. 13/6. 1957.) W. MATTHAES. 8231

---

**Karl Krenkler,** Untersuchungen über Mischungen von Steinkohlenteer mit Bitumen. Heidelberg: Straßenbau, Chemie u. Technik Verl. Ges. 1959. (71 S. m. Abb.) 8° = Aus Bitumen, Teere, Asphalte, Peche u. verwandte Stoffe. H 8—12/58. DM 9,60.

## XXII. Leim. Klebstoffe usw.

**D. Narayanamurti** und **H. C. Pande,** *Untersuchungen von Leimen: Weitere Experimente mit Prolamin und Cashewnußschalenöl.* Verleimungsverss. mit verschied. Mischungen aus Gluten, Cashewnußschalenöl u. einigen Zusätzen ohne vorherige alkoh. Extraktion des Prolamins aus dem Gluten werden beschrieben. Die auf diese Weise erzeugten Leime sind durchaus zufriedenstellend. Durch Zusatz von $KMnO_4$ lassen sich die Preßzeiten bei der Verleimung erheblich herabsetzen. Ein Formaldehydzusatz von wenigstens 20% ist zur Erzielung guter Verleimung zweckmäßig. (Composite Wood **4.** 97—103. Nov. 1957. Dehra Dun, Forest Res. Inst.) S. MÜLLER. 8384

**W. E. St. Clair** und **R. H. Moult,** *Bei Raumtemperatur gehärtete Metallkleber auf der Grundlage von epoxydiertem Resorcinharz.* Von Novolaken abgeleitete Epoxydharze sowie solche auf der Grundlage von 2.2-Bis-[4-hydroxyphenyl]-propan sind Kleber von unzulänglicher Härtbarkeit bei Raumtemperatur. Epoxydierte Resorcin–Formaldehyd-Harze weisen dagegen hohe Haftfestigkeit bes. gegenüber Metallen auf, sind aber bei Raumtemp. feste Harze. Durch Epoxydieren eines Gemisches von Resorcin u. Resorcin–Formaldehyd-Harz erzielen Vff. einen Kleber, der bei hoher Klebfähigkeit ausreichendes Fließvermögen bei Raumtemp. aufweist. Um jedoch den Forderungen einer Spezifikation für Kleber im Flugzeugbau von hoher Festigkeit u. allg. Anwendbarkeit zu entsprechen, mußte der Kleber durch weitere Zusätze abgewandelt werden. Die Zus. eines solchen Klebers wird angegeben. (Ind. Engng. Chem. **50.** 908—11. Juni 1958. Pittsburgh, Pa., Koppers Co., Inc., Verona Res. Center.) A. BRING. 8388

**H. Winter** und **H. Meckelburg,** *Der Winkelblechschälversuch. Seine Grundlagen und Anwendungen als Prüfverfahren für Metallbindemittel und Metallklebverbindungen. Ein Beitrag zum Problem des Klebens von Leichtmetallen.* (Metall **12.** 185—92. März 1958. Braunschweig, TH.) F. VIER. 8416

---

**P. P. Payne & Sons Ltd.,** Nottingham, England (Erfinder: **Geoffrey Bilson May**), *Klebband,* bestehend aus einer Anzahl von parallel nebeneinander in einer Ebene liegenden Textilfäden, dad. gek., daß die nicht mit Klebmasse beschichtete Seite des Bandes einen Aufstrich eines Filmbildners erhält, z. B. einer Lsg. von Nitrocellulose u. Cyclohexanonharz mit Trikresylphosphat u. Ricinusöl als Weichmachern. (**E. P. 788 516** vom 6/4. 1955, ausg. 2/1. 1958.) C. LÜTTGEN. 8383

**Soc. An. des Pneumatiques Dunlop,** Seine, Frankreich, *Klebstoff* aus einer Mischung eines Butadien–Methylisopropenylketon (60—80:40—20)-Mischpolymerisats (**I**) u. einem Cellulosederiv., auch unter Zusatz weiterer Kunstharze, wie Vinyl-, Phenolharze, Chlorkautschuk, Zn-Resinat. Kleben von Holz, Leder, plast. Massen, Glas, Metall. — Man löst 100 (Teile) mastiziertes **I** in 800 Methyläthylketon u. gibt 50 Celluloseacetat u.

200 Äthylacetat zu, oder man gibt zu einer Lsg. von 72 Cellulosenitrat u. 30 Butanol in einer Mischung von 1500 Methyläthylketon u. 500 Toluol eine Mischung aus 100 **I**, 5 ZnO, 2 S, 2 Stearinsäure u. 0,5 Mercaptobenzothiazol u. vulkanisiert nach Verklebung 30 Min. bei 100°. Vgl. auch D. A. S. 1 006 558; C. **1959.** 1661. (**F. P. 1 138 295** vom 5/7. 1955, ausg. 12/6. 1957. E. Priorr. 5/7. 1954 u. 24/6. 1955.) M. PANKOW. 8389

**Soc. An. des Pneumatiques Dunlop,** übert. von: **Dunlop Rubber Co. Ltd.,** *Klebmittel* aus einer Mischung von Butadien–Methylisopropenylketon (60—80:40—20)-Mischpolymerisat u. unvollständig kondensiertem Phenolharz (Phenol–$CH_2O$- oder·Aceton–Resorcin-Harze vom Novolaktyp). Man nimmt 25—75 Gew.-% (des Mischpolymerisats) am Phenolharz. Hexamethylentetramin, Vulkanisiermittel, andere klebende Harze können zugesetzt werden. (**F. P. 1 140 361** vom 5/7. 1955, ausg. 19/7. 1957. E. Priorr. 5/7. 1954 u. 24/6. 1955.) M. PANKOW. 8389

**Alfred Eckelmann,** Bitterfeld, und **Arthur Röthel,** Pouch/Bitterfeld, *Klebermischung* aus Vinylmischpolymerisatdispersion u. Polyacrylsäureesterdispersion, die geringe Mengen $NH_3$ u. einen wasserfesten aushärtenden Caseinleim enthält. — 70 (Gewichtsteile) 41%ig. Vinylchlorid–Vinylidenchloriddispersion, 19 40%ig. Polyacrylesterdispersion, 0,5 25%ig. $NH_4OH$, 10 eines Caseinatleimpulvers (inniges Gemisch von Na-Caseinat, $Ca(OH)_2$ u. $Na_3PO_4$ im Gewichtsverhältnis 7:2:1, das bei 30—60° mit 6,5 W. angeteigt wird) u. 15 Chlorbenzol werden gemischt. — Verwendung zum Verkleben dünner u. dünnster Folien, für die Beflockung mit kurzfaserigen Textilien, zum Wasserfestmachen saugfähiger Textilien. (**D. P. [DDR] 15 485** Kl. 22i vom 25/5. 1956, ausg. 29/9. 1958 [Wirtschaftspatent].) M. PANKOW. 8389

**Badische Anilin- & Soda-Fabrik Akt.-Ges.** (Erfinder: **Hans Scheuermann** und **Robert Uloth**), Ludwigshafen/Rh., *Herstellung von pulverförmigen Kondensationsprodukten,* dad. gek., daß man Lsgg. von aminoplastbildenden Verbb. (**I**) u. Aldehyden oder von Methylolverbb. von **I** durch Zugabe sauer wirkender Kondensationsmittel auf einem $p_H$-Wert von 5 oder darunter bringt u. unmittelbar danach bei erhöhter Temp. versprüht. Die getrockneten Kondensatpulver können therm. nachbehandelt werden. Sie sind bes. zur Herst. von *Leimen* geeignet. (**D. A. S. 1 034 358** Kl. 39c vom 10/6. 1955, veröff. 17/7. 1958.) H. v. SCHILLER. 8389

**Thomas Howard Shelley,** Milltown, Middlesex, N. J., V. St. A., *Herstellung druckempfindlicher Klebstoffe* aus autooxydierbaren Harzen (**I**), elastomeren Polymerisaten (**II**) u. Antioxydantien (**III**), dad. gek., daß man ein zur Klebstoffbldg. geeignetes **I** zunächst mit einem entsprechenden **III**, bes. unmittelbar nach der Herst. des **I**, mischt u. anschließend das stabilisierte **I** mit einer ausreichenden Menge **II**, bes. dem Glycerinester von hydriertem Kolophonium (**IV**), dehydriertes **IV** oder Polyterpenharz, gegebenenfalls unter weiterem Zusatz von **III**, vermengt. (**D. A. S. 1 033 352** Kl. 22i vom 9/5. 1956, veröff. 3/7. 1958. A. Prior. 9/5. 1955.) C. LÜTTGEN. 8389

**Deutsche Gold- & Silberscheideanstalt vormals Roessler** (Erfinder: **Harry Kloepfer** und **Otto Schweitzer**), Frankfurt/M., *Klebmittel* aus in flüchtigen Lösungsmitteln gelösten Filmbildnern, die Füllstoffe enthalten, gek. durch den Zusatz von Metall- oder Metalloidoxyden, bes. $SiO_2$, die durch therm. Spaltung bei Tempp. oberhalb des Taupunktes von W. bzw. der Salzsäure erhalten wurden, zwecks Verhinderung der Sedimentation. (**D. B. P. 913 679** Kl. 22i vom 28/11. 1941, ausg. 25/9. 1958. Anmeldung bekanntgemacht 17/9. 1953.) C. LÜTTGEN. 8389

**Timber Engineering Co.,** übert. von: **Eduard Farber** und **Matthew Sciascia,** Washington, D. C., V. St. A., *Härtungsmittel für Furfurylalkohol-Polykondensationsprodukte* sind mehr als 5% Sulfonsäuren (Alkylarylsulfonsäuren, Sulfanilsäure, Pentyl- oder Hexadecylsulfonsäure) in Ggw. von wenigstens 1% Benzidin oder A-Acetat als Puffer. Das Härten erfolgt bereits bei n. Temperatur. — *Klebstoffe,* bes. zur Verleimung von Sperrholz. (**A. P. 2 813 846** vom 8/4. 1955, ausg. 19/11. 1957.) G. TEWES. 8389

**Imperial Chemical Industries Ltd.** (Erfinder: **Henry Brunner**), London, England, *Härtungsmittel für flüssige, harzartige Polyepoxyde* (**I**) sind FRIEDEL-CRAFTS-Katalysatoren ($SbCl_5$ oder $SnCl_2$ u. Komplexe von $BF_3$ mit W., Butanol oder Ae.), gegebenenfalls in Lsg. u. in Ggw. von nichtflüchtigen Verdünnungsmitteln (Dibutylphthalat u. chlorierte Polyphenole), ferner reaktionsfähigen Zusätzen (Phenylglycidyläther, Allylglycidyläther, Epichlorhydrin, Terpentin u. Styroloxyd). **I** sind Derviv. von 2wertigen Phenolen mit wenigstens 2 Epoxydgruppen oder „geblasene (Luft)“ Allylglycidyläther. Die Härtung erfolgt bei n. Temp. ohne Bldg. flüchtiger Produkte. — Herst. von *Klebstoffen,* z. B. für Sperrholz u. Glasfaserschichtstoffe, ferner Überzügen, bes. bei Kraftfahrzeugreparatur. (**E. P. 792 702** vom 30/4. 1954, ausg. 2/4. 1958.) G. TEWES. 8389

## XXIII. Tinte. Hektographenmassen u. a. Spezialpräparate.

**Czesław Garda, Zygmunt Kołodziej** und **Halina Ślusarska,** *Untersuchung der Eignung polnischer Farbstoffe zur Herstellung von Tusche und Tinten.* Übersicht über Eigg. von in Polen produzierten Farbstoffen. (Przegląd Papierniczy **14.** 108—11. April 1958.) F. URBAN. 8420

---

**Lockheed Aircraft Corp.,** Burbank, Calif., übert. von: **Robert G. Hay†,** Gainesville, Ga., V. St. A., *Hitzebeständige Tinte mit Polymethylsiloxanen.* Die Tinte enthält 0,5—85 (Gewichtsteile) eines Siloxanharzes ($CH_3$:Si Verhältnis 1:2—1:5), 2—14 Verdünnungsmittel (Toluol, Aceton, Xylol), 0,1—10 Na-Laurylsulfat, 0,1—8 Trockner (Pb-, Mn-, Co-Resinat, -Linolat, -Naphthenat) u. 0,1—15 Pigment (Ruß, CuO u. $PbO_2$). Die Metalle nicht angreifenden Tinten halten Tempp. bis zu 1000°F aus. (**A. P. 2 844 550** vom 15/10. 1953, ausg. 22/7. 1958.) P. KRUG. 8421

**General Aniline & Film Corp.,** New York, übert. von: **Walter G. Drautz,** Delmar, N. Y., V. St. A., *Bindemittel für Hektographentinten.* Dieses wird aus Ölen u. neben anderen Wachsen mit einem Geh. von 20—35 Gew.-% Zuckerrohrwachs (F. 160—185° F) hergestellt. (**A. P. 2 824 812** vom 20/12. 1954, ausg. 25/2. 1958.) P. KRUG. 8421

**Johann Froescheis Lyra-Bleistift-Fabrik** (Erfinder: **Raimund Berger**), Nürnberg, *Kopierfähige Schreibmine* enthaltend bis zu 50% Fluorescein oder dessen Salze. Der Zusatz erfolgt zum Nachw. der Echtheit von Schriftzeichen mittels angefeuchteten Papiers. (**D. A. S. 1 049 028** Kl. 22g vom 8/2. 1955, veröff. 22/1. 1959.) P. KRUG. 8421

**Novacel Soc. An.,** Frankreich, *Nicht gewebte Farbbänder,* bes. für den Offset-Druck. Man verwendet dazu natürliche, künstliche oder synthet. Fasern, welche in Form eines nicht gewebten dünnen Bandes mit Dispersionen von Kunstharzen oder Kautschuk, Cellulosederivv.-Lsgg. oder Viscose-Lsgg. als Bindemittel imprägniert u. mit Farbstoffen, Pigmenten u. Plastizierungsmitteln versetzt werden. — Die Faserstoffbänder dienen als Ersatz für Japanpapier, Pergamentpapier u. anderen. (**F. P. 1 143 779** vom 22/2. 1956, ausg. 4/10. 1957.) M. F. MÜLLER. 8423

**Standard Register Co.,** Dayton, Ohio, V. St. A., *Durchschreibpapier* besitzt auf der Rückseite einen farblosen Überzug aus einer Emulsion, die W., eine in W. unlösl. flüchtige organ. Fl., z. B. $CCl_4$, das Salz eines ein farbloses Sulfid ergebenden mehrwertigen Metalls mit höherer Carbonsäure, z. B. Al-Palmitat, ein Alkalisulfid u. ein saures Mn-Salz enthält. Nach dem Trocknen wird eine 2. Emulsion aufgebracht, die W., eine unlösl. flüchtige organ. Fl., z. B. $CCl_4$, u. das Salz eines ein dunkles Sulfid ergebenden Metalls, z. B. $Pb(NO_3)_2$, enthält. Die erhaltene Durchschrift wird durch Behandeln mit $NH_3$-Gas unter Bldg. eines dunklen Metallsulfids sichtbar. (**E. P. 738 512** vom 10/3. 1953, ausg. 12/10. 1955.) K. KITTLER. 8423

**Wilhelm Ritzerfeld** und **Gerhard Ritzerfeld,** Deutschland, *Vervielfältigungsverfahren und Vervielfältigungsblätter.* Zur Verhinderung des Beschmutzens der Finger u. des Papiers wird an Stelle des bisher verwendeten Kohlepapiers oder des den Farbstoff enthaltenden Blattes von einem Vervielfältigungsblatt ausgegangen, welches mit einer alkoh. Lsg. einer Diazoverb. u. einer Kupplungskomponente für die Diazoverb. befeuchtet wird. Zur Verhinderung einer vorzeitigen Kupplung bzw. Farbstoffbldg. enthält die Lsg. eine geringe Menge einer Säure, z. B. Citronensäure oder Borsäure u. zur Verhinderung einer Nach-Rk. nach beendetem Druck, z. B. durch Transpiration der Hände, wird der Lsg. eine geringe Menge Thioharnstoff zugesetzt, wodurch die Zers. des nicht gekuppelten Restes der Diazoverb. begünstigt wird. Das Schablonenblatt erhält als Trägerschicht ein Gemisch von Carnaubawachs, Stearin, Lanolin, Vaseline u. Ricinusöl oder Polyglykolen u. oxydierten Wachsen mit einem Zusatz von Alkalien, wie $Na_2CO_3$, $K_3PO_4$, Diäthanolamin, welche beim Zusammenbringen mit der feuchten Schicht die Azofarbstoffbldg. aus den Komponenten bewirken. Genannt sind als Azofarbstoffbildner das p-Diazodiäthylanilin–$ZnCl_2$ oder p-Diazodimethylanilin–$ZnCl_2$ einerseits u. Resorcin oder $\beta$-Naphthol-3.6-disulfonat (Mono-Na-Salz) andererseits. (**F. P. 1 148 254** vom 28/4. 1956, ausg. 5/12. 1957.) M. F. MÜLLER. 8423

**Günther Wagner** (Erfinder: **Ludwig Harbort**), Hannover, *Aufzeichnungs- und Vervielfältigungsverfahren,* bei dem die Schriftzeichen mittels farbloser oder nur schwachgefärbter, unter Farbstoffbldg. miteinander reagierender Papiere erzeugt werden, dad. gek., daß ein Übertragungsblatt mit einer Kunststoffbelichtung von poröser, schwammartiger Struktur verwendet wird, in die die farblosen oder nur schwachgefärbten Stoffe in Form einer Lsg. oder Dispersion in einer nicht oder schwer flüchtigen Fl. eingelagert sind, auf welches unter Zuhilfenahme eines mit einem oder mehreren farblosen oder nur schwachgefärbten Reaktionspartnern getränkten oder beschichteten, unterlegten Farbreaktionspapier der Schriftdruck ausgeübt wird. Die die beiden Reaktionspartner enthaltenden Schichten können auf ein u. demselben Blatt übereinander, gegebenenfalls unter Einschaltung einer Trennschicht angebracht verwendet werden. (**D. A. S. 1 041 980** Kl. 15k vom 5/11. 1955, veröff. 30/10. 1958.) K. KITTLER. 8423

**Eastman Kodak Co.**, übert. von: **Gerhard W. Leubner, Jack L. R. Williams** und **Cornelius C. Unruh**, Rochester, N. Y., V. St. A., *Herstellung von lichtempfindlichen quaternären Salzen von C-Vinylpyridinen*, in dem diese zunächst homo- oder mischpolymerisiert, dann quaterniert u. mit einem aromat. Aldehyd umgesetzt werden. Die quaternären Verbb. enthalten die Gruppen **I, II** oder **III**, in denen n = 0—50, Y = H oder Alkyl ($C_{1-2}$), R = Methylacrylat-, Äthylen-, Acrylamid- oder Styrolrest, $R_1$ = Alkyl ($C_{1-6}$) u. X = Anion (Alkylsulfat, Alkylsulfonat, Alkyl jeweils $C_{1-6}$, Arylsulfonat mit

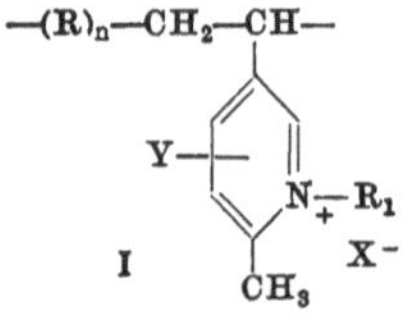
I

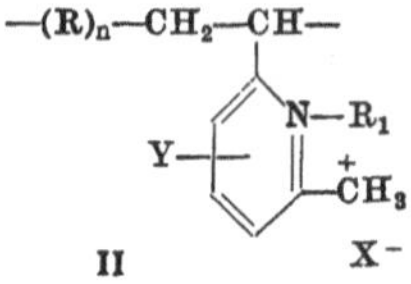
II

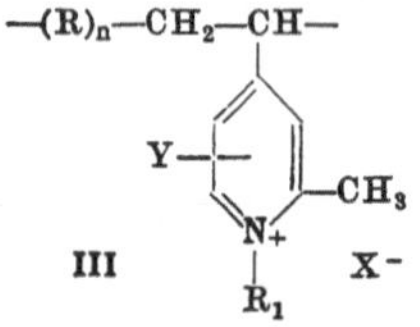
III

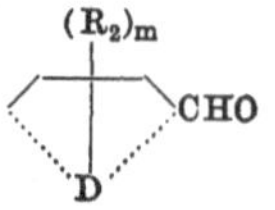
IV

$C_{6-7}$, Perchlorat oder Halogenid) bedeuten. Der aromat. Aldehyd entspricht der allg. Formel **IV**, worin m = 1—2, $R_2$ = H, Halogen, $-O-CH_2-O-$, Alkyl ($C_{1-4}$), Acetamido, $-COOR_3$ bedeuten. $R_3$ = H, Alkyl ($C_{1-4}$), $SO_3R_3$, Alkalimetall u. $-N(R_4)_2$; $R_4$ = Alkyl ($C_{1-4}$), D. = notwendige Atome zum Schließen des Benzol- oder Naphthalinrings. — Nach einem Beispiel wird 2-Methyl-5-vinylpyridin mit Dimethylsulfat quaterniert u. das Salz mit $H_2O_2$ polymerisiert. Das Poly-1.2-dimethyl-5-vinylpyridiniummethosulfat kann dann mit Anisaldehyd, Benzaldehyd, 1-Naphthaldehyd, p-Dimethylaminobenzaldehyd, Piperonal, o-Chlorbenzaldehyd oder Furfurol kondensiert werden. Als weiteres Ausgangsprod. ist nach Poly-1.2-dimethyl-5-vinylpyridinium-p-toluolsulfonat genannt. Es können auch Mischpolymerisate der Ausgangsstoffe mit z. B. Styrol sowie deren Kondensationsprodd. mit obigen Aldehyden hergestellt werden. — Leicht anfärbbare *Kopierschichten* für die *Reproduktionstechnik*. (**A. P. 2 811 510** vom 15/9. 1955, ausg. 29/10. 1957.) H. SCHINDLER. 8423

## XXIV. Photographie.

**E. Mizuki**, *Grundlegende Theorien der Photographie*. 3. Mitt. Übersicht über die Herst. der photograph. Emulsionen, den Mechanismus der Sensibilisierung u. die Mikrostruktur des photograph. Bildes. — 45 Literaturangaben. (J. electrochem. Soc. Japan **23**. 42—50. Jan. 1955. [Orig.: japan.]) L. SCHULER. 8600

**F. A. Vick**, *Die Eigenschaften der Silberhalogenide mit besonderem Hinweis auf den photographischen Prozeß*. Kurze Zusammenfassung der neueren Theorien über den photograph. Prozeß unter bes. Berücksichtigung der Arbeiten von GURNEY u. MOTT, HAYNES u. SHOCKLEY, WEBB u. MITCHELL. (Sci. Progr. **46**. 68—75. Jan. 1958. North Staffordshire, University College.) W. GÜNTHER. 8600

**Jean Colomer** und **Christiane Schoebel**, *Über die Herstellung einer Kernemulsion durch Bromierung von kolloidem Silber*. Eine wss. Suspension von kolloidem *Ag* mit einem Geh. von 70—72% Ag u. einem mittlerem Korndurchmesser von 5 mμ wird zusammen mit einer geschmolzenen Gelatinelsg. gemischt u. auf Glasplatten vergossen. Die zuvor getrockneten Platten werden anschließend in einer Mischung von KBr u. $K_3Fe(CN)_6$ gebadet u. nach einer Zwischenwässerung mit einer 6%ig. Triäthanolaminlsg. sensibilisiert. Die Dauer der Bromierung hängt von der erzielten Schichtdicke ab. Die Bromierung ist beendet, wenn sich die Platte ohne Rückstand fixieren läßt. Es lassen sich auf diese Weise Platten mit einer Schichtdicke von 100—150 μ herstellen. Das Herstellungsverf. ist gut reproduzierbar. Die Silberkörner sind nach der Entw. sehr fein. Sie sind nur für α-Teilchen empfindlich. (Sci. Ind. photogr. [2] **29**. 449—51. Dez. 1958. Paris, Sorbonne, Labor. de Physique [Enseignement] de la Faculté des Sciences de Paris.) W. GÜNTHER. 8600

**Hans Meier**, *Über eine Klassifizierung organischer Farbstoffe auf Grund ihres lichtelektrischen Verhaltens*. Die lichtelektr. Aktivität organ. Farbstoffe wird bei Einw. verschied. Gase in ähnlicher Weise verändert wie die Photoleitfähigkeit anorgan. Systeme. Es handelt sich hierbei um eine direkte Beeinflussung des lichtelektr. Primärprozesses. Vf. untersuchte eine Reihe von Farbstoffen in der einfachen Anordnung des inneren lichtelektr. Effektes bei Querfeldbelichtung auf ihr Verh. in einer Gasatmosphäre. Hierbei zeigte sich, daß der Einfl. von $O_2$ auf den kurzzeitig fließenden Photostrom die untersuchten organ. Farbstoffe in zwei Gruppen trennt: in $O_2$-Photoleiter u. in Vakuumphotoleiter. Zur ersten Gruppe gehören *Triphenylmethanfarbstoffe* wie *Fuchsin* u. *Malachitgrün*, *Rhodamine*, *Thiazine*, *Oxazine*, *Isocyanine* u. andere. Zur zweiten Gruppe gehören

*Fluoresceine, Azo-* u. *Acridinfarbstoffe*, ferner gewisse *Sensibilisierungsfarbstoffe* (Tabelle vgl. Original). Zur Deutung der Versuchsergebnisse werden in Analogie zu anorgan. Systemen zwei verschied. Leitungsmechanismen für den Photostrom diskutiert, Defektelektronen- u. Elektronenleitung, in die Sauerstoff unterschiedlich eingreift. — Für die Messung fanden Elektrodenrasterzellen Verwendung, die durch „elektr. Ritzen" eines auf Glas befindlichen Rhodiumbelages hergestellt wurden. — 64 Literaturhinweise. (Z. wiss. Photogr., Photophysik Photochem. **53 II.** 1—18. Dez. 1958. Bamberg, Staatl. Forschungsinst. für Geochemie.) W. GÜNTHER. 8604

**Antoni Basiński, Maria Tomczyk** und **Leon Zieliński,** *Untersuchungen über die Stabilisierung photographischer Entwickler.* Die Beständigkeit der Entwickler Amidol, Pyrogallol, Glykokoll u. des Metol–Hydrochinon-Universalentwicklers wurde nach Zusatz verschied. Carbonsäuren, Aminosäuren, Alkoholen, Kohlenhydraten u. anorgan. Reduktionsmitteln sensitometr. u. potentiometr. gemessen. Milchsäure, Bernsteinsäure, Ölsäure, Acetonbisulfit, tert.-Butanol u. Kohlenhydrate verlängern die Haltbarkeit der Entwickler um > 20%, während Tannin u. Cystein sie bis um $^1/_3$ verkürzen. (Roczniki Chem. [Ann. Soc. chim. Polonorum] **31.** 165—73. 1957. Toruń, Uniw. M. Kopernika, Zakł. Chem. fiz.) F. URBAN. 8618

**Robert C. Lovick** und **Richard L. White,** *Silbertonspuren auf einem Umkehrfarbkopierfilm.* Vff. diskutieren die Methoden, um aus Silber bestehende positive Tonspuren auf Umkehrfarbfilmen zu erhalten. Es werden die Forderungen erörtert, die an die Negative u. an die Kopiernegative für die Tonspur gestellt werden müssen. Der EASTMAN REVERSAL COLOR PRINT FILM, Type 5269, wird in seinen sensitometr. Eigg. beschrieben. (J. SMPTE [Soc. Motion Picture Television Engr.] **65.** 591—93. Nov. 1956. Rochester N. Y., Eastman Kodak Co., Color Technology Div.) W. GÜNTHER. 8630

---

**United States of America,** übert. von: **Marilyn Levy,** Redbank, N. J., und **Nash A. Kidd,** Freeport, Texas, V. St. A., *Mit Wasser entwickelbare lichtempfindliche Ag-Salzschichten.* Als Schichtbildner wird Polyvinylbutyral (I) verwendet. In einer 12 bis 15%ig. Lsg. davon wird 1 g *Ag-Succindiamidoxim* auf 10 g I dispergiert u. 1 $cm^3$ einer 1%ig. Lsg. eines „Sensibilisators" zugegeben, z. B. Na-Laurylsulfat, Na-2-Äthylhexensulfonat, Na-Tetradecyl- oder Na-Heptadecylsulfat, Na-Dioctylphosphat, Dodecyldimethylammoniumchlorid usw. Nach der Belichtung entsteht ein schwach sichtbares Bild, das mit Wasserdampf zu tiefer Schwärzung entwickelbar ist, anschließend wird mit $NH_3$ fixiert; beide Rkk. können auch zusammen durchgeführt werden. (**A. P. 2 841 494** vom 13/8. 1956, ausg. 1/7. 1958.) A. KALIX. 8601

**Lucile H. Fleck** und **Samuel H. Bunchez,** New York, N. Y., V. St. A., *Filmregenerierung.* Durch wiederholtes Projizieren spröde u. brüchig gewordene Kinofilme werden in einen Autoklaven gebracht, der bis auf $^1/_4$ inch Druck evakuiert wird. Dann läßt man ein auf 78°F erwärmtes Gemisch aus gleichen Teilen A., Campher u. Eukalyptusöl einströmen, nach ½ Std. eine verdampfte Mischung aus 6 (Teilen) dest. W. u. 4 Glycerin. In dieser Umgebung bleibt der Film mindestens 3 Stunden. (**A. P. 2 846 334** vom 23/3. 1953, ausg. 5/8. 1958.) A. KALIX. 8603

**E. I. du Pont de Nemours & Co.,** Wilmington, Del., V. St. A., *Herstellung eines Gelatineersatzmittels*, bes. für *photograph. Emulsionen.* Man mischpolymerisiert 10—70 Mol-% einer Verb. der Formel $CH_2{=}C(R){-}CONH{-}(CH_2)_m{-}C(R')[(CH_2)_nOH]{-}C(OH)HR''$ mit 90—30 einer Verb. der Formel $CH_2{=}C(R){-}CON(R_1, R_2)$ ($R, R_1, R_2$ = H, Alkyl mit 1—3 C-Atomen, Phenyl oder Cyclohexyl; R′, R″ = H oder Alkyl mit 1—3 C-Atomen; $m = 0{-}4$; $n = 0$ oder 1; $m + n > 0$). An Stelle der erstgenannten Verb. kann man auch deren Acetale verwenden u. nach der Polymerisation die Acetalgruppe zu einer Dihydroxyalkylgruppe hydrolysieren. — Z. B. polymerisiert man 20 (Gewichtsteile) *2.2-Dimethyl-4-N-methacryloylaminomethyl-1.3-dioxolan* mit 34 *Methacrylamid.* (**Holl. P. 88 714** vom 9/2. 1955, ausg. 15/7. 1958. A. Prior. 9/3. 1954.) F. BÖHM. 8603

**Johannes Brunken,** Wolfen, Kr. Bitterfeld, und **Joachim Müller,** Leipzig, *Herstellung von Cyanin- und Styrylfarbstoffen*, dad. gek., daß Sulfatbetaine der allg. Formel I oder Aldehyde heterocycl. Basen der allg. Formel II nach den in der Cyaninchemie gebräuchlichen Methoden umgesetzt werden ($R_1$, $R_2$, $R_3$, $R_4$ = H, Alkyl, Aralkyl oder Aryl; n = 0, 1 oder

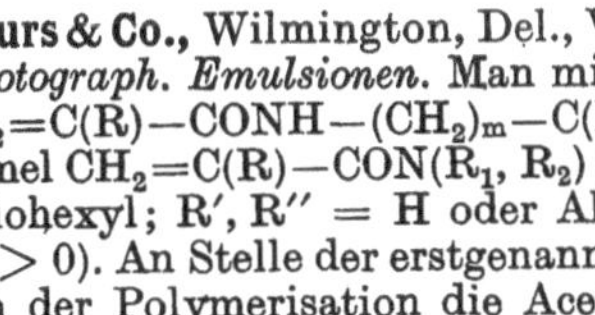

I

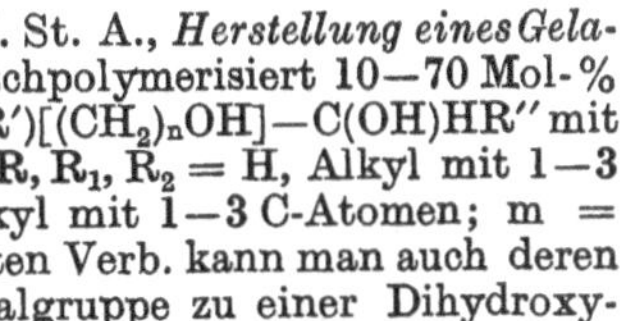

II

2; $n_1$ = 0 oder 1; $n_2$ = 1, 2 oder 3; $R_5$ = reaktionsfähige Gruppe; Y = Restatome eines Heteroringes). Man erhitzt z. B. 1,9 g N-Äthyl-6-methoxythiochinolonjodäthylat, 1,75 g 2-Methyl-3-[äthyl-ω-sulfat]-5-methoxybenzselenazoliumbetain, 20 $cm^3$ Glykol u. 2 $cm^3$ Triäthylamin 60 Min. auf 110—120°: *Farbstoff* aus Pyridin, F. 327—330°. — Weitere Farbstoffe aus: 2-[β-Acetyl-β-anilinovinyl]-3-[äthyl-ω-sulfat]-5-methylbenzthiazoliumbetain (F. 278—281°, aus 2.5-Dimethyl-3-[äthyl-ω-sulfat]-benzthiazoliumbetain, Diphenylformamidin u. Essigsäureanhydrid) u. 2-Methyl-β-naphthothiazol-toluolsulfäthylat; F. 250—252°; Absorptionsmaximum (Am) in A 585 mμ. — 2-[β-Methyl-β-anilinovinyl]-3-[äthyl-ω-sulfat]-5-phenylbenzoxazoliumbetain (F. 253—254°, aus 2-Methyl-3-[äthyl-ω-sulfat]-5-phenylbenzoxazoliumbetain [III] u. S-Äthylisothioacet-anilid) u. 2-Methyl-5-methoxybenzthiazolium-p-toluolsulfäthylat; F. 173—175°; Am 535 mμ. — 2-Acetylmethylen-3-oxyäthylbenzthiazolin + p-Toluolsulfonsäureäthylester (IV) u. 2-Methyl-3-[γ-methyl-γ-sulfatpropyl]-benzthiazoliumbetain; F. 227—230°; Am 550 mμ. — 2-Acetylmethylen-3-[β.γ-dihydroxypropyl]-benzthiazolin + IV u. 2-Methyl-3-[propyl-ω-sulfat]-benzthiazoliumbetain; F. 187—189°; Am 550—555 mμ. — III (2 Mol) u. Orthopropionsäuretriäthylester, F. 215—216°; Am 505 mμ. — 2-Propionylmethylen-3-äthyl-5.6-dimethylbenzthiazolin + IV u. 2.5-Dimethyl-3-[propyl-ω-sulfat]-benzthiazoliumbetain; F. 199—204°; Am 565 mμ. — 2-Propionylmethylen-3-hydroxyäthyl-5-methylbenzthiazolin + IV u. 2.5-Dimethyl-3-[γ-methyl-γ-sulfatpropyl]-benzthiazoliumbetain; F. 211—215°; Am 565 mμ. — 2-Methyl-3-[butyl-ω-sulfat]-5-methoxybenzthiazoliumbetain u. 2-[β-Äthyl-β-methoxyvinyl]-3-äthyl-5-methoxybenzthiazolliniummethomethylsulfat; F. 242—244°; Am 570 mμ. — 2-Methyl-3-[äthyl-ω-sulfat]-β-naphthothiazoliumbetain (2 Mol) u. Trimethin-[ditetrahydrochinolid]·HCl; F. 238—242°; Am 695 mμ. — N-[Äthyl-ω-sulfat]-lepidiniumbetain u. 2-Thio-3-allyl-5-anilinomethylen-thiazolon-(4); F. 264—268°; Am 615 mμ. — Mesocyanin der Formel V + Dimethylsulfat u. 2-Methyl-3-[äthyl-ω-sulfat]-4.5-diphenylthiazoliumbetain; F. 310°; Am 620 mμ. — 2-Methyl-3-[propyl-ω-sulfat]-5-methoxybenzthiazoliumbetain u. p-Dimethylaminobenzaldehyd; F. 284°; Am 500—540 mμ. (**D.P.[DDR] 15 119** Kl. 22e vom 20/1. 1956, ausg. 28/7. 1958 [Wirtschaftspatent].) G. HOPPE. 8605

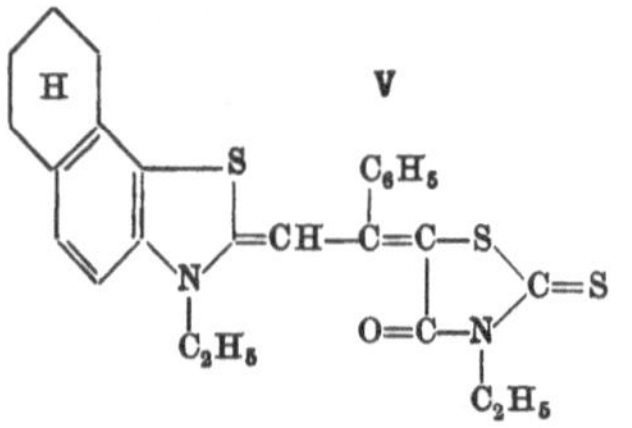

V

**Eastman Kodak Co.**, Rochester, N. Y., übert. von: **Leslie G. S. Brooker** und **Earl J. Van Lare**, *Cyaninfarbstoffe*, geeignet als *Sensibilisatoren*, der allg. Formel I werden erhalten durch Kondensation einer Verb. der Formel II mit einer Verb. der Formel III, die durch Kondensation einer Verb. der Formel IV mit Essigsäure anhydrid (V) in Ggw. einer starken Säure u. Quaternierung erhältlich ist. R u. $R_1$ = Alkyl; n = 0 oder 1; Z = Restatome eines Benzothiazol- oder Chinolinringes; $Z_1$ = Restatome eines Heteroringes; $R_2$ = Acyl; $R_3$ = Aryl; X u. $X_1$ = Säurerest.

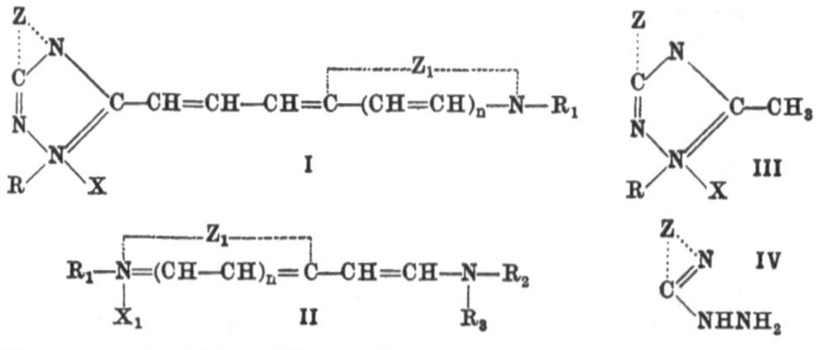


— Man erhitzt z. B. 1,7 g *2-Äthyl-1-methyl-1-triazolo-[4.3-a]-chinoliniumjodid* (VI) (F. 192—194°, durch Erhitzen von 2-Chinolylhydrazin mit V u. Eisessig u. des gebildeten *1-Methyl-1-triazolo-[4.3-a]-chinolins* [VII], F. 155—158°, mit $C_2H_5J$) mit 2,2 g 2-β-Acetanilidovinylbenzoxazoläthojodid (VIII), 10 $cm^3$ Pyridin u. 0,5 g Triäthylamin 1 Std. u. fällt mit Ae. *2'.3-Diäthyloxa-1'-symm.-triazolo-[4.3-a]-chinocarbocyaninjodid*, aus $CH_3OH$, orange Nadeln, F. 256°—257. — Analog *Carbocyaninjodide* aus: *1-Methyl-1-triazolo-[3.4-b]-benzothiazol* (IX) (F. 142—144°, erhältlich analog VII) + Methyl-p-toluolsulfonat (X) u. VIII, F. 259—260°; IX + X u. 2-β-Acetanilidovinylbenzothiazol- oder -benzoselenazoläthojodid, F. 270—271 bzw. 262 bis 263°; IX + X u. 2-Anilinovinylnaphtho-[1.2]-thiazolätho-p-toluolsulfonat (in Ggw. von 1 Mol V), F. 238—239°; VII + $CH_3J$ u. VIII, F. 277—278°; VI u. 2-β-Anilinovinylthiazolinmethojodid (in Ggw. von 1 Mol V), F. 253—254°. — Beschrieben ist ferner die Herst. eines *Styrylfarbstoffs* aus VI u. p-Dimethylaminobenzaldehyd, F. 261—262°, u. von *Merocyaninen* aus VI oder IX + X u. 5-Acetanilidomethylen-3-äthylrhodanin, F. 226—227 bzw. 276—277°. (**A. P. 2 786 054** vom 19/8. 1954, ausg. 19/3. 1957.)

G. HOPPE. 8605

**Eastman Kodak Co.**, übert. von: **Henry C. Staehle**, Rochester, N. Y., V. St. A., *Schutzschichten für photographische Bilder.* Die Bilder werden leicht gegen eine wasserabstoßende Fläche, z. B. aus Metall gepreßt, auf der sich eine wss. Dispersion eines Mischpolymerisats aus 1—25 (%) N-Methylmethacrylamid, 25—75 N-Butylacrylat u. 25—75 Acrylnitril in dünner Schicht befindet. Wenn die Bildschicht genügend Dispersion aufgesaugt hat, wird sie von der Metallfläche wieder abgezogen u. getrocknet. (**A. P. 2751315** vom 2/1. 1953, ausg. 19/6. 1956.) A. KALIX. 8613

**United States of America**, übert. von: **Francis G. Berry**, Los Alamos, N. Mexiko, V. St. A., *Feinkornentwickler.* Der Entwicklungslsg. werden auf 1 Liter 2—50, vorzugsweise 10 g *Aminoessigsäure* zugesetzt. Bes. wirksam ist dieser Zusatz bei den üblichen Metolhydrochinon- u. Phenidonentwicklern. (**A. P. 2 840 471** vom 6/9. 1956, ausg. 24/6. 1958.) A. KALIX. 8619

**Institut für grafische Technik**, Leipzig (Erfinder: **Emil Rupp, Karl Reuter, Herrmann Stiehler**, Leipzig, und **Gerhard Gasch**, Markkleeberg-Ost/Leipzig), *Schwärzungsregelung bei der Entwicklung.* Während der Entw. wird mit infrarotem, nichtaktin. Licht eine dauernde Schwärzungsmessung auf einer neben dem zu entwickelnden Bild angeordneten Testfläche ausgeführt u. die Entw. abgebrochen, sobald auf der Testfläche eine bestimmte, vorher festgelegte Schwärzung erreicht ist. (**D. A. S. 1 055 952** Kl. 57b vom 30/9. 1957, ausg. 23/4. 1959.) A. KALIX. 8619

**Eastman Kodak Co.** (Erfinder: **Douglas Edward Piper**), Rochester, N. Y., V. St. A., *Verbesserte Ausnutzung der Empfindlichkeit durch den Entwickler* wird erreicht, wenn man die Entw. in Ggw. mindestens eines quaternären $NH_4$-Salzes (**I**) u. eines Alkylenoxydpolymerisats (**II**) mit einem Mol.-Gew. $\geq$300 durchführt. — Beispiele für **I** sind die quaternären Tetraalkyl-**I** der allg. Formel $\overline{X}NRR_1R_2R_3$, in denen N mit den C-Atomen von $R_1$, $R_2$ u. $R_3$ auch ein Ringsyst. bilden kann, z. B. einen Pyridyl-, Piperidyl-, α-Picolyl- oder Morpholinring. Hierbei ist X ein Anion, z. B. Halogen, Perchlorat, Alkylsulfat, p-Toluolsulfat usw., R, $R_1$, $R_2$ u. $R_3$ sind Alkylgruppen, von denen wenigstens eine mindestens 7 C-Atome enthält. — Beispiele: Dekamethylen-α-ω-bis-(hydroxymethylpyridiniumperchlorat), Dekamethylen-bis-(hydroxymethyldimethylbenzylammoniumperchlorat), Lauryltrimethylammonium-p-toluolsulfonat u. p-Xylylen-bis-[pyridiniumperchlorat). Die **II** können verschiedensten Gattungen angehören. Die monomeren Alkylenoxyde (**III**) sollen 2—4 C-Atome enthalten. Es können auch Polymerisate von **III** mit solchen organ. Verbb. verwendet werden, die ein reaktionsfähiges H-Atom enthalten, z. B. Alkohole, Amine, Amide, Methylen- u. Acetylenderivv., Säuren, Phenole, bes. aber mit Glykolen, die 8—18 C-Atome enthalten, z. B. **II**, Di-(polyäthylenglykoxy)-decan, Polyäthylenoxydoleyläther u. Polyäthylenoxydoleat, alle mit mindestens 10 Äthylenoxydgruppen. Die Entw. kann mit einer lichtempfindlichen Schicht durchgeführt werden, die **I** + **II** enthält, ebenso mit einer Lsg., die **I** + **II** enthält, **I** u. **II** können aber auch in verschied. Weise auf Entwickler u. Schicht verteilt sein. (**D. A. S. 1 048 146** Kl. 57b vom 28/11. 1956, veröff. 31/12. 1958. A. Prior. 1/12. 1955.) A. KALIX. 8619

**Eastman Kodak Co.** (Erfinder: **Jonas John Chechak, John Sagal jr.** und **Albert Charles Smith jr.**), Rochester N. Y., V. St. A., *Verbesserte Ausnutzung der Empfindlichkeit durch den Entwickler* wird erreicht, wenn die Entw. in Ggw. eines quaternäreu Sulfoniumsalzes (**I**) der allg. Formel $XS(R_1)(R_2)(R_2)$ u. eines Polymerisats aus Alkylenoxyden (**II**) ausgeführt wird, das ein Mol.-Gew. von $\geq$300 besitzt. Hierbei ist X ein Halogenid, Perchlorat-, Alkylsulfat- oder p-Toluolsulfonatrest, $R_1$ u. $R_2$ sind Alkyl- oder Aralkylgruppen, $R_3$ ist ein Alkylrest mit mindestens 8 C-Atomen. Beispiele: Dimethyl-n-decylsulfonium-p-toluolsulfonat, Diäthyllaurylsulfonium-p-toluolsulfonat, Benzyläthyl-n-dodecylsulfoniumäthylsulfat. (Herst. z. B. nach dem Verf. von A. P. 2 090 890.) Die **II**-Polymerisate können den verschiedensten Gattungen angehören. Die **II** sollen 2—4 C-Atome enthalten. Es können auch Polymerisate von **II** mit solchen organ. Verbb. verwendet werden, die ein reaktionsfähiges H-Atom enthalten, z. B. Alkohole, Amide, Amine, Säuren, Phenole, Methylen- u. Acetylenderivv., bes. aber mit Glykolen, die 8—18 C-Atome enthalten u. mit Dehydratationsprodd., die einen Hexitring aufweisen. (Herst. z. B. nach den Verff. der A. PP. 1 090 578 u. 2 400 532). Beispiele: die Polymerisate von Äthylenglykol oder dessen Oleyläther mit mindestens 10 Äthylengruppen. Die Entw. kann mit einer lichtempfindlichen Schicht oder einer Lsg. ausgeführt werden, die beide Komponenten enthält, diese können aber auch in verschied. Weise auf Entwickler u. Schicht verteilt sein. (**D. A. S. 1 048 476** Kl. 57b vom 1/12. 1956, veröff. 8/1. 1959. A. Prior. 1/12. 1955.) A. KALIX. 8619

**Lumoprint Zindler K.-G.** (Erfinder: **Walter Limberger**), Hamburg, *Herstellung von Kopien auf elektrostatischem Wege* unter Verwendung einer xerograph. Schicht mit einem leitenden elektrostat. seitenverkehrten Bild, dad. gek., daß diese Schicht unmittelbar mit einer zweiten xerograph. Schicht in Berührung gebracht wird u. beide Schichten zwischen zwei Elektroden, die an eine elektr. Gleichspannung angeschlossen wird, eingeführt werden. (**D. A. S. 1 021 385** Kl. 15k vom 8/3. 1956, veröff. 27/12. 1957.)

A. SEELIG. 8625

**Werner Borchmann,** Wiesbaden, *Farbenphotographie mit nur zwei Farbauszügen.* Aufnahme u. Wiedergabe erfolgen auf entsprechend sensibilisierte Halogensilberschichten mit 2 Filterpaaren, von denen das erste aus einer Kombination eines Blaufilters mit einer Durchlässigkeit bis ca. 475, mit einem Grünfilter von einer Durchlässigkeit zwischen 475 u. 555 m$\mu$ u. einer Kombination aus einem Gelbfilter mit einer Durchlässigkeit zwischen 555 u. 625 m$\mu$ u. einem Rotfilter mit einer Durchlässigkeit über 625 m$\mu$ besteht. (**D. A. S. 1 052 237** Kl. 57b vom 13/3. 1957, veröff. 5/3. 1959.) A. KALIX. 8631

**Paul Girard,** Frankreich, *Erzeugung von farbenphotographischen Bildern* auf Papier, Karton oder Metallfolien durch Überziehen auf der einen Seite mit einer schmelzbaren Emulsion u. auf der anderen Seite mit einer undurchlässigen Schicht. Danach wird unter Verwendung einer Maske belichtet. Die Emulsionsschicht ist dünn genug, so daß sie während der Belichtung in ihrer ganzen Dicke oxydiert wird. Danach wird mit einem gewöhnlichen Entwickler entwickelt, belichtet u. mit einem gerbend wirkenden Entwickler entwickelt. Man entfernt diejenigen Teile der Emulsion, die mit dem gewöhnlichen Entwickler entwickelt sind. Das Bild wird fixiert. Im Falle der Verwendung einer Metallplatte wird diese mit einer Säure behandelt u. an den emulsionsfreien Stellen angegriffen unter Bldg. von Unebenheiten. Schließlich wird auch die undurchlässige Schicht von der Unterlage entfernt. Die auf einem Probeabzug enthaltenen weißen Stellen werden mit einem undurchsichtigen Firnis überdeckt u. das Farbbild auf dem Träger erzeugt. — 12 Zeichnungen. (**F. P. 1 115 869** vom 16/12. 1954, ausg. 30/4. 1956.)

M. F. MÜLLER. 8631

**Eastman Kodak Co.,** übert. von: **Ilmari Salminen** und **Arnold Weissberger,** Rochester, N. Y., V. St. A., *Farbkuppler* bilden Verbb. der allg. Formel $R-SO_2-NR'-C(X)(Y)-CH_2OH$. Hierbei ist R ein Kupplermol., das eine Benzamidogruppe enthält, R′ ist ein H-Atom oder eine $CH_2OH$-Gruppe, Y gleich X oder $CH_3$. Bes. beansprucht werden folgende 2-Naphthamide (**I**): *1-Hydroxy-4-chlor-N-{4′-[2″-(2‴.4‴-ditert.-amylphenoxy)-5″-{3‴.5‴-[di-(di-β-hydroxyäthylsulfamyl)]}-benzamido]-phenäthyl}*-**I**, *1-Hydroxy-4-chlor-N-{4′-[2″-(2‴.4‴-ditert.-amylphenoxy)-5″-(3‴.5‴-bis-{N-[tri-(hydroxymethyl)-methyl]-sulfamyl}-benzamido)-benzamido]-phenäthyl}*-**I**, *1-Hydroxy-4-chlor-N-{4′-[2″-(2‴.4‴-ditert.-amylphenoxy)-5″-(3‴.5‴-bis-{N-[1.1-di-(hydroxymethyl)-äthyl]-sulfamyl}-benzamido)-benzamido]-phenäthyl*-**I**, *1-Hydroxy-N-{p-{2-″(2‴.4‴-ditert.-amylphenoxy-5″-{m-[tri-(hydroxymethyl)-methyl]-sulfamylbenzamido)-benzamido}-phenäthyl}*-**I** u. *1-Phenyl-3-{m-{5-{3.5-bis-[tri-(oxymethyl)-methyl]-sulfamylbenzamido}-2-(2.4-ditert.-amylphenoxy)-benzamido}-benzamido}-5-pyrazolon.* Beschreibung der Darst. dieser Verbb., 17 weitere Beispiele, Strukturformeln aller Verbindungen. (**A. P. 2 710 803** vom 26/3. 1953, ausg. 14/6. 1955.)

A. KALIX. 8631

REDAKTIONSSCHLUSS: 3. Juli 1959.

Herausgeber: Prof. Dr. Heinrich Bertsch, Berlin, u. Prof. Dr. Dr. h. c. Wilhelm Klemm, Münster. Chefredakteure und verantwortlich für den Inhalt: Dr. Eugen Klever, Berlin SW 61, Dessauer Straße 28—31, Fernsprecher: 665421. Dr. Heinz Walter, Berlin N 4, Schiffbauerdamm 19, Fernsprecher: 425571.



Verlag: Akademie-Verlag GmbH, Berlin W 1, Leipziger Str. 3-4 (Fernsprecher: 220441, Postscheckkonto Berlin 35021), und Verlag Chemie, GmbH, Weinheim/Bergstr. (Fernsprecher: Weinheim 3635 [Sammelnummer]; Fernschreiber: 0465516 chemieverl wnh; Postscheckkonten Frankfurt/M. 145314 u. Berlin [West] 7430). Bestellnummer: 1007/130. Das Chemische Zentralblatt erscheint wöchentlich. Preis des Jahrganges einschl. Autoren-, Patent-, Sach- u. Formelregister: DM 960,—; einseitig bedruckte Ausgabe: DM 1050,—. Abgabe der Zeitschrift nur mit sämtlichen Registern. Abbestellungen nur bis spätestens 3 Wochen vor Ablauf des Kalenderjahres.



Satz u. Druck: VEB Leipziger Druckhaus, Leipzig, III/18/203. VIII. 59.
Veröffentlicht unter der Lizenznummer ZLN 5002 des Ministeriums für Kultur, Hauptverwaltung Verlagswesen.
Printed in Germany.

Fortsetzung s. umstehend

MIX
Papier | Fördert
gute Waldnutzung
FSC® C083411

Kolibri 360 GmbH
Ferdinand-Jühlke-Straße 7
99095 Erfurt, Deutschland
produktsicherheit@kolibri360.de